Conversion Factors

DIMENSION	METRIC	METRIC/ENGLISH
Acceleration	1 m/s^2 = 100 cm/s^2	1 m/s^2 = 3.2808 ft/s^2 1 ft/s^2 = 0.3048* m/s^2
Area	1 m^2 = 10^4 cm^2 = 10^6 mm^2 = 10^{-6} km^2	1 m^2 = 1550 in^2 = 10.764 ft^2 1 ft^2 = 144 in^2 = 0.09290304* m^2
Density	1 g/cm^3 = 1 kg/L = 1000 kg/m^3	1 g/cm^3 = 62.428 lbm/ft^3 = 0.036127 lbm/in^3 1 lbm/in^3 = 1728 lbm/ft^3 1 kg/m^3 = 0.062428 lbm/ft^3
Energy, heat, work, internal energy, enthalpy	1 kJ = 1000 J = 1000 N · m = 1 kPa · m^3 1 kJ/kg = 1000 m^2/s^2 1 kWh = 3600 kJ 1 cal† = 4.184 J 1 IT cal† = 4.1868 J 1 Cal† = 4.1868 kJ	1 kJ = 0.94782 Btu 1 Btu = 1.055056 kJ = 5.40395 psia · ft^3 = 778.169 lbf · ft 1 Btu/lbm = 25,037 ft^2/s^2 = 2.326* kJ/kg 1 kJ/kg = 0.430 Btu/lbm 1 kWh = 3412.14 Btu 1 therm = 10^5 Btu = 1.055 × 10^5 kJ (natural gas)
Force	1 N = 1 kg · m/s^2 = 10^5 dyne 1 kgf = 9.80665 N	1 lbf = 32.174 lbm · ft/s^2 = 4.44822 N 1 N = 0.22481 lbf
Heat flux	1 W/cm^2 = 10^4 W/m^2	1 W/m^2 = 0.3171 Btu/h · ft^2
Heat generation rate	1 W/cm^2 = 10^6 W/m^2	1 W/m^3 = 0.09665 Btu/h · ft^3
Heat transfer coefficient	1 W/m^2 · °C = 1 W/m^2 · K	1 W/m^2 · °C = 0.17612 Btu/h · ft^2 · °F
Length	1 m = 100 cm = 1000 mm 1 km = 1000 m	1 m = 39.370 in = 3.2808 ft = 1.0926 yd 1 ft = 12 in = 0.3048* m 1 mile = 5280 ft = 1.6093 km 1 in = 2.54* cm
Mass	1 kg = 1000 g 1 metric ton = 1000 kg	1 kg = 2.2046226 lbm 1 lbm = 0.45359237* kg 1 ounce = 28.3495 g 1 slug = 32.174 lbm = 14.5939 kg 1 short ton = 2000 lbm = 907.1847 kg

*Exact conversion factor between metric and English units.

†Calorie is originally defined as the amount of heat needed to raise the temperature of 1 g of water by 1°C, but it varies with temperature. The international steam table (IT) calorie (generally preferred by engineers) is exactly 4.1868 J by definition and corresponds to the specific heat of water at 15°C. The thermochemical calorie (generally preferred by physicists) is exactly 4.184 J by definition and corresponds to the specific heat of water at room temperature. The difference between the two is about 0.06 percent, which is negligible. The capitalized Calorie used by nutritionists is actually a kilocalorie (1000 IT calories).

DIMENSION	METRIC	METRIC/ENGLISH
Power, heat transfer rate	1 W = 1 J/s 1 kW = 1000 W = 1.341 hp 1 hp‡ = 745.7 W	1 kW = 3412.14 Btu/h = 737.56 lbf · ft/s 1 hp = 550 lbf · ft/s = 0.7068 Btu/s = 42.41 Btu/min = 2544.5 Btu/h = 0.74570 kW 1 boiler hp = 33,475 Btu/h 1 Btu/h = 1.055056 kJ/h 1 ton of refrigeration = 200 Btu/min
Pressure	1 Pa = 1 N/m^2 1 kPa = 10^3 Pa = 10^{-3} MPa 1 atm = 101.325 kPa = 1.01325 bars = 760 mm Hg at 0°C = 1.03323 kgf/cm^2 1 mm Hg = 0.1333 kPa	1 Pa = 1.4504×10^{-4} psia = 0.020886 lbf/ft^2 1 psia = 144 lbf/ft^2 = 6.894757 kPa 1 atm = 14.696 psia = 29.92 in Hg at 30°F 1 in Hg = 3.387 kPa
Specific heat	1 kJ/kg · °C = 1 kJ/kg · K = 1 J/g · °C	1 Btu/lbm · °F = 4.1868 kJ/kg · °C 1 Btu/lbmol · R = 4.1868 kJ/kmol · K 1 kJ/kg · °C = 0.23885 Btu/lbm · °F = 0.23885 Btu/lbm · R
Specific volume	1 m^3/kg = 1000 L/kg = 1000 cm^3/g	1 m^3/kg = 16.02 ft^3/lbm 1 ft^3/lbm = 0.062428 m^3/kg
Temperature	$T(K) = T(°C) + 273.15$ $\Delta T(K) = \Delta T(°C)$	$T(R) = T(°F) + 459.67 = 1.8T(K)$ $T(°F) = 1.8\,T(°C) + 32$ $\Delta T(°F) = \Delta T(R) = 1.8^* \Delta T(K)$
Thermal conductivity	1 W/m · °C = 1 W/m · K	1 W/m · °C = 0.57782 Btu/h · ft · °F
Thermal resistance	1° C/W = 1 K/W	1 K/W = 0.52750°F/h · Btu
Velocity	1 m/s = 3.60 km/h	1 m/s = 3.2808 ft/s = 2.237 mi/h 1 mi/h = 1.46667 ft/s 1 mi/h = 1.609 km/h
Viscosity, dynamic	1 kg/m · s = 1 N · s/m^2 = 1 Pa · s = 10 poise	1 kg/m · s = 2419.1 lbf/ft · h = 0.020886 lbf · s/ft^2 = 5.8016×10^{-6} lbf · h/ft^2
Viscosity, kinematic	1 m^2/s = 10^4 cm^2/s 1 stoke = 1 cm^2/s = 10^{-4} m^2/s	1 m^2/s = 10.764 ft^2/s = 3.875×10^4 ft^2/h 1 m^2/s = 10.764 ft^2/s
Volume	1 m^3 = 1000 L = 10^6 cm^3 (cc)	1 m^3 = 6.1024×10^4 in^3 = 35.315 ft^3 = 264.17 gal (U.S.) 1 U.S. gallon = 231 in^3 = 3.7854 L 1 fl ounce = 29.5735 cm^3 = 0.0295735 L 1 U.S. gallon = 128 fl ounces

*Exact conversion factor between metric and English units.

‡Mechanical horsepower. The electrical horsepower is taken to be exactly 746 W.

Çengel의
알기 쉬운 열전달

4th Edition
Si Units

Fundamentals of
HEAT TRANSFER

Fundamentals of

HEAT TRANSFER

4th Edition
Si Units

Çengel의

알기 쉬운 열전달

배대석 · 김은필 · 김택영 · 박성영 · 엄용균 · 이대희 · 임경빈 옮김

YUNUS A. ÇENGEL
JOHN M.CIMBALA
ROBERT H.TURNER

Mc Graw Hill

McGraw Hill

Fundamentals of Heat Transfer, **Fouth Edition in Si Units**

5 6 7 8 9 10 MH-KOREA 20 22

Original: Fundamentals of Thermal-Fluid Sciences, Fourth Edition
By YUNUS A. ÇENGEL, JOHN M. CIMBALA & ROBERT H. TURNER
ISBN 978-0-07-742240-0

Korean ISBN 979-11-321-0093-5 93550

Printed in Korea

Çengel의 알기 쉬운 열전달 4판 SI

발 행 일 : 2016년 1월 5일 1쇄
2022년 1월 5일 5쇄

저 자 : YUNUS A. ÇENGEL, JOHN M. CIMBALA,
ROBERT H. TURNER & MEHMET KANOĞLU

역 자 : 배대석, 김은필, 김택영, 박성영, 엄용균, 이대희, 임경빈

발 행 처 : 맥그로힐에듀케이션코리아 유한회사

발 행 인 : 총텍멩(CHONG TECK MENG)

등록번호 : 제 2013-000122호(2012.12.28)

주 소 : 서울시 마포구 양화로 45, 8층 801호
(서교동, 메세나폴리스)

전 화 : (02) 325-2351

I S B N : 979-11-321-0093-5

판 매 처 : 텍스트북스

문 의 : (02) 702-5725~6

정 가 : 33,000원

Yunus A. Çengel은 University of Nevada, Reno의 기계공학과 명예교수이다. 학사는 Istanbul Technical University의 기계공학과에서, 그리고 석사와 박사는 North Carolina State University에서 취득하였다. 그의 연구분야는 재생에너지, 에너지 효율, 에너지 정책, 열전달 촉진, 그리고 공학교육이고, 1996년에서 2000년까지 University of Nevada, Reno에서 Industrial Assessment Center (IAC)의 소장을 역임하였다. 또한 그는 공과대학생으로 구성된 팀을 이끌고 Northern Nevada와 California 지역의 수많은 제조업체들에 대한 평가를 실시한 후, 이들 업체들의 에너지 절약, 폐기물 최소화 그리고 생산성 향상을 위한 보고서를 작성하였고, 여러 정부 조직과 회사의 고문으로도 근무하였다.

Çengel 박사는 교재로 널리 사용되고 있는 *Thermodynamics: An Engineering Approach* (7판, 2011), *Heat and Mass Transfer: Fundamentals and Application* (4판, 2011), *Introduction to Thermodynamics ND Heat Transfer* (2판, 2008), *Fluid Mechanics: Fundamentals and Applications* (2판, 2010), *Essentials of Fluid Mechanics: Fundamentals and Applications* (1판, 2008)의 저자 또는 공동저자이고, 이들 교과서는 모두 McGraw-Hill Education에서 출간되었다. 그리고 그의 저서 중 일부는 중국, 일본, 한국, 태국, 스페인, 포르투갈, 터키, 이탈리아, 그리스, 그리고 프랑스어로 번역되었다.

Çengel 박사는 여러 번 최고의 교수로 선정되었으며, 1992년과 2000년에는 최고의 저자에게 수여되는 ASEE Meriam/Wiley Distinguished Author Award를 수상하였다. Çengel 박사는 Nevada 주의 전문 공학자로 등록되었으며, 미국기계학회(ASME)와 미국공업교육학회(ASEE)의 회원이다.

John M. Cimbala는 Pennsylvania State University, University Park의 기계공학과 교수이다. 학사는 Penn State의 항공우주공학과에서, 석사는 California Institute of Technology (CalTech)의 항공학과에서, 박사는 1984년 CalTech의 항공학과에서 취득하였으며, 지도교수는 그가 늘 감사하게 여기는 Anatol Roshko 교수이다. 그의 연구분야는 실험 및 전산 유체역학, 열전달, 난류, 난류모델링, 터보기계, 실내공기정화, 그리고 공기오염제어이다. Cimbala 교수는 학부시절인 1993~1994년 안식년 기간 동안 대학을 떠나 NASA Langley Research Center에서 근무했으며, 여기서 전산유체역학(CFD)과 난류모델링에 관한 지식을 키워 나갔다.

Cimbala 박사는 3개의 다른 교재의 공동 저자이다: *Fluid Mechanics: Fundamentals and Applications* (2010)와 *Essentials of Fluid Mechanics: Fundamentals and Applications* (2008)은 McGraw-Hill Education에서 출간되었고, *Indoor Air Quality Engineering: Enviromental Health and Control of Indoor Pollutants* (2003)는 Marcel-Dekker에 출간되었다. 또한 그는 다른 교재의 제작에도 기여하였으며, 다수의 저널과 학회논문의 저자 및 공동저자이다. 더 많은 정보는 www.mne.psu.edu/cimbala를 참조하기 바란다.

Cimbala 교수는 최고의 교수로 여러 번 선정되었으며, 그는 책을 쓰는 것을 가르치는 사랑의 연장으로 간주하였다. 그는 American Institute of Aeronautics and Astronautics (AIAA), American Society of Mechanical Engineers (ASME), American Society for Engineering Education (ASEE), 그리고 American Physical Socity (APS)의 회원이며, 2009년에 ASME Fellow로 뽑혔다.

Robert H. Turner는 University of Nevada, Reno (UNR)의 기계공학과 명예교수이다. 학사와 석사는 버클리에 있는 University of California의 기계공학과에서, 그리고 박사는 UCLA의 기계공학과에서 취득하였다. 그는 Cal Tech's Jet Propulsion Laboratory (JPL)에서 근무한 9년을 포함하여 18년 동안 산업체에서 근무를 한 후, 1983년에 University of Nevada에서 근무하였다. 그의 연구분야는 태양과 재생에너지 응용, 열공학, 그리고 에너지 보존이다. 그는 University of Nevada에서 Industrial Assessment Center를 설립하고, 초대 소장을 역임하였다.

Turner 박사는 20년 동안 많은 주택용 태양열 부품을 설계하였다. 그는 1994~1995 기간 동안 UNR과 터키의 케이세리에 있는 Erciyes University와의 상호 공동 노력의 결과로 Erciyes University에 충분한 장비들이 구비되어 있고, 태양열 집열 장치의 설치면적이 130 m^2 크기의 규모를 가진 Solar Research Laboratory를 설계하고, 그 건설을 감독하였다. 이와 같이 응용에 대한 그의 관심이 Turner 박사를 적극적인 현장 설계 및 제작 조언자가 되게 하였다.

Turner 박사는 전문공학자로 등록되어 있으며, American Society of Mechanical Engineers (ASME)와 American Society of Heating, Refrigeration, and Air Conditioning Engineers (ASHRAE)의 회원이다.

배경

본 교과서는 공학도가 전공분야에 꼭 필요한 내용을 포함하는 열전달 교과서의 요약본으로 Yunus A. Çengel, John M. Cimbala & Robert H. Turner이 집필한 "Fundamentals of THERMAL-FLUID SCIENCES" 중 열전달 부분을 주로 취급하며, Yunus A. Çengel과 A. J. Ghajar가 저술하고 McGraw-Hill Education에서 출판한 *Heat and Mass Transfer: Fundamentals and Applications*를 기초로 하였다. 교재 대부분의 장(chapter)들은 사실상 서로 독립적이므로 순서와 상관없이 적절히 조합하여 강의할 수 있으며, 열전달의 일반 기초과정이 있는 교육과정에 아주 적합하다.

열전달의 모든 주제를 주당 1시간씩 3학기 동안 강의하는 전형적인 과정 내에 마친다는 것은 불가능하며, 심도 있는 학습이 되기 어렵다. 강사들도 적절한 주제와 학습의 깊이를 선택하는 것이 매우 어렵다. 따라서 본 교과서는 이러한 문제들에 대한 적절한 기준을 제공하는 목적을 가지고 있다.

목표

본 교과서는 미적분학, 물리학 그리고 공업역학에 대한 기본 지식을 가지고 있는 학부 2학년 또는 3학년 공학도의 열전달 첫 교과과정의 교재로, 그리고 엔지니어 실무자에게는 참고서로 활용될 수 있도록 하였다. 본 교과서의 목표는

- 열전달의 **기본 원리**를 다루고
- 학생들에게 열전달이 실제 공학에 어떻게 적용되는지에 대한 감각을 얻도록 하기 위해, 많은 실제의 **공학적 응용 예**를 제시하며
- 물리학과 물리학적 토론을 통해 열전달의 **직관적 이해**를 증진시키는 것이다.

교재는 강사들에게 융통성을 주고, 열전달 관점에서 관심사를 고려할 수 있도록 충분한 자료들을 포함하고 있다.

철학과 목적

이 책의 초판에서 많은 호응을 받았던 철학은 변하지 않았다. 즉 공학 교과서로서 추구하는 목적은

- **단순하지만 정확한** 방식으로 내일의 엔지니어와 직접 소통하고
- 학생들에게 열전달의 **기본 원리**를 분명하고 확실하게 이해시키며

- 열전달에 대해 **창조적인 사고**와 보다 **깊은 이해** 그리고 **직관적인 감각**을 촉진하여
- 학생들에게 문제를 푸는 참고자료로 사용되기보다는 **흥미**와 **열정**을 갖고 **읽도록** 하는 것이다.

독자에게 자연스럽게 흥미를 유발하고 학생들로 하여금 재미있는 열전달 분야의 여러 단면을 탐험하는 데 도움이 될 수 있도록 특별히 유의하였다. 초판의 독자들—전 세계의 크고 작은 대학들로부터의 열광적인 호응은 우리들의 목적이 상당히 성취되었음을 말해 주고 있다. 배우기 위한 최선의 길은 연습이라는 것이 우리들의 철학이다. 그러므로 책 전반에 걸쳐 앞서 제시되었던 자료들의 보강을 위해 특별히 노력하였다.

이전의 공학도들은 공식에 수치를 대입하여 수치적 결과를 구하는 데 많은 시간을 소비하였다. 그러나 이제는 공식을 다루고 수치를 구하는 것은 컴퓨터가 대신한다. 내일의 공학도는 **기본 원리**에 대한 확실한 이해를 통해 보다 복잡한 문제를 이해하고, 공식화하며, 그 결과들을 해석할 수 있어야 한다. 기본 원리를 강조하면서 어떻게 실무에 현대의 기술들이 적용되는지 학생들이 이해할 수 있도록 의도적으로 노력하였다.

개정판의 새로운 점

전 판의 모든 장점을 그대로 유지하면서 새로운 것들을 추가하였다. 교재의 주된 부분은 기존의 한 장을 빼고 대신 새로운 장을 추가한 것을 제외하고는 크게 바뀌지 않았다.

업그레이드된 그림

실생활의 모습을 잘 나타내기 위해 교재에 그려진 많은 삽화를 실제의 3차원 그림으로 업그레이드시켰다.

새로운 예제와 각 장 끝의 문제들

교재의 많은 문제가 수정되고 새로운 문제로 대치되었다. 또한 풀이가 된 예제들도 새로운 예제로 대치되었다.

모든 장들의 완벽한 갱신

교재 전체가 철저히 검토되었고, 더 타당하고 현재의 추세에 맞는 교재를 만들기 위해 내용과 구성을 많이 수정하였다.

배움의 목적

각 장은 목표를 정하고 내용을 소개하기 위하여 다루게 될 내용의 **개요**와 **배움의 목적**을 설정하는 것으로 시작하여 주요 개념과 방정식을 요약하는 것으로 끝을 맺었다.

학습도구

물리적 의미의 강조

이 책의 특징은 사물에 대한 수학적 표현이나 계산과 더불어 물리적 측면을 강조한 것이다. 학부교육은 저변에 있는 **물리적 메커니즘에 대한 감각을 발달**시키고 엔지니어가 실사회에서 닥칠 수 있는 **문제를 풀 수 있는 능력 배양**을 강조해야 한다고 믿고 있다. 직관적인 이해를 할 수 있는 능력의 배양은 학생들에게 과목에 대한 동기를 부여하고 가치 있는 경험을 줄 것이다.

관련성의 효과적인 이용

공학을 이해하기 위해서는 관측적인 자세가 있어야 한다. 사실 공학의 기본은 우리가 **매일 경험**한 것과 **실험적 관찰**에 근거하고 있다. 이 책에서는 보다 물리적이고 직관적인 접근법이 사용될 것이다. 때때로 학생들의 일상 경험과 주어진 문제 사이에 **평행선**을 그을 수 있어 주어진 문제를 학생들이 이미 알고 있는 사실과 연관시킬 수 있다.

자습

교과서의 내용은 평균 정도의 학생이 어렵지 않게 따라갈 수 있는 정도이다. 책은 학생들에게 너무 과도하지 않고, 학생들과 눈높이를 맞추고 있어, 사실 **자습**이 가능하다. 과학의 기본은 실험적 관측에 근거하고 있으며, 이 교과서의 유도된 식들의 대부분은 물리적 논증에 근거하므로 학생들이 쉽게 이해할 수 있다.

그림의 사용

그림은 학생들이 "상황을 이해"하는 데 중요한 학습도구이다. 이 교과서는 그래프를 효과적으로 사용하고, 많은 그림과 삽화를 수록하고 있다. 그림은 주위를 이끌고 호기심과 흥미를 유발한다. 이 교과서의 그림은 놓치기 쉬운 중요한 개념을 강조하고, 또한 페이지 요약을 위해 사용되었다.

장의 시작과 요약

각 장은 공부할 내용의 개요와 학습목표를 제시하는 것으로 시작한다. 끝부분의 요약은 기초개념과 중요한 관계식들을 빠른 시간 내에 복습하도록 하였다.

예제

모든 장은 내용을 명확히 하고 기초원리를 이용할 수 있도록 **예제**를 수록하였다. 예제문제의 풀이에는 적절한 단위의 사용에 특별한 주의와 함께 **직관적**이고 **체계적**인 접근법이 사용되었다.

풍부한 장 끝의 문제들

장 끝 문제들은 강사와 학생들이 문제를 쉽게 선택할 수 있도록 주제별로 배치하였다. 주제별 문제에는 학생들의 기초개념에 대한 이해를 점검하기 위해 번호 뒤에 C를 붙인 **개념문제**들이 있다. **복습문제**는 일반적인 것이며 각 장의 내용과 직접적인 관계는 없다. 어떤 경우는 앞 장들에서 배운 내용을 요구하기도 한다. **설계 및 주관식 문제**는 학생들이 공학적 판단을 하고 흥미 있는 주제에 대해 독립적인 탐구를 하며 얻어진 결과를 전문가의 입장에서 토론할 수 있도록 하였다. 공학도들에게 가격과 안전에 대한 주의를 환기시키기 위해 경제 및 안전에 관한 문제를 수록하였다.

체계적인 풀이 과정

문제풀이 과정에는 대화의 형식을 취하면서 잘 조직된 접근법이 사용되었다. 먼저 문제를 제시하고 목표를 정한 후 가정과 이의 타당성을 설명하였다. 문제풀이와 관련된 특정치들은 별도로 정리하였다. 수치 값들은 단위가 없는 숫자는 의미가 없고, 단위를 다루는 것은 계산기로 숫자를 다루는 것만큼 중요하다는 것을 강조하기 위해 단위와 함께 나타내었다. 구한 결과의 중요성을 풀이 다음에서 토의하였다. 이러한 접근법은 강사들의 해답지에도 그대로 적용되었다.

완화된 부호 표시

열과 일에 대해 일반적으로 사용하던 부호 규약은 때로는 그것이 의도와 반대되는 결과를 초래할 수 있어 사용하지 않는다. 기계적인 접근 대신에 물리적으로 의미있고 보증된 접근법이 상호작용을 위해 사용된다. 플러스(+)와 마이너스(−) 부호보다는 하첨자 "in"과 "out"이 상호작용의 방향을 표시하기 위해 사용된다.

환산계수

자주 사용되는 환산계수와 물리적 상수는 쉽게 참조될 수 있도록 책표지 안쪽 면에 열거하였다.

보충자료

다음의 보충자료는 4판(***SI*단위**)의 사용자들에게 해당된다.

온라인 강의 센터(OLC)
www.mheducation.asia/olc/cengelFTFS4e

문제풀이집. 문제풀이집은 각 장의 끝에 있는 문제들에 대한 상세한 해답을 한 페이지에 하나씩 제공한다.

파워포인트 슬라이드. 강의에 사용할 수 있도록 교재의 모든 장들에 대한 파워포인트 슬라이드가 준비되어 있다.

학생용 자료
Engineering Equation Solver (EES)

Wisconsin-Madision 대학의 Sanford Klein과 William Beckman에 의해 개발된 소프트웨어는 방정식 풀이능력과 함께 공학 물성값 자료를 갖고 있다. EES는 최적화, 매개변수적 해석, 선형 및 비선형 회귀분석과 출판이 가능할 정도의 도면 제작 능력을 가지고 있다. 공기와 물 그리고 많은 다른 유체의 열역학 및 전달현상에 관한 물성값들이 내장되어 있으며, EES에 데이터나 함수형태로 물성값을 입력할 수도 있다. 이것은 데이터 입력을 위한 계산기보다 시간이 적게 들어 공학문제를 풀고 모델링을 하는 것에 더 많은 생각을 할 수 있는 시간을 제공한다. 교재의 연습문제들 중에서 EES 아이콘을 찾아보라.

감사의 글

많은 귀중한 의견, 제안, 비평과 격려를 해주신 다음의 대학 평가인들에게 감사를 드린다:

Alexis Abramson
Case Western Reserve University

James Patrick Abulencia
Manhattan College

Suresh Chandra
North Carolina A&T State University

Paul Gannon
Montana State University

Bill Hutzel
Purdue University

Thomas M. Kiehne
University of Texas at Austin

James Mayhew
Rose-Hulman Inst of Tech

David Nove
McMaster University

Mahadevan Padmanabhan
Worcester Polytechnic Institute

Narender P. Reddy
University of Akron

Brian Sangeorzan
Oakland University

Udyavar Satyanand
University of Texas at Arlington

Mark Snyder
Illinois Institute of Technology

Kambiz Vafai
University of California, Riverside

이들의 제안은 교과서의 질을 높이는 데 많은 도움이 되었다. 특별히 원고를 상세히, 그리고 정확하게 검토와 비평을 해주시고 귀중한 공헌을 해주신 University of Gaziantep, Turkey의 Mehmer Kanoglu에게 감사를 드린다. 또한 학생들의 관점에서 피드백을 해준 우리의 학생들에게 감사한다. 마지막으로 이 교과서를 준비하는 동안 끊임없는 인내와 이해, 그리고 도움을 준 우리의 아내와 자녀들에게 감사를 표하고 싶다.

Yunus A. Çengel
John M. Cimbala
Robert H. Turner

ABOUT THE TRANSLATOR 역자소개

배대석 교수 | 부경대학교 / dsbae@pknu.ac.kr

김은필 교수 | 부경대학교 / ekim@pknu.ac.kr

김택영 교수 | 한국산업기술대학교 / tagikim@kpu.ac.kr

박성영 교수 | 공주대학교 / sungyoung@kongju.ac.kr

엄용균 교수 | 안동대학교 / ykeom@andong.ac.kr

이대희 교수 | 인제대학교 / mechdhl@inje.ac.kr

임경빈 교수 | 한밭대학교 / kblim024@hanbat.ac.kr

TRANSLATOR PREFACE 역자서문

이 책은 Yunus A. Çengel, John M. Cimbala, Robert H. Turner의 저서인 "*FUNDAMENTALS OF THERMAL-FLUID SCIENCES*" 4판의 열전달 부분을 번역한 것으로, 대학의 열전달 교재로서 적절한 내용을 담고 있다. 이 교재의 특징은 일반적인 열전달 교재에서는 "외부강제대류"와 "내부강제대류"로 나누어서 설명하는 대류열전달 부분을 통합하여 제6장 "강제대류"에 알기 쉽게 설명하였고, 또한 Yunus A. Çengel의 저서인 "*HEAT TRANSFER: A PRACTICAL APPROACH, SECOND EDITION*"에서 "열전도 방정식"과 "열전도의 수치해법"을 가져와 각각 2장과 5장에 배치하여 책 전체 내용을 9장으로 편집하였다. 이러한 재편집의 과정을 통해 실무적인 접근 방법에 치우친 이 책의 내용에 이론적인 내용을 보강하였다.

역자들은 이 책이 학생들에게는 열전달의 기초를 다지는 매우 유용한 교재로서 활용되고, 강사들에게는 선호도에 따라 자유롭게 장들을 선택하여 1학기용의 열전달 강의교재로 사용될 수 있는 아주 편리한 교재임을 확신한다.

번역 과정에서 영어식 표현을 우리말의 어법에 맞는 표현으로 번역하기 위해 노력하였으나, 잘못된 표현이나 미흡한 부분이 있을 것으로 생각된다. 잘못되고 미흡한 부분을 지적해주면 개선하여 보다 완벽한 번역서가 될 수 있도록 노력하겠다. 독자들의 애정 어린 충고와 끊임없는 관심을 기대한다.

이 책의 내용에 관한 의견이나 질문이 있으면 E-mail로 보내주기 바란다.

2015. 12.

역자 대표 **배대석**

간추린 차례 BRIEF CONTENTS

CONTENTS 차례

CHAPTER 03

정상 열전도

CHAPTER 04

비정상 열전도

CHAPTER 05
열전도의 수치해법
NUMERICAL METHODS IN HEAT CONDUCTION 195

CHAPTER 06
강제대류
FORCED CONVECTION 271

CHAPTER 07
자연대류
NATURAL CONVECTION 325

CHAPTER 08
복사 열전달
RADIATION HEAT TRANSFER 367

CHAPTER 09

열교환기

열전달 메커니즘

MECHANISMS OF HEAT TRANSFER

CHAPTER 01

열역학(thermodynamics)은 시스템이 한 평형 상태에서 다른 평형 상태로 변화할 때, 전달된 열의 양을 다루는 학문이다. 열역학에서는 얼마나 오랫동안 그 과정이 일어나는지를 취급하지 않는다. 그러나 어떤 순간에 시스템에서의 온도분포와 열전달률을 알고자 할 때가 있을 것이다. 이러한 주제를 다루는 과학이 **열전달**(*heat transfer*)이다.

이 장의 시작부분에서 열전달의 세 가지 기본 메커니즘인 전도, 대류, 복사에 대해 간략히 설명할 것이다. **전도**(*conduction*)는 물체에서 입자들의 상호작용에 의해 보다 활동적인 입자로부터 이웃의 덜 활동적인 입자로의 에너지의 전달이다. **대류**(*convection*)는 고체표면과 움직이는 액체 또는 기체와의 열전달 형태이며, 전도와 유체운동의 복합적인 효과를 포함한다. **복사**(*radiation*)는 원자나 분자에서의 전자 배치의 변화로 인하여 전자기파(electromagnetic wave) 또는 광자(photon)의 형태로 물체로부터 방사되는 에너지이다. 이 장의 마지막 부분에서 복합 열전달에 대해 토론할 것이다.

학습목표

이 장의 목적은 다음과 같다.

- 열전달의 기본 메커니즘인 전도, 대류, 복사에 대해 이해하고 Fourier 전도법칙, Newton의 냉각법칙, Stefan-Boltzmann의 복사법칙을 이해한다.
- 동시에 발생하는 복합 열전달의 메커니즘을 분석한다.
- 열손실과 관련된 비용에 대한 인식을 확립한다.
- 실제의 여러 열전달 문제를 푸는 것이다.

1-1 ▪ 서론

열은 온도 차이에 의해 한 시스템에서 다른 시스템으로 전달되는 에너지 형태로 정의된다. 열역학 해석은 한 평형 상태에서 다른 평형 상태로 변화할 때 전달된 열의 **양**에 관심을 가진다. 전달되는 **에너지 전달률**을 다루는 과학이 바로 열전달이다. 항상 고온물체에서 저온물체로 열이 전달되고 두 물체가 동일한 온도가 되면 열전달은 멈춘다.

열은 **전도**, **대류**, **복사**의 세 가지 다른 형태로 전달된다. 이 세 형태의 열전달 모두는 온도 차이가 있어야 일어나며 고온물체에서 저온물체로 열전달이 일어난다. 밑에서 세 형태에 대해 간략하게 설명하고, 상세한 설명은 이 책의 다른 장에서 다룰 것이다.

1-2 ▪ 전도

전도(conduction)는 물체에서 입자들의 상호작용에 의해 보다 활동적인 입자로부터 이웃의 덜 활동적인 입자로의 에너지의 전달이다. 전도는 고체, 액체 및 기체에서 생길 수 있다. 기체나 액체에서의 전도는 분자의 불규칙적인 운동에 의한 **충돌**(*collision*) 및 **확산**(*diffusion*)에 의한 것이다. 고체에서의 전도는 격자에서의 분자 **진동**과 **자유전자**의 에너지 이송의 두 가지 복합적인 방식에 의한 것이다. 예를 들어, 따뜻한 방에 있는 차가운 캔 음료수는 한참 후에는 결국 방 안의 온도로 되는데, 이는 알루미늄 캔에서의 전도에 의해 열전달이 일어나기 때문이다.

물체를 통한 전도 **열전달률**은 **온도 차이**뿐만 아니라 물체의 **형상**, **두께**, **재질**에 따라 달라진다. 고온의 물탱크를 유리섬유(단열재)로 감싸면 탱크로부터의 열손실률을 줄일 수 있다는 것을 알고 있다. 온수탱크가 있는 방의 온도가 낮아지면 온수탱크로부터의 열전달이 증가된다는 사실도 또한 알고 있다. 그리고 탱크가 클수록 표면적이 커져 열손실이 커진다는 것도 알고 있다.

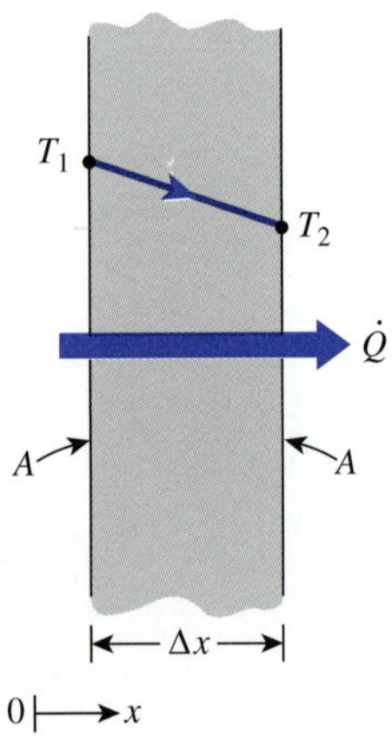

그림 1-1

두께 Δx이고 면적 A인 큰 평면 벽을 통한 열전도

그림 1-1에 보여주고 있는 것처럼, 두께 $\Delta x = L$이고 표면적 A인 큰 평면 벽을 생각해보자. 평면 벽을 통한 온도 차이 $\Delta T = T_2 - T_1$이다. 벽을 통한 온도 차이 ΔT가 두 배, 또는 열전달방향에 직각인 면적 A가 두 배가 되면, 벽을 통한 열전달률 $\dot{Q}$은 두 배가 되고, 벽두께 L이 두 배가 되면 열전달률은 반으로 된다는 것을 실험을 통하여 알 수 있다. 따라서 **어떤 층을 통한 전도 열전달률은 그 층에서의 온도 차이와 열전달 면적에 비례하고, 층의 두께에 반비례한다**고 결론을 내릴 수 있다. 즉

$$\text{Rate of heat conduction} \propto \frac{\text{(Area)(Temperature difference)}}{\text{Thickness}}$$

이다. 또한

$$\dot{Q}_{\text{cond}} = kA\frac{T_1 - T_2}{\Delta x} = -kA\frac{\Delta T}{\Delta x} \quad \text{(W)} \tag{1-1}$$

이고, 비례상수 k는 물질의 **열전도도**(thermal conductivity)이고, 어떤 물질이 열을 얼마나 잘 전도하는가 하는 척도가 된다(그림 1-2). $\Delta x \to 0$인 경우 앞의 식은 다음의 미분 형태로 표기된다.

$$\dot{Q}_{\text{cond}} = -kA\frac{dT}{dx} \qquad \text{(W)} \tag{1-2}$$

1822년 열전달 교재에서 위 식을 처음으로 표현한 J. Fourier의 이름을 따서 위 식을 **Fourier의 열전도 법칙**(Fourier's law of heat conduction)이라고 한다. 여기서 dT/dx는 **온도구배**(temperature gradient)이고, T-x 선도에서의 온도곡선(x에 따른 T의 변화)에서 위치 x에서의 기울기를 나타낸다. 위의 관계식은 어떤 방향으로의 전도 열전달률은 그 방향의 온도구배에 비례한다는 것을 나타내고 있다. 열은 온도가 감소하는 방향으로 전도되고, x가 증가함에 따라 온도가 감소하면 온도구배는 음이 된다. 따라서 양의 x방향으로의 열전달을 양으로 하기 위해 식 (1-2)에서 음의 부호가 사용되었다.

열전달 면적 A는 열전달방향에 항상 직각 방향이다. 길이 5 m, 높이 3 m, 두께 25 cm인 벽을 통한 열손실에서 열전달 면적은 A = 15 m²이다. 벽의 두께와 면적 A는 아무런 관계가 없음에 주의하라(그림 1-3).

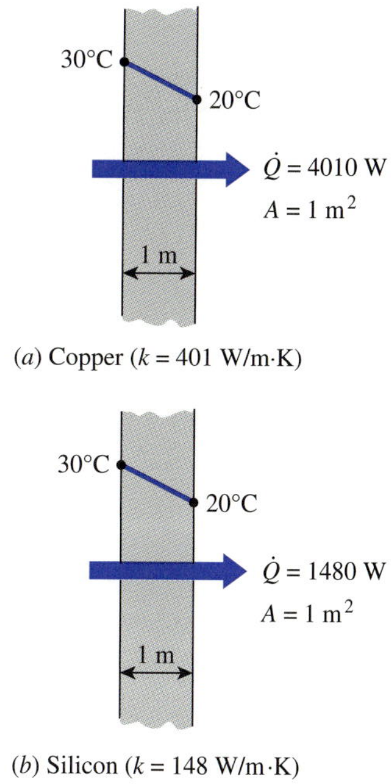

그림 1-2
고체를 통한 전도 열전달률은 고체의 열전도도에 비례한다.

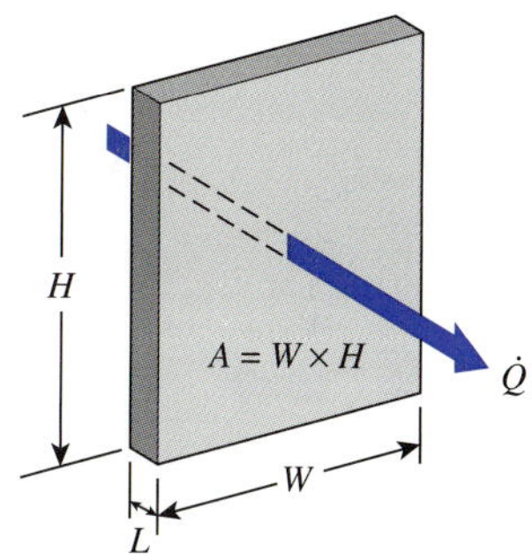

그림 1-3
열전도 해석에서 A는 열전달방향에 직각인 면적을 나타낸다.

예제 1-1 지붕을 통한 열손실 비용

전기로 난방하는 집의 지붕은 길이 6 m, 폭 8 m, 두께 0.25 m이고, k = 0.8 W/m·K인 콘크리트로 되어 있다(그림 1-4). 어느 날 밤에 지붕의 내부 및 외부 표면온도가 10시간 동안 각각 15°C, 4°C로 측정되었다. (*a*) 그날 밤 지붕을 통한 열손실을 구하라. (*b*) 전기료가 \$0.08/kWh인 경우 열손실에 대한 비용을 구하라.

풀이 전기로 난방을 하는 주택에서 지붕의 콘크리트 내부 및 외부 표면은 일정한 온도로 유지되었다. 지붕을 통한 열손실과 비용을 구하여야 한다.

가정 **1.** 지붕의 표면온도가 주어진 온도로 일정하였기 때문에 그날 정상 운전 조건을 유지하였다. **2.** 지붕에 대해 일정한 물성값을 사용할 수 있다.

물성값 지붕의 열전도도는 K = 0.8 W/m·K로 주어졌다.

해석 (*a*) 지붕을 통한 열전달은 전도이고 지붕의 면적은 48 m²이기 때문에 지붕을 통한 열전달률은

$$\dot{Q} = kA\frac{T_1 - T_2}{L} = (0.8\text{ K})(48\text{ m}^2)\frac{(15-4)°\text{C}}{0.25\text{ m}} = \mathbf{1690\ W = 1.69\ kW}$$

이다.

(*b*) 10시간 동안 지붕을 통한 열손실과 비용은 다음과 같다.

$$Q = \dot{Q}\,\Delta t = (1.69\text{ kW})(10\text{ h}) = 16.9\text{ kWh}$$
$$\text{Cost} = (\text{에너지 양})(\text{단위에너지당 비용}) = (16.9\text{ kWh})(\$0.08/\text{kWh}) = \mathbf{\$1.35}$$

검토 지붕을 통한 열손실에 대한 비용은 \$1.35이었다. 이 계산에서 벽을 통한 열손실을 고려하지 않았기 때문에 전체 난방비용은 훨씬 많이 들 것이다.

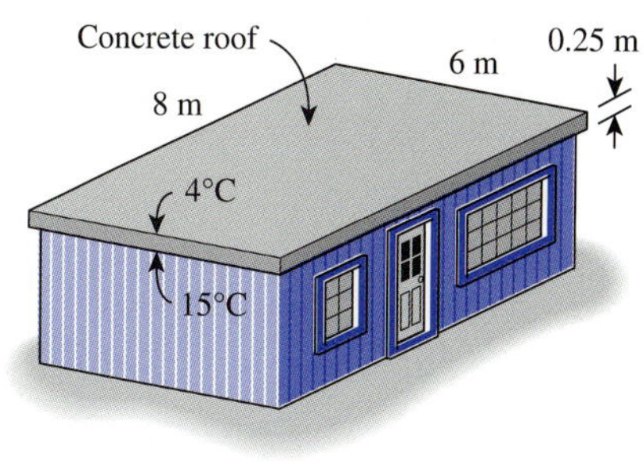

그림 1-4
예제 1-1의 개략도

표 1-1

상온에서 물질의 열전도도

Material	k, W/m·K
Diamond	2300
Silver	429
Copper	401
Gold	317
Aluminum	237
Iron	80.2
Mercury (l)	8.54
Glass	0.78
Brick	0.72
Water (l)	0.607
Human skin	0.37
Wood (oak)	0.17
Helium (g)	0.152
Soft rubber	0.13
Glass fiber	0.043
Air (g)	0.026
Urethane, rigid foam	0.026

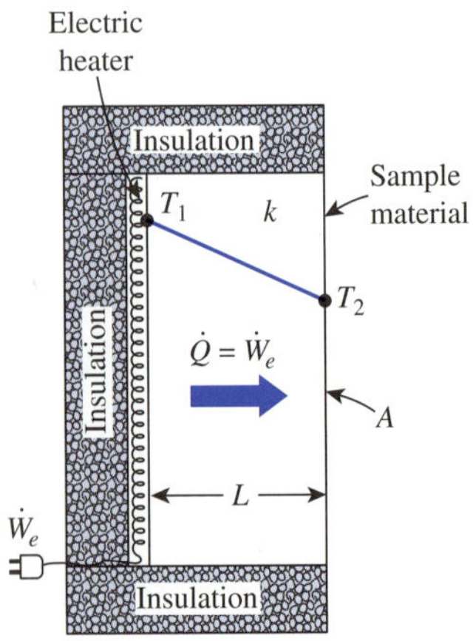

$$k = \frac{L}{A(T_1 - T_2)}\dot{Q}$$

그림 1-5

물질의 열전도도를 구하는 간단한 실험장치

열전도도

서로 다른 물질은 열을 저장하는 것이 다르며, 열을 저장하는 능력의 척도로 비열 c_p를 정의한다는 것을 열역학에서 다루었을 것이다. 예를 들어, 상온에서 물의 비열 c_p = 4.18 kJ/kg·K, 철의 비열 c_p = 0.45 kJ/kg·K라는 것은 단위 질량당 물이 철보다 거의 10배의 에너지를 저장할 수 있다는 것을 나타낸다. 마찬가지로 열전도도 k는 물질이 열을 전도할 수 있는 능력을 나타낸다. 예를 들어, 상온에서 물의 열전도도 k = 0.607 W/m·K, 철의 열전도도 k = 80.2 W/m·K라는 것은 철이 물보다 거의 100배 빨리 열을 전도할 수 있다는 것을 나타낸다. 따라서 물은 열을 저장하기에는 아주 좋은 재질이지만 철에 비해서 나쁜 열전도체라고 할 수 있다.

정상 상태에서의 열전도도에 관한 식 (1-1)을 열전도도의 정의식이라고 생각해도 된다. 따라서 물질의 **열전도도**(thermal conductivity)는 **물질의 단위면적, 단위온도 차이당 단위두께를 통한 열전달률로 정의**될 수 있다. 어떤 물질에서의 열전도도는 그 물질에서 얼마나 빨리 열이 흐르는지를 나타내는 척도이다. 열전도도가 큰 물질은 좋은 열전도체임을 나타내고 작은 열전도도의 물질은 나쁜 열전도체, 즉 **단열재**(*insulator*)임을 나타낸다. 상온에서 일반적인 물질의 열전도도를 표 1-1에 나타내고 있다. 상온에서의 순수 구리의 열전도도는 401 W/m·K인데, 이것은 1 m^2의 면적에서, 1°C의 온도 차이에서 1 m 두께의 구리 벽을 통하여 401 W의 열이 전도된다는 의미이다. 구리나 알루미늄 같은 전기적인 양도체는 역시 좋은 열의 전도체이어서 열전도도의 값이 크다. 고무, 나무 스티로폼 같은 물질은 나쁜 열전도체이고 작은 열전도도의 값을 가진다.

물질의 열전도도를 다음과 같이 구할 수 있다. 두께와 면적을 알고 있는 어떤 물질의 한쪽을 발열량을 알고 있는 전열선으로 가열한다. 전열기의 한쪽이 잘 단열되어 있다면 전열선에서 발생되는 모든 열은 열전도도를 구하고자 하는 물질을 통과할 것이다. 정상 상태에 도달했을 때 두 표면온도를 측정하여 알고 있는 다른 값들을 식 (1-1)에 대입하여 열전도도를 구할 수 있다(그림 1-5).

그림 1-6에서 보여 주듯이 물질의 열전도도는 광범위한 값을 가진다. 공기 같은 기체와 구리 같은 순수 금속의 열전도도는 10^4배 정도 차이가 난다. 금속의 열전도도가 가장 크고 기체나 단열재의 열전도도는 아주 작음에 주목하라.

온도는 물질의 분자 또는 원자와 같은 입자들의 운동에너지를 나타내는 척도이다. 액체 또는 기체에서 분자의 에너지는 진동, 회전운동 및 불규칙한(random) 운동에 의한 것이다. 서로 다른 에너지를 가지는 두 분자가 충돌할 때, 보다 활동적인(고온) 분자의 운동에너지 일부가 덜 활동적인(저온) 분자에 전달된다. 같은 질량을 가지고 서로 다른 속도를 가지는 두 개의 탄성체 공이 충돌할 때, 빠른 공의 에너지가 느린 공으로 전달되는 것과 같다. 온도가 높을수록 분자는 더 빨리 움직이고 충돌 횟수가 많아져 열전달은 더 잘 이루어진다.

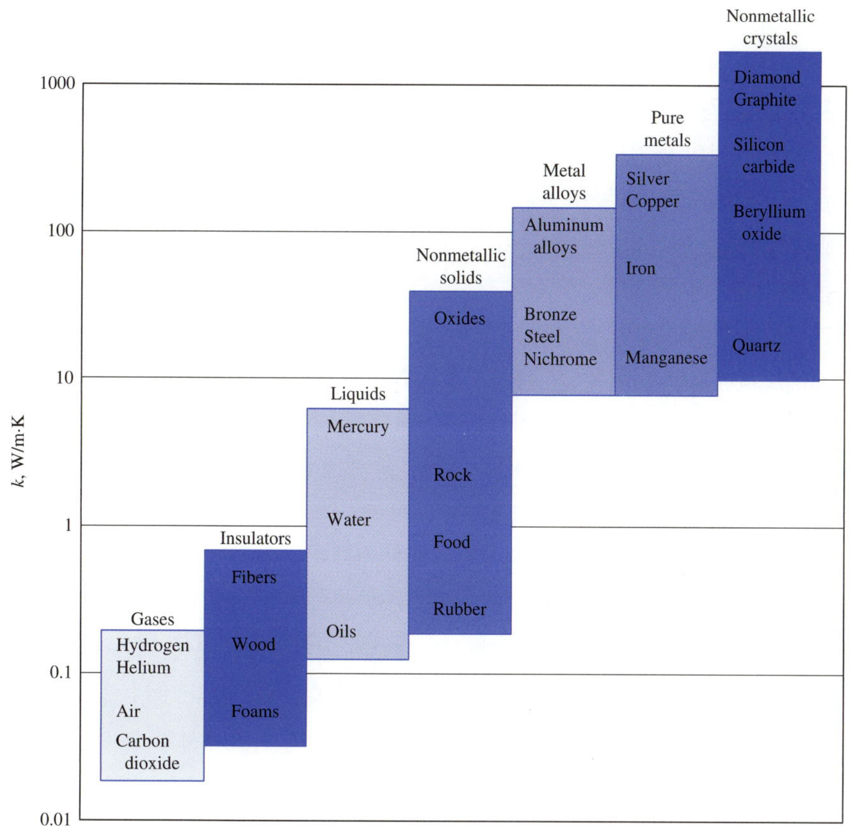

그림 1-6
상온에서 여러 가지 물질의 열전도도 범위

기체의 열전도도는 **절대온도 T의 제곱근**에 비례하고, **분자량 M의 제곱근**에 반비례한다는 것을 기체 **운동론**에서 예측하였고 실험으로 입증하였다. 즉, 분자량 M이 일정한 특별한 기체의 열전도도는 온도가 상승함에 따라 증가하고, 온도가 일정한 경우의 열전도도는 분자량 M이 증가함에 따라 감소한다. 예를 들면, 1000 K의 일정한 온도에서 헬륨($M = 4$)의 열전도도는 0.343 W/m·K이고, 공기($M = 29$)의 열전도도는 0.0667 W/m·K로 헬륨의 열전도도보다 매우 낮다.

1기압에서 **기체**의 열전도도가 Table A-23에 주어져 있다. 실제의 경우, 대부분의 압력에서 기체의 열전도도는 **압력에 무관**하기 때문에 1기압이 아닌 다른 압력에서도 사용될 수 있다.

액체의 경우 분자가 밀접해 있어 훨씬 강한 힘들이 작용하고 있기 때문에, 액체의 열전도도 메커니즘은 복잡하다. 액체의 열전도도는 보통 고체와 기체의 중간에 위치한다. 물질의 열전도도는 보통 고체 상태에서 가장 크고 기체 상태에서 가장 작다. 기체와 달리 액체의 열전도도는 온도가 증가함에 따라 감소하는데, 물의 경우는 예외이다. 기체와 마찬가지로 분자량이 증가하면 액체의 열전도도는 감소한다. 수은이나 나트륨 같은 액체금속은 큰 열전도도를 가지고 있어, 원자력발전소처럼 높은 열전달이 요구되는 응용분야에 적합하다.

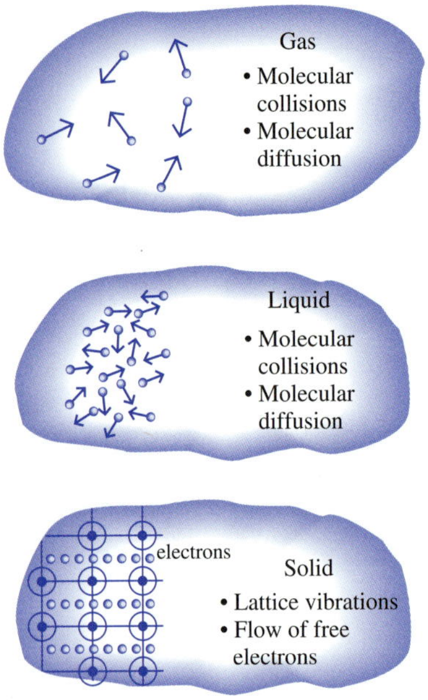

그림 1-7
서로 다른 상(phase)에서의 열전도 메커니즘

표 1-2

합금의 열전도도는 각 금속의 열전도도보다 일반적으로 훨씬 작다.

Pure metal or alloy	*k*, W/m·K, at 300 K
Copper	401
Nickel	91
Constantan (55% Cu, 45% Ni)	23
Copper	401
Aluminum	237
Commercial bronze (90% Cu, 10% Al)	52

표 1-3

물질의 열전도도는 온도에 따라 변한다.

	k, W/m·K	
T, K	Copper	Aluminum
100	482	302
200	413	237
300	401	237
400	393	240
600	379	231
800	366	218

고체의 경우 두 가지 효과에 의해 열전도가 일어난다. 비교적 주기적으로 배열되어 있는 격자에 위치하고 있는 분자의 진동에 의해 발생되는 **격자진동파**와, 고체 내의 **자유전자유동**에 의한 에너지 이동으로 인하여 고체에서 열전도가 이루어진다(그림 1-7). 고체의 열전도도는 격자 및 자유전자에 의한 효과의 합으로 구해진다. 순수 금속의 열전도도는 주로 전자에 의한 것이다. 격자에 의한 열전도도는 분자의 배열에 큰 영향을 받는다. 예를 들어 잘 배열된 결정체인 다이아몬드는 상온에서 가장 큰 열전도도를 가진다.

전기 및 열의 양도체인 금속과는 달리, 다이아몬드나 실리콘 **고체 결정체**는 양호한 열전도체이지만 전기는 잘 통하지 않아, 전자 산업분야에 널리 사용되고 있다. 다이아몬드가 매우 비싸지만 아주 큰 열전도도 때문에 민감한 전자 부품의 냉각에 사용되고 있다. 실리콘 오일이나 개스킷은 양호한 열전도 및 전기적 절연성 때문에 전자 부품의 패키지에 사용된다.

순수 금속의 열전도도가 크기 때문에 **금속의 합금**도 큰 열전도도를 가질 것으로 생각할 수 있다. 열전도도가 k_1과 k_2인 두 금속의 합금은 k_1과 k_2 사이의 열전도도를 가질 것으로 생각할 수 있지만 실제로는 그렇지 않다. 표 1-2에 보여주고 있듯이 두 금속 합금의 열전도도는 각 금속의 열전도도보다 훨씬 작다. 순수 금속에 열전도도가 좋은 "다른" 물질이 아주 조금만 첨가되어도 이 금속에서의 열 흐름은 상당히 방해받는다. 예를 들어, 철과 크롬의 열전도도는 각각 83 및 95 W/m·K이지만, 1%의 크롬을 함유한 철의 열전도도는 62 W/m·K이다.

물질의 열전도도는 온도에 따라 변한다(표 1-3). 그림 1-8에 보여주고 있듯이 어떤 물질에서는 어느 정도 온도범위에서의 열전도도 변화를 무시할 수 있지만 어떤 물질에서는 그렇지 않다. 특정한 고체의 열전도도는 절대온도 0 K 부근에서 급속하게 증가하는데, 이 온도 부근에서 이 고체를 **초전도체**라고 한다. 예를 들어, 구리의 열전도도는 20 K에서 20,000 W/m·K인데, 이는 상온에서의 열전도도의 50배이다. 여러 물질의 열전도도가 부록 Table A-15에서 A-25에 주어져 있다.

Table A-15에서 A-25에 주어진 열전도도의 값은 고려하는 물질의 물리적 크기가 상대적으로 클 때 적합하다. 마이크로 일렉트론과 같은 응용과학의 새로운 분야에서의 물리적 크기는 일반적으로 마이크로 또는 나노미터 차수의 크기이다. 이러한 응용분야에서의 작은 물리적 크기는 고체와 액체의 열전도도에 분명히 영향을 미칠 것이다. 이러한 상태에서, 물리적 크기의 감소는 에너지 이송의 정미평균거리를 감소시켜서 열전도도를 감소시킨다.

온도에 따라 열전도도가 변함으로 인하여 열전도 해석이 상당히 복잡해진다. 따라서 **평균온도**에서 열전도도 *k*를 구한 후 **일정**하다고 가정하여 계산을 행하는 것이 일반적인 관행이다.

열전달 해석에서 물질은 보통 모든 방향으로 균일한 성질을 가지는 **등방향성** (*isotropic*)이라고 가정한다. 다층으로 되어 있는 복합재나 나무와 같이 방향에 따

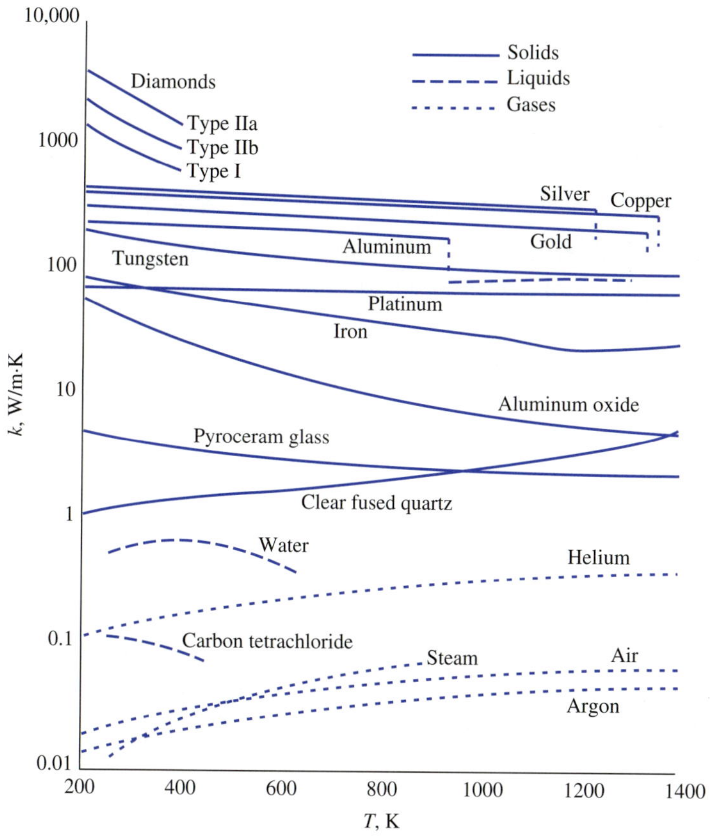

그림 1–8

여러 가지 고체, 액체 및 기체의 열전도도의 변화

라 다른 구조를 가지고 있는 물질을 제외한 대부분의 물질에 대해서 이 가정은 타당하다. 결을 가로지르는 방향으로의 열전도도와 결과 평행한 방향의 열전도도는 차이가 있다.

열확산율

열전달 해석에서 자주 나타나는 ρc_p는 물질의 **열용량**(heat capacity)이라 한다. 비열 c_p와 열용량 ρc_p는 물질의 열저장 능력을 나타낸다. 그러나 비열과 열용량의 단위 J/kg·K, J/m^3·K로부터 알 수 있듯이 c_p는 단위질량당, ρc_p는 단위 부피당으로 표현된다.

열전달 해석에서 나타나는 또 다른 물성값으로 다음과 같이 정의되는 **열확산율**(thermal diffusivity)이 있다.

$$\alpha = \frac{\text{Heat conduction}}{\text{Heat storage}} = \frac{k}{\rho c_p} \qquad (\text{m}^2/\text{s}) \tag{1–3}$$

여기서 ρ는 밀도, k는 열전도도, c_p는 비열이다.

열전도도 k는 물질이 열을 얼마나 잘 전도시키는가를 나타내고, 열용량 ρc_p는 단위 부피당 얼마나 많은 에너지를 저장하는가를 나타낸다. 따라서 열확산율은 물

표 1–4

상온에서 물질의 열확산율

Material	α, m^2/s
Silver	149×10^{-6}
Gold	127×10^{-6}
Copper	113×10^{-6}
Aluminum	97.5×10^{-6}
Iron	22.8×10^{-6}
Mercury (l)	4.7×10^{-6}
Marble	1.2×10^{-6}
Ice	1.2×10^{-6}
Concrete	0.75×10^{-6}
Brick	0.52×10^{-6}
Heavy soil (dry)	0.52×10^{-6}
Glass	0.34×10^{-6}
Glass wool	0.23×10^{-6}
Water (l)	0.14×10^{-6}
Beef	0.14×10^{-6}
Wood (oak)	0.13×10^{-6}

질을 통해 **전도된 열**과 단위 부피당 **저장된 열**의 비를 나타낸다. 큰 열전도도 또는 작은 열용량을 가지는 물질의 열확산율은 당연히 크다. 열확산율이 클수록 열은 빨리 물질 내에서 전파된다. 열확산율이 작다는 것은 대부분의 열이 물질에 의해 흡수되고 일부분만 전도된다는 것을 의미한다.

일반적인 물질의 20°C에서의 열확산율을 표 1-4와 같다. 물의 열확산율 $\alpha = 0.14 \times 10^{-6}$ m²/s와 은의 열확산율 149×10^{-6} m²/s와는 1,000배 이상의 차이가 있음에 주목하라. 또한 쇠고기와 물의 열확산율이 같음에 주목하라. 신선한 야채와 육류의 성분은 대부분 물이기 때문에 물과 같은 열확산율을 가지는 것이 이상한 것이 아니다.

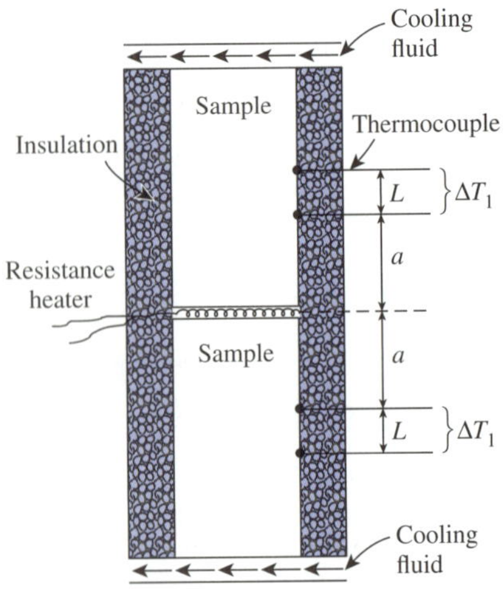

그림 1-9
동일한 두 샘플과 얇은 전열기를 사용하여 물질의 열전도도를 측정하기 위한 장치(예제 1-2).

예제 1-2 물질의 열전도도 측정

그림 1-9에 보여주고 있는 것처럼 동일한 두 샘플 사이에 얇은 전열판을 장착하여 물질의 열전도도를 일반적으로 측정한다. 얇은 실리콘 고무로 만든 피복을 포함한 전기가열기의 두께는 보통 0.5 mm보다 작다. 수돗물 같은 유체를 순환시켜 노출된 표면의 온도를 일정하게 유지한다. 샘플의 측면을 잘 단열시켜 샘플을 통한 열전달이 1차원이 되도록 한다. 각각의 샘플에서 길이 L만큼 떨어진 곳에 두 개의 열전대를 부착하여 온도 차이 ΔT를 측정한다. 정상 상태에 도달하면 두 샘플을 통한 열전달률은 전류와 전압의 곱으로 표기되는 전열기의 전기 동력과 동일하다.

어떤 실험에 직경 5 cm, 길이 10 cm의 원통형 샘플이 사용되었고 두 샘플에서의 열전대 간격은 3 cm이다. 정상 상태에 도달한 후 110 V 전압에 0.4 A의 전류가 흐르고 있을 때, 각 샘플에서의 열전대의 온도 차이가 모두 15°C이었다. 샘플의 열전도도를 구하라.

풀이 물질의 열전도도는 1차원 열전도가 이루어지게 하고 정상 운전 조건에 도달했을 때 온도를 측정하여 구한다.

가정 **1.** 온도가 시간에 따라 변하지 않을 때가 정상 운전 조건이다. **2.** 장치의 옆면은 단열이 잘 되어 열손실이 없고 전열기에 의해 발생한 전체 열은 샘플을 통하여 전도에 의해 전달된다. **3.** 장치는 대칭을 유지하고 있다.

해석 전열기에 의해 소비되는 전력은 다음과 같다.

$$\dot{W}_e = \mathbf{V}I = (110\text{ V})(0.4\text{ A}) = 44\text{ W}$$

전체 장치의 측면은 잘 단열되어 있으므로 전열기에 의해 발생된 열은 모두 샘플을 통하여 전도된다고 가정한다. 대칭이기 때문에 발생된 열의 반이 각 샘플을 통하여 흐르므로, 각각의 샘플을 통한 열전달률은

$$\dot{Q} = \tfrac{1}{2}\dot{W}_e = \tfrac{1}{2} \times (44\text{ W}) = 22\text{ W}$$

이다. 두 개의 샘플에서의 온도 차이가 같다는 것은 장치가 열적으로 대칭이라는 것을 의미한다. 열전달 면적은 열이 흐르는 방향에 직각인 면적 즉, 이 경우에는 원통의 단면적이다.

$$A = \tfrac{1}{4}\pi D^2 = \tfrac{1}{4}\pi(0.05\text{ m})^2 = 0.001963\text{ m}^2$$

열전달방향의 3 cm에 대해 15°C의 온도가 떨어지므로 샘플의 열전도도는 다음과 같이 구해진다.

$$\dot{Q} = kA\frac{\Delta T}{L} \quad \rightarrow \quad k = \frac{\dot{Q}\,L}{A\,\Delta T} = \frac{(22\text{ W})(0.03\text{ m})}{(0.001963\text{ m}^2)(15°\text{C})} = \mathbf{22.4\ W/m{\cdot}K}$$

검토 두 번째 샘플에서의 측정값으로 추가적인 정보를 얻는 것이 아니기 때문에, 이 장치에 두 샘플이 정말로 필요한가 하는 의문을 가질 수 있다. 사실 두 번째 샘플은 필요하지 않을 수도 있지만 샘플의 온도 측정값을 검증하고 실험오차를 줄이는 열적인 대칭을 보장한다.

예제 1-3 SI 단위와 영국단위 사이의 환산

벽돌 건물에 관한 열전달 해석을 하는 엔지니어가 영국단위로 된 벽돌의 열전도도가 필요하다. 그러나 그가 알아낸 열전도도는 SI 단위로 된 0.72 W/m·°C이다. 이 엔지니어는 열전도도에 대한 두 단위 사이의 환산표를 가지고 있지 않다. 어떻게 환산하면 되겠는가?

풀이 이러한 상황은 종종 일어날 수 있다. 단위를 환산할 때 흔히 범하기 쉬운 실수를 하여 비용손실을 초래할 수 있는 실수를 피하여야 한다. 단위 환산은 단순한 과정이지만 세심한 주의와 사고가 필요하다.

W와 m은 단순하게 보통 환산표에 주어져 있고 다음과 같다.

$$1\text{ W} = 3.41214\text{ Btu/h}$$
$$1\text{ m} = 3.2808\text{ ft}$$

그러나 °C와 °F는 환산표에 주어져 있지 않고 주의하지 않으면 에러가 생길 우려가 있다. 아마도 맨 먼저 생각하는 것은 $T(°\text{C}) = [T(°\text{F}) - 32]/1.80$이기 때문에 °C를 (°F − 32)/1.8로 바꾸면 될 것이라고 생각할 것이다. 그러나 W/m·°C에 있는 °C는 *온도 차이*를 나타내는 것이기 때문에 이것은 옳지 않다. 온도 변화 1°C는 1.8°F에 해당되기 때문에 옳은 환산인자는

$$1°\text{C} = 1.8°\text{F}$$

이다. 이를 대입하면

$$1\text{ W/m}{\cdot}°\text{C} = \frac{3.41214\text{ Btu/h}}{(3.2808\text{ ft})(1.8°\text{F})} = 0.5778\text{ Btu/h}{\cdot}\text{ft}{\cdot}°\text{F}$$

이고, 이것이 우리가 원하는 환산인자이다. 따라서 영국단위로 된 열전도도는 다음과 같다.

$$\begin{aligned} k_{\text{brick}} &= 0.72\text{ W/m}{\cdot}°\text{C} \\ &= 0.72 \times (0.5778\text{ Btu/h}{\cdot}\text{ft}{\cdot}°\text{F}) \\ &= \mathbf{0.42\ Btu/h{\cdot}ft{\cdot}°F} \end{aligned}$$

검토 영국단위로 된 물질의 열전도도는 SI 단위의 절반 정도임에 주목하라(그림 1-10). 또한 반올림하여 유효숫자 2자리까지만 표시하였음을 주목하라. 이는 원래 데이터가 두 자리이므로 0.42 대신에 0.4160처럼 보다 많은 숫자로 나타내면 더 정확하게 나타낸다고 잘못 인식할 수 있기 때문이다.

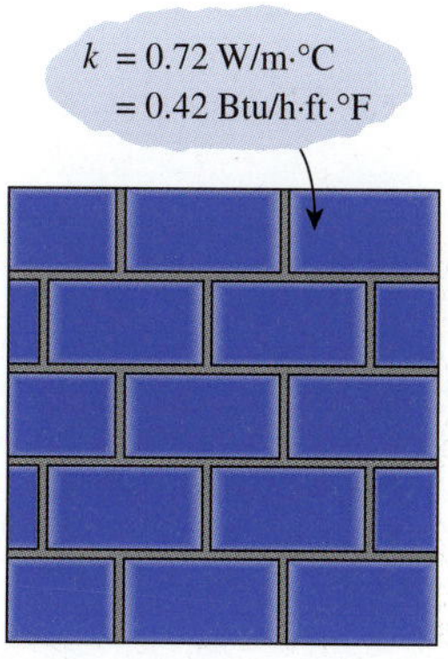

그림 1-10
SI 단위로 된 열전도도에 0.5778을 곱하면 영국단위를 얻을 수 있다.

1-3 ▪ 대류

대류(convection)는 고체표면과 움직이는 액체 또는 기체와의 열전달 형태이며, **전도**와 **유체유동**의 복합적인 효과를 포함한다. 유체유동이 빠를수록 대류 열전달은 커진다. 집단적 유체유동(bulk fluid motion)이 없을 때 고체표면과 이웃하고 있는 유체와의 열전달은 순전히 전도에 의한 것이다. 집단적 유체유동은 고체표면과 유체와의 열전달을 증가시키고 열전달률의 예측을 어렵게 한다.

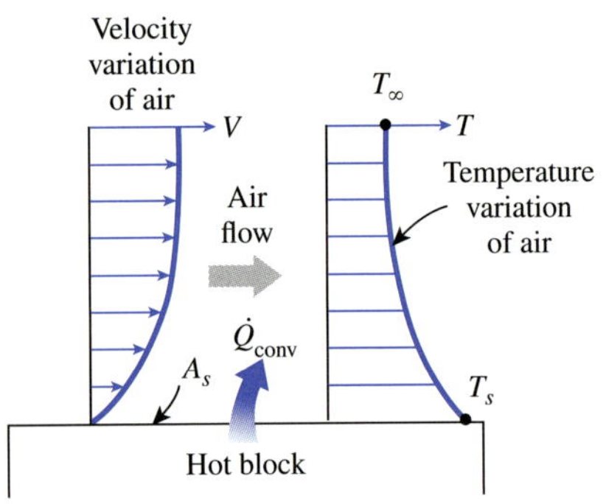

그림 1-11
뜨거운 표면에서 공기로의 대류에 의한 열전달

뜨거운 물체 위를 찬 공기를 불어 냉각시키는 경우를 생각해보자(그림 1-11). 처음에는 물체에 인접한 공기층에 전도에 의해 열전달이 일어난다. 그 다음 이 열은 공기 내에서의 분자들의 무질서한 운동(random motion)에 의한 전도와 표면 부근의 더워진 공기를 밀어내고 찬 공기로 채우는 집단적 유체유동의 혼합효과인 대류에 의해 제거된다.

송풍기, 펌프 또는 바람 등의 외부 수단에 의해 표면 위의 유동이 강제적으로 생길 때의 대류를 **강제대류**(forced convection)라고 한다. 이와는 달리 유체의 온도 차이로 인한 밀도 차이에 의해 발생하는 부력이 유체의 유동을 생기게 할 때 **자연대류**(natural convection) 또는 **자유대류**(free convection)라고 한다(그림 1-12). 예를 들어, 송풍기가 없는 경우에 그림 1-11에서의 뜨거운 물체에서의 열전달은 자연대류에 의한 것이다. 왜냐하면 이 경우의 모든 유체유동은 표면 부근의 더워진(따라서 가벼워진) 공기의 상승과, 그 빈 자리를 채우는 차가운(따라서 무거운) 공기의 하강으로 인한 것이기 때문이다. 공기의 유동저항을 극복하고 자연대류 유동을 시작할 만큼 공기와 물체의 온도 차이가 크지 않다면 전도에 의한 열전달이 일어나게 된다.

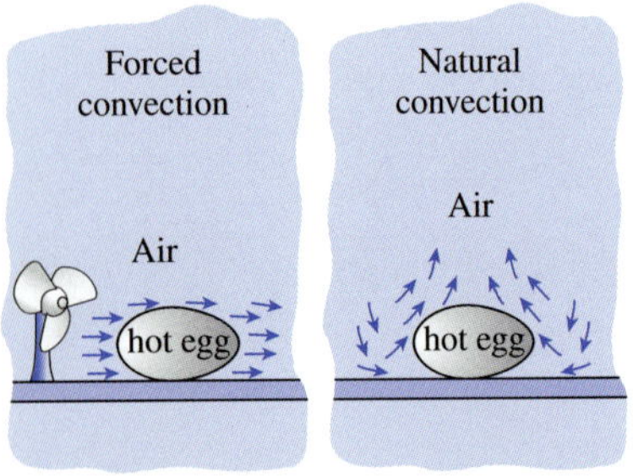

그림 1-12
강제대류와 자연대류에 의해 냉각되는 달걀

상변화(*change of phase*)를 포함하는 열전달도 대류로 간주되는데, 비등 중의 증기 방울의 상승과 응축 중 물방울의 하강 등과 같이 유체유동이 발생하기 때문이다.

대류의 복잡함에도 불구하고 **대류 열전달률**은 온도 차이에 비례하는 것으로 관찰되어, 다음과 같은 **Newton의 냉각법칙**(Newton's low of cooling)으로 표현된다.

$$\dot{Q}_{conv} = hA_s (T_s - T_\infty) \qquad \text{(W)} \qquad (1\text{-}4)$$

여기서 h는 **대류 열전달계수**(*convection heat transfer coefficient*)라고 하며 W/m^2·K의 단위를 가지고, A_s는 대류 열전달이 일어나는 표면의 면적, T_s는 표면의 온도이고 T_∞는 표면에서 충분히 멀리 떨어진 곳에서의 유체온도이다. 표면에서 유체의 온도는 고체표면의 온도와 같음에 주의하라.

표 1-5
열전달계수의 전형적인 값

Type of convection	h, W/m^2·K
Free convection of gases	2–25
Free convection of liquids	10–1000
Forced convection of gases	25–250
Forced convection of liquids	50–20,000
Boiling and condensation	2500–100,000

대류 열전달계수 h는 유체의 물성값이 아니다. 표면의 형상, 유체운동의 특성, 유체의 물성값 및 유체 속도 등 대류에 영향을 주는 모든 변수에 따라 달라지며, 실험에 의해 구해지는 파라미터이다. h의 일반적인 값들이 표 1-5에 주어져 있다.

대류는 근본적으로 유체유동이 존재하는 전도이므로 일부는 대류를 열전달의 기본 메커니즘으로 생각하지 않는다. 그러나 이 복합적인 현상을 "유체유동 중의 전도"라고 하지 않는 한 어차피 별도의 이름이 필요하다. 따라서 논란의 여지는 있지만 대류를 별도의 열전달 메커니즘으로 인식하는 것은 실용적이다.

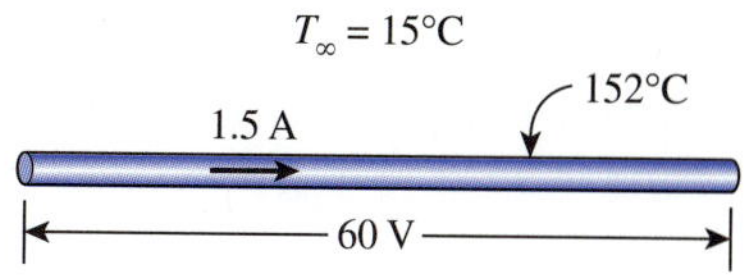

그림 1-13

예제 1-4에 대한 개략도

예제 1-4 **대류 열전달계수의 측정**

그림 1-13처럼 길이 2 m, 직경 0.3 cm의 전선이 15°C인 방에 놓여 있다. 전기저항에 의해 열이 발생하여 정상 상태에서 전선의 온도가 152°C로 일정하게 측정되었다. 또한 전선을 통한 전압 강하와 전류는 60 V와 1.5 A로 나타났다. 복사에 의한 열전달을 무시하고 전선의 표면과 방 안의 공기 사이의 열전달에 대한 대류 열전달계수를 구하라.

풀이 전선의 표면과 방 안의 공기 사이의 열전달에 대한 대류 열전달계수는 정상 작동 조건에 도달했을 때 온도와 전력소비를 측정하여 구할 수 있다.

가정 **1.** 온도가 시간에 따라 변하지 않았으므로 정상 상태에 도달하였다. **2.** 복사 열전달은 무시한다.

해석 정상 상태에 도달했을 때, 전선을 통한 열손실률은 전기저항에 의한 열발생률과 같다. 즉

$$\dot{Q} = \dot{E}_{\text{generated}} = \mathbf{V}I = (60\text{ V})(1.5\text{ A}) = 90\text{ W}$$

전선의 표면적은 다음과 같다.

$$A_s = \pi DL = \pi(0.003\text{ m})(2\text{ m}) = 0.01885\text{ m}^2$$

대류에 대한 Newton의 냉각법칙은 다음과 같이 표기된다.

$$\dot{Q}_{\text{conv}} = hA_s(T_s - T_\infty)$$

복사에 의한 열전달을 무시하고 전선에서의 모든 열손실은 대류에 의한 것이라 가정하면 대류 열전달계수는 다음과 같이 계산된다.

$$h = \frac{\dot{Q}_{\text{conv}}}{A_s(T_s - T_\infty)} = \frac{90\text{ W}}{(0.01885\text{ m}^2)(152 - 15)°\text{C}} = \mathbf{34.9\ W/m^2{\cdot}K}$$

검토 위에 설명된 과정은 공기 중 여러 표면에서의 평균 대류 열전달계수를 구하는 데 사용될 수 있다. 또한 둘러싸고 있는 방의 벽면 온도를 전선과 같은 온도로 유지하면 복사에 의한 열전달을 제거할 수 있다.

1-4 ▪ 복사

복사(radiation)는 원자나 분자에서의 전자 배치의 변화로 인하여 **전자기파**(*electromagnetic wave*) 또는 **광자**(*photon*)의 형태로 물체로부터 방사되는 에너지이다. 전도나 대류와는 달리 복사에 의한 에너지 전달은 **중간 매개체**가 필요하지 않다. 사실 복사에 의한 에너지 전달은 가장 빠르고(빛의 속도) 진공 중에서도 약해지지 않는다. 태양의 에너지가 지구에 도달하는 바로 그 방식이다.

열전달에서는 물체의 온도에 의해 물체로부터 복사의 형태로 방출하는 **열복사**

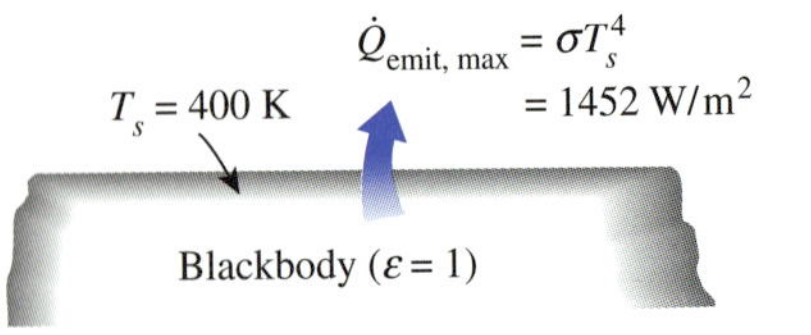

그림 1-14

흑체의 복사는 어떤 온도의 표면에서 방사되는 최대의 복사를 나타낸다.

표 1-6

300 K에서의 물질의 방사율

Material	Emissivity
Aluminum foil	0.07
Anodized aluminum	0.82
Polished copper	0.03
Polished gold	0.03
Polished silver	0.02
Polished stainless steel	0.17
Black paint	0.98
White paint	0.90
White paper	0.92–0.97
Asphalt pavement	0.85–0.93
Red brick	0.93–0.96
Human skin	0.95
Wood	0.82–0.92
Soil	0.93–0.96
Water	0.96
Vegetation	0.92–0.96

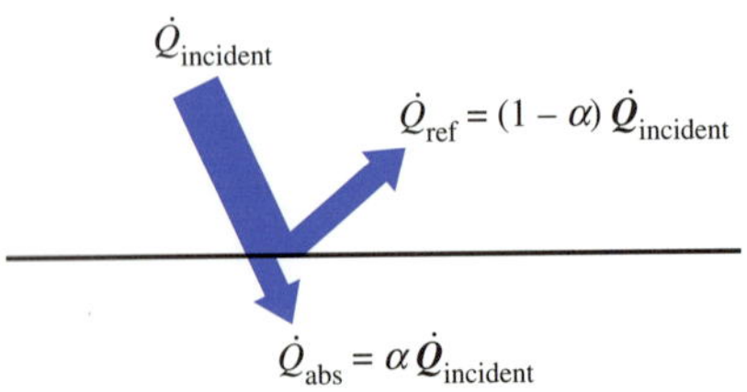

그림 1-15

흡수율 α인 표면에 입사되는 복사의 흡수

(*thermal radiation*)를 주로 취급한다. 온도와 무관한 X선, 감마선, 마이크로웨이브, 라디오 전파, 텔레비전 전파 등과 같은 전자기파의 형태와 복사는 다른 것이다. 절대온도 0 이상의 모든 물체는 열복사를 방출한다.

복사는 **부피현상**(*volumetric phenomenon*)이고 고체, 액체, 기체 모두 정도는 다르지만 복사에너지를 방출, 통과, 흡수한다. 그러나 금속, 바위, 나무 등과 같은 물체에서는 고체 내부에서 발생한 복사는 결코 표면에 도달할 수 없고, 또한 표면에 도달한 복사는 표면의 수 마이크론 이내에서 흡수되기 때문에, 이러한 열복사를 통과시키지 않는 고체의 경우 복사는 보통 **표면현상**(*surface phenomenon*)으로 간주된다.

절대온도 T_s인 표면으로부터 방사될 수 있는 최대 복사율은

$$\dot{Q}_{\text{emit, max}} = \sigma A_s T_s^4 \qquad \text{(W)} \tag{1-5}$$

로 표기되는 **Stefan-Boltzmann 법칙**(Stefan-Boltzmann law)으로 주어지고 $\sigma = 5.67 \times 10^{-8}\ \text{W/m}^2\cdot\text{K}^4$은 *Stefan-Boltzmann* 상수이다. 최대로 복사에너지를 방사하는 이상적인 표면을 **흑체**(blackbody)라고 하고 흑체에 의해 방출되는 복사를 **흑체복사**(blackbody radiation)이라 한다(그림 1-14). 실제 표면에서 방사되는 복사는 동일한 온도의 흑체 표면에서 방사되는 복사보다 작아서

$$\dot{Q}_{\text{emit}} = \varepsilon\sigma A_s T_s^4 \qquad \text{(W)} \tag{1-6}$$

로 표시되고, ε은 표면의 **방사율**(emissivity)이다. 방사율의 값은 $0 \le \varepsilon \le 1$이고 표면이 얼마나 $\varepsilon = 1$인 흑체에 가까운지를 나타낸다. 일부 표면에서의 방사율이 표 1-6에 주어져 있다.

또 다른 복사의 중요한 성질은 표면에 입사한 복사에너지 중 표면에 의해 흡수된 에너지 비율을 나타내는 **흡수율**(absorptivity) α이다. 방사율과 마찬가지로 그 값은 $0 \le \alpha \le 1$이다. 흑체는 입사된 복사를 전부 흡수한다. 즉 흑체는 완전한 방사체($\varepsilon = 1$)일 뿐 아니라 완전한 흡수체($\alpha = 1$)이다.

일반적으로 표면의 ε과 α는 온도와 복사의 파장에 따라 다르다. 주어진 온도와 파장에서의 ε과 α가 같다는 것이 **Kirchhoff의 복사법칙**(Kirchhoff's law of radiation)이다. 많은 실제 문제에서 표면온도와 입사되는 복사의 원천온도는 같은 크기 정도(order of magnitude)를 가지고, 표면의 평균 흡수율은 평균 방사율과 같다. 단위시간당 흡수하는 복사는 다음으로 구해진다(그림 1-15).

$$\dot{Q}_{\text{absorbed}} = \alpha\dot{Q}_{\text{incident}} \qquad \text{(W)} \tag{1-7}$$

여기서 $\dot{Q}_{\text{incident}}$은 단위시간당 표면에 입사하는 복사에너지이고 α는 표면의 흡수율이다. 불투명 표면에서는 흡수되지 않은 복사는 표면에서 반사된다.

표면에서 방사되는 복사와 흡수되는 복사의 차이가 순(*net*) 복사 열전달이다. 만약 흡수되는 복사 열전달률이 방사되는 복사 열전달률보다 크다면 표면은 복사

에 의해 에너지를 얻는다. 반대인 경우는 복사에 의해 에너지를 잃는다. 일반적으로 두 표면 사이에 복사에 의한 순 열전달률을 구하는 것은 매우 복잡한데, 그 이유는 표면들의 물성값, 두 표면의 상대적인 방향 및 표면 사이의 물질의 상호작용 등에 따라 그 값이 달라지기 때문이다.

방사율 ε 표면적 A_s, 절대온도 T_s인 표면이 절대온도 T_{surr}의 아주 크거나 흑체인 표면에 완전히 둘러싸여 있고, 그 사이에는 복사에 관여하지 않는 기체(공기 등)로 채워져 있을 때, 두 표면 사이의 순 복사 열전달률은 다음으로 주어진다(그림 1–16).

$$\dot{Q}_{rad} = \varepsilon\sigma A_s (T_s^4 - T_{surr}^4) \qquad (W) \tag{1-8}$$

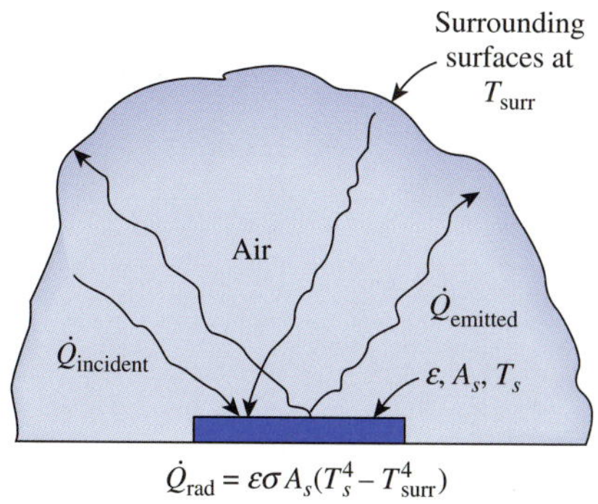

그림 1–16
한 표면과 둘러싸고 있는 표면 사이의 복사 열전달

이러한 특별한 경우에는 주위 표면의 방사율과 면적은 복사 열전달에 전혀 영향을 주지 못한다.

어떤 표면과 공기와 같은 기체 사이에는 복사 열절달과 함께 전도 열전달(집단적 유체유동이 있다면 대류 열전달)이 같이 발생한다. 따라서 전체 열전달은 두 열전달 메커니즘의 효과를 더하여 구하게 된다. 편의상 대류와 복사의 효과를 더한 **복합 열전달계수**(combined heat transfer coefficient) $h_{combined}$를 정의하여 사용한다. 그러면 표면으로부터 또는 표면으로의 대류 및 복사에 의한 전체 열전달률은 다음과 같이 표현된다.

$$\dot{Q}_{total} = \dot{Q}_{conv} + \dot{Q}_{rad} = h_{conv} A_s (T_s - T_{surr}) + \varepsilon\sigma A_s (T_s^4 - T_{surr}^4)$$

$$\dot{Q}_{total} = h_{combined} A_s (T_s - T_\infty) \qquad (W) \tag{1-9}$$

$$h_{combined} = h_{conv} + h_{rad} = h_{conv} + \varepsilon\sigma (T_s + T_{surr})(T_s^2 + T_{surr}^2)$$

복합 열전달계수는 근본적으로는 복사효과를 포함한 대류 열전달계수임에 주의하라.

일반적으로 전도나 자연대류와 비교하여 복사는 상대적으로 중요하지만 강제대류와 비교하면 무시할 수 있다. 따라서 강제대류의 응용에서는 보통 복사를 무시하는데, 특히 표면의 방사율이 낮거나, 온도가 그렇게 높지 않을 때 무시한다.

예제 1–5 온도관련 쾌적함에 대한 복사효과

방 안의 온도가 동일하게 유지된다고 해도 겨울에는 "춥게" 느껴지고 여름에는 "덥게" 느껴지는 것을 경험하였을 것이다. 이것은 우리의 몸과 벽 및 천장 사이의 복사 열전달에 의한 복사효과 때문이다.

사람이 22°C로 유지된 방 안에 서 있는 경우를 고려하자. 방의 벽, 마루, 천장의 내부 표면 평균온도가 겨울에는 10°C이고 여름에는 25°C로 측정되었다고 하자. 사람의 평균 외부 표면온도가 30°C이고 표면적이 1.4 m^2인 경우 복사 열전달률을 구하라(그림 1–17).

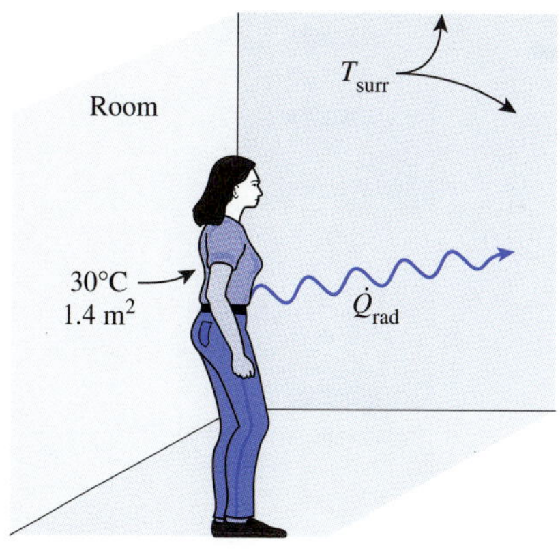

그림 1–17
예제 1–5의 개략도

풀이 여름과 겨울에 주어진 온도에서 사람과 주위 표면과의 복사 열전달률을 구해야 한다.

가정 **1.** 정상 상태가 존재한다. **2.** 대류에 의한 열전달은 고려하지 않는다. **3.** 사람은 방의 내부 표면에 완전하게 둘러싸여 있다. **4.** 주위 표면의 온도는 균일하다.

물성값 사람의 방사율은 0.95이다(표 1-6 참조).

해석 겨울과 여름에, 사람과 주위 벽, 마루, 천장 표면과의 순 복사 열전달률은 다음과 같다.

$$\begin{aligned}\dot{Q}_{\text{rad, winter}} &= \varepsilon\sigma A_s (T_s^4 - T_{\text{surr, winter}}^4)\\ &= (0.95)(5.67 \times 10^{-8}\ \text{W/m}^2\cdot\text{K}^4)(1.4\ \text{m}^2)\\ &\quad \times [(30 + 273)^4 - (10 + 273)^4]\ \text{K}^4\\ &= \mathbf{152\ W}\end{aligned}$$

그리고

$$\begin{aligned}\dot{Q}_{\text{rad, summer}} &= \varepsilon\sigma A_s (T_s^4 - T_{\text{surr, summer}}^4)\\ &= (0.95)(5.67 \times 10^{-8}\ \text{W/m}^2\cdot\text{K}^4)(1.4\ \text{m}^2)\\ &\quad \times [(30 + 273)^4 - (25 + 273)^4]\ \text{K}^4\\ &= \mathbf{40.9\ W}\end{aligned}$$

검토 복사 *열전달*의 계산에서는 *절대온도*를 사용해야만 한다. 겨울에 사람으로부터의 복사에 의한 열손실은 여름에 비해 거의 4배 정도이므로, 온도가 동일하더라도 겨울에 춥게 느껴지는 것이다.

1-5 ▪ 복합 열전달 메커니즘

열전달의 세 가지 메커니즘이 있지만 한 물체 내에서 세 가지가 동시에 발생하지는 않는다. 예를 들어, **불투명 고체**에서는 오직 전도에 의해, **반투명 고체**에서는 전도와 복사에 의해 열전달이 이루어진다. 따라서 고체에서 전도와 복사는 일어날 수 있지만 대류는 일어날 수 없다. 그러나 유체 또는 다른 표면에 노출되어 있는 경우의 고체표면에서는 대류와 복사가 동시에 또는 둘 중 하나가 관계될 수 있다. 예를 들어, 주위가 따뜻한 경우 차가운 바위의 겉 표면은 주위의 공기로부터의 대류와, 태양 또는 따뜻한 주위 표면으로부터 복사에 의해 데워진다. 바위의 내부는 이 열이 전도에 의해 전달되어 데워진다.

정지 유체(집단적인 유동이 없는 경우)에서는 전도 및 복사에 의해 열전달이 이루어지고, **운동하는 유체**에서는 대류와 복사에 의해 열전달이 이루어진다. 복사가 없는 경우 유체를 통한 열전달은 집단적인 유동의 유무에 따라 전도 또는 대류에 의해 열전달이 이루어진다. 대류를 전도와 유체유동의 조합으로 생각할 수 있고, 전도를 집단적 유체유동이 없는 특별한 형태의 대류라고 생각할 수 있다(그림 1-18).

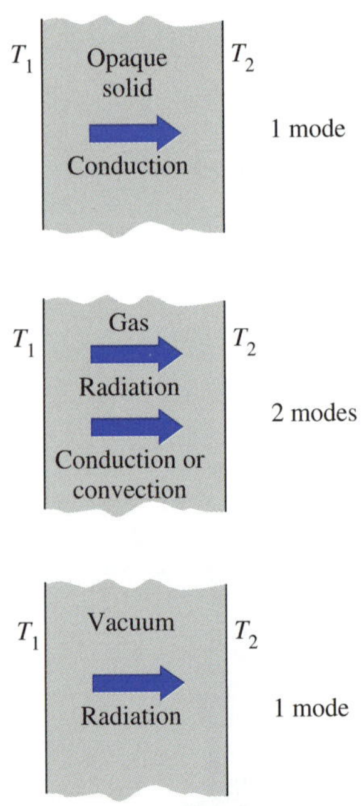

그림 1-18
세 가지 열전달 메커니즘이 있지만 한 매체에서는 동시에 두 가지만 관계될 수 있다.

따라서 **유체**를 통한 열전달을 다룰 때 **전도**나 **대류** 중 하나를 다루며 둘 다 취급하지는 않는다. 또한 일부 기체가 특별한 파장에서 복사를 강하게 흡수하는 것으로 알려져 있을 뿐, 대부분의 기체는 복사를 투과시킨다. 예를 들어, 오존은 자외선 복사를 강하게 흡수한다. 그러나 대부분의 경우, 두 고체 사이의 기체는 **진공**처럼 복사에 관여하지 않는다. 반면에 액체는 복사의 강한 흡수체이다.

마지막으로 전도 또는 대류는 매개 물질이 필요하기 때문에, 진공을 통하여서는 오직 복사에 의해 열전달이 이루어진다.

예제 1-6 사람으로부터의 열손실

사람이 20°C로 유지된 방 안에 서 있는 경우를 고려하자. 사람의 평균 외부 표면온도가 29°C, 표면적이 1.6 m^2이고, 대류 열전달계수가 6 $W/m^2 \cdot K$일 때 사람으로부터의 총 열전달률을 구하라(그림 1-19).

풀이 사람으로부터 주위 표면과 주위 공기로의 대류와 복사에 의한 총 열전달률을 구해야 한다.

가정 **1.** 정상 상태가 존재한다. **2.** 사람은 방의 내부 표면에 완전하게 둘러싸여 있다. **3.** 주위 표면의 온도와 방의 공기온도는 동일하다. **4.** 발을 통한 바닥으로의 열전도는 무시한다.

물성값 사람의 방사율은 0.95이다(표 1-6 참조).

해석 사람과 방 안 공기 사이의 열전달은 대류에 의한 것이다. 왜냐하면 피부나 옷의 주위에 있는 공기는 사람으로부터의 열전달로 인해 데워져서 위로 상승하여 대류유동이 시작되기 때문이다. 이 경우 대류 열전달계수는 6 $W/m^2 \cdot K$로 측정되었다. 따라서 사람으로부터 방 안 공기 사이의 대류 열전달률은 다음과 같다.

$$\begin{aligned}\dot{Q}_{\text{conv}} &= hA_s(T_s - T_\infty)\\ &= (6\ \text{W/m}^2\cdot\text{K})(1.6\ \text{m}^2)(29 - 20)^\circ\text{C}\\ &= 86.4\ \text{W}\end{aligned}$$

또한 사람으로부터 주위 표면으로 복사에 의해 열이 전달된다. 이 경우에는 벽, 천장, 바닥의 온도를 공기 온도와 같다고 했지만 항상 그런 것은 아니다. 바깥 조건과 벽의 구조 등에 따라 벽의 온도는 공기 온도보다 높을 수도 낮을 수도 있다. 공기는 복사에 관여하지 않고 사람은 완전히 주위에 둘러싸여 있으므로 사람으로부터 방 안 공기 사이의 복사 열전달률은 다음과 같다.

$$\begin{aligned}\dot{Q}_{\text{rad}} &= \varepsilon\sigma A_s(T_s^4 - T_{\text{surr}}^4)\\ &= (0.95)(5.67 \times 10^{-8}\ \text{W/m}^2\cdot\text{K}^4)(1.6\ \text{m}^2)\\ &\quad \times [(29 + 273)^4 - (20 + 273)^4]\ \text{K}^4\\ &= 81.7\ \text{W}\end{aligned}$$

복사 *열전달*의 계산에서는 절대온도를 사용해야 한다는 것에 주의하라. 방사율은 약간 높은 온도에서는 크게 변하지 않으므로 피부와 옷에 대한 방사율을 방의 공기 온도에서의 값을 사용하였다.

그러면 사람으로부터의 총 열전달률은 그 둘을 더하여 구한다.

$$\dot{Q}_{\text{total}} = \dot{Q}_{\text{conv}} + \dot{Q}_{\text{rad}} = (86.4 + 81.7)\ \text{W} \cong \mathbf{168\ W}$$

검토 사람이 옷을 입지 않았다면 노출된 표면의 온도가 높기 때문에 열전달률은 더 클 것이다. 따라서 옷의 중요한 기능은 열전달에 대한 방지일 것이다.

이 계산에서 발을 통한 바닥으로의 열전도는 보통 아주 작기 때문에 무시하였다. 땀에 의한 피부로부터의 열전달은 더운 환경에서는 아주 지배적인 열전달 현상이지만 여기서는 고려되지 않았다.

또한 $W/m^2 \cdot {}^\circ C$와 $W/m^2 \cdot K$는 동일하여 서로 바꾸어 사용할 수 있다.

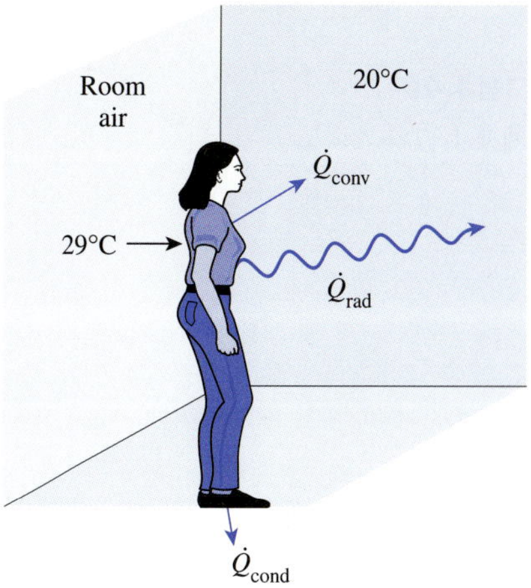

그림 1-19

예제 1-6에 설명된 사람으로부터의 열전달

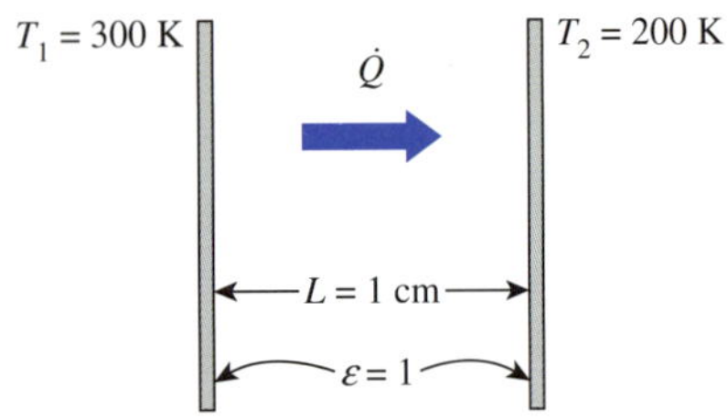

그림 1-20
예제 1-7의 개략도

예제 1-7 두 평판 사이의 열전달

그림 1-20에 보여주고 있는 것과 같이 간격 L = 1 cm, 온도 T_1 = 300 K, T_2 = 200 K인 두 개의 큰 평행 평판 사이의 정상 열전달을 고려하자. 표면을 흑체(방사율 ε = 1)라고 가정하여 두 개의 평판 사이에 (*a*) 대기 상태의 공기, (*b*) 진공, (*c*) 단열재인 우레탄, (*d*) 열전도도가 0.00002 W/m²·K인 초단열재로 채워져 있을 때, 단위면적당 두 평판 사이의 열전달률을 각각 구하라.

풀이 네 가지 경우에 대해 온도가 주어진 두 큰 평행 평판 사이의 열전달을 구해야 한다.

가정 **1.** 정상 상태가 존재한다. **2.** 평판과 공기 사이의 자연대류는 없다. **3.** 표면은 흑체이고 따라서 ε = 1이다.

물성값 평균온도인 250 K에서의 공기의 열전도도는 0.0219 W/m·K(Table A-22), 우레탄의 열전도도는 0.026 W/m·K이고, 초단열재의 열전도도는 0.00002 W/m·K이다.

해석 (*a*) 공기 중에서 일어날 수도 있는 자연대류를 무시하면, 두 평판 사이의 공기층을 통한 전도 및 복사 열전달은 다음과 같다.

$$\dot{Q}_{\text{cond}} = kA\frac{T_1 - T_2}{L} = (0.0219\text{ W/m·K})(1\text{ m}^2)\frac{(300 - 200)\text{K}}{0.01\text{ m}} = 219\text{ W}$$

$$\dot{Q}_{\text{rad}} = \varepsilon\sigma A(T_1^4 - T_2^4)$$
$$= (1)(5.67 \times 10^{-8}\text{ W/m}^2\text{·K}^4)(1\text{ m}^2)[(300\text{ K})^4 - (200\text{ K})^4] = 369\text{ W}$$

그러므로

$$\dot{Q}_{\text{total}} = \dot{Q}_{\text{cond}} + \dot{Q}_{\text{rad}} = 219 + 369 = \mathbf{588\ W}$$

이다. 실제의 경우에는 두 평판 사이의 공기층에서 자연대류가 일어나기 때문에 열전달률은 이보다 클 것이다.

(*b*) 평판 사이가 진공이라면 전도나 대류가 일어나지 않기 때문에 평판 사이의 열전달은 오직 복사에 의한 것이다. 따라서 다음과 같다.

$$\dot{Q}_{\text{total}} = \dot{Q}_{\text{rad}} = \mathbf{369\ W}$$

(*c*) 두 평판 사이의 비투과성 고체는 평판 사이의 복사 열전달을 차단한다. 또한 단열재의 열전도도는 단열재질의 비어 있는 틈들을 통해 일어날 수 있는 복사도 고려한 것이다. 우레탄 단열재를 통한 열전달률은 다음과 같다.

$$\dot{Q}_{\text{total}} = \dot{Q}_{\text{cond}} = kA\frac{T_1 - T_2}{L} = (0.026\text{ W/m·K})(1\text{ m}^2)\frac{(300 - 200)\text{K}}{0.01\text{ m}} = \mathbf{260\ W}$$

단열재의 열전도도가 공기의 열전도도보다 훨씬 크지만 우레탄을 통한 열전달이 (*a*)에서 구한 공기를 통한 열전달보다 작음에 주목하라. 공기는 복사를 통과시키지만 단열재는 복사를 차단하기 때문이다.

(*d*) 초단열재 층이 직접적인 복사 열전달을 방지한다. 그러나 초단열재의 얇은 판 사이에서는 복사 열전달이 일어나는데 초단열재의 열전도도는 이러한 효과를 포함한 것이다. 따라서,

$$\dot{Q}_{\text{total}} = kA\frac{T_1 - T_2}{L} = (0.00002\text{ W/m·K})(1\text{ m}^2)\frac{(300 - 200)\text{K}}{0.01\text{ m}} = \mathbf{0.2\ W}$$

이고, 이것은 진공을 통한 열전달의 1/1845이다. 이 예제의 결과를 그림 1-21에 도시하고 있다.

검토 초단열재의 유용함과, 비용이 많이 드는 데도 불구하고 중요한 응용부분에 왜 초단열재가 사용되는가를 이 예제가 잘 보여주고 있다.

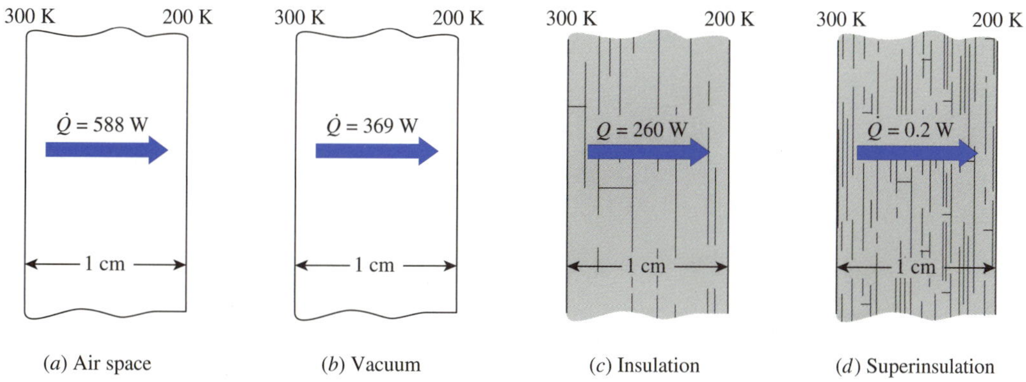

그림 1-21
두 등온 평판 사이의 열전달을 감소시키는 여러 방법과 그 효과

예제 1-8 대류 열전달과 전자레인지

빠르고 효율적인 요리 방식으로 인하여 전자레인지는 현대의 주방에서 필수품이 되었다(그림 1-22). 전자레인지와 재래식 오븐에서의 닭의 요리와 관련된 열전달 메커니즘을 설명하고 왜 전자레인지에서의 요리가 더 효율적인지 설명하라.

풀이 전자레인지에서는 마그네트론(magnetron)이라고 하는 마이크로웨이브 튜브에서 발생되는 전자기 복사에너지를 흡수하여 음식이 조리된다. 마그네트론에서 방출되는 복사에너지는 온도에 의한 것이 아니라, 전기에너지가 특정한 파장의 전자기 복사로 변환되어 이루어지는 것이기 때문에 마그네트론에서 방출되는 복사는 열복사가 아니다. 마이크로웨이브의 복사 파장은 금속 표면에 의해 반사되고, 유리, 세라믹, 플라스틱으로 만들어진 조리 기구를 *투과하여*, 음식물(특히 물, 설탕 및 지방)의 분자에 의해 *흡수되어* 내부에너지로 변환된다.

전자레인지에서 닭에 도달된 *복사*는 닭의 껍질 및 표피층에 의해 흡수된다. 결과적으로 껍질 및 그 부근에서의 온도가 상승하게 된다. 그리고 닭의 바깥 부분으로부터 안쪽으로 열이 *전도*된다. 물론 닭의 바깥 표면에 흡수된 열의 일부는 전자레인지의 공기로 *대류*에 의해 손실된다.

재래식 오븐에서는 전기 또는 가스 가열에 의해 오븐의 공기가 먼저 원하는 온도로 가열된다. 이 예열과정은 몇 분 정도 걸린다. 대부분의 오븐에서는 *자연대류*에 의해, 그리고 공기 유동장치(air mover)가 있는 새로운 오븐에서는 *강제대류*에 의해 공기로부터 닭의 껍질에 열이 전달된다. 대류 오븐에서의 공기 유동은 대류 열전달계수를 증가시키고 따라서 요리 시간을 줄인다. 그리고 전자레인지에서와 마찬가지로 닭의 바깥 부분으로부터 안쪽으로 열이 *전도*된다.

재래식 오븐에서 느리게 이루어지는 대류 열전달 과정이 전자레인지에서는 순간적인 복사 열전달로 대체되기 때문에, 전자레인지를 켜는 순간부터 최대의 용량으로 에너지가 음식으로 전달되기 때문에 적은 에너지가 소모되면서 빨리 조리된다.

그림 1-22
전자레인지에서 요리되고 있는 닭(예제 1-8)

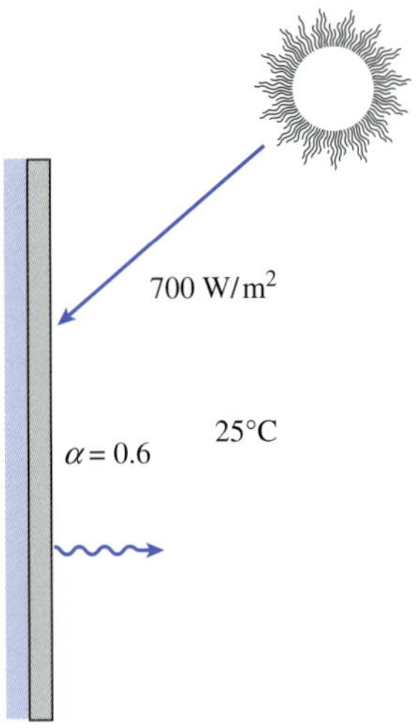

그림 1-23
예제 1-9의 개략도

예제 1-9 태양 에너지에 의한 평판의 가열

얇은 금속판의 뒷면은 단열되어 있고 앞면은 태양의 복사에 노출되어 있다(그림 1-23). 노출된 표면의 흡수율은 0.6이다. 표면에 입사하는 태양 복사에너지는 700 W/m²이고, 주위 공기온도는 25°C이다. 판으로부터의 대류 및 복사 열손실이 판에 흡수된 태양 에너지와 같을 때 판의 온도를 구하라. 대류와 복사의 복합 열전달계수가 50 W/m²·K라고 가정하라.

풀이 얇은 판의 뒷면은 단열되어 있고 앞면은 태양의 복사에 노출되어 있다. 평형 상태에 도달했을 때 판의 표면온도를 구하여야 한다.

가정 **1.** 정상 상태가 존재한다. **2.** 단열된 쪽을 통한 열전달은 무시할 만하다. **3.** 열전달계수는 일정하게 유지된다.

물성값 판에 의한 태양 에너지의 흡수율(α)은 0.6이다.

해석 판의 흡수율은 0.6이므로 입사하는 태양 복사에너지의 60%는 계속 흡수된다. 따라서 판의 온도가 상승하여 판과 주위의 온도 차이는 증가한다. 이 온도 차이의 증가가 판으로부터 주위로의 열전달률을 증가시킨다. 어떤 시점에 판으로부터의 열손실률과 태양 에너지의 흡수율이 같아지면 판의 온도는 더 이상 변하지 않는다. 정상 조건에 도달했을 때의 판의 온도는 다음과 같이 구해진다.

$$\dot{E}_{\text{gained}} = \dot{E}_{\text{lost}} \quad \text{또는} \quad \alpha A_s\, \dot{q}_{\text{incident, solar}} = h_{\text{combined}} A_s (T_s - T_\infty)$$

T_s에 대해 풀어 대입하면 판의 온도는 다음과 같다.

$$T_s = T_\infty + \alpha \frac{\dot{q}_{\text{incident, solar}}}{h_{\text{combined}}} = 25°\text{C} + \frac{0.6 \times (700\ \text{W/m}^2)}{50\ \text{W/m}^2\cdot\text{K}} = \mathbf{33.4°C}$$

검토 열손실 때문에 판의 온도가 33.4°C 이상 되지 않는다는 것에 주목하라. 또한 복합 열전달계수는 대류와 복사효과를 모두 고려한 것이어서 적당하게 정확한 값이 알려져 있다면 열전달 계산에 매우 편리하게 사용될 수 있다.

요약 | SUMMARY

열은 전도, 대류, 복사의 세 가지 형태로 전달될 수 있다. **전도**는 물체에서 입자들의 상호작용에 의해 보다 활동적인 입자로부터 이웃의 덜 활동적인 입자로 에너지가 전달되며, 다음과 같은 *Fourier*의 열전도 법칙으로 표시된다.

$$\dot{Q}_{\text{cond}} = -kA\frac{dT}{dx}$$

여기서 k는 물질의 **열전도도**, A는 열전달방향에 직각인 **면적**, dT/dx는 **온도구배**이다. 두께 L인 평판을 통한 열전도도의 크기는

$$\dot{Q}_{\text{cond}} = kA\frac{\Delta T}{L}$$

이고, ΔT는 평판을 통한 온도 차이이다.

대류는 고체표면과 움직이는 액체 또는 기체와의 에너지 전달 형태이며, 전도와 유체운동의 복합적인 효과를 포함한다. 대류는 온도 차이에 비례하는 것으로 관찰되며, 다음과 같은 *Newton*의 냉각법칙(*Newton's low of cooling*)으로 표현된다.

$$\dot{Q}_{\text{convection}} = hA_s (T_s - T_\infty)$$

여기서 h는 W/m²·K 또는 Btu/h·ft²·R의 단위를 가지는 **대류 열전달계수**(*convection heat transfer coefficient*)이고, A_s는 대류 열전달이 일어나는 **표면의 면적**, T_s는 **표면온도**, T_∞는 표면으로부터 멀리 떨어진 **유체의 온도**이다.

복사는 원자나 분자에서의 전자 배치의 변화로 인하여 전자기파(electromagnetic wave) 또는 광자(photon)의 형태로 물체로부터 방사되는 에너지이다. 절대온도 T_s인 표면에서 방사하는 최대의 복사에너지는 *Stefan-Boltzman* 법칙인 $\dot{Q}_{\text{emit, max}} = \sigma A_s T_s^4$로 주어지고, $\sigma = 5.67 \times 10^{-8}$ W/m²·K⁴ 또는 0.714×10^{-8} Btu/h·ft²·R⁴인 *Stefan-Boltzman* 상수이다.

방사율 ε, 표면적 A_s, 온도 T_s인 표면이 T_{surr}인 큰 표면 또는 흑체 표면에 완전히 둘러싸여 있고 그 사이에 복사에 관여하지 않는 기체(예: 공기)가 있을 때, 이 두 표면에서의 순(net) 복사 열전달률은 다음으로 주어진다.

$$\dot{Q}_{rad} = \varepsilon\sigma A_s(T_s^4 - T_{surr}^4)$$

이 경우 주위 표면의 방사율과 면적은 복사 열전달에 전혀 영향을 주지 못한다.

표면이 흡수하는 복사율은 $\dot{Q}_{absorbed} = \alpha\dot{Q}_{incident}$로부터 구해진다. 여기서, $\dot{Q}_{incident}$는 표면에 도달하는 복사율이고, α는 표면의 흡수율이다.

참고문헌 | REFERENCES AND SUGGESTED READINGS

1. Y. A. Çengel and M. A. Boles. *Thermodynamics: An Engineering Approach*. 7th ed. New York: McGraw-Hill, 2011.
2. Y. A. Çengel and A. J. Ghajar. *Heat and Mass Transfer: Fundamentals and Applications*. 4th ed. New York: McGraw-Hill, 2011.
3. Robert J. Ribando. *Heat Transfer Tools*. New York: McGraw-Hill, 2002.

연습문제* | PROBLEMS

열전달 메커니즘

1–1C 열전도도를 정의하고 열전달에서의 중요성을 설명하라.

1–2C 열전달 메커니즘은 무엇인가? 각각을 어떻게 구별할 수 있는가?

1–3C 고체, 액체 및 기체에서의 열전도와 관련된 물리적 메커니즘은 무엇인가?

1–4C 겨울에 집의 창문이 없는 벽을 통한 열전달을 생각해보자. 벽을 통한 전도 열전달률에 영향을 주는 파라미터에 대해 논의하라.

1–5C 열전달의 각 형태를 지배하는 물리적인 법칙에 대한 식을 적고 각각의 관계식에 포함되는 변수를 설명하라.

1–6C 열전도는 대류와 어떻게 다른가? 자연대류는 강제대류와 어떻게 다른가?

1–7C 태양으로부터 지구로 도달하는 에너지는 전도에 의한 것인가 복사에 의한 것인가?

1–8C 자연대류와 강제대류는 어떻게 다른가?

1–9C 방사율과 흡수율을 정의하라. Kirchhoff의 복사법칙은 무엇인가?

1–10C 흑체는 무엇인가? 실제 물체는 흑체와 어떻게 다른가?

1–11C 열전도도의 단위 W/m·K로부터, 물질의 열전도도를 단위 온도 차이에 대해 물질의 단위두께를 통한 열전달률로 정의할 수 있겠는가?

1–12C 겨울에 집의 두 벽을 통한 열전달을 고려하자. 두 벽은 하나의 벽에는 유리창이 끼워져 있을뿐 나머지 모든 것은 동일하다. 어느 벽을 통한 열손실이 더 큰지 설명하라.

1–13C 한 집의 벽은 벽돌로 되어 있고 다음 집은 나무로 되어 있는 것 외에는 완전히 같은 두 집을 고려하자. 벽돌로 된 집의 벽 두께가 나무 집의 벽 두께보다 두 배인 경우 어느 집이 에너지 손실이 적겠는가?

1–14C 하나의 벽은 10 cm 두께의 나무로 되어 있으며 다른 벽은 25 cm 두께의 벽돌로 되어 있고 다른 모든 것은 동일한 두 벽을 고려하자. 어느 벽을 통한 열손실이 더 큰지 설명하라. 겨울에 어느 벽을 통한 열손실이 더 클까?

1–15C 기체와 액체의 열전도도는 온도에 따라 어떻게 변하는가?

1–16C 초단열재의 열전도도가 일반 단열재의 열전도도보다 왜 훨씬 더 작은가?

1–17C 단열재의 열전도 능력을 일반적인 열전도도로 나타내지 않고 겉보기 열전도도로 나타내는가?

1–18C 열전도도가 각각 k_1, k_2인($k_1 < k_2$) 두 금속으로 이루어진 합금을 고려하자. 이 합금의 열전도도는 k_1보다 작을 것인가? k_2보다 클 것인가? k_1과 k_2 사이가 될 것인가?

1–19 두께 2 cm 평판의 표면이 각각 0°C와 80°C를 유지하고 있

* "C"로 표시된 문제는 개념에 관한 문제들이며, 학생들은 모든 문제를 풀어 보도록 권고한다. "◉" 아이콘, "▣" 아이콘이 있는 문제는 EES 프로그램을 사용하여 풀어야 한다.

다. 평판을 통한 열전달률이 500 W/m²일 때, 평판의 열전도도를 구하라.

1–20 각각 12 W를 방출하는 4개의 트랜지스터가 22 cm × 22 cm인 얇은 알루미늄 수직 평판에 부착되어 있다. 트랜지스터에서 발생되는 열은 송풍기에 의한 바람으로 25°C인 주위 공기로 방출된다. 평판은 거의 등온을 유지하고, 평판의 노출된 면적은 그 평판의 기저의 면적과 같다고 가정한다. 평균 대류 열전달계수가 25 W/m²·K일 때 알루미늄 평판의 온도를 구하라. 복사효과는 무시한다.

1–21 화력발전소에서 과열증기를 이송시키는 파이프를 흔히 볼 수 있다. 길이 10 m, 직경 5 cm인 파이프 내에 0.3/kg의 율로 과열증기가 흐른다. 파이프는 20°C인 화력발전소 안에 설치되어 있고, 파이프의 표면온도는 균일하게 100°C를 유지한다. 파이프의 입구온도와 출구온도의 차가 30°C이고, 증기의 비열이 2190 J/kg·K이라면, 파이프의 표면과 주위 사이에 일어나는 대류의 열전달계수를 구하라.

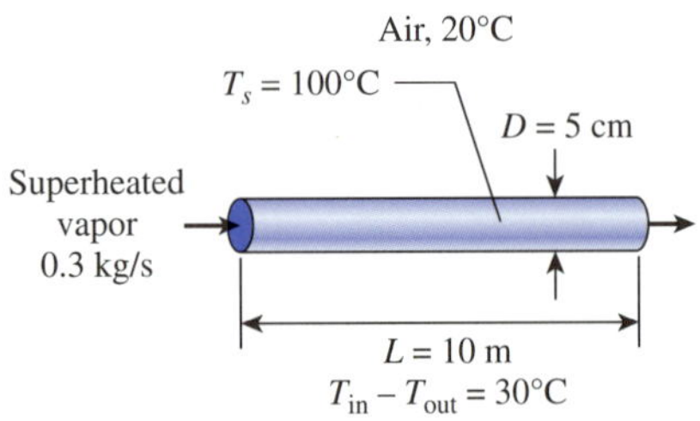

그림 P1–21

1–22 전류 5 A가 흐르고 전압 6 V가 걸려 있는 저항선이 있다. 저항선은 길이가 15 cm, 직경이 2.5 cm인 원통형이며, 90°C의 일정한 표면온도를 가지고 있다. 실내 공기의 온도가 20°C일 때, 대류 열전달계수를 구하라. 복사는 무시한다. **답: 33.6 W/m²·K**

1–23 열전도도 0.69 W/m·K, 두께 30 cm인 4 m × 7 m 벽돌

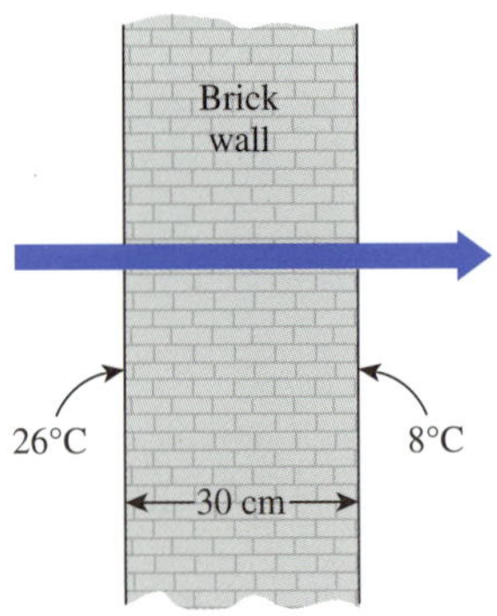

그림 P1–23

내부 및 외부 표면의 온도가 각각 26°C와 8°C로 유지되고 있다. 벽을 통한 열전달을 W단위로 구하라.

1–24 겨울에 두께 0.5 cm인 2 m × 2 m 창문의 유리 내부와 외부 표면온도가 각각 10°C와 3°C이다. 유리의 열전도도 0.78 W/m·K일 때, 5시간 동안 유리를 통한 열손실량을 구하라. 유리의 두께가 1 cm일 때는 어떻게 될까? **답: 78.6 MJ, 39.3 MJ**

1–25  문제 1–21을 다시 고려하라. EES(또는 다른 프로그램)를 사용하여 유리의 두께가 0.1 cm에서 1 cm 사이에서 열손실을 두께의 함수형태로 그래프를 그려라. 결과를 논하라.

1–26 열전도도가 237 W/m·K인 알루미늄 냄비의 바닥은 직경이 15 cm이고 두께가 0.4 cm이다. 냄비의 바닥으로부터 끓는 물에 800 W로 열이 전달된다. 냄비 바닥의 내부 표면온도가 105°C일 때, 냄비 바닥의 외부 표면온도를 구하라.

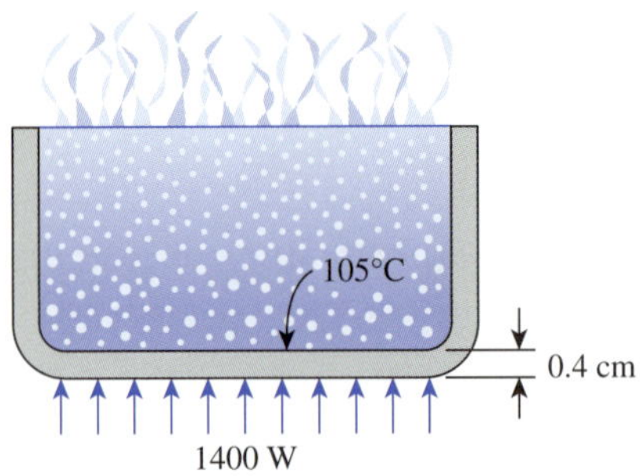

그림 P1–26

1–27 전기로 난방되는 집의 북쪽 벽이 길이 6 m, 높이 3 m, 두께 0.3 m이고, 열전도도 k = 0.72 W/m·°C이다. 어느 겨울 밤 벽의 내외부 표면온도가 8시간 동안 각각 17°C, −4°C로 측정되었다. (*a*) 그날 밤 벽을 통한 열손실을 구하라. (*b*) 전기료가 $0.07/kWh일 때 열손실로 인한 비용을 구하라.

1–28 어떤 실험에 직경 4 cm 길이 7 cm인 원통형 샘플이 사용된다(그림 1–9 참조). 각 샘플에 두 개의 열전대가 3 cm 떨어져 부착되어 있다. 과도상태가 지난 후, 전기 가열기의 전류와 전압은 0.6 A와 110 V이고, 온도 차이는 8°C로 나타났다. 샘플의 열전도도를 구하라. **답: 98.5 W/m·K**

1–29 열전도도를 측정하는 한 방법은 그림에서 보여주는 바와 같이 동일한 재질의 두 사각판 모양의 샘플 사이에 얇은 막 모양의 히터를 넣고 네 외부 표면을 아주 많이 단열하는 것이다. 샘플의 내외부 표면에 부착한 열전대로 온도를 기록한다. 실험에 두께 0.5 cm인 10 cm × 10 cm인 샘플 두 개를 사용한다. 정상 상태에

도달했을 때, 소비 전력은 25 W이고, 각 샘플의 온도는 내부 표면에서 82°C이고 외부 표면에서 74°C이었다. 평균온도에서 이 재질의 열전도도를 구하라.

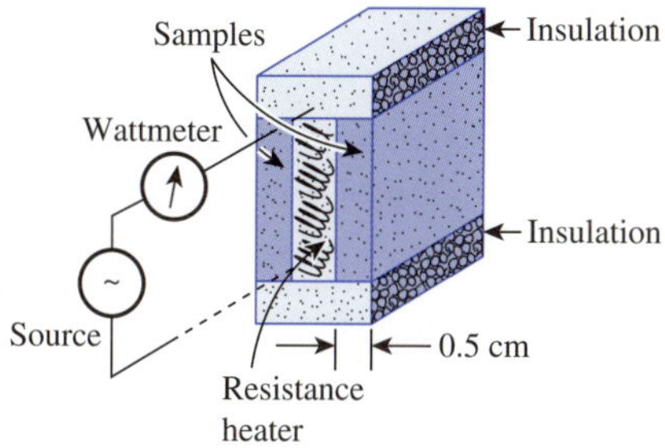

그림 P1–29

1–30 소비 전력이 20 W일 때, 문제 1–29을 반복하라.

1–31 두께 3 cm인 냉장고 문의 내부 표면에 부착된 열유속 측정기가 문을 통하여 32 W/m^{2}의 열유속을 나타내고 있다. 또한 문의 내외부 표면온도가 각각 7°C, 15°C로 측정되었다. 냉장고 문의 평균 열전도도를 구하라. **답: 0.120 W/m·K**

1–32 사람이 20°C로 유지된 방 안에 서 있는 경우를 고려하자. 방의 벽, 마루, 천장의 내부 표면 평균온도가 겨울에는 12°C이고 여름에는 23°C로 측정되었다고 하자. 사람의 평균 외부 표면온도가 32°C, 표면적이 1.6 m^2, 방사율이 0.95인 경우, 여름과 겨울에 그 사람과 주위 표면 사이의 복사 열전달률을 구하라.

1–33 문제 1–32를 다시 고려하라. EES(또는 다른 프로그램)를 사용하여 8°C와 18°C 범위에서 복사 열전달률을 방 내부온도의 함수형태로 그래프를 그려라. 결과를 논하라.

1–34 열전달 문제에서, 서 있는 사람은 위와 아래가 단열되어 있고, 옆면의 온도가 34°C인 직경 30 cm, 길이 170 cm의 수직 원통으로 생각할 수 있다. 그 사람으로부터 온도 18°C이고 대류 열전달계수가 8 W/m^2·K인 주위로의 대류 열전달률을 구하라. **답: 205 W**

1–35 80°C의 뜨거운 공기가 30°C, 2 m × 4 m인 평판 위로 흐르고 있다. 대류 열전달계수가 55 W/m^2·K일 때 공기로부터 평판으로의 대류 열전달률을 구하라. **답: 22 kW**

1–36 문제 1–35를 다시 고려하라. EES(또는 다른 프로그램)를 사용하여 20 W/m^2·K에서 100 W/m^2·K의 범위에서 대류 열전달률을 대류 열전달계수의 함수형태로 그래프를 그려라. 결과를 논하라.

1–37 우주공간에 있는 우주선의 바깥표면의 방사율은 0.8 그리고 태양 흡수율은 0.3이다. 태양 복사가 950 W/m^{2}의 율로 우주선에 투사된다면, 복사 방사량과 태양 에너지 흡수량이 같을 때 우주선의 표면온도를 구하라.

1–38 실리콘(k = 130 W/m·K) 칩 표면의 회로에서 발생된 열은 부착되어 있는 세라믹 기판으로 전도된다. 칩은 크기 6 mm × 6 mm, 두께 0.5 mm이고 5 W의 열을 방출한다. 0.5 mm인 옆면에서의 열전달을 무시하고, 정상 작동 조건에서 칩의 앞면과 뒷면의 온도 차이를 구하라.

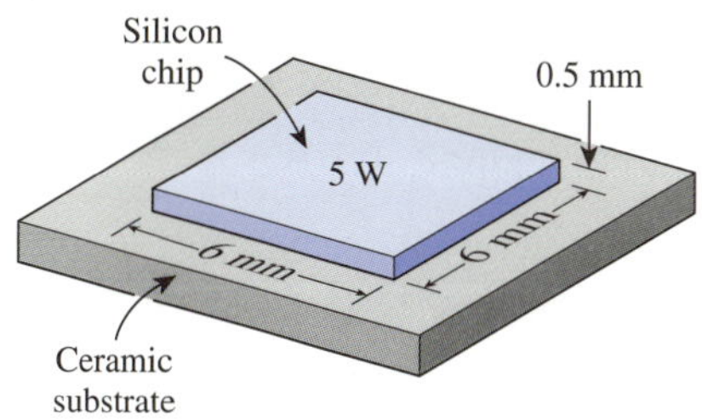

그림 P1–38

1–39 표면온도 120°C인 직경 0.5 cm, 길이 40 cm의 800 W 전기 발열선을 초기온도 20°C인 75 kg의 물에 넣었다. 물의 온도를 80°C로 가열하는 데 얼마의 시간이 걸리겠는가? 또한, 가열 처음과 마지막 순간의 대류 열전달계수를 구하라.

1–40 표면온도 80°C인 외경 5 cm, 길이 10 m의 온수관이 5°C인 주위 공기로 대류 열전달계수 25 W/m^2·K인 상태로 자연대류가 일어나고 있다. 관으로부터 자연대류에 의한 열손실률을 구하라. **답: 2945 W**

1–41 외경 20 cm, 두께 0.4 cm인 중앙이 빈 구형의 용기에 0°C의 얼음물이 채워져 있다. 외부 표면온도가 5°C인 경우 구로부터의 열손실률을 kW 단위로 구하고, 용기 내의 얼음이 녹는 속도를 구하라. 융해열은 333.7 kJ/kg이다.

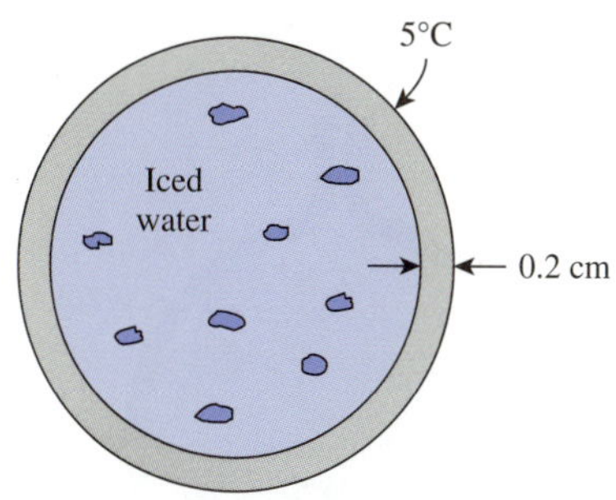

그림 P1–41

1–42 문제 1–41를 다시 고려하라. EES(또는 다른 프로그램)를 사용하여 얼음이 녹는 속도를 0.1 cm에서 1.0 cm

범위에서 용기두께의 함수형태로 그래프를 그려라. 결과를 논하라.

1–43 넓이가 1.2 m × 1.2 m인 이중창의 내부 및 외부 유리 온도가 각각 15°C와 9°C이다. 유리 사이의 간격이 6 mm이고 정지된 공기로 채워져 있다면 유리창을 통한 열전도도를 구하라.
답: 35.3 W

1–44 높이가 0.4 cm이고 직경이 0.6 cm인 트랜지스터가 기판에 부착되어 있다. 평균 열전달계수 30 $W/m^2 \cdot K$로 트랜지스터 위로 흐르는 공기에 의해 트랜지스터가 냉각되고 있다. 공기의 온도가 55°C이고 트랜지스터의 케이스 온도가 70°C를 넘지 않을 때, 이 트랜지스터가 안전하게 방열할 수 있는 동력을 구하라. 트랜지스터 밑면으로부터의 열전달을 무시하라.

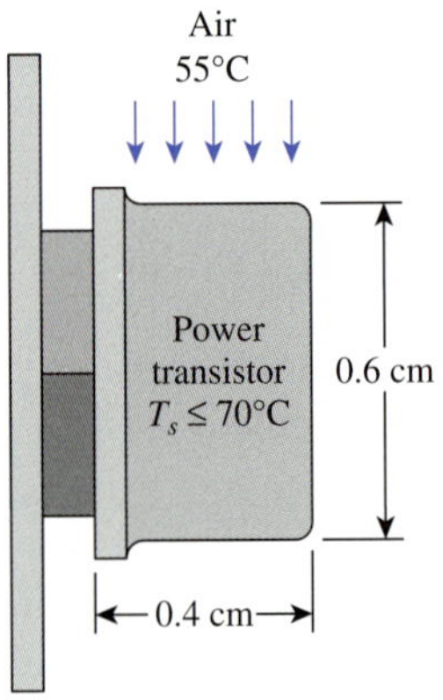

그림 P1–44

1–45 문제 1–44를 다시 고려하라. EES(또는 다른 프로그램)를 사용하여 트랜지스터가 안전하게 방열할 수 있는 동력을 60°C에서 90°C의 범위에서 케이스 온도의 함수형태로 그래프를 그려라. 결과를 논하라.

1–46 대기압(1기압)에서 질소의 끓는 온도는 −196°C이다. 액화질소가 완전히 없어지기 전까지 탱크 속의 액화질소 온도는 −196°C로 일정하므로 질소는 저온과학에 흔히 사용된다. 탱크로의 열전달은 1기압에서 증발열이 198 kJ/kg이고 밀도가 810 kg/m^3인 액화질소의 일부를 증발시킨다.

초기에 1기압, −196°C인 액화질소로 채워진 직경 4 m의 구형 탱크를 고려하자. 탱크는 온도가 20°C이고 대류 열전달계수 25 $W/m^2 \cdot K$인 주위 공기에 노출되어 있다. 구형의 탱크온도는 내부의 질소 온도와 거의 동일한 것으로 관찰되었다. 복사 열전달을 무시하고 주위 공기로의 열전달로 인한 액화질소의 증발률을 구하라.

그림 P1–46

1–47 1기압에서 끓는 온도가 −183°C, 증발열이 213 kJ/kg, 밀도가 1140 kg/m^3인 액화산소인 경우 문제 1–46을 반복하라.

1–48 문제 1–46을 다시 고려하라. EES(또는 다른 프로그램)를 사용하여 액화질소의 증발률을 0°C에서 40°C의 범위에서 주위 공기온도의 함수형태로 그래프를 그려라. 결과를 논하라.

1–49 노출표면적 1.7 m^2, 방사율 0.5, 표면온도가 32°C인 사람을 고려하자. (*a*) 벽의 온도가 300 K, (*b*) 280 K인 큰 방에서 복사에 의한 열손실률을 구하라. **답: (*a*) 26.7 W, (*b*) 121 W**

1–50 두께 0.3 cm, 높이 12 cm, 길이 18 cm인 회로기판의 한쪽 면에 각각이 0.06 W를 발산하는 칩 80개가 밀집하게 놓여 있다. 구리로 채워진 이 기판의 열전도도는 16 W/m·K이다. 칩에 의해 방열된 모든 열은 기판을 통하여 전도되어 반대쪽 면을 통하여 주위 공기에 방출된다. 회로 기판의 양쪽 면 온도 차이를 구하라.
답: 0.042°C

1–51 밑면이 50 cm × 50 cm이고 높이 20 cm인 전자상자(electronic box)가 진공 방에 놓여 있다. 이 상자 외부 표면의 방사율은 0.95이다. 상자 내의 전자부품이 100 W의 열을 방출하고 상자의 외부 표면온도가 55°C일 때, 상자가 오직 복사에 의해 냉각되는 경우 주위를 둘러싸고 있는 면의 온도는 얼마로 유지되어야 하는가? 상자의 밑면에서 받침대로 전달되는 열은 무시하라.

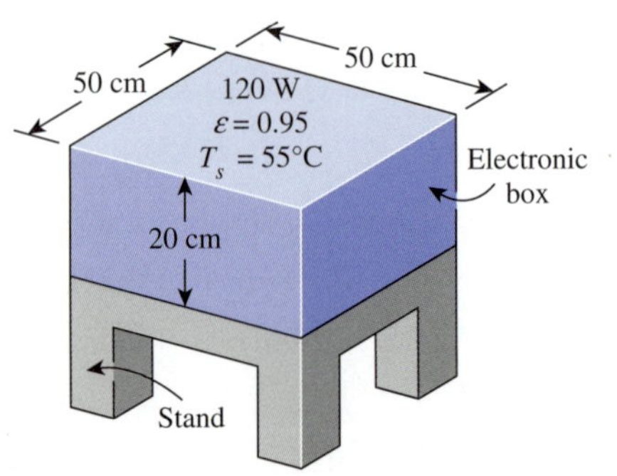

그림 P1–51

1–52 건물의 열전달 해석을 영국단위로 하는 엔지니어에게 건물의 외벽에서의 대류 열전달계수가 필요하다. 그러나 책에서 찾아낸 값은 SI 단위로 된 22 W/m²·K이다. 이 엔지니어는 대류 열전달계수에 대한 두 단위 사이의 환산표를 가지고 있지 않다. W와 Btu/h, m와 ft, °C와 °F 사이의 환산인자를 사용하여 주어진 대류 열전달계수를 Btu/h·ft²·°F로 나타내어라. **답: 3.87 Btu/h·ft²·°F**

1–53 0°C의 물이 0°C의 얼음(ρ = 920 kg/m³)으로 얼 때, 333.7 kJ/kg의 열을 방출한다. 대류 열전달계수 150 W/m²·K인, 얼음이 얼 수 있는 조건에서 비행기가 날고 있다. 비행기 날개에서 1 mm/min 이하로 얼음이 얼게 하려면 날개의 온도를 얼마로 유지해야 하는가?

1–54 길이 2.1 m, 직경 0.2 cm의 전열선이 20°C인 방 안에 노출되어 있다. 전기저항에 의한 가열로 열이 방출되고 있으며, 전열선의 표면온도는 180°C이다. 전선을 통한 압력 강하 및 전류는 각각 110 V, 3 A이다. 복사에 의한 열전달을 무시하고 표면과 공기 사이의 대류 열전달계수를 구하라. **답: 156 W/m²·K**

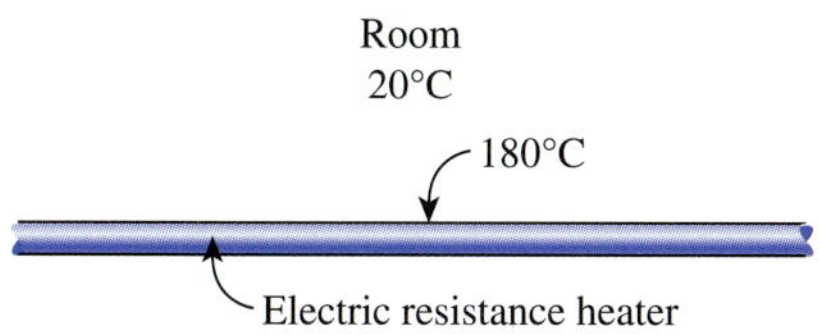

그림 P1–54

1–55 문제 1–54를 다시 고려하라. EES(또는 다른 프로그램)를 사용하여 대류 열전달계수를 100°C에서 300°C의 범위에서 전열선 표면온도의 함수형태로 그래프를 그려라. 결과를 논하라.

복합 열전달 메커니즘

1–56C 세 가지 열전달 형태가 동시에 한 물체 내에서 일어날 수 있는가?

1–57C 한 물체에서 (*a*) 전도와 대류, (*b*) 전도와 복사, (*c*) 대류와 복사가 동시에 일어날 수 있는가? "예"라고 답한 경우 예를 들어 보라.

1–58C 주위의 온도와 습도가 바뀌더라도 건강한 사람의 깊숙한 곳에서의 체온은 37°C로 일정하다. 여름과 겨울에 사람의 몸과 주위와의 열전달 메커니즘에 대해 논하고, 어떻게 여름에는 시원하게 그리고 겨울에는 따뜻하게 유지할 수 있는지 설명하라.

1–59C 여름에 시원해지기 위해 선풍기를 켠다. 선풍기가 어떻게 시원하게 할 수 있는지를 설명하라. 왜 일부 사람들은 겨울에 천장의 팬을 사용하는지 설명하라.

1–60 사람이 18°C로 유지된 방 안에 서 있는 경우를 고려하자. 사람의 평균 외부 표면온도가 32°C이고 표면적이 1.7 m²이고, 대류 열전달률계수가 5 W/m²·K일 때 사람으로부터의 전체 열전달률을 구하라. 피부와 옷의 방사율은 0.9이고 방의 내부 표면온도는 공기의 온도와 같다고 가정하라. **답: 248 W**

1–61 T_1 = 290 K이고 T_2 = 150 K로 일정한 온도를 유지하고 있고 L = 2 cm 떨어져 있는 커다란 두 평행 평판 사이의 정상 열전달을 고려하라. 표면을 흑체라 가정하고, 평판 사이가 (*a*) 대기, (*b*) 진공, (*c*) 유리섬유, (*d*) 겉보기 열전도도 0.00015 W/m·K인 초단열재로 되어 있을 때, 단위 표면적당 평행 평판 사이의 열전달률을 구하라.

1–62 여름에 25 cm 두께의 벽의 내외부 표면이 27°C와 44°C이다. 벽의 외부 표면은 40°C인 주위 표면과 복사에 의해, 40°C인 공기와 대류 열전달률계수 8 W/m²·K로 대류에 의해 열전달이 이루어진다. 태양 복사는 150 W/m²로 표면에 입사한다. 바깥 표면의 흡수율 및 방사율이 0.8인 경우 벽의 열전도도를 구하라.

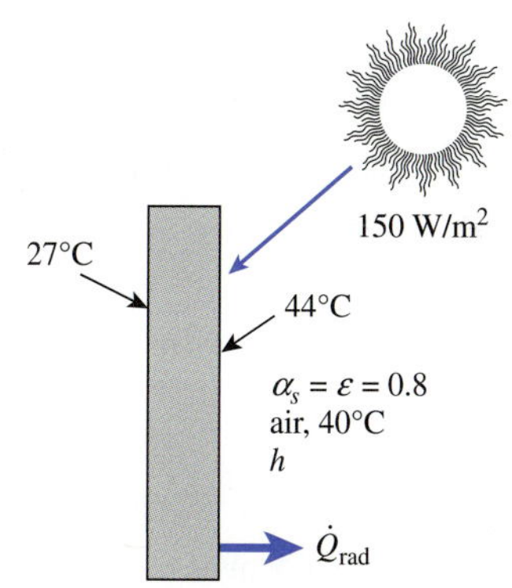

그림 P1–62

1–63 표면온도가 75°C인 직경 5 cm의 공이 20°C인 방 안에 매달려 있다. 대류 열전달계수가 85 W/m²·°C이고 표면의 방사율이 0.8인 경우 공으로부터 열전달률을 구하라.

1–64 8000 W의 다리미가 다리미판 위에서 밑면이 20°C인 공기에 노출되어 있다. 밑면과 주위 공기 사이의 대류 열전달계수가 35 W/m²·K이다. 밑면의 방사율이 0.6이고 면적이 0.02 m²인 경우 다리미 밑면의 온도를 구하라. **답: 601°C**

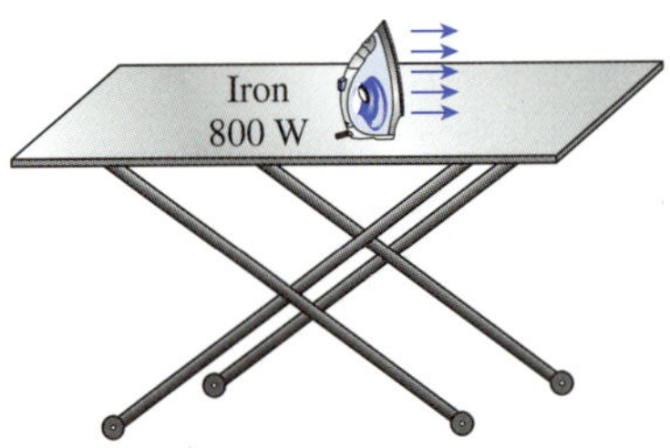

그림 P1–64

1–65 내경 3 m, 두께 1 cm의 강으로 만들어진 구형의 용기에 0°C의 얼음물을 보관하고 있다. 이 용기는 외부 온도가 25°C인 곳에 위치하고 있다. 용기 전체의 온도는 0°C로 가정한다. 용기에서의 열저항을 무시할 경우, (*a*) 얼음물로의 열전달률, (*b*) 24시간 동안 녹는 얼음의 양을 구하라. 대기압에서의 얼음의 융해열은 333.7 kJ/kg이다. 용기 외벽의 방사율은 0.75이고 대류 열전달계수는 30 W/m²·K이다. 복사에 대한 주위 표면의 평균 온도는 15°C이다. **답: (*a*) 23.1 kW, (*b*) 5,980 kg**

1–66 어떤 집의 지붕은 폭 15 m, 길이 20 m, 두께 22 cm인 콘크리트 슬래브(k = 2 W/m·K)로 되어 있다. 지붕의 외부 표면의 방사율은 0.9이고 대류 열전달계수는 15 W/m²·K이다. 지붕의 내부 표면의 온도는 15°C를 유지한다. 어느 쾌청한 겨울날 외부온도는 10°C이고 복사 열전달에 대한 먼 하늘의 온도는 255 K로 생각한다. 대류와 복사를 모두 고려하여 지붕의 외부 표면온도와 지붕을 통한 열전달률을 구하라. 만약 집이 효율 85%의 천연가스로 연소되는 노로 가열되고, 천연가스의 단가가 $1.20/therm(1 therm = 105,500 KJ)일 때 밤 14시간 동안 지붕을 통해 손실되는 경비를 구하라.

1–67 집의 평평한 지붕에 설치된 평판형 태양 집열판을 고려하라. 집열판은 길이 4.5 m, 폭 1.5 m이고, 집열판의 노출된 표면온도는 38°C이다. 집열판의 노출된 표면의 방사율은 0.9이다. 어느 맑은 날 외부 온도는 20°C이고 복사 열전달에 대한 유효 하늘 온도는 10°C일 때, 대류와 복사에 의한 집열판으로부터의 열손실을 구하라. 노출표면에서의 대류 열전달계수는 15 W/m²·°C이다.

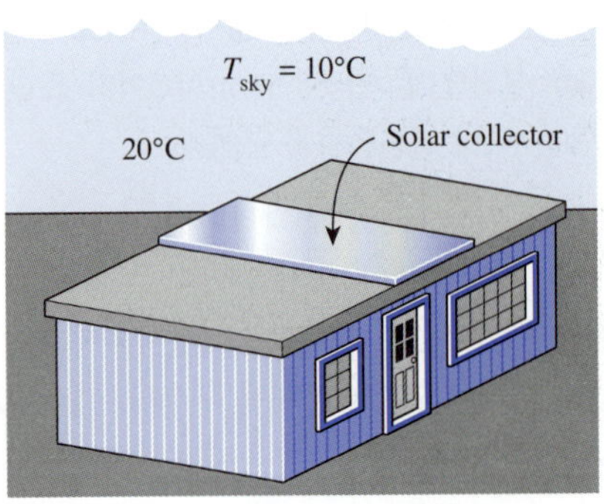

그림 P1–67

복습문제

1–68 용접봉은 직경 2.5 mm, 길이 20 mm인 원통 팁을 가지고 있다. 오래되거나 사용하지 않으면 팁은 산화되어 방사율이 0.8이 된다. 용접봉 팁의 평균 대류 열전달계수가 25 W/m²·K이고, 주위 온도가 20°C일 때 팁의 온도가 400°C를 유지하기 위해 필요한 동력을 구하라.

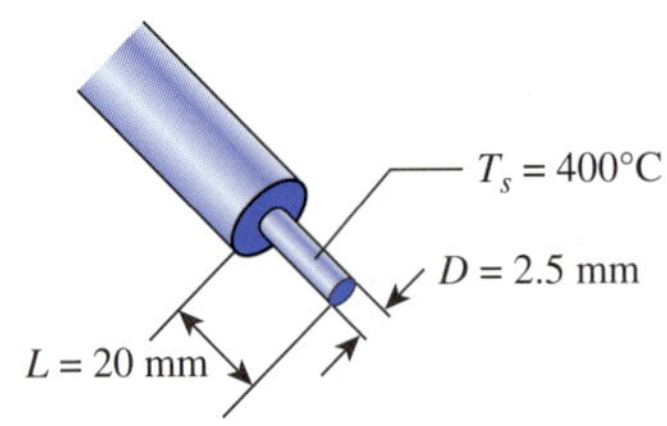

그림 P1–68

1–69 풍속냉각(*windchill*)효과로 인하여 바람이 찬 공기를 더욱 더 차게 느끼게 한다는 것은 잘 알려져 있다. 풍속냉각효과는 노출된 피부가 느끼는 겉보기 온도인 풍속냉각온도(WCT)로 표시된다. 예를 들어 풍속이 20 km/h에서는 풍속냉각온도는 −5°C이고, 60 km/h에서는 −9°C이다. 즉 20 km/h, 0°C에 노출된 사람은 −5°C, 잔잔한 공기(공기 속도 5 km/h이하)에 노출된 사람과 같은 온도를 체감하게 된다.

열전달 문제에서, 서 있는 사람은 위와 아래가 단열되어 있고, 옆면의 평균온도가 34°C인 직경 30 cm, 길이 170 cm의 수직 원통으로 생각할 수 있다. 이 사람으로부터 온도 20°C이고 대류 열전달계수가 15 W/m²·K인 정지된 주위 공기로의 대류 열전달률을 구하라. 바람의 효과로 대류 열전달계수가 30 W/m²·K로 증가했다면 답은 어떻게 될까? 이 경우 풍속냉각온도는 얼마인가?
답: 336 W, 672 W, 6°C

1–70 얇은 금속판의 뒷면은 단열되어 있고 앞면은 태양의 복사에 노출되어 있다. 노출된 표면의 흡수율은 0.7이다. 표면에 입사하는 태양 복사에너지는 550 W/m²이고, 주위 공기온도는 10°C이다. 판으로부터의 대류 및 복사 열손실이 판에 흡수된 태양 에너지와 같을 때 판의 온도를 구하라. 대류 열전달계수가 25 W/m²·K이라고 가정하고 복사에 의한 열손실은 무시하라.

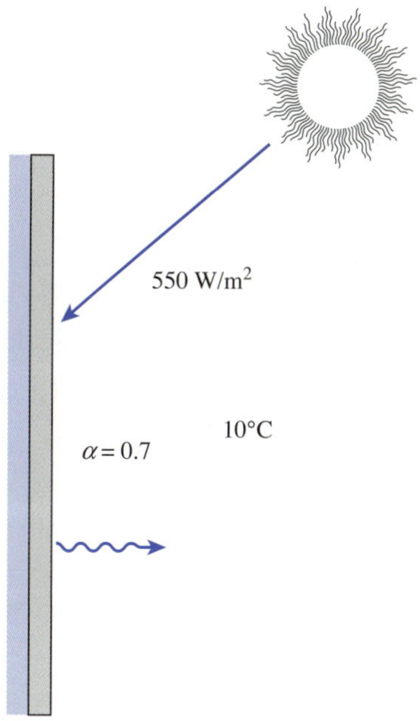

그림 P1–70

1–71 3 m × 3 m × 3 m 크기의 정육면체형 노의 위와 옆면은 흑체인 표면이고 1200 K이다. 밑면의 방사율은 0.4이고 800 K를 유지하고 있다. 위와 옆면으로부터 밑면으로의 순 복사 열전달률을 구하라. **답: 340 kW**

1–72 밸브 가공 공장의 열처리 부서에서 엔진 밸브(c_p = 440 J/kg·K와 ρ = 7,840 kg/m³)가 5분 동안에 40°C에서 800°C로 가열된다. 풍속 밸브는 직경 8 mm, 길이 10 cm의 원형 자루(stem)를 가지고 있다. 밸브의 헤드와 자루는 같은 표면적을 가지고 전체의 질량은 0.0788 kg이다. 한 밸브에 대해, (*a*) 열전달량, (*b*) 평균 열전달률, (*c*) 평균 열유속을 구하고, (*d*) 열처리 부서에서 25개의 밸브를 장치할 수 있으며, 하루에 10시간 가동할 수 있다면, 하루 동안 열처리할 수 있는 밸브 수를 구하라.

1–73 집의 평평한 지붕에 설치된 평판형 태양 집열판을 고려하라. 덮개 유리의 내부 및 외부 표면온도는 각각 33°C 및 31°C이다. 유리 덮개의 면적은 2.5 m²이고 두께는 0.6 cm, 열전도도는 0.7 W/m·K이다. 대류와 복사에 의해 덮개로부터 열손실이 생긴다. 주위 공기온도는 15°C이고 대류 열전달계수가 10 W/m²·K일 때, 복사에 의한 열손실의 비율을 구하라.

1–74 내부와 외부의 단위 온도 차이에 대한 단위면적당 열손실률을 *U*인자라고 한다. *U*인자의 값의 범위는 저-*e* 코팅, 아르곤이 채워진 4겹 창유리에 대해 1.25 W/m²·K로부터 알루미늄 창틀의 단일 창유리에 대해 6.25 W/m²·K이다. 외기온도가 −8°C일 때

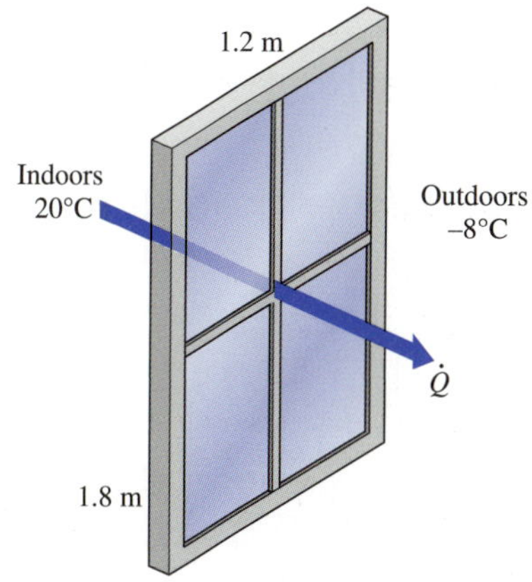

그림 P1–74

20°C로 유지된 집의 1.2 m × 1.8 m 크기의 창을 통한 열손실률을 구하라.

1–75 문제 1–74을 다시 고려하라. EES(또는 다른 프로그램)를 사용하여 열손실률을 *U*인자의 함수형태로 그래프를 그려라. 결과를 논하라.

1–76 전체 면적 0.25 m²이고 방사율이 0.75인 전기히터가 공기온도 20°C이고 벽의 온도 10°C인 방에 놓여 있다. 히터가 500 W를 소모할 때 히터 표면온도가 120°C이다. 히터가 700 W를 소모할 때 히터 표면온도를 구하라. (*a*) 복사를 무시하고, (*b*) 복사를 고려하여 문제를 풀어라. 계산 결과를 가지고 (*a*)의 가정에 대해 논하라.

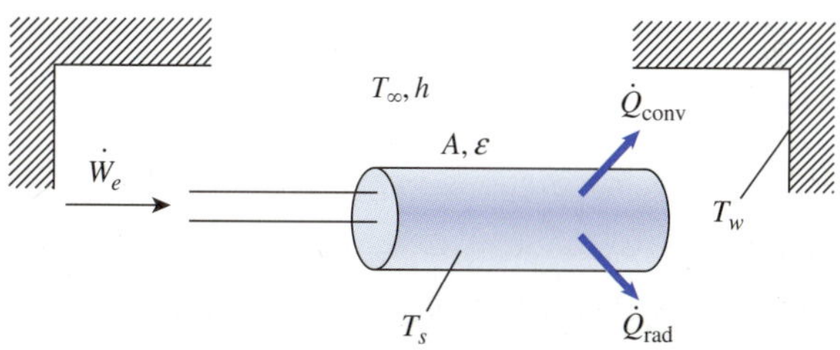

그림 P1–76

설계 및 에세이 문제

1–77 전자레인지가 어떻게 작동하는지 그리고 어떻게 일반 오븐보다 빨리 요리되는지를 논하라. 동일한 작업에 대해 일반 전기오븐과 전자레인지 중 어느 것이 더 많은 전력을 소비하는지 설명하라.

1–78 지난달 여러분 집의 난방비로부터 지난달의 평균 열손실을 추정하라. 분석에서 사람, 전등, 전기제품 등의 내부 열원의 영향

을 고려하라. 여러분 집의 열손실의 주된 요인이 무엇인지 알아내어 집의 에너지 효율을 높이는 방법을 제안하라.

1–79 60 W의 백열전구를 가지고 전구와 주위 공기 및 주위 표면과의 복합 열전달계수를 구하기 위한 실험을 하여라. 열전대와 금속 접착제가 필요할 것이며, 전구의 표면적을 구하기 위해 줄과 자가 필요할 것이다. 먼저 방 안의 공기온도를 측정하고 열전대를 금속 접착제를 사용하여 전구의 표면에 부착하라. 전구를 켜고 온도가 일정할 때까지 기다려라. 열전대로부터 전구 표면온도를 얻을 수 있다. 전구의 소비전력 중 10%가 빛으로 변하여 유리를 통하여 밖으로 나간다고 가정하여, Newton의 냉각법칙으로부터 열전달계수를 구하라.

1–80 동일한 외기온도에서 사람들은 바람이 불 때의 높은 열전달계수의 영향으로 바람이 없는 조건보다 바람이 부는 조건에서 더 빨리 냉각되는 것을 잘 알고 있다. 풍속냉각이란 용어는 바람이 부는 조건에서 사람들로부터의 열손실률이 고요한 조건(바람 또는 걷는 속도가 3 mph 또는 5 km/h)에서의 열손실률과 동등해지기 위한 공기온도와 관련시키기 위해서 사용된다. **공기냉각온도지표**(WCTI)로 알려진 **공기냉각온도**(WCT)는 고요한 조건에서 동일한 냉각효과를 갖는 공기온도와 같은 온도이다. 미국 기상청의 공기냉각온도에 관한 2003 보고서에서는 WCTI를 미터 단위로 다음과 같이 제시하고 있다.

$$\text{WCTI (°C)} = 13.12 + 0.6215T - 11.37V^{0.16} + 0.3965TV^{0.16}$$

여기서 T와 V는 각각 고도 10 m에서의 공기온도(°C)와 바람속도(km/h)를 나타낸다. 이 관계를 영국단위로 나타내면 다음과 같다.

$$\text{WCTI (°F)} = 35.74 + 0.6215T - 35.75V^{0.16} + 0.4275TV^{0.16}$$

여기서 T와 V는 고도 33 ft에서의 공기온도(°F)와 바람속도를 나타낸다. 공기온도 범위 10°C～−60°C와 바람속도 범위 10～80 km/h에 대한 WCTI 표를 작성하고, 냉각효과의 크기와 동상의 위험에 관하여 논하라.

CHAPTER

02

열전도 방정식

HEAT CONDUCTION EQUATION

열 전달은 크기와 방향을 가진다. 일정 방향의 열전도도는 그 방향의 단위길이당 온도 변화인 온도구배에 비례한다. 일반적으로 매체 내에서의 열전도는 3차원이고 시간변수이다. 즉, $T = T(x, y, z, t)$이며 매체에서의 온도는 시간과 더불어 위치에 따라 변한다. 매체에서의 열전도는 온도가 시간에 따라 변하지 않을 때를 **정상 상태**라 하며, 시간에 따라 변할 때를 **비정상 상태** 또는 **과도 상태**라 한다. 물체의 열전도는 전도가 다른 두 차원이 무시되고 한 차원만 고려할 때 **1차원**이라 하고, 세 번째 차원의 전도를 무시할 때는 **2차원**이라 하며, 모든 차원에서 다 중요한 경우에는 **3차원**이라고 한다.

이 장에서는 정상 상태, 비정상 상태 그리고 다차원 열전도의 특징을 다루고자 한다. 그리고 큰 평면 벽, 긴 원통 및 구의 지배열전도 미분방정식을 유도하고, 직각, 원통 그리고 구 좌표계의 경우에 있어서 3차원의 일반 지배방정식을 구한다. 경계조건을 검토한 후, 열전도 문제의 구성과 해에 대해 다룰 것이다. 마지막으로 열전도도가 변하는 열전도 문제를 고려하고자 한다. 이 장에서는 열전도의 이론적이며 수학적인 면만 다루기 때문에, 필요하다면 연속성을 상실하지 않으면서 내용을 선택적으로 다룰 수도 있다. 좀 더 실제적인 면은 다음 두 장에서 자세히 나타내기로 한다.

학습목표

이 장의 목적은 다음과 같다.

- 다차원성 및 시간에 의존하는 열전달 문제 및 열전달 문제를 1차원화할 수 있는 조건에 대해 이해한다.
- 각종 좌표계하에서의 열전도 미분방정식을 구한 후, 1차원 정상 상태 방정식으로 단순화하는 과정을 이해한다.
- 표면에서의 열조건에 대한 이해와 이를 경계 및 초기 조건의 항으로 수학적으로 표현하는 방법을 찾는다.
- 1차원 열전도 문제 해법과 매체와 열유속에서의 온도분포를 구한다.
- 열원을 갖는 고체의 1차원 열전도를 해석한다.
- 온도의 함수인 열전도도를 갖는 고체의 열전도를 해석한다.

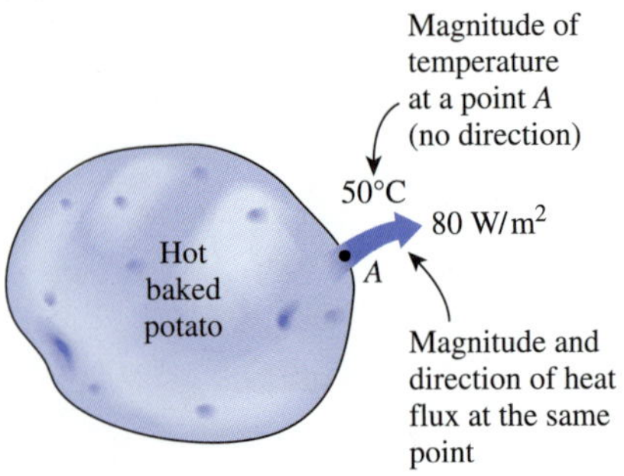

그림 2-1
열전달은 크기와 방향을 가지므로 벡터량이다.

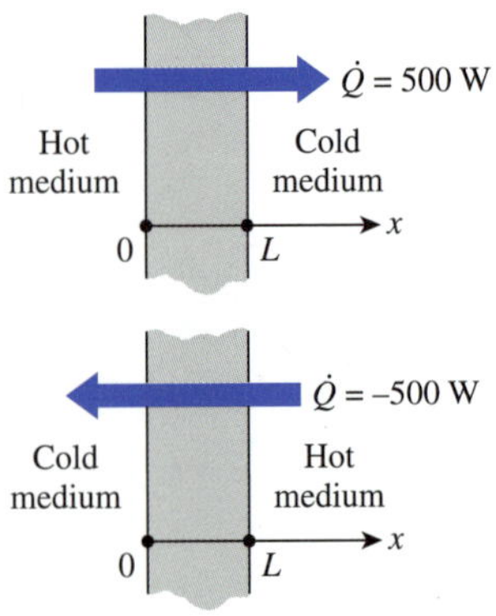

그림 2-2
열전달의 부호와 방향

2-1 ▪ 서론

1장에서 열전도는 매체 내의 보다 활동적 입자가 인접한 덜 활동적인 입자로 열에너지가 전달되는 것으로 정의되었다. 전도는 고체뿐만 아니라 액체나 기체에서도 발생할 수 있다.

비록 열전달과 온도는 밀접한 관련이 있지만 본질적으로 다르다. 온도와 달리 열전달은 크기와 방향을 가지는데, 이러한 것을 **벡터량**이라 한다(그림 2-1). 따라서 한 점에서 완전한 열전달을 묘사하기 위해서는 방향과 크기 양쪽 모두를 고려해야 한다. 예를 들어, 벽면 내부의 온도가 18°C라고 하는 것은 그 위치에서의 온도를 나타낸다. 그러나 벽면에서의 열유속 50 W/m²이라 하면 "어떤 방향인가?"하는 의문이 즉시 생긴다. 이 의문에 대해서 열전도가 안쪽 방향(열을 얻음) 또는 바깥쪽 방향(열을 잃음)으로 일어난다고 말할 수 있다.

하지만, 이러한 번거로운 질문을 피하기 위해 좌표계와 양(+) 또는 음(−) 표시로 방향을 도입한다. 일반적으로 열전달에 사용되는 약속기호는 좌표축의 양의 방향으로의 열전달은 양이고, 반대방향은 음이다. 따라서 양 방향의 열전달은 양(+)의 값을 나타내고 음 방향의 열전달은 음(−)의 값을 나타낸다(그림 2-2).

어떤 형태의 열전달에 대해서도 그 추진력은 **온도차**이며, 온도차가 클수록 열전달률은 커진다. 공학의 열전달 문제는 특정시간의 어떤 위치에서 열응력, 열팽창, 국소 열전달률 등의 양을 계산하기 위하여 매개물을 통한 **온도분포**(온도의 변화)의 결정을 요구한다. 매체의 어떤 점에서 온도를 나타내기 위해서는 우선 그 점의 위치를 정의해야 한다. 이것은 적절한 기준점(원점)과 형상에 따라 **직각**, **원통** 또는 **구**좌표를 적절히 선택하여 해결한다.

한 점의 직각좌표는 (x, y, z)로, 원통좌표는 (r, ϕ, z)로, 구좌표는 (r, ϕ, θ)로 그리고 거리는 그림 2-3과 같이 x, y, z, r 그리고 각도는 ϕ, θ로 나타낸다. 그때 직각좌표의 시간 t에서 한 점(x, y, z)의 온도는 $T(x, y, z, t)$로 표시된다. 주어진 형상에 대한 최적 좌표계는 그 형상을 최적으로 나타낸 것이다. 예를 들어 평행육면체

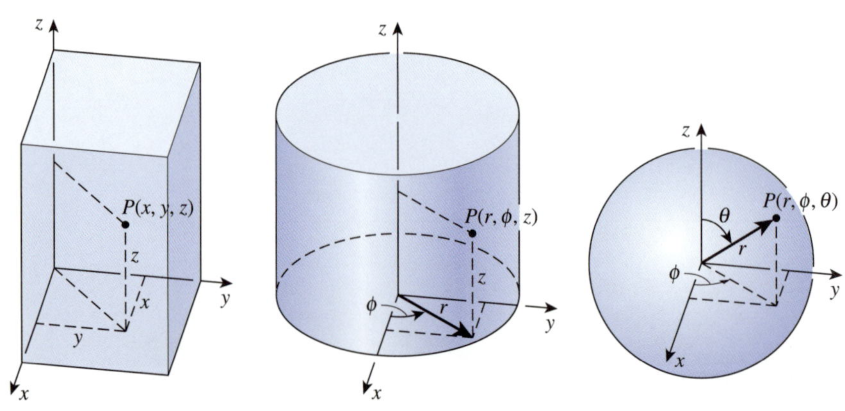

(*a*) Rectangular coordinates (*b*) Cylindrical coordinates (*c*) Spherical coordinates

그림 2-3
각기 다른 좌표 시스템에서 동일한 점의 위치를 표현하기 위해서는 다양한 거리와 각도가 사용된다.

는 각 표면을 지정한 x, y 그리고 z좌표로 나타낼 수 있으므로 직각좌표가 가장 적합하다.

원통은 측면을 일정한 반지름으로 나타낼 수 있기 때문에 원통좌표가 가장 적합하다. 마찬가지로 구의 외면은 구좌표계에서 반지름으로 나타낼 수 있다. 임의의 형상에서는 거리를 다루는 것이 각도를 다루는 것보다 쉬우므로 일반적으로 직각좌표계를 사용한다. 이상에서 기술한 기호표시는 열전달 문제에 포함된 변수임을 확인하기 위해 사용한다. 예를 들어 $T(x, y, z, t)$는 시간과 공간 변수 x, y, z에 따라 변하는 온도임을 의미한다. 반면에 $T(x)$는 온도가 단지 x방향에 따라 변하며, 시간이나 다른 두 공간좌표와 관련이 없음을 말한다.

정상 상태 대 비정상 상태 열전달

열전달 문제는 종종 **정상 상태**(또는 정상, *steady*) 또는 **비정상 상태**(또는 비정상, 과도, *unsteady*)로 분류된다. **정상 상태**는 매개물 내의 어떤 점에서 시간에 따른 **변화가 없음**을 의미하고, 반면 **비정상 상태**는 **시간에 따라 변하는 시간종속**을 의미한다. 그러므로, 온도 또는 열유속은 비록 위치에 따라 변할지라도(그림 2-4), 정상 상태인 경우 시간에 따른 변화가 없다. 예를 들어 집의 벽면을 통한 열전달은 집의 내부와 외부의 조건이 몇 시간 동안 일정하다면 정상 상태이다. 그러나 이러한 경우라도 벽면의 내부와 외부의 온도는 집안과 바깥의 온도가 같지 않으면 달라질 것이다. 반면에 냉장고에서 사과의 냉각은 냉각되는 동안 사과 안의 어떤 점의 온도가 시간에 따라 변화되므로 비정상 상태 열전달 과정이다. 비정상 상태 열전달에서 일반적으로 온도는 시간 및 위치에 따라 변한다. 위치와 관계없이 시간에 따라 변하는 특별한 경우에 매체의 온도는 시간에 따라 **균일하게** 변한다. 이러한 열전달시스템을 **집중계**(lumped system)라 한다. 예를 들어 열전대 접합점과 같은 작은 금속 및 얇은 구리선은 가열 또는 냉각 과정 동안 집중계로 해석될 수 있다.

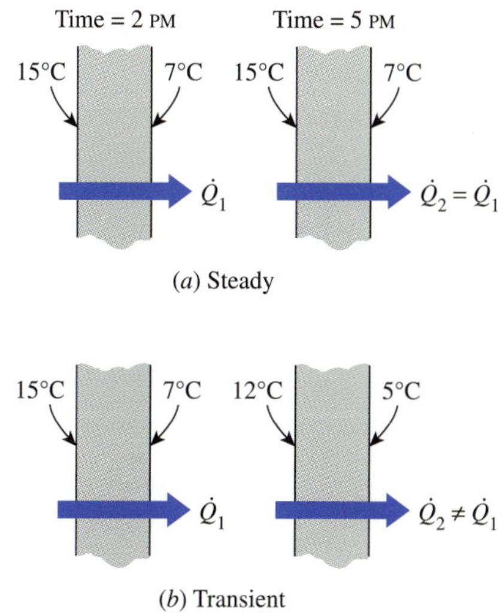

그림 2-4

평판에서의 정상 상태와 비정상 상태의 전도 열전달

대부분의 실제적인 열전달 문제는 사실상 **비정상 상태**이지만 정상 상태의 과정이 해석과 답을 구하기 쉽기 때문에 보통은 **정상 상태**조건으로 추정한다. 예를 들어 전형적인 집의 벽면과 천장을 통한 열전달은 바람의 온도와 속도와 방향, 태양의 위치 같은 외부조건이 계속 변하기 때문에 결코 정상 상태가 아니다. 실내에서의 조건도 정상 상태가 아니다. 그러므로 건물에서의 열전달 해석을 정확하게 하는 것은 거의 불가능하다. 그렇다면 실제로 열전달 해석이 꼭 상세할 필요가 있는가? 만약 히터의 적절한 크기를 결정하는 것이 집에 대한 열전달 해석의 목적이라면 **최악 조건**하에서 **정상 상태**로 작동된 시간 동안의 열손실, 즉 최악 조건에서 건물의 최대 열손실률을 구하는 것이 필요하다. 만약 히터의 크기가 가정된 최악 조건하에서 난방을 유지하기에 충분하다면 모든 조건에 대해서도 충분할 것이다. 이상에서 살펴본 접근법은 공학문제에도 동일하게 적용된다.

다차원 열전달

열전달 문제는 방향에 따른 열전달률의 상대적인 크기와 요구되는 정확성에 의해 1차원, 2차원 또는 3차원으로 구분된다. 가장 일반적인 경우, 매체를 통한 열전달은 **3차원**이다. 이는 열전달 과정 동안 매체 내에서의 온도가 세 방향에 따라 변한다는 것이다. 이러한 경우, 특정시간에서 매체 내 어떤 위치에서의 열전달률과 온도분포는 직각좌표계에서는 x, y, z로 원통 좌표계에서는 r, ϕ, z로 구좌표계에서는 r, ϕ, θ로 기술될 수 있다. 이 경우에 온도분포는 각 좌표계에서 $T(x, y, z, t)$, $T(r, \phi, z, t)$, $T(r, \phi, \theta, t)$로서 표시된다.

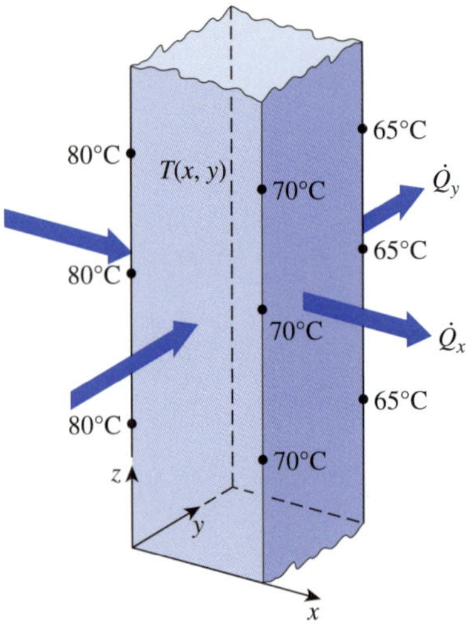

그림 2-5

긴 사각기둥에서의 2차원 열전달

어떤 경우에 매체 내의 온도는 거의 두 방향으로 변하고, 세 번째 방향의 온도 변화는 무시된다. 이 경우 열전달 문제는 **2차원**이 된다. 예를 들어 긴 사각기둥에서 z방향(기둥의 길이를 따라)의 온도 변화가 무시할 만하고 시간에 따른 변화가 없다면 정상 상태 온도분포는 $T(x, y)$로 표현될 수 있다(그림 2-5).

만약 매체 내의 온도가 단지 한 방향으로 변하고, 따라서 열이 한 방향으로 전달되며, 다른 방향으로의 온도 변화나 열전달이 무시되거나 0이 되면 열전달 문제는 **1차원**이 된다. 예를 들어 유리창을 통한 열전달은 현저하게 한 방향으로 발생되고(유리면에 수직 방향) 다른 방향(한쪽 모서리에서 다른 쪽까지 그리고 윗모서리에서 아래까지)에서 열전달은 무시될 수 있으므로 1차원으로 고려된다(그림 2-6). 마찬가지로 온수관을 통한 열전달은 관을 통한 열전달이 온수로부터 주위 반지름 방향으로 현저하게 일어나고 관 길이 방향과 단면 주위(z와 ϕ방향)는 무시할 수 있으므로 1차원으로 고려된다. 끓는 물에 넣은 계란으로의 열전달도 대칭성으로 인해 1차원이다. 이 경우 열은 반지름 방향, 즉 달걀의 중앙점을 통해 직선으로 통과되며 계란에 전달된다.

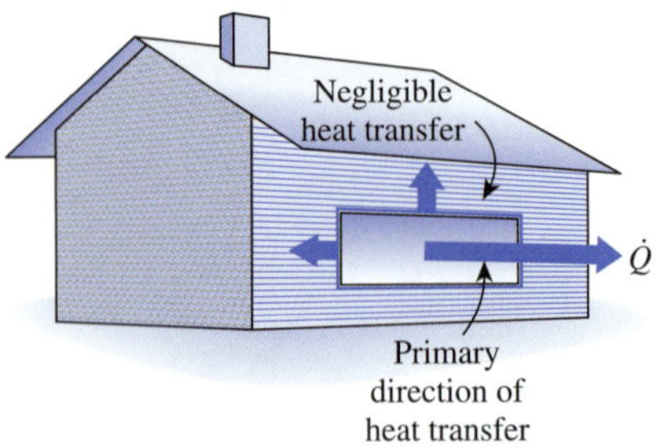

그림 2-6

주택의 창문을 통한 열전달은 1차원으로 고려될 수 있다.

1장에서 언급한 바와 같이 특정 방향(x방향)으로 매체를 통한 열전도도는 매체의 온도차와 열전달 방향에 수직인 면적에 비례하지만 그 방향에서의 거리에 반비례한다. 이것은 1차원 열전도에 대한 **Fourier의 열전도 법칙**으로 다음과 같은 미분형태의 식으로 표현되었다.

$$\dot{Q}_{\text{cond}} = -kA\frac{dT}{dx} \tag{2-1}$$

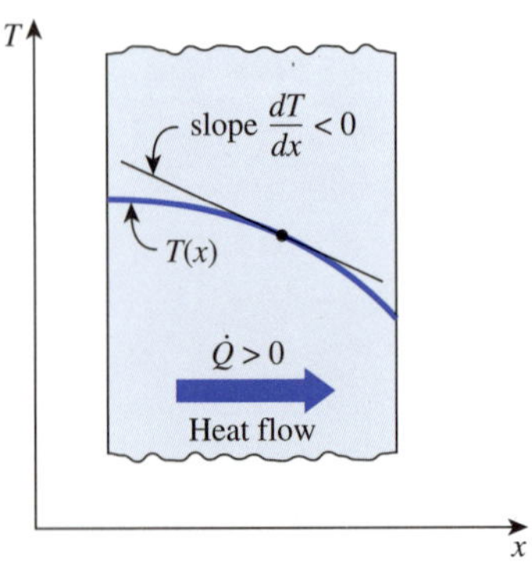

그림 2-7

온도구배 dT/dx는 T-x선도에서 온도곡선의 기울기이다.

여기서 k는 재질의 열전도 능력을 나타내는 **열전도도**이고, dT/dx는 T-x선도에서 온도 곡선의 기울기를 나타내는 **온도구배**이다(그림 2-7). 일반적으로 물질의 열전도도는 온도에 따라 변한다. 그러나 **평균** 온도에서의 일정한 열전도도 값을 사용하여도 충분히 정확한 결과를 얻을 수 있다.

열은 온도가 감소하는 방향으로 전도되면, 열이 양의 x방향으로 전도될 때 온도구배는 음(−)이다. 그러므로 양의 x방향 열전달이 양이 되도록 식 (2-1)에 **음(−) 표시**를 첨가한다.

Fourier의 열전도 법칙에 대한 일반관계를 얻기 위해 온도분포가 3차원인 매체를 고려한다. 그림 2-8은 그 매체에서 등온면을 나타낸다. 이 표면 위에 점 P에서의 열유속 벡터는 표면에 수직이어야 하고, 온도가 감소하는 방향이어야 한다. 만약 n이 등온면의 점 P에 수직이면, 그 점에서 열전도도는 Fourier의 법칙으로부터 다음과 같이 표현할 수 있다.

$$\dot{Q}_n = -kA\frac{\partial T}{\partial n} \qquad \text{(W)} \tag{2-2}$$

직각좌표에서, 열전도 벡터는 그 성분항으로 표현될 수 있다.

$$\vec{\dot{Q}}_n = \dot{Q}_x\vec{i} + \dot{Q}_y\vec{j} + \dot{Q}_z\vec{k} \tag{2-3}$$

여기서 $\vec{i}$, $\vec{j}$ 및 $\vec{k}$는 단위벡터이고, $\dot{Q}_x$, $\dot{Q}_y$ 및 $\dot{Q}_z$는 x, y 및 z방향에서 열전달률의 크기이며, 이는 Fourier의 법칙으로부터 다음과 같이 결정된다.

$$\dot{Q}_x = -kA_x\frac{\partial T}{\partial x}, \qquad \dot{Q}_y = -kA_y\frac{\partial T}{\partial y}, \qquad \text{and} \qquad \dot{Q}_z = -kA_z\frac{\partial T}{\partial z} \tag{2-4}$$

여기서 A_x, A_y 및 A_z는 x, y 및 z방향에 수직인 열전도 면적이다(그림 2-8).

대부분의 공학물질은 사실상 **등방성**(*isotropic*)이고, 이로 인해 모든 방향에서 같은 물성치를 가지고 있다. 이러한 물질에 대해서는 방향에 따른 물성치 변화를 고려할 필요가 없다. 그러나 섬유질 또는 복합재와 같은 **이방성**(*anisotropic*) 물질의 경우 물성치는 방향에 따라 변할 수 있다. 예를 들어 나무는 나뭇결에 수평인 방향의 물성치와 수직인 방향의 물성치가 다르게 나타난다. 이러한 경우에 열전도도는 방향변화를 나타내기 위해 텐서량으로 표현될 필요가 있다. 이와 같은 고차원적인 내용은 이 책의 범위를 벗어나기에 여기서는 방향에 무관한 물질의 열전도도만 취급하고자 한다.

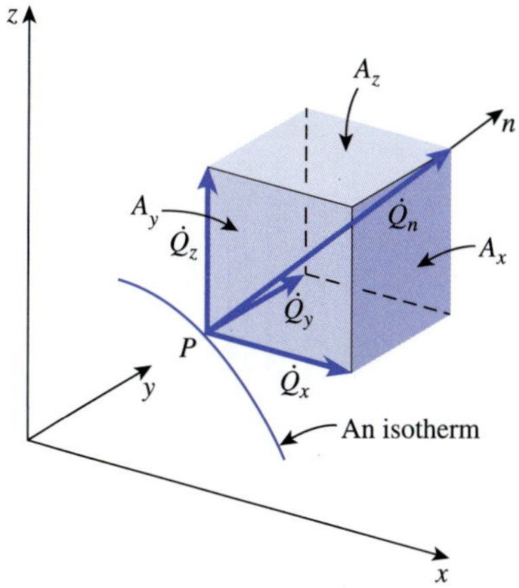

그림 2-8
열전달 벡터는 항상 등온면과 수직이고, 벡터의 성분항으로 표현될 수 있다.

열발생

열이 전도되어 통과하는 매체는 전기, 핵 또는 화학적 에너지가 열에너지로 변환되는 것도 포함하고 있다. 열전도 해석에서는 이와 같은 변환과정을 **열발생(열에너지)**으로 나타낸다.

예를 들면, 전류가 I, 철사의 저항이 R인 경우 저항선에 전류가 통과하면 I^2R의 저항열이 발생하기 때문에 선의 온도는 급격히 상승한다(그림 2-9). 전기회로에서 발생하는 열을 안전하고 효과적으로 제거하는 **전기제품의 냉각**은 열전달 응용에서 중요한 분야이다.

마찬가지로 핵분열에 의하여 핵반응로에서 열에너지가 다량으로 발생하며 이는 원자력 발전소의 **열원**이 된다. 또 폐기물 또는 방사성 물질이 자연적으로 붕괴할 때에도 물체를 통하여 열발생을 야기한다. 태양은 수소와 헬륨의 융합으로 열을 발생시키고, 지구에 열을 공급하는 거대한 핵원자로가 된다.

그림 2-9
전자레인지의 발열선에서 발생하는 열은 전기에너지가 열에너지로 변환된 결과이다.

매체에서 열발생의 다른 에너지원은 매체를 통하여 발생되는 발열화학 반응이

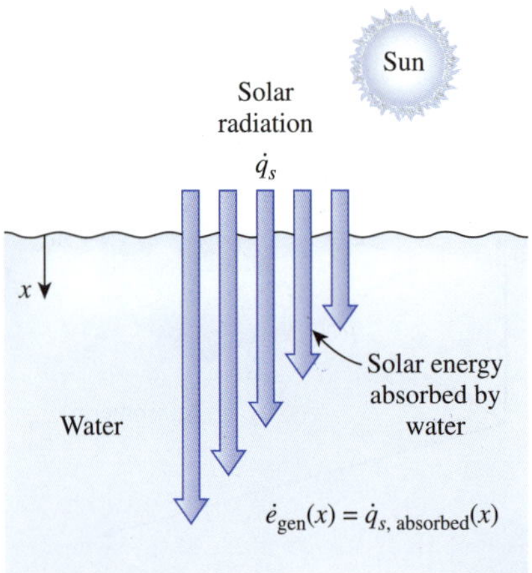

그림 2-10
태양복사가 바닷물에 흡수되는 것은 열발생으로 모델화될 수 있다.

다. 이러한 경우의 화학 반응은 매체에 대해 **열원**으로 제공된다. 그러나 흡열반응의 경우에는 반응과정 중 열은 방출되는 대신 흡수되며, 이러한 화학 반응은 **열싱크**의 역할을 한다. 이 경우 열발생의 부호는 음이 된다.

태양에너지나 감마선과 같은 복사의 흡수는 이들이 물체에 깊숙이 침투하지만 서서히 흡수되므로 열발생으로 모델화할 수 있다. 예를 들어 많은 양의 물에서 태양에너지를 흡수하는 것은 깊이에 따라 변화하는 흡수율과 동등한 율로 물을 통해 발생하는 열발생으로 생각할 수 있다(그림 2-10). 그러나 불투명한 물체의 태양에너지 흡수는 표면의 몇 미크론 안에서 발생하므로 이런 경우 매체 안을 통과하는 태양에너지는 표면에서의 열유속으로 취급될 수 있다.

열발생은 **체적현상**이라는 것에 주목하라. 즉, 매체의 전부분을 통해 발생된다. 따라서 매체 내의 열발생률은 **단위 체적당** 값이고, 단위가 W/m^{3}인 $\dot{e}_{gen}$로 표시된다. 매체 내의 열발생률은 매체의 위치 및 시간에 의해 변화될 수도 있다. 위치에 따른 열발생의 변화를 알면 체적 V의 매체의 **총** 열발생률은 다음과 같이 구해진다.

$$\dot{E}_{gen} = \int_V \dot{e}_{gen}\,dV \qquad \text{(W)} \tag{2-5}$$

균질물질을 통한 전기저항 열발생과 같은 **균일한** 열발생의 경우에 위의 관계는 $\dot{E}_{gen} = \dot{e}_{gen}V$로 되고, 여기서 $\dot{e}_{gen}$는 단위 체적당 일정 열발생률이다.

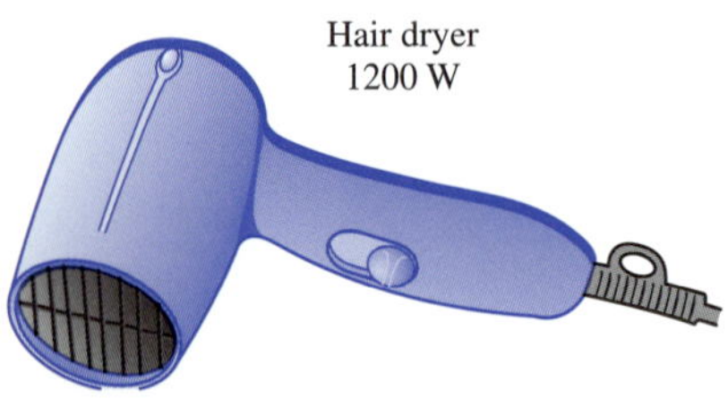

그림 2-11
예제 2-1에 대한 개략도

예제 2-1 헤어드라이어기의 열발생

어떤 1200-W 헤어드라이어기의 저항선 길이는 80 cm, 지름 D = 0.3 cm이다(그림 2-11). 저항선의 단위 체적당 열발생률(W/m^3)을 구하라. 그리고 이 열발생으로 인한 저항선의 바깥 표면으로의 열유속을 구하라.

풀이 헤어드라이어기의 저항선에 의한 소비전력이 주어졌다. 열발생과 열전달량을 구해야 한다.

가정 열은 저항선에서 균일하게 발생한다.

해석 1200-W 헤어드라이어기는 전기에너지를 저항선에서 1200 W 열에너지로 변환시킨다. 따라서 저항선 내부에서의 열발생률은 전열기의 전력과 같다. 저항선의 단위 체적당 열발생률은 전열기의 전력과 같다. 저항선의 단위 체적당 열발생률은 총 열발생률을 체적으로 나눈 다음 식으로 구한다.

$$\dot{e}_{gen} = \frac{\dot{E}_{gen}}{V_{wire}} = \frac{\dot{E}_{gen}}{(\pi D^2/4)L} = \frac{1200\text{ W}}{[\pi(0.3\text{ cm})^2/4](80\text{ cm})} = \mathbf{212\ W/cm^3}$$

마찬가지로 열발생에 의한 저항선 표면의 열유속은 다음 식과 같이 총 열발생률에 표면적으로 나누어 구한다.

$$\dot{Q}_s = \frac{\dot{E}_{gen}}{A_{wire}} = \frac{\dot{E}_{gen}}{\pi DL} = \frac{1200\text{ W}}{\pi(0.3\text{ cm})(80\text{ cm})} = \mathbf{15.9\ W/cm^3}$$

검토 열발생의 단위는 W/cm^{3}이다. 그러나 열유속은 W/cm^{2}과 같이 단위 면적에 대한 값으로 표시된다.

2-2 ■ 1차원 열전도 방정식

집의 벽 같은 대형 평면 벽이나, 한 장의 유리창, 다리미 바닥의 금속판, 주철 증기관, 원통형의 핵연료봉, 전기 저항선, 구형 탱크의 벽 그리고 담금질 또는 뜨임을 하는 금속구에서의 열전도를 고려하자. 이런 경우와 다른 기하학적 형상을 통한 열전도는 한 방향에 지배적이고 다른 방향은 무시할 수 있으므로, 1차원으로 가정할 수 있다. 다음에 1차원 열전도 방정식을 직각, 원통 그리고 구 좌표계로 전개시키고자 한다.

대형 평면 벽에서의 열전도

그림 2-12와 같이 대형 평면 벽에서 두께 Δx의 얇은 요소를 생각한다. 벽의 밀도는 ρ, 비열은 c 그리고 열전달 방향에 직각인 면적은 A라고 가정한다. 미소시간 Δt 동안 얇은 요소의 에너지 균형은 다음과 같이 표시된다.

$$\begin{pmatrix} x\text{에서의} \\ \text{열전도도} \end{pmatrix} - \begin{pmatrix} x+\Delta x\text{에서} \\ \text{열전도도} \end{pmatrix} + \begin{pmatrix} \text{요소의} \\ \text{열발생률} \end{pmatrix} = \begin{pmatrix} \text{요소의} \\ \text{에너지 변화율} \end{pmatrix}$$

또는

$$\dot{Q}_x - \dot{Q}_{x+\Delta x} + \dot{E}_{\text{gen, element}} = \frac{\Delta E_{\text{element}}}{\Delta t} \tag{2-6}$$

와 같이 표현될 수 있다. 그러나 요소의 에너지 변화와 열발생률은 다음과 같이 표현된다.

$$\Delta E_{\text{element}} = E_{t+\Delta t} - E_t = mc(T_{t+\Delta t} - T_t) = \rho c A \Delta x (T_{t+\Delta t} - T_t) \tag{2-7}$$

$$\dot{E}_{\text{gen, element}} = \dot{e}_{\text{gen}} V_{\text{element}} = \dot{e}_{\text{gen}} A \Delta x \tag{2-8}$$

식 (2-6)에 대입하면, 다음 식을 얻는다.

$$\dot{Q}_x - \dot{Q}_{x+\Delta x} + \dot{e}_{\text{gen}} A \Delta x = \rho c A \Delta x \frac{T_{t+\Delta t} - T_t}{\Delta t} \tag{2-9}$$

위의 식을 $A\Delta x$로 나누면, 다음 식이 얻어진다.

$$-\frac{1}{A}\frac{\dot{Q}_{x+\Delta x} - \dot{Q}_x}{\Delta x} + \dot{e}_{\text{gen}} = \rho c \frac{T_{t+\Delta t} - T_t}{\Delta t} \tag{2-10}$$

도함수의 정의와 Fourier의 열전도 법칙으로부터 $\Delta x \to 0$ 그리고 $\Delta t \to 0$으로 극한을 취하면, 다음 식이 얻어진다.

$$\frac{1}{A}\frac{\partial}{\partial x}\left(kA\frac{\partial T}{\partial x}\right) + \dot{e}_{\text{gen}} = \rho c \frac{\partial T}{\partial t} \tag{2-11}$$

$$\lim_{\Delta x \to 0} \frac{\dot{Q}_{x+\Delta x} - \dot{Q}_x}{\Delta x} = \frac{\partial \dot{Q}}{\partial x} = \frac{\partial}{\partial x}\left(-kA\frac{\partial T}{\partial x}\right) \tag{2-12}$$

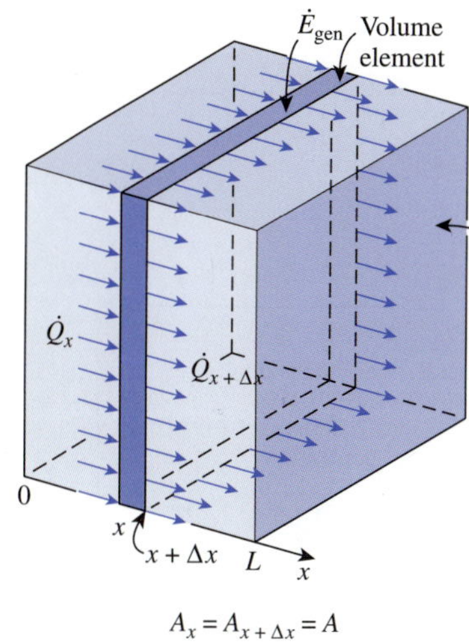

그림 2-12

대형 평면 벽의 체적 요소를 통한 1차원 열전도

평면 벽의 면적 A는 상수이며 평면 벽의 1차원 비정상 열전도 방정식은 다음과 같다.

Variable conductivity: $$\frac{\partial}{\partial x}\left(k\frac{\partial T}{\partial x}\right) + \dot{e}_{gen} = \rho c \frac{\partial T}{\partial t} \tag{2-13}$$

일반적으로 재료의 열전도도 k는 온도 T(그러므로 x)에 의존하므로 도함수 밖으로 나올 수 없다. 그러나 대부분의 실제 적용에서의 **열전도도**는 어떤 평균값으로 가정될 수 있다. 이 경우에 위의 방정식에 적용하면 다음과 같다.

Constant conductivity: $$\frac{\partial^2 T}{\partial x^2} + \frac{\dot{e}_{gen}}{k} = \frac{1}{\alpha}\frac{\partial T}{\partial t} \tag{2-14}$$

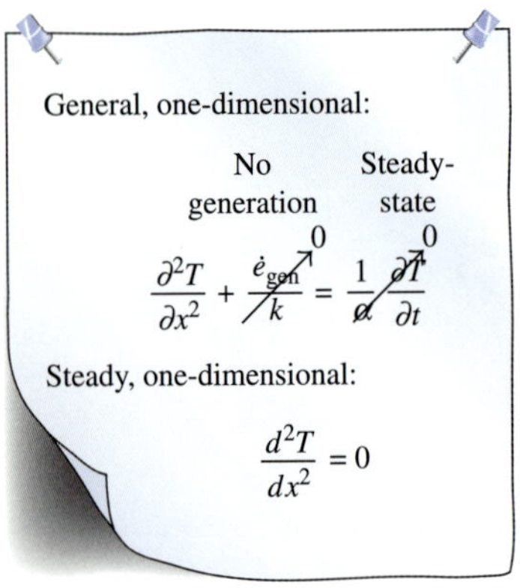

그림 2-13
열발생이 없는 평면 벽에서, 열전도도가 일정한 정상 상태의 1차원 열전도 방정식의 단순화

여기서 물성치 $\alpha = k/\rho c$는 재료의 **열확산율**(thermal diffusivity)이고, 재료를 통하여 열이 얼마나 빨리 전파되는지를 나타낸다. 열전도 방정식은 그림 2-13의 특정 조건하에서 아래와 같은 형태로 유도된다.

(1) *Steady-state:* $(\partial/\partial t = 0)$ $$\frac{d^2 T}{dx^2} + \frac{\dot{e}_{gen}}{k} = 0 \tag{2-15}$$

(2) *Transient, no heat generation:* $(\dot{e}_{gen} = 0)$ $$\frac{\partial^2 T}{\partial x^2} = \frac{1}{\alpha}\frac{\partial T}{\partial t} \tag{2-16}$$

(3) *Steady-state, no heat generation:* $(\partial/\partial t = 0 \text{ and } \dot{e}_{gen} = 0)$ $$\frac{d^2 T}{dx^2} = 0 \tag{2-17}$$

함수의 편도함수와 상도함수는 한 개의 변수[이 경우 $T = T(x)$]에 종속된 함수일 때 동일하므로 1차원 정상 열전도인 경우에 편도함수를 상도함수로 대체하였음에 주의하라.

긴 원통에서 열전도 방정식

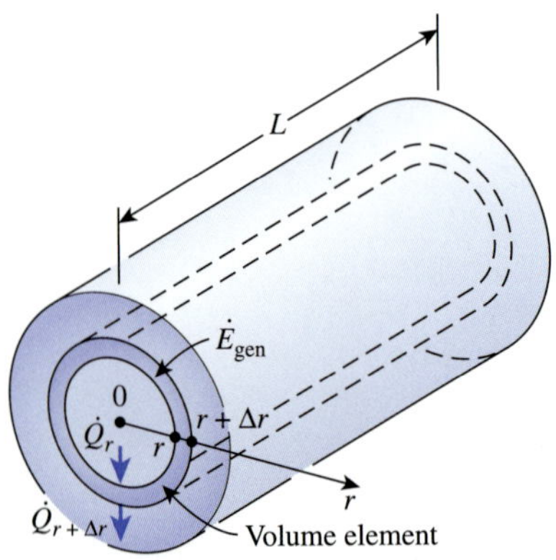

그림 2-14
긴 원통의 단위 체적을 통한 1차원 열전도

그림 2-14와 같이 긴 원통에서 두께 Δr인 얇은 원통 쉘(shell)을 생각하자. 원통의 밀도는 ρ, 비열은 c 그리고 길이는 L이라 가정한다. 어떤 위치에서 열전달 방향에 수직인 원통 면적은 $A = 2\pi rL$이며, 여기서 r은 반지름이다. 이 경우 열전달 면적 A는 r에 의존하며, 위치에 따라 변한다. 미소시간 Δt 동안 얇은 원통 쉘의 에너지 균형은 다음과 같이 표현될 수 있다.

$$\begin{pmatrix} r\text{에서} \\ \text{열전도도} \end{pmatrix} - \begin{pmatrix} r + \Delta r\text{에서} \\ \text{열전도도} \end{pmatrix} + \begin{pmatrix} \text{요소의} \\ \text{열발생률} \end{pmatrix} = \begin{pmatrix} \text{요소의} \\ \text{에너지 변화율} \end{pmatrix}$$

또는

$$\dot{Q}_r - \dot{Q}_{r+\Delta r} + \dot{E}_{gen,\ element} = \frac{\Delta E_{element}}{\Delta t} \tag{2-18}$$

요소의 에너지와 열발생률의 변화는 다음 식으로 표현된다.

$$\Delta E_{element} = E_{t+\Delta t} - E_t = mc(T_{t+\Delta t} - T_t) = \rho c A \Delta r (T_{t+\Delta t} - T_t) \tag{2-19}$$

$$\dot{E}_{\text{gen, element}} = \dot{e}_{\text{gen}}V_{\text{element}} = \dot{e}_{\text{gen}}A\Delta r \tag{2-20}$$

식 (2−18)에 대입하면,

$$\dot{Q}_r - \dot{Q}_{r+\Delta r} + \dot{e}_{\text{gen}}A\Delta r = \rho cA\Delta r\frac{T_{t+\Delta t} - T_t}{\Delta t} \tag{2-21}$$

여기서 $A = 2\pi rL$이다. 이때 평균반지름을 사용하여 요소 중간에서의 면적 $A = 2\pi(r + \Delta r/2)L$로 표현하고 싶어질 것이다. 그러나 다음의 해석에서 $\Delta r \to 0$으로 극한을 취하면 $\Delta r/2$는 소거되기 때문에 이렇게 복잡하게 할 필요가 없다. 위의 식을 $A\Delta r$로 나누면

$$-\frac{1}{A}\frac{\dot{Q}_{r+\Delta r} - \dot{Q}_r}{\Delta r} + \dot{e}_{\text{gen}} = \rho c\frac{T_{t+\Delta t} - T_t}{\Delta t} \tag{2-22}$$

이 되고 $\Delta r \to 0$ 그리고 $\Delta t \to 0$으로 극한을 취하면, 다음 식이 유도된다.

$$\frac{1}{A}\frac{\partial}{\partial r}\left(kA\frac{\partial T}{\partial r}\right) + \dot{e}_{\text{gen}} = \rho c\frac{\partial T}{\partial t} \tag{2-23}$$

도함수의 정의와 Fourier의 열전도 법칙으로부터

$$\lim_{\Delta r \to 0}\frac{\dot{Q}_{r+\Delta r} - \dot{Q}_r}{\Delta r} = \frac{\partial \dot{Q}}{\partial r} = \frac{\partial}{\partial r}\left(-kA\frac{\partial T}{\partial r}\right) \tag{2-24}$$

이 경우의 열전달 면적은 $A = 2\pi rL$이다. 원통의 1차원 비정상 열전도 방정식은 다음과 같다.

Variable conductivity:
$$\frac{1}{r}\frac{\partial}{\partial r}\left(rk\frac{\partial T}{\partial r}\right) + \dot{e}_{\text{gen}} = \rho c\frac{\partial T}{\partial t} \tag{2-25}$$

일정 열전도도일 경우에 위의 식은 다음과 같다.

Constant conductivity:
$$\frac{1}{r}\frac{\partial}{\partial r}\left(r\frac{\partial T}{\partial r}\right) + \frac{\dot{e}_{\text{gen}}}{k} = \frac{1}{\alpha}\frac{\partial T}{\partial t} \tag{2-26}$$

여기서 물성치 $\alpha = k/\rho c$는 그 물질의 열확산율이다. 식 (2−26)은 정해진 조건에 의하여 다음 식으로 유도된다(그림 2−15).

(1) *Steady-state:* ($\partial/\partial t = 0$)
$$\frac{1}{r}\frac{d}{dr}\left(r\frac{dT}{dr}\right) + \frac{\dot{e}_{\text{gen}}}{k} = 0 \tag{2-27}$$

(2) *Transient, no heat generation:* ($\dot{e}_{\text{gen}} = 0$)
$$\frac{1}{r}\frac{\partial}{\partial r}\left(r\frac{\partial T}{\partial r}\right) = \frac{1}{\alpha}\frac{\partial T}{\partial t} \tag{2-28}$$

(3) *Steady-state, no heat generation:* ($\partial/\partial t = 0$ and $\dot{e}_{\text{gen}} = 0$)
$$\frac{d}{dr}\left(r\frac{dT}{dr}\right) = 0 \tag{2-29}$$

함수의 편도함수와 상도함수는 한 개의 변수[이 경우 $T = T(r)$]에 의존하는 함수

(*a*) The form that is ready to integrate

$$\frac{d}{dr}\left(r\frac{dT}{dr}\right) = 0$$

(*b*) The equivalent alternative form

$$r\frac{d^2T}{dr^2} + \frac{dT}{dr} = 0$$

그림 2−15

열발생이 없는 원통에서, 동등한 정상 상태 1차원 열전도 방정식의 다른 표현

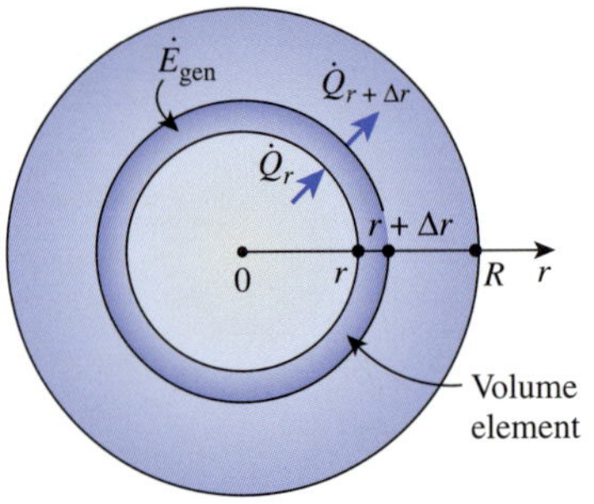

그림 2-16
구에서 체적 요소를 통한 1차원 열전도

일 때 동일하므로 1차원 정상 열전도의 경우에 편도함수를 상도함수로 교체하였음에 주의하라.

구에서의 열전도 방정식

밀도 ρ, 비열 c 그리고 바깥 반지름 R인 구를 생각하자. 어떤 위치에서 열전달방향에 수직인 구의 면적 $A = 4\pi r^2$이고, 여기서 r은 그 위치에서의 반지름이다. 이 경우 역시 열전달 면적 A는 r에 의존하며, 위치에 따라 변함에 주의하라. 두께 Δr인 얇은 구형 쉘을 생각하고 면적 $A = 2\pi rL$ 대신 $A = 4\pi r^2$으로 앞에서 기술한 원통의 해석을 반복하면, 구의 1차원 비정상 열전도 방정식은 다음과 같이 결정된다(그림 2-16).

Variable conductivity:
$$\frac{1}{r^2}\frac{\partial}{\partial r}\left(r^2 k \frac{\partial T}{\partial r}\right) + \dot{e}_{gen} = \rho c \frac{\partial T}{\partial t} \quad \text{(2-30)}$$

일정 열전도도일 경우에는 다음과 같다.

Constant conductivity:
$$\frac{1}{r^2}\frac{\partial}{\partial r}\left(r^2 \frac{\partial T}{\partial r}\right) + \frac{\dot{e}_{gen}}{k} = \frac{1}{\alpha}\frac{\partial T}{\partial t} \quad \text{(2-31)}$$

여기서 물성치 $\alpha = k/\rho c$는 물질의 열확산율이다. 위의 식은 정해진 조건에 따라 다음과 같이 유도된다.

(1) *Steady-state:* $(\partial/\partial t = 0)$
$$\frac{1}{r^2}\frac{d}{dr}\left(r^2 \frac{dT}{dr}\right) + \frac{\dot{e}_{gen}}{k} = 0 \quad \text{(2-32)}$$

(2) *Transient, no heat generation:* $(\dot{e}_{gen} = 0)$
$$\frac{1}{r^2}\frac{\partial}{\partial r}\left(r^2 \frac{\partial T}{\partial r}\right) = \frac{1}{\alpha}\frac{\partial T}{\partial t} \quad \text{(2-33)}$$

(3) *Steady-state, no heat generation:* $(\partial/\partial t = 0$ and $\dot{e}_{gen} = 0)$
$$\frac{d}{dr}\left(r^2 \frac{dT}{dr}\right) = 0 \quad \text{or} \quad r\frac{d^2T}{dr^2} + 2\frac{dT}{dr} = 0 \quad \text{(2-34)}$$

여기서 다시 1차원 정상 열전도에서 편도함수를 상도함수로 교체한다.

복합 1차원 열전도 방정식

평면 벽, 원통 및 구에서 각각의 1차원 비정상 열전도 방정식은 간단한 식으로 표현할 수 있다.

$$\frac{1}{r^n}\frac{\partial}{\partial r}\left(r^n k \frac{\partial T}{\partial r}\right) + \dot{e}_{gen} = \rho c \frac{\partial T}{\partial t} \quad \text{(2-35)}$$

여기서 평면 벽의 경우 $n = 0$, 원통은 $n = 1$, 구는 $n = 2$이다. 평면 벽의 경우 변수를 r 대신 x로 대체한다. 이 식은 정상 상태 또는 열발생이 없는 경우에 단순화될 수 있다.

예제 2-2 팬 바닥을 통한 열전도

스파게티를 요리하기 위하여 전기 가열기에 올려진 강철 팬을 생각한다(그림 2-17). 팬 바닥 부분의 두께 L = 0.4 cm이고 지름 D = 18 cm이다. 전기 가열기의 발열부분은 요리를 하는 중 800 W를 소모하고, 그중 80%의 열이 팬에 균일하게 전달된다. 열전도도는 상수로 가정하고 팬이 정상 작동을 할 때 바닥 단면의 온도 변화를 나타내는 미분방정식을 구하라.

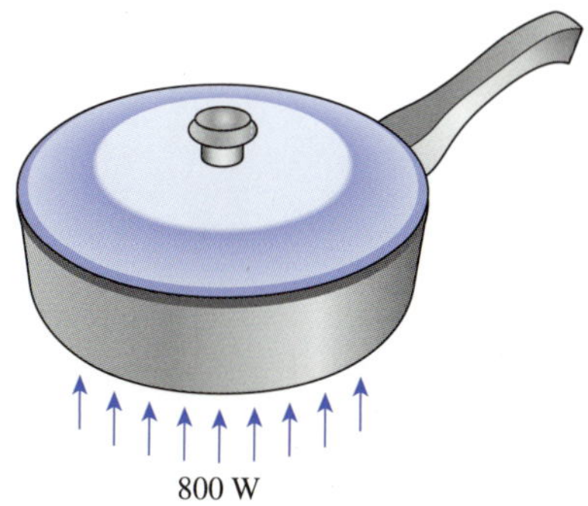

그림 2-17
예제 2-2에 대한 개략도

풀이 강철 팬은 전기 가열기 위에 있다고 생각한다. 팬 바닥의 온도 변화에 대한 미분방정식을 얻을 수 있다.

해석 팬의 바닥면은 두께에 비하여 표면적이 아주 크다. 따라서 넓은 평면 벽으로 가정할 수 있다. 열유속은 바닥 표면에 균일하게 제공된다. 그리고 내부면의 조건도 역시 균일하다. 그러므로 팬의 바닥면으로부터 위로의 열전달은 1차원으로 접근할 수 있다. 팬의 바닥면에 수직인 방향을 x축으로 취하면 정상 상태인 동안에 온도 $T = T(x)$는 오직 x에만 의존한다.

팬의 바닥에서 열발생은 없고 열전도도는 상수로 주어졌다. 그러므로 팬의 바닥에서의 온도 변화를 나타내는 미분방정식은 단순히 식 (2-17)과 같이 된다.

$$\frac{d^2T}{dx^2} = 0$$

이것은 일정 열전도도와 열발생이 없는 조건에서의 직각좌표계의 1차원 열전도 방정식이다. 매체 표면에서의 조건은 미분방정식에 아무런 영향을 주지 않음을 상기하라.

검토 표면에서의 조건이 미분방정식에 아무런 영향을 미치지 않는다.

예제 2-3 전열기의 열전도

열전도도 k = 15 W/m·K, 지름 D = 0.4 cm, 길이 L = 50 cm인 2 kW 전열기가 그림 2-18와 같이 물속에 잠겨서 물을 끓이는 데 사용된다. 전열선의 온도에 따른 열전도도의 변화는 무시하고, 정상 작동 중에 저항선의 온도 변화를 나타내는 미분방정식을 구하라.

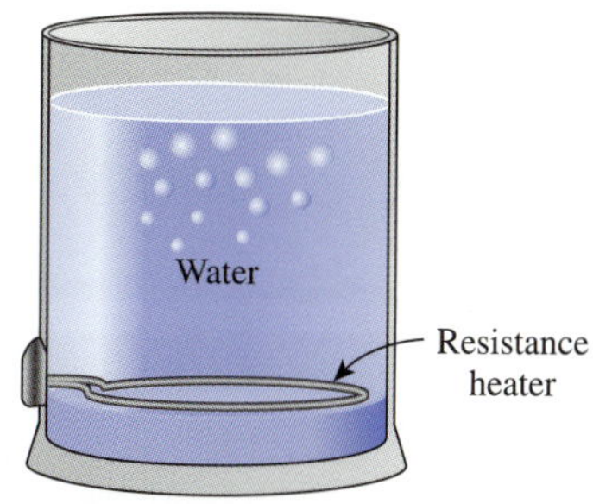

그림 2-18
예제 2-3에 대한 개략도

풀이 물을 가열하는 것은 저항선이라고 간주한다. 전선의 온도 변화에 대한 미분방정식을 구할 수 있다.

분석 저항선의 길이가 지름의 100배 이상이므로 저항선은 매우 긴 원통으로 생각할 수 있다. 또한, 열은 균일하게 발생되고, 저항선의 외부 표면조건은 균일하다. 그러므로, 저항선의 온도는 반지름 r방향으로만 변한다고 할 수 있고, 열전달은 1차원으로 간주된다. 그러면 온도는 반지름 r에만 의존하기 때문에 $T = T(r)$이 된다.

전선의 단위 체적당 열발생률은 다음 식과 같이 구해진다.

$$\dot{e}_{\text{gen}} = \frac{\dot{E}_{\text{gen}}}{V_{\text{wire}}} = \frac{\dot{E}_{\text{gen}}}{(\pi D^2/4)L} = \frac{2000\text{ W}}{[\pi(0.004\text{ m})^2/4](0.5\text{ m})} = 0.318 \times 10^9\text{ W/m}^3$$

열전도도는 일정하고 전선의 온도 변화를 지배하는 미분방정식은 간단하게 식 (2-27)과 같이 된다.

$$\frac{1}{r}\frac{d}{dr}\left(r\frac{dT}{dr}\right) + \frac{\dot{e}_{\text{gen}}}{k} = 0$$

이 식은 일정 열전도도인 원통좌표계에서 정상 상태 1차원 열전도 방정식이다. 전선 표면의 조건은 미분방정식에 아무 영향이 없음에 유의하라.

검토 다시 한번 말하지만 전선 표면에 있는 조건이 미분방정식에 아무런 영향을 주지 않는다.

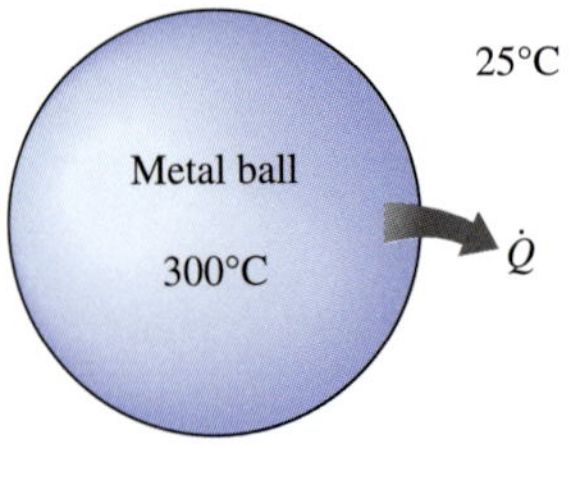

그림 2-19
예제 2-4에 대한 개략도

예제 2-4 **공기 중에서 뜨거운 금속구의 냉각**

반지름 R인 금속구는 오븐에서 300°C의 온도로 가열된다. 그런 다음 오븐에서 꺼내 T_∞ = 25°C의 공기 중에서 대류와 복사에 의해 냉각된다(그림 2-19). 금속구의 열전도도는 온도에 따라 선형적으로 변한다. 금속구는 바깥표면으로부터 균일하게 냉각된다고 가정하고, 냉각기간 중 금속구의 온도 변화를 나타내는 미분방정식을 구하라.

풀이 뜨거운 금속구는 주위의 공기에 의해 냉각된다. 구의 온도 변화에 대한 미분방정식은 구해질 수 있다.

해석 구의 처음상태는 균일 온도이고 바깥 표면으로부터 균일하게 냉각된다. 또한, 구의 어떤 지점에서의 온도는 냉각되는 동안 시간에 따라 변한다. 그러므로 이것은 구 내의 온도가 반지름 r과 시간 t에 따라 변하기 때문에 비정상 상태의 1차원 열전도 문제이다. 즉, $T = T(r, t)$이다.

열전도도는 변하고, 구의 열발생은 없다. 그러므로 구 내부의 온도 변화를 지배하는 미분방정식은 식 (2-30)에서 열발생항을 0으로 취함으로써 다음 식을 구할 수 있다.

$$\frac{1}{r^2}\frac{\partial}{\partial r}\left(r^2 k \frac{\partial T}{\partial r}\right) = \rho c \frac{\partial T}{\partial t}$$

위의 식은 가변 열전도도 및 열발생이 없는 조건하의 구좌표계에 대한 1차원 비정상 열전도 방정식이다.

검토 구의 바깥면의 조건은 미분방정식에 아무런 영향을 미치지 않음에 주의하라.

2-3 ▪ 일반적인 열전도 방정식

앞 절에서는 1차원 열전도를 고려했고, 한 방향 외의 다른 방향으로의 열전도는 무시된다고 가정하였다. 실제로 대부분의 열전도 문제는 1차원으로 근사화될 수 있고, 주로 그러한 문제를 이 책에서 다룰 것이다. 그러나, 모든 경우에 그러한 것은 아니고, 때로는 다른 방향으로의 열전달을 고려해야 할 필요가 있다. 그러한 경우에서의 열전도를 **다차원**이라 하고, 이 절에서는 직각좌표계, 원통좌표계, 구좌표계에 있어서 다차원 문제의 지배 미분방정식을 전개하고자 한다.

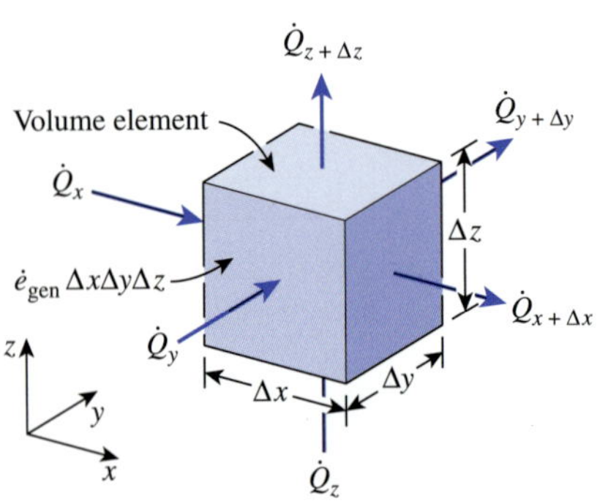

그림 2-20
직육면체 체적 요소에서의 3차원 열전도

직각좌표계

그림 2-20에서 길이 Δx, 폭 Δy, 높이 Δz의 미소 직육면체 요소를 고려하자. 물체의 밀도는 ρ 그리고 비열은 c이다. 미소시간 Δt 동안 이 요소에 대한 에너지 균형은 다음과 같이 표현된다.

$$\begin{pmatrix} x,\ y,\ z\text{에서의} \\ \text{열전도도} \end{pmatrix} - \begin{pmatrix} x+\Delta x,\ y+\Delta y,\ z+\Delta z \\ \text{에서 열전도도} \end{pmatrix} + \begin{pmatrix} \text{요소의} \\ \text{열발생률} \end{pmatrix} = \begin{pmatrix} \text{요소의} \\ \text{에너지} \\ \text{변화율} \end{pmatrix}$$

또는

$$\dot{Q}_x + \dot{Q}_y + \dot{Q}_z - \dot{Q}_{x+\Delta x} - \dot{Q}_{y+\Delta y} - \dot{Q}_{z+\Delta z} + \dot{E}_{\text{gen, element}} = \frac{\Delta E_{\text{element}}}{\Delta t} \tag{2-36}$$

요소의 체적은 $V_{\text{element}} = \Delta x \Delta y \Delta z$이고, 요소의 에너지 변화와 요소 내 열발생률은 다음과 같이 표현된다.

$$\Delta E_{\text{element}} = E_{t+\Delta t} - E_t = mc(T_{t+\Delta t} - T_t) = \rho c \Delta x \Delta y \Delta z (T_{t+\Delta t} - T_t)$$
$$\dot{E}_{\text{gen, element}} = \dot{e}_{\text{gen}} V_{\text{element}} = \dot{e}_{\text{gen}} \Delta x \Delta y \Delta z$$

위 식을 식 (2−36)에 대입하면, 다음 식을 얻는다.

$$\dot{Q}_x + \dot{Q}_y + \dot{Q}_z - \dot{Q}_{x+\Delta x} - \dot{Q}_{y+\Delta y} - \dot{Q}_{z+\Delta z} + \dot{e}_{\text{gen}} \Delta x \Delta y \Delta z = \rho c \Delta x \Delta y \Delta z \frac{T_{t+\Delta t} - T_t}{\Delta t}$$

이 식을 $\Delta x \Delta y \Delta z$로 나누면 다음 식이 된다.

$$-\frac{1}{\Delta y \Delta z} \frac{\dot{Q}_{x+\Delta x} - \dot{Q}_x}{\Delta x} - \frac{1}{\Delta x \Delta z} \frac{\dot{Q}_{y+\Delta y} - \dot{Q}_y}{\Delta y} - \frac{1}{\Delta x \Delta y} \frac{\dot{Q}_{z+\Delta z} - \dot{Q}_z}{\Delta z} + \dot{e}_{\text{gen}} = \rho c \frac{T_{t+\Delta t} - T_t}{\Delta t} \tag{2-37}$$

x, y, z방향에서 전도된 열전달 면적은 각각 $A_x = \Delta y \Delta z$, $A_y = \Delta x \Delta z$, $A_z = \Delta x \Delta y$이고, Δx, Δy, Δz 그리고 $\Delta t \to 0$의 극한을 취하면 다음과 같다.

$$\frac{\partial}{\partial x}\left(k \frac{\partial T}{\partial x}\right) + \frac{\partial}{\partial y}\left(k \frac{\partial T}{\partial y}\right) + \frac{\partial}{\partial z}\left(k \frac{\partial T}{\partial z}\right) + \dot{e}_{\text{gen}} = \rho c \frac{\partial T}{\partial t} \tag{2-38}$$

위 식은 다음 미분의 정의와 Fourier의 열전도 법칙을 이용하였다.

$$\lim_{\Delta x \to 0} \frac{1}{\Delta y \Delta z} \frac{\dot{Q}_{x+\Delta x} - \dot{Q}_x}{\Delta x} = \frac{1}{\Delta y \Delta z} \frac{\partial Q_x}{\partial x} = \frac{1}{\Delta y \Delta z} \frac{\partial}{\partial x}\left(-k \Delta y \Delta z \frac{\partial T}{\partial x}\right) = -\frac{\partial}{\partial x}\left(k \frac{\partial T}{\partial x}\right)$$
$$\lim_{\Delta y \to 0} \frac{1}{\Delta x \Delta z} \frac{\dot{Q}_{y+\Delta y} - \dot{Q}_y}{\Delta y} = \frac{1}{\Delta x \Delta z} \frac{\partial Q_y}{\partial y} = \frac{1}{\Delta x \Delta z} \frac{\partial}{\partial y}\left(-k \Delta x \Delta z \frac{\partial T}{\partial y}\right) = -\frac{\partial}{\partial y}\left(k \frac{\partial T}{\partial y}\right)$$
$$\lim_{\Delta z \to 0} \frac{1}{\Delta x \Delta y} \frac{\dot{Q}_{z+\Delta z} - \dot{Q}_z}{\Delta z} = \frac{1}{\Delta x \Delta y} \frac{\partial Q_z}{\partial z} = \frac{1}{\Delta x \Delta y} \frac{\partial}{\partial z}\left(-k \Delta x \Delta y \frac{\partial T}{\partial z}\right) = -\frac{\partial}{\partial z}\left(k \frac{\partial T}{\partial z}\right)$$

식 (2−38)은 직각좌표계에서의 일반적인 열전도 방정식이다. 일정 열전도도인 경우 다음과 같이 유도된다.

$$\frac{\partial^2 T}{\partial x^2} + \frac{\partial^2 T}{\partial y^2} + \frac{\partial^2 T}{\partial z^2} + \frac{\dot{e}_{\text{gen}}}{k} = \frac{1}{\alpha} \frac{\partial T}{\partial t} \tag{2-39}$$

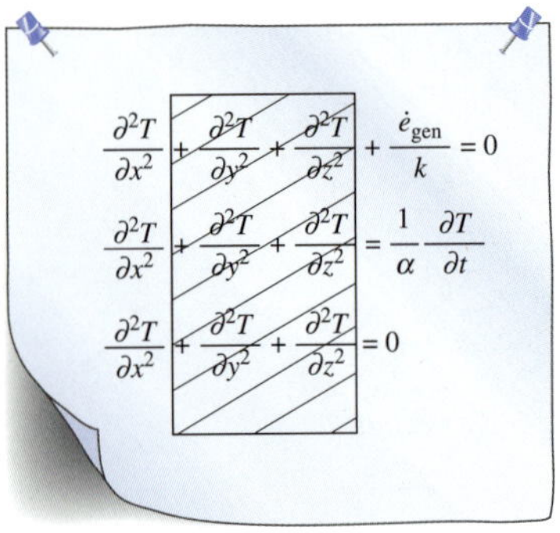

그림 2-21

1차원적인 온도 변화만 존재하는 경우, 3차원 열전도 방정식은 1차원 열전도 방정식으로 간소화된다.

여기서 물성치 $\alpha = k/\rho c$는 물질의 **열확산계수**이다. 식 (2-39)는 **Fourier-Biot 식**이라 하며, 특정 조건하에서는 다음과 같다.

(1) *Steady-state:* (called the **Poisson equation**)

$$\frac{\partial^2 T}{\partial x^2} + \frac{\partial^2 T}{\partial y^2} + \frac{\partial^2 T}{\partial z^2} + \frac{\dot{e}_{gen}}{k} = 0 \tag{2-40}$$

(2) *Transient, no heat generation:* (called the **diffusion equation**)

$$\frac{\partial^2 T}{\partial x^2} + \frac{\partial^2 T}{\partial y^2} + \frac{\partial^2 T}{\partial z^2} = \frac{1}{\alpha}\frac{\partial T}{\partial t} \tag{2-41}$$

(3) *Steady-state, no heat generation:* (called the **Laplace equation**)

$$\frac{\partial^2 T}{\partial x^2} + \frac{\partial^2 T}{\partial y^2} + \frac{\partial^2 T}{\partial z^2} = 0 \tag{2-42}$$

x방향에서의 1차원 열전달의 특별한 경우, y와 z에 대한 도함수는 소거되며, 위 식은 앞 절에서와 같은 평면 벽에서의 열전달 방정식으로 유도된다(그림 2-21).

원통좌표계

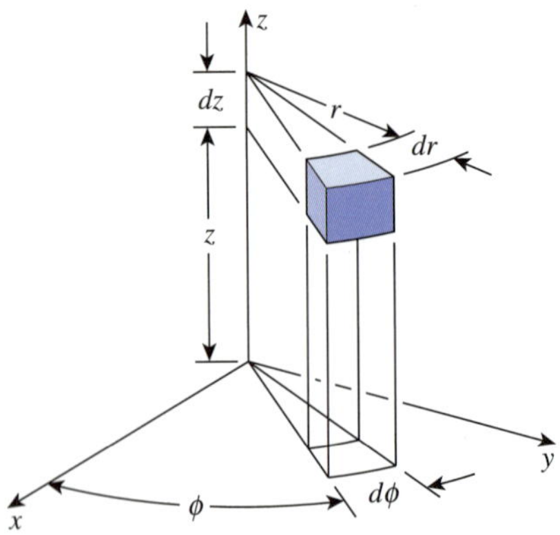

그림 2-22

원통좌표계에서 미소 체적 요소

원통좌표계에서 일반적인 열전도 방정식은 그림 2-22에서와 같이 체적 요소에 대한 에너지 균형으로부터 구할 수 있고, 방법은 직각좌표계에서와 같다.

또한 이것은 직각좌표계와 원통좌표계 사이의 식을 이용하여 좌표변환을 통해 식 (2-38)로부터 직접 구할 수 있다.

$$x = r\cos\phi, \qquad y = r\sin\phi, \qquad \text{and} \qquad z = z$$

간단한 조작으로 다음 식을 얻는다.

$$\frac{1}{r}\frac{\partial}{\partial r}\left(kr\frac{\partial T}{\partial r}\right) + \frac{1}{r^2}\frac{\partial T}{\partial \phi}\left(k\frac{\partial T}{\partial \phi}\right) + \frac{\partial}{\partial z}\left(k\frac{\partial T}{\partial z}\right) + \dot{e}_{gen} = \rho c\frac{\partial T}{\partial t} \tag{2-43}$$

구좌표계

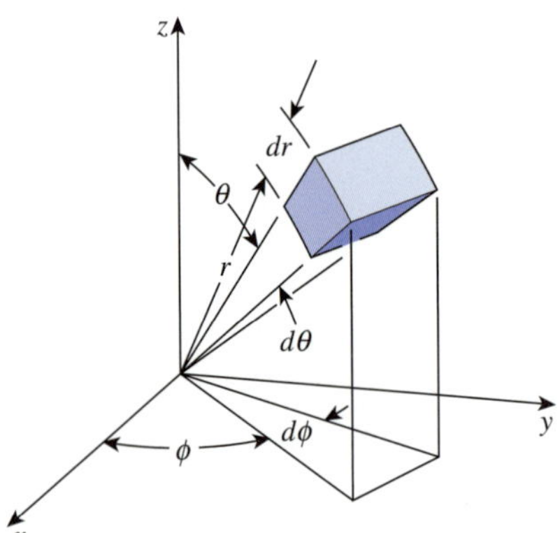

그림 2-23

구좌표계에서 미소 체적 요소

구좌표계에서 일반적인 열전도 방정식은 그림 2-23에서와 같이 체적 요소에 대한 에너지 균형으로부터 구할 수 있으며, 방법은 위와 같다. 또한 이것은 직각좌표계와 구좌표계 사이의 식을 이용하여 좌표변환을 통해 식 (2-38)로부터 직접 구할 수 있다.

$$x = r\cos\phi\sin\theta, \qquad y = r\sin\phi\sin\theta, \qquad \text{and} \qquad z = \cos\theta$$

다시 간단히 정리하면 다음 식을 얻는다.

$$\frac{1}{r^2}\frac{\partial}{\partial r}\left(kr^2\frac{\partial T}{\partial r}\right) + \frac{1}{r^2\sin^2\theta}\frac{\partial}{\partial \phi}\left(k\frac{\partial T}{\partial \phi}\right) + \frac{1}{r^2\sin\theta}\frac{\partial}{\partial \theta}\left(k\sin\theta\frac{\partial T}{\partial \theta}\right) + \dot{e}_{gen} = \rho c\frac{\partial T}{\partial t} \tag{2-44}$$

위의 미분방정식에 대한 해석적인 해를 얻기 위해서는 편미분방정식 해의 해법 지식이 요구된다. 하지만 이는 이 책의 범위를 벗어난다. 여기서 우리는 논의를 1차원 정상 상태의 경우로 한정한다. 그 이유는 상미분방정식으로 되기 때문이다.

예제 2-5 **짧은 원통의 열전도**

반지름 R과 높이 h의 짧은 원통 금속봉이 오븐에서 온도 300°C로 가열된 후 오븐에서 꺼내 대기온도 T_∞ = 20°C에서 대류와 복사에 의해 냉각된다. 봉은 바깥 표면으로부터 균일하게 냉각되고 온도에 따른 봉의 열전도도는 무시될 수 있다고 가정한다. 이 경우 냉각 도중 봉의 온도 변화를 나타내는 미분방정식을 구하라.

풀이 짧은 원통봉은 주위 공기에 의해 냉각된다. 온도 변화에 대한 미분방정식이 구해진다.

해석 그림 2-24와 같이 봉은 초기에 균일한 온도이며, 반지름 r방향의 측면과 z방향인 윗면 및 바닥면으로부터 균일하게 냉각된다. 봉의 어떤 위치의 온도는 냉각 중에 시간에 따라 변한다. 봉의 온도는 r과 z방향으로 시간 t에 따라 변하므로 2차원 비정상 열전도 문제라 할 수 있다. 즉, $T = T(r, z, t)$이다.

열전도도는 일정하고 봉 내 열발생은 없다. 그러므로, 봉의 온도 변화를 지배하는 미분방정식은 식 (2-43)에서 열발생항과 ϕ에 대한 도함수항을 0으로 두어 다음 식을 얻을 수 있다.

$$\frac{1}{r}\frac{\partial}{\partial r}\left(kr\frac{\partial T}{\partial r}\right) + \frac{\partial}{\partial z}\left(k\frac{\partial T}{\partial z}\right) = \rho c\frac{\partial T}{\partial t}$$

열전도도가 일정한 경우 다음 식이 유도된다.

$$\frac{1}{r}\frac{\partial}{\partial r}\left(r\frac{\partial T}{\partial r}\right) + \frac{\partial^2 T}{\partial z^2} = \frac{1}{\alpha}\frac{\partial T}{\partial t}$$

검토 경계 및 초기 조건이 미분방정식에 아무런 영향을 미치지 않음을 주의하라.

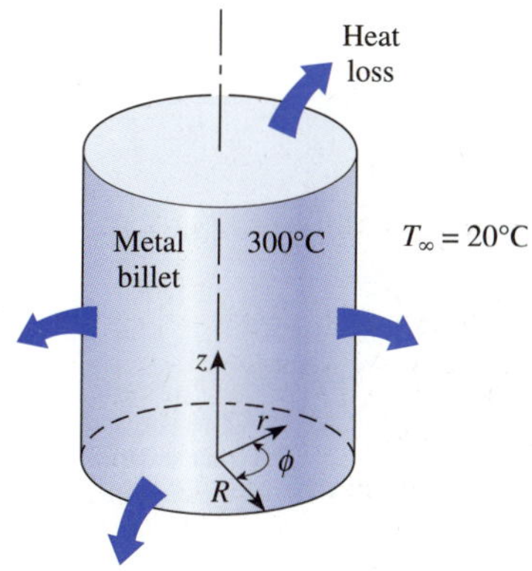

그림 2-24
예제 2-5에 대한 개략도

2-4 ▪ 경계조건과 초기 조건

위의 열전도 방정식들은 매체 내의 미소체적에 대한 에너지 균형으로부터 구하였고, 그 식들은 매체 **표면**에서의 **열적 조건**에 상관없이 동일하게 유지된다. 즉, 미분방정식들은 표면에서 표면온도 또는 열유속과 같은 표면조건에 관련되는 어떤 정보에도 무관하다. 그러나 매체 내의 열유속과 온도분포는 표면조건에 의존하며, 매체의 경계면에서 열적 조건의 완전한 기술 없이는 열전달 문제의 표현은 완성될 수 없다. 경계에서 열적 조건의 **수학적 표현**을 **경계조건**(boundary conditions)이라 한다.

수학적 관점에서 보면, 미분방정식을 풀이한다는 것은 근본적으로 **도함수를 제거하는** 과정 또는 **적분**과정이며, 그러한 미분방정식의 해는 전형적으로 임의의 상수를 포함한다(그림 2-25). 문제의 유일해를 얻기 위해서는, 지배방정식 외의 다른 것을 규정해야만 한다. 우리는 특수조건을 (예를 들어 독립 변수의 측정값에 대한 함수 또는 도함수의 값) 정의하여 해가 어떤 측정 위치에서 이 조건을 강제로 만족하게 하여 이러한 임의의 상수에 고유한 값을 갖도록 하며, 따라서 **유일해**를 구할 수 있다. 그러나 미분방정식에는 부가적인 정보나 조건에 대한 항이 없기 때문에 경계 또는 초기 조건의 형태로 각각 제공해 주어야 한다.

겨울에 벽돌집의 벽에서의 온도 변화를 고려해 보자. 벽의 어떤 지점에서의 온

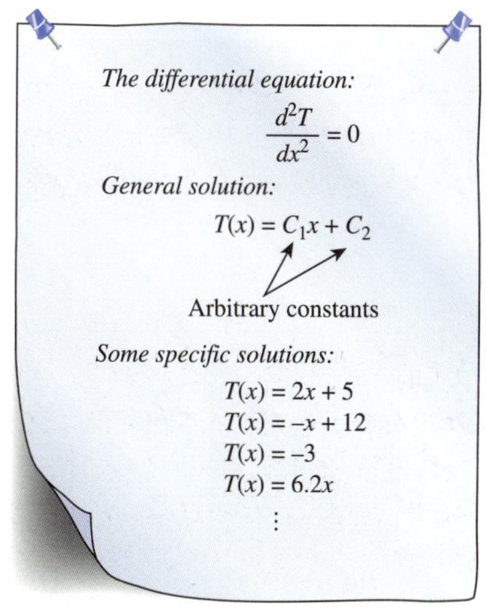

그림 2-25
전형적인 미분방정식의 일반해는 임의의 상수를 포함하므로, 무한개의 해가 존재한다.

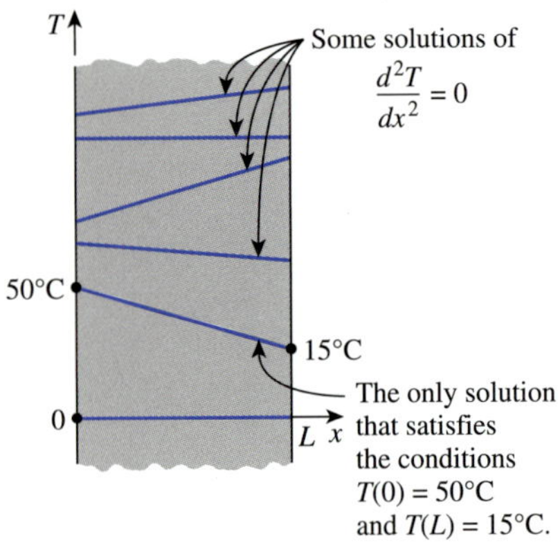

그림 2-26
평면 벽의 정상 상태 열전달을 완전히 기술하기 위해서는 열전달의 주요 방향으로 두 가지 독립적인 경계조건이 부여되어야만 한다.

도는 무엇보다도 집 안의 공기온도, 바람의 속도 및 방향 그리고 외부면에 입사되는 태양에너지와 같이 두 벽면의 조건에 의존한다. 즉, 매체의 온도분포는 매체 내의 열전달 메커니즘뿐만 아니라 매체 경계면의 조건들에 의존한다. 열전달 문제를 완전히 기술하기 위해서 **두 개의 경계조건**은 반드시 열전달이 일어나는 **각 방향**으로 주어져야 한다(그림 2-26). 그러므로 벽의 두 위치(내면과 외면)의 조건들이 주어져야 한다. 그러나 평행육면체의 경우 열전달이 모든 방향으로 일어나므로 각 면에 하나씩 여섯 개의 경계조건이 주어져야 한다.

위에서 제시된 물리적인 언급은 그 문제의 수학적 특성과 일치한다. 왜냐하면 열전도 방정식은 열전달이 있는 모든 방향에서 2차(즉, 공간변수에 대한 2차 도함수 포함)이고, 2차 선형미분방정식의 일반해는 각 방향에 대하여 두 개의 임의 상수를 포함하기 때문이다. 즉, 주어진 방향의 특성화에 필요한 경계조건의 수는 미분방정식의 계수와 같다.

위의 벽돌 벽을 다시 생각해보자. 어떤 시간에서 벽의 온도는 초기의 열전도 과정의 벽면조건에 의존한다. 시간 $t = 0$일 때 주어지는 조건을 **초기 조건**(initial condition)이라 하며, 이는 초기일 때 매체 온도분포에 대한 수학적 표현이다. 전도 방정식이 시간에 있어서 1차(시간에 대한 온도의 1차 도함수)이므로 차원에 상관없이 하나의 초기 조건이 필요함을 인식하자.

직각좌표계의 경우 초기 조건은 다음과 같이 표시된다.

$$T(x, y, z, 0) = f(x, y, z) \tag{2-45}$$

여기서 함수 $f(x, y, z)$는 $t = 0$일 때 매체의 온도분포를 나타낸다. 초기에 매체온도가 T_i이면, 식 (2-45)의 초기 조건은 $T(x, y, z, 0) = T_i$로 나타낼 수 있다. **정상 상태**의 경우 열전도 방정식은 시간의 도함수를 포함하지 않으므로 초기 조건은 필요하지 않다.

열전도 방정식은 시간에 대하여 1차이므로 초기 조건은 어떤 도함수도 포함하지 않는다(이는 지정된 온도에 한정한다). 그러나 열전도 방정식은 공간좌표에 대해서 2차이므로, 경계조건은 경계에서 1차 도함수나 지정된 온도값이 될 수 있다. **주어진 온도, 열유속, 대류 및 복사** 등이 실제로 흔히 접하게 되는 경계조건이다.

1 주어진 온도 경계조건

노출된 표면의 **온도**는 직접적으로 쉽게 측정될 수 있다. 그러므로 표면에 열적 조건을 지정하는 가장 쉬운 방법은 온도를 명시하는 것이다. 예를 들어 두께 L의 평면 벽을 통한 1차원 열전달의 경우 지정된 온도 경계조건은 다음과 같이 표현될 수 있다(그림 2-27).

$$T(0, t) = T_1$$
$$T(L, t) = T_2 \tag{2-46}$$

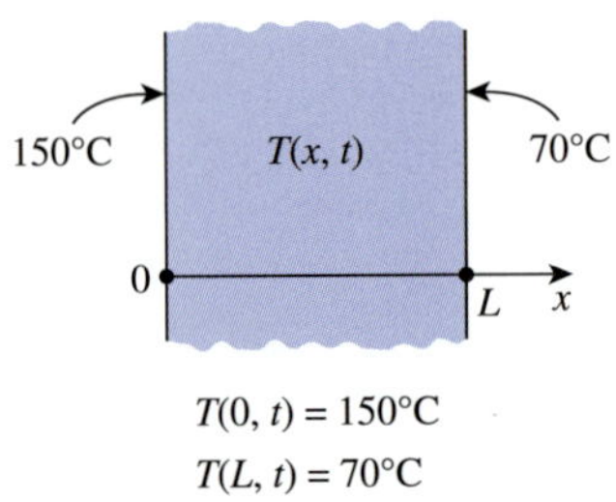

그림 2-27
평면 벽의 양 표면에 주어진 온도 경계조건

여기서 T_1과 T_2는 $x = 0$, $x = L$에서의 각각의 주어진 표면온도이다. 주어진 온도는 정상 열전도인 경우에는 일정하고, 또는 시간에 따라 변할 수 있다.

2 주어진 열유속 경계조건

표면에서 에너지 상호작용에 관한 충분한 정보가 있을 때, 열전달률, 즉 **열유속** $\dot{q}$ (단위면적당 열전달률, W/m²)를 정하는 것이 가능하며, 이것을 경계조건의 하나로 사용할 수 있다. 매체의 경계를 포함한 어떤 위치에서 양의 x방향으로 열유속은 *Fourier*의 열전도 **법칙**에 의해 표현될 수 있다.

$$\dot{q} = -k\frac{\partial T}{\partial x} = \begin{pmatrix}\text{Heat flux in the}\\ \text{positive } x - \text{direction}\end{pmatrix} \qquad (\text{W/m}^2) \tag{2–47}$$

경계에서의 경계조건은 주어진 열유속을 $-k\ (\partial T/\partial x)$와 같게 놓음으로써 구할 수 있다. 열유속의 부호는 열유속이 좌표측에 양의 방향이면 양(+), 반대방향이면 음(−)이다. 주어진 열유속에 대한 **정확한 부호**는 매우 중요하다는 것에 유의하라. 왜냐하면 잘못된 부호는 열전달의 방향이 반대가 되며, 열획득을 열손실로 해석할 수 있기 때문이다(그림 2-28).

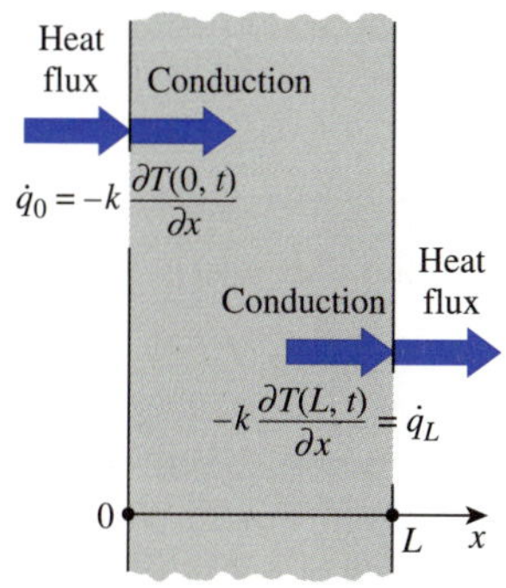

그림 2-28
평면 벽의 양 표면에 주어진 열유속 경계조건

예를 들면 두께 L의 양면에 열유속 50 W/m²인 경우에, 주어진 열유속 경계조건은 다음과 같이 표현할 수 있다.

$$-k\frac{\partial T(0, t)}{\partial x} = 50 \quad \text{and} \quad -k\frac{\partial T(L, t)}{\partial x} = -50 \tag{2–48}$$

$x = L$에서의 열유속은 음의 x방향이고, 그 값은 −50 W/m²임을 유의하라. 이 경우 그림 2-28의 $x = L$에서 열유속의 방향은 화살표의 반대 방향이다.

특별한 경우: 단열 경계

실제로 어떤 표면은 열손실(또는 열획득)을 최소화하기 위해 때때로 단열을 시킨다. 단열은 열전달을 감소시키지만 두께가 무한대가 되지 않는 한 열전달을 완전히 제거할 수 없다. 그러나 적절한 단열면을 통한 열전달은 0으로 취할 수 있다. 왜냐하면 적절한 단열이 단열면을 통한 열전달을 거의 무시할 수 있을 정도로 감소시키기 때문이다. 그러므로 잘 단열된 표면은 열유속을 0으로 모델화할 수 있다. 그리고 완전히 단열된 표면(예를 들면 $x = 0$에서)의 경계조건은 다음과 같이 표시된다(그림 2-29).

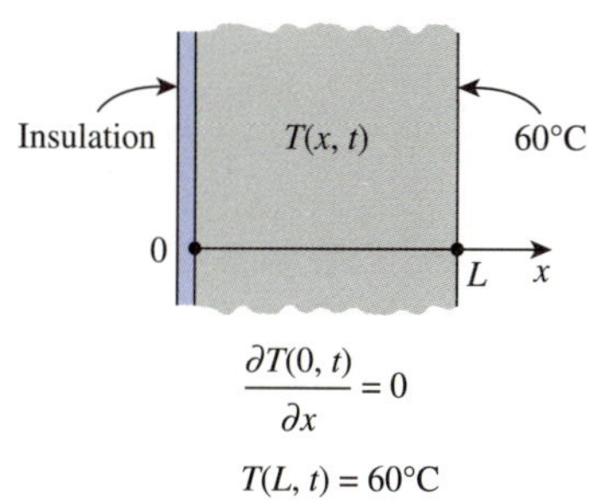

그림 2-29
단일 경계조건 및 온도 경계조건이 주어진 평면 벽

$$k\frac{\partial T(0, t)}{\partial x} = 0 \quad \text{or} \quad \frac{\partial T(0, t)}{\partial x} = 0 \tag{2–49}$$

즉, 단열면에서 그 면에 직각방향으로 공간변수에 관한 온도의 *1*차 도함수(온도구배)는 *0*이다. 이는 표면에서 온도의 기울기가 0이 되므로 온도함수는 그 표면에 수직이 되어야 한다.

다른 특별한 경우: 열적 대칭성

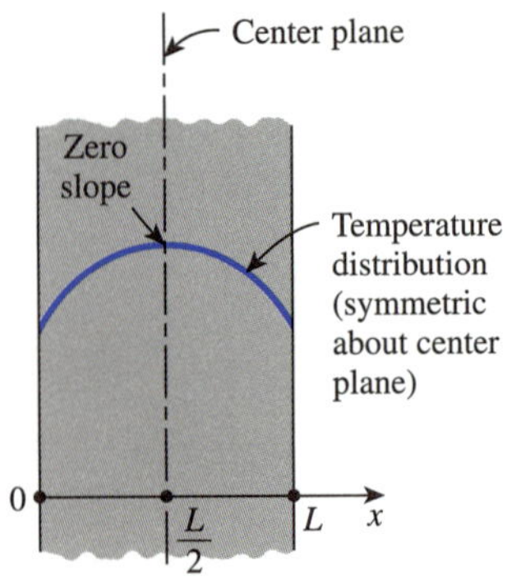

그림 2–30
평면 벽의 중앙면에 주어진 열적 대칭 경계 조건

어떤 열전달 문제는 열적 조건이 대칭이기 때문에 열적 대칭성을 갖는다. 예를 들면 두께 L인 크고 뜨거운 평판의 두 표면은 공기 중에 수직으로 매달린 경우 동일한 열적 조건을 가지며, 그로 인하여 평판의 반쪽은 다른 반쪽과 같은 온도분포를 가지게 된다. 즉, 이 평판의 열전달 문제는 $x = L/2$인 중심을 기준으로 열적 대칭성을 갖는다. 또한 평판의 어떤한 지점에서의 열유동 방향은 표면 가까이로 향하고, 중심면을 통한 열유동은 없다. 그러므로 평판의 중심면은 단열면으로 간주될 수 있고, 대칭면에서의 열적 조건은 다음과 같이 표시될 수 있다(그림 2–30).

$$\frac{\partial T(L/2, t)}{\partial x} = 0 \tag{2–50}$$

이는 **단열** 또는 $0(zero)$의 **열유속**의 경계조건과 흡사하다. 이 결과는 온도분포곡선으로부터 유도될 수 있으며, 평판 중심에서 온도분포는 최대이고 기울기는 0이다.

원통형(또는 구형) 물체의 경우 중심선(또는 중심점)에 대해 열적 대칭성을 갖는다. 열적 대칭 경계조건은 반지름 r에 대한 온도의 1차 도함수가 중심선(또는 중심점)에서 0이다.

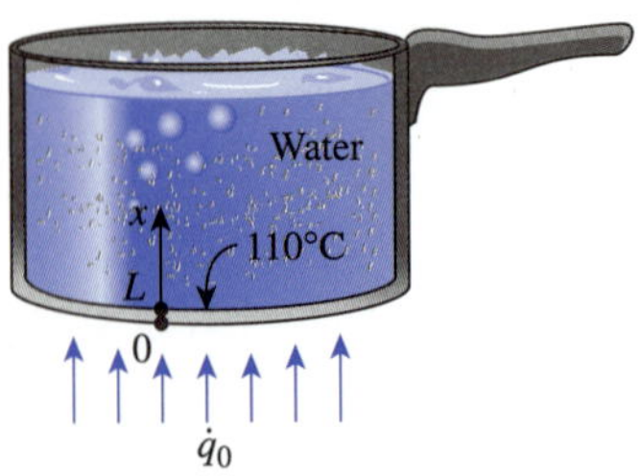

그림 2–31
예제 2–6에 대한 개략도

예제 2–6 열유속 경계조건

전기 가열기 위에 올려놓고 쇠고기를 요리하는 알루미늄 팬을 생각해보자. 팬 바닥면의 지름 D = 20 cm이고 두께 L = 0.3 cm이다. 전기 가열기의 가열장치는 요리 중에 800 W의 전력을 소비하고 발생된 열의 90%가 팬에 전달된다. 정상 작동 중에 팬 안쪽 면의 온도가 110°C로 측정되었다. 요리를 하는 동안 팬 바닥부분의 경계조건을 나타내라.

풀이 알루미늄 팬은 전기 가열기 위에 있다고 생각한다. 팬의 바닥에 대한 경계조건을 구할 수 있다.

해석 팬의 바닥면을 통한 열전달은 밑바닥에서 위쪽으로 향하고, 1차원 열전달로 근사화될 수 있다. 그림 2–31에서와 같이 바닥의 바깥면에 원점을 잡고 그 수직인 방향으로 x축을 잡는다. 그러면 바닥의 바깥면과 안쪽 표면은 각각 $x = 0$, $x = L$로 나타낼 수 있다. 정상 작동 시 온도는 x에만 의존하고, $T = T(x)$이다.

표면에서 800 W 중 90%(즉, 720 W)가 팬에 전달된다고 하였으므로 팬 바닥의 $x = 0$ 바깥면에서 경계조건은 지정된 열유속으로 근사화될 수 있다. 그러므로,

$$-k\frac{dT(0)}{dx} = \dot{q}_0$$

여기서,

$$\dot{q}_0 = \frac{\text{열전달률}}{\text{바닥면적}} = \frac{0.720\ \text{kW}}{\pi(0.1\ \text{m})^2} = 22.9\ \text{kW/m}^2$$

팬 바닥의 안쪽 면은 110°C로 지정되어 있으므로 이 표면의 경계조건은 다음 식과 같다.

$$T(L) = 110°\text{C}$$

여기서 L = 0.003 m이다.

검토 경계조건을 구할 때 약간의 논리적 사고와 근사화가 필요함에 유의하라.

3 대류 경계조건

대부분의 열전달 표면은 특정한 온도를 가진 주위에 노출되어 있기 때문에 대류는 실제로 가장 흔히 접하는 경계조건이다. 대류 경계조건은 **표면에서의 에너지 균형**에 근거를 두고 있고 다음과 같이 표시된다.

$$\begin{pmatrix} \text{표면에서 지정된} \\ \text{방향으로의} \\ \text{열전도} \end{pmatrix} = \begin{pmatrix} \text{표면에서} \\ \text{같은 방향으로} \\ \text{열대류} \end{pmatrix}$$

두께 L의 평판에서 x방향으로서의 1차원 열전달의 경우 표면에서의 대류 경계조건은 다음과 같다.

$$-k\frac{\partial T(0, t)}{\partial x} = h_1[T_{\infty 1} - T(0, t)] \quad \textbf{(2-51a)}$$

그리고

$$-k\frac{\partial T(L, t)}{\partial x} = h_2[T(L, t) - T_{\infty 2}] \quad \textbf{(2-51b)}$$

여기서 그림 2-32에서 h_1과 h_2는 대류 열전달계수이고, $T_{\infty 1}$과 $T_{\infty 2}$는 평판 양쪽면에서의 주위 매체의 온도이다.

대류 경계조건에 관한 식 (2-51)을 표시할 때, 열전달의 방향을 양쪽 표면에서 양의 x방향으로 잡았다. 그러나 이러한 표시는 한쪽 또는 양쪽 표면에서 열전달의 방향이 반대일 때도 동등하게 적용할 수 있다. 왜냐하면 표면에서 열전달의 방향이 반대임은 표면에서 전도 및 대류항 **모두** 부호가 반대임을 의미하기 때문이다. 이는 양변에 -1을 곱할 때 식에는 아무런 영향을 미치지 않는 것과 유사하다(그림 2-33). 열전달의 방향을 어느 쪽으로든지 선택할 수 있다는 것이 그나마 다행인데, 표면에서의 온도와 열전달의 방향을 모를 때가 종종 있기 때문이다. 이는 간단히 설명한 복사와 혼합 경계조건의 경우에서도 유효하다.

두께가 0인 표면은 질량이 없으므로 에너지를 저장할 수 없다. 그러므로 한쪽 면으로 들어오는 모든 정미열은 다른 쪽 면으로 나가야만 한다. 대류 경계조건은 열이 물체로부터 환경으로 동일한 비율로 계속해서 흐르는 상태를 의미하며, 전도에 의해 표면까지 온 것이 대류로의 전달 수단만으로 바뀐 것이다. 이것은 사람이 육지에서 버스로 여행하다가 부두에서 배로 갈아타는 것과 유사하다. 만약 사람이 부두 주위에 돌아다닐 수 없다면 버스에서 내린 사람과 배에 타는 사람의 비율은 같다. 우리는 이를 "사람의" 보존원리라 할 수 있다.

또한 표면온도 $T(0, t)$와 $T(L, t)$는 알려져 있지 않음을 유의하라(만약 알려져 있다면, 주어진 온도를 경계조건으로 사용함으로 대류에 대해서는 신경쓸 필요가 없다). 그러나 표면온도는 해 $T(x, t)$가 구해지면 x값을 대입하여 구할 수 있다.

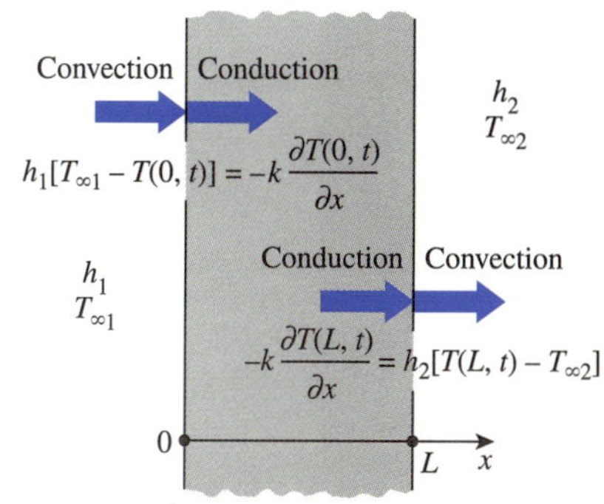

그림 2-32
평면 벽의 양 표면에 주어진 대류 경계조건

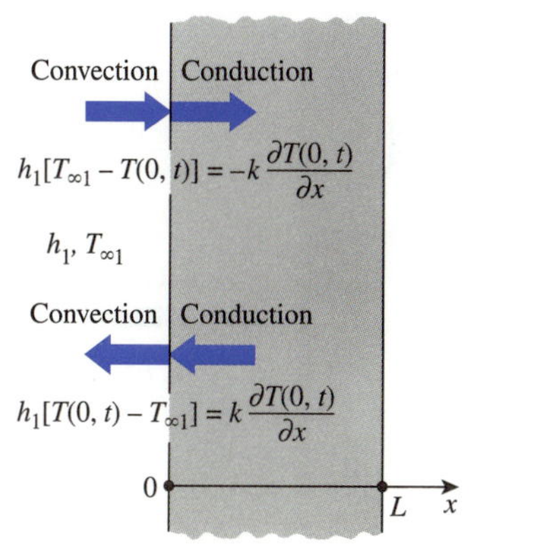

그림 2-33
경계에서 가정된 열전달 방향은 경계조건의 표현에 영향을 미치지 않는다.

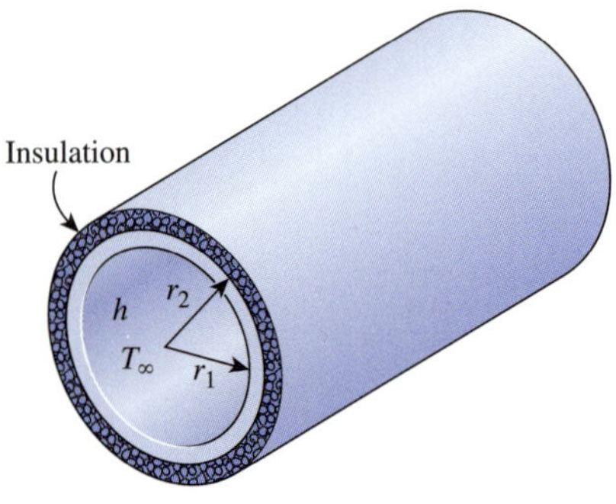

그림 2-34
예제 2-7에 대한 개략도

예제 2-7 대류와 단열 경계조건

그림 2-34에서와 같이 평균 온도 T_∞ = 200°C인 증기가 관 속을 흐르고 있다. 안쪽 및 바깥쪽 반지름은 각각 r_1 = 8 cm, r_2 = 8.5 cm이고 관의 바깥쪽 면은 잘 단열되어 있다. 만약 관 내부의 대류 열전달계수 h = 65 W/m²·K일 때 비정상 상태 과정 중 관 안쪽 및 관 바깥쪽 면의 경계조건을 표현하라.

풀이 증기는 단열된 관을 통과한다. 관 내부와 외부 표면에서 경계조건을 구할 수 있다.

해석 초기의 비정상 상태 과정 중 관을 통한 열전달은 반지름방향이 지배적이므로 이는 1차원으로 근사화할 수 있다. 그러면 관 안의 온도는 반지름 r과 시간 t에 따라 변한다. 즉, $T = T(r, t)$.

증기와 관 안쪽 면 사이의 열전달은 대류에 의해 이루어진다. 열전달의 방향을 양의 반지름 r방향으로 잡으면 내면의 경계조건은 다음 식으로 표시된다.

$$-k\frac{\partial T(r_1, t)}{\partial r} = h[T_\infty - T(r_1)]$$

관 바깥면은 잘 단열되었다고 하였으므로, 바깥면을 통한 열전달은 무시된다고 가정할 수 있다. 그러면 바깥면의 경계조건은 다음 식과 같이 표시된다.

$$\frac{\partial T(r_2, t)}{\partial r} = 0$$

검토 관 바깥면에서의 온도 기울기는 모든 시간에서 항상 0임을 유의하라.

4 복사 경계조건

우주공간과 저온학의 응용과 같은 몇몇 경우, 열전달 표면은 진공상태이고, 그로 인하여 표면과 주위 매체의 대류 열전달은 없다. 그러한 경우 표면과 주위 사이의 열전달 메커니즘은 복사이다. 에너지 균형을 이용하면, 표면에서의 복사 경계조건은 다음과 같이 표시된다.

$$\left(\begin{array}{c}\text{표면에서의 지정된}\\ \text{방향으로 열전도}\end{array}\right) = \left(\begin{array}{c}\text{표면에서 같은}\\ \text{방향으로의}\\ \text{복사 열교환}\end{array}\right)$$

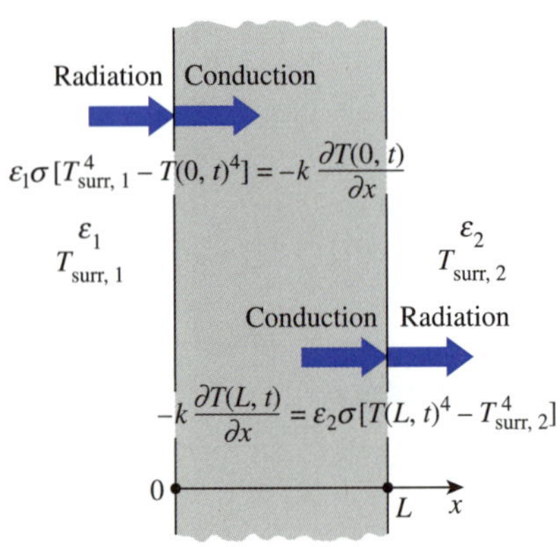

그림 2-35
평면 벽의 양 표면에 주어진 복사 경계조건

두께 L인 평판에서 x방향으로 1차원 열전달의 경우, 복사 경계조건은 그림 2-35에서 다음과 같이 표시된다.

$$-k\frac{\partial T(0, t)}{\partial x} = \varepsilon_1\sigma[T^4_{\text{surr},1} - \text{T}(0, t)^4] \quad \textbf{(2-52a)}$$

$$-k\frac{\partial T(L, t)}{\partial x} = \varepsilon_2\sigma[T(L, t)^4 - T^4_{\text{surr},2}] \quad \textbf{(2-52b)}$$

그리고 여기서 ε_1과 ε_2는 표면에서의 방사율이고, σ = 5.67 × 10^{-8} W/m²·K⁴는 Stefan-Boltzmann 상수이며, $T_{\text{surr},1}$과 $T_{\text{surr},2}$는 각각 양쪽 면 주위의 평균 온도이다.

복사열전달 온도는 반드시 K (℃가 아님)로 표시되어야 함에 유의하라.

복사 경계조건은 온도의 4제곱항을 포함하고 있으므로 **비선형** 조건이다. 그 결과로 이러한 경계조건의 응용은 미지상수에 대한 거듭제곱을 가지므로 미지상수들을 구하기가 매우 힘들다. 그러므로 비선형과 관련된 복잡함을 피하기 위해 열전달 해석에서 복사 열교환을 무시하려고 한다. 이런 경우는 표면에서의 열전달이 복사에 의한 것보다 대류에 의한 열전달이 지배적일 때 가능한 경우이다.

5 접촉면 경계조건

어떤 물체는 서로 다른 물질층으로 구성되어 있다. 그러한 매질의 열전달 문제는 각 층에 대한 열전달 문제의 해를 요구한다. 다시 말하면, 각 **접촉면**에서의 경계조건이 요구된다.

접촉면(interface)에서의 경계조건은 다음의 요구조건에 바탕을 둔다. (1) 접촉한 두 물체는 반드시 접촉면에서 **동일한 온도**를 가진다. (2) 접촉면은 에너지를 저장할 수 없으며, 접촉면 양쪽에서의 **열유속은 반드시 같다**. 그림 2-36과 같이 $x = x_0$에서 완전히 접촉한 두 물체 A와 B의 접촉면에서의 경계조건은 다음과 같이 표시된다.

$$T_A(x_0, t) = T_B(x_0, t) \tag{2-53}$$

그리고

$$-k_A \frac{\partial T_A(x_0, t)}{\partial x} = -k_B \frac{\partial T_B(x_0, t)}{\partial x} \tag{2-54}$$

여기서 k_A와 k_B는 각각 층 A와 B의 열전도도이다. 불완전한 접촉인 경우에는 열접촉 저항이 생기며, 이것은 다음 장에 다루게 된다.

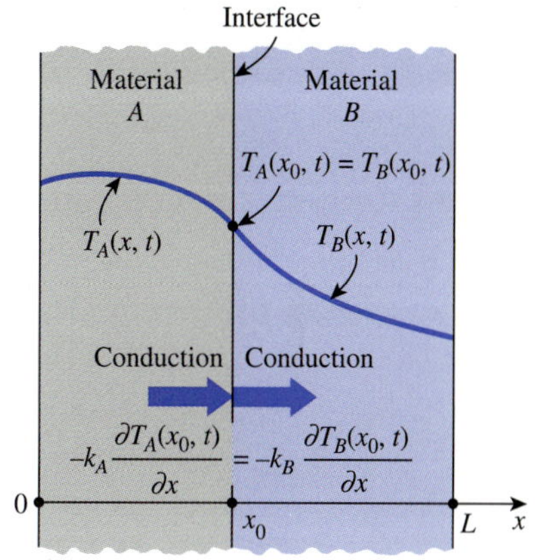

그림 2-36
완전히 접촉한 두 물체의 접촉면에서의 경계조건

6 일반화된 경계조건

지금까지 우리는 단순히 지정된 열유속, 대류, 또는 복사와 같은 **하나의 양식**인 경우에 한해서만 표면에서의 열전달을 생각하였다. 그러나 일반적으로 표면에서 열전달은 대류, 복사 및 지정된 열유속 등을 함께 포함한다. 이 경우 경계조건은 다시 표면에서의 에너지 균형으로부터 표시된다.

$$\begin{pmatrix}\text{Heat transfer}\\ \text{to the surface}\\ \text{in all modes}\end{pmatrix} = \begin{pmatrix}\text{Heat transfer}\\ \text{from the surface}\\ \text{in all modes}\end{pmatrix} \tag{2-55}$$

이는 예제 2-8, 2-9에서 설명된다.

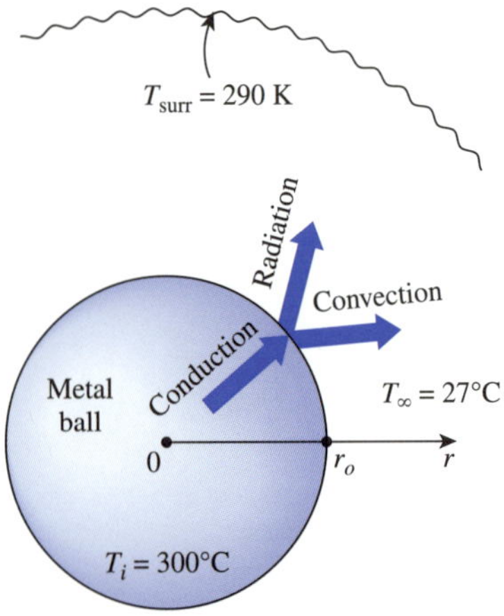

그림 2-37
예제 2-8에 대한 개략도

예제 2-8 대류와 복사의 복합 조건

반지름 r_o인 금속구가 오븐에서 균일하게 온도 300°C로 가열된다. 그런 다음 금속구를 꺼내어 그림 2-37과 같이 온도 T_∞ = 27°C인 공기 중에서 냉각시킨다. 구의 열전도도 k = 14.4 W/m·K이고, 구의 바깥 표면에서의 평균 대류 열전달계수 h = 25 W/m²·K이다. 구의 바깥 표면 방사율은 $\varepsilon = 0.6$이고, 표면 주위의 평균 온도 T_{surr} = 290 K이다. 구의 바깥 표면은 전체적으로 균일하게 냉각된다고 가정할 때, 냉각 과정 동안 금속구의 초기 조건 및 경계조건을 나타내라.

풀이 뜨거운 금속구가 냉각된다. 초기 및 경계조건이 구해진다.

해석 금속구는 초기에 균일한 온도이고, 전체 바깥 표면부터 균일하게 냉각된다. 그러므로 이것은 구의 온도가 반지름 r과 시간 t에 따라 변하므로 1차원 비정상 열전달 문제라 할 수 있다. 즉, $T = T(r, t)$이다. 금속구를 오븐에서 꺼내는 순간 시간 $t = 0$으로 잡으면 초기 조건은 다음과 같다.

$$T(r, 0) = T_i = 300°\text{C}$$

이 문제는 등온선이 동심구를 형성하기 때문에 중심($r = 0$)에 대하여 대칭이므로 구의 중심을 가로지르는 열은 없다. 그러면 중심에서의 경계조건은 다음 식과 같이 표시된다.

$$\frac{\partial T(0, t)}{\partial r} = 0$$

금속구의 표면으로 전도된 열은 대류와 복사에 의해 주위로 빼앗긴다. 열전달의 방향을 양의 r방향으로 잡을 때 표면에서의 경계조건은 다음 식과 같이 표시된다.

$$-k\frac{\partial T(r_o, t)}{\partial r} = h[T(r_o) - T_\infty] + \varepsilon\sigma[T(r_o)^4 - T_{surr}^4]$$

검토 위의 관계식에서 온도와 $r = 0$ 그리고 r_o에서의 도함수 이외의 모든 값들은 알고 있다. 또한 식을 단순화시키기 위해 복사항은 복사의 기여를 고려해서 대류 열전달계수를 수정함으로써 가끔 무시된다. 이 경우 대류 열전달계수 h는 복합열전달계수가 된다.

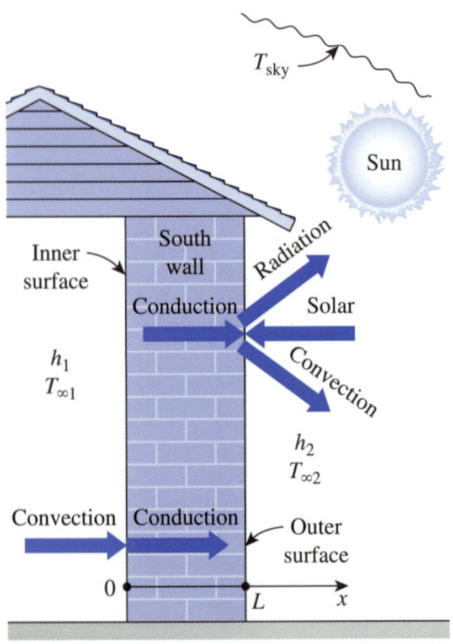

그림 2-38
예제 2-9에 대한 개략도

예제 2-9 대류, 복사 그리고 열유속의 복합 조건

두께 L = 0.2 m인 남향집의 벽을 생각해보자. 벽의 바깥면의 태양복사에너지에 노출되어 있고, 태양에 대한 흡수율 $\alpha = 0.5$이다. 집안의 온도 $T_{\infty1}$ = 20°C로 유지되고 바깥 공기의 온도 $T_{\infty2}$ = 5°C로 유지된다. 하늘, 지면 그리고 주위 건축물의 표면은 벽의 바깥 표면에서 복사교환이 일어날 수 있는 표면으로 유효온도 T_{sky} = 255 K로 모델화할 수 있다. 벽의 안쪽 면과 바깥면, 바닥 그리고 천장 사이에서의 복사는 무시된다. 벽의 안쪽과 바깥면에서의 대류 열전달계수는 각각 h_1 = 6 W/m²·K와 h_2 = 25 W/m²·K이다. 벽의 열전도도 k = 0.7 W/m·K이고 벽의 바깥면의 방사율 $\varepsilon_2 = 0.9$이다. 벽을 통한 열전달은 1차원 정상 상태라고 가정하고 벽의 안쪽과 바깥면에서의 경계조건을 표시하라.

풀이 집의 벽은 태양복사의 대상이 된다. 벽 내부와 외부 표면의 경계조건이 구해진다.

해석 그림 2-38에서와 같이 벽의 안쪽 면에 원점을 잡고 벽에 수직인 방향으로 x축을 잡는다. 벽을 통한 열전달은 1차원 정상 상태이며 온도는 시간에 무관하며 x에만 의존한다. 즉, $T = T(x)$이다.

$x = 0$인 벽의 안쪽 면에서의 경계조건은 전형적인 대류조건이므로, 복사 또는 지정된 열유속 어떤 것도 관계가 없다. 열전달의 방향을 양의 x방향으로 잡으면 안쪽 면의 경계조건은 다음 식과 같이 표시될 수 있다.

$$-k\frac{dT(0)}{dx} = h_1[T_{\infty 1} - T(0)]$$

온도가 단일변수에만 의존하므로 편미분이 상미분으로 대치되었음에 유의하라.

바깥면 $x = L$에서의 경계조건은 전도, 대류, 복사, 그리고 지정된 열유속을 포함하므로 일반적인 조건이다. 열전달의 방향을 양의 x방향으로 잡으면 바깥면에서의 경계조건은 다음 식과 같이 표시될 수 있다.

$$-k\frac{dT(L)}{dx} = h_2[T(L) - T_{\infty 2}] + \varepsilon_2\sigma[T(L)^4 - T_{\text{sky}}^4] - \alpha\dot{q}_{\text{solar}}$$

여기서 $\dot{q}_{\text{solar}}$는 입사 태양 열유속이다.

검토 열전달의 방향을 반대방향으로 가정하면 -1을 곱한 것과 같고 이는 위의 관계식과 같다. 이들의 관계에서 모든 값들은 온도와 두 경계에서의 도함수를 제외하고는 알고 있다.

열전달 문제는 다른 표면에서 다른 경계조건을 갖는다는 사실에 유의하라. 예를 들면 평판의 경우 한쪽 표면에서는 **대류**에 의해 열을 잃거나 얻는 반면, 다른 쪽 표면에서는 **열유속**이 관계된다. 또한 다른 경계에서는 어떠한 조건도 주어지지 않는 반면, **동일경계**에 한 방향으로 두 개의 경계조건들이 주어질 수 있다. 예를 들어 두께 L인 평판의 경우 $x = 0$에서 온도와 열유속을 지정하면 $x = L$인 표면에서의 온도값을 포함하여 평판에서의 1차원 정상 상태의 온도분포에 따라 해당하는 하나의 유일한 해를 얻는다. 그럴 필요가 없지만, 지정된 방향에서 두 개 이상의 경계조건을 지정하더라도 잘못은 없다. 이 경우 여분의 조건은 결과를 확인하기 위해 사용된다.

2-5 ▪ 1차원 정상 열전도 문제 해

지금까지 우리는 다양한 좌표계에서 열전도에 대한 미분방정식을 유도하였고 가능한 경계조건에 대하여 설명하였다. 열전도 문제는 적합한 미분방정식과 적절한 경계조건으로 수식화된다.

이 절에서 우리는 직각체, 원통형 그리고 구 형상에 대하여 다양한 열전도 문제를 풀어 볼 것이다. 여기서 우리는 우리의 관심을 **1차원 정상** 열전도 문제와 같은 **상미분방정식**인 문제에 한정한다. 또한 **열전도도가 일정**하다고 가정하고, 이 장의 마지막에서는 가변 열전도도에 대하여 생각할 것이다. 만약 아직까지 미분방정식에 대한 개념을 파악하지 못했더라도 당황할 필요가 없다. 왜냐하면 1차원 정상 열전도 문제를 해결하는 데는 간단한 적분만 알면 되기 때문이다.

열전도 문제를 풀이하는 절차는 다음과 같이 요약된다. (1) 가장 간단한 형태로 적합한 미분방정식을 세우고, 경계조건을 지정하여 문제를 수식화한다. (2) 미분방정식에 대한 일반해를 구한다. (3) 경계조건을 적용하고, 일반해에서 임의의 상수를 정한다(그림 2–39). 이것은 다음의 예제로 증명된다.

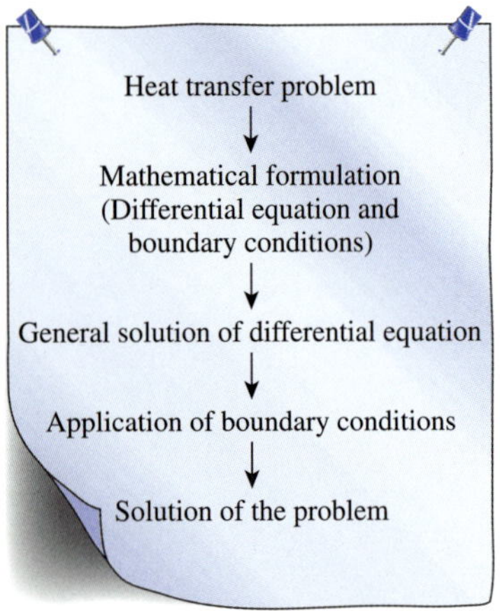

그림 2–39
열전달 문제의 기본적 풀이 절차

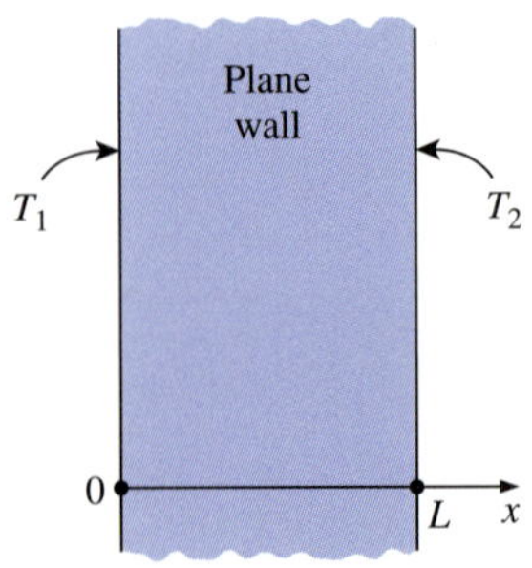

그림 2–40
예제 2–10에 대한 개략도

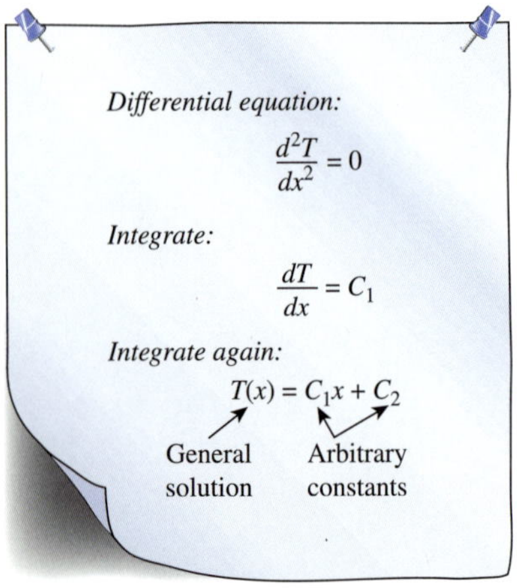

그림 2–41
2계 미분방정식은 적분을 수행하여 일반해를 얻을 수 있다.

예제 2–10 평면 벽에서의 열전도

두께 L = 0.2 m인 대형 평면 벽을 생각해보자. 열전도도는 k = 1.2 W/m·K이고 면적은 A = 15 m²이다. 벽의 양쪽 면은 그림 2–40과 같이 각각 T_1 = 120°C와 T_2 = 50°C로 일정하게 유지된다. (*a*) x = 0.1 m에서의 온도와 벽 내의 온도 변화를 구하고 (*b*) 정상 상태하에서 벽을 통한 열전도도를 구하라.

풀이 벽면의 온도가 주어졌다. 온도 변화와 열전달률을 구해야 한다.

가정 **1.** 열전도는 정상 상태이다. **2.** 벽이 두께에 비하여 매우 크므로 1차원 열전도이고, 양면의 열적 조건은 균일하다. **3.** 열전도도는 일정하다. **4.** 열발생은 없다.

물성치 열전도도 k = 1.2 W/m·K로 주어졌다.

해석 (*a*) 벽면에 수직인 방향을 x방향으로 잡으면, 이 문제의 미분방정식은 다음 식과 같이 표시된다.

$$\frac{d^2T}{dx^2} = 0$$

경계조건은 다음 식과 같다.

$$T(0) = T_1 = 120°\text{C}$$
$$T(L) = T_2 = 50°\text{C}$$

미분방정식을 간단히 살펴보면 단일 미분항을 포함하고 있는 미지함수 T를 계수로 한 항은 없으므로, 미분방정식은 선형이고 2계이다. 그러므로 직접 적분에 의해 위의 식을 풀 수가 있다. 적분은 도함수의 계수를 하나씩 낮추고, 위의 식의 일반해는 간단히 두 번 연속해서 적분을 수행함으로써 얻을 수 있으며, 각각 적분상수를 가진다는 사실에 유의하라.

미분방정식 x에 대하여 한 번 적분하면

$$\frac{dT}{dx} = C_1$$

여기서 C_1은 임의 상수이다. 적분에 의해 미분의 차수가 1차로 줄어들었음에 유의하라. 검산으로 위의 식을 미분하면 원래 식을 얻을 수 있다. 이 식은 도함수를 포함하고 있으므로 구하고자 하는 해가 아니다.

적분을 한 번 더하면, 다음 식을 얻는다.

$$T(x) = C_1x + C_2$$

이것이 미분방정식의 일반해이다(그림 2–41). 이 경우 일반해는 기울기가 C_1이고, x = 0에서 C_2값을 가지는 직선의 일반적인 형태이다. 2차 도함수는 함수의 기울기에서 변화를 나타내고, 2차 도함수가 0임은 기울기가 일정한 값임을 의미하므로 이것은 놀랄만한 일이 아니다. 그러므로 *어떤 직선*은 이 미분방정식의 해이다.

일반해는 두 개의 미지의 상수 C_1, C_2를 가지므로, 특별해를 구하기 위해서는 두 개의 식이 필요하다. 이 식은 일반해가 주어진 경계조건을 만족하도록 하게 하여 구할 수가 있다. 각 조건의 적용은 하나의 식을 얻고, C_1, C_2를 구하기 위하여 두 개의 조건이 필요하다.

식에 경계조건을 적용하면 *모든 독립변수, 종속변수 및 도함수는 특정 값으로 대치된다*. 따라서 결과식에서 유일한 미지수는 임의의 상수이다.

첫 번째 경계조건은 *일반해에서 모든 x를 0으로 대치하고 T(x)를 T_1으로 대치하는 것으로* 해석될 수 있다. 다음과 같다(그림 2-42).

$$T(0) = C_1 \times 0 + C_2 \quad \rightarrow \quad C_2 = T_1$$

두 번째 경계조건은 일반해에서 모든 x를 L로 그리고 $T(x)$를 T_2로 대치하는 것으로 해석될 수 있고 다음과 같다.

$$T(L) = C_1L + C_2 \quad \rightarrow \quad T_2 = C_1L + T_1 \quad \rightarrow \quad C_1 = \frac{T_2 - T_1}{L}$$

C_1, C_2값을 일반해에 대입하여 다음 식을 얻는다.

$$T(x) = \frac{T_2 - T_1}{L} x + T_1 \tag{2-56}$$

식 (2-56)은 미분방정식과 두 개의 주어진 경계조건을 만족하므로 구하는 해이다. 즉, 식 (2-56)을 x에 대하여 두 번 미분하면 주어진 미분방정식에 해당하는 d^2T/dx^2가 되고, $x = 0$과 $x = L$을 식 (2-56)에 각각 대입하면 주어진 경계조건에 해당하는 $T(0) = T_1$과 $T(L) = T_2$가 된다.

식 (2-56)에서 $x = 0.1$ m의 온도값은 다음과 같이 구해진다.

$$T(0.1\text{ m}) = \frac{(50 - 120)°\text{C}}{0.2\text{ m}}(0.1\text{ m}) + 120°\text{C} = \mathbf{85°C}$$

(*b*) 벽의 어떤 위치에서의 열전도도는 Fourier의 법칙으로부터 구한다.

$$\dot{Q}_{\text{wall}} = -kA\frac{dT}{dx} = -kAC_1 = -kA\frac{T_2 - T_1}{L} = kA\frac{T_1 - T_2}{L} \tag{2-57}$$

벽을 통한 열전도도의 수치적인 값은 주어진 값을 대입함으로써 구해진다.

$$\dot{Q} = kA\frac{T_1 - T_2}{L} = (1.2\text{ W/m·K})(15\text{ m}^2)\frac{(120 - 50)°\text{C}}{0.2\text{ m}} = \mathbf{6300\ W}$$

검토 정상 상태에서 평면 벽을 통한 열전도도는 일정하다는 사실에 유의하라.

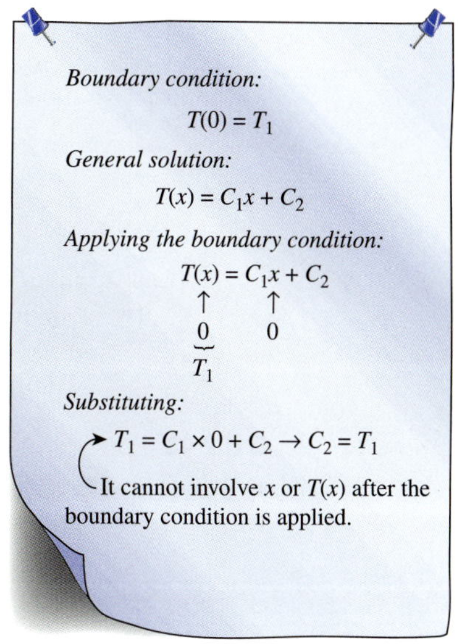

그림 2-42
일반해에 경계조건을 적용하면 모든 독립변수와 종속변수는 특정한 값으로 대치된다.

예제 2-11 다양한 경계조건을 가진 벽

두께 L과 일정한 열전도도 k 그리고 열발생이 없는 큰 평면 벽에서의 1차원 정상 열전도를 생각해보자. 다음의 경계조건들에 대한 벽 내의 온도 변화를 구하라(그림 2-43).

(*a*) $-k\dfrac{dT(0)}{dx} = \dot{q}_0 = 40\text{ W/cm}^2$ and $T(0) = T_0 = 15°\text{C}$

(*b*) $-k\dfrac{dT(0)}{dx} = \dot{q}_0 = 40\text{ W/cm}^2$ and $-k\dfrac{dT(L)}{dx} = \dot{q}_L = -25\text{ W/cm}^2$

(*c*) $-k\dfrac{dT(0)}{dx} = \dot{q}_0 = 40\text{ W/cm}^2$ and $-k\dfrac{dT(L)}{dx} = \dot{q}_L = \dot{q}_0 = 40\text{ W/cm}^2$

풀이 1차원 정상 상태에서 큰 평면 벽에 열전도가 된다고 생각한다. 온도의 변화는 각각 다른 경계조건에 따른다.

해석 이 문제는 매질 내 열발생이 없고 일정한 열전도도를 가지는 1차원 정상 열전도이며, 이 경우 열전도 방정식은 식 (2-17)에서 다음과 같이 표시된다.

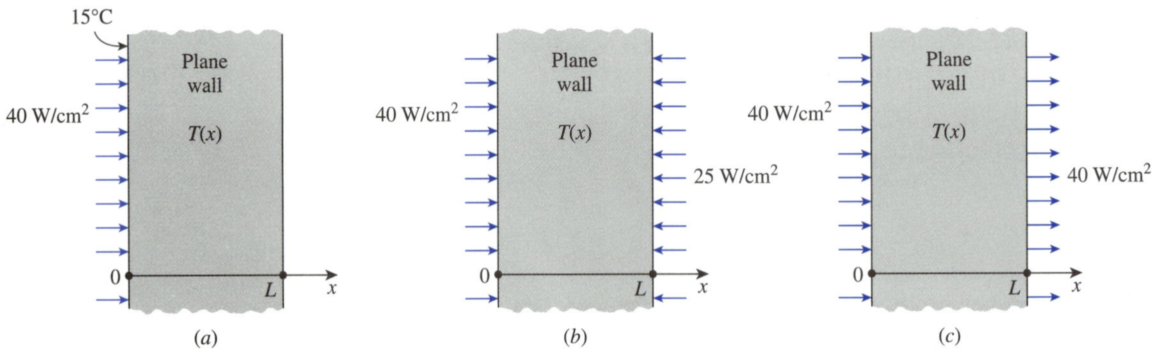

그림 2-43
예제 2-11에 대한 개략도

$$\frac{d^2T}{dx^2} = 0$$

위 식의 일반해는 앞의 예제와 같이 직접적인 적분을 통하여 얻을 수 있다.

$$T(x) = C_1x + C_2$$

여기서 C_1, C_2는 임의의 적분상수이다. 각각의 주어진 경계조건에 만족하는 특별해는 다음과 같이 결정될 수 있다.

(*a*) 이 경우 두 경계조건들은 같은 경계 $x = 0$에서 주어졌고, $x = L$에서의 경계조건은 없다. 다음 식에서

$$\frac{dT}{dx} = C_1$$

경계조건을 적용하면

$$-k\frac{dT(0)}{dx} = \dot{q}_0 \quad \rightarrow \quad -kC_1 = \dot{q}_0 \quad \rightarrow \quad C_1 = -\frac{\dot{q}_0}{k}$$

그리고

$$T(0) = T_0 \quad \rightarrow \quad T_0 = C_1 \times 0 + C_2 \quad \rightarrow \quad C_2 = T_0$$

이 경우의 적분상수를 대입한 특별해는 다음과 같이 구해진다.

$$T(x) = -\frac{\dot{q}_0}{k}x + T_0$$

그러므로 두 개의 경계조건이 같은 경계에서 주어졌으나 반드시 다른 위치에서 그것들을 지정할 필요는 없다. 사실 같은 위치에서 두 조건들이 주어질 경우에도 유일해가 존재한다는 것은 선형 상미분방정식들의 기초이론이 보증한다. 그러나 두 조건들이 아래와 같이 다른 경계들에서 주어질 때는 이러한 보증은 존재하지 않는다.

(*b*) 이 경우는 두 개의 경계에서 서로 다른 열유속이 주어진다. 경계조건을 적용하면 다음과 같이 주어진다.

$$-k\frac{dT(0)}{dx} = \dot{q}_0 \quad \rightarrow \quad -kC_1 = \dot{q}_0 \quad \rightarrow \quad C_1 = -\frac{\dot{q}_0}{k}$$

그리고

$$-k\frac{dT(L)}{dx} = \dot{q}_L \rightarrow -kC_1 = \dot{q}_L \rightarrow C_1 = -\frac{\dot{q}_L}{k}$$

$\dot{q}_0 \neq \dot{q}_L$이고, 상수 C_1은 같은 시간에서 두 개의 값을 가질 수 없으므로, 이 경우에는 해가 없다. 이것은 벽의 양면으로 열을 공급하면서 벽의 온도가 정상 상태(시간에 따라 변하지 않음) 이기를 기대하는 것과 마찬가지이므로, 이것은 불가능하다.

(c) 이 경우는 두 경계들에서 동일 열유속이 주어지는 경우이다. 경계조건을 적용하면 다음과 같이 주어진다.

$$-k\frac{dT(0)}{dx} = \dot{q}_0 \rightarrow -kC_1 = \dot{q}_0 \rightarrow C_1 = -\frac{\dot{q}_0}{k}$$

그리고

$$-k\frac{dT(L)}{dx} = \dot{q}_0 \rightarrow -kC_1 = \dot{q}_0 \rightarrow C_1 = -\frac{\dot{q}_0}{k}$$

두 개의 경계에서 상수 C_1은 같은 값이고, C_2값은 없다. 상수 C_1을 대입한 특별해는 다음을 구할 수 있다.

$$T(x) = -\frac{\dot{q}_0}{k}x + C_2$$

C_2가 임의의 상수이므로 유일해는 아니다.

검토 최종의 해는 기울기가 $-\dot{q}_0/k$인 직선군으로 나타난다. 물리적으로, 이 문제는 $x = 0$인 벽면에 공급되는 열전달률과 $x = L$인 벽의 바깥면으로부터 소실되는 열전달률이 같다는 요구와 일치한다. 그러나 이것은 벽을 통한 열전도가 정상 상태로 유지되어야 하는 상황으로, 두 번째 경계조건은 어떤 새로운 정보도 제공하지 않는다. 그래서 유일해가 아닌 것은 당연하다. 위의 세 가지 경우는 그림 2-44에서 요약된다.

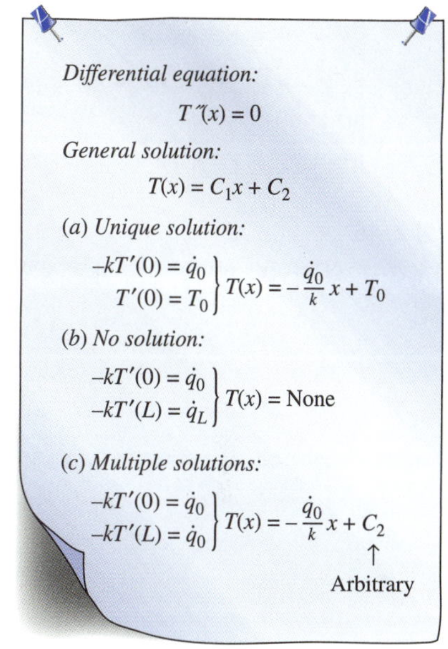

그림 2-44

경계값 문제는 유일해, 무수히 많은 해, 또는 해가 존재하지 않을 수도 있다.

예제 2-12 다리미 바닥판에서의 열전도

두께 L = 0.5 cm, 바닥면적 A = 300 cm^2, 열전도도 k = 15 W/m·K인 1200 W의 다리미 바닥판에 대해 생각해보자. 그림 2-45에서와 같이 바닥판의 내부면은 열저항 코일에 의해 면 전체에 균일하게 가열되고, 바닥판의 외부면은 T_∞ = 20°C의 주위로 대류 열전달로 열을 빼앗긴다. 대류 열전달계수 h = 80 W/m^2·K이며 복사에 의한 열손실을 무시할 때, 바닥면의 온도 변화식과 바닥면 내부와 외부의 표면온도를 구하라.

풀이 다리미의 바닥판에 대해 고려해 볼 때 판의 온도 변화와 판 내외부의 표면온도를 구해야 한다.

가정 **1.** 시간에 무관한 정상 상태 열전달이다. **2.** 판두께에 비해 판 바닥표면이 아주 크므로 1차원 열전달이며, 열적 조건은 판의 양면에서 각각 균일하다. **3.** 열전도도는 일정하다. **4.** 매질에서의 열발생은 없다. **5.** 복사열전달은 무시할 만하다. **6.** 다리미 위쪽 부분은 단열되어 있고, 저항코일에 의해 발생되는 전체 열은 바닥판의 내부 표면을 통해 바닥판에 전달된다.

물성치 열전도도 k = 15 W/m·K로 주어졌다.

해석 바닥판 내부면에서의 균일 열유속은

$$\dot{q}_0 = \frac{\dot{Q}_0}{A_{\text{base}}} = \frac{1200\text{ W}}{0.03\text{ m}^2} = 40{,}000\text{ W/m}^2$$

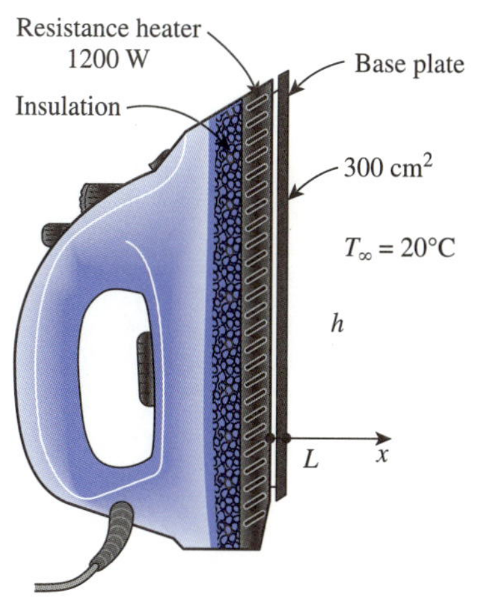

그림 2-45

예제 2-12에 대한 개략도

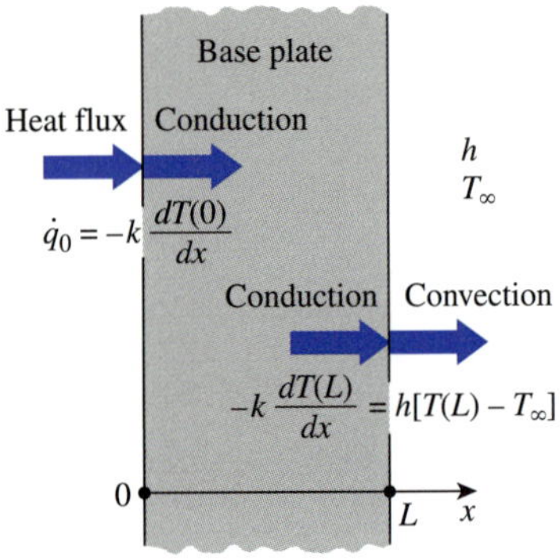

그림 2-46

예제 2-12의 다리미 바닥판에 부여된 경계 조건

바닥판의 외부면은 대류 열전달 조건이다. 원점인 내부면으로부터 외부면으로의 수직 방향을 x축으로 잡고, 그림 2-46에서 이 문제는 아래의 미분방정식으로 표시된다.

$$\frac{d^2T}{dx^2} = 0$$

경계조건으로부터

$$-k\frac{dT(0)}{dx} = \dot{q}_0 = 40{,}000\ \text{W/m}^2$$

$$-k\frac{dT(L)}{dx} = h[T(L) - T_\infty]$$

두 번 연속 적분하여 미분방정식의 일반해를 구하면

$$\frac{dT}{dx} = C_1$$

이다. 그리고

$$T(x) = C_1x + C_2 \qquad (a)$$

여기서 C_1, C_2는 임의의 상수이다. 첫 번째 경계조건을 적용하면,

$$-k\frac{dT(0)}{dx} = \dot{q}_0 \;\rightarrow\; -kC_1 = \dot{q}_0 \;\rightarrow\; C_1 = -\frac{\dot{q}_0}{k}$$

$dT/dx = C_1$과 $T(L) = C_1L + C_2$임을 주의하고 두 번째 경계조건을 적용하면 다음 식을 얻는다.

$$-k\frac{dT(L)}{dx} = h[T(L) - T_\infty] \;\rightarrow\; -kC_1 = h[(C_1L + C_2) - T_\infty]$$

$C_1 = -\dot{q}_0/k$를 대입하여 C_2를 구하면

$$C_2 = T_\infty + \frac{\dot{q}_0}{h} + \frac{\dot{q}_0}{k}L$$

C_1, C_2를 일반해 (*a*)에 대입하여 풀면,

$$T(x) = T_\infty + \dot{q}_0\left(\frac{L - x}{k} + \frac{1}{h}\right) \qquad (b)$$

이 식이 판의 온도 변화에 대한 해이다. (*b*) 식에 각각 $x = 0$, $x = L$을 대입하여 판의 내외부 표면의 온도를 구하면 아래와 같다.

$$T(0) = T_\infty + \dot{q}_0\left(\frac{L}{k} + \frac{1}{h}\right)$$

$$= 20°\text{C} + (40{,}000\ \text{W/m}^2)\left(\frac{0.005\ \text{m}}{15\ \text{W/m·K}} + \frac{1}{80\ \text{W/m}^2\text{·K}}\right) = \mathbf{533°C}$$

그리고

$$T(L) = T_\infty + \dot{q}_0\left(0 + \frac{1}{h}\right) = 20°\text{C} + \frac{40{,}000\ \text{W/m}^2}{80\ \text{W/m}^2\text{·K}} = \mathbf{520°C}$$

검토 정상 작동 조건에 도달되었을 때 다리미 바닥판의 내부면 온도는 외부면보다 13°C가 더 높음을 주목하라. 또한 열전달 해석을 통해 우리가 접근할 수 없는 표면의 온도를 계산할 수 있는 데 주목하라. 이 예제는 열유속과 대류 경계조건들이 어떻게 열전달 문제에 적용되는지를 보여준다.

예제 2-13 태양열로 가열된 벽에서의 열전도

두께 L = 0.06 m 열전도도 k = 1.2 W/m·K인 대형 평면 벽에 대해 생각하자. 벽은 그림 2-47과 같이 방사율 ε = 0.85, 태양열 흡수율 α = 0.26인 백자기 타일로 덮여 있다. 벽의 외면이 $\dot{q}_{solar}$ = 800 W/m²로 입사하는 태양복사에 노출되어 있는 동안 벽의 내면은 T_1 = 300 K로 항상 유지된다. 외면은 또한 0 K의 우주 공간으로 복사에 의한 열손실이 있다. 정상 작동 조건하에서 벽 외면의 온도와 벽을 통한 열전달률을 구하라. 만약 표면에 입사되는 태양복사가 없다면 어떤 일이 일어날지를 답하라.

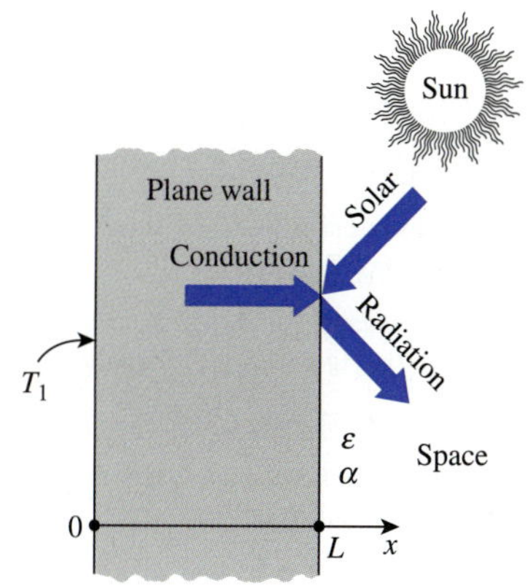

그림 2-47
예제 2-13에 대한 개략도

풀이 평면 벽 내면은 특정 온도로 주어져 있고 다른 외면은 태양복사에 의한 열전달이 일어나고 있다. 이 경우 외면의 온도와 열전달률을 구해야 한다.

가정 **1.** 열전달은 시간에 무관한 정상 상태이다. **2.** 벽 두께에 비해 벽이 아주 크므로 1차원이고, 열적 조건은 벽의 양면에서 각각 균일하다. **3.** 열전도도는 일정하다. **4.** 열발생은 없다.

물성치 열전도도 k = 1.2 W/m·K로 주어졌다.

해석 벽의 내면을 원점으로 하고 벽면에 외면의 수직 방향을 x축으로 하면, 이 문제는 아래의 미분방정식으로 표시할 수 있다.

$$\frac{d^2T}{dx^2} = 0$$

경계조건은

$$T(0) = T_1 = 300\text{ K}$$

$$-k\frac{dT(L)}{dx} = \varepsilon\sigma[T(L)^4 - T_{space}^4] - \alpha\dot{q}_{solar}$$

이고, 여기서 T_{space} = 0이다. 이 미분방정식을 두 번 적분하여 일반해를 구하면

$$T(x) = C_1x + C_2 \quad (a)$$

이며, 여기서 C_1, C_2는 임의의 상수이다. 이 식에 첫 번째 경계조건을 적용하면,

$$T(0) = C_1 \times 0 + C_2 \quad \rightarrow \quad C_2 = T_1$$

$dT/dx = C_1$와 $T(L) = C_1L + C_2 = C_1L + T_1$임에 주의하고, 두 번째 경계조건을 적용하여 풀면 다음과 같다.

$$-k\frac{dT(L)}{dx} = \varepsilon\sigma T(L)^4 - \alpha\dot{q}_{solar} \quad \rightarrow \quad -kC_1 = \varepsilon\sigma(C_1L + T_1)^4 - \alpha\dot{q}_{solar}$$

비록 C_1이 식에서 유일한 미지수이지만, 이 식은 비선형이므로 온도분포에 관한 명확한 표현은 얻을 수 없다. 또한 이에 대한 명백한 표현을 얻는 것은 불가능하다. 복사와 관련된 이와 같은 경우의 문제들은 우리가 왜 해석상의 비선형성을 피하기 위해 최선을 다해야 하는가를 잘 설명해주고 있다.

조금 되돌아가서 외면의 온도를 $T(L) = C_1L + T_1$ 대신에 $T(L) = T_L$이라고 나타내자. 이 경우에 두 번째 경계조건을 적용하면,

$$-k\frac{dT(L)}{dx} = \varepsilon\sigma T(L)^4 - \alpha\dot{q}_{solar} \quad \rightarrow \quad -kC_1 = \varepsilon\sigma T_L^4 - \alpha\dot{q}_{solar}$$

풀어서 C_1을 구하면,

$$C_1 = \frac{\alpha\dot{q}_{solar} - \varepsilon\sigma T_L^4}{k} \quad (b)$$

C_1, C_2를 일반해 (a)에 대입하면, 다음의 결과를 얻는다.

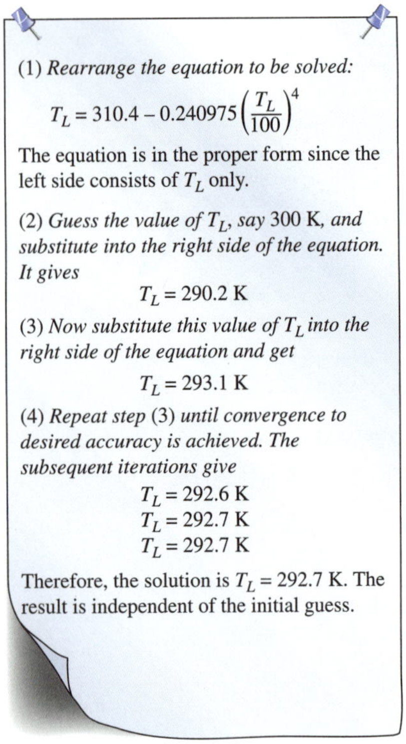

그림 2-48

비선형 방정식의 해를 구하는 간단한 방법 중 하나는, 미지수를 모두 좌항으로 모으고 나머지를 우항으로 정리한 후에 초기값을 가정하고 반복적인 방법으로 수렴할 때까지 해를 구하는 방법이다.

$$T(x) = \frac{\alpha\dot{q}_{\text{solar}} - \varepsilon\sigma T_L^4}{k}x + T_1 \qquad (c)$$

이것은 미지 외면온도 T_L을 포함한 형태의 벽면에서의 온도 변화에 대한 해이다. $x = L$에서 다음과 같이 된다.

$$T_L = \frac{\alpha\dot{q}_{\text{solar}} - \varepsilon\sigma T_L^4}{k}L + T_1 \qquad (d)$$

이 외면온도는 T_L을 주어진 값들을 대입하여 풀면 다음과 같고

$$T_L = \frac{0.26 \times (800\ \text{W/m}^2) - 0.85 \times (5.67 \times 10^{-8}\ \text{W/m}^2\cdot\text{K}^4)\,T_L^4}{1.2\ \text{W/m}\cdot\text{K}}(0.06\ \text{m}) + 300\ \text{K}$$

이것을 간단히 표시하면,

$$T_L = 310.4 - 0.240975\left(\frac{T_L}{100}\right)^4$$

이 된다. 이 식은 비선형 해석 프로그램(Solver) 또는 고전적인 시행착오법들 중 하나를 이용하여 풀면 된다(그림 2-48).

$$T_L = \mathbf{292.7\ K}$$

외면온도를 알고 그것은 정상 조건하에서 일정하게 유지되어야 한다는 사실로부터 벽의 온도분포는 T_L을 식 (c)에 대입하여 구할 수 있다. 즉

$$T(x) = \frac{0.26 \times (800\ \text{W/m}^2) - 0.85 \times (5.67 \times 10^{-8}\ \text{W/m}^2\cdot\text{K}^4)(292.7\ \text{K})^4}{1.2\ \text{W/m}\cdot\text{K}}x + 300\ \text{K}$$

이것을 간단히 표시하면

$$T(x) = (-121.5\ \text{K/m})x + 300\ \text{K}$$

여기서 외면온도는 내면온도보다 점차 작아지는 것에 주목하라. 그러므로 벽을 통한 열전달은 외부 표면에서의 태양복사열의 흡수에도 불구하고 외부면 쪽으로 이루어지게 된다. 벽의 내외면의 표면온도를 구했으므로, 벽을 통한 정상 열전도도는 다음과 같이 구할 수 있다.

$$\dot{q} = k\frac{T_1 - T_L}{L} = (1.2\ \text{W/m}\cdot\text{K})\frac{(300 - 292.7)\ \text{K}}{0.06\ \text{m}} = \mathbf{146\ W/m^2}$$

검토 입사 태양열복사가 없는 경우는 식 (d)에 $\dot{q}_{\text{solar}} = 0$을 대입하면 $T_L = 284.3$ K로 구해진다. 내부 벽면의 온도가 300 K로 유지될 때 입사 태양복사에너지는 단지 대략 8 K의 표면 온도 증가를 유발한다는 것은 흥미 있는 사실이다.

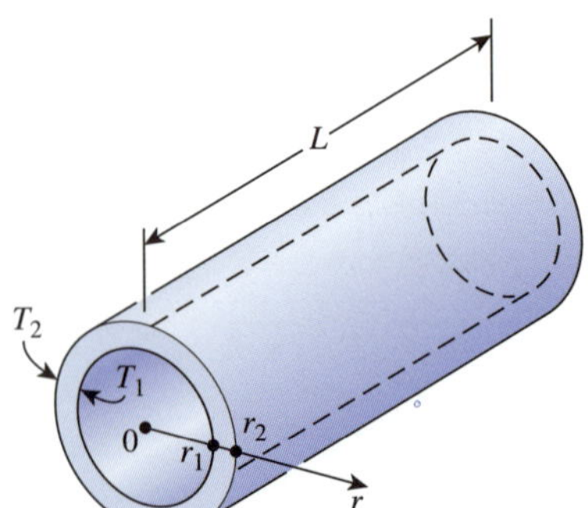

그림 2-49

예제 2-14에 대한 개략도

예제 2-14 증기관을 통한 열손실

그림 2-49에서와 같이 길이 $L = 20$ m, 내부 반경 $r_1 = 6$ cm, 외부 반경 $r_2 = 8$ cm, 열전도도 $k = 20$ W/m·K인 증기관에 대해 생각하자. 관의 내외 면의 평균 온도는 각각 $T_1 = 150°\text{C}$, $T_2 = 60°\text{C}$이다. 정상 상태에서 관 내부의 온도분포에 대한 일반 관계식을 구하고 증기로부터 관을 통한 열손실률을 구하라.

풀이 증기관의 내외부 표면온도가 주어졌을 때 온도 변화와 열전달률을 구해야 한다.

가정 **1.** 열전달은 시간에 무관한 정상 상태이다. **2.** 열전달은 중심선에 대해 열적대칭이고 축방향으로 변화가 없으므로 1차원, 즉 $T = T(r)$이다. **3.** 열전도도는 일정하다. **4.** 열발생은 없다.

물성치 열전도도 k = 20 W/m·K로 주어졌다.

해석 이 문제의 수학적인 식은 아래와 같이 표시된다.

$$\frac{d}{dr}\left(r\frac{dT}{dr}\right) = 0$$

경계조건은

$$T(r_1) = T_1 = 150°\text{C}$$
$$T(r_2) = T_2 = 60°\text{C}$$

이며 위의 미분방정식을 r에 대해 적분하면 다음과 같다.

$$r\frac{dT}{dr} = C_1$$

여기서 C_1은 임의의 상수이다. 여기에 이 식의 양변을 r로 나누어 적분이 쉬운 형태로 나타내면 다음과 같다.

$$\frac{dT}{dr} = \frac{C_1}{r}$$

위의 식을 다시 r에 대해 적분하면(그림 2-50)

$$T(r) = C_1 \ln r + C_2 \qquad (a)$$

이고 두 개의 경계조건들을 적용하여 경계에서의 특정 값들을 식 (a)의 r과 $T(r)$ 대신에 대입하면 다음 식을 얻는다.

$$T(r_1) = T_1 \quad \rightarrow \quad C_1 \ln r_1 + C_2 = T_1$$
$$T(r_2) = T_2 \quad \rightarrow \quad C_1 \ln r_2 + C_2 = T_2$$

두 개의 미지수 C_1, C_2를 포함한 두 개의 식이 나타나는데, 이들을 연립하여 풀면

$$C_1 = \frac{T_2 - T_1}{\ln(r_2/r_1)} \quad \text{and} \quad C_2 = T_1 - \frac{T_2 - T_1}{\ln(r_2/r_1)} \ln r_1$$

이다. 이 값들을 식 (a)에 대입하고 정리하면, 관 내의 온도 변화를 구할 수 있다.

$$T(r) = \frac{\ln(r/r_1)}{\ln(r_2/r_1)}(T_2 - T_1) + T_1 \qquad \textbf{(2-58)}$$

증기로부터의 열손실률은 단순히 관을 통한 총 열전도이므로 Fourier의 법칙으로부터 식 (2-59)와 같이 된다.

$$\dot{Q}_{\text{cylinder}} = -kA\frac{dT}{dr} = -k(2\pi rL)\frac{C_1}{r} = -2\pi kLC_1 = 2\pi kL\frac{T_1 - T_2}{\ln(r_2/r_1)} \qquad \textbf{(2-59)}$$

관을 통한 열전도의 수치적 값은 주어진 값들을 대입하면 다음과 같다.

$$\dot{Q} = 2\pi(20\ \text{W/m·K})(20\ \text{m})\frac{(150 - 60)°\text{C}}{\ln(0.08/0.06)} = \mathbf{786\ kW}$$

검토 관을 통한 총 열전달률은 일정하지만 열유속은 반지름이 커질수록 열전달 방향으로 감소하기 때문에 일정하지 않다. 여기서 열유속 $\dot{q} = \dot{Q}/(2\pi rL)$이다.

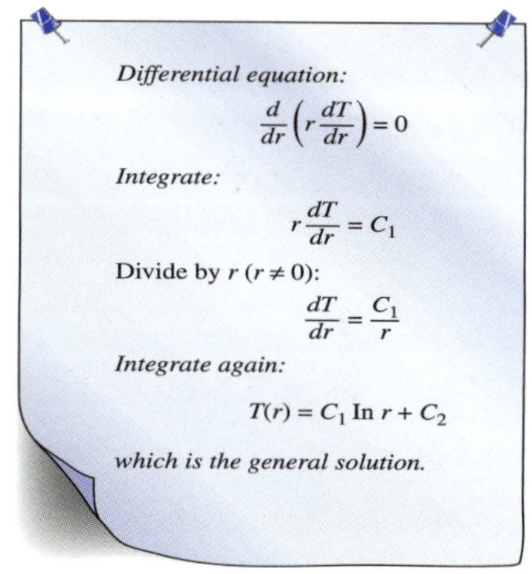

그림 2-50

원통좌표계에서 정상 상태, 1차원 열전도 방정식의 기본적 풀이절차

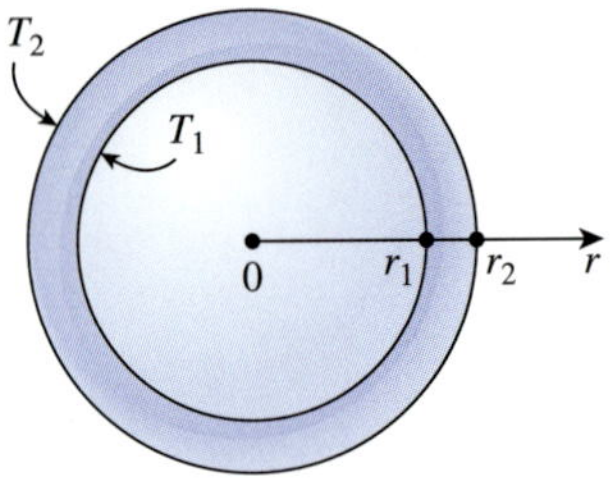

그림 2-51
예제 2-15에 대한 개략도

예제 2-15 구형 쉘을 통한 열전도

그림 2-51과 같이 내부 반경 r_1 = 8 cm, 외부 반경 r_2 = 10 cm, 열전도도 k = 45 W/m·K인 구형 용기에 대해 생각해보자. 용기 내에서 발생하는 어떤 화학작용에 의해 내외 면의 온도는 각각 T_1 = 200°C, T_2 = 80°C로 일정하게 유지된다. 이 경우 정상 상태하에서 내부 쉘의 온도분포에 대한 일반 관계식을 구하고 용기로부터의 열손실률을 구하라.

풀이 구형 용기의 내부와 외부의 온도가 주어졌을 때 온도 변화와 열전달률을 구해야 한다.
가정 **1.** 열전달은 시간에 무관한 정상 상태이다. **2.** 열전달은 중심점에 대해 열적 대칭이므로 1차원이고, 즉 $T = T(r)$이다. **3.** 열전도도는 일정하다. **4.** 열발생은 없다.
물성치 열전도도는 k = 45 W/m·K로 주어졌다.
해석 이 문제의 수학적인 식은 아래와 같이 표시될 수 있다.

$$\frac{d}{dr}\left(r^2\frac{dT}{dr}\right) = 0$$

경계조건은

$$T(r_1) = T_1 = 200°\text{C}$$
$$T(r_2) = T_2 = 80°\text{C}$$

이며 위의 미분방정식을 r에 대해 한 번 적분한다.

$$r^2\frac{dT}{dr} = C_1$$

여기서 C_1은 임의의 상수이다. 위의 식의 양변을 r_2으로 나누어 적분이 쉬운 형태로 나타내고

$$\frac{dT}{dr} = \frac{C_1}{r^2}$$

이것을 다시 r에 대해 적분하면 다음과 같다.

$$T(r) = -\frac{C_1}{r} + C_2 \qquad (a)$$

두개의 경계조건들을 적용하여 경계에서의 특정 값들을 위의 관계식의 r과 $T(r)$에 대입하면 아래의 식을 얻는다.

$$T(r_1) = T_1 \quad \rightarrow \quad -\frac{C_1}{r_1} + C_2 = T_1$$
$$T(r_2) = T_2 \quad \rightarrow \quad -\frac{C_1}{r_2} + C_2 = T_2$$

두 개의 미지수 C_1, C_2를 포함한 두 식이 있고, 이 식을 연립하여 풀면 다음과 같다.

$$C_1 = -\frac{r_1 r_2}{r_2 - r_1}(T_1 - T_2) \qquad \text{and} \qquad C_2 = \frac{r_2 T_2 - r_1 T_1}{r_2 - r_1}$$

이 값들을 식 (a)에 대입하면, 구형 쉘의 온도 변화는 식 (2-60)으로 결정된다.

$$T(r) = \frac{r_1 r_2}{r(r_2 - r_1)}(T_1 - T_2) + \frac{r_2 T_2 - r_1 T_1}{r_2 - r_1} \qquad (2\text{-}60)$$

용기로부터의 열손실률은 용기를 통한 총 열전도도로 단순화되므로 Fourier의 법칙으로부터 다음 식을 얻는다.

$$\dot{Q}_{\text{sphere}} = -kA\frac{dT}{dr} = -k(4\pi r^2)\frac{C_1}{r^2} = -4\pi k C_1 = 4\pi k r_1 r_2\frac{T_1 - T_2}{r_2 - r_1} \qquad (2\text{-}61)$$

벽을 통한 열전도도의 수치적 값은 주어진 값들을 대입하면 구할 수 있다.

$$\dot{Q} = 4\pi(45\ \text{W/m}\cdot\text{K})(0.08\ \text{m})(0.10\ \text{m})\frac{(200-80)°\text{C}}{(0.10-0.08)\ \text{m}} = \mathbf{27.1\ kW}$$

검토 구형 쉘을 통한 총 열전달률은 일정하지만 열유속 $\dot{q} = \dot{Q}/4\pi r^2$은 그림 2-52에서와 같이 반지름이 커질수록 열전달 방향으로 감소한다.

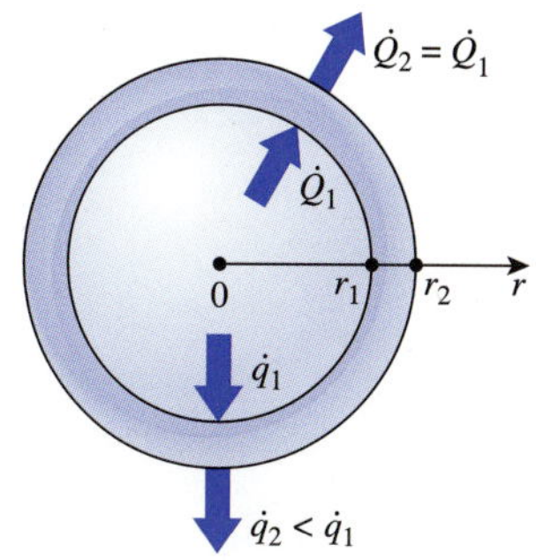

$$\dot{q}_1 = \frac{\dot{Q}_1}{A_1} = \frac{27.1\ \text{kW}}{4\pi(0.08\ \text{m})^2} = 337\ \text{kW/m}^2$$

$$\dot{q}_2 = \frac{\dot{Q}_2}{A_2} = \frac{27.1\ \text{kW}}{4\pi(0.10\ \text{m})^2} = 216\ \text{kW/m}^2$$

그림 2-52

구(또는 원통) 용기의 정상 상태, 1차원 열전도 과정 동안에, 전체 열전달률은 일정하지만 반경이 증가함에 따라 열유속은 감소한다.

2-6 ▪ 고체 내부의 열발생

실제로 많은 열전달 적용문제에 있어서 매체 내에서는 여러 가지 에너지가 열에너지로 변환하는 과정을 포함하고 있다. 이처럼 매체를 통해서 온도상승이 일어나는 매체들은 내부 **열발생**을 포함하고 있다고 말한다. 이러한 열발생의 예로는 전선에서의 **저항에 의한 가열**, 발열의 **화학작용**, 핵 연료봉에서 **핵 반응**작용 등이 있다(그림 2-53).

열은 일반적으로 매체의 **단위 체적당**으로 표시되고 $\dot{e}_{\text{gen}}$로 나타내며 단위는 W/m³이다. 예를 들어 외부 반경 r_o, 길이 L인 전기 저항선의 열발생은 다음과 같이 표시된다.

$$\dot{e}_{\text{gen}} = \frac{\dot{E}_{\text{gen, electric}}}{V_{\text{wire}}} = \frac{I^2 R_e}{\pi r_o^2 L} \qquad (\text{W/m}^3) \tag{2-62}$$

여기서 I는 전류, R_e는 전선의 전기저항이다.

비정상 상태 시작기간에 매체에 의해 발생된 열의 흡수로 열발생이 있는 동안 매체의 온도는 **상승한다**. 매체의 온도가 상승함에 따라 매체로부터 주위로의 열전달이 일어난다. 이 과정은 매체의 열발생률과 주위로의 열전달량이 같아지는 정상 상태 작동 조건에 도달할 때까지 계속된다. 일단 정상 작동 조건에 도달하게 되면 매체의 어떤 지점에서도 온도는 변하지 않는다.

균일 열발생을 포함하는 경우 고체의 **최대온도** $T_{\max}$는 고체의 외부 표면이 일정한 온도 T_s로 유지될 때 외부 표면으로부터 **가장 멀리 떨어진** 곳이다. 예를 들면, 최대온도는 평판벽의 경우에 평판의 **중심면**, 긴 원통의 **중심선**, 구의 **중심점**에서 발생한다. 이 경우 고체 내부의 온도분포는 대칭 중심에 대하여 **대칭**이다.

열발생이 있는 매체 내에서 관심이 있는 주된 양들은 **정상** 작동하에서의 매체 내에 발생하는 최대온도 $T_{\max}$와 표면온도 T_s이다. 열발생($\dot{e}_{\text{gen}}$ = 일정)이 **균일한** 경우에 보통의 기하학적 형상에 대해 이 두 가지 양들은 아래와 같이 보다 유용한 형태로 표시할 수 있다.

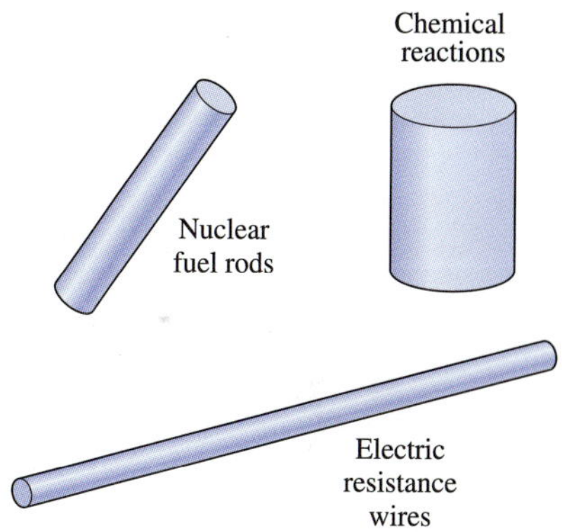

그림 2-53

고체에서의 열발생은 공학적인 실행에서 흔히 접할 수 있다.

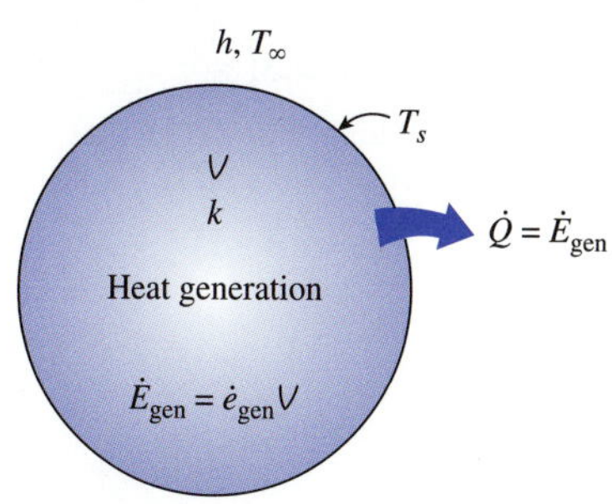

그림 2-54

고체의 정상 상태 조건에서, 발생한 전체 열은 반드시 고체표면을 통하여 방출되어야 한다.

단위 체적당의 $\dot{e}_{\text{gen}}$ 일정률로 열발생을 하는 표면적 A_s, 체적 V, 일정 열전도도 k인 고체에 대해 생각해보자. 열은 고체로부터 일정한 열전달계수 h를 갖는 온도 T_∞의 주위로 전달된다. 고체의 표면은 T_s로 유지된다. 정상 상태하에서 이 고체의 에너지 균형은 다음과 같이 표시된다(그림 2-54).

$$\begin{pmatrix} \text{Rate of} \\ \textit{heat transfer} \\ \text{from the solid} \end{pmatrix} = \begin{pmatrix} \text{Rate of} \\ \textit{energy generation} \\ \text{within the solid} \end{pmatrix} \quad \text{(2–63)}$$

즉

$$\dot{Q} = \dot{e}_{gen}V \qquad \text{(W)} \quad \text{(2–64)}$$

복사를 무시할 때(또는 열전달계수 h에 복사를 포함시킴), 열전달률은 Newton의 냉각법칙으로부터 다음과 같이 표시된다.

$$\dot{Q} = hA_s(T_s - T_\infty) \qquad \text{(W)} \quad \text{(2–65)}$$

식 (2−64)와 (2−65)를 등식으로 하여 풀면 표면온도 T_s는 다음과 같다.

$$T_s = T_\infty + \frac{\dot{e}_{gen}V}{hA_s} \quad \text{(2–66)}$$

두께 $2L$ ($A_s = 2A_{wall}$ 그리고 $V = 2LA_{wall}$)인 대형 **평면 벽**은 같은 온도 T_s로 유지된다. 반지름 r_o ($A_s = 2\pi r_o L$ 그리고 $V = \pi r_o^2 L$)인 긴 **원통**과 반지름 r_o ($A_s = 4\pi r_o^2$ 그리고 $V = \frac{4}{3}\pi r_o^3$)인 **구**에 대하여 식 (2−66)을 다시 표시하면 다음과 같다.

$$T_{s,\,\text{plane wall}} = T_\infty + \frac{\dot{e}_{gen}L}{h} \quad \text{(2–67)}$$

$$T_{s,\,\text{cylinder}} = T_\infty + \frac{\dot{e}_{gen}r_o}{2h} \quad \text{(2–68)}$$

$$T_{s,\,\text{sphere}} = T_\infty + \frac{\dot{e}_{gen}r_o}{3h} \quad \text{(2–69)}$$

여기서 표면온도 T_s의 상승은 고체의 열발생에 기인함을 주목하라.

열발생이 있는 긴 원통의 열전달을 다시 생각해보자. 위에서 언급한 바와 같이 **정상 상태**하에서 매체 내의 발생된 모든 열은 원통의 외부면을 통해 전도된다. 이제 그림 2−55에서 원통의 내부 반경 r에 대해서 생각하자. 다시 이 내부 원통에 **발생되는 열**은 원통의 바깥 표면을 통해 **전도되는 열**과 같아야 한다. 이것은 Fourier의 열전도 법칙으로부터

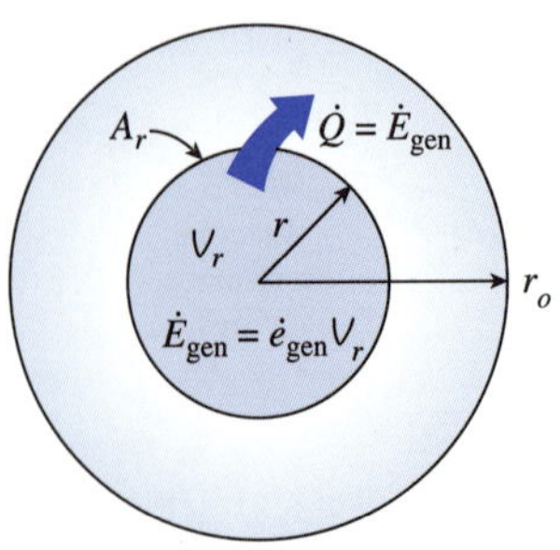

그림 2–55
반경 r의 원통 표면을 통하여 전도되는 열은 원통 내부에서 발생되는 열과 같다.

$$-kA_r\frac{dT}{dr} = \dot{e}_{gen}V_r \quad \text{(2–70)}$$

여기서 임의의 위치 r에서 $A_r = 2\pi rL$, $V_r = \pi r^2 L$이다. 이것을 위의 관계식에 대입하여 변수 분리하면, 다음과 같은 식을 얻는다.

$$-k(2\pi rL)\frac{dT}{dr} = \dot{e}_{gen}(\pi r^2 L) \quad \rightarrow \quad dT = -\frac{\dot{e}_{gen}}{2k}rdr$$

$T(0) = T_0$인 $r = 0$으로부터 $T(r_o) = T_s$인 $r = r_o$까지 적분하면 식 (2−71)을 얻는다.

$$\Delta T_{\text{max, cylinder}} = T_0 - T_s = \frac{\dot{e}_{\text{gen}} r_o^2}{4k} \tag{2-71}$$

여기서 T_0는 최고온도로서 원통의 중심선에서의 온도이며, ΔT_{max}는 표면온도에서 원통에 대한 최대 온도상승으로서 원통의 표면과 중심선 온도의 온도차이다. ΔT_{max}를 이용하여 중심선 온도는 그림 2-56에서와 같이 쉽게 구할 수 있다.

$$T_{\text{center}} = T_0 = T_s + \Delta T_{\text{max}} \tag{2-72}$$

위에 약술한 접근방식으로 두께 $2L$이고 양 벽면이 온도 T_s인 평면 벽과 반지름 r_o인 구에 대한 최대 온도상승을 구하면 다음과 같은 결과를 얻을 수 있다.

$$\Delta T_{\text{max, plane wall}} = \frac{\dot{e}_{\text{gen}} L^2}{2k} \tag{2-73}$$

$$\Delta T_{\text{max, sphere}} = \frac{\dot{e}_{\text{gen}} r_o^2}{6k} \tag{2-74}$$

다시 식 (2-72)로부터 고체의 표면온도에 최대 온도상승을 더함으로써 중심에서의 최대 온도가 결정된다.

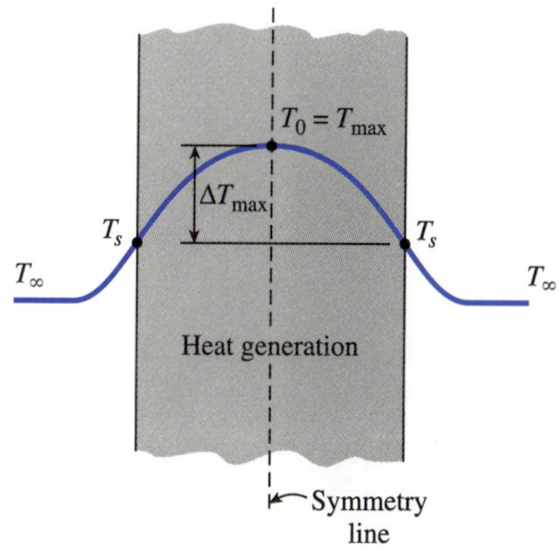

그림 2-56
열발생이 균일하고 좌우대칭인 고체 내부에서, 최대온도는 그 중심에서 발생한다.

예제 2-16 전열기 중심선에서의 온도

열전도도 k = 15 W/m·K이고, 지름 D = 4 mm, 길이 L = 0.5 m의 2 kW 전열기는 물을 가열하는 데 사용된다(그림 2-57). 저항선의 외부 표면온도 T_s = 105°C일 때, 저항선 중심의 온도를 구하라.

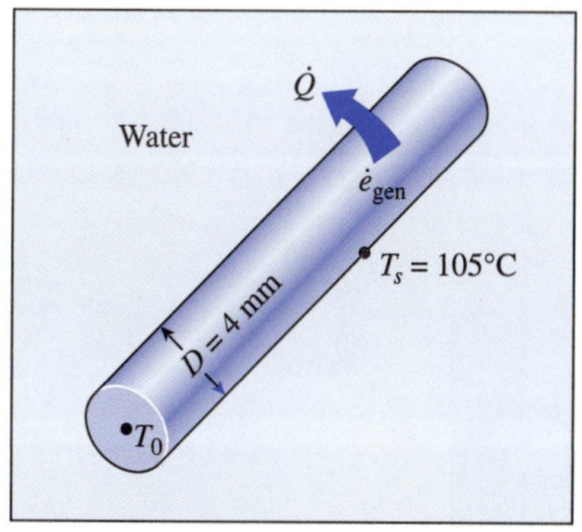

그림 2-57
예제 2-16에 대한 개략도

풀이 물에 잠긴 전열기의 표면온도를 구해야 한다.

가정 **1.** 열전달은 시간과 무관한 정상 상태이다. **2.** 열전달은 중심선에 대해 열적대칭이고 축방향으로 변화가 없으므로 1차원이다. **3.** 열전도도는 일정하다. **4.** 전열기에서의 열발생은 균일하다.

물성치 열전도도 k = 15 W/m·K로 주어졌다.

해석 2 kW의 전열기는 전기에너지를 2 kW의 열로 변화한다. 저항선의 단위 체적당 열발생률은 아래와 같다.

$$\dot{e}_{\text{gen}} = \frac{\dot{E}_{\text{gen}}}{V_{\text{wire}}} = \frac{\dot{E}_{\text{gen}}}{\pi r_o^2 L} = \frac{2000\text{ W}}{\pi(0.002\text{ m})^2(0.5\text{ m})} = 0.318 \times 10^9\text{ W/m}^3$$

그러면 저항선의 중심 온도는 식 (2-71)로부터 구해진다.

$$T_0 = T_s + \frac{\dot{e}_{\text{gen}} r_o^2}{4k} = 105°\text{C} + \frac{(0.318 \times 10^9\text{ W/m}^3)(0.002\text{ m})^2}{4 \times (15\text{ W/m}\cdot°\text{C})} = \mathbf{126°C}$$

검토 저항선의 중심과 표면의 온도차는 21°C임을 주목하라. 또한 열전도도의 단위 W/m·°C와 W/m·K는 같다.

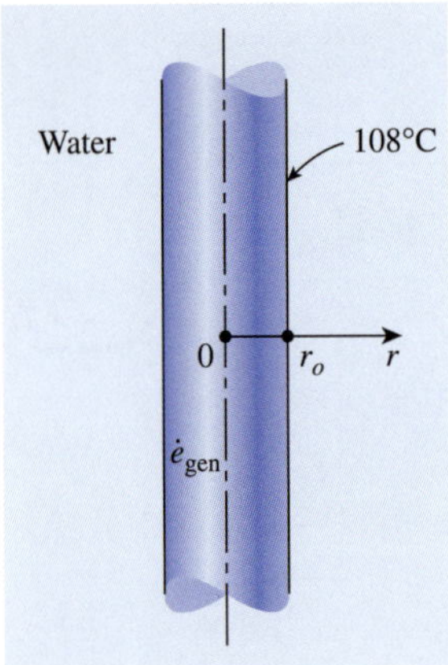

그림 2-58
예제 2-17에 대한 개략도

우리는 에너지 균형을 이용하여 위의 관계식을 얻었다. 그러나 예시된 예제 2-17, 2-18, 2-19처럼 적절한 미분방정식을 구하고 이들을 풀이함으로써 같은 관계식을 얻을 수 있다.

예제 2-17 전열기에서의 온도 변화

그림 2-58에서 반지름 r_0 = 0.5 cm, 열전도도 k = 13.5 W/m·°C인 균질의 긴 저항선이 대기 압력하에서 전류를 흘려 물을 끓이는 데 사용한다. 저항선은 $\dot{e}_{gen} = 4.3 \times 10^7$ W/m^{3}의 열발생률로 균일하게 열을 발생한다. 만일 저항선의 외부 온도 T_s = 108°C로 측정된다면, 정상 상태에 도달했을 때의 온도분포에 대한 관계식을 구하고, 저항선의 중심선에서의 온도를 구하라.

풀이 이 열전달 문제를 r방향으로의 온도 변화에 대한 관계식을 구하는 것을 제외하면 예제 2-16과 비슷하다. 미분방정식은 이러한 목적에 적합하다.

가정 **1.** 열전달은 시간에 무관한 정상 상태이다. **2.** 열전달은 중심선에 대해 열적대칭이고 축방향으로 변화가 없으므로 1차원이다. **3.** 열전도도는 일정하다. **4.** 저항선의 열발생은 균일하다.

물성치 열전도도 k = 13.5 W/m·°C로 주어졌다.

해석 저항선에서의 온도 변화를 지배하는 미분방정식은 식 (2-27)로 간단하며,

$$\frac{1}{r}\frac{d}{dr}\left(r\frac{dT}{dr}\right) + \frac{\dot{e}_{gen}}{k} = 0$$

이것은 2계 선형 상미분방정식이고, 이것의 일반해는 두 개의 임의 상수를 포함할 것이다. 이들 상수들을 구하기 위해서 두 개의 경계조건이 필요하며, 이것은 아래와 같다.

$$T(r_o) = T_s = 108°\text{C}$$

그리고

$$\frac{dT(0)}{dr} = 0$$

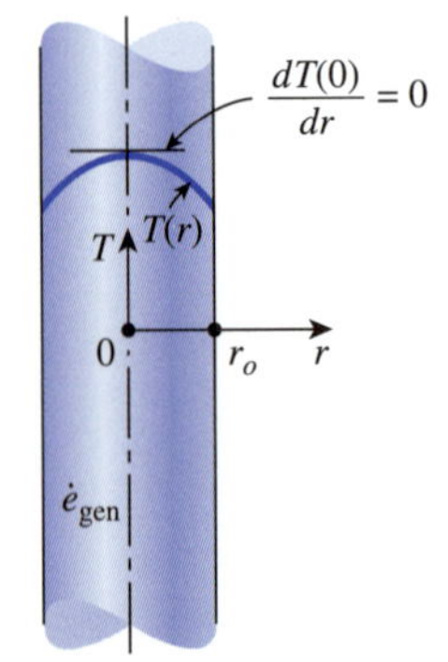

그림 2-59
열발생이 균일한 열선의 중심선에서 형성되는 열적 대칭조건

첫 번째 경계조건은 단순히 저항선의 외부 표면온도가 108°C라는 것이다. 두 번째 경계조건은 그림 2-59에서와 같이 중심선에서 대칭을 나타내는 것으로, 중심선에서 최고온도가 되므로 r = 0에서의 온도 기울기는 0이다. 이제 문제의 수학적인 식이 완성된다. 그리고 이 문제를 해석해야 할 것이다.

비록 즉시 해를 얻을 수 없지만 이 미분방정식은 직접 적분에 의해 풀 수 있는 형태이다. 식의 양변에 r을 곱하고 재정리하면

$$\frac{d}{dr}\left(r\frac{dT}{dr}\right) = -\frac{\dot{e}_{gen}}{k}r$$

r에 대해 적분하면

$$r\frac{dT}{dr} = -\frac{\dot{e}_{gen}}{k}\frac{r^2}{2} + C_1 \qquad (a)$$

열발생은 상수이고 함수의 도함수 적분은 함수 그 자체이다. 즉, 적분은 도함수를 제거한다. 위의 식에 r과 dT/dr를 0으로 대치하여도 이는 온도의 1차 도함수와 관계되므로 이 지점에서 두 번째 경계조건을 적용하는 것이 편리하다. 이는 다음 결과를 얻는다.

$$0 \times \frac{dT(0)}{dr} = -\frac{\dot{e}_{gen}}{2k} \times 0 + C_1 \quad \rightarrow \quad C_1 = 0$$

이와 같이 C_1은 해에서 제거된다. 이제 식 (*a*)를 r로 나누고 쉽게 적분 가능한 상태로 바꾸면,

$$\frac{dT}{dr} = -\frac{\dot{e}_{gen}}{2k} r$$

다시 r에 대해 적분하면

$$T(r) = -\frac{\dot{e}_{gen}}{4k} r^2 + C_2 \qquad \textbf{(b)}$$

이제 첫 번째 경계조건을 적용하여 r과 T를 r_0과 T_s로 대치하면, 다음 식을 얻는다.

$$T_s = -\frac{\dot{e}_{gen}}{4k} r_o^2 + C_2 \quad \rightarrow \quad C_2 = T_s + \frac{\dot{e}_{gen}}{4k} r_o^2$$

식 (*b*)에 C_2를 대입하여 재정리하면 식 (*c*)를 얻는다.

$$T(r) = T_s + \frac{\dot{e}_{gen}}{4k}(r_o^2 - r^2) \qquad \textbf{(c)}$$

이것은 저항선에서 r의 함수인 온도분포에 대한 해이다. 중심선(r = 0)에서의 온도는 식 (*c*)에서 r에 0을 대입하면 얻어지며, 이미 알고 있는 값들을 대입하면 된다.

$$T(0) = T_s + \frac{\dot{e}_{gen}}{4k} r_o^2 = 108°C + \frac{4.3 \times 10^7 \text{ W/m}^3}{4 \times (13.5 \text{ W/m·°C})}(0.005 \text{ m})^2 = \mathbf{128°C}$$

검토 저항선의 중심선 온도는 외부 표면온도에 비해 20°C 높다. 중심선 온도에 대한 위의 표시는 검사체적에서의 에너지 균형을 이용하여 얻은 식 (2–71)과 같음에 주목하라.

예제 2–18 두 층 매체 내에서의 열전도

그림 2–60처럼 반지름 r_1 = 0.2 cm, 열전도도 k_{wire} = 15 W/m·K인 긴 저항선에 $\dot{e}_{gen}$ = 50 W/cm³의 일정한 열발생률로 균일하게 열이 발생한다. 저항선은 열전도도 $k_{ceramic}$ = 1.2 W/m·K인 두께 0.5 cm의 세라믹에 피복되어 있다. 만일 세라믹층의 외부 표면온도가 T_s = 45°C라면 정상 상태에서 저항선의 중심선 온도와 저항선과 세라믹 접촉면에서의 온도를 구하라.

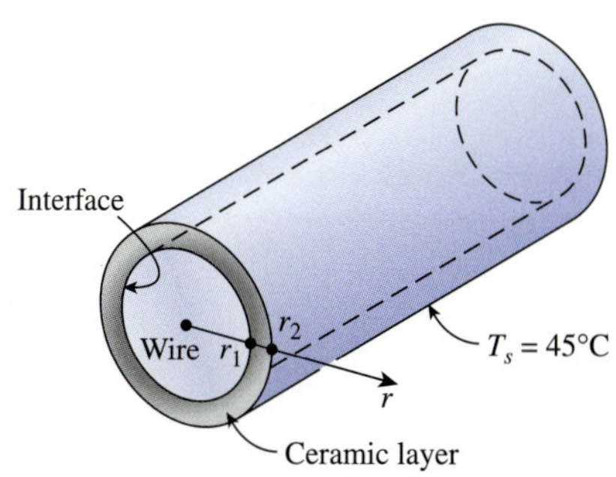

그림 2–60
예제 2–18에 대한 개략도

풀이 세라믹층으로 피복된 저항선의 접촉면과 표면온도를 구해야 한다.

가정 **1.** 열전달은 시간에 무관한 정상 상태이다. **2.** 두 층의 열전달 문제는 중심선에 대해 대칭이고 축방향으로 변화가 없으므로 열전달은 1차원이다. 즉 T = $T(r)$이다. **3.** 열전도도는 일정하다. **4.** 저항선의 열발생은 균일하다.

물성치 저항선과 세라믹의 열전도도는 각각 k_{wire} = 15 W/m·K 그리고 $k_{ceramic}$ = 1.2 W/m·K로 주어졌다.

해석 미지의 접촉면 온도를 T_1이라 하면, 저항선에서의 열전달 문제는 아래와 같이 수식화할 수 있다.

$$\frac{1}{r}\frac{d}{dr}\left(r\frac{dT_{wire}}{dr}\right) + \frac{\dot{e}_{gen}}{k} = 0$$

또한

$$T_{\text{wire}}(r_1) = T_I$$
$$\frac{dT_{\text{wire}}(0)}{dr} = 0$$

이 문제는 예제 2-17과 같은 방법으로 풀 수 있고, 이렇게 해서 구한 해는

$$T_{\text{wire}}(r) = T_I + \frac{\dot{e}_{\text{gen}}}{4k_{\text{wire}}}(r_1^2 - r^2) \tag{a}$$

세라믹층은 어떠한 열발생도 없으며, 그 외부 표면온도는 특정값으로 주어져 있음에 유의하라. 이 층에서의 열전도 문제는 다음과 같이 표시될 수 있고

$$\frac{d}{dr}\left(r\frac{dT_{\text{ceramic}}}{dr}\right) = 0$$

또한

$$T_{\text{ceramic}}(r_1) = T_I$$
$$T_{\text{ceramic}}(r_2) = T_s = 45°\text{C}$$

이 문제는 예제 2-15와 같은 방법으로 풀 수 있고, 이렇게 해서 구한 해는 식 (*b*)로 결정되고

$$T_{\text{ceramic}}(r) = \frac{\ln(r/r_1)}{\ln(r_2/r_1)}(T_s - T_I) + T_I \tag{b}$$

우리는 이미 $r = r_1$의 접촉면에서 저항선과 세라믹층의 온도를 T_I로 같게 두는 최초 접촉면 조건을 사용하였다. 접촉면 온도 T_I은 $r = r_1$의 접촉면에서 저항선과 세라믹층의 열유속이 같아야 한다는 두 번째 접촉면 조건으로부터 구할 수 있다. 즉,

$$-k_{\text{wire}}\frac{dT_{\text{wire}}(r_1)}{dr} = -k_{\text{ceramic}}\frac{dT_{\text{ceramic}}(r_1)}{dr} \quad \rightarrow \quad \frac{\dot{e}_{\text{gen}}r_1}{2} = -k_{\text{ceramic}}\frac{T_s - T_I}{\ln(r_2/r_1)}\left(\frac{1}{r_1}\right)$$

주어진 값들을 대입하여 T_I에 대해 풀면 접촉면 온도는 다음과 같다.

$$T_I = \frac{\dot{e}_{\text{gen}}r_1^2}{2k_{\text{ceramic}}}\ln\frac{r_2}{r_1} + T_s$$
$$= \frac{(50 \times 10^6\ \text{W/m}^3)(0.002\ \text{m})^2}{2(1.2\ \text{W/m}\cdot\text{K})}\ln\frac{0.007\ \text{m}}{0.002\ \text{m}} + 45°\ \text{C} = \mathbf{149.4°C}$$

접촉면 온도를 알았으므로 중심선($r = 0$)에서의 온도는 알고 있는 값들을 식 (*a*)에 대입하여 얻을 수 있다.

$$T_{\text{wire}}(0) = T_I + \frac{\dot{e}_{\text{gen}}r_1^2}{4k_{\text{wire}}} = 149.4°\text{C} + \frac{(50 \times 10^6\ \text{W/m}^3)(0.002\ \text{m})^2}{4 \times (15\ \text{W/m}\cdot\text{K})} = \mathbf{152.7°C}$$

이와 같이 중심선에서의 온도는 접촉면 온도보다 상당히 높을 것이다.

검토 이 예제는 정상 상태에서 복합매체의 1차원 열전도 문제들을 어떻게 풀 수 있는가를 보여준다. 또한 이 문제는 저항선에서의 총 열발생량을 저항선의 표면적으로 나누고, 이 값을 저항선과 세라믹층의 특정 열유속 경계조건을 이용하여 접촉면에서의 열유속을 구하여 풀 수 있다. 이는 두 가지 문제로 분리하여 개별적으로 풀 수 있는 방법이다.

예제 2-19 열발생이 있는 평면 벽의 열전도

그림 2-61에서 두께 2L인 대형 평면 벽에서 균일한 열이 발생한다. 벽 내부의 온도 변화식을 (a) $T_1 > T_2$, (b) $T_1 = T_2$ 대해서 구하라.

풀이 대형 평면 벽에서 균일한 열이 발생한다. $T_1 > T_2$, $T_1 = T_2$에 대한 벽 내부의 온도 변화식이 결정된다.

가정 **1.** 열전도는 정상 상태이다. **2.** 열전도는 1차원이다. **3.** 열전도도는 일정하다. **4.** 열발생은 균일하다.

해석 직각 좌표계에서 열발생이 있는 열전도 방정식은 다음과 같다.

$$\frac{\partial}{\partial x}\left(k\frac{\partial T}{\partial x}\right) + \frac{\partial}{\partial y}\left(k\frac{\partial T}{\partial y}\right) + \frac{\partial}{\partial z}\left(k\frac{\partial T}{\partial z}\right) + \dot{e}_{\text{gen}} = \rho c\frac{\partial T}{\partial t}$$

1차원 정상 열전도와 열전도도가 일정할 때, 일반적인 열전도 방정식은 간략화하면 다음과 같다.

$$\frac{d^2T}{dx^2} + \frac{\dot{e}_{\text{gen}}}{k} = 0$$

두 번 적분하면 다음 식과 같이 2차 미분방정식의 일반해가 된다.

$$T(x) = -\frac{\dot{e}_{\text{gen}}}{2k}x^2 + C_1x + C_2$$

(a) $T_1 > T_2$인 비대칭 경계조건의 경우, 경계조건을 적용하면 다음 식이 주어진다.

$$x = -L: \quad T(-L) = T_1 = -\frac{\dot{e}_{\text{gen}}}{2k}L^2 - C_1L + C_2$$

$$x = L: \quad T(L) = T_2 = -\frac{\dot{e}_{\text{gen}}}{2k}L^2 + C_1L + C_2$$

이 문제에서 좌표계는 $x = 0$이 평면 벽의 중심선이고, 중심선에서 오른쪽이 양(+), 왼쪽은 음(−)이다. 평면 벽에서 열발생에 관한 문제를 분석하면, 이 표시법은 온도 이력에서 열발생의 효과를 잘 나타내기 위하여 사용된다. 상수 C_1, C_2는 다음과 같다.

$$C_1 = \frac{T_2 - T_1}{2L} \quad \text{and} \quad C_2 = \frac{\dot{e}_{\text{gen}}}{2k}L^2 + \frac{T_1 + T_2}{2}$$

일반해에 상수 C_1, C_2를 대입하면, 벽 내부의 온도 변화는 다음 식과 같이 된다.

$$T(x) = \frac{\dot{e}_{\text{gen}}L^2}{2k}\left(1 - \frac{x^2}{L^2}\right) + \frac{T_2 - T_1}{2}\left(\frac{x}{L}\right) + \frac{T_1 + T_2}{2} \tag{a}$$

(b) 대칭 경계조건의 경우, 위 식에 $T_1 = T_2$를 대입하면 다음과 같은 식이 된다.

$$T(x) = \frac{\dot{e}_{\text{gen}}L^2}{2k}\left(1 - \frac{x^2}{L^2}\right) + T_1 \tag{b}$$

검토 식 (a)는 $T_1 > T_2$ 인 비대칭 경계조건의 경우에 벽 내부 온도 변화가 대칭이 아니며, 최고온도가 중심선 왼쪽에 발생한다는 것을 나타낸다. 식 (a)는 적절한 좌표 변환과 $\dot{e}_{\text{gen}} = 0$이면 열발생이 없는 평면 벽에서 열전도이며 , 예제 2-10 풀이와 같이 단순화됨을 주목하라. 대칭 경계조건($T_1 = T_2$)의 경우, 식 (b)는 벽 내부 온도 변화가 대칭이며, 최고온도가 중심선에서 발생함을 나타낸다. 이것은 원통저항가열기의 온도 변화가 중심선에 대칭이며, 중심선에서 최고온도가 나타나는 예제 2-16과 같은 결과이다.

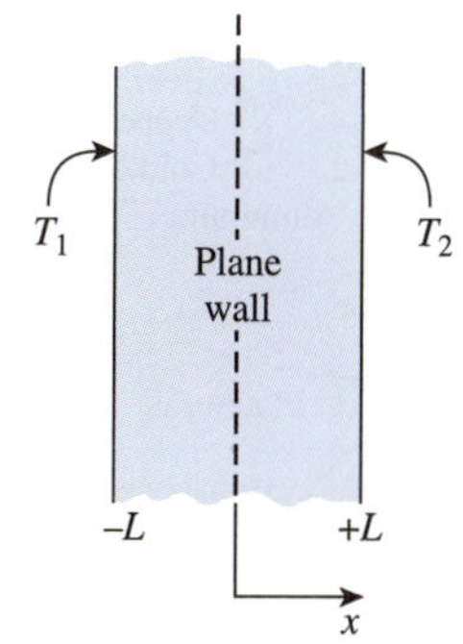

그림 2-61
예제 2-19에 대한 개략도

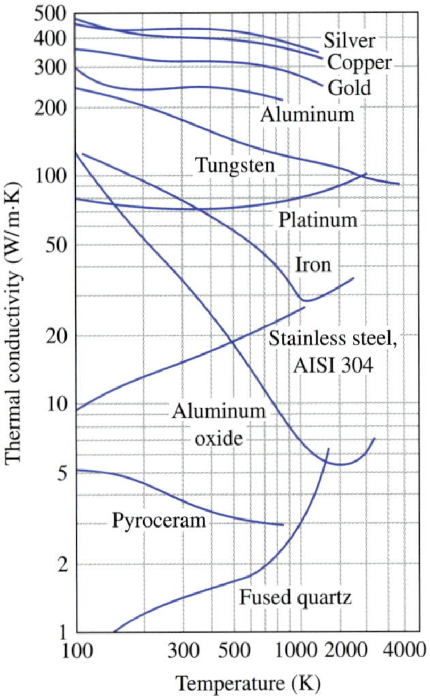

그림 2-62

온도에 따른 고체의 열전도도 변화

2-7 ▪ 가변 열전도도, *k*(*T*)

1장으로부터 일반적으로 물질의 열전도도는 온도에 따라 변화한다는 것에 대해 다시 생각해보자(그림 2-62). 그러나 이 변화는 대부분의 물질에 있어 실제적 관심의 범위에서는 작고, 무시될 수 있다. 이와 같은 경우에는 지금까지 우리가 했었던 것처럼 열전도도의 평균값을 사용하여 상수로 취급한다. 이것은 밀도나 비열과 같은 온도에 따라 변화하는 물성치들의 일반적인 적용과 같다.

그러나 주어진 온도범위에서 온도에 따른 열전도도의 변화가 클 때, 오차를 최소화하기 위하여 이 변화에 대해 계산할 필요가 있다. 온도에 따른 열전도도의 변화에 대한 계산은 일반적으로 해석이 복잡하다. 그러나 단순한 1차원의 경우에 간단한 방법으로 열전달 관계식을 얻을 수 있다. 열전도도의 변화가 온도만의 함수 $k(T)$로 알려져 있을 때, T_1과 T_2 사이의 온도범위에서의 열전도도의 평균값은 다음으로부터 구할 수 있다.

$$k_{avg} = \frac{\int_{T_1}^{T_2} k(T)dT}{T_2 - T_1} \tag{2-75}$$

이 관계식은 일정 평균 열전도도 k_{avg}으로 매체를 통한 열전달률과 가변 열전도도 $k(T)$에서의 동일매체를 통한 열전달률이 같다는 것에 기초를 두고 있다. 일정 열전도도 $k(T) = k$의 경우 식 (2-75)는 $k_{avg} = k$로 된다.

가변 열전도도에 대한 평면 벽, 원통 층, 또는 구 층을 통한 정상 상태 열전달률은 식 (2-57), (2-59), (2-61)의 열전도도 k에 식 (2-75)로부터 k_{avg}의 표시를 대치함으로써 아래 식과 같이 나타낼 수 있다.

$$\dot{Q}_{\text{plane wall}} = k_{avg} A \frac{T_1 - T_2}{L} = \frac{A}{L} \int_{T_2}^{T_1} k(T)dT \tag{2-76}$$

$$\dot{Q}_{\text{cylinder}} = 2\pi k_{avg} L \frac{T_1 - T_2}{\ln(r_2/r_1)} = \frac{2\pi L}{\ln(r_2/r_1)} \int_{T_2}^{T_1} k(T)dT \tag{2-77}$$

$$\dot{Q}_{\text{sphere}} = 4\pi k_{avg} r_1 r_2 \frac{T_1 - T_2}{r_2 - r_1} = \frac{4\pi r_1 r_2}{r_2 - r_1} \int_{T_2}^{T_1} k(T)dT \tag{2-78}$$

관심의 온도범위에서 온도에 관한 물질의 열전도도의 변화는 종종 식 (2-79)와 같이 선형함수로서 근사적으로 표시할 수 있다.

$$k(T) = k_0(1 + \beta T) \tag{2-79}$$

여기서 β는 **열전도도의 온도계수**(temperature coefficient)라 한다. 이 경우 T_1과 T_2의 온도범위에서 열전도도의 평균값은 다음과 같이 구할 수 있다.

$$k_{avg} = \frac{\int_{T_1}^{T_2} k_0(1 + \beta T)dT}{T_2 - T_1} = k_0\left(1 + \beta \frac{T_2 + T_1}{2}\right) = k(T_{avg}) \tag{2-80}$$

이 경우의 **평균 열전도도는 평균 온도에서의 열전도도와 같음**을 주목하라.

우리는 앞에서 열전도도가 상수일 때 1차원 정상 열전도가 일어나는 동안 평면 벽에서의 온도는 선형적으로 변한다는 것을 언급하였다. 그러나 이것은 그림 2-63과 같이 열전도도가 온도에 따라 비록 선형적으로 변화하는 경우라 하더라도 더 이상 사용할 수 없다.

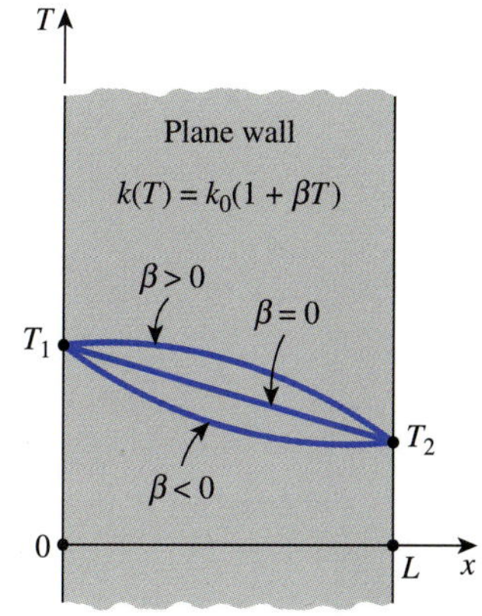

그림 2-63

열전도도 온도계수 변화에 따른 정상 상태 1차원 열전도의 온도분포

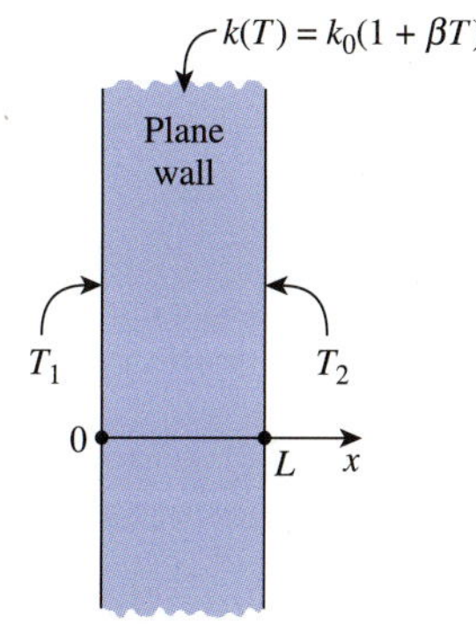

그림 2-64

예제 2-20에 대한 개략도

예제 2-20 $k(T)$인 벽에서의 온도 변화

주어진 온도범위에서 열전도도가 $k(T) = k_0(1 + \beta T)$로 선형적으로 변하는 길이 L인 평면 벽에 대해 고려하자. 그림 2-64와 같이 $x = 0$인 벽면은 일정한 온도 T_1으로 $x = L$인 벽면은 T_2로 유지된다. 1차원 정상 상태 열전달로 가정할 경우 (*a*) 벽을 통한 열전달률과 (*b*) 벽의 온도분포 $T(x)$를 구하라.

풀이 가변 열전도도의 평판 양면에 특정 온도가 주어졌다. 평판의 온도 변화와 열전달률을 구해야 한다.

가정 **1.** 열전달은 1차원 정상 상태이다. **2.** 열전도도는 선형적으로 변한다. **3.** 열발생은 없다.

물성치 열전도도 $k(T) = k_0(1 + \beta T)$로 주어졌다.

해석 (*a*) 벽을 통한 열전달률은 다음과 같이 구해진다.

$$\dot{Q} = k_{\text{avg}} A \frac{T_1 - T_2}{L}$$

여기서 A는 벽의 열전도 면적이고

$$k_{\text{avg}} = k(T_{\text{avg}}) = k_0\left(1 + \beta \frac{T_2 + T_1}{2}\right)$$

k_{avg}는 평균 열전도도이다(식 2-80).

(*b*) 벽에서의 온도분포를 구하기 위해 Fourier의 열전도 법칙으로부터 다음과 같이 표시된다.

$$\dot{Q} = -k(T) A \frac{dT}{dx}$$

여기서 열전달률 $\dot{Q}$와 열전도 면적 A는 상수이다. 변수를 분리하고 $x = 0$에서 $T(0) = T_1$으로부터 어떤 x에서 $T(x) = T$까지 적분하면 다음 식을 얻는다.

$$\int_0^x \dot{Q}\,dx = -A \int_{T_1}^{T} k(T)dT$$

$k(T) = k_0(1 + \beta T)$를 대입하고 적분을 실행하면 다음을 얻을 수 있다.

$$\dot{Q}x = -Ak_0[(T - T_1) + \beta(T^2 - T_1^2)/2]$$

(*a*)에 $\dot{Q}$를 대입하고 재정리하면 다음과 같다.

$$T^2 + \frac{2}{\beta}T + \frac{2k_{\text{avg}}}{\beta k_0}\frac{x}{L}(T_1 - T_2) - T_1^2 - \frac{2}{\beta}T_1 = 0$$

이것은 미지 온도 T에 관한 *2차* 방정식이다. 2차 방정식을 이용하여 벽의 온도분포 $T(x)$는 구해진다.

$$T(x) = -\frac{1}{\beta} \pm \sqrt{\frac{1}{\beta^2} - \frac{2k_{avg}}{\beta k_0}\frac{x}{L}(T_1 - T_2) + T_1^2 + \frac{2}{\beta}T_1}$$

근호의 부호(+ 또는 −)는 매체 내부의 어떤 점에서의 온도도 T_1과 T_2 사이에 있어야 한다는 조건으로부터 결정된다. 위의 결과는 평면 벽 내부의 온도분포는 온도에 따른 열전도도가 변할 때 직선이 아님을 설명해 준다.

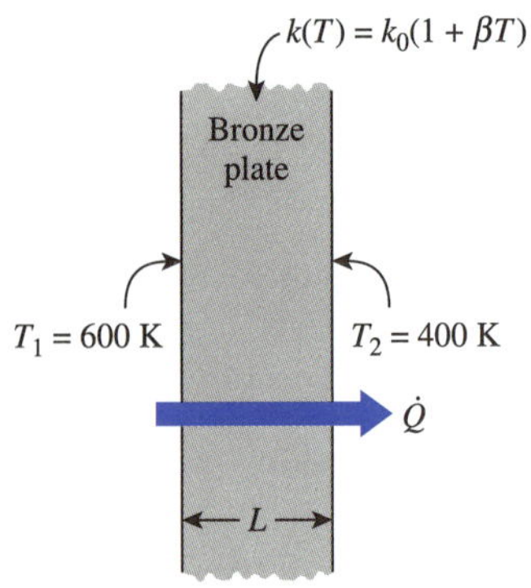

그림 2-65

예제 2-21에 대한 개략도

예제 2-21 **$k(T)$인 벽을 통한 열전도**

두께 0.1 m이고 높이 2 m, 폭이 0.7 m인 황동판에 대해 생각해보자. 그림 2-63과 같이 판의 한쪽 면이 400 K로 유지되는 동안 다른 한 면은 600 K로 유지한다. 주어진 온도범위에서 황동판의 열전도도는 $k(T) = k_0(1 + \beta T)$이며 선형적으로 변한다고 가정할 수 있다. 여기서, $k_0 = 38$ W/m·K, $\beta = 9.21 \times 10^{-4}$ K^{-1}이다. 가장자리 효과를 무시하고 1차원 정상 상태 열전달로 가정하고, 평판을 통한 열전도도를 구하라.

풀이 가변 열전도도인 평판은 양면의 온도가 주어졌다. 열전달률을 구해야 된다.

가정 **1.** 열전달은 정상 상태이고 1차원이다. **2.** 열전도도는 선형적으로 변한다. **3.** 열발생은 없다.

물성치 열전도도 $k(T) = K_0(1 + \beta T)$로 주어졌다.

해석 이 경우에 매체의 평균 열전도도는 단순히 평균 온도에서 값이며 다음 식으로 구한다.

$$\begin{aligned} k_{avg} &= k(T_{avg}) = k_0\left(1 + \beta\frac{T_2 + T_1}{2}\right) \\ &= (38\text{ W/m·K})\left[1 + (9.21 \times 10^{-4}\text{ K}^{-1})\frac{(600 + 400)\text{ K}}{2}\right] \\ &= 55.5\text{ W/m·K} \end{aligned}$$

평판을 통한 열전도도는 식 (2-76)으로부터 다음과 같이 구해진다.

$$\begin{aligned} \dot{Q} &= k_{avg}A\frac{T_1 - T_2}{L} \\ &= (55.5\text{ W/m·K})(2\text{ m} \times 0.7\text{ m})\frac{(600 - 400)\text{K}}{0.1\text{ m}} = \mathbf{155\ kW} \end{aligned}$$

검토 주어진 $k(T)$의 관계를 식 (2-76)의 두 번째 항에 대입하고 적분을 수행하면 같은 결과를 얻을 수 있다.

특별 관심 주제 | TOPICS OF SPECIAL INTEREST*

미분방정식의 복습어

1장에서 언급했듯이, 대부분 과학적 문제는 중요한 변수들의 상호 간의 관계를 나타내는 것이다. 변수의 증분이 작을수록 보다 일반적이고 정확한 표시가

* 이 절은 내용의 연속성을 해치지 않고 생략될 수 있다.

된다. 증분이 무한히 작은 극한인 경우 **미분방정식**을 얻을 수 있으며, 변화율은 **도함수**로 나타내어 물리적 원칙과 법칙을 수학적으로 정확히 표시할 수 있다. 따라서 미분방정식은 열전달을 포함한 여러 과학분야에 사용된다.

미분방정식은 **물리적인 법칙**과 **원리**를 변수들의 무한소 변화를 고려할 때 나타난다. 그러므로 어떤 문제의 지배 방정식을 구하기 위해서는 신중한 해석뿐만 아니라 문제와 관련된 변수들, 적절한 가정 그리고 적용 가능한 물리적 법칙과 원리들에 대한 충분한 지식이 요구된다.

일반적으로 방정식은 하나 또는 더 많은 변수들로 연관될 수 있다. **변수**(variable)는 연구하는 동안 여러 가지 값들로 가정될 수 있는 양이다. 연구 중에 고정된 값을 가지는 양을 **상수**(constant)라고 한다. 상수는 보통 알파벳 앞부분의 문자들, 즉 a, b, c, d 같은 문자들로 표시하고 변수들은 알파벳 뒷부분, 즉 t, x, y, z 같은 문자들로 표시한다. 값이 임의로 변할 수 있는 변수는 **독립변수**라고 한다. 변수의 값이 다른 변수들의 값에 종속되어 독립적으로 정의될 수 없는 변수는 **종속변수** 또는 함수라고 한다.

변수 x에 의존하는 종속변수 y는 정확하게 $y(x)$로 표시하는 것이 일반적이다. 그러나 이 표시법은 y가 식에서 반복될 때는 매우 번거롭고 불편하다. 이런 경우 y가 x만의 함수일 때 $y(x)$를 y라고 간단하게 표시할 수 있다. 이런 표시법의 압축은 그 방정식을 보거나 읽을 때 편리하다. 일정수 a의 y값은 $y(a)$라고 표시한다.

어떤 점에서 함수 $y(x)$의 **도함수**(derivate)는 그림 2-66에서 그 점에서 함수 곡선의 접선 **기울기**와 같고 다음과 같이 정의한다.

$$y'(x) = \frac{dy(x)}{dx} = \lim_{\Delta x \to 0} \frac{\Delta y}{\Delta x} = \lim_{\Delta x \to 0} \frac{y(x + \Delta x) - y(x)}{\Delta x} \tag{2-81}$$

여기서 Δx는 독립변수 x의 (작은) 변화를 나타내며, x의 **증분**이라 한다. 그에 대응하는 함수 y의 변화는 y의 증분이며, Δy로 표시한다. 그러므로 어떤 함수의 도함수는 아주 작은 Δx에 대하여 독립변수 Δx에 대한 Δy 증분비의 비로 나타낼 수 있다. 함수 y가 x에 대한 변화가 없으면 Δy 또는 $y'(x)$는 0이다.

실제로 대부분의 문제에서 양은 시간에 따라 변하며, 그리고 시간에 대한 1차 도함수는 시간에 따른 변화 비이다. 예를 들어, $N(t)$를 박테리아 군체의 개체수라 한다면 1계 도함수 $N' = dN/dt$는 개체 수의 변화율을 나타내며, 이는 단위시간당 증가하거나 감소하는 양이다.

함수 y의 1계 도함수의 도함수를 y의 **2계 도함수**라 하며 y'' 또는 d^2y/dx^2으로 표시한다. 일반적으로 함수 y의 $(n - 1)$번째 도함수의 도함수는 y의 n계 도함수라고 하며 $y^{(n)}$또는 d^ny/dx^n으로 표시한다. 여기서 n은 양의 정수이고, 그 도함수의 **계수**(*order*)라고 한다. 계수 n은 도함수의 **차수**(*degree*)와 혼동해서는 안 된다. 예를 들면, y'''는 y의 3계 도함수이지만, $(y')^3$은 y의 1계 도함수의

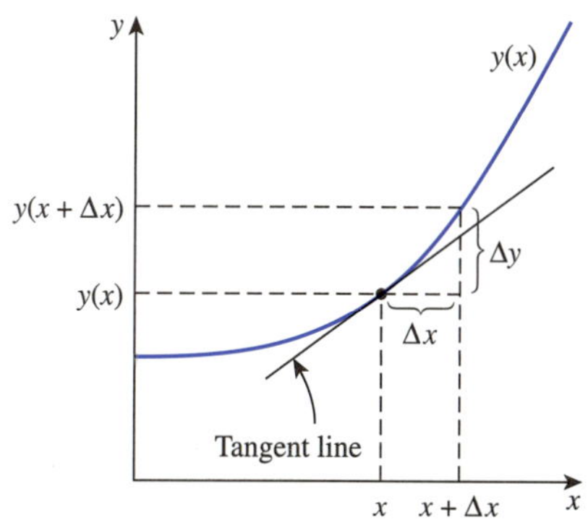

그림 2-66
어떤 점에서 함수의 도함수는 그 점에서 접선의 기울기와 같다.

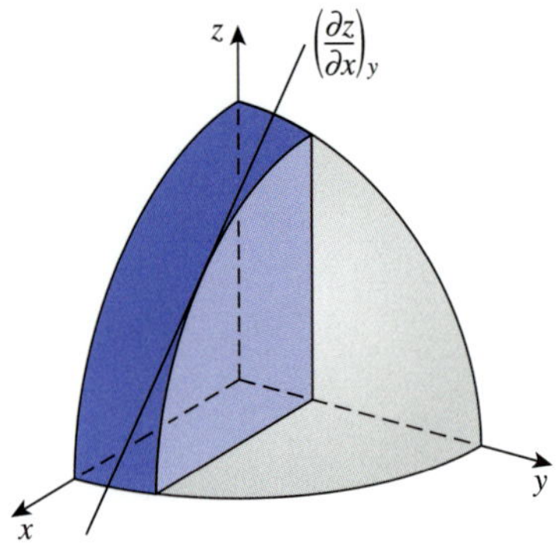

그림 2-67
편도함수 $\partial z/\partial x$의 도식적인 표현

3제곱이다. 어떤 함수의 1계 도함수는 독립변수에 함수의 기울기 또는 변화율을 나타내며, 2계 도함수는 독립변수의 기울기에 대한 변화율을 나타낸다.

어떤 함수 y가 x와 t와 같이 두 개 또는 그 이상의 독립변수에 종속될 때, 그 함수는 변수들 중 1개에만 종속된다고 설정하고 생각하는 것이 편리하다. 그 변수에 대한 함수의 도함수는 나머지 다른 변수들을 상수로 두고 구한다. 이런 도함수를 **편도함수**(partial derivatives)라 한다. 함수 $y(x, t)$의 x와 t의 1계 편도함수는 다음과 같이 정의된다(그림 2-67).

$$\frac{\partial y}{\partial x} = \lim_{\Delta x \to 0} \frac{y(x + \Delta x, t) - y(x, t)}{\Delta x} \tag{2-82}$$

$$\frac{\partial y}{\partial t} = \lim_{\Delta t \to 0} \frac{y(x, t + \Delta t) - y(x, t)}{\Delta t} \tag{2-83}$$

$\partial y/\partial x$를 구할 때 우리는 t를 상수로 취급하고 x에 대하여 미분한다. 같은 방법으로 $\partial y/\partial t$를 구할 때 우리는 x를 상수로 하고 t에 대하여 y를 미분한다.

적분(integration)은 미분의 반대과정으로 볼 수 있다. 미분방정식을 푸는 것은 근본적으로 방정식에서 미분변수들을 없애는 것이므로 적분은 미분방정식을 푸는 데 일반적으로 사용된다. 미분은 어떤 함 $y(x)$가 주어졌을 때 $y'(x)$를 구하는 과정이며, 적분은 도함수 $y'(x)$가 주어졌을 때 함수 $y(x)$를 구하는 과정이다. 이 도함수의 적분은 다음과 같이 표시한다.

$$\int y'(x)dx = \int dy = y(x) + C \tag{2-84}$$

$y'(x)dx = dy$이므로 그 함수의 미분의 적분은 함수 자신이다(물론 양의 상수를 더하여). 식 (2-84)에서 x는 적분변수이고, C는 **적분상수**라고 하는 임의의 상수이다.

상수 C가 어떤 값을 가지더라도 $y(x) + C$의 도함수는 $y'(x)$이다. 그러므로 상수만 다른 두 함수는 같은 도함수를 가지며, 미분할 때 상실된 이 상수는 적분하는 동안에 항상 상수 C로 더하여진다. 식 (2-84)에서 적분은 임의의 상수 C가 정의되지 않았으므로 **부정적분**(indefinite integral)이라 한다. 위에서 표시된 절차는 보다 고계 도함수로 확장될 수 있다(그림 2-68). 예를 들어,

$$\int y''(x)dx = y'(x) + C \tag{2-85}$$

이다. 이것은 새로운 변수 $u(x) = y'(x)$로 정의함에 따라 증명될 수 있으며, $u' = y''(x)$를 구하기 위하여 미분하여 식 (2-84)에 적용한다. 그러므로 도함수의 계수는 그것이 적분될 때마다 1계씩 감소한다.

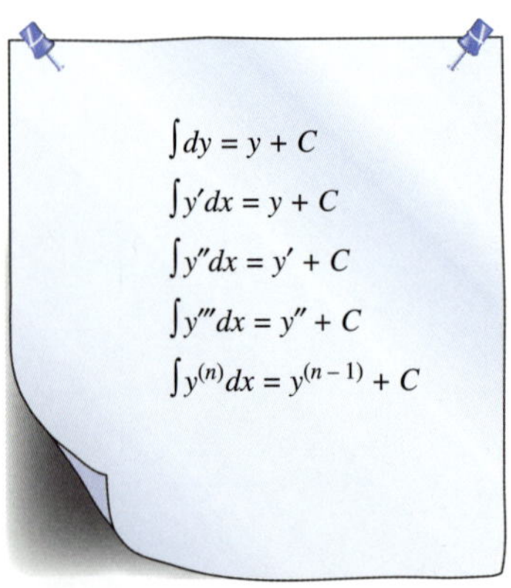

그림 2-68
도함수를 포함한 부정적분

미분방정식의 분류

상도함수만을 포함하고 있는 미분방정식은 **상미분방정식**이라 하고, 편도함수를 포함하는 미분방정식은 **편미분방정식**이라 한다. 이 경우에 한 개의 독립변

수만을 포함하고 있는 문제는 상미분방정식이 되고 두 개 또는 그 이상의 독립변수를 포함하는 문제는 편미분방정식이 된다. 어떤 미분방정식은 미지함수의 여러 가지 계수의 도함수를 포함할 수 있다. 미분방정식의 최고 고차 도함수의 차수가 이 방정식의 차수가 된다. 예를 들면 $y''' + (y'')^4 = 7x^5$의 차수는 4차 또는 그 이상의 고계 함수를 포함하지 않는 한 3계이다.

우리는 대수학에서 식 $3x - 5 = 0$이 $x^4 + 3x - 5 = 0$보다 쉽게 풀이되는 것을 기억할 것이다. 왜냐하면 첫 번째 방정식은 선형이고, 두 번째 방정식은 비선형이기 때문이다. 그러므로 미분방정식을 풀기 전에 대개 선형성을 조사한다. 만약 종속변수와 이의 모든 도함수가 1계이고, 그들의 계수가 오직 독립변수에만 종속되어 있다면 이 미분방정식은 **선형**(linear)이라고 한다. 다른 말로 하면, 미분방정식 (1) y^3 또는 $(y')^2$와 같은 도함수 또는 종속변수의 지수, (2) yy' 또는 $y'y'''$처럼 도함수 또는 종속변수와 곱, 그리고 (3) y 또는 e^y와 같은 종속변수의 비선형함수가 식에 포함되지 않을 때 선형이다. 만약 이 중 어떤 조건이라도 적용된다면 **비선형**(nonlinear)이다(그림 2-69).

그러나 선형미분방정식은 (1) x^2과 $\cos x$처럼 멱 또는 독립변수의 비선형함수 (2) x^3y', x^2y와 $e^{-2x}y''$ 같이 종속변수(또는 그 도함수)와 독립변수의 함수와의 곱을 포함할 수 있다. n계 선형미분방정식은 다음과 같이 가장 일반적인 형태로 표현될 수 있다.

$$y^{(n)} + f_1(x)y^{(n-1)} + \cdots + f_{n-1}(x)y' + f_n(x)y = R(x) \tag{2-86}$$

이런 형태로 대입할 수 없는 미분방정식은 비선형이다. $R(x) = 0$이면 y에 대한 미분방정식은 **동차**(homogeneous)라고 한다. 그렇지 않으면 그것은 비동차이다. 다시 말해 선형동차 미분방정식의 각 항은 종속변수 또는 뒤에 방정식이 공통인수로 소거된 후에 도함수 중 하나를 포함한다. $R(x)$항은 비동차항이라 한다.

미분방정식은 종속변수와 그 도함수의 계수의 특성에 의하여 분류된다. 미분방정식은 종속변수 또는 그 도함수에 포함된 모든 항의 계수가 상수하면 **상수계수**(constant coefficients)를 가졌다고 한다. 공통인자를 소거한 후 종속변수 또는 계수로 독립변수를 포함하는 그 도함수 항들이 있다면, 이 방정식은 **변수계수**(variable coefficients)라 한다(그림 2-70). 상수계수를 가지는 미분방정식이 변수계수를 가지는 미분방정식보다 보통 풀기 쉽다.

미분방정식의 해

미분방정식의 해를 한두 번의 적분으로 구할 수도 있지만, 그런 간단한 미분방정식은 예외적인 경우이며 모든 미분방정식에 적용되는 단일 일반해법은 없다. 미분방정식의 여러 종류마다 다른 해법이 있다. 어떤 경우 미분방정식의

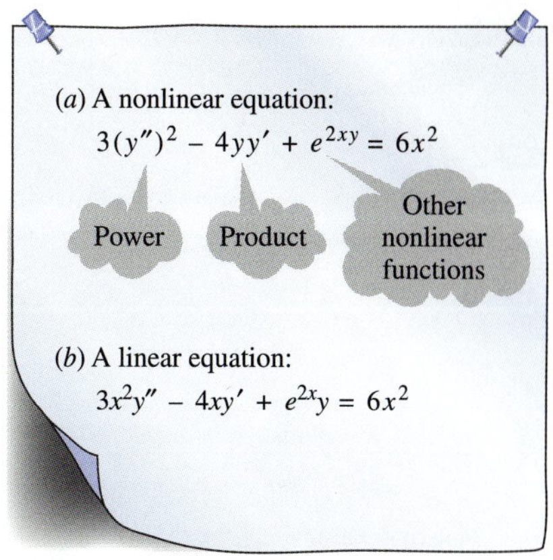

그림 2-69

(*a*) 비선형 및 (*b*) 선형미분방정식. 종속변수만으로 선형성을 판단한다.

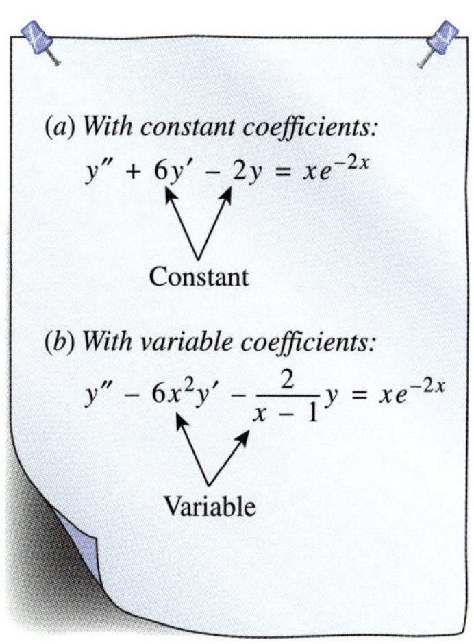

그림 2-70

미분방정식의 (*a*) 상수계수 및 (*b*) 변수계수

(*a*) *An algebraic equation:*

$$y^2 - 7y - 10 = 0$$

Solution: $y = 2$ and $y = 5$

(*b*) *A differential equation:*

$$y' - 7y = 0$$

Solution: $y = e^{7x}$

그림 2-71

대수방정식의 해는 별개의 값을 갖지만, 미분방정식의 해는 일반적으로 함수이다.

Function: $f = 3e^{-2x}$

Differential equation: $y'' - 4y = 0$

Derivatives of f:

$$f' = -6e^{-2x}$$
$$f'' = 12e^{-2x}$$

Substituting into $y'' - 4y = 0$:

$$f'' - 4f \stackrel{?}{=} 0$$
$$12e^{-2x} - 4 \times 3e^{-2x} \stackrel{?}{=} 0$$
$$0 = 0$$

Therefore, the function $3e^{-2x}$ is a solution of the differential equation $y'' - 4y = 0$.

그림 2-72

특정한 함수가 미분방정식의 해가 됨을 증명하는 방법

풀이는 해법의 창의력과 숙달뿐만 아니라 둘 또는 더 많은 방법을 요구한다. 어떤 미분방정식은 아주 명확한 수법을 이용하여 풀 수 있다. 어떤 것은 해석적으로는 풀 수 없다.

대수학에서는 $x^2 - 7x - 10 = 0$ 같은 대수방정식을 만족하는 이산값을 항상 찾는다. 그러나 미분방정식을 다룰 때에는 정해진 구간에서 방정식을 만족하는 함수를 찾는다. 예를 들면, 대수방정식 $x^2 - 7x - 10 = 0$은 2와 5로 만족된다. 그러나 미분방정식 $y' - 7y = 0$은 함수 e^{7x}의 어떤 x값에 대해서도 만족된다(그림 2-71).

대수방정식 $x^3 - 6x^2 + 11x - 6 = 0$을 생각해보자. 명백하게 $x = 1$은 이 방정식을 만족하며, 이 방정식의 해이다. 그러나 이것만이 이 방정식의 유일한 해는 아니다. $x = 2$와 $x = 3$을 직접 대입하여도 식이 성립하기에 마찬가지로 이것들도 이 방정식의 해이다. 이 외에 이 방정식의 다른 해는 없다. 그러므로 1, 2, 3은 이 대수방정식의 완전해라고 말할 수 있다.

미분방정식에도 같은 방법으로 논리가 적용된다. 일반적으로 미분방정식은 최소한 한 개의 임의 상수를 포함하는 복합해를 가진다. 주어진 구간에서 미분방정식을 만족하는 어떤 함수라도 주어진 구간에서의 해이다. 미분방정식을 만족하는 하나 또는 그 이상 임의의 상수로 구성되는 함수들의 집합을 방정식의 **일반해**라 한다. 분명히 미분방정식은 하나 이상의 일반해를 가질 수 있다. 특별한 경우에 방정식의 모든 해가 일반해로부터 구할 수 있다면 이를 일반해 또는 **완전해**라 한다. 일반해로부터 임의의 상수를 따로 값을 지정하여 얻을 수 있는 해를 **특수해**라 한다.

어떤 수가 방정식을 만족하면 그 수는 대수방정식의 해라는 것을 대수학으로부터 상기할 수 있을 것이다. 예를 들어 2는 방정식 $x^3 - 8 = 0$ 해이므로 2를 대입하면 정확하게 0이 된다. 같은 방법으로 어떤 함수가 미분방정식의 해이면, 그 함수는 미분방정식을 만족한다. 다시 말해 해가 그 미분방정식에 대입되었을 때 항등식으로 나타난다. 예를 들어, 함수 $3e^{-2x}$는 $y'' - 4y = 0$의 한 해임은 직접 대입함으로써 알 수 있다(그림 2-72).

요약 | SUMMARY

이 장에서는 열전도 방정식과 그 해들에 대해서 공부하였다. 매체 내에서의 열전도는 시간에 따라 온도가 변화하지 않을 때를 **정상 상태**라 하며, 시간에 따라 온도가 변화하는 것을 비정상 상태 또는 **과도상태**라 한다. 매체 내에서 열전도가 다른 두 방향에 대해서 무시할 수 있으면, **1차원**이라 한다. 또한 열전도가 세 번째 방향에 대해서만 무시할 수 있을 때 **2차원**이라 하며, 그리고 모든 방향에 대해서 열전도가 중요할 때에 **3차원**이라 한다. 열전달 해석에서 전기, 화학 또는 원자에너지의 변환하는 것을 **열발생**이라 한다.

열전도 방정식은 미소 체적 요소의 에너지 균형을 도입하여 유도할 수 있다. 열전도도가 일정할 때에 직각, 원통, 구좌표계에서 1차원적 열전도 방정식은 다음과 같이 표시한다.

$$\frac{\partial^2 T}{\partial x^2} + \frac{\dot{e}_{\text{gen}}}{k} = \frac{1}{\alpha}\frac{\partial T}{\partial t}$$

$$\frac{1}{r}\frac{\partial}{\partial r}\left(r\frac{\partial T}{\partial r}\right) + \frac{\dot{e}_{\text{gen}}}{k} = \frac{1}{\alpha}\frac{\partial T}{\partial t}$$

$$\frac{1}{r^2}\frac{\partial}{\partial r}\left(r^2\frac{\partial T}{\partial r}\right) + \frac{\dot{e}_{\text{gen}}}{k} = \frac{1}{\alpha}\frac{\partial T}{\partial t}$$

여기서 물성치 $\alpha = k/\rho c$는 물질의 **열확산율**이다.

열전도 문제의 해는 경계조건에 의존하며, 경계에서의 열적 조건을 수학적으로 표시할 수 있기 때문에 **경계조건**이라 한다. 비정상 열전도 문제의 해도 역시 초기의 열전도 과정의 매체 조건들에 의존한다. 일반적으로 시간이 $t = 0$일 때는 특정화된 조건을 **초기 조건**이라 말하며, 이것은 초기에 매체의 온도분포를 수학적으로 표현한 것이다. 열전도 문제에서 완전한 수학적 표시를 하기 위해서 열전도는 각 차원에 따라 두 개의 경계조건과 비정상 열전도 문제에서는 초기 조건이 요구된다. 가장 일반적인 경계조건들은 **특정 온도, 주어진 열유속, 대류**, 그리고 **복사** 경계조건들이다. 일반적으로 표면에서의 경계조건은 주어진 열유속, 대류, 그리고 복사를 동시에 포함한다.

두께 L인 평판을 통한 1차원 정상 열전달의 경우에, $x = 0$ 그리고 $x = L$에서 표면의 각종 경계조건은 다음과 같이 표시할 수 있다. 경계조건의 형태가 변하는 1차원 정상 열전달은 다음과 같이 표시할 수 있다.

주어진 온도:

$$T(0) = T_1 \qquad \text{and} \qquad T(L) = T_2$$

여기서 T_1과 T_2는 표면 $x = 0$, $x = L$에서의 주어진 온도이다.

주어진 열유속:

$$-k\frac{dT(0)}{dx} = \dot{q}_0 \qquad \text{and} \qquad -k\frac{dT(L)}{dx} = \dot{q}_L$$

여기서 $\dot{q}_0$와 $\dot{q}_L$은 표면 $x = 0$, $x = L$에서의 주어진 열유속이다.

단열 또는 열적 대칭:

$$\frac{dT(0)}{dx} = 0 \qquad \text{and} \qquad \frac{dT(L)}{dx} = 0$$

대류:

$$-k\frac{dT(0)}{dx} = h_1[T_{\infty 1} - T(0)] \quad \text{and} \quad -k\frac{dT(L)}{dx} = h_2[T(L) - T_{\infty 2}]$$

여기서 h_1과 h_2는 대류 열전달계수이고, $T_{\infty 1}$과 $T_{\infty 2}$는 평판 양면의 주위 매체의 온도이다.

복사:

$$-k\frac{dT(0)}{dx} = \varepsilon_1\sigma[T^4_{\text{surr},1} - T(0)^4] \qquad \text{and}$$

$$-k\frac{dT(L)}{dx} = \varepsilon_2\sigma[T(L)^4 - T^4_{\text{surr},2}]$$

여기서 ε_1과 ε_2는 경계표면의 방사율이다. $\sigma = 5.67 \times 10^{-8}$ W/m^2·K^{4}는 Stefan Boltzman 상수이고, $T_{\text{surr},1}$와 $T_{\text{surr},2}$는 평판 양면을 에워싼 표면 평균 온도이다. 복사열전달 계산에서 온도는 반드시 K 또는 R이다.

$x = x_0$에서 두 물체 A와 B가 완전히 접촉한 접촉면:

$$T_A(x_0) = T_B(x_0) \qquad \text{and} \qquad -k_A\frac{dT_A(x_0)}{dx} = -k_B\frac{dT_B(x_0)}{dx}$$

여기서 k_A와 k_B는 A와 B층의 열전도도이다.

열발생은 보통 매체의 **단위 체적당**으로 표시하고, $\dot{e}_{\text{gen}}$로 나타내고 그 단위는 W/m^{3}이다. 정상 상태에서 주위 온도가 T_s일 때 주위 매체에서 $\dot{e}_{\text{gen}}$의 일정률로 열이 발생하는 두께 $2L$인 평면 벽, 반지름 r_o인 원통 및 구 등의 표면온도 T_∞는 다음과 같이 표시한다.

$$T_{s,\text{ plane wall}} = T_\infty + \frac{\dot{e}_{\text{gen}}L}{h}$$

$$T_{s,\text{ cylinder}} = T_\infty + \frac{\dot{e}_{\text{gen}}r_o}{2h}$$

$$T_{s,\text{ sphere}} = T_\infty + \frac{\dot{e}_{\text{gen}}r_o}{3h}$$

여기서 h는 대류 열전달계수이다. 매체 표면과 중앙면 사이의 최대 온도상승은 다음과 같이 주어진다.

$$\Delta T_{\text{max, plane wall}} = \frac{\dot{e}_{gen}L^2}{2k}$$

$$\Delta T_{\text{max, cylinder}} = \frac{\dot{e}_{gen}r_o^2}{4k}$$

$$\Delta T_{\text{max, sphere}} = \frac{\dot{e}_{gen}r_o^2}{6k}$$

온도에 따라 변화하는 열전도도는 $k(T)$를 알고 있을 때, 온도범위 T_1과 T_2 사이의 평균열전도도는 다음과 같이 결정된다.

$$k_{\text{avg}} = \frac{\int_{T_1}^{T_2} k(T)dT}{T_2 - T_1}$$

평면 벽, 원통층, 구층을 통한 정상 열전달률은 다음과 같이 표시된다.

$$\dot{Q}_{\text{plane wall}} = k_{\text{avg}}A\frac{T_1 - T_2}{L} = \frac{A}{L}\int_{T_2}^{T_1} k(T)dT$$

$$\dot{Q}_{\text{cylinder}} = 2\pi k_{\text{avg}}L\frac{T_1 - T_2}{\ln(r_2/r_1)} = \frac{2\pi L}{\ln(r_2/r_1)}\int_{T_2}^{T_1} k(T)dT$$

$$\dot{Q}_{\text{sphere}} = 4\pi k_{\text{avg}}r_1r_2\frac{T_1 - T_2}{r_2 - r_1} = \frac{4\pi r_1r_2}{r_2 - r_1}\int_{T_2}^{T_1} k(T)dT$$

온도에 따라 변화하는 물질의 열전도도는 종종 선형함수로 근사화되며 다음과 같이 표시한다.

$$k(T) = k_0(1 + \beta T)$$

여기서 β는 **열전도도의 온도계수**라 한다.

참고문헌 | REFERENCES AND SUGGESTED READING

1. W. E. Boyce and R. C. Diprima. *Elementary Differential Equations and Boundary Value Problems*. 4th ed. New York: John Wiley & Sons, 1986.
2. S.S. Kutateladze. *Fundamentals of Heat Transfer*. New York: Academic Press, 1963.

연습문제* | PROBLEMS

서론

2–1C 새로운 냉장고의 압축기 크기를 결정하기 위하여 냉장고의 벽들 및 문, 냉장고의 위 · 바닥면를 통하여 부엌 공기로부터 냉동 공간으로 들어오는 열전달률을 정해야 한다. 이 문제는 정상 상태 또는 비정상 상태 열전달 중 어느 것인가? 또한, 1차원 또는 다차원 중 어느 것인가? 설명하라.

2–2C 정상 열전달과 비정상 열전달은 어떻게 다른가? 그리고 1차원 열전달과 2차원 열전달은 어떻게 다른가?

2–3C 새로운 오븐 가열기의 크기를 정하기 위해서는 오븐의 바닥과 윗면 및 문과 벽들을 통과하는 열손실률을 구해야 한다. 이 문제는 정상 또는 비정상 상태 열전달 중 어느 것인가? 또한, 1차원과 다차원 중 어떤 열전달인가? 설명하라.

2–4C 오븐에 굽고 있는 둥근 감자를 생각해보자. 이 감자로의 열전달에 1, 2, 또는 3차원 중 어떤 모델을 사용할 것인가? 이 열전달은 정상 또는 비정상 중 어느 것인가? 또한 어떤 좌표계를 사용하여 이 열전달 문제를 해석할 것인가? 좌표기준은 어디로 하겠는가? 설명하라.

2–5C 팬 안의 끓는 물속에 있는 달걀을 생각하자. 이 달걀로의 열전달에 1, 2, 또는 3차원 중 어떤 모델을 사용할 것인가? 이 열전달은 정상 또는 비정상 중 어느 것인가? 또한 어떤 좌표계를 사용하여 이 열전달 문제를 해석할 것인가? 좌표기준은 어디로 하겠는가? 설명하라.

2–6C 팬 안의 끓는 물 속에 있는 핫도그를 생각해보자. 이 핫도그로의 열전달에 1, 2, 또는 3차원 중 어떤 모델을 사용할 것인가? 이 열전달은 정상 또는 비정상 중 어느 것인가? 또한 어떤 좌표계를 사용하여 이 열전달 문제를 해석할 것인가? 좌표기준은 어디로 하겠는가? 설명하라.

* "C"로 표시된 문제는 개념에 관한 문제들이며, 학생들은 모든 문제를 풀어 보도록 권고한다. " " 아이콘, " " 아이콘이 있는 문제는 EES 프로그램을 사용하여 풀어야 한다.

그림 P2-6C

2-7C 오븐 안에 쇠고기의 요리 과정을 생각하자. 이 문제에서 열전달은 정상 또는 비정상 중 어느 것인가? 또한 열전달은 1, 2, 또는 3차원 중 어떤 모델을 사용할 것인가? 설명하라.

2-8C 집 안에 200-L 원통형 온수 탱크의 열손실에 대해 생각해보자. 이 문제에서 열전달은 정상 또는 비정상 중 어느 것인가? 또한 열전달은 1, 2, 또는 3차원 중 어떤 모델을 사용할 것인가? 설명하라.

2-9C 매체의 등온면의 점 P에서 열유속 벡터는 그 점에서 표면으로 수직이어야 하는 이유를 설명하라.

2-10C 열전달 관점에서 물질의 등방성과 비등방성의 차이는 무엇인가?

2-11C 고체 내에서 열발생은 무엇인가? 예를 들어 설명하라.

2-12C 열발생을 에너지 발생 또는 열에너지 발생이라 말하기도 한다. 왜 이렇게 말하는 것일까?

2-13C 저녁 식탁의 차가운 캔 음료를 생각해보자. 이 음료로의 열전달에 1, 2, 또는 3차원 중 어떤 모델을 적용할 것인가? 이 열전달은 정상 또는 비정상 중 어느 것인가? 또한 어떤 좌표계를 사용하여 이 열전달 문제를 해석할 것인가? 그리고 좌표기준은 어디로 하겠는가? 설명하라.

2-14 열유속 측정기들은 카프톤(kapton)(k = 0.345W/m·K) 재질로 된 얇은 열전도 필름의 표면온도차를 측정하도록 만들어진 매우 민감한 장치인 열전대차(thermopile)를 사용한다. 열전대차가 0.1℃ 또는 그 이상의 온도 차이를 측정할 수 있다고 하고 필름의 두께가 2 mm일 때, 이 열유속 측정기로 측정할 수 있는 열유속의 최소값은 얼마인가? **답: 17.3 W/m²**

2-15 원자로에서 5 cm의 원통형 우라늄 봉에서 7 × 10⁷ W/m³의 열이 발생하고 있다. 만약 봉의 길이가 1 m이면, 각 봉에서 열발생률은 얼마인가? **답: 137.4 kW**

2-16 태양열 수조에서 태양에너지 흡수는 열발생으로 모델화할 수 있다. 그리고 이 모델은 $\dot{e}_{gen} = \dot{e}_0 e^{-bx}$로 근사화할 수 있다. 여기서 $\dot{e}_0$는 단위 체적당 윗면의 열흡수율이고, b는 상수이다. 태양열 수조 위로부터의 두께가 L이고 물 표면의 면적이 A일 때, 전체 열발생률의 관계식을 구하라.

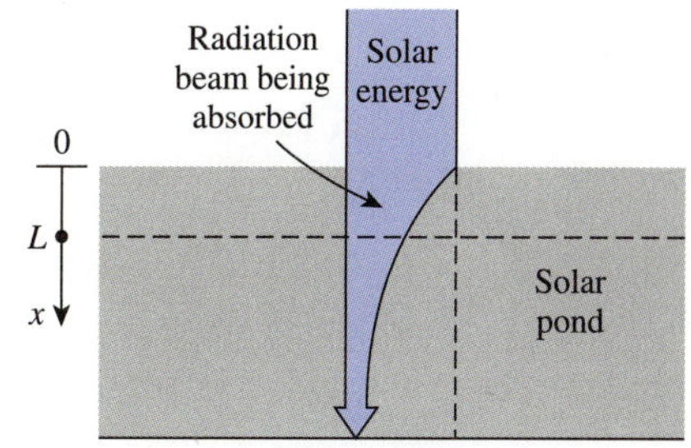

그림 P2-16

2-17 5×10^6 W/m³로 균일하게 열이 발생되는 두께가 3 cm인 스테인리스 강판을 생각하자. 판 양면은 열손실이 있다고 가정할 때, 정상 작동 중 판표면으로의 열유속을 구하라. **답: 75 kW/m²**

열전도 방정식

2-18C 평면 벽에서 열전도도와 열발생이 일정할 때, 1차원 비정상 열전도 방정식을 써 보라. 이 식에서 나타나는 변수는 무엇인가?

2-19C 긴 원통에서 열전도도와 열발생이 일정할 때, 1차원 비정상 열전도 방정식을 써 보라. 이 식에서 나타나는 변수는 무엇인가?

2-20 평면 벽에서 열전도도가 일정하고 열발생이 없을 때, 육면체 체적 요소의 에너지 균형을 이용하여 1차원 비정상 열전도 방정식을 유도하라.

2-21 긴 원통에서 일정한 열전도도와 열발생률 $\dot{e}_{gen}$가 있을 때, 원통형 쉘 체적 요소의 에너지 균형을 이용하여 1차원 비정상 열전도 방정식을 유도하라.

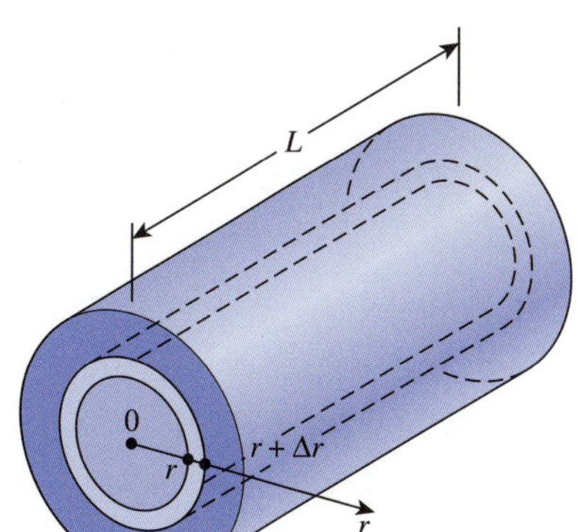

그림 P2-21

2–22 구에서 열전도도가 일정하고 열발생이 없을 때, 구형 쉘 체적 요소의 에너지 균형을 이용하여 1차원 비정상 열전도 방정식을 유도하라.

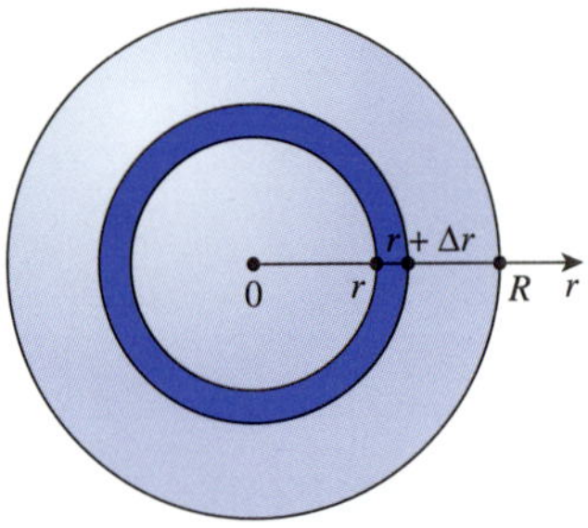

그림 P2–22

2–23 매체 내에 다음과 같이 간단한 형태의 열전도 방정식을 생각하자.

$$\frac{\partial^2 T}{\partial x^2} = \frac{1}{\alpha}\frac{\partial T}{\partial t}$$

(*a*) 위의 식은 정상, 비정상 열전달 중 어느 것인가?
(*b*) 위의 식은 1, 2, 3차원 열전달 중 어느 것인가?
(*c*) 위의 식에서 매체 내의 열발생이 있는가?
(*d*) 위의 식에서 매체 내의 열전도도는 상수인가, 변수인가?

2–24 매체 내에 다음과 같이 간단한 형태의 열전도 방정식을 생각하자.

$$\frac{\partial^2 T}{\partial x^2} + \frac{\partial^2 T}{\partial y^2} = \frac{1}{\alpha}\frac{\partial T}{\partial t}$$

(*a*) 위의 식은 정상, 비정상 열전달 중 어느 것인가?
(*b*) 위의 식은 1, 2, 3차원 열전달 중 어느 것인가?
(*c*) 위의 식에서 매체 내의 열발생이 있는가?
(*d*) 위의 식에서 매체 내의 열전도도는 상수인가, 변수인가?

2–25 매체 내에 다음과 같이 간단한 형태의 열전도 방정식을 생각하자.

$$\frac{1}{r}\frac{\partial}{\partial r}\left(kr\frac{\partial T}{\partial r}\right) + \frac{\partial}{\partial z}\left(k\frac{\partial T}{\partial z}\right) + \dot{e}_{\text{gen}} = 0$$

(*a*) 위의 식은 정상, 비정상 열전달 중 어느 것인가?
(*b*) 위의 식은 1, 2, 3차원 열전달 중 어느 것인가?
(*c*) 위의 식에서 매체 내의 열발생이 있는가?
(*d*) 위의 식에서 매체 내의 열전도도는 상수인가, 변수인가?

2–26 매체 내에 다음과 같이 간단한 형태의 열전도 방정식을 생각하자.

$$\frac{1}{r}\frac{d}{dr}\left(rk\frac{dT}{dr}\right) + \dot{e}_{\text{gen}} = 0$$

(*a*) 위의 식은 정상, 비정상 열전달 중 어느 것인가?
(*b*) 위의 식은 1, 2, 3차원 열전달 중 어느 것인가?
(*c*) 위의 식에서 매체 내의 열발생이 있는가?
(*d*) 위의 식에서 매체 내의 열전도도는 상수인가, 변수인가?

2–27 매체 내에 다음과 같이 간단한 형태의 열전도 방정식을 생각하자.

$$\frac{1}{r^2}\frac{\partial}{\partial r}\left(r^2\frac{\partial T}{\partial r}\right) = \frac{1}{\alpha}\frac{\partial T}{\partial t}$$

(*a*) 위의 식은 정상, 비정상 열전달 중 어느 것인가?
(*b*) 위의 식은 1, 2, 3차원 열전달 중 어느 것인가?
(*c*) 위의 식에서 매체 내의 열발생이 있는가?
(*d*) 위의 식에서 매체 내의 열전도도는 상수인가, 변수인가?

2–28 매체 내에 다음과 같이 간단한 형태의 열전도 방정식을 생각하자.

$$r\frac{d^2T}{dr^2} + \frac{dT}{dr} = 0$$

(*a*) 위의 식은 정상, 비정상 열전달 중 어느 것인가?
(*b*) 위의 식은 1, 2, 3차원 열전달 중 어느 것인가?
(*c*) 위의 식에서 매체 내의 열발생이 있는가?
(*d*) 위의 식에서 매체 내의 열전도도는 상수인가, 변수인가?

2–29 체적 요소의 에너지 균형을 이용하여, 일정한 열전도도와 열발생이 없고 온도가 $T(x, y, t)$일 때 직각좌표계에서 2차원 비정상 열전도 방정식을 유도하라.

2–30 환형 체적 요소의 에너지 균형을 이용하여, 일정한 열전도도와 열발생이 없고 온도가 $T(r, z)$일 때 원통좌표계를 사용하여 2차원 정상 열전도 방정식을 유도하라.

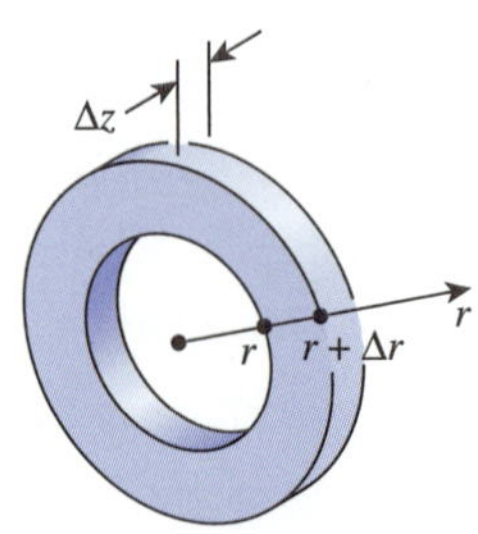

그림 P2–30

2–31 원판형 체적 요소의 에너지 균형을 이용하여, 원판의 바깥쪽은 단열되어 있으며 열전도도가 일정하고 열발생이 있는 경우,

원통의 지름이 D, 온도가 $T(z, t)$일 때 1차원 비정상 열전도 방정식을 유도하라.

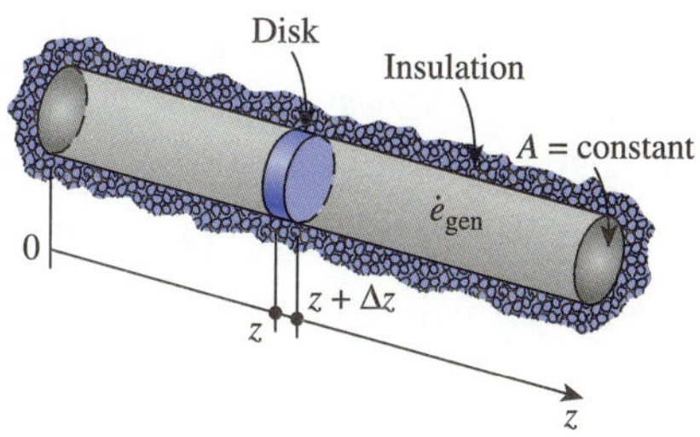

그림 P2–31

2–32 매체 내에 다음과 같이 간단한 형태의 열전도 방정식을 생각하자.

$$\frac{1}{r^2}\frac{\partial}{\partial r}\left(r^2\frac{\partial T}{\partial r}\right)+\frac{1}{r^2\sin^2\theta}\frac{\partial^2 T}{\partial \phi^2}=\frac{1}{\alpha}\frac{\partial T}{\partial t}$$

(*a*) 위의 식은 정상, 비정상 열전달 중 어느 것인가?
(*b*) 위의 식은 1, 2, 3차원 열전달 중 어느 것인가?
(*c*) 위의 식에서 매체 내의 열발생이 있는가?
(*d*) 위의 식에서 매체 내의 열전도도는 상수인가, 변수인가?

경계조건과 초기 조건: 열전도 문제의 공식화

2–33C 경계조건이란 무엇인가? 그리고 2차원 열전달 문제를 정하기 위해서 얼마나 많은 경계조건이 필요한가?

2–34C 초기 조건이란 무엇인가? 그리고 2차원 열전달 문제를 정하기 위해서 얼마나 많은 초기 조건이 필요한가?

2–35C 열대칭 경계조건이란 무엇인가? 그리고 수학적으로 어떻게 표시되는가?

2–36C 단열면에서 경계조건은 수학적으로 어떻게 표시되는가?

2–37C 매체 내의 온도형상은 단열된 표면에 수직이어야 한다고 주장하고 있다. 이것은 적절한 주장인가? 설명하라.

2–38C 열전달 해석에서 왜 우리는 복사 경계조건을 피하려 하는가?

2–39 전기 가열기로 스튜 요리를 하는 알루미늄 팬을 생각하자. 바닥의 두께 L은 0.25 cm이고, 지름 D는 18 cm이다. 전기가열장치는 요리를 하는 동안 900 W의 전력을 소비하며, 가열요소에서 발생된 열의 90%가 팬으로 전달된다. 정상 작동하는 동안에 팬의 내부 표면의 온도는 108°C로 측정되었다. 만약 열전도도가 온도에 의존하며 1차원 열전달이라 가정할 때, 정상 작동하는 동안의 열전도문제를 수학적인 식(미분방정식과 경계조건)으로 나타내라. 풀이는 하지 마라.

2–40 내부 반경 r_1, 외부 반경 r_2이고, 열전도도가 k인 구형 탱크를 생각하자. 1차원 정상 열전도에서 다음의 경우에 대하여 탱크 내부 표면의 경계조건을 나타내어라. (*a*) 온도가 50°C일 때, (*b*) 중심으로 향한 열유속 45 W/m²일 때, (*c*) T_∞에서 대류 열전달계수가 h인 매체로 대류 열전달일 때.

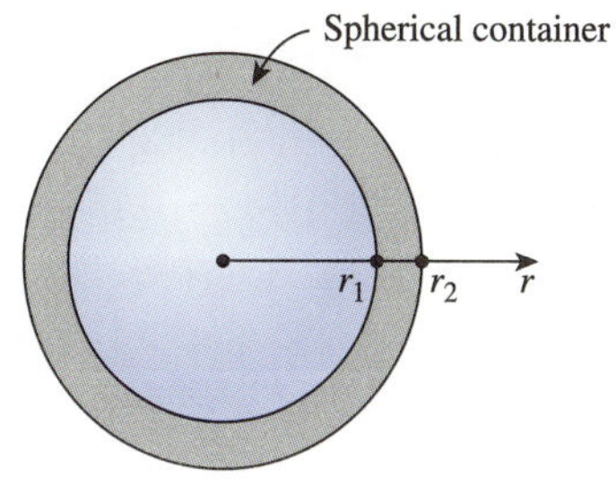

그림 P2–40

2–41 반지름이 r_o인 긴 철사에 단위 체적당 $\dot{e}_{gen}$로 일정한 열이 발생되고 있다. 그리고 이 철사의 바깥은 플라스틱으로 단열되어 있다. 열발생항으로 접촉면에서 열유속 경계조건을 표시하라.

2–42 열전도도가 k이고, 내부 반경이 r_1이며, 외부 반경이 r_2인 긴 관을 생각하자. 관 외부 표면은 매체에 T_∞에서 열전달계수가 h인 매체로 방향을 알 수 없는 대류 열전달이 있다. 여기서 관 외부 표면의 대류경계조건을 표시하라.

2–43 내부 반경이 r_1, 외부 반경 r_2이며, 열전도도가 k이며, 방사율이 ε인 구형 쉘을 생각하자. 외부 쉘 표면은 T_{surr}주위로 방향을 알 수 없는 복사가 있다. 여기서 외부 쉘 표면의 복사 경계조건을 표시하라.

2–44 용기는 두 물체가 완전히 접촉한 A와 B의 구형층으로 만들어졌다. 만약 접촉면의 반지름이 r_o일 때, 접촉면의 경계조건을 표시하라.

2–45 전기 가열기로 물을 끓이는 데 사용되는 강철 팬을 생각하자. 팬 바닥의 두께 L은 0.5 cm이고, 지름 D는 20 cm이다. 요리를 하는 동안 전기 가열장치로 1250 W의 전력이 소비되고 있다. 그리고 가열요소에서 발생된 열의 85%가 균일하게 팬으로 전달된다. 팬의 윗부분에서 물로 열전달계수가 h인 대류에 의해 열전달이 이루어지고 있다. 열전도도가 일정하고 1차원 열전달이라 가정하여, 정상 작동하는 동안의 열전도 문제를 수학적인 식(미분방정식과 경계조건)으로 나타내라. 풀이는 하지 마라.

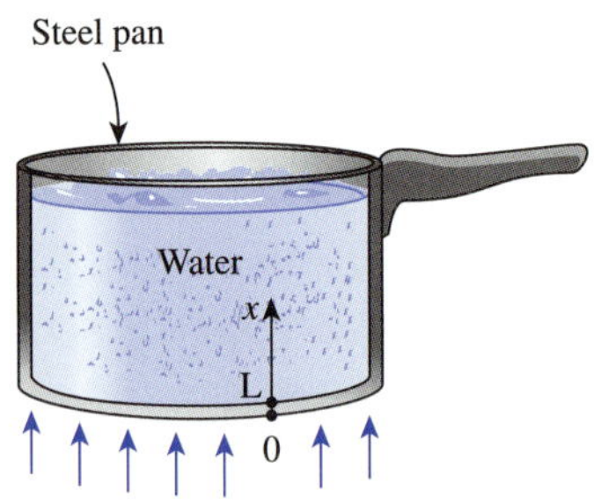

그림 P2-45

2-46 공간 가열용 2 kW인 가열기의 저항선이 있다. 이 선의 열전도도 $k = 18$ W/m·K이고, 반지름 $r_o = 0.15$ cm이며, 길이 $L = 40$ cm이다. 열전도도가 일정하고, 1차원 열전달이라 가정하여 정상 작동하는 동안의 열전도 문제를 수학적인 식(미분방정식과 경계조건)으로 나타내라. 풀이는 하지 마라.

2-47 두께 L이 0.25 m인 집의 동쪽 벽을 생각하자. 벽의 외부면에서는 대류와 복사로 열교환이 이루어진다. 집 안의 온도는 $T_{\infty 1}$로 유지되며, 집 바깥의 주위 공기온도는 $T_{\infty 2}$이다. 하늘과 땅 그리고 주위 구조물의 표면은 유효하늘온도 T_{sky}의 표면으로 모델화될 수 있다. 벽 내부면과 여러 벽면은 복사에 의해 열교환이 이루어지며, 바닥과 천장의 열교환은 무시한다. 그리고 벽 내부와 외부의 대류 열전달계수는 각각 h_1, h_2이다. 벽의 열전도도는 k이고 외부 벽의 방사율은 ε_2이다. 벽을 통한 열전달은 1차원 정상이라 가정하여, 열전도 문제를 수학적인 식(미분방정식, 경계조건 그리고 초기 조건)으로 나타내라. 풀이는 하지 마라.

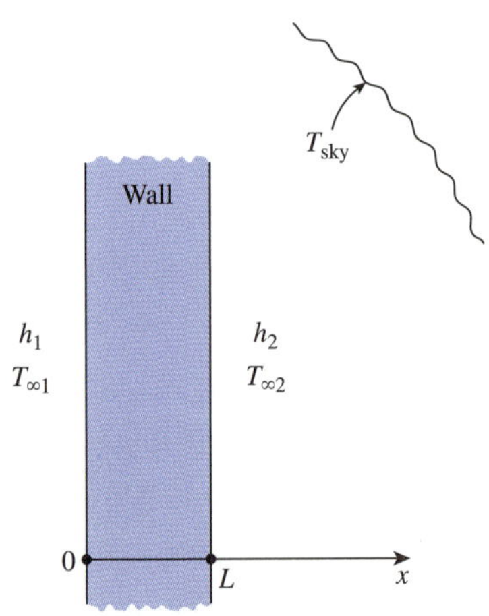

그림 P2-47

2-48 반지름 r_o인 구형 금속구가 오븐에서 온도 T_i로 가열되어 있다. 그 후 오븐에서 구를 꺼내어서 T_∞인 물속에 넣었다. 구는 평균 열전달계수 h인 물로 대류에 의해 냉각된다. 열전도도는 일정하고, 1차원 비정상 열전달이라 가정하여, 이 열전도 문제를 수학적인 식(미분방정식, 경계조건 그리고 초기 조건)으로 나타내라. 풀이는 하지 마라.

2-49 오븐에서 온도 T_i로 반지름이 r_o인 구형 금속구가 가열되고, 이를 꺼내어 그 주위 온도가 T_∞인 공기에 의해 대류와 복사로 금속구가 냉각되도록 한다. 구 표면에서의 방사율은 ε이며, 주위 온도는 T_{surr}, 평균 열전달계수는 h이다. 여기서 열전도도가 변하고, 1차원 비정상 열전달이라 가정하여, 이 열전도 문제를 수학적인 식(미분방정식, 경계조건 그리고 초기 조건)으로 나타내라. 풀이는 하지 마라.

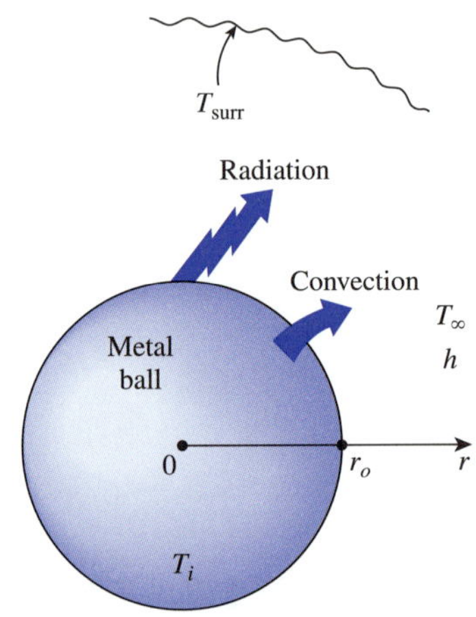

그림 P2-49

2-50 평균 온도 T_∞가 90°C인 물이 관 안으로 흐르고 있다. 관의 내부 반경과 외부 반경은 각각 $r_1 = 6$ cm, $r_2 = 6.5$ cm이다. 관의 외부는 관의 단위길이(m)당 400 W를 소비하는 얇은 전기 가열기로 둘러싸여 있다. 그리고 전기가열기의 외부는 두껍게 단열되어 있기 때문에 발생된 열은 완전히 관으로 전달된다. 관 내부에서 물로의 열전달은 열전달계수가 $h = 85$ W/m²·K인 대류에 의해 이루어진다. 만약 열전도도가 일정하고, 1차원 열전달이라 가정하여, 정상 작동하는 동안에 관의 열전도를 수학적인 식(미분방정식과 경계조건)으로 나타내라. 풀이는 하지 마라.

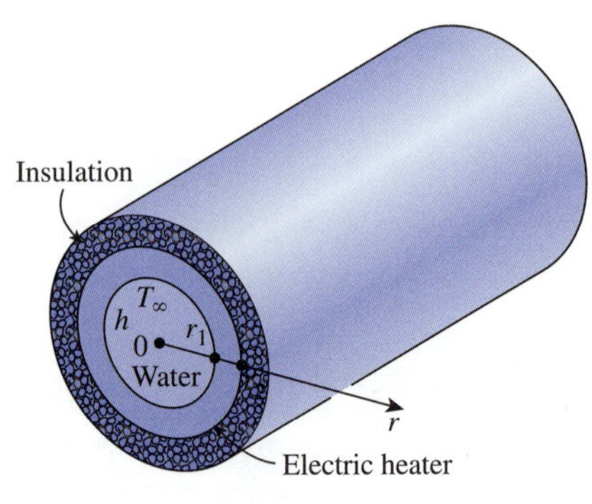

그림 P2-50

1차원 정상 열전도 문제 해

2–51C 한쪽 벽은 완전히 단열되어 있고, 다른 쪽 벽에서 대류와 복사가 일어나며, 열발생이 없는 1차원 열전도가 일어나는 대형 평면 벽을 생각하자. 이 경우 정상 상태에서 벽의 온도는 균일(모든 위치에 같음)해야 한다고 주장하고 있다. 당신은 이러한 주장에 동의하는가? 그 이유는?

2–52C 열전도도가 일정하고 열발생이 없는 평면 벽에서 1차원 정상 열전도가 일어나는 동안 온도는 선형적으로 변한다. 벽 표면으로부터 복사로 인한 열손실이 있을 때 언제까지 이러한 경우가 계속될까?

2–53C 봉의 양쪽 끝은 온도는 일정하지만 다른 온도이고 봉의 측면은 완전 단열되었다. 그리고 열발생은 없다. 이 경우 정상 열전도가 일어나는 동안 봉의 축 방향의 온도는 선형적으로 변화한다고 주장한다. 당신은 이러한 주장에 동의하는가? 그 이유는?

2–54C 봉의 측면은 일정한 온도가 유지되고, 양쪽 끝은 완전히 단열된 고체의 원형 봉이 있다. 이 봉의 열전도도는 상수이며 열발생은 없다. 정상 열전도가 일어나는 동안 봉의 반지름방향으로 온도 변화는 없다고 주장한다. 당신은 이러한 주장에 동의하는가? 그 이유는?

2–55 전기로 가열하는 일괄 노는 일반적으로 열처리 산업에 사용된다. 두께 20 mm, 열전도도 25 W/m·K인 강판으로 만든 일괄 노 전면을 생각하자. 노는 주위 공기의 온도가 20°C인 공간에 있고 평균 대류 열전달계수는 10 W/m^2·K이다. 노 전면 안쪽 표면은 열유속이 균일하게 5 kW/m^{2}이고, 바깥 표면은 방사율이 0.30이며, 노 전면 내부 표면의 온도를 구하라. **답: 598 K**

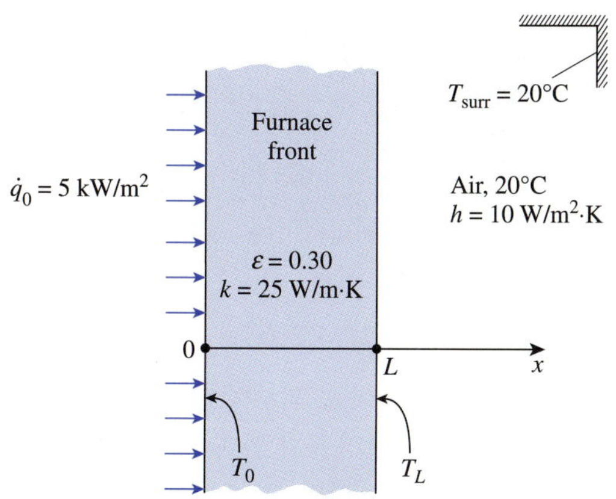

그림 P2–55

2–56 두께 L = 0.3 m, 열전도도 k = 2.5 W/m·K, 표면적 A = 12 m^{2}인 대형 평면 벽이 있다. x = 0인 왼쪽 벽면은 정미 열유속 $\dot{q}_0$ = 700 W/m^{2}이고 표면온도 T_1는 80°C로 측정이 되었다. 열전도도가 일정하고 벽에서 열발생이 없다고 가정하여, (*a*) 벽에서 1차원 정상 열전도에 대한 미분방정식과 경계조건을 표시하라. (*b*) 벽에서의 미분방정식을 풀어서 온도 변화 관계식을 구하라. (*c*) x = L인 오른쪽 벽면의 온도를 계산하라. **답: (*c*) –4°C**

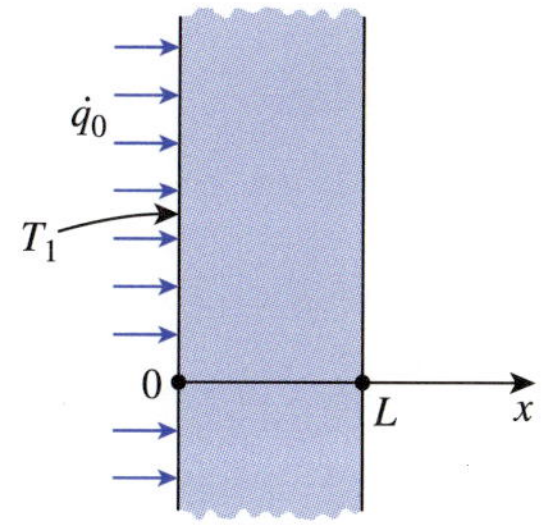

그림 P2–56

2–57 열유속이 1050 W/m^{2}이고 x = 0에서 왼쪽 표면온도가 90°C일 때 문제 2–56을 반복하라.

2–58 두께 L = 0.4 m, 열전도도 k = 1.8 W/m·K, 표면적 A = 30 m^{2}인 대형 평면 벽이 있다. 벽 오른쪽 온도 T_∞가 25°C이고, 열전달계수 h가 24 W/m^2·K인 주위 공기로 대류에 의해 열손실이 있으며, 벽 왼쪽은 온도 T_1이 90°C로 일정하게 유지되어 있다. 열전도도가 일정하고 벽에서 열발생이 없다고 가정하여, (*a*) 벽에서 1차원 정상 열전도에 대한 미분방정식과 경계조건을 표시하라. (*b*) 벽에서의 미분방정식을 풀어서 온도 변화 관계식을 구하라. (*c*) 벽을 통과하는 열전달률을 계산하라. **답: (*c*) 7389 W**

2–59 지름이 0.05 m이고 길이가 0.15 m인 고체의 원형 봉을 생각하자. 봉의 위쪽과 바닥의 온도는 각각 20°C와 95°C로 일정하며, 벽의 측면은 완전히 단열되어 있다. 다음 재질의 봉을 통한 열전달률을 구하라. (*a*) 구리, k = 380 W/m·°C, (*b*) 강철, k = 18 W/m·°C, (*c*) 화강암, k = 1.2 W/m·°C

2–60 (EES) 문제 2–59를 EES 또는 다른 소프트웨어를 이용하여 재검토해 보자. 열전도도 1∼400 W/m·°C 범위에서 봉의 열전도도의 함수로서 열전달률을 구하고 결과를 토론하라.

2–61 두께 L이 0.6 cm, 면적 A가 160 cm^2, 그리고 열전도도 k가 60 W/m·K인 800–W 다리미의 바닥을 생각하자. 이 판의 내부 표면은 내부 저항가열선에 의해 일정한 열유속에 놓여 있다. 정상 작동하는 조건에 도달했을 때, 평판의 외부 표면의 온도는 112°C로 측정되었다. 다리미의 위쪽을 통과하는 열손실은 무시하고 (*a*) 평판을 통한 1차원 정상 열전도의 미분방정식과 경계조건을 표시하라. (*b*) 미분방정식을 풀어서 바닥판의 온도 변화 관계식을 구하라. (*c*) 내부 표면의 온도를 계산하라. **답: (*c*) 117°C**

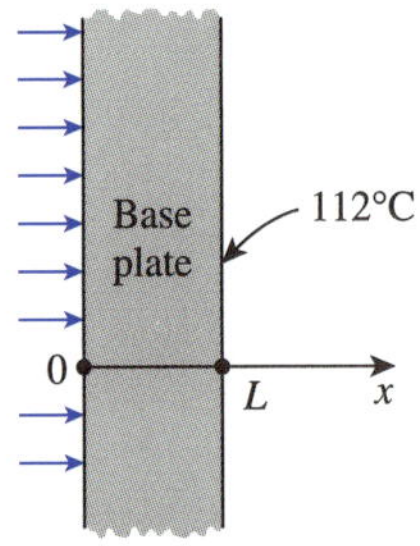

그림 P2-61

2-62 문제 2-61을 1200-W의 다리미에 대해서 다시 풀어라.

2-63 문제 2-61을 다시 생각해보자. 바닥판에서 구해진 온도 변화 관계식을 이용하여, 거리 x의 범위가 0에서 L일 때 온도를 구하고 결과를 토론하라. EES 또는 다른 소프트웨어를 이용하라.

2-64 길이 L, 내부 반경 r_1, 외부 반경 r_2, 그리고 열전도도가 k인 냉각수가 흐르는 관을 생각해보자. 온도 T_f인 물이 관 속을 흐르며, 관 내부 표면의 열전달계수는 h이다. 외부 표면이 잘 단열된 관이면, (*a*) 관의 1차원 정상 열전도의 미분방정식과 경계조건을 표시하라. (*b*) 미분방정식을 풀어서 관의 온도 변화 관계식을 구하라.

2-65 제조 플랜트의 관은 질량 유량이 0.3 kg/s인 과열증기를 이송한다. 관은 길이 10 m, 내부 직경 5 cm, 그리고 두께는 6 mm이다. 관의 열전도도는 17 W/m·K이고, 관 내부 표면온도는 120°C로 균일하다. 관 입구와 출구의 온도 강하는 7°C이고, 수증기의 정압비열은 2190 J/kg·°C이다. 제조 플랜트의 주위 공기 온도가 25°C일 때, 관 외부면과 주위 공기와의 열전달계수를 구하라.

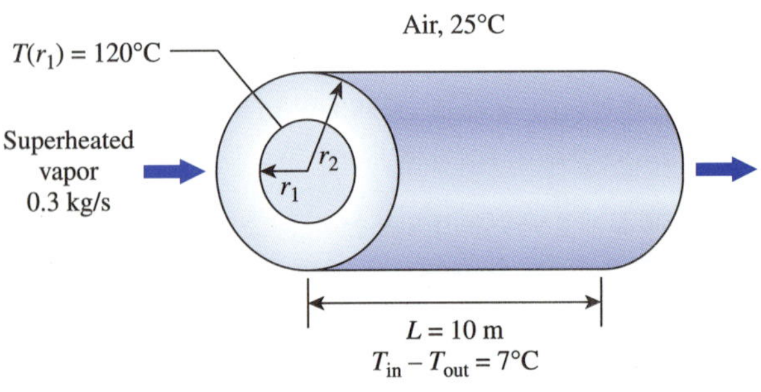

그림 P2-65

2-66 해저에서 석유와 천연가스를 생산할 때 액화 탄화수소는 저장고에서 70°C 상태로 나가고, 5°C 해저에서 흐른다. 저장고와 해저 주위 온도차 때문에, 열전달 지식은 가스 수화물과 밀랍 침전물 막힘을 방지하는 데는 한계에 이른다. 내부 직경 0.5 m이고 벽 두께 8 mm인 수송관이 평균 온도 70°C의 액화탄화수소를 이송하기 위해 사용된다고 생각하자. 그리고 관 내부 표면의 열전달계수는 250 W/m²·K이다. 해저 수온은 5°C이고, 관 외부 표면의 평균 열전달계수는 150 W/m²·K로 추측된다. 수송관이 열전도도가 60 W/m·K인 재질로 만들어졌다면, 열전도 방정식을 이용하여 (*a*) 수송관 벽의 온도 변화를 구하라. (*b*) 수송관 내부 표면의 온도를 구하라. (*c*) 수송관에서 액화탄화수소의 열손실률을 수학식으로 구하라. (*d*) 수송관의 외부 표면에서 열유속을 구하라.

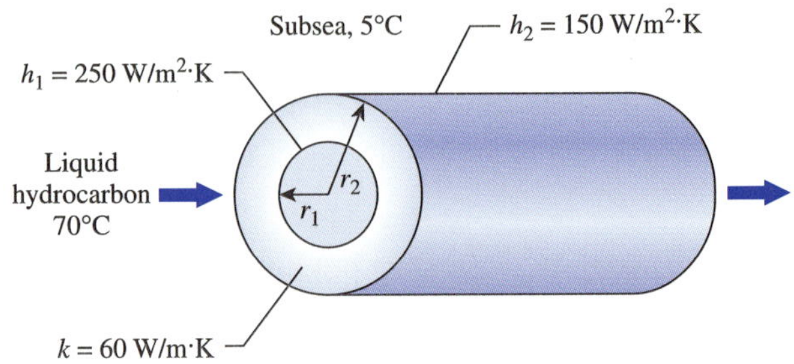

그림 P2-66

2-67 길이 L이 9 m이고 내부 반경 r_1이 5 cm, 외부 반경 r_2가 6 cm, 그리고 열전도도 k = 12.5 W/m·°C인 증기관을 생각하자. 관 안으로 흐르는 증기의 평균 온도는 150°C이고, 관 내부의 평균 대류 열전달계수 h = 70 W/m²·°C이다. 만약 관 외부 표면의 평균 온도 T_2가 80°C일 때 (*a*) 관을 통한 1차원 정상 열전도의 미분방정식과 경계조건을 표시하라. (*b*) 미분방정식을 풀어서 관의 온도 변화 관계식을 구하라. (*c*) 관을 통한 증기의 열손실률을 계산하라. **답: (*c*) 13,180 W**

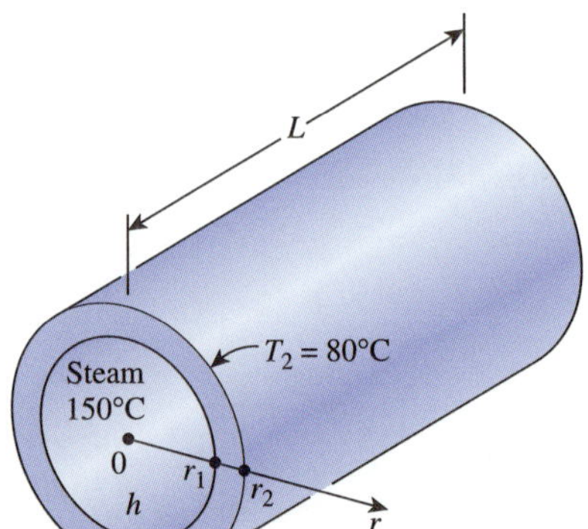

그림 P2-67

2-68 내부 반경 r_1 = 2 m이고, 외부 반경 r_2 = 2.1 m이며, 열전도도 k = 30 W/m·K인 구형의 용기 안에 0°C의 얼음물이 가득 차 있다. 용기는 온도 T_∞가 25°C이고 열전달계수 h = 18 W/m²·K인 주위의 공기로부터 대류에 의해 열을 얻고 있다. 용기 내부 표면의 온도를 0°C로 가정하여 (*a*) 용기를 통과하는 1차원 정상 열전도의 미분방정식과 경계조건을 표시하라. (*b*) 미분방정식을 풀어서

용기의 온도 변화 관계식을 구하라. (*c*) 얼음물이 얻는 열전달률을 계산하라.

2–69 식품 가공설비에서 내부 반경 r_1 = 40 cm, 외부 반경 r_2 = 41 cm이고, 열전도도 k = 1.5 W/m·°C인 구형 용기에 항상 100°C의 뜨거운 물이 저장되어 있다. 물의 온도를 유지하기 위해서 용기는 800 W의 전열기에 싸여 있으며 그 외부는 단열되어 있다. 용기 내부 표면의 온도는 항상 거의 120°C를 유지한다. 전열기로부터 발생된 열의 10%가 단열장치로의 열손실이 있다고 가정하여 (*a*) 용기에서의 1차원 정상 열전도의 미분방정식과 경계조건들을 표시하라. (*b*) 미분방정식을 풀어서 용기 내에서의 온도 변화 관계식을 구하라. (*c*) 용기 외부 표면에서의 온도를 구하라. 또한 20°C인 냉수를 넣으면, 이 용기는 얼마만큼의 100°C의 물을 계속적으로 공급할 수 있는가?

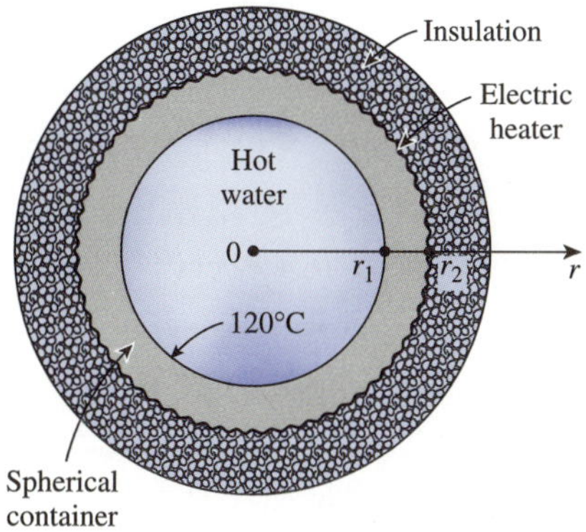

그림 P2–69

2–70 문제 2–69를 다시 생각해보자. 구해진 구형용기의 온도 변화 관계식을 이용하여, 반지름 r의 함수로서 반지름 범위가 $r = r_1$에서 $r = r_2$일 때, 온도를 구하고 결과를 토론하라. EES 또는 다른 소프트웨어를 이용하라.

고체 내부의 열발생

2–71C 같은 환경에서 반지름이 서로 같고 일정한 열발생을 하는 같은 재질의 원통과 구를 생각하자. 둘 중에서 어느 형상이 중심의 온도가 더 높을까? 그 이유는?

2–72C 열발생이란 무엇인가? 예를 들어 설명하라.

2–73C 다리미에서 내부 열저항의 결과로 다리미의 바닥온도가 상승한다. 다리미 내부의 열발생률과 다리미의 열손실은 언제 같아지는가?

2–74C 주위 온도가 일정한 상태에서 균일하게 가열되는 평판을 생각하자. 평판의 왼쪽 절반부의 열발생이 평판의 오른쪽으로 이동할 수 있는가? 설명하라.

2–75C 고체 내에서의 열발생은 에너지는 생성되거나 소멸될 수 없다는 열역학 제1법칙을 위배하는가? 설명하라.

2–76 열이 2×10^5 W/m³율로 균일하게 발생하는 두께 5 cm인 대형 황동판(k = 111 W/m·K)을 생각하자. 판의 한 면은 단열되어있으며 다른 면은 열전달계수 44 W/m²·K가 25°C인 주위에 노출되어 있다. 최고온도와 최저온도가 발생하는 지점을 설명하고, 온도를 구하라.

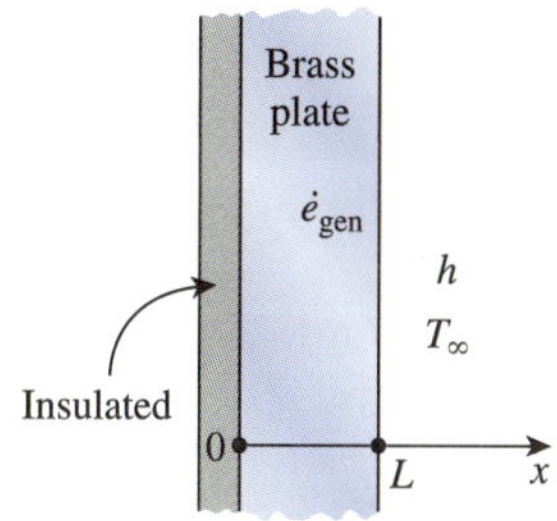

그림 P2–76

2–77 문제 2–76을 다시 생각해보자. ESS 또는 다른 소프트웨어를 사용해서 판에서 열전달계수가 최고온도와 최저온도에 영향을 미치는지 조사하라. 열전달계수가 20 W/m²·K부터 100 W/m²·K로 변한다고 하자. 열전달계수의 함수로서 최고온도와 최저온도를 표시하고 그 결과를 토론하라.

2–78 지름이 1 cm인 핵연료봉은 지름이 2 cm인 동심관에 싸여 있고, 연료봉(k = 30 W/m·K)과 동심관 사이의 환형영역을 통하여 냉각수가 흐른다. 열은 봉에서 50 MW/m³의 비율로 균일하게 발생한다. 동심관 표면의 열전달계수는 2000 W/m²·K이다. 동심관 표면온도가 40°C라고 할 때, 냉각수의 평균 온도를 계산하라. 연료봉의 표면온도를 계산할 때 주어진 정보를 사용할 수 있는지 설명하라.

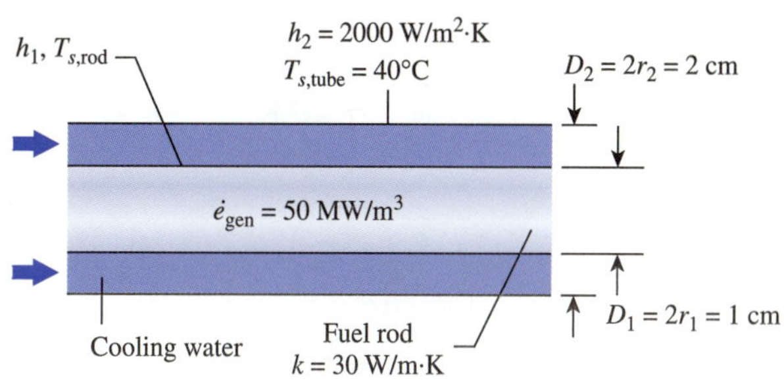

그림 P2–78

2–79 지름이 2.5 m인 통신 위성이 지구 주위를 선회하고 있다. 우주에 있는 위성 외부 표면의 방사율은 0.75이고, 태양복사에너

지가 1000 W/m²의 비율로 위성에 입사될 때 태양열 흡수율은 0.10이다. 열전도도가 5 W/m·K, 중심점의 온도가 0°C 이면, 통신위성의 열발생률과 표면온도를 구하라.

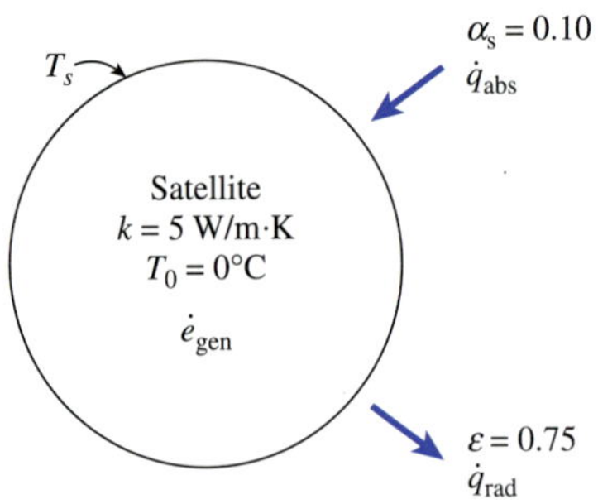

그림 P2–79

2–80 열전도도 k = 20 W/m·K이고, 지름 D = 4 mm, 길이 L = 0.9 m인 2 kW인 저항 전열기선이 물을 끓이는 데 사용된다. 저항선의 외부 표면의 온도 T_s = 230°C일 때, 이 선의 중심 온도를 구하라.

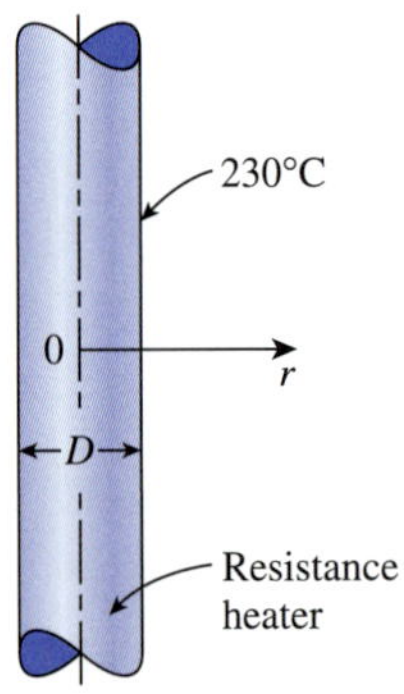

그림 P2–80

2–81 반지름 r_o = 4 cm이고 열전도도 k = 25 W/m·K인 긴 고체 원통을 생각하자. 원통에서는 $\dot{e}_{gen}$ = 35 W/cm³의 균일한 율로 열이 발생된다. 원통의 측면 온도 T_s = 80°C로 일정하다. 원통에서의 온도 변화는 아래 식과 같다.

$$T(r) = \frac{\dot{e}_{gen} r_o^2}{k}\left[1 - \left(\frac{r}{r_o}\right)^2\right] + T_s$$

이와 같은 관계를 이용하여 다음을 구하라. (*a*) 열전도가 정상인지 비정상인지, (*b*) 1, 2 또는 3차원인지, (*c*) $r = r_o$인 원통 외부 표면에서의 열유속.

2–82 [EES] 2–81을 다시 생각해보자. 구해진 원통의 온도 변화 관계식을 이용하여 반지름 r의 함수로서 r의 범위가 r = 0에서 $r = r_o$일 때 온도를 구하고 결과를 토론하라. EES 또는 다른 소프트웨어를 이용하라.

2–83 두께가 L이고 열전도도가 k인 대형 평판에서 열은 $\dot{e}_{gen}$의 비율로 균일하게 발생한다. 평판의 한 면은 단열되어 있고, 다른 면은 열전달계수가 h인 주위 온도 T_∞에 노출되어 있다. (*a*) 평판을 통한 1차원 정상 열전도에 대한 미분방정식과 경계조건을 표시하라. (*b*) 평판의 온도 변화를 구하라. (*c*) 주어진 매개변수로 평판에서의 양면 온도 및 최고 온도상승 관계를 구하라.

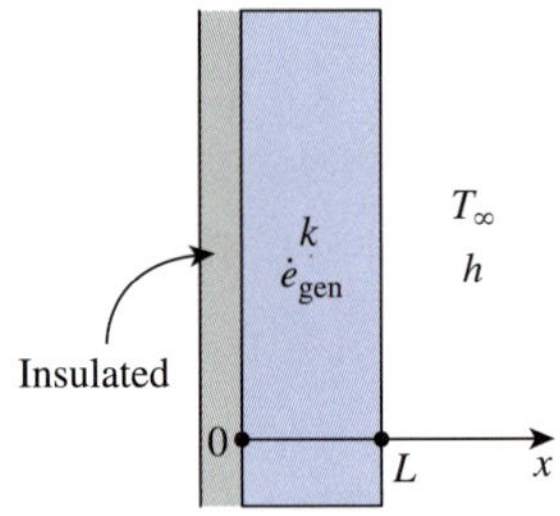

그림 P2–83

2–84 반지름 r_o = 0.6 cm이고 열전도도 k = 15.2 W/m²·K인 긴 저항선이 대기압에서 전류를 통과시켜 물을 끓이는 데 사용된다. 저항에 의한 가열로 균일하게 16.4 W/cm³의 열이 발생되고 있다. 발생된 열은 100°C인 물로 평균 열전달계수 h = 3200 W/m²·K인 대류에 의해 전달된다. 1차원 정상 열전달이라 가정하여 (*a*) 선을 통한 열전도에 대한 미분방정식과 경계조건들을 표시하라. (*b*) 미분방정식을 풀어서 선의 온도 변화 관계식을 구하라. (*c*) 선의 중심선의 온도를 구하라. **답: (c) 125°C**

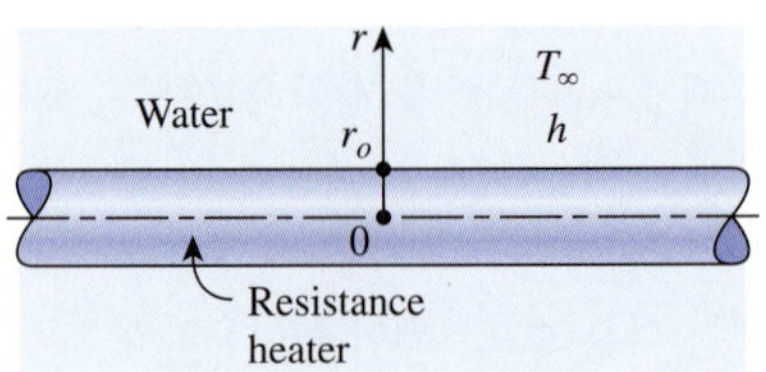

그림 P2–84

2–85 [EES] 문제 2–84를 다시 생각해보자. 구해진 저항선의 온도 변화 관계식을 이용하여, 열발생률 $\dot{e}_{gen}$의 함수로 그 범위가 10 W/cm³에서 100 W/cm³일 때 저항선 중심의 온도를 구하고 그 결과를 토론하라. EES 또는 다른 소프트웨어를 사용하라.

2–86 원자로에서 외부 표면이 물로 냉각되는 지름 1 cm인 원통형 우라늄 봉들은 연료 역할을 한다. 7 × 10⁷ W/m³의 비율로 봉(k = 29.5 W/m·K)에서 균일하게 열이 발생된다. 봉의 외부 표면 온도가 220°C라 할 때 봉의 중심온도를 구하라.

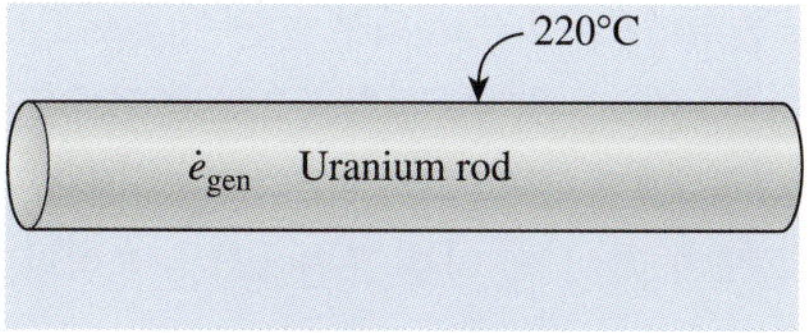

그림 P2–86

2–87 5×10^5 W/m^{3}의 비율로 균일하게 열을 발생하고 있는 두께 3 cm의 스테인리스강 평판(k = 15.1 W/m·K)을 생각하자. 평판의 양면은 온도가 30°C이고, 열전달계수가 60 W/m^2·K인 주위에 노출되어 있다. 평판에서 최고 그리고 최소온도는 어디에 발생하는지를 설명하라. 그리고 그 값은 얼마인지 구하라.

2–88 지름 0.2 cm인 스테인리스강(k = 15.1 W/m·K)으로 만들어진 길이 6 m인 3 kW의 전기 저항선이 있다. 이 저항선은 온도가 30°C이고, 외부 표면의 열전달계수가 175 W/m^2·K인 주위에서 작동된다. 다음의 경우에 저항선의 표면온도를 계산하라. (*a*) 적절한 관계식을 이용하라. (*b*) 적절한 미분방정식을 구하여 풀어라. **답: (*a*) 475°C (*b*) 475°C**

2–89 니켈강(k = 10 W/m·°C)으로 만들어진 지름 0.2 cm인 전기 저항선에 단위길이당 10 kW의 비율로 열이 균일하게 발생된다. 이 저항선의 중심선과 표면의 온도차를 구하라.

2–90 문제 2–89를 망간선(k = 7.8 W/m·°C)을 사용하여 다시 풀어라.

2–91 $\dot{e}_{gen} = 5 \times 10^7$ W/m^{3}의 일정한 비율로 열이 발생하고 있는 반지름 r_o = 0.04 m인 구형의 방사성 물질을 생각하자. 발생된 열은 주위로 계속 소실된다. 구의 외부 표면은 110°C의 균일한 온도로 유지되고 구의 열전도도 k = 15 W/m·K이다. 1차원 정상 열전달이라 가정하여, (*a*) 구를 통한 열전도에 대한 미분방정식과 경계조건들을 표시하라. (*b*) 미분방정식을 풀어서 구의 온도 변화 관계식을 구하라. (*c*) 구의 중심온도를 구하라.

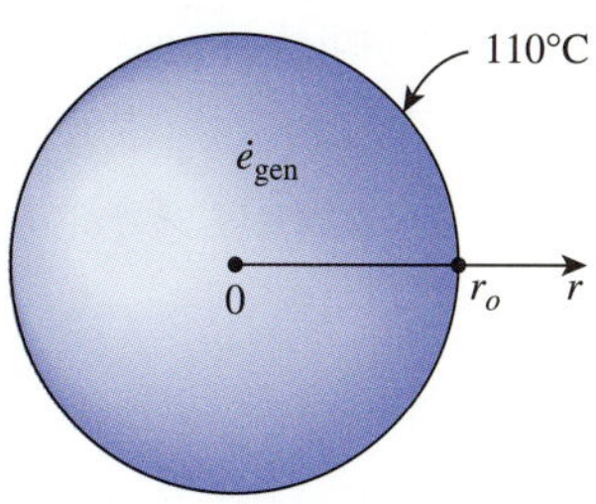

그림 P2–91

2–92 문제 2–91을 다시 생각해보자. 구해진 구의 온도 변화 관계식을 이용하여 반지름 r의 함수로서 범위가 r = 0에서 $r = r_o$일 때 온도를 구하고, 또한 열전달계수의 함수로서 그 범위가 10 W/m·K에서 400 W/m·K일 때 구의 중심 온도를 구하고 그 결과를 토론하라. EES 또는 다른 소프트웨어를 사용하라.

2–93 방안의 공기를 가열하는 데 사용되는 반지름 r_o = 5 mm인 긴 저항선이 있다. 저항선에서는 저항에 의한 가열로 $\dot{e}_{gen} = 5 \times 10^7$ W/m^{3}의 비율로 균일하게 열이 발생된다. 만약 저항선의 외부 표면의 온도가 180°C인 경우, 정상 작동 조건에 도달한 후에 r = 3.5 mm에서 온도를 구하라. 저항선의 열전도도 k = 6 W/m·K이다. **답: 207°C**

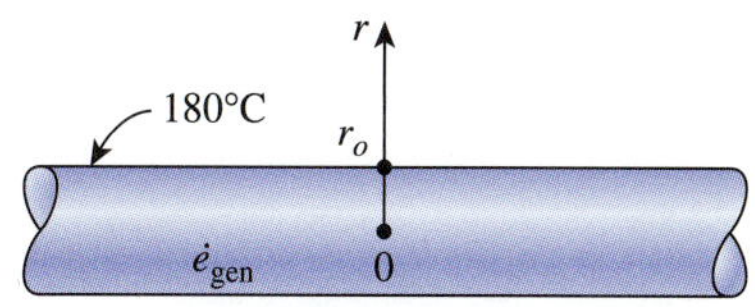

그림 P2–93

2–94 두께 L = 0.05 m인 대형 평면 벽이 있다. x = 0인 벽면은 단열되어 있고, $x = L$에서의 온도는 30°C이다. 벽의 열전도도 k = 30 W/m·K이고, $\dot{e}_{gen} = \dot{e}_0 e^{-0.5x/L}$ W/m^{3}의 비율로 벽에서 열이 발생된다. 여기서$\dot{e}_0 = 8 \times 10^6$ W/m^{3}이다. 1차원 정상 열전달이라 가정하여, (*a*) 벽을 통한 열전도에 대한 미분방정식과 경계조건들을 표시하라. (*b*) 미분방정식을 풀어서 벽의 온도 변화 관계식을 구하라. (*c*) 단열된 벽면에서의 온도를 구하라. **답: (*c*) 314°C**

2–95 문제 2–94를 다시 생각해보자. 구해진 벽의 열발생 관계식을 이용하여 거리 x의 함수로서 그 범위가 x = 0에서 $x = L$일 때 열발생을 구하고 결과를 토론하라. EES 또는 다른 소프트웨어를 사용하라.

가변 열전도도, $k(T)$

2–96C 열전도도가 상수일 때 1차원 열전도가 일어나는 평면 벽의 온도는 선형적으로 변한다. 열전도도가 온도에 따라 선형적으로 변화할 때도 이것이 가능한가?

2–97C 일반적으로 매체에서의 열전도도는 일정한가 아니면 온도에 따라 변하는가?

2–98C 열전도도가 선형적으로 변화하는 평면 벽에서의 1차원 정상 열전도를 생각하자. 평균 온도에서 구한 상수의 열전도도를 이용하여 열전달 계산을 했을 때 오차는 (*a*) 없다, (*b*) 적다, (*c*) 분명하게 있다.

2–99C 일정한 열전도도와 열발생이 없는 평면 벽, 긴 원통, 그리고 구의 1차원 정상 열전도를 생각하자. 어느 매체에서 온도가

선형적으로 변화하겠는가? 설명하라.

2–100C 매체의 열전도도가 온도에 따라 선형적으로 변화할 때, 평균 열전도도는 항상 평균 온도에서의 열전도도와 동일하겠는가?

2–101 두께가 925 μm인 실리콘 웨이퍼는 하부표면에서 균일한 열유속으로 가열된다. 실리콘 웨이퍼의 열전도도는 $k(T) = (a + bT + cT^2)$ W/m·K식으로 온도에 따라 변하고, 여기서 $a = 437$, $b = -1.29$, $c = 0.00111$이다. 웨이퍼의 휨을 방지하기 위하여 웨이퍼 양면의 온도차는 2°C를 초과하지 않는다. 실리콘 웨이퍼 위쪽 표면온도가 600 K로 균일하다면 허용 가능한 최대 열유속을 구하라. **답: 1.35 × 10⁵ W/m²**

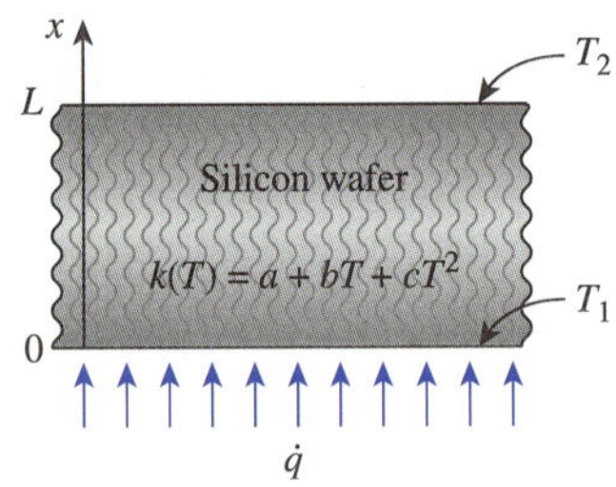

그림 P2–101

2–102 주어진 온도범위에서 열전도도가 $k(T) = k_0(1 + \beta T^2)$로 변화하는 두께가 L인 평면 벽이 있다. 여기서 k_0, β는 주어진 상수이다. $x = 0$인 벽면의 온도는 T_1으로 일정하게 유지되고, $x = L$인 벽면의 온도는 T_2이다. 1차원 정상 열전달이라 가정하여 벽을 통한 열전달률에 대한 관계식을 구하라.

2–103 주어진 온도범위에서 열전도도가 $k(T) = k_0(1 + \beta T)$로 변하는 길이가 L, 내부 반경이 r_1, 그리고 외부 반경이 r_2인 원통형 쉘을 생각하자. 여기서 k_0, β는 주어진 상수이다. 쉘의 내부 표면의 온도는 T_1이고, 외부 표면의 온도는 T_2이다. 1차원 정상 열전달이라 가정하여, (*a*) 벽을 통한 열전달률 (*b*) 쉘에서 온도분포 $T(r)$의 관계식을 구하라.

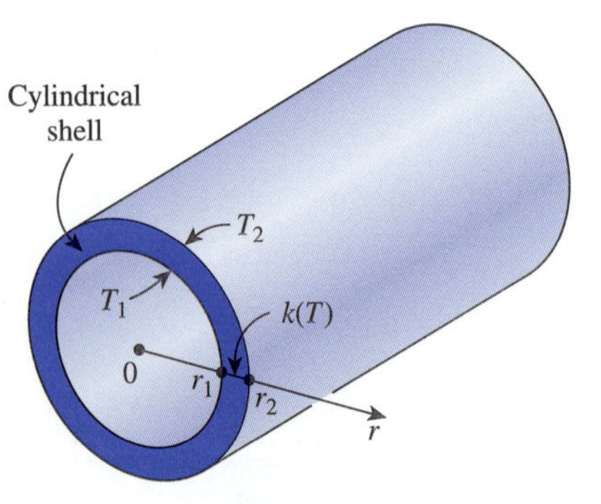

그림 P2–103

2–104 내부 반경이 r_1 그리고 외부 반경이 r_2이고 주어진 온도 범위에서 $k(T) = k_0(1 + \beta T)$로 선형적으로 열전도도가 변하는 구형 쉘을 생각하자. 여기서 k_0 그리고 β는 주어진 상수이다. 쉘의 내부 표면의 온도가 T_1이고, 외부 표면에서는 T_2이다. 1차원 정상 열전달이라 가정하여, (*a*) 쉘을 통한 열전달률 (*b*) 쉘에서 온도분포 $T(r)$의 관계식을 구하라.

2–105 높이 1.5 m, 폭이 0.6 m이고 두께가 0.15 m인 평판을 생각하자. 평판의 한쪽 면의 온도는 500 K이고 다른 한쪽 면은 350 K이다. 평판에서의 열전도도는 이 온도범위 내에서 $k(T) = k_0(1 + \beta T)$로 선형적으로 변한다고 가정한다. 여기서 $k_0 = 18$ W/m·K 그리고 $\beta = 8.7 \times 10^{-4}$ K^{-1}이다. 가장자리 효과를 무시하고 1차원 정상 열전달이라 가정하여 평판을 통한 열전도도를 구하라. **답: 22.2 kW**

2–106C EES 문제 2–105를 다시 생각해보자. 온도 범위가 400 K에서 700 K 내의 평판 고온부의 온도함수로 평판을 통한 열전도도를 구하고 결과를 토론하라.

특별 관심 주제: 미분방정식의 복습

2–107C 미분방정식을 유도할 때 왜 우리는 종종 단순화한 가정들을 사용하는가?

2–108C 변수란 무엇인가? 문제에서 종속변수와 독립변수는 어떻게 구분하는가?

2–109C 하나의 미분방정식에서 하나 이상의 독립변수가 있을 수 있는가? 또한 하나 이상의 종속변수가 포함될 수 있는가? 예를 들어 설명하라.

2–110C 도함수의 해석은 기하학적으로 무엇인가? 그리고 편도함수와 상도함수의 차이는 무엇인가?

2–111C 도함수에서 차수와 계수의 차이점은 무엇인가?

2–112C 함수 $f(x, y)$와 그 편미분 $\partial f/\partial x$를 생각하자. 여기서 편미분과 전미분 df/dx가 어떤 조건에서 서로 같아지는가?

2–113C 함수 $f(x)$와 도함수 df/dx를 생각하자. 이 도함수는 x의 함수이어야 하는가?

2–114C 미분과 적분은 어떤 관계가 있는가?

2–115C 대수방정식과 미분방정식의 차이는 무엇인가?

2–116C 상미분방정식과 편미분방정식의 차이는 무엇인가?

2–117C 미분방정식의 계수는 어떻게 결정되는가?

2–118C 비선형미분방정식으로부터 선형미분방정식은 어떻게

구분할 수 있는가?

2-119C 선형 동차 미분방정식이란? 예를 들어 왜 선형이고 동차인지 설명하라.

2-120C 상계수의 미분방정식과 가변계수 미분방정식은 어떻게 다른가? 각 형태의 예를 들어 설명하라.

2-121C 직접 적분으로 해를 구할 수 있는 미분방정식은 어떤 종류인가?

2-122C 3계 선형 그리고 동차 미분방정식을 생각하자. 이 방정식의 일반해에 얼마나 많은 임의의 상수가 있을 수 있는가?

복습문제

2-123 제조 공장에서 직경 25 mm의 강철 볼 베어링(c = 500 J/kg·K, k = 60 W/m·K, ρ = 7900 kg/m^3)이 담금질 경화 처리된다. 규정된 온도로 가열한 후에 강철 볼 베어링은 담금질된다. 순간적인 담금질 과정 동안에 볼 베어링 표면의 온도 감소율이 50 K/s일 때 열손실률을 구하라. **답: 1.62 kW**

2-124 온도 변화가 $T(r) = a - br^2$로 표시되고 정상 조건에서 작동하는 직경이 5 cm인 구형 반응 장치를 생각하자. 여기서 a = 850°C, $b = 5 \times 10^5$ K/m^{2}이다. 반응 장치의 재료는 c = 200 J/kg·°C, k = 40 W/m·K, ρ = 9000 kg/m^{3}이다. 반응 장치의 열발생이 갑자기 9 MW/m^{3}로 설정되었을 때 반응 장치의 시간 온도 변화율을 계산하라. 정상 작동하에서 반응 장치의 열발생은 갑자기 9 MW/m^{3}로 증가 또는 감소하는가?

2-125 초기온도가 T_i인 질량이 m이고 비열이 c인 뜨겁고 작은 금속구를 생각하자. 대류 열전달계수가 h이고, 주위 온도가 T_∞인 상태에서 이 물체를 대류에 의해 냉각시킨다. 냉각 중에 금속구의 온도는 시간에 따라 일정하게 변한다. 금속구 전체의 에너지 균형을 이용하여 이 구에서 시간에 따라 변하는 온도 $T(t)$의 미분방정식을 유도하라. 열전도도는 일정하고 물체 내에서의 열발생은 없다고 가정한다. 풀이는 하지 마라.

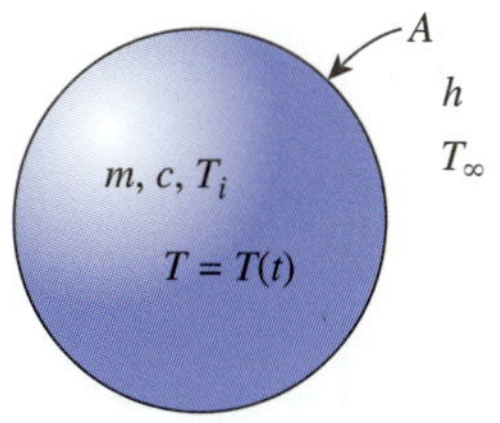

그림 P2-125

2-126 초기온도 T_i이며 x방향으로 길이가 a이고 y방향으로 폭 b인 직사각형의 긴 막대를 생각하자. x = 0, y = 0에서 막대 표면은 단열되어 있고, 다른 두 표면에서는 매체의 온도 T_∞와 열전달계수가 h인 주위 매체로 대류에 의해 열이 손실된다. 열전도도가 일정하고 열발생이 없는 2차원 정상 열전달이라 가정하고 이 열전달 문제를 수학적인 식(미분방정식과 경계조건 그리고 초기 조건)으로 나타내라. 풀이는 하지 마라.

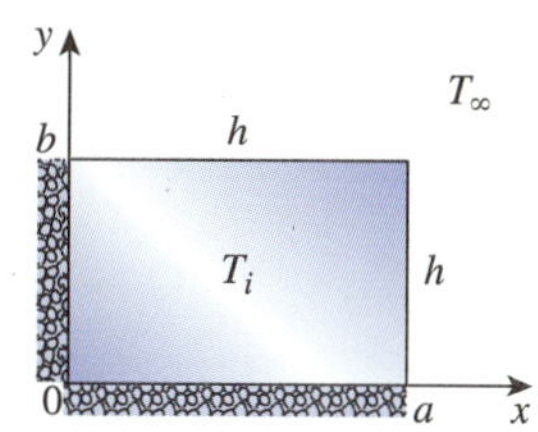

그림 P2-126

2-127 반지름이 r_o이고 높이가 H이며 $\dot{e}_{gen}$의 일정한 비율로 열이 발생되는 짧은 원통을 생각하자. $r = r_o$인 원통표면은 열전달계수 h이고 온도 T_∞인 주위 매체로 대류에 의해서 열손실이 있다. z = 0인 원통밑면은 단열되어 있고, $z = H$인 윗면은 균일한 열유속 $\dot{q}_H$에 노출되어 있다. 열전도도가 일정하고, 2차원 정상 열전달이라 가정하고, 이 열전달 문제를 수학적인 식(미분방정식과 경계조건 그리고 초기 조건)으로 나타내라. 풀이는 하지 마라.

2-128 폭 8 m, 길이 10 m인 25 cm의 두께로 된 콘크리트 집 지붕이 있다. 지붕 외부 표면의 방사율은 0.8이고, 지붕 표면의 열전달계수는 18 W/m^2·K로 추측된다. 맑은 겨울밤에 주변 공기는 10°C이고, 이때 복사열전달로 인한 밤하늘의 온도는 170 K이다. 지붕 내부의 표면온도가 T_1 = 16°C이라면, 정상 작동 조건에 도달했을 때 지붕을 통한 열손실률과 지붕 외부 표면의 온도를 구하라.

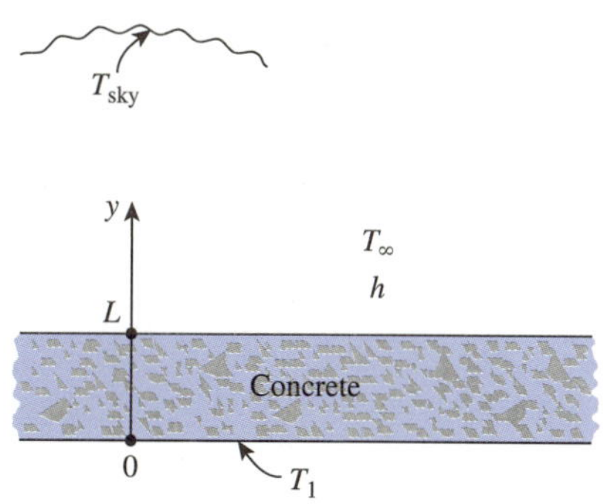

그림 P2-128

2-129 열전도도가 k이고 내부 반경이 r_1, 외부 반경이 r_2이며, 길이가 L인 증기관을 생각하자. 대류 열전달계수가 h_i이고 평균 온도가 T_i인 증기가 관 안으로 흐른다. 관의 외부 표면은 열전달계수

가 h_0이고 온도가 T_0인 주위 공기로의 대류에 노출되어 있다. 관을 통한 1차원 정상 열전도라고 가정한다면 (*a*) 관을 통한 열전도에 대한 미분방정식과 경계조건을 표시하라. (*b*) 미분방정식을 풀어서 관의 온도 변화 관계식을 구하라. (*c*) 관 외부 표면의 온도를 구하라.

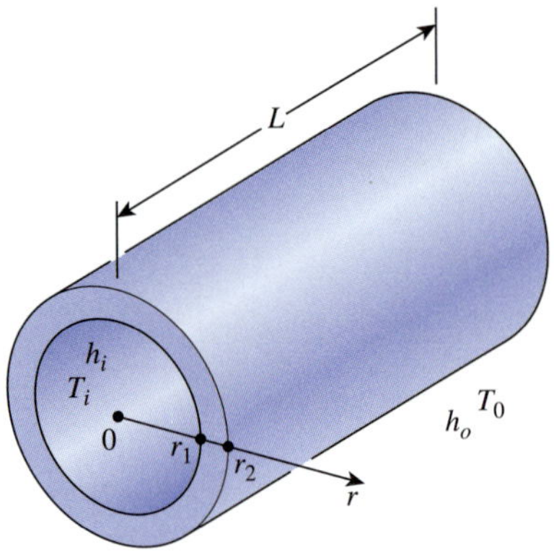

그림 P2-129

2-130 해수면의 대기압(1 atm)에서 질소의 비등온도는 -196°C이다. 대기에 접한 탱크 안의 질소는 액체질소가 다 없어질 때까지는 -196°C의 일정한 온도를 유지하므로 저온 과학 연구에 많이 이용된다. 탱크로 전달되는 모든 열은 액체질소를 증발시키는 데 사용되며 1 atm에서 액체 질소의 증발열은 198 kJ/kg이고 밀도는 810 kg/m^{3}이다.

내부 반경 $r_1 = 2$ m, 외부 반경 $r_2 = 2.1$ m, 열전도도 $k = 12$ W/m·K이고, 두꺼운 벽을 가진 구형 탱크를 생각하자. 탱크는 초기에 압력 1 atm, 온도 -196°C인 액체질소로 채워지고, 열전달계수 $h = 35$ W/m^2·K을 가진 $T_\infty = 20$°C인 주위 공기에 노출되어 있다. 구형 탱크의 내부 표면의 온도는 내부 질소의 온도와 거의 같았다. 1차원 정상 열전달이라고 가정한다면 (*a*) 탱크를 통한 열전도에 대한 미분방정식과 경계조건을 표시하라. (*b*) 미분방정식을 풀어서 탱크에서 온도 변화 관계식을 구하라. (*c*) 주위 공기로부터 열전달로 인한 탱크 안의 질소의 증발률을 구하라.

답: (*c*) 1.62 kg/s

2-131 문제 2-130을 액체산소에 대하여 다시 풀어라. 1 atm에서 산소의 비등온도는 -183°C, 증발열은 213 kJ/kg이고 밀도는 1140 kg/m^{3}이다.

2-132 열전도도 $k = 8.4$ W/m·K이고 두께 $L = 0.4$ m인 평면 벽을 생각하자. $x = 0$에서 벽의 내부면과의 접촉은 없고, 따라서 그 내면의 열적 조건을 알 수 없다. 그러나 $x = L$에서 방사율 $\varepsilon = 0.7$을 가진 외부 표면은 평균 열전달계수 $h = 14$ W/m^2·K이고 $T_\infty = 25$°C인 주위 공기와 대류로 인해 열교환이 이루어진다. 또한 평균 온도 $T_{surr} = 290$ K에서 주위 표면과 복사열교환을 한다. 외부 표면의 온도 $T_2 = 45$°C로 측정되었다. 1차원 정상 열전달이라고 가정하여 (*a*) 평판을 통한 열전도에 대한 미분방정식과 경계조건을 표시하라. (*b*) 미분방정식을 풀어서 평판 외부 표면의 온도 변화 관계식을 구하라. (*c*) $x = 0$인 평판 외부 표면의 온도를 계산하라. **답: (*c*) 64.3°C**

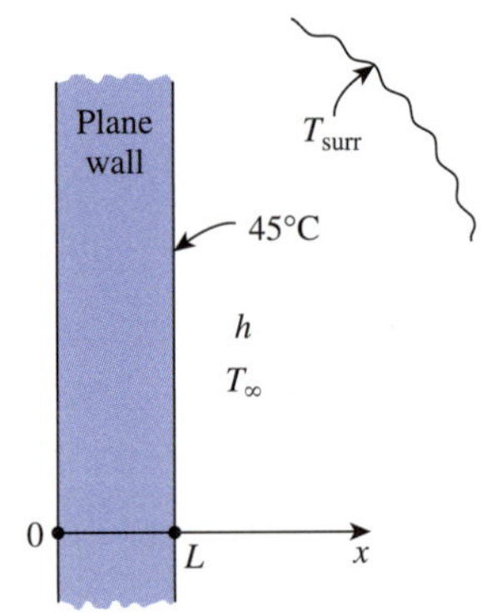

그림 P2-132

2-133 다리미 받침에서 1000 W 다리미 바닥을 빼어내어 26°C의 주위 공기에 노출시켰다. 다리미 바닥판의 두께 $L = 0.5$ cm, 면적 $A = 150$ cm^2 그리고 열전도도 $k = 18$ W/m·K이다. 바닥판의 내부 표면은 내부 저항 가열기에 의해서 발생되는 일정한 열유속에 놓여 있다. 방사율 $\varepsilon = 0.7$인 바닥 평판의 외부 표면은 평균 열전달계수 $h = 30$ W/m^2·K이고 $T_\infty = 22$°C인 주위 공기로 대류 및 평균 온도 $T_{surr} = 295$ K인 표면으로 복사에 의해 열을 빼앗기고 있다. 다리미의 윗부분을 통한 열손실을 무시한다면 (*a*) 평판을 통한 1차원 정상 열전도에 대한 미분방정식과 경계조건을 표시하라. (*b*) 미분방정식을 풀어서 평판 외부 표면의 온도 변화 관계식을 구하라. (*c*) 평판 외부 표면의 온도를 계산하라.

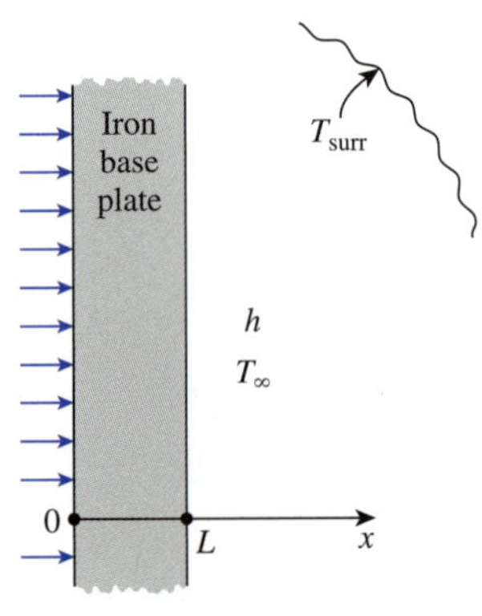

그림 P2-133

2–134 문제 2–133을 1500 W인 다리미에 대하여 다시 풀어라.

2–135 일정한 율($\dot{e}_{gen}$ = 4.8 W/cm^3)로 균일하게 열을 발생하고, 열전도도 k_{wire} = 18 W/m·K이고, 반지름 r_1 = 0.3 cm인 긴 저항선을 생각하자. 선은 열전도도 $k_{plastic}$ = 1.8 W/m·K이고 두께가 0.4 cm인 플라스틱 층에 쌓여 있다. 플라스틱의 외부 표면은 평균 복합열전달계수 h = 14 W/m^2·K이고 T_∞ = 25°C인 공기로 대류에 의해 열을 빼앗긴다. 1차원 열전달이라고 가정하면 저항선의 정상 조건에서 저항선의 중심온도 및 선과 플라스틱 층의 접촉면 온도를 구하라. **답: 255.6°C, 256.2°C**

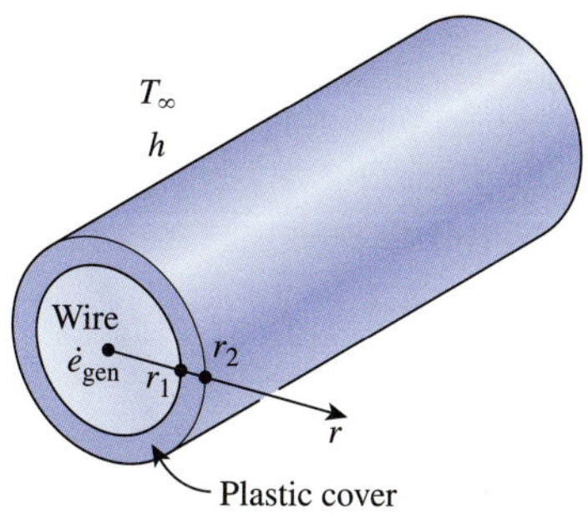

그림 P2–135

2–136 내부 반경이 r_1, 외부 반경이 r_2, 길이 L이며 주어진 온도 범위에서 열전도도 $k(T) = k_0(1 + \beta T^2)$로 변하는 구형 쉘을 생각하자. 여기서 k_0와 β는 주어진 상수이다. 내부 표면의 온도는 일정 온도 T_1이고 외부 표면의 온도는 T_2이다. 정상 상태의 1차원 열전달이라고 가정한다면 쉘을 통한 열전달률의 관계를 구하라.

2–137 원자로에서 지름 1 cm인 원통형 우라늄 연료봉에서 4 × 10^7 W/m^{3}의 열이 발생된다. 연료봉의 중심과 표면의 온도차를 구하라. **답: 9.1°C**

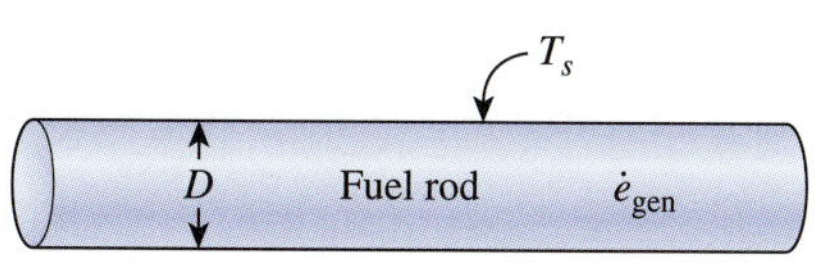

그림 P2–137

2–138 열전도도 k = 0.77 W/m·K이고 두께 20 cm인 대형 콘크리트 벽면을 생각하자. 벽면의 안쪽 면은 $T_{\infty 1}$ = 22°C, h_1 = 8 W/m^2·K이고 바깥면은 $T_{\infty 2}$ = 8°C, h_2 = 12 W/m^2·K인 대류 열전달이 일어난다. 벽은 열발생이 없고 복사는 무시하고 열전도도는 일정하다고 가정한다. (*a*) 벽면을 통한 1차원 정상 열전도에 대한 미분방정식과 경계조건을 나타내라. (*b*) 미분방정식을 풀어서 벽면에 대한 온도 변화 관계식을 구하라. (*c*) 벽의 안쪽 면 및 바깥면의 온도를 구하라.

2–139 길이 L = 17 m, 내부 반경 r_1 = 15 cm 외부 반경 r_2 = 20 cm, 열전도도 k = 14 W/m·K인 수도관을 생각하자. 25 kW인 전기저항 가열기에 의해 열이 관에 균일하게 발생한다. 관 내부 및 외부의 온도는 각각 T_1 = 60°C, T_2 = 80°C이다. 정상 상태에서 관 내의 온도분포에 대한 일반 관계식을 구하고, 관 중심면에서의 온도를 구하라.

2–140 두께 L = 4 cm인 평면 벽이 열전도도 k = 20 W/m^2·K이다. 화학 반응으로 벽 내부에서 $\dot{e}_{gen}$ = 10^5 W/m^{3}의 균일한 비율로 열이 발생한다. 두께를 무시할 수 있는 필름 가열기는 벽과 단열층 사이에 끼워져 열유속 $\dot{q}_s$ = 16 kW/m^{2}만큼 발생한다. 벽의 반대쪽은 T_∞ = 40°C인 물과 접촉해 있다. 물과 접촉되어 있는 벽 표면에 고정된 열전대는 T_s = 90°C이다.

(*a*) 벽과 물 사이의 대류 열전달계수를 구하라.
(*b*) $T(x) = ax^2 + bx + c$ 식으로 정상 상태 온도분포를 나타냄을 확인하라. 그리고 a, b, c의 값 및 단위를 구하라.
(*c*) 벽에서의 최대 온도값 및 위치를 구하라. 이 위치는 미지 a, b, c로 구할 수 있는가? 그리고 $T(x)$는 2차 함수인가? 설명하라.

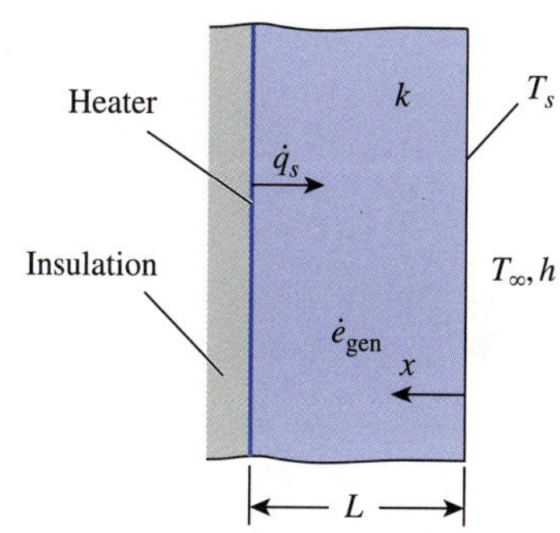

그림 P2–140

2–141 열전도도 k = 8 W/m·K로 일정하고 균일한 열발생률이 $\dot{e}_{gen}$으로 표시되는 두께 $2L$ = 50 mm인 평면 벽이 있다. 정상 조건하에서 벽면의 온도분포는 $T(x) = ax^2 - bx^2$, 식으로 표시된다. 여기서 a = 80°C, b = 2 × 10^4 °C/m^{2}이고, x는 m 단위이다. x좌표의 원점은 벽의 중심 면이다.

(*a*) 표면온도를 구하고, 벽의 온도분포를 그려라.
(*b*) 체적 열발생률 $\dot{e}_{gen}$ 은 얼마인가?
(*c*) 표면열유속 $\dot{q}_s(-L)$ 및 $\dot{q}_s(L)$를 구하라.
(*d*) 벽의 형상, 열발생률 및 열유속과의 관계는 무엇인가?

2–142 1차원 정상 열전도는 폭 W(열 흐름의 방향은 x), 두께가 Z인 긴 널빤지에서 일어난다. 널빤지의 열전도도는 $k = k^*/(T^* +$

T)의 형태로 온도에 따라 변한다. 여기서 T는 K이고, k^*(W/m) 및 T^*(K)는 상수이다. 각각 $x = 0$, $x = W$ 에서의 온도는 T_0, T_W이다. 정상 작동하에서 열유속이 다음과 같음을 표시하라.

$$\dot{q} = \frac{k^*}{W} \ln\left(\frac{T^* + T_0}{T^* + T_W}\right)$$

그리고, $T^* = 1000$ K, $T_0 = 600$ K, $T_W = 400$ K, $k^* = 7 \times 10^4$ W/m, $W = 20$ cm일 때 열유속을 계산하라.

2–143 지름 24 cm, $k = 45$ W/m·K인 구형 볼에서 4.2×10^6 W/m³의 비율로 균일하게 열이 발생한다. 볼은 열전달계수가 1200 W/m²·K인 0°C 얼음물에 노출되어 있다. 볼의 중심과 표면 온도를 구하라.

2–144 제조 공장의 배기가스는 높이 10 m, 외경 1 m, 벽 두께 10 cm, 열전도도가 40 W/m·K인 굴뚝으로부터 배출된다. 배기가스는 1.2 kg/s의 율로 배출된다. 굴뚝의 입구와 출구 사이의 온도 강하는 30°C이며, 배기가스의 정압비열은 1600 J/kg·K이다. 어느 날 굴뚝 외부 표면은 온도 27°C 주위로 복사가 일어난다. 그리고 27°C인 주위 공기와 대류가 일어나며, 평균 대류 열전달계수는 8 W/m·K이다. 태양복사는 굴뚝 외부 표면에 150 W/m² 비율로 입사된다. 그리고 외부 표면의 태양 흡수율과 방사율 0.9이다. 1차원 정상 열전달이 일어난다고 할 때, (*a*) 굴뚝 벽의 온도 변화를 구하라. (*b*) 굴뚝 내부 표면의 온도를 구하라.

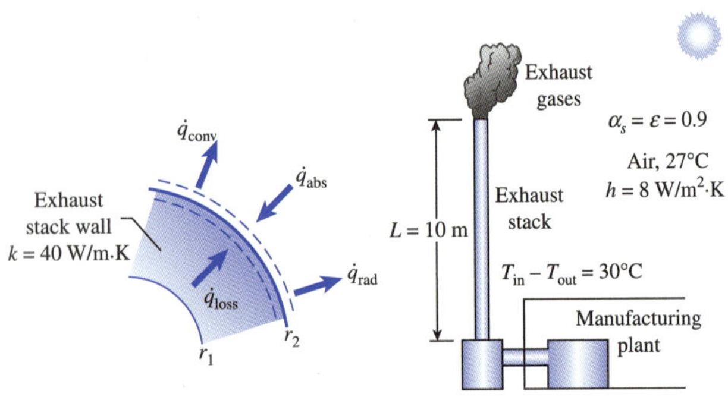

그림 P2–144

공학 기초 예제 문제

2–145 매체에서 열전도 방정식은 다음과 같은 간단한 형태로 주어진다.

$$\frac{1}{r}\frac{d}{dr}\left(rk\frac{dT}{dr}\right) + \dot{e}_{gen} = 0$$

아래의 잘못된 문장을 선택하라.

(*a*) 매체는 원통 형상이다.
(*b*) 매체의 열전도도는 일정하다.
(*c*) 매체를 통한 열전달은 정상 상태이다.
(*d*) 매체에서 열발생이 있다.
(*e*) 매체를 통한 열전달은 1차원이다.

2–146 지름이 0.3 cm인 긴 원통형 전기 가열기에서 180 W/cm³ 비율로 열이 발생한다. 정상 작동하에서 가열기 표면의 열유속은 얼마인가?

(*a*) 12.7 W/cm² (*b*) 13.5 W/cm² (*c*) 64.7 W/cm²
(*d*) 180 W/cm² (*e*) 191 W/cm²

2–147 지름이 10 cm인 구형 방사성 물체에서 열은 균일하게 15 W/cm³비율로 발생하며, 열전도도는 25 W/m·K이다. 방사성 물체의 표면온도가 120°C로 측정이 되었다면, 정상 작동하에서 방사성 물체의 중심 온도는 얼마인가?

(*a*) 160°C (*b*) 205°C (*c*) 280°C
(*d*) 370°C (*e*) 495°C

2–148 매체에서 열전도 방정식은 다음과 같은 간단한 형태로 주어진다고 생각하자.

$$\frac{1}{r^2}\frac{\partial}{\partial r}\left(r^2\frac{\partial T}{\partial r}\right) = \frac{1}{\alpha}\frac{\partial T}{\partial t}$$

(*a*) 열전달은 정상 또는 비정상인가?
(*b*) 열전달은 1차원, 2차원, 3차원 중 어느 것인가?
(*c*) 매체에서 열발생이 있는가?
(*d*) 매체에서 열전도도는 일정한가? 또는 변하는가?
(*e*) 매체는 평면 벽, 원통, 구 중 어느 것인가?
(*f*) 이 미분방정식은 선형인가? 비선형인가?

2–149 반지름 R인 사과가 열전달계수 h로 사과 외부 표면으로부터 온도 T_∞인 주위 공기로, 온도 T_{surr}인 주위 표면으로 정상적이고, 균일하게 열을 방출한다(모든 온도는 절대온도이다). 또한, 사과 내부에서 단위 체적당 $\dot{e}_{gen}$의 율로 균일한 열이 발생된다. 사과 외부 표면온도를 T_s로 표시할 때, 사과 외부 표면의 경계조건은 다음 중 어느 것인가?

(*a*) $-k\left.\frac{dT}{dr}\right|_{r=R} = h(T_s - T_\infty) + \varepsilon\sigma(T_s^4 - T_{surr}^4)$

(*b*) $-k\left.\frac{dT}{dr}\right|_{r=R} = h(T_s - T_\infty) + \varepsilon\sigma(T_s^4 - T_{surr}^4) + \dot{e}_{gen}$

(*c*) $k\left.\frac{dT}{dr}\right|_{r=R} = h(T_s - T_\infty) + \varepsilon\sigma(T_s^4 - T_{surr}^4)$

(*d*) $k\left.\frac{dT}{dr}\right|_{r=R} = h(T_s - T_\infty) + \varepsilon\sigma(T_s^4 - T_{surr}^4) + \frac{4\pi R^3/3}{4\pi R^2}\dot{e}_{gen}$

(*e*) None of them

2–150 반지름 R인 구형 노가 열전달계수 h로 외부 표면으로부터 온도 T_∞인 주위 공기로, 온도 T_{surr}인 주위 표면으로 정상적이고, 균일하게 열을 방출한다(모든 온도는 절대온도이다). 노의 외부 표면온도를 T_0로 표시할 때, 노의 외부 표면의 경계조건은 다음 중 어느 것인가?

(a) $-k\dfrac{dT}{dr}\Big|_{r=R} = h(T_0 - T_\infty) + \varepsilon\sigma(T_0^4 - T_{surr}^4)$

(b) $-k\dfrac{dT}{dr}\Big|_{r=R} = h(T_0 - T_\infty) - \varepsilon\sigma(T_0^4 - T_{surr}^4)$

(c) $k\dfrac{dT}{dr}\Big|_{r=R} = h(T_0 - T_\infty) + \varepsilon\sigma(T_0^4 - T_{surr}^4)$

(d) $k\dfrac{dT}{dr}\Big|_{r=R} = h(T_0 - T_\infty) - \varepsilon\sigma(T_0^4 - T_{surr}^4)$

(e) $k(4\pi R^2)\dfrac{dT}{dr}\Big|_{r=R} = h(T_0 - T_\infty) + \varepsilon\sigma(T_0^4 - T_{surr}^4)$

2–151 두께가 L인 평면 벽은 양쪽 면에서 대류 열전달이 발생한다. 내부 표면에서의 열전달계수는 h_1이고 주위 온도는 $T_{\infty 1}$이며, 외부 표면에서의 열전달계수는 h_2이며, 주위 온도는 $T_{\infty 2}$이다. 내부 표면에서부터 외부 표면으로 양의 방향을 정할 때, 대류 경계조건 중 올바르게 표시한 것은?

(a) $k\dfrac{dT(0)}{dx} = h_1[T(0) - T_{\infty 1})]$

(b) $k\dfrac{dT(L)}{dx} = h_2[T(L) - T_{\infty 2})]$

(c) $-k\dfrac{dT(0)}{dx} = h_1[T_{\infty 1} - T_{\infty 2})]$

(d) $-k\dfrac{dT(L)}{dx} = h_2[T_{\infty 1} - T_{\infty 2})]$

(e) None of them

2–152 열에너지 발생이 없고, 열물성이 일정한 상태량을 가진 평면 벽, 원통형 쉘 또는 구형 쉘을 통한 1차원 정상 열전도를 생각하자. 열전달 방향으로 온도 변화가 선형이 되는 기하학적 형상은 다음 중 어느 것인가?

(a) 평면 벽

(b) 원통형 쉘

(c) 구형 쉘

(d) 모두

(e) 없음

2–153 열전도도 k, 표면적 A이고 두께가 L인 대형 평면 벽을 생각하자. 벽의 왼쪽 면은 열전달계수 h이고 온도 T_∞인 주위 공기에 노출되어 있으며, 오른쪽 면은 단열되어 있다. 열발생이 없는 1차원 정상 열전도에서 평면 벽의 온도 변화는 다음 중 어느 것인가?

(a) $T(x) = \dfrac{h(L-x)}{k}T_\infty$

(b) $T(x) = \dfrac{k}{h(x+0.5L)}T_\infty$

(c) $T(x) = \left(1 - \dfrac{xh}{k}\right)T_\infty$

(d) $T(x) = (L - x)\,T_\infty$

(e) $T(x) = T_\infty$

2–154 평면 벽에서 온도 변화는 식 $T(x) = 52x + 25$이다. 여기서 x의 단위는 m, T는 °C이다. 한 표면의 온도가 38°C라면 벽의 두께는 얼마인가?

(a) 0.10 m (b) 0.20 m (c) 0.25 m
(d) 0.40 m (e) 0.50 m

2–155 평면 벽의 온도 변화는 $T(x) = 110 - 60x$로 결정된다. 여기서 x의 단위는 m, T는 °C이다. 벽의 두께가 0.75 m이면 내부 표면과 외부 표면의 온도차는 얼마인가?

(a) 30°C (b) 45°C (c) 60°C (d) 75°C (e) 84°C

2–156 두께 15 cm인 평면 벽의 내부와 외부의 온도는 각각 40°C와 28°C이다. 정상 상태일 때, 벽의 1차원 온도 변화는 어느 것인가?

(a) $T(x) = 28x + 40$ (b) $T(x) = -40x + 28$
(c) $T(x) = 40x + 28$ (d) $T(x) = -80x + 40$
(e) $T(x) = 40x - 80$

2–157 지름이 3 cm인 구형 방사성 물체는 열이 15 W/cm³의 율로 균일하게 발생한다. 열은 열전달계수가 12 W/m²·K이고, 25°C인 주위 매체로 전달된다. 정상 작동에서 매체의 표면온도는 얼마인가?

(a) 56°C (b) 84°C (c) 494°C
(d) 650°C (e) 108°C

2–158 열발생이 있는 원통에서 1차원, 정상 상태, 일정 열전도도인 열전도 방정식은 다음 중 어느 것인가?

(a) $\dfrac{1}{r}\dfrac{\partial}{\partial r}\left(rk\dfrac{\partial T}{\partial r}\right) + \dot{e}_{gen} = \rho c\dfrac{\partial T}{\partial t}$

(b) $\dfrac{1}{r}\dfrac{\partial}{\partial r}\left(r\dfrac{\partial T}{\partial r}\right) + \dfrac{\dot{e}_{gen}}{k} = \dfrac{1}{\alpha}\dfrac{\partial T}{\partial t}$

(c) $\dfrac{1}{r}\dfrac{\partial}{\partial r}\left(r\dfrac{\partial T}{\partial r}\right) = \dfrac{1}{\alpha}\dfrac{\partial T}{\partial t}$

(d) $\dfrac{1}{r}\dfrac{d}{dr}\left(r\dfrac{dT}{dr}\right) + \dfrac{\dot{e}_{gen}}{k} = 0$

(e) $\dfrac{d}{dr}\left(r\dfrac{dT}{dr}\right) = 0$

2–159 열전도도 k, 태양열 흡수율 α_s, 열전달계수 h인 보도로 태양 열유속 $\dot{q}_s$가 입사된다. 하늘로 향하는 x방향이 양이고, 주위 표면과의 복사는 무시한다. 보도 표면에 대한 경계조건 중 올바른 것은?

(a) $-k\dfrac{dT}{dx} = \alpha_s \dot{q}_s$ (b) $-k\dfrac{dT}{dx} = h(T - T_\infty)$
(c) $-k\dfrac{dT}{dx} = h(T - T_\infty) - \alpha_s \dot{q}_s$ (d) $h(T - T_\infty) = \alpha_s \dot{q}_s$
(e) None of them

2–160 내경이 2 cm이고, 외경이 2.5 cm인 PVC 관 속에 뜨거운 물이 흐른다. 관의 내부 표면온도는 50°C이고, 외부 표면온도는 20°C이다. 관의 단위길이당 열전달률은 얼마인가?

(a) 77.7 W/m (b) 89.5 W/m (c) 98.0 W/m
(d) 112 W/m (e) 168 W/m

2–161 고체의 열전도도는 $k = aT + b$로 표시되는 고체의 온도에 대한 함수이며 여기서 a와 b는 상수이다. 열전도를 일으키고 있는 이 고체의 평면층에서의 온도는 다음 중 어느 것인가?

(a) $aT + b = x + C_2$ (b) $aT + b = C_1x^2 + C_2$
(c) $aT^2 + bT = C_1x + C_2$ (d) $aT^2 + bT = C_1x^2 + C_2$
(e) 보기 중 답이 없다

2–162 밀과 같은 수확 곡물은 저장되고 있는 동안 체적 발열 반응을 한다. 잘 조절하지 않으면 이 열발생이 곡물을 상하게 하며 때로는 발화를 시킬 수도 있다. 밀(k = 0.5 W/m·K)을 단열 표면으로 간주할 수 있는 땅바닥에 5 m 높이의 층으로 저장한다. 열전달계수 h = 3 W/m²·K이고 온도 22°C인 공기와 밀의 상부 표면이 서로 접촉한다. 이 밀 층의 내부 온도분포는 다음과 같이 주어진다.

$$\frac{T - T_s}{T_0 - T_s} = 1 - \left(\frac{x}{L}\right)^2$$

여기서 T_s는 상부 표면온도, T_0는 하부 표면의 온도, x는 바닥에서 위쪽 방향, 그리고 L은 층의 두께이다. 층 상부 표면의 온도가 24°C일 때 땅의 바로 위에 있는 밀의 온도는 얼마인가?

(a) 42°C (b) 54°C (c) 58°C (d) 63°C (e) 76°C

2–163C 표면에 수직인 n방향으로 단열표면에서의 열전도 방정식의 경계조건은?

(a) $T = 0$ (b) $dT/dn = 0$ (c) $d^2T/dn^2 = 0$
(d) $d^3T/dn^3 = 0$ (e) $-kdT/dn = 1$

2–164C 지름 4 cm, 길이 12 cm인 고체 막대(k = 2.4 W/m·K)에서 열이 균일하게 발생한다. 막대의 중심과 표면의 온도는 각각 210°C, 45°C로 측정되었다. 막대 내부의 열발생률은 얼마인가?

(a) 597 W (b) 760 W (c) 826 W
(d) 928 W (e) 1020 W

설계 및 에세이 문제

2–165 원자 연료봉에서 열발생에 대해 기술하라. 냉각매체에 의한 방사된 복사열의 흡수와 봉의 위치에 따른 열발생 변화, 열발생 범위 등에 정보를 구하라.

2–166 긴 원통형 쉘에서 1차원 정상 상태이며, 경계조건으로 표면의 특정 온도, 열유속, 대류가 주어졌을 때 열전달률과 매체 내의 온도분포를 구할 수 있는 프로그램을 만들어라. 또 다섯 가지의 다른 경계조건에 대해 실제로 수치계산을 하라.

2–167 구형 쉘에서 1차원 정상 상태이며, 경계조건으로 표면의 특정온도, 열유속, 대류가 주어졌을 때 열전달률과 매체 내의 온도분포를 구할 수 있는 프로그램을 만들어라. 또 다섯 가지의 다른 경계조건에 대해 실제로 수치계산을 하라.

CHAPTER

03

정상 열전도

STEDY HEAT CONDUCTION

열전달 해석에서 정상 상태에서 두 온도 차이의 물체를 통한 열전달률을 구하고자 할 때가 있다. 이런 경우에는 전기회로와 **유사한 열저항 개념**(*thermal resistance concept*)을 사용하여 쉽게 문제를 해결할 수 있다. 이 경우 열저항은 전기저항에, 온도 차이는 전압에, 열전달률은 전류에 해당된다.

이 장에서는 평면 벽, 원통 및 구의 **1차원 정상 열전도**(*one-dimensional steady heat conduction*)를 설명하고 **열저항**(*thermal resistances*) 개념을 소개한다. 또한, 경계에서 대류 및 복사경계조건에 대한 열저항 관계식을 구한다. 이 개념을 **여러 층**의 평면 벽, 원통 및 구의 열전도에 적용하고, 2차원 또는 3차원을 포함하는 시스템까지 일반화한다. 또한 **접촉 열저항**(*thermal contact resistance*) 및 **총 열전달계수**(*overall heat transfer coefficient*)에 대해 설명하고 원통 및 구의 임계 단열반경에 대해 설명한다. 마지막으로, **휜**(*fin*)**을 가진 표면**의 정상 열전달에 관하여 논의한다.

학습목표

이 장의 목적은 다음과 같다.

- 열저항과 제약조건을 이해하고 실용적인 열전달 문제에 대한 열저항 회로를 만든다.
- 여러 층의 평면 벽, 원통 및 구의 정상 열전도 문제를 푼다.
- 필요한 경우에 접촉 열저항에 대한 직관력을 증진시킨다.
- 단열이 실제로 열전달을 증가시키는 경우를 구별한다.
- 휜을 가진 표면을 분석하고, 휜이 어떻게 효율적 및 효과적으로 열전달을 증가시키는지 평가한다.

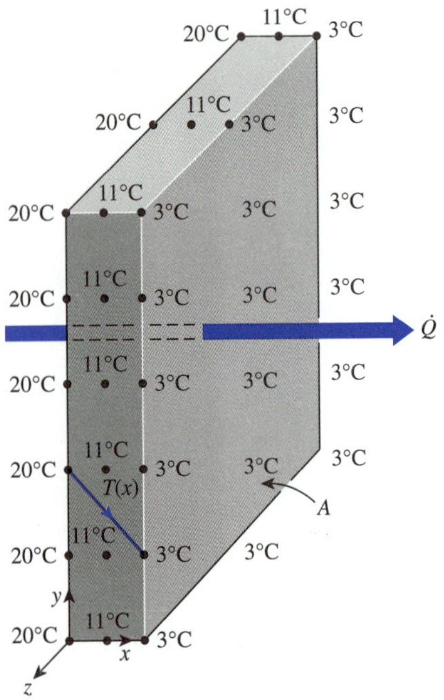

그림 3–1
벽의 온도가 한 방향으로만 변할 때 벽을 통한 열전달은 1차원이다.

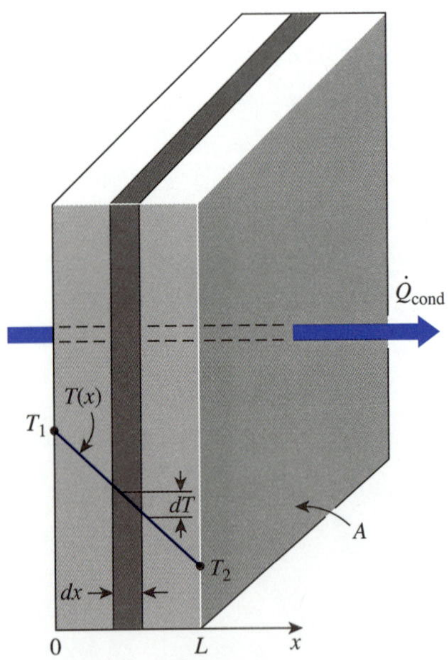

그림 3–2
정상 상태에서 평면 벽의 온도분포는 직선이다.

3–1 ▪ 평면 벽에서의 정상 열전도

겨울에 집의 벽을 통한 열전도를 고려하자. 벽을 통하여 열은 계속 바깥으로 손실된다는 것을 알고 있다. 벽을 통해서 벽에 직각인 방향(*normal direction*)으로 열이 흐르고 다른 방향으로는 별로 흐르지 않는다는 것을 직관적으로 알고 있다(그림 3–1).

어떤 방향으로의 열전달은 그 방향으로의 **온도구배**(*temperature gradient*)에 의해서 이루어진다는 것을 상기하라. 온도 변화가 없는 방향으로는 열전달이 일어나지 않는다. 벽의 내부와 외부의 온도를 측정하여 보면 벽의 표면이 거의 **등온**(*isothermal*)임을 알 수 있을 것이다. 즉, 벽의 위아래와 좌우 끝의 온도가 거의 같다. 따라서 벽의 위에서 아래로 또는 좌에서 우로는 열전달이 일어나지 않는다. 그러나 벽의 내 · 외부 온도 차이는 커서 내벽에서 외벽으로 상당한 열전달이 이루어진다.

벽 두께가 얇아서 온도구배가 크게 된다. 집의 안쪽 및 바깥쪽 공기의 온도가 일정하다면 벽을 통한 열전달은 **정상**(*steady*) **1차원**(*one-dimensional*)이라고 가정할 수 있다. 이 경우 온도는 오직 한 방향(x-방향이라 하자)만의 함수이고 $T(x)$로 표시할 수 있다.

열발생이 없고 에너지의 상호작용에 의한 열전달만이 있는 이 경우의 **에너지 평형**은 다음과 같이 표현된다.

$$\left(\begin{array}{c}\text{벽으로}\\ \text{열전달률}\end{array}\right) - \left(\begin{array}{c}\text{벽으로부터}\\ \text{열전달률}\end{array}\right) = \left(\begin{array}{c}\text{벽의}\\ \text{에너지변화률}\end{array}\right)$$

즉 다음과 같이 표기된다.

$$\dot{Q}_{in} - \dot{Q}_{out} = \frac{dE_{wall}}{dt} \tag{3–1}$$

정상 상태에서는 벽의 모든 점에서 온도가 변하지 않으므로 $dE_{wall}/dt = 0$이다. 따라서 벽으로 유입되는 열전달률은 벽으로부터 유출되는 열전달률과 같아야만 한다. 다르게 표현하면 **벽을 통한 열전달률은 일정하여야 한다**. 즉, $\dot{Q}_{cond,\ wall}$ = 일정이다.

열전도도가 k이고 두께가 L인 평면 벽을 고려하자. 벽의 두 표면은 T_1, T_2의 일정한 온도로 유지되고 있다. 벽을 통한 1차원 정상 열전도에 대해 온도는 $T(x)$이다. 벽에 대한 Fourier의 열전도 법칙은 다음과 같다.

$$\dot{Q}_{cond,\ wall} = -kA\frac{dT}{dx} \qquad \text{(W)} \tag{3–2}$$

여기서 전도 열전달률 $\dot{Q}_{cond,\ wall}$와 표면적 A는 일정하다. 따라서 dT/dx는 일정하며, **벽을 통하여 온도는 x에 따라 선형적으로 변한다**는 것을 의미한다. 즉 정상 상태에서 벽의 온도분포는 직선이다(그림 3–2).

앞의 식을 변수 분리하고 $T(0) = T_1$, $T(L) = T_2$를 이용하여, $x = 0$에서 $x = L$까지 적분하면 다음을 얻는다.

$$\int_{x=0}^{L} \dot{Q}_{\text{cond, wall}}\, dx = -\int_{T=T_1}^{T_2} kA\, dT$$

적분을 수행하고 정리하면 식 (3-4)와 동일한 다음 식을 얻을 수 있다.

$$\dot{Q}_{\text{cond, wall}} = kA\frac{T_1 - T_2}{L} \qquad \text{(W)} \tag{3-3}$$

다시 언급하면, **평면 벽을 통한 전도 열전달률은 열전도도, 면적, 온도 차이에 비례하고 벽의 두께에 반비례한다.** 전도 열전달률이 구해지면 임의의 위치 x에서의 온도 $T(x)$는 식 (3-3)에서 T_2를 T로, L을 x로 바꾸어 구할 수 있다.

열저항 개념

평면 벽에 대한 열전도에 관한 식 (3-3)은 다음과 같이 표기할 수 있다.

$$\dot{Q}_{\text{cond, wall}} = \frac{T_1 - T_2}{R_{\text{wall}}} \qquad \text{(W)} \tag{3-4}$$

여기서

$$R_{\text{wall}} = \frac{L}{kA} \qquad \text{(K/W)} \tag{3-5}$$

은 열전도에 대한 벽의 열저항(*thermal resistance*) 또는 단순하게 벽의 **전도 저항**(conduction resistance)이라 한다. 매개체의 열저항은 형상과 매개체의 물성값의 함수임에 주의하라. 매개체의 열저항은 형상과 열적 물성치에 의존한다. 또한, 열저항은 식과 같이 표현할 수 있다. 여기서 R은 온도차 ΔT 대 열전달률의 비이다.

열전달에 대한 위 식은 다음으로 표기되는 **전류** I와 유사하다.

$$I = \frac{\mathbf{V}_1 - \mathbf{V}_2}{R_e} \tag{3-6}$$

여기서 $R_e = L/\sigma_e A$은 **전기저항**이고 $\mathbf{V}_1 - \mathbf{V}_2$는 저항($\sigma_e$는 전기 전도율이다)에서의 전압차이다. 따라서 **열전도도는 전류, 열저항은 전기저항, 온도 차이는 전압 차이에 대응된다**(그림 3-3).

면적 A_s이고 온도 T_s인 고체 표면으로부터 멀리 떨어진 곳의 온도가 T_∞이고 대류 열전달계수가 h인 유체로의 대류 열전달을 고려하자. 대류 열전달에 관한 Newton의 냉각법칙 $\dot{Q}_{\text{conv}} = hA_s(T_s - T_\infty)$는 다음과 같이 달리 표기할 수 있다.

$$\dot{Q}_{\text{conv}} = \frac{T_s - T_\infty}{R_{\text{conv}}} \qquad \text{(W)} \tag{3-7}$$

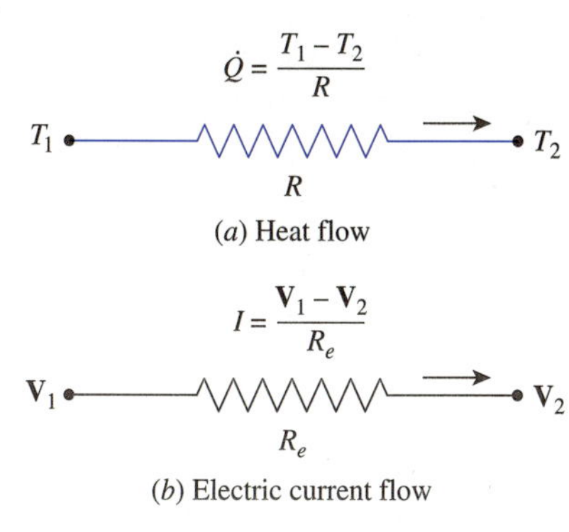

그림 3-3
열저항과 전기저항의 유사성

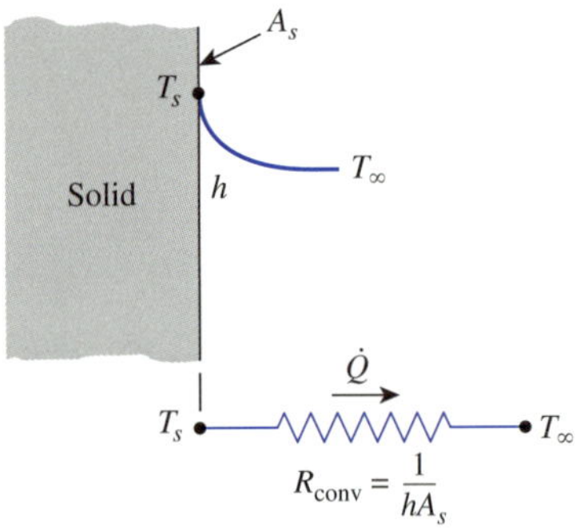

그림 3–4

표면에서의 대류 저항에 대한 개략도

여기서

$$R_{conv} = \frac{1}{hA_s} \qquad (K/W) \qquad \textbf{(3–8)}$$

은 대류에 대한 표면의 **열저항**(*thermal resistance*) 또는 단순하게 표면의 **대류 저항**(convection resistance)이라 한다(그림 3–4). 대류 열전달계수가 매우 크게 되면($h \to \infty$)대류 저항은 0이 되고 $T_s \approx T_\infty$가 되어, 표면은 **대류에 대해 전혀 저항이 없게 되고** 열전달 과정을 지연시키지 못한다. 비등 및 응축이 일어나는 표면이 이 경우에 가깝다. 평면 벽에만 국한되는 것은 아니다. 대류 저항에 관한 식 (3–8)은 h가 일정하고 균일한 조건에서는 어떠한 형상의 표면에 대해서도 성립한다.

벽의 주위를 기체가 둘러싸고 있을 때 지금까지는 무시했지만 **복사효과**(*radiation effects*)가 중요하여 고려해야 할 필요가 있을 수 있다. 방사율 e, 면적 A_s이고 온도 T_s인 표면과 평균 온도가 T_{surr}인 주위 표면과의 복사 열전달은 다음과 같이 표현된다.

$$\dot{Q}_{rad} = \varepsilon\sigma A_s(T_s^4 - T_{surr}^4) = h_{rad} A_s (T_s - T_{surr}) = \frac{T_s - T_{surr}}{R_{rad}} \qquad (W) \qquad \textbf{(3–9)}$$

여기서

$$R_{rad} = \frac{1}{h_{rad} A_s} \qquad (K/W) \qquad \textbf{(3–10)}$$

은 복사에 대한 표면의 **열저항** 또는 단순하게 표면의 **복사 저항**(radiation resistance)이라 한다. 그리고

$$h_{rad} = \frac{\dot{Q}_{rad}}{A_s(T_s - T_{surr})} = \varepsilon\sigma(T_s^2 + T_{surr}^2)(T_s + T_{surr}) \qquad (W/m^2 \cdot K) \qquad \textbf{(3–11)}$$

은 복사 **열전달계수**(radiation heat transfer coefficient)이다. h_{rad}을 구할 때 T_s와 T_{surr}는 K의 단위로 되어야 한다. 복사 열전달계수를 정의하면 대류와 비슷하게 복사를 온도 차이의 함수 형태로 표기할 수 있다. 그러나 h_{rad}은 h_{conv}와 달리 온도에 따라 그 값이 많이 달라진다.

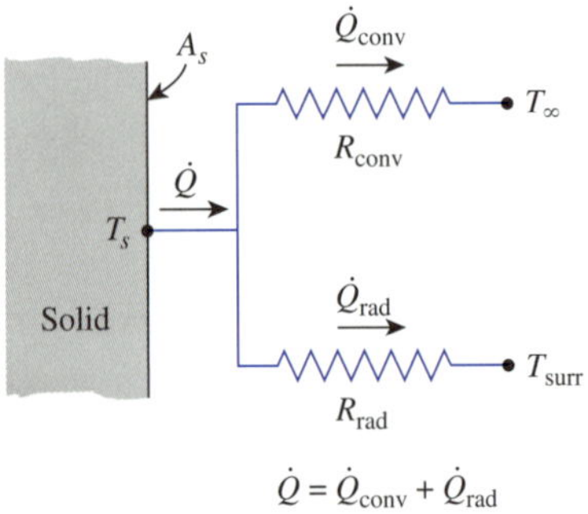

그림 3–5

표면에서의 대류 및 복사 저항에 대한 개략도

표면에서 주위로 대류와 복사가 동시에 일어날 때의 대류와 복사 성분을 더하여(반대 방향이라면 빼서) 전체 열전달을 구한다. 그림 3–5에 나타낸 것처럼 대류와 복사 저항은 병렬이고, 열저항 회로를 복잡하게 만들 수 있다. $T_{surr} \approx T_\infty$일 때는 열저항에서의 h 대신에

$$h_{combined} = h_{conv} + h_{rad} \qquad (W/m^2 \cdot K) \qquad \textbf{(3–12)}$$

을 대체하면 복사효과가 고려된다. 여기서 $h_{combined}$는 **복합 열전달계수**(combined heat transfer coefficient)이다. 이렇게 하면 복사와 관련된 복잡함을 피할 수 있다.

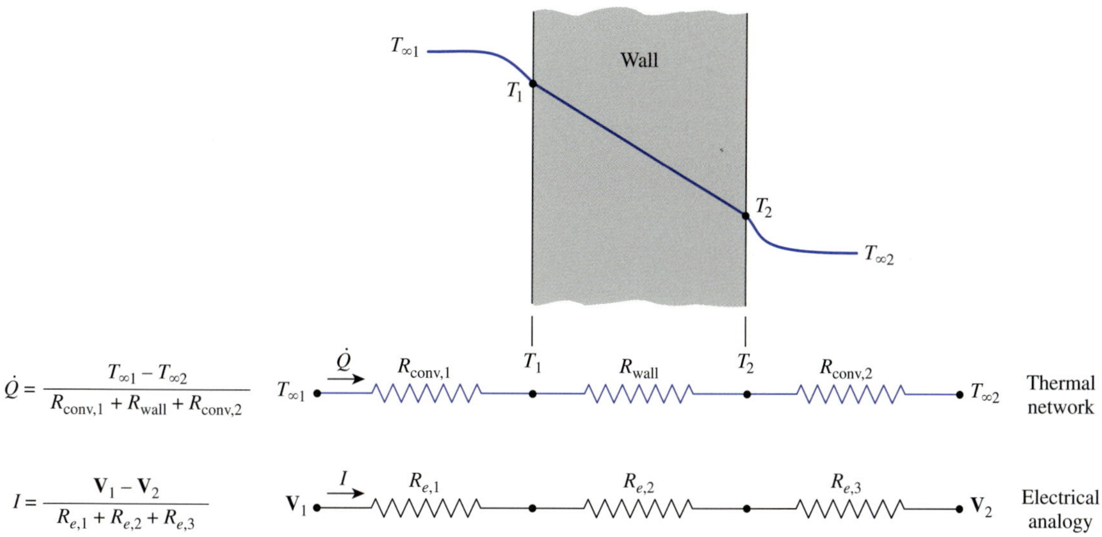

그림 3-6
양쪽 면에 대류가 있는 경우 평면 벽에서의 열전달 관련 열저항 회로 및 전기적 유사성

열저항 회로

이제 그림 3-6에 보여주고 있는 것처럼 열전도도 k이고 두께 L, 면적 A인 평면 벽의 양쪽에 온도 $T_{\infty 1}$, $T_{\infty 2}$인 유체가 있고 그 열전달계수가 각각 h_1, h_2인 대류 열전달이 있는 경우의 1차원 정상 열전달을 고려하자. $T_{\infty 1} > T_{\infty 2}$인 경우의 온도 변화는 그림에 보여주고 있는 것과 같다. 고체에서의 온도는 선형적으로 변하고 벽에서 멀어질수록 유체의 온도는 점차적으로 $T_{\infty 1}$과 $T_{\infty 2}$에 접근한다.

정상 상태에서

$$\left(\begin{array}{c}\text{벽으로의}\\ \text{대류 열전달률}\end{array}\right) = \left(\begin{array}{c}\text{벽을 통한}\\ \text{전도 열전달률}\end{array}\right) = \left(\begin{array}{c}\text{벽으로부터의}\\ \text{대류 열전달률}\end{array}\right)$$

즉,

$$\dot{Q} = h_1 A(T_{\infty 1} - T_1) = kA\frac{T_1 - T_2}{L} = h_2 A(T_2 - T_{\infty 2}) \tag{3-13}$$

를 얻을 수 있고 다음과 같이 정리할 수 있다.

$$\begin{aligned}\dot{Q} &= \frac{T_{\infty 1} - T_1}{1/h_1 A} = \frac{T_1 - T_2}{L/kA} = \frac{T_2 - T_{\infty 2}}{1/h_2 A} \\ &= \frac{T_{\infty 1} - T_1}{R_{conv,\,1}} = \frac{T_1 - T_2}{R_{wall}} = \frac{T_2 - T_{\infty 2}}{R_{conv,\,2}}\end{aligned} \tag{3-14}$$

If

$$\frac{a_1}{b_1} = \frac{a_2}{b_2} = \cdots = \frac{a_n}{b_n} = c$$

then

$$\frac{a_1 + a_2 + \cdots + a_n}{b_1 + b_2 + \cdots + b_n} = c$$

For example,

$$\frac{1}{4} = \frac{2}{8} = \frac{5}{20} = 0.25$$

and

$$\frac{1+2+5}{4+8+20} = 0.25$$

그림 3–7
유용한 수학 항등식

열전달률이 계산되면 식 (3–14)는 T_1과 T_2의 가운데 온도를 구하는 데 사용한다. 분모와 분자를 각각 합하면 다음과 같이 된다(그림 3–7).

$$\dot{Q} = \frac{T_{\infty 1} - T_{\infty 2}}{R_{\text{total}}} \qquad \text{(W)} \tag{3–15}$$

여기서

$$R_{\text{total}} = R_{\text{conv, 1}} + R_{\text{wall}} + R_{\text{conv, 2}} = \frac{1}{h_1 A} + \frac{L}{kA} + \frac{1}{h_2 A} \qquad \text{(K/W)} \tag{3–16}$$

이다. 평면 벽에서는 열전달 면적 A는 일정하고, 벽을 통한 열전달률은 온도 차이를 전체 열저항으로 나눈 것과 같다는 것에 주목하라. 그리고 각각의 열저항은 직렬이어서, 직렬로 된 전기저항과 마찬가지로 전체 열저항은 단순히 각각의 열저항을 더하여 구할 수 있다는 것에 주목하라. 따라서 역시 전기 유사성이 적용된다. **요약하면, 두 표면에서의 열전달률은 온도 차이를 두 표면 사이의 전체 열저항으로 나눈 것과 같다.**

식 (3–15)로부터 각각의 층에서 온도 강하와 열저항의 비는 일정하고, 따라서 어떤 층에서의 온도 강하는 그 층의 열저항에 비례한다는 것도 알 수 있다. 저항이 커질수록 온도 강하는 커진다. 수식 $\dot{Q} = \Delta T/R$는 다음과 같이 다시 표기될 수 있다.

$$\Delta T = \dot{Q}R \qquad (°\text{C}) \tag{3–17}$$

이는 어떤 층에서의 **온도 강하**(*temperature drop*)는 **열전달률**(*rate of heat transfer*)과 그 층에서의 **열저항**(*thermal resistance*)의 곱과 같다는 것을 의미한다(그림 3–8). 전류가 일정할 때 전기저항과 관련된 전압 강하도 비슷하게 표현되는 것을 기억하라.

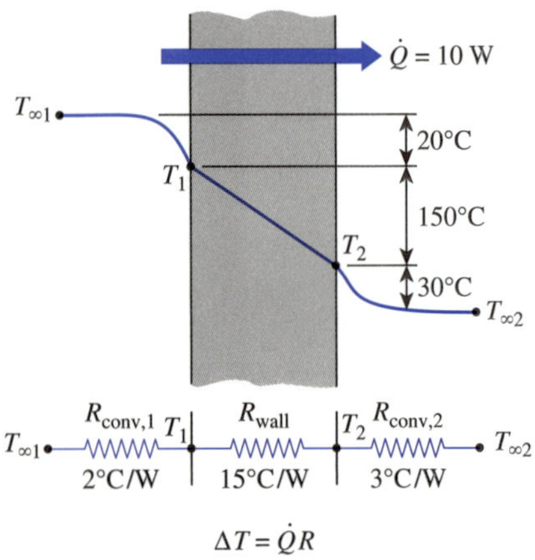

그림 3–8
어떤 층에서의 온도 강하는 그 층의 열저항에 비례한다.

물체를 통한 열전달을 구할 때 다음과 같이 Newton의 냉각법칙과 비슷한 형태로 표기하면 편할 때가 있다.

$$\dot{Q} = UA\,\Delta T \qquad \text{(W)} \tag{3–18}$$

여기서 U는 **총 열전달계수**(overall heat transfer coefficient)이다. 식 (3–15)와 식 (3–18)을 비교하면 다음과 같다.

$$UA = \frac{1}{R_{\text{total}}} \qquad \text{(W/K)} \tag{3–19}$$

그러므로, 단위면적에 대해 총 열전달계수는 열저항의 역수이다.

열전달률을 구하기 위해 벽의 온도를 구할 필요는 없다. 대류 열전달계수와 양쪽 유체의 온도를 알면 구할 수 있다. 온도를 알고자 하는 표면을 한쪽 끝의 표면으로 생각해서 위에서 언급한 열저항 개념을 이용하여 **표면의 온도**(*surface temperature*)를 구할 수 있다. 예를 들어 $\dot{Q}$이 구해지면 표면온도 T_1은 다음으로부터 구해진다.

$$\dot{Q} = \frac{T_{\infty 1} - T_1}{R_{\text{conv, 1}}} = \frac{T_{\infty 1} - T_1}{1/h_1 A} \qquad \text{(3-20)}$$

다층 평면 벽

실제의 경우 서로 다른 재질의 여러 층으로 이루어진 평면 벽을 접할 때가 많다. **복합 벽**을 통한 정상 열전달률을 구할 때 역시 열저항 개념을 사용할 수가 있다. 각각의 벽의 전도 저항 L/kA가 직렬로 연결되어 있음에 주목하여 전기 유사성을 쉽게 적용할 수 있다. 즉 온도가 주어진 두 표면의 **온도 차이**를 **전체 열저항**으로 나누어 구할 수 있다.

단열층을 가지는 벽돌 벽과 같이 두 층으로 이루어진 평면 벽을 고려하자. 두 층으로 된 복합 벽을 통한 정상 열전달률은 다음과 같다(그림 3-9).

$$\dot{Q} = \frac{T_{\infty 1} - T_{\infty 2}}{R_{\text{total}}} \qquad \text{(3-21)}$$

여기서 R_{total}은 다음으로 표기되는 **전체 열저항**(*total thermal resistance*)이다.

$$\begin{aligned} R_{\text{total}} &= R_{\text{conv, 1}} + R_{\text{wall, 1}} + R_{\text{wall, 2}} + R_{\text{conv, 2}} \\ &= \frac{1}{h_1 A} + \frac{L_1}{k_1 A} + \frac{L_2}{k_2 A} + \frac{1}{h_2 A} \end{aligned} \qquad \text{(3-22)}$$

위 식의 R_{wall}에 있는 아래첨자 1과 2는 각각 첫째 층과 둘째 층을 나타낸다. 다층 벽을 통한 정상 열전도도 $\dot{Q}$는 일정하고, 따라서 각 층을 통한 열전도도도 같다는 것에 주목하여, 단일 벽에 사용된 접근 방식을 사용하여도 같은 결과를 얻을 수 있다. 열저항 회로를 보면 열저항이 **직렬**로 연결되어 있으므로 **전체 열저항**은 각각의

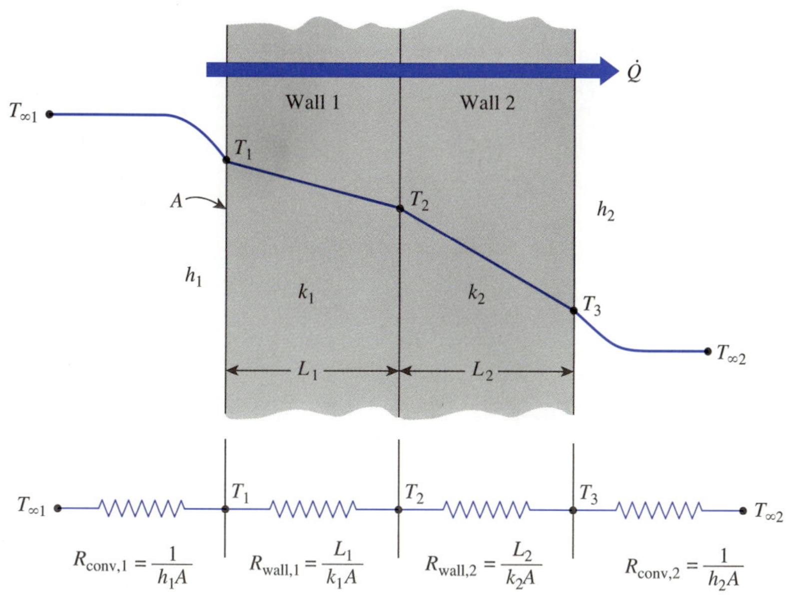

그림 3-9
양쪽 면에 대류가 있는 경우 두 층으로 된 평면 벽에서의 열전달 관련 열저항 회로

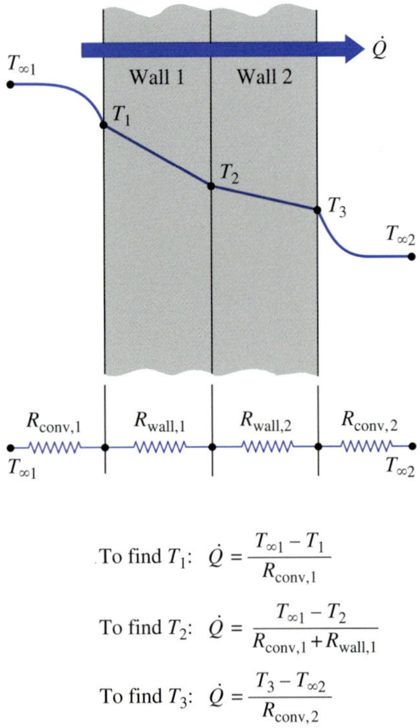

그림 3-10

$T_{\infty1}$와 $T_{\infty2}$가 주어지고 $\dot{Q}$가 계산되었을 때 표면과 접촉면 온도의 계산

열저항의 단순한 산술적인 합으로 구해진다.

두 층에 대한 위의 결과는 추가된 층에 대한 저항이 추가되었을 뿐 단일층의 경우와 유사하다. 세 층 또는 그 이상의 층으로 된 평면 벽에 대해서도 추가되는 층에 대한 저항을 계속 추가함으로써 확대 적용할 수 있다.

일단 $\dot{Q}$가 구해지면 어떤 표면 또는 접촉면 j에서의 미지의 온도 T_j는 다음 식으로부터 구할 수 있다.

$$\dot{Q} = \frac{T_i - T_j}{R_{total,\, i-j}} \tag{3-23}$$

여기서 T_i는 위치 i에서의 알고 있는 온도이고, $R_{total,\, i-j}$는 위치 i와 j 사이의 전체 열저항이다. 예를 들어, 그림 3-9에 보여주고 있는 두 층의 경우에 대한 유체의 온도가 $T_{\infty1}$과 $T_{\infty2}$이고 식 (3-21)에서 $\dot{Q}$가 계산되면 두 벽의 접촉면 온도 T_2는 다음 식으로부터 구할 수 있다(그림 3-10).

$$\dot{Q} = \frac{T_{\infty1} - T_2}{R_{conv,\,1} + R_{wall,\,1}} = \frac{T_{\infty1} - T_2}{\dfrac{1}{h_1 A} + \dfrac{L_1}{k_1 A}} \tag{3-24}$$

어떤 층에서의 온도 강하는 식 (3-17)에서 $\dot{Q}$에 그 층의 열저항을 곱하여 구할 수 있다.

열저항 개념은 이해하기 쉽고 다양한 열전달 문제에서 유용한 수단이므로 실제적으로 광범위하게 사용된다. 그러나 열전달률 $\dot{Q}$가 일정한 시스템, 즉 열발생(전기저항에 의한 열발생 또는 화학반응)이 없는 정상 열전달의 경우에만 적용될 수 있다.

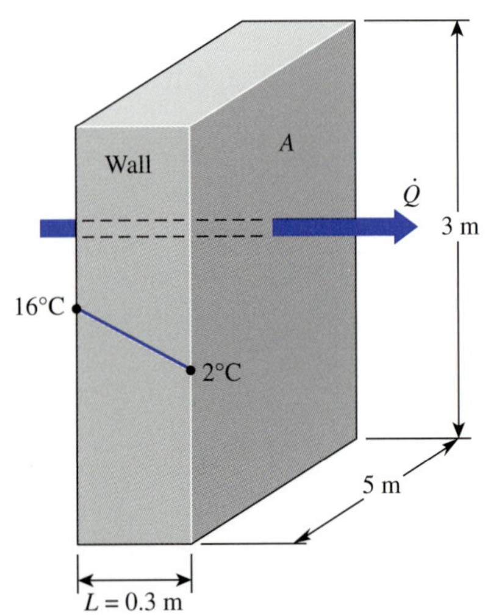

그림 3-11

예제 3-1의 개략도

예제 3-1 벽을 통한 열손실

열전도도 k = 0.9 W/m·K이고 높이 3 m, 폭 5 m, 두께 0.3 m인 벽을 고려하자(그림 3-11). 어떤 날, 벽의 안쪽과 바깥쪽의 온도가 각각 16°C, 2°C로 측정되었다. 벽을 통한 열손실률을 구하라.

풀이 벽의 표면온도가 주어진 값으로 오랫동안 일정하게 유지된다. 벽을 통한 열손실률을 구하여야 한다.

가정 **1.** 표면온도가 주어진 온도로 일정하기 때문에 벽을 통한 열전달은 정상 상태이다. **2.** 중요한 온도구배가 벽의 내부에서 바깥 방향이므로 열전달은 1차원이다. **3.** 열전도도는 일정하다.

물성값 주어진 열전도도는 k = 0.9 W/m·K이다.

해석 벽을 통한 열전달은 전도에 의한 것이고 벽의 표면 면적 A = 3 m × 5 m = 15 m^{2}를 사용하여 벽을 통한 열전달률을 식 (3-3)으로부터 구할 수 있다.

$$\dot{Q} = kA\frac{T_1 - T_2}{L} = (0.9\ \text{W/m}\cdot°\text{C})(15\ \text{m}^2)\frac{(16 - 2)°\text{C}}{0.3\ \text{m}} = \mathbf{630\ W}$$

벽을 통한 정상 열전달률을 열저항

$$\dot{Q} = \frac{\Delta T_{\text{wall}}}{R_{\text{wall}}}$$

를 이용하여 구할 수도 있다. 여기서

$$R_{\text{wall}} = \frac{L}{kA} = \frac{0.3\text{ m}}{(0.9\text{ W/m·°C})(15\text{ m}^2)} = 0.02222\text{°C/W}$$

이고, 이것을 대입하여 다음을 얻는다.

$$\dot{Q} = \frac{(16 - 2)\text{°C}}{0.02222\text{°C/W}} = 630\text{ W}$$

검토 이것은 앞에서 구한 결과와 일치한다. 주어진 표면온도에서의 평면 벽을 통한 열전도는 열저항 개념을 도입하지 않고도 구할 수 있다. 그러나 복잡한 열전달 문제에서는 열저항 개념이 유용하게 사용될 수 있는데 다음 예제에서 이를 보여주고 있다. 열전도도에 대한 단위인 W/m·°C와 W/m·K는 동일하며 바꾸어 사용할 수 있다. 온도 차이인 °C와 K에 대해서도 마찬가지이다.

예제 3-2 단일 유리창을 통한 열손실

열전도도 k = 0.78 W/m·K이고 높이 0.8 m, 폭 1.5 m, 두께 8 mm인 유리창을 고려하자. 바깥의 온도가 −10°C이고 방의 온도가 20°C로 유지되고 있을 때, 유리창을 통한 정상 열전달률을 구하고 유리창의 내부 표면온도를 구하라. 복사효과를 포함한 창의 내부 및 외부 열전달계수는 h_1 = 10 W/m²·K, h_2 = 40 W/m²·K이다.

풀이 창문의 유리를 통한 열손실을 고려한다. 창을 통한 열전달률과 창의 내부 표면온도를 구하여야 한다.

가정 **1.** 표면온도가 주어진 온도로 일정하기 때문에 창을 통한 열전달은 정상 상태이다. **2.** 중요한 온도구배가 벽의 내부에서 바깥 방향이므로 열전달은 1차원이다. **3.** 열전도도는 일정하다.

물성값 주어진 열전도도는 k = 0.78 W/m·K이다.

해석 내부 및 외부의 공기 온도가 주어진 값으로 오랫동안 일정하여 유리창을 통한 열전달이 정상 상태라고 가정한다. 또한 창의 내부에서 바깥 방향으로만 큰 온도구배가 존재하여 창을 통한 열전달은 1차원이라 가정한다. 창을 통한 전도 및 표면에서의 대류를 포함하고 있으므로 열저항 개념을 도입하고 그림 3-12와 같은 열저항 회로를 그려 이 문제를 다루는 것이 최선의 방법이다. 창의 표면 면적 A = 0.8 m × 1.5 m = 1.2 m²를 사용하여 각각의 열저항을 다음과 같이 구할 수 있다.

$$R_i = R_{\text{conv, 1}} = \frac{1}{h_1 A} = \frac{1}{(10\text{ W/m}^2\text{·K})(1.2\text{ m}^2)} = 0.08333\text{°C/W}$$

$$R_{\text{glass}} = \frac{L}{kA} = \frac{0.008\text{ m}}{(0.78\text{ W/m·K})(1.2\text{ m}^2)} = 0.00855\text{°C/W}$$

$$R_o = R_{\text{conv, 2}} = \frac{1}{h_2 A} = \frac{1}{(40\text{ W/m}^2\text{·K})(1.2\text{ m}^2)} = 0.02083\text{°C/W}$$

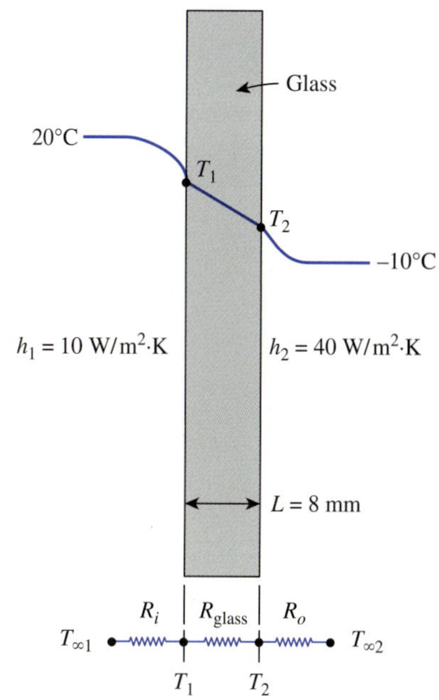

그림 3-12
예제 3-2의 개략도

세 저항이 직렬이므로 전체 열저항은 다음과 같다.

$$R_{total} = R_{conv,1} + R_{glass} + R_{conv,2} = 0.08333 + 0.00855 + 0.02083$$
$$= 0.1127°C/W$$

유리창을 통한 정상 열전달률은 다음과 같이 구해진다.

$$\dot{Q} = \frac{T_{\infty1} - T_{\infty2}}{R_{total}} = \frac{[20 - (-10)]°C}{0.1127°C/W} = \mathbf{266\ W}$$

열전달률을 구한 후 유리창의 내부 표면온도는 다음과 같이 구해진다.

$$\dot{Q} = \frac{T_{\infty1} - T_1}{R_{conv,1}} \longrightarrow T_1 = T_{\infty1} - \dot{Q}R_{conv,1}$$
$$= 20°C - (266\ W)(0.08333°C/W)$$
$$= \mathbf{-2.2°C}$$

검토 실내 온도가 20°C로 유지되고 있음에도 불구하고 유리창의 내부 표면온도는 −2.2°C이다. 그런 낮은 온도는 바람직하지 못하다, 왜냐하면 방안의 습도가 높을 때 유리창 내부 표면에 이슬 또는 서리가 생기기 때문이다.

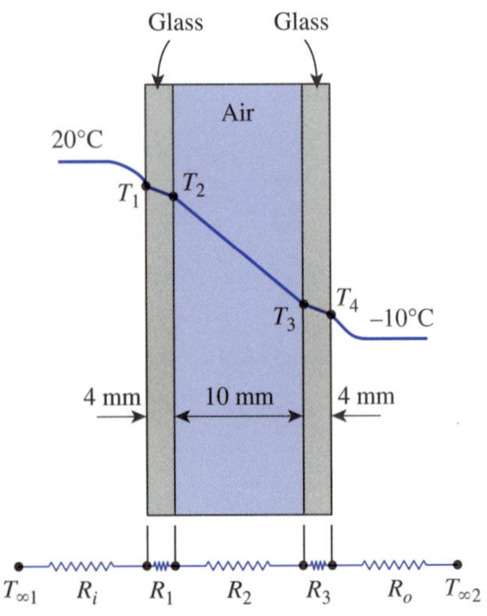

그림 3-13

예제 3-3의 개략도

예제 3-3 이중 유리창을 통한 열전달

정지하고 있는 10 mm의 공기층(k = 0.026 W/m·K)을 중간에 포함하고 있는 높이 0.8 m, 폭 1.5 m, 각각의 두께 4 mm인 이중 유리창(k = 0.78 W/m·K)을 고려하자. 바깥의 온도가 −10°C이고 실내 온도가 20°C로 유지되고 있을 때, 이중 유리창을 통한 정상 열전달률을 구하고 유리창의 내부 표면온도를 구하라. 복사효과를 포함한 창의 내부 및 외부 열전달계수는 h_1 = 10 W/m²·K, h_2 = 40 W/m²·K이다.

풀이 이중 유리창이 고려된다. 창을 통한 열전달률과 창의 내부 표면온도를 구하여야 한다.

해석 8 mm 두께의 유리창을 중간에 정지하고 있는 10 mm의 공기층을 포함하고 있는 두께 4 mm인 두 개의 이중 유리창으로 대체하면 이 문제는 앞의 예제와 동일하게 된다. 따라서 이 문제의 열저항은 그림 3-13에 보여주고 있는 것처럼 두 개의 추가적인 층에 대한 열저항이 추가될 것이다. 창의 표면 면적 A = 0.8 m × 1.5 m = 1.2 m²를 사용하여 각각의 열저항을 다음과 같이 구할 수 있다.

$$R_i = R_{conv,1} = \frac{1}{h_1 A} = \frac{1}{(10\ W/m^2 \cdot K)(1.2\ m^2)} = 0.08333°C/W$$

$$R_1 = R_3 = R_{glass} = \frac{L_1}{k_1 A} = \frac{0.004\ m}{(0.78\ W/m \cdot K)(1.2\ m^2)} = 0.00427°C/W$$

$$R_2 = R_{air} = \frac{L_2}{k_2 A} = \frac{0.01\ m}{(0.026\ W/m \cdot K)(1.2\ m^2)} = 0.3205°C/W$$

$$R_o = R_{conv,2} = \frac{1}{h_2 A} = \frac{1}{(40\ W/m^2 \cdot K)(1.2\ m^2)} = 0.02083°C/W$$

모든 저항이 직렬이므로 전체 열저항은 다음과 같다.

$$R_{total} = R_{conv,1} + R_{glass,1} + R_{air} + R_{glass,2} + R_{conv,2}$$
$$= 0.08333 + 0.00427 + 0.3205 + 0.00427 + 0.02083$$
$$= 0.4332°C/W$$

유리창을 통한 정상 열전달률은 다음과 같이 구해진다.

$$\dot{Q} = \frac{T_{\infty 1} - T_{\infty 2}}{R_{\text{total}}} = \frac{[20 - (-10)]°\text{C}}{0.4332°\text{C/W}} = \mathbf{69.2\ W}$$

이것은 앞의 예제에서 구한 값의 약 1/4이다. 추운 기후에서 이중창 또는 삼중창이 왜 인기 있는지를 설명해 주고 있다. 이 경우의 상당한 열전달 감소는 중간 공기층의 열저항 때문이다. 실제로는 공기층에서 일어나는 자연대류 때문에 공기의 열저항은 이보다는 작아질 것이다.

이 경우 유리창의 내부 표면온도는 다음과 같이 될 것이다.

$$T_1 = T_{\infty 1} - \dot{Q}R_{\text{conv, 1}} = 20°\text{C} - (69.2\ \text{W})(0.08333°\text{C/W}) = \mathbf{14.2°C}$$

이것은 앞의 예제에서 구한 −2.2°C보다는 훨씬 높은 값이다. 이중 또는 삼중창에서는 유리창 내부 표면에 이슬이 잘 생기지 않는다. 또한 이중창은 여름에는 열획득을 감소시켜 냉방비용을 저감시킨다.

3–2 ▪ 접촉 열저항

다층 고체를 통한 열전도 해석에서 접촉면이 "완전하게 접촉"하고 있어 접촉면에서 온도 강하가 없다고 가정하였다. 접촉면이 아주 매끄러워 모든 점에서 완전하게 접촉하고 있는 경우에 그러하다. 그러나 실제의 경우 눈으로 보기에는 매끄러워 보이지만 그림 3–14에서처럼 현미경으로 보면 뾰족한 봉우리와 골이 많아 거칠다. 즉 표면은 아무리 매끄럽게 보여도 **미시적으로 보면 거칠다.**

그런 두 표면이 압착될 때 봉우리 부분은 잘 접촉되지만 골짜기는 공기를 포함하는 빈 공간을 형성한다. 따라서 접촉면은 여러 가지 크기의 **공기층**을 포함하는데, 공기의 작은 열전도도 때문에 이것이 **단열재** 역할을 한다. 따라서 접촉면이 열

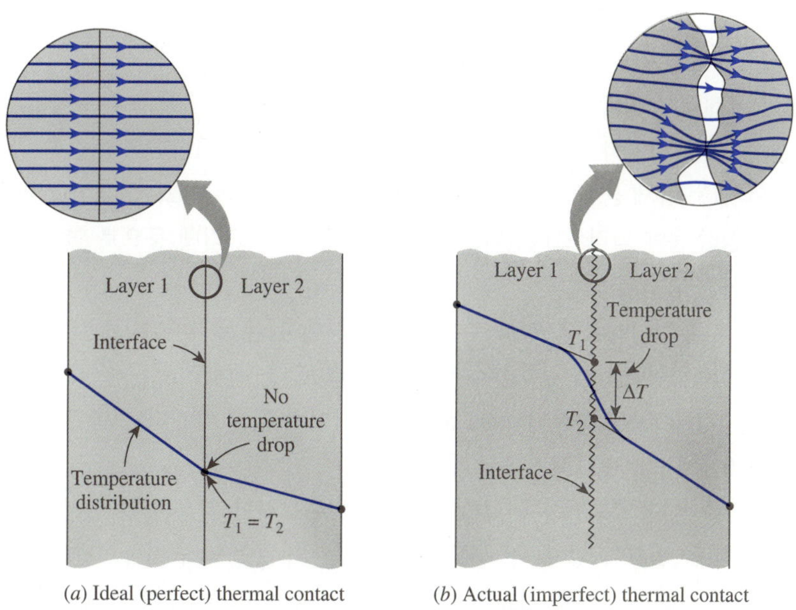

그림 3–14
완전 접촉과 불완전 접촉의 경우에 대하여 상호 접촉된 두 고체판을 따라서 온도분포와 열유동선

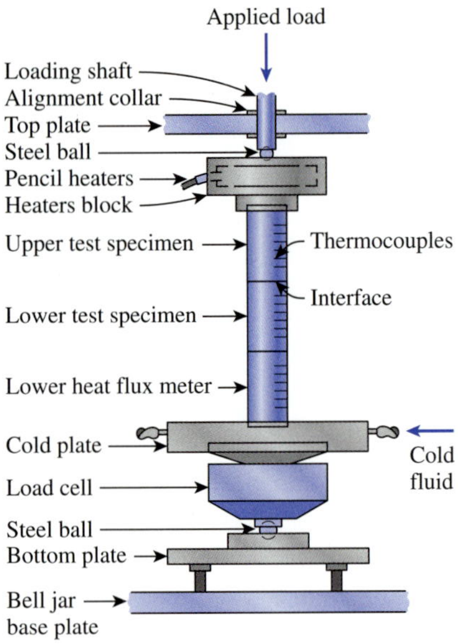

그림 3-15
접촉 열저항을 측정하기 위한 장치
From Song et al (1993)

전달에 일종의 저항역할을 하게 되며, 이를 **접촉 열저항**(thermal contact resistnace) R_c라고 한다. R_c의 값은 그림 3-15와 같은 장치를 사용하여 실험에서 구해지는데 다양한 표면의 특성으로 인하여 데이터는 광범위하게 산재되어 있다.

밀착되어 있는, 단면적이 A인 두 개의 금속 막대를 통한 열전달을 고려하자. 이 두 막대의 접촉면을 통한 열전달은 고체의 접촉부분(고체 대 고체 열전도)과 비접촉 부분(열전달의 주된 부분)인 공간(공간을 통한 전도 또는 대류)에서의 열전달의 합이고 다음과 같이 표기된다.

$$\dot{Q} = \dot{Q}_{\text{contact}} + \dot{Q}_{\text{gap}} \tag{3-25}$$

또는 Newton의 냉각법칙과 유사하게 다음처럼 표시될 수 있다.

$$\dot{Q} = h_c A \, \Delta T_{\text{interface}} \tag{3-26}$$

여기서 A는 겉보기 접촉면적(막대의 단면적)이고 $\Delta T_{\text{interface}}$는 접촉면에서의 유효온도 차이이다. 대류 열전달계수에 해당되는 h_c는 **접촉 열컨덕턴스**(thermal contact conductance)라고 하며 다음으로 표기된다.

$$h_c = \frac{\dot{Q}/A}{\Delta T_{\text{interface}}} \qquad (\text{W/m}^2\cdot\text{K}) \tag{3-27}$$

접촉 열저항과는 다음 관계가 성립한다.

$$R_c = \frac{1}{h_c} = \frac{\Delta T_{\text{interface}}}{\dot{Q}/A} \qquad (\text{m}^2\cdot\text{K/W}) \tag{3-28}$$

즉, 접촉 열저항은 접촉 열컨덕턴스의 역이다. 보통 접촉 열컨덕턴스가 문헌에 주어지지만, 접촉 열저항의 개념이 열전달에서 접촉면의 효과를 설명하는 데 더 적합하다. R_c는 단위면적당 접촉 저항임에 유의하라. 전체 접촉면에서의 열저항은 R_c를 겉보기 접촉면적 A로 나누어 구해진다.

정상 상태에서 접촉면에서의 온도 강하를 측정하여 열유속으로 나누어 접촉 열저항을 식 (3-28)에서 구할 수 있다. 접촉 열저항의 값은 접촉면의 비접촉 공간에 구속되어 있는 유체 종류와 온도 및 압력뿐 아니라 표면거칠기(*surface roughness*), 재질의 물성값 등에 따라 달라진다. 두 평판이 볼트, 나사, 리벳 등으로 연결될 때는 접촉면에서의 압력이 균일하지 않기 때문에 더욱 더 복잡하다. 이 경우 접촉 열저항은 판의 두께, 볼트 직경, 접촉 부분의 크기 등에 따라 달라진다. 표면거칠기가 감소할수록, 접촉압력이 높을수록 접촉 열저항은 작아진다. 실험에서 구한 대부분의 접촉 열저항은 0.000005에서 0.0005 m²·K/W 사이의 값을 가진다(접촉 열컨덕턴스로는 2,000에서 200,000 W/m²·K 사이임).

여러 층을 통한 열전달을 해석할 때 첫 번째로 고려할 것은 접촉 열저항이 중요한지 아닌지 알 필요가 있다. 이 질문에 대해서는 각 층들의 열저항의 크기와 일반적인 접촉 열저항의 크기를 비교함으로써 해결할 수 있다. 예를 들어, 1 cm 두께의

단열재의 단위면적당 열저항은

$$R_{c,\text{ insulation}} = \frac{L}{k} = \frac{0.01\text{ m}}{0.04\text{ W/m·K}} = 0.25\text{ m}^2\text{·K/W}$$

이고, 1 cm 두께의 구리의 경우는 다음과 같다.

$$R_{c,\text{ copper}} = \frac{L}{k} = \frac{0.01\text{ m}}{386\text{ W/m·K}} = 0.000026\text{ m}^2\text{·K/W}$$

위의 값과 일반적인 접촉 열저항과 비교해 보면, 금속과 같은 열전도가 잘 되는 경우는 접촉 열저항이 중요하며 심지어 지배적인 경우도 있다. 그러나 단열재에서와 같이 열전도가 잘 안되는 경우는 접촉 열저항을 무시할 수 있다. 단열재는 접촉면에서와 마찬가지로 공기층을 많이 포함하고 있기 때문에 그렇게 놀라운 것은 아니다.

서로 압착하기 전에 열접촉저항은 표면에 실리콘 오일과 같은 열수지(thermal grease)라 불리는 열전도액체를 적용함으로써 최소화할 수 있다. 트랜지스터와 같은 전기 부품을 열싱크(thermal sink)에 접촉할 때, 실리콘 오일과 같은 **열수지** (*thermal grease*)라고 하는 열전도 액체를 접촉면에 첨가하여 압착하는 방식이 보통 사용된다. 또한 표 3-1에 보여주고 있는 헬륨이나 수소 등과 같은 **열전도도가 좋은 기체**를 접촉면에 채워서 접촉 열저항을 줄일 수 있다.

접촉 열저항을 줄이는 또 다른 방법은 은, 구리, 니켈 또는 알루미늄 같은 **연한 금속박막**을 두 표면 사이에 삽입하는 것이다. 실험에 의한 연구결과는 접촉면에서의 금속박막에 의해 접촉 저항을 1/7로 줄일 수 있다는 것을 보여주고 있다. 최대의 효과를 얻기 위해서는 박막은 아주 얇아야 한다. 여러 가지 금속 표면에서 접촉 열컨덕턴스에 대한 금속 코팅의 효과를 그림 3-16에 보여주고 있다.

문헌에서 보고된 접촉 열컨덕턴스의 데이터는 정확하지 않기 때문에 사용하는데 주의하여야 한다. 표 3-2에 비슷한 금속 또는 상이한 금속 사이의 접촉 열컨덕턴스에 대한 실험 결과를 보여주고 있다. 높은 압력에서 연한 금속의 매끄러운 표면에서의 접촉 열컨덕턴스가 가장 크다(즉, 접촉 열저항은 가장 작다)는 것에 주목하라.

표 3-1

표면 거칠기 10 mm이고 압력이 1 atm에서 다음 유체를 채웠을 때 알루미늄 판에서의 접촉 열전도도(출처: Fried, 1969)

Fluid at the interface	Contact conductance, h_c, W/m²·K
Air	3640
Helium	9520
Hydrogen	13,900
Silicone oil	19,000
Glycerin	37,700

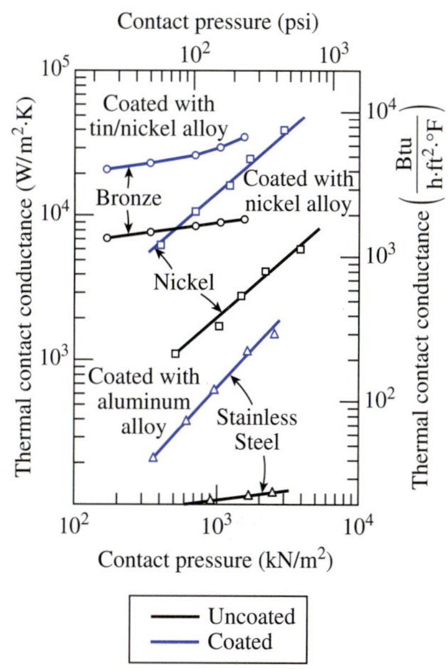

그림 3-16

접촉 열컨덕턴스에 대한 금속 코팅의 효과

From Peterson (1987)

예제 3-4 접촉 열저항에 대한 상당 두께

두께 1 cm인 알루미늄 판 두 개의 접촉 열컨덕턴스가 11,000 W/m²·K로 측정되었다. 두 판의 접촉면에서의 열저항은 두께 얼마의 알루미늄 판의 열저항과 같은가? (그림 3-17)

풀이 접촉 열저항과 같은 열저항을 가질 때의 알루미늄 두께를 구하여야 한다.

물성값 상온에서의 알루미늄 열전도도는 237 W/m·K이다(Table A-24).

해석 접촉 열저항은 접촉 열컨덕턴스의 역수이기 때문에 접촉 열저항은 다음과 같다.

$$R_c = \frac{1}{h_c} = \frac{1}{11{,}000\text{ W/m}^2\text{·K}} = 0.909 \times 10^{-4}\text{ m}^2\text{·K/W}$$

표 3-2

공기 중에서 여러 금속 표면에서의 접촉 열컨덕턴스

Material	Surface condition	Roughness, μm	Temperature, °C	Pressure, MPa	h_c, W/m^2·K
Identical Metal Pairs					
416 Stainless steel	Ground	2.54	90–200	0.17–2.5	3800
304 Stainless steel	Ground	1.14	20	4–7	1900
Aluminum	Ground	2.54	150	1.2–2.5	11,400
Copper	Ground	1.27	20	1.2–20	143,000
Copper	Milled	3.81	20	1–5	55,500
Copper (vacuum)	Milled	0.25	30	0.17–7	11,400
Dissimilar Metal Pairs					
Stainless steel–Aluminum		20–30	20	10 20	2900 3600
Stainless steel–Aluminum		1.0–2.0	20	10 20	16,400 20,800
Steel Ct-30–Aluminum	Ground	1.4–2.0	20	10 15–35	50,000 59,000
Steel Ct-30–Aluminum	Milled	4.5–7.2	20	10 30	4800 8300
Aluminum-Copper	Ground	1.17–1.4	20	5 15	42,000 56,000
Aluminum-Copper	Milled	4.4–4.5	20	10 20–35	12,000 22,000

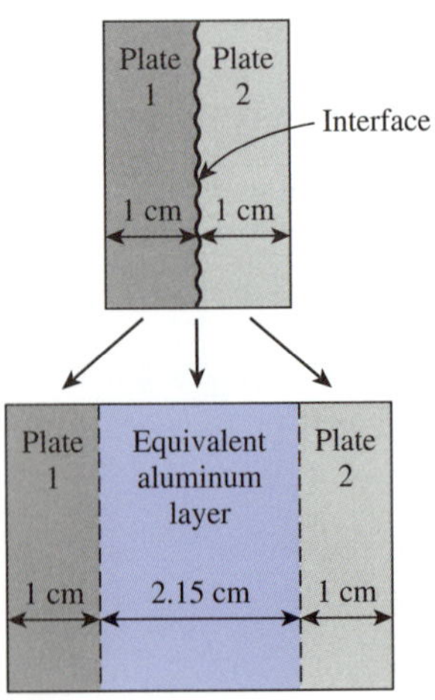

그림 3-17

예제 3-4의 개략도

단위면적에 대해 접촉 열저항은 다음과 같다.

$$R = \frac{L}{k}$$

여기서 L은 판의 두께이고 k는 열전도도이다. $R = R_c$라고 하면 위의 관계식으로부터 상당 두께는 다음과 같다.

$$L = kR_c = (237\ \text{W/m·K})(0.909 \times 10^{-4}\ \text{m}^2\text{·K/W}) = 0.0215\ \text{m} = \mathbf{2.15\ cm}$$

검토 두 판의 접촉면은 2.15 cm 두께의 알루미늄과 같은 열저항을 생기게 하고 있음에 주목하라. 이 예제의 경우 접촉면에서의 열저항이 두 판 전체의 열저항보다 크다.

예제 3-5 트랜지스터의 접촉 저항

알루미늄 케이싱을 가지는 네 개의 동일한 트랜지스터가 1 cm 두께의 20 cm × 20 cm의 구리판(k = 386 W/m·K)의 한쪽 면에, 나사에 의해 6 MPa의 압력으로 부착되어 있다(그림 3-18). 각 트랜지스터의 기저 면적은 8 cm^{2}이고 각각의 트랜지스터는 판의 1/4인 10 cm × 10 cm 부분의 중앙에 위치하고 있다. 접촉면의 거칠기는 1.5 μm이다. 트랜지스터 전체는 열전도도가 아주 작은 두꺼운 플렉시 유리로 덮여 있다. 따라서 트랜지스터에서 발생한 모든 열은 구리판의 뒷면을 통하여 20°C의 공기 중으로 전달된다. 대류 및 복사의 복합 열전달 계수는 25 W/m²·K이다. 트랜지스터의 케이스 온도가 70°C를 넘지 않을 때 각각의 트랜지스터가 방출할 수 있는 동력을 구하고 케이스와 구리판의 접촉면에서의 온도 차이를 구하라.

풀이 네 개의 동일한 트랜지스터가 구리판에 부착되어 있다. 케이스 온도가 최대온도인 70°C일 때 최대 방출동력과 접촉면에서의 온도 차이를 구하여야 한다.

가정 **1.** 정상 조건이 존재한다. **2.** 구리판의 면적이 트랜지스터 기저 면적보다 훨씬 크기 때문에 판의 일부에서 전도 열전달은 2차원이기는 하지만, 열전달을 1차원이라 가정한다. 구리의 열전도도가 매우 크기 때문에 이러한 영향은 작을 것이다. **3.** 두꺼운 플렉시 유리로 덮여 있기 때문에 트랜지스터에서 발생한 모든 열은 구리판의 뒷면을 통하여 공기 중으로 전달된다. **4.** 열전도도는 일정하다.

물성값 구리의 열전도도는 386 W/m²·K이다. 표 3-2에서, 본 예제의 조건과 가장 가까운 상태인, 구리-알루미늄 접촉면에서 압력 5 MPa, 거칠기 1.17~1.4 μm일 때의 접촉 열컨덕턴스는 42,000 W/m²·K이다.

해석 케이스와 판의 접촉 면적은 8 cm²이고 각 트랜지스터가 위치하고 있는 판의 면적은 100 cm²이다. 이 예제에서의 열저항 회로는 접촉면, 판, 대류에서의 세 저항이 직렬로 이루어져 있으며 각각은 다음과 같다.

$$R_{\text{interface}} = \frac{1}{h_c A_c} = \frac{1}{(42{,}000\ \text{W/m}^2\cdot\text{K})(8 \times 10^{-4}\ \text{m}^2)} = 0.030°\text{C/W}$$

$$R_{\text{plate}} = \frac{L}{kA} = \frac{0.01\ \text{m}}{(386\ \text{W/m}\cdot\text{K})(0.01\ \text{m}^2)} = 0.0026°\text{C/W}$$

$$R_{\text{conv}} = \frac{1}{h_o A} = \frac{1}{(25\ \text{W/m}^2\cdot\text{K})(0.01\ \text{m}^2)} = 4.0°\text{C/W}$$

따라서 전체 열저항은

$$R_{\text{total}} = R_{\text{interface}} + R_{\text{plate}} + R_{\text{ambient}} = 0.030 + 0.0026 + 4.0 = 4.0326°\text{C/W}$$

이다. 구리의 열저항은 매우 작아서 무시될 수 있다. 열전달률은 다음과 같이 구해진다.

$$\dot{Q} = \frac{\Delta T}{R_{\text{total}}} = \frac{(70 - 20)°\text{C}}{4.0326°\text{C/W}} = \mathbf{12.4\ W}$$

따라서 케이스 온도가 70°C를 넘지 않으려면, 트랜지스터는 12.4 W보다 높은 동력에서 작동되어서는 안 된다.

접촉면에서의 온도 차이는

$$\Delta T_{\text{interface}} = \dot{Q}R_{\text{interface}} = (12.4\ \text{W})(0.030°\text{C/W}) = \mathbf{0.37°C}$$

와 같고 그렇게 크지 않다. 따라서 접촉 열저항을 완전히 무시하더라도 차이는 0.4°C보다 작다.

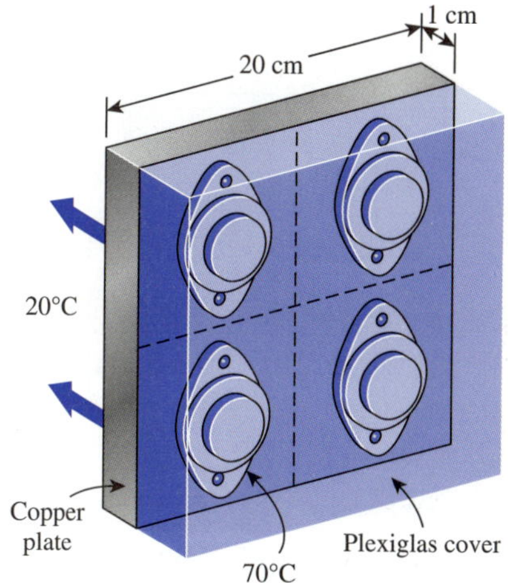

그림 3-18
예제 3-5의 개략도

3-3 ▪ 열저항 회로의 일반화

병렬 또는 직렬-병렬과 같은 복합 배열의 정상 열전도 문제를 푸는 데 **열저항**(*thermal resistance*) 개념 또는 **전기 유사성**(*electrical analogy*)을 사용할 수 있다. 그러한 문제는 종종 2차원 또는 3차원이지만 1차원이라 가정하여 열저항 회로를

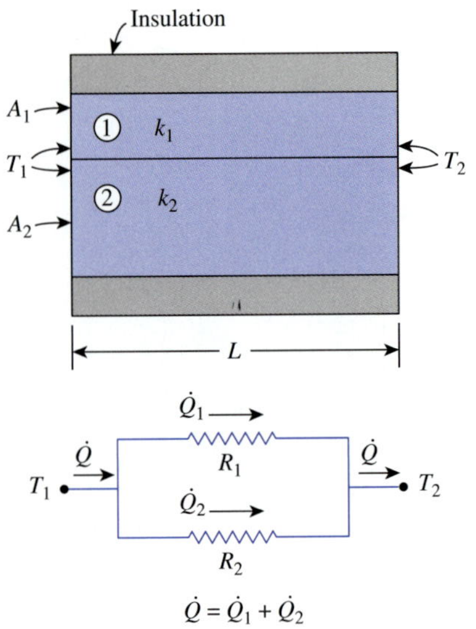

그림 3-19
평행한 두 층에 대한 열저항 회로

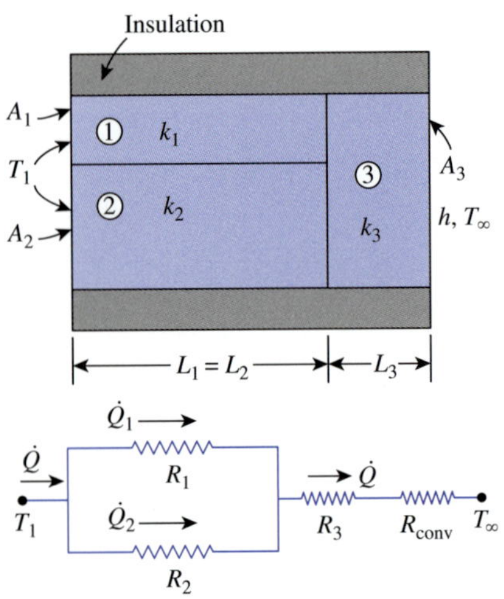

그림 3-20
직렬-병렬의 복합 배열에 대한 열저항 회로

사용하여 근사적인 해를 구할 수 있다.

그림 3-19에 보여주고 있는 복합 벽을 생각해보자. 두개의 저항이 병렬로 된 열저항 회로를 그림에서 보여주고 있다. 전체 열전달은 각 층에서의 열전달의 합이므로 다음을 얻는다.

$$\dot{Q} = \dot{Q}_1 + \dot{Q}_2 = \frac{T_1 - T_2}{R_1} + \frac{T_1 - T_2}{R_2} = (T_1 - T_2)\left(\frac{1}{R_1} + \frac{1}{R_2}\right) \quad \text{(3-29)}$$

전기 유사성을 사용하면 다음과 같다.

$$\dot{Q} = \frac{T_1 - T_2}{R_{total}} \quad \text{(3-30)}$$

열저항이 병렬이기 때문에 전체 열저항은 다음과 같다.

$$\frac{1}{R_{total}} = \frac{1}{R_1} + \frac{1}{R_2} \longrightarrow R_{total} = \frac{R_1 R_2}{R_1 + R_2} \quad \text{(3-31)}$$

이제 그림 3-20에 보여주고 있는 직렬-병렬의 복합 배열을 고려하자. 복합 시스템을 통한 열전달률은 역시 다음과 같이 표기된다.

$$\dot{Q} = \frac{T_1 - T_\infty}{R_{total}} \quad \text{(3-32)}$$

여기서

$$R_{total} = R_{12} + R_3 + R_{conv} = \frac{R_1 R_2}{R_1 + R_2} + R_3 + R_{conv} \quad \text{(3-33)}$$

$$R_1 = \frac{L_1}{k_1 A_1} \qquad R_2 = \frac{L_2}{k_2 A_2} \qquad R_3 = \frac{L_3}{k_3 A_3} \qquad R_{conv} = \frac{1}{hA_3} \quad \text{(3-34)}$$

이다. 각각의 열저항이 계산되면 전체 열저항과 열전달률은 위의 관계식에서 쉽게 계산된다.

실제의 경우 세 번째 층의 표면온도는 등온이 아니고 또한 첫째 둘째 층 사이에 열전달이 일어나기 때문에 위의 해는 근사적인 것이다.

복잡한 다차원의 열전달 문제를 열저항 회로를 사용하여 1차원(x방향이라 하자)으로 취급하는 데는 일반적으로 두 가지 가정이 사용될 수 있다. (1) x축에 직각인 모든 평면 벽을 **등온**(*isothermal*)이라 가정(즉, 온도가 x방향으로만 변한다고 가정)하는 것과, (2) x축에 평행한 모든 평면 벽을 **단열**(*adiabatic*)이라 가정(즉, 열전달은 x방향으로만 일어난다고 가정)하는 두 가지 방식이 있다. 이 두 가정은 서로 다른 열저항 회로를 가지게 되고 따라서 전체 열저항과 열전달이 서로 다른(그러나 보통 비슷한) 결과를 얻게 된다. 실제 결과는 그 두 값의 중간에 존재한다. 한 방향으로 대부분의 열전달이 일어나는 경우 어느 가정을 하든지 모두 만족할 만한 결과를 얻을 수 있다.

예제 3-6 복합 벽을 통한 열손실

16 cm × 22 cm의 단면을 가지는 벽돌(k = 0.72 W/m·K)과 그 사이에 두께 3 cm의 석고(k = 0.22 W/m·K)로 구성된 높이 3 m, 폭 5 m의 벽이 있다. 또한 그림 3-21에 보듯이 벽돌의 양쪽에도 각각 2 cm 두께의 석고가 있으며, 벽의 안쪽으로 3 cm 두께의 경질 발포제(k = 0.026 W/m·K)이 있다. 방안의 온도가 20°C, 바깥의 온도가 −10°C이고 내부 및 외부 열전달계수는 h_1 = 10 W/m²·K, h_2 = 25 W/m²·K이다. 복사를 무시하고 1차원 열전달을 가정하여 벽을 통한 열전달률을 구하라.

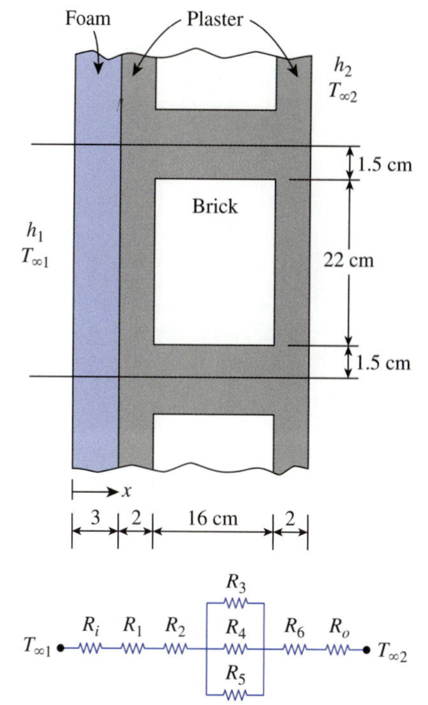

그림 3-21

예제 3-6의 개략도

풀이 복합 벽의 구성은 주어져 있고 벽을 통한 열전달률을 구하여야 한다.

가정 **1.** 시간에 따라 온도가 변한다는 조건이 없어 정상 열전달이 일어난다. **2.** 열전달의 대부분이 x방향으로 일어나므로 1차원이라 가정한다. **3.** 열전도도는 일정하다. **4.** 복사에 의한 열전달은 무시할 수 있다.

물성값 열전도도는 주어져 있으며, 벽돌은 k = 0.72 W/m·K, 석고는 k = 0.22 W/m·K, 경질 발포제는 k = 0.026 W/m·K이다.

해석 이 벽은 수직 방향으로는 25 cm의 거리로 같은 모양을 반복하지만, 수평방향으로는 변화가 없다. 따라서 깊이 1 m, 높이 0.25 m의 벽을 고려한다.

x축에 직각인 모든 벽을 등온이라 가정하면, 열저항 회로는 그림 3-21과 같이 된다. 각각의 열저항은 다음과 같다.

$$R_i = R_{\text{conv, 1}} = \frac{1}{h_1 A} = \frac{1}{(10\ \text{W/m}^2\cdot\text{K})(0.25 \times 1\ \text{m}^2)} = 0.40°\text{C/W}$$

$$R_1 = R_{\text{foam}} = \frac{L}{kA} = \frac{0.03\ \text{m}}{(0.026\ \text{W/m}\cdot\text{K})(0.25 \times 1\ \text{m}^2)} = 4.62°\text{C/W}$$

$$R_2 = R_6 = R_{\text{plaster, side}} = \frac{L}{kA} = \frac{0.02\ \text{m}}{(0.22\ \text{W/m}\cdot\text{K})(0.25 \times 1\ \text{m}^2)}$$
$$= 0.36°\text{C/W}$$

$$R_3 = R_5 = R_{\text{plaster, center}} = \frac{L}{kA} = \frac{0.16\ \text{m}}{(0.22\ \text{W/m}\cdot\text{K})(0.015 \times 1\ \text{m}^2)}$$
$$= 48.48°\text{C/W}$$

$$R_4 = R_{\text{brick}} = \frac{L}{kA} = \frac{0.16\ \text{m}}{(0.72\ \text{W/m}\cdot\text{K})(0.22 \times 1\ \text{m}^2)} = 1.01°\text{C/W}$$

$$R_o = R_{\text{conv, 2}} = \frac{1}{h_2 A} = \frac{1}{(25\ \text{W/m}^2\cdot\text{K})(0.25 \times 1\ \text{m}^2)} = 0.16°\text{C/W}$$

중앙에 있는 3개의 열저항 R_3, R_4, R_5는 병렬이고 그것들의 상당 열저항은 다음과 같다.

$$\frac{1}{R_{\text{mid}}} = \frac{1}{R_3} + \frac{1}{R_4} + \frac{1}{R_5} = \frac{1}{48.48} + \frac{1}{1.01} + \frac{1}{48.48} = 1.03\ \text{W/°C}$$

따라서

$$R_{\text{mid}} = 0.97°\text{C/W}$$

이다. 이제 모든 열저항은 직렬이 되고 전체 열저항은 다음과 같이 된다.

$$\begin{aligned} R_{\text{total}} &= R_i + R_1 + R_2 + R_{\text{mid}} + R_6 + R_o \\ &= 0.40 + 4.62 + 0.36 + 0.97 + 0.36 + 0.16 \\ &= 6.87°\text{C/W} \end{aligned}$$

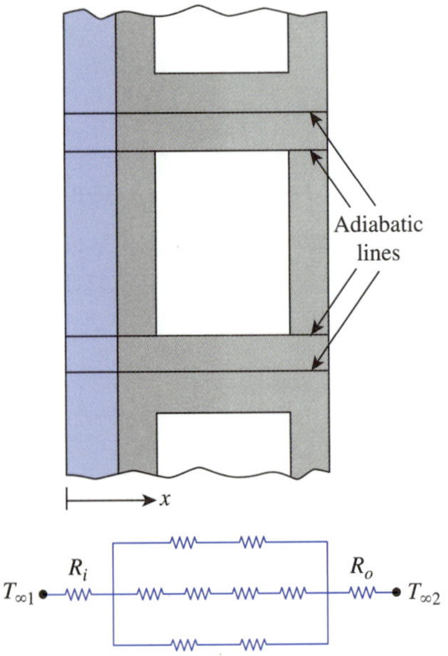

그림 3-22

열전달의 주된 방향에 평행한 표면이 모두 단열인 경우의 예제 3-6에 대한 열저항 회로

따라서 벽을 통한 정상 열전달률은

$$\dot{Q} = \frac{T_{\infty 1} - T_{\infty 2}}{R_{\text{total}}} = \frac{[20 - (-10)]°\text{C}}{6.87°\text{C/W}} = 4.37 \text{ W} \qquad (\text{per } 0.25 \text{ m}^2 \text{ surface area})$$

이고, 단위면적당 열전달률은 4.38/0.25 = 17.5 W/m²이다. 벽의 전체 면적 A = 3 m × 5 m = 15 m²이므로 전체 벽을 통한 정상 열전달률은 다음과 같다.

$$\dot{Q}_{\text{total}} = (17.5 \text{ W/m}^2)(15 \text{ m}^2) = \mathbf{263 \text{ W}}$$

벽에서의 온도가 한 방향으로만 변하고 다른 두 방향으로는 변하지 않는다고 가정하였기 때문에 그 결과는 근사적인 것이다.

검토 위의 풀이에서 x축에 직각인 모든 벽 단면을 *등온*이라 가정하였다. 또한 x축에 평행한 모든 평면 벽을 *단열*이라 가정하여 이 문제를 풀 수 있다. 이 경우의 열저항 회로를 그림 3-22에 보여주고 있다. 위와 같은 방식으로 전체 열저항을 구하면 R_{total} = 6.97°C/W이고 앞에서 구한 6.85°C/W와 거의 동일한 값이다. 실제 결과는 그 두 값의 중간에 존재한다. 이 경우 어느 가정을 하든지, 거의 동일한 결과를 얻는다. 이 예제는 두 가정 모두 실제적으로 만족할 만한 결과를 얻을 수 있다는 것을 보여주고 있다.

3-4 ▪ 원통과 구에서의 열전도

온수관에서의 정상 열전도를 고려하자. 관벽을 통하여 외부로 열이 계속 손실되고 있으며, 관을 통한 열전달은 벽 표면에 직각인 방향으로 주로 일어나고 다른 방향으로는 별로 열전달이 일어나지 않는다는 것을 우리는 직관적으로 알고 있다(그림 3-23). 서로 다른 온도의 두 유체를 분리시키고 있는 관벽은 상당히 얇아 반경방향으로의 온도구배는 비교적 크다. 또한 관의 내부 및 외부 유체의 온도가 일정하다면 관을 통한 열전달은 **정상** 상태이다. 따라서 관벽을 통한 열전달은 1차원 정상 상태가 된다. 이 경우의 온도는 오직 한 방향(반경 r방향)으로만 변하게 되고 $T = T(r)$로 표기된다. 온도는 축 방향 및 원주방향으로는 일정하다. 실제적으로 매우 긴 원형 관이나 구형의 탱크에서 이와 같은 가정을 사용할 수 있다.

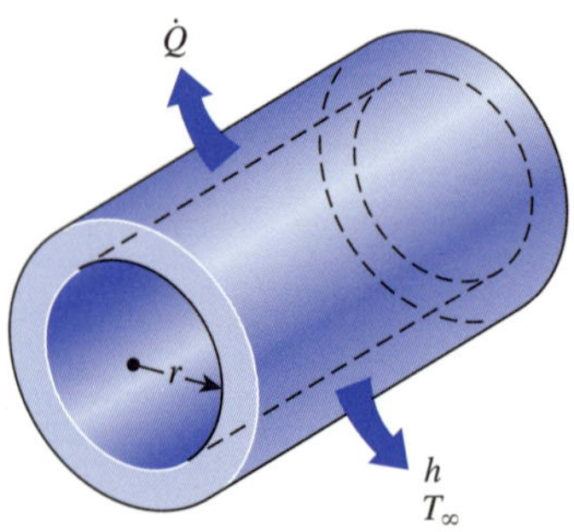

그림 3-23

온수관으로부터 주위의 공기로 반경방향으로 열이 손실되어 긴 관에서의 열전달은 1차원이 된다.

정상 상태에서는 어떤 위치에서 시간에 따른 온도 변화가 없다. 따라서 관으로 유입되는 열전달률은 관으로부터 유출되는 열전달률과 같아야 한다. 다시 표현하면, 관을 통한 열전달률은 일정, 즉 $\dot{Q}_{\text{cond, cyl}}$ = 상수이어야 한다.

열전달율 k, 내부 반경 r_1, 외부 반경 r_2, 길이 L인 매우 긴 원통형 층(예를 들면 원형관)을 고려하자(그림 3-24). 원통형 층(cylindrical layer)의 두 표면온도는 T_1과 T_2로 일정하게 유지된다. 열발생은 없고 열전도도는 일정하다. 원통형 층을 통한 1차원 열전도에 대해 온도분포는 $T(r)$이다. 원통형 층을 통한 열전달에 대한 Fourier의 열전도 법칙은 다음과 같다.

$$\dot{Q}_{\text{cond, cyl}} = -kA\frac{dT}{dr} \qquad (\text{W}) \tag{3-35}$$

여기서 $A = 2\pi rL$은 위치 r에서의 열전달 면적이다. A는 r의 함수이고 따라서 열전달 방향으로 변화하는 것에 주목하라. 앞 식에서 변수를 분리하고 $T(r_1) = T_1$인 r_1에서부터 $T(r_2) = T_2$인 r_2까지 적분하면 다음을 얻는다.

$$\int_{r=r_1}^{r_2} \frac{\dot{Q}_{\text{cond, cyl}}}{A} dr = -\int_{T=T_1}^{T_2} k\, dT \tag{3-36}$$

$A = 2\pi rL$을 대입하여 적분을 수행하면, $\dot{Q}_{\text{cond, cyl}}$ = 일정이므로

$$\dot{Q}_{\text{cond, cyl}} = 2\pi Lk \frac{T_1 - T_2}{\ln(r_2/r_1)} \quad \text{(W)} \tag{3-37}$$

이다. 위 식은 다음과 같이 정리된다.

$$\dot{Q}_{\text{cond, cyl}} = \frac{T_1 - T_2}{R_{\text{cyl}}} \quad \text{(W)} \tag{3-38}$$

여기서

$$R_{\text{cyl}} = \frac{\ln(r_2/r_1)}{2\pi Lk} = \frac{\ln(\text{외경}/\text{내경})}{2\pi \times \text{길이} \times \text{열전도도}} \tag{3-39}$$

은 열전도에 대한 원통형 층의 **열저항** 또는 단순하게 원통형 층의 **전도 저항**(*thermal resistance*)이라 한다.

구형 층(*spherical layer*)에 대해서는 식 (3-36)에 $A = 4\pi r^2$을 대입하여 적분을 수행하여 위의 해석을 반복할 수 있다. 그 결과는

$$\dot{Q}_{\text{cond, sph}} = \frac{T_1 - T_2}{R_{\text{sph}}} \tag{3-40}$$

이고,

$$R_{\text{sph}} = \frac{r_2 - r_1}{4\pi r_1 r_2 k} = \frac{\text{외경} - \text{내경}}{4\pi(\text{외경})(\text{내경})(\text{열전도도})} \tag{3-41}$$

은 열전도에 대한 구형 층의 **열저항** 또는 단순하게 구형 층의 **전도 저항**이라 한다.

이제 그림 3-25에 보여주고 있는 것처럼 양쪽에 온도 $T_{\infty1}$, $T_{\infty2}$인 유체가 있고 그 열전달계수가 각각 h_1, h_2인 대류 열전달이 있는 경우의 원통형 또는 구형 층에 대한 1차원 정상 열전달을 고려하자. 이 경우의 열저항 회로는 평면 벽에서와 마찬가지로 하나의 전도 저항과 두 대류 저항이 직렬로 구성되고, 정상 상태에서의 열전달률은 다음과 같다.

$$\dot{Q} = \frac{T_{\infty1} - T_{\infty2}}{R_{\text{total}}} \tag{3-42}$$

여기서, 원통형 층에 대하여

$$\begin{aligned} R_{\text{total}} &= R_{\text{conv, 1}} + R_{\text{cyl}} + R_{\text{conv, 2}} \\ &= \frac{1}{(2\pi r_1 L)h_1} + \frac{\ln(r_2/r_1)}{2\pi Lk} + \frac{1}{(2\pi r_2 L)h_2} \end{aligned} \tag{3-43}$$

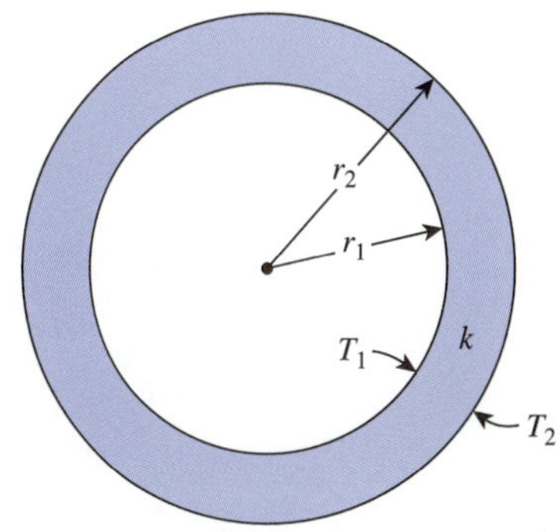

그림 3-24

T_1과 T_2의 내부 및 외부 표면온도를 가지는 매우 긴 원 관(또는 구형의 셀)

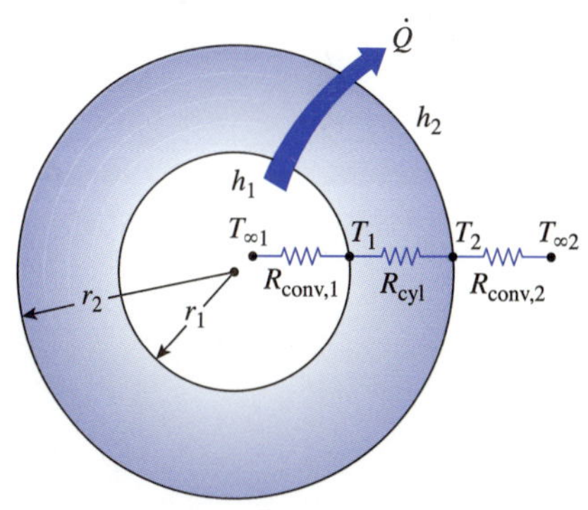

그림 3-25

외부 및 외부에서 대류가 일어날 때의 원통형(또는 구형) 셀에 대한 열저항 회로

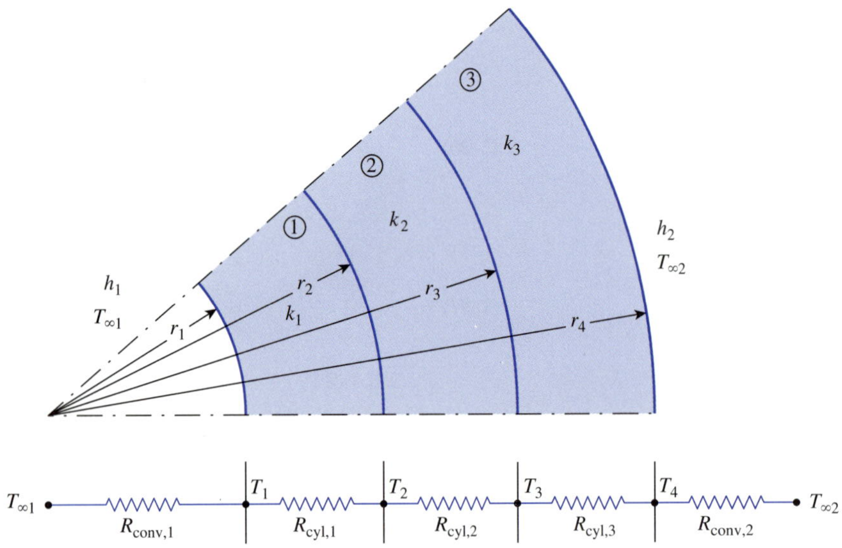

그림 3–26
양쪽 면에 대류가 있는 경우 세 층으로 된 복합 원통에서의 열전달 관련 열저항 회로

이고, 구형 층에 대하여

$$\begin{aligned} R_{total} &= R_{conv,\,1} + R_{sph} + R_{conv,\,2} \\ &= \frac{1}{(4\pi r_1^2)h_1} + \frac{r_2 - r_1}{4\pi r_1 r_2 k} + \frac{1}{(4\pi r_2^2)h_2} \end{aligned} \tag{3–44}$$

이다. 대류저항 $R_{conv} = 1/hA$에서의 A는 대류가 일어나는 표면의 면적이다. 반경 r인 원통 표면에 대해 $A = 2\pi rL$이고 구형의 표면에 대해 $A = 4\pi r^2$이다. 열저항이 직렬로 연결되어 있으므로 직렬로 연결된 전기저항과 마찬가지로 전체 열저항은 각각의 열저항의 단순한 산술적인 합으로 구해진다.

다층 원통 및 구

여러 층으로 이루어진 원통형 및 구형의 셸을 통한 정상 열전달은 여러 층으로 이루어진 평면 벽에서와 마찬가지로, 직렬로 연결된 추가된 층에 대한 저항을 계속 추가함으로써 확대 적용할 수 있다. 예를 들어, 그림 3–26과 같이 양쪽에 대류가 일어날 때, 세 층으로 된 길이 L의 복합 원통을 통한 정상 열전달률은 다음과 같다.

$$\dot{Q} = \frac{T_{\infty 1} - T_{\infty 2}}{R_{total}} \tag{3–45}$$

여기서 R_{total}은 다음으로 표기되는 **총열저항**(*total thermal resistance*)이다.

$$\begin{aligned} R_{total} &= R_{conv,\,1} + R_{cyl,\,1} + R_{cyl,\,2} + R_{cyl,\,3} + R_{conv,\,2} \\ &= \frac{1}{h_1 A_1} + \frac{\ln(r_2/r_1)}{2\pi L k_1} + \frac{\ln(r_3/r_2)}{2\pi L k_2} + \frac{\ln(r_4/r_3)}{2\pi L k_3} + \frac{1}{h_2 A_4} \end{aligned} \tag{3–46}$$

여기서 $A_1 = 2\pi r_1 L$, $A_4 = 2\pi r_4 L$이다. 구에 대한 열저항을 대체하면 세 층으로 이루어진 구형의 셸에 대해서도 식 (3-46)이 사용될 수 있다. 역시 열저항 회로를 보면 열저항이 직렬로 연결되어 있으므로 전체 열저항은 각각의 열저항의 단순한 산술적인 합으로 구해진다.

일단 $\dot{Q}$가 구해지고, T_i는 위치 i에서의 알고 있는 온도이고 $R_{\text{total},\, i-j}$는 위치 i와 j 사이의 전체 열저항이라고 할 때, 어떤 표면 또는 접촉면 j에서의 미지의 온도 T_j는 다음 관계식 $\dot{Q} = (T_i - T_j)/R_{\text{total},\, i-j}$으로 구해진다(그림 3-27). 예를 들어 $\dot{Q}$가 계산되면 처음과 두 번째 원통의 접촉면 온도 T_2는 다음 식으로부터 구할 수 있다.

$$\dot{Q} = \frac{T_{\infty 1} - T_2}{R_{\text{conv},\,1} + R_{\text{cyl},\,1}} = \frac{T_{\infty 1} - T_2}{\dfrac{1}{h_1(2\pi r_1 L)} + \dfrac{\ln(r_2/r_1)}{2\pi L k_1}} \tag{3-47}$$

또한 다음과 같이 T_2를 구할 수도 있다.

$$\dot{Q} = \frac{T_2 - T_{\infty 2}}{R_2 + R_3 + R_{\text{conv},\,2}} = \frac{T_2 - T_{\infty 2}}{\dfrac{\ln(r_3/r_2)}{2\pi L k_2} + \dfrac{\ln(r_4/r_3)}{2\pi L k_3} + \dfrac{1}{h_o(2\pi r_4 L)}} \tag{3-48}$$

비록 두 관계식 모두 같은 결과를 얻을 수 있지만 첫 번째 식이 적은 항을 포함하고 있어 계산이 적게 필요해 이것이 바람직하다.

적절한 전도저항과 대류 저항에서의 적절한 표면적이 사용된다면 다른 형상에 대해서도 역시 열저항 개념이 사용될 수 있다.

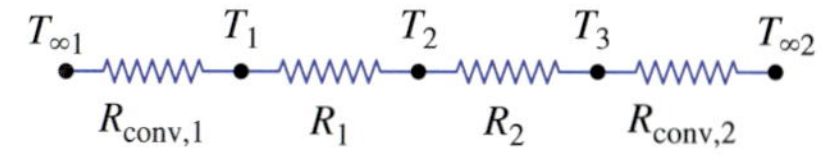

$$\dot{Q} = \frac{T_{\infty 1} - T_1}{R_{\text{conv},1}} = \frac{T_{\infty 1} - T_2}{R_{\text{conv},1} + R_1} = \frac{T_1 - T_3}{R_1 + R_2} = \frac{T_2 - T_3}{R_2} = \frac{T_2 - T_{\infty 2}}{R_2 + R_{\text{conv},2}} = \cdots$$

그림 3-27

어떤 층에서의 $\Delta T/R$은 $\dot{Q}$와 동일하고 1차원 정상 열전도에서는 일정하다.

예제 3-7 구형 용기로의 열전달

두께 2 cm의 스테인리스 스틸(k = 15 W/m·K)로 만들어진 내경 3 m의 구형 탱크가 $T_{\infty 1}$ = 0°C의 얼음물을 저장하는 데 사용된다. 탱크는 $T_{\infty 2}$ = 22°C인 방안에 위치하고 있다. 방의 벽 온도도 역시 22°C이다. 탱크의 외벽은 검은색이고, 외벽과 주위의 열전달은 자연대류와 복사로 이루어진다. 탱크 내부 및 외부 열전달계수는 h_1 = 80 W/m²·K, h_2 = 10 W/m²·K이다. (*a*) 탱크의 얼음물로의 열전달률, (*b*) 0°C에서 24시간 동안 녹는 얼음의 양을 구하라.

풀이 얼음물이 채워진 구형 용기의 외부 표면에서 대류와 복사에 의해 열이 전달된다. 열전달률과 하루에 녹는 얼음의 양을 구하여야 한다.

가정 **1.** 경계에서 주어진 열적 조건이 시간에 따라 변하지 않으므로 정상 열전달 과정이다. **2.** 중앙에 대해 대칭이므로 열전달은 1차원이다. **3.** 열전도도는 일정하다.

물성값 스틸의 열전도도는 k = 15 W/m·K로 주어져 있다. 대기압에서 얼음의 융해열은 h_{if} = 333.7 kJ/kg이다. 탱크의 외벽은 검은색이어서 방사율 ε = 1이다.

해석 (a) 이 문제에 대한 열회로는 그림 3-28에 주어진다. 탱크의 내경 D_1 = 3 m이고 외경 D_2 = 3.04 m이므로 탱크의 내부 및 외부 표면적은 다음과 같다.

$$A_1 = \pi D_1^2 = \pi(3\text{ m})^2 = 28.3\text{ m}^2$$
$$A_2 = \pi D_2^2 = \pi(3.04\text{ m})^2 = 29.0\text{ m}^2$$

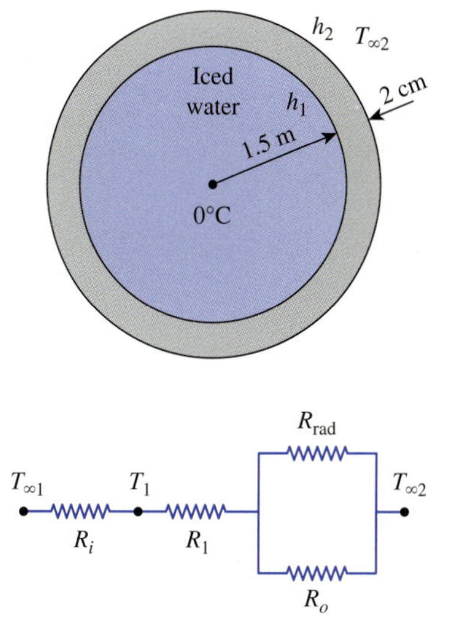

그림 3-28

예제 3-7의 개략도

복사 열전달계수는 다음으로 주어진다.

$$h_{rad} = \varepsilon\sigma(T_2^2 + T_{\infty2}^2)(T_2 + T_{\infty2})$$

그러나 외부 표면온도 T_2를 모르기 때문에 h_{rad}을 계산할 수 없다. 따라서 T_2를 지금 가정하고 나중에 그 가정이 정확한지를 확인해 볼 필요가 있다. 필요하다면 새로운 T_2로 반복 계산한다.

T_2는 0°C와 22°C 사이의 값이어야 하지만 탱크의 내부 열전달계수가 훨씬 크기 때문에 0°C에 가까울 것이다. T_2 = 5°C = 278 K를 가정하면 복사 열전달계수는 다음과 같이 된다.

$$\begin{aligned} h_{rad} &= (1)(5.67 \times 10^{-8}\ \text{W/m}^2\cdot\text{K}^4)[(295\ \text{K})^2 + (278\ \text{K})^2][(295 + 278)\ \text{K}] \\ &= 5.34\ \text{W/m}^2\cdot\text{K} = 5.34\ \text{W/m}^2\cdot°\text{C} \end{aligned}$$

그리고 각각의 열저항은 다음과 같다.

$$R_i = R_{conv,\,1} = \frac{1}{h_1A_1} = \frac{1}{(80\ \text{W/m}^2\cdot\text{K})(28.3\ \text{m}^2)} = 0.000442°\text{C/W}$$

$$R_1 = R_{sphere} = \frac{r_2 - r_1}{4\pi k r_1 r_2} = \frac{(1.52 - 1.50)\ \text{m}}{4\pi\ (15\ \text{W/m}\cdot\text{K})(1.52\ \text{m})(1.50\ \text{m})}$$

$$= 0.000047°\text{C/W}$$

$$R_o = R_{conv,\,2} = \frac{1}{h_2A_2} = \frac{1}{(10\ \text{W/m}^2\cdot\text{K})(29.0\ \text{m}^2)} = 0.00345°\text{C/W}$$

$$R_{rad} = \frac{1}{h_{rad}A_2} = \frac{1}{(5.34\ \text{W/m}^2\cdot\text{K})(29.0\ \text{m}^2)} = 0.00646°\text{C/W}$$

평행한 두 열저항 R_o와 R_{rad}는 다음과 같은 상당 열저항 R_{equiv}로 대체된다.

$$\frac{1}{R_{equiv}} = \frac{1}{R_o} + \frac{1}{R_{rad}} = \frac{1}{0.00345} + \frac{1}{0.00646} = 444.7\ \text{W/°C}$$

즉,

$$R_{equiv} = 0.00225°\text{C/W}$$

이다. 이제 모든 열저항은 직렬이 되고 전체 열저항은 다음과 같이 된다.

$$R_{total} = R_i + R_1 + R_{equiv} = 0.000442 + 0.000047 + 0.00225 = 0.00274°\text{C/W}$$

얼음물로의 정상 열전달률은 다음과 같다.

$$\dot{Q} = \frac{T_{\infty2} - T_{\infty1}}{R_{total}} = \frac{(22 - 0)°\text{C}}{0.00274°\text{C/W}} = \mathbf{8029\ W} \qquad (\text{or } \dot{Q} = 8.029\ \text{kJ/s})$$

초기 가정을 확인하기 위해 다음 식으로부터 외부 표면온도를 구한다.

$$\dot{Q} = \frac{T_{\infty2} - T_2}{R_{equiv}} \longrightarrow \begin{aligned} T_2 &= T_{\infty2} - \dot{Q}R_{equiv} \\ &= 22°\text{C} - (8029\ \text{W})(0.00225°\text{C/W}) = 4°\text{C} \end{aligned}$$

이것은 복사 열전달계수를 정하는 데 가정한 5°C에 충분히 가깝다. 따라서 T_2 = 4°C를 사용하여 다시 반복 계산할 필요는 없다.

(*b*) 24시간 동안 전달된 전체 열량은 다음과 같다.

$$Q = \dot{Q}\,\Delta t = (8.029\ \text{kJ/s})(24 \times 3600\ \text{s}) = 693{,}700\ \text{kJ}$$

0°C에서 1 kg의 얼음이 녹는 데 333.7 kJ의 에너지가 필요하므로 24시간 동안 녹은 얼음의 양은

$$m_{ice} = \frac{Q}{h_{if}} = \frac{693{,}700 \text{ kJ}}{333.7 \text{ kJ/kg}} = \mathbf{2079\ kg}$$

이다. 즉 매일 2톤의 얼음이 녹을 것이다.

검토 주위의 매개체 온도와 표면온도가 동일할 때, 어떤 표면에서의 대류와 복사가 혼합된 상황을 취급하는 쉬운 방법은 대류와 복사 열전달계수의 합을 대류 열전달계수로 취급하는 것이다. 즉 이 경우 $h = 10 + 5.34 = 15.34$ W/m·K로 취한다. 이렇게 하면 복사효과가 대류 열전달계수에 포함되기 때문에 복사를 무시할 수 있다. 이 경우 외부 표면에서의 대류 저항은 다음과 같이 된다.

$$R_{combined} = \frac{1}{h_{combined} A_2} = \frac{1}{(15.34 \text{ W/m}^2\cdot\text{K})(29.0 \text{ m}^2)} = 0.00225°\text{C/W}$$

위의 결과는 평행한 대류 저항과 복사 저항의 상당 저항의 값과 같다.

예제 3-8 단열된 증기관을 통한 열손실

내경 $D_1 = 5$ cm, 외경 $D_2 = 5.5$ cm인 주철관($k = 80$ W/m·K)에 $T_{\infty 1} = 320$°C인 수증기가 흐르고 있다. 관은 두께 3 cm의 유리섬유($k = 0.05$ W/m·K)로 단열되어 있다. $T_{\infty 2} = 5$°C인 주위로 복합 열전달계수 $h_2 = 18$ W/m²·K로 자연대류와 복사에 의해 열이 손실된다. 내부 열전달계수 $h_1 = 60$ W/m²·K로 하여, 관의 단위길이당 수증기로부터의 열손실을 구하라. 또한 관과 단열재를 통한 온도 강하를 구하라.

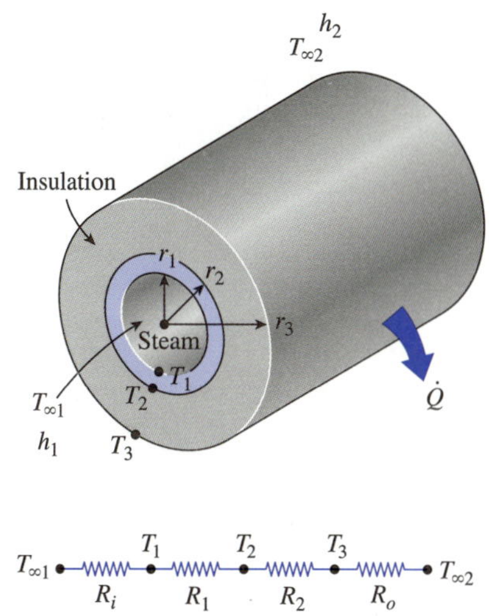

그림 3-29
예제 3-8의 개략도

풀이 유리섬유로 단열된 증기관의 표면에서 대류에 의해 열이 전달된다. 단위길이당 열전달률과 관 및 단열재에서의 온도 강하를 구하여야 한다.

가정 **1.** 시간에 따라 변한다는 언급이 없으므로 열전달은 정상 과정이다. **2.** 중심축에 대해 대칭이고 축방향으로는 변화가 없으므로 열전달은 1차원이다. **3.** 열전도도는 일정하다. **4.** 접촉면에서의 접촉 열저항은 무시할 수 있다.

물성값 열전도도는 주철관에 대해 $k = 80$ W/m·K, 유리섬유에 대해 $k = 0.05$ W/m·K로 주어져 있다.

해석 (*a*) 이 문제에 대한 열저항 회로는 그림 3-29와 같이 4개의 직렬로 된 열저항을 포함한다. $L = 1$ m로 취하면 대류에 노출된 표면의 면적은

$$A_1 = 2\pi r_1 L = 2\pi(0.025 \text{ m})(1 \text{ m}) = 0.157 \text{ m}^2$$
$$A_3 = 2\pi r_3 L = 2\pi(0.0575 \text{ m})(1 \text{ m}) = 0.361 \text{ m}^2$$

이고, 각각의 열저항은 다음과 같이 된다.

$$R_i = R_{conv,\,1} = \frac{1}{h_1 A_1} = \frac{1}{(60 \text{ W/m}^2\cdot\text{K})(0.157 \text{ m}^2)} = 0.106°\text{C/W}$$

$$R_1 = R_{pipe} = \frac{\ln(r_2/r_1)}{2\pi k_1 L} = \frac{\ln(2.75/2.5)}{2\pi(80 \text{ W/m}\cdot\text{K})(1 \text{ m})} = 0.0002°\text{C/W}$$

$$R_2 = R_{insulation} = \frac{\ln(r_3/r_2)}{2\pi k_2 L} = \frac{\ln(5.75/2.75)}{2\pi(0.05 \text{ W/m}\cdot\text{K})(1 \text{ m})} = 2.35°\text{C/W}$$

$$R_o = R_{conv,\,2} = \frac{1}{h_2 A_3} = \frac{1}{(18 \text{ W/m}^2\cdot\text{K})(0.361 \text{ m}^2)} = 0.154°\text{C/W}$$

모든 열저항은 직렬이므로 전체 열저항은 다음과 같이 된다.

$$R_{\text{total}} = R_i + R_1 + R_2 + R_o = 0.106 + 0.0002 + 2.35 + 0.154 = 2.61°\text{C/W}$$

수증기로부터의 정상 열손실률은 다음과 같다.

$$\dot{Q} = \frac{T_{\infty 1} - T_{\infty 2}}{R_{\text{total}}} = \frac{(320 - 5)°\text{C}}{2.61°\text{C/W}} = \mathbf{121\ W} \qquad \text{(per m pipe length)}$$

특정한 길이에 대한 열손실은 위의 값에 관 길이 L을 곱하면 구해진다.
관과 단열재를 통한 온도 강하는 식 (3-17)로부터 구해진다.

$$\Delta T_{\text{pipe}} = \dot{Q}R_{\text{pipe}} = (121\text{ W})(0.0002°\text{C/ W}) = \mathbf{0.02°C}$$
$$\Delta T_{\text{insulation}} = \dot{Q}R_{\text{insulation}} = (121\text{ W})(2.35°\text{C/ W}) = \mathbf{284°C}$$

즉, 관의 내부 및 외부 표면 사이의 온도 차이는 0.02°C인 반면 단열재의 내부 및 외부 표면 사이의 온도 차이는 284°C이다.

검토 관의 열저항이 다른 저항에 비해 상당히 작기 때문에 무시하여도 별 오차가 없음에 주목하라. 또한 관을 통한 온도 강하가 거의 0이고 따라서 관은 등온이라고 가정할 수 있다. 단열된 관의 열전달에 대한 저항은 주로 단열에 의한 것이다.

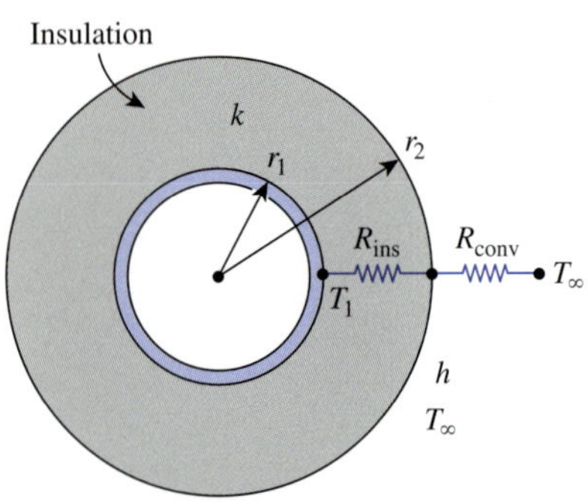

그림 3-30
외부 표면에 대류가 있을 때 단열된 원관과 열저항 회로

3-5 ▪ 임계 단열반경

벽 또는 다락방에 단열재를 추가하면 열전달을 감소시킬 수 있다고 알고 있다. 평면의 단열재가 두꺼울수록 열전달률은 감소한다. 열전달 면적 A는 일정하므로, 단열재가 추가될수록 대류 저항에는 전혀 영향을 주지 않고 벽의 열저항은 증가하게 된다.

원관 또는 구형의 셸에 단열재를 추가할 때는 상황이 다르다. 추가된 단열재는 단열층의 열저항을 증가시키지만 대류에 접한 표면적을 증가시켜 대류 저항을 감소시킨다. 어떠한 효과가 크냐에 따라 관으로부터의 열전달은 증가 또는 감소하게 된다.

바깥 표면온도 T_1이 일정하게 유지된 외부 반경 r_1의 원관을 고려하자(그림 3-30). 이제 이 원관을 열전도도가 k이고 외부 반경 r_2의 단열재로 단열한다. 관으로부터 온도 T_∞이고 열전달계수 h인 주위로 열손실이 일어난다. 단열된 관으로부터 주위 공기로의 열전달은 다음과 같다(그림 3-31).

$$\dot{Q} = \frac{T_1 - T_\infty}{R_{\text{ins}} + R_{\text{conv}}} = \frac{T_1 - T_\infty}{\dfrac{\ln(r_2/r_1)}{2\pi Lk} + \dfrac{1}{h(2\pi r_2 L)}} \tag{3-49}$$

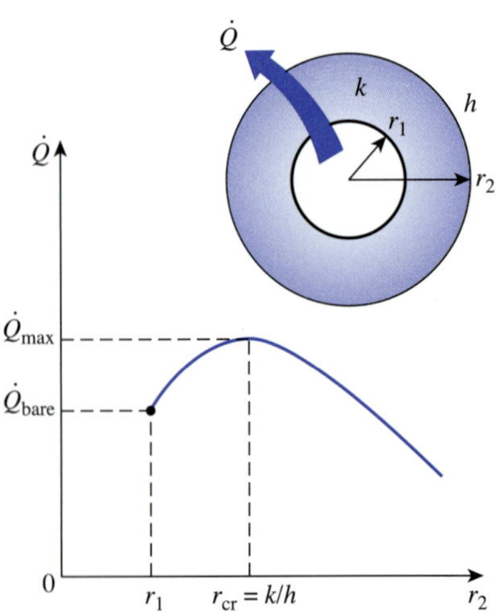

그림 3-31
$r_1 < r_{cr}$일 때 단열재의 외부 반경 r_2에 따른 열전달률의 변화

단열재의 외부 반경 r_2에 따른 $\dot{Q}$의 변화를 그림 3-31에 나타내고 있다. $\dot{Q}$가 최대가 되는 r_2의 값은 $d\dot{Q}/dr_2 = 0$(기울기가 0)으로부터 구해진다. 미분을 하고 r_2에 대해 풀어 원통 물체에 대한 **임계 단열반경**(critical radius insulation)을 구하면 다음과 같다.

$$r_{\text{cr, cylinder}} = \frac{k}{h} \qquad \text{(m)} \tag{3-50}$$

임계 단열반경은 단열재의 열전도도 k와 외부 열전달계수 h의 함수임에 유의하라. $r_2 < r_{cr}$일 때 단열재를 추가할수록 원통으로부터의 열전달은 증가하고, $r_2 = r_{cr}$에서 최대가 되고, $r_2 > r_{cr}$일 때는 감소한다. 따라서 $r_2 < r_{cr}$일 때는 관을 단열하면 관으로부터의 열전달률을 감소시키는 것이 아니라 증가시킨다.

그렇다면 온수관 또는 온수 탱크를 단열할 때 임계 단열반경에 대해 항상 고려할 필요가 있는가 하는 의문이 들 것이다. 단열재의 외부 반경이 임계 단열반경보다 큰지를 항상 확인하여야 할 것인가? 다음에서 설명하지만 그렇지는 않다.

임계 단열반경 r_{cr}의 값은 k가 크고 h가 작을 때 가장 크게 된다. 실제적인 경우 접할 수 있는 가장 작은 h의 값은 공기의 자연대류에 대한 5 W/m²·K 정도이고, 일반적인 단열재의 k는 0.05 W/m·K 정도이므로 가장 큰 임계 단열반경은 다음과 같을 것이다.

$$r_{\text{cr, max}} = \frac{k_{\text{max, insulation}}}{h_{\min}} \approx \frac{0.05\ \text{W/m·K}}{5\ \text{W/m}^2\text{·K}} = 0.01\ \text{m} = 1\ \text{cm}$$

복사를 고려하면 이 값은 더 작아질 것이다. 강제대류에서는 h가 훨씬 크기 때문에 임계 단열반경은 훨씬 작고 보통 1 mm보다 작다. 따라서 온수관 또는 증기관을 단열할 때 열전달을 증가시킬 가능성에 대해 걱정하지 않아도 된다.

전선의 반경은 임계반경보다 작을 수 있다. 따라서 플라스틱 전기 절연재는 전선으로부터의 열전달을 실제로 증가시킬 수도 있어 정상 운전온도를 낮게 유지하여 보다 안전하게 할 수 있다.

구에 대해서도 위의 사항들이 적용될 수 있으며, 위와 같은 방법으로 구한 구형의 셸에 대한 임계 단열반경은

$$r_{\text{cr, sphere}} = \frac{2k}{h} \tag{3-51}$$

이고, k는 단열재의 열전도도, h는 외부 표면에서의 열전달계수이다.

예제 3-9 단열된 전선에서의 열손실

직경 3 mm, 길이 5 m의 전선이 열전도도 k = 0.15 W/m·K인 두께 2 mm의 플라스틱으로 잘 피복되어 있다. 전선을 통하여 10 A의 전류가 흐르고 이 전선에서의 전압 강하는 8 V이다. 이 전선이 T_∞ = 30°C, 열전달계수 h = 12 W/m²·K인 주위에 노출되어 있다. 정상 운전 상태에서 전선과 플라스틱 피복과의 접촉면에서의 온도를 구하라. 또한 피복의 두께를 두 배로 하면 이 온도는 올라갈 것인지 내려갈 것인지 알아보라.

풀이 전선은 플라스틱으로 잘 피복되어 있다. 접촉면에서의 온도와 피복의 두께를 두 배로 했을 때 접촉면의 온도에 미치는 영향을 구하여야 한다.

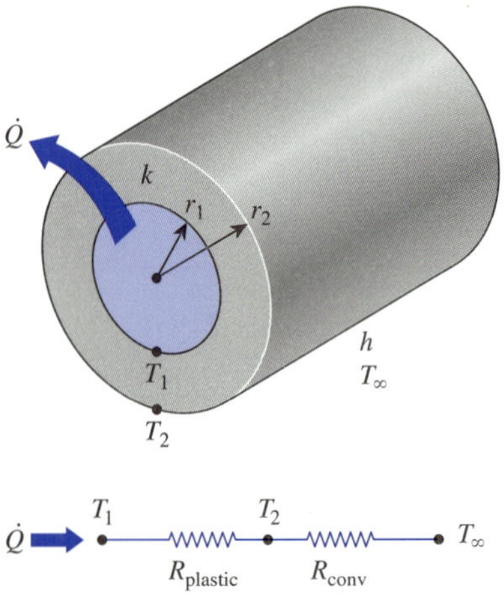

그림 3-32
예제 3-9의 개략도

가정 **1.** 시간에 따라 변한다는 언급이 없으므로 열전달은 정상 상태이다. **2.** 중심축에 대해 대칭이고 축 방향으로는 변화가 없으므로 열전달은 1차원이다. **3.** 열전도도는 일정하다. **4.** 접촉면에서의 접촉 열저항은 무시할 수 있다. **5.** 열전달계수는 복사 열전달까지 포함한다.

물성값 플라스틱의 열전도도는 $k = 0.15$ W/m·K로 주어져 있다.

해석 접촉면에서의 접촉 저항을 무시하고 복사가 있더라도 대류 열전달계수에 포함되어 있다고 가정한다. 전선에서 열이 발생하고 이로 인하여 온도가 상승하게 된다. 전선에서 열이 균일하게 발생하고 반경 방향 주위로 열이 전달된다고 가정한다. 정상 운전 상태에서 열전달률은 전선에서 발생된 열과 같다.

$$\dot{Q} = \dot{W}_e = \mathbf{V}I = (8\text{ V})(10\text{ A}) = 80\text{ W}$$

이 문제에 대한 열저항 회로는 그림 3-32와 같이 플라스틱 피복에 대한 전도 저항과 외부 표면의 대류저항이 직렬로 구성되어 있다. 두 열저항의 값은 다음과 같이 구해진다.

$$A_2 = (2\pi r_2)L = 2\pi(0.0035\text{ m})(5\text{ m}) = 0.110\text{ m}^2$$

$$R_{conv} = \frac{1}{hA_2} = \frac{1}{(12\text{ W/m}^2\cdot\text{K})(0.110\text{ m}^2)} = 0.76°\text{C/W}$$

$$R_{plastic} = \frac{\ln(r_2/r_1)}{2\pi kL} = \frac{\ln(3.5/1.5)}{2\pi(0.15\text{ W/m}\cdot\text{K})(5\text{ m})} = 0.18°\text{C/W}$$

그리고

$$R_{total} = R_{plastic} + R_{conv} = 0.76 + 0.18 = 0.94°\text{C/W}$$

접촉면에서의 온도는 다음과 같다.

$$\dot{Q} = \frac{T_1 - T_\infty}{R_{total}} \quad \longrightarrow \quad T_1 = T_\infty + \dot{Q}R_{total}$$
$$= 30°\text{C} + (80\text{ W})(0.94°\text{C/W}) = \mathbf{105°C}$$

전선은 열발생만 관계될 뿐 열저항 회로에는 무관하다는 데 유의하라.

이 문제의 두 번째에 대한 답을 하기 위해서는 플라스틱 피복의 임계 단열반경을 구하여야 한다. 식 (3-50)에서 다음과 같이 구해진다.

$$r_{cr} = \frac{k}{h} = \frac{0.15\text{ W/m}\cdot\text{K}}{12\text{ W/m}^2\cdot\text{K}} = 0.0125\text{ m} = 12.5\text{ mm}$$

이 값은 피복의 반경보다 크다. 따라서 바깥 반경이 12.5 mm가 될 때까지 플라스틱 피복의 두께가 증가될수록 열전달은 *증가*하게 된다. 그 결과, 접촉면 온도 T_1이 일정한 경우는 열전달률 $\dot{Q}$가 *증가*하게 되고, 열전달률이 일정한 경우는 접촉면 온도가 *감소*하게 되며 후자의 경우가 이 예제에 해당된다.

검토 두께가 두 배로 된 4 mm의 플라스틱 피복에 대해서 위의 계산을 반복하면 접촉면 온도는 90.6°C로 떨어진다. 또한 같은 방법으로 피복의 반경이 임계 단열반경과 같아질 때 최소온도는 83°C가 된다는 것을 알 수 있다.

3-6 ▪ 휜을 가진 표면으로부터의 열전달

온도 T_s인 표면으로부터 온도 T_∞인 주위로의 열전달률은 다음과 같은 Newton의 냉각법칙으로 주어진다.

$$\dot{Q}_{conv} = hA_s(T_s - T_\infty)$$

여기서 A_s는 열전달 표면적이고 h는 대류 열전달계수이다. 대개의 경우는 설계조건에서 온도 T_s와 T_∞가 주어지는데, 이 경우 열전달률을 증가시키는 **두 가지 방법**이 있다. **대류 열전달계수** h를 증가시키는 방법과 열전달 **표면적** A를 증가시키는 방법이다. h를 증가시키는 데는 펌프나 송풍기를 사용하거나, 현재보다 더 큰 것으로 교체할 필요가 있다. 이러한 방법은 실용적일 수도 있고 그렇지 않을 수도 있으며, 또한 적절하지 않을 수도 있다. 또 다른 방법은 표면에 알루미늄과 같은 열전도도가 큰 재질로 이루어진 **확장표면**(*extended surface*), 즉 **휜**을 부착하여 표면적을 늘리는 방법이다. 사출, 용접 또는 얇은 금속판을 표면에 감싸는 방법을 사용하여 휜을 가진 표면을 가공할 수 있다.

약 150만 년 전, 쥬라기 시대로부터 휜의 흥미로운 적용은 그림 3-33에서 볼 수 있다. 공룡 Stegosaurus는 이 시기 동안 살았고 뒤쪽 아래로 크고 이상한 두 줄의 등판을 가지고 있다. 오랜시간 동안 과학자들은 그 판들은 포식자들로부터 채식주의 공룡들을 보호하기 위한 갑옷의 한 종류라고 생각했다. 많은 양의 피가 판들을 통해 흐른다는 것을 알고 그것들은 자동차 방열기와 비슷하게 작동할지도 모르며 심장은 판들을 통해 피를 펌프질하고 판들은 피를 차갑게 하기 위한 냉각 휜들같이 작동한다고 생각된다.

그림 3-33
공룡 stegosaurus에서 가능한 냉각 휜
© Alamy RF.

열전달을 증가시키는 데 휜을 가진 표면이 실용적으로 사용되며, 표면으로부터의 열전달률을 보통 몇 배 증가시킨다. 그림 3-34에 보여주고 있는 자동차 라디에이터는 이러한 휜을 가진 표면의 한 예이다. 온수관에 조밀하게 부착된 얇은 금속판은 대류에 대한 표면적을 증가시켜 온수관으로부터 공기로의 열전달률을 몇 배 증가시킨다. 여러 가지 창의적인 휜을 시중에서 구할 수 있으며 상당히 독창적임을 볼 수 있다(그림 3-35).

휜의 해석에서는 휜에서 **열발생이 없고**, **정상 상태**이며 재질의 열전도도 k가 일정하다고 가정한다. 또한 계산의 편의상 대류 열전달계수 h는 휜 전체에서 **균일**(*uniform*)하며 **일정**(*constant*)하다고 가정한다. 대류 열전달계수 h는 일반적으로 휜 길이 및 둘레에 따라 변하는 값이고, 한 점에서의 값은 그 점에서의 **유체 운동**의 함수

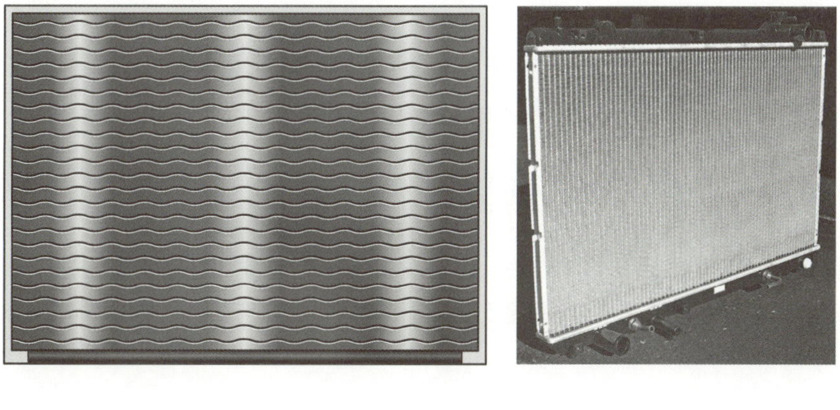

그림 3-34
자동차 라디에이터의 얇은 판형 휜은 공기로의 열전달률을 상당히 증가시킨다.
© Yunus çengel, photo by James Kleiser.
© The McGraw-Hill Companies, Inc./ Christopher Kerrigan, Photographer

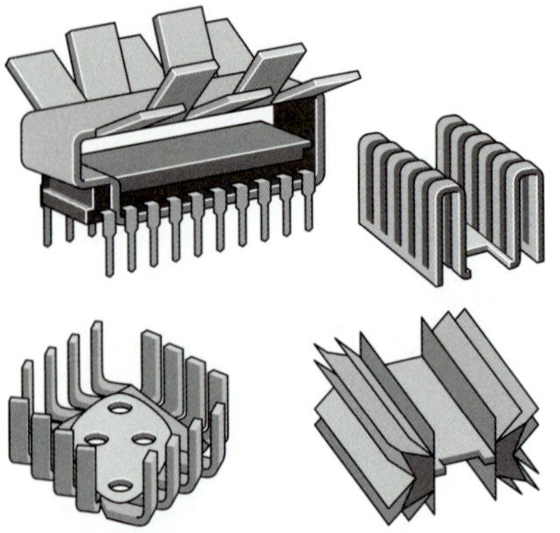

그림 3-35
창의적인 휜 디자인

이다. 휜 기저(*fin base*)에서의 h값이 휜 끝(*fin tip*)에서의 값보다 훨씬 작은데, 휜 기저에서는 유체가 고체 표면에 둘러싸여 유동의 방해를 받지만, 휜 끝에서는 고체와 접하는 부분이 작아 유동의 방해를 별로 받지 않기 때문이다. 따라서 너무 많은 휜을 표면에 부착하면 h가 감소하는데, 이 감소효과가 표면의 증가로 인한 상승효과를 상쇄시키고 나면 전체 열전달계수는 감소할 수 있다.

휜 방정식

그림 3-36에 보여주고 있는 것처럼 위치 x에서 길이 Δx, 단면적 A_c와 둘레 p를 가지는 휜의 요소를 고려하자. 정상 상태에서 이 요소에 대한 에너지 평형은 다음과 같이 표기된다.

$$\begin{pmatrix} x\text{에서 요소로} \\ \text{들어가는} \\ \text{전도 열전달률} \end{pmatrix} = \begin{pmatrix} x+\Delta x\text{에서} \\ \text{요소로부터 나가는} \\ \text{전도 열전달률} \end{pmatrix} + \begin{pmatrix} \text{요소로부터의} \\ \text{대류 열전달률} \end{pmatrix}$$

즉,

$$\dot{Q}_{\text{cond},\,x} = \dot{Q}_{\text{cond},\,x+\Delta x} + \dot{Q}_{\text{conv}}$$

여기서

$$\dot{Q}_{\text{conv}} = h(p\,\Delta x)(T - T_\infty)$$

를 대입하고 Δx로 나누어

$$\frac{\dot{Q}_{\text{cond},\,x+\Delta x} - \dot{Q}_{\text{cond},\,x}}{\Delta x} + hp(T - T_\infty) = 0 \tag{3-52}$$

인 극한을 취하면 다음과 같다.

$$\frac{d\dot{Q}_{\text{cond}}}{dx} + hp(T - T_\infty) = 0 \tag{3-53}$$

Fourier의 열전도 법칙으로부터,

$$\dot{Q}_{\text{cond}} = -kA_c\frac{dT}{dx} \tag{3-54}$$

이고, 여기서 A_c는 위치 x에서의 휜의 단면적이다. 이 식을 식 (3-53)에 대입하면 다음과 같은 휜에서의 열전달을 지배하는 미분방정식을 구할 수 있다.

$$\frac{d}{dx}\left(kA_c\frac{dT}{dx}\right) - hp(T - T_\infty) = 0 \tag{3-55}$$

일반적으로 단면적 A_c와 둘레 p는 x에 따라 변하기 때문에 미분방정식을 풀기가 쉽지 않다. 일정한 단면적과 일정한 열전도도를 가지는 특별한 경우 미분방정식 (3-55)

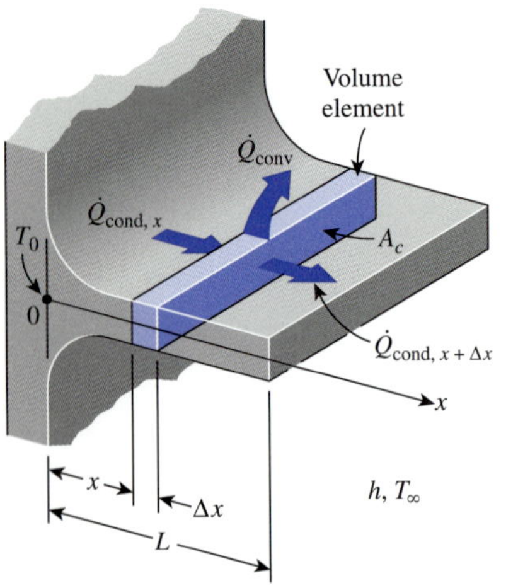

그림 3-36
위치 x에서 길이 Δx, 단면적 A_c와 둘레 p를 가지는 휜의 요소

는 다음과 같이 단순화된다.

$$\frac{d^2T}{dx^2} - \frac{hp}{kA_c}(T - T_\infty) = 0 \quad \text{or} \quad \frac{d^2\theta}{dx^2} - m^2\theta = 0 \tag{3–56}$$

여기서

$$m^2 = \frac{hp}{kA_c} \tag{3–57}$$

이고 $\theta = T - T_\infty$는 온도 차이이다. 휜의 기저에서는 $\theta_b = T_b - T_\infty$이다.

식 (3–56)은 일정한 상수를 가지는 선형(linear), 제차(homogeneous), 2계 미분방정식이다. 미분방정식의 기초 이론으로부터 이와 같은 방정식은 두 개의 선형적으로 독립인 해를 가지며 일반해는 두 해의 선형적인 조합으로 이루어진다는 것을 알 수 있다. 이 미분방정식을 잘 살펴보면, 함수 θ의 2계 미분에서 함수 θ에 상수를 곱한 것을 빼니까 0이 되는 형태이다. 따라서 함수 θ와 함수 θ의 2계 미분은 적당한 상수를 곱하면 서로 같아져야 한다. 함수의 미분이 원래 함수에 상수를 곱한 것과 같아지는 경우는 함수가 멱(*exponential*)함수(또는 sinh와 cosh처럼 멱함수의 선형적인 조합)인 경우이다. 따라서 이 미분방정식의 해는 e^{-mx} 또는 e^{mx}이거나 이것들에 상수를 곱한 것이다. 위 식에 대입하여 확인할 수 있다. 예를 들어 e^{-mx}의 2계 미분은 m^{-e2mx}이고 이것을 식 (3–56)에 대입하면 0이 된다. 따라서 식 (3–56)의 일반해는 다음과 같다.

$$\theta(x) = C_1e^{mx} + C_2e^{-mx} \tag{3–58}$$

여기서 C_1과 C_2는 임의의 상수이고 휜의 기저와 끝에서의 경계조건에서 구한다. C_1과 C_2를 구하기 위해서는 오직 두 개의 조건이 필요하다는 것에 주목하라.

휜이 부착되어 있는 판의 온도는 보통 알려져 있다. 따라서 휜의 기저에서는 주어진 온도 경계조건이 상용된다.

휜 기저에서의 경계조건: $$\theta(0) = \theta_b = T_b - T_\infty \tag{3–59}$$

휜의 끝에서는 온도가 주어진 경우, 열손실을 무시할 수 있는 경우(끝이 단열인 경우), 대류인 경우, 대류와 복사가 혼합된 경우 등 여러 가지가 가능하다(그림 3–37).

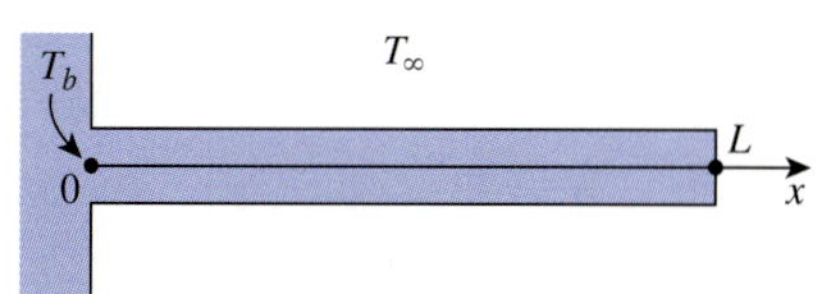

그림 3–37

휜 기저와 끝에서의 경계조건

1 무한히 긴 휜($T_{\text{fin tip}} = T_\infty$)

균일한 단면적(A_c = 일정)을 가지는 매우 긴 휜의 경우 휜의 끝에서의 온도는 T_∞에 접근하고 따라서 u는 0에 접근한다. 즉

휜 끝에서의 경계조건: $$\theta(L) = T(L) - T_\infty = 0 \quad \text{as} \quad L \to \infty$$

이 경계조건은 함수 e^{-mx}의 경우 만족하지만, e^{mx}의 경우 x가 커지면 무한대로 되

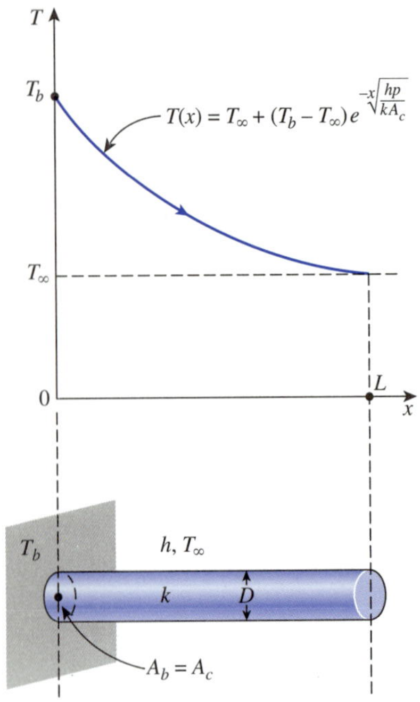

($p = \pi D$, $A_c = \pi D^2/4$ for a cylindrical fin)

그림 3-38
매우 길고 균일한 원형단면의 휜과 휜에서의 온도 변화

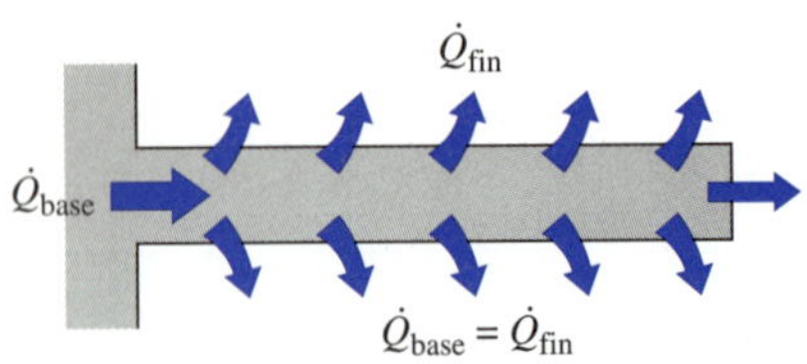

그림 3-39
정상 상태에서 휜의 노출된 표면으로부터의 열전달은 휜의 기저로 전도된 열전달과 같다.

어 만족하지 못한다. 따라서 이 경우 상수 C_1은 0이 되어야 하며, 일반해는 e^{-mx}에 상수를 곱한 형태, 즉 C_2e^{-mx}가 된다. 상수 C_2는 휜의 기저 $x = 0$에서 θ가 θ_b인 것으로부터 구해진다. $e^{-mx} = e_0 = 1$이므로 상수 C_2의 값은 θ_b가 되고 우리가 구하고자 하는 해는 $\theta(x) = \theta_b e^{-mx}$가 된다. 이 함수는 미분방정식을 만족시킬 뿐 아니라 휜의 기저에서 θ_b가 되고 휜의 끝에서 x가 커짐에 따라 0이 된다. $\theta = T - T_\infty$이고 $m = \sqrt{hp/kA_c}$이기 때문에 휜에서의 온도분포는 다음과 같이 표기될 수 있다.

매우 긴 휜: $$\frac{T(x) - T_\infty}{T_b - T_\infty} = e^{-mx} = e^{-x\sqrt{hp/kA_c}} \quad \text{(3-60)}$$

이 경우 휜에서의 온도는 그림 3-38에서 보듯이 T_b에서 T_∞까지 **지수형태**로 감소한다. 정상 상태에서 전체 휜의 **열전달률**은 Fourier의 열전도 법칙에서 구할 수 있다.

매우 긴 휜: $$\dot{Q}_{\text{long fin}} = -kA_c \frac{dT}{dx}\bigg|_{x=0} = \sqrt{hpkA_c}\,(T_b - T_\infty) \quad \text{(3-61)}$$

여기서 p는 둘레(perimeter), A_c는 휜의 단면적, x는 기저로부터의 거리이다. 전체 휜의 열전달률을 구하는 또 다른 방법은 휜의 미소 부피로부터의 열전달을 고려하여 전체표면에서 적분하는 것이다.

$$\dot{Q}_{\text{fin}} = \int_{A_{\text{fin}}} h[T(x) - T_\infty]\, dA_{\text{fin}} = \int_{A_{\text{fin}}} h\theta(x)\, dA_{\text{fin}} \quad \text{(3-62)}$$

위에 설명한 두 가지 방법은 정상 상태에서는 동일하여 같은 결과를 얻을 수 있으며, 휜의 노출된 표면으로부터의 열전달은 휜의 기저로 전도된 열전달과 같다는 것을 의미한다(그림 3-39).

2 휜 끝에서의 열손실을 무시할 수 있는 경우 (휜 끝이 단열, $\dot{Q}_{\text{fin tip}} = 0$)

보통 휜의 끝에서의 온도가 주위 온도가 될 만큼 그렇게 길지 않다. 휜 끝에서의 열전달은 휜 끝의 면적에 비례하는데, 휜 끝의 면적은 전체 휜 면적 중 아주 작은 부분을 차지하기 때문에, 보다 현실적인 경우는 휜 끝에서의 열전달을 무시할 수 있는 경우이다. 따라서 휜의 끝은 단열로 가정하고 휜의 끝에서의 조건은 다음과 같이 표기된다.

휜 끝부분에서의 경계조건: $$\frac{d\theta}{dx}\bigg|_{x=L} = 0 \quad \text{(3-63)}$$

휜 기저에서의 조건은 식 (3-59)에 나타낸 것과 동일하다. 이 두 조건을 일반해(식 3-58)에 적용하여 정리하면 온도분포에 대한 다음 관계식을 얻을 수 있다.

일반해 식 (3−58)에 대하여 식 (3−59)와 식 (3−63)에 주어진 경계조건에 적용하기 위해 각각 $\theta(0) = \theta_b = C_1 + C_2$와 $mC_1e^{mL} - mC_2e^{-mL} = 0$가 필요하다. C_1과 C_2는 두 식을 동시에 풀어봄으로써 $C_1 = \theta_b/(1 + e^{2mL})$과 $C_2 = \theta_b/(1 + e^{-2mL})$를 구할 수 있다. C_1, C_2에 대한 관계식을 식 (3−58)에 대입하고 $x = (e^x + e^{-x})/2$ 이것의 정의를 사용함으로써 다음과 같은 온도분포의 관계식을 구할 수 있다.

단열 휜 끝: $$\frac{T(x) - T_\infty}{T_b - T_\infty} = \frac{\cosh m(L - x)}{\cosh mL} \quad \text{(3–64)}$$

전체 휜의 **열전달률**은 역시 Fourier의 열전도 법칙에서 구할 수 있다.

단열 휜 끝: $$\dot{Q}_{\text{adiabatic tip}} = -kA_c \left.\frac{dT}{dx}\right|_{x=0} = \sqrt{hpkA_c}\,(T_b - T_\infty) \tanh mL \quad \text{(3–65)}$$

$$\tanh x = \sinh x/\cosh x = (e^x - e^{-x})/(e^x + e^{-x}).$$

매우 긴 휜과 끝이 단열된 휜의 열전달은 오직 $\tanh mL$만큼 차이가 나고, L이 매우 커지면 같아진다는 것에 주목하라.

3 특정한 온도($T_{\text{fin, tip}} = T_c$)

이번엔 휜 끝에서의 온도가 특정한 온도 T_L로 고정되어 있는 경우이다. 이 경우는 휜 끝이 T_∞로 고정되어 있는 무한대로 긴 휜으로 가정한다. 휜 끝에서의 조건은

휜 끝의 경계조건: $$\theta(L) = \theta_L = T_L - T_\infty \quad \text{(3–66)}$$

휜 기저 경계조건은 식 (3−59)에 주어진 것과 같다. 선형대수와 쌍곡선 사인함수 $\sinh x = (e^x - e^{-x})/2$를 사용한 후, 일반해[식 (3−58)]에 대한 식 (3−59)와 (3−66)에 의해

특정한 휜 끝의 온도:

$$\frac{T(x) - T_\infty}{T_b - T_\infty} = \frac{[(T_L - T_\infty)/(T_b - T_\infty)]\sinh\ mx + \sinh m(L - x)}{\sinh mL} \quad \text{(3–67)}$$

Fourier의 열전도 법칙을 사용하여, 휜으로부터의 열전도도는

특정한 휜 끝의 온도:

$$\begin{aligned} \dot{Q}_{\text{specified temp.}} &= -kA_c \left.\frac{dT}{dx}\right|_{x=0} \\ &= \sqrt{h\,p\,k\,A_c}(T_b - T_\infty)\frac{\cosh mL - [(T_L - T_\infty)/(T_b - T_\infty)]}{\sinh mL} \end{aligned} \quad \text{(3–68)}$$

식 (3−67)과 (3−68)은 무한대로 긴 휜($L \to \infty$)에 대해 식 (3−60)과 (3−61)로 감소하는 것을 참조하라.

4 휜 끝에서 대류(즉 대류 및 복사의 혼합)

실제의 경우 휜의 끝은 주위에 노출되어 있어 휜 끝에서의 적절한 경계조건은 복사효과를 포함한 대류이다. 두 번째 경계조건으로 휜 끝에서의 대류를 사용하여 휜 방정식을 풀 수도 있으나, 풀이 과정이 길고 온도분포와 열전달에 관한 식들도 복잡하다. 이 경우 역시 휜 끝의 면적은 전체 휜 면적에 비해 아주 작기 때문에 휜 해석을 아주 조금 더 정확하게 하기 위해 이렇게 복잡하게 할 것인가 하는 의문이 생기게 된다.

휜 끝의 경계조건:
$$-kA_c \left.\frac{dT}{dx}\right|_{x=L} = hA_c[T(L) - T_\infty] \tag{3-69}$$

휜 기저에서 경계조건은 앞에서의 세 가지 경우와 같은 식 (3-59)이다. 일반해 (3-58)에서 식 (3-59)와 (3-69)에 주어진 두 경계조건을 사용하여, 다음과 같은 온도분포를 구할 수 있다.

휜 끝에서 대류:
$$\frac{T(x) - T_\infty}{T_b - T_\infty} = \frac{\cosh m(L-x) + (h/mk)\sinh m(L-x)}{\cosh mL + (h/mk)\sinh mL} \tag{3-70}$$

휜으로부터의 **열전도도**는 Fourier의 열전도 법칙인 식 (3-70)으로부터 휜의 기저에서 온도구배를 사용하여 다음과 같이 구할 수 있다.

휜 끝에서 대류:
$$\begin{aligned}\dot{Q}_{\text{convection}} &= -kA_c \left.\frac{dT}{dx}\right|_{x=0} \\ &= \sqrt{hpkA_c}\,(T_b - T_\infty)\frac{\sinh mL + (h/mk)\cosh mL}{\cosh mL + (h/mk)\sinh mL}\end{aligned} \tag{3-71}$$

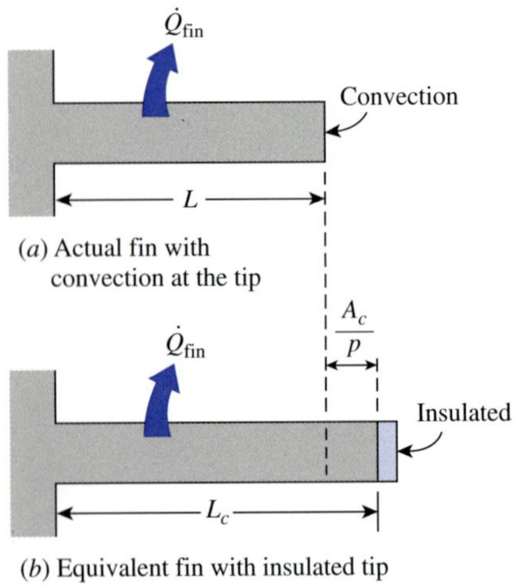

그림 3-40
길이 L인 휜의 끝이 대류조건일 때의 열전달과 길이 L_c인 휜의 끝이 단열된 경우의 열전달이 같도록 수정길이 L_c가 정의된다.

휜 끝에서부터의 대류의 경우에 대한 일반적인 휜 방정식의 해결책은 덜 복잡하다. 휜 끝에서의 열손실을 고려하는 실용적인 방법은 **끝이 단열된** 휜의 경우에 구한 관계식에서 **휜 길이** L을 다음으로 정의되는 **수정길이**(corrected length)로 대체하는 것이다(그림 3-40).

수정 휜 길이:
$$L_c = L + \frac{A_c}{p} \tag{3-72}$$

여기서 A_c는 휜의 단면적이고 p는 휜 끝에서의 둘레이다. 위 식에 둘레를 곱하면 $A_{\text{corrected}} = A_{\text{fin(lateral)}} + A_{\text{tip}}$이 되어, 수정 길이로 휜 면적을 구하면 휜의 측면과 끝에서의 면적을 합한 것과 같게 된다는 것을 나타낸다.

휜 끝에서의 온도 변화가 작고($mL \geq 1$일 때 그렇다) 휜 끝에서의 열전달계수가 휜 옆면에서의 열전달계수와 거의 같은 경우, 수정길이를 사용하면 아주 좋은 결과를 얻을 수 있다. 따라서 **휜 끝에서 대류에 노출되어 있는 경우에는 식 (3-64)와 식 (3-65)에서 실제 휜의 길이를 수정길이로 대체하여 끝이 단열된 것처럼 취급하면 된다.**

직사각 휜과 원형 휜에 대한 A_c와 p의 적절한 관계식을 사용하면 다음 식을 구할 수 있다.

$$L_{c,\text{ rectangular fin}} = L + \frac{t}{2} \quad \text{및} \quad L_{c,\text{ cylindrical fin}} = L + \frac{D}{4}$$

여기서 t는 직사각 휜의 두께이고 D는 원형 휜의 직경이다.

휜 효율

온도 T_b인 평면 벽이 표면온도 T_∞인 주위에 노출되어 있는 경우를 고려하자. 대류 열전달계수 h로 표면에서 주위로 대류에 의해 열이 손실된다. 복사를 무시하거나 복사의 효과를 대류 열전달계수 h에 포함시키면 표면적 A_s로부터의 열전달률은 $\dot{Q} = hA_S(T_S - T_\infty)$로 나타내어진다.

이제 표면에 완전하게 접촉되어 있는 길이 L이고 단면적 $A_c = A_b$인 휜을 고려하자(그림 3-41). 이번에는 표면으로부터 휜으로 **전도**에 의해 열이 전달되고, 휜으로부터 주위 유체로 동일한 대류 열전달계수 h로 **대류**에 의해 열이 전달된다. 휜 기저에서의 온도는 T_b이고 휜 끝으로 갈수록 감소한다. 휜 표면에서의 대류로 인하여 한 단면에서의 온도는 중심에서 외부로 갈수록 약간 떨어진다. 그러나 휜의 단면적은 보통 매우 작으므로 한 단면에서의 온도는 균일하다고 생각할 수 있다. 또한 실제 길이 대신 수정길이를 사용하여 휜의 끝은 단열이라도 가정할 수 있다.

열저항이 0인 무한 열전도도($k \to \infty$) 극한의 경우, 휜의 온도는 기저 온도인 T_b로 균일할 것이다. 이 경우 휜으로부터의 열전달은 **최대**가 되고 다음으로 표기될 수 있다.

$$\dot{Q}_{\text{fin, max}} = hA_{\text{fin}}(T_b - T_\infty) \tag{3-73}$$

그러나 실제로는 그림 3-42에서 보듯이 휜의 길이에 따라 휜의 온도는 감소할 것이고, 휜 끝으로 갈수록 온도 차이 $T(x) - T_\infty$가 감소하기 때문에 휜으로부터의 열전달은 감소할 것이다. 이러한 온도 감소가 열전달에 미치는 영향을 고려하여 **휜 효율**(fin efficiency)을 다음과 같이 정의한다.

$$\eta_{\text{fin}} = \frac{\dot{Q}_{\text{fin}}}{\dot{Q}_{\text{fin, max}}} = \frac{\text{휜으로부터 실제 열전달률}}{\text{전체 휜이 기저온도라면 휜으로부터 이상적인 열전달}} \tag{3-74}$$

즉, 다음과 같이 표기할 수 있다.

$$\dot{Q}_{\text{fin}} = \eta_{\text{fin}}\dot{Q}_{\text{fin, max}} = \eta_{\text{fin}}hA_{\text{fin}}(T_b - T_\infty) \tag{3-75}$$

여기서 A_{fin}은 휜의 전체 표면적이다. 휜 효율을 알면 이 관계식으로부터 휜으로부터의 열전달을 구할 수 있다. 단면적이 일정하고 **끝이 단열된 매우 긴 휜**에 대해서는 $A_{\text{fin}} = pL$이기 때문에 휜 효율은 다음과 같이 표기된다.

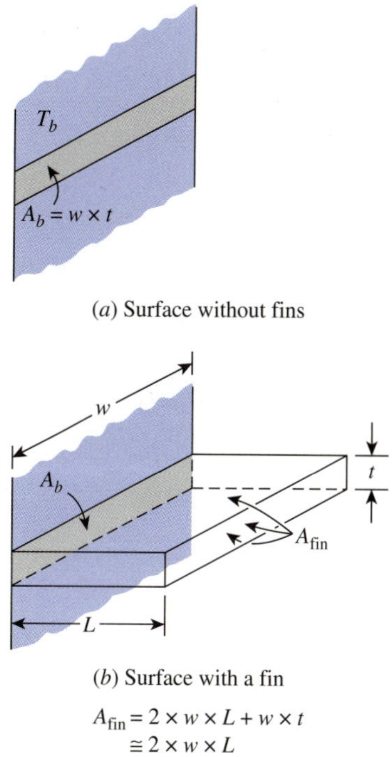

그림 3-41

휜은 표면적을 증가시켜 열전달을 향상시킨다.

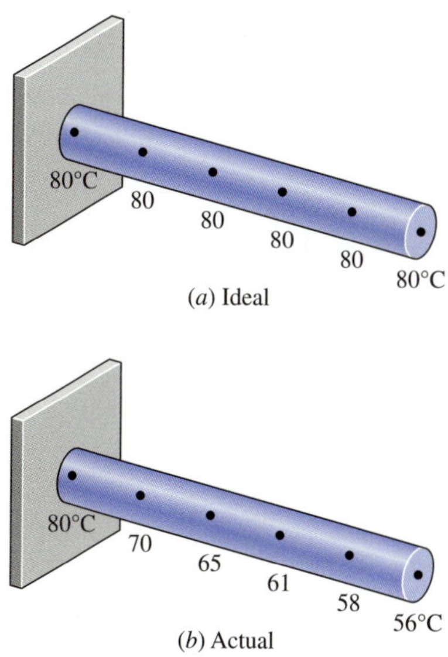

그림 3-42

휜에서 이상적인 경우와 실제의 온도분포

표 3-3

일반적인 휜 형상에 대한 효율 및 표면적

Straight rectangular fins

$m = \sqrt{2h/kt}$

$L_c = L + t/2$

$A_{\text{fin}} = 2wL_c$

$$\eta_{fin} = \frac{\tanh mL_c}{mL_c}$$

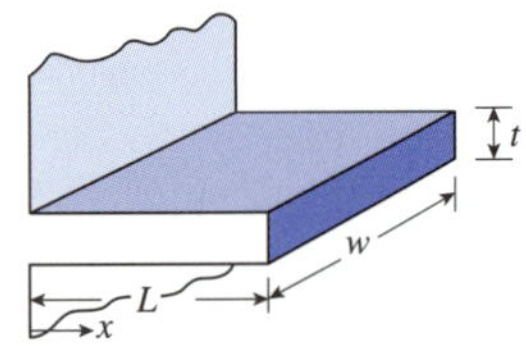

Straight triangular fins

$m = \sqrt{2h/kt}$

$A_{\text{fin}} = 2w\sqrt{L^2 + (t/2)^2}$

$$\eta_{fin} = \frac{1}{mL}\frac{I_1(2mL)}{I_0(2mL)}$$

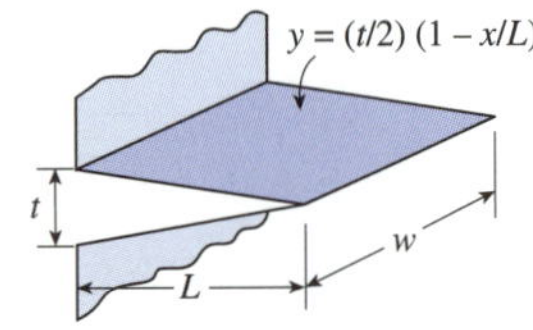

Straight parabolic fins

$m = \sqrt{2h/kt}$

$A_{\text{fin}} = wL[C_1 + (L/t)\ \ln(t/L + C_1)]$

$C_1 = \sqrt{1 + (t/L)^2}$

$$\eta_{\text{fin}} = \frac{2}{1 + \sqrt{(2mL)^2 + 1}}$$

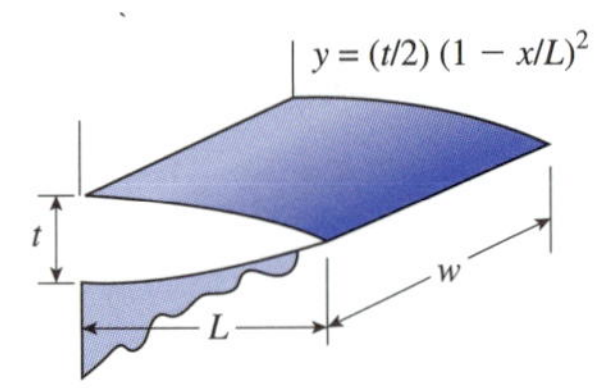

Circular fins of rectangular profile

$m = \sqrt{2h/kt}$

$r_{2c} = r_2 + t/2$

$A_{\text{fin}} = 2\pi(r_{2c}^2 - r_1^2)$

$$\eta_{\text{fin}} = C_2\frac{K_1(mr_1)I_1(mr_{2c}) - I_1(mr_1)K_1(mr_{2c})}{I_0(mr_1)K_1(mr_{2c}) + K_0(mr_1)I_1(mr_{2c})}$$

$$C_2 = \frac{2r_1/m}{r_{2c}^2 - r_1^2}$$

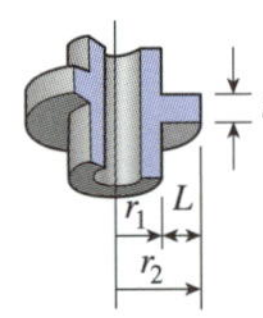

Pin fins of rectangular profile

$m = \sqrt{4h/kD}$

$L_c = L + D/4$

$A_{\text{fin}} = \pi DL_c$

$$\eta_{\text{fin}} = \frac{\tanh mL_c}{mL_c}$$

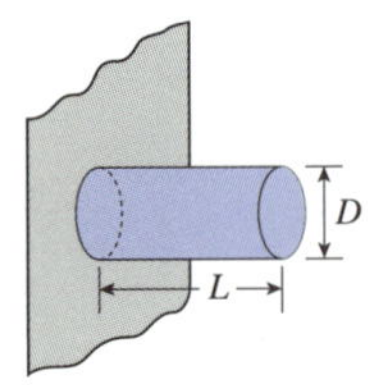

Pin fins of triangular profile

$m = \sqrt{4h/kD}$

$A_{\text{fin}} = \frac{\pi D}{2}\sqrt{L^2 + (D/2)^2}$

$$\eta_{\text{fin}} = \frac{2}{mL}\frac{I_2(2mL)}{I_1(2mL)}$$

$I_2(x) = I_0(x) - (2/x)I_1(x)$ where $x = 2mL$

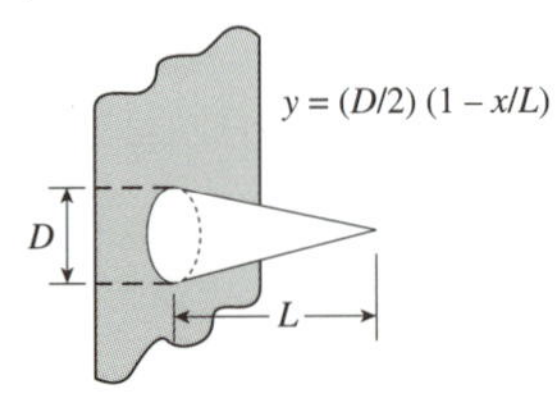

Pin fins of parabolic profile

$m = \sqrt{4h/kD}$

$A_{\text{fin}} = \frac{\pi L^3}{8D}\left[C_3C_4 - \frac{L}{2D}\ ln(2DC_4/L + C_3)\right]$

$C_3 = 1 + 2(D/L)^2$

$C_4 = \sqrt{1 + (D/L)^2}$

$$\eta_{\text{fin}} = \frac{2}{1 + \sqrt{(2mL/3)^2 + 1}}$$

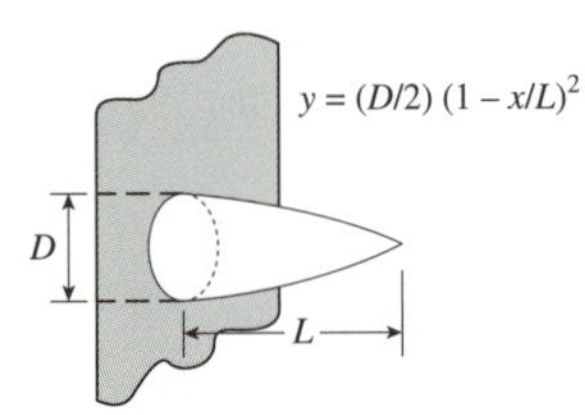

Pin fins of parabolic profile (blunt tip)

$m = \sqrt{4h/kD}$

$A_{\text{fin}} = \frac{\pi D^4}{96L^2}\{[16(L/D)^2 + 1]^{3/2} - 1\}$

$$\eta_{\text{fin}} = \frac{3}{2mL}\frac{I_1(4mL/3)}{I_0(4mL/3)}$$

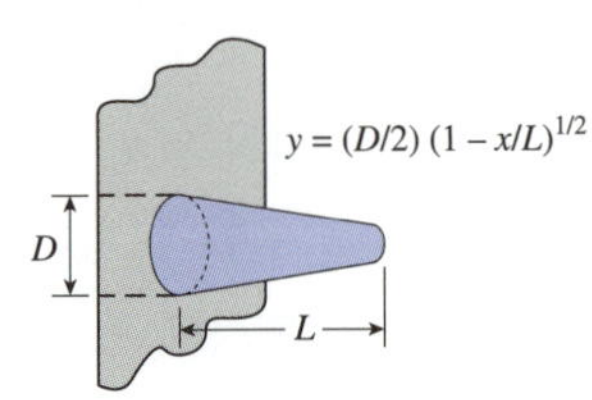

$$\eta_{\text{long fin}} = \frac{\dot{Q}_{\text{fin}}}{\dot{Q}_{\text{fin, max}}} = \frac{\sqrt{hpkA_c}\,(T_b - T_\infty)}{hA_{\text{fin}}\,(T_b - T_\infty)} = \frac{1}{L}\sqrt{\frac{kA_c}{hp}} = \frac{1}{mL} \tag{3-76}$$

$$\eta_{\text{adiabatic tip}} = \frac{\dot{Q}_{\text{fin}}}{\dot{Q}_{\text{fin, max}}} = \frac{\sqrt{hpkA_c}\,(T_b - T_\infty)\tanh mL}{hA_{\text{fin}}\,(T_b - T_\infty)} = \frac{\tanh mL}{mL} \tag{3-77}$$

휜 길이 L을 수정길이 L_c로 대체하면 휜 끝이 대류 조건일 때도 식 (3-71)을 사용할 수 있다.

여러 형상에 대한 휜 효율 관계식을 구하여, 표 3-3에 나타내었다. 일정하지 않은 프로필을 가진 휜들에 대해, 식 (3-56)은 더 이상 유효하지 않고 식 (3-55) 같이 일정하지 않은 형태의 휜들에서 열전도를 지배하는 미분 방정식의 일반해로 사용되어야만 한다. 이러한 경우에 대해, 해결책은 더 이상 간단한 지수 또는 쌍곡선 함수의 형태가 아니다. 이 관계식들에 나타나는 함수 I와 K는 **수정 *Bessel* 함수**이고 그 값들을 표 3-4에 나타내고 있다. **평면**에 대해 그림 3-42에, 일정한 두께의 **원형 휜**에 대해 그림 3-43에 나타내고 있다. 각 형상과 관련된 휜 표면적을 또한 각각의 그림에 나타내고 있다. 실용적인 대부분의 일정한 두께의 휜에서 휜 두께 t는 휜 길이 L에 비해 아주 작기 때문에 휜의 끝 면적을 무시할 수 있다.

삼각형 또는 포물형 휜이 직사각형 휜보다 적은 재료가 필요하고 효율이 더 좋아, 최소의 무게가 요구되는 우주에서의 응용분야에 적합하다.

휜을 가지는 표면의 설계에서 중요하게 고려해야 하는 점은 적절한 **휜 길이** L을 선택하는 것이다. 보통 휜 길이가 **길수록** 열전달 면적은 **증가**하고, 따라서 휜으로부터의 열전달률은 **증가**한다. 그러나 휜이 클수록 재료가 많이 들어 가격이 비싸지고 유체의 저항도 커진다. 그러므로 길이 증가의 효과가 비용 증가의 효과보다 크지 않을 때는 휜의 길이를 어떤 값 이상으로 증가시키는 것은 타당하지 않다. 또한 휜 길이가 증가함에 따라 길이에 따른 휜의 온도가 감소하기 때문에 휜 효율도 감소한다. 휜 효율이 60% 이하로 되게 하는 휜의 길이는 보통 타당하지 않으므로 피해야 한다. 실용적인 대부분의 휜 효율은 90% 이상이다.

표 3-4

제 1종 및 2종 수정 Bessel 함수*

x	$e^{-x}I_0(x)$	$e^{-x}I_1(x)$	$e^{x}K_0(x)$	$e^{x}K_1(x)$
0.0	1.0000	0.0000	—	—
0.2	0.8269	0.0823	2.1408	5.8334
0.4	0.6974	0.1368	1.6627	3.2587
0.6	0.5993	0.1722	1.4167	2.3739
0.8	0.5241	0.1945	1.2582	1.9179
1.0	0.4658	0.2079	1.1445	1.6362
1.2	0.4198	0.2153	1.0575	1.4429
1.4	0.3831	0.2185	0.9881	1.3011
1.6	0.3533	0.2190	0.9309	1.1919
1.8	0.3289	0.2177	0.8828	1.1048
2.0	0.3085	0.2153	0.8416	1.0335
2.2	0.2913	0.2121	0.8057	0.9738
2.4	0.2766	0.2085	0.7740	0.9229
2.6	0.2639	0.2047	0.7459	0.8790
2.8	0.2528	0.2007	0.7206	0.8405
3.0	0.2430	0.1968	0.6978	0.8066
3.2	0.2343	0.1930	0.6770	0.7763
3.4	0.2264	0.1892	0.6580	0.7491
3.6	0.2193	0.1856	0.6405	0.7245
3.8	0.2129	0.1821	0.6243	0.7021
4.0	0.2070	0.1788	0.6093	0.6816
4.2	0.2016	0.1755	0.5953	0.6627
4.4	0.1966	0.1725	0.5823	0.6454
4.6	0.1919	0.1695	0.5701	0.6292
4.8	0.1876	0.1667	0.5586	0.6143
5.0	0.1835	0.1640	0.5478	0.6003
5.2	0.1797	0.1614	0.5376	0.5872
5.4	0.1762	0.1589	0.5280	0.5749
5.6	0.1728	0.1565	0.5188	0.5634
5.8	0.1697	0.1542	0.5101	0.5525
6.0	0.1667	0.1521	0.5019	0.5422
6.5	0.1598	0.1469	0.4828	0.5187
7.0	0.1537	0.1423	0.4658	0.4981
7.5	0.1483	0.1380	0.4505	0.4797
8.0	0.1434	0.1341	0.4366	0.4631
8.5	0.1390	0.1305	0.4239	0.4482
9.0	0.1350	0.1272	0.4123	0.4346
9.5	0.1313	0.1241	0.4016	0.4222
10.0	0.1278	0.1213	0.3916	0.4108

*Evaluated from EES using the mathematical functions Bessel_I(x) and Bessel_K(x).

휜 유용도

휜은 열전달을 **증가**시키지만, 휜과 관련된 추가 비용 및 복잡함보다 열전달의 증가로 얻는 효과가 크다고 판단될 때 표면에 휜을 설치한다. 사실 휜을 설치한다고 열전달이 항상 **증가**하는 것은 아니다. 휜이 없는 경우에 비해 열전달이 얼마나 증가하였는가에 따라 휜의 성능을 판단하여야 하며 휜의 성능은 휜 효율의 측면에서 다음과 같이 정의된다(그림 3-45).

$$\varepsilon_{\text{fin}} = \frac{\dot{Q}_{\text{fin}}}{\dot{Q}_{\text{no fin}}} = \frac{\dot{Q}_{\text{fin}}}{hA_b\,(T_b - T_\infty)} = \frac{\text{기저면적 } A_b\text{의 휜으로부터 열전달}}{\text{면적 } A_b \text{ 표면으로부터 열전달률}} \tag{3-78}$$

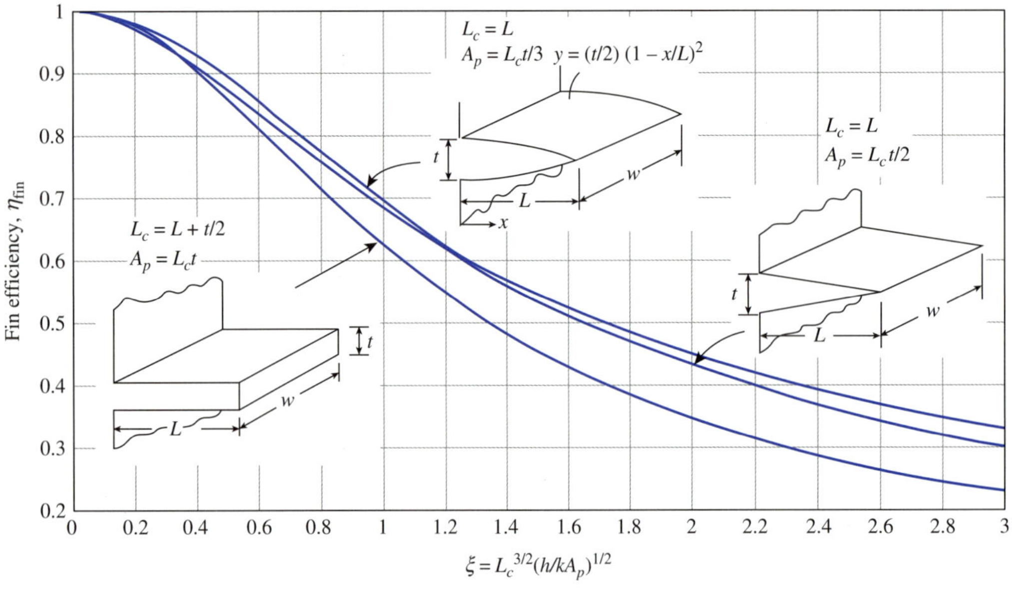

그림 3–43

직사각형, 삼각형 그리고 포물선 단면을 가지는 곧은 휜의 효율

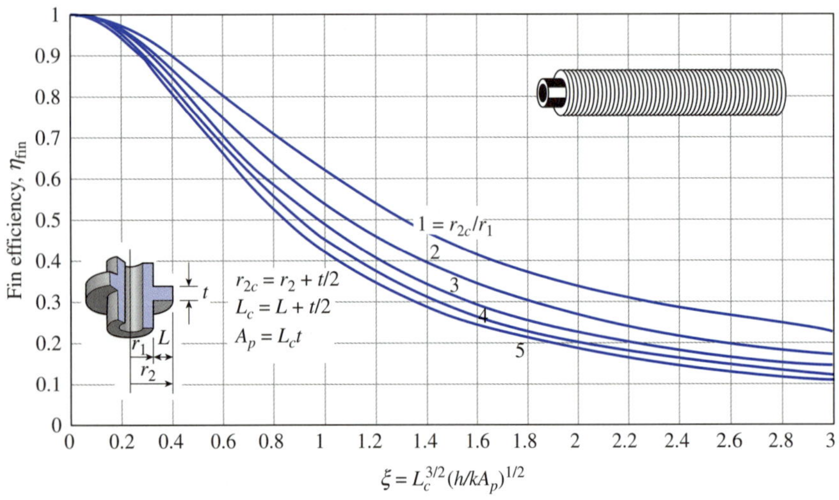

그림 3–44

일정한 두께 t를 가지는 환형 휜의 효율

여기서 A_b는 휜의 기저(base) 면적이고 $\dot{Q}_{\text{no fin}}$은 표면에 휜이 없을 때의 열전달률을 나타낸다. 휜 유용도(fin effectiveness) $\varepsilon_{fin} = 1$이라는 것은 표면에 휜을 부착하여도 열전달에 전혀 영향을 미치지 않는다는 것을 의미한다. 즉 기저 면적 A_b를 통해 휜으로 전도된 열이 동일한 면적 A_b를 통해 주위 유체로 전달된 열과 같다는 것을 의미한다. $\varepsilon_{fin} < 1$인 경우 휜은 실질적으로 **단열재**로 작용하여 표면으로부터의

열전달을 감소시킨다. 아주 작은 열전도도를 가진 재질을 사용하여 휜을 만든 경우 이와 같은 현상이 발생한다. 유용도 $\varepsilon_{fin} > 1$인 경우 휜은 표면으로부터의 열전달을 **증가**시키고, 실제로 이렇게 되어야 한다. 그러나 ε_{fin}이 1보다 충분히 크지 않으면 휜의 사용이 정당화될 수 없다. 주어진 비용에 대한 **최대**의 유용도, 또는 원하는 유용도에 대한 **최소**비용에 기초하여 휜을 가진 표면을 설계해야 한다.

휜 효율과 휜 유용도는 휜의 성능과 관계있지만 서로 다르다는 데 주목하라. 둘 사이에는 다음의 관계가 성립한다.

$$\varepsilon_{fin} = \frac{\dot{Q}_{fin}}{\dot{Q}_{no\ fin}} = \frac{\dot{Q}_{fin}}{hA_b(T_b - T_\infty)} = \frac{\eta_{fin} hA_{fin}(T_b - T_\infty)}{hA_b(T_b - T_\infty)} = \frac{A_{fin}}{A_b}\eta_{fin} \tag{3-79}$$

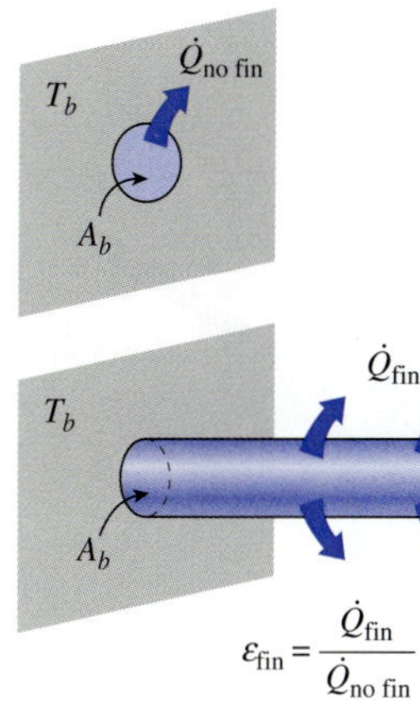

그림 3-45
휜 유용도

그러므로 둘 중에 하나를 알면 다른 하나는 쉽게 구할 수 있다.

균일단면적을 가진 충분히 긴 휜에서의 열전달률은 식 (3-61)에 주어져 있다. 이 식을 식 (3-72)에 대입하면, $A_c = A_b$인 매우 긴 휜에 대한 유용도는 다음과 같다.

$$\varepsilon_{long\ fin} = \frac{\dot{Q}_{fin}}{\dot{Q}_{no\ fin}} = \frac{\sqrt{hpkA_c}\,(T_b - T_\infty)}{hA_b(T_b - T_\infty)} = \sqrt{\frac{kp}{hA_c}} \tag{3-80}$$

휜을 설계하고 선정할 때 고려하여야 할 휜 유용도의 관계식으로부터 몇 가지 중요한 결론을 내릴 수 있다.

- 휜 재질의 **열전도도** k가 가능한 한 커야 한다. 따라서 구리, 알루미늄 및 철과 같은 금속으로 휜이 만들어지는 것은 우연한 일이 아니다. 가장 널리 사용되는 것은 알루미늄인데, 싸고, 가볍고 부식에 잘 견디기 때문이다.
- 휜의 **둘레**와 **단면적**의 비 p/A_c가 가능한 한 커야 한다. 아주 가는 평판 휜이나 핀 휜은 이 조건을 만족한다.
- **대류 열전달계수가 작은** 응용에서 휜의 사용이 더 **효율적**이다. 따라서 주위 유체가 액체보다 **기체**인 경우, 강제대류보다 **자연대류**인 경우 휜의 사용이 더 정당화될 수 있다. 그러므로 자동차 라디에이터와 같은 액체-기체 열교환기에서 휜은 **기체**쪽에 위치한다.

휜을 가진 표면으로부터의 열전달률을 구할 때 휜뿐 아니라 **휜이 없는 부분**도 고려하여야 한다. n개의 휜을 가진 표면에서의 열전달률은 다음과 같이 표기된다.

$$\begin{aligned}\dot{Q}_{total,\ fin} &= \dot{Q}_{unfin} + \dot{Q}_{fin} \\ &= hA_{unfin}(T_b - T_\infty) + \eta_{fin} hA_{fin}(T_b - T_\infty) \\ &= h(A_{unfin} + \eta_{fin}A_{fin})(T_b - T_\infty)\end{aligned} \tag{3-81}$$

휜을 가진 표면에서의 전체 열전달과 휜이 없는 경우 열전달과의 비를 휜을 가진 표면의 **총 유용도**(overall effectiveness)로 정의할 수 있다.

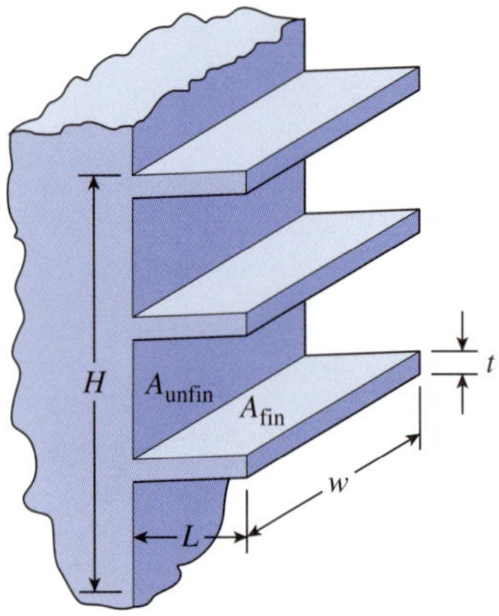

$$A_{no\ fin} = w \times H$$
$$A_{unfin} = w \times H - 3 \times (t \times w)$$
$$A_{fin} = 2 \times L \times w + t \times w$$
$$\cong 2 \times L \times w \text{ (one fin)}$$

그림 3–46
3개의 휜을 가진 직사각형 표면과 관련된 다양한 표면적

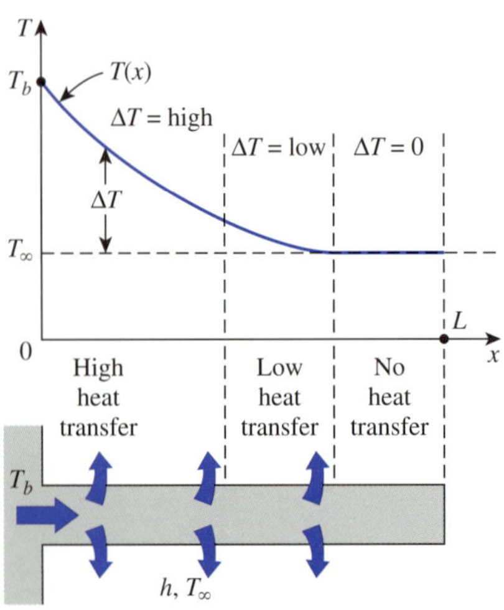

그림 3–47
휜에서의 점진적인 온도 강하로 인하여 휜 끝에서는 열전달에 약간 기여하거나 전혀 기여하지 못한다.

$$\varepsilon_{fin,\ overall} = \frac{\dot{Q}_{total,\ fin}}{\dot{Q}_{total,\ no\ fin}} = \frac{h(A_{unfin} + \eta_{fin}A_{fin})(T_b - T_\infty)}{hA_{no\ fin}(T_b - T_\infty)} = \frac{A_{unfin} + \eta_{fin}A_{fin}}{A_{no\ fin}} \quad \textbf{(3–82)}$$

여기서 $A_{no\ fin}$은 휜이 없을 때의 표면적이고, A_{fin}은 표면에 있는 전체 휜의 면적, A_{unfin}은 휜이 없는 표면부분의 면적이다(그림 3–46). 총 유용도는 각각의 휜 유용도뿐만 아니라 휜의 조밀도(단위길이당 휜의 수)에 영향을 받는다는 데 유의하라. 휜을 가진 표면의 성능을 판단하는 데 각각의 휜 유용도보다는 총 유용도가 더 적합하다.

휜의 적절한 길이

휜의 재질과 단면적이 정해지고 난 후, 휜을 설계하는 데 중요한 단계는 적절한 휜의 길이를 구하는 것이다. 휜의 길이가 길면 길수록 표면적이 커져 열전달률이 커질 것이라 생각하여, 최대의 열전달을 얻기 위해서는 휜은 아주 길어야 한다고 생각하기 쉽다. 그러나 휜에서의 온도는 지수적으로 감소하여 어떤 길이에서 주위 온도와 같아진다. 그림 3–47에서 보여주고 있듯이 그 길이 이후의 휜 부분은 온도가 주위와 같기 때문에 열전달에 전혀 기여하지 못한다. 따라서 이것보다 "길게" 휜을 설계하는 것은 재료낭비, 과도한 무게, 크기의 증가로 인하여 아무런 소득 없이 비용만 더 들기 때문에 전혀 있을 수 없는 일이다(사실 과도하게 긴 휜은 유체의 유동을 억제하기 때문에 대류 열전달을 감소시켜 성능을 저하시킨다). 휜이 과도하게 길지는 않지만 휜의 끝에서의 온도가 주위 온도에 가까워질 만큼 긴 휜도 바람직하지 못하다. 왜냐하면 휜의 끝 부분에서 열전달을 아주 조금 증가시키는 것은 휜의 무게와 비용을 고려하면 적절하지 못하기 때문이다.

휜의 적당한 길이에 대한 이해를 돕기 위해 동일한 조건하의 유한한 길이의 휜과 무한히 긴 휜을 비교한다. 그 둘의 열전달의 비는 다음과 같다.

$$\frac{\dot{Q}_{fin}}{\dot{Q}_{long\ fin}} = \frac{\sqrt{hpkA_c}\,(T_b - T_\infty)\tanh mL}{\sqrt{hpkA_c}\,(T_b - T_\infty)} = \tanh mL \quad \textbf{(3–83)}$$

계산기를 사용하여 mL에 대한 tanh mL의 값을 구하여 표 3–5에 나타내고 있다. 이 표로부터 처음에는 mL이 증가함에 따라 휜으로부터의 열전달이 거의 선형적으로 증가하지만 나중에는 평평하게 되어 대략 $mL = 5$일 때 무한히 긴 휜과 같게 된다는 것을 알 수 있다. 따라서 휜의 길이가 인 휜은 무한히 긴 휜으로 간주된다. 또한 $mL = 5$인 휜으로부터 $mL = 2.5$인 휜으로 길이를 반으로 줄이면 열전달은 오직 1% 감소한다는 것을 알 수 있다. 휜에서의 열전달을 1% 줄이는 대신 휜의 크기를 50% 줄이고 따라서 휜의 비용을 줄이는 데 망설이지 않을 것이다. 실용적인 측면에서 $mL = 1$인 휜은 무한히 긴 휜이 전달할 수 있는 열의 76.2%에 전달하며 이는 열전달 성능과 휜의 크기에 있어 훌륭한 절충점이 될 수 있을 것이다.

휜의 해석에 주로 사용되는 방법은 휜의 온도가 휜의 길이 방향으로만 변하고,

다른 방향으로는 변하지 않는다고 가정하는 것이다. 이 1차원 가정이 타당한가 하는 의문을 가질 수 있다. 자동차 라디에이터에 있는 휜처럼 얇은 금속판으로 되어 있는 경우는 확실히 1차원이지만 두꺼운 재질로 만들어진 경우는 확신할 수 없다. 연구 결과,

$$\frac{h\delta}{k} < 0.2$$

인 경우는 1차원 휜 해석과 관련된 오차는 무시할 수 있다(1% 이내). 여기서 d는 휜의 특성두께이며, 직사각형 휜에서는 두께 t, 원통형 휜의 경우는 직경 D이다.

주로 전기부품의 냉각에 사용되도록 특별하게 설계된 휜 표면을 **열싱크**(*heat sinks*)라고 하며 표 3–6에 보여준 바와 같이 모두 비슷한 형태의 복잡한 모양을 가지고 있다. 보통 °C/W의 단위로 주어지는 **열저항**(R)으로 열싱크의 열적인 성능을 나타내며, 다음과 같이 정의된다.

$$\dot{Q}_{\text{fin}} = \frac{T_b - T_\infty}{R} = hA_{\text{fin}}\,\eta_{\text{fin}}\,(T_b - T_\infty) \tag{3-84}$$

작은 열저항 값은 열싱크를 통한 작은 온도 강하를 나타내고, 따라서 휜 효율이 높다는 것을 의미한다.

표 3–5

무한히 긴 휜의 열전달률에 대한 휜의 열전달률의 비

mL	$\dfrac{\dot{Q}_{\text{fin}}}{\dot{Q}_{\text{long fin}}} = \tanh mL$
0.1	0.100
0.2	0.197
0.5	0.462
1.0	0.762
1.5	0.905
2.0	0.964
2.5	0.987
3.0	0.995
4.0	0.999
5.0	1.000

예제 3–10 트랜지스터의 최대 발산 동력

전력을 많이 사용하는 전기 장치에 동력 트랜지스터를 주로 사용한다. 전기부품의 파손율은 작동온도에 따라 지수적으로 증가한다. 개략적으로, 접합부 작동온도가 10°C 감소하면 전기부품의 파손율은 반으로 줄어든다. 따라서 파손 위험을 최소화하기 위해 전기부품의 작동온도를 안전한 값 이하로 유지하여야 한다.

접합부에서 동력 트랜지스터의 정교한 전기 회로는 단단한 금속으로 만들어진 케이스에 의해 보호된다. 동력 트랜지스터의 열적 특성은 주로 제조회사에 의해 케이스–외부 열저항으로 주어지는데, 자연대류와 복사 열전달의 효과를 고려한 것이다.

최대 동력 10 W에서 동력 트랜지스터의 케이스–외부 열저항이 20°C/W로 주어진다. 주위 온도 25°C에서 트랜지스터의 케이스 온도가 85°C를 넘지 않고 안전하게 작동할 트랜지스터의 동력을 구하라.

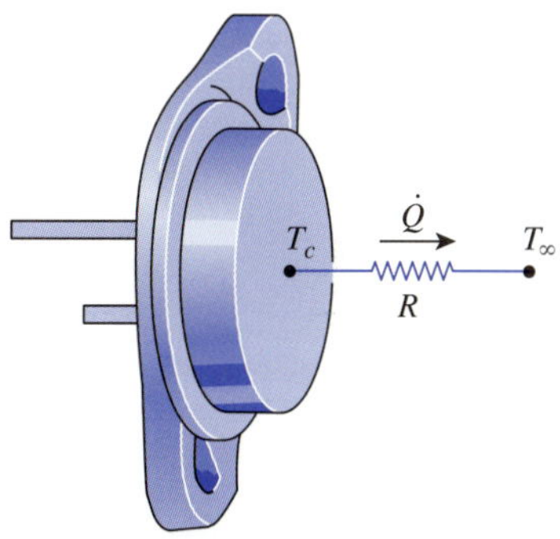

그림 3–48
예제 3–10의 개략도

풀이 트랜지스터의 케이스 온도가 85°C를 넘지 않는 트랜지스터의 동력을 구하여야 한다.

가정 **1.** 정상 작동조건이 존재한다. **2.** 트랜지스터 케이스는 85°C로 등온이다.

물성값 트랜지스터의 케이스–외부 열저항이 20°C/W로 주어졌다.

해석 동력 트랜지스터와 열저항 회로를 그림 3–48이 나타내고 있다. 열저항 회로로부터 T_c = 85°C인 케이스와 T_∞ = 25°C인 주위 사이에 하나의 저항 20°C/W가 있다는 것을 알 수 있고, 따라서 열전달률은 다음과 같다.

$$\dot{Q} = \left(\frac{\Delta T}{R}\right)_{\text{case-ambient}} = \frac{T_c - T_\infty}{R_{\text{case-ambient}}} = \frac{(85-25)^\circ\text{C}}{20^\circ\text{C/W}} = \mathbf{17\ W}$$

따라서 케이스 온도가 85°C를 넘지 않으려면 3 W 이상의 동력을 사용해서는 안 된다.

표 3-6

전기 장치에 사용되는 다양한 열싱크와 주위 사이의 복합 자연대류 및 복사 열저항. 모든 휜은 알루미늄 6063T-5재질로 되어 있으며 검게 양극산화 처리하였으며 길이는 76 mm이다.

Model	Picture	Data
HS 5030	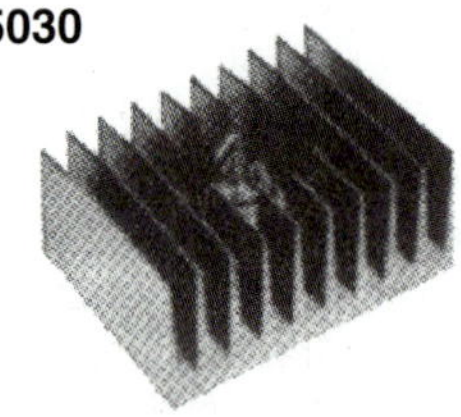	$R = 0.9°\text{C/W}$ (vertical) $R = 1.2°\text{C/W}$ (horizontal) Dimensions: 76 mm × 105 mm × 44 mm Surface area: 677 cm^2
HS 6065		$R = 5°\text{C/W}$ Dimensions: 76 mm × 38 mm × 24 mm Surface area: 387 cm^2
HS 6071		$R = 1.4°\text{C/W}$ (vertical) $R = 1.8°\text{C/W}$ (horizontal) Dimensions: 76 mm × 92 mm × 26 mm Surface area: 968 cm^2
HS 6105		$R = 1.8°\text{C/W}$ (vertical) $R = 2.1°\text{C/W}$ (horizontal) Dimensions: 76 mm × 127 mm × 91 mm Surface area: 677 cm^2
HS 6115		$R = 1.1°\text{C/W}$ (vertical) $R = 1.3°\text{C/W}$ (horizontal) Dimensions: 76 mm × 102 mm × 25 mm Surface area: 929 cm^2
HS 7030	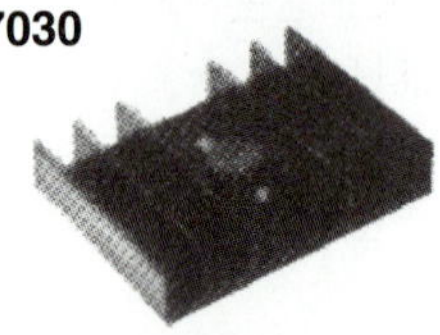	$R = 2.9°\text{C/W}$ (vertical) $R = 3.1°\text{C/W}$ (horizontal) Dimensions: 76 mm × 97 mm × 19 mm Surface area: 290 cm^2

검토 열싱크를 부착하거나(다음 예제에서 다루듯이 열전달 표면적을 증가시켜 열저항을 감소시킨다), 팬을 사용하면(대류 열전달계수를 증가시켜 열저항을 감소시킨다) 이 트랜지스터를 보다 큰 동력에 사용할 수 있다.

예제 3-11 트랜지스터에 대한 열싱크 선정

표 3-6에 보인 상업적으로 시판되는 열싱크를 60 W 동력 트랜지스터에 부착하여 냉각시킨다. 주위 공기 온도 30°C에서 트랜지스터의 케이스 온도가 90°C를 넘지 않도록 하는 열싱크를 선정하라.

풀이 트랜지스터의 케이스 온도가 90°C를 넘지 않도록 하는 상용 열싱크를 표 3-6에서 선정하여야 한다.

가정 **1.** 정상 작동조건이 존재한다. **2.** 트랜지스터 케이스는 90°C로 등온이다. **3.** 트랜지스터와 열싱크의 접촉 열저항은 무시한다.

해석 60 W 트랜지스터가 발생하는 최대 발열량이다. 트랜지스터와 열싱크 사이의 접촉 열저항을 무시하면, 주어진 온도 차이에서 열싱크에 부착된 트랜지스터와 주위 공기 사이의 열저항은 다음과 같이 구할 수 있다.

$$\dot{Q} = \frac{\Delta T}{R} \longrightarrow R = \frac{\Delta T}{\dot{Q}} = \frac{(90 - 30)°\text{C}}{60 \text{ W}} = 1.0°\text{C/W}$$

따라서 열싱크의 열저항은 1.0°C/W 이하여야 한다. 표 3-6을 검토해 보면, 열저항이 0.9°C/W인 수직의 HS 5030이 이 조건을 만족하는 유일한 열싱크이다.

예제 3-12 증기관에서의 열전달에 대한 휜의 효과

뭉툭한 끝을 가진 파라볼릭 형태의 알루미늄 휜이 표면온도 200°C를 가진 평면 벽에 부착되어 있다(그림 3-49). 각 휜은 길이 20 mm, 기저반경 5 mm이다. 휜은 주위 온도 25°C에 노출되어 있고 대류 열전달계수는 50 W/m²·K이다. 휜의 열전도도가 240 W/m·K이면 휜 효율, 열전달률, 각 휜의 유용도를 구하라.

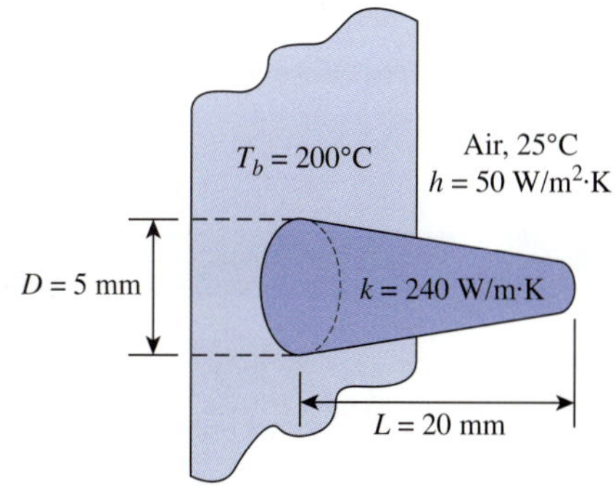

그림 3-49
예제 3-12의 개략도

풀이 뭉툭한 끝을 가진 파라볼릭 휜의 효율, 열전도도, 휜의 열유용도를 구하여야 한다.

가정 **1.** 정상 작동조건과 일차원이다. **2.** 열전달률은 전체 휜에서 균일하다. **3.** 열전도도는 일정하다. **4.** 복사열전달은 무시한다.

물성값 휜의 열전도도는 240 W/m·K로 주어져 있다.

해석 표 3-3으로부터 파라볼릭 프로타일(뭉툭한 끝)의 휜들에 대하여

$$mL = \sqrt{\frac{4h}{kD}}L = \sqrt{\frac{4(50 \text{ W/m}^2\cdot\text{K})}{(240 \text{ W/m}\cdot\text{K})(0.005\text{ m})}}(0.020 \text{ m}) = 0.2582$$

$$A_{\text{fin}} = \frac{\pi D^4}{96L^2}\left\{\left[16\left(\frac{L}{D}\right)^2 + 1\right]^{3/2} - 1\right\} = \frac{\pi(0.005\text{ m})^4}{96(0.020\text{ m})^2}\left\{\left[16\left(\frac{0.020\text{ m}}{0.005\text{ m}}\right)^2 + 1\right]^{3/2} - 1\right\}$$

$$= 2.106 \times 10^{-4}\,\text{m}^2$$

$$\eta_{\text{fin}} = \frac{3}{2mL}\frac{I_1(4mL/3)}{I_0(4mL/3)} = \frac{3}{2(0.2582)}\frac{I_1[4(0.2582)/3]}{I_0[4(0.2582)/3]} = 5.8095\frac{I_1[0.3443]}{I_0[0.3443]}$$

$x = 0.3443$에 해당하는 Bessel 함수의 값은 표 3-4로부터 $I_0 = 1.0350$과 $I_1 = 0.1716$로 결정할 수 있다. 휜 효율은 다음과 같다.

$$\eta_{\text{fin}} = 5.8095\frac{0.1716}{1.0350} = \mathbf{0.9632}$$

한 개 휜에 대한 열전달률은 다음과 같다.

$$\dot{Q}_{\text{fin}} = \eta_{\text{fin}} hA_{\text{fin}}(T_b - T_\infty)$$
$$= (0.9632)\ (50\ \text{W/m}^2\cdot\text{K})(2.106 \times 10^{-4}\,\text{m}^2)(200 - 25)°\text{C} = \mathbf{1.77\ W}$$

휜 유용도는 다음과 같다.

$$\varepsilon_{\text{fin}} = \frac{\dot{Q}_{\text{fin}}}{hA_b(T_b - T_\infty)} = \frac{\dot{Q}_{\text{fin}}}{h(\pi D^2/4)\ (T_b - T_\infty)}$$
$$= \frac{1.77\,\text{W}}{(50\text{W/m}^2\cdot\text{K})\ [\pi(0.005\,\text{m})^2/4]\ (200 - 25)°\text{C}}$$
$$= \mathbf{10.3}$$

검토 휜 효율은 EES와 같은 빌트인 수학적 함수가 있는 방정식 프로그램을 사용하여 보간 오류를 피할 수 있어 보다 정확하게 결정할 수 있다.

```
eta_fin = 3/(2*0.2582)*Bessel_I 1(4*0.2582/3)/Bessel_I0 (4*0.2582/3)
```

EES 화면에 위 라인을 복사한 후 'solver' 버튼을 누름으로써 $\eta_{\text{fin}} = 0.9855$이 되는 휜효율이 주어진다. 이는 Table을 이용한 결과보다 약 2% 높은 값이다.

요약 | SUMMARY

간단한 물체 또는 복합체 양쪽의 유체 온도가 $T_{\infty1}$, $T_{\infty2}$일 때, 물체를 통한 1차원 열전달은 다음과 같이 표기된다.

$$\dot{Q} = \frac{T_{\infty1} - T_{\infty2}}{R_{\text{total}}}$$

여기서 R_{total}은 두 유체 사이의 전체 열저항이다. 양쪽 면이 대류에 노출된 평면 벽에 대해서 전체 열저항은 다음과 같다.

$$R_{\text{total}} = R_{\text{conv},1} + R_{\text{wall}} + R_{\text{conv},2} = \frac{1}{h_1 A} + \frac{L}{kA} + \frac{1}{h_2 A}$$

이 관계를 추가되는 층에 대한 저항을 더하여, 두 층 또는 그 이상의 층으로 된 평면 벽에 대해서 확대 적용할 수 있다. 기본적인 열저항은 다음과 같이 표기된다.

전도열저항(평면 벽):	$R_{\text{wall}} = \dfrac{L}{kA}$
전도열저항(원통):	$R_{\text{cyl}} = \dfrac{\ln(r_2/r_1)}{2\pi Lk}$
전도열저항(구):	$R_{\text{sph}} = \dfrac{r_2 - r_1}{4\pi r_1 r_2 k}$
대류열저항:	$R_{\text{conv}} = \dfrac{1}{hA}$
경계열저항:	$R_{\text{interface}} = \dfrac{1}{h_c A} = \dfrac{R_c}{A}$
복사열저항:	$R_{\text{rad}} = \dfrac{1}{h_{\text{rad}} A}$

여기서 h_c는 열접촉 전도도, R_c는 열접촉 저항, 그리고 복사 열전달계수는 다음과 같이 정의된다.

$$h_{rad} = \varepsilon\sigma(T_s^2 + T_{surr}^2)(T_s + T_{surr})$$

일단 열전달률을 알고 나면 어떤 층을 통한 온도 강하는 다음과 같이 구할 수 있다.

$$\Delta T = \dot{Q}R$$

병렬 또는 병렬-직렬의 복합 층을 가진 정상 열전달 문제에 열저항 개념을 적용할 수 있다.

원형관 또는 구형의 셸에 단열을 하는 경우, 만약 단열재의 외경이 다음으로 정의되는 **임계 단열반경**(*critical radius of insulation*)보다 작다면 열전달은 증가할 것이다.

$$r_{cr,\ cylinder} = \frac{k_{ins}}{h}$$

$$r_{cr,\ sphere} = \frac{2k_{ins}}{h}$$

단열의 효과는 주로 단위 표면적에 대한 재질의 열저항을 나타내는 *R*-값으로 주어지며 다음과 같이 표기된다.

$$R\text{-value} = \frac{L}{k} \qquad \text{(평판단열)}$$

여기서 L은 두께이고 k는 재질의 열전도도이다.

열전달을 증가시키기 위하여 휜을 가진 표면을 사용한다. 휜은 큰 표면적을 대류에 노출시키게 하여 열전달을 증가시킨다. 매우 긴 휜과 끝에서의 열전달을 무시할 수 있는 휜의 온도분포는 다음과 같이 주어진다.

매우 긴 휜: $$\frac{T(x) - T_\infty}{T_b - T_\infty} = e^{-x\sqrt{hp/kA_c}}$$

단열 휜 끝: $$\frac{T(x) - T_\infty}{T_b - T_\infty} = \frac{\cosh m(L-x)}{\cosh mL}$$

휜 끝의 특정한 온도:

$$\frac{T(x) - T_\infty}{T_b - T_\infty} = \frac{[(T_L - T_\infty)/(T_b - T_\infty)]\sinh mx + \sinh m(L-x)}{\sinh mL}$$

휜 끝으로부터의 대류:

$$\frac{T(x) - T_\infty}{T_b - T_\infty} = \frac{\cosh m(L-x) + (h/mk)\sinh m(L-x)}{\cosh mL + (h/mk)\sinh mL}$$

여기서, $m = \sqrt{hp/kA_c}$, p는 둘레, A_c는 휜의 단면적이다. 이 두 형태에 대한 열전달률은 다음과 같다.

매우 긴 휜:

$$\dot{Q}_{long\ fin} = -kA_c \left.\frac{dT}{dx}\right|_{x=0} = \sqrt{hpkA_c}\,(T_b - T_\infty)$$

끝이 단열된 휜:

$$\dot{Q}_{adiabatic\ tip} = -kA_c \left.\frac{dT}{dx}\right|_{x=0} = \sqrt{hpkA_c}\,(T_b - T_\infty)\tanh mL$$

휜 끝의 특정한 온도:

$$\dot{Q}_{specified\ temp.} = \sqrt{hpkA_c}\,(T_b - T_\infty)\frac{\cosh mL - [(T_L - T_\infty)/(T_b - T_\infty)]}{\sinh mL}$$

휜 끝으로부터의 대류:

$$\dot{Q}_{convection} = \sqrt{hpkA_c}\,(T_b - T_\infty)\frac{\sinh mL + (h/mk)\cosh mL}{\cosh mL + (h/mk)\sinh mL}$$

휜의 끝에서 대류에 노출된 경우는 수정길이 $L_c = L + A_c/p$를 사용하여 끝이 단열된 휜처럼 취급하면 된다.

길이에 따라 휜의 온도는 감소하고 따라서 휜에서의 열전달은 온도 차이가 줄어들기 때문에 휜 끝으로 갈수록 감소한다. 이러한 온도 감소가 열전달에 미치는 영향을 고려하여 **휜 효율**(*fin efficiency*)을 다음과 같이 정의한다.

$$\eta_{fin} = \frac{\dot{Q}_{fin}}{\dot{Q}_{fin,\ max}} = \frac{\text{Actual heat transfer rate from the fin}}{\text{Ideal heat transfer rate from the fin if the entire fin were at base temperature}}$$

휜의 효율을 알고 나면 휜으로부터의 열전달률을 다음 식으로 알 수 있다.

$$\dot{Q}_{fin} = \eta_{fin}\dot{Q}_{fin,\ max} = \eta_{fin} hA_{fin}(T_b - T_\infty)$$

휜이 없는 경우에 비해 열전달이 얼마나 증가하였는가에 따라 휜의 성능을 판단하여야 하며 휜 **유용도**(*fin effectiveness*) ε_{fin}은 다음과 같이 정의된다.

$$\varepsilon_{fin} = \frac{\dot{Q}_{fin}}{\dot{Q}_{no\ fin}} = \frac{\dot{Q}_{fin}}{hA_b(T_b - T_\infty)} = \frac{\text{Heat transfer rate from the fin of } base\ area\ A_b}{\text{Heat transfer rate from the surface of } area\ A_b}$$

여기서 A_b는 휜의 기저면적이고 $\dot{Q}_{no\ fin}$은 표면에 휜이 없을 때의 열전달률을 나타낸다. 휜을 가진 표면에서의 전체 열전달과 휜이 없는 경우 동일한 표면에서의 열전달과의 비를 휜을 가진 표면의 **총 유용도**(*overall effectiveness*)로 정의할 수 있다.

$$\varepsilon_{fin,\ overall} = \frac{\dot{Q}_{total,\ fin}}{\dot{Q}_{total,\ no\ fin}} = \frac{h(A_{unfin} + \eta_{fin}A_{fin})(T_b - T_\infty)}{hA_{no\ fin}(T_b - T_\infty)}$$

휜 효율과 휜 유용도 사이에는 다음과 같은 관계가 성립한다.

$$\varepsilon_{\text{fin}} = \frac{A_{\text{fin}}}{A_b}\eta_{\text{fin}}$$

참고문헌 REFERENCES AND SUGGESTED READINGS

1. American Society of Heating, Refrigeration, and Air Conditioning Engineers. *Handbook of Fundamentals*. Atlanta: ASHRAE, 1993.
2. R. V. Andrews. "Solving Conductive Heat Transfer Problems with Electrical-Analogue Shape Factors." *Chemical Engineering Progress* 5 (1955), p. 67.
3. L. S. Fletcher. "Recent Developments in Contact Conductance Heat Transfer." *Journal of Heat Transfer* 110, no. 4B (1988), pp. 1059–79.
4. E. Fried. "Thermal Conduction Contribution to Heat Transfer at Contacts." *Thermal Conductivity*, vol. 2, ed. R. P. Tye. London: Academic Press, 1969.
5. K. A. Gardner. "Efficiency of Extended Surfaces." *Trans. ASME* 67 (1945), pp. 621–31. Reprinted by permission of ASME International.
6. D. Q. Kern and A. D. Kraus. *Extended Surface Heat Transfer*. New York: McGraw-Hill, 1972.
7. G. P. Peterson. "Thermal Contact Resistance in Waste Heat Recovery Systems." *Proceedings of the 18th ASME/ETCE Hydrocarbon Processing Symposium*. Dallas, TX, 1987, pp. 45–51. Reprinted by permission of ASME International.
8. S. Song, M. M. Yovanovich, and F. O. Goodman. "Thermal Gap Conductance of Conforming Surfaces in Contact." *Journal of Heat Transfer* 115 (1993), p. 533.

연습문제* PROBLEMS

평면 벽에서의 정상 열전도

3–1C 평면 벽을 통한 열전도를 고려하자. 정상 열전도 상태에서 벽의 에너지량이 변화하는가? 과도 열전도에서는 어떻게 되는지 설명하라.

3–2C 겨울에 방의 외부 벽을 통한 정상 열전달을 고려하자. 바람 때문에 벽 외부에서의 대류 열전달계수가 벽 내부에서의 대류 열전달계수의 3배이다. 벽의 어느 쪽 표면에서의 온도가 주위 공기의 온도에 가까운가? 설명하라.

3–3C 직경 D이고 길이 L인 원통형 막대를 통한 1차원 정상 열전도를 고려하자. (*a*) 막대의 측면이 단열되어 있는 경우, (*b*) 막대의 상하 표면이 단열되어 있는 경우 열전달 면적은 무엇인가?

3–4C 매질의 열저항은 무엇을 나타내는가?

3–5C 복합 열전달계수는 무엇인가? 열전달 계산에서 어떻게 편리한가?

3–6C 단위 표면적당 대류 열저항을 대류 열전달계수의 역수라고 정의해도 되는가?

* "C"로 표시된 문제는 개념에 관한 문제들이며, 학생들은 모든 문제를 풀어 보도록 권고한다. " " 아이콘, " " 아이콘이 있는 문제는 EES 프로그램을 사용하여 풀어야 한다.

3–7C 한 표면에서의 대류 및 복사 저항은 왜 직렬이 아니고 병렬인가?

3–8C 대류 열전달계수와 복사 열전달계수가 h_{conv}, h_{rad}인 조건에서 면적이 A인 표면을 고려하자. (*a*) 단일의 상당 열전달계수, (*b*) 상당 열저항을 어떻게 정할 것인지 설명하라. 주위 매체와 표면의 온도가 동일하다고 가정하라.

3–9C 단일층으로 된 벽면과 다섯 층의 복합 벽면의 열저항 회로는 어떻게 다른가?

3–10C 여러 층을 통한 1차원 정상 열전달을 고려하자. 열전달률 $\dot{Q}$를 알고 있는 경우, 각각의 층을 통한 온도 강하를 어떻게 구하는지 설명하라.

3–11C 주위 온도가 $T_{\infty1}$, $T_{\infty2}$이고 대류 열전달계수가 h_1, h_2인 주위에 노출된 평면 벽을 통한 1차원 정상 열전달을 고려하자. 열전달률 $\dot{Q}$를 구한 후, 각 표면온도를 어떻게 구하는지 설명하라.

3–12C 전자렌지를 음식 표면에 0의 대류 저항을 가진 일반 오븐으로 보는 사람이 있다. 이것은 타당한가?

3–13C 두께 4 mm 유리 두 장을 밀착하여 만든 유리창을 고려하자. 이 유리창을 통한 열전달과 두께 8 mm의 유리 한 장으로 된 유리창을 통한 열전달률을 비교하라.

3–14C 같은 방안에서 테이블 위에 위치한 찬 맥주캔과 담요에 덮힌 찬 맥주캔을 고려하자. 어느 것이 빨리 데워질까?

3–15 높이 3 m, 넓이 6 m, 그리고 두께 0.25 m, 열전도도 k = 0.78 W/m·K인 벽돌이 있다. 어느 날, 벽의 내부와 바깥 표면의 온도가 각각 14°C, 15°C로 측정되었다. 그 날 벽의 열손실률을 구하라.

3–16 열전도도 k = 0.78 W/m·K인 높이 1.5 m, 너비 2.4 m, 두께 6 mm인 유리창을 고려하자. 방안의 온도가 24°C이고 바깥의 온도가 −5°C일 때, 유리창을 통한 정상 열전도도와 내부 표면온도를 구하라. 유리창의 내부 및 외부 표면에서의 대류 열전달계수 h_1 = 10 W/m²·K, h_2 = 25 W/m²·K이고, 복사는 무시하라.

3–17 두께 12 mm의 정지하고 있는 공기층(k = 0.026 W/m·K)으로 분리되고 있는 높이 1.5 m, 넓이 2.4 m, 두께 3 mm인 유리(k = 0.78 W/m·K) 두 장으로 구성된 이중 유리창을 고려하자. 방안의 온도가 21°C이고 바깥의 온도가 −5°C일 때, 이중 유리창을 통한 정상 열전도도와 내부 표면온도를 구하라. 유리창의 내부 및 외부 표면에서의 대류 열전달계수 h_1 = 10 W/m²·K, h_2 = 25 W/m²·K이고, 복사는 무시하라. **답: 154 W, 16.7°C**

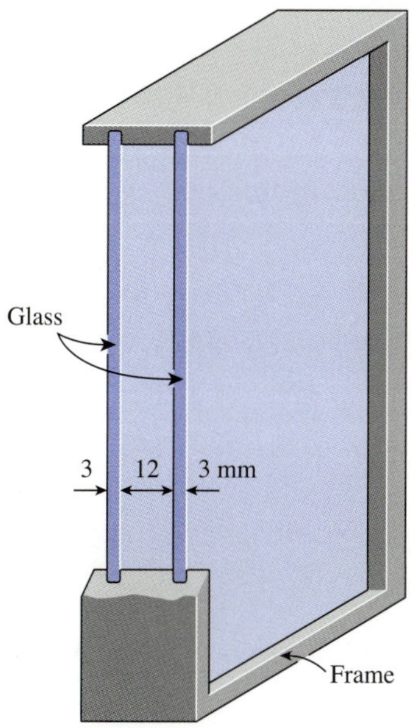

그림 P3–17

3–18 예제 3-20에서 두 유리 사이가 진공인 경우에 대해서 다시 풀어라.

3–19 문제 17-17을 다시 고려하라. EES(또는 다른 프로그램)를 사용하여 창문을 통한 열전달률을 2 mm에서 20 mm의 범위에서 공기층 두께의 함수형태로 그래프를 그려라. 결과를 논하라.

3–20 회로기판에서의 원통형 레지스터가 온도 35°C인 주위로 0.15 W의 열을 발산한다. 레지스터의 길이가 1.2 cm, 직경이 0.3 cm이다. 모든 표면에서 균일하게 열이 전달된다고 가정하여, (a) 24시간 동안 이 레지스터가 발산한 열량을 구하라. (b) 레지스터 표면에서의 열유속을 W/m² 단위로 구하라. (c) 대류 및 복사의 혼합 열전달계수가 9 W/m²·K인 경우, 레지스터의 표면온도를 구하라.

3–21 자동차의 뒤쪽 유리창을 제상하기 위해, 얇은 투명한 가열판이 유리안쪽 표면에 부착되어 있다. 1300 W/m²의 일정 열유속은 두께 5 mm를 가진 뒤쪽 유리를 제상하기 위해 공급된다. 자동차 내부의 온도는 22°C이고 대류 열전달계수는 15 W/m²·K이다. 바깥 주변온도는 −5°C이고 대류 열전달계수는 100 W/m²·K이다. 만약 창문의 열전도도가 1.2 W/m·K이면, 창 내부표면의 온도를 구하라.

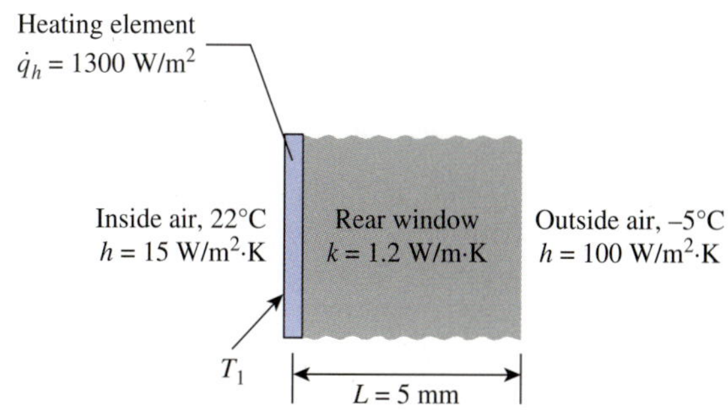

그림 P3–21

3–22 온도 30°C인 주위로 0.15 W의 열을 발산하는 동력 트랜지스터를 고려하자. 트랜지스터의 길이가 0.4 cm, 직경이 0.5 cm이다. 모든 표면에서 균일하게 열이 전달된다고 가정하여, (*a*) 24시간 동안 이 트랜지스터가 발산한 열량을 kWh 단위로 구하라. (*b*) 트랜지스터 표면에서의 열유속을 W/m² 단위로 구하라. (*c*) 대류 및 복사의 혼합 열전달계수가 18 W/m²·K인 경우, 트랜지스터의 표면온도를 구하라.

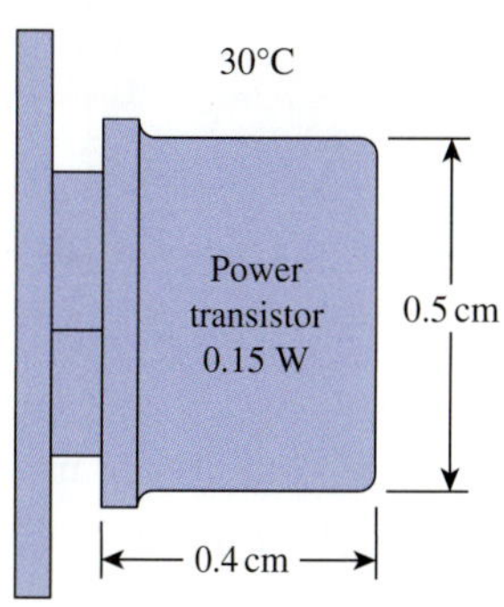

그림 P3–22

3–23 12 cm × 18 cm 크기의 회로기판에 100개의 논리 칩이 조밀하게 자리 잡고 있다. 온도 40°C인 주위환경에서 칩은 표면에서 0.06 W의 열을 방출한다. 기판 뒷면에서의 열전달은 무시할 수 있다. 기판 표면에서의 대류 열전달계수가 10 W/m²·K인 경우, (*a*) 회로기판에서의 열유속을 W/m² 단위로 구하고, (*b*) 칩의 표면 온도를 구하고, (*c*) 회로기판과 냉각유체 사이의 열저항을 °C/W 단위로 구하라.

3–24 노출 표면적이 1.7 m²인 사람이 온도 20°C인 방에 나체로 서 있다. 인체의 깊은 곳에서의 온도는 37°C이고, 피부 부근 인체 조직의 열전도도는 0.3 W/m·K이다. 인체는 대류 및 복사에 의해 150 W의 열을 잃는다. 피하 0.5 cm인 곳에서의 온도를 37°C라 하여, 이 사람의 피부 온도를 구하라. **답: 35.5°C**

3–25 면적 1.0 m × 1.5 m와 5 mm의 공기층(k_{air} = 0.025 W/m·k)이 두께 4 mm 유리층(k = 0.78 W/m·K) 사이에 있다. 공기층을 통한 열유동은 전도로 가정한다. 내외부 온도는 각각 20°C와 −20°C이고 내외부 열전도률은 40과 20 W/m²·K이다. (*a*) 정상상태에서 유리창을 통한 매일 열손실을 구하라. (*b*) 열저항이 가장 큰 경우의 온도차를 구하라.

3–26 Sheetrock(k = 0.17 W/m·K)은 딱딱한 종이 두 장 사이에 석고를 채워 만들어진 석고판이다. 두께 0.5 in의 sheetrock 두 장 사이에 7 in 두께의 유리섬유(k = 0.035 W/m·K)로 채워져 벽이 구성되어 있다. (*a*) 벽의 열저항과 (*b*) 단열의 *R* 값을 영국단위로 구하라.

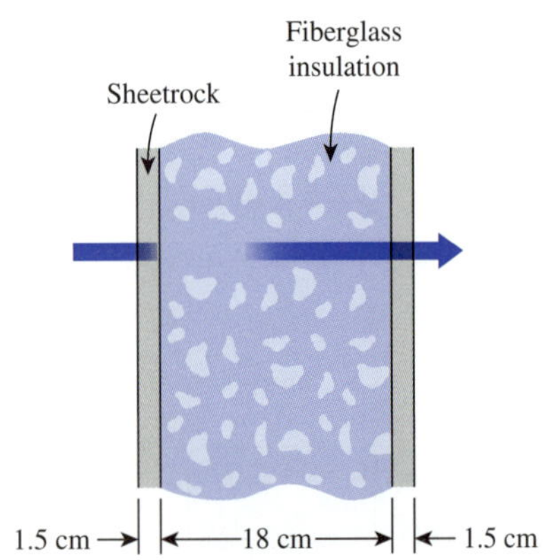

그림 P3–26

3–27 어떤 집의 지붕이 폭 15 m 길이 20 m의 두께 15 cm인 콘크리트(k = 2 W/m·K) 슬래브(slab)로 되어 있다. 지붕의 내부 및 외부 표면에서의 대류 열전달계수가 각각 5, 12 W/m²·K이다. 어느 쾌청한 겨울밤에, 대기온도가 10°C이고 밤하늘의 온도가 100 K이다. 집안과 벽의 내부 표면온도가 20°C로 유지된다. 콘크리트 양쪽 표면의 방사율이 0.9이다. 대류와 복사 열전달 모두를 고려하여 지붕을 통한 열전달률과 지붕 내부 표면온도를 구하라.

만약, 천연가스를 태우는 효율 80%인 난로를 사용하여 난방하고, 천연가스의 가격이 $1.2/therm(1 therm = 105,500 kJ)이라면, 이날 밤 14시간 동안 지붕을 통한 비용 손실을 구하라.

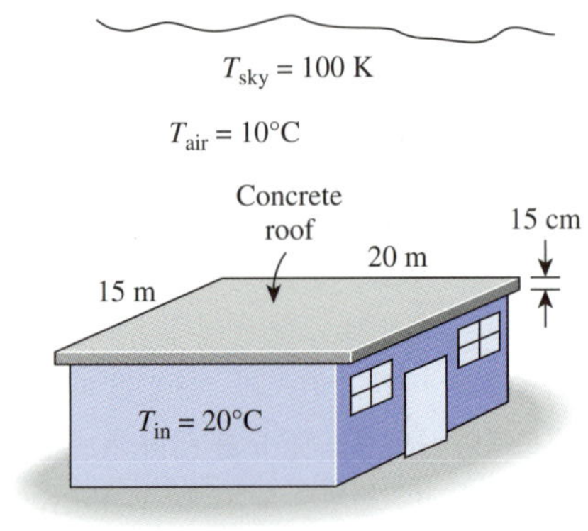

그림 P3–27

3–28 천연가스를 태우는 산업용 가열로의 2 m × 1.5 m 부분이 단열이 되어 있지 않고 그 부분의 온도가 110°C이다. 가열로가 있는 방의 온도는 32°C이고, 가열로 표면에서의 대류와 복사에 의한 혼합 열전달계수는 10 W/m²·K이다. 이 부분에서의 열손실을 90% 줄이려고 유리섬유(k = 0.038 W/m·K)로 단열을 하고자 한다. 외부 금속 표면의 온도가 역시 110°C로 유지된다고 가정하여 사용해야 할 단열재의 두께를 구하라. 가열로는 지속적으로 가동되며 효율은 78%이다. 천연가스의 가격이 $1.10/therm(1 therm 5 105,500 kJ)이라면, 단열에 드는 비용을 회수하는 데 얼마나 걸릴 것인지 알아보라. 만약 단열재 설치가 재료와 인건비에 대해 250 달러라면 이 가격을 에너지 절약으로부터 충당하려면 단열을 얼마 동안 해야 하는가?

3–29 단열재의 열전도도가 k = 0.052 W/m·K인 경우에 대해 문제 3–28을 다시 풀어라.

3–30 EES 문제 3–31을 다시 고려하라. EES(또는 다른 프로그램)를 사용하여 열전도도가 요구되는 단열 두께에 미치는 영향에 대해 조사하라. 단열 두께를 0.02 W/m·K에서 0.08 W/m·K의 범위에서 열전도도의 함수형태 그래프를 그려라. 결과를 논하라.

3–31 냉장고의 벽은 두께 1 mm의 얇은 금속판(k = 15.1 W/m·K) 두 장 사이에 유리섬유(k = 0.035 W/m·K)로 채워져 구성된다. 냉장고 안의 온도는 2°C이고, 냉장고 벽의 내부 및 외부 표

면에서의 열전달계수는 각각 4, 9 $W/m^2 \cdot K$이다. 주방의 평균 온도는 24°C이다. 외부 표면의 온도가 20°C 이하로 떨어지면 외부 표면에서 응축이 일어나는(주: 즉, 물방울이 생기는) 것이 관찰되었다. 외부 표면에서 응축이 일어나지 않게 하는 최소 유리섬유의 두께를 구하라.

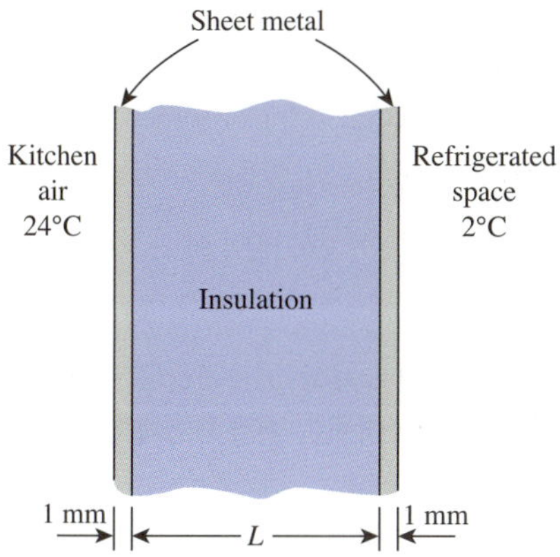

그림 P3–31

3–32 문제 3-31을 다시 고려하라. EES(또는 다른 프로그램)를 사용하여 단열재와 금속판의 열전도도가 단열 두께에 미치는 영향에 대해 조사하라. 단열재의 열전도도가 0.02 W/m·K에서 0.08 W/m·K까지 변하고, 금속판의 열전도도가 10 W/m·K에서 400 W/m·K까지 변한다고 하자. 단열재의 두께를 단열재와 금속판의 열전도도의 함수형태 그래프를 그려라. 결과를 논하라.

3–33 한쪽에 구리층을 가진 회로 기판을 통해 열이 전달된다. 회로 기판의 크기는 15 cm × 15 cm이고, 구리와 에폭시층의 두께는 각각 0.1 mm, 1.2 mm이다. 옆면에서의 열전달을 무시하고 구리(k = 386 W/m·K) 및 에폭시(k = 0.26 W/m·K)층을 통한 열전도의 비를 구하라. 또한 이 기판의 유효 열전도도를 구하라.

답: 0.8%, 99.2%, 29.9 W/m·K

3–34 두께 0.13 cm의 구리판(k = 386 W/m·K)이 두께 0.4 cm의 에폭시판(k = 0.26 W/m·K) 사이에 끼워져 있으며 이 판들의 크기는 18 × 24 cm이다. 24 cm 길이 방향으로 유효 열전도도를 구하라. 몇 퍼센트의 열이 구리를 통하여 전도되는가?

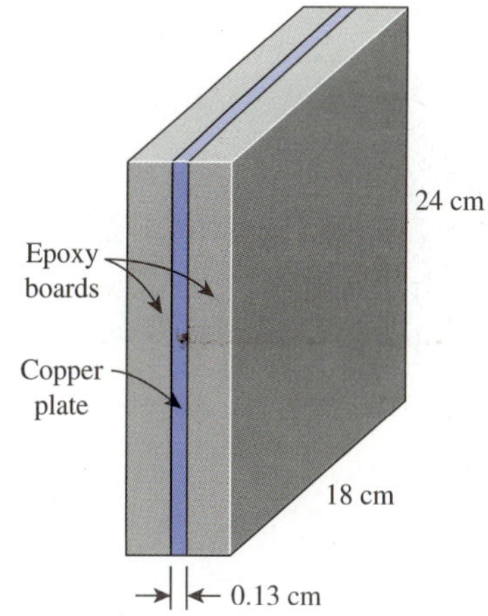

그림 P3–34

3–35 자동차 바람막이 유리의 바깥 표면에 축적된 얼음을 제상하기 위해 따뜻한 공기가 자동차 앞유리 내부를 지나간다. 자동차 바람막이 유리는 두께 5 mm와 1.4 W/m·K의 열전도도를 가지고 있다. 자동차 내부온도가 25°C인 반면에 외부 온도는 −10°C이고 대류 열전달계수는 200 $W/m^2 \cdot K$이다. 축적된 얼음이 녹기 시작하는 데 필요한 유리의 내부 표면 위에 부는 따뜻한 바람의 대류 열전달계수를 구하라.

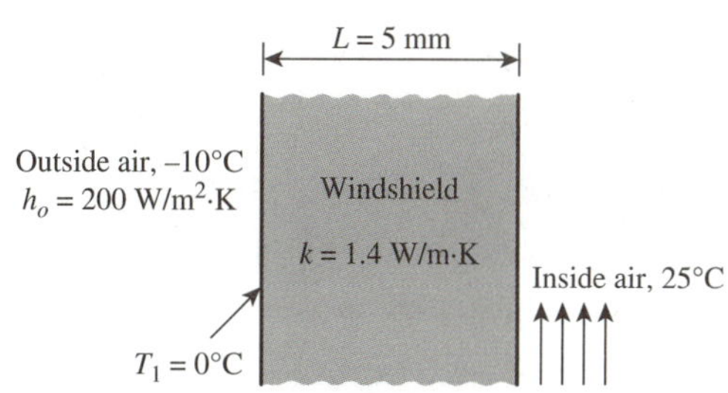

그림 P3–35

3–36 두께 25 mm의 알루미늄(k = 235 W/m·K)판은 두께 10 mm를 가진 구리판에 부착되어 있다. 5300 W/m^2의 열을 소멸하는 구리판이 전기적으로 가열된다. 알루미늄 판의 위쪽 표면은 대류 열전달계수가 67 W/m·K이고 주위 온도가 20°C이다. 접촉된 두 판의 표면을 제외한 다른 면은 단열되어 있다. 알루미늄판에 부착되어 있는 구리판의 표면이 100°C라면, 알루미늄과 구리 접촉 표면의 접촉 열저항을 구하라. **답: 16 kW/m²·K**

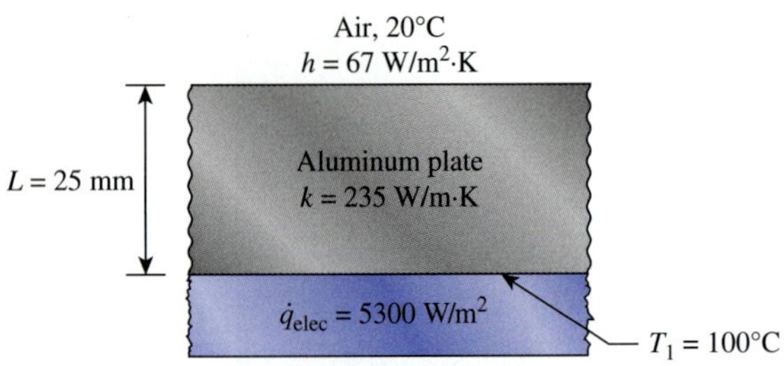

그림 P3-36

접촉 열저항

3-37C 접촉 열저항은 어떻게 정의되는가? 접촉 열컨덕턴스와는 어떻게 다른가?

3-38C 매끄러운 평면과 거친 평면 중 어느 것의 접촉 열저항이 큰가?

3-39C 금속판 두 층이 단단하게 접합된 판이 있다. 열전달 해석에서 접촉 열저항을 고려해야 하는가? 아니면 무시할 수 있는가?

3-40C 단열재 두 층이 단단하게 접합된 벽이 있다. 열전달 해석에서 접촉 열저항을 고려해야 하는가? 아니면 무시할 수 있는가?

3-41C 두 표면이 단단하게 접촉되어 있다. 접촉면에서의 공기를 빼어내 진공을 시켰다. 결과적으로 접촉 열저항은 커질 것인가 작아질 것인가?

3-42C 접촉 열저항을 어떻게 최소화시킬 수 있는지 설명하라.

3-43C 두께 1 cm의 구리판 두 개의 접촉면에서의 접촉 열컨덕턴스가 14,000 W/m²·K이다. 두 판 사이의 접촉 열저항과 구리판의 열저항이 같게 될 때, 구리판의 두께를 구하라.

3-44C 두께 1 mm인 구리판(k = 386 W/m·K)이 두 개의 두께 5 mm 에폭시판(k = 0.26 W/m·K) 사이에 끼워져 있다. 구리판 양쪽의 접촉면에서의 접촉 열컨덕턴스가 6,000 W/m·K일 때, 접촉 열저항을 무시했을 때 전체 열저항에서 생기는 오차를 구하라.

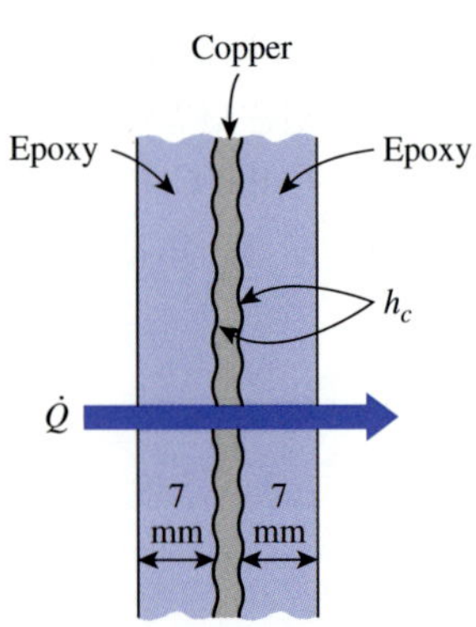

그림 P3-44

3-45C 표면이 그라인드된, 직경 5 cm, 길이 15 cm의 알루미늄 막대 2개(k = 36 W/m·K)가 20 atm의 압력으로 단단히 접촉되어 있다. 이 막대는 단열된 통에 둘러싸여 있어, 옆면으로의 열손실은 무시할 수 있다. 접합된 두 나무 막대의 상부 및 하부의 온도가 가각 150°C와 20°C로 유지되고 있을 때, (*a*) 정상 상태에서 막대에서의 열전달률, (*b*) 접촉면에서의 온도 차이를 구하라.
답: (*a*) 142.4 W, (*b*) 6.4°C

일반 열저항 회로

3-46C 2차원 문제에서 열저항 회로의 두 가지 접근 방법은 무엇인가?

3-47C 열저항 회로는 다차원 문제에서도 사용된다. 어떤 종류의 다차원 문제가 열저항 방법을 사용하기에 적당한가?

3-48C 열전달 문제에서 열저항 회로를 그림으로 나타낼 때, 두 개의 저항이 직렬 또는 병렬인 경우에 대해서 설명하라.

3-49C 건물 벽의 단면이 그림 P3-49과 같다. 이 단면은 단면의 안과 바깥으로, 또한 수직방향으로 되풀이된다. 벽을 지지하는 멤버는 철(k = 50 W/m·K)로 되어 있다. 지지 멤버는 8 cm (t_{23}) × 0.5 cm (L_B)이다. 내부 벽의 나머지 공간은 단열재(k = 0.03 W/m·K)로 채워져 있고 치수는 8 cm (t_{23}) × 60 cm (L_A)이다. 내부 벽은 두께 1 cm (t_{12})인 짚섬보드(k = 0.5 W/m·K)이고 외부 벽(k = 1.0 W/m·K)은 두께 10 cm (t_{34})이다. T_1 = 20°C, T_4 = 35°C 일 때 벽을 통과하는 평균 열유속은 얼마인가?

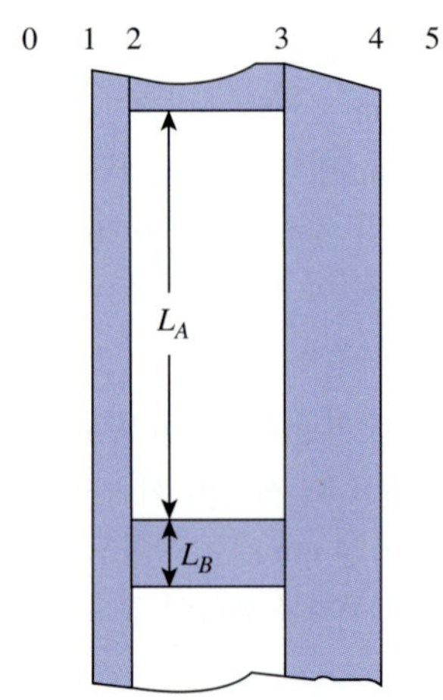

그림 P3-49

3-50C 높이 4 m, 넓이 6 m의 벽은 두께 3 cm인 석고층(k = 0.22 W/m·K)으로 분리된 15 cm × 25 cm의 벽돌(k = 0.72W/m·K)들로 구성되어 있다. 벽의 각 면은 두께 2 cm 석고층으로 되어 있고, 벽의 내부 면은 두께 2 cm 고체 포말(k = 0.026 W/

m·K)로 되어 있다. 실내와 실외의 온도는 각각 22°C와 −4°C, 실내의 대류 열전달계수는 10 W/m²·K, 실외의 대류 열전달계수는 20 W/m²·K이다. 복사의 영향은 무시하고 1차원 열전달 문제로 가정하여 벽을 통과하는 열전달량을 구하라.

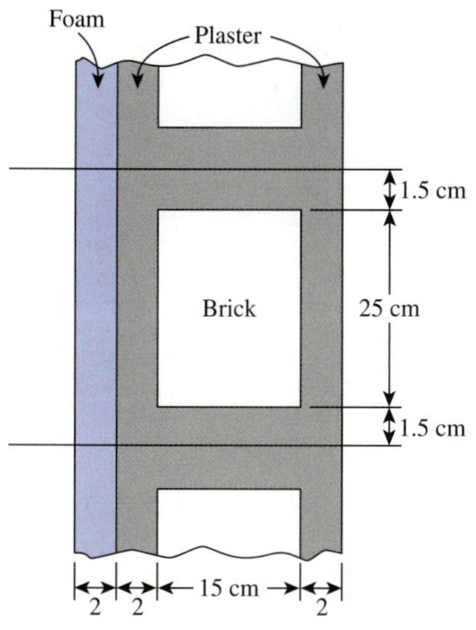

그림 P3–50

3–51C 문제 3–50를 다시 생각하자. EES(또는 다른 프로그램)를 사용하여 1 cm~10 cm 내에서 고체 분말의 두께의 함수로 벽을 통과하는 열전달률을 구하라. 결과를 논하라.

3–52C 길이 12 m, 높이 5 m인 벽이 단면 16 cm × 5 cm인 각목(k = 0.11 W/m·K)에 의한 12 cm 공간에 두께 1 cm의 석판(k = 0.17 W/m·K) 두 층으로 구성되어 있다. 각목은 수직으로 60 cm 떨어져 있으며, 그 사이 공간은 유리섬유(k = 0.034 W/m·K) 단열재로 채워져 있다. 집의 온도는 20°C이고 외부 온도는 −9°C이다. 집의 실내 표면의 열전달계수는 8.3 W/m²·K이고, 실외 표면의 열전달계수는 34 W/m²·K이다. (*a*) 벽의 열저항, (*b*) 벽을 통과하는 열전달률을 구하라.

3–53C 두께 10 cm인 벽이 10 cm × 10 cm의 단면인 길이 2.5 m의 각목(k = 0.11 W/m·K)으로 구성되어 있다. 작업자가 위 각목을 다 써버리면 단면 5 cm × 10 cm에 길이 2.5 m의 각목 한 쌍을 대신하여 사용한다. 못(k = 50 W/m·K)은 길이 10 cm, 직경 0.4 cm이다. 두 개의 각목들에 총 50개의 못을 사용된다. 실내와 실외의 표면 사이의 온도 차이는 8°C이다. 두 표면 사이의 접촉 열저항은 무시해도 좋으며, (*a*) 각목을 통과하는, (*b*) 서로 못 박힌 같은 길이와 넓이의 각목 쌍을 통과하는 열전달률을 구하라. (*c*) 못이 박힌 각목 쌍의 유효 열전도도를 구하라.

3–54C 두께 25 cm, 길이 9 m, 높이 3 m인 벽이 단면 18 cm × 18 cm, 길이 23 cm의 벽돌(k = 0.70 W/m·°C)로 구성되어 있거나, 또는 벽돌과 같은 크기인 단면 4 cm × 4 cm, 길이 23 cm인 9개의 정사각형 공기 구멍(k = 0.026 W/m·°C)으로 만들어져 있다. 4면에서 두 인접한 벽돌 사이와 벽의 양 측면 사이에는 두께 1 cm의 석고층(k = 0.17 W/m·°C)이 있다. 집의 온도는 27°C이고, 외부 온도는 2°C이다. 벽의 실내와 실외의 열전달계수는 각각 9 W/m²·°C와 34 W/m²·°C일 때, (*a*) 벽돌, (*b*) 공기구멍으로 구성된 벽을 통과하는 열전달률을 구하라.

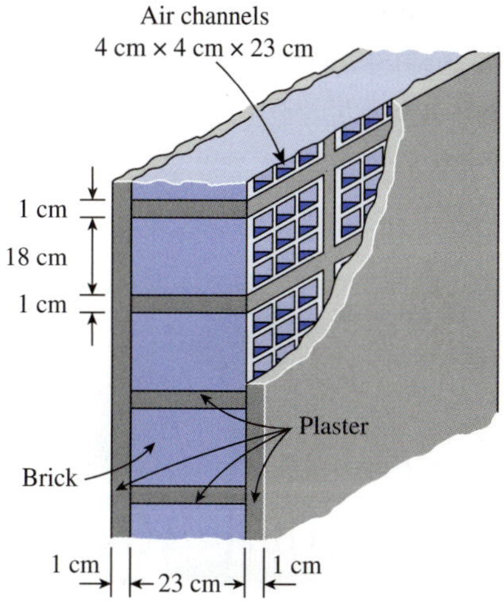

그림 P3–54

3–55 높이 5 m, 길이 8 m, 두께 0.22 m인 벽의 단면을 그림 P3–55에 표시하였다. 열전도도는 W/m·K 단위로 $k_A = k_F = 2$, $k_B = 8$, $k_C = 20$, $k_D = 15$, $k_E = 35$이다. 벽의 오른쪽 면과 왼쪽 면의 온도가 각각 300°C, 100°C이고, 벽을 통한 열전달이 1차원이라고 가정할 때, (*a*) 벽을 통한 열전달률, (*b*) *B*, *D*, *E*가 만나는 점의 온도, (*c*) *F*를 가로지르는 온도 강하를 구하라. 경계면에서 접촉 저항은 무시하라.

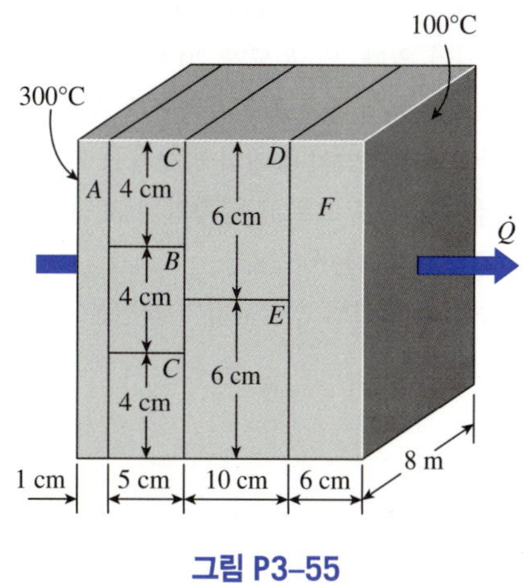

그림 P3–55

3–56 경계면 $D-F$와 $E-F$에서 접촉 저항이 0.00012 $m^2 \cdot °C/W$일 때 문제 3–55를 다시 풀어라.

3–57 스키복은 틈새에 공기가 들어 있는 몇 개의 얇은 천으로 만들어져 옷이 가볍고, 매우 효과적인 절연체이기 때문에 추운 기후에 사용된다. 이와 같은 옷은 두껍고, 무겁고, 유행이 지나버린 코트를 대신하고 있다.

코트의 층 사이에 두께 1.5 mm의 공기(k = 0.026 W/m·K)층이 있으며, 두께 0.15 mm인 합성섬유(k = 0.013 W/m·K) 다섯 겹으로 되어 있다. 코트 내면의 온도가 25°C이고 표면적이 1.25 m^2이며, 외부온도가 0°C이고 열전달계수가 25 $W/m^2 \cdot K$일 때 코트를 통한 열손실률을 구하라. 만약 코트의 두께 0.75 mm인 홑겹 합성섬유로 되어 있다면 답은 무엇인가? 만약 스키복 대신 두꺼운 모직 코트(k = 0.035 W/m·K)를 입고 같은 정도의 단열을 이루려면 모직의 두께는 얼마나 되어야 하는가?

그림 P3–57

3–58 재킷의 층들이 면구조(k = 0.06 W/m·K)로 되어 있다고 가정하여 다시 3–57을 풀어라.

3–59 대류 열전도도를 측정하는 실험에서, 매우 낮은 방사율의 얇은 금속박은 낮은 열전도도를 가진 금속 평판의 표면에 부착되어 있다. 금속박의 다른 표면은 금속박 표면 위를 유체가 흐름으로써 대류 열전달에 노출되어 있다. 이 설치는 대류 열전달이 중요하지만 금속박에서의 복사와 평판을 통한 열전도로도 열을 감소시킨다. 금속박 위의 평판은 두께 25 mm와 0.023 W/m·K의 열전도도를 가지고 부착되어 있다. 방 온도가 20°C일 때, 금속박은 5,000 W/m^2의 일정한 열유속을 가지고 전기적으로 가열된다. 평판의 바닥 표면은 20°C이고 금속박이 0.02의 방사율을 가지고 있다.

(*a*) 공기가 금속박 위를 흐르고 금속박의 표면온도가 150°C라면 대류 열전달계수는?

(*b*) 물이 금속박 위를 흐르고 금속박의 표면온도가 30°C라면 대류 열전달계수는?

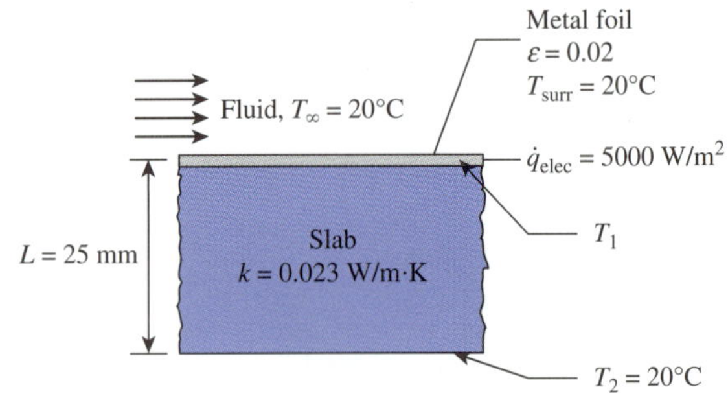

그림 P3–59

원통과 구에서 열전도

3–60C 무한히 긴 원통은 무엇인가? 원통이 무한히 길 때는 언제인가? 그렇지 않을 때는 언제인가?

3–61C 열저항 개념은 정상 상태에서 원통 또는 구에 사용할 수 있는가? 설명하라.

3–62C 짧은 원통의 윗면과 아래 면이 절연되어 있다. 원통은 초기온도 T_i, 대류 열전달계수 h와 함께 원통의 옆면에서 외부 온도 T_∞로 대류가 일어난다. 원통의 열전달은 1차원인가? 2차원인가?

3–63 두께 1.5 cm인 스테인리스강(k = 15 $W/m^2 \cdot K$)으로 된 내경 8 m인 구 형태인 탱크는 0°C의 얼음물을 저장하는 데 사용된다. 탱크는 25°C의 방에 놓여 있다. 방의 벽 온도도 25°C이다. 탱크의 외부표면은 검정색(방사도 ε = 1)이고, 탱크의 외부표면과 주위 사이의 열전달은 자연대류와 복사에 의해 일어난다. 탱크 내부와 외부표면 사이의 대류 열전달계수는 80 $W/m^2 \cdot K$와 10 $W/m^2 \cdot K$이다. (*a*) 탱크 안의 얼음물의 열전달률, (*b*) 24시간 동안 0°C에서 녹은 얼음의 양을 구하라. 대기압에서 물의 융해열은 h_{if} = 333.7 kJ/kg이다.

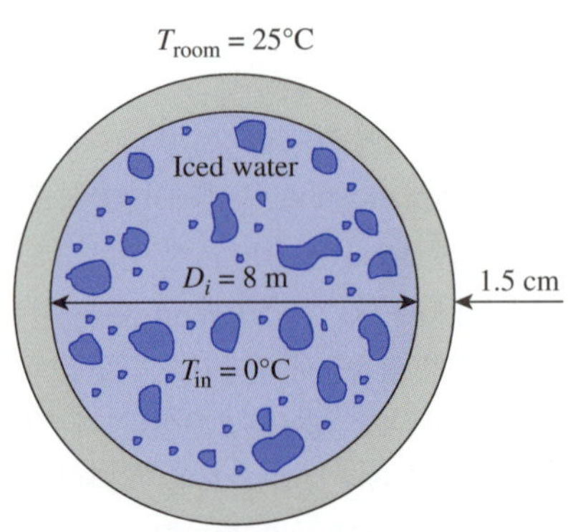

그림 P3–63

3–64 280°C의 증기가 스테인리스 강관(k = 15 W/m·K) 안에서 흐른다. 관의 내경은 5 cm이고, 외경은 5.5 cm이다. 관은 3 cm의 절연체(k = 0.038 W/m·K)로 덮여 있다. 열은 자연대류와 복사에 의해서 주위 온도 5°C가 손실된다. 복합 열전달계수는 22 W/m²·K이다. 관 내부에서의 열전달계수가 80 W/m²·K일 때, 관에서 단위길이당 증기로부터의 열손실률을 구하라. 또 관면과 절연체를 가로지르는 온도 강하를 구하라.

3–65 3–64를 다시 고려하라. EES를 이용하여 단열층을 통과하는 온도 변화와 증기로부터 열 손실률에 대한 단열 두께를 계산하라. 단열 두께를 1 cm~10 cm로 하자. 단열 두께의 함수로 온도 강하와 열손실률을 구하고 결과를 논하라.

3–66 외경 10 cm, 길이 50 m인 증기 파이프는 15°C인 공간을 지나간다. 파이프의 외부표면의 평균 온도는 150°C이고, 복합 열전달계수가 20 W/m²·K일 때, (a) 증기 파이프로부터 열손실률, (b) 효율 75%인 천연가스 노(furnace)에서 증기가 발생될 때, 매년 에너지 손실의 천연가스 가격은 $0.52/therm (1 therm = 105,500 kJ), (c) 열손실의 90%를 절감하기 위해서 필요한 유리섬유 절연체(k = 0.035 W/m·K)의 두께를 구하라. 단 파이프의 온도는 150°C를 유지하고 있다고 가정하라.

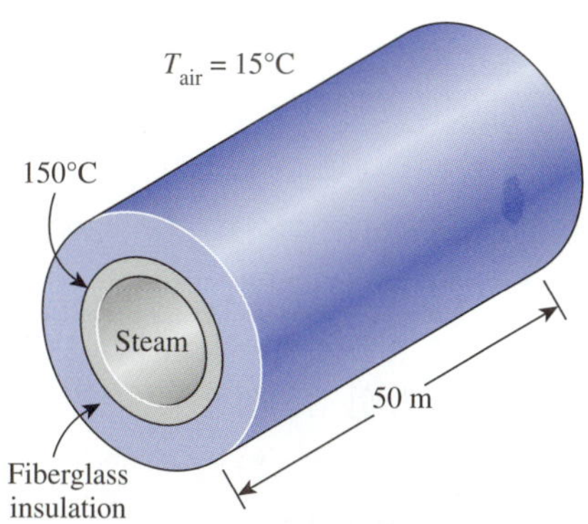

그림 P3–66

3–67 높이 1.5 m, 직경 40 cm인 전기 온수히터를 생각하자. 온수의 온도는 60°C이며, 탱크는 27°C인 방안에 있다. 히터의 내부와 외부표면의 열전달계수는 각각 50 W/m²·K와 12 W/m²·K이다. 또 다른 탱크는 직경 46 cm인 금속판으로 온수 탱크를 싸고 있다. 두 탱크 사이는 포말 절연체(k = 0.03 W/m·K)로 차 있다. 물탱크와 외부 금속판 사이의 열저항은 작아서 무시한다. 전기요금은 $0.08/k·Wh이고, 집주인은 물을 난방하는 데 1년에 $280을 지불한다. 탱크로부터의 열손실 때문에 생기는 온수의 에너지 비용을 구하라.

두께 3 cm인 절연체(k = 0.035 W/m·K)로 온수 탱크를 완전히 덮는 데 $30의 비용이 든다. 이 절연체로 주인이 직접 물탱크를 설치하려고 한다면, 단열 때문에 지불해야 할 추가적인 비용을 회수하는 데 얼마의 시간이 걸릴까? **답: 17.5%, 1.5년**

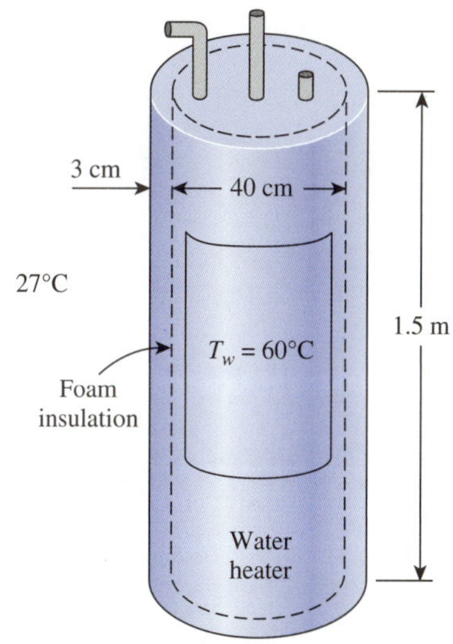

그림 P3–67

3–68 문제 3–67을 다시 고려하라. EES를 이용하여 온도 범위가 40°C~90°C일 때 뜨거운 물에서의 탱크로부터 열손실에 의한 뜨거운 물의 에너지 비용의 비를 구하고 결과를 논하라.

3–69 7°C와 0.96 m/s 속도의 냉수가 지름 4 cm와 길이 200 m의 얇은 파이프에 들어가고 8°C의 온도로 출발한다. 파이프는 열전달률이 9 W/m²·K인 30°C의 주변 공기에 노출되어 있다. 만약 파이프가 0.25°C 물의 온도발생을 감소시키기 위한 유리단열재(k = 0.05 W/m·k)로 단열되어 있다면 단열에 요구되는 두께를 구하라.

3–70 평균 온도 200°C의 과열된 스팀이 강철파이프(k = 50 W/m·K, D_0 = 8.0 cm, D_i = 6.0 cm 그리고 L = 20.0 m)내에서 흐르고 있다. 파이프는 4 cm 두께의 석고반죽으로 (k = 0.5 W/m·K) 단열되어 있다. 단열된 파이프는 평균 온도 10°C인 창고 안에 수평하게 위치해 있다. 스팀과 공기 열전도도는 각각 800과 200 W/m²·K로 추정된다. (a) 과열된 스팀으로부터의 하루당 열전달률 (b) 석고반죽 단열재의 바깥 표면의 온도를 구하라.

3–71 13°C의 대기에서 230°C의 증기가 강철 파이프(k = 15.1 W/m·°C)를 통해 흐르며, 파이프의 내경 및 외경은 각각 9 cm와 10 cm이다. 파이프는 두께 5 cm인 절연체(k = 0.035 W/m·°C)로 절연되어 있다. 파이프의 내부와 외부에서의 열전달계수가 각각 170, 30 W/m²·K일 때, 파이프의 단위길이당 증기의 열손실률을

구하라. 파이프의 열저항을 무시할 때 관련된 오차는 무엇인가?

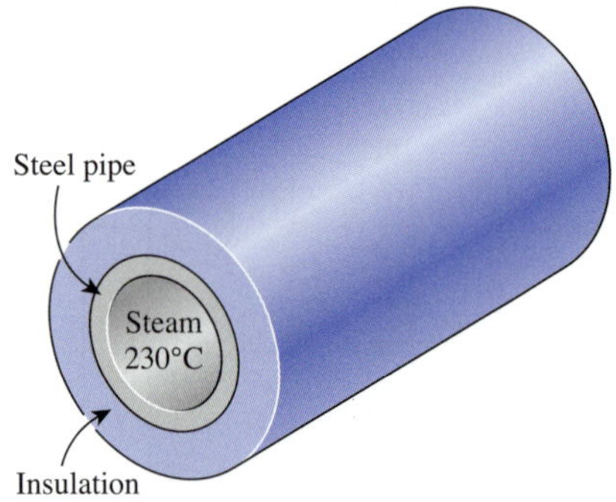

그림 P3–71

3–72 평균 온도 90°C인 온수가 길이 15 m의 파이프(k = 52 W/m·K) 안에서 흐르고 있다. 파이프의 내경 및 외경이 각각 4 cm, 4.6 cm이다. 방사도 0.7인 파이프의 외부표면에서 열전달계수 15 W/m²·K으로 10°C의 찬 공기에 노출되어 있다. 파이프의 내부표면의 열전달계수는 120 W/m²·K이다. 지하 벽의 온도가 10°C일 때, 온수의 열손실률을 구하라. 또 지하를 지나감으로써 물의 온도가 3°C 떨어졌다면 파이프 안에서 물의 평균속도를 구하라.

3–73 구리(k = 386 W/m·K) 파이프인 경우 문제 3–72를 다시 풀어라.

3–74 40°C로 증기터빈을 빠져나가는 증기는 커다란 응축기에서 내경과 외경이 각각 1 cm, 1.5 cm이고 20°C인 냉각수가 흐르는 구리관(k = 386 W/m·°C)에 의해 응축된다. 물의 증발열은 40°C에서 2407 kJ/kg이다. 증기측면에서 열전달계수는 13,000 W/m²·°C이고, 물쪽 면에서는 200 W/m²·°C이다. 115 kg/h 비율로 증기를 응축하는 데 필요한 관의 길이를 구하라. **답: 622 m**

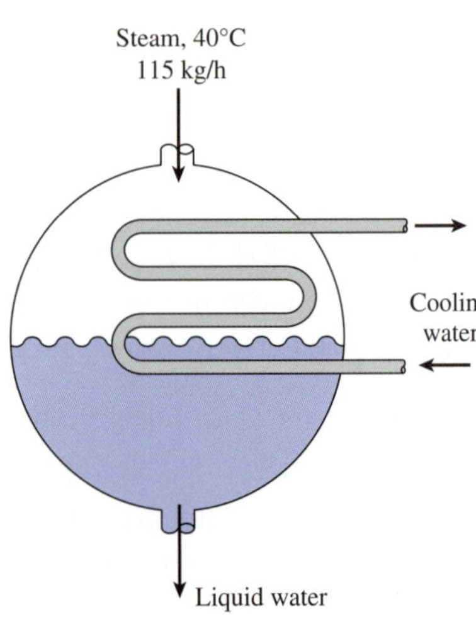

그림 P3–74

3–75 문제 3–74를 0.25 mm 두께의 광석 침전물 층(k = 0.87 W/m·°C)이 관의 내부 표면에 형성되어 있다고 가정하여 다시 풀어라.

3–76 문제 3–74를 다시 고려해 보자. EES(또는 다른 프로그램)를 이용하여 주어진 파이프 길이에 대한 파이프 외경과 파이프 재료의 열전도의 영향을 조사하라. 열전도도는 10 W/m·°C~500 W/m·°C이고, 외경은 1.2 cm~2.4 cm이다. 파이프 외경과 파이프 열전도도로서 튜브의 길이를 구하고 결과를 논하라.

3–77 직경 2.2 mm, 길이 10 m인 전선이 두께 1 mm, 열전도도(k = 0.15 W/m·°C)인 플라스틱 커버로 덮여 있다. 전선에는 전류 13 A, 전압 8 V가 흐른다. 전선이 열전달계수(h = 24 W/m²·°C)이고, T_∞ = 30°C인 대기에 노출되어 있을 때, 정상 상태에서 전선과 플라스틱 커버의 경계면에서 온도를 구하라. 또한 플라스틱 커버의 두께를 두 배로 하면 경계면의 온도가 증가하는가? 감소하는가?

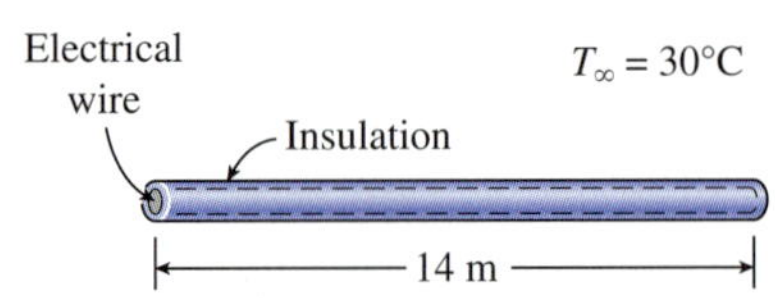

그림 P3–77

3–78 제약공장에서 내경 20 mm와 두께 2.5 mm를 가진 구리파이프(k = 400 W/m·K)는 저장탱크에 액체산소를 옮길 때 사용한다. 파이프 내부를 흐르는 액체산소는 평균 온도 −200°C와 대류 열전달계수 120 W/m²·K이다. 파이프 외부는 대류온도 20°C이고 복합 열전달계수 20 W/m²·K이다. 만약 이슬점이 10°C일 때, 외표면의 응결을 피하기 위한 구리파이프 외부 단열재(K_i = 0.05 W/m·K)의 두께를 구하라. 열 접촉 저항은 무시할 수 있다.

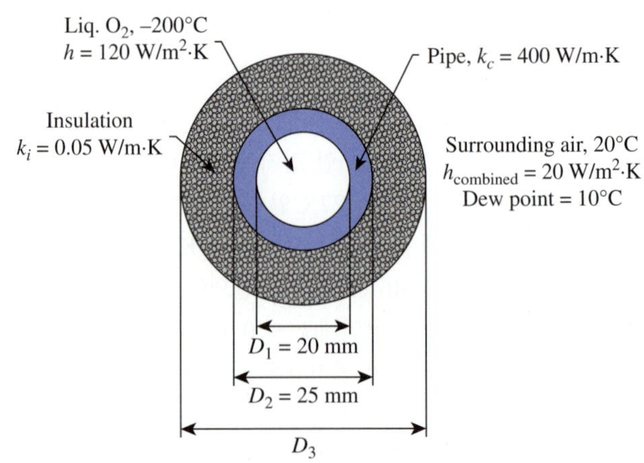

그림 P3–78

단열재의 임계반경

3–79C 단열재의 임계반경이란 무엇인가? 원통형 층은 어떻게 정의하는가?

3–80C 단열된 파이프가 대기에 노출되어 있다. 단열재의 임계반경이 바람 없는 날과 바람이 부는 날 중에 어느 쪽이 더 큰가? 이유는?

3–81C 파이프에서 열손실을 줄이기 위해서 단열을 하였다. 그러나 측정을 해보니 열손실률이 감소하는 대신 증가하였다. 이 측정은 합리적인가?

3–82C 반경이 단열재의 임계반경보다 더 큰 파이프를 생각하자. 단열재를 파이프에 추가할 때, 파이프로부터 열손실률은 증가하였다. 타당한가?

3–83C 파이프가 단열재의 외부 반경이 임계반경보다 작게 단열되어 있다. 이제, 단열재를 제거한다면 파이프로부터 열전달률은 같은 파이프 표면온도에 대하여 증가하는가, 감소하는가?

3–84 50°C에서 직경 4 mm인 공이 두께 1 mm인 플라스틱 단열재(k = 0.13 W/m·K)로 덮여 있다. 공은 복합 열전달계수가 20 W/m²·K이고, 15°C의 물질에 노출되어 있다. 공을 덮고 있는 플라스틱 단열재가 열전달에 도움이 되는가, 도움이 되지 않는가?

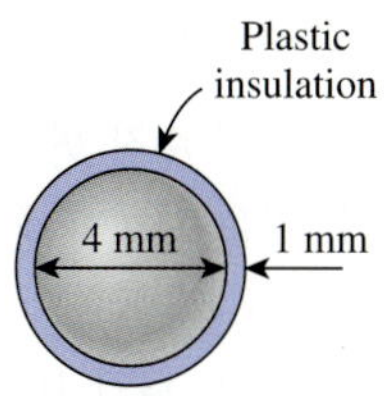

그림 P3–84

3–85 문제 3–84를 다시 고려해 보자. EES(또는 다른 프로그램)를 이용하여 두께 범위가 0.5 mm~20 mm인 플라스틱 단열에서 공으로부터의 열전달률을 구하고 결과를 논하라.

휜이 있는 표면에서 열전달

3–86C 뜨거운 물이 공기에 노출된 관을 통하여 흐르면서 냉각된다. 열전달을 향상시키기 위해서 휜을 부착했다. 당신은 휜을 관의 내부에 부착해야 되는가? 또는 외부에 부착해야 하는가? 이유는? 당신은 언제 관의 내부와 외부 양쪽에 휜을 부착할 것인가?

3–87C 표면에서 휜을 많이 사용하는 이유는 무엇인가?

3–88C 휜 유용도와 휜 효율의 차이는 무엇인가?

3–89C 표면에 부착된 휜이 유용도 0.9를 가지고 있다. 표면에서 열전달률은 휜을 추가함에 따라 증가하는가? 감소하는가?

3–90C 휜이 표면에서 어떻게 열전달을 증가시키는가 설명하라. 또한, 휜을 추가함으로써 표면에서 열전달이 어떻게 감소하는가 설명하라.

3–91C 휜이 부착된 표면의 총 유용도는 1개 휜의 유용도와 어떻게 다른가?

3–92C 뜨거운 물이 공기에 노출된 관을 통하여 흐르면서 냉각된다. 열전달을 향상시키기 위해서 휜을 부착했다. 당신은 휜을 관의 내부에 부착하는가? 또는 외부에 부착하는가? 이유는?

3–93C 휜이 부착된 두 표면 중에, 첫 번째 표면은 주물로 만들고, 두 번째 표면은 용접으로 만들었다. 어느 쪽 표면의 휜이 열전달을 더 향상시키는가 설명하라.

3–94C 휜의 열전달 표면적은 외부 매체에 휜의 끝 부분의 면적을 포함하여 노출된 표면적을 합한 것과 같다. 어떠한 상황에서 휜의 끝으로부터 열전달을 무시할 수 있는가?

3–95C 휜의 (*a*) 효율, (*b*) 유용도는 휜의 길이가 증가할 때 증가하는가, 감소하는가?

3–96C 2개의 휜 중에서 한 개의 휜이 다른 휜 직경의 2배인 것을 제외하고는 같다. 어느 휜이 (*a*) 효율, (*b*) 유용도가 더 높은가?

3–97C 2개의 직사각형 휜 중에서 한 개의 휜이 다른 휜 두께의 2배인 것을 제외하고는 같다. 어느 휜이 (*a*) 효율, (*b*) 유용도가 더 높은가?

3–98C 2개의 휜이 있는 한 표면의 열전달계수가 다른 표면의 열전달계수의 2배인 것을 제외하고는 같다. 어느 휜이 (*a*) 효율, (*b*) 유용도가 더 높은가?

3–99 15 W의 최대 전력을 가진 트랜지스터의 열저항이 25°C/W이다. 트랜지스터의 케이스 온도가 80°C를 넘지 않아야 한다면, 트랜지스터가 40°C의 주위 온도에서 안전하게 작동할 수 있는 전력을 구하라.

3–100 직경 4 mm, 길이 10 cm인 알루미늄(k = 237 W/m·°C) 휜이 표면에 부착되어 있다. 열전달계수가 12 W/m²·°C이라면, 무한히 길다는 가정 대신에 단열 휜을 사용할 때 열전달률 오차를 계산하라.

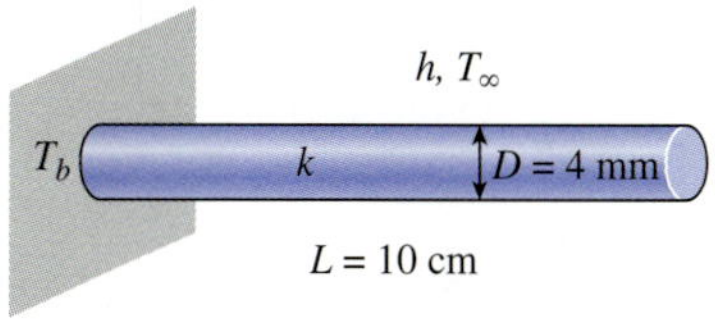

그림 P3–100

3–101 휜의 끝 온도가 주변 공기의 온도 20°C와 동일한 매우 긴 직사각형 휜이 평평한 표면에 부착되어 있다고 생각해보자. 직사각형 휜의 폭은 5.0 cm, 두께 1.0 mm, 열전도도 200 W/m·K이고 기저부분의 온도는 40°C이고 열전달률은 20 W/m²·K이다. 기저로부터 5.0 cm 거리의 휜의 온도와 전체 휜으로부터의 열손실률을 산출하라.

3–102 DC모터는 기계적 힘을 길이 25 cm와 지름 25 mm을 가진 회전하는 스테인리스강 축(k = 15.1 W/m·K)으로 전달한다. 외기온도 20°C와 25 W/m²·K의 대류 열전달계수를 가진 주변에서, 모터하우징의 표면적은 0.075 m²이다. 모터는 300 W로 스테인리스강 축을 회전시키는 데 55%를 전달된다. 스테인리스강 축의 끝 온도가 22°C일 때, 모터하우징의 표면온도를 구하라. 축의 기저온도가 모터하우징의 표면온도와 같다고 가정하라.

답: 87.7°C

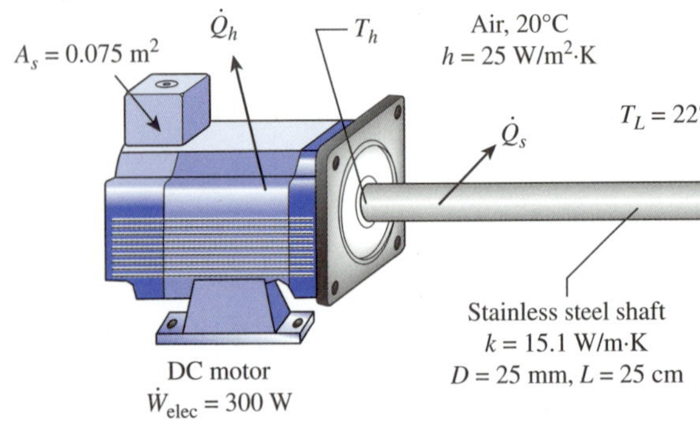

그림 P3–102

3–103 길이 3 m, 두께 0.4, 외경 10 cm인 두 개의 관(k = 52 W/m·K)이 외경 20 cm, 두께 1 cm인 두 개의 플랜지로 서로 연결되어 있다. 증기는 열전달계수 180 W/m²·K와 온도 200°C로 파이프 내부로 흐른다. 파이프의 외부표면은 열전달계수 25 W/m²·K이고 12°C 대기에 노출되어 있다. (*a*) 플랜지를 무시할 때, 파이프의 외부표면의 온도를 구하라. (*b*) 플랜지를 휜으로 취급해서 플랜지 기저부의 온도를 이용하여 플랜지로부터 휜 효율과 열전달률을 구하라. (*c*) 열전달 목적을 위해서 파이프의 얼마만한 길이가 플랜지 부와 같은가?

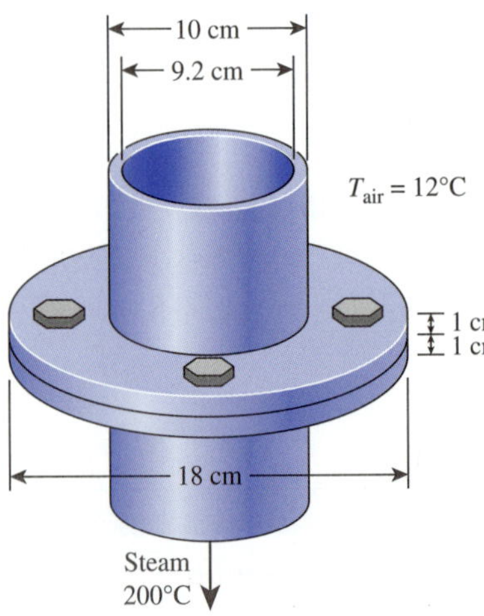

그림 P3–103

3–104 40 W 트랜지스터는 표 3–6에서와 같이 열싱크를 부착하여 냉각시킨다. 대기온도 20°C에서 트랜지스터의 온도가 90°C를 초과하지 않도록 하는 열싱크를 선택하라.

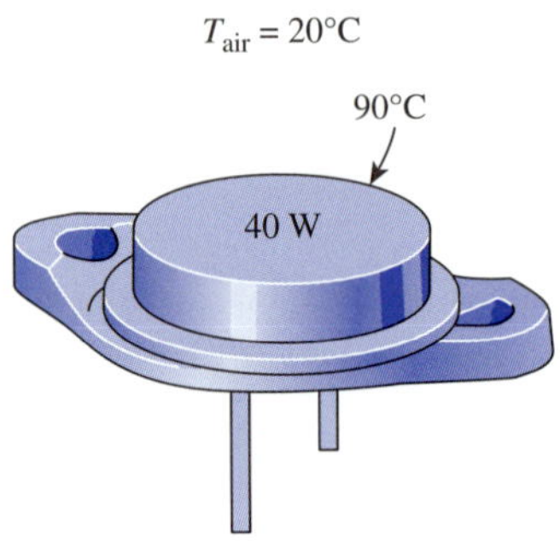

그림 P3–104

3–105 25 W 트랜지스터는 표 3–6에서와 같이 열싱크를 부착하여 냉각시킨다. 대기온도 18°C에서 트랜지스터의 온도가 55°C를 초과하지 않도록 하는 열싱크를 선택하라.

3–106 표면온도 350°C를 가진 수직 벽은 직사각형 휜(k = 235 W/m·K)이 부착되어 있다. 휜은 25°C의 외기조건에 노출되어 있고 대류 열전달계수는 154 W/m²·K이다. 각각의 휜은 길이 50 mm이고 기저가 두께 5 mm이고 넓이 100 mm이다. (*a*) 표 3–3 (*b*) 그림 3–43을 사용하여 효율과 열전달률 그리고 각 휜의 유용도를 구하라.

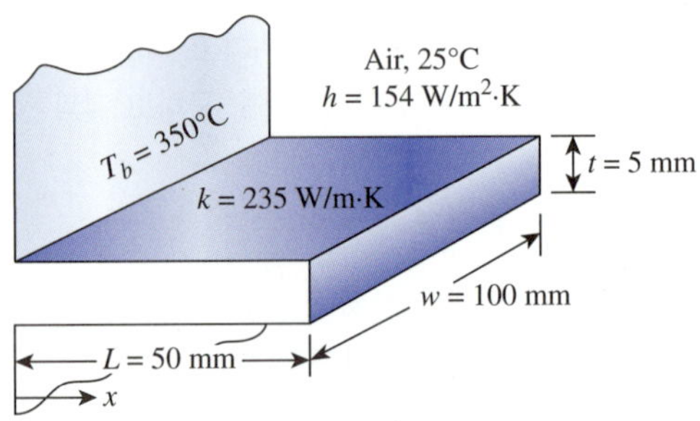

그림 P3–106

3–107 난방장치에 사용되는 증기가 직경 5 cm, 벽 온도 130°C인 관을 통해 흐른다. 외경 6 cm, 두께 1 mm인 원형 알루미늄 휜(k = 186 W/m·K)이 관에 부착되어 있다. 휜 사이의 간격이 3 mm

이고, 길이당 250개의 휜이 있다. 열은 열전달계수 40 W/m²·K인 주위 온도 T_∞ = 25°C으로 전달된다. 휜을 추가함으로서 단위길이당 관으로부터 열전달은 증가하는가 결정하라. **답: 1788 W**

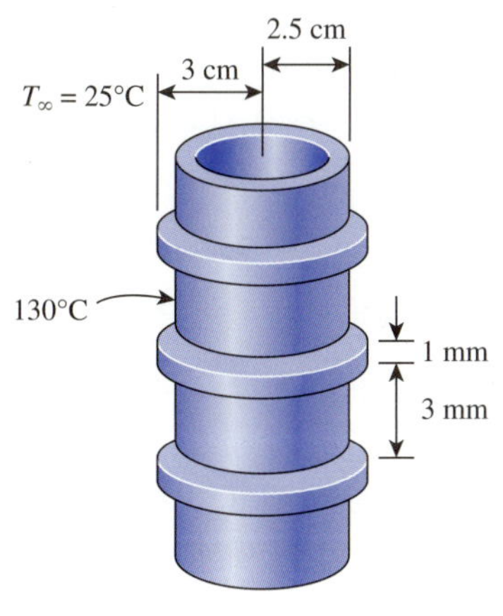

그림 P3–107

3–108 25°C인 부엌에서 스테인리스 스푼(*k* = 15.1 W/m·°C)의 일부분이 95°C의 끓는 물에 놓여 있다. 스푼 손잡이의 단면은 0.2 cm × 1.3 cm고, 표면에 노출된 손잡이 부분은 18 cm이다. 표면에 노출된 스푼 손잡이의 열전달계수는 17 W/m²·°C이다. 스푼 손잡이의 노출된 표면에서 온도차를 구하라. 가정을 기술하라.
답: 69.8°C

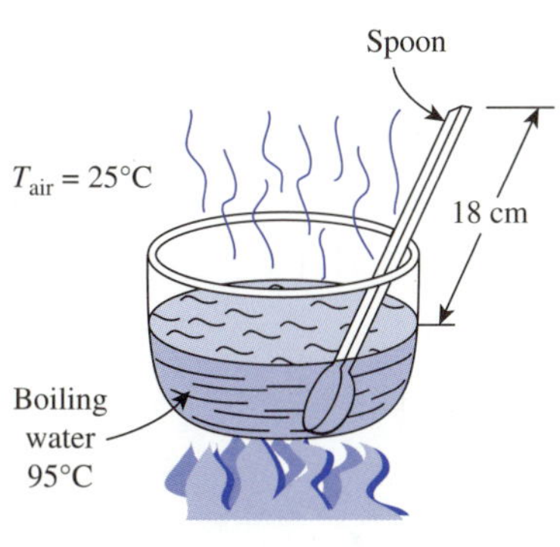

그림 P3–108

3–109 문제 3–108를 은수저(*k* = 429 W/m·°C)에 대하여 다시 풀어라.

3–110 [EES] 문제 3–108를 다시 고려해 보자. EES(또는 다른 프로그램)를 이용하여 스푼 재질의 열전도도의 영향과 공기 중에 노출된 스푼 손잡이를 통한 온도 변화에 대한 확장 길이를 구하라. 열전도도는 10 W/m·°C~500 W/m·°C이고 길이는 10~30 cm이다. 열전도도와 길이의 함수로 온도 변화를 구하고 그 결과를 논하라.

3–111 두께 0.4 cm, 높이 12 cm, 길이 18 cm인 원형 판의 한 면에 각각 0.04 W를 방출하는 칩이 80개 붙어 있다. 판의 열전도도는 30 W/m·K이다. 칩에서 발생되는 열은 원형 판으로 전달되며, 판의 뒷면으로 열전달계수 52 W/m²·K이고 온도가 40°C인 매체로 열은 방출된다. (*a*) 원형 판의 양쪽 면의 온도를 구하라. (*b*) 직경 0.25 cm, 길이 2 cm인 알루미늄 원형 휜은 두께 0.2 cm, 높이 12 cm, 길이 18 cm인 알루미늄판(*k* = 237 W/m·K)에 두께 0.02 cm인 에폭시 접착제(*k* = 1.8 W/m·K)로 원형 판의 뒷면에 부착하였다. 원형 판의 양면의 온도를 구하라.

3–112 알루미늄 휜 대신 구리 휜(*k* = 386 W/m·K)이 부착된 구리판인 경우 문제 3–111을 되풀이하라.

3–113 100°C의 뜨거운 표면이 휜의 중심과 중심에서의 거리는 0.6 cm이고 길이 3 cm, 직경 0.25 cm인 알루미늄 원형 휜(*k* = 237 W/m·K)이 있으므로 냉각된다. 주위 온도 30°C이고, 표면의 열전달계수는 35 W/m²·K이다. 판의 단면이 1 m × 1 m일 때, 표면으로부터 열전달률을 구하라. 또한 휜의 총 유용도를 구하라.

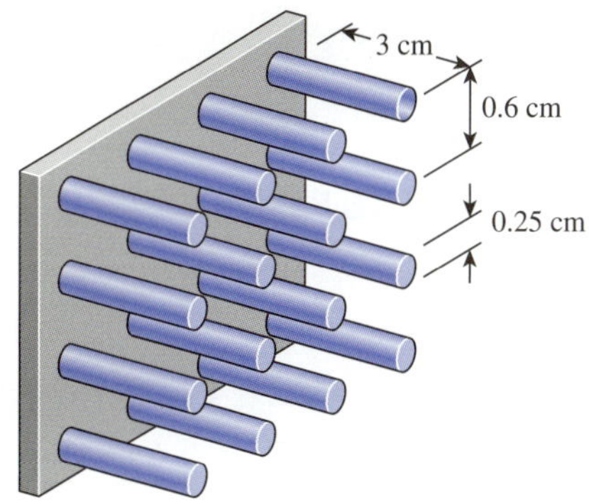

그림 P3–113

3–114 문제 3–113을 알루미늄 휜 대신에 구리 휜(*k* = 386 W/m·K)을 사용하였을 때로 하여 다시 풀어라.

3–115 [EES] 문제 3–123을 다시 고려해 보자. EES(또는 다른 프로그램)를 이용하여 표면을 통한 열전달률에 대해 중심과 중심 사이거리의 영향과 휜의 전체적인 영향을 구하라. 중심 사이의 거리는 0.4 cm~2.0 cm이다. 중심 사이의 거리에 대한 총괄 유효도와 열전달률을 구하고 결과를 논하라.

3–116 구리(*k* = 380 W/m·K)로 된 직경 *D* = 1 mm, 길이 *L* = 25.4 mm인 원형 냉각휜이 T_{s1} = 132°C로 유지되는 표면에서의 열전달률을 향상시키는 데 사용된다. 각각의 막대는 한쪽 끝은 이 표면(x = 0)에 부착되고, 반대쪽 끝(x = L)은 T_{s2} = 0°C로 유지되는 두 번째 표면에 연결된다. 표면과 막대에 부는 공기의 온도 T_∞

는 0°C이고 대류계수 h는 100 W/m²·K이다. 규정된 끝 온도를 가지는 휜에 대하여, 온도분포와 열전달률은 아래 식으로 주어진다.

(*a*) 휜에 따른 함수 $\theta(x) = T(x) - 2T_\infty$를 나타내고, $x = L/2$에서의 온도를 계산하라.

(*b*) 뜨거운 표면에서 각 휜을 통과하는 열전달률과 휜 유효도를 결정하라. 휜의 사용은 적절한 것인가? 설명하라.

(*c*) 10 cm에서 균일하게 분포된 625개의 휜을 가지는 벽의 10 cm 부분까지의 총 열전달률은 얼마인가? 벽 표면에 휜이 있을 때나 없을 때나 동일한 대류계수를 가정한다.

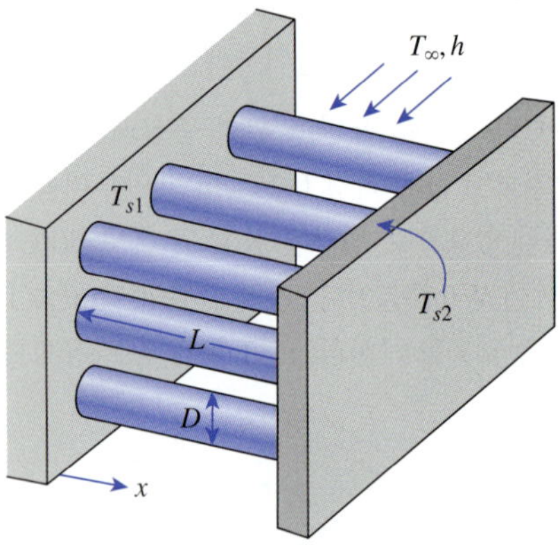

그림 P3–116

복습문제

3–117 가열시스템 안의 스팀은 외경 3 cm와 120°C에서도 유지되는 벽을 가진 튜브 안에서 흐른다. 외경 6 cm와 두께 2 mm인 원형의 알루미늄 합금 휜은 (k = 180 W/m·K) 그림 P3–117에 나와 있는 것처럼 튜브에 부착되어 있다. 휜들 간의 간격은 3 mm이고 튜브에 미터당 200개의 휜이 있다. 열은 60 W/m²·K의 복합 열전도도를 가지고 25°C의 주변공기로 전달된다. 휜을 추가했을 때 길이방향으로 미터당 튜브로부터의 열전달 증가를 구하라.

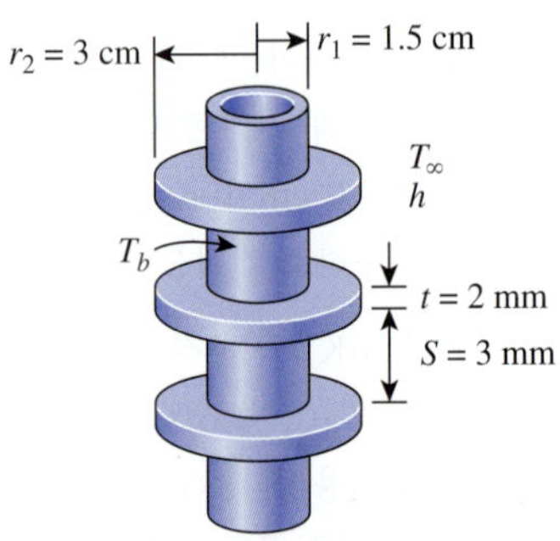

그림 P3–117

3–118 관의 바깥 표면온도 175°C에서 응축되는 다른 유체에 의해서 증기가 온도 140°C인 열교환기의 구리관(k = 386 W/m·°C) 내에서 생성된다. 관의 내경과 외경은 각각 2.5 cm, 3.3 cm이다. 새 열교환기의 관의 길이 1 m당 열전달률은 2 × 10⁴ W이다. 장기간 사용한 후에 관의 안쪽 표면에 두께 0.25 mm의 석회석(limestone, k = 2.9 W/m·°C)이 생성된 후 관의 1 m당 열전달률을 구하라.

3–119 튜브 안과 바깥 표면에 형성되어 있는 0.25 mm의 석회석 층으로 가정하고 문제 3–118을 되풀이하라.

3–120 내경 3 cm와 외경 3.5 cm인 파이프(k = 52 W/m·K)를 통하여 평균속도 1.5 m/s인 온수가 흐른다. 파이프는 15°C인 지하에서 길이 15 m를 통과한다. 파이프 내면에서 열전달계수가 400 W/m²·K이고 물의 온도가 70°C에서 67°C로 떨어진다면, 파이프의 외부표면에서 복합 열전달계수를 구하라. **답: 272.5 W/m²·K**

3–121 새롭게 조성된 콘크리트 파이프는 여러 날 동안 외부에서 양생하기 전에 45°C로 유지되는 가마의 증기로 밤 동안 먼저 양생한다. 열과 습기는 외경 12 cm인 파이프에서 흐르는 증기에 의해 가마로 공급된다. 설비를 점검하는 동안, 파이프가 가마에 도달하기 전에 8 m 구간이 외부에 노출되었다. 이때 파이프 표면의 평균 온도는 90°C이고 외부 온도는 8°C이다. 파이프의 외부표면에서 복합 열전달계수가 35 W/m²·K이다. 첫날 밤 10시간 동안에 증기로부터 잃어버린 열량은 얼마인가?

증기는 효율 85%인 증기 발생기에서 공급하고, 비용은 천연가스(1 therm = 105,500 kJ)가 $1.20/therm이다. 파이프를 단열하므로 열손실의 90%를 절약할 수 있다면, 연간 얼마의 비용을 절약할 수 있는가? 콘크리트 파이프는 연간 110일 밤을 양생한다. 당신의 가정을 기술하라.

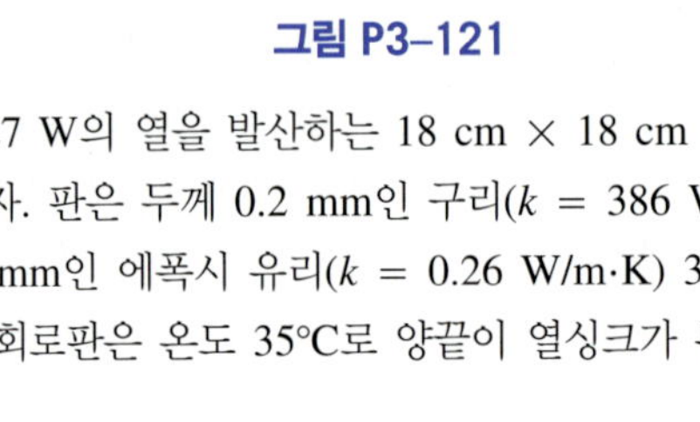

그림 P3–121

3–122 27 W의 열을 발산하는 18 cm × 18 cm 다층 회로판을 생각해보자. 판은 두께 0.2 mm인 구리(k = 386 W/m·K) 4층과 두께 1.5 mm인 에폭시 유리(k = 0.26 W/m·K) 3층으로 구성되어 있다. 회로판은 온도 35°C로 양끝이 열싱크가 부착되었다. 열

은 판의 에폭시 층에서 균일하게 발생되는데 그 비율이 1 cm × 18 cm인 에폭시 층당 1.5 W이다. 대칭이기 때문에 판의 일부분만을 고려하여, 판에 일어나는 최대온도의 크기와 위치를 구하라. 판의 위쪽과 아래쪽에서의 열전달은 무시해도 좋다.

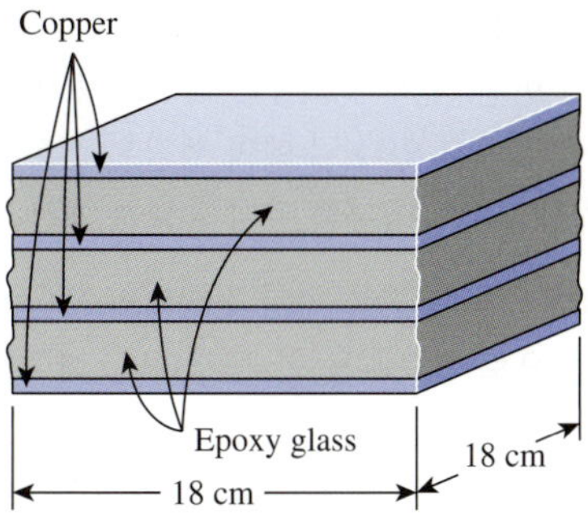

그림 P3–122

3–123 폭 6 m, 높이 2.8 m인 벽이 다음과 같이 구성되었다. 중앙에는 두께 20 cm의 일반 벽돌(k = 0.72 W/m·K), 내부는 두께 1 cm의 벽토(k = 0.36 W/m·K), 그리고 외부는 두께 2 cm의 시멘트(k = 1.40 W/m·K)처리되었다. 외부 표면은 대류 및 열전달계수가 17 W/m²·K인 8°C의 온도에 노출되어 있고, 벽의 내부 표면은 23°C로 유지된다. 표면 대기온도와 벽돌, 벽토, 시멘트를 통한 온도 강하와 벽을 통한 열전달률을 구하라.

3–124 문제 3–123을 다시 고려하자. 열손실률을 85%까지 감소시키기 위해 벽을 단열시킬 필요가 있다. 동일한 내부 표면온도에 대해 외부 표면온도와 단열 두께를 결정하라. 벽은 (*a*) 폴리우레탄 폼(k = 0.025 W/m·K)과 (*b*) 유리섬유(k = 0.036 W/m·K)로 단열된다.

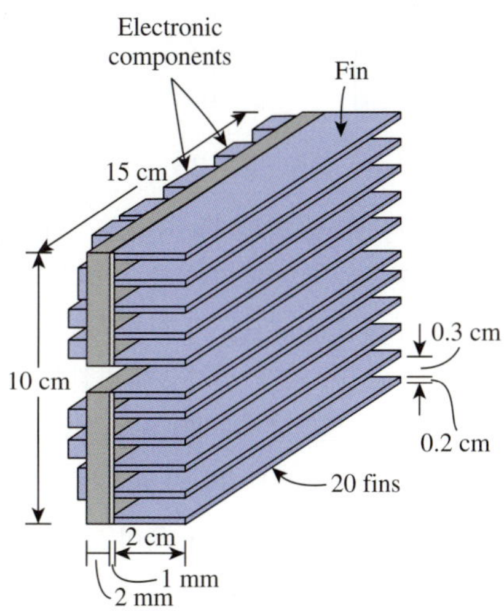

그림 P3–125

3–125 두께 0.2 cm, 높이 10 cm, 길이 15 cm인 회로판에서 균등하게 15 W의 열이 한쪽 면에서 발산한다. 회로판은 열전도도 12 W/m·K인 금속재로 가득 채워져 있다. 회로판의 부품에서 나오는 열은 판의 뒤쪽 면에서 열전달계수 45 W/m²·K와 37°C인 매개체로 전달된다. (*a*) 회로판 양쪽 면의 표면온도를 구하라. (*b*) 두께 0.1 cm, 높이 10 cm, 길이 15 cm인 알루미늄 판(k = 237 W/m·K)에 두께 0.2 cm, 길이 2 cm, 넓이 15 cm인 직사각형의 알루미늄 판 20개가 두께 0.03 cm로 에폭시(k = 1.8 W/m·K) 접착제로 판의 뒷면에 붙어 있다. 회로판 양면에서 온도를 구하라.

3–126 알루미늄 대신 구리 휜들(k = 386 W/m·K)을 구리판에 사용할 때 3–125를 다시 풀어라.

3–127 앉아서 일하는 동안 60 W의 열을 신진대사에 의해 꾸준히 발생시키고, 대류와 땀으로 열을 배출하는 두 사람을 생각하자. 첫 번째 사람은 두께 1 mm의 가죽으로 된 옷(k = 0.159 W/m·K)으로 신체의 반을 덮고 있으며, 또 다른 사람은 두께 1 mm인 합성섬유로 만든 옷(k = 0.13 W/m·K)으로 신체 전부를 덮고 있다. 대기 온도는 30°C, 외부의 열전달계수는 15 W/m²·K, 그리고 옷의 내부 표면온도는 32°C이다. 사람의 신체를 직경 25 cm, 길이 1.7 m의 실린더로 취급할 때 땀에 의해 각 사람으로부터 손실된 열의 비율을 구하라.

3–128 높이 4 m, 길이 6 m인 벽이 99 cm 떨어져 있는 두께 1 cm, 폭 20 cm인 강철보에 의해 분리되어 있는 두께 2 cm인 큰 2개의 강철판(k = 15 W/m·K)으로 구성되어 있다. 강철판 사이의 남겨진 공간은 유리섬유 단열재(k =0.035 W/m·K로 채워져 있다. 벽의 내부와 외부표면의 온도차가 22°C라면, 벽을 통한 열전달률을 구하라. 열전달 분석에서 강철판 사이의 강철보가 열전달 표면적의 1%라고 무시할 수 있는가?

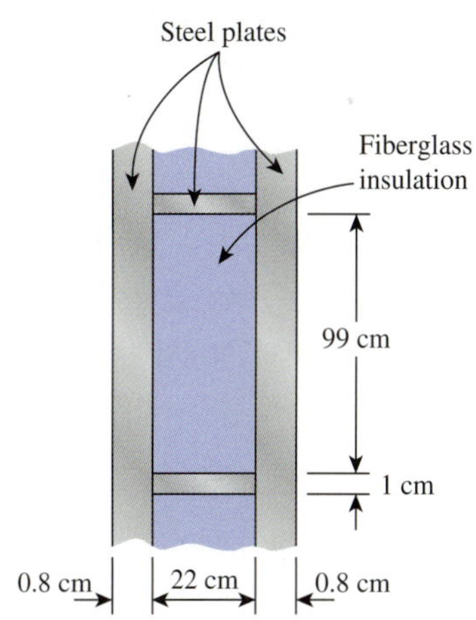

그림 P3–128

3–129 냉각된 공기가 유량 0.8 kg/s로 내부 22 cm × 22 cm, 두께 1.5 cm인 사각 알루미늄 덕트(k = 237 W/m·K) 내로 흐른다. 덕트는 복합 대류–복사 열전달계수가 13 W/m²·K인 온도 33°C 공기에 노출되어 있다. 내부 대류 열전달계수는 75 W/m²·K이다. 덕트 내 공기온도가 1°C 이상 증가할 수 없다면, 덕트의 최대 길이를 결정하라.

3–130 창문을 통한 열전달을 해석할 때 유리 면적뿐만 아니라 골조를 고려하는 것은 매우 중요하다. 3 mm 두께의 단층유리(k = 0.7 W/m·K)로 된 면적 85%가 폭 2 m, 높이 1.5 m인 목조 창문을 고려하자. 이 구조는 두께 5 cm, k = 0.12 W/m·K인 소나무로 만들어졌다. 내 · 외부 열전달계수는 각각 7 W/m²·K와 13 W/m²·K, 그 방은 24°C로 유지되고 외부 온도는 40°C이다. 창문이 유리로만 구성되었다고 가정할 때 열전달에 포함된 퍼센트 오차를 구하라.

3–131 온도 260°C인 증기가 내부온도 20°C, 내경 10 cm, 외경 12 cm인 철제 파이프(k = 61 W/m·K) 속으로 흐른다. 파이프 내 · 외부 열전달계수는 각각 120 W/m²·K, 14 W/m²·K이다. (a) 열손실을 95%까지 줄이기 위해 필요한 k = 0.038 W/m·K인 단열재 두께를 구하고 (b) 단열된 파이프가 표면온도 40°C에 노출되어 있을 때 안전을 위해 필요한 단열재 두께를 구하라.

3–132 수송관을 통한 천연가스의 수송이 경제 또는 다른 이유에 의해 실행 가능하지 않을 때, 먼저 그것을 –160°C에서 액화시키고 특수 단열된 탱크가 있는 배로 수송한다. –160°C인 액화천연가스로 가득 차 있는 직경 4 m의 구형 탱크를 생각해보자. 탱크는 열전달계수 22 W/m²·K인 24°C 대기 중에 노출되어 있다. 탱크의 두께는 얇으며, 탱크의 온도는 LNG의 온도와 같다고 취급한다. 탱크는 유효 열전도도 k = 0.00008 W/m·K인 두께 5 cm의 특수 단열재로 보온되었다. LNG의 밀도가 425 kg/m³, 비열이 3.475 kJ/kg일 때, LNG 온도를 –150°C까지 상승시키는 데 얼마나 걸릴 것인지 추정하라.

3–133 넓이 15 cm × 20 cm인 85°C 뜨거운 표면은 넓이 2 mm × 2 mm, 길이 4 cm인 알루미늄(k = 237 W/m·K) 휜을 덧붙임으로써 냉각된다. 중심부 온도 25°C, 표면의 열전달계수는 20 W/m²·K이다. 뜨거운 표면으로부터 열전달률이 3배로 되게 하고 싶다면 추가로 필요한 휜의 개수를 결정하라.

3–134 [EES] 문제 3–133을 다시 고려해 보자. EES(또는 다른 프로그램)를 이용하여 휜이 없는 경우에 대한 휜의 증가에 따른 열손실(즉, 휜의 총 유용도)을 1.5에서 5까지 그래프로 나타내고 결과를 논하라. 열전달계수가 일정하게 유지된다는 가정이 현실성이 있는가?

3–135 교반반응기는 500 kg/min의 수액을 15°C인 용액으로 가열시키는 데 사용한다. 용기는 6200 kg의 수액을 담을 수 있다. 이것은 두께 15 mm의 1퍼센트 탄소강(k = 43 W/m·K)으로 제작되어 있고 열전달 면적은 12.0 m²이다. 반응으로 인한 열전달계수는 5.5 kW/m²·K인 반면, 덮개 안의 115°C 포화증기는 10 kW/m²·K의 열전달계수를 가지고 있다. 수액의 성질은 순수 물과 같다고 가정하고, 정상 상태에서의 출구쪽 증기 온도를 계산하라.

3–136 그림 P3–136은 건물 벽의 전형적인 모습을 보여준다. 이 부분은 수직방향으로 반복되는 한 구간이다. 벽 지탱 구조재는 8 cm (t_{23}) × 0.5 cm (L_B)의 강철(k = 50 W/m·K)로 이루어져 있다. 내벽 공간은 8 cm (t_{23}) × 60 cm (L_B)인 단열재(k = 0.03 W/m·K)로 채워져 있다. 내벽은 두께 1 cm (t_{12})의 석고판(k = 0.5 W/m·K), 외벽은 두께 10 cm (t_{34})의 벽돌(k = 1.0 W/m·K)로 이루어져 있다. T_1 = 20°C, T_4 = 35°C일 때, 벽돌 표면의 내부 온도는 얼마인가?

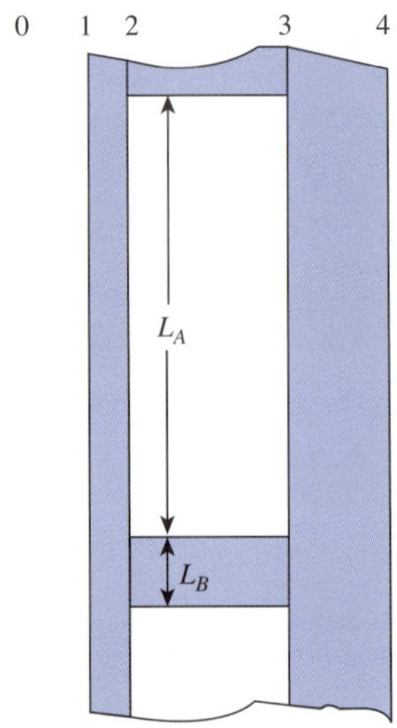

그림 P3–136

3–137 총 10개의 직사각형 알루미늄 휜(k = 203 W/m·K)들이 전기장치의 바깥쪽 평평한 표면에 자리 잡고 있다. 각 휜은 폭 100 mm, 높이 20 mm, 두께 4 mm이다. 각 휜들은 8 mm의 간격을 두고 서로 평행하게 위치되어 있다. 전기장치 바깥쪽 표면의 온도가 72°C, 대기온도가 20°C, 열전달계수 80 W/m²·K일 때 (a) 전기장치에서 대기 중으로의 열손실률과 (b) 휜 유용도를 계산하라.

3–138 냉동창고의 벽이 높이 10.0 m, 폭이 5.0 m이다. 벽은 3개의 층으로 이루어져 있다. 두께 1.0 cm의 알루미늄(k = 200 W/

m·K), 두께 8.0 cm의 섬유유리(k = 0.038 W/m·K), 두께 3.0 cm의 석고판(k = 0.48 W/m·K). 창고의 내 · 외부의 온도는 각각 210℃, 20℃이며 내 · 외부측의 열전달계수의 평균값은 40 W/m^2·K이다.

(*a*) 정상 조건에서 창고 벽을 가로지르는 열전달률을 계산하라.

(*b*) 각각 직경 2.0 cm, 길이 12.0 cm인 400개의 금속볼트(k = 43 W/m·K)가 3개의 벽 층을 고정하기 위해 사용되었다. 이 "볼트"에 대한 열전달률을 계산하라.

(*c*) 금속볼트로 인한 벽을 통과하는 열전달률의 퍼센트 변화는 얼마인가?

그림과 같이 길이 12 cm의 긴 바는 1 cm의 구리층(k = 380 W/m·K)과 두께 1 cm 에폭시 합성층(k = 0.4 W/m·K)으로 구성되어 있다. 정상 1차 열전달의 방향이 (*a*) 1차원 정상 열전도가 앞에서 뒤로, (*b*) 왼쪽에서 오른쪽으로 (*c*) 위에서 아래의 방향으로 갈 때 50℃의 열구동력보다 작은 열전달률을 구하라.

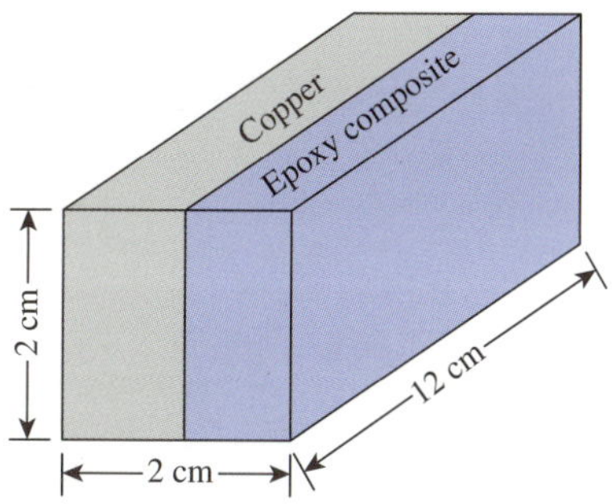

그림 P3–139

설계 및 에세이 문제

3–140 우주에서 온도는 절대온도 0에 가까우므로, 우주를 걸어 다니는 우주비행사에게는 매우 위험한 상황이다. 우주의 열 환경에 적합한 우주비행사의 옷을 디자인하라. 디자인에서 선택한 것들을 나열하라.

3–141 전기 부품의 디자인에서, 열전도성이 좋은 물질 및 매우 효과적인 전기 단열재로 전기회로에 부착하는 것이 바람직하다. 비용에 상관없다면 어떤 물질이 사용되면 좋겠는가?

3–142 같은 재질의 원통샘플들을 사용하여, 열접촉 저항을 결정하기 위한 실험을 고안하라. 원통샘플들은 어떠한 길이로도 이용 가능하며 재질의 열전도는 알고 있다.

3–143 200 m^{2}의 마룻바닥 밑으로 파이프를 통하여 지열을 이용한 온수가 흐르고 있다. 집의 벽은 높이 4 m이고, 벽에는 10개의 창(넓이 1.2 m, 높이 1.8 m)이 있다. 벽은 R-3.3로 단열되어 있고 천장은 R-30으로 단열되어 있다. 바닥의 온도가 40℃를 넘지 않는다. 지열에 의한 온수는 90℃이고, 파이프의 내경과 외경은 각각 2.4 cm, 3.0 cm이다. 이 집에 대한 난방시스템을 디자인하라.

3–144 타이머와 온도계를 이용하여, 당신의 냉장고 열 획득률을 알아보기 위해 다음 실험을 수행하라. 먼저, 정상 작동 조건이 확립되는지 확인하기 위해 적어도 몇 시간 동안 냉장고 문을 열지 말아야 한다. 냉장고가 작동을 멈출 때 타이머를 시작하고 다시 작동하는 데 걸리는 시간 Δt_1을 측정하라. 작동이 유지되는 시간 Δt_2를 측정하라. Δt_2 동안 제거된 열과 $\Delta t_1 + \Delta t_2$ 동안 획득한 열과 같다는 것에 유의하라. 냉장고가 작동하는 동안에 소비한 동력을 이용하여 냉장고의 평균 열 획득률을 W로 구하라. 만일 이것이 불가능하다면 냉장고의 COP (coefficient of performance)를 1.3으로 가정하라.

이제, 냉장고의 응축기 코일을 청소하고 공기의 유통을 저해하는 모든 장애물을 제거하라. 이상의 계측치들을 대체하고 냉장고의 COP 향상을 결정하라.

CHAPTER

04

비정상 열전도

TRANSIENT HEAT CONDUCTION

일반적으로 물체의 온도는 위치뿐만 아니라 시간에 따라 변한다. 직교좌표에서 이러한 변화는 $T(x, y, z, t)$로 표시할 수 있는데 (x, y, z, t)에서 x, y, z는 방향, t는 시간에 따른 변화를 나타낸다. 앞 장에서 **정상** 상태 열전도를 고려했는데, 이 경우 물체 내부의 어디에서도 물체의 온도는 시간에 따라 변하지 않는다. 이와 같은 가정은 온도가 한 방향으로 변화할 때 문제를 간단하게 하며 이로써 해석해를 얻을 수 있다. 이 장에서는 온도가 한 방향 또는 여러 방향, 그리고 **위치**와 **시간**에 따른 변화도 고려한다.

이 장에서 언급한 **집중계해석**(*lumped system analysis*)은 고체의 온도가 시간에 따라 변하지만, 어떤 시간에도 고체 내부의 온도는 일정한 경우를 말한다. 그리고 1차원 열전도 문제는 큰 평면 벽, 긴 원통, 구의 경우이며 **비정상 온도 차트**와 해석해를 이용하여 온도 변화를 고려한다. 마지막으로 **곱셈해**(*product solution*)를 이용하는 다차원에서 비정상 열전도를 고려한다.

학습목표

이 장의 목적은 다음과 같다.

- 온도분포가 공간의 변화를 무시할 수 있을 때 사용 가능하다. 온도는 시간에 대하여 거의 일정하게 변한다는 가정하에 집중계해석이 가능하게 한다.
- 직각, 원통, 구 형상에서 비정상 1차원 전도문제는 변수분리법을 사용하여 해석해를 구한다.
- 유사변수를 사용하여 큰 매체에서 비정상 열전도 문제를 풀고, 노출된 표면으로부터 시간과 거리와 함께 온도의 변화를 예측한다.
- 곱셈해법을 사용하여 다차원 비정상 열전도 문제에 대하여 해를 구한다.

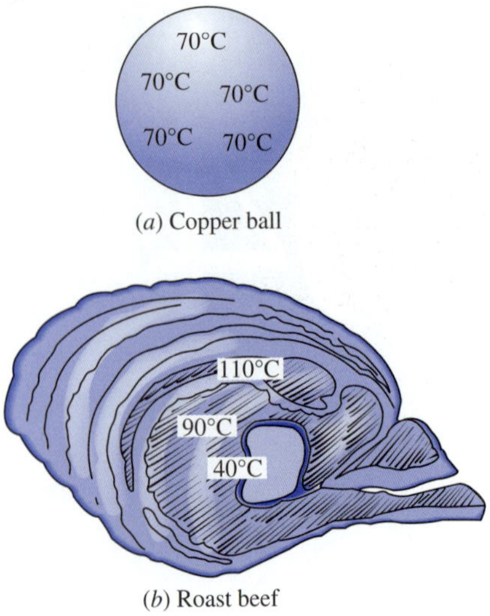

그림 4-1
조그마한 구리공에는 집중계를 적용할 수 있으나 고기에는 적용할 수 없다.

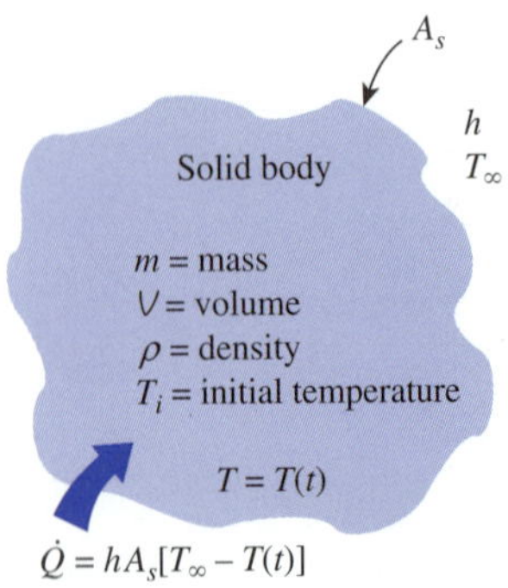

그림 4-2
집중계해석과 관련된 형상과 파라미터

4-1 ▪ 집중계해석

열전달 해석에서 어떤 물체는 물체의 내부 온도가 특정 시간에 항상 일정한 경우가 있는데, 그러한 물체의 온도는 시간의 함수[$T(t)$]로 가정할 수 있다. 이와 같은 가정에 바탕을 둔 해석을 열전달에서 **집중계해석**(lumped system analysis)이라고 한다. 이 해석 방법은 열전달 문제에서 정확도를 잃지 않고 일부 종류의 문제를 간단하게 해석할 수 있다.

오븐으로부터 나온 뜨거운 구리공을 생각하자(그림 4-1a). 구리공의 온도는 시간에 따라 변화하고, 그 시간에서 위치에 따라서는 변하지 않는다. 즉 볼의 온도는 일정 시간에 일정하게 유지되며 볼의 특정 위치에 상관없이 볼의 온도를 구할 수 있다.

다른 상황은 오븐에 있는 큰 고기를 생각해보자(그림 18-16). 이 고기 덩어리에 열을 가하면 고기 내의 온도분포가 일정하지 않다는 것을 알 수 있다. 이것은 고기를 완전하게 익히기 전에 오븐에서 꺼내서 반으로 나누면 쉽게 확인할 수 있다. 고기의 외부는 잘 익은 반면 중앙부는 거의 익지 않았다. 이와 같은 경우는 집중계해석 방법을 적용할 수 없다. 집중계해석을 적용할 수 있는 기준을 제시하기 전에 집중계해석의 공식을 유도해 보자.

일정온도 T_i에서 질량 m, 부피 V, 표면적 A_s, 밀도 ρ, 비열 c_p인 어떤 형상을 가진 물체를 생각해보자(그림 4-2). $t = 0$일 때 물체는 T_∞인 외부에 놓여 있고 열전달은 물체와 열전달계수 h인 외부 매체 사이에서 일어난다. $T_\infty > T_i$로 가정하는데 반대인 경우도 아래의 해석을 적용할 수 있다. 집중계해석을 적용할 수 있는 경우는 온도가 물체 내에서 일정하며 단지 시간만의 함수[$T = T(t)$]인 경우이다.

미소 시간간격 dt 동안 물체 온도는 미소량 dT만큼 증가한다. 시간 dt 동안 물체의 에너지 평형은 다음과 같이 표현된다.

$$\left(dt \text{ 동안 물체도 열전달} \right) = \left(\begin{array}{c} dt \text{ 동안 물체의} \\ \text{에너지 증가} \end{array} \right)$$

$$hA_s(T_\infty - T)\,dt = mc_p\,dT \tag{4-1}$$

T_∞가 일정하므로 $m = \rho V$와 $dT = d(T - T_\infty)$를 이용하면 식 (4-1)은 다음과 같다.

$$\frac{d(T - T_\infty)}{T - T_\infty} = -\frac{hA_s}{\rho V c_p}\,dt \tag{4-2}$$

$T = T_i$일 때 $t = 0$에서 $T = T(t)$일 때 t까지 적분하면

$$\ln \frac{T(t) - T_\infty}{T_i - T_\infty} = -\frac{hA_s}{\rho V c_p}\,t \tag{4-3}$$

와 같다.

앞의 식에서 양변에 지수를 취하고 재구성하면 다음과 같다.

$$\frac{T(t) - T_\infty}{T_i - T_\infty} = e^{-bt} \tag{4-4}$$

여기서

$$b = \frac{hA_s}{\rho V c_p} \qquad (1/\mathrm{s}) \tag{4-5}$$

는 양수로 차원은 $(\text{time})^{-1}$이다. b의 역수는 시간단위이고 **시간함수**(time constant)로 불린다. 식 (4-4)에서 b를 변화시킨 경우를 그림 4-3에 나타내었다. 그림으로부터 다음 2가지 사항을 알 수 있다.

1. 식 (4-4)로부터 시간 t에서 물체의 온도 $T(t)$ 또는 $T(t)$에 도달하기 위한 시간을 알 수 있다.
2. 물체의 온도는 주위 온도 T_∞에 점차적으로 접근한다. 물체의 온도가 초기에는 크게 변화하지만 점차적으로 일정한 값으로 접근한다. 큰 b값인 경우 물체가 빠르게 주위 온도에 접근하고 있다. b값이 커지면 온도의 감소율은 더욱 커진다. b는 표면적에 비례하고, 물체의 질량과 비열에 반비례한다. 이것은 큰 질량을 가열하거나 냉각하기 위해서는 더 많은 시간이 소요되고 특히 비열이 클 때는 시간이 더욱 소요된다.

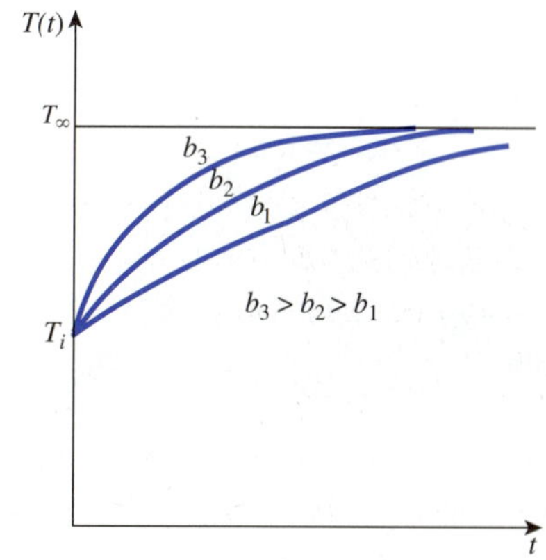

그림 4-3
집중계의 온도는 시간이 지날수록 주위 온도에 접근한다.

식 (4-4)로부터 시간 t에서 온도 $T(t)$를 구할 수 있다면 물체와 물체 주위 사이의 열전달률을 Newton의 냉각법칙으로부터 다음과 같이 구한다.

$$\dot{Q}(t) = hA_s[T(t) - T_\infty] \qquad (\mathrm{W}) \tag{4-6}$$

시간간격 $t = 0$과 t 동안 물체와 주변 사이의 총 열전달량은 물체의 에너지 양의 변화로

$$Q = mc_p[T(t) - T_i] \qquad (\mathrm{kJ}) \tag{4-7}$$

이며, 물체가 주위 온도 T_∞에 도달할 때 열전달량은 최고치가 되며 식은 다음과 같다(그림 4-4).

$$Q_{\max} = mc_p(T_\infty - T_i) \qquad (\mathrm{kJ}) \tag{4-8}$$

위 식은 식 (4-4)의 $T(t)$ 관계를 식 (4-6)의 $\dot{Q}(t)$에 대입하고 시간 $t = 0$에서 $t \to \infty$까지 적분하므로 얻을 수 있다.

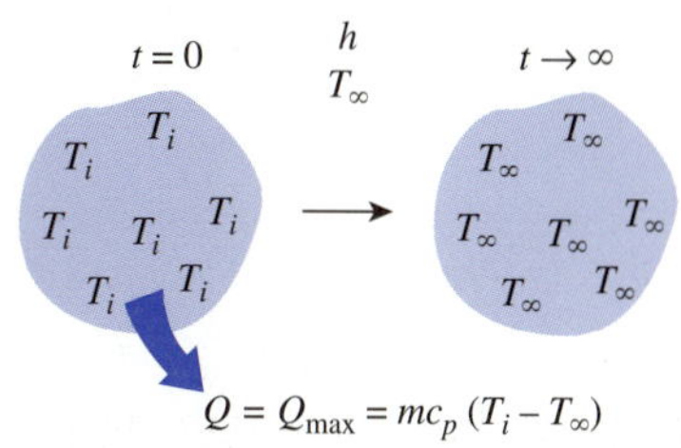

그림 4-4
열전달은 물체가 주위 온도에 도달했을 때 최댓값이 된다.

집중계해석에 대한 기준

집중계해석을 적용하면 열전달 해석이 대단히 편리하기 때문에, 그것을 적용할 수 있을 때는 적용하도록 한다. 집중계해석을 적용하는 데 있어 첫 번째 기준은 다음

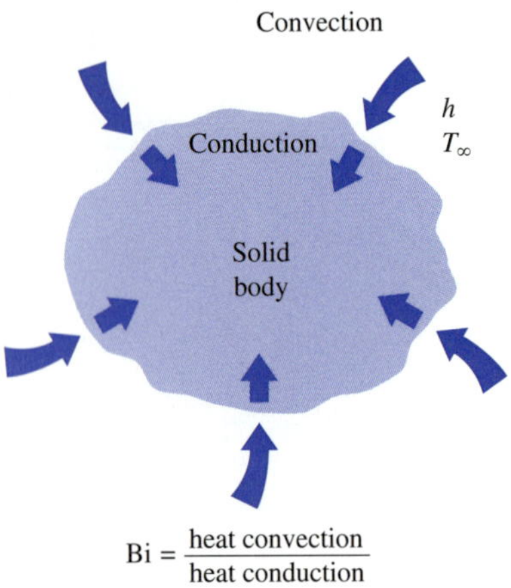

그림 4–5
Biot 수는 표면에서 대류 대 물체 내의 전도 비를 말한다.

과 같이 **특성길이**(characteristic length)를 정의하는 것이다.

$$L_c = \frac{V}{A_s}$$

그리고 **Biot 수**(Biot number) Bi는

$$\text{Bi} = \frac{hL_c}{k} \tag{4–9}$$

와 같이 정의하며, 열전달이 일차원인 간단한 형상 즉, 큰 평판 두께 $2L$, 긴 원통 지름 r_o, 구 지름 r_o에서 Biot 수에 사용되는 특성길이 L_c는 L, $r_o/2$, $r_o/3$로 된다. 식 (4–9)는 다음과 같다(그림 4–5).

$$\text{Bi} = \frac{h}{k/L_c}\frac{\Delta T}{\Delta T} = \frac{\text{물체 표면에서 대류}}{\text{물체로 전도}}$$

또는

$$\text{Bi} = \frac{L_c/k}{1/h} = \frac{\text{물체로 전도 열저항}}{\text{물체 표면에서 대류 열저항}}$$

오븐에서 구워지는 감자는 뜨거운 유체에 의하여 열을 받으면 먼저 열은 물체로 대류에 의해 이동하고 다음으로 물체 내로 전도된다. Biot 수는 전도(*conduction*)에 의한 물체의 내부저항 대 대류(*convection*)에 의한 외부저항의 비이다. 그러므로 작은 Biot 수는 전도 열저항이 작을 것을 의미하고 이는 물체 내의 온도구배가 작다는 것을 의미한다.

집중계해석은 물체 전체의 온도가 일정하다고 가정하는데 이는 물체 내부에서 전도 열저항이 0에 해당된다. 그러므로 집중계해석에서 Bi = 0인 경우는 해석해(exact)가 되고 Bi > 0이면 근사해(*approximate*)가 된다. 이는 Biot 수가 작으면 작을수록 집중계해석은 더욱 정확한 값을 가지는 것을 의미한다. 그러면 우리가 가지는 의문은 집중계해석을 사용할 때 어느 정도의 오차를 감수해야 하는가 하는 것이다.

이 질문에 대답하기 전에 열전달계수 h에 대하여 15% 정도의 오차는 "정상적"이고 예측적인 경우로 생각한다. h를 상수로 가정하는 것은 근사이며 특히 복잡한 형상에 대하여 더욱 주의할 필요가 있다. 특정 형상에 대하여 충분한 실험 데이터 없이 Bi = 0인 경우에 얻은 결과도 ±20%보다 정확하다고 할 수 없다. 일반적으로 집중계해석은 다음의 조건인 경우에 사용할 수 있다.

$$\text{Bi} \le 0.1$$

위의 기준을 만족할 때 구의 형상과 같은 형상에 대하여 주위 온도와 상대적인 물체 내의 온도($T - T_\infty$)는 5% 내에 있다. Bi < 0.1일 때 물체 내에서의 온도 변위는 미미하므로 온도가 일정하다는 가정은 상당히 타당하다.

집중계해석을 적용하는 데 있어서 첫 번째 단계는 *Bi* 수의 계산과 이 방법의 적용성을 평가하는 것이다. 여전히 집중계 해석을 사용하기를 원한다. 어떤 경우는 Bi $<$ 0.1을 만족하지 않은 경우일 때도 있지만 정확도가 크게 중요하지 않은 경우는 집중계해석을 적용할 수도 있다.

Biot 수는 물체 표면에서 **대류**와 물체 내에서 **전도**의 비라고 했는데, 집중계해석을 적용하기 위해서는 이 수가 작아야 한다. 그러므로 **높은 열전도성**(*high thermal conductivity*)을 가지는 **작은 물체**는 집중계해석을 적용할 수 있는 좋은 경우이고, 특히 물체가 공기나 기체 같은 열전도성이 좋지 않은 매개체 내에서 정지한 경우에 적용하면 된다. 앞에서 언급한 경우와 같이 움직임이 없는 기체에 놓여 있는 조그마한 구리공은 집중계해석을 적용할 수 있는 좋은 예이다(그림 4-6).

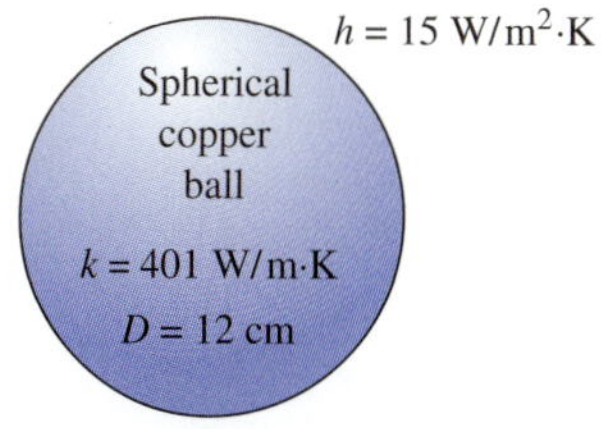

$$L_c = \frac{V}{A_s} = \frac{\frac{1}{6}\pi D^3}{\pi D^2} = \frac{1}{6}D = 0.02 \text{ m}$$

$$\text{Bi} = \frac{hL_c}{k} = \frac{15 \times 0.02}{401} = 0.00075 < 0.1$$

그림 4-6

큰 열전도성과 낮은 대류계수인 조그마한 물체는 집중계해석의 조건에 가장 적합하다.

집중계에서 열전달에 관한 부언

어떤 물체가 주위 유체에 의하여 가열 또는 냉각이 진행되는 동안 열전달 메커니즘과 집중계해석을 적용할 수 있는 기준을 이해하기 위하여 다음 상황을 생각해보자(그림 4-7). 본토에서 사람들은 **보트를 이용하여** 섬으로 간다. 사람들이 섬에 있는 목적지까지 가기 위해서는 **버스**를 이용한다. 항구에서 사람의 수는 섬으로 가는 보트의 교통량에, 섬에서는 버스의 교통량에 의존한다. 만약 많은 버스가 있다면 항구에서 혼잡은 없을 것이다. 반대인 경우는 항구에는 사람이 매우 혼잡할 것이다. 많은 버스가 있는 조그마한 섬인 경우는 혼잡한 것은 없을 것이다.

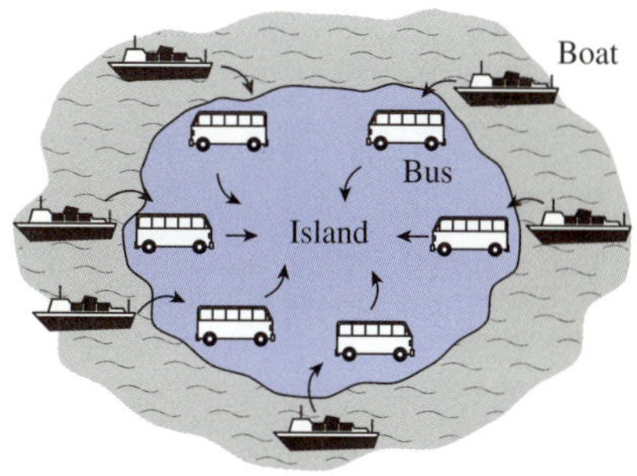

그림 4-7

고체의 열전달은 섬의 여객운송과 비슷하다.

열전달에서 적은 버스 수는 물체에서 작은 열전도에 해당하며 항구에서 혼잡한 것은 열의 축적을 의미한다. 결과적으로 물체 내부표면에서 온도가 상승하므로 물체 표면에서 혼잡할 때는 집중계해석을 사용할 수 없다. 이러한 유추 과정에서 복사 영향을 무시한 항구에 있는 승객은 열이 물체의 표면에서 **대류**로부터 **전도**로 변하는 **운송 수단**과 같다. 표면에서는 두께가 없으므로 열이 저장될 수 없어, 열은 물체의 표면에 도달했을 때 전도에 의해 물체의 내부로 계속 움직인다.

뜨거운 물체에서 그 물체 주위로 일어나는 열전달을 생각해보자. 온도차의 결과로 열은 물체로부터 주위 유체로 전달된다. 그러나 에너지는 표면 부근에서 나오므로 결과적으로 표면 가까이 있는 물체의 온도는 떨어진다. 이것이 물체의 내부와 외부 사이의 **온도구배**(*temperature gradient*)를 만들며 결과적으로 내부로부터 외부로 전도에 의해 열이 흐르기 시작한다.

대류 열전달이 클 때, 즉 대류 열전달계수 *h*가 크면, 물체표면의 주위 온도는 급격하게 떨어진다(그림 4-8). 물체가 내부로부터 외부로 빨리 열을 보내지 않으면 내부와 외부 사이에 큰 온도차가 생긴다. 그러므로 물체 내의 최대 온도차의 크기는 표면으로부터 멀리 열을 대류로 주위로 보낼 수 있는 능력에 상대적으로 물체의 표면방향으로 열을 전도할 수 있는 능력에 매우 의존한다. Biot 수는 위의 두 요소의 상대적인 값이다.

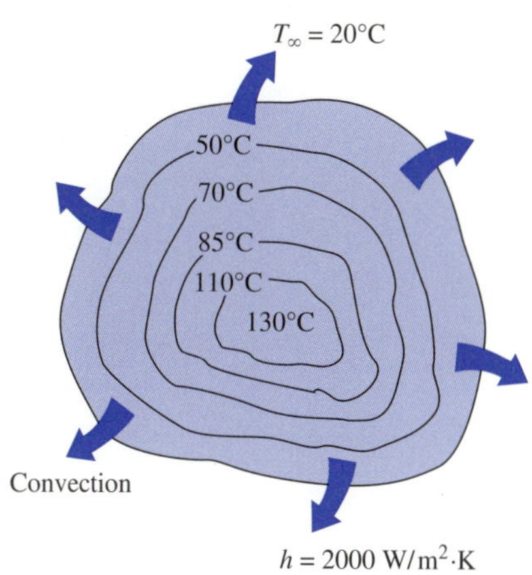

그림 4-8

대류계수 *h*가 크고 *k*가 작을 때는 큰 물체의 내부와 외부 사이의 온도차가 크게 일어난다.

단위 표면적당 n방향으로 열전도는 $\dot{q} = -k\partial T/\partial n$이며, 여기서 $\partial T/\partial n$은 온도구배이고 k는 고체의 열전도계수이다. 열전도계수가 무한한 크기를 가질 때 물체 내의 온도는 균일(*uniform*)한 분포이나, 실제로 그러한 물체는 존재하지 않는다. 그러므로 온도구배 또는 온도차가 얼마나 작든 상관없이 열전도는 일어난다. 물론 온도구배와 열전도계수는 열유속에 반비례한다. 따라서 열전도계수가 크면 클수록 온도구배는 작아진다.

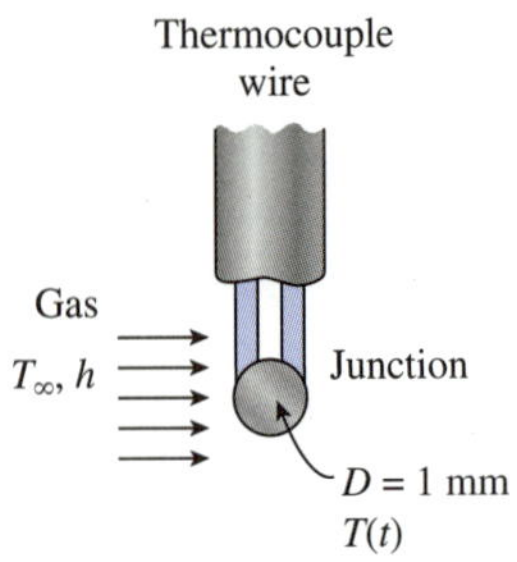

그림 4-9
예제 4-1의 계략도

예제 4-1 열전대를 이용한 온도 측정

기체의 온도는 열전대로 측정하는데 그 접합점은 그림 4-9에서와 같이 직경 1 mm를 가진 구로 생각할 수 있다. 접합점의 물성값은 k = 35 W/m·K, ρ = 8500 kg/m^3, c_p = 320 J/kg·K이며, 접합점과 기체 사이의 대류 열전달계수 h는 210 W/m^2·K이다. 열전대가 초기 온도와의 차이가 99%까지 도달하는 데 얼마나 걸리는가?

풀이 기체의 온도는 열전대로 구할 수 있다. 시간은 초기온도차의 99%까지 도달했을 때 결정될 수 있다.

가정 **1.** 접합점이 직경 D = 0.001 m인 구이다. **2.** 접합점과 열전달계수는 상수이다. **3.** 복사영향을 무시할 수 있다.

물성값 접합점의 물성값은 문제에 주어져 있다.

해석 접합점의 특성길이는

$$L_c = \frac{V}{A_s} = \frac{\frac{1}{6}\pi D^3}{\pi D^2} = \frac{1}{6}D = \frac{1}{6}(0.001\text{ m}) = 1.67 \times 10^{-4}\text{ m}$$

이며, Biot 수는

$$\text{Bi} = \frac{hL_c}{k} = \frac{(210\text{ W/m}^2\cdot\text{K})(1.67 \times 10^{-4}\text{ m})}{35\text{ W/m}\cdot\text{K}} = 0.001 < 0.1$$

이다. 따라서 집중계해석을 적용할 수 있으며 그 오차는 무시할 수 있을 정도이다.

접합점과 기체 사이의 초기온도차($T_i - T_\infty$)의 99%를 기록하기 위해서

$$\frac{T(t) - T_\infty}{T_i - T_\infty} = 0.01$$

이 된다. 예로 T_i = 0°C와 T_∞ = 100°C일 때 열전대가 $T(t)$ = 99°C로 기록할 때 온도차의 99%로 생각된다.

지수 b 값은

$$b = \frac{hA_s}{\rho c_p V} = \frac{h}{\rho c_p L_c} = \frac{210\text{ W/m}^2\cdot\text{K}}{(8500\text{ kg/m}^3)(320\text{ J/kg}\cdot\text{K})(1.67 \times 10^{-4}\text{ m})} = 0.462\text{ s}^{-1}$$

이다. 위의 값을 식 (4-4)에 대입하면

$$\frac{T(t) - T_\infty}{T_i - T_\infty} = e^{-bt} \longrightarrow 0.01 = e^{-(0.462\text{ s}^{-1})t}$$

이며

$$t = \mathbf{10\text{ s}}$$

가 된다. 그러므로 초기 접합점-기체 온도차가 1%보다 작기 위해서는 열전대의 접합점에서 최소 10초 기다린 후 온도를 기록해야 한다.

검토 전선을 통한 전도와 주위 표면과의 복사교환이 결과에 영향을 미칠 수 있다는 것을 주의하며 보다 세밀한 분석에서는 고려되어야 한다.

예제 4-2 금속 막대의 담금질 경화

담금질 경화 과정에서, 금속 막대(ρ = 7832 kg/m^3, c_p = 434 J/kg·K and k = 63.9 W/m·K)는 용광로에서 850°C로 가열되고, 욕조 물에서 95°C로 냉각된다. 욕조 물은 40°C의 균일한 온도와 대류 열전달계수 450 W/m^2·K이다. 만약 금속 막대가 지름 50 mm, 길이 2 m를 가진다면 (*a*) 욕조 물에서 금속 막대가 850°C에서 95°C로 냉각되는 데 필요한 시간, (*b*) 막대가 담금질되는 동안 물로 전달되는 열의 총량을 구하라.

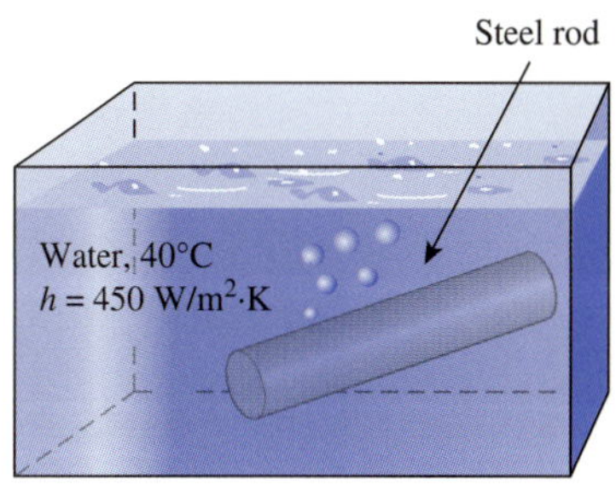

그림 4-10

예제 4-2의 개략도

풀이 담금질 경화 과정에서, 금속 막대가 욕조 물에서 냉각되는 데 필요한 시간과 막대가 냉각되는 동안 전도되는 열의 총량을 구하라.

가정 **1.** 금속막대의 물성치는 일정하다. **2.** 대류 열전달계수는 균일하다. **3.** 복사에 의한 열전도는 무시한다.

물성값 ρ = 7832 kg/m^3, c_p = 434 J/kg·K and k = 63.9 W/m·K

해석 (*a*) 원통기둥에 대해 길이와 Biot 수의 특징은 다음과 같다.

$$L_c = \frac{V}{A_s} = \frac{(\pi D^2/4)L}{\pi DL} = \frac{D}{4} = \frac{0.050\,\text{m}}{4} = 0.0125\,\text{m}$$

$$Bi = \frac{hL_c}{k} = \frac{(450\,\text{W/m}^2\cdot\text{K})(0.0125\,\text{m})}{63.9\,\text{W/m}\cdot\text{K}} = 0.088 < 0.1$$

Biot 수 0.1 미만부터, 집중계해석이 이용 가능하다. 그리고 금속막대가 850°C에서 95°C로 욕조 물에서 냉각되는 데 필요한 시간은 다음과 같다.

$$b = \frac{hA_s}{\rho c_p V} = \frac{h}{\tilde{n} c_p L_c} = \frac{450\ \text{W/m}^2\cdot\text{K}}{(7832\,\text{kg/m}^3)(434\ \text{J/kg}\cdot\text{K})(0.0125\,\text{m})} = 0.01059\,\text{s}^{-1}$$

$$\frac{T(t) - T_\infty}{T_i - T_\infty} = e^{-bt} \rightarrow t = -\frac{1}{b}\ln\left[\frac{T(t) - T_\infty}{T_i - T_\infty}\right] = -\frac{1}{0.01059\ \text{s}^{-1}}\ln\left[\frac{95 - 40}{850 - 40}\right] = \mathbf{254\ s}$$

(*b*) 막대가 냉각되는 동안 전도되는 열의 총량은 다음과 같다.

$$Q = mc_p[T_i - T(t)] = \rho V c_p[T_i - T(t)] = \frac{\pi D^2 L\rho c_p}{4}[T_i - T(t)]$$

$$= \frac{\pi(0.050\ \text{m})^2(2\ \ \text{m})(7832\ \text{kg/m}^3)(434\ \ \text{J/kg}\cdot\text{K})}{4}(850 - 95)\ \text{K}$$

$$= 1.01 \times 10^7\ \text{J} = \mathbf{10.1\ MJ}$$

검토 욕조물의 온도를 일정하게 유지하기 위해 욕조물의 체적이 매우 크거나 차가워야 한다.

4-2 ▪ 공간 효과와 함께 큰 평면 벽, 긴 원통, 구에서 비정상 열전도

4-1절에서 우리는 물체 내에서 온도 변화를 무시하였는데 이는 열전달 과정 동안 물체 내부의 온도가 일정 시간에 거의 일정하다는 것을 의미한다. 큰 전도성을 가진 작은 물체가 이와 같은 거동을 잘 보여준다. 그러나 일반적으로 물체 내의 온도는 시간뿐만 아니라 위치에 따라 변한다. 이 절에서는 **시간**과 **위치**에 따라 변하는 1차원 문제로 큰 평면 벽, 긴 원통, 구에 대하여 고려해 보자.

두께 $2L$인 평면 벽, 직경 r_o인 원통, 직경 r_o인 구가 그림 4-11에서 보여주는 바와 같이 초기에 **일정온도** T_i인 상태에 있다. 시간 $t = 0$에서 각각의 형상은 주위 온도 T_∞에 놓여 있으며 이 온도는 $t > 0$에서도 일정하다. 열전달은 **균일**하거나 **일정**한 열전달계수 h를 가지고 있는 대류에 의하여 물체와 주변 사이에서 일어난다. 세 경우 모두 기하학 및 열적으로 대칭을 이루는데 평면 벽은 **중앙면**($x = 0$)에 대하여, 실린더는 **중앙선**($r = 0$)에 대하여, 구는 **중앙점**($r = 0$)에 대하여 대칭이다. 복사열전달은 무시하거나 대류 열전달계수에 복사의 영향을 포함한다.

평면 벽인 경우에 **시간**에 따른 온도의 변화를 그림 4-12에 나타내었다. 먼저 $t = 0$에서 벽 전체가 초기온도 T_i로 주위 온도 $T_\infty < T_i$에 노출되었다. 표면 부근에서 벽의 온도는 벽에서 주위로 대류 열전달이 일어나므로 떨어지기 시작한다. 즉 벽에서 **온도구배**가 생기고 벽 내부에서는 외부로 전도열전달이 시작된다. 벽 중앙에서 온도는 $t = t_2$까지 T_i로 일정하다. 벽 내부에서 온도분포는 중앙면을 중심으로 항상 대칭이다. 시간이 지나면서 열전달 때문에 온도분포는 평평하게 변하다가 결국 $T = T_\infty$로 된다. 이는 벽이 주위와 **열적평형**(thermal equilibrium)에 도달했다는 의미이다. 이 시점에서 열전달은 멈추며 더 이상 온도차는 일어나지 않으며 이와 같은 현상은 원통과 구의 경우도 마찬가지다.

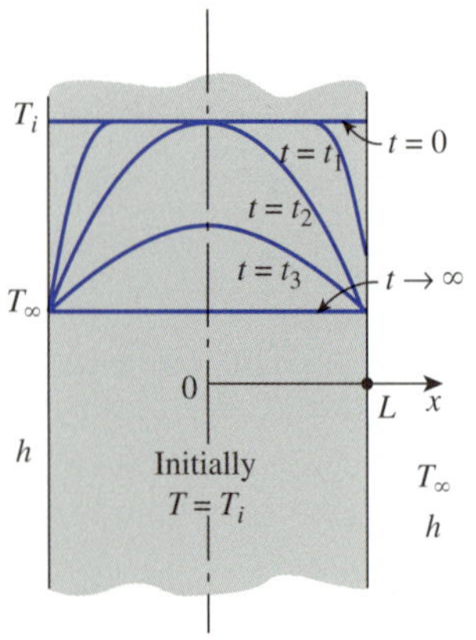

그림 4-12

$T_i > T_\infty$에 대하여 표면에서 대류로 노출된 평면 벽에서의 비정상 온도분포

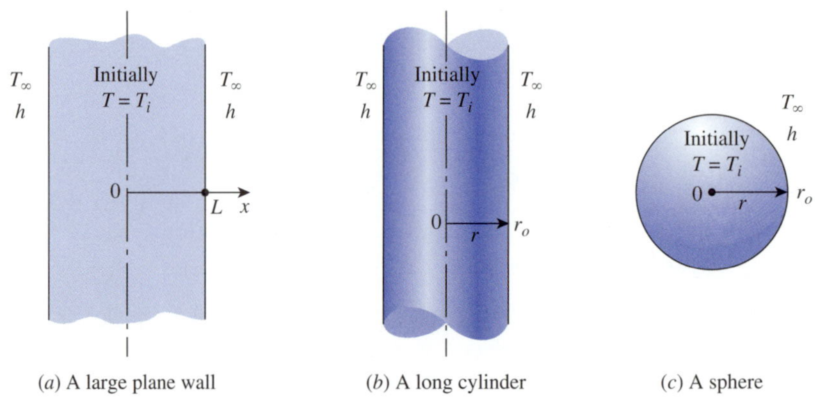

그림 4-11

1차원 열전달 형상에 대한 개략도

무차원화된 1차원 비정상 전도문제

평면 벽, 원통, 구에서 1차원 비정상 온도분포를 구하기 위한 열전도 문제는 일반적으로 해가 무한급수나 초월방정식 형태의 해가 되는 편미분방정식으로 된다. 하지만 해석해는 물리적인 문제에 대해서 값진 통찰력을 가지게 한다. 그래서 이와 같은 단계를 거쳐 가는 것이 중요하다. 계속해서 평면 벽의 경우에 대하여 해를 구하는 절차를 알아보자.

그림 4-11*a*에서 일정온도 T_i에서 두께 $2L$인 평면 벽을 생각해보자. 시간 $t = 0$에서 벽은 T_∞의 유체에 잠겨 있다. 대류 열전달계수 h와 함께 양면은 대류 열전달이 일어난다. 벽의 높이와 넓이는 상대적으로 두께에 비하여 크다. 그래서 벽에서의 열전도는 1차원으로 가정할 수 있다. 또한 $x = 0$인 벽 중간에서는 열적 대칭을 이루고 있어 온도분포가 벽 중앙을 중심으로 대칭을 이룬다. 그러므로 임의의 시간 t에서 $-L \le x \le 0$ 내의 $2x$에서의 온도값은 같은 시간 $0 \le x \le L$ 내의 x에서의 온도값과 같다. 이것은 $0 \le x \le L$에서의 열전도 문제를 공식화하고 해를 구한 것을 다른 반쪽에도 적용할 수 있다는 의미이다.

평면 벽의 $0 \le x \le L$ 영역에서, 열 및 물리적인 물성값이 상수인 조건하에서 열발생이 없고, 중간 면에 대하여 열 대칭이며, 일정한 초기온도와 상수인 대류 열전달계수에서 1차원 비정상 열전도 문제는 다음과 같이 표현할 수 있다.

미분방정식: $$\frac{\partial^2 T}{\partial x^2} = \frac{1}{\alpha}\frac{\partial T}{\partial t} \tag{4-10a}$$

경계조건: $$\frac{\partial T(0, t)}{\partial x} = 0 \quad \text{및} \quad -k\frac{\partial T(L, t)}{\partial x} = h[T(L, t) - T_\infty] \tag{4-10b}$$

초기조건: $$T(x, 0) = T_i \tag{4-10c}$$

여기서 $\alpha = k/\rho c_p$는 물질의 열확산률이다.

무차원 공간변수 $X = x/L$과 무차원 온도 $\theta(x, t) = [T(x, t) - T_\infty]/[T_i - T_\infty]$를 정의하므로 문제를 무차원화하는 것을 시도하자. 위의 선택은 편리한데 이는 X와 θ가 0에서 1까지 변하기 때문이다. 하지만, 무차원 시간변수와 h/k 비에 대하여는 명확한 기준이 없다. 우리는

$$\frac{\partial \theta}{\partial X} = \frac{\partial \theta}{\partial (x/L)} = \frac{L}{T_i - T_\infty}\frac{\partial T}{\partial x}, \quad \frac{\partial^2 \theta}{\partial X^2} = \frac{L^2}{T_i - T_\infty}\frac{\partial^2 T}{\partial x^2} \quad \text{이고} \quad \frac{\partial \theta}{\partial t} = \frac{1}{T_i - T_\infty}\frac{\partial T}{\partial t}$$

식 (4-10*a*), (4-10*b*)를 대입하고 재배열하면 다음과 같이 된다.

$$\frac{\partial^2 \theta}{\partial X^2} = \frac{L^2}{\alpha}\frac{\partial \theta}{\partial t} \quad \text{and} \quad \frac{\partial \theta(1, t)}{\partial X} = \frac{hL}{k}\theta(1, t) \tag{4-11}$$

따라서 무차원 시간에 대한 적당한 형태는 $\tau = \alpha t/L^2$이며 **Fourier 수**(Fourier number) Fo라고 부른다. $\text{Bi} = k/hL$은 4-1절에서 정의한 것과 같이 Biot 수이다.

(*a*) Original heat conduction problem:

$$\frac{\partial^2 T}{\partial x^2} = \frac{1}{\alpha}\frac{\partial T}{\partial x},\ T(x, 0) = T_i$$

$$\frac{\partial T(0, t)}{\partial x} = 0,\ -k\frac{\partial T(L, t)}{\partial x} = h[T(L, t) - T_\infty]$$

$$T = F(x, L, t, k, \alpha, h, T_i, T_\infty)$$

(*b*) Nondimensionalized problem:

$$\frac{\partial^2 \theta}{\partial X^2} = \frac{\partial \theta}{\partial \tau},\ \theta(X, 0) = 1$$

$$\frac{\partial \theta(0, \tau)}{\partial X} = 0,\ \frac{\partial \theta(1, \tau)}{\partial X} = -\text{Bi}\,\theta(1, \tau)$$

$$\theta = f(X, \text{Bi}, \tau)$$

그림 4-13

무차원화는 1차원 비정상 문제에서 독립변수를 8개에서 3개로 줄이면서 결과를 나타낼 때 매우 편리하다.

$$\theta_n = A_n e^{-\lambda_n^2 \tau}\cos(\lambda_n X)$$

$$A_n = \frac{4\sin\lambda_n}{2\lambda_n + \sin(2\lambda_n)}$$

$$\lambda_n \tan\lambda_n = \text{Bi}$$

For Bi = 5, X = 1, and t = 0.2:

n	λ_n	A_n	θ_n
1	1.3138	1.2402	0.22321
2	4.0336	−0.3442	0.00835
3	6.9096	0.1588	0.00001
4	9.8928	−0.876	0.00000

그림 4-14

비정상 열전도 문제 급수해의 항은 n이 증가함에 따라 급속하게 감소하는데, 이는 지수 $-\lambda_n\tau$가 급속하게 감소하기 때문에 λ_n은 증가한다.

그리고 평면 벽에서 1차원 비정상 열전도 문제는 다음과 같은 무차원형태가 된다.

무차원 미분 방정식: $\dfrac{\partial^2\theta}{\partial X^2} = \dfrac{\partial\theta}{\partial\tau}$ **(4-12*a*)**

무차원 경계조건: $\dfrac{\partial\theta(0, \tau)}{\partial X} = 0$ and $\dfrac{\partial\theta(1, \tau)}{\partial X} = -\text{Bi}\theta(1, \tau)$ **(4-12*b*)**

무차원 초기조건: $\theta(X, 0) = 1$ **(4-12*c*)**

여기서

$\theta(X, \tau) = \dfrac{T(x, t) - T_\infty}{T_i - T_\infty}$ 무차원 온도

$X = \dfrac{x}{L}$ 중심에서 무차원 거리

$\text{Bi} = \dfrac{hL}{k}$ 무차원 열전달계수(Biot 수)

$\tau = \dfrac{\alpha t}{L^2} = \text{Fo}$ 무차원 시간(Fourier 수)

원통과 구 좌표계에서 열전도 방정식도 비슷한 방법으로 무차원화할 수 있다. 무차원화는 독립변수의 수를 8에서 3으로 즉 $x, L, t, k, \alpha, h, T_i, T_\infty$에서 X, Bi, Fo로 줄인다(그림 4-13).

$$\theta = f(X, \text{Bi}, \text{Fo}) \quad \textbf{(4-13)}$$

이것은 파라미터 연구에서 매우 실용적이며 결과를 그래프로 나타낼 수 있다. 집중계해석의 경우에 공간변수 없이 $\theta = f(\text{Bi, Fo})$임을 생각하자. 이것은 식 (4-4)에서 이것들의 정의를 사용함으로써 나타낼 수 있다. 마지막 결과는 다음과 같다.

$$\theta = \frac{T(t) - T_\infty}{T_i - T_\infty} = e^{-bt} = e^{-\frac{hA_s t}{\rho V c_p}} = e^{-\text{BiFo}}$$

경계조건, 초기조건과 함께 식 (4-12)에서 주어진 무차원 편미분방정식은 Laplace 또는 다른 변형법, 변수분리법, 유한차분법, 유한요소법인 해석적인 또는 수치적인 방법으로 풀 수 있다. 변수분리법을 사용하는 것과 세 가지 모든 기하학들에 대한 해는 무한급수로 구할 수 있고 표 4-1로 요약된다. 긴 원통이나 구 같은 다른 형상에서의 해도 같은 방법을 사용할 수 있다. 세 가지 형상에 대한 결과는 표 4-1에 요약하였다. 평면 벽에 대한 해는 $x = 0$인 왼쪽 면이 단열되어 있고, $x = L$인 오른쪽 면은 대류가 일어나는 경우도 적용할 수 있다. 일반적으로 비정상 전도문제의 해석해는 무한급수 형태이다.

그래서 특정 시간과 위치에서 온도를 결정하기 위해서는 각각 항에 해당하는 무한한 미지수에 대한 평가가 필요하다. 처음에는 어려워 보이나 걱정할 필요는 없다. 그림 4-14에서 합의 각 항은 n과 λ_n이 증가함에 따라 함수 $e^{-\lambda_n^2\tau}$가 감소하기

표 4-1

두께 $2L$인 평면 벽, 반경 r_o인 원통, 반경 r_o인 구에서 1차원 비정상 전도에 대한 해*

Geometry	Solution	λ_n's are the roots of
Plane wall	$\theta = \sum_{n=1}^{\infty} \frac{4 \sin \lambda_n}{2\lambda_n + \sin(2\lambda_n)} e^{-\lambda_n^2 \tau} \cos(\lambda_n x/L)$	$l_n \tan l_n = \text{Bi}$
Cylinder	$\theta = \sum_{n=1}^{\infty} \frac{2}{\lambda_n} \frac{J_1(\lambda_n)}{J_0^2(\lambda_n) + J_1^2(\lambda_n)} e^{-\lambda_n^2 \tau} J_0(\lambda_n r/r_o)$	$\lambda_n \frac{J_1(\lambda_n)}{J_0(\lambda_n)} = \text{Bi}$
Sphere	$\theta = \sum_{n=1}^{\infty} \frac{4(\sin \lambda_n - \lambda_n \cos \lambda_n)}{2\lambda_n - \sin(2\lambda_n)} e^{-\lambda_n^2 \tau} \frac{\sin(\lambda_n x/L)}{\lambda_n x/L}$	$1 - \lambda_n \cot \lambda_n = \text{Bi}$

*Here $\theta = (T - T_\infty)/(T_i - T_\infty)$ is the dimensionless temperature, Bi $= hL/k$ or hr_o/k is the Biot number, Fo $= \tau = \alpha t/L^2$ or $\alpha t/r_o^2$ is the Fourier number, and J_0 and J_1 are the Bessel functions of the first kind whose values are given in Table 18–3.

때문에 급속하게 감소하는데, 특히 무차원 시간 τ가 큰 값을 가질 때이다. 그러므로 무한급수의 첫 번째 몇 항의 값만으로 무차원 온도 θ를 구하기에 충분하다.

근사적인 해석해와 그래프식 해

평면 벽의 1차원 비정상 열전도에서 구한 해석해는 무한급수와 구하기 힘든 함축적인 식이 포함되어 있다. 그러므로 해석해를 단순화하고 간단한 관계를 사용하기 위하여 표나 그래프의 형태로 해를 표시할 필요가 있다.

평면 벽에 대한 무차원 변수는 공간 변수 x를 r로, 두께 L을 외부 반경 r_o로 대치하므로 **원통**이나 **구**에 대해서도 적용할 수 있다. Biot 수를 정의하는 데 있어 특성길이는 평면 벽의 경우는 $L/2$이고 긴 원통이나 구인 경우는 반경 r_o이다.

표 4-1에서 묘사한 비정상 1차원 열전도 문제는 세 가지 형상에 대한 해석해를 구할 수 있으나 해가 무한급수 형태이므로 이용하기 어렵다. 그러나 각 항은 시간에 대하여 빠르게 수렴하며 $\tau > 0.2$에 대해 첫 번째 항만 계산하고 나머지 항을 무시하더라도 해의 정확도는 2% 이내에 있다. 일반적으로 $\tau > 0.2$에 대하여 다루므로 아래와 같이 **단항근사해법**(one-term approximation)을 사용하는 것이 매우 편리하다.

평면 벽: $$\theta_{\text{wall}} = \frac{T(x,t) - T_\infty}{T_i - T_\infty} = A_1 e^{-\lambda_1^2 \tau} \cos(\lambda_1 x/L), \quad \tau > 0.2 \qquad (4\text{–}14)$$

원통: $$\theta_{\text{cyl}} = \frac{T(r,t) - T_\infty}{T_i - T_\infty} = A_1 e^{-\lambda_1^2 \tau} J_0(\lambda_1 r/r_o), \quad \tau > 0.2 \qquad (4\text{–}15)$$

구: $$\theta_{\text{sph}} = \frac{T(r,t) - T_\infty}{T_i - T_\infty} = A_1 e^{-\lambda_1^2 \tau} \frac{\sin(\lambda_1 r/r_o)}{\lambda_1 r/r_o}, \quad \tau > 0.2 \qquad (4\text{–}16)$$

여기서 상수 A_1, λ_1은 Bi 수의 함수이고 그 값은 세 종류의 형상에 대하여 표 4-2에 있다. 함수 J_0는 1차 Bessel 함수이며 그 값은 표 4-3에 있다. $\cos(0) = J_0(0) = 1$과 $(\sin x)/x$의 극한값이 1인 것을 이용하면 평면 벽, 원통, 구의 경우에 중심에

표 4-2

평면 벽, 원통, 구에 대하여 비정상 1차원 열전도에 대한 단황근사해법에서 사용된 계수(두께 $2L$인 평면 벽에 대하여는 Bi = hL/k, 반경 r_o인 원통과 구에 대하여는 Bi = hr_o/k)

	Plane Wall		*Cylinder*		*Sphere*	
Bi	λ_1	A_1	λ_1	A_1	λ_1	A_1
0.01	0.0998	1.0017	0.1412	1.0025	0.1730	1.0030
0.02	0.1410	1.0033	0.1995	1.0050	0.2445	1.0060
0.04	0.1987	1.0066	0.2814	1.0099	0.3450	1.0120
0.06	0.2425	1.0098	0.3438	1.0148	0.4217	1.0179
0.08	0.2791	1.0130	0.3960	1.0197	0.4860	1.0239
0.1	0.3111	1.0161	0.4417	1.0246	0.5423	1.0298
0.2	0.4328	1.0311	0.6170	1.0483	0.7593	1.0592
0.3	0.5218	1.0450	0.7465	1.0712	0.9208	1.0880
0.4	0.5932	1.0580	0.8516	1.0931	1.0528	1.1164
0.5	0.6533	1.0701	0.9408	1.1143	1.1656	1.1441
0.6	0.7051	1.0814	1.0184	1.1345	1.2644	1.1713
0.7	0.7506	1.0918	1.0873	1.1539	1.3525	1.1978
0.8	0.7910	1.1016	1.1490	1.1724	1.4320	1.2236
0.9	0.8274	1.1107	1.2048	1.1902	1.5044	1.2488
1.0	0.8603	1.1191	1.2558	1.2071	1.5708	1.2732
2.0	1.0769	1.1785	1.5995	1.3384	2.0288	1.4793
3.0	1.1925	1.2102	1.7887	1.4191	2.2889	1.6227
4.0	1.2646	1.2287	1.9081	1.4698	2.4556	1.7202
5.0	1.3138	1.2403	1.9898	1.5029	2.5704	1.7870
6.0	1.3496	1.2479	2.0490	1.5253	2.6537	1.8338
7.0	1.3766	1.2532	2.0937	1.5411	2.7165	1.8673
8.0	1.3978	1.2570	2.1286	1.5526	2.7654	1.8920
9.0	1.4149	1.2598	2.1566	1.5611	2.8044	1.9106
10.0	1.4289	1.2620	2.1795	1.5677	2.8363	1.9249
20.0	1.4961	1.2699	2.2880	1.5919	2.9857	1.9781
30.0	1.5202	1.2717	2.3261	1.5973	3.0372	1.9898
40.0	1.5325	1.2723	2.3455	1.5993	3.0632	1.9942
50.0	1.5400	1.2727	2.3572	1.6002	3.0788	1.9962
100.0	1.5552	1.2731	2.3809	1.6015	3.1102	1.9990
∞	1.5708	1.2732	2.4048	1.6021	3.1416	2.0000

표 4-3

0차 및 1차의 1종 Bessel 함수

η	$J_0(\eta)$	$J_1(\eta)$
0.0	1.0000	0.0000
0.1	0.9975	0.0499
0.2	0.9900	0.0995
0.3	0.9776	0.1483
0.4	0.9604	0.1960
0.5	0.9385	0.2423
0.6	0.9120	0.2867
0.7	0.8812	0.3290
0.8	0.8463	0.3688
0.9	0.8075	0.4059
1.0	0.7652	0.4400
1.1	0.7196	0.4709
1.2	0.6711	0.4983
1.3	0.6201	0.5220
1.4	0.5669	0.5419
1.5	0.5118	0.5579
1.6	0.4554	0.5699
1.7	0.3980	0.5778
1.8	0.3400	0.5815
1.9	0.2818	0.5812
2.0	0.2239	0.5767
2.1	0.1666	0.5683
2.2	0.1104	0.5560
2.3	0.0555	0.5399
2.4	0.0025	0.5202
2.6	−0.0968	−0.4708
2.8	−0.1850	−0.4097
3.0	−0.2601	−0.3391
3.2	−0.3202	−0.2613

서의 값은 다음과 같이 나타낼 수 있다.

평면 벽의 중심($x = 0$):
$$\theta_{0,\ \mathrm{wall}} = \frac{T_0 - T_\infty}{T_i - T_\infty} = A_1 e^{-\lambda_1^2 \tau} \tag{4-17}$$

원통의 중심($r = 0$):
$$\theta_{0,\ \mathrm{cyl}} = \frac{T_0 - T_\infty}{T_i - T_\infty} = A_1 e^{-\lambda_1^2 \tau} \tag{4-18}$$

구의 중심($r = 0$):
$$\theta_{0,\ \mathrm{sph}} = \frac{T_0 - T_\infty}{T_i - T_\infty} = A_1 e^{-\lambda_1^2 \tau} \tag{4-19}$$

위에서 두 세트를 비교하면 평면 벽, 원통, 구에서 무차원 온도는 식 (4-29)에 의해 중심 온도까지 관계가 된다.

$$\frac{\theta_{\mathrm{wall}}}{\theta_{0,\ \mathrm{wall}}} = \cos\left(\frac{\lambda_1 x}{L}\right),\quad \frac{\theta_{\mathrm{cyl}}}{\theta_{0,\ \mathrm{cyl}}} = J_0\left(\frac{\lambda_1 r}{r_o}\right),\quad \text{and}\quad \frac{\theta_{\mathrm{sph}}}{\theta_{0,\ \mathrm{sph}}} = \frac{\sin(\lambda_1 r/r_o)}{\lambda_1 r/r_o} \tag{4-20}$$

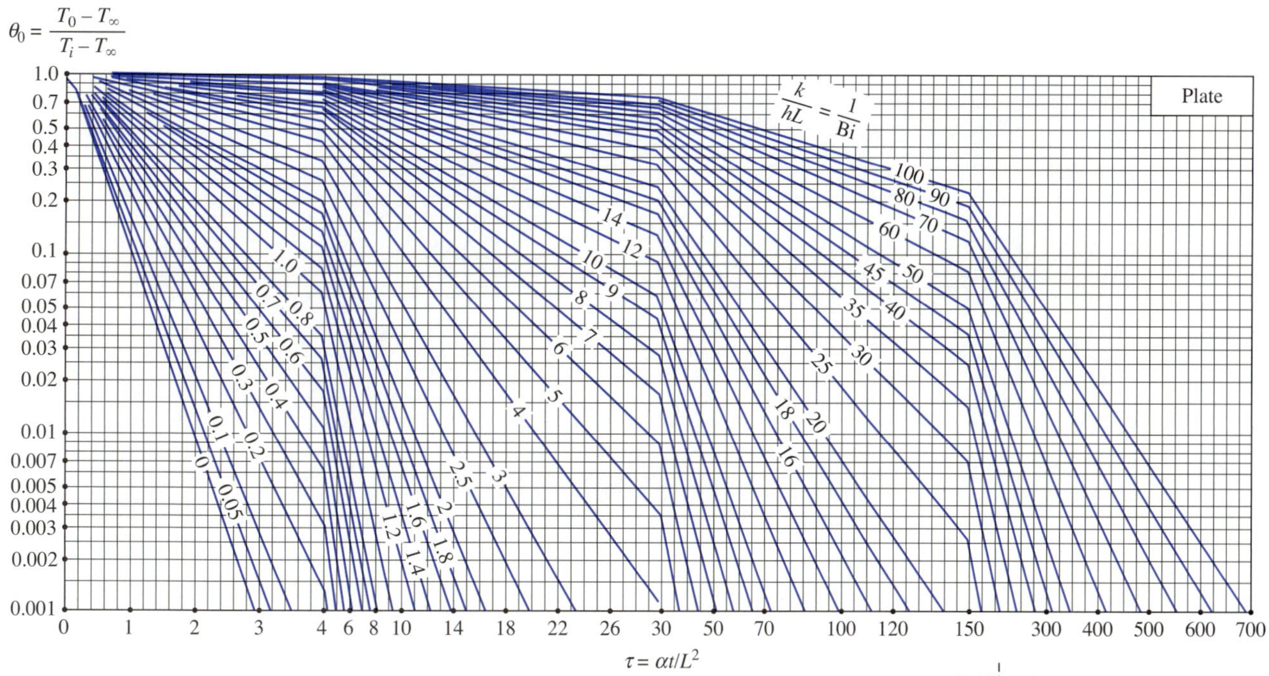

(*a*) Midplane temperature (from M. P. Heisler, "Temperature Charts for Induction and Constant Temperature Heating." *Trans. ASME 69*, 1947, pp. 227–236. Reprinted by permission of ASME International.)

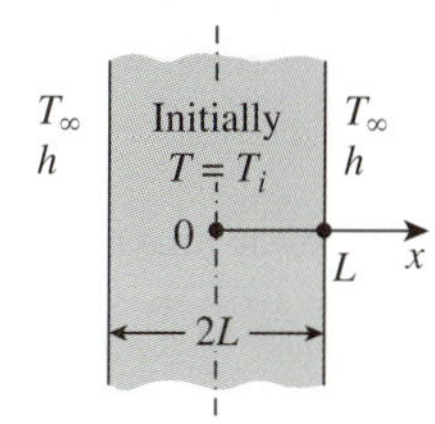

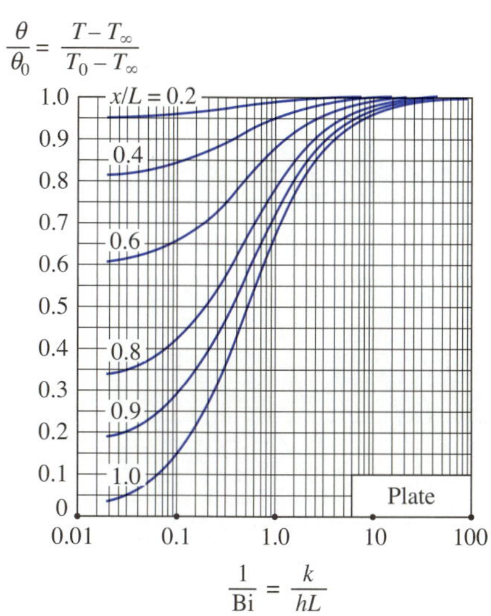

(*b*) Temperature distribution (from M. P. Heisler, "Temperature Charts for Induction and Constant Temperature Heating." *Trans. ASME 69*, 1947, pp. 227–236. Reprinted by permission of ASME International.)

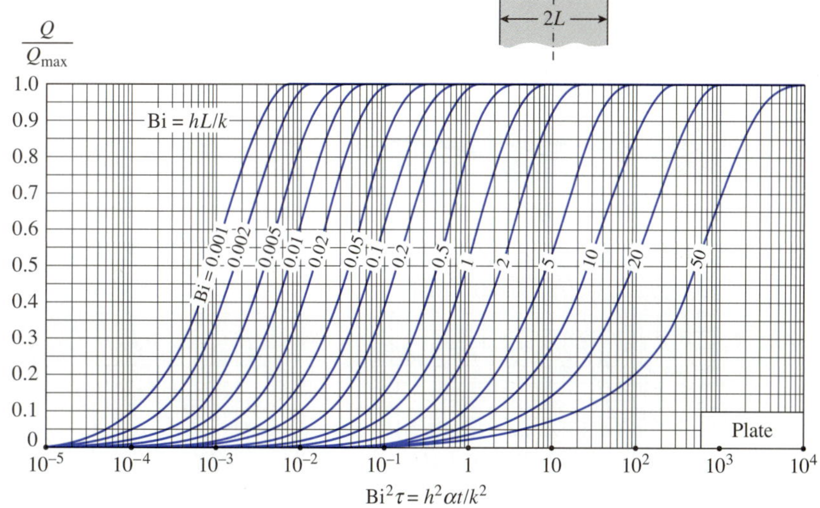

(*c*) Heat transfer (from H. Gröber et al.)

그림 4–15

열전달계수 h로 양면이 주위 온도 T_∞에 노출되고, 초기온도 T_i에서 두께 $2L$인 평면 벽에 대한 비정상 온도와 열전달 차트

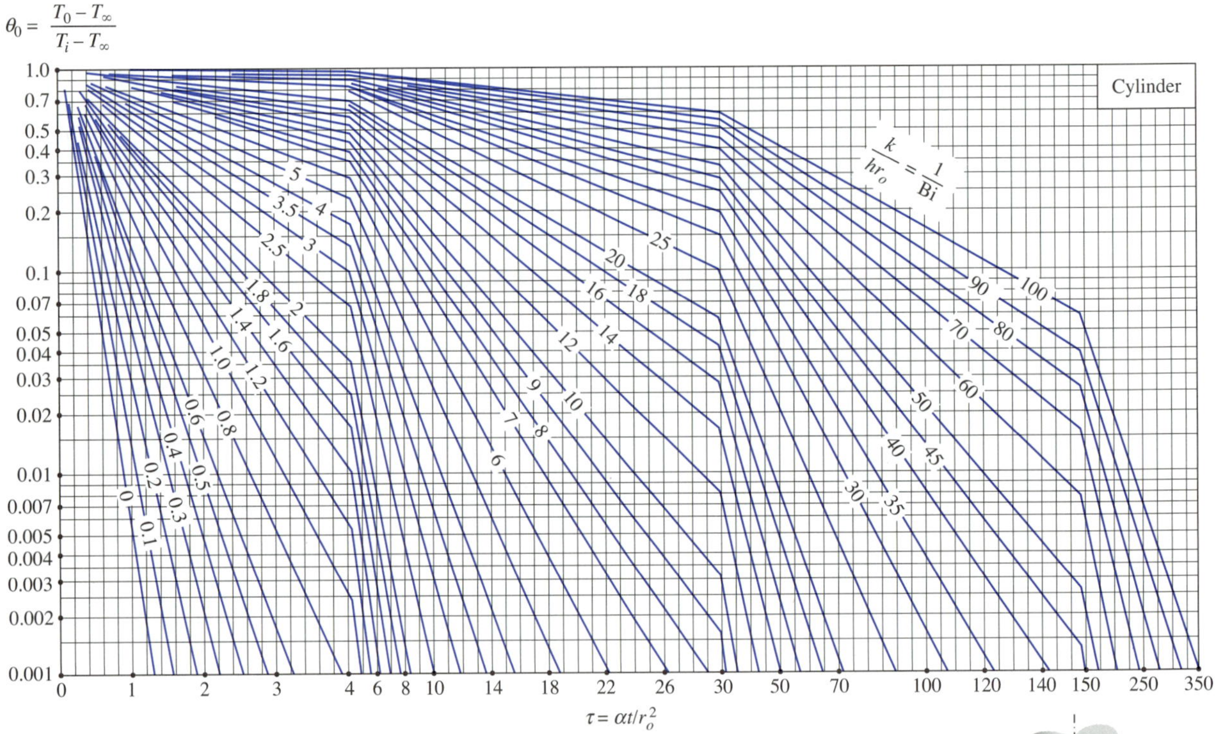

(a) Centerline temperature (from M. P. Heisler, "Temperature Charts for Induction and Constant Temperature Heating." *Trans. ASME 69*, 1947, pp. 227–236. Reprinted by permission of ASME International.)

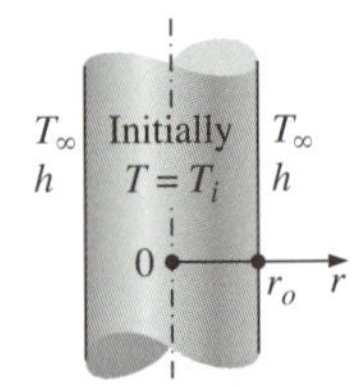

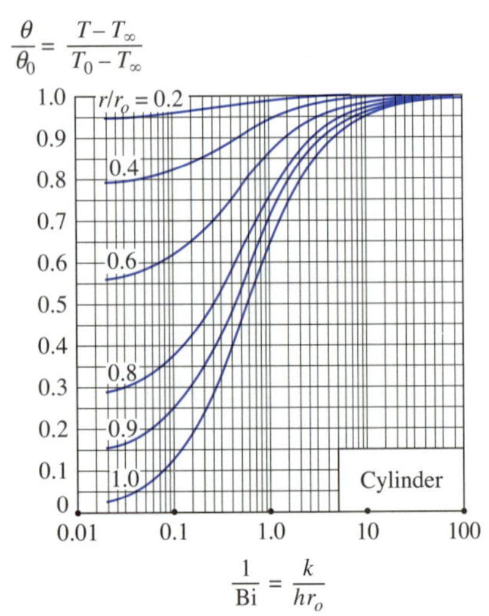

(b) Temperature distribution (from M. P. Heisler, "Temperature Charts for Induction and Constant Temperature Heating." *Trans. ASME 69*, 1947, pp. 227–236. Reprinted by permission of ASME International.)

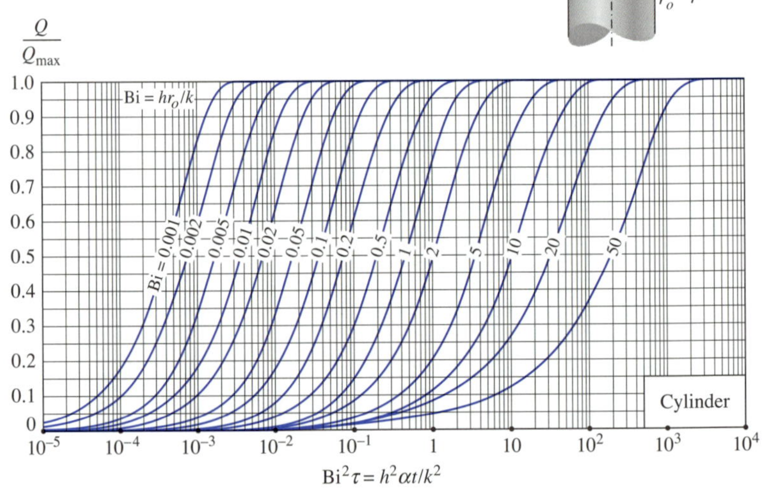

(c) Heat transfer (from H. Gröber et al.)

그림 4-16

열전달계수 h로 모든 면이 주위 온도 T_∞에 노출되고, 초기온도 T_i에서 직경 r_o인 원통에 대한 비정상 온도와 열전달 차트

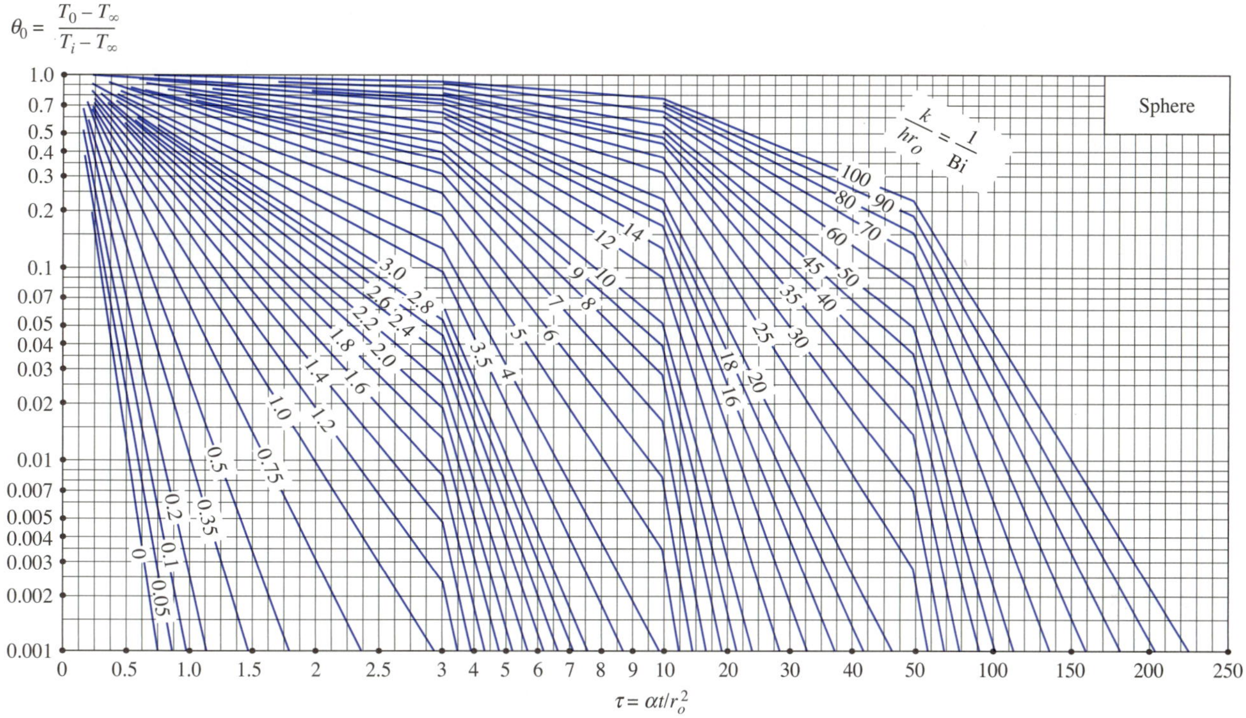

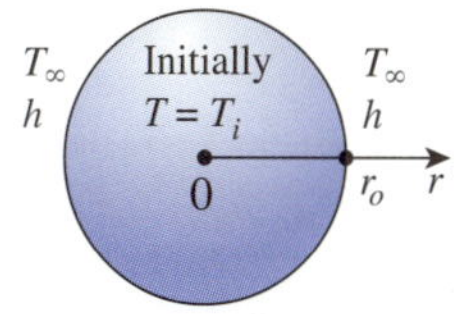

(*a*) Midpoint temperature (from M. P. Heisler, "Temperature Charts for Induction and Constant Temperature Heating." *Trans. ASME 69*, 1947, pp. 227–236. Reprinted by permission of ASME International.)

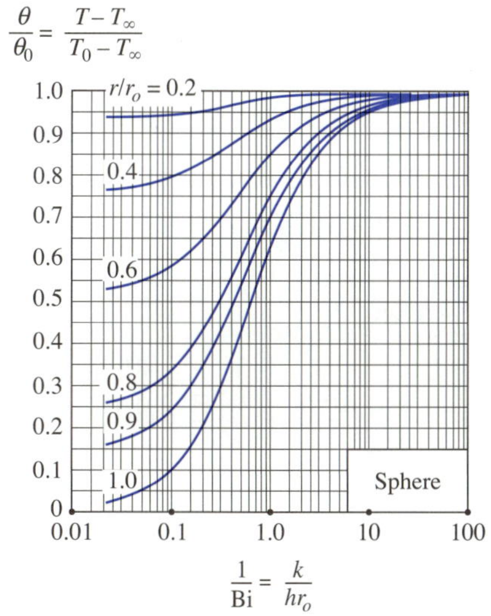

(*b*) Temperature distribution (from M. P. Heisler, "Temperature Charts for Induction and Constant Temperature Heating." *Trans. ASME 69*, 1947, pp. 227–236. Reprinted by permission of ASME International.)

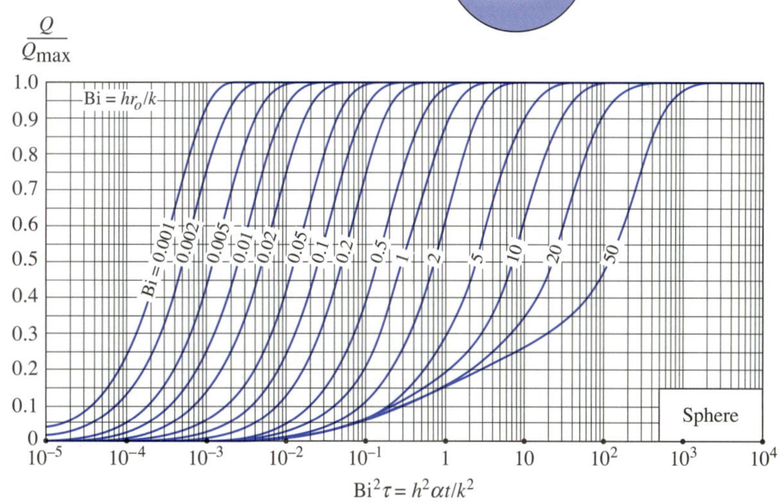

(*c*) Heat transfer (from H. Gröber et al.)

그림 4–17

열전달계수 h로 모든 면이 주위 온도 T_∞에 노출되고, 초기온도 T_i에서 직경 r_o인 구에 대한 비정상 온도와 열전달 차트

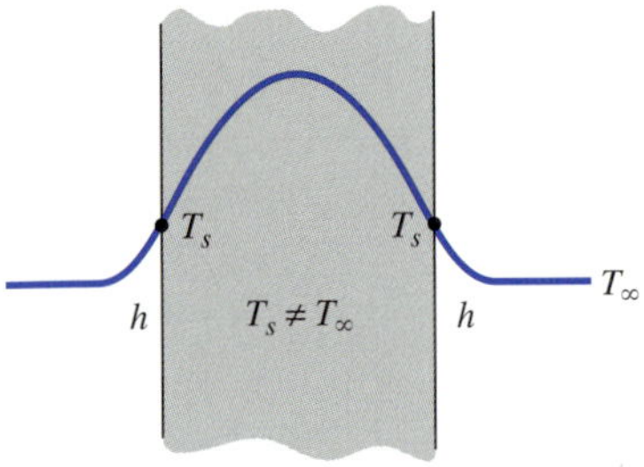

(*a*) Finite convection coefficient

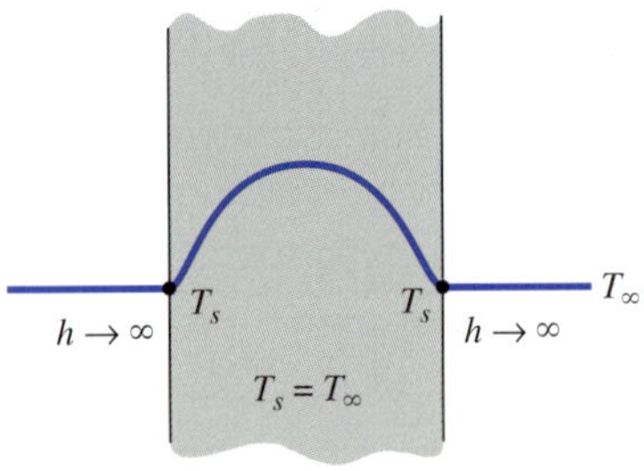

(*b*) Infinite convection coefficient

그림 4-18
열전달계수 h가 무한한 크기이며, 주위온도 T_∞에 노출된 경우에 해당하는 표면온도

여기서 주어진 형상에 대하여 무차원 온도의 온도 의존성은 전반적으로 같다는 것을 보여준다. 특정 시간에서 무차원 중심온도 θ_0가 20% 낮아진다면 같은 시간 매체 내의 어떤 곳에서도 무차원 온도 θ_0는 같이 변한다.

일단 Bi 수를 알고 위의 관계를 이용하면 임의의 위치에서 값을 구할 수 있다. 상수 A_1, λ_1의 값을 결정하기 위해서는 일반적으로 보간이 필요하다. 보간보다 차트가 읽기 편하므로 위의 관계는 그래픽 형태로 주어지거나, **비정상 온도차트**(*transient temperature charts*)라 불리는 단항근사해는 차트 형태로 주어진다. 그러나 그래픽은 읽기 어려우며 또한 읽는 데 오차를 유발하기 쉽다.

그림 4-15, 4-16, 4-17과 같이 비정상 온도차트는 1947년 Heisler가 제시하였는데 이를 **Heisler 차트**(Heisler chart)라고 하며, 1961년 Gröber에 의해 보완되었다. 각 형상에 대하여 세 개의 차트가 있는데 첫 번째 차트는 시간 t에서 형상의 **중심온도** T_0를 결정하기 위한 것이며 두 번째 차트는 같은 시간에서 다른 위치의 온도를 구하기 위한 것이다. 세 번째 차트는 시간 t까지 **총 열전달량**을 결정하기 위한 것이다. 위 그림은 $\tau > 0.2$에 대하여 적용할 수 있다.

$1/\text{Bi} = k/hL = 0$은 $h \to \infty$인 경우로 이 경우 **온도**는 T_∞이다. 시간 $t = 0$인 순간에 물체의 표면이 T_∞에 노출되고 계속해서 T_∞로 유지하는 것은 h를 무한값으로 하면 된다(그림 4-18).

물체의 온도는 초기온도 T_i부터 비정상 열전도의 마지막에는 주위 온도 T_∞까지 변한다. 그러므로 물체는 최대열량을 가진다.

$$Q_{\max} = mc_p(T_\infty - T_i) = \rho V c_p(T_\infty - T_i) \qquad \text{(kJ)} \tag{4-21}$$

여기서 m은 질량, V는 부피, ρ는 밀도, c_p는 비열이다. 그러므로 $Q_{\max}$는 $h \to \infty$인 경우의 열전달량을 나타낸다. 무한시간 t에서는 열전달량은 최댓값보다 작을 것이다. 전 형상을 통해서 내부에너지 변화의 합은 다음과 같이 표현된다.

$$Q = \int_V \rho c_p [T(x, t) - T_i] dV \tag{4-22}$$

여기서 $T(x, t)$는 시간 t에서 매체내부에서의 온도분포이다. 일정 물성값이라고 가정하면 $Q/Q_{\max}$비는 다음과 같다.

$$\frac{Q}{Q_{\max}} = \frac{\int_V \rho c_p [T(x, t) - T_i] dV}{\rho c_p (T_\infty - T_i) V} = \frac{1}{V}\int_V (1 - \theta) dV \tag{4-23}$$

단항근사해법에 근거한 무차원 온도관계를 사용하고 적분하면 평면 벽, 원통, 구에 대한 열전달비는 아래 관계식으로부터 구할 수 있다.

평면 벽:
$$\left(\frac{Q}{Q_{\max}}\right)_{\text{wall}} = 1 - \theta_{0,\,\text{wall}} \frac{\sin \lambda_1}{\lambda_1} \tag{4-24}$$

원통: $$\left(\frac{Q}{Q_{max}}\right)_{cyl} = 1 - 2\theta_{0,\,cyl}\frac{J_1(\lambda_1)}{\lambda_1} \tag{4-25}$$

구: $$\left(\frac{Q}{Q_{max}}\right)_{sph} = 1 - 3\theta_{0,\,sph}\frac{\sin\lambda_1 - \lambda_1\cos\lambda_1}{\lambda_1^3} \tag{4-26}$$

그림 4-15*c*, 4-16*c*, 4-17*c*에서 Q/Q_{max}비를 Bi, $h^2\alpha t/k^2$에 대하여 나타내었다. 열전달비 Q/Q_{max}를 시간 t에 대하여 차트나 식으로부터 구할 수 있다면, 그 시간에서의 실제 열전달량 Q_{max}를 곱함으로써 구할 수 있다. Q_{max}에 대한 음수 부호는 열이 물체를 떠난다는 것을 의미한다(그림 4-19).

이미 논의된 Heisler/Gröber 차트와 단항근사해법을 사용할 수 있는 조건은 이 절 서두에서 다음과 같이 설명하였다. 초기에 물체는 일정(*uniform*)온도이고, 물체 주위 온도와 열전달계수가 일정하며 물체 내에서 에너지 발생(*heat generation*)이 없다.

Biot 수 Bi $= h/kL$의 물리적인 의미는 앞에서 언급한 바와 같이 두 열전달 메커니즘, 즉 표면에서 대류와 고체 내의 전도의 상대적인 비이다. 작은 Bi 수는 전도에 의한 내부 저항이 표면과 유체 사이의 대류에 의한 저항보다 작다. 결과적으로 고체 내의 온도분포는 거의 일정하므로 집중계해석을 적용할 수 있다. Bi < 0.1일 때 물체 내의 온도가 균등하다고 가정하면 오차는 거의 무시할 수 있다.

Fourier 수 τ의 물리적인 중요성을 다음과 같이 표현하였다(그림 4-20).

$$\tau = \frac{\alpha t}{L^2} = \frac{kL^2(1/L)}{\rho c_p L^3/t}\,\frac{\Delta T}{\Delta T} = \frac{\text{체적 } L^3\text{인 물체에서 길이와 정상면적 } L\text{을 통하여 전도되는 열량}}{\text{체적 } L^3\text{인 물체에 저장되는 열량}} \tag{4-27}$$

위에서 Fourier 수는 물체를 통하여 전도되어지는 열과 저장되어지는 열의 비이다. 그러므로 큰 Fourier 수는 물체를 통과하는 열이 보다 빠르게 전파된다.

무한히 큰 평판이나 긴 원통에 대하여는 어떻게 다루어야 할까? 이 세상에는 무한한 것이 없다. 평판의 한 면이 다른 방향에 비해 상대적으로 작으면 무한히 큰 평판과 같이 생각할 수 있으나, 모서리 부근에서는 적용할 수 없다. 일반적으로 모서리의 영향은 무시할 정도이며 집의 벽과 같은 큰 평면 벽은 열전달 과정에서 무한히 큰 벽으로 생각할 수 있다. 비슷하게, 길이에 비해 상대적으로 직경이 작은 원통형은 무한히 긴 원통으로 생각할 수 있다. 비정상 온도차트와 단항근사해법을 사용한 경우를 예제 4-3, 4-4, 4-5를 통하여 제시하였다.

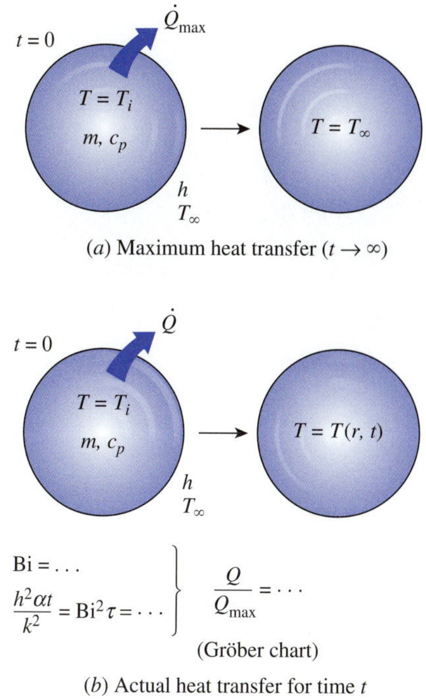

그림 4-19

시간 t까지 총 열전달비 Q/Q_{max}는 Gröber 차트를 사용하여 구한다.

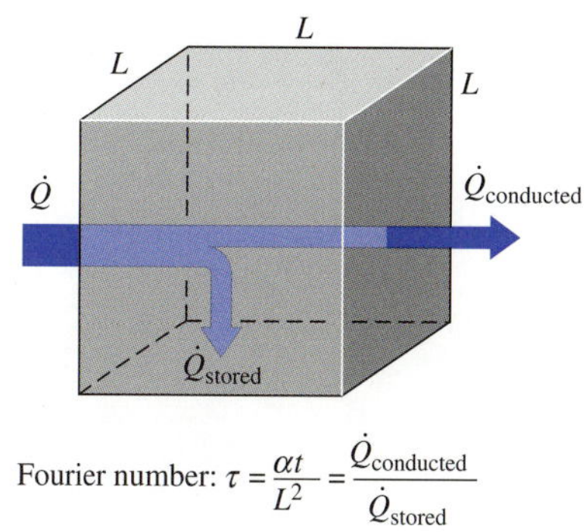

그림 4-20

시간 t에서 Fourier 수는 전도된 열량과 그 시간에 축적된 열량의 비를 말한다.

예제 4-3 끓는 계란

직경 5 cm 계란은 직경 5 cm인 구로 가정할 수 있다(그림 4-21). 초기온도 5°C인 계란을 95°C의 끓는 물에 집어넣었다. 대류 열전달계수 h = 1,200 W/m²·K인 경우, 계란의 중심 온도가 70°C가 되는 데 걸리는 시간은?

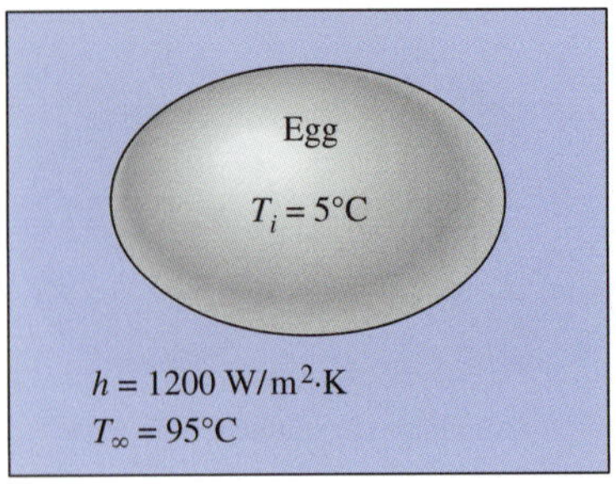

그림 4-21

예제 4-3의 개략도

풀이 계란은 끓는 물에서 조리된다. 계란의 조리시간을 구해야 한다.

가정 **1.** 계란은 반경 2.5 cm의 구 형상이다. **2.** 중심점에 대하여 열적 대칭이기 때문에 열전도는 1차원이다. **3.** 계란의 열적 물성값과 열전달계수는 상수이다. **4.** Fourier 수는 $\tau > 0.2$이므로 단항근사해법을 적용할 수 있다.

물성값 계란의 수분 함류량은 약 74%이다. 계란의 열전도도와 열확산율은 (5 + 70)/2 = 37.5°C에서 구할 수 있다. 이 온도에서 $k = 0.627$ W/m·K, $\alpha = 0.151 \times 10^{-6}$ m²/s이다.

해석 계란 흰자는 63°C에서 두꺼워지기 시작하고 65°C에서 고체로 변한다. 계란 노른자는 65°C에서 두꺼워지기 시작하고 70°C에서 고체가 된다. 계란 전체는 70°C 이상의 온도로 가정한다. 그러므로 이 경우에 계란은 끓는 고체로 가정할 수 있다. 계란 내의 온도는 시간뿐 아니라 방사형 방향으로 변한다. 주어진 시간, 특정위치에서의 온도는 Heisler 차트 또는 단항근사해법으로 구할 수 있다.

$$\text{Bi} = \frac{hr_o}{k} = \frac{(1200\ \text{W/m}^2\cdot\text{K})(0.025\ \text{m})}{0.627\ \text{W/m}\cdot\text{K}} = 47.8$$

Biot 수는 0.1보다 크므로 집중계해석을 적용할 수 없다. 표 4-2에서 위 Biot 수에 해당하는 λ_1, A_1는 다음과 같다.

$$\lambda_1 = 3.0754, \qquad A_1 = 1.9958$$

위 값을 식 (4-28)에 대입하고 τ값을 구하면

$$\frac{T_0 - T_\infty}{T_i - T_\infty} = A_1 e^{-\lambda_1^2 \tau} \longrightarrow \frac{70 - 95}{5 - 95} = 1.9958 e^{-(3.0754)^2 \tau} \longrightarrow \tau = 0.209$$

이다. 위의 값은 0.2보다 크므로 2%보다 작은 오차범위 내에서 단항근사해법을 적용할 수 있다. 요리시간은 Fourier 수로부터 구할 수 있는데 다음과 같다.

$$t = \frac{\tau r_o^2}{\alpha} = \frac{(0.209)(0.025\ \text{m})^2}{0.151 \times 10^{-6}\ \text{m}^2\text{/s}} = 865\ \text{s} \approx \mathbf{14.4\ min}$$

따라서 계란이 5°C에서 70°C로 가열되는 데 대략 15분이 걸린다.

검토 집중계해석에서 Biot 수는 $\text{Bi} = hL_c/k = h(r_o/3)/k$와 같이 다르게 정의하였다. 그러나 $\text{Bi} \approx 0.1$이지 않는다면 다른 정의를 사용해도 상관없다.

또한 요리시간은 계란의 크기, 요리 전의 온도, 물의 끓는 점(그리고 또한 고도), 열전달계수(끓는 동안 거품의 움직임 정도) 같은 많은 변수들에 대해 의존한다는 것을 주목하라. 그러므로 현재의 알맞게 요리된 상태의 끓는 계란 뒤에는 과학의 많은 부분 또는 경험의 상당한 부분이 있다.

예제 4-4 오븐에서 동판 가열

생산 공장에서 4 cm 두께인 큰 동판이 초기온도 20°C 상태에서 500°C인 오븐에 의하여 가열된다(그림 4-22). 동판은 오븐에서 7분 동안 있었다. 복합 열전달계수 h = 120 W/m²·K인 경우, 동판이 오븐에서 나올 때 동판의 표면온도는 얼마인가?

풀이 큰 동판이 오븐에서 가열되고 있다. 오븐에서 나올 때 동판의 표면온도를 구하라.

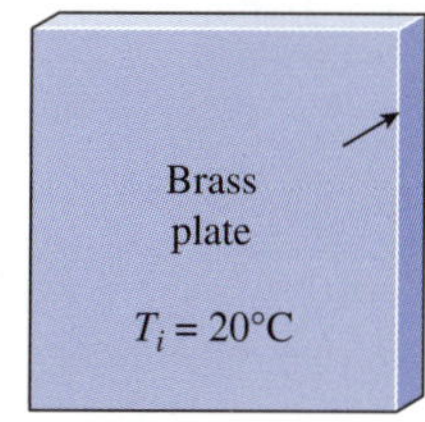

그림 4-22
예제 4-4의 개략도

가정 **1.** 열 전도판은 두께에 비하여 크기 때문에 1차원으로 가정할 수 있다. **2.** 판의 물성값과 열전달계수는 상수이다. **3.** Fourier 수는 $\tau > 0.2$이므로 단항근사해법을 적용할 수 있다.

물성값 실내온도에서 동의 물성값은 $k = 110$ W/m·K, $\rho = 8530$ kg/m^3, $c_p = 380$ J/kg·K, $\alpha = 33.9 \times 10^{-6}$ m^2/s이다(Table A-24). 보다 정확한 값은 평균 온도에서 물성값을 구하도록 한다.

해석 큰 평판의 온도는 시간과 거리에 따라 변하고, 특정 위치와 시간에서 온도는 Heisler 차트나 단항근사해법으로부터 구할 수 있으나, 이 문제에서는 차트를 사용하여 해를 구하도록 한다. 그림 4-15에서 판 두께의 반은 $L = 0.02$ m이며

$$\left.\begin{aligned}\frac{1}{\text{Bi}} &= \frac{k}{hL} = \frac{110\ \text{W/m·K}}{(120\ \text{W/m}^2\text{·K})(0.02\ \text{m})} = 45.8\\ \tau &= \frac{\alpha t}{L^2} = \frac{(33.9\times10^{-6}\ \text{m}^2/\text{s})(7\times60\ \text{s})}{(0.02\ \text{m})^2} = 35.6\end{aligned}\right\}\ \frac{T_0 - T_\infty}{T_i - T_\infty} = 0.46$$

또한

$$\left.\begin{aligned}\frac{1}{\text{Bi}} &= \frac{k}{hL} = 45.8\\ \frac{x}{L} &= \frac{L}{L} = 1\end{aligned}\right\}\ \frac{T - T_\infty}{T_0 - T_\infty} = 0.99$$

따라서

$$\frac{T - T_\infty}{T_i - T_\infty} = \frac{T - T_\infty}{T_0 - T_\infty}\frac{T_0 - T_\infty}{T_i - T_\infty} = 0.46 \times 0.99 = 0.455$$

$$T = T_\infty + 0.455(T_i - T_\infty) = 500 + 0.455(20 - 500) = \mathbf{282°C}$$

이다. 그러므로 오븐에서 나올 때 판의 온도는 282°C이다.

검토 위의 경우 Biot 수 Bi = 1/45.8 = 0.022로 0.1보다 작은 값이다. 따라서 집중계해석을 적용할 수 있다. $(T - T_\infty)/(T_0 - T_\infty) = 0.99$로부터 판의 표면온도가 1% 이내에 있다는 것을 의미한다. Heisler 차트를 읽는 오차가 최소 몇 %인 것을 생각한다면 이 경우에 집중계해석은 적은 노력으로 정확한 결과를 얻었다고 할 수 있다.

판의 열전달 표면은 $2A$이며 여기서 A는 판의 면적으로 열전달은 판의 양면을 통과하여 전달된다. 판의 부피는 $V = (2L)A$이며 L은 판의 두께의 반에 해당한다. 집중계해석에 사용된 지수 b는 다음과 같이 계산된다.

$$\begin{aligned}b &= \frac{hA_s}{\rho c_p V} = \frac{h(2A)}{\rho c_p (2LA)} = \frac{h}{\rho c_p L}\\ &= \frac{120\ \text{W/m}^2\text{·K}}{(8530\ \text{kg/m}^3)(380\ \text{J/kg·K})(0.02\ \text{m})} = 0.00185\ \text{s}^{-1}\end{aligned}$$

그리고 $t = 7$ min = 420 s에서의 온도는

$$\frac{T(t) - T_\infty}{T_i - T_\infty} = e^{-bt} \longrightarrow \frac{T(t) - 500}{20 - 500} = e^{-(0.00185\ \text{s}^{-1})(420\ \text{s})}$$

이다. 위로부터 온도는 다음과 같다.

$$T(t) = 279°C$$

위의 결과는 Heisler 차트를 이용하여 얻은 결과와 같다. 그러므로 Biot 수가 작을 때는 확실하게 집중계해석을 사용할 수 있다.

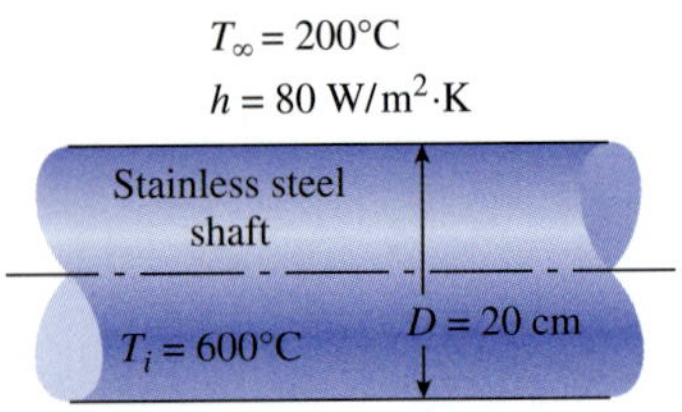

그림 4-23
예제 4-5의 개략도

예제 4-5 원통인 스테인리스 축의 냉각

긴 직경 20 cm인 원통 축이 스테인리스강 304로 만들어졌으며 이 축은 600°C의 오븐에서 나왔다(그림 4-23). 축은 열전달계수 h = 80 W/m²·K이고 온도 200°C인 주위로 천천히 냉각된다. 45분 후에 축의 중심온도를 구하라. 또한 이 시간 동안 축의 단위길이당 열전달을 구하라.

풀이 긴 원동형 축은 서서히 냉각되고 있다. 중심온도와 단위길이당 열전달을 구하라.

가정 **1.** 축은 매우 길고 일정한 열 상태로 가정하고, 열전달은 1차원 무한 원통으로 생각할 수 있다. **2.** 열전달계수는 일정하고 축의 물성값은 상수로 가정한다. **3.** Fourier 수는 $\tau > 0.2$이므로 단항근사해법을 적용할 수 있다.

물성값 실내온도에서 스테인리스강 304의 물성값은 k = 14.9 W/m·K, ρ = 7900 kg/m³, c_p = 477 J/kg·K, $\alpha = 3.95 \times 10^{-6}$ m²/s이다(Table A-24). 보다 정확한 값은 평균 온도에서 물성값을 구하도록 한다.

분석 축 내의 온도는 시간과 반경 거리 r에 따라 변하며, 특정 시간과 위치에서 온도는 Heisler 차트로부터 구할 수 있다. 열전달계수는 일정하고 축의 물성값은 상수로 가정한다. 그림 4-16으로부터 r_o = 0.1 m인 것을 고려하면

$$\left.\begin{aligned} \frac{1}{\text{Bi}} &= \frac{k}{hr_o} = \frac{14.9 \text{ W/m·K}}{(80 \text{ W/m}^2\text{·K})(0.1 \text{ m})} = 1.86 \\ \tau &= \frac{\alpha t}{r_o^2} = \frac{(3.95 \times 10^{-6} \text{ m}^2\text{/s})(45 \times 60 \text{ s})}{(0.1 \text{ m})^2} = 1.07 \end{aligned}\right\} \frac{T_0 - T_\infty}{T_i - T_\infty} = 0.40$$

이고,

$$T_0 = T_\infty + 0.4(T_i - T_\infty) = 200 + 0.4(600 - 200) = \mathbf{360°C}$$

이다. 그러므로 축의 중심온도는 45분 후에 600°C에서 360°C로 떨어진다.

열전달을 결정하기 위해서는 원통으로부터 전달될 수 있는 최대 열량을 구할 필요가 있다. L = 1 m인 경우에

$$m = \rho V = \rho\pi r_o^2 L = (7900 \text{ kg/m}^3)\pi(0.1 \text{ m})^2(1 \text{ m}) = 248.2 \text{ kg}$$

$$Q_{\max} = mc_p(T_\infty - T_i) = (248.2 \text{ kg})(0.477 \text{ kJ/kg·K})(600 - 200)°\text{C} = 47{,}350 \text{ kJ}$$

이 된다. 무차원 열전달비는 긴 원통인 경우 그림 4-16c로부터 구할 수 있다.

$$\left.\begin{aligned} \text{Bi} &= \frac{1}{1/\text{Bi}} = \frac{1}{1.86} = 0.537 \\ \frac{h^2\alpha t}{k^2} &= \text{Bi}^2\tau = (0.537)^2(1.07) = 0.309 \end{aligned}\right\} \frac{Q}{Q_{\max}} = 0.62$$

이므로

$$Q = 0.62Q_{\max} = 0.62 \times (47{,}350 \text{ kJ}) = \mathbf{29{,}360 \text{ kJ}}$$

이 되며, 이는 냉각이 시작되는 45분 동안의 총 열전달이다.

다른 풀이 차트를 사용하는 대신에 단항근사해법을 사용하여 위 문제를 풀어보자. Biot 수는 다음과 같다.

$$\text{Bi} = \frac{hr_o}{k} = \frac{(80 \text{ W/m}^2\text{·K})(0.1 \text{ m})}{14.9 \text{ W/m·K}} = 0.537$$

앞에서 원통의 계수 λ_1과 A_1은 표 4-2로부터 구할 수 있다.

$$\lambda_1 = 0.970, \qquad A_1 = 1.122$$

앞의 값을 식 (4-18)에 대입하면

$$\theta_0 = \frac{T_0 - T_\infty}{T_i - T_\infty} = A_1 e^{-\lambda_1^2 \tau} = 1.122e^{-(0.970)^2(1.07)} = 0.41$$

가 된다.

$$T_0 = T_\infty + 0.41(T_i - T_\infty) = 200 + 0.41(600 - 200) = \mathbf{364°C}$$

$\lambda_1 = 0.970$에 대한 $J_1(\lambda_1)$의 값은 표 4-3에서 구하면 0.430이다. 부분 열전달은 식 (4-25)에서 구하면 다음과 같다.

$$\frac{Q}{Q_{max}} = 1 - 2\theta_0 \frac{J_1(\lambda_1)}{\lambda_1} = 1 - 2 \times 0.41 \frac{0.430}{0.970} = 0.636$$

그렇다면,

$$Q = 0.636Q_{max} = 0.636 \times (47{,}350 \text{ kJ}) = \mathbf{30{,}120 \text{ kJ}}$$

검토 두 결과 사이의 오차는 차트를 읽은 때의 오차 때문이다.

4-3 ▪ 반무한 고체에서 비정상 열전도

반무한 고체는 하나의 **평면**(*single plane surface*)을 가지는 이상화된 형상이며 모든 방향으로 무한히 확장된다(그림 4-24). 이와 같이 이상화된 물체는 표면에서의 열 조건에 관심이 있기 때문에 물체의 영역에서 온도 변화를 예측할 때 사용된다. 예로 지구에서 표면 부근의 온도 변화를 결정하는 데 있어 반무한 평판으로 생각할 수 있어 표면 부근에서 온도를 구할 수 있다. 또한 두꺼운 벽은 표면주위의 온도에 관심이 있다면 반무한 고체로 생각할 수 있다. 이 경우 표면의 중심영역에서는 온도가 변하지 않는다.

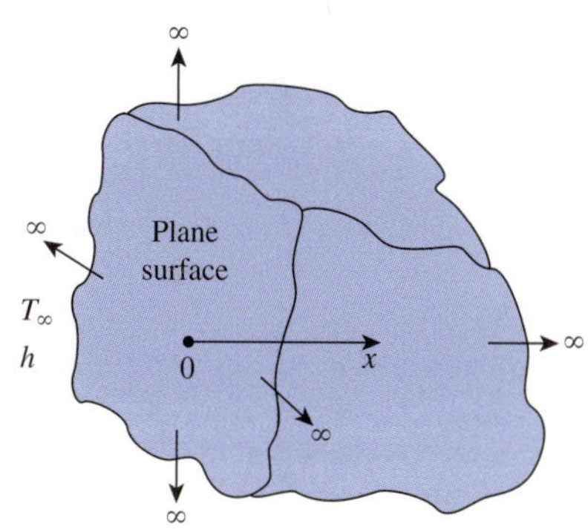

그림 4-24
반무한 물체의 개략도

짧은 기간 동안에 대부분의 물체는 물체 내부 깊이 침투할 시간이 부족하기 때문에 반무한 고체로 생각할 수 있다. 물체의 두께는 열전달 해석에서 고려하지 않는다. 예로, 어떤 형태의 강철조각도 표면을 강화하기 위하여 담금질할 때 반무한 고체로 생각할 수 있다. 레이저로 가열되는 물체의 표면도 같은 식으로 생각한다.

일정 열적 물성값이며, 내부 열발생이 없고, 노출된 표면이 일정한 열조건이며, 초기 일정온도 T_i인 반무한 고체를 생각해보자. 이 경우 열전달은 표면의 수직방향으로만 일어나는 1차원 문제이다. 미분방정식은 경계조건과 초기조건에 독립적이다. 따라서 직교좌표계에서 1차원 비정상 전도에 대하여 식 (4-10a)를 적용한다. 고체의 깊이는 통과하는 열의 깊이에 비교하여 매우 크다($x \to \infty$). 이 현상은 수학적으로 $T(x \to \infty, t) = T_i$와 같은 경계조건으로 표기된다.

반무한 고체에서 열전도는 표면에 노출된 열 조건에 지배를 받으므로 $x = 0$에서 경계조건에 의존한다. 아래에서 표면이 일정온도인 경우에 대해 해석해를 구해보고, 보다 복잡한 경계조건에 대하여도 결과를 구해 보자. 표면온도가 $t = 0$에서 T_s로 변하고 항상 그 값에서 상수일 때 문제는 다음과 같이 된다.

미분방정식: $$\frac{\partial^2 T}{\partial x^2} = \frac{1}{\alpha}\frac{\partial T}{\partial t} \tag{4-28a}$$

경계조건: $$T(0, t) = T_s \quad \text{and} \quad T(x \to \infty, t) = T_i \tag{4-28b}$$

초기조건: $$T(x, 0) = T_i \tag{4-28c}$$

이 경우에는 매체가 무한하기 때문에 변수분리법을 사용할 수 없다. 그러나 다른 접근법은 두 개의 독립변수 x, t를 하나의 독립변수 η라는 **유사변수**(similarity variable)로 유도하므로 편미분방정식을 상미분방정식으로 변환하는 것이다. 반무한 고체에서 비정상 전도에 대하여

유사변수: $$\eta = \frac{x}{\sqrt{4\alpha t}} \tag{4-29}$$

로 정의할 수 있다. $T = T(\eta)$로 가정하고 체인법을 사용하므로 열전도 방정식에서 모든 미분식은 그림 4-25에 나타난 변수로 변환할 수 있다. $x = 0$에서 $\eta = 0$이고 $x \to \infty$에서 $\eta \to \infty$가 되며 식 (4-28)을 대입하면 다음과 같이 된다.

$$\frac{d^2 T}{d\eta^2} = -2\eta\frac{dT}{d\eta} \tag{4-30a}$$

$$T(0) = T_s \quad \text{and} \quad T(\eta \to \infty) = T_i \tag{4-30b}$$

$$\frac{\partial^2 T}{\partial x^2} = \frac{1}{\alpha}\frac{\partial T}{\partial t} \quad \text{and} \quad \eta = \frac{x}{\sqrt{4\alpha t}}$$

$$\frac{\partial T}{\partial t} = \frac{dT}{d\eta}\frac{\partial \eta}{\partial t} = \frac{-x}{2t\sqrt{4\alpha t}}\frac{dT}{d\eta}$$

$$\frac{\partial T}{\partial x} = \frac{dT}{d\eta}\frac{\partial \eta}{\partial x} = \frac{1}{\sqrt{4\alpha t}}\frac{dT}{d\eta}$$

$$\frac{\partial^2 T}{\partial x^2} = \frac{d}{d\eta}\left(\frac{\partial T}{\partial x}\right)\frac{\partial \eta}{\partial x} = \frac{1}{4\alpha t}\frac{d^2 T}{d\eta^2}$$

그림 4-25
체인법을 사용하여 열전도 방정식의 미분에서 변수변환

두 번째 경계조건과 초기조건은 하나의 동일한 경계조건이 된다. 변형된 방정식과 경계조건은 η만의 함수이며 x와 t에 독립적이다. 그러므로 변형식은 성공적이고 η는 유사변수이다.

식 (4-30)에서 2차 상미분방정식을 풀기 위해서 $w = dt/d\eta$와 같은 새로운 변수를 정의한다. 식 (4-30a)는 1차 상미분방정식을 변수분리법을 사용하여 풀 수 있다.

$$\frac{dw}{d\eta} = -2\eta w \;\rightarrow\; \frac{dw}{w} = -2\eta d\eta \;\rightarrow\; \ln w = -\eta^2 + C_0 \;\rightarrow\; w = C_1 e^{-\eta^2}$$

여기서 $C_1 = \ln C_0$. $w = dt/d\eta$을 대입하고 적분한다.

$$T = C_1\int_0^{\eta} e^{-u^2}\,du + C_2 \tag{4-31}$$

여기서 u는 임의의 적분변수이다. $\eta = 0$에서 경계조건은 $C_2 = T_s$가 되며 $\eta \to \infty$에서는 C_1은 다음과 같다.

$$T_i = C_1\int_0^{\infty} e^{-u^2}\,du + C_2 = C_1\frac{\sqrt{\pi}}{2} + T_s \;\rightarrow\; C_1 = \frac{2(T_i - T_s)}{\sqrt{\pi}} \tag{4-32}$$

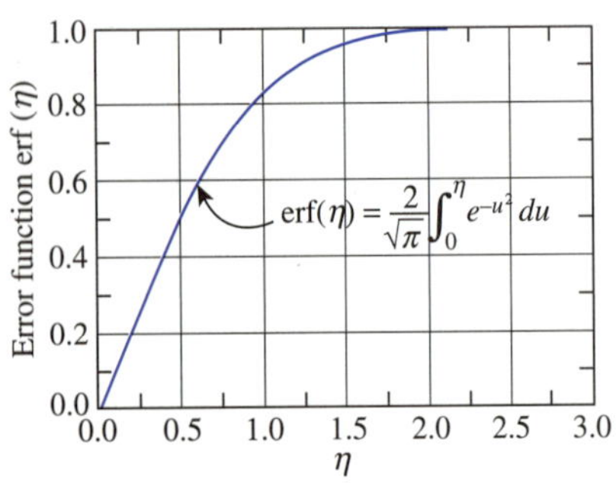

그림 4-26
오차함수는 sin과 cos 함수와 같이 값이 0에서 1까지 변하는 수학함수이다.

표 4-4

여오차함수

η	erfc (η)	η	erfc (η)	η	erfc (η)	η	erfc (η)	η	erfc (η)	η	erfc (η)
0.00	1.00000	0.38	0.5910	0.76	0.2825	1.14	0.1069	1.52	0.03159	1.90	0.00721
0.02	0.9774	0.40	0.5716	0.78	0.2700	1.16	0.10090	1.54	0.02941	1.92	0.00662
0.04	0.9549	0.42	0.5525	0.80	0.2579	1.18	0.09516	1.56	0.02737	1.94	0.00608
0.06	0.9324	0.44	0.5338	0.82	0.2462	1.20	0.08969	1.58	0.02545	1.96	0.00557
0.08	0.9099	0.46	0.5153	0.84	0.2349	1.22	0.08447	1.60	0.02365	1.98	0.00511
0.10	0.8875	0.48	0.4973	0.86	0.2239	1.24	0.07950	1.62	0.02196	2.00	0.00468
0.12	0.8652	0.50	0.4795	0.88	0.2133	1.26	0.07476	1.64	0.02038	2.10	0.00298
0.14	0.8431	0.52	0.4621	0.90	0.2031	1.28	0.07027	1.66	0.01890	2.20	0.00186
0.16	0.8210	0.54	0.4451	0.92	0.1932	1.30	0.06599	1.68	0.01751	2.30	0.00114
0.18	0.7991	0.56	0.4284	0.94	0.1837	1.32	0.06194	1.70	0.01612	2.40	0.00069
0.20	0.7773	0.58	0.4121	0.96	0.1746	1.34	0.05809	1.72	0.01500	2.50	0.00041
0.22	0.7557	0.60	0.3961	0.98	0.1658	1.36	0.05444	1.74	0.01387	2.60	0.00024
0.24	0.7343	0.62	0.3806	1.00	0.1573	1.38	0.05098	1.76	0.01281	2.70	0.00013
0.26	0.7131	0.64	0.3654	1.02	0.1492	1.40	0.04772	1.78	0.01183	2.80	0.00008
0.28	0.6921	0.66	0.3506	1.04	0.1413	1.42	0.04462	1.80	0.01091	2.90	0.00004
0.30	0.6714	0.68	0.3362	1.06	0.1339	1.44	0.04170	1.82	0.01006	3.00	0.00002
0.32	0.6509	0.70	0.3222	1.08	0.1267	1.46	0.03895	1.84	0.00926	3.20	0.00001
0.34	0.6306	0.72	0.3086	1.10	0.1198	1.48	0.03635	1.86	0.00853	3.40	0.00000
0.36	0.6107	0.74	0.2953	1.12	0.1132	1.50	0.03390	1.88	0.00784	3.60	0.00000

C_1과 C_2를 식 (4−40)에 대입하고 재배열하면 온도의 변화는 다음과 같다.

$$\frac{T - T_s}{T_i - T_s} = \frac{2}{\sqrt{\pi}} \int_0^{\eta} e^{-u^2}\, du = \mathrm{erf}(\eta) = 1 - \mathrm{erfc}(\eta) \quad \textbf{(4–33)}$$

여기서 수학적인 함수는

$$\mathrm{erf}(\eta) = \frac{2}{\sqrt{\pi}} \int_0^{\eta} e^{-u^2}\, du \quad \text{and} \quad \mathrm{erfc}(\eta) = 1 - \mathrm{erf}(\eta) = 1 - \frac{2}{\sqrt{\pi}} \int_0^{\eta} e^{-u^2}\, du \quad \textbf{(4–34)}$$

이고, 이것을 **오차함수**(error function) 및 **여오차함수**(complementary error function)라고 한다(그림 4−26). 위 식은 간단하게 보이지만 오차함수의 정의에서 적분은 해석해를 가질 수 없다. 그래서 함수 erfc(η)는 η의 변화에 따라 수치적으로 구해야 하며 결과는 표 4−4에 나와 있다.

온도분포를 알면 표면에서 열유속을 Fourier 법칙을 이용하여

$$\dot{q}_s = -k\frac{\partial T}{\partial x}\bigg|_{x=0} = -k\frac{dT}{d\eta}\frac{\partial \eta}{\partial x}\bigg|_{\eta=0} = -kC_1 e^{-\eta^2}\frac{1}{\sqrt{4\alpha t}}\bigg|_{\eta=0} = \frac{k(T_s - T_i)}{\sqrt{\pi \alpha t}} \quad \textbf{(4–35)}$$

가 된다. 매체의 노출된 온도가 $t = 0$에서 T_s로 갑자기 증가(또는 감소)하고 항상 그 값으로 유지할 때 식 (4−33)와 (4−34)의 해가 이 경우에 해당한다. 응축이나 비등이 표면에서 일어날 때 특정 표면온도의 경우는 실제로 매우 가깝게 근사될 수 있다. 비슷한 접근법이나 Laplace 변환법을 사용하여 표면에 다른 경계조건에

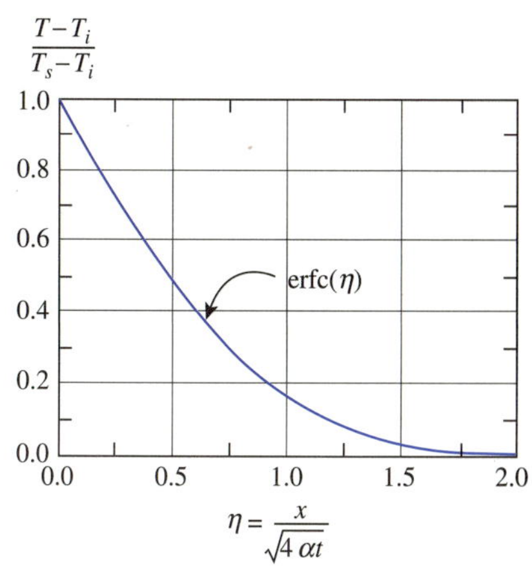

그림 4–27

표면이 일정온도 T_s를 유지하고 있는 반무한 고체에서 비정상 전도에 대한 무차원 온도 분포

대하여 해석해를 다음과 같이 구할 수 있다.

경우 1: 표면에서 일정온도, T_s = 상수(그림 4-27)

$$\frac{T(x,t)-T_i}{T_s-T_i}=\text{erfc}\left(\frac{x}{2\sqrt{\alpha t}}\right) \quad \text{and} \quad \dot{q}_s(t)=\frac{k(T_s-T_i)}{\sqrt{\pi\alpha t}} \tag{4-36}$$

경우 2: 표면에서 일정 열유속, $\dot{q}_s$ = 상수

$$T(x,t)-T_i=\frac{\dot{q}_s}{k}\left[\sqrt{\frac{4\alpha t}{\pi}}\exp\left(-\frac{x^2}{4\alpha t}\right)-x\,\text{erfc}\left(\frac{x}{2\sqrt{\alpha t}}\right)\right] \tag{4-37}$$

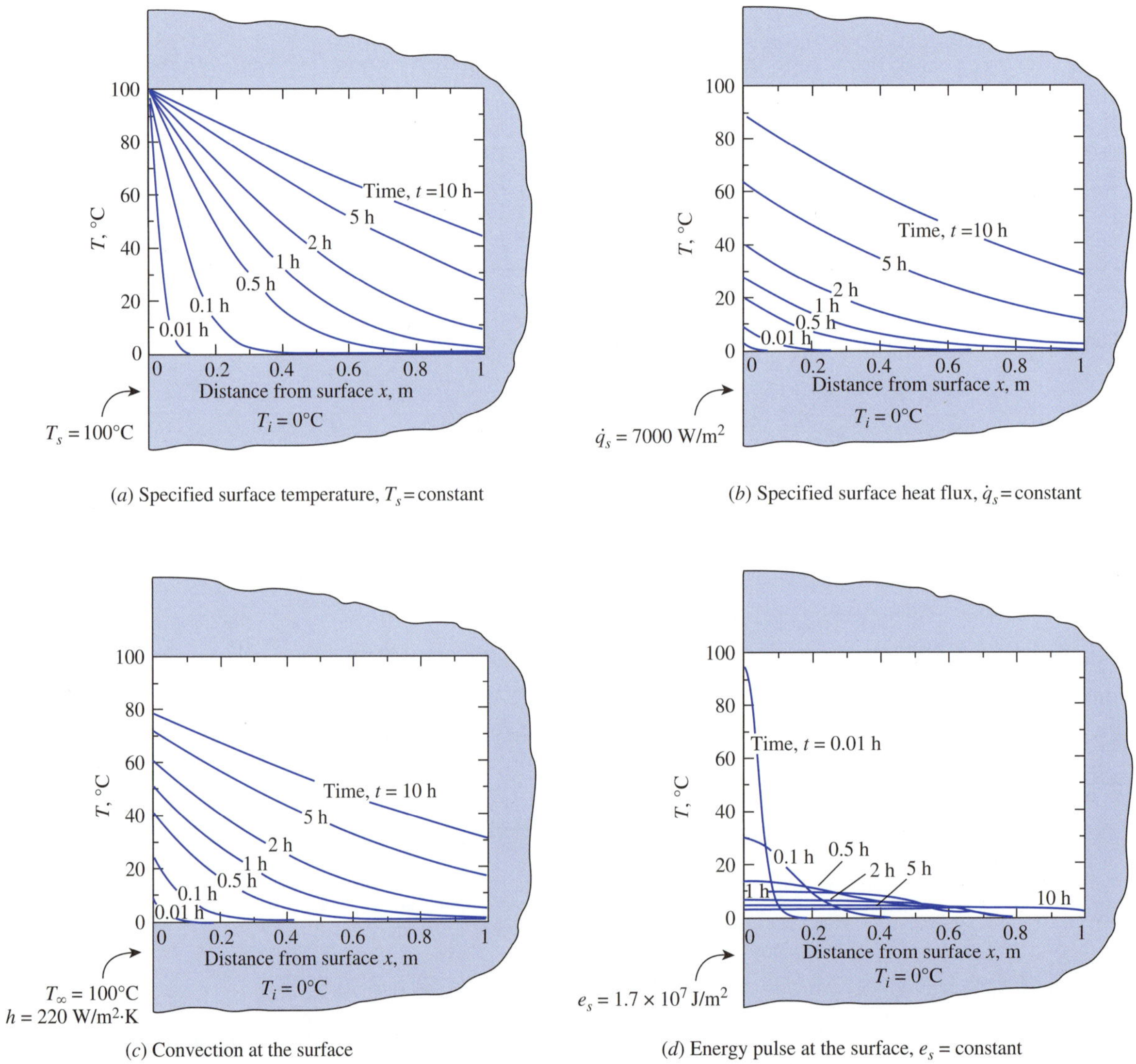

그림 4-28

초기 0°C인 큰 주철 블록(k = 80.2 W/m·K, α = 2.31 × 10^{-5} m²/s)에서 위치와 시간에 따른 온도 변화

경우 3: 표면에서 대류, $\dot{q}_s(t) = h[T_\infty - T(0, t)]$

$$\frac{T(x,\ t) - T_i}{T_\infty - T_i} = \text{erfc}\left(\frac{x}{2\sqrt{\alpha t}}\right) - \exp\left(\frac{hx}{k} + \frac{h^2\alpha t}{k^2}\right)\text{erfc}\left(\frac{x}{2\sqrt{\alpha t}} + \frac{h\sqrt{\alpha t}}{k}\right) \quad \text{(4–38)}$$

경우 4: 표면에서 에너지 펄스, e_s = 상수

단위면적당 e_s의 에너지(J/m²)는 시간 $t = 0$에서 반무한 물체로 제공된다. (예로, 레이저 펄스) 표면에서 열손실이 없이 모든 에너지가 물체로 들어간다는 가정에서 다음과 같은 식을 가진다.

$$T(x,\ t) - T_i = \frac{e_s}{k\sqrt{\pi t/\alpha}} \exp\left(-\frac{x^2}{4\alpha t}\right) \quad \text{(4–39)}$$

경우 1과 3은 서로 연계가 있다. 경우 1에서는 표면 $x = 0$은 시간 $t = 0$에서 온도 T_s가 되면 그 값은 항상 유지된다. 경우 3에서는 표면이 열전달계수 h와 일정 온도 T_∞를 가진 유체의 대류에 노출되어 있다.

초기에 0°C에서 큰 주조 철을 사용한 경우에 대해서 그림 4-28에 모든 경우의 해가 나와 있다. 경우 1에서 표면온도 T_s는 일정하게 유지하며, 열이 고체 깊은 곳으로 침투하면서 온도는 점차적으로 증가한다. 초기에는 표면 가까이에서 얇은 층만 열전달의 영향을 받는다. 또한 표면에서 온도구배와 고체로의 열전달비는 시간이 증가함에 따라 감소한다. 경우 2에서는 열이 계속적으로 고체에 공급된다. 표면을 포함한 고체 내부의 온도가 시간이 증가함에 따라 증가한다. 주변 유체온도 T_∞가 고체의 최고 온도인 경우를 제외한 경우 3에서도 마찬가지로 적용된다. 경우 4에서 표면은 $t = 0$에서 열 공급이 갑자기 폭발하기 쉬우며 표면은 단열되어 있다. 결과는 표면온도가 갑자기 상승한다. 또한 온도분포는 항상 표면에 수직이다. (왜?)

대류 열전달이 일어나는 반무한 고체에서 위치, 시간과 함께 온도 변화는 무차원 온도 대 무차원 상사변수 $\eta = x/\sqrt{4\alpha t}$에 대하여 그림 4-28에 나타내었다. 다양한 변수값 $h\sqrt{\alpha t}/k$에 대하여 그림 4-29에 주어진 그래프 해는 해석해의 단순한 도표이다. 이것을 읽는 데 오차가 발생하므로 해석해와 비교하면 오차가 크다. 하지만 그림 4-30의 수직측 값은 $x = 0$과 대응되는데 이는 표면온도를 나타낸다. 곡선 $h\sqrt{\alpha t}/k = \infty$는 $h \to \infty$로 대응하는데 이는 $x = 0$인 표면에서 주어진 온도 T_∞에 해당한다. 반무한 물체의 표면이 갑자기 $t = 0$에서 온도 T_∞가 되고 항상 그 값을 유지하면 h를 무한값으로 생각할 수 있다. 유한한 열전달계수 h에 대하여 시간 t가 무한대로 변하면서 표면온도는 유체온도 T_∞에 접근한다.

두 반무한 고체의 접촉

두 큰 물체 A와 B의 각각의 초기온도가 $T_{A,i}$, $T_{B,i}$인 두 물체가 서로 접촉한다. 접촉 순간 두 물체는 온도의 평형을 이룬다. 온도의 평형은 접촉저항을 무시할 수 있는

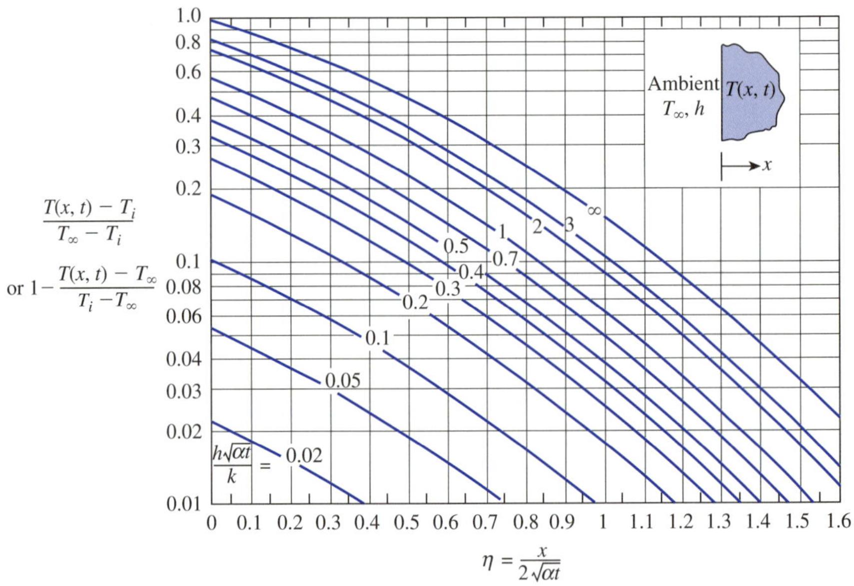

그림 4-29

열전달계수 h에서 주위온도 T_∞에 대류로 노출되고, 초기온도 T_i인 반무한 고체에 대한 위치와 시간에 대한 온도 변위

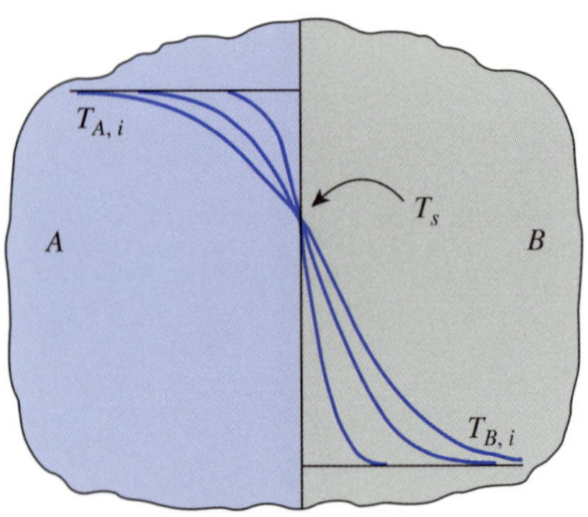

그림 4-30

다른 초기온도의 두 반무한 고체의 접촉

전 표면에서 이루어진다. 두 물체가 일정 물성값을 가지고 있는 같은 재료라면 열대칭은 표면 접촉온도인 산술평균 $T_s = (T_{A,i} + T_{B,i})/2$가 되고 항상 그 값을 유지한다.

다른 물체의 경우도 온도 평형을 이룰 수 있지만 표면온도 T_s는 산술평균과는 차이가 있다. 식 (4-36)에서 접촉표면의 에너지 평형에 의해서 다음과 같이 된다.

$$\dot{q}_{s,A} = \dot{q}_{s,B} \rightarrow -\frac{k_A(T_s - T_{A,i})}{\sqrt{\pi\alpha_A t}} = \frac{k_B(T_s - T_{B,i})}{\sqrt{\pi\alpha_B t}} \rightarrow \frac{T_{A,i} - T_s}{T_s - T_{B,i}} = \sqrt{\frac{(k\rho c_p)_B}{(k\rho c_p)_A}}$$

여기서 T_s은 그림 4-30에서 결정된다.

$$T_s = \frac{\sqrt{(k\rho c_p)_A}T_{A,i} + \sqrt{(k\rho c_p)_B}T_{B,i}}{\sqrt{(k\rho c_p)_A} + \sqrt{(k\rho c_p)_B}} \tag{4-40}$$

그러므로 접촉으로 인한 두 물체의 온도는 $k\rho c_p$가 큰 물체에 의하여 지배된다. 또한 이것은 왜 실내온도에서 금속이 나무보다 차갑게 느껴지는지를 설명한다. 실내온도가 알루미늄인 경우는 $\sqrt{k\rho c_p}$의 값이 24 kJ/m²·K, 나무는 0.38 kJ/m²·K, 인간은 1.1 kJ/m²·K이다. 식 (4-49)를 이용하면 35°C의 표면온도인 인간이 알루미늄 블록에 손대고, 다음으로 15°C인 나무에 터치했을 때 접촉표면온도는 알루미늄의 경우는 15.9°C이고 나무는 30°C이다.

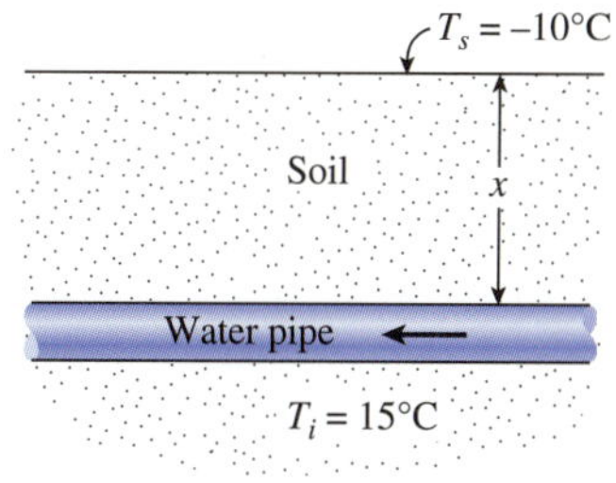

그림 4-31
예제 4-6의 개략도

예제 4-6 결빙을 피하기 위한 수도관의 최소 매설 깊이

오랜 기간 동안 공기온도 0°C 이하인 지역에서는 지하 파이프에서 흐르는 물이 결빙되지 않게 하는 것은 중요한 문제이다. 이 기간 동안 땅은 상대적으로 따뜻하게 유지되고 있으며 물이 지하에서 결빙 온도까지 도달하기는 몇 주까지 걸린다. 그러므로 땅은 겨울에 낮은 대기 온도로부터 물의 결빙을 방지하는 효과적인 단열재이다.

어떤 위치에서 3개월 동안 계속해서 −10°C 상태로 땅의 표면이 눈으로 덮여 있다. 그 위치에서 땅의 평균 물성값은 $k = 0.4$ W/m·K, $\alpha = 0.15 \times 10^{-6}$ m²/s이다(그림 4-31). 표면의 초기온도는 15°C로 가정하고 물이 흐르는 파이프가 결빙되지 않을 최소 깊이는 얼마인가?

풀이 수도관의 결빙을 피하기 위해서 지표 아래로 매설한다. 특정위치에서 최소 매설 깊이를 구하라.

가정 **1.** 땅의 온도는 표면의 열 상태에 영향을 받으므로 땅을 반무한 물체로 생각할 수 있다. **2.** 땅의 열적 물성값은 상수이다.

해석 최소 깊이인 경우에 3개월 후에 파이프 주위 땅의 온도가 0°C가 될 것이다. 그림 4-29로부터

$$\left.\begin{aligned} &\frac{h\sqrt{\alpha t}}{k} = \infty \qquad (\text{since } h \to \infty) \\ &\frac{T(x,t) - T_i}{T_\infty - T_i} = \frac{0 - 15}{-10 - 15} = 0.6 \end{aligned}\right\} \eta = \frac{x}{2\sqrt{\alpha t}} = 0.36$$

이 되며

$$t = (90 \text{ days})(24 \text{ h/day})(3600 \text{ s/h}) = 7.78 \times 10^6 \text{ s}$$

이다. 따라서

$$x = 2\eta\sqrt{\alpha t} = 2 \times 0.36\sqrt{(0.15 \times 10^{-6} \text{ m}^2\text{/s})(7.78 \times 10^6 \text{ s})} = \mathbf{0.78 \text{ m}}$$

이므로 물이 흐르는 파이프가 결빙을 피하기 위해서는 최소한 78 cm 깊이로 묻어야 한다.

다른 풀이 이 문제의 해를 식 (4-36)로부터 구할 수도 있다.

$$\frac{T(x,t) - T_i}{T_s - T_i} = \text{erfc}\left(\frac{x}{2\sqrt{\alpha t}}\right) \longrightarrow \frac{0 - 15}{-10 - 15} = \text{erfc}\left(\frac{x}{2\sqrt{\alpha t}}\right) = 0.60$$

위 값에 해당하는 변수는 표 4-4에서 구하면 $\eta = 0.37$이 된다.

$$x = 2\eta\sqrt{\alpha t} = 2 \times 0.37\sqrt{(0.15 \times 10^{-6} \text{ m}^2\text{/s})(7.78 \times 10^6 \text{ s})} = \mathbf{0.80 \text{ m}}$$

약간의 오차는 차트를 읽을 때 발생한다.

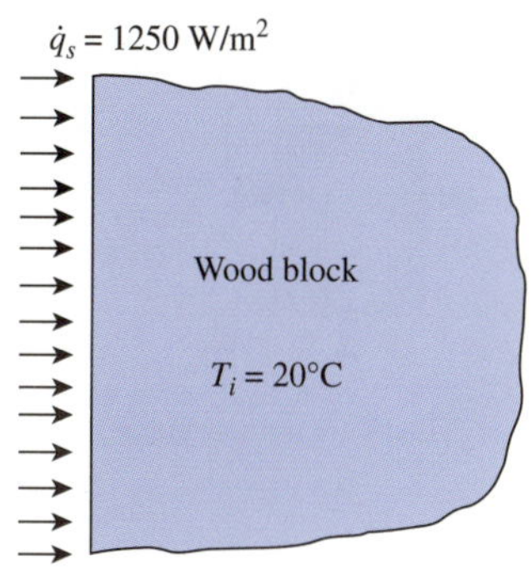

그림 4-32
예제 4-7에 대한 개략도

예제 4-7 열을 받고 있는 블록의 표면온도

20°C의 두꺼운 검은색인 나무블록이 일정 태양 열유속 1,250 W/m²에 노출되어 있다(그림 4-32). 20분 후 블록의 노출 표면온도를 구하라. 만약 블록이 알루미늄으로 되어 있다면 어떻게 되겠는가?

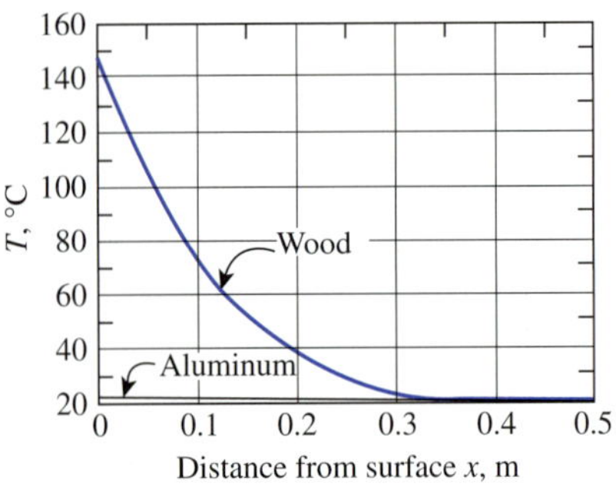

그림 4-33

t = 20분에서 나무와 알루미늄 블록 내에서의 온도 변화

풀이 나무블록이 태양 열유속에 노출되어 있다. 블록의 표면온도를 구하고, 알루미늄 블록과 비교하라.

가정 **1.** 블록이 태양복사를 모두 흡수한다. **2.** 블록의 열손실은 무시한다. 얻어지는 결과는 최고온도이다. **3.** 블록을 반무한 고체로 가정할 만큼 두껍다. 그리고 블록의 물성값은 상수이다.

물성값 실내온도에서 열전도도와 열확산율의 값은 나무인 경우는 k = 1.26 W/m·K, α = 1.1 × 10^{-5} m^2/s이고, 알루미늄인 경우는 k = 237 W/m·K, α = 9.71 × 10^{-5} m^2/s이다.

해석 일정한 표면 열유속에 노출되어 있는 반무한 고체에서 비정상 열전도 문제이고 표면온도는 식 (4-37)으로부터 다음과 같이 된다.

$$T_s = T(0, t) = T_i + \frac{\dot{q}_s}{k}\sqrt{\frac{4\alpha t}{\pi}}$$

주어진 값을 대입하면, 나무와 알루미늄의 경우에 대한 표면온도는

$$T_{s,\,\text{wood}} = 20°\text{C} + \frac{1250\ \text{W/m}^2}{1.26\ \text{W/m·K}}\sqrt{\frac{4(1.1 \times 10^{-5}\ \text{m}^2/\text{s})(20 \times 60\ \text{s})}{\pi}} = \mathbf{149°C}$$

$$T_{s,\,\text{Al}} = 20°\text{C} + \frac{1250\ \text{W/m}^2}{237\ \text{W/m·K}}\sqrt{\frac{4(9.71 \times 10^{-5}\ \text{m}^2/\text{s})(20 \times 60\ \text{s})}{\pi}} = \mathbf{22.0°C}$$

가 된다. 나무에 공급되는 열에너지는 표면 내에서 축적되는데 이는 낮은 열전도도와 열확산율 때문이다. 그래서 표면온도가 높은 값을 가지게 된다. 반면에 금속은 높은 열전도도와 열확산율 때문에 블록 내부로 열이 전달되며 이는 표면에서 조그마한 열 상승을 일으킨다. 실제로는 두 온도 모두 열손실 때문에 조금 낮아진다.

검토 20분에서 나무와 알루미늄의 온도를 계산하였고 EES를 사용하여 그림 4-33에 나타내었다. x = 0.41 m에서 두 블록의 온도는 20.6°C이다. 0.5 m의 깊이에서는 나무는 20.1°C이고 알루미늄은 20.4°C가 된다. 이것은 금속이 비금속에 비하여 빠르게 열이 전달되는 것을 확인할 수 있다.

4-4 ▪ 다차원에서 비정상 열전도

앞에서 제시한 비정상 온도차트는 큰 평면 벽, 긴 원통, 구 또는 반무한 물체와 같은 *1*차원 열전도 문제에서 온도분포 및 열전달을 결정하는 데 사용하였다. **곱셈해**(product solution)라고 불리는 중첩 접근 방법을 사용하면 차트는 짧은 원통, 긴 사각 막대기, 반무한 원통이나 판, 심지어는 프리즘이나 반무한 사각 막대의 형상과 같은 **2차원** 비정상 열전도 문제의 해를 구하는 데 사용할 수 있다(그림 4-34). 다차원 형상의 해는 1차원 형상에 대한 해의 곱셈으로 구한다.

초기에 일정온도 T_i이며 높이 a, 반경 r_o인 **짧은 원통**을 생각해보자. 원통에서 열발생은 없다. 시간 t = 0에서 원통은 열전달계수 h인 T_∞ 외부로 대류 현상이 일어난다. 원통 내의 온도는 열전달이 원통의 위와 아래에서 일어날 뿐 아니라 표면에서도 일어나므로, 시간 t와 반경 변수 r뿐만 아니라 축방향의 변수 x에 따라서도 변한다. 즉 $T = T(r, x, t)$로 2차원 비정상 열전도 문제가 된다. 물성값을 상수로 가

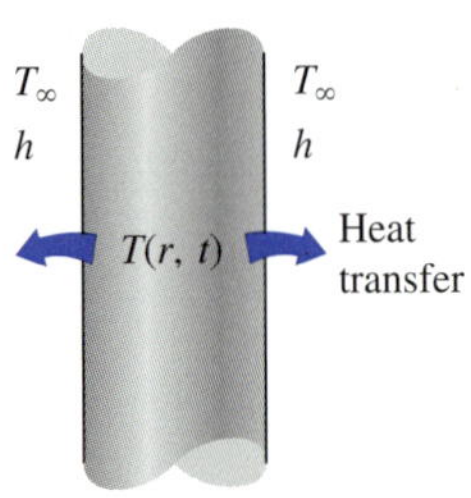

(*a*) Long cylinder

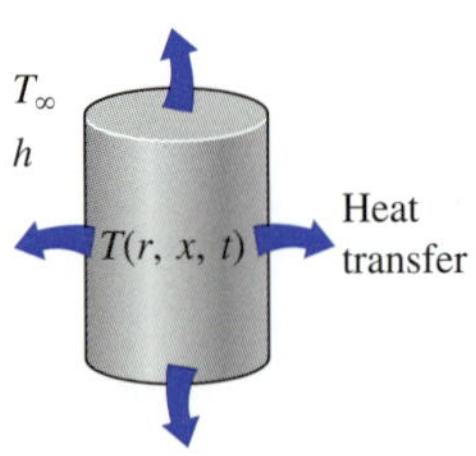

(*b*) Short cylinder (two-dimensional)

그림 4-34

모든 표면이 대류로 노출된 짧은 원통에서 온도는 축 방향과 반경 방향으로 변한다. 따라서 열은 두 방향으로 전달된다.

정하면 2차원 문제의 해는 다음과 같이 표기된다.

$$\left(\frac{T(r,x,t)-T_\infty}{T_i-T_\infty}\right)_{\substack{\text{short}\\\text{cylinder}}} = \left(\frac{T(x,t)-T_\infty}{T_i-T_\infty}\right)_{\substack{\text{plane}\\\text{wall}}} \left(\frac{T(r,t)-T_\infty}{T_i-T_\infty}\right)_{\substack{\text{infinite}\\\text{cylinder}}} \quad (4\text{–}41)$$

높이 a, 반경 r_o인 2차원 짧은 원통에 대한 해는 두께 a인 1차원 평판과 반경 r_o인 긴 원통에 대한 무차원 해의 곱이다(그림 4-35). 즉 **다차원 형상에 대한 해는 *1*차원 형상의 교차면으로 이루어진 다차원 물체에서 *1*차원 해를 곱하므로 얻을 수 있다.**

일반적으로 1차원 해는 다음과 같이 나타낼 수 있다.

$$\theta_{\text{wall}}(x,t) = \left(\frac{T(x,t)-T_\infty}{T_i-T_\infty}\right)_{\substack{\text{plane}\\\text{wall}}}$$

$$\theta_{\text{cyl}}(r,t) = \left(\frac{T(r,t)-T_\infty}{T_i-T_\infty}\right)_{\substack{\text{infinite}\\\text{cylinder}}} \quad (4\text{–}42)$$

$$\theta_{\text{semi-inf}}(x,t) = \left(\frac{T(x,t)-T_\infty}{T_i-T_\infty}\right)_{\substack{\text{semi-infinite}\\\text{solid}}}$$

예로 단면적이 $a \times b$인 긴 고체 막대에 대한 해는 그림 4-36에 나타난 바와 같이 두께 a, b를 가진 두 개의 무한 평판의 해를 이용하여 구할 수 있으며, 사각형 막대에 대한 비정상 온도는 다음과 같이 표기된다.

$$\left(\frac{T(x,y,t)-T_\infty}{T_i-T_\infty}\right)_{\substack{\text{rectangular}\\\text{bar}}} = \theta_{\text{wall}}(x,t)\theta_{\text{wall}}(y,t) \quad (4\text{–}43)$$

다른 형상에 대한 곱셈해는 표 4-5에 나와 있다. x좌표는 반무한 평판의 **표면**에서 시작하고, 평면 벽에서 **중앙면**으로부터 반경방향 r좌표는 항상 중심선으로부터 시작된다.

*2*차원 문제의 해는 두 1차원 해의 곱셈이고, *3*차원 문제의 해는 *3*개의 1차원 해의 곱셈이다.

수정된 형태의 곱셈해는 1982년 Langston이 보여준 1차원 값을 사용하여 다차원 형상으로부터 또는 형상으로 흐르는 비정상 열전달의 해를 구할 수 있다. 2차원 형상에 대한 비정상 열전달은 두 1차원 형상 1, 2로부터 구할 수 있다.

$$\left(\frac{Q}{Q_{\max}}\right)_{\text{total, 2D}} = \left(\frac{Q}{Q_{\max}}\right)_1 + \left(\frac{Q}{Q_{\max}}\right)_2\left[1-\left(\frac{Q}{Q_{\max}}\right)_1\right] \quad (4\text{–}44)$$

3차원 형상에 대한 비정상 열전달은 3개의 1차원 물체 1, 2, 3의 곱셈으로 다음과 같이 주어진다.

$$\left(\frac{Q}{Q_{\max}}\right)_{\text{total, 3D}} = \left(\frac{Q}{Q_{\max}}\right)_1 + \left(\frac{Q}{Q_{\max}}\right)_2\left[1-\left(\frac{Q}{Q_{\max}}\right)_1\right] + \left(\frac{Q}{Q_{\max}}\right)_3\left[1-\left(\frac{Q}{Q_{\max}}\right)_1\right]\left[1-\left(\frac{Q}{Q_{\max}}\right)_2\right] \quad (4\text{–}45)$$

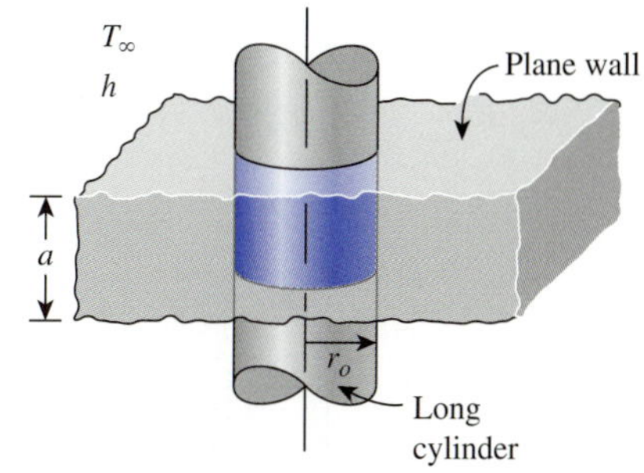

그림 4-35

반경 r_o, 높이 a인 짧은 원통은 반경 r_o인 긴 원통과 두께 a인 평면벽의 **교차면**이다.

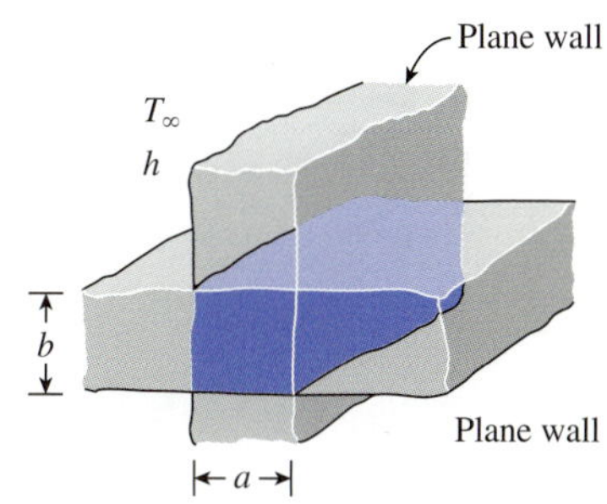

그림 4-36

직사각형 $a \times b$의 긴 고체막대의 두께 a와 b의 두 평면벽의 **교차**

표 4-5

초기온도 T_i이고 모든 표면이 주위 온도 T_∞에 노출된 1차원 해의 곱셈으로 표현된 다차원 해

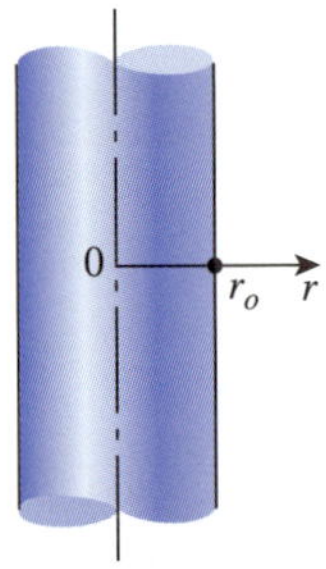

$\theta(r, t) = \theta_{cyl}(r, t)$
Infinite cylinder

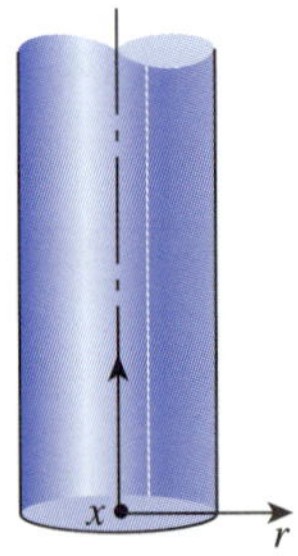

$\theta(x, r, t) = \theta_{cyl}(r, t)\,\theta_{semi\text{-}inf}(x, t)$
Semi-infinite cylinder

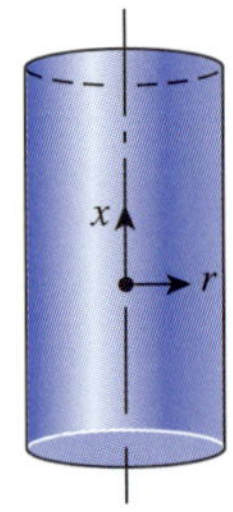

$\theta(x, r, t) = \theta_{cyl}(r, t)\,\theta_{wall}(x, t)$
Short cylinder

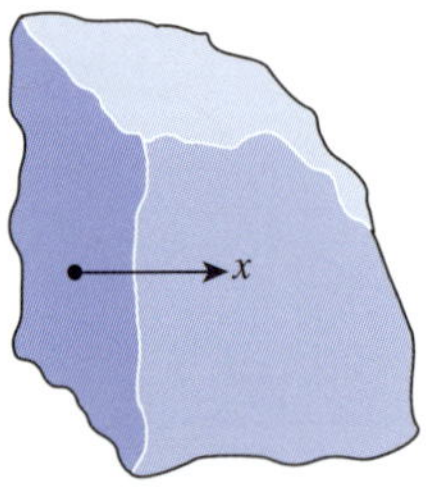

$\theta(x, t) = \theta_{semi\text{-}inf}(x, t)$
Semi-infinite medium

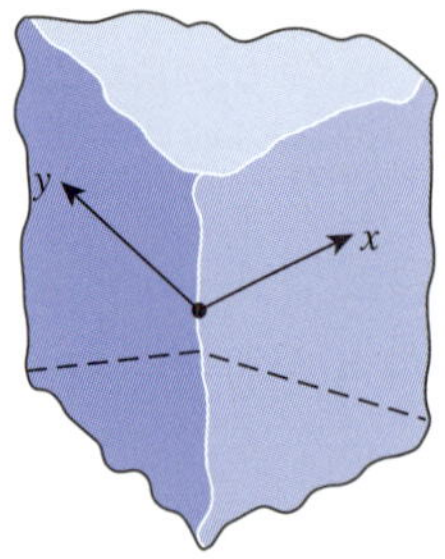

$\theta(x, y, t) = \theta_{semi\text{-}inf}(x, t)\,\theta_{semi\text{-}inf}(y, t)$
Quarter-infinite medium

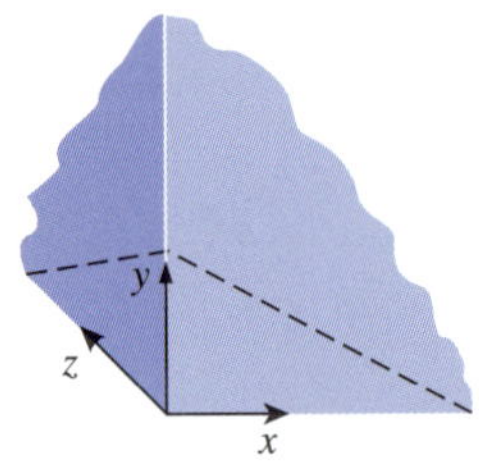

$\theta(x, y, z, t) =$
$\theta_{semi\text{-}inf}(x, t)\,\theta_{semi\text{-}inf}(y, t)\,\theta_{semi\text{-}inf}(z, t)$
Corner region of a large medium

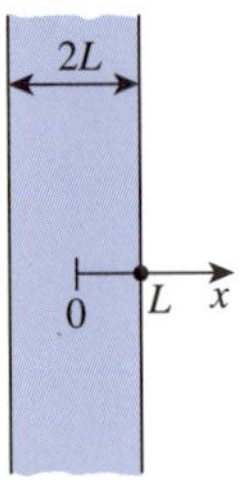

$\theta(x, t) = \theta_{wall}(x, t)$
Infinite plate (or plane wall)

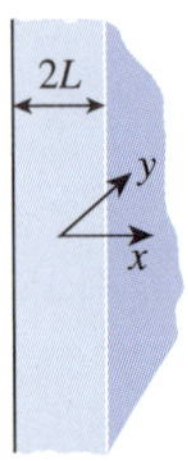

$\theta(x, y, t) = \theta_{wall}(x, t)\,\theta_{semi\text{-}inf}(y, t)$
Semi-infinite plate

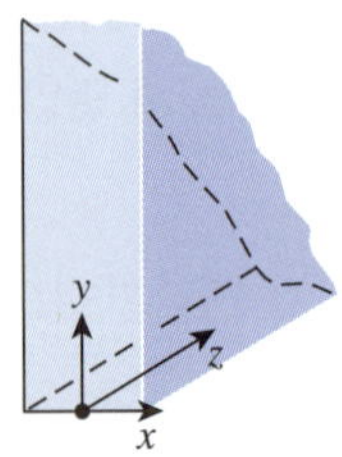

$\theta(x, y, z, t) =$
$\theta_{wall}(x, t)\,\theta_{semi\text{-}inf}(y, t)\,\theta_{semi\text{-}inf}(z, t)$
Quarter-infinite plate

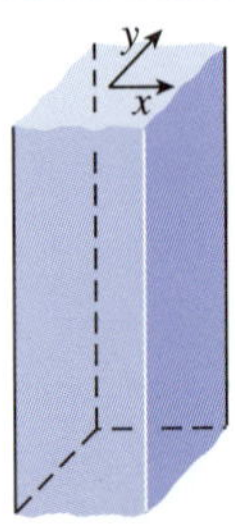

$\theta(x, y, t) = \theta_{wall}(x, t)\,\theta_{wall}(y, t)$
Infinite rectangular bar

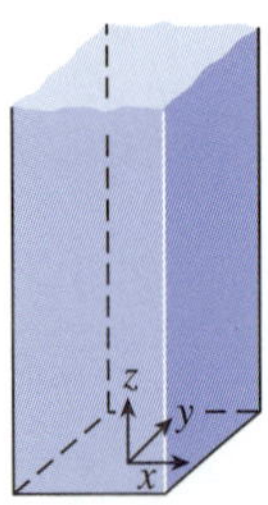

$\theta(x, y, z, t) =$
$\theta_{wall}(x, t)\,\theta_{wall}(y, t)\,\theta_{semi\text{-}inf}(z, t)$
Semi-infinite rectangular bar

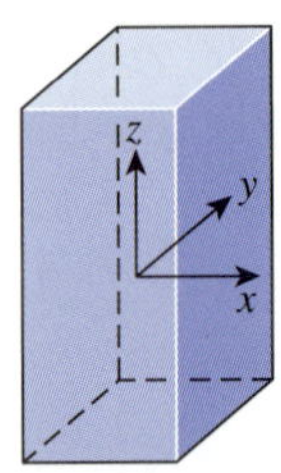

$\theta(x, y, z, t) =$
$\theta_{wall}(x, t)\,\theta_{wall}(y, t)\,\theta_{wall}(z, t)$
Rectangular parallelepiped

그러면 비정상 2차원 또는 3차원 전도문제에서 곱셈해를 사용하는 예제를 풀어 보자.

예제 4-8 짧은 황동 원통의 냉각

직경 D = 10 cm, 높이 H = 12 cm인 짧은 황동 원통의 초기온도는 T_i = 120°C이다. 지금 원통은 공기 온도 25°C에 놓여 있고 열전달은 열전달계수 h = 60 W/m²·K로 대류가 일어난다. 냉각이 시작된 15분 후에 (*a*) 원통 중심, (*b*) 윗면의 중심에서 온도를 계산하라.

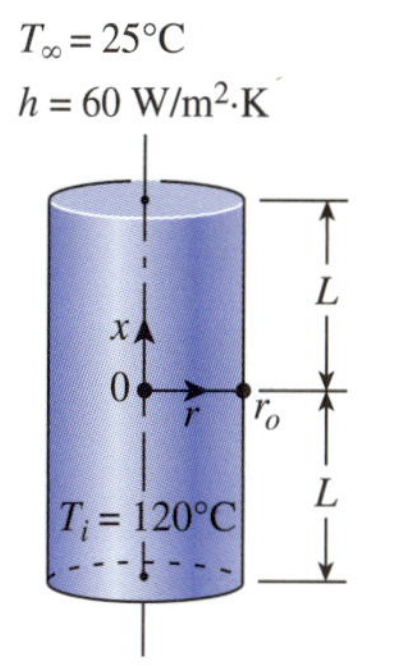

그림 4-37
예제 4-8의 개략도

풀이 짧은 원통이 대기에서 냉각되고 있다. 원통의 중심과 윗면의 중심온도를 구하라.

가정 **1.** 이 문제는 2차원 비정상 전도문제에 해당되므로 시간 t와 함께 축방향 x와 반경방향 r에 따라 온도가 변한다. **2.** 원통의 열 물성값과 열전달계수는 상수이다. **3.** Fourier 수는 $\tau > 0.2$이므로 단항근사해법을 적용할 수 있다.

물성값 실내온도에서 황동의 물성값은 k = 110 W/m·K, $\alpha = 33.9 \times 10^{-6}$ m²/s이다(Table A-24). 보다 정확한 결과는 평균 온도에서 물성값을 구하면 얻을 수 있다.

해석 (*a*) 짧은 원통은 그림 4-37에서 반경 r_o = 5 cm, 평면 벽의 두께 $2L$ = 12 cm인 긴 원통의 곱셈에 의하여 형성된다. x는 중앙면에서 시작한다. 평면 벽의 중심에서 무차원 온도는 그림 4-15*a*로부터 다음과 같다.

$$\left.\begin{aligned} \tau &= \frac{\alpha t}{L^2} = \frac{(3.39 \times 10^{-5}\ \text{m}^2/\text{s})(900\ \text{s})}{(0.06\ \text{m})^2} = 8.48 \\ \frac{1}{\text{Bi}} &= \frac{k}{hL} = \frac{110\ \text{W/m}\cdot\text{K}}{(60\ \text{W/m}^2\cdot\text{K})(0.06\ \text{m})} = 30.6 \end{aligned}\right\} \theta_{\text{wall}}(0, t) = \frac{T(0, t) - T_\infty}{T_i - T_\infty} = 0.8$$

같은 방법으로, 원통 중심에서

$$\left.\begin{aligned} \tau &= \frac{\alpha t}{r_o^2} = \frac{(3.39 \times 10^{-5}\ \text{m}^2/\text{s})(900\ \text{s})}{(0.05\ \text{m})^2} = 12.2 \\ \frac{1}{\text{Bi}} &= \frac{k}{hr_o} = \frac{110\ \text{W/m}\cdot\text{K}}{(60\ \text{W/m}^2\cdot\text{K})(0.05\ \text{m})} = 36.7 \end{aligned}\right\} \theta_{\text{cyl}}(0, t) = \frac{T(0, t) - T_\infty}{T_i - T_\infty} = 0.5$$

이며, 따라서

$$\left(\frac{T(0, 0, t) - T_\infty}{T_i - T_\infty}\right)_{\substack{\text{short}\\ \text{cylinder}}} = \theta_{\text{wall}}(0, t) \times \theta_{\text{cyl}}(0, t) = 0.8 \times 0.5 = 0.4$$

$$T(0, 0, t) = T_\infty + 0.4(T_i - T_\infty) = 25 + 0.4(120 - 25) = \mathbf{63°C}$$

이것은 긴 원통 및 평판에서의 온도뿐만 아니라 짧은 원통 중심에서의 온도이다.

(*b*) 원통의 윗면 중심은 긴 원통(r = 0)의 중심과 같지만 평면 벽은 외부표면($x = L$)이다. 그러므로 벽의 표면온도를 구할 필요가 있다. $x = L$ = 0.06 m를 이용하여

$$\left.\begin{aligned} \frac{x}{L} &= \frac{0.06\ \text{m}}{0.06\ \text{m}} = 1 \\ \frac{1}{\text{Bi}} &= \frac{k}{hL} = \frac{110\ \text{W/m}\cdot\text{K}}{(60\ \text{W/m}^2\cdot\text{K})(0.06\ \text{m})} = 30.6 \end{aligned}\right\} \frac{T(L, t) - T_\infty}{T_0 - T_\infty} = 0.98$$

그러면

$$\theta_{\text{wall}}(L, t) = \frac{T(L, t) - T_\infty}{T_i - T_\infty} = \left(\frac{T(L, t) - T_\infty}{T_0 - T_\infty}\right)\left(\frac{T_0 - T_\infty}{T_i - T_\infty}\right) = 0.98 \times 0.8 = 0.784$$

따라서

$$\left(\frac{T(L, 0, t) - T_\infty}{T_i - T_\infty}\right)_{\substack{\text{short}\\\text{cylinder}}} = \theta_{\text{wall}}(L, t)\theta_{\text{cyl}}(0, t) = 0.784 \times 0.5 = 0.392$$

최종적으로

$$T(L, 0, t) = T_\infty + 0.392(T_i - T_\infty) = 25 + 0.392(120 - 25) = \mathbf{62.2°C}$$

위 값은 원통의 윗면의 중심에서의 온도이다.

예제 4-9 짧은 원통으로부터 열전달

예제 4-8에 언급한 짧은 황동 원통(ρ = 8530 kg/m^3, c_p = 0.380 kJ/kg·K)의 총 열전달을 구하라.

풀이 먼저 원통으로부터 전달된 최대 열전달을 구해야 한다.

$$m = \rho V = \rho\pi r_o^2 H = (8530 \text{ kg/m}^3)\pi(0.05 \text{ m})^2(0.12 \text{ m}) = 8.04 \text{ kg}$$

$$Q_{\max} = mc_p(T_i - T_\infty) = (8.04 \text{ kg})(0.380 \text{ kJ/kg·K})(120 - 25)°\text{C} = 290.2 \text{ kJ}$$

그리고 두 형상에 대하여 무차원 열전달비를 결정한다. 평면 벽인 경우는 그림 4-15*c*에서 다음과 같이 구할 수 있다.

$$\left.\begin{aligned} \text{Bi} &= \frac{1}{1/\text{Bi}} = \frac{1}{30.6} = 0.0327 \\ \frac{h^2\alpha t}{k^2} &= \text{Bi}^2\tau = (0.0327)^2(8.48) = 0.0091 \end{aligned}\right\} \left(\frac{Q}{Q_{\max}}\right)_{\substack{\text{plane}\\\text{wall}}} = 0.23$$

원통에 대하여 비슷하게 적용하면

$$\left.\begin{aligned} \text{Bi} &= \frac{1}{1/\text{Bi}} = \frac{1}{36.7} = 0.0272 \\ \frac{h^2\alpha t}{k^2} &= \text{Bi}^2\tau = (0.0272)^2(12.2) = 0.0090 \end{aligned}\right\} \left(\frac{Q}{Q_{\max}}\right)_{\substack{\text{infinite}\\\text{cylinder}}} = 0.47$$

이며, 식 (4-44)으로부터 짧은 원통에 대한 열전달비는 다음과 같이 된다.

$$\left(\frac{Q}{Q_{\max}}\right)_{\text{short cyl}} = \left(\frac{Q}{Q_{\max}}\right)_1 + \left(\frac{Q}{Q_{\max}}\right)_2\left[1 - \left(\frac{Q}{Q_{\max}}\right)_1\right]$$

$$= 0.23 + 0.47(1 - 0.23) = 0.592$$

그러므로 처음 15분 동안 냉각 후 원통의 총 열전달은

$$Q = 0.592Q_{\max} = 0.592 \times (290.2 \text{ kJ}) = \mathbf{172 \text{ kJ}}$$

이다.

요약 SUMMARY

이 장에서는 1차원 또는 다차원에서 위치뿐만 아니라 시간과 함께 변하는 온도분포를 고려했다. 먼저, 온도가 시간에 따라 변하고 시스템 전체를 통해 일정한 온도를 가지는 **집중계**(*lumped system*)를 고려했다. 열전달계수 h와 초기온도 T_i에서 질량 m, 부피 V, 표면적 A_s, 밀도 ρ, 비열 c_p의 집중계해석을 적용할 수 있는 체적의 온도는 다음과 같이 표기된다.

$$\frac{T(t) - T_\infty}{T_i - T_\infty} = e^{-bt}$$

여기서,

$$b = \frac{hA_s}{\rho c_p V} = \frac{h}{\rho c_p L_c}$$

이며 차원은 $(\text{time})^{-1}$인 양수이다. 위 관계는 시간 t에서 물체의 온도 $T(t)$를 결정하는 데 사용할 수 있거나, 또한 특정 온도 $T(t)$에 도달하는 데 걸리는 시간 t를 구하는 데 이용된다. 시간 t에서 온도 $T(t)$를 구할 수 있다면, 물체와 주위 사이의 대류 열전달비는 다음과 같은 Newton의 냉각법칙으로부터 구할 수 있다.

$$\dot{Q}(t) = hA_s[T(t) - T_\infty]$$

시간간격 $t = 0$에서 t까지의 **총 열전달량**은 물체의 에너지 보유량의 변화이다.

$$Q = mc_p[T(t) - T_i]$$

물체가 주위 온도 T_∞에 도달했을 때 열전달량은 최댓값이 되며 물체와 주위 사이의 **최대열전달량**은

$$Q_{\max} = mc_p(T_\infty - T_i)$$

이다. 그리고 집중계해석을 적용하는 경우 오차는 다음의 조건을 만족할 때 무시될 수 있다.

$$\text{Bi} = \frac{hL_c}{k} < 0.1$$

여기서, Bi는 Biot 수이며, $L_c = V/A$는 **특성길이**(*characteristic length*)이다.

집중계해석을 적용할 수 없을 때 시간과 위치에 따른 온도 변화는 평면 벽, 긴 원통, 구, 반무한 형상에 대하여 각각 그림 4-15, 4-16, 4-17, 4-29에 주어진 **비정상 온도차트**를 사용한다. 차트는 위에서 언급한 1차원 형상에 대하여 1차원 열전달 문제에 적용할 수 있다. 이는 물체의 초기온도는 일정하며, 모든 표면이 같은 열적 조건이며, 물체에서 열발생이 없는 경우에 적용할 수 있다. 또한 이 차트는 물체로부터 시간 t까지의 총 열전달을 결정하는 데 사용할 수 있다.

단항근사해법(one-term approximation)을 사용하여 해석적으로 1차원 비정상 상태 해를 다음과 같이 표현할 수 있다.

평면 벽: $$\theta_{\text{wall}} = \frac{T(x, t) - T_\infty}{T_i - T_\infty} = A_1 e^{-\lambda_1^2 \tau} \cos(\lambda_1 x/L)$$

원통: $$\theta_{\text{cyl}} = \frac{T(r, t) - T_\infty}{T_i - T_\infty} = A_1 e^{-\lambda_1^2 \tau} J_0(\lambda_1 r/r_o)$$

구: $$\theta_{\text{sph}} = \frac{T(r, t) - T_\infty}{T_i - T_\infty} = A_1 e^{-\lambda_1^2 \tau} \frac{\sin(\lambda_1 r/r_o)}{\lambda_1 r/r_o}$$

여기서 계수 A_1과 λ_1는 Bi 수의 함수이고, 그 값은 표 4-2에 있다. 단항근사해법과 연관된 오차는 $\tau > 0.2$일 때 2%보다 작다.

단항근사해법을 사용할 때 다른 형상에 대한 부분 열전달은 다음과 같이 표현된다.

평면 벽: $$\left(\frac{Q}{Q_{\max}}\right)_{\text{wall}} = 1 - \theta_{0,\text{ wall}} \frac{\sin \lambda_1}{\lambda_1}$$

원통: $$\left(\frac{Q}{Q_{\max}}\right)_{\text{cyl}} = 1 - 2\theta_{0,\text{ cyl}} \frac{J_1(\lambda_1)}{\lambda_1}$$

구: $$\left(\frac{Q}{Q_{\max}}\right)_{\text{sph}} = 1 - 3\theta_{0,\text{ sph}} \frac{\sin \lambda_1 - \lambda_1 \cos \lambda_1}{\lambda_1^3}$$

표면에 다양한 종류의 경계조건 하에 일정 물성값을 가지는 반무한 고체에서 해는 다음과 같다.

표면에서 일정온도, T_s = 상수

$$\frac{T(x, t) - T_i}{T_s - T_i} = \text{erfc}\left(\frac{x}{2\sqrt{\alpha t}}\right) \quad \text{및} \quad \dot{q}_s(t) = \frac{k(T_s - T_i)}{\sqrt{\pi \alpha t}}$$

표면에서 일정 열유속, $\dot{q}_s$ = 상수

$$T(x, t) - T_i = \frac{\dot{q}_s}{k}\left[\sqrt{\frac{4\alpha t}{\pi}} \exp\left(-\frac{x^2}{4\alpha t}\right) - x\,\text{erfc}\left(\frac{x}{2\sqrt{\alpha t}}\right)\right]$$

표면에서 대류, $\dot{q}_s(t) = h[T_\infty - T(0, t)]$

$$\frac{T(x, t) - T_i}{T_\infty - T_i} = \text{erfc}\left(\frac{x}{2\sqrt{\alpha t}}\right) - \exp\left(\frac{hx}{k} + \frac{h^2 \alpha t}{k^2}\right) \times \text{erfc}\left(\frac{x}{2\sqrt{\alpha t}} + \frac{h\sqrt{\alpha t}}{k}\right)$$

표면에서 에너지 펄스, e_s = 상수

$$T(x, t) - T_i = \frac{e_s}{k\sqrt{\pi t/\alpha}} \exp\left(-\frac{x^2}{4\alpha t}\right)$$

여기서 erfc(η)는 여오차함수(*complementary error function*)이다.

곱셈해(*product solution*)라고 불리는 중첩의 원리를 사용하면 이 차트는 짧은 원통, 긴 사각 모서리, 반무한 평판 또는 원통과 같은 형상을 가진 *2차원* 비정상 열전도 문제에 대한 해를 구하는 데 사용될 수 있다. 심지어는 물체에 열발생이 없는 사각 프리즘, 반무한 사각 모서리 형상과 같은 *3차원* 형상에도 사용될 수 있다. 고체의 모든 표면은 유체온도 T_∞와 대류 열전달계수 h로 가정한다. 다차원 형상의 해는 다차원 형상의 교점을 가지는 1차원 형상의 곱셈으로 생각할 수 있다.

다차원 형상으로 일어나는 총 열전달을 1차원 값들을 사용하여 결정할 수 있다. 2차원 형상에 대한 비정상 열전달은 두 개의 1차원 형상 1과 2의 곱셈에 의하여 형성되며 식은 아래와 같다.

$$\left(\frac{Q}{Q_{max}}\right)_{total,\,2D} = \left(\frac{Q}{Q_{max}}\right)_1 + \left(\frac{Q}{Q_{max}}\right)_2 \left[1 - \left(\frac{Q}{Q_{max}}\right)_1\right]$$

3차원 형상에 대한 비정상 열전달을 1차원 형상 1, 2, 3의 곱셈에 의하여 구하면 아래와 같은 식으로 주어진다.

$$\left(\frac{Q}{Q_{max}}\right)_{total,\,3D} = \left(\frac{Q}{Q_{max}}\right)_1 + \left(\frac{Q}{Q_{max}}\right)_2 \left[1 - \left(\frac{Q}{Q_{max}}\right)_1\right] + \left(\frac{Q}{Q_{max}}\right)_3 \left[1 - \left(\frac{Q}{Q_{max}}\right)_1\right]\left[1 - \left(\frac{Q}{Q_{max}}\right)_2\right]$$

참고문헌 | REFERENCES AND SUGGESTED READINGS

1. *ASHRAE Handbook of Fundamentals*. SI version. Atlanta, GA: American Society of Heating, Refrigerating, and Air-Conditioning Engineers, Inc., 1993.
2. H. S. Carslaw and J. C. Jaeger. *Conduction of Heat in Solids*. 2nd ed. London: Oxford University Press, 1959.
3. Y. A. Çengel and A. J. Ghajar. *Heat and Mass Transfer: Fundamentals ans Applications*. 4th ed. New York: McGraw-Hill, 2011.
4. H. Gröber, S. Erk, and U. Grigull. *Fundamentals of Heat Transfer*. New York: McGraw-Hill, 1961.
5. M. P. Heisler. "Temperature Charts for Induction and Constant Temperature Heating." *ASME Transactions* 69 (1947), pp. 227–236.
6. L. S. Langston. "Heat Transfer from Multidimensional Objects Using One-Dimensional Solutions for Heat Loss." *International Journal of Heat and Mass Transfer* 25 (1982), pp. 149–150.
7. P. J. Schneider. *Conduction Heat Transfer*. Reading, MA: Addison-Wesley, 1955.

연습문제* | PROBLEMS

집중계해석

4–1C 같은 크기의 실제 사과와 금으로 만들어진 사과 중에서 어떤 사과가 집중계해석을 잘 적용할 수 있겠는가? 이유는?

4–2C 같은 부피의 가느다란 물체와 두꺼운 물체 중에 어떤 물체가 집중계해석을 잘 적용할 수 있겠는가? 이유는?

4–3C 두 개의 뜨거운 고체와 그 주위 사이의 열전달을 생각하라. 첫 번째 고체는 팬에 의하여 냉각되는 반면 두 번째 고체는 자연적으로 냉각된다. 어느 고체가 집중계해석을 더 잘 적용할 수 있겠는가? 이유는?

4–4C 두 개의 뜨거운 고체와 그 주위 사이의 열전달을 생각하라. 첫 번째 고체는 물로 채워진 큰 용기에서 냉각되고, 두 번째 고체는 공기에서 자연적으로 냉각된다. 어느 고체가 집중계해석을 더 잘 적용할 수 있겠는가? 이유는?

4–5C 평판 위에 뜨겁게 구워진 감자를 생각하라. 감자의 온도는 첫 1분 동안 4°C 낮아진다. 다음 1분 동안 온도 강하는 4°C보다 작다, 같다, 크다 중 어느 것일까? 이유는?

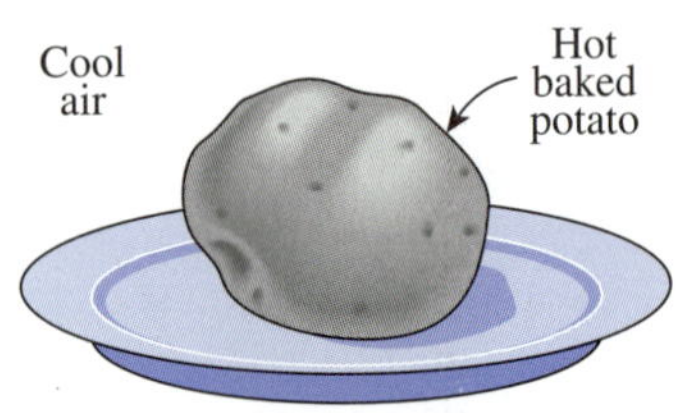

그림 P4–5C

4–6C 일정온도로 유지되는 오븐에서 구워진 감자를 생각하라. 감자의 온도는 첫 1분 동안 5°C 상승하였다. 다음 1분 동안 온도 상승은 5°C와 작다, 같다, 크다 중 어느 것인가? 이유는?

4–7C Biot 수의 물리적인 의미는 무엇인가? Biot 수는 열전도도

가 큰 고체와 열전도도가 적은 고체 중 어느 물체가 큰 값을 가질 수 있을까?

4-8C 4 kg짜리 고기 두 덩어리를 생각하라. 첫 번째 고기는 전체를 굽고, 두 번째 고기는 두 조각으로 나눈 후 같은 오븐에서 구웠다. 전체로 구운 것과 나누어 구운 것의 조리시간의 차이는 있을까? 이유는?

4-9C 같은 체적을 가진 구와 원통이 구리로 만들어졌다. 초기에 구와 원통이 같은 온도에 있다. 같은 외부 온도에서 대류로 노출되어 있다. 구와 원통 중에 어느 것이 빨리 냉각될까? 이유는?

4-10C 물과 공기 중 어떤 매질이 집중계해석을 잘 적용할 수 있겠는가? 이유는?

4-11 우유를 따뜻하게 하기 위하여 직경 6 cm인 얇은 유리병 안에 우유를 붓고 그 유리잔을 온도 70°C인 물로 채워진 용기 안에 넣었다. 유리병에서 우유의 높이는 7 cm이다. 우유를 일정하게 저어 우유의 온도는 일정하다고 가정한다. 물과 유리병 사이의 열전달계수는 120 W/m^2·K이다. 우유가 3°C에서 38°C가 되는 데 얼마나 걸리는가? 우유의 물성값은 물의 물성값과 같다고 가정하라. 이 경우 우유를 집중계로 취급할 수 있는가? **답: 4.5분**

4-12 열전달계수가 240 W/m^2·K인 물의 경우에 문제 4-11을 되풀이하라.

4-13 초기온도 T_i와 주변온도 T_∞의 평균 온도 $1/2 \times (T_i + T_\infty)$에 접근하기 위해 집중계 시스템에 필요한 시간을 구하라.

4-14 가스스팀의 온도는 접합점이 지름 1.2 mm인 원통형인 열전대로 측정한다. 접합점의 물성치는 k = 35 W/m·K, ρ = 8,500 kg/m^3, c_p = 320 J/kg·K 그리고 접합점과 가스 사이의 열전달계수 h = 110 W/m^2·K이다. 열전대가 초기온도 차이의 99%를 읽은 것이 얼마나 오래 걸리는지 구하라. **답: 22.8 s**

4-15 두께 $2L$인 큰 평면 벽, 직경 r_o인 큰 원통, 직경 r_o인 구의 특성길이에 대하여 관계식을 구하라.

4-16 직경 2.0 cm의 구리막대에 균일하게 100°C의 초기온도가 주어졌다. 20°C의 대기에 노출되었을 때, (열전달계수 200 W/m^2·K) 구리막대가 평균 25°C가 되기까지 얼마나 걸리는가?

4-17 직경 5 cm의 구, 한 면의 길이가 5 cm인 정육면체, 4 cm × 5 cm × 6 cm의 직사각형의 기둥을 고려해 보자. 모두 초기온도는 0°C이고, 은으로 만들어졌다(k = 429 W/m·K, ρ = 10,500 kg/m^3, c_p = 0.235 kJ/kg·K). 이 3가지 형상의 물체가 33°C의 대기에 노출되었을 때, 표면에서의 열전달계수가 12 W/m^2·K로 주어지면 각각의 물체 온도가 25°C로 되는 데 얼마나 걸리는가?

4-18 두께 0.5 cm인 알루미늄 합금(ρ = 2,770 kg/m^3, c_p = 875 J/kg·K, $\alpha = 7.3 \times 10^{-5}$ m^2/s)으로 만들어진 800 W 다리미 밑판을 생각하라. 밑판의 면적은 0.03 m^{2}이고 초기에는 외부 온도와 같은 22°C이다. 밑판에서 열전달계수는 12 W/m^2·K이고, 생성된 열의 85%가 밑판으로 전달된다고 하면, 밑판이 140°C까지 되는 데는 얼마 걸리겠는가? 밑판에서 온도는 특정 시간에 대하여 일정하다고 가정한다.

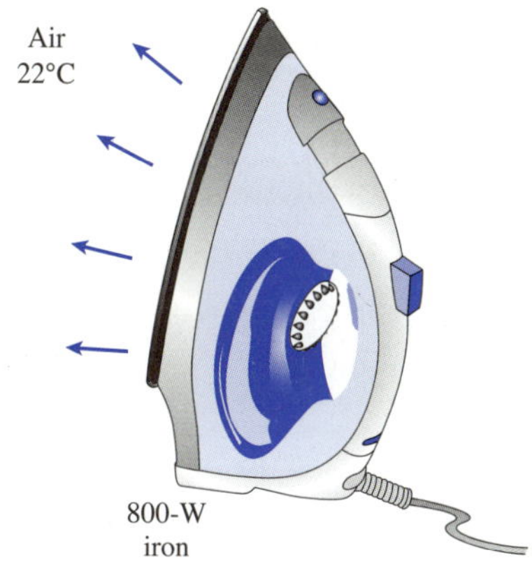

그림 P4-18

4-19 문제 4-18를 다시 고려해 보자. ESS(또는 다른 프로그램)를 사용해서, 열전달계수와 밑판이 이 온도에 도달하기까지의 시간을 계산해 보자. 열전달계수는 5 W/m^2·K부터 25 W/m^2·K까지 변하고, 온도는 30°C부터 200°C까지 변한다. 열전달계수와 온도의 함수에 따른 시간에 대해 그래프를 그려보고 그 결과를 논하라.

4-20 한 사람이 20°C의 방에서 오후 5시에 죽었다. 몸의 온도는 발견됐을 당시 25°C로 측정되었고 열전달계수는 8 W/m^2·K로 추정된다. 지름 30 cm 길이 1.70 m로 원통의 몸으로 모델링하고 대략적으로 집중계해석을 사용할 때, 사람이 죽은 시간을 구하라.

4-21 자동차 현가장치의 스프링은 연성인 코일 속에 구불구불하고 가열된 금속막대로 만들어진다. 지름 2.5 cm와 길이 1.27 m를 가진 금속막대의 물성치는 ρ = 7,832 kg/m^3, c_p = 434 J/kg·K, 그리고 k = 63.9 W/m·K이다. 금속막대는 균일한 대류 열전달계수 20 W/m^2·K인 오븐에서 가열된다. 금속막대는 초기온도 20°C에서 구불구불한 코일이 되기 전의 설정온도 450°C로 가열된다.

* "C"로 표시된 문제는 개념에 관한 문제들이며, 학생들은 모든 문제를 풀어 보도록 권고한다. "" 아이콘, "" 아이콘이 있는 문제는 EES 프로그램을 사용하여 풀어야 한다.

만약 강철막대가 10분 이내에 원하는 온도로 가열될 때, 오븐 내의 온도를 구하라. **답: 1,016°C**

4–22 금속막대는 (ρ = 7,832 kg/m³, c_p = 434 J/kg·K, 그리고 k = 63.9 W/m·K) 용광로에서 850°C로 가열되고 단단해지는 과정으로 욕조 물에서 40초간 50°C로 냉각된다. 대류 열전달계수는 650 W/m²·K이다. 만약 금속막대가 지름 40 mm와 길이 2 m를 가진다면, 물에서 꺼냈을 때 금속막대의 평균 온도를 구하라.

4–23 203 × 102 × 57 mm 크기의 벽돌은 가마에서 1,100°C로 가열되고 30°C의 외기온도와 대류 열전달계수 ρ = 5 W/m²·K로 방 안에서 냉각된다. 만약 벽돌이 ρ = 1920 kg/m³, c_p = 790 J/kg·K, k = 0.90 W/m·K의 물성치일 때, 벽돌이 외기와 5°C 차이가 나는 데 필요한 시간을 구하라. **답: 7 h**

4–24 직경 8 mm인 강철공(ρ = 7833 kg/m³, k = 54 W/m·K, c_p = 0.465 kJ/kg·K, $\alpha = 1.474 \times 10^{-6}$ m²/s)이 900°C인 로에서 열로 가열되고, 그 후 공기온도 35°C에서 100°C까지 서서히 냉각된다. 평균 열전달계수가 75 W/m²·K라면 그 과정은 얼마 걸리는가? 시간당 2,500개의 공이 가열 냉각된다면 볼에서 주위로 전달된 총 열전달량을 구하라.

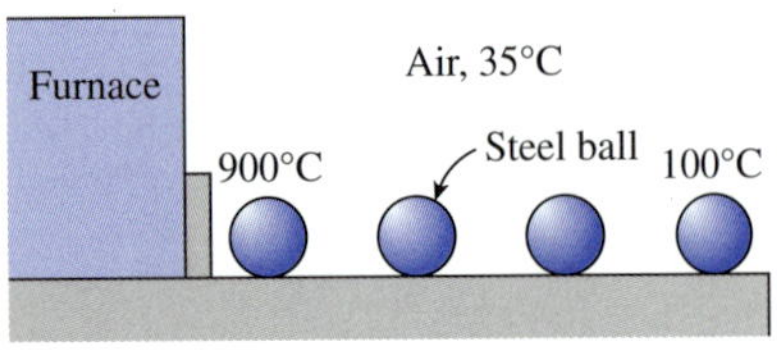

그림 P4–24

4–25 문제 4–24를 다시 고려해 보자. EES(또는 다른 프로그램)를 사용하여, 볼의 초기온도가 냉각시간과 총 열전달률에 주는 영향을 조사하자. 온도를 500°C부터 1,000°C까지 주었을 때, 초기온도에 따른 시간과 총 열전달률에 대해 그래프를 그려보고 그 결과를 논하라.

4–26 18 W의 열소산이 일어나는 전기기구가 질량 20 g, 비열 850 J/kg·K, 표면적 4 cm²이다. 이 기구가 5분 작동 후 몇 시간 동안 작동하지 않아서 주위 온도 25°C까지 냉각되었다. 열전달계수가 12 W/m²·K이면, 5분 작동 후 이 기구의 온도는 얼마인가? 만약 이 기구에 면적 80 cm², 질량 200 g인 알루미늄 열싱크가 부착되어 있다면 답은 어떻게 되는가? 기구와 열싱크는 등온이라고 가정한다.

공간 효과가 있는 큰 평면 벽, 긴 원통, 구에서 비정상 열전도

4–27C 계란을 끓는 물속에서 어느 정도로 요리하고 싶다. 열을 가하여 물을 더 빨리 끓게 한다면 요리시간을 줄일 수 있는가?

4–28C 무한히 긴 원통은 무엇인가? 무한히 긴 원통은 실제로 언제 적당한 가정인가? 예로, 원통의 아래와 윗면 부근에서 온도를 구하는 데 이 모델을 사용하는 것이 타당한가? 설명하라.

4–29C 양면이 대류로 노출된 평면 벽에 대한 그림 4–15에서 비정상 온도차트를 한 면이 대류로 노출되어 있고 다른 면은 단열되어 있는 경우에도 사용할 수 있는가? 설명하라.

4–30C 열전도도, 시간과 같은 물리적인 값보다 Biot 수, Fourier 수와 같은 무차원수를 사용하도록 비정상 온도차트에서는 준비하였는가?

4–31C Fourier 수의 물리적인 중요성은 무엇인가? 특정 열전달 문제에서 시간이 2배가 될 때 Fourier 수도 2배가 될까?

4–32C 주위 온도나 대류 열전달계수 대신에 형상의 표면온도가 주어졌을 때 비정상 온도차트를 어떻게 활용할 수 있을까?

4–33C 초기온도 T_i인 물체가 일정온도 T_∞에 노출되었다. 물체와 주위 사이의 최대 열전달량은 어떻게 결정하는가?

4–34C 구와 주위에서 열전달이 일어나는 동안 Biot 수는 0.02이다. 구의 중심점에서 온도를 구하는 데 집중계해석 또는 비정상 온도차트를 사용할 수 있는가? 왜 그러한가?

4–35 직경 10 cm인 긴 원통형 나무 막대(k = 0.17 W/m·K, $\alpha = 1.28 \times 10^{-7}$ m²/s)가 25°C 초기상태에 있다. 표면은 열전달계수 13.6 W/m²·K인 벽난로에서 550°C인 뜨거운 가스에 노출되었다. 나무의 점화온도가 420°C라면 나무가 점화되기 전까지 얼마 걸리는가?

4–36 7°C의 차가운 물속에 담겨 있는 토마토의 열전달계수를 확인하는 실험을 해보자. 직경 8 cm의 구형의 토마토(k = 0.59 W/m·K, $\alpha = 0.141 \times 10^{-6}$ m²/s, ρ = 999 kg/m³, c_p = 3.99 kJ/kg·K)의 초기온도는 균일하게 30°C로 주어졌고, 2시간 후 측정한 토마토의 중심부와 표면의 온도가 각각 10.0°C와 7.1°C일 때, 근사분석을 통해 열전달계수를 결정하고 8개의 토마토가 물속에 있을 때의 열전달량을 구하라.

4–37 가열냉각 과정에서 두께 50 mm인 스테인리스판(ρ = 8238 kg/m³, c_p = 468 J/kg, k = 13.4 W/m·K, $\alpha = 3.48 \times 10^{-6}$ m²/s)은 초기균일온도 230°C로 용광로에서 재가열된다. 용광로 내부온도는 1,000°C의 온도이고 대류 열전달계수는 215 W/m²·K이다. 만약 스테인리스판 전체가 600°C로 가열된다면, (*a*)

표 4-2와 (*b*) Heisler 차트(그림 4-15)를 사용하여 용광로 안에서 가열되는 시간을 구하라.

4–38 계란을 직경 5.5 cm인 구로 가정할 수 있다. 계란은 대략 물의 물성값인 k = 0.6 W/m·K, $\alpha = 0.14 \times 10^{-6}$ m²/s로 가정한다. 초기 4°C인 계란을 97°C 끓는 물에 넣었다. 대류 열전달계수가 h = 1,400 W/m²·K인 경우, 계란의 중심온도가 70°C에 도달하려면 얼마나 걸리는가?

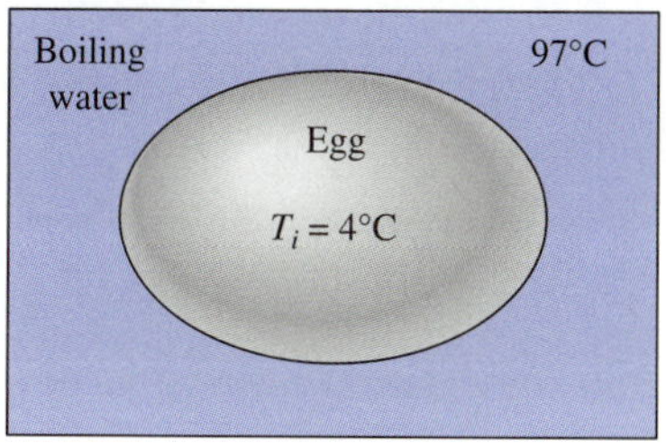

그림 P4–38

4–39 문제 4-38을 다시 한 번 고려해 보자. EES(또는 다른 프로그램)를 사용하여 계란의 중심온도가 이 온도에 도달하였을 때의 영향을 조사하여 보자. 온도가 50°C부터 95°C까지 변할 때 그래프를 그려보고 시간 대 온도의 변화에 대해 토의해 보자.

4–40 공장에서 초기온도 25°C인 3 cm 두께 황동판(k = 110 W/m·K, ρ = 8,530 kg/m³, c_p = 380 J/kg·K, $\alpha = 33.9 \times 10^{-6}$ m²/s)이 700°C인 오븐을 통과하면서 10분 동안 가열된다. 오븐에서 대류 열전달계수가 h = 80 W/m²·K인 경우, 오븐에서 나올 때 판의 온도를 구하라.

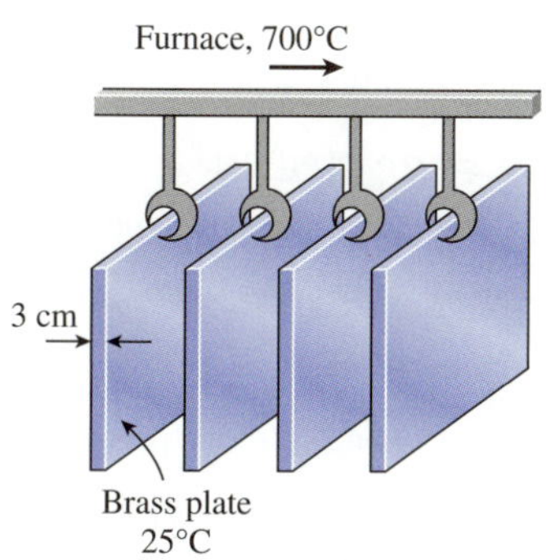

그림 P4–40

4–41 문제 4-40를 다시 한 번 고려해 보자. EES(또는 다른 프로그램)를 사용하여, 오븐의 온도와 가열시간이 판의 최종 온도에 미치는 영향을 조사해 보자. 오븐의 온도를 500°C부터 900°C까지 다양하게 두고 시간도 2분부터 30분까지 두었을 때 오븐온도와 시간의 함수에 따른 표면온도에 대해 그래프를 그려보고 그 결과를 논하라.

4–42 긴 직경 35 cm인 원통형 스테인리스 강철축 304(k = 14.9 W/m·K, ρ = 7,900 kg/m³, c_p = 477 J/kg·K, $\alpha = 3.95 \times 10^{-6}$ m²/s)이 500°C인 오븐에서 나왔다. 원통축의 평균 대류 열전달계수 60 W/m²·K로 150°C 방에서 서서히 냉각된다. 20분 동안 냉각된 후 축의 중심에서 온도를 구하라. 그 기간 동안 단위길이당 열전달을 구하라. **답: 486°C, 22,270 kJ/m**

4–43 문제 4-42를 다시 한 번 고려해 보자. EES(또는 다른 프로그램)를 사용하여 냉각시간이 강철축의 최종 중심온도와 열전달량에 미치는 영향을 조사해 보자. 냉각시간을 5분부터 60분까지 두고 시간의 함수에 따른 중심온도와 열전달량을 조사한 후 그 결과에 대해 그래프를 그려보고 논하라.

4–44 직경 10 cm 긴 원통형 강철 막대(k = 13.4 W/m·°C, $\alpha = 3.48 \times 10^{-6}$ m²/s)가 900°C이며 길이 6 m인 오븐을 통과하는데 2 m/min의 속도로 통과한다. 오븐의 열전달계수는 115 W/m²·°C이다. 막대가 오븐에 들어갈 때 20°C라면, 오븐을 나올 때 중심선에서의 온도는 얼마인가?

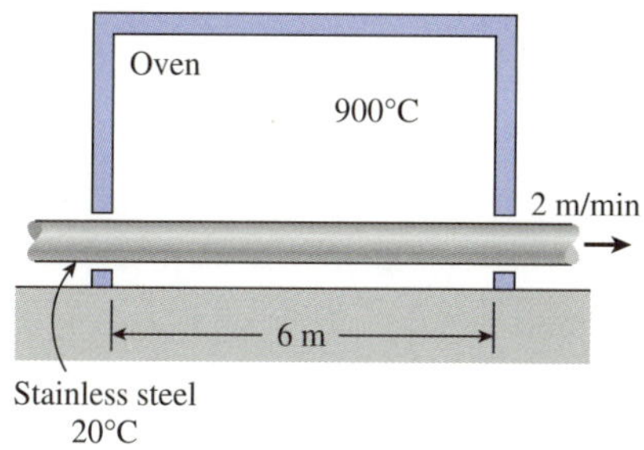

그림 P4–44

4–45 육가공장에서 초기온도 25°C인 두께 2 cm 스테이크(k = 0.45 W/m·K, $\alpha = 0.91 \times 10^{-7}$ m²/s)가 −11°C인 냉동실에서 냉각된다. 스테이크 양면의 열전달계수는 9 W/m²·K이다. 양면이 2°C로 되기 위해서는 스테이크가 냉동실에서 얼마 동안 있어야 하는가?

4–46 한 학생이 초기온도 200°C인 직경 18 cm 구리공으로부터 총 열전달량을 계산한다. 주위 온도 25°C 처음 냉각 20분 동안 냉각된 열전달량은 3,150 kJ이다. 이 결과는 합리적인가? 왜 그러한가?

4–47 요리책을 보면 초기에 4.5°C인 3.2 kg의 갈비를 요리하는데 163°C 오븐에 2시간 45분 소요된다고 한다. 요리를 모니터링하기 위한 온도계가 추천되며, 갈비 중심부의 온도가 60°C가 되었을 때 갈비가 요리되었다고 한다. 갈비의 물성값은 ρ = 1,200 kg/m³, k = 0.45 W/m·K, C_p = 4.1 kJ/kg·K, $\alpha = 0.91 \times 10^{-7}$ m²/s이

다. 다음을 구하라. (*a*) 갈비 표면에서 열전달계수, (*b*) 요리가 완성된 후 외부표면온도, (*c*) 갈비에 전달된 열량, (*d*) 위에서 구한 값들을 사용하여 갈비 중심의 온도가 71°C가 될 때까지 얼마나 걸리겠는가? 3시간 20분 후의 값과 당신의 결과를 비교하라.

갈비를 15분 이내에 잘라서 먹으려면, 적정 온도보다 4°C 낮게 되었을 때 오븐에서 꺼내는 것을 권장한다. 왜냐하면 갈비는 오븐 밖에서도 계속 요리되기 때문이다. 당신은 위 사항에 대하여 동의하는가?

답: (*a*) 156.9 W/m²·K, (*b*) 159.5°C, (*c*) 1629 kJ, (*d*) 3.0 h

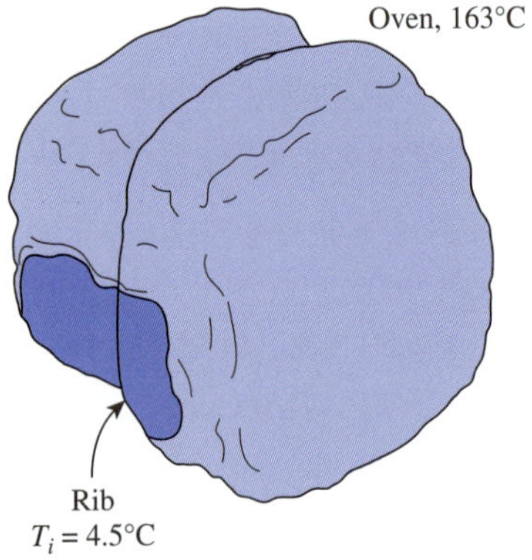

그림 P4–47

4–48 갈비가 잘 익지 않은 대신 잘 익은 것으로 가정하고 문제 4-47을 풀어라. 갈비는 중심온도 77°C에 도달했을 때 익은 것으로 간주한다. 이 경우 요리하는 데 약 4시간 15분 걸린다.

4–49 밀감은 추위에 약해서 노출되면 손상되기 쉽다. 초기온도 15°C인 직경 8 cm인 밀감을 생각해보자. 어느 날 밤에 열전달계수 15 W/m²·K로 온도가 −6°C로 떨어졌다. 밀감의 물성값은 물과 같다고 생각하고, 밀감이 4시간 동안 노출되었을 때 그 날 밤에 밀감의 어는 부위를 구하라.

4–50 어떤 사람이 곧 도착할 손님을 위하여 −15°C인 냉장고에 사과 몇 개를 넣었다. 초기에 사과는 25°C이고 표면에서 열전달계수는 8 W/m²·K이다. 사과는 직경 9 cm인 구이고, 물성값은 ρ = 840 kg/m³, c_p = 3.81 kJ/kg·K, k = 0.418 W/m·K, $\alpha = 1.3 \times 10^{-7}$ m²/s로 가정한다. 한 시간 후 사과의 중심과 표면에서 온도를 구하라. 또한 각 사과로부터 열전달량을 구하라.

4–51 문제 4-50을 다시 고려해 보자. EES(또는 다른 프로그램)를 사용하여, 사과의 초기온도에 따른 중심부와 표면의 최종온도와 열전달량에 따른 영향을 조사해 보자. 초기온도가 2°C에서 30°C로 변할 때, 이 온도에 따른 중심부, 표면의 온도와 열전달량에 대해 그래프를 그려보고 이에 대해 논하라.

4–52 초기온도 25°C에 직경 9 cm인 감자(ρ = 1,100 kg/m³, c_p = 3,900 J/kg·K, k = 0.6 W/m·K, $\alpha = 1.4 \times 10^{-7}$ m²/s)가 170°C 오븐에 감자의 중심온도가 70°C가 될 때까지 구워진다. 그 후 감자를 꺼내어 두꺼운 수건으로 싸서 감자에서 열이 누출되지 않는다고 생각한다. 오븐에서 열전달계수가 40 W/m²·K라고 가정하고 (*a*) 감자가 오븐에서 구워지는 데 얼마 걸리는가? (*b*) 포장한 후 감자의 최종 평형온도는 얼마인가?

4–53 감자(k = 0.50 W/m·K, $\alpha = 0.13 \times 10^{-6}$ m²/s)의 초기 온도가 20°C로 균일하게 주어졌다. 감자의 평균 직경이 6 cm이고 2°C, 3 m/s의 공기 중에서 냉각될 때 감자와 공기 사이의 평균 열전달계수가 19 W/m²·K이면 감자의 중심부 온도가 6°C까지 내려가기까지 얼마나 걸리는가? 또, 냉각 과정 중에 손상되는 부분이 있는지를 결정하라.

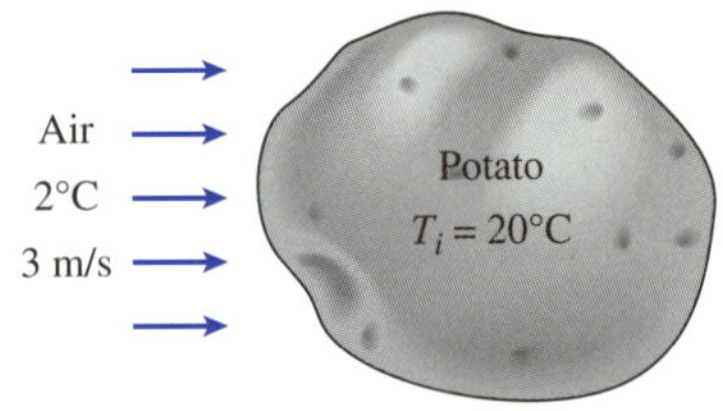

그림 P4–53

4–54 두께 23 cm의 판 모양 고기(k = 0.47 W/m·K and $\alpha = 0.13 \times 10^{-7}$ m²/s)의 초기온도가 7°C로 균일하게 주어지고, 1.4 m/s, −30°C의 공기에서 냉각될 때, 고기와 공기 사이의 평균 열전달계수가 20 W/m²·K이다. 두께에 비해 면적이 충분히 크다고 가정하면, 중심부의 온도가 −18°C까지 내려가는 데 얼마의 시간이 걸리는가? 또, 그때의 표면온도는 얼마인가?

4–55 15 cm 두께 판 모양의 고기(k = 0.45 W/m·°C, $\alpha = 1.3 \times 10^{-7}$ m²/s)의 초기온도가 10°C이고, −5°C의 공기에서 냉각되어, 12시간 후 중심부의 온도가 2°C가 될 때 이 과정 중의 열전달계수를 구하라. **답: 8.6 W/m²·°C**

4–56 직경이 6 cm인 오렌지(k = 0.45 W/m·°C, $\alpha = 1.3 \times 10^{-7}$ m²/s)의 초기온도가 26°C로 균일하게 주어지고, −4°C, 0.3 m/s의 공기에서 냉각되고 있다. 오렌지와 공기 사이의 평균 열전달계수는 26 W/m²·°C이면 중심부 온도가 4°C로 내려가기까지 얼마나 걸리는가? 또한, 이 과정 중에 어는 부분이 있는가?

4–57 두께 6 mm의 파이로세럼판(ρ = 2,600 kg/m³, c_p = 808 J/kg·K, k = 3.98 W/m·K, 그리고 $\alpha = 1.89 \times 10^{-6}$ m²/s)은 25°C의 공기와 대류 열전달계수 13.3 W/m²·K를 가진 방 안에

서 냉각된다. 가열된 파이로세럼판은 초기온도 500°C이고 286초 동안 냉각된다. 만약 파이로세럼판의 중량이 10 kg일 때, (*a*) 표 4-2 그리고 (*b*) 그림 4-15를 사용하여 냉각 과정 동안의 열전달계수를 구하라.

4–58 10 cm 두께의 알루미늄판(ρ = 2,702 kg/m^3, c_p = 903 J/kg·K, k = 237 W/m·K 그리고 α = 97.1 × 10^{-6} m^2/s)은 500°C의 액체 안에서 가열된다. 알루미늄판은 초기온도 25°C이다. 만약 알루미늄판의 표면온도가 액체 온도라고 가정하고, 15초 동안의 가열 후 알루미늄판의 중심 온도를 구하라.

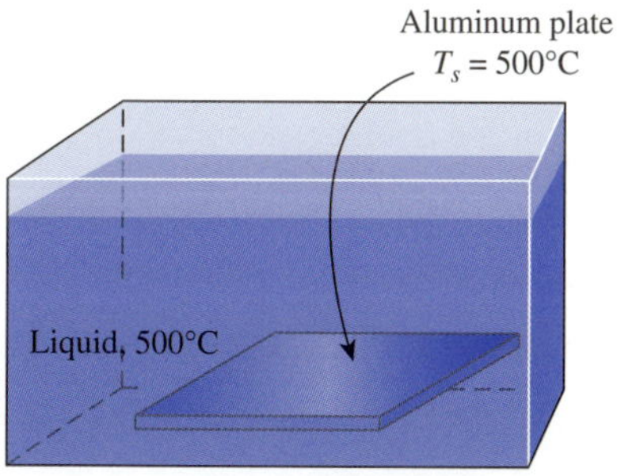

그림 P4–58

4–59 지름 25 mm를 가진 철 원기둥(ρ = 7,870 kg/m^3, c_p = 447 J/kg·K, k = 80.2 W/m·K 그리고 α = 23.1 × 10^{-6} m^2/s)은 초기에 온도 700°C로 가열되었다. 철 원기둥은 일정온도 50°C로 유지되고 대류 열전달계수 128 W/m^2·K를 가진 큰 욕조 안의 물에 담금질된다. 철 원기둥의 표면온도가 200°C로 냉각되는 데 필요한 시간을 구하라. **답: 248 s**

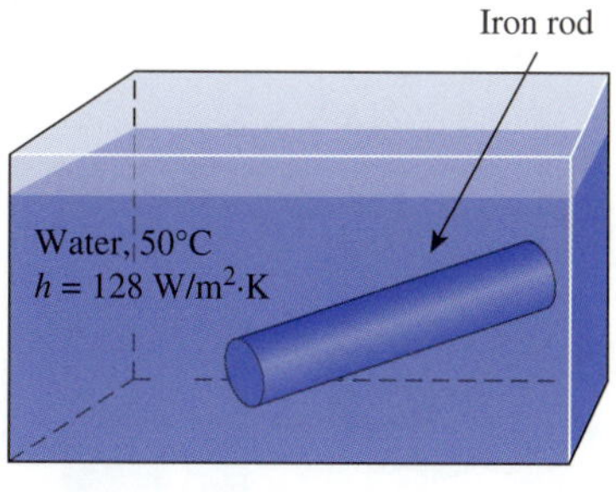

그림 P4–59

4–60 지름 10 mm를 가진 긴 파이로세럼 원기둥(ρ = 2,600 kg/m^3, c_p = 808 J/kg·K, k = 3.98 W/m·K 그리고 α = 1.89 × 10^{-6} m^2/s)은 초기에 1,000°C의 온도를 가지고 있다. 파이로세럼 원기둥은 외기온도 25°C와 대류 열전달계수 80 W/m^2·K로 냉각된다. 만약 파이로세럼 원기둥이 3분간 냉각된다면, (*a*) 표 4-2, (*b*) Heisler 차트를 사용하여 원기둥 중심의 온도를 구하라.

4–61 지름 2 cm의 플라스틱 원기둥 형태의 열전대가 중심온도를 측정하기 위해 삽입되어 있다. 플라스틱 원기둥(ρ = 1,190 kg/m^3, c_p = 1,465 J/kg·K 그리고 k = 0.19 W/m·K)은 초기에 온도 70°C이고 외기온도 25°C로 냉각되었다. 1388초 후 열전대는 원기둥 중심의 온도를 30°C로 측정하였다. 이때의 대류 열전달계수를 구하라.

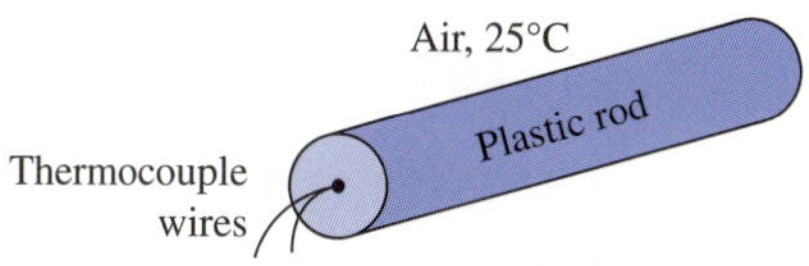

그림 P4–61

4–62 길이 2 m와 지름 60 mm를 가진 강철 원기둥은 800°C의 온도와 대류 열전달계수 128 W/m^2·K인 오븐에서 꺼내었다. 강철 원기둥(ρ = 7,832 kg/m^3, C_p = 434 J/kg·K, k = 63.9 W/m·K 그리고 α = 18.8 × 10^{-6} m^2/s)은 초기온도 30°C이다. (*a*) 표 4-2와 (*b*) 그림 4-16을 사용하여 133초의 가열 후, 강철 원기둥에 전달되는 열의 총량을 구하라. **답: 4,140 kJ**

반무한 고체에서 비정상 열전도

4–63C 반무한 매질은 무엇인가? 열전달 목적으로 반무한 매체로 취급될 수 있는 예를 들어라.

4–64C 어떤 조건하에서 평면 벽을 반무한 매질로 취급할 수 있는가?

4–65C 초기온도 T_i이며, 열전달계수 h, 일정온도 T_∞인 차가운 매질에 대류로 노출되어 있는 뜨거운 반무한 고체를 생각하자. 고체로부터 정해진 시간 t_o까지 총 열전달을 어떻게 구할지 설명하라.

4–66 초기온도 25°C인 두꺼운 석판(k = 0.17 W/m·K, α = 1.28 × 10^{-7} m^2/s)이 5분 동안 550°C인 뜨거운 기체에 노출되어 있다. 가스와 기체 사이의 열전달계수는 35 W/m^2·K이다. 나무의 점화온도가 450°C라면 나무는 점화될까?

4–67 지구 상부의 흙 온도는 대기 조건에 따라 변한다. 지구의 어떤 위치에서의 흙 온도는 초기에 15°C이다. 표면이 온도 −8°C와 10시간 동안 지구 표면에 큰 바람의 영향으로 대류 열전달계수 40 W/m^2·K로 가정한다. 그 위치에서 흙의 물성값이 k = 0.9 W/m·K, α = 1.6 × 10^{-5} m^2/s이면 10시간이 지날 때 지구표면으로부터 0, 10, 20, 50 cm 거리에서 흙의 온도를 구하라.

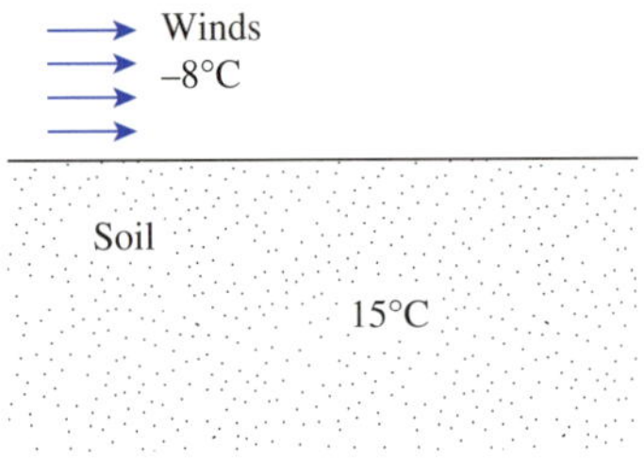

그림 P4–67

4–68  문제 4-67을 다시 한 번 고려해 보자. EES(또는 다른 프로그램)를 사용하여, 지구표면과의 거리를 함수로 하여 0 m부터 1 m까지 변할 때의 흙의 온도 변화에 대하여 그래프를 그려보고 논하라.

4–69 두꺼운 알루미늄 블록의 초기온도가 20°C이고 절연된 전열기 표면으로 부터의 열유속이 4,000 W/m²일 때 30분 후 알루미늄 블록의 표면온도는 얼마나 오르겠는가?

4–70 발바닥의 온도가 32°C인 사람이 맨발로 20°C의 큰 알루미늄 블록 위에 서 있다. 발과 알루미늄 블록을 반무한 고체로 간주하고 접촉면의 온도를 구하라. 사람이 나무 위에 있다면 답은 어떻게 되는가? 실온에서 값은 24 kJ/m²·K이고 나무는 0.38 kJ/m²이며 알루미늄은 218 kJ/m²·°C 사람의 피부는 1.1 kJ/m²·K이다.

4–71 오랫동안 공기온도가 0°C 이하인 지역의 지하 관에서 물이 결빙되는 것은 대단히 중요한 문제이다. 다행히 흙은 그 기간 동안 상대적으로 따뜻하므로 땅속에 있는 물이 결빙온도에 도달하는 데는 수 주일이 걸린다. 이는 겨울에 흙이 차가운 온도로부터 단열재로 작용되기 때문이다.

특정 위치에서 표면이 60일 동안 계속해서 −8°C인 눈으로 덮여 있다. 그 위치에서 평균 흙의 성분은 k = 0.35 W/m·K, α = 0.15 × 10^{-6} m²/s이다. 초기의 표면온도를 8°C로 가정할 때, 물이 결빙되지 않도록 최소 매장 깊이를 구하라.

4–72 아스팔트로 만들어진 고속도로는 초기온도 55°C이다. 갑자기, 고속도로 표면온도가 비에 의해 25°C로 감소했다. 고속도로 표면으로부터 3 cm 깊이의 온도를 구하고 60분 후, 고속도로로부터 전달되는 열유속을 구하라. 고속도로 표면온도는 25°C로 유지된다고 가정하라. **답: 53.6°C, 98 W/m²**

4–73 진공실에서 얇은 판은 일정한 펄스의 출력을 가진 다수의 레이저 다이오드의 아래에 위치해 있다. 열전대는 표면에서 25 mm 깊이로 삽입되고 판은 20°C의 초기온도를 가진다. 판의 물성치는 k = 63.9 W/m·K, α = 18.8 × 10^{-6} m²/s이다. 만약 열전대가 30초 후 레이저펄스에 의해 노출된 판 표면의 온도를 130°C로 측정했을 때 (*a*) 판 표면에서 단위면적당 에너지량을 구하고 (*b*) 60초 경과 후, 열전대 온도값은 얼마인가?

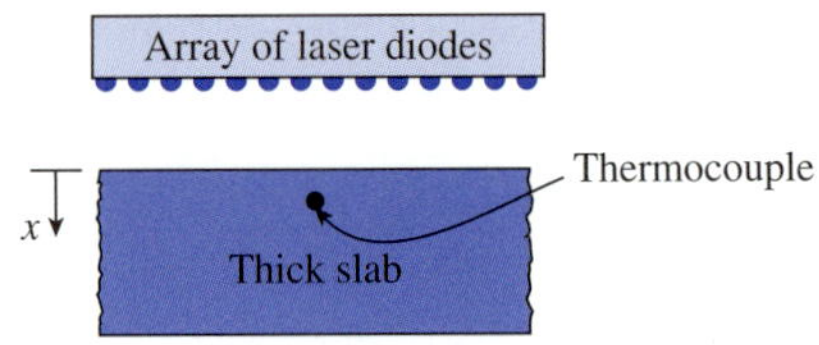

그림 P4–73

다차원 시스템에서 비정상 열전도

4–74C 곱셈해법이 무엇인가? 2차원 계에서 비정상 온도분포를 결정하는 데 어떤 방법으로 사용되는가?

4–75C 3차원 계에서 시간과 위치에 따른 온도 변화를 결정하는데 곱셈해법이 어떤 방법으로 사용되는가?

4–76C 일정온도 T_i에서 짧은 원통은 표면에서 온도 T_∞인 외부로 대류 열전달이 일어난다. 특정시간 t에서 원통의 중심온도는 어떻게 결정하는가 설명하라.

4–77C 위와 아래 면이 절연되어 있는 짧은 원통을 생각해보자. 원통은 처음에 일정온도 T_i이고 열전달계수 h인 온도 T_∞인 매질에 대류 열전달이 일어난다. 짧은 원통에서 열전달은 1차원으로 일어나는가? 아니면 2차원으로 일어나는가? 설명하라.

4–78 한 변의 직경이 5 cm인 정육면체와 높이와 직경이 5 cm인 원통이 있다. 두 조각은 20°C이고, 화강암(k = 2.5 W/m·K, α = 1.15 × 10^{-6} m²/s)으로 만들어져 있다. 두 조각은 표면에서 열전달계수 40 W/m²·K인 500°C의 뜨거운 유체에 노출되었다. 10, 20, 60분 후에 각 형상의 중심온도를 구하라.

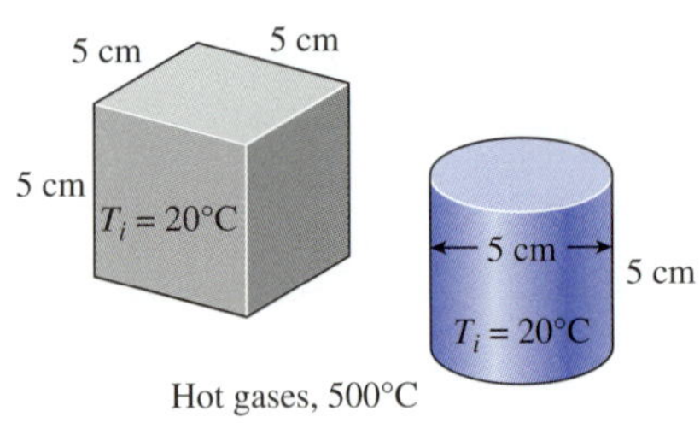

그림 P4–78

4–79 각 형상의 위와 아래 면의 열전달계수가 80 W/m²·K인 경우 문제 4-78을 다시 풀어라.

4–80 직경 D = 4 cm, 높이 H = 20 cm인 짧은 황동 원통(ρ = 8,530 kg/m³, c_p = 0.389 kJ/kg·K, k = 110 W/m·K, α = 3.39 × 10^{-5} m²/s)이 초기온도 T_i = 150°C로 있다. 이제 원통이 20°C

인 대기에 놓여 있으며, 열전달계수 h = 40 W/m²·K로 대류 열전달이 일어난다. (*a*) 원통 중심온도, (*b*) 원통 상부 면의 중심온도, (*c*) 냉각이 시작된 15분 후의 원통으로부터 총 열전달을 구하라.

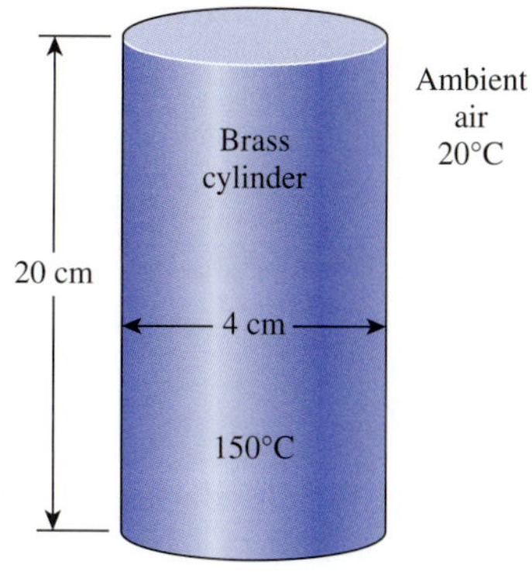

그림 P4–80

4–81 문제 4–80를 다시 한 번 고려해 보자. EES(또는 다른 프로그램)를 사용하여 냉각시간이 실린더의 중심온도와 실린더 윗면의 중심온도, 그리고 총 열전달에 미치는 영향을 조사해 보자. 시간은 5분에서 60분으로 두고 시간의 함수에 의한 실린더 중심온도, 윗면 중심부 온도, 총 열전달을 알아보고 그 결과를 논하라.

4–82 직경 D = 15 cm인 반무한 알루미늄 원통(k = 237 W/m·K, α = 9.71 × 10^{-5} m²/s)이 초기온도 T_i = 115°C로 있다. 이제 원통이 10°C의 물에 놓이면서, 열전달계수 h = 140 W/m²·K로 대류 열전달이 일어난다. 냉각이 시작된 8분 후 아래 면으로부터 5 cm에서 원통 중앙의 온도를 구하라.

4–83 소시지를 길이 12 cm, 직경 2 cm인 원통으로 생각할 수 있으며 그 물성값은 ρ = 980 kg/m³, c_p = 3.9 kJ/kg·°C, k = 0.76 W/m·°C, α = 1.99 × 10^{-7}이다. 초기 4°C인 소시지를 100°C의 끓는 물에 넣었다. 표면에서 열전달계수가 h = 680 W/m²·°C이라면 (*a*) 짧은 원통, (*b*) 무한히 큰 원통으로 소시지를 생각할 경우, 5, 10, 15분 후에 소시지의 중심온도를 구하라.

4–84 높이 2 cm인 원통형 얼음 조각(k = 2.22 W/m·K, α = 0.124 × 10^{-7} m²/s)이 24°C인 방에 있는 탁자 위의 직경 2 cm 바닥에 놓여 있다. 얼음 조각에서 노출된 면의 열전달계수는 13 W/m²·K이고, 바닥에서 탁자로의 열전달은 무시한다. 얼음 조각이 3시간 동안 어떤 곳에서도 녹기 시작하지 않는다면 얼음 조각의 최초온도는 얼마여야 하는가?

4–85 길이 30 cm, 직경 15 cm인 알루미늄 원통(ρ = 2702 kg/m³, c_p = 0.896 kJ/kg·K, k = 236 W/m·°C, α = 9.75 × 10^{-5} m²/s)이 초기에 20°C로 있다. 원통의 중심온도가 300°C로 도달할 때까지 1,200°C 노(furnace)에서 가열된다. 원통의 표면에서 열전달계수가 80 W/m²·K이라면 원통의 노에 얼마나 있어야 하는가? 그 온도에서 꺼내어 20°C까지 냉각될 때, 노로부터의 열전달량을 구하라.

4–86 알루미늄 조각이 낮은 전도성 물질인 화로 안으로 넣어진 경우에 문제 4–85를 다시 풀어라. 이 경우에 원통의 바닥 면을 통한 열전달은 무시할 수 있다.

4–87 문제 4–85를 다시 고려해 보자. EES(또는 다른 프로그램)를 사용하여, 알루미늄 조각의 중심부의 온도가 가열시간과 열전달량에 주는 영향을 조사해 보자. 최종 중심부의 온도를 50°C부터 1000°C까지 놓고, 이에 따른 시간과 열전달량은 어떻게 되는지 그래프를 그려보고 그 결과를 논하라.

복습문제

4–88 가마로부터 나오는 지름 10 mm, 초기온도 400°C 구모양의 유리구슬은 방 온도 30°C에서 3분간 냉각된다. 만약 대류 열전달계수가 28 W/m²·K일 때 (*a*) 표 4–2를 사용하여 유리구슬의 중심온도를 구하고 (*b*) Heisler 차트(그림 4–17)를 이용하여 유리구슬의 중심온도를 구하라. 유리구슬의 물성치는 ρ = 2,800 kg/m³, c_p = 750 J/kg·K, k = 0.7 W/m·K 이다.

4–89 커다란 철 조각(ρ = 7,870 kg/m³, c_p = 447 J/kg·K, k = 80.2 W/m·K)은 초기온도 150°C에서 가열되고 콘크리트 바닥(ρ = 1,600 kg/m³, c_p = 840 J/kg·K, k = 0.79 W/m·K) 위에 있다. 콘크리트 바닥의 초기온도는 30°C이다. (*a*) 철조각과 콘크리트바닥 사이의 표면온도를 구하라. (*b*) 15분 이후에도 표면의 온도가 일정하게 유지된다면, 콘크리트 바닥의 25 mm 깊이 부분의 온도를 구하라.

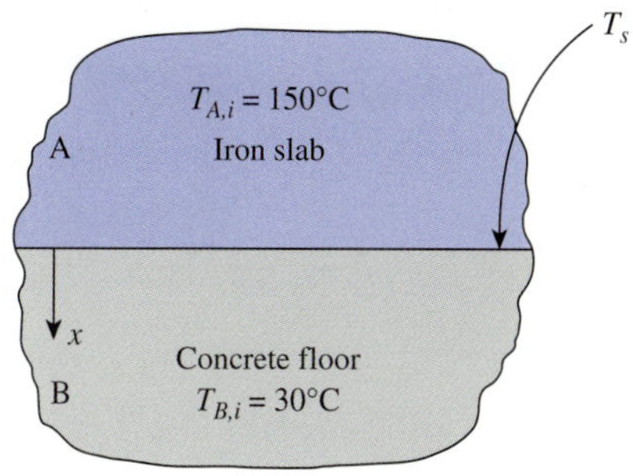

그림 P4–89

4–90 사막에서 비가 내리는 것은 흔하지 않은 일이다. 이는 대기의 상부층에서 형성된 물방울이 지면에 닿기 전에 증발하기 때문

이다. 초기 5°C이고 직경 5 mm인 빗방울을 생각해보자. 열전달계수 400 W/m²·K으로 18°C의 대기로 빗방울이 떨어질 때, 빗방울의 직경이 3 mm가 될 때까지 얼마나 걸리는가? 물의 온도는 항상 5°C로 가정한다.

4–91 도시에서 수도 본관은 영하의 기간 동안 결빙을 피하기 위하여 충분한 매설 깊이에 있어야 한다. 수도 본관이 최초에 15°C인 흙에 있었고 최악의 경우 표면온도가 75일 동안 −10°C 상태로 가정한 경우에 최소 매설 깊이를 구하라. 흙의 물성값은 k = 0.7 W/m·°C, $\alpha = 1.4 \times 10^{-5}$ m²/s이다. **답: 7.05 m**

4–92 핫도그(ρ = 980 kg/m³, cp = 3.9 kJ/kg·K, k = 0.76 W/m·K, $\alpha = 2 \times 10^{-7}$ m²/s)를 직경 2 cm, 길이 12 cm인 원통으로 가정한다. 초기 5°C인 핫도그를 100°C의 끓는 물에 넣었다. 핫도그 표면에서의 열전달계수는 600 W/m²·K이다. 핫도그의 중심온도가 80°C에 도달할 때까지 얼마나 걸리는가?

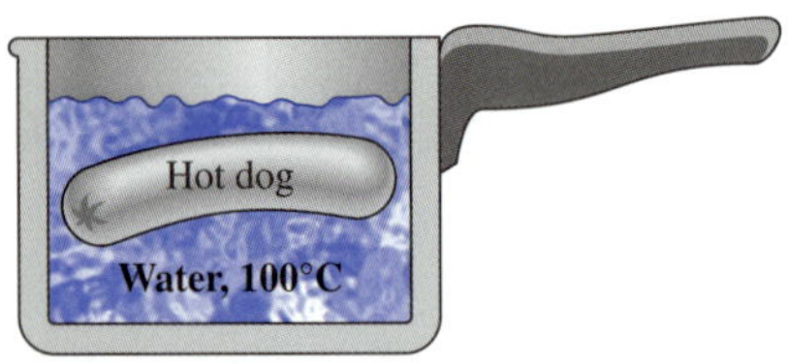

그림 P4–92

4–93 넓이 2 m, 두께 0.5 cm인 긴 강철판이 820°C로 화덕에서 나온 후 45°C의 기름통(c_p = 2.0 kJ/kg·K)에서 냉각된다. 판은 20 m/min의 일정한 속도로 움직이고 있으며, 기름통의 길이는 9 m이다. 판의 양면에서 열전달계수가 860 W/m²·K일 때 강철판이 기름통을 떠날 때 온도를 구하라. 또한 기름의 온도를 45°C로 유지하는 데 얼마의 열을 제거해야 하는가?

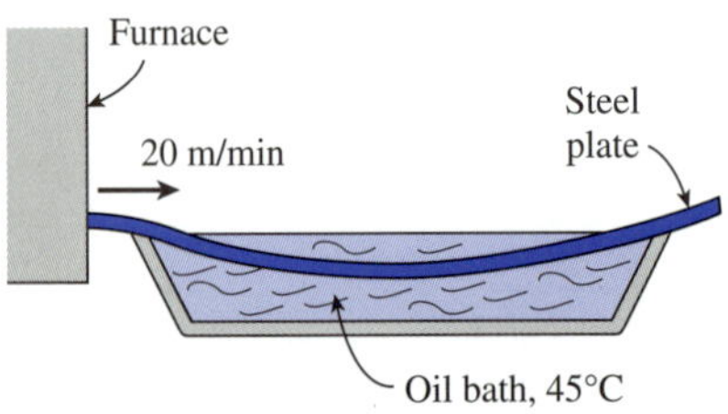

그림 P4–93

4–94 초기에 30°C인 마른 떡갈나무(k = 0.17 W/m·K, $\alpha = 1.28 \times 10^{-7}$ m² /s)를 5시간 동안 600°C인 뜨거운 기체에 노출시켰다. 나무의 표면에서 열전달계수는 65 W/m²·K이다. 나무가 타기 시작하는 온도는 410°C이다. 나무를 20 cm의 긴 원통으로 생각할 때 불이 나무를 지나갈 때 나무가 점화되는지를 결정하라.

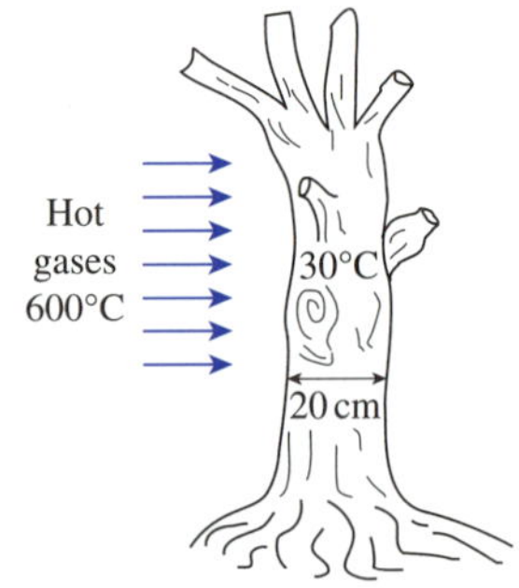

그림 P4–94

4–95 2 cm 두께인 두 개의 큰 강철판(k = 43 W/m·K and α = 1.17 × 10^{-5} m²/s)을 생각해보자. 그 강철판이 포개어져 있는데 −10°C의 추운 겨울밤에 방치되었다. 다음날 인부가 강철판 하나가 필요하게 되었는데 강철판 사이의 물이 결빙되어 판이 붙었다. 판 사이의 얼음을 녹여 판을 분리시키기 위하여 인부는 큰 헤어드라이어로 판의 위쪽 부분에 80°C의 뜨거운 공기를 불게 했다. 위쪽 표면에서의 대류열전달계수를 40 W/m²·K로 추정할 때 인부는 판을 분리시키기 위하여 얼마 동안 뜨거운 공기를 불게 해야 하는가? **답: 217 s**

4–96 두께 2.5 cm인 판과 직경 2.5 cm인 긴 원통과, 직경 2.5 cm인 구가 200°C로 있으며 물성값은 k = 26 W/m·°C, α = 8.6 × 10^{-6} m²/s이다. 세 형상 모두 열전달계수 40 W/m²·°C인 25°C의 차가운 기체에 노출되었다. 10, 20분 후 각 형상의 중심온도를 구하라. 왜 구의 중심온도가 낮은가를 설명하라.

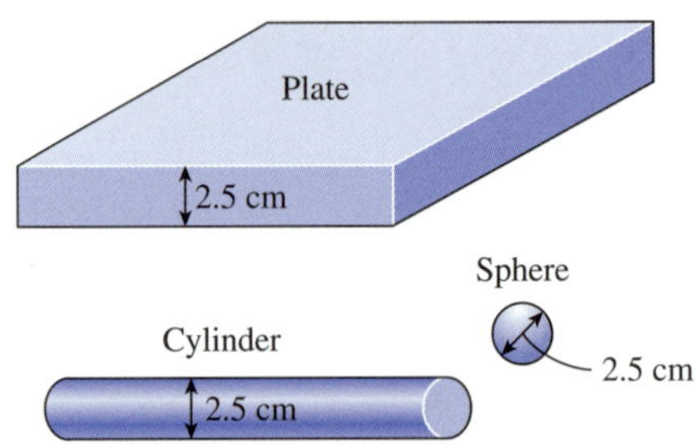

그림 P4–96

4–97 주철(k = 50 W/m·°C, $\alpha = 1.57 \times 10^{-5}$ m²/s) 형상에 대하여 문제 4–96에 풀어라.

4–98 문제 4–96을 다시 고려해 보자. EES(또는 다른 프로그램)를 이용하여 시간이 5분에서 60분 사이로 변할 때 각각의 형상에서 중심온도에 대한 냉각시간에 대해 그래프를 그려보고 그 결과를 논하라.

4–99 엔진 밸브가(k = 48 W/m·K, c_p = 440 J/kg·K, ρ = 7,840 kg/m³) 생산공장의 열처리 과정에서 800°C로 가열된 후

50°C의 기름통에서 냉각될 때, 기름통의 열전달계수는 800 W/m²·K이다. 밸브의 직경이 8 mm이고 길이는 10 cm일 때 밸브 헤드와 자루의 표면적은 동일하며 밸브 헤드의 부피는 자루의 80%이다. 밸브의 온도가 (*a*) 400°C, (*b*) 200°C, (*c*) 51°C, (*d*) 한 개의 밸브로부터의 최대 열전달량을 구하여라.

4–100 자동차 엔진 블록은 주철(k = 52 W/m·K, α = 1.7 × 10^{-5} m²/s)로 만들었으며 면의 길이가 80 cm, 40 cm, 40 cm인 육면체로 가정하도록 한다. 엔진을 끈 후의 온도는 150°C이었고, 그 후 대기온도 17°C에 노출되었으며 열전달계수는 6 W/m²·K이었다. (*a*) 80 cm, 40 cm의 윗면의 중심온도, (*b*) 45분 냉각 후의 모서리 온도를 구하라.

4–101 얇은 종이로 포장된 8 cm 두께의 음식물이 0°C로 유지되는 냉장실에서 냉각된다. 상자 표면에서의 열전달계수는 25 W/m²·K이고 냉장실에 6시간 동안 보관하였다. 상자의 초기온도가 30°C라면 상자에 다음의 물건이 들어 있을 경우 중심온도를 구하라. (*a*) 마가린(k = 0.233 W/m·K, α = 0.11 × 10^{-6} m²/s), (*b*) 흰 케이크(k = 0.082 W/m·K, α = 0.10 × 10^{-6} m²/s), (*c*) 초콜릿 케이크(k = 0.106 W/m·K, α = 0.12 × 10^{-6} m²/s).

4–102 직경 3 mm (ρ = 2702 kg/m³, c_p = 0.896 kJ/kg·K, k = 236 W/m·K, α = 9.75 × 10^{-5} m²/s)인 긴 알루미늄 케이블이 350°C로 나오면서 열전달계수 35 W/m²·K이고 30°C인 공기에 노출된다. (*a*) 케이블 온도가 50°C로 떨어지는 데 얼마나 걸리는가? (*b*) 케이블이 10 m/min의 속도로 나온다면 온도가 50°C가 되었을 때 케이블이 얼마나 나왔는가? (*c*) 케이블이 온도 50°C에서 방에서 떠나면 케이블에서 방으로 전달되는 열전달비를 구하라.
답: (*a*) 144 s, (*b*) 24 m, (*c*) 856 W

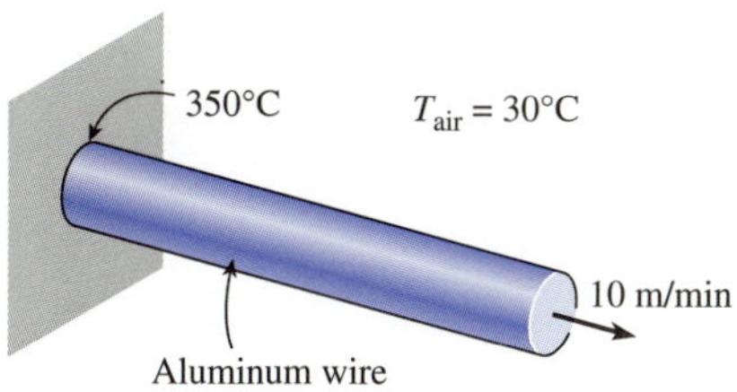

그림 P4–102

4–103 동케이블(ρ = 8,950 kg/m³, c_p = 0.383 kJ/kg·K, k = 386 W/m·K, α = 1.13 × 10^{-4} m²/s)에 대하여 문제 4–102를 되풀이하라.

4–104 40 cm 두께의 벽돌 벽(k = 0.72 W/m·K, α = 1.6 × 10^{-6} m²/s)이 난방장치와 낮 동안 태양 복사열에 의해서 18°C까지 가열되었다. 밤 동안 벽의 외면은 −3°C의 차가운 외부 공기에 노출되었으며, 열전달계수는 20 W/m²·K이었다. 2시간이 지난 후, 외벽에서 15, 30, 40 cm 떨어진 위치에서의 온도를 구하여라.

4–105 1.0 cm 두께의 넓은 강철판을 30°C로 유지되는 오일 저장조에 담가 600°C에서 100°C로 식힌다. 강철판 표면들의 평균 열전달계수는 400 W/m²·K이고, 강철의 평균 물성값은 k = 45 W/m·K, ρ = 7,800 kg/m³, c_p = 470 J/kg·K이다. 강철판을 식히는 데 걸리는 시간을 계산하라.

4–106 직경 4 mm의 알루미늄 선이 압출성형으로 만들어진다. 선이 압출기를 나오는 온도는 350°C이고 속도는 10 m/min이다. 압출 성형실을 나가기 전에 선은 25°C의 공기에 의해 50°C로 냉각되고 열전달계수는 50 W/m²·K이다. 압출 성형실에서의 선 냉각 구간에 필요한 길이를 계산하라.

4–107 두 개의 철막대들이 1,000°C의 균일한 온도로 가열되고 대류 열전달률은 25 W/m²·K이다. 막대 A는 알루미늄(ρ = 2,702 kg/m³, c_p = 903 J/kg·K, k = 237 W/m·K)으로 만들어졌고 막대 B는 스테인리스(ρ = 8,238 kg/m³, c_p = 468 J/kg·K 그리고 k = 13.4 W/m·K)로 만들어졌다. 두 막대는 25 mm의 지름과 1 m의 길이를 가지고 있다. 만약 두 막대 모두 15°C의 초기온도를 지닌다면, 5분의 경과시간 이후 두 막대의 평균 온도를 구하라.

4–108 화산폭발 발생 시, 1,200°C의 용암이 지면 위를 흐르는 것이 발견된다. 지면의 초기온도는 15°C이고 용암류는 3,500 W/m²·K의 대류 열전달률을 가진다. (*a*) 지면 위의 온도를 구하라. (*b*) 용암류의 2초 후, 열유속을 구하라. 지면은 건조한 흙의 성질을 가진 것으로 추정하라. **답: (*a*) 983°C, (*b*) 759.5 kW/m²**

4–109 커다란 가열된 강철 덩어리(ρ = 7,832 kg/m³, C_p = 434 J/kg·K, k = 63.9 W/m·K, α = 18.8 × 10^{-6} m²/s)는 25°C의 시원한 방에 있는 것이 허락된다. 강철 덩어리의 초기온도는 450°C이고 대류 열전달계수는 25 W/m²·K이다. 강철 덩어리가 분기 무한 매체로서 취급된다고 추정할 때, 10분간의 냉각 후 강철 블록의 모서리의 온도를 결정하라.

설계 및 에세이 문제

4–110 사과 표면에서 통합 대류 및 복사 열전달계수를 결정하기 위한 실험을 한다. 사과는 공기에 노출되어 있고, 실험에는 두 개의 온도계와 시계가 필요하다.

먼저 사과의 무게와 직경을 측정하라. 물로 채워진 커다란 컵에 사과를 넣어서 컵의 체적변화를 측정함으로써 사과의 체적을 알 수 있다. 사과가 일정온도가 되도록 밤새도록 냉동시키고 아침에 부엌의 온도를 측정하라. 사과를 꺼내어 온도계 하나는 사과 중심에 꽂고, 하나는 표면에 둔다. 한 시간 동안 5분마다 온도를 측정하라. 이 두 온도분포를 사용하여 각 구간마다 열전달계수를 계산하고 평균값을 구하라. 결과는 열전달 과정 동안 복합열전달계수이다. 실험값을 사용하여 사과의 열전도도와 열확산계수를 계산하고 위에서 주어진 값과 비교하라.

4–111 사과 대신에 바나나를 사용하여 문제 4-110을 풀어라. 바나나의 물성값은 사과의 물성값과 같다고 생각된다.

4–112 소다수 캔의 시간상수를 결정하기 위해 다음 실험을 수행하라. 그리고 시간변화에 따라 온도를 예측하라. 부엌에서 공기온도와 캔의 표면에 온도계를 부착하고 냉장고에 있는 음료수의 온도를 측정하라. 그리고 음료수를 꺼낸 5분 후에 온도를 측정하라. 그 값을 사용하여 계수 b를 계산하라. 계산된 b값을 이용하여 10, 15, 20, 30, 60분 후에서 온도를 추정하고 결과를 실제로 측정한 값과 비교하라. 이 경우에 집중계해석을 적용하는 것이 타당한가?

CHAPTER 05

열전도의 수치해법

NUMERICAL METHODS IN HEAT CONDUCTION

지금까지 우리는 단순한 경계조건을 갖는 **단순한 형상**의 비교적 간단한 열전도 문제를 고려해 왔는데, 그 이유는 이와 같이 간단한 열전도 문제만을 **해석적으로** 풀 수 있기 때문이다. 하지만 실제로 부딪치게 되는 많은 문제는, 복잡한 경계조건이나 변화하는 물성치를 갖는 **복잡한 형상**들을 수반하여 해석적으로는 풀 수 없다. 이와 같은 경우에는 컴퓨터에 의한 **수치해법**을 사용하여 충분한 정확도의 근사해를 얻을 수 있다.

제2장에서 살펴본 바와 같이 **해석적 풀이법**은 경계조건을 이용하여 지배 미분방정식을 푸는 데 기초한다. 해석적 풀이법의 해는 매질의 **모든 점**에서의 온도에 대한 함수로 나타난다. 반면에 수치해법에서는 미분방정식을 매질 내에서 선정된 n개의 점에서의 미지의 온도에 대한 n개의 대수 방정식 형태로 치환하여 이 방정식의 연립해가 각 **불연속점**(*discrete points*)들의 온도값을 나타내도록 한다.

열전도 문제의 수치식(numerical formulation)에는 **유한차분법**, **유한요소법**, **경계요소법**, **에너지 균형법**(또는 검사체적법) 등의 여러 방법이 사용된다. 각 방법마다 나름대로의 장점과 단점이 있고 이러한 방법들은 실제로 이용되어진다. 이 장에서는 복잡한 수식 대신 우리에게 익숙한 검사체적에 대한 에너지 균형식을 쓰는 것이 문제에 대한 감을 익히는 데 좋으므로 **에너지 균형법**을 주로 사용하려 한다. 더욱이 에너지 균형법의 결과는 유한차분법에서와 같은 형태의 대수 방정식으로 나타난다. 이 장에서는 다양한 형상을 가진 정상, 비정상 상태에 대한 열전도 문제의 수치식(numerical formulation)과 풀이에 대하여 알아본다.

학습목표

이 장의 목적은 다음과 같다.

- 열전도 문제에 대한 해석해의 한계 및 컴퓨터를 이용한 수치해법의 필요성에 대해 이해한다.
- 미분식을 차분식으로 바꾸어 표현하고 유한차분식을 구한다.
- 유한차분법을 이용하여 정상 1차원, 2차원 열전도 문제를 수치적으로 해결한다.
- 유한차분법을 이용하여 비정상 1차원, 2차원 열전도 문제를 해결한다.

5–1 ▪ 왜 수치해법인가?

최근 고속 컴퓨터와 편리하게 사용할 수 있는 막강한 소프트웨어 패키지들에 대한 편리한 이용은 공학 교육과 실제에 지대한 영향을 끼치고 있다. 과거의 엔지니어는 중요한 공학 문제를 해결하기 위해 **해석적인 기술**에 의존해야 했고 그래서 그들은 수학에 대한 혹독한 훈련을 필요로 했다. 반면 오늘날의 엔지니어는 그들의 손가락 끝에서 어마어마한 양의 **계산능력**을 발휘할 수 있어, 문제의 물리적 성질을 이해하고 결과를 해석하는 데 주력한다. 하지만 그들은 또한 빠질 수 있는 함정을 피하면서 문제의 풀이에 수반되는 과정과 한계를 알아내기 위하여, 컴퓨터가 계산을 어떻게 수행하는가에 대한 이해를 할 필요가 있다.

2장에서는 다양한 형상의 여러 가지 열전도 문제를 체계적이지만 다분히 수학적인 방법으로 풀었다. (1) 미소 체적 요소에 대한 에너지 균형을 고려하여 지배 미분방정식을 유도한다. (2) 경계조건을 적절한 수학적인 형태로 표현한다. (3) 미분방정식을 풀고 적분 상수를 결정하기 위해 경계조건을 적용한다. 이 방법으로 해는 매질 내에서의 온도분포에 대한 함수로 나타나게 되는데, 이와 같이 구해진 해를 해석해라고 한다. 예를 들면 외부 표면이 T_1의 균일한 온도로 유지되고 $\dot{e}$의 일정한 율로 열이 발생하는 반지름 r_o인 구에 대한 1차원 정상 열전도 문제(그림 5–1)의 수식은

$$\frac{1}{r^2}\frac{d}{dr}\left(r^2\frac{dT}{dr}\right)+\frac{\dot{e}}{k}=0$$
$$\frac{dT(0)}{dr}=0 \qquad \text{and} \qquad T(r_o)=T_1 \tag{5–1}$$

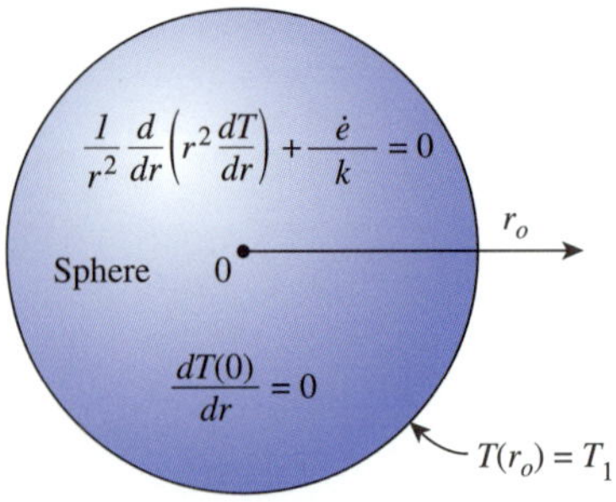

Solution:

$T(r)=T_1+\frac{\dot{e}}{6k}(r_o^2-r^2)$

$\dot{Q}(r)=-kA\frac{dT}{dr}=\frac{4\pi r^3\dot{e}}{3}$

그림 5–1
문제의 수학적 해석법은 지배 미분방정식의 해석과 경계조건의 적용을 필요로 한다.

이 문제의 (해석)해는

$$T(r)=T_1+\frac{\dot{e}}{6k}(r_o^2-r^2) \tag{5–2}$$

이것은 구 내부의 어떤 점의 온도라도 그 점의 r축 값을 위의 해석해에 대입함으로써 간단하게 구할 수 있다. 해석해는 미분방정식과 경계조건을 만족하므로 엄밀히 한다. 이것은 해함수(solution function)를 미분방정식과 경계조건에 대입해 보면 확인할 수 있다. 나아가 구 내부 및 표면의 어떤 위치에서든지 해함수 $T(r)$의 도함수를 취하여 Fourier 법칙에 대입하면 **열전달률**을 구할 수 있다.

$$\dot{Q}(r)=-kA\frac{dT}{dr}=-k(4\pi r^2)\left(-\frac{\dot{e}r}{3k}\right)=\frac{4\pi r^3\dot{e}}{3} \tag{5–3}$$

이와 같은 해석에서는 단순 적분 수준을 넘는 복잡한 수학이 필요하지 않으므로 왜 다른 방법을 요구하는지 아마 의아해할지 모른다. 어쨌든 구해진 해는 정확하고 이용하기도 쉽다. 게다가 이 해는 온도의 함수 의존성(functional dependence)과 독립변수 r에 따른 열전달을 잘 보여주고 있다. 하지만 다른 풀이법을 찾아야 할 몇 가지 이유가 있다.

한계

해석적 풀이법은 간단한 형상의 고도로 단순화된 문제들에 국한된다(그림 5-2). 그 형상은 변수가 상수값을 갖게 될 때 어떤 좌표계에서 수학적으로 전체표면이 서술될 수 있어야 한다. 예를 들어 반지름 r_o인 구에 대한 1차원 열전도의 경우에 바깥 표면 전체는 $r = r_o$로 표현될 수 있어야 한다. 마찬가지로 반지름 r_o, 높이 H인 유한한 길이의 실린더 표면은 측면에 대하여 $r = r_o$, 밑면과 윗면에 대하여 각각 $z = 0$, $z = H$로 표현될 수 있어야 한다. 형상이 조금만 복잡하여도 해석해를 얻기란 불가능하다. 예를 들면 구형 물체에 손잡이 같은 돌기가 있다면 경계조건을 어떤 유사한 좌표계로도 나타낼 수 없으므로 해석적으로 풀이하기란 불가능하다.

간단한 형상에서도 온도 조건이 충분히 단순하지 않으면 해석적으로 풀 수 없다. 예를 들어 온도에 따른 열전도도의 변화, 표면에 대한 열전달계수의 변화, 또는 표면에서의 복사열전달 등의 해석해를 구하기는 불가능하다. 그러므로 해석해는 간단하거나 적절한 근사(approximation)에 의해 단순화된 문제에 국한된다.

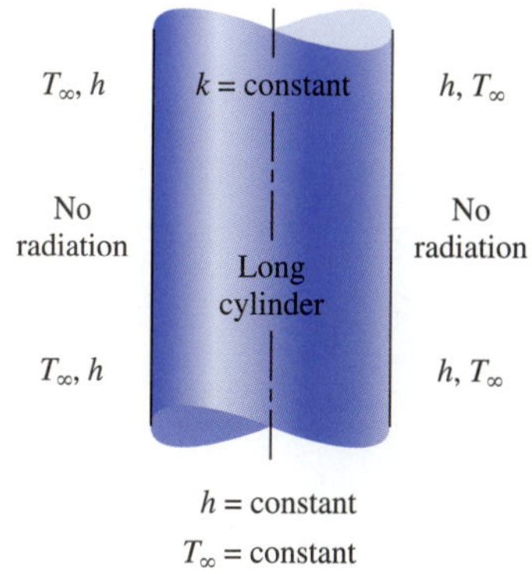

그림 5-2
수학적 해석법은 간략화된 문제와 간단한 기하학적 형태에 제한된다.

더 나은 모델링

앞에서 해석해는 어떠한 근사값도 포함하고 있지 않으므로 엄밀해라고 언급한 적이 있었다. 그러나 이 말에는 설명이 좀 필요하다. 실제의 문제와 그것을 이상화하여 표현한 수학적 모델 사이의 차이를 살펴보아야 한다. 우리가 구한 해는 수학적 모델의 해이고, 실상의 문제에 이 해를 적용시킬 수 있느냐는 모델의 정확성에 달려 있다. 일반적으로 문제의 실물 모델로부터 얻은 "근사"해는 미숙한 수학적 모델로부터 얻은 "정밀"해보다 정확하다(그림 5-3).

실제 문제에서 해석해를 얻으려고 시도할 때, 해석해를 얻기 위하여 수학적 모델을 지나치게 간단하게 만들어 결국 문제를 과도하게 단순화시켜버리는 수가 있다. 그래서 미분방정식이나 경계조건에서의 비선형성과 같이 수학적 복잡함을 초래하는 효과를 무시해 버리는 것이 일반적이다. 그러므로 열전도도의 온도 종속성과 복사에서의 경계조건 등과 같은 비선형성이 좀처럼 해석해에서 고려되지 않는 것은 놀랄 만한 일이 아니다. 수치해법에서 사용하는 수학적 모델은 실제 문제를 더 잘 표현한다. 그래서 공학 문제의 수치해법은 비록 해석적인 풀이가 가능한 문제에서도 선택적이라기보다는 기본적으로 채택되고 있다.

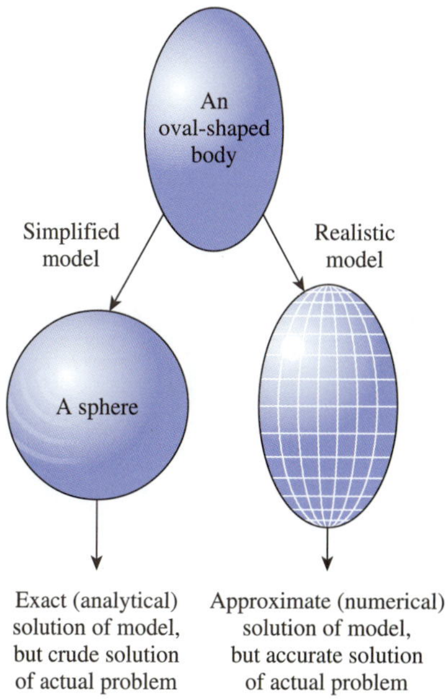

그림 5-3
지나치게 간략화된 수식의 엄밀해는 근사적인 수치해보다 부정확할 수 있다.

융통성

공학문제에서는 종종 올바른 변수를 선택하기 위해, 그리고 "만약"이라는 문제에 답하기 위하여 변수들이 풀이에 미치는 영향을 이해할 수 있는 광범위한 변수연구(*parametric studies*)가 필요하다. 이것은 만약 손으로 한다면 지극히 지루하고도 많은 시간이 소요되는 반복 과정이다. 컴퓨터와 수치해법은 그와 같은 계산에 더할

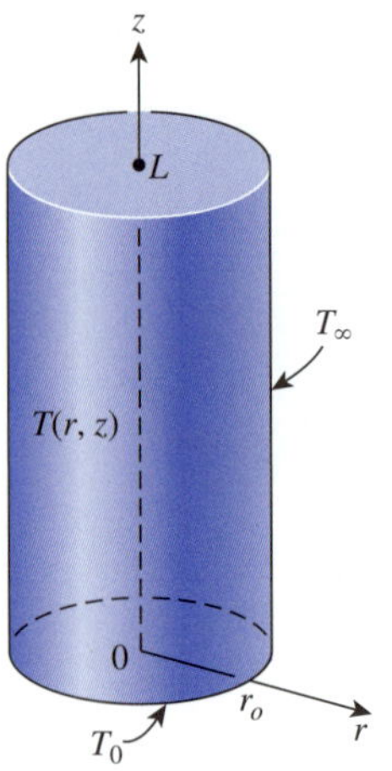

Analytical solution:

$$\frac{T(r,z)-T_\infty}{T_0-T_\infty}=\sum_{n=1}^{\infty}\frac{J_0(\lambda_n r)}{\lambda_n J_1(\lambda_n r_o)}\frac{\sinh\lambda_n(L-z)}{\sinh(\lambda_n L)}$$

where λ_n's are roots of $J_0(\lambda_n r_o)=0$

그림 5-4
어떤 수학적 엄밀해는 사용하기가 너무 복잡하다.

나위 없이 적합하고, 부호 또는 입력 변수를 조금만 수정하면 많은 연관된 문제들을 풀 수 있다. 오늘날 컴퓨터와 수치해법의 위력과 유통성이 없이 공학에서 어떤 의미 있는 최적화 연구(optimization studies)를 수행한다는 것은 상상할 수 없는 일이다.

복잡성

어떤 문제는 해석적으로 풀 수 있지만 풀이 과정이 매우 복잡하고 결과로 나온 해 또한 매우 난해하게 표현되어 노력할 만한 가치가 없다. 1차원 정상 상태 또는 비정상 집중계(transient lumped system) 문제를 제외하고는 모든 열전도 문제는 편미분방정식으로 나타난다. 이 편미분방정식을 풀기 위해서는 직교성, 고유치, Fourier, Laplace 변환, Bessel, Legendre 함수, 무한급수 등 학부 과정을 넘는 복잡한 수학이 필요하다. 그와 같은 경우에 종종 특정한 점에서 무한급수의 2차 또는 3차 합(double or triple summation)을 포함하는 해를 구하는 것은 그 자체로도 하나의 도전이다(그림 5-4). 그러므로 비록 핸드북에서 해를 이용할 수 있는 경우라도 사용자들을 겁먹게 만들고 말 것이다.

인간의 본성

인간으로서 우리는 편하게 앉아 희망을 꿈꾸고 많은 노력 없이 그 꿈이 현실로 나타나길 바란다. TV리모컨은 우리가 편한 의자에 앉아 버튼만 누르면 말 잘 듣는 TV수상기에 명령을 내려주므로 가정에서 마치 우리가 왕이 된 듯한 기분을 느끼게 해 준다. 리모컨이 없다면 케이블 TV가 무슨 소용이 있을 것인가? 우리는 공학 사무실(engineering office)의 작은 한 켠에서도 컴퓨터의 버튼 하나만 누르면 문제를 해결할 수 있는 왕으로 있고 싶어 한다(물론 그 컴퓨터의 리모컨이 고안될 때까지). 정말 이런 이야기는 과거에는 상상이었지만 오늘날에는 현실이 되었다. 실제로 오늘날 모든 공학 사무실에는 **복잡한 소프트웨어 패키지**가 있는 **고용량 컴퓨터**가 갖춰져 있고 그래픽과 표로 이루어진 인상적이고 다채로운 출력물들이 있다(그림 5-5). 게다가 그 결과는 모든 실용적인 용도에 대하여 해석적인 결과만큼 정확하다. 컴퓨터는 확실히 공학이 구현되는 방법을 바꾸어 놓았다.

위에서 언급한 내용은 해석적 풀이가 필요 없다거나 공학 교육 과정에서 없어져야 한다고 믿도록 하기 위함이 아니다. 그와 반대로 해석을 통하여 **물리적인 현상**과 **공학적인 사고**에 대한 통찰력이 기본적으로 얻어진다. 엔지니어가 간단하지만 기초적인 문제의 해석을 하는 동안 얻어진 "감"은 복잡한 문제를 해결할 때, 컴퓨터로부터 얻어지는 엄청난 양의 결과를 판단하는 데 매우 귀중한 도구가 된다. 한정적인 경우에 대하여 손으로 하는 간단한 해석은 결과가 적절한 범위 안에 있는지를 확인하는 데 사용할 수 있다. 또한 예비검토 단계에서 종이 위에서의 근사값을 얻는 데에는 손으로 하는 간단한 해석을 대신할 것은 없다. 계산기가 과거에 손

그림 5-5
고성능 컴퓨터 및 잘 만들어진 소프트웨어를 쉽게 이용할 수 있으므로 수치해석법이 주류를 이룬다.

으로 하던 기초적인 산수 계산을 대신 했지만 초등학교 학생이 덧셈과 뺄셈을 배울 필요성이 없어진 것은 아니다.

이 장에서는 열전달 문제를 한두 가지의 수치적 방법으로 어떻게 **공식화하고 풀이하는지** 배우게 될 것이다. 당신이 전문가가 되어 열전달 문제를 해결하려 할 때 직접 프로그램해서 문제를 해결하려 하기보다는 아마 대부분 전문 소프트웨어 패키지를 사용하게 될 것이다(또한 오랜 기간 시험을 거쳐 성능이 잘 확인된 상용 소프트웨어 패키지를 사용하는 대신, 당신의 프로그램을 사용하여 결과를 얻었을 때 사람들은 그 결과를 믿지 않으려 할 것이다). 이 장에서 열전달 문제를 수식화하고 풀이하면서 얻을 통찰력으로 당신은 가용한 소프트웨어 패키지를 잘 이해하고, 견문이 넓은 능력 있는 사용자가 되는 데 도움이 될 것이다.

5–2 ▪ 미분방정식의 유한차분식화

미분방정식을 수치해법으로 푸는 바탕은 **미분방정식**을 **대수 방정식**으로 바꾸는 것이다. 잘 알려진 **유한차분법**에서는 **도함수**(*derivatives*)를 **차분형**(*differences*)으로 대치한다. 아래에서 위의 과정을 1계, 2계 도함수에 대하여 살펴보려 한다. 먼저 한 가지 예를 살펴본다.

어떤 사람이 예금 계좌에 연 이율 18%로 A_0 = 100달러의 돈을 가지고 있다고 하자. 그리고 이자가 계속해서(또는 순간에 대하여) 누적된다고 하면 일 년 후에 이 사람이 가지게 될 돈을 계산해 보자. 단리의 경우에 예금에는 18달러의 이자가 생기게 되고 이 사람은 일 년이 지난 후에 계좌에 $100 + 100 \times 0.18 = 118.00$달러를 갖게 될 것이다. 하지만 복리의 경우에 복리기간 동안 생기는 이자에 대해 나머지 기간 동안 또 이자가 생기게 되어 연말의 잔고는 118달러를 넘게 될 것이다. 예를 들어 예금을 일 년에 두 번 복리로 계산하면 6개월 후에 잔고는 $100 + 100 \times (0.18/2) = 109$달러가 될 것이고, 연말에는 $109 + 109 \times (0.18/2) = 118.81$달러가 될 것이다. 우리는 잔고 A를 다음과 같이 직접 구할 수 있다.

$$A = A_0(1 + i)^n = (\$100)(1 + 0.09)^2 = \$118.81 \tag{5-4}$$

여기서 i는 복리기간 동안의 이율이고 n은 복리기간 수이다. 같은 식을 사용하여 매월, 매일, 매시, 매분, 매초의 복리기간에 따른 연말 잔고를 산출해낼 수 있고 그 결과가 표 5–1에 있다.

매일 복리로 계산하면 연말 잔고는 119.72달러가 되는데 이것은 단리의 경우보다 1.72달러가 많게 되는 것에 주목하라(그러므로 신용카드 회사가 차감 잔액을 산정할 때 매일 복리로 계산하여 이자를 부과하는 것은 당연하다). 또한 비록 매초마다 복리로 계산하더라도 시간 간격이 짧으면 결과가 변하지 않으므로, 미소 시간 간격 dt를 사용하여 복리로 계산하더라도, 같은 결과를 얻을 수 있음을 짐작할 수 있다. 이런 짐작은 잔고 A에 대한 미분방정식 $dA/dt = iA$라는 식에 의해 확인될 수

표 5–1

연이자율이 18%인 경우 복리기간에 따른 100달러 원금의 연말 복리 이자 잔고

Compounding Period	Number of Periods, n	Year-End Balance
1 year	1	$118.00
6 months	2	118.81
1 month	12	119.56
1 week	52	119.68
1 day	365	119.72
1 hour	8760	119.72
1 minute	525,600	119.72
1 second	31,536,000	119.72
Instantaneous	∞	119.72

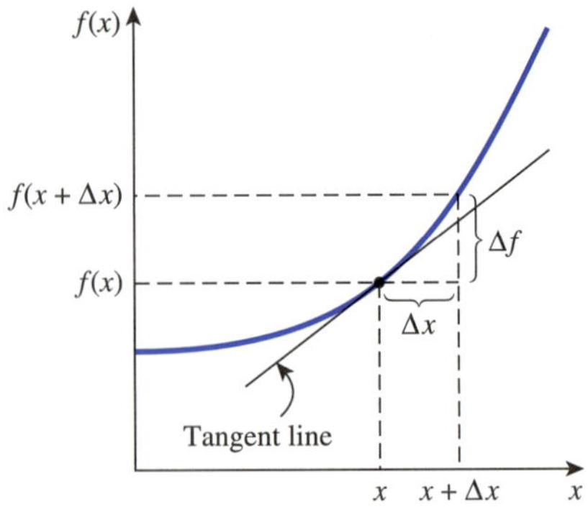

그림 5-6

어떤 점에서 함수의 기울기는 그 점에서 함수의 기울기에 해당한다.

있다. 이 식의 해는 $A = A_0\,\exp(it)$이다. 대입해 보면

$$A = (\$100)\exp(0.18 \times 1) = \$119.72$$

이 값은 매일 복리로 계산하는 것과 동일하다. 그러므로 미소 시간 간격(differential time interval) dt를 유한한 시간 간격(finite time interval) $\Delta t = 1$일로 치환하여도 반올림된 센트(cent)의 둘째 자리까지 같은 결과를 얻는다. 이것은 미소량(*differential quantities*)을 충분히 작은 차분형(*differences*)으로 치환하여도 상당히 정확한 결과를 얻을 수 있음을 말한다.

다음에는 미분방정식의 도함수를 차분형으로 대치하여 열전도 문제의 유한차분식을 구한다. 다음 절에서는 미분방정식에 대한 지식 없이도 사용할 수 있는 에너지 균형법을 알아볼 것이다.

도함수는 미분방정식의 기본 요소이므로 우리는 먼저 도함수에 대하여 잠깐 되짚어 본다. 그림 5-6에 보인 바와 같이 x에 대한 함수 f를 생각해보자. 함수 $f(x)$의 어떤 점에서의 **1계 도함수**는 곡선에 대한 그 점에서 접선의 기울기와 같고 다음과 같이 정의된다.

$$\frac{df(x)}{dx} = \lim_{\Delta x \to 0} \frac{\Delta f}{\Delta x} = \lim_{\Delta x \to 0} \frac{f(x + \Delta x) - f(x)}{\Delta x} \tag{5-5}$$

이것은 독립 변수의 증분 Δx가 $\Delta x \to 0$이 될 때 함수의 증분 Δf의 비이다. 만약 극한을 고려하지 않으면 도함수는 다음과 같이 근사화할 수 있다.

$$\frac{df(x)}{dx} \cong \frac{f(x + \Delta x) - f(x)}{\Delta x} \tag{5-6}$$

이와 같이 도함수를 차분형으로 근사화하여 표시한 것이 1계 도함수에 대한 **유한차분형**이다. 위의 방정식은 함수 f를 x점에 대하여 *Tayor* 급수전개하고 처음 두 항을 제외한 나머지 항들을 무시하면 얻을 수 있다.

$$f(x + \Delta x) = f(x) + \Delta x \frac{df(x)}{dx} + \frac{1}{2}\Delta x^2 \frac{d^2 f(x)}{dx^2} + \cdots \tag{5-7}$$

무시된 첫 번째 항은 Δx^2에 비례하고 그래서 이 근사식의 각 과정에 포함된 오차도 Δx^2에 비례하게 된다. 그러나 길이 L을 따라 M눈금만큼 움직인 후의 상호적 오차(*commutative error*)는 $M\Delta x^2 = (L/\Delta x)\Delta x^2 = L\Delta x$로부터 Δx가 된다. 그러므로 Δx가 작아지는 만큼 오차도 작아져 근사치가 더욱 정확해지는 것이다.

이제 열발생을 포함하는 두께 L의 평판에서의 1차원 정상 열전달을 고려해 보자. 그림 5-7에 보인 바와 같이 평판을 x방향에 대하여 $\Delta x = L/M$의 같은 간격을 갖는 M개의 영역으로 나누고, $0, 1, 2, \ldots, m-1, m, m+1, \ldots, M$의 $M + 1$개의 절 또는 절점이라 부르는 점으로 나눈다. 임의의 점 m의 x축 값은 단순히 $x_m = m\Delta x$이고, 그 점에서의 온도는 간단히 $T(x_m) = T_m$이 된다.

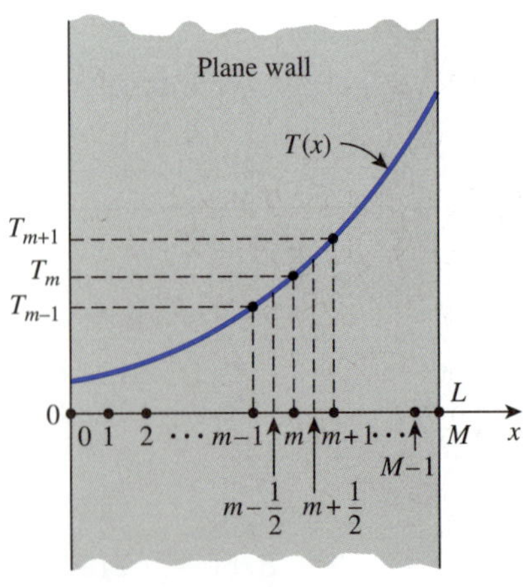

그림 5-7

평판 내부 열전달에 대한 유한차분방정식의 유도에 사용된 절점 및 절점온도

열전도방정식은 d^2T/dx^2과 같은 공간 변수(space variable)에 대한 온도의 2계 도함수를 포함하며 유한차분 공식화는 2계 도함수를 적절한 차분형(differences)으로 바꾸는 과정을 밟는다. 하지만 이 과정을 1계 도함수부터 시작해 볼 필요가 있다. 식 (5-6)을 사용하면 절점 m을 둘러싸고 있는 영역의 중간점 $m - \frac{1}{2}$과 $m + \frac{1}{2}$에서의 온도에 대한 1계 도함수 dT/dx는 다음과 같이 표현된다.

$$\left.\frac{dT}{dx}\right|_{m-\frac{1}{2}} \cong \frac{T_m - T_{m-1}}{\Delta x} \quad \text{and} \quad \left.\frac{dT}{dx}\right|_{m+\frac{1}{2}} \cong \frac{T_{m+1} - T_m}{\Delta x} \tag{5-8}$$

2계 도함수는 단순히 1계 도함수의 미분이므로 절점 m에 대한 온도에 대한 2계 도함수는 다음과 같이 표현된다.

$$\left.\frac{d^2T}{dx^2}\right|_m \cong \frac{\left.\frac{dT}{dx}\right|_{m+\frac{1}{2}} - \left.\frac{dT}{dx}\right|_{m-\frac{1}{2}}}{\Delta x} = \frac{\frac{T_{m+1} - T_m}{\Delta x} - \frac{T_m - T_{m-1}}{\Delta x}}{\Delta x} = \frac{T_{m-1} - 2T_m + T_{m+1}}{\Delta x^2} \tag{5-9}$$

이것은 임의의 내부 절점 m에 대한 **2계 도함수를 유한차분식으로 표현**한 것이다. 절점 m에서 온도에 대한 2계 도함수는 절점 m과 그것에 인접한 두 절점에서의 온도에 대한 항으로 표현됨을 알 수 있다. 이제 미분방정식은

$$\frac{d^2T}{dx^2} + \frac{\dot{e}}{k} = 0 \tag{5-10}$$

로 나타낼 수 있는데 이것은 열발생이 있고 열전도도가 일정한 평판에 대한 정상 **1차원 열전달**의 지배 방정식이 되고 그림 5-8에서 보는 바와 같이 유한차분형으로 표현된다.

$$\frac{T_{m-1} - 2T_m + T_{m+1}}{\Delta x^2} + \frac{\dot{e}_m}{k} = 0, \qquad m = 1, 2, 3, \ldots, M - 1 \tag{5-11}$$

여기서 $\dot{e}_m$은 절점 m에서의 단위 부피당 열발생률이다. 열발생이 없는 경우($\dot{e}_m = 0$) 식 (5-11)은 $T_m = \frac{1}{2}(T_{m-1} + T_{m+1})$로 단순화되는데 이는 1차원 차분식의 가장 간단한 형태이다. 이 식은 단순히 양쪽에 인접한 내부 절점온도의 산술평균을 나타낸다. 만약 표면의 온도 T_0와 T_M이 주어졌다면, 이 방정식을 각각의 $M-1$개의 내부 절점에 적용하여 $M-1$개의 내부 절점에 대한 미지의 온도를 결정할 수 있는 $M-1$개의 방정식을 이끌어낼 수 있다. 이 방정식을 연립하여 풀면 각 절점에서의 온도값을 알 수 있다. 만약 벽면의 온도가 주어지지 않았다면, 주어진 경계조건을 이용하여 유사한 방법으로 2개의 방정식을 더 이끌어내야 한다. 그러면 $M + 1$개의 미지의 절점온도는 $M + 1$개의 미지수가 있는 $M + 1$개의 식을 연립하여 풀면 구할 수 있다.

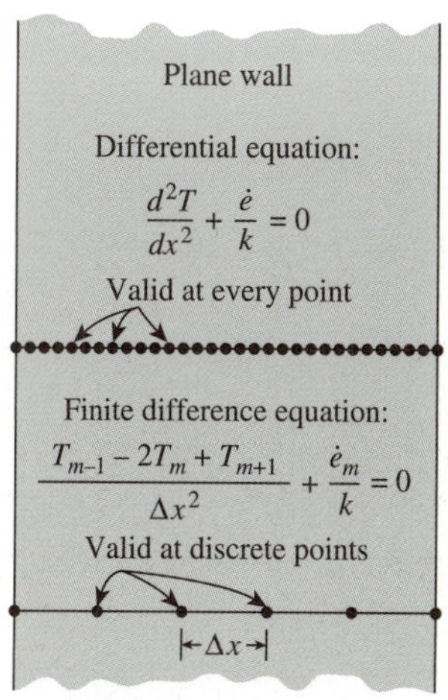

그림 5-8
미분방정식은 매체 내의 모든 위치에서 만족되지만 유한차분 방정식은 고려된 절점에서만 만족한다.

경계조건은 매질 내부 절점의 유한차분식에는 영향을 미치지 못한다는 것에 주목하여야 한다. 이것은 식을 유도하면서 사용된 검사체적이 어떠한 경계도 포함하

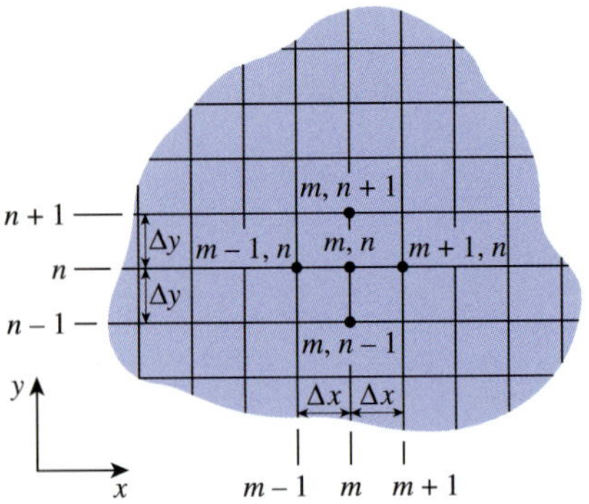

그림 5-9

2차원 직교 좌표계에서 고려된 유한차분 격자 시스템

고 있지 않기 때문에 놀랄 만한 일은 아니다. 또한 경계조건이 매질 내에서의 열전도 미분방정식에도 영향을 미치지 못함을 기억해야 한다.

앞의 유한차분법은 2차원 또는 3차원 문제에 대하여 각 방향에 대한 2계 도함수를 차분식으로 바꾸어 확장시킬 수 있다. 예를 들어 열발생이 있고 열전도도가 일정한 **정상 2차원 열전도** 문제에 대한 **유한차분식**은, 그림 5-9에서와 같이 임의의 내부 절점(m, n)에서 $m = 1, 2, 3, \ldots, M - 1$ 그리고 $n = 1, 2, 3, \ldots, N - 1$에 대하여 직교 좌표계로 표현될 수 있다.

$$\frac{T_{m+1,n} - 2T_{m,n} + T_{m-1,n}}{\Delta x^2} + \frac{T_{m,n+1} - 2T_{m,n} + T_{m,n-1}}{\Delta y^2} + \frac{\dot{e}_{m,n}}{k} = 0 \qquad \text{(5-12)}$$

이 직사각형 영역은 x방향으로 M개의 같은 간격의 소구역(subregion)과 y방향으로 N개의 같은 간격의 소구역(subregion)으로 나뉘어져 모두 $(M + 1)(N + 1)$개의 절점이 생기게 되고, 식 (5-12)를 이용하여 $(M - 1)(N - 1)$개 절점에서의 유한차분식을 얻을 수 있다(즉, 경계를 제외한 모든 절점에서).

미분방정식으로부터 차분식이 어떻게 유도되는가 보여주기 위하여 위에서 유한차분식을 살펴보았다. 하지만 다음 절에서는 수치식(numerical formulation)을 얻기 위하여 더욱 **직관적이고** 쉽게 **경계조건**을 처리할 수 있는 **에너지 균형법**(*energy balance approach*)을 사용하려 한다. 더욱이 에너지 균형법은 해석(analysis)단계 이전에는 미분방정식을 필요로 하지 않는다.

5-3 ▪ 1차원 정상 열전도

이 절에서 우리는 에너지 균형법에 의한 평판에서의 열전도 유한차분식을 이끌어 내고, 이 방정식을 어떻게 풀 것인가를 논의하려 한다. **에너지 균형법**은 매질을 충분한 수의 체적 요소로 **나누고** 각각의 요소에 **에너지 균형**을 적용하는 것이다. 이것은 먼저 온도가 결정된 지점에 절점을 **선정**하고, 다음 그 절점에 대하여 중간점과 절점들 사이를 지나는 선을 그려 **요소**(또는 검사체적)를 구성한다. 그러면 내부 절점들은 요소의 중앙에 위치하게 되고, 절점에서의 온도와 열발생률과 같은 값들은 요소의 **평균값**을 나타내게 된다. 특별히 요소들 사이의 열전도를 Fourier 법칙을 사용하여 표현할 때에는 종종 온도가 절점들 사이에서 **선형적으로** 변화한다고 생각하는 것이 편리할 때가 있다.

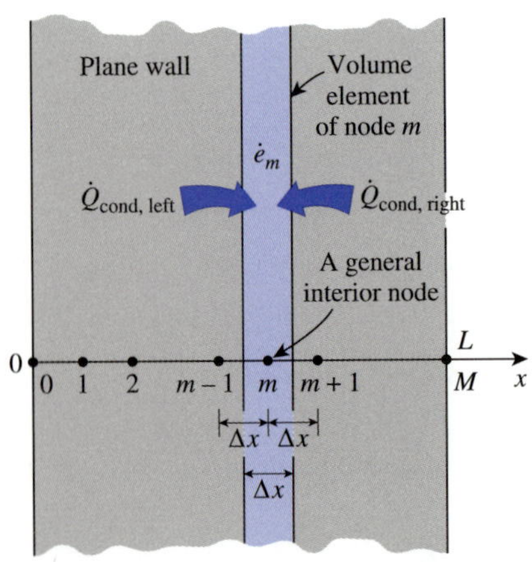

그림 5-10

평판 내부 1차원 열전달에 대한 유한차분 방정식을 위한 절점 및 검사체적

에너지 균형법을 이해하기 위하여 다시 열발생률 $\dot{e}(x)$, 열전도계수 k인 두께 L의 평판을 생각해보자. 평판을 x방향으로 두께 $\Delta x = L/M$인 M개의 같은 간격의 영역으로 나누고, 영역들 간의 구분을 위해 절점을 표시한다. 그러면 그림 5-10에 보는 바와 같이 $0, 1, 2, \ldots, m - 1, m, m + 1, \ldots, M$의 $M + 1$개의 절점이 만들어진다. 임의의 절점 m의 x축 좌표는 간단히 $x_m = m\Delta x$이고, 그 점에서의 온도는 $T(x_m) = T_m$이다. 요소는 절점들의 중간점을 지나는 수직선을 그려 표시한다. 내부

절점들에 의해 표시되는 내부 요소들은 모두 완전한 크기(두께가 Δx인)이고, 반면에 양쪽 경계상에 위치한 두 요소는 크기가 반이라는 점에 유의하라.

임의의 내부 절점에 대한 차분식을 얻기 위해 절점 m으로 표시되는 요소(element)와 인접한 두 절점 $m-1$, $m+1$을 살펴보자. 열전도가 요소의 모든 면에서 요소의 안쪽으로 일어난다고 가정하면 요소에 대한 에너지 균형은 다음과 같이 표현될 수 있다.

$$\left(\begin{array}{c}\text{왼쪽 표면}\\\text{에서의}\\\text{열전도도}\end{array}\right)+\left(\begin{array}{c}\text{오른쪽 표면}\\\text{에서의}\\\text{열전도도}\end{array}\right)+\left(\begin{array}{c}\text{요소의}\\\text{열발생률}\end{array}\right)=\left(\begin{array}{c}\text{요소의}\\\text{에너지 변화율}\end{array}\right)$$

즉

$$\dot{Q}_{\text{cond, left}}+\dot{Q}_{\text{cond, right}}+\dot{E}_{\text{gen, element}}=\frac{\Delta E_{\text{element}}}{\Delta t}=0 \tag{5-13}$$

여기서 매질(또는 그중 일부분)의 에너지 용량(energy content)은 정상 상태에서 변하지 않으므로 $\Delta E_{\text{element}}=0$이다. 요소 내부에서의 **열발생률**은 다음과 같이 표현될 수 있다.

$$\dot{E}_{\text{gen, element}}=\dot{e}_m V_{\text{element}}=\dot{e}_m A\Delta x \tag{5-14}$$

여기서 $\dot{e}_m$은 절점 m에서의 단위 체적당 열발생률(W/m^3)이고 요소 전체에 대하여 일정하다고 취급한다. A는 열전달 면적인데 단순히 평판의 내부(또는 외부) 표면적이 된다.

온도가 **선형적으로** 변화한다고 생각하면, 두께 L인 평판을 통과하는 정상 열전도도는 다음과 같이 표현된다.

$$\dot{Q}_{\text{cond}}=kA\frac{\Delta T}{L} \tag{5-15}$$

여기서 ΔT는 평판을 통과하면서 생기는 온도 차이고, 열전달은 고온에서 저온의 방향으로 일어난다. 열발생이 있는 평판의 경우엔 온도의 변화가 선형적이지 않기 때문에 앞과 같은 관계를 적용할 수 없다. 하지만, 두께 Δx인 얇은 층을 통과하는 열전도를 구함에 있어서 절점들 간의 온도 변화는 선형적이라고 **근사화**할 수 있다(그림 5-11). 분명히 두 절점들 사이의 거리 Δx가 작아질수록 이 근사화는 정확해진다(사실상 이와 같은 근사화가 수치해법을 근사해법으로 분류하는 이유이다. Δx가 0에 가까운 극한의 경우에, 식은 정확해지고 우리는 미분방정식을 얻을 수 있게 된다). 요소의 양쪽 면으로부터 절점 m을 향하는 방향으로 열전달이 일어나므로, 왼쪽과 오른쪽 면에서의 열전도도는

$$\dot{Q}_{\text{cond, left}}=kA\frac{T_{m-1}-T_m}{\Delta x}\quad\text{and}\quad\dot{Q}_{\text{cond, right}}=kA\frac{T_{m+1}-T_m}{\Delta x} \tag{5-16}$$

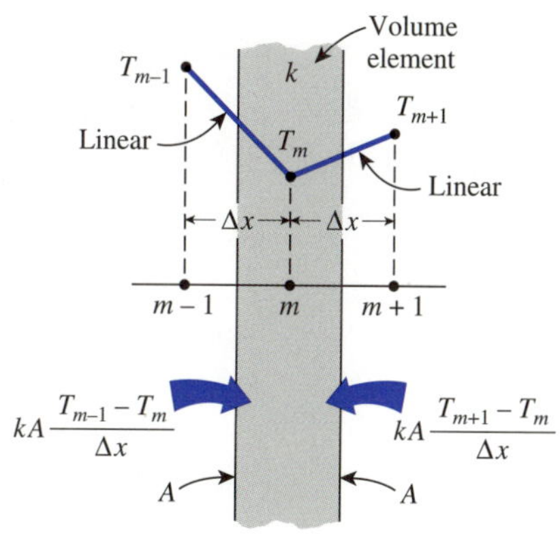

그림 5-11
유한차분 방정식에서 온도는 절점들 사이에서 선형적으로 변한다고 가정한다.

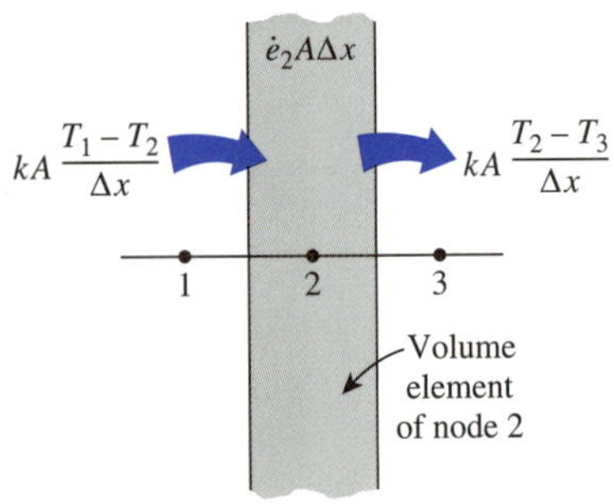

$$kA\frac{T_1 - T_2}{\Delta x} - kA\frac{T_2 - T_3}{\Delta x} + \dot{e}_2 A\Delta x = 0$$

or

$$T_1 - 2T_2 + T_3 + \dot{e}_2 A\Delta x^2 / k = 0$$

(*a*) Assuming heat transfer to be out of the volume element at the right surface.

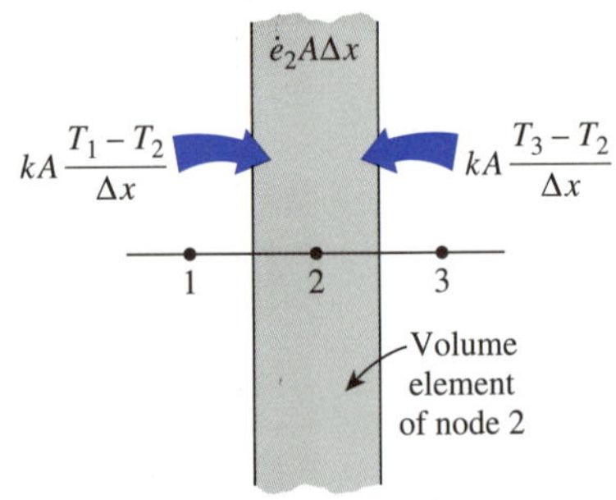

$$kA\frac{T_1 - T_2}{\Delta x} + kA\frac{T_3 - T_2}{\Delta x} + \dot{e}_2 A\Delta x = 0$$

or

$$T_1 - 2T_2 + T_3 + \dot{e}_2 A\Delta x^2 / k = 0$$

(*b*) Assuming heat transfer to be into the volume element at all surfaces.

그림 5-12

체적 요소의 표면에서 가정된 열전달방향은 유한차분 방정식에 영향이 없다.

식 (5-14)와 (5-16)을 식 (5-13)에 대입하면

$$kA\frac{T_{m-1} - T_m}{\Delta x} + kA\frac{T_{m+1} - T_m}{\Delta x} + \dot{e}_m A\Delta x = 0 \qquad \textbf{(5-17)}$$

이것을 간단히 하면

$$\frac{T_{m-1} - 2T_m + T_{m+1}}{\Delta x^2} + \frac{\dot{e}_m}{k} = 0, \qquad m = 1, 2, 3, \ldots, M - 1 \qquad \textbf{(5-18)}$$

이 식은 앞에서 구한 차분식(식 5-11)과 동일하다. 또다시 이 방정식은 $M - 1$개의 내부 절점에 각각 적용할 수 있고, 그러면 $M + 1$개의 절점에서의 온도를 결정할 수 있는 $M - 1$개의 방정식을 얻을 수 있다. $M + 1$개의 미지의 절점온도를 구하기 위해서는 2개의 방정식이 더 필요한데 이것은 경계에 있는 두 요소에 에너지 균형을 취하면 얻을 수 있다(물론 경계에서의 온도가 주어지지 않은 경우에).

어쩌면 당신은 식에서 가정했듯이 만약 열이 요소의 양쪽에서 전도된다면 매질의 온도는 계속 상승하고 그래서 열전도는 정상 상태가 될 수 없다고 생각할지 모른다. 아마도 왼쪽 면에서는 요소로 **들어오는 방향**으로, 오른쪽 면에서는 요소에서 **나가는 방향**으로 열전도가 일어난다고 가정하는 것이 좀 더 실제적인 접근이 될 것이다. 이러한 가정으로 다시 식을 유도하여도, 이 경우의 오른쪽 면의 열전도 항은 $T_m + 1 - T_m$ 대신 $T_m - T_m + 1$이 되어 같은 결과를 얻게 된다. 그러므로 그림 5-12에 보인 바와 같이 체적 요소의 표면에서 가정하는 열전도의 방향은 식에 아무런 영향을 끼치지 못한다(더욱이, 열전달의 실제 방향은 대개 알지 못한다). 그러나 열전달이 모든 면에서 요소의 안쪽 방향으로 일어난다고 가정하는 것이 편리하고 전도에 대한 항의 부호를 걱정할 필요도 없다. 그렇게 하면 전도에 관계된 항에서의 모든 온도차는, 인접한 절점의 온도에서 고려하고 있는 절점의 온도를 뺀 값으로 표현되고, 이리하여 전도에 관한 항들은 모두 더해지게 된다.

경계조건

앞에서 우리는 평판의 각 내부 절점에 대한 유한차분식을 이끌어내는 일반적인 관계식에 대하여 살펴보았다. 그러나 이러한 관계식에서는 고려하고 있는 절점의 양쪽 모두에 인접한 절점이 있어야 하므로, 인접한 절점이 한쪽밖에 없는 경계상에 있는 절점에는 적용할 수 없다. 그러므로 우리는 경계상의 절점들에 대한 유한차분식을 별도로 구해야 할 필요가 있다. 이것은 경계상의 절점에 대한 체적 요소에 **에너지 균형**을 적용하면 구할 수 있다.

실제 문제에서 가장 흔히 접할 수 있는 경계조건은 **온도가 주어지거나**, **열럭스가 주어진 경우** 또는 **대류**, **복사** 경계조건이며, 다음에서 우리는 이들에 대한 유한차분식을 두께 L인 평판에서의 1차원 열전도의 예를 들어 알아보려 한다. $x = 0$인 왼쪽 표면의 절점 번호는 0이고, $x = L$인 오른쪽 표면의 절점 번호는 M이다. 각 경

계상의 절점에 대한 체적 요소의 폭은 $\Delta x/2$임에 유의한다.

온도가 주어진 경계조건은 적용하기 가장 간단한 경계조건이다. 두께 L인 평판을 통한 1차원 열전달에서 왼쪽과 오른쪽 표면의 온도가 주어진 경계조건은 다음과 같다(그림 5-13).

$$T(0) = T_0 = \text{Specified value}$$
$$T(L) = T_M = \text{Specified value} \quad \text{(5-19)}$$

여기서 T_0와 T_m은 각각 $x = 0$과 $x = L$에 주어진 표면온도이다. 그러므로 주어진 표면온도를 경계상의 절점에 단순히 지정함으로써 온도가 주어진 경계조건을 이용할 수 있다. 내부의 절점온도가 결정된 후 매질로 들어오거나 나가는 열전달률을 구하려 하는 경우를 제외하고는 이 경우에서 에너지 균형을 고려할 필요가 없다.

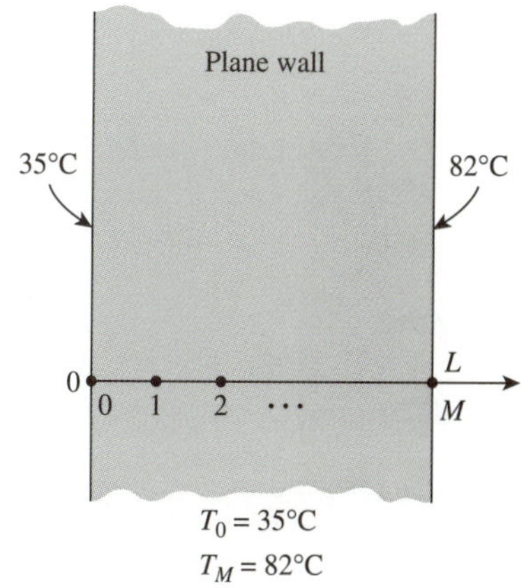

그림 5-13
평판 양쪽 표면에서 온도값들이 주어진 경계조건에 대한 유한차분 방정식

열플럭스, 대류, 복사 또는 대류와 복사가 혼합된 조건 등과 같은 경계조건이 경계에서 주어졌을 때에 경계상의 절점에 대한 유한차분식은 그 경계상의 체적 요소에 에너지 균형을 고려하여 구할 수 있다. 마찬가지로 에너지 균형식은 정상 상태의 열전달에 대하여

$$\sum_{\text{All sides}} \dot{Q} + \dot{E}_{\text{gen, element}} = 0 \quad \text{(5-20)}$$

열플럭스가 주어진 경우는 그 방향이 이미 정해지므로 이 경우를 제외하고 우리는 다시 모든 표면에서 체적 요소에 들어가는 방향으로 열전달이 일어난다고 가정한다. 열플럭스는 매질로 들어오는 방향이 양의 값이고, 매질에서 나가는 방향이 음의 값이라고 생각한다. 그러면 두께 L인 평판의 정상 1차원 열전도가 일어나는 동안 절점 $m = 0$($x = 0$인 왼쪽 경계)에서의 유한차분식은 다음과 같이 표현된다(그림 5-14).

$$\dot{Q}_{\text{left surface}} + kA\frac{T_1 - T_0}{\Delta x} + \dot{e}_0(A\Delta x/2) = 0 \quad \text{(5-21)}$$

여기서 $A\Delta x/2$는 체적 요소의 체적(경계상에 위치한 요소는 두께가 반임을 유의)이고, $\dot{e}_0$는 $x = 0$에서 단위체적당 열발생률(W/m³)이며, A는 평판에 대해 일정한 열전달 면적이다. 두 번째 항에서 분모에 $\Delta x/2$ 대신 Δx가 있음을 유의하여야 한다. 이것은 그 항에 있는 분수가 절점 0과 1 사이의 온도차를 포함하고 있기 때문인데, 그래서 두 절점 사이의 거리 Δx를 사용해야 한다.

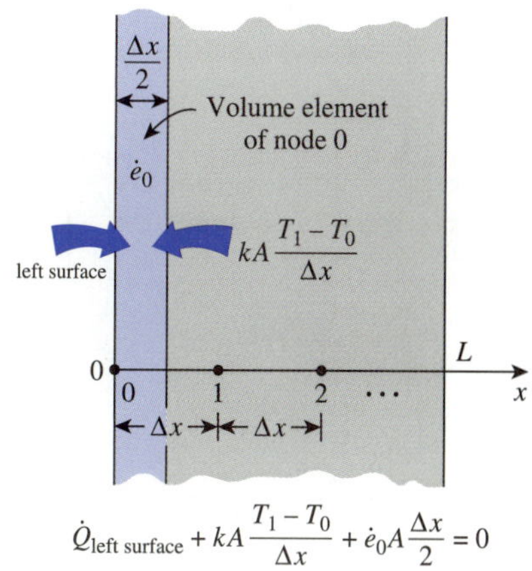

그림 5-14
열유속이 작용하는 왼쪽 경계면격자에 대한 유한차분 방정식의 유도에 사용된 검사체적의 개념도

식 (5-21)로부터 $\dot{Q}_{\text{left surface}}$를 적당한 표현으로 대치하여 여러 경계조건들의 유한차분식을 얻을 수 있다.

1. 열플럭스가 주어진 경계조건

$$\dot{q}_0 A + kA\frac{T_1 - T_0}{\Delta x} + \dot{e}_0(A\Delta x/2) = 0 \quad \text{(5-22)}$$

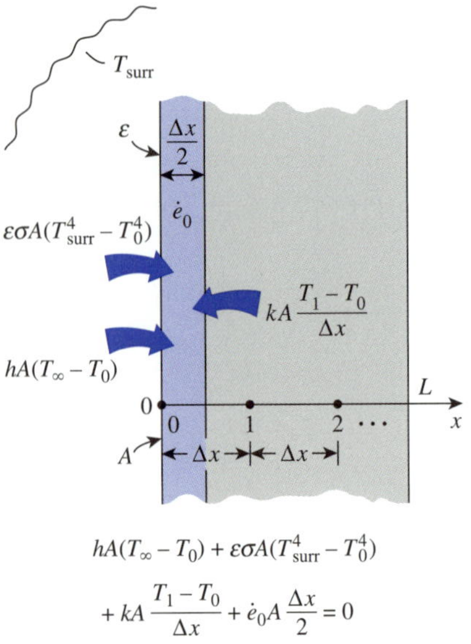

그림 5–15

대류 및 복사가 복합적으로 작용하는 왼쪽 경계면 절점에 대한 유한차분 방정식의 유도에 사용된 검사체적의 개념도

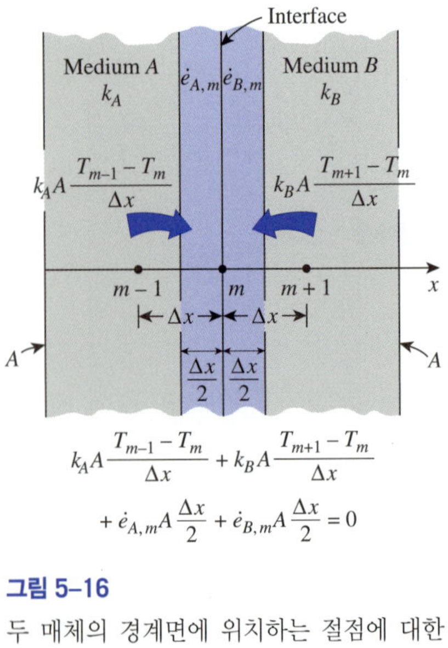

그림 5–16

두 매체의 경계면에 위치하는 절점에 대한 유한차분 방정식의 유도에 사용된 검사체적의 개념도. 매체 A와 B는 완벽하게 접촉한다.

특별한 경우: 경계가 단열된 경우($\dot{q}_0 = 0$)

$$kA\frac{T_1 - T_0}{\Delta x} + \dot{e}_0(A\Delta x/2) = 0 \tag{5–23}$$

2. 대류 경계조건

$$hA(T_\infty - T_0) + kA\frac{T_1 - T_0}{\Delta x} + \dot{e}_0(A\Delta x/2) = 0 \tag{5–24}$$

3. 복사 경계조건

$$\varepsilon\sigma A(T_{surr}^4 - T_0^4) + kA\frac{T_1 - T_0}{\Delta x} + \dot{e}_0(A\Delta x/2) = 0 \tag{5–25}$$

4. 대류와 복사가 혼합된 경계조건(그림 5-15)

$$hA(T_\infty - T_0) + \varepsilon\sigma A(T_{surr}^4 - T_0^4) + kA\frac{T_1 - T_0}{\Delta x} + \dot{e}_0(A\Delta x/2) = 0 \tag{5–26}$$

즉

$$h_{combined}A(T_\infty - T_0) + kA\frac{T_1 - T_0}{\Delta x} + \dot{e}_0(A\Delta x/2) = 0 \tag{5–27}$$

5. 대류, 복사, 열플럭스가 혼합된 경계조건

$$\dot{q}_0 A + hA(T_\infty - T_0) + \varepsilon\sigma A(T_{surr}^4 - T_0^4) + kA\frac{T_1 - T_0}{\Delta x} + \dot{e}_0(A\Delta x/2) = 0 \tag{5–28}$$

6. 접촉 경계조건 상이한 두 고체 매질 A와 B가 완전하게 접촉하고 있고, 그래서 접촉하고 있는 절점 m의 온도가 같다고 가정한다(그림 5-16). 하첨자 A와 B는 각각 매질 A와 B의 상태량을 표시한다.

$$k_A A\frac{T_{m-1} - T_m}{\Delta x} + k_B A\frac{T_{m+1} - T_m}{\Delta x} + \dot{e}_{A,m}(A\Delta x/2) + \dot{e}_{B,m}(A\Delta x/2) = 0 \tag{5–29}$$

앞의 관계식에서 $\dot{q}_0$는 주어진 열플럭스(W/m²), h는 대류 열전달계수, $h_{combined}$는 대류와 복사의 복합열전달계수, T_∞는 외부 물질의 온도, T_{surr}는 외부 표면온도, $\dot{e}$은 방사율, σ는 스테판–볼츠만 상수(Stefan-Bolzman constant)이다. 위의 관계식은 오른쪽 경계상의 절점 M에 대하여 하첨자 "0"을 "M"으로 바꾸고 하첨자 "1"을 "$M-1$"로 바꾸어 사용할 수 있다.

복사열전달 계산에서는 **절대온도**를 사용해야 하고, 실수를 피하기 위해 복사가 포함된 경계조건에서는 온도를 반드시 캘빈온도(K) 또는 랭킨온도(R)로 표현해야 함에 유의해야 한다. **복사 경계조건**은 유한차분식을 **비선형**이 되도록 만들며, 이는 풀기 어렵기 때문에 수치계산해법에서 이것을 다루지 않도록 한다.

단열된 경계상의 절점을 내부 절점으로 취급: 반사상 개념

단열된 경계상의 절점에 대한 유한차분식을 얻는 방법 중 한 가지는 식 (5-23)에서처럼 단열을 열플럭스 "0"으로 취급하여 에너지 균형을 적용하는 것이다. 더 실용적인 다른 방법은 단열된 경계상의 절점을 내부 절점으로 취급하는 것이다. 개념적으로 이것은 경계에서 단열된 면을 일종의 반사경처럼 생각하고 매질을 반사하여 확장시킨다고 보는 것이다(그림 5-17). 이러한 방법으로 하면 경계상의 절점에 인접한 절점은 경계상의 절점 양쪽에 대칭으로 나타나고, 그러면 경계상의 절점을 내부 절점으로 바꾸어 생각할 수 있다. 다음에 인접한 절점들의 온도를 합한 값에서 해당 절점온도의 두 배를 뺀 내부 절점에 대한 일반식(식 5-18)을 이용하여 평판의 단열된 경계상의 절점 $m = 0$에 대한 유한차분식을 표현하면 다음과 같다.

$$\frac{T_{m+1} - 2T_m + T_{m-1}}{\Delta x^2} + \frac{\dot{e}_m}{k} = 0 \quad \rightarrow \quad \frac{T_1 - 2T_0 + T_1}{\Delta x^2} + \frac{\dot{e}_0}{k} = 0 \tag{5-30}$$

이것은 에너지 균형법을 이용한 식 (5-23)과 같다.

반사상 법(the mirror image approach)은 열적 대칭인 문제에서 대칭면을 하나의 반사경(mirror)으로 생각하여 이용할 수 있다. 또한 대칭면을 단열로 생각하여 해를 구하는 과정에서 매질의 반쪽만을 고려할 수도 있는 것이다. 매질의 다른 반쪽의 해는 단순히 이미 구한 해의 반사상(mirror image)이 된다.

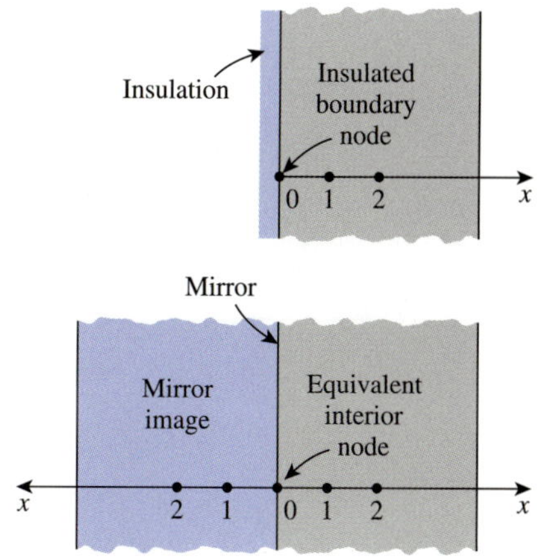

그림 5-17

단열된 표면에 있는 절점은 단열면을 거울면으로 대체한 내부 절점으로 고려함

예제 5-1 넓은 우라늄 금속판의 정상 열전도

두께 L = 4 cm이고 열전도도 k = 28 W/m·K이며 열이 $\dot{e} = 5 \times 10^6$ W/m^{3}의 율로 일정하게 발생하는 넓은 우라늄 금속판을 생각해보자. 그림 5-18과 같이 금속판의 한쪽 면은 얼음물에 의해 0°C로 유지되고 다른 면은 열전달계수 h = 45 W/m^2·K로 온도 T_∞ = 30°C의 외부로 대류가 일어난다고 한다. 매질의 경계상에 2개의 절점, 중앙에 1개의 절점, 총 3개의 같은 간격의 절점을 선정하여 유한차분법을 사용하여 정상 상태에서 금속판이 노출된 표면의 온도를 구하라.

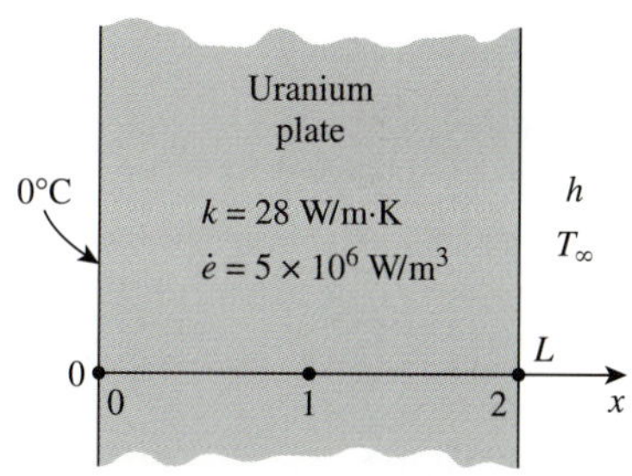

그림 5-18

예제 5-1에 대한 개략도

풀이 우라늄 금속판의 한쪽은 주어진 온도로 유지되고, 다른 쪽은 대류가 일어나고 있다. 금속판의 미지의 표면온도는 같은 간격의 3개의 절점을 사용하여 수치적으로 구해진다.

가정 **1.** 벽면을 통한 열전달은 시간에 따라 변화하는 어떤 표시(indication)도 없으므로 정상 상태이다. **2.** 금속판은 두께에 비하여 길이가 길므로 1차원 열전달이다. **3.** 열전도도는 일정하다. **4.** 복사열전달은 무시할 수 있다.

물성치 열전도도는 k = 28 W/m·K이다.

해석 그림에서와 같이 절점의 개수는 M = 3으로 주어졌고, 금속판의 양 표면에 2개, 중앙에 1개의 절점이 선정되었다. 그러면 절점의 간격 Δx는

$$\Delta x = \frac{L}{M-1} = \frac{0.04 \text{ m}}{3-1} = 0.02 \text{ m}$$

각 절점에 0, 1, 2의 번호를 붙인다. 절점 0의 온도는 T_0 = 0°C로 주어졌다. 이 문제에는

단지 두 개의 미지의 온도가 있고 이것을 구하기 위해서 두 개의 방정식이 필요하다. 이 방정식은 절점 1, 2에 유한차분법을 적용하여 얻을 수 있다.

절점 1은 내부 절점이고, 이 절점에서의 유한차분식은 식 (5-18)로부터 $m = 1$로 놓으면 직접 구할 수 있다.

$$\frac{T_0 - 2T_1 + T_2}{\Delta x^2} + \frac{\dot{e}_1}{k} = 0 \;\rightarrow\; \frac{0 - 2T_1 + T_2}{\Delta x^2} + \frac{\dot{e}_1}{k} = 0 \;\rightarrow\; 2T_1 - T_2 = \frac{\dot{e}_1 \Delta x^2}{k}$$

절점 2는 대류가 일어나는 경계상의 절점이고, 경계상에 있는 두께 $\Delta x/2$의 체적 요소에 모든 면에서 매질로 들어오는 방향으로 열전달이 일어난다고 가정하여 에너지 균형을 적용하면 이 절점에서의 유한차분식을 구할 수 있다.

$$hA(T_\infty - T_2) + kA\frac{T_1 - T_2}{\Delta x} + \dot{e}_2(A\Delta x/2) = 0$$

각 항에서 열전달 면적 A를 소거하고 정리하면

$$T_1 - \left(1 + \frac{h\Delta x}{k}\right)T_2 = -\frac{h\Delta x}{k}T_\infty - \frac{\dot{e}_2 \Delta x^2}{2k} \qquad \textbf{(2)}$$

식 (1)과 (2)는 두 미지수 T_1과 T_2가 포함된 두 방정식의 연립식 형태이다. 주어진 값을 대입하고 간단히 하면

$$2T_1 - T_2 = 71.43 \qquad (\text{in °C})$$
$$T_1 - 1.032T_2 = -36.68 \qquad (\text{in °C})$$

이것은 미지수가 두 개인 연립 대수 방정식이고, 소거법으로 간단히 풀 수 있다. 첫 번째 방정식을 T_1에 대하여 풀고 그것을 두 번째 방정식에 대입하면 T_2를 얻을 수 있는데 그 값은

$$T_2 = \mathbf{136.1°C}$$

이것은 대류가 일어나는 면에 대한 우리가 기대하던 수치의 온도이다. 이 값을 첫 번째 방정식에 대입하면 $T_1 = 103.8°C$를 얻을 수 있는데 이것은 금속판 중앙의 온도이다.

검토 이 예제의 목적은 최소한의 계산으로 유한차분법의 사용법을 보여주는 것이고, 결과의 정확성은 그다지 중요하지 않다. 하지만 당신은 위에서 구한 답이 얼마나 정확한지 궁금할 것이다. 아무튼 우리는 전체 금속판을 세 개의 절점으로 나누었고, 이것은 다소 엉성해 보인다. 이 문제는 2장에서 살펴본 바와 같이 해석적으로 풀 수 있고, 그 해석해는

$$T(x) = \frac{0.5\dot{e}hL^2/k + \dot{e}L + T_\infty h}{hL + k}x - \frac{\dot{e}x^2}{2k}$$

주어진 값을 대입하면 $x = L = 0.04$ m에서 금속판 표면의 온도는 136.0°C이고, 이 값은 위에서 근사 유한차분법으로 구한 결과와 거의 일치한다(그림 5-19). 그러므로 절점의 개수를 유한하게 증가시켜 수치해법을 사용하면 더욱 정확한 결과를 얻을 수 있다.

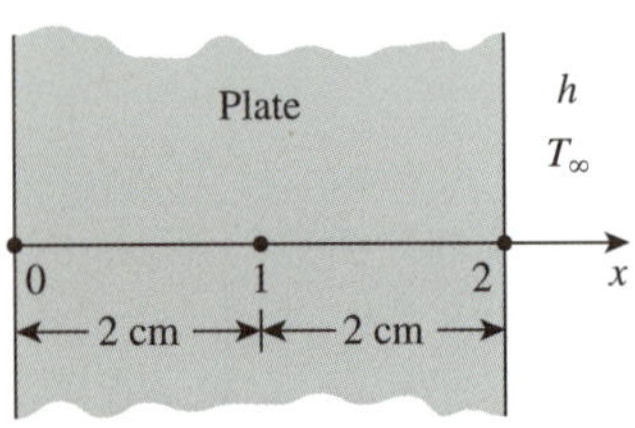

Finite difference solution:

$T_2 = 136.1°C$

Exact solution:

$T_2 = 136.0°C$

그림 5-19
수치해석은 원래 근사적인 방법이지만, 매우 정확한 결과를 얻을 수도 있다.

예제 5-2 **삼각 휜의 열전달**

그림 5-20과 같이 길이 $L = 5$ cm, 뿌리 부분의 두께 $b = 1$ cm, 폭 w가 매우 큰 삼각형 단면의 알루미늄 합금 휜($k = 180$ W/m·K)을 생각해보자. 휜의 뿌리는 $T_0 = 200°C$의 온도로 유지된다. 휜은 $T = 25°C$인 주위 매질에 열전달계수 $h = 15$ W/m^2·K로 열을 빼앗기고 있다. 휜의 x방향을 따라 6개의 같은 간격의 절점을 선정하고 유한차분식을 사용하여 (*a*)

각 절점의 온도, (*b*) w = 1 m당 휜으로부터의 열전달률, (*c*) 휜 효율을 구하라.

풀이 어떤 표면 위에 부착된 삼각 휜을 고려한다. 6개의 같은 간격의 절점을 사용하여 절점의 온도, 열전달률, 휜 효율을 수치적으로 구한다.

가정 **1.** 열전달은 시간에 따라 변화하는 어떤 표시(indication)도 없으므로 정상 상태이다. **2.** 열전달은 휜을 따라 x방향으로만 일어난다. **3.** 열전도도는 일정하다. **4.** 복사열전달은 무시할 수 있다.

물성치 열전도도는 k = 180 W/m·K이다.

해석 (*a*) 절점의 개수는 M = 6으로 주어졌고, 그들의 위치는 그림에 보이는 바와 같다. 그러면 절점의 간격 Δx는

$$\Delta x = \frac{L}{M-1} = \frac{0.05\text{ m}}{6-1} = 0.01\text{ m}$$

절점 0의 온도는 T_0 = 200°C로 주어졌고, 나머지 다섯 절점의 온도를 구해야 한다. 그러므로 그것을 풀기 위해서는 5개 방정식이 필요하다. 절점 1, 2, 3, 4는 내부 절점이고, 이 절점들의 체적 요소에 에너지 균형을 적용하면 임의의 내부 절점 m에 대한 유한차분식을 얻을 수 있다. 열전달은 정상 상태이고 휜에서의 열발생은 없으며, 모든 면에서 매질로 들어오는 방향으로 열전달이 일어난다고 가정하면, 에너지 균형식은 다음과 같이 표현된다.

$$\sum_{\text{All sides}} \dot{Q} = 0 \;\rightarrow\; kA_{\text{left}}\frac{T_{m-1}-T_m}{\Delta x} + kA_{\text{right}}\frac{T_{m+1}-T_m}{\Delta x} + hA_{\text{conv}}(T_\infty - T_m) = 0$$

이 경우에는 열전달 면적이 각 절점마다 다르므로 기하학적인 관계를 고려하여 각 열전달 면적을 나타내면

$$A_{\text{left}} = (\text{Height} \times \text{Width})_{@m-\frac{1}{2}} = 2w[L-(m-1/2)\Delta x]\tan\theta$$
$$A_{\text{right}} = (\text{Height} \times \text{Width})_{@m+\frac{1}{2}} = 2w[L-(m+1/2)\Delta x]\tan\theta$$
$$A_{\text{conv}} = 2 \times \text{Length} \times \text{Width} = 2w(\Delta x/\cos\theta)$$

이것을 대입하면

$$2kw[L-(m-\tfrac{1}{2})\Delta x]\tan\theta\,\frac{T_{m-1}-T_m}{\Delta x} + 2kw[L-(m+\tfrac{1}{2})\Delta x]\tan\theta\,\frac{T_{m+1}-T_m}{\Delta x} + h\frac{2w\Delta x}{\cos\theta}(T_\infty - T_m) = 0$$

각 항을 2 kwL $\tan\theta/\Delta x$로 나누면

$$\left[1-(m-\tfrac{1}{2})\frac{\Delta x}{L}\right](T_{m-1}-T_m) + \left[1-(m+\tfrac{1}{2})\frac{\Delta x}{L}\right](T_{m+1}-T_m) + \frac{h(\Delta x)^2}{kL\sin\theta}(T_\infty - T_m) = 0$$

여기서

$$\tan\theta = \frac{b/2}{L} = \frac{0.5\text{ cm}}{5\text{ cm}} = 0.1 \;\rightarrow\; \theta = \tan^{-1}0.1 = 5.71°$$

또한 sin 5.71°C = 0.0995이다. 알고 있는 값을 대입하면

$$(5.5-m)T_{m-1} - (10.008-2m)T_m + (4.5-m)T_{m+1} = -0.209$$

이제 m에 1, 2, 3, 4를 대입하면 내부 절점에 대한 다음과 같은 네 개의 유한차분식이 구해진다.

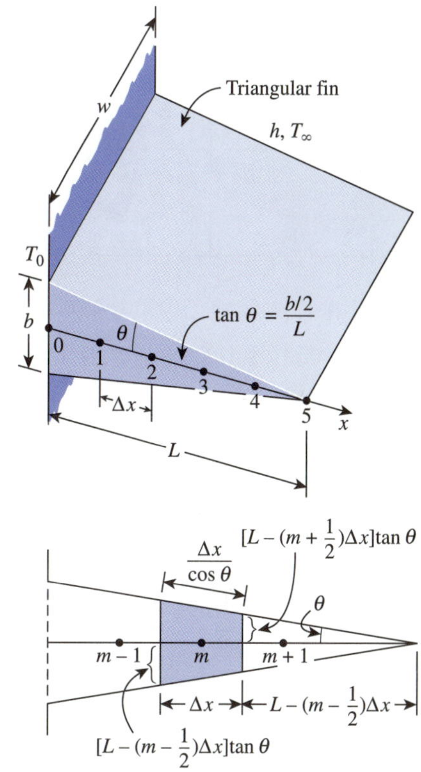

그림 5-20

예제 5-2의 개략도 단면적이 변하는 휜의 내부 검사체적 요소

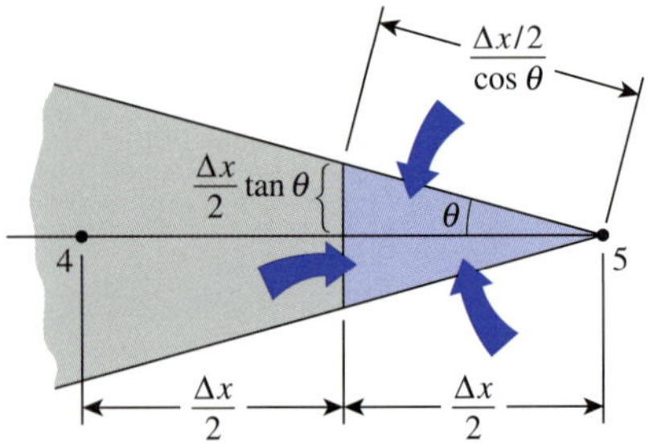

그림 5–21
삼각형 휜 끝단에 위치하는 5번 검사체적 요소의 개략도

$$m = 1: \qquad -8.008T_1 + 3.5T_2 = -900.209 \tag{1}$$

$$m = 2: \qquad 3.5T_1 - 6.008T_2 + 2.5T_3 = -0.209 \tag{2}$$

$$m = 3: \qquad 2.5T_2 - 4.008T_3 + 1.5T_4 = -0.209 \tag{3}$$

$$m = 4: \qquad 1.5T_3 - 2.008T_4 + 0.5T_5 = -0.209 \tag{4}$$

경계상의 절점 5에 대한 유한차분식은 이 경계상의 길이가 $\Delta x/2$인 체적 요소에 대하여 또 다시 모든 면에서 매질로 들어오는 방향으로 열전달이 일어난다고 가정하여 에너지 균형을 적용하면 얻어진다(그림 5-21).

$$kA_{\text{left}}\frac{T_4 - T_5}{\Delta x} + hA_{\text{conv}}(T_\infty - T_5) = 0$$

여기서

$$A_{\text{left}} = 2w\frac{\Delta x}{2}\tan\theta \qquad \text{and} \qquad A_{\text{conv}} = 2w\frac{\Delta x/2}{\cos\theta}$$

각 항에서 w를 소거하고 아는 값을 대입하면

$$T_4 - 1.008T_5 = -0.209 \tag{5}$$

식 (1)~(5)는 5개의 미지수가 있고 방정식이 5개인 선형 연립 대수 방정식이다. 이들을 방정식 solver를 이용하여 연립하여 풀면

$$T_1 = \mathbf{198.6°C} \qquad T_2 = \mathbf{197.1°C} \qquad T_3 = \mathbf{195.7°C}$$
$$T_4 = \mathbf{194.3°C} \qquad T_5 = \mathbf{192.9°C}$$

이것은 절점의 온도에 대한 우리가 기대하던 해가 된다.

(*b*) 휜으로부터의 전체 열전달률은 간단히 각 체적 요소에서 주변으로의 열전달의 합이 되고, w = 1 m당

$$\dot{Q}_{\text{fin}} = \sum_{m=0}^{5}\dot{Q}_{\text{element},\,m} = \sum_{m=0}^{5} hA_{\text{conv},\,m}(T_m - T_\infty)$$

으로부터 구해진다. 경계상의 절점 0과 5에 대해서 열전달 표면적은 $w\Delta x/\cos\theta$이고, 내부 절점 1, 2, 3, 4에 대해서는 이것의 두 배가 되므로

$$\begin{aligned}
\dot{Q}_{\text{fin}} &= h\frac{w\Delta x}{\cos\theta}[(T_0 - T_\infty) + 2(T_1 - T_\infty) + 2(T_2 - T_\infty) + 2(T_3 - T_\infty) \\
&\quad + 2(T_4 - T_\infty) + (T_5 - T_\infty)] \\
&= h\frac{w\Delta x}{\cos\theta}[T_0 + 2(T_1 + T_2 + T_3 + T_4) + T_5 - 10T_\infty]°\text{C} \\
&= (15\ \text{W/m}^2\cdot\text{K})\frac{(1\ \text{m})(0.01\ \text{m})}{\cos 5.71°}[200 + 2 \times 785.7 \\
&\quad + 192.9 - 10 \times 25]\ °\text{C} \\
&= \mathbf{258.4\ W}
\end{aligned}$$

(*c*) 휜 전체가 뿌리의 온도 T_0라면, w = 1 m당 휜으로부터의 전체 열전달률은

$$\begin{aligned}
\dot{Q}_{\max} &= hA_{\text{fin, total}}(T_0 - T_\infty) = h(2wL/\cos\theta)(T_0 - T_\infty) \\
&= (15\ \text{W/m}^2\cdot\text{K})[2(1\ \text{m})(0.05\ \text{m})/\cos 5.71°](200 - 25)°\text{C} \\
&= 263.8\ \text{W}
\end{aligned}$$

그러므로 휜 효율은 아래와 같이 구해진다.

$$\eta_{\text{fin}} = \frac{\dot{Q}_{\text{fin}}}{\dot{Q}_{\text{max}}} = \frac{258.4\ \text{W}}{263.8\ \text{W}} = \mathbf{0.98}$$

이것은 우리가 예상하던 대로 1보다 작은 값이다. 이 경우 휜 효율은 해석해법에 의하여 3장에서처럼 적절한 휜 효율 곡선으로부터 구할 수도 있다. 우리는 위에서 수치적으로 구한 값과 동일한 휜 효율 0.98의 값을 읽을 수 있을 것이다.

정상 열전도 문제의 유한차분식은 보통 N개의 미지의 절점온도가 있고 방정식 수가 N개인 연립 대수 방정식 형태로 나타난다. 미지수 N이 적을 때에는(2개 또는 3개 정도로), 기본 소거법(elementary *elimination method*)을 사용하여 하나의 미지수만 남기고 다른 모든 미지수를 소거한 후 그 미지수에 대하여 식을 풀어 나간다(예제 5-1 참조). 다른 미지수들은 그 후에 후방 대입법(back substitution)으로 구한다. 일반적인 경우로서 미지수 N이 많을 때에는 소거법은 실용적이지 못해서 컴퓨터에 적합한 더욱 체계적인 방법이 필요하다.

문헌을 찾아보면 이러한 체계적인 방법이 많이 있는데, 그것들은 크게 **직접법**과 **반복법**으로 구분된다. 직접법은 체계적인 방식으로 답을 구하도록 하는 잘 알려진 단계들을 거치도록 하고 있다. 반면에 반복법은 초기값을 가정하여 결과가 주어진 수렴 조건을 만족할 때까지 반복한다(그림 5-22). 직접법은 일반적으로 많은 양의 컴퓨터 메모리와 계산 시간이 필요하므로, 상대적으로 방정식 수가 적은 연립식의 경우에 적합하다. 반복법에서는 필요한 컴퓨터 메모리가 매우 작아 일반적으로 방정식 수가 많은 연립식의 경우에 좋다. 하지만 반복법에서 원하는 답으로의 수렴 여부는 문제로 남게 된다.

Gauss-Seidel 반복법은 가장 단순한 반복법 중의 하나이다. 이 방법은 N개의 미지 절점온도를 포함하는 N개의 대수 연립 방정식에 적용될 수 있는데 그 과정은 다음과 같다. (1) 각 절점에 대하여 양함수법의 유한차분식을 세운다(절점의 온도를 포함한 항은 좌변에 두고 다른 모든 항은 우변으로 넘긴다). (2) 각 절점의 온도에 대하여 적당한 초기값을 가정한다. (3) 양함수 방정식을 이용하여 각 절점에서 새로운 온도를 계산하고, 양함수 유한차분식의 우변에 있는 각 절점에는 항상 가장 최근에 구해진 온도를 대입한다. (4) 이 과정을 허용오차(설정된 수렴 기준) 미만으로 수렴할 때까지 반복한다. 예제 5-2에서 주어진 다섯 절점에 대한 다섯 개의 유한차분식을 풀어 다섯 절점의 온도를 구한 방법이 표 5-2에 나타나 있다. 표 5-2에서와 같이 첫 번째 행은 각 절점온도의 초기값을 의미한다. 이 값들을 양함수 식에 대입하여 표의 두 번째 행과 같은 결과를 얻었고 이 같은 과정을 반복한다. 여섯 번째와 일곱 번째 계산된 값은 변하지 않으므로, 절점온도는 다섯 번째 계산된 값에 의하여 수렴되었다고 생각된다. 예제 5-2의 (*a*)에서 계산된 온도와 비교해 보

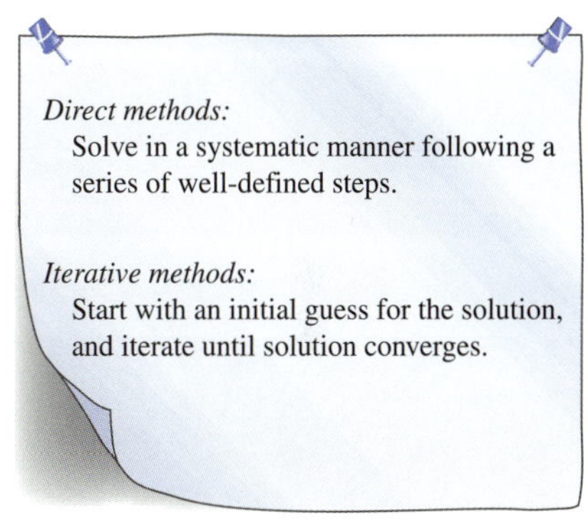

그림 5-22
대수 연립 방정식을 해석하는 두 가지의 일반적인 분류

표 5-2

예제 5-2의 유한차분식에 대한 Gauss-seidel 반복법의 응용

Finite difference equations in explicit form

$T_1 = 0.4371 T_2 + 112.4137$

$T_2 = 0.5826 T_1 + 0.4161 T_3 + 0.0348$

$T_3 = 0.6238 T_2 + 0.3743 T_4 + 0.0521$

$T_4 = 0.7470 T_3 + 0.2490 T_5 + 0.1041$

$T_5 = 0.9921 T_4 + 0.2073$

Iteration	*Nodal Temperature, °C*				
	T_1	T_2	T_3	T_4	T_5
Initial Guess	195.0	195.0	195.0	195.0	195.0
1	197.6	196.3	195.5	194.7	193.4
2	198.2	196.9	195.8	194.5	193.2
3	198.5	197.2	195.9	194.5	193.2
4	198.6	197.3	195.9	194.5	193.2
5	198.7	197.3	195.9	194.5	193.2
6	198.7	197.3	195.9	194.5	193.2
7	198.7	197.3	195.9	194.5	193.2

면 Gauss-Seidel 반복법을 사용해서 얻어진 온도는 0.3°C 미만의 차이를 갖는다. 두 방법 간의 이러한 작은 차이는 **반올림 오차**(계산을 하는 동안 제한된 수의 유효숫자를 유지하는 것)에서 기인한다.

5-4 ▪ 2차원 정상 열전도

5-3절에서 우리는 1차원 열전도를 고려하였고, 다른 방향의 열전도는 무시할 수 있다고 가정하였다. 실제로 볼 수 있는 많은 열전달 문제는 1차원으로 간략화할 수 있지만, 항상 그러한 경우만 있는 것은 아니다. 간혹 다른 방향으로의 온도 변화가 현저할 때 그 방향으로의 열전달도 고려하여야 한다. 이 절에서는 유한차분법을 사용하여 직교 좌표계에서 2차원 정상 열전달의 수치식(numerical formulation)과 풀이를 설명하려 한다. 아래에 설명된 이 방법은 3차원의 경우로 확장시켜 사용할 수 있다.

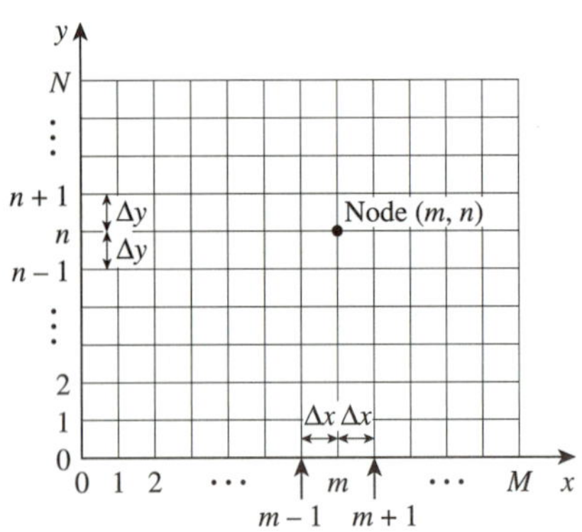

그림 5-23

직사각형 영역 내의 2차원 열전도에 대한 유한차분 방정식을 위한 격자망

x와 y방향으로 열전도가 현저한 **직사각형 영역**을 생각해보자. 이제 그 영역의 $x-y$ 평면을 그림 5-23과 같이 x, y방향으로 각각 Δx, Δy씩 떨어진 절점으로 이루어진 직사각형 망으로 나누고 z방향으로는 단위길이 $\Delta z = 1$로 생각한다. 우리의 목표는 절점에서의 온도를 구하는 것이고, 절점들에 번호를 붙여 그들의 위치를 실제 좌표보다는 번호로 표현하는 것이 편리하다. 2차원 문제에 대하여 논리적으로 번호를 붙이는 방법 중 하나는 **이중 첨자 표기**(*double subscript notation*) (m, n)을 사용하는 것인데, 여기서 $m = 0, 1, 2, \ldots, M$은 x방향의 절점들이고, $n = 0, 1, 2, \ldots, N$은 y방향의 절점들이다. 절점 (m, n)의 좌표는 간단히 $x = m\Delta x$, $y = n\Delta y$이고, 절점 (m, n)에서의 온도는 $T_{m,n}$으로 표현된다.

그림 5-24에서 보인 바와 같이 영역에서 임의의 내부 절점 (m, n)을 중심으로 하며 $\dot{e}$의 율로 열이 발생하고 열전도도 k가 일정한 $\Delta x \times \Delta y \times 1$크기의 **체적 요소**를 고려한다. 앞에서와 같이 모든 면에서 고려하고 있는 절점을 향하는 방향으로 열전도가 일어난다고 가정하면, 체적 요소에 대한 에너지 균형은 정상 상태에 대하여 다음과 같이 표현된다.

$$\begin{pmatrix} \text{왼쪽, 위쪽, 오른쪽,} \\ \text{아래쪽면에서의} \\ \text{열전도율} \end{pmatrix} + \begin{pmatrix} \text{요소 내부에서의} \\ \text{열발생율} \end{pmatrix} = \begin{pmatrix} \text{요소의 에너지} \\ \text{용량의 변화율} \end{pmatrix}$$

즉

$$\dot{Q}_{\text{cond, left}} + \dot{Q}_{\text{cond, top}} + \dot{Q}_{\text{cond, right}} + \dot{Q}_{\text{cond, bottom}} + \dot{E}_{\text{gen, element}} = \frac{\Delta E_{\text{element}}}{\Delta t} = 0 \quad \textbf{(5-31)}$$

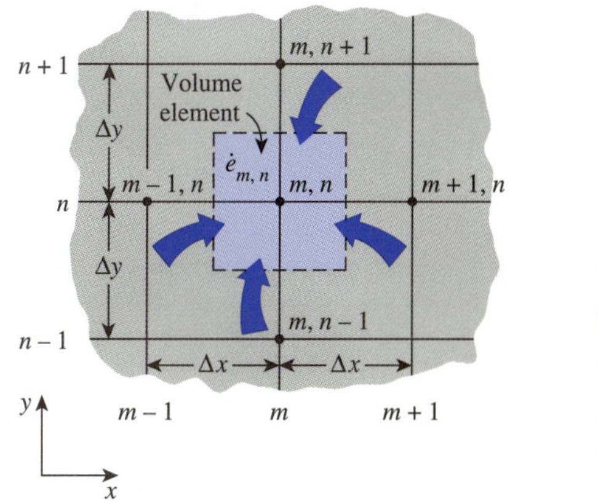

그림 5-24
직사각형 영역 내의 2차원 열전도에 대한 내부 검사체적(절점 m, n)

또 인접한 절점들 사이의 온도는 선형적으로 변화한다고 가정하고, x방향의 열전달 면적은 $A_x = \Delta y \times 1 = \Delta y$, y방향의 열전달 면적은 $A_y = \Delta x \times 1 = \Delta x$가 되므로, 위의 에너지 균형식은

$$k\Delta y \frac{T_{m-1,n} - T_{m,n}}{\Delta x} + k\Delta x \frac{T_{m,n+1} - T_{m,n}}{\Delta y} + k\Delta y \frac{T_{m+1,n} - T_{m,n}}{\Delta x} + k\Delta x \frac{T_{m,n-1} - T_{m,n}}{\Delta y} + \dot{e}_{m,n}\,\Delta x\,\Delta y = 0 \quad \textbf{(5-32)}$$

각 항을 $\Delta x \times \Delta y$로 나누고 간단히 하면 $m = 1, 2, 3, \ldots, M-1$과 $n = 1, 2, 3, \ldots, N-1$에 대하여

$$\frac{T_{m-1,n} - 2T_{m,n} + T_{m+1,n}}{\Delta x^2} + \frac{T_{m,n-1} - 2T_{m,n} + T_{m,n+1}}{\Delta y^2} + \frac{\dot{e}_{m,n}}{k} = 0 \quad \textbf{(5-33)}$$

이 식은 앞서 미분방정식의 도함수를 내부 절점 (m, n)에 대한 차분식으로 치환하여 구한 식 (5-12)와 동일하다. 또한 직사각형 영역에는 x방향으로 M개의 같은 간격의 절점과 y방향으로 N개의 같은 간격의 절점으로 나뉘어져 모두 $(M + 1)(N + 1)$개의 절점이 있고, 식 (5-33)을 이용하면 모든 내부 절점에서의 유한차분식을 얻을 수 있다.

유한차분해석에서 종종 **정사각형 망**을 사용하여(x, y방향의 온도구배의 크기가 매우 다른 경우를 제외하고), Δx, Δy가 같은 값을 갖도록 하기도 한다. 그러면 $\Delta x = \Delta y = l$이고, 위의 관계식은 다음과 같이 간단히 나타낼 수 있다.

$$T_{m-1,n} + T_{m+1,n} + T_{m,n+1} + T_{m,n-1} - 4T_{m,n} + \frac{\dot{e}_{m,n} l^2}{k} = 0 \quad \textbf{(5-34)}$$

즉, 내부 절점에 대한 유한차분식은 네 개의 인접한 절점의 온도를 더하고, 고려하는 절점온도에 4배를 하여 뺀 후, 열발생 항을 더하면 구할 수 있다. 또한 이 식은 기억하기 쉬운 다음과 같은 형태로도 나타낼 수 있다.

$$T_{\text{left}} + T_{\text{top}} + T_{\text{right}} + T_{\text{bottom}} - 4T_{\text{node}} + \frac{\dot{e}_{\text{node}} l^2}{k} = 0 \tag{5-35}$$

매질 내에서 열발생이 없는 경우에는 내부 절점에 대한 유한차분식이 $T_{\text{node}} = (T_{\text{left}} + T_{\text{top}} + T_{\text{right}} + T_{\text{bottom}})/4$와 같이 간단해지는데, 각 내부 절점의 온도는 네 개의 인접한 절점들의 산술평균과 같다는 흥미로운 결과가 된다. 이는 3차원 문제에서도 성립하는데 이 경우에는 인접한 절점이 네 개가 아니라 여섯 개가 될 것이다.

경계상의 절점

2차원(또는 3차원) 문제에서 경계상의 절점에 대한 유한차분식을 유도하는 방법은 앞서 언급했던 1차원의 경우와 유사하다. 다시 절점들 주위에 **체적 요소**를 선정하여 영역을 나누어 각 경계상의 절점에 대한 에너지 균형을 적용한다. 2차원의 경우에 x방향과 y방향의 열전달을 모두 포함한다는 사실을 제외하고는 다양한 경계조건들을 앞서 논의되었던 평판의 경우와 같이 취급할 수 있다. 단열된 면은 똑같이 "반사경"처럼 취급할 수 있고, 단열된 경계상에서의 절점을 내부 절점처럼 취급하는 반사상 개념(mirror image concept)도 이용할 수 있다.

몇 차원 문제이든지 **정상** 상태의 열전달에 대해서 체적 요소에 **에너지 균형**을 적용할 때 기억해야 할 기본 관계식은 다음과 같다(그림 5-25).

$$\sum_{\text{All sides}} \dot{Q} + \dot{e}V_{\text{element}} = 0 \tag{5-36}$$

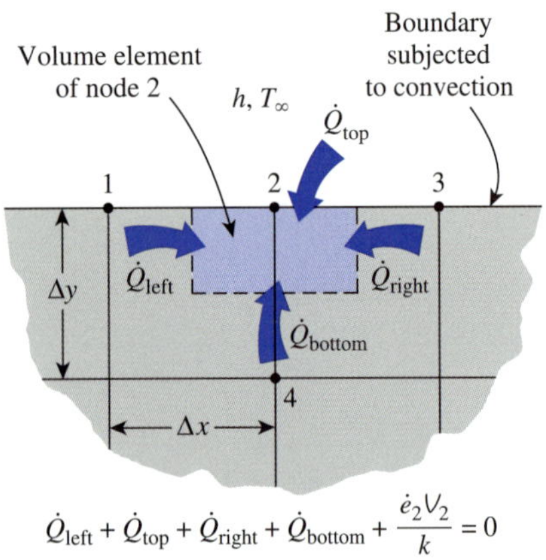

그림 5-25
경계 절점에 대한 유한차분 방정식은 에너지 보존 방정식으로부터 얻어진다.

이미 방향이 결정된 열플럭스가 주어지는 경우를 제외하고는 앞에서와 같이 식의 간편화를 위하여 모든 면에서 체적 요소에 **들어오는 방향**으로 열전달이 일어난다고 가정한다. 다양한 경계조건에 대하여 예제 5-3을 통하여 설명한다.

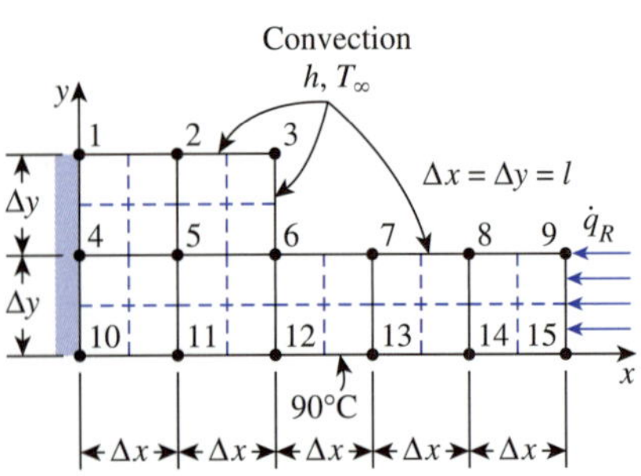

그림 5-26
예제 5-3의 개략도 격자망(검사체적의 경계는 점선으로 나타냄)

예제 5-3 L형 봉(L-Bars)에서의 정상 2차원 열전도

단면이 그림 5-26과 같은 L형 고체에서의 정상 열전달을 고려한다. 지면과 수직한 방향의 열전달은 무시할 수 있어 물체의 열전달은 2차원으로 일어난다. 물체의 열전도는 $k = 15$ W/m·K이고, 물체에서 $\dot{e} = 2 \times 10^6$ W/m^{3}의 율로 열이 발생한다. 물체의 왼쪽 면은 단열되어 있고, 아랫면은 90°C의 일정한 온도로 유지된다. 윗면 전체는 대류 열전달계수 $h = 80$ W/m^2·K로 $T_\infty = 25$°C인 주위 공기로 대류가 일어나며, 오른쪽 면은 $\dot{q}_R = 5000$ W/m^{2}의 일정한 율로 열이 공급된다. 이 문제의 절점망은 그림과 같이 $\Delta x = \Delta y = 1.2$ cm인 같은 간격의 15개의 절점으로 구성된다. 절점 중 다섯 개는 아랫면에 위치하고 있어 그들의 온도를 알 수 있다. 남은 아홉 개의 절점에 대한 유한차분식을 유도하고, 그것을 풀어 각 절점의 온도를 구하라.

풀이 경계조건이 주어진 기다란 L형 고체 봉에서의 열전달을 고려한다. 유한차분법을 이용하여 아홉 개의 미지의 절점온도를 구해야 한다.

가정 **1.** 언급한 대로 정상, 2차원 열전달이다. **2.** 열전도도는 일정하다. **3.** 열발생은 일정하다. **4.** 복사열전달은 무시한다.

물성치 열전도도는 $k = 15$ W/m·K이다.

해석 우리는 내부 절점 5를 제외하고는 모두 경계상의 절점임을 알 수 있다. 그러므로, 유한차분식을 얻기 위해서는 에너지 균형을 고려해야 할 것이다. 하지만 먼저 절점들 사이에 점선을 그려 적절하게 영역이 나뉘어진 체적 요소를 만든다. 내부에 위치한 절점에 대해 표시된 체적 요소가 완전한 크기(즉, $\Delta x \times \Delta y \times 1$)이고, 절점 2와 같이 일반적인 경계상에 위치한 절점에 대해 표시된 요소는 절반 크기(즉, $\Delta x \times \Delta y/2 \times 1$)이고, 절점 1과 같이 모서리에 위치한 절점에 대해 표시된 요소는 1/4 크기(즉, $\Delta x/2 \times \Delta y/2 \times 1$)이다. 에너지 균형에 대한 식 (5-36)을 기억하면, 각각의 아홉 개 절점에 대한 유한차분식은 다음과 같다.

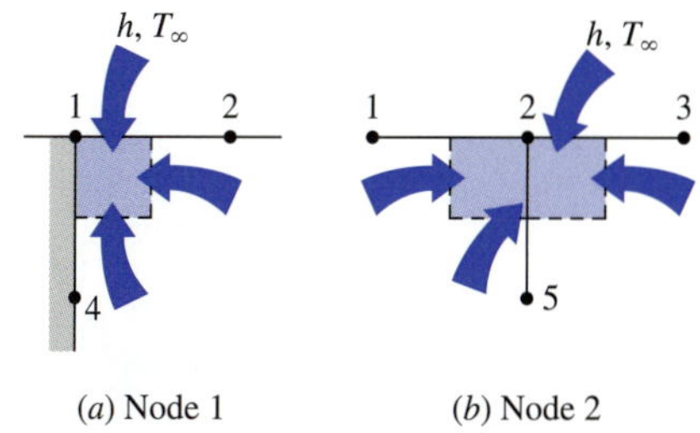

그림 5-27

절점 1 및 2의 검사체적 요소들에 대한 에너지 보존 개념도

(*a*) 절점 1. 이 모서리에 위치한 절점의 체적 요소는 왼쪽 면이 단열되어 있고, 윗면에서는 대류가, 오른쪽과 아랫면에서는 전도가 일어난다. 이 요소에 에너지 균형을 적용하면(그림 5-27*a*)

$$0 + h\frac{\Delta x}{2}(T_\infty - T_1) + k\frac{\Delta y}{2}\frac{T_2 - T_1}{\Delta x} + k\frac{\Delta x}{2}\frac{T_4 - T_1}{\Delta y} + \dot{e}_1\frac{\Delta x}{2}\frac{\Delta y}{2} = 0$$

$\Delta x = \Delta y = l$로 놓으면 다음과 같이 간단하게 표현된다.

$$-\left(2 + \frac{hl}{k}\right)T_1 + T_2 + T_4 = -\frac{hl}{k}T_\infty - \frac{\dot{e}_1 l^2}{2k}$$

(*b*) 절점 2. 이 경계상의 절점의 체적 요소는 윗면에서는 대류가 일어나고 오른쪽, 아래쪽, 왼쪽 면에서는 전도가 일어난다. 이 요소에 에너지 균형을 적용하면(그림 5-27*b*)

$$h\Delta x(T_\infty - T_2) + k\frac{\Delta y}{2}\frac{T_3 - T_2}{\Delta x} + k\Delta x\frac{T_5 - T_2}{\Delta y} + k\frac{\Delta y}{2}\frac{T_1 - T_2}{\Delta x} + \dot{e}_2\Delta x\frac{\Delta y}{2} = 0$$

$\Delta x = \Delta y = l$로 놓으면 다음과 같이 간단하게 표현된다.

$$T_1 - \left(4 + \frac{2hl}{k}\right)T_2 + T_3 + 2T_5 = -\frac{2hl}{k}T_\infty - \frac{\dot{e}_2 l^2}{k}$$

(*c*) 절점 3. 이 모서리에 위치한 절점의 체적 요소는 윗면과 오른쪽 면에서는 대류가 일어나고 아랫면과 왼쪽 면에서는 전도가 일어난다. 이 요소에 에너지 균형을 적용하면(그림 5-28*a*)

$$h\left(\frac{\Delta x}{2} + \frac{\Delta y}{2}\right)(T_\infty - T_3) + k\frac{\Delta x}{2}\frac{T_6 - T_3}{\Delta y} + k\frac{\Delta y}{2}\frac{T_2 - T_3}{\Delta x} + \dot{e}_3\frac{\Delta x}{2}\frac{\Delta y}{2} = 0$$

$\Delta x = \Delta y = l$로 놓으면 다음과 같이 간단하게 표현된다.

$$T_2 - \left(2 + \frac{2hl}{k}\right)T_3 + T_6 = -\frac{2hl}{k}T_\infty - \frac{\dot{e}_3 l^2}{2k}$$

(*d*) 절점 4. 이 절점은 경계가 단열되어 있고, 단열된 면을 일종의 반사경으로 생각하면 내부 절점으로 취급할 수 있다. 그러면 절점 5의 반사된 상이 절점 4의 왼쪽에 생기게 된다. $\Delta x = \Delta y = l$이므로, 정상 2차원의 경우에 대한 임의의 내부 절점에 대한 관계식(식 5-35)을 사용하면(그림 5-28*b*)

$$T_5 + T_1 + T_5 + T_{10} - 4T_4 + \frac{\dot{e}_4 l^2}{k} = 0$$

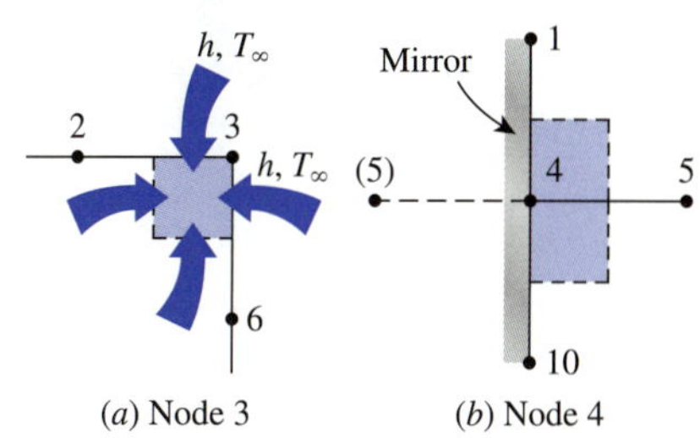

그림 5-28

절점 3 및 4의 검사체적 요소들에 대한 에너지 보존 개념도

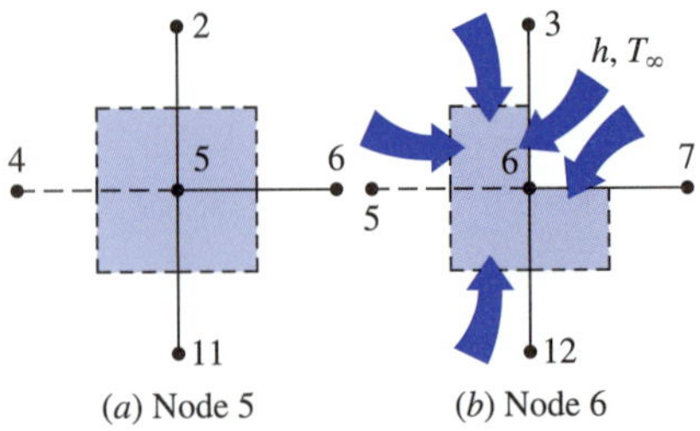

그림 5-29

절점 5 및 6의 검사체적 요소들에 대한 에너지 보존 개념도

또 T_{10} = 90°C이므로

$$T_1 - 4T_4 + 2T_5 = -90 - \frac{\dot{e}_4 l^2}{k}$$

(*e*) 절점 5. 이 절점은 내부 절점이고, $\Delta x = \Delta y = l$이므로, 이 절점에 대한 유한차분식은 식 (5-35)로부터 직접 구할 수 있다(그림 5-29*a*).

$$T_4 + T_2 + T_6 + T_{11} - 4T_5 + \frac{\dot{e}_5 l^2}{k} = 0$$

또 T_{11} = 90°C이므로

$$T_2 + T_4 - 4T_5 + T_6 = -90 - \frac{\dot{e}_5 l^2}{k}$$

(*f*) 절점 6. 이 내부 모서리 절점의 체적 요소는 *L*형 노출면에서 대류가 일어나고 다른 면에서는 전도가 일어난다. 이 요소에 에너지 균형을 적용하면(그림 5-29*b*)

$$h\left(\frac{\Delta x}{2} + \frac{\Delta y}{2}\right)(T_\infty - T_6) + k\frac{\Delta y}{2}\frac{T_7 - T_6}{\Delta x} + k\Delta x\frac{T_{12} - T_6}{\Delta y}$$
$$+ k\Delta y\frac{T_5 - T_6}{\Delta x} + k\frac{\Delta x}{2}\frac{T_3 - T_6}{\Delta y} + \dot{e}_6\frac{3\Delta x\Delta y}{4} = 0$$

$\Delta x = \Delta y = l$로 놓으면, T_{12} = 90°C이므로, 다음과 같이 간단하게 표현된다.

$$T_3 + 2T_5 - \left(6 + \frac{2hl}{k}\right)T_6 + T_7 = -180 - \frac{2hl}{k}T_\infty - \frac{3\dot{e}_6 l^2}{2k}$$

(*g*) 절점 7. 이 경계 절점의 체적 요소는 윗면에서 대류가 일어나고 오른쪽, 아래쪽, 왼쪽 면에서 전도가 일어난다. 이 요소에 에너지 균형을 적용하면(그림 5-30*a*)

$$h\Delta x(T_\infty - T_7) + k\frac{\Delta y}{2}\frac{T_8 - T_7}{\Delta x} + k\Delta x\frac{T_{13} - T_7}{\Delta y}$$
$$+ k\frac{\Delta y}{2}\frac{T_6 - T_7}{\Delta x} + \dot{e}_7\Delta x\frac{\Delta y}{2} = 0$$

$\Delta x = \Delta y = l$로 놓으면, T_{13} = 90°C이므로, 다음과 같이 간단하게 표현된다.

$$T_6 - \left(4 + \frac{2hl}{k}\right)T_7 + T_8 = -180 - \frac{2hl}{k}T_\infty - \frac{\dot{e}_7 l^2}{k}$$

(*h*) 절점 8. 이 절점은 절점 7의 경우와 같고, 이 절점에 대한 유한차분식은 절점 7의 유한차분식에서 절점 번호를 1만큼씩 증가시키면 얻을 수 있다.

$$T_7 - \left(4 + \frac{2hl}{k}\right)T_8 + T_9 = -180 - \frac{2hl}{k}T_\infty - \frac{\dot{e}_8 l^2}{k}$$

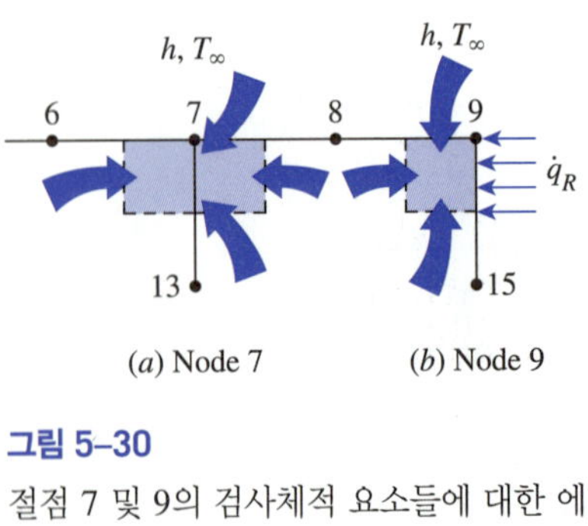

그림 5-30

절점 7 및 9의 검사체적 요소들에 대한 에너지 보존 개념도

(*i*) 절점 9. 이 모서리에 위치한 절점의 체적 요소는 윗면에서는 대류가 일어나고 오른쪽 면으로부터 열이 공급되며 아랫면과 왼쪽 면에서는 전도가 일어난다. 이 요소에 에너지 균형을 적용하면(그림 5-30*b*)

$$h\frac{\Delta x}{2}(T_\infty - T_9) + \dot{q}_R\frac{\Delta y}{2} + k\frac{\Delta x}{2}\frac{T_{15} - T_9}{\Delta y} + k\frac{\Delta y}{2}\frac{T_8 - T_9}{\Delta x} + \dot{e}_9\frac{\Delta x}{2}\frac{\Delta y}{2} = 0$$

$\Delta x = \Delta y = l$로 놓으면, T_{15} = 90°C이므로, 다음과 같이 간단하게 표현된다.

$$T_8 - \left(2 + \frac{hl}{k}\right) T_9 = -90 - \frac{\dot{q}_R l}{k} - \frac{hl}{k} T_\infty - \frac{\dot{e}_9 l^2}{2k}$$

이것으로 이 문제에 대한 유한차분식 유도는 마쳤다. 주어진 값을 대입하면 아홉 개의 미지의 절점온도를 결정하기 위한 아홉 개의 방정식은 다음과 같이 된다.

$$\begin{aligned}
-2.064T_1 + T_2 + T_4 &= -11.2 \\
T_1 - 4.128T_2 + T_3 + 2T_5 &= -22.4 \\
T_2 - 2.128T_3 + T_6 &= -12.8 \\
T_1 - 4T_4 + 2T_5 &= -109.2 \\
T_2 + T_4 - 4T_5 + T_6 &= -109.2 \\
T_3 + 2T_5 - 6.128T_6 + T_7 &= -212.0 \\
T_6 - 4.128T_7 + T_8 &= -202.4 \\
T_7 - 4.128T_8 + T_9 &= -202.4 \\
T_8 - 2.064T_9 &= -105.2
\end{aligned}$$

이것은 아홉 개의 미지수가 있고 방정식 수가 아홉 개인 연립 대수 방정식이다. 적절한 풀이 방법에 의하여 구한 해(solution)는 다음과 같다.

$$\begin{aligned}
&T_1 = 112.1°\text{C} \quad &T_2 = 110.8°\text{C} \quad &T_3 = 106.6°\text{C} \\
&T_4 = 109.4°\text{C} \quad &T_5 = 108.1°\text{C} \quad &T_6 = 103.2°\text{C} \\
&T_7 = 97.3°\text{C} \quad &T_8 = 96.3°\text{C} \quad &T_9 = 97.6°\text{C}
\end{aligned}$$

온도는 절점 1에서 가장 높고, 절점 8에서 가장 낮다. 절점 1은 90°C로 유지되는 아래쪽 면으로부터 가장 멀리 떨어져 있으면서 한쪽 면이 단열되어 있고, 절점 8은 90°C면에 가까이 있으면서 체적에 비하여 가장 큰 노출 부분을 가지고 있어 우리가 예상했던 것과 동일한 결과를 얻을 수 있었다.

불규칙한 경계

간단한 형상의 문제에서, 즉 평판에 대하여 띠 모양의 단순한 체적 요소를, 직사각형 영역의 2차원 열전도에 대하여 직사각형 요소를, 각각 사용하여 전체 영역을 채울 수 있었다. 또한 원통형이나 구형체를 원통형 또는 구형 쉘(shell) 요소를 사용하여 채울 수 있다. 하지만 실제로 만나게 되는 터빈깃이나 엔진블록과 같은 형상들은 간단한 모양이 아니어서, 단순한 모양의 체적 요소로 그러한 불규칙한 경계를 갖는 형상들을 채우기는 어렵다. 그러한 형상들을 다루는 실용적인 방법은 그림 5-31에 보인 바와 같이 불규칙한 형상을 일련의 단순한 체적 요소들로 바꾸는 것이다. 이 간단한 방법은 특히 절점들이 경계 가까이 위치한 경우에는 실용적인 효과를 볼 수 있다. 불규칙한 경계를 다루는 좀 더 복잡한 방법도 있는데, 그러한 것들은 상용 소프트웨어 패키지(commercial software package)에 포함되어 있다.

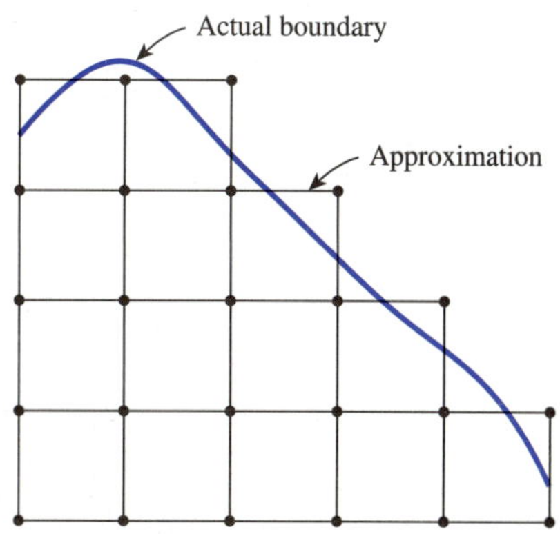

그림 5-31
직사각형 격자들을 이용한 불규칙적인 경계면의 근사화

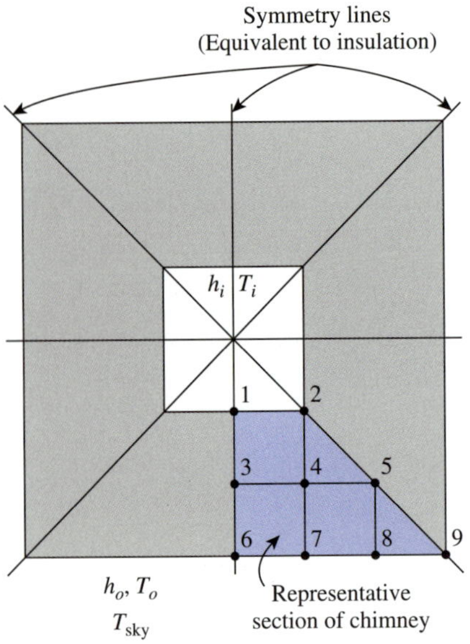

그림 5-32

예제 5-4에서 고려된 굴뚝의 개념도 및 대표적인 단면에 대한 격자망

예제 5-4 굴뚝을 통한 열손실

벽난로의 뜨거운 연소 가스가 콘크리트(k = 1.4 W/m·K)로 만들어진 정사각형 굴뚝을 통하여 날아간다. 굴뚝의 배출구는 20 cm × 20 cm이고 벽의 두께는 20 cm이다. 굴뚝 안 뜨거운 가스의 평균 온도는 T_i = 300°C이고, 굴뚝 안에서의 평균 대류 열전달계수는 h_i = 70 W/m²·K이다. 굴뚝은 벽의 바깥 면으로부터 h_o = 21 W/m²·K로 대류에 의하여 열전달계수 T_o = 20°C인 주위 공기에 열을 빼앗기고, 복사에 의하여 대기로 열을 빼앗긴다. 벽의 바깥 면의 방사율은 $\dot{e}$ = 0.9이고, 유효대기온도는 260 K로 측정되었다. $\Delta x = \Delta y$ = 10 cm로 유한차분법을 사용하고, 대칭성을 최대한 이용하여 단면의 절점에서의 온도와 굴뚝 1 m 길이에 대한 열손실률을 구하라.

풀이 정사각형 굴뚝을 통한 열전달을 고려하고 있다. 절점의 온도와 단위길이당의 열손실을 유한차분법으로 구한다.

가정 **1.** 열전달은 시간에 따라 변화하는 어떤 표시(indication)도 없으므로 정상 상태이다. **2.** 굴뚝의 높이는 단면적보다 크므로 굴뚝을 통한 열전달은 2차원이고, 그래서 굴뚝을 통한 축방향의 열전도는 무시할 수 있다. 문제를 더욱 간단하게 하기 위하여 각 벽면을 통한 열전달을 벽면이 얇아서 모서리의 효과가 무시될 수 있는 1차원 열전달로 고려할 생각도 해본다. 하지만 이러한 생각은 벽면에 매우 두껍고 모서리 부분이 굴뚝 구조의 매우 큰 부분을 차지하는 이 문제에서는 정당화될 수 없다. **3.** 열전도도는 일정하다.

물성치 굴뚝의 상태량은 k = 1.4 W/m·K, ε = 0.9로 주어졌다.

해석 그림 5-32에 굴뚝의 단면이 주어졌다. 이 문제의 가장 두드러진 특징은 그림에 표시된 바와 같이 대각선 축뿐 아니라 굴뚝의 중앙점을 통과하는 수평, 수직 방향의 축에 대해서도 명백하게 대칭이라는 것이다. 그러므로 우리는 풀이에서 절점망이 아홉 개의 같은 간격의 절점으로 이루어진 전체 형상의 ⅛ 부분만 고려하면 된다.

대칭축을 통해서는 열이 전달되지 않으므로, 대칭축을 단열면으로 취급하여 유한차분식에서는 일종의 반사경으로 생각할 수 있다. 그러면 대칭축들의 중앙에 위치한 절점들은 반사상을 사용하여 내부 절점으로 취급할 수 있다. 그러나 여전히 여섯 개의 절점은 경계 절점이므로 이들의 유한차분식을 얻기 위해서는 에너지 균형을 적용해야 한다.

하지만 먼저 절점들 사이에 중앙을 지나는 점선을 그어 절점들 사이의 영역을 적당하게 나눈다. 그러면 경계 또는 점선으로 둘러싸인 절점 주위의 영역은 그 절점의 체적 요소를 나타내게 된다. 단위 깊이라고 생각하고 경계 절점들에 대해서 에너지 균형법을 사용하고(다시 한 번 편의상 체적 요소에 들어오는 방향으로 열전달이 일어난다고 가정한다.) 내부 절점에 대한 식을 사용하면, 9개 절점에 대한 유한차분식은 다음과 같다.

(*a*) 절점 1. 내부 경계에 위치하여 대류가 일어난다(그림 5-33*a*).

$$0 + h_i \frac{\Delta x}{2}(T_i - T_1) + k\frac{\Delta y}{2}\frac{T_2 - T_1}{\Delta x} + k\frac{\Delta x}{2}\frac{T_3 - T_1}{\Delta y} + 0 = 0$$

$\Delta x = \Delta y = l$로 놓고, 간단히 하면

$$-\left(2 + \frac{h_i l}{k}\right)T_1 + T_2 + T_3 = -\frac{h_i l}{k}T_i$$

(*b*) 절점 2. 내부 경계에 위치하여 대류가 일어난다(그림 5-33*b*).

$$k\frac{\Delta y}{2}\frac{T_1 - T_2}{\Delta x} + h_i\frac{\Delta x}{2}(T_i - T_2) + 0 + k\Delta x\frac{T_4 - T_2}{\Delta y} = 0$$

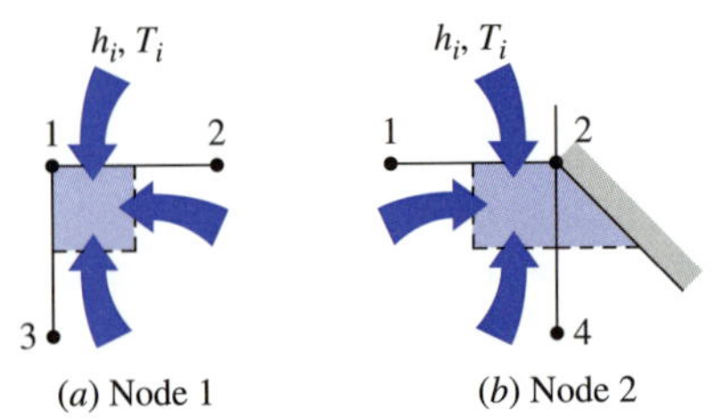

그림 5-33

절점 1 및 2의 검사체적 요소들에 대한 에너지 보존 개념도

$\Delta x = \Delta y = l$로 놓고, 간단히 하면

$$T_1 - \left(3 + \frac{h_i l}{k}\right) T_2 + 2T_4 = -\frac{h_i l}{k} T_i$$

(*c*) 절점 3, 4, 5(내부 절점, 그림 5-34).

반사상을 이용하여 대칭축상에 있는 경계 절점 3, 5를 내부 절점으로 변환한다.

$$\text{절점 3: } T_4 + T_1 + T_4 + T_6 - 4T_3 = 0$$

$$\text{절점 4: } T_3 + T_2 + T_5 + T_7 - 4T_4 = 0$$

$$\text{절점 5: } T_4 + T_4 + T_8 + T_8 - 4T_5 = 0$$

(*d*) 절점 6. 외부 경계에 위치하여 대류와 복사가 일어난다.

$$0 + k\frac{\Delta x}{2}\frac{T_3 - T_6}{\Delta y} + k\frac{\Delta y}{2}\frac{T_7 - T_6}{\Delta x} + h_o\frac{\Delta x}{2}(T_o - T_6) + \varepsilon\sigma\frac{\Delta x}{2}(T_{sky}^4 - T_6^4) = 0$$

$\Delta x = \Delta y = l$로 놓고, 간단히 하면

$$T_2 + T_3 - \left(2 + \frac{h_o l}{k}\right) T_6 = -\frac{h_o l}{k} T_o - \frac{\varepsilon\sigma l}{k}(T_{sky}^4 - T_6^4)$$

(*e*) 절점 7. 외부 경계에 위치하여 대류와 복사가 일어난다(그림 5-35).

$$k\frac{\Delta y}{2}\frac{T_6 - T_7}{\Delta x} + k\Delta x\frac{T_4 - T_7}{\Delta y} + k\frac{\Delta y}{2}\frac{T_8 - T_7}{\Delta x} + h_o\Delta x(T_o - T_7) + \varepsilon\sigma\Delta x(T_{sky}^4 - T_7^4) = 0$$

$\Delta x = \Delta y = l$로 놓고, 간단히 하면

$$2T_4 + T_6 - \left(4 + \frac{2h_o l}{k}\right) T_7 + T_8 = -\frac{2h_o l}{k} T_o - \frac{2\varepsilon\sigma l}{k}(T_{sky}^4 - T_7^4)$$

(*f*) 절점 8. 절점 번호를 1만큼 증가시키면(위의 관계식에서 4를 5, 6을 7, 7을 8, 8을 9로 치환함) 절점 7과 동일하다.

$$2T_5 + T_7 - \left(4 + \frac{2h_o l}{k}\right) T_8 + T_9 = -\frac{2h_o l}{k} T_o - \frac{2\varepsilon\sigma l}{k}(T_{sky}^4 - T_8^4)$$

(*g*) 절점 9. 외부 경계에 위치하여 대류와 복사가 일어난다(그림 5-35).

$$k\frac{\Delta y}{2}\frac{T_8 - T_9}{\Delta x} + 0 + h_o\frac{\Delta x}{2}(T_o - T_9) + \varepsilon\sigma\frac{\Delta x}{2}(T_{sky}^4 - T_9^4) = 0$$

$\Delta x = \Delta y = l$로 놓고, 간단히 하면

$$T_8 - \left(1 + \frac{h_o l}{k}\right) T_9 = -\frac{h_o l}{k} T_o - \frac{\varepsilon\sigma l}{k}(T_{sky}^4 - T_9^4)$$

이 문제는 절대온도를 사용해야 하는 복사를 포함하고 있으므로 모든 온도는 Kelvin으로 표시 해야 한다. 그렇지 않으면, 복사에 대한 항에 포함된 네 개의 온도를 $(T + 273)^4$형태로 표현하여 모든 온도에 대하여 °C를 사용할 수도 있다. 주어진 값을 대입하면, 아홉 개의 미지의 절점온도를 결정하기 위한 아홉 개의 방정식으로 이루어진 연립 방정식이 나오고, 이것을 반복법을 사용하기 적당한 형태로 고치면

$$T_1 = (T_2 + T_3 + 2865)/7$$

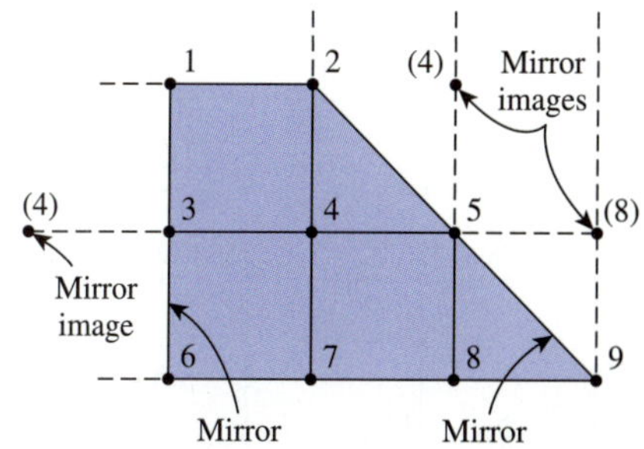

그림 5-34

대칭면의 격자점들 3 및 5에 관련된 대칭점들의 확인

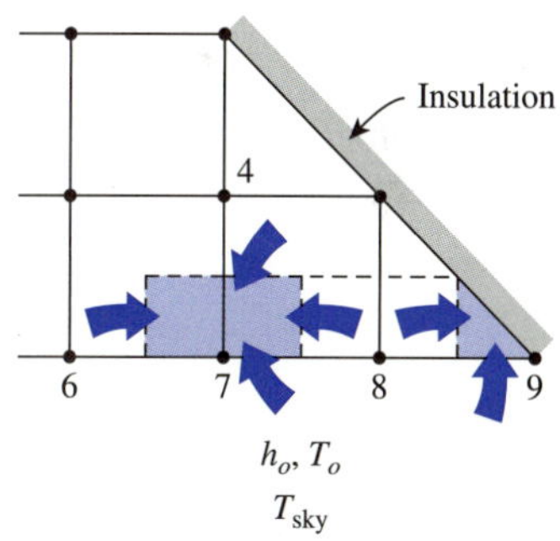

그림 5-35

절점 7 및 9의 검사체적 요소들에 대한 에너지 보존 개념도

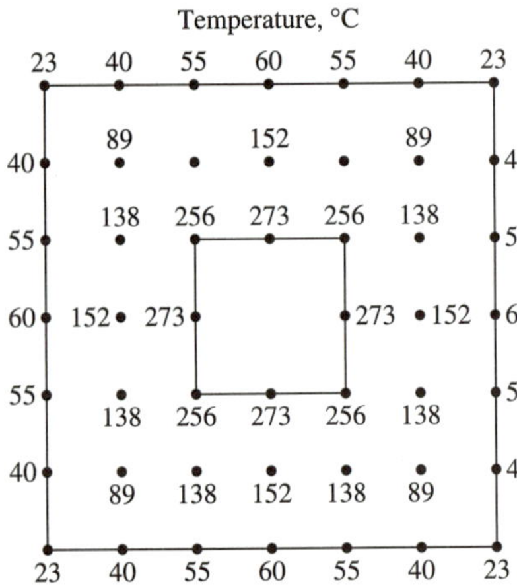

그림 5-36
굴뚝 단면에서의 온도분포

$$T_2 = (T_1 + 2T_4 + 2865)/8$$
$$T_3 = (T_1 + 2T_4 + T_6)/4$$
$$T_4 = (T_2 + T_3 + T_5 + T_7)/4$$
$$T_5 = (2T_4 + 2T_8)/4$$
$$T_6 = (T_2 + T_3 + 456.2 - 0.3645 \times 10^{-9}\, T_6^4)/3.5$$
$$T_7 = (2T_4 + T_6 + T_8 + 912.4 - 0.729 \times 10^{-9}\, T_7^4)/7$$
$$T_8 = (2T_5 + T_7 + T_9 + 912.4 - 0.729 \times 10^{-9}\, T_8^4)/7$$
$$T_9 = (T_8 + 456.2 - 0.3645 \times 10^{-9}\, T_9^4)/2.5$$

이것은 비선형 연립 방정식이다. 적절한 풀이 방법에 의하여 해를 구하면

$T_1 = 545.7\text{ K} = 272.6°\text{C}$ $\quad T_2 = 529.2\text{ K} = 256.1°\text{C}$ $\quad T_3 = 425.2\text{ K} = 152.1°\text{C}$
$T_4 = 411.2\text{ K} = 138.0°\text{C}$ $\quad T_5 = 362.1\text{ K} = 89.0°\text{C}$ $\quad T_6 = 332.9\text{ K} = 59.7°\text{C}$
$T_7 = 328.1\text{ K} = 54.9°\text{C}$ $\quad T_8 = 313.1\text{ K} = 39.9°\text{C}$ $\quad T_9 = 296.5\text{ K} = 23.4°\text{C}$

굴뚝에서의 온도의 변화가 그림 5-36에 보여지고 있다.

우리가 기대하던 대로, 내부 벽에서 온도가 가장 높았고(300°C 이하이긴 하지만) 외부 벽에서 가장 낮았다(260 K 이상이긴 하지만).

표면적에 의해 가중치를 고려하여 굴뚝의 외부 면에서의 평균 온도를 구하면

$$T_{\text{wall, out}} = \frac{(0.5T_6 + T_7 + T_8 + 0.5T_9)}{(0.5 + 1 + 1 + 0.5)}$$

$$= \frac{0.5 \times 332.9 + 328.1 + 313.1 + 0.5 \times 296.5}{3} = 318.6\text{ K}$$

그러면 굴뚝의 1 m 길이의 단면을 통한 열손실률은 근사적으로 다음과 같이 결정될 수 있다.

$$\begin{aligned}\dot{Q}_{\text{chimney}} &= h_o A_o (T_{\text{wall, out}} - T_o) + \varepsilon\sigma A_o (T_{\text{wall, out}}^4 - T_{\text{sky}}^4)\\ &= (21\text{ W/m}^2\cdot\text{K})[4 \times (0.6\text{ m})(1\text{ m})](318.6 - 293)\text{K}\\ &\quad + 0.9(5.67 \times 10^{-8}\text{ W/m}^2\cdot\text{K}^4)\\ &\qquad [4 \times (0.6\text{ m})(1\text{ m})][(318.6\text{ K})^4 - (260\text{ K})^4]\\ &= 1291 + 702 = \mathbf{1993\text{ W}}\end{aligned}$$

우리는 또한 이 열전달을 내부 벽에 대한 평균 온도 (272.6 + 256.1)/2 = 264.4°C로부터 그 표면에 Newton의 냉각 법칙을 적용하여 결정할 수 있다.

$$\begin{aligned}\dot{Q}_{\text{chimney}} &= h_i A_i (T_i - T_{\text{wall, in}})\\ &= (70\text{ W/m}^2\cdot\text{K})[4 \times (0.2\text{ m})(1\text{ m})](300 - 264.4)°\text{C} = 1994\text{ W}\end{aligned}$$

이 두 결과의 차이는 수치해법의 근사성에 기인한다.

검토 이 문제를 풀면서 그 복잡함을 다룰 수 있는 만큼의 수준으로 유지하기 위하여, 다소 엉성한 수치적 모델을 사용하였다. 좁은 절점망을 이용하여 더욱 더 많은 수의 절점을 사용하면 해의 정확도를 높일 수 있다. 또한 복사가 포함된 경우에는 평균 온도를 사용하는 대신, 각 절점에 대한 열손실을 구하여 그것들을 더하는 것이 좀 더 정확하다(하지만 좀 더 어렵다).

5-5 ▪ 비정상 열전도

이 장에서 지금까지는 유한차분법을 정상 열전달 문제에 대하여 적용하였다. 이 절에서 우리는 비정상 문제를 풀기 위하여 이 방법을 확장한다.

우리는 정상 문제를 공간 변수(space variables)에 대하여 문제를 **이산화**(*discretizing*)하고 절점이라고 부르는 **불연속점**(*discrete points*)에서의 온도에 대하여 풀면서 유한차분법을 적용하였다. 정상 상태에서는 시간에 따라 온도가 변화하지 않으므로 구해진 해는 어떤 시간에 대해서도 유효하다. 하지만 비정상 문제에서는 온도가 위치뿐만 아니라 시간에 따라서도 변화하므로 그림 5-37에서와 같이 비정상 문제의 유한차분해법에서는 공간의 이산화(discretization)와 함께 **시간의 이산화**(*discretization*)도 필요하다. 이것은 적당한 시간 간격 Δt를 선정하여 원하는 시간에서 해가 얻어질 때까지 각 Δt에 대한 미지의 절점온도에 대하여 반복하여 푼다. 예를 들어, 오븐으로부터 시간 $t = 0$에 꺼내진 초기온도 T_i의 뜨거운 금속 물체를 생각하고 이 물체가 주위의 공기를 통해 냉각된다고 하자. 만약 시간 간격을 $\Delta t = 5$분으로 선정하고, 3시간 후의 이 금속 조각의 온도분포를 구하기 위해서는 $3 \times 60/5 = 36$회 즉, 36시간 간격의 온도를 구해야 할 필요가 있다. 그러므로 이 문제는 정상 문제의 경우보다 36배의 계산 시간이 필요할 것이다. 더 작은 Δt를 선정하면 해의 정확도는 증가하지만, 계산 시간 또한 늘어나게 될 것이다.

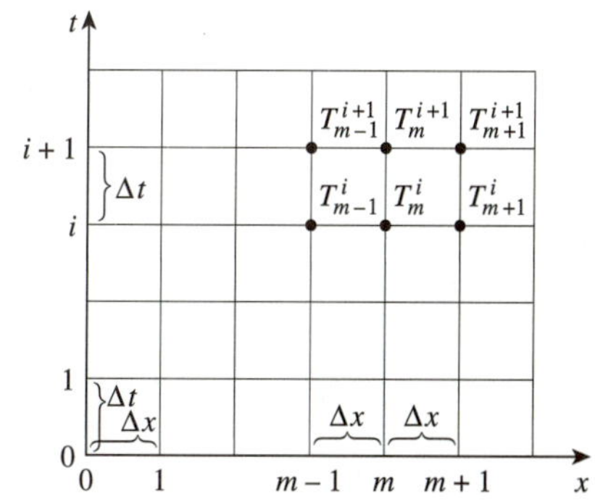

그림 5-37

과도문제의 유한차분 방정식은 공간 좌표 및 시간 좌표에 대한 절점들이 고려된다.

비정상 문제에서, **상첨자** i가 시간단계에 대한 **지표**(*index*) 또는 **계수기**(*counter*)로 사용되며, $i = 0$은 주어진 초기 조건을 가리킨다. 위에서 예를 들었던 뜨거운 금속 조각의 경우에, $i = 1$은 $t = 1 \times \Delta t = 5$분, $i = 2$는 $t = 2 \times \Delta t = 10$분에 해당되고 임의의 시간단계 i는 $t_i = i\Delta t$에 해당된다. T_m^i은 절점 m과 시간단계 i에서의 온도를 나타낸다.

비정상 열전도 문제에 대한 식에는 매질의 에너지 용량(energy content)의 시간에 따른 변화를 나타내는 추가적인 항이 포함되어 있어, 정상 열전도 문제에 대한 식과는 다르다. 이 **추가적인 항**은 미분방정식에서 시간에 대한 온도의 1계 도함수의 형태로 나타나고, 에너지 균형식에서는 시간 Δt 동안의 내부에너지 용량의 변화로 나타난다. 비정상 문제에서 절점과 체적 요소는 정상의 경우와 같이 선정하고, 앞에서와 같이 편의상 요소로 **들어오는 방향**으로 열전달이 일어난다고 가정하면, 시간 간격 Δt 동안의 체적 요소에 대한 에너지 균형식은 다음과 같이 표현된다.

$$\begin{pmatrix}\text{시간 } \Delta t \text{ 동안 모든} \\ \text{면으로부터 체적 요소} \\ \text{내부로 전달되는 열}\end{pmatrix} + \begin{pmatrix}\text{시간 } \Delta t \text{ 동안} \\ \text{체적 요소내에서} \\ \text{발생하는 열}\end{pmatrix} = \begin{pmatrix}\text{시간 } \Delta t \text{ 동안} \\ \text{체적요소의} \\ \text{에너지 용량의 변화}\end{pmatrix}$$

즉

$$\Delta t \times \sum_{\text{All sides}} \dot{Q} + \Delta t \times \dot{E}_{\text{gen, element}} = \Delta E_{\text{element}} \tag{5-37}$$

여기서 열전달률 $\dot{Q}$는 보통 내부 절점에 대해서는 전도항으로 되어 있으나, 경계 절점에 대해서는 대류, 열플럭스, 복사를 포함할 수 있다.

밀도를 r, c_p를 요소의 비열이라 하면 $\Delta E_{\text{element}} = mc_p\Delta T = pV_{\text{elementcp}}\Delta T$이므로

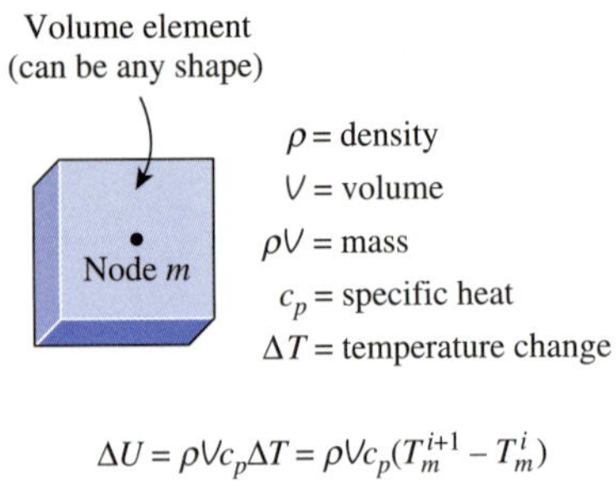

그림 5–38
시간 간격 동안 검사체적 내부의 에너지 변화

앞의 관계식을 Δt로 나누면

$$\sum_{\text{All sides}} \dot{Q} + \dot{E}_{\text{gen, element}} = \frac{\Delta E_{\text{element}}}{\Delta t} = \rho V_{\text{element}}\, c_p \frac{\Delta T}{\Delta t} \tag{5–38}$$

즉, 매질의 임의의 절점 m과 그것의 체적 요소에 대하여

$$\sum_{\text{All sides}} \dot{Q} + \dot{E}_{\text{gen, element}} = \rho V_{\text{element}}\, c_p \frac{T_m^{i+1} - T_m^i}{\Delta t} \tag{5–39}$$

여기서 T_m^i과 T_m^{i+1}은 각각 시간 $t_i = i\Delta t$와 $t_{i+1} = (i + 1)\Delta t$에서 절점 m의 온도이고, $T_m^{i+1} - T_m^i$은 시간단계 i와 $i + 1$ 사이 시간 간격 Δt시간 동안의 절점의 온도 변화를 나타낸다(그림 5–38).

$(T_m^{i+1} - T_m^i)/\Delta t$는 간단히 비정상 문제의 미분방정식에서 나타나는 편도함수 $\partial T/\partial t$의 근사 유한차분값이다. 그러므로 만약 위와 같은 에너지 균형법 대신, 엄격하게 수학적인 방법을 따르더라도 유한차분식에 대해서는 같은 결과를 얻는다. 정상과 비정상 문제의 유한차분식은 등호 표시 오른쪽의 하나의 항만 다르므로, 열전달 현상이 1, 2, 3차원 중 어떤 것인가에 관계없이 그 항의 형식은 모든 좌표계에 대하여 같게 된다. $T_m^{i+1} = T_m^i$와 같은(즉 시간에 따른 온도의 변화가 없는) 특별한 경우에 대해서는 식이 예상하는 대로 정상 상태의 경우와 같게 된다.

비정상 문제에서 절점의 온도는 보통 각 시간단계마다 변화하므로 식 (5–39)의 왼쪽 항에 대하여 이전 시간단계 i에서의 온도를 사용해야 할지, 새로운 시간단계 $i + 1$에서의 온도를 사용해야 할지 궁금할 것이다. 두 방법 모두 합당한 방법이고 모두 실제로 쓰이고 있다. 유한차분법에서는 첫 번째 경우를 **양함수법**이라 하고 두 번째 경우를 **음함수법**이라 하며, 다음과 같은 일반식으로 표현된다(그림 5–39).

양함수법:
$$\sum_{\text{All sides}} \dot{Q}^i + \dot{E}^i_{\text{gen, element}} = \rho V_{\text{element}}\, c_p \frac{T_m^{i+1} - T_m^i}{\Delta t} \tag{5–40}$$

음함수법:
$$\sum_{\text{All sides}} \dot{Q}^{i+1} + \dot{E}^{i+1}_{\text{gen, element}} = \rho V_{\text{element}}\, c_p \frac{T_m^{i+1} - T_m^i}{\Delta t} \tag{5–41}$$

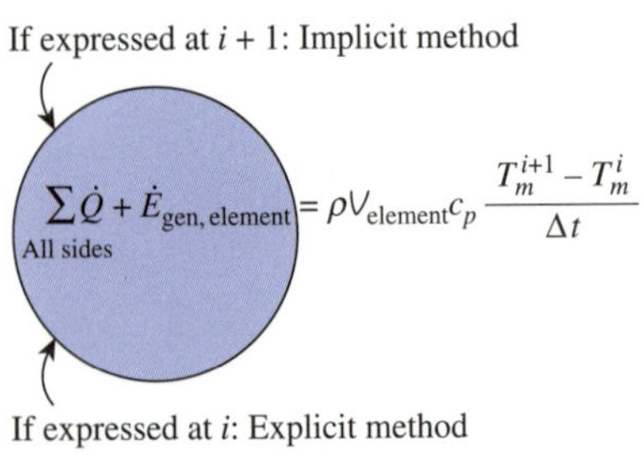

그림 5–39
양함수법과 음함수법의 방정식들은 열전달 및 열발생 항을 계산하는 시간 절점의 위치(이전 시간 및 새로운 시간)에서 차이가 있다.

시간에 대한 도함수는 양함수법에서는 **전진 차분** 형식(*forward difference* form)으로 나타나고, 음함수법에서는 **후진 차분** 형식(*backward difference* form)으로 나타난다. 물론 위의 두 기본식(식 5–40, 5–41)을 혼합하여 더욱 정교한 식을 찾아낼 수 있지만, 그와 같은 식은 알아보기 힘들고 이 책의 범위를 넘어선다. 위의 두 수치식은 시간 간격 전과 후의 절점온도를 표시하는 방법에서 차이를 보이고 있으며, 두 수치식 모두 이전 온도 T_m^i을 사용하여 새로운 온도 T_m^{i+1}을 구하는 방법을 제시하고 있다. 위에 주어진 양함수형 식과 음함수형 식은 매우 일반적이고 열전달의 차원에 관계없이 어떤 좌표계에서도 사용할 수 있다. 다차원의 경우에 체적 요소는 단순히 표면이 더 많고, 그래서 합산(summation)에 더 많은 항을 포함한다.

양함수법과 음함수법은 각각의 장점과 단점이 있고, 어떤 방법이 다른 방법보다 반드시 좋은 것은 아니다. 우리는 **양함수법**은 적용하기 쉽지만 해를 구하는 과정에서 불안정성을 피하기 위해 시간단계에 제한을 두어야 하고, **음함수법**은 각 시간단계에 대하여 절점의 온도들을 동시에 연립적으로 풀어야 하지만 시간단계의 크기에는 제한이 없다는 것을 아래에서 알게 될 것이다. 복잡함을 다룰 수 있는 만큼의 수준으로 유지하기 위하여 설명을 1차원, 2차원의 경우로 제한할 것이다. 하지만, 3차원 문제와 다르게 좌표계로 손쉽게 해석을 확장시킬 수 있을 것이다.

평판에서의 비정상 열전도

그림 5-40에 보인 바와 같이 평판에서 두께가 L이고, 열발생이 $\dot{e}(x, t)$로 시간과 위치에 따라 변화하며, 열전도도가 k로 일정하고, 망(mesh)의 크기가 $\Delta x = L/M$, 그리고 x방향으로 절점이 0, 1, 2, . . . , M인 비정상 1차원 열전도를 고려하자. 임의의 내부 절점 m의 체적 요소에 양면으로부터 열이 전도되고 요소의 체적이 $V_{\text{element}} = A\Delta x$이므로, 내부 절점에 대한 비정상 유한차분식은 식 (5-39)에 기초하여 다음과 같이 표현될 수 있다.

$$kA\frac{T_{m-1} - T_m}{\Delta x} + kA\frac{T_{m+1} - T_m}{\Delta x} + \dot{e}_m A\Delta x = \rho A\Delta x c_p \frac{T_m^{i+1} - T_m^i}{\Delta t} \tag{5-42}$$

표면적 A를 소거하고 $\Delta x/k$를 곱하면 다음과 같이 간단히 표현된다.

$$T_{m-1} - 2T_m + T_{m+1} + \frac{\dot{e}_m \Delta x^2}{k} = \frac{\Delta x^2}{\alpha\Delta t}(T_m^{i+1} - T_m^i) \tag{5-43}$$

여기서 $\alpha = k/\rho c_p$는 평판 재질의 열확산율이다. 이제 무차원 **mesh Fourier number**를 다음과 같이 정의한다.

$$\tau = \frac{\alpha\Delta t}{\Delta x^2} \tag{5-44}$$

그러면 식 (5-43)은

$$T_{m-1} - 2T_m + T_{m+1} + \frac{\dot{e}_m \Delta x^2}{k} = \frac{T_m^{i+1} - T_m^i}{\tau} \tag{5-45}$$

이 식의 왼쪽 부분은 단순히 정상 문제에 대한 유한차분식임을 주목하라. 이것은 식이 정상 상태에 대해 $T_m^{i+1} = T_m^i$로 되므로 이것은 그리 놀랄 일은 아니다. 우리는 식의 왼쪽 부분에 시간단계를 표시하지 않았기 때문에 아직 양함수형, 음함수형 식을 언급하지 않았다. 이제 우리는 시간단계 i에 대해 왼쪽 부분을 표현하여 다음과 같은 **양함수형** 유한차분식을 얻을 수 있다.

$$T_{m-1}^i - 2T_m^i + T_{m+1}^i + \frac{\dot{e}_m^i \Delta x^2}{k} = \frac{T_m^{i+1} - T_m^i}{\tau} \qquad \text{(explicit)} \tag{5-46}$$

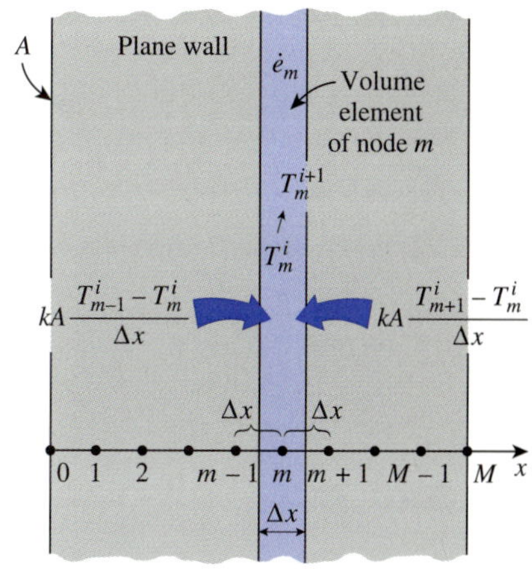

그림 5-40
평판 내부의 1차원 과도열전도 문제의 유한차분 방정식에 대한 절점 및 검사체적

이 식은 새로운 온도 T_m^{i+1}에 대하여 명쾌하게(explicitly) 풀 수 있다[그래서 양함수법(*explicit method*)이라 이름 붙여졌다].

$$T_m^{i+1} = \tau(T_{m-1}^i + T_{m+1}^i) + (1 - 2\tau)\, T_m^i + \tau \frac{\dot{e}_m^i \Delta x^2}{k} \tag{5-47}$$

이것은 평판의 모든 내부 절점 $m = 1, 2, 3, \ldots, M-1$에 대해 성립한다. 식 (5-45)의 왼쪽 부분을 시간단계 i 대신 $i + 1$에 대해서 표현하면 다음과 같은 음함수형 유한차분식을 얻을 수 있다.

$$T_{m-1}^{i+1} - 2T_m^{i+1} + T_{m+1}^{i+1} + \frac{\dot{e}_m^{i+1}\Delta x^2}{k} = \frac{T_m^{i+1} - T_m^i}{\tau} \qquad \text{(implicit)} \tag{5-48}$$

이것을 다시 정리하면

$$\tau T_{m-1}^{i+1} - (1 + 2\tau)\, T_m^{i+1} + \tau T_{m+1}^{i+1} + \tau \frac{\dot{e}_m^{i+1}\Delta x^2}{k} + T_m^i = 0 \tag{5-49}$$

위의 양함수형, 음함수형 식을 각각 $M-1$개의 내부 절점에 적용하면 $M-1$개의 방정식이 나온다. 나머지 두 방정식은 만약 경계의 온도가 상수(시간에 따라 불변하는)로 주어진다면 경계상의 절점에 같은 방법을 적용하여 구할 수 있다. 예를 들어, 양함수형의 경우에 왼쪽 경계(절점 0)에 대한 대류 경계조건의 식은 다음과 같이 표현될 수 있다(그림 5-41).

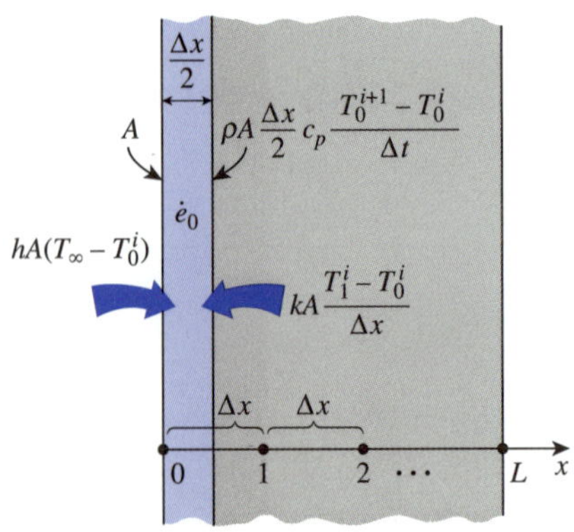

그림 5-41
평판의 왼쪽 면이 대류 경계면일 때 나타나는 양함수형 유한차분 방정식의 개념도

$$hA(T_\infty - T_0^i) + kA \frac{T_1^i - T_0^i}{\Delta x} + \dot{e}_0^i A \frac{\Delta x}{2} = \rho A \frac{\Delta x}{2} c_p \frac{T_0^{i+1} - T_0^i}{\Delta t} \tag{5-50}$$

이것은 다음과 같이 간단히 할 수 있다.

$$T_0^{i+1} = \left(1 - 2\tau - 2\tau \frac{h\Delta x}{k}\right) T_0^i + 2\tau T_1^i + 2\tau \frac{h\Delta x}{k} T_\infty + \tau \frac{\dot{e}_0^i \Delta x^2}{k} \tag{5-51}$$

열발생이 없고 $t = 0.5$인 경우에(이것은 1차원 양함수법에 의한 안정성 기준의 상한선인데 이는 다음 주제에서 논의될 것이다) 임의의 내부 절점에 대한 양함수형 유한차분식은 $T_m^{i+1} = (T_{m-1}^i + T_{m+1}^i)/2$로 줄어드는데, 이것은 새로운 시간단계에서의 내부 절점의 온도는 간단히 이전의 시간단계에서의 온도와 이웃하는 절점온도의 평균이라는 흥미로운 결과가 된다.

일단 식(양함수형이든 음함수형이든)이 구성되고 초기 조건이 주어지면, 비정상 문제의 해는 다음과 같이 Δt의 시간단계 크기를 사용하여 시간을 진행시켜 구할 수 있다.

적당한 시간단계 Δt를 선정하고 초기 조건으로부터 절점온도를 결정한다. 초기 온도를 $t = 0$에서의 이전 단계의 해 T_m^i으로 하고, 비정상 유한차분식을 이용하여 시간 $t = \Delta t$에서의 모든 절점에 대한 새로운 단계의 해 T_{i+1}^m를 구한다. 이제 방금 구한 $t = \Delta t$에서의 해를 이전 단계의 해 T_m^i처럼 이용하여 같은 방법으로 $t = 2\Delta t$

에서의 새로운 시간단계의 해 T_{i+1}^{m}을 구한다. 원하는 시간에서의 해가 구해질 때까지 반복한다.

양함수법에 대한 안정성 기준: Δt의 제한

양함수법은 이용하기 쉽지만 바람직하지 못한 특성 때문에 사용이 엄격하게 제한된다: 양함수법은 절대적으로 안정하지는 못하고, 시간단계 Δt의 최대 허용 범위는 안정성 기준에 의해 제한된다. 만약 시간 간격 Δt가 충분히 작지 않으면, 양함수법으로 구해진 해는 크게 진동하고 실제 해로부터 발산하게 된다. 절점온도에서 이렇게 발산하는 진동(divergent oscillations)을 피하기 위해 Δt의 값은 **안정성 기준**에 따라 어떤 상한선 아래로 유지되어야 한다. 이것은 수학적으로 또는 "T_{i+1}^{m}에 대한 식에서 모든 T_m^i의 계수[**기본계수(primary coefficient)**라고 부르는]가 모든 절점 m에 대하여 *0*보다 크거나 같으면 안정성 기준을 만족한다."라는 열역학 제2법칙에 근간을 둔 물리적인 증명에 의해 설명될 수 있다(그림 5-42). 물론, 이 기준을 적용하기 전에 T_m^i을 포함하는 모든 항들을 특정한 절점에 대해서 묶어야 한다.

다양한 절점들에 대한 다양한 식은 시간단계 Δt의 크기에 대하여 다양한 제한을 할 수 있고, 그중 가장 엄격한 제한이 문제의 풀이에서 사용되어야 한다. 실용적인 방법은 **최소 기본계수**를 갖는 식을 찾아내고(왜냐하면 이것이 가장 엄격한 제한을 요구하므로), 그 식에 대해서만 안정성 기준을 적용하여 Δt의 허용치를 구하는 것이다. 이와 같이 구해진 Δt값은 시스템의 다른 모든 식들에 대해서도 안정성 기준을 만족한다.

예를 들어, 표면온도가 주어진 평판에 대한 비정상 1차원 열전도의 경우에 양함수형 유한차분식은 모든 절점(내부 절점)에 대하여 식 (5-47)과 같이 구해진다. T_m^{i+1}에 대한 식에 포함된 T_m^i의 계수는 $1 - 2\tau$인데, 이것은 절점 번호 m에 무관하고, 그러므로 이 경우에 모든 절점에 대한 안정성 기준은 $1 - 2\tau \geq 0$, 즉 매질의

$$\tau = \frac{\alpha \Delta t}{\Delta x^2} \leq \frac{1}{2} \quad \left(\begin{array}{c}\text{interior nodes, one-dimensional heat} \\ \text{transfer in rectangular coordinates}\end{array}\right) \tag{5-52}$$

재료를 알고 그래서 열확산율 α를 알게 되고 망의 크기값 Δx가 주어지면, 시간단계 Δt의 최대 허용값은 위의 관계식으로부터 구할 수 있다. 예를 들면, 망 크기가 $\Delta x = 0.01$ m인 벽돌($\alpha = 0.45 \times 10^{-6}$ m²/s)의 경우, 시간단계의 상한선은

$$\Delta t \leq \frac{1}{2}\frac{\Delta x^2}{\alpha} = \frac{(0.01 \text{ m})^2}{2(0.45 \times 10^{-6} \text{ m}^2/\text{s})} = 111 \text{ s} = 1.85 \text{ min}$$

대류와(또는) 복사를 포함하는 경계 절점은 내부 절점의 경우보다 더 제한적이고 그래서 더 작은 시간단계가 필요하다. 그러므로 비정상 열전도 문제를 양함수법으로 풀 때에는 가장 제한적인 경계 절점이 최대 허용 시간단계 Δt를 구하는 데 사용되어야 한다. 예를 들어 평면 벽의 왼쪽 경계(절점 0)의 대류 경계조건은 그림 5-41에

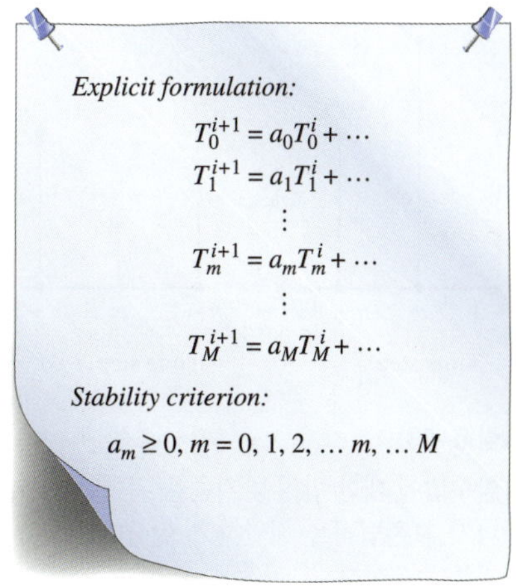

그림 5-42
양함수법의 안정성 기준은 모든 기본계수들이 양의 수이거나 영이어야 한다.

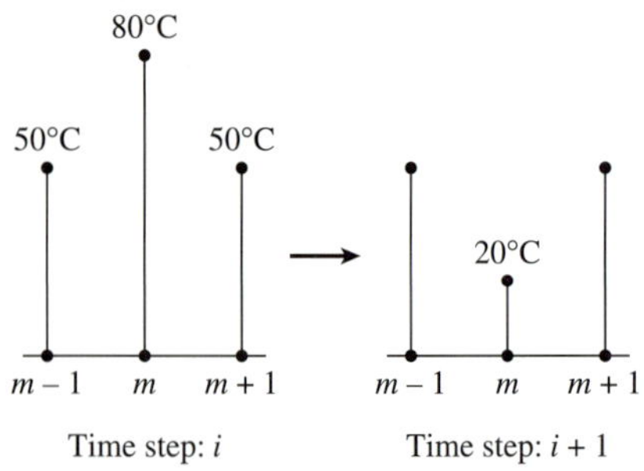

그림 5–43
양함수법에 대한 안정성 기준을 위반할 경우, 에너지 보존법칙을 위반하고 발산하게 되는 결과를 초래한다.

나타나 있고 이에 관한 양함수형의 유한차분식은 식 (5−51)과 같이 표현되는데 이는 식 (5−47)에 나타나 있는 내부 절점에 대한 양함수형의 유한차분식보다 더 제한적이다. 그러므로 이 경우 모든 절점에 대한 안정성 기준은 다음과 같게 된다.

$$1 - 2\tau - 2\tau\frac{h\Delta x}{k} \geq 0 \qquad \text{or} \qquad \tau \leq \frac{1}{2(1 + h\Delta x/k)}.$$

안정성 기준에 대하여 더 잘 이해하기 위하여, 평판의 내부 절점에 대한 양함수형 유한차분식(식 5−47)을 열발생이 없는 경우에 대해 고려해 보자.

$$T_m^{i+1} = \tau(T_{m-1}^i + T_{m+1}^i) + (1 - 2\tau)T_m^i$$

어떤 시간단계 i에서 온도 T^i_{m-1}와 T^i_{m+1}가 같고 이 값은 T^i_m보다는 작다(말하자면, $T^i_{m-1} = T^i_{m+1} = 50°C$이고 $T^i_m = 80°C$)고 가정하자. 다음 시간단계에서, 우리는 절점 m에서의 온도가 두 값의 사이(말하자면, 70°C)가 될 것이라고 생각한다. 그러나 만약 τ의 값이 0.5를 초과하면(말하자면, $\tau = 1$), 다음 시간단계에서 절점 m의 온도는 인접한 절점들의 온도보다 작게 될 것이다(20°C가 된다). 이것은 물리적으로 불가능하고 열역학 제2법칙을 위배한다(그림 5−43). 절점 m의 새로운 온도가 인접한 절점들의 온도보다 높으려면 τ의 값이 0.5 이하가 되어야 한다.

음함수법은 무조건적으로 안정하므로, 그 방법에 우리가 원하는 어떤 시간단계든지 사용할 수 있다(물론, 시간단계가 작을수록 해의 정확성은 높아진다). 음함수법의 단점은 그 결과가 각 시간단계에 대해서 연립하여 풀어야 하는 방정식으로 나타난다는 점이다. 두 방법 모두 실제로 사용되어지고 있다.

예제 5−5 넓은 우라늄 금속판의 비정상 열전도

두께가 L = 4 cm, 열전도도가 k = 28 W/m·K, 열확산율이 $\alpha = 12.5 \times 10^{-6}$ m²/s인 넓은 우라늄 금속판이 일정한 초기온도 200°C의 상태에 있다. 열은 금속판에서 $\dot{e} = 5 \times 10^6$ W/m³의 일정한 율로 균일하게 발생한다. 그림 5−44와 같이 시간 t = 0에서, 금속판의 한쪽 면은 얼음물에 접촉하고 있어 계속 0°C로 유지된다. 반면에 다른 면은 T_∞ = 30°C인 주위로 열전달계수 h = 45 W/m²·K로 대류가 일어난다. 매질 내에서 총 세 개의 같은 간격의 절점이, 두 개는 경계에 있고 한 개는 중앙에 있다고 생각하여 냉각을 시작한지 2.5분 후의 금속판의 표면온도를 (*a*) 양함수법, (*b*) 음함수법을 이용하여 예측하라.

풀이 우리는 이 문제를 예제 5−1에서 정상 상태의 경우에 대하여 풀었고, 여기에서는 비정상 유한차분법의 적용을 설명하기 위하여 비정상 상태에 대하여 반복한다. 다시 직교 좌표계에서 열전달이 1차원이고 열전도도가 일정하다고 가정한다. 절점의 개수는 M = 3으로 주어져 있고, 그림에서 보여진 바와 같이 절점들은 금속판의 양쪽 면과 중앙에서 선정되었다. 그러면 절점의 간격 Δx는

$$\Delta x = \frac{L}{M - 1} = \frac{0.04 \text{ m}}{3 - 1} = 0.02 \text{ m}$$

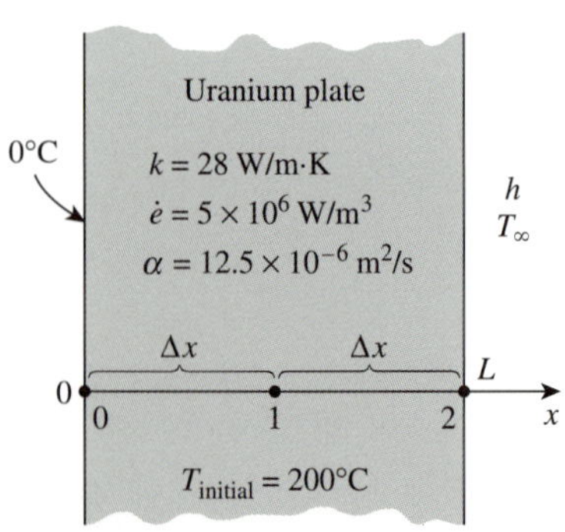

그림 5–44
예제 5−5에 대한 개략도

절점에 0, 1, 2의 번호를 붙인다. 절점 0에서의 온도는 항상 T_0 = 0°C로 유지되고, 절점 1과 2의 온도를 구해야 한다. 이 문제는 단지 두 개의 미지의 절점온도를 포함하고 있으므로, 그것들을 구하기 위해서는 두 개의 방정식만 있으면 된다. 이 방정식은 절점 1과 2에 유한차분식을 적용하여 얻을 수 있다.

(*a*) 절점 1은 내부 절점이고, 그 절점에서의 양함수형 유한차분식은 식 (5-47)에서 m = 1로 놓으면 직접 구할 수 있다.

$$T_1^{i+1} = \tau(T_0 + T_2^i) + (1 - 2\tau)\, T_1^i + \tau\frac{\dot{e}_1 \Delta x^2}{k} \qquad (a)$$

절점 2는 대류가 일어나는 경계 절점이고, 그 절점에서의 유한차분식은 모든 면에서 매질로 들어오는 방향으로 열전달이 일어난다고 가정하여 그 경계에 있는 두께 $\Delta x/2$의 체적 요소에 에너지 균형을 적용하면 구할 수 있다(그림 5-45).

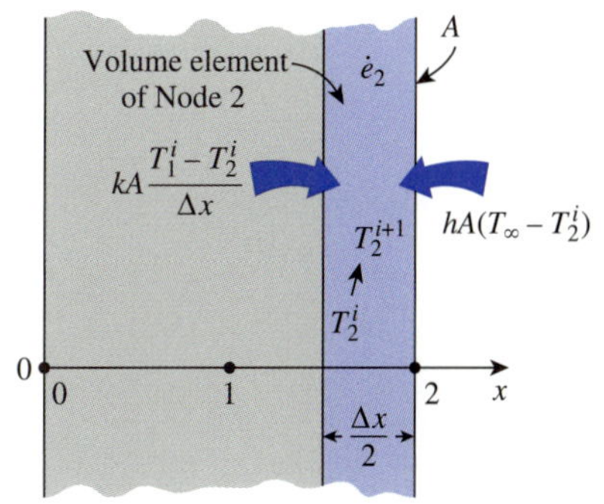

그림 5-45

평판 오른쪽 면에 대류 조건이 주어진 경우 양함수법에 의한 유한차분식 개념도

$$hA(T_\infty - T_2^i) + kA\frac{T_1^i - T_2^i}{\Delta x} + \dot{e}_2 A\frac{\Delta x}{2} = \rho A\frac{\Delta x}{2}c_p\frac{T_2^{i+1} - T_2^i}{\Delta t}$$

$kA/2\Delta x$로 나누고 열확산계수 $\alpha = k/\rho c_p$와 무차원 mesh Fourier number $\tau = \alpha\Delta t/\Delta x^2$의 정의를 적용하면

$$\frac{2h\Delta x}{k}(T_\infty - T_2^i) + 2(T_1^i - T_2^i) + \frac{\dot{e}_2\Delta x^2}{k} = \frac{T_2^{i+1} - T_2^i}{\tau}$$

이 식을 T_2^{i+1}에 대하여 풀면

$$T_2^{i+1} = \left(1 - 2\tau - 2\tau\frac{h\Delta x}{k}\right)T_2^i + \tau\left(2T_1^i + 2\frac{h\Delta x}{k}T_\infty + \frac{\dot{e}_2\Delta x^2}{k}\right) \qquad (b)$$

우리는 시간에 대하여 변화하지 않는 값에는 상첨자 i를 붙이지 않았다. 다음에 우리는 안정성 기준으로부터 시간단계 Δt의 상한선을 구해야 하는데, 그러기 위해서는 식 (1)에서 T_1^i의 계수와 식 (2)에서 T_2^i의 계수가 0보다 크거나 같아야 한다. 이 경우에서는 T_2^i의 계수가 더 작고, 이 문제에 대한 안정성 기준은 다음과 같이 표현된다[$\tau = \alpha\Delta t/(\Delta x)^2$].

$$1 - 2\tau - 2\tau\frac{h\Delta x}{k} \geq 0 \quad\rightarrow\quad \tau \leq \frac{1}{2(1 + h\Delta x/k)} \quad\rightarrow\quad \Delta t \leq \frac{\Delta x^2}{2\alpha(1 + h\Delta x/k)}$$

주어진 값을 대입하면, 시간단계의 최대 허용치가 다음과 같이 구해진다.

$$\Delta t \leq \frac{(0.02\text{ m})^2}{2(12.5\times10^{-6}\text{ m}^2/\text{s})[1 + (45\text{ W/m}^2\cdot\text{K})(0.02\text{ m})/28\text{ W/m}\cdot\text{K}]} = 15.5\text{ s}$$

그러므로 이 문제를 풀기 위하여 15.5초보다 작은 어떤 시간단계도 사용할 수 있다. 편의상 시간단계를 Δt = 15 s로 택하자. 그러면 mesh Fourier number는

$$\tau = \frac{\alpha\Delta t}{\Delta x^2} = \frac{(12.5\times10^{-6}\text{ m}^2/\text{s})(15\text{ s})}{(0.02\text{ m})^2} = 0.46875 \quad (\text{for } \Delta t = 15\text{ s})$$

이 τ의 값과 다른 주어진 값을 대입하면, 위에서 구한 양함수형 유한차분식 (1)과 (2)는 다음과 같이 된다.

$$T_1^{i+1} = 0.0625T_1^i + 0.46875T_2^i + 33.482$$
$$T_2^{i+1} = 0.9375T_1^i + 0.032366T_2^i + 34.386$$

t = 0, i = 0에서 전체의 매질의 초기온도는 200°C로 주어졌으므로 $T_1^0 = T_2^0$ = 200°C이다. 그러면 $t = \Delta t$ = 15 s에서 T_1^1와 T_2^1는 앞의 식으로부터 다음과 같이 결정된다.

$$T_1^1 = 0.0625T_1^0 + 0.46875T_2^0 + 33.482$$
$$= 0.0625 \times 200 + 0.46875 \times 200 + 33.482 = 139.7°C$$
$$T_2^1 = 0.9375T_1^0 + 0.032366T_2^0 + 34.386$$
$$= 0.9375 \times 200 + 0.032366 \times 200 + 34.386 = 228.4°C$$

유사하게, $t = 2\Delta t = 2 \times 15 = 30$ s에서의 절점온도 T_1^2와 T_2^2는 다음과 같다.

$$T_1^2 = 0.0625T_1^1 + 0.46875T_2^1 + 33.482$$
$$= 0.0625 \times 139.7 + 0.46875 \times 228.4 + 33.482 = 149.3°C$$
$$T_2^2 = 0.9375T_1^1 + 0.032366T_2^1 + 34.386$$
$$= 0.9375 \times 139.7 + 0.032366 \times 228.4 + 34.386 = 172.8°C$$

같은 방법으로 계속하면, 절점 1과 2에서의 온도는 $i = 1, 2, 3, 4, 5, . . . , 40$에 대하여 구해지고 그것이 표 5-3에 제시되어 있다. 그러므로 냉각을 시작한지 2.5분 후의 노출된 경계 표면에서의 온도는

$$T_L^{2.5\text{ min}} = T_2^{10} = \mathbf{139.0°C}$$

(*b*) 절점 1은 내부 절점이고, 그 절점에서의 음함수형 유한차분식은 식 (5-49)에서 $m = 1$로 놓으면 직접 구할 수 있다.

$$\tau T_0 - (1 + 2\tau)\, T_1^{i+1} + \tau T_2^{i+1} + \tau \frac{\dot{e}_0 \Delta x^2}{k} + T_1^i = 0 \qquad (c)$$

절점 2는 대류가 일어나는 경계 절점이고, 그 절점에서의 음함수형 유한차분식은 위의 양함수형 식에서 시간단계 i 대신 $i + 1$을 사용하여 식의 왼쪽 부분을 표현하면 구할 수 있다.

$$\frac{2h\Delta x}{k}(T_\infty - T_2^{i+1}) + 2(T_1^{i+1} - T_2^{i+1}) + \frac{\dot{e}_2\, \Delta x^2}{k} = \frac{T_2^{i+1} - T_2^i}{\tau}$$

이것을 다음과 같이 정리할 수 있다.

$$2\tau T_1^{i+1} - \left(1 + 2\tau + 2\tau\frac{h\Delta x}{k}\right) T_2^{i+1} + 2\tau\frac{h\Delta x}{k}T_\infty + \tau\frac{\dot{e}_2\, \Delta x^2}{k} + T_2^i = 0 \qquad (d)$$

앞의 경우와 마찬가지로, 우리는 시간에 대하여 변화하지 않는 값에는 상첨자 i 또는 $i + 1$을 붙이지 않았다. 음함수법은 시간단계에 대한 제한이 없으므로, 우리가 원하는 어떤 값도 사용할 수 있다. 그러나 가능하면 (*a*)의 양함수법과 비교하기 위하여 $\Delta t = 15$ s를 선정하면 $\tau = 0.46875$이다. 이 t의 값과 다른 주어진 값을 대입하면, 위에서 구한 두 개의 음함수형 유한차분식은 다음과 같이 된다.

$$-1.9375T_1^{i+1} + 0.46875T_2^{i+1} + T_1^i + 33.482 = 0$$
$$0.9375T_1^{i+1} - 1.9676T_2^{i+1} + T_2^i + 34.386 = 0$$

앞의 경우와 마찬가지로 초기 조건에 의해 $t = 0$, $i = 0$에서 $T_1^0 = T_2^0 = 200°C$이고 $i = 0$에 대하여 위의 두 식은

$$-1.9375T_1^1 + 0.46875T_2^1 + 200 + 33.482 = 0$$
$$0.9375T_1^1 - 1.9676T_2^1 + 200 + 34.386 = 0$$

$t = \Delta t = 15$ s에서 미지의 절점온도 T_1^1와 T_2^1는 위의 두 식을 연립하여 풀면 구해진다.

$$T_1^1 = 168.8°C \qquad \text{and} \qquad T_2^1 = 199.6°C$$

유사하게, $i = 1$에 대하여 위의 방정식은 다음과 같이 된다.

표 5-3

예제 5-5에서 양함수법으로 구한 시간별 절점온도 변화

Time Step, i	Time, s	Node Temperature, °C T_1^i	T_2^i
0	0	200.0	200.0
1	15	139.7	228.4
2	30	149.3	172.8
3	45	123.8	179.9
4	60	125.6	156.3
5	75	114.6	157.1
6	90	114.3	146.9
7	105	109.5	146.3
8	120	108.9	141.8
9	135	106.7	141.1
10	150	106.3	139.0
20	300	103.8	136.1
30	450	103.7	136.0
40	600	103.7	136.0

$$-1.9375T_2^1 + 0.46875T_2^2 + 168.8 + 33.482 = 0$$
$$0.9375T_1^2 - 1.9676T_2^2 + 199.6 + 34.386 = 0$$

$t = 2\Delta t = 2 \times 15 = 30$ s에서 미지의 절점온도 T_1^2와 T_2^2는 앞의 두 식을 연립하여 풀면 구해진다.

$$T_1^2 = 150.5°C \quad \text{and} \quad T_2^2 = 190.6°C$$

같은 방법으로 계속하면, 절점 1과 2에서의 온도는 $i = 1, 2, 3, 4, 5, \ldots, 40$에 대하여 구해지고 그것이 표 5-4에 제시되어 있다. 냉각을 시작한지 2.5분 후의 노출된 경계 표면(절점 2)에서의 온도는

$$T_L^{2.5\text{ min}} = T_2^{10} = \mathbf{143.9°C}$$

이것은 양함수법으로 구한 결과와 비슷하다. 두 방법은 비정상 문제에 대하여 아마 처음 몇 시간단계를 제외하고는 만족할 만한 결과를 얻기 위하여 사용될 수 있다. 음함수법은 큰 시간단계를 사용하는 것이 바람직한 경우에 좋고, 양함수법은 연립 대수 방정식의 해를 구하는 과정을 피하려고 할 때 좋다.

표 5-4

예제 5-5에서 음함수법으로 구한 시간별 절점온도 변화

Time Step, i	Time, s	Node Temperature, °C T_1^i	T_2^i
0	0	200.0	200.0
1	15	168.8	199.6
2	30	150.5	190.6
3	45	138.6	180.4
4	60	130.3	171.2
5	75	124.1	163.6
6	90	119.5	157.6
7	105	115.9	152.8
8	120	113.2	149.0
9	135	111.0	146.1
10	150	109.4	143.9
20	300	104.2	136.7
30	450	103.8	136.1
40	600	103.8	136.1

예제 5-6 Trombe Walls의 태양에너지 저장

Trombe walls라고 불리는 짙게 칠해진 두꺼운 벽돌 벽(masonry walls)은 수동형 태양열 주택(passive solar homes)의 남쪽 방향에서 낮에는 태양에너지를 흡수하여 저장하고 있다가 밤에는 집에 방출하는 데 흔하게 쓰인다(그림 5-46). 이러한 생각은 1881년 메사추세츠의 E. L. Morse에 의해 제안되었으며, 이것을 1970년대 자신의 설계에 광범위하게 사용한 프랑스의 Felix Trombe 교수의 이름을 따서 지어졌다. 일반적으로 한 겹 또는 두 겹의 유리가 벽의 바깥쪽에 있어 벽의 노출면으로부터 외부로의 열손실을 막으면서 대부분의 태양에너지를 통과시킨다. 또한 보통 Trombe wall의 위와 아래에 공기 구멍이 있어 집안의 공기가 Trombe wall과 유리 사이의 평행류 홈(parallel flow channel)에 들어가고 이것이 가열되면 떠올라 윗부분의 구멍을 통해 방으로 들어가게 된다.

남쪽 벽면이 열전도도가 $k = 0.69$ W/m·°C이고, 열확산율이 $\alpha = 4.44 \times 10^{-7}$ m²/s인 두께 30 cm의 Trombe wall로 된 Nevada의 Reno에 위치한 어떤 주택을 생각해보자. 표 5-5에는 1월의 한 전형적인 하루의 외부 온도 T_{out}과 낮 동안에 남향 수직면으로 입사하는 태양 열플럭스 solar의 변화가 세 시간 간격으로 주어져 있다. Trombe wall에는 흡수율-투과율의 비가 $k = 0.77$(즉, 입사하는 태양에너지의 77%가 Trombe wall의 노출면에서 흡수된다)인 한 겹의 유리가 있고, Trombe wall로부터 주위로 손실되는 열에 대한 평균 혼합 열전달계수는 $h_{out} = 4$ W/m²·°C이다. 집의 내부는 $T_{in} = 21$°C로 항상 일정하게 유지되고 Trombe wall의 내부 표면에서의 열전달계수는 $h_{in} = 10$ W/m²·°C이다. 또한, Trombe wall의 공기 구멍은 막혀 있어서, 집 안의 공기와 Trombe wall 사이의 열전달은 벽의 내부면을 통해서만 일어난다. Trombe wall의 온도가 내부 표면의 온도 21°C와 오전 7시의 외부 표면온도 −1°C 사이에서 선형적으로 변화한다고 가정하고 일정한 절점 간격 $\Delta x = 6$ cm에 대한 양함수형 유한차분식을 사용하여 12, 24, 36, 48시간 후의 Trombe wall 두께 방향에 따른 온도분포를 구하라. 또한, 첫째 날과 둘째 날 동안 Trombe wall로부터 집으로 전달

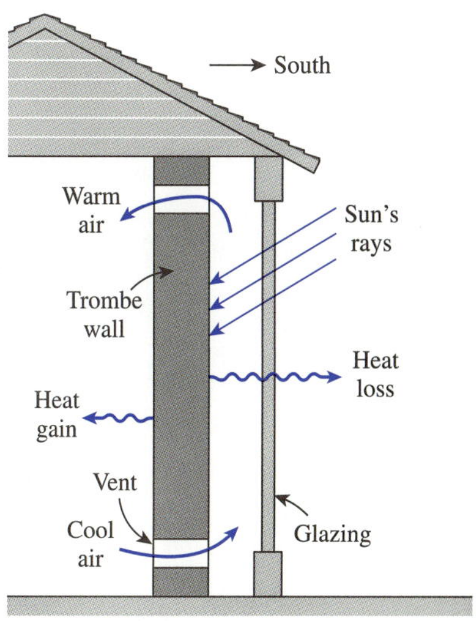

그림 5-46

Trombe wall의 개략도(예제 5-6)

표 5-5

네바다 주 Reno시의 1월 중 평균 대기 온도 및 수직 표면에 입사하는 평균 태양 복사 에너지의 시간대별 변화

Time of Day	Ambient Temperature, °C	Solar Radiation, W/m²
7 AM–10 AM	0.6	360
10 AM–1 PM	6.1	763
1 PM–4 PM	7.2	562
4 PM–7 PM	2.8	0
7 PM–10 PM	0	0
10 PM–1 AM	−2.8	0
1 AM–4 AM	−3.3	0
4 AM–7 AM	−3.9	0

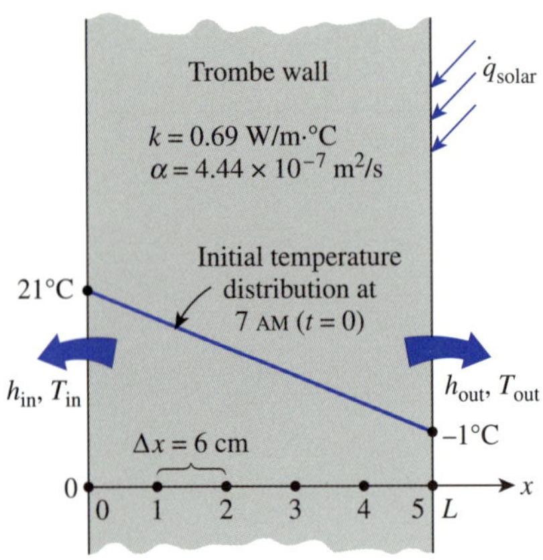

그림 5-47

예제 5-6에서 논의된 Trombe wall에 대한 절점 구성

된 순 열전달량(net amount of heat)을 구하라. 벽은 높이가 3 m이고, 길이가 7.5 m라고 가정한다.

풀이 Trombe wall을 통한 주택의 수동적 태양열 난방(passive solar heating)을 고려하고 있다. 12시간 간격으로 벽에서의 온도분포와 첫째 날과 둘째 날 동안의 열전달량을 구한다.

가정 **1.** 벽의 노출된 표면은 두께에 비하여 크므로 1차원 열전달이다. **2.** 열전도도는 일정하다. **3.** 열전달계수는 일정하다.

물성치 벽의 상태량은 $k = 0.69$ W/m·°C, $\alpha = 4.44 \times 10^{-7}$ m²/s, $k = 0.77$로 주어졌다.

해석 절점의 간격은 $\Delta x = 0.2$ cm로 주어졌으므로 Trombe wall의 전체 절점 수는

$$M = \frac{L}{\Delta x} + 1 = \frac{30 \text{ cm}}{6 \text{ cm}} + 1 = 6$$

그림 5-47에 보여진 바와 같이 Trombe wall의 내부 표면을 절점 0, 외부 표면을 절점 5로 하여 각 절점들에 0, 1, 2, 3, 4, 5의 번호를 붙인다. 절점 1부터 4는 내부 절점이고, 이 절점들에 대한 양함수형 유한차분식은 식 (5-47)로부터 직접 구할 수 있다.

$$\text{Node 1 } (m = 1): \quad T_1^{i+1} = \tau(T_0^i + T_2^i) + (1 - 2\tau)T_1^i \tag{1}$$

$$\text{Node 2 } (m = 2): \quad T_2^{i+1} = \tau(T_1^i + T_3^i) + (1 - 2\tau)T_2^i \tag{2}$$

$$\text{Node 3 } (m = 3): \quad T_3^{i+1} = \tau(T_2^i + T_4^i) + (1 - 2\tau)T_3^i \tag{3}$$

$$\text{Node 4 } (m = 4): \quad T_4^{i+1} = \tau(T_3^i + T_5^i) + (1 - 2\tau)T_4^i \tag{4}$$

내부 표면은 대류가 일어나므로, 절점 0의 양함수형 식은 식 (5-51)로부터 직접 구할 수 있다.

$$T_0^{i+1} = \left(1 - 2\tau - 2\tau\frac{h_{in}\,\Delta x}{k}\right)T_0^i + 2\tau T_1^i + 2\tau\frac{h_{in}\,\Delta x}{k}T_{in}$$

시간에 따라 변화하지 않는 값 h_{in}, Δx, k, T_{in}을 앞의 식에 대입하면

$$T_0^{i+1} = (1 - 3.74\tau)\,T_0^i + \tau(2T_1^i + 36.5) \tag{5}$$

Trombe wall의 외부 표면에서 열플럭스를 받을 뿐 아니라 대류도 발생한다. 그 경계에서의 양함수형 유한차분식은 절점 5에 대한 체적 요소에 에너지 균형을 적용하면 구할 수 있다.

$$h_{out}A(T_{out}^i - T_5^i) + \kappa A\dot{q}_{solar}^i + kA\frac{T_4^i - T_5^i}{\Delta x} = \rho A\frac{\Delta x}{2}c_p\frac{T_5^{i+1} - T_5^i}{\Delta t} \tag{5-53}$$

간단히 하면

$$T_5^{i+1} = \left(1 - 2\tau - 2\tau\frac{h_{out}\,\Delta x}{k}\right)T_5^i + 2\tau T_4^i + 2\tau\frac{h_{out}\,\Delta x}{k}T_{out}^i + 2\tau\frac{\kappa\dot{q}_{solar}^i\,\Delta x}{k} \tag{5-54}$$

여기서 $\tau = \alpha\Delta t/\Delta x^2$은 무차원 mesh Fourier number이다. 우리는 시간에 따라 변화하는 값에 대하여 상첨자 i를 계속 사용하고 있다. 시간에 따라 변화하지 않는 값 h_{out}, Δx, k, κ를 앞의 식에 대입하면

$$T_5^{i+1} = (1 - 2.70\tau)\,T_5^i + \tau(2T_4^i + 0.70T_{out}^i + 0.134\dot{q}_{solar}^i) \tag{6}$$

여기서 $\dot{q}_{solar}^i$의 단위는 W/m²이다.

우리는 양함수법을 사용하고 있으므로 다음에 우리는 안정성 기준으로부터 시간 간격 Δt의 상한선을 구해야 한다. 그러기 위해서는 수식들에서 최소 기본계수를 알아야 한다. 우리는 내부 절점보다 경계 절점이 더 제한적이라는 것을 알고 있으므로, 경계 절점 0과 5의 식에 대해서만 살펴본다. 이 경우에 $1 - 3.74\tau < 1 - 2.7\tau$이므로 최소의 기본계수, 그래서 가장

제한적인 기본계수는 절점 0의 식에 있는 T_0^i의 계수이다. 그러므로 이 문제에 대한 안정성 기준은 다음과 같이 표현할 수 있다.

$$1 - 3.74\tau \geq 0 \quad \rightarrow \quad \tau = \frac{\alpha \Delta x}{\Delta x^2} \leq \frac{1}{3.74}$$

주어진 값을 대입하면 시간단계의 최대 허용 수치는

$$\Delta t \leq \frac{\Delta x^2}{3.74\alpha} = \frac{(0.06 \text{ m})^2}{3.74 \times (4.44 \times 10^{-7} \text{ m}^2/\text{s})} = 2168 \text{ s}$$

그러므로 이 문제를 풀기 위해서는 2168초 이하의 어떤 시간단계라도 사용할 수 있다. 편의상 시간단계를 Δt = 900초 = 15분으로 선정하자. 그러면 mesh Fourier number는

$$\tau = \frac{\alpha \Delta t}{\Delta x^2} = \frac{(4.44 \times 10^{-7} \text{ m}^2/\text{s})(900 \text{ s})}{(0.06 \text{ m})^2} = 0.111 \qquad (\text{for } \Delta t = 15 \text{ min})$$

초기에(오전 7시 또는 t = 0), 벽의 온도는 절점 0의 온도 21°C와 절점 5의 온도 −1°C 사이에서 선형적으로 변화한다고 했다. 같은 길이의 5개의 절점 간격이 있으므로, 두 개의 이웃한 절점 간의 온도 변화는 (21−(−1))°C/5 = 4.4°C이다. 그러므로 초기 절점온도는

$$T_0^0 = 21°\text{C}, \quad T_1^0 = 16.6°\text{C}, \quad T_2^0 = 12.2°\text{C},$$
$$T_3^0 = 7.8°\text{C}, \quad T_4^0 = 3.4°\text{C}, \quad T_5^0 = -1°\text{C}$$

그러면 $t = \Delta t$ = 15분(오전 7:15)에서의 절점온도는 위의 식으로부터 아래와 같이 구해진다.

$$\begin{aligned}
T_0^1 &= (1 - 3.74\tau)\, T_0^0 + \tau(2T_1^0 + 36.5) \\
&= (1 - 3.74 \times 0.111)\, 21 + 0.111(2 \times 16.6 + 36.5) = 20.0°\text{C} \\
T_1^1 &= \tau(T_0^0 + T_2^0) + (1 - 2\tau)\, T_1^0 \\
&= 0.111(21 + 12.2) + (1 - 2 \times 0.111)16.6 = 16.6°\text{C} \\
T_2^1 &= \tau(T_1^0 + T_3^0) + (1 - 2\tau)\, T_2^0 \\
&= 0.111(16.6 + 7.8) + (1 - 2 \times 0.111)12.2 = 12.2°\text{C} \\
T_3^1 &= \tau(T_2^0 + T_4^0) + (1 - 2\tau)\, T_3^0 \\
&= 0.111(12.2 + 3.4) + (1 - 2 \times 0.111)7.8 = 7.8°\text{C} \\
T_4^1 &= \tau(T_3^0 + T_5^0) + (1 - 2\tau)\, T_4^0 \\
&= 0.111[7.8 + (-1)] + (1 - 2 \times 0.111)3.4 = 3.4°\text{C} \\
T_5^1 &= (1 - 2.70\tau)\, T_5^0 + \tau(2T_4^0 + 0.70T_{\text{out}}^0 + 0.134\dot{q}_{\text{solar}}^0) \\
&= (1 - 2.70 \times 0.111)(-1) + 0.111(2 \times 3.4 + 0.70 \times 0.6 + 0.134 \times 360) \\
&= 5.5°\text{C}
\end{aligned}$$

첫 번째 시간단계 동안 내부 절점은 같은 온도로 남아 있지만, Trombe wall 내부 표면의 온도는 1°C 떨어졌고 외부 표면의 온도는 6.5°C 상승했다. 이것은 열발생이 없는 매질의 전형적인 비정상 문제이다. 다음 시간단계에서의 절점의 온도는 컴퓨터를 이용하여 유사한 방법으로 구해진다. 주위 온도와 입사하는 태양복사에 대한 데이터는 12시간단계(time step)에 해당하는 3시간마다 변화하므로 이것을 컴퓨터 프로그램에 반영해야 한다. 예를 들어, $\dot{q}_{\text{solar}}^i$의 값은 i = 1 − 12에 대하여 $\dot{q}_{\text{solar}}^i$ = 360, i = 13 − 24에 대하여 $\dot{q}_{\text{solar}}^i$ = 763, i = 25 − 36에 대하여 $\dot{q}_{\text{solar}}^i$ = 562, i = 37 − 96에 대하여 $\dot{q}_{\text{solar}}^i$ = 0이어야 한다.

6, 12, 18, 24, 30, 36, 42, 48시간 후의 결과가 표 5-5에 주어졌고, 첫째 날에 대한 결과가 그림 5-48에 출력되어 있다. Trombe wall의 내부 온도는 이른 아침 시간에 떨어지고, 외부 표면에서 흡수된 태양에너지가 벽을 통해 확산할 때 온도는 상승한다. Trombe

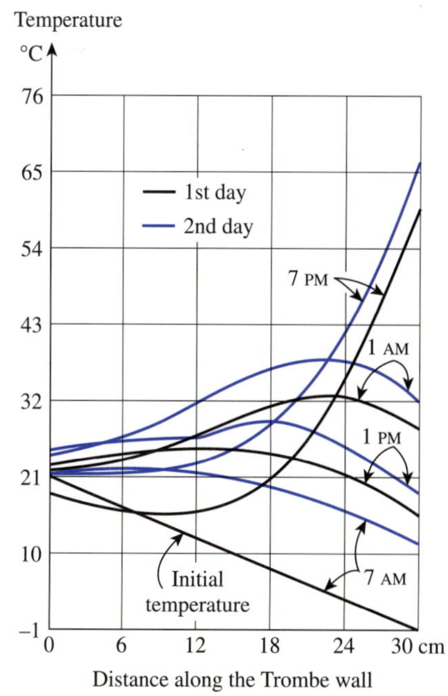

그림 5-48

예제 5-6에서 논의된 Trombe wall의 온도 변화

wall의 외부 표면온도는 태양에너지 흡수로 인하여 6시간 만에 −1°C에서 61.2°C까지 상승하지만, 그 후에 다음날 아침까지 밤 동안의 열손실로 인하여 11.6°C으로 떨어진다. 그러므로 열손실을 최소화하기 위하여 밤에는 외부 표면을 덮어두는 것이 좋다.

각 시간단계 동안 Trombe wall로부터 집 내부로의 열전달률은 벽(절점 0)의 내부 표면에서의 평균 온도를 사용하여 Newton의 법칙을 적용하면 구해진다.

$$Q^i_{\text{Trombe wall}} = \dot{Q}^i_{\text{Trombe wall}}\,\Delta t = h_{\text{in}}\,A(T^i_0 - T_{\text{in}})\,\Delta t = h_{\text{in}}\,A[(T^i_0 + T^{i-1}_0)/2 - T_{\text{in}}]\Delta t$$

그러므로 첫 시간단계(i = 1) 즉 첫 15분 동안의 열전달량은

$$\begin{aligned}Q^1_{\text{Trombe wall}} &= h_{\text{in}}\,A[(T^1_0 + T^0_0)/2 - T_{\text{in}}]\,\Delta t\\ &= (10\text{ W/m}^2\cdot{}^\circ\text{C})(3 \times 7.5\text{ m}^2)[(20.0 + 21)/2 - 21^\circ\text{C}](900\text{ s})\\ &= -101{,}250\text{ J}\end{aligned}$$

음의 부호는 열이 집안의 공기로부터 Trombe wall로 전달되었음을 가리키는데, 이것은 열손실을 나타낸다. 그 다음 주어진 기간 동안의 전체 열전달은 각 시간단계에 대한 열전달량을 더하면 구해진다.

$$Q_{\text{Trombe wall}} = \sum_{i=1}^{I} \dot{Q}^i_{\text{Trombe wall}} = \sum_{i=1}^{I} h_{\text{in}}\,A[(T^i_0 + T^{i-1}_0)/2 - T_{\text{in}}]\,\Delta t \qquad \textbf{(5–55)}$$

여기서 I은 주어진 기간에서의 전체 시간간격 수이다. 이 경우에 12 h에 대해서는 I = 48, 24 h에 대해서는 I = 96 등이다. 컴퓨터를 사용하여 위에서 설명한 방법을 적용하면 Trombe wall과 집 내부 간의 열전달량은

$Q_{\text{Trombe wall}} = -16{,}559$ kJ after 12 h (16,559 kJ loss during the first 12 h)

$Q_{\text{Trombe wall}} = -785$ kJ after 24 h (15,774 kJ gain during the second 12 h)

$Q_{\text{Trombe wall}} = 7923$ kJ after 36 h (8708 kJ gain during the third 12 h)

$Q_{\text{Trombe wall}} = 37{,}729$ kJ after 48 h (29,806 kJ gain during the fourth 12 h)

그러므로 집은 낮은 초기온도에서 하루를 시작하는 첫째 날은 Trombe wall을 통하여 785 kJ의 열을 잃게 되지만, 둘째 날은 총 38,514kJ의 열을 집에 공급하게 된다. 더 높은 평균 온도에서 하루를 시작하는 셋째 날 동안 Trombe wall은 더 많은 열을 집에 공급할 것이다.

표 5–6

여러 시간대에서 Trombe wall의 절점온도

Time	Time Step, i	Nodal Temperatures, °C					
		T_0	T_1	T_2	T_3	T_4	T_5
0 h (7 AM)	0	21.0	16.6	12.2	7.8	3.4	−1.0
6 h (1 AM)	24	18.4	16.5	16.6	21.3	35.0	61.2
12 h (7 AM)	48	22.1	23.7	27.2	31.5	33.2	28.0
18 h (1 AM)	72	22.9	24.5	25.2	24.6	21.7	16.2
24 h (7 AM)	96	21.7	22.1	21.5	19.7	16.4	11.6
30 h (1 AM)	120	21.2	21.7	23.6	29.2	42.7	67.3
36 h (7 AM)	144	24.2	27.4	32.1	36.8	38.2	31.9
42 h (1 AM)	168	24.4	27.0	28.5	28.1	25.0	18.8
48 h (7 AM)	192	22.7	23.8	23.7	22.1	18.6	13.4

2차원 비정상 열전도

x, y방향으로 열전도가 현저한 어떤 직사각형 영역을 생각해보자. 그리고 z방향으로는 단위 두께 $\Delta z = 1$이라고 하자. 매질 내에서 열은 $\dot{e}(x, y, t)$의 율로 시간과 위치에 따라 변화하면서 발생하고, 매질의 열전도도 k는 일정하다고 가정한다. 그림 5-49에 보여진 바와 같이 이제 그 영역의 x-y 평면을 각각 x, y방향으로 Δx, Δy의 간격을 가진 절점의 **직사각형 망**으로 나누고, 좌표가 $x = m\Delta x$, $y = n\Delta y$인 임의의 내부 절점 (m, n)을 생각해보자. 임의의 내부 절점 (m, n)을 중심으로 하는 체적 요소는 4방향(오른쪽, 왼쪽, 위, 아래)의 열전도를 포함하고 그 요소의 체적은 $V_{\text{element}} = \Delta x \times \Delta y \times 1 = \Delta x\Delta y$이므로, 어떤 임의의 내부 절점에 대한 비정상 유한차분식은 식 (5-39)로부터 다음과 같이 나타낼 수 있다.

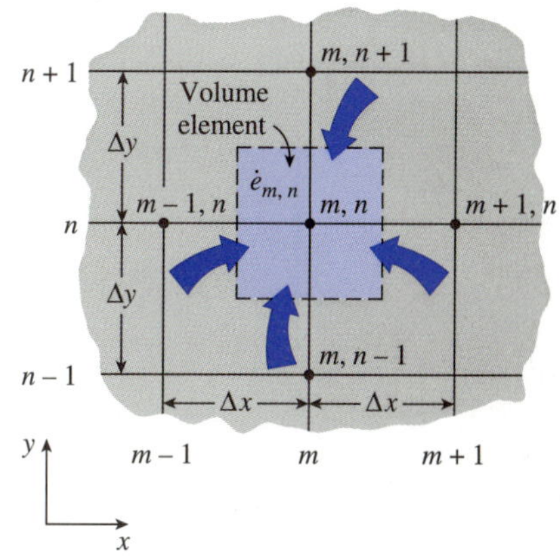

그림 5-49

직교 좌표계에서 2차원 과도열전도에 대한 일반적인 내부 절점 (m, n)의 검사체적

$$k\Delta y\frac{T_{m-1,n}-T_{m,n}}{\Delta x}+k\Delta x\frac{T_{m,n+1}-T_{m,n}}{\Delta y}+k\Delta y\frac{T_{m+1,n}-T_{m,n}}{\Delta x}+k\Delta x\frac{T_{m,n-1}-T_{m,n}}{\Delta y}+\dot{e}_{m,n}\Delta x\Delta y=\rho\Delta x\Delta y\, c_p\frac{T_m^{i+1}-T_m^i}{\Delta t} \tag{5-56}$$

정사각형 망($\Delta x = \Delta y = l$)을 사용하고 각 항을 k로 나눈 후 간단히 하면

$$T_{m-1,n}+T_{m+1,n}+T_{m,n+1}+T_{m,n-1}-4T_{m,n}+\frac{\dot{e}_{m,n}l^2}{k}=\frac{T_m^{i+1}-T_m^i}{\tau} \tag{5-57}$$

여기서 $\alpha = k/\rho c_p$는 재료의 열확산율이고 $\tau = \alpha\Delta t/l^2$은 무차원 mesh Fourier number이다. 이것은 인접한 절점에서의 온도에 대한 항으로 다음과 같이 기억하기 쉽게 나타낼 수도 있다.

$$T_{\text{left}}+T_{\text{top}}+T_{\text{right}}+T_{\text{bottom}}-4T_{\text{node}}+\frac{\dot{e}_{\text{node}}l^2}{k}=\frac{T_{\text{node}}^{i+1}-T_{\text{node}}^i}{\tau} \tag{5-58}$$

앞에서 보인 바와 같이 이 방정식의 왼쪽 부분은 생각했던 대로 간단히 **정상 상태**의 문제에 대한 유한차분식이 된다. 또한 이 식의 왼쪽 부분에서 우리는 시간단계를 표시하지 않았으므로 아직 양함수형 또는 음함수형 식이라는 언급을 하지 않는다. 이제 우리는 식의 왼쪽 부분을 시간단계 i에 대하여 표현함으로써 **양함수형** 유한차분식을 얻게 된다.

$$T_{\text{left}}^i+T_{\text{top}}^i+T_{\text{right}}^i+T_{\text{bottom}}^i-4T_{\text{node}}^i+\frac{\dot{e}_{\text{node}}^i l^2}{k}=\frac{T_{\text{node}}^{i+1}-T_{\text{node}}^i}{\tau} \tag{5-59}$$

식의 왼쪽 부분을 i 대신 $i + 1$의 시간단계에 대하여 표현하면, 음함수형 식이 얻어진다. 식 (5-59)는 새로운 온도 T_{node}^{i+1}에 대하여 매질 내의 $m = 1, 2, 3, \ldots, M-1$ 그리고 $n = 1, 2, 3, \ldots, N-1$인 모든 내부 절점 (m, n)에서 다음과 같이 **양함수형으로**(*explicitly*) 풀 수 있다.

$$T_{\text{node}}^{i+1}=\tau(T_{\text{left}}^i+T_{\text{top}}^i+T_{\text{right}}^i+T_{\text{bottom}}^i)+(1-4\tau)\,T_{\text{node}}^i+\tau\frac{\dot{e}_{\text{node}}^i l^2}{k} \tag{5-60}$$

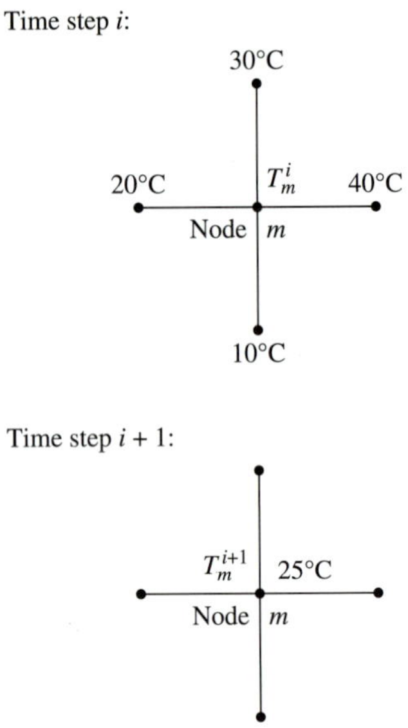

그림 5-50

열발생이 없고 $\tau = \frac{1}{4}$인 경우, 새로운 시간대의 내부절점온도는 이전 시간대의 주위 절점온도값들의 평균으로 나타난다.

열발생이 없고 $\tau = 0.5$인 경우(2차원 양함수법의 안정성 기준의 상한선인 식 5-61 참조)에는, 임의의 내부 절점에 대한 양함수형 유한차분 식은 $T_{\text{node}}^{i+1} = (T_{\text{left}}^i + T_{\text{top}}^i + T_{\text{right}}^i + T_{\text{bottom}}^i)/4$로 줄어드는데, 이것은 새로운 시간단계에서의 내부 절점의 온도는 간단히 이전의 시간단계에서의 온도와 이웃하는 절점온도의 평균이라는 결과가 된다(그림 5-50).

T_m^{i+1}에 대한 식에서 T_m^i의 계수가 모든 절점에 대하여 0보다 크거나 같아야 한다는 안정성 기준은, 2차원 또는 3차원의 경우에도 똑같이 적용되고 양함수법에 사용할 수 있는 시간단계 Δt의 크기는 엄격하게 제한된다. 직교 좌표계에서 2차원 열전달의 경우에, T_m^{i+1}에 대한 식에서 T_m^i의 계수는 $1 - 4\tau$이고, 그러므로 이 경우 모든 내부 절점에 대한 안정성 기준은 $1 - 4\tau > 0$, 즉

$$\tau = \frac{\alpha \Delta t}{l^2} \leq \frac{1}{4} \qquad \text{(interior nodes, two-dimensional heat transfer in rectangular coordinates)} \qquad (5\text{–}61)$$

여기서 $\Delta x = \Delta y = l$이다. 매질의 재료를 알면 열확산율 α를 알게 되고 망의 크기 값 l이 주어지면, 시간단계 Δt의 최대 허용값은 앞의 관계식으로부터 구할 수 있다. 앞의 경우와 마찬가지로 대류와(또는) 복사를 포함하는 경계 절점은 내부 절점의 경우보다 더 제한적이고 그래서 더 작은 시간단계가 필요하다. 그러므로 비정상 열전도 문제를 양함수법으로 풀 때에는 가장 제한적인 경계 절점이 최대 허용 시간단계 Δt를 구하는 데 사용되어야 한다.

식 (5-60)을 각각의 $(M-1) \times (N-1)$개의 내부 절점에 적용하면 $(M-1) \times (N-1)$개의 방정식을 얻게 된다. 경계 온도가 일정하게 주어지지 않은 경우에는, 남은 방정식들은 이 방법을 경계 절점에 적용하면 얻을 수 있다. 2차원(또는 3차원) 문제에서 경계 절점에 대한 비정상 유한차분식의 유도는 앞서 언급했던 1차원의 경우와 유사하다. 앞의 경우와 마찬가지로 절점의 주위에 체적 요소를 만들어 절점들 사이의 영역을 나누고 식 (5-39)와 같이 각 경계 절점에 에너지 균형을 적용하면 된다. 예제 5-7을 통하여 이것을 살펴본다.

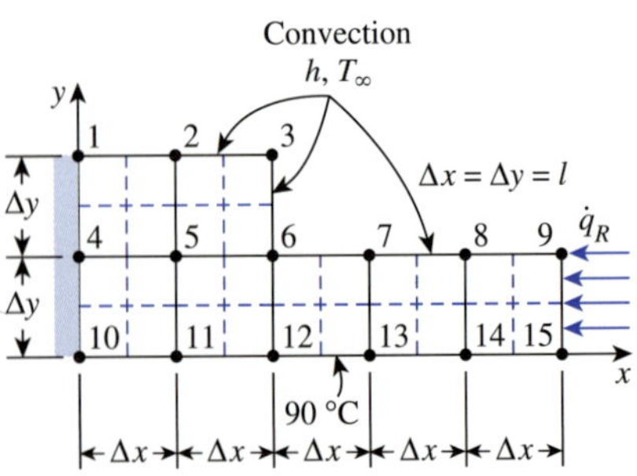

그림 5-51

예제 5-7에 대한 개략도와 절점망

예제 5-7　L형 봉(L-Bars)에서의 비정상 2차원 열전도

초기온도가 90°C로 일정하고, 단면이 그림 5-51과 같은 L형 고체에서의 2차원 비정상 열전도를 생각해보자. 이 물체의 열전도도와 열확산율은 각각 $k = 15$ W/m·K, $\alpha = 3.2 \times 10^{-6}$ m²/s이고, 물체 내에서 열이 $\dot{e} = 2 \times 10^6$ W/m³의 율로 발생한다. 물체의 왼쪽 면은 단열되어 있고, 아랫면은 항상 90°C의 일정한 온도로 유지된다. 시간 $t = 0$에서 윗면 전체는 온도 $T_\infty = 25$°C인 외부 공기로 대류 열전달계수 $h = 80$ W/m²·K로 대류가 일어나고, 오른쪽 면은 $\dot{q}_R = 5000$ W/m²의 일정한 율로 열플럭스가 공급된다. 문제에서 절점망은 그림에서 보여진 바와 같이 $\Delta x = \Delta y = 1.2$ cm인 15개의 같은 간격의 절점으로 이루어져 있다. 절점 중 5개는 아랫면에 있으므로 이들의 온도는 알고 있다. 양함수법을 사용하여 1, 3, 5, 10, 60분 후 물체의 위 모서리 부분(절점 3)의 온도를 구하라.

풀이 이 문제는 직교 좌표계에서의 비정상 2차원 열전달 문제이고, 정상 상태에 대하여 예제 5-3에서 푼 바 있다. 그러므로 이 비정상 문제의 해는 시간이 충분히 길다면 정상 상태에 대한 해에 근접하여야 한다. 열전도도와 열발생률은 일정하게 주어졌다. 우리는 내부 절점인 절점 5를 제외하고는 모든 절점이 경계 절점임을 관찰할 수 있다. 그러므로 유한차분식을 얻기 위해서는 에너지 균형에 의지해야 한다. 그림에서와 같이 영역은 절점들 사이에서 적절하게 나뉘어졌고, 양함수형 유한차분식은 비정상 상태에 대한 에너지 균형으로부터 다음과 같이 표현된다.

$$\sum_{\text{All sides}} \dot{Q}^i + \dot{e}V_{\text{element}} = \rho V_{\text{element}}\, c_p \frac{T_m^{i+1} - T_m^i}{\Delta t}$$

h, T_∞, $\dot{e}$, $\dot{q}_R$은 시간에 따라 변하지 않는 값이므로 그들에 대해서는 상첨자 i를 사용할 필요가 없다. 또한 에너지 균형식은 $\Delta x = \Delta y = l$에서 열확산율 $\alpha = k/\rho c_p$와 무차원 mesh Fourier 수 $\tau = \alpha\Delta t/l^2$의 정의를 사용하여 간단하게 표현될 수 있다.

(a) 절점 1. (대류가 일어나고 단열되어 있는 경계 절점, 그림 5-52a)

$$h\frac{\Delta x}{2}(T_\infty - T_1^i) + k\frac{\Delta y}{2}\frac{T_2^i - T_1^i}{\Delta x} + k\frac{\Delta x}{2}\frac{T_4^i - T_1^i}{\Delta y} + \dot{e}_1\frac{\Delta x}{2}\frac{\Delta y}{2} = \rho\frac{\Delta x}{2}\frac{\Delta y}{2}c_p\frac{T_1^{i+1} - T_1^i}{\Delta t}$$

$k/4$로 나누고 간단히 하면

$$\frac{2hl}{k}(T_\infty - T_1^i) + 2(T_2^i - T_1^i) + 2(T_4^i - T_1^i) + \frac{\dot{e}_1 l^2}{k} = \frac{T_1^{i+1} - T_1^i}{\tau}$$

이것을 T_1^{i+1}에 대하여 풀면

$$T_1^{i+1} = \left(1 - 4\tau - 2\tau\frac{hl}{k}\right)T_1^i + 2\tau\left(T_2^i + T_4^i + \frac{hl}{k}T_\infty + \frac{\dot{e}_1 l^2}{2k}\right)$$

(b) 절점 2. (대류가 일어나는 경계 절점, 그림 5-52b)

$$h\Delta x(T_\infty - T_2^i) + k\frac{\Delta y}{2}\frac{T_3^i - T_2^i}{\Delta x} + k\Delta x\frac{T_5^i - T_2^i}{\Delta y} + k\frac{\Delta y}{2}\frac{T_1^i - T_2^i}{\Delta x} + \dot{e}_2\,\Delta x\frac{\Delta y}{2} = \rho\Delta x\frac{\Delta y}{2}c_p\frac{T_2^{i+1} - T_2^i}{\Delta t}$$

$k/2$로 나누어 간단히 하고, T_2^{i+1}에 대하여 풀면

$$T_2^{i+1} = \left(1 - 4\tau - 2\tau\frac{hl}{k}\right)T_2^i + \tau\left(T_1^i + T_3^i + 2T_5^i + \frac{2hl}{k}T_\infty + \frac{\dot{e}_2 l^2}{k}\right)$$

(c) 절점 3. (두 면에서 대류가 일어나는 경계 절점, 그림 5-53a)

$$h\left(\frac{\Delta x}{2} + \frac{\Delta y}{2}\right)(T_\infty - T_3^i) + k\frac{\Delta x}{2}\frac{T_6^i - T_3^i}{\Delta y} + k\frac{\Delta y}{2}\frac{T_2^i - T_3^i}{\Delta x} + \dot{e}_3\frac{\Delta x}{2}\frac{\Delta y}{2} = \rho\frac{\Delta x}{2}\frac{\Delta y}{2}c_p\frac{T_3^{i+1} - T_3^i}{\Delta t}$$

$k/4$로 나누어 간단히 하고, T_3^{i+1}에 대하여 풀면

$$T_3^{i+1} = \left(1 - 4\tau - 4\tau\frac{hl}{k}\right)T_3^i + 2\tau\left(T_2^i + T_6^i + 2\frac{hl}{k}T_\infty + \frac{\dot{e}_3 l^2}{2k}\right)$$

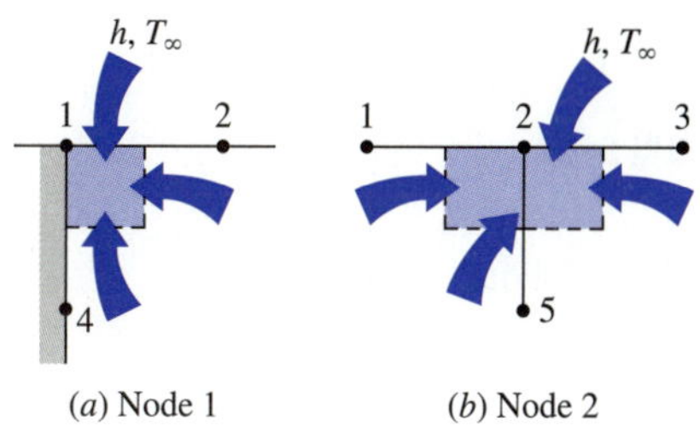

그림 5-52

절점 1 및 2의 검사체적 요소들에 대한 에너지 보존 개념도

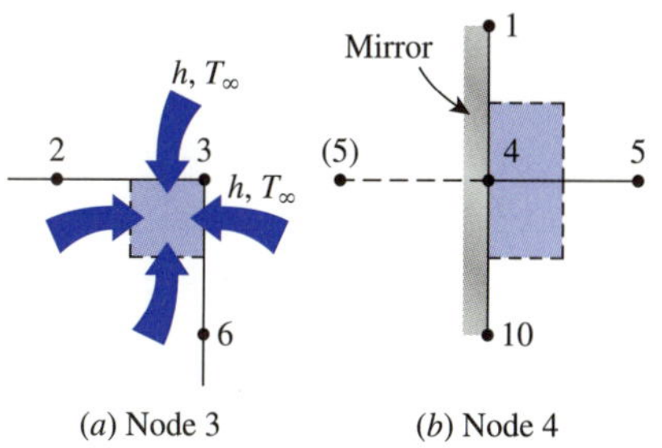

그림 5-53

절점 3 및 4의 검사체적 요소들에 대한 에너지 보존 개념도

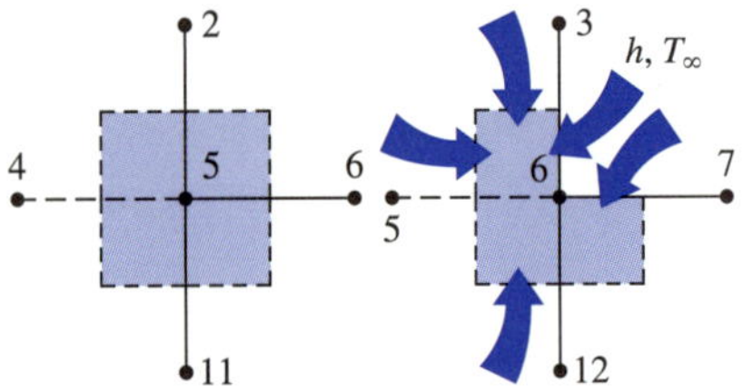

(*a*) Node 5 (*b*) Node 6

그림 5-54

절점 5 및 6의 검사체적 요소들에 대한 에너지 보존 개념도

(*d*) 절점 4. (단열된 경계상의 절점, 내부 절점으로 취급가능, 그림 5-53*b*) T_{10} = 90°C이므로 식 (5-60)으로부터

$$T_4^{i+1} = (1-4\tau)\,T_4^i + \tau\left(T_1^i + 2T_5^i + 90 + \frac{\dot{e}_4 l^2}{k}\right)$$

(*e*) 절점 5. (내부 절점, 그림 5-54*a*) T_{11} = 90°C이므로 식 (5-60)으로부터

$$T_5^{i+1} = (1-4\tau)\,T_5^i + \tau\left(T_2^i + T_4^i + T_6^i + 90 + \frac{\dot{e}_5 l^2}{k}\right)$$

(*f*) 절점 6. (두 면에서 대류가 일어나는 경계 절점, 그림 5-54*b*)

$$h\left(\frac{\Delta x}{2}+\frac{\Delta y}{2}\right)(T_\infty - T_6^i) + k\frac{\Delta y}{2}\frac{T_7^i - T_6^i}{\Delta x} + k\Delta x\frac{T_{12}^i - T_6^i}{\Delta y} + k\Delta y\frac{T_5^i - T_6^i}{\Delta x}$$
$$+\frac{\Delta x}{2}\frac{T_3^i - T_6^i}{\Delta y} + \dot{e}_6\frac{3\Delta x\Delta y}{4} = \rho\frac{3\Delta x\Delta y}{4}c_p\frac{T_6^{i+1} - T_6^i}{\Delta t}$$

3*k*/4로 나누어 간단히 하고, T_6^{i+1}에 대하여 풀면

$$T_6^{i+1} = \left(1 - 4\tau - 4\tau\frac{hl}{3k}\right)T_3^i$$
$$+\frac{\tau}{3}\left[2T_3^i + 4T_5^i + 2T_7^i + 4\times 90 + 4\frac{hl}{k}T_\infty + 3\frac{\dot{e}_6 l^2}{k}\right]$$

(*g*) 절점 7. (대류가 일어나는 경계 절점, 그림 5-55*a*)

$$h\Delta x(T_\infty - T_7^i) + k\frac{\Delta y}{2}\frac{T_8^i - T_7^i}{\Delta x} + k\Delta x\frac{T_{13}^i - T_7^i}{\Delta y}$$
$$+k\frac{\Delta y}{2}\frac{T_6^i - T_7^i}{\Delta x} + \dot{e}_7\Delta x\frac{\Delta y}{2} = \rho\Delta x\frac{\Delta y}{2}c_p\frac{T_7^{i+1} - T_7^i}{\Delta t}$$

k/2로 나누어 간단히 하고, T_7^{i+1}에 대하여 풀면

$$T_7^{i+1} = \left(1 - 4\tau - 2\tau\frac{hl}{k}\right)T_7^i + \tau\left[T_6^i + T_8^i + 2\times 90 + \frac{2hl}{k}T_\infty + \frac{\dot{e}_2 l^2}{k}\right]$$

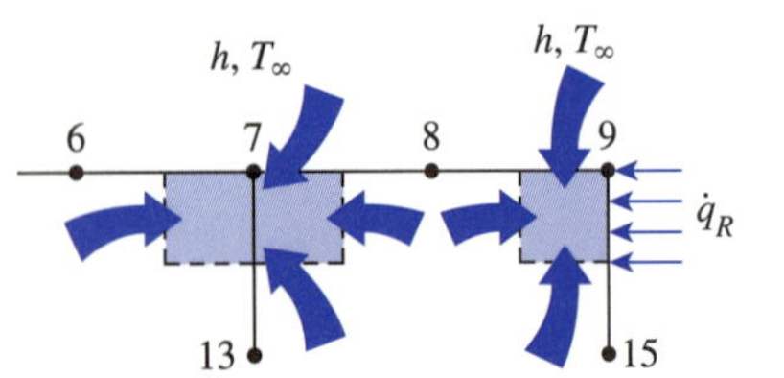

(*a*) Node 7 (*b*) Node 9

그림 5-55

절점 7 및 9의 검사체적 요소들에 대한 에너지 보존 개념도

(*h*) 절점 8. 이 절점은 절점 7과 같고, 이 절점에 대한 유한차분식은 절점 7의 식에서 절점 번호를 1만큼씩 증가시킴으로써(즉, 하첨자 *m*을 *m* + 1로 치환하여) 아래와 같이 얻어질 수 있다.

$$T_8^{i+1} = \left(1 - 4\tau - 2\tau\frac{hl}{k}\right)T_8^i + \tau\left[T_7^i + T_9^i + 2\times 90 + \frac{2hl}{k}T_\infty + \frac{\dot{e}_8 l^2}{k}\right]$$

(*i*) 절점 9. (두 면에서 대류가 일어나는 경계 절점, 그림 5-55*b*)

$$h\frac{\Delta x}{2}(T_\infty - T_9^i) + \dot{q}_R\frac{\Delta y}{2} + k\frac{\Delta x}{2}\frac{T_{15}^i - T_9^i}{\Delta y}$$
$$+\frac{k\Delta y}{2}\frac{T_8^i - T_9^i}{\Delta x} + \dot{e}_9\frac{\Delta x}{2}\frac{\Delta y}{2} = \rho\frac{\Delta x}{2}\frac{\Delta y}{2}c_p\frac{T_9^{i+1} - T_9^i}{\Delta t}$$

k/4로 나누어 간단히 하고, T_9^{i+1}에 대하여 풀면

$$T_9^{i+1} = \left(1 - 4\tau - 2\tau\frac{hl}{k}\right)T_9^i + 2\tau\left(T_8^i + 90 + \frac{\dot{q}_R l}{k} + \frac{hl}{k}T_\infty + \frac{\dot{e}_9 l^2}{2k}\right)$$

이것으로 문제에 대한 유한차분식을 모두 이끌어내었다. 다음 우리는 안정성 기준으로부터 시간단계 Δt의 상한선을 결정해야 하는데, 이것은 모든 절점에 대하여 T_m^{i+1}에 대한 식에서 T_m^i의 계수(기본계수)가 모든 절점에 대하여 0보다 크거나 같아야 한다는 것을 요구하고 있다. 앞의 아홉 개의 식에서 최소의 기본계수는 T_3^{i+1}에 대한 식에서 T_3^i의 계수이고, 이 문제에 대한 안정성 기준은 다음과 같이 표현될 수 있다($t = \alpha\Delta t/l^2$이므로).

$$1 - 4\tau - 4\tau\frac{hl}{k} \geq 0 \quad \rightarrow \quad \tau \leq \frac{1}{4(1 + hl/k)} \quad \rightarrow \quad \Delta t \leq \frac{l^2}{4\alpha(1 + hl/k)}$$

주어진 값을 대입하면 시간단계의 최대 허용값은 다음과 같이 구해진다.

$$\Delta t \leq \frac{(0.012\ \text{m})^2}{4(3.2 \times 10^{\pm 6}\ \text{m}^2/\text{s})[1 + (80\ \text{W/m}^2\cdot\text{K})(0.012\ \text{m})/(15\ \text{W/m}\cdot\text{K})]} = 10.6\ \text{s}$$

그러므로 이 문제를 풀기 위해 10.6초보다 작은 어떤 시간단계도 사용할 수 있다. 편의상 시간단계를 Δt = 10초로 선정하자. 그러면 mesh Fourier 수는

$$\tau = \frac{\alpha\Delta t}{l^2} = \frac{(3.2 \times 10^{-6}\ \text{m}^2/\text{s})(10\ \text{s})}{(0.012\ \text{m})^2} = 0.222 \qquad (\text{for } \Delta t = 10\ \text{s})$$

이 τ값과 다른 주어진 값을 대입하면, 위에서 유도한 비정상 유한차분식은 다음과 같이 간단하게 표현된다.

$$\begin{aligned}
T_1^{i+1} &= 0.0836T_1^i + 0.444(T_2^i + T_4^i + 11.2)\\
T_2^{i+1} &= 0.0836T_2^i + 0.222(T_1^i + T_3^i + 2T_5^i + 22.4)\\
T_3^{i+1} &= 0.0552T_3^i + 0.444(T_2^i + T_6^i + 12.8)\\
T_4^{i+1} &= 0.112T_4^i + 0.222(T_1^i + 2T_5^i + 109.2)\\
T_5^{i+1} &= 0.112T_1^i + 0.222(T_2^i + T_4^i + T_6^i + 109.2)\\
T_6^{i+1} &= 0.0931T_6^i + 0.074(2T_3^i + 4T_5^i + 2T_7^i + 424)
\end{aligned}$$

$$\begin{aligned}
T_7^{i+1} &= 0.0836T_7^i + 0.222(T_6^i + T_8^i + 202.4)\\
T_8^{i+1} &= 0.0836T_8^i + 0.222(T_7^i + T_9^i + 202.4)\\
T_9^{i+1} &= 0.0836T_9^i + 0.444(T_8^i + 105.2)
\end{aligned}$$

주어진 초기 조건을 시간 t = 0(i = 0에 대한)에 대한 해로 사용하여 위의 9개의 방정식에 대하여 풀면 10초 간격의 해를 얻을 수 있다. 컴퓨터를 사용하면 위 모서리 부분(절점 3)의 해는 1, 3, 5, 10, 60분에 대하여 각각 100.2, 105.9, 106.5, 106.6, 106.6°C가 된다. 마지막 세 개의 해는 예제 5-3에서 구한 정상 상태의 경우에 대한 해와 거의 동일함을 알 수 있다. 이것은 매질이 약 5분 후에 정상 상태에 도달함을 의미한다.

SS-T-CONDUCT 소프트웨어 인터랙티브

SS-T-CONDUCT (Steady State and Transient Heat Conduction) 소프트웨어는 Ghajar와 그의 동료들에 의해 개발되었고 교사와 학생들이 온라인 학습센터(www.mhhe.com/cengel)에서 이용할 수 있다. 이 소프트웨어는 사용자 지향적이고 이 장에서 논의되는 직사각형 형상에서 균일 에너지 발생 조건의 다양한 1차원, 2차원 열전도 문제를 푸는 데 사용될 수 있다. 비정상 문제에 대하여 양함수형이나 음함수형 해법이 사용될 수 있다. 이 소프트웨어는 다음과 같은 기능들을 갖고 있다.

(*a*) 수치관련 변수(절점과 격자), 물성치, 경계조건, 매개변수 등을 전체적으로 쉽게 통제할 수 있다.

(*b*) 매개변수 변화에 따라 변하는 온도분포를 즉각적으로 보여준다.

(*c*) 양함수법에 대한 안정성기준(Fourier 수)의 영향을 연구할 수 있다.

(*d*) 결과를 화면에 보여주거나 인쇄하는 몇 가지 기능을 제공한다(출력 파일).
- 표 형태로 온도를 보여준다.
- 1차원 정상, 비정상 상태 문제에서 시간과 거리에 따른 온도 그래프를 보여준다.
- 2차원 정상 상태 문제에 대해 온도분포를 보여준다.
- 2차원 비정상 문제에 대해 온도분포를 애니메이션으로 보여준다.

(*e*) 물성치(열전도도와 열확산율) 자료가 프로그램에 내장되어 있다. 이런 특징으로, 절점온도에 미치는 재료 물성치의 효과를 학습할 수 있다.

소프트웨어의 최신 버전은 다음과 같은 한계를 갖고 있다.

(*a*) 직교 좌표계로 표현되는 직사각형 형상에서만 사용될 수 있다.

(*b*) 균일한 격자 간격으로만 사용 가능하다.

(*c*) 일정한 온도, 일정한 열 플럭스, 일정한 대류 열전달계수만 경계조건으로 사용할 수 있다.

이 소프트웨어를 이용해 열전도 문제를 해결한 내용이 예제 5-8과 5-9에 제시되어 있다.

예제 5-8 **SS-T-CONDUCT 소프트웨어를 이용한 비정상 1차원 열전도 문제의 풀이**

예제 5-5를 SS-T-CONDUCT 소프트웨어를 사용하여 푼다.

풀이 SS-T-CONDUCT Input window에서 **1-Dimensional Transient Problem** 탭을 선택한다(그림 5-56a). **Problem Parameters** 상자에서 문제의 매개변수들을 적절히 입력한다(그림 5-56b). 양함수법을 이용하여 절점의 온도를 계산하기 위해 **explicit**

scheme 라디오 버튼을 선택한다(그림 5-56c). 이 문제의 경계조건을 **Boundary Conditions** 상자에서 설정한다(그림 5-56d). 좌측 경계조건은 **Left BC** 상자에, 우측 경계조건은 **Right BC** 상자에 입력한다(그림 5-56의 e와 f). 모든 필요한 값이 입력되면 **Calculate Temperature** 버튼을 클릭하여 결과를 얻는다(그림 5-56g).

계산된 결과는 SS-T-CONDUCT **Tabular Output** window에 표시된다(그림 5-57). 그림 5-57a의 항목(a)에 나타난 것과 같이 절점온도는 표로 만들어진다. 예상했던 바와 같이 절점온도는 표 5-3의 값들과 잘 맞는다.

음함수법을 이용하여 절점온도를 계산하기 위해 그림 5-56의 **implicit** scheme 라디오 버튼을 선택한다. 여러 위치에서 시간에 따른 온도는 표 5-4에 나타난 값과 비슷하다. 이는 그림 5-57b에서처럼 x = 0.04 m의 위치에서 시간에 따른 온도분포로 다시 나타낼 수 있다. 그래프로 나타낸 결과는 **Graphical output** 탭을 선택하고 drop-down 목록에서 x의 위치를 선택하면 얻을 수 있다[그림 5-57b의 항목(a)].

검토 양함수법의 시간 간격의 한계는 단순히 그림 5-56의 항목 (a)에 있는 시간 간격을 변경하여 찾아낼 수 있다. 이 문제에서 안정성 기준은 최대 15.5초의 시간 간격을 요구하고 있다. 15.5초보다 큰 시간 간격을 사용하면 절점의 온도는 진동할 것이고 때로는 음의 값을 가질 수 있다(이것은 열역학 제2법칙에 위배된다). 음함수법을 이용하면 어떤 시간 간격을 이용하여도 해를 얻는 과정은 안정된다.

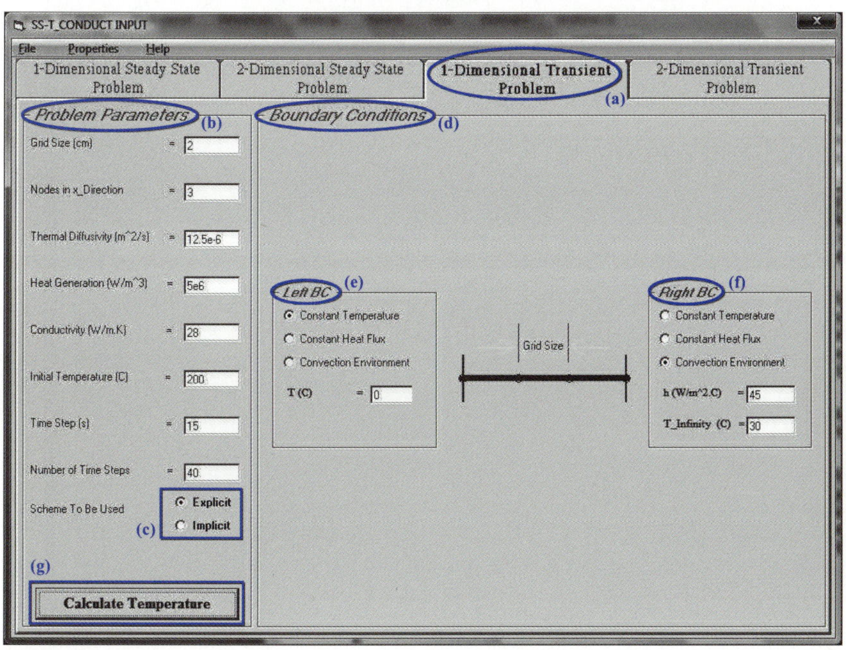

그림 5-56

The SS-T-CONDUCT Input window

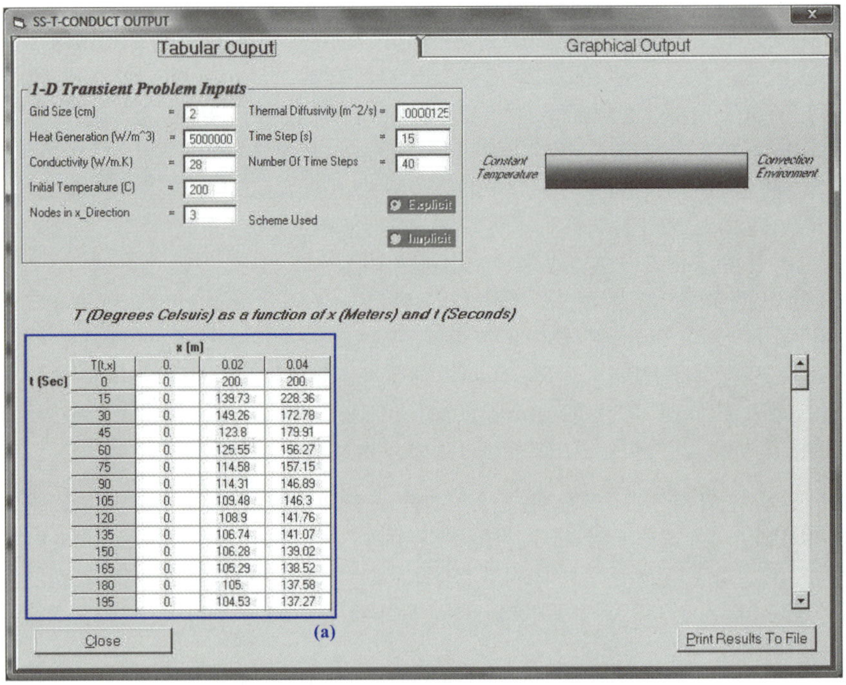

(*a*) Tabular Output window for explicit method

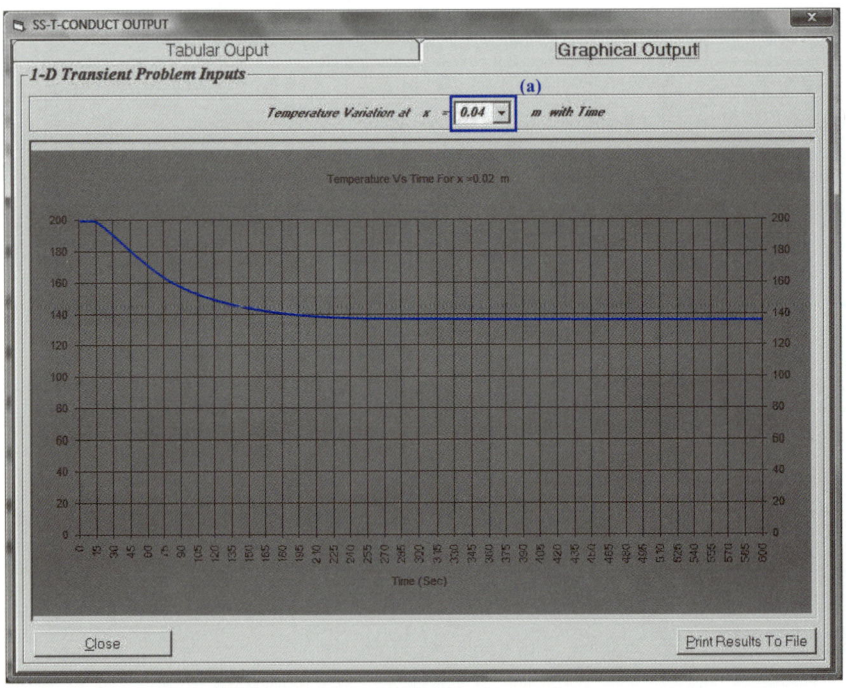

(*b*) Graphical Output window for implicit method

그림 5–57

The SS-T-CONDUCT Tabular and Graphical Output windows

예제 5-9 SS-T-CONDUCT 소프트웨어를 이용한 비정상 2차원 열전도 문제의 풀이

단면이 정사각형인 고체 봉을 고려하자(그림 5-58). 초기온도는 20°C로 균일하고 열전도도 k = 28 W/m·K, 열확산율 $\alpha = 12 \times 10^{-6}$m²/s이다. 봉 단면은 20 cm × 20 cm이고 $\dot{e} = 8 \times 10^{0}$W/m³의 율로 균일하게 열이 발생한다. 봉의 네 옆면에서는 T_∞ = 30°C인 주변공기와 대류 열전달계수 h = 45 W/m²·K로 대류 열전달이 일어난다. 양함수 유한차분법을 이용하고 격자의 크기는 $\Delta x = \Delta y$ = 10 cm로 하여 다음을 구하라. (*a*) 20분 후에 봉 중앙에서의 온도, (*b*) 정상 상태가 된 후에 봉 중앙에서의 온도.

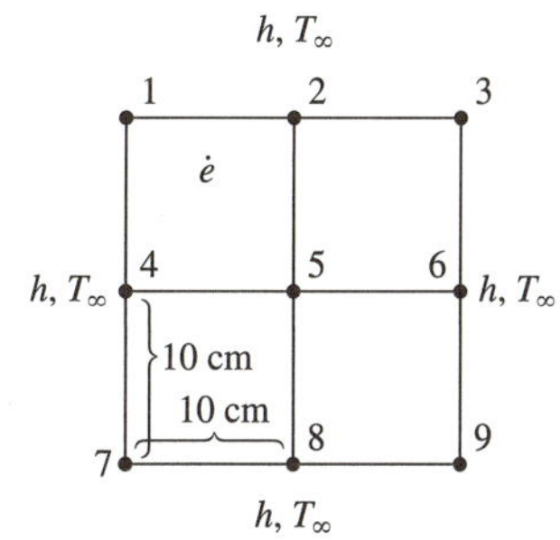

그림 5-58

예제 5-9에 대한 개략도와 절점망

풀이 긴 고체 봉에서는 비정상 열전달이 일어난다. 20분 후 봉 중앙에서의 온도와 정상 상태가 된 후의 봉 중앙에서의 온도를 구한다.

가정 **1.** 물체를 통한 열전달은 비정상 2차원 열전달이다. **2.** 물성치는 일정하다. **3.** 열은 고체에서 균일하게 발생된다.

물성치 열전도도와 열확산율은 각각 k = 28 W/m·K, $\alpha = 12 \times 10^{-6}$m²/s로 주어졌다.

해석 절점의 간격은 $\Delta x = \Delta y = l$ = 10 cm로 주어졌다. 비정상 상태에서 에너지 균형을 적용한 양함수 유한차분식은 다음과 같게 된다.

$$\sum_{\text{All sides}} \dot{Q}^i + \dot{e}V_{\text{element}} = \rho V_{\text{element}}\, c_p \frac{T_m^{i+1} - T_m^i}{\Delta t}$$

봉의 단면은 중심점을 지나는 가로, 세로, 대각선에 대해 대칭이다. 그러므로 $T_1 = T_3 = T_7 = T_9$이고 $T_2 = T_4 = T_6 = T_8$이며, T_1, T_2, T_5만이 미지의 절점온도이다. 따라서 모든 절점의 온도를 구하기 위해 1, 2, 5점의 유한차분식이 필요하다. 예제 5-7에서 논의된 방법을 사용하면 유한차분식은 다음과 같게 된다.

$$\text{Node 1:}\quad T_1^{i+1} = \left(1 - 4\tau - 4\tau\frac{hl}{k}\right)T_1^i + 2\tau\left(2T_2^i + 2\frac{hl}{k}T_\infty + \frac{\dot{e}_1 l^2}{2k}\right)$$

$$\text{Node 2:}\quad T_2^{i+1} = \left(1 - 4\tau - 2\tau\frac{hl}{k}\right)T_2^i + \tau\left(2T_1^i + 2T_5^i + 2\frac{hl}{k}T_\infty + \frac{\dot{e}_2 l^2}{k}\right)$$

$$\text{Node 5:}\quad T_5^{i+1} = (1 - 4\tau)T_5^i + \tau\left(4T_2^i + \frac{\dot{e}_5 l^2}{k}\right)$$

다음으로 우리는 안정성 기준으로부터 시간 간격 Δt의 상한을 결정해야 하는데 T_m^{i+1}에 대한 식에서 T_m^i의 계수(기본계수)가 모든 절점에 대하여 0보다 크거나 같아야 한다는 것을 요구하고 있다. 위 아홉 개의 유한차분식에서 최소 기본계수는 T_1^{i+1}에 대한 식에서 T_1^i의 계수이고 이 문제의 안정성 기준은 다음과 같이 표현될 수 있다($t = \alpha\Delta t/l^2$이므로).

$$1 - 4\tau - 4\tau\frac{hl}{k} \geq 0 \quad\rightarrow\quad \tau \leq \frac{1}{4(1 + hl/k)} \quad\rightarrow\quad \Delta t \leq \frac{l^2}{4\alpha(1 + hl/k)}$$

주어진 값을 대입하면 시간 간격의 최대 허용값은 다음과 같이 구해진다.

$$\Delta t \leq \frac{(0.1\text{ m})^2}{4(12 \times 10^{-6}\text{ m}^2/\text{s})[1 + (45\text{ W/m}^2\cdot\text{K})(0.1\text{ m})/(28\text{ W/m}\cdot\text{K})]} = 179\text{ s}$$

그러므로 이 문제를 풀기 위해 179초보다 작은 어떤 시간 간격도 사용할 수 있다. 편의상 시간단계 Δt = 60초로 선정하자. 그러면 격자 Fourier 수는 다음과 같게 된다.

$$\tau = \frac{\alpha\Delta t}{l^2} = \frac{(12 \times 10^{-6}\text{ m}^2/\text{s})(60\text{ s})}{(0.1\text{ m})^2} = 0.072 \qquad (\text{for } \Delta t = 60\text{s})$$

주어진 초기 조건을 시간 $t = 0(i = 0)$에 대한 해로 사용하여 앞의 세 개의 유한차분식을 한 차례씩 풀면 $t = 60$초일 때의 해를 얻을 수 있다.

중앙부분(절점 5)에서의 해는 SS-T-CONDUCT 소프트웨어를 이용해서도 구할 수 있다. SS-T-CONDUCT input window에서 **2-Dimensional Transient Problem** 탭을 선택한다[그림 5-59의 항목(a)]. 문제의 매개변수를 Problem Parameters 상자 안에 열거된 적절한 text box에 입력한다[그림 5-59의 항목(b)].

중앙부분(절점 5)에서의 해는 SS-T-CONDUCT 소프트웨어를 이용해서도 구할 수 있다. SS-T-CONDUCT input window에서 **2-Dimensional Transient Problem** 탭을 선택한다[그림 5-59의 항목(a)]. 문제의 매개변수를 **Problem Parameters** 상자 안에 열거된 적절한 text box에 입력한다[그림 5-59의 항목(b)].

양함수법을 이용하여 절점의 온도를 계산하기 위해 explicit scheme 라디오 버튼을 선택한다[그림 5-59의 항목(c)]. 이 문제의 경계조건을 Boundary Conditions 상자에서 설정한다[그림 5-59의 항목(d)]. 모든 필요한 값이 입력되면 Calculate Temperature 버튼을 클릭해서 결과를 계산할 수 있다[그림 5-59의 항목(e)].

계산된 결과는 SS-T-CONDUCT Tabular output window에 표시된다(그림 5-60a). 그림 5-60a의 항목(a)에 나타난 것과 같이 절점온도는 표로 만들어진다. 20분(1200초) 후에 봉 중앙에서 온도는 **379.31°C**이다. 다른 시간에서의 결과값은 drop-down 목록을 선택해서 볼 수 있다[그림 5-60a의 항목(b)]. 이러한 방법으로 약 6시간 후에 정상 상태가 된 후 봉 중앙의 온도는 **1023°C**가 된다.

그래프로 그려진 결과를 보기 위해 Graphical output 탭을 선택하면 이 문제의 온도분포의 등온선이 표시된다(그림 5-60b). 사용자는 조절막대를 움직여 시간별 온도분포등고선

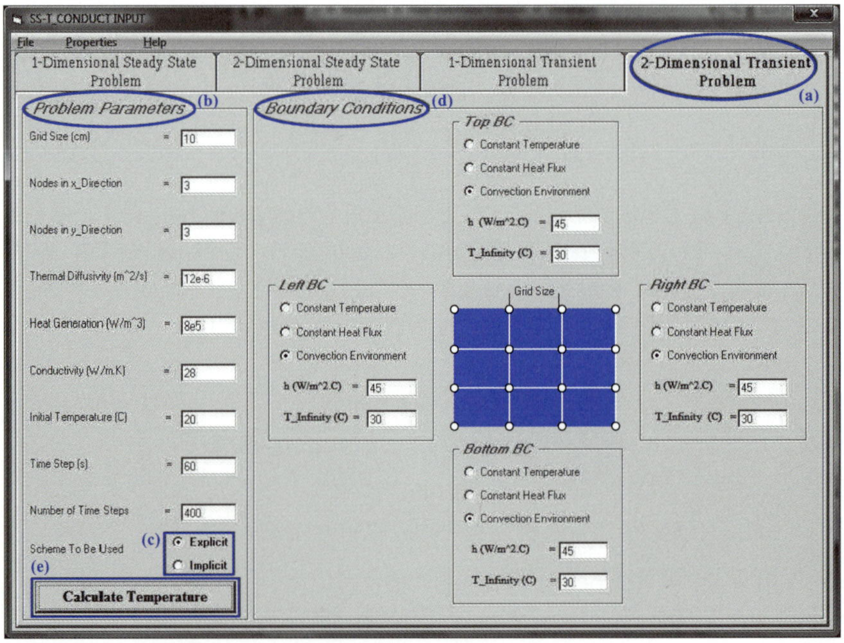

그림 5-59

The SS-T-CONDUCT Input window for 2-Dimentional Transient Problem

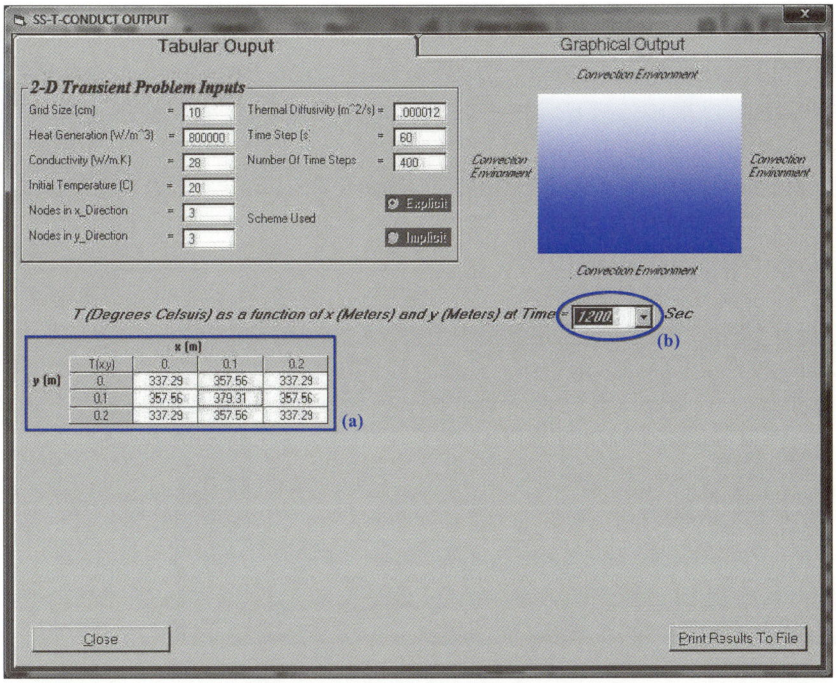

(*a*) The SS-T-CONDUCT Tabular Output window

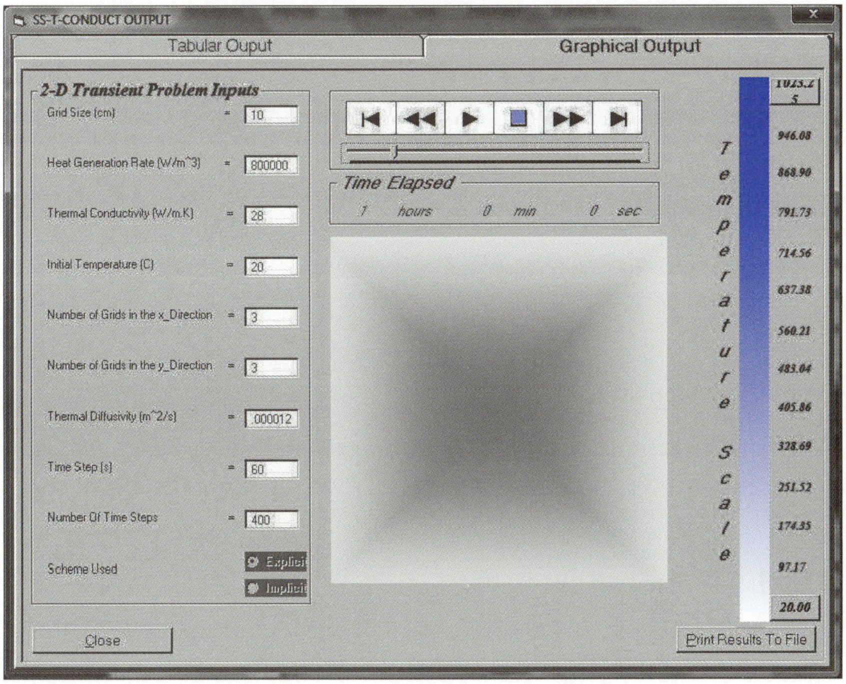

(*b*) The SS-T-CONDUCT Graphical Output window

그림 5–60

The SS-T-CONDUCT Tabular and Graphical Output windows

을 볼 수 있다.

검토 SS-T-CONDUCT소프트웨어는 사용자가 다양한 재료의 물성치(열전도도, 열확산율)를 선택하거나 다양한 재료의 물성치가 절점온도에 미치는 영향을 연구할 수 있도록 만들어졌다. 재료를 선택하기 위해 SS-T-CONDUCT input window(그림 5-59) 메뉴 표시줄에 있는 **Properties** 메뉴를 클릭하면 사용가능한 재료의 목록을 볼 수 있다(그림 5-61).

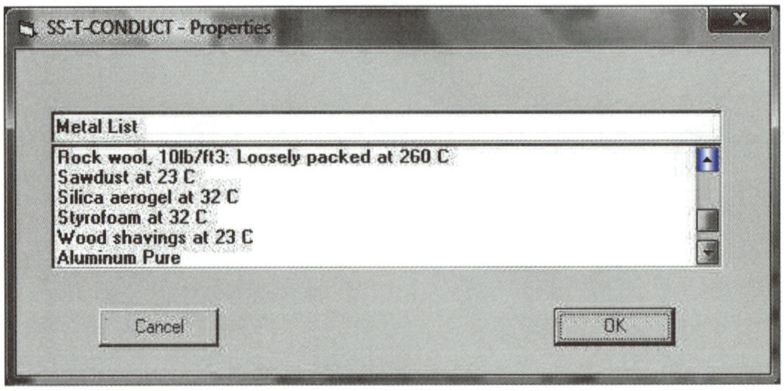

그림 5-61

The SS-T-CONDUCT 재료의 물성치 목록

특별 관심 주제 | Topics of special interest*

수치오차의 제어

원통에서 온도분포에 대한 수치계산 결과와 엄밀한 결과를 비교한다면, 수치해법으로부터 얻은 결과는 근사값이고 이것은 엄밀해(참해)의 값과 충분히 가까울 수도 있고 그렇지 않을 수도 있다. 수치해와 엄밀해 간의 차이는 수치해가 포함하게 되는 **오차**이고, 이것은 기본적으로 두 가지 이유 때문이다.

- **이산화 오차**(discretization error)[절삭(*truncation*) 또는 수식(*formulation*) 오차라고도 불린다]: 이것은 수치해법의 수식에서 사용되는 근사화에 기인한다.
- **반올림 오차**(round-off error): 이것은 컴퓨터가 제한된 수의 유효 자릿수만을 사용하고, 보유할 수 없는 자릿수의 숫자들은 계속하여 반올림(또는 버림)하기 때문에 발생한다.

아래에서 우리는 두 종류의 오차에 대하여 살펴본다.

* 이 절은 내용의 연속성을 해치지 않고 생략될 수 있다.

이산화 오차

수치해법이 포함하는 이산화 오차는 각 단계에서의 도함수를 차분형으로 치환한다거나 두 인접한 절점들 사이의 실제 온도분포를 직선 구역으로 치환하는데 기인한다.

특정한 한 절점에 대한 비정상 열전달 문제에서 시간에 따른 해의 변화를 살펴보자. 생각했던 바와 같이 수치해와 엄밀해는 첫 번째 시간 간격 초기에는 서로 일치하지만, 시간 t가 증가함에 따라 수치해는 엄밀해로부터 멀어진다. $t = \Delta t$에서 두 해의 차이는 단지 맨 처음 시간단계에서의 근사화 때문이므로 **국소**(*local*) **이산화 오차**라고 한다. 그림 5-62에 보인 바와 같이 두 번째 단계에서는 시작점부터 첫 번째 단계로 얻어진 잘못된 결과를 사용하고, 거기에 두 번째 단계에서의 국소 이산화 오차가 더해져 결국 상황이 더 악화될 것임을 알 수 있다. 국소 이산화 오차는 시간단계가 늘어날수록 계속 축적되는데, 어떤 시간단계에서의 이산화 오차의 합을 **전체 이산화 오차**(*global discretization error*) 또는 **축적된 이산화 오차**(*accumulated discretization error*)라고 한다. 국소 이산화 오차와 전체 이산화 오차는 첫 번째 시간단계에서는 동일하다. 전체 이산화 오차는 일반적으로 시간단계의 수가 늘수록 증가하지만, 해함수의 방향이 자주 변하면 반대 부호의 국소 이산화 오차를 증가시켜 서로를 상쇄시키면서 전체 이산화 오차를 감소시킬 수도 있다.

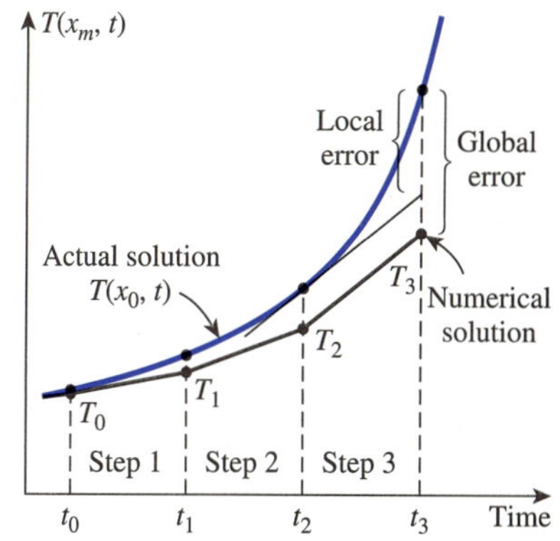

그림 5-62
특정 절점에서 세 번째 시간 간격에 대한 유한차분식의 국소 및 전체 이산화 오차

국소 이산화 오차의 크기에 대하여 알아보기 위해 시간 t_i에서 어떤 특정한 절점 m의 온도에 대한 Talor 급수 전개를 생각해보자.

$$T(x_m, t_i + \Delta t) = T(x_m, t_i) + \Delta t \frac{\partial T(x_m, t_i)}{\partial t} + \frac{1}{2}\Delta t^2 \frac{\partial^2 T(x_m, t_i)}{\partial t^2} + \cdots \tag{6-62}$$

같은 절점에서의 시간 도함수에 대한 유한차분식은

$$\frac{\partial T(x_m, t_i)}{\partial t} \cong \frac{T(x_m, t_i + \Delta t) - T(x_m, t_i)}{\Delta t} = \frac{T_m^{i+1} - T_m^i}{\Delta t} \tag{6-63}$$

즉

$$T(x_m, t_i + \Delta t) \cong T(x_m, t_i) + \Delta t \frac{\partial T(x_m, t_i)}{\partial t} \tag{6-64}$$

이것은 처음 두 항 이후를 무시한 *Talor* **급수 전개**와 유사하다. 그러므로 Talor 급수 전개에서의 세 번째와 나머지 항들은 유한차분식에 포함된 오차를 나타낸다. 충분히 작은 시간단계에 대하여, 이러한 항들은 도함수의 차수가 증가함에 따라 급격히 감소하고 그들의 영향도 점점 작아진다. Talor 급수 전개에서 무시된 첫 번째 항은 Δt^2에 비례하고, 그러므로 각 단계에 포함된 근사화에 대한 국소 이산화 오차도 Δt^2에 비례한다.

국소 이산화 오차는 단일 단계(single step)에 관계된 수식 오차이고, 사용되고 있는 풀이법의 정확성에 대해 알려준다. 그러나 첫 번째 단계를 제외한 모든 단계에서 얻어진 해는 그 점까지 **축적된 오차**를 모두 포함하므로, 단지 국부 오차만으로는 그다지 큰 중요성을 갖지 못한다. 우리가 진정으로 알아야 할 것은 전체 이산화 오차이다. 최악의 경우로 t_0시간 동안 I시간 단계 후에 축적된 이산화 오차는 $i(\Delta t)^2 = (t_0/\Delta t)(\Delta t)^2 = t_0\Delta t$가 되어 Δt에 비례하게 된다. 그러므로 국부 이산화 오차는 시간단계 크기의 제곱 Δt^2에 비례하지만 반면에 전체 이산화 오차는 시간단계 크기 Δt에 직접 비례한다는 결론을 얻을 수 있다. 그래서 망 크기(mesh size, 또는 비정상 문제에서 시간단계의 크기)가 작을수록 오차가 작아지고, 그러면 근사화가 더욱 정확해 진다. 예를 들면, 시간단계의 크기를 반으로 줄이면 전체 이산화 오차도 반으로 줄일 수 있다. 위에서 살펴본 바와 같이, 이산화 오차는 공간 또는 시간단계의 크기를 줄여 가능한 만큼 최소화할 수 있다는 것을 확실히 알 수 있다. Δx, Δt와 같은 차분값을 dx, dt와 같은 미분값으로 접근시키면 이산화 오차를 0으로 접근시킬 수 있다.

반올림 오차

만약 우리가 모든 수에 대하여 무한한 자릿수를 보유할 수 있는 컴퓨터를 가지고 있다면, 어떤 점에서도 엄밀해와 근사(수치)해의 차이는 전적으로 이산화 오차 때문일 것이다. 하지만 모든 컴퓨터(또는 계산기)는 유한한 개수의 유효 자릿수를 사용하여 수를 표현한다. 많은 컴퓨터에서 유효 자릿수는 기본적으로 7개인데, 이것은 **단일 정확도**(*single precision*)에 해당된다. 하지만 사용자는 숫자들에 대하여 15개의 유효 자릿수를 사용하여 계산을 수행하려고 할 수도 있는데, 이것은 **이중 정확도**(*double precision*)에 해당된다. 물론, 이중 정확도로 계산을 수행하는 데는 더 많은 컴퓨터 메모리와 긴 실행 시간이 필요하다.

7자리 유효 자릿수의 단일 정확도 모드에서, 컴퓨터는 컴퓨터가 사용하는 반올림 방법에 따라 숫자 44444.666666을 44444.67 또는 44444.66으로 기억한다. 첫 번째 경우에는 초과된 자릿수는 가장 가까운 정수로 **반올림되었다**고 표현하고, 반면에 두 번째 경우는 **절단되었다**고 표현한다. 그러므로 숫자 $a = 44444.12345$와 $b = 44444.12032$는 7자리의 유효 자릿수로 계산을 수행하는 컴퓨터에서는 같은 값으로 취급된다. 그와 같은 컴퓨터에서 $a-b$는 실제값 0.00313 대신 0이 된다.

계산 과정에서 제한된 개수의 자릿수를 가지기 때문에 발생하는 오차를 **반올림 오차**라고 한다. 이 오차는 임의적이며 이것을 예상할 수 있는 쉽고 체계적인 방법은 없다. 이것은 계산의 수, 반올림의 방법, 컴퓨터의 기종, 계산의 순서에 따라 달라진다.

대수학에서 여러분은 $a + b + c = a + c + b$라는 것을 배웠는데 이것은 매우 이치에 맞는다. 하지만 이것은 그림 5-63에 보인 바와 같이 컴퓨터를 이용하여 계산을 수행하는 데는 반드시 참은 아니다. 계산의 순서가 바뀜에 따라 두 번의 연산에서 30.8%의 오차가 발생한다. 순서대로 수행되는 이와 같은 몇 천, 또는 몇 백만 번의 연산을 포함하는 어떤 중요한 문제를 생각해본다면, 우리는 축적된 반올림 오차가 아무런 주의 경고 신호도 없이 심각한 오차를 일으킬 수 있는 잠재력이 있다는 것을 알 수 있다. 경험 있는 프로그래머들은 이러한 위험에 대하여 매우 잘 알고 있고 반올림 오차가 쌓이는 것을 방지하기 위하여 프로그램을 조직화한다. 예를 들면, 어떤 수에 10을 곱하는 것은 그 수를 열 번 더하는 것보다 더 안전하다. 또한 어떤 덧셈 과정을 가장 작은 수에서 시작하여 큰 수로 행하여 나가는 것이 더 안전하다. 이 법칙은 부호가 교차하는 많은 항들의 전개식의 값을 구할 때 특히 중요하다.

반올림 오차는 풀이 과정 동안 **수행된 계산 수**에 비례한다. 유한차분법에서 망의 크기나 시간단계의 크기가 감소하면 계산의 수는 증가한다. 예를 들어, 망의 크기나 시간단계의 크기를 반으로 줄이면 계산의 수는 두 배가 되고 그러면 마무리 오차가 축적되게 된다.

Given:

$a = 7777777$

$b = -7777776$

$c = 0.4444432$

Find: $D = a + b + c$

$E = a + c + b$

Solution:

$D = 7777777 - 7777776 + 0.4444432$
$= 1 + 0.4444432$
$= 1.444443$ (Correct result)

$E = 7777777 + 0.4444432 - 7777776$
$= 7777777 - 7777776$
$= 1.000000$ (In error by 30.8%)

그림 5-63

유효자릿수를 7로 유지하여 computer에서 실시된 간단한 연산 계산 순서를 역으로 진행할 경우 30.8%의 오차가 발생한다.

수치해법에서의 오차 제어

그림 5-64에 보인 바와 같이 수치해법으로 얻은 어떤 결과에 포함된 전체 오차는, 단계 크기를 줄이면 줄어드는 **이산화 오차**와, 단계의 크기를 줄이면 증가하는 **반올림 오차**의 합이다. 그러므로 좀 더 정확한 해를 얻기 위하여 단계의 크기를 너무 줄이면, 반올림 오차의 급격한 증가로 실제로는 오히려 더 정확하지 못한 결과를 낳게 된다. 우리는 매우 작은 숫자들에 대한 여러 번의 계산을 회피함으로써 마무리 오차가 제어할 수 없을 정도로 커지지 않게 주의해야 한다.

실제로는, 우리는 문제의 엄밀해를 알지 못하므로 수치해법에 포함된 오차의 크기를 알 수 없다. 전체 이산화 오차가 단계 크기에 비례하는 것을 알더라도, 그 비례 상수의 값을 결정하기 어렵기 때문에 그다지 도움이 되지 않는다. 게다가 반올림 오차에 대한 정확한 추정없이 전체 이산화 오차만으로는 의미가 없다. 그러므로 우리는 수치해법으로 얻어진 결과의 정확성을 평가하기 위하여 다음과 같은 실용적인 절차를 추천한다.

- 경험에 비추어 이치에 맞는 망 크기 Δx(비정상 문제에 대하여 시간단계 Δt)로 계산을 시작한다. 그 다음 $\Delta x/2$의 망 크기로 계산을 반복한다. 만약 망 크기의 반으로 계산하여 얻어진 결과가 원래의 크기의 결과와 크게 다르지 않다면, 이산화 오차는 받아들일 수 있는 수준이다. 하지만 우리가 받아들일 수 있는 값보다 차이가 크다면 $\Delta x/4$의 망 크기 또는 더 작은 크기의 망

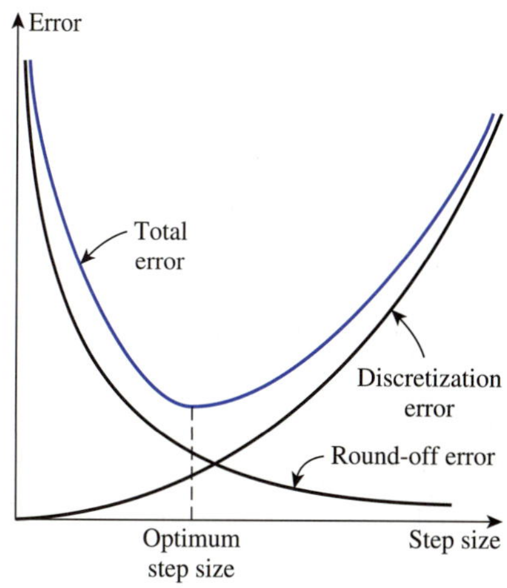

그림 5-64

격자 크기 또는 시간 간격을 줄이면 이산화 오차는 줄어들지만 반올림 오차는 증가한다.

을 사용하여 온도구배가 큰 영역에서 계산을 다시 반복해야 한다. 이와 같은 방법으로 망 크기를 반으로 하여도 결과에 어떤 심각한 변화를 초래하지 않게 될 때까지, 즉 이산화 오차가 받아들일 수 있는 수준까지 감소했음을 가리킬 때까지 계속한다.

- 망 크기(비정상 문제에 대하여 시간단계)를 일정하게 하고 이중 정확도를 사용하여 계산을 반복한다. 만약 변화가 현저하지 않다면, 마무리 오차는 문제가 되지 않는다는 결론이 된다. 하지만 변화가 받아들이기에 너무 크다면 망 크기를 늘리든지, 계산의 순서를 바꾸든지 하여 전체 계산 수를 줄여야 한다. 그러나 만약 증가된 망 크기가 받아들일 수 없는 이산화 오차를 발생시킨다면 타당한 절충점을 찾아야 한다.

항상 기억해야 할 것은 고온점(hot spot)이나 큰 온도구배와 같이 특별한 고려가 필요한 어떤 종류의 문제에 대하여 어떤 수치해법을 사용하더라도, 어떤 특별한 부위(spot)에 대한 정확한 해를 제공하지 못할 수도 있다는 사실이다. 전체적으로 굉장히 이치에 맞는 결과처럼 보일지라도 어떤 위치에서는 심각한 오류가 있을 수도 있다. 이것이 항상 문제의 해라고 받아들이기 전에 다른 망 크기에 대하여 계산을 최소한 두 번 이상 반복하는 또 다른 이유이다. 대부분의 상용 소프트웨어 패키지들은 고도로 정확한 해를 얻기 위해 망 크기를 변화시키도록 하는 내장된(built-in) 루틴(routine)을 가지고 있다. 하지만 수치해법에서의 어떠한 잠재된 함정이라도 알아내고 구해진 결과를 비판적인 시선으로 살펴보는 것이 좋은 공학 습관이다.

요약 | SUMMARY

해석해법은 간단한 형상을 갖는, 고도로 단순화된 문제에 국한되고, 복잡한 형상 또는 일정하지 않은 열적 상태 등의 실제의 문제를 풀기 위해서는 종종 수치해법이 필요하다. 수치 **유한차분법**은 도함수를 차분형으로 치환하는 데에 기초하고 있으며, 열전달 문제의 유한차분식은 영역에서 **절점**으로 불리는 충분한 수의 점을 선정하고, 그 절점을 중심으로 하는 체적 요소에 **에너지 균형**을 사용하여 구한다.

정상 열전달에 대하여 체적 요소에 대한 **에너지 균형**은 문제의 기하학적 차원에 관계없이 일반적으로 다음과 같이 표현된다.

$$\sum_{\text{All sides}} \dot{Q} + \dot{e}V_{\text{element}} = 0$$

방향이 이미 결정된 열플럭스의 경우를 제외하고는 식에서 편의상 모든 면에서 고려하고 있는 절점을 향하여 체적 요소 안으로 **들어오는 방향**으로 열전달이 일어난다고 가정한다. **정상 상태**하에서 임의의 내부 절점에 대한 유한차분식은 그 형상에 따라 다음과 같이 표현된다.

평판에서의 1차원 정상 열전도:

$$\frac{T_{m-1} - 2T_m + T_{m+1}}{(\Delta x)^2} + \frac{\dot{e}_m}{k} = 0$$

직각좌표계에서 2차원 정상 열전도:

$$T_{\text{left}} + T_{\text{top}} + T_{\text{right}} + T_{\text{bottom}} - 4T_{\text{node}} + \frac{\dot{e}_{\text{node}} l^2}{k} = 0$$

여기서 Δx는 평판에 대한 절점 간격이고, $\Delta x = \Delta y = l$은 2차원의 경우 절점 간격이다. 단열된 경계는 식에서 반사경처럼 간주할 수 있으므로 단열된 경계상의 절점은 반사상(mirror images)을 사용하여 내부 절점으로 취급할 수 있다.

평판에서의 정상 1차원 열전도에서 왼쪽 경계의 절점 0에 대한 유한차분식은

$$\dot{Q}_{\text{left surface}} + kA\frac{T_1 - T_0}{\Delta x} + \dot{e}_0(A\Delta x/2) = 0$$

여기서 $A\Delta x/2$는 체적 요소의 체적이고, $\dot{e}_0$는 $x = 0$에서 단위체적당 열발생률이고, A는 열전달 면적이다. 첫 번째 항의 모양은 $x = 0$에서의 경계조건에 따라 다르다(대류, 복사, 열플럭스가 주어진 경우 등).

열전도 문제의 유한차분식은 일반적으로 연립해서 풀어야 하는 N개의 미지의 절점온도에 대한 방정식 수가 N개인 연립 대수 방정식 형태로 나타난다.

비정상 열전도 문제의 유한차분식은 시간 간격 Δt 동안 체적 요소에 대한 에너지 용량의 변화를 고려하는 에너지 균형에 기초한다. 열전달과 열발생 항은 **양함수법**에서는 이전의 시간단계 i에 대하여 표현되고, **음함수법**에서는 새로운 시간단계 $i + 1$에 대하여 표현된다. 임의의 절점 m에 대하여, 유한차분식은 다음과 같이 표현된다.

양함수법:

$$\sum_{\text{All sides}} \dot{Q}^i + \dot{e}_m^i V_{\text{element}} = \rho V_{\text{element}}\, c_p \frac{T_m^{i+1} - T_m^i}{\Delta t}$$

음함수법:

$$\sum_{\text{All sides}} \dot{Q}^{i+1} + \dot{e}_m^{i+1} V_{\text{element}} = \rho V_{\text{element}}\, c_p \frac{T_m^{i+1} - T_m^i}{\Delta t}$$

여기서 T_m^i과 T_m^{i+1}은 각각 시간 $t_i = i\Delta t$와 $t_i + 1 = (i + 1)\Delta t$에서의 절점 m의 온도이고, $T_m^{i+1} - T_m^i$은 시간단계 i와 $i + 1$ 사이의 시간 간격 Δt 동안 절점의 온도 변화를 나타낸다. 위에 주어진 양함수식과 음함수식은 매우 일반적이고 열전달의 기하학적 차원에 관계없이 어떤 좌표계에서도 사용될 수 있다.

직각 좌표계에서의 1차원, 2차원 열전달에서 임의의 내부 절점에 대한 양함수식은 다음과 같이 표현될 수 있다.

1차원의 경우:

$$T_m^{i+1} = \tau(T_{m-1}^i + T_{m+1}^i) + (1 - 2\tau)\,T_m^i + \tau\frac{\dot{e}_m^i \Delta x^2}{k}$$

2차원의 경우:

$$T_{\text{node}}^{i+1} = \tau(T_{\text{left}}^i + T_{\text{top}}^i + T_{\text{right}}^i + T_{\text{bottom}}^i) + (1 - 4\tau)\,T_{\text{node}}^i + \tau\frac{\dot{e}_{\text{node}}^i l^2}{k}$$

여기서 $\tau = \alpha\Delta t/\Delta x^2$는 무차원 *mesh Fourier number*이고 $\alpha = k/\rho c_p$는 매질의 **열확산율**이다.

음함수법은 본래 안정적이고, 시간단계로서 어떤 값의 Δt도 이 방법과 함께 사용될 수 있다. 양함수법에서 시간단계 Δt의 최대값은 다음과 같이 표현되는 **안정성 기준**에 의해 제한된다. T_m^{i+1}에 대한 식에서 모든 T_m^i의 계수[기본계수(*primary coefficient*)라고 부르는]가 모든 절점 m에 대하여 0보다 크거나 같아야 한다. Δt의 최댓값은 최소 기본계수를 이용하여 방정식에 안정성 기준을 적용하면 구할 수 있는데, 이것은 최소 기본계수가 가장 제한적이기 때문이다. 직교 좌표계에서 모든 경계에 온도나 열플럭스가 주어진 문제에 대한 안정성 기준은 1차원 문제에서는 $\tau \le \frac{1}{2}$차원 문제에서는 $\tau \le \frac{1}{4}$와 같이 표현된다.

참고문헌 | REFERENCES AND SUGGESTED READINGS

1. D. A. Anderson, J. C. Tannehill, and R. H. Pletcher. *Computational Fluid Mechanics and Heat Transfer.* New York: Hemisphere, 1984.
2. C. A. Brebbia. *The Boundary Element Method for Engineers.* New York: Halsted Press, 1978.
3. G. E. Forsythe and W. R. Wasow. *Finite Difference Methods for Partial Differential Equations*. New York: John Wiley & Sons, 1960.
4. B. Gebhart. *Heat Conduction and Mass Diffusion.* New York: McGraw-Hill, 1993.
5. K. H. Huebner and E. A. Thornton. *The Finite Element Method for Engineers.* 2nd ed. New York: John Wiley & Sons, 1982.
6. Y. Jaluria and K. E. Torrance. *Computational Heat Transfer.* New York: Hemisphere, 1986.
7. W. J. Minkowycz, E. M. Sparrow, G. E. Schneider, and R. H. Pletcher. *Handbook of Numerical Heat Transfer.* New York: John Wiley & Sons, 1988.
8. G. E. Myers. *Analytical Methods in Conduction Heat Transfer.* New York: McGraw-Hill, 1971.
9. D. H. Norrie and G. DeVries. *An Introduction to Finite Element Analysis.* New York: Academic Press, 1978.
10. M. N. Özi¸sik. *Finite Difference Methods in Heat Transfer.* Boca Raton, FL: CRC Press, 1994.
11. S. V. Patankhar. *Numerical Heat Transfer and Fluid Flow.* New York: Hemisphere, 1980.
12. T. M. Shih. *Numerical Heat Transfer.* New York: Hemisphere, 1984.

연습문제* PROBLEMS

왜 수치해법인가?

5–1C 해석해법의 한계는 무엇인가?

5–2C 지배 미분방정식을 풀고 경계조건을 적용하여 해석적으로 풀 수도 있고, 당신의 컴퓨터에 있는 소프트웨어 패키지를 이용하여 수치적으로 풀 수도 있는 어떤 열전도 문제를 생각해보자. 이 문제를 어떤 방법을 사용하여 풀겠는가? 그 이유를 설명하라.

5–3C 에너지 균형법의 원리는 무엇인가? 그것은 식으로 표현된 유한차분법과 어떻게 다른가? 절점망이 주어진 경우, 이 두 방법의 결과는 같은 방정식으로 표현되는가 아니면 다른 방정식으로 표현되는가?

5–4C 수치해법과 해석해법은 어떻게 다른가? 수치해법과 해석해법의 장점과 단점은 무엇인가?

5–5C 두 엔지니어가 생산 시설에서 실제 열전달 문제를 풀려고 하고 있다. A엔지니어는 필요한 간단한 가정을 하여 문제를 해석적으로 풀고, 반면에 B엔지니어는 막강한 소프트웨어 패키지를 사용하여 그 문제를 수치적으로 푼다. A엔지니어는 그가 문제를 엄밀하게 풀었으므로 그의 결과가 더 낫다고 주장하고, 반면에 B엔지니어는 그가 더 실제적인 모델을 사용하였으므로 그의 결과가 더 낫다고 주장한다. 이 논쟁을 해결하기 위하여 당신은 이 문제를 실험실에서 실험적으로 풀어보자는 요구를 받았다. 당신의 생각에 실험결과 어떤 엔지니어의 주장이 맞을 것이라고 생각하는가? 설명하라.

미분방정식의 유한차분식화

5–6C 유한차분식에 사용되는 다음 용어들을 정의하라: 절점, 절점망, 체적 요소, 절점 간격, 차분식

5–7 열발생이 있고 열전도도가 일정한 매질의 정상 2차원 열전도에 대한 유한차분식은 직교 좌표계에서 다음과 같다.

$$\frac{T_{m-1,n} - 2T_{m,n} + T_{m+1,n}}{\Delta x^2} + \frac{T_{m,n-1} - 2T_{m,n} + T_{m,n+1}}{\Delta y^2} + \frac{\dot{e}_{m,n}}{k} = 0$$

이 관계식을 3차원의 경우로 수정하라.

5–8 열발생이 변화하고 열전도도가 일정한 평판에서의 정상 1차원 열전도를 생각해보자. 매질의 절점망은 절점 간격이 Δx로 일정한, 절점 0, 1, 2, 3, 4로 구성되어 있다. 1계 도함수의 유한차분식(에너지 균형법이 아님)을 사용하여, 왼쪽 경계(절점 0)에서 일정한 열플럭스 $\dot{q}_0$가 공급되고 오른쪽 경계(절점 4)에서 대류 열전달계수 h, 외부 온도 T_∞로 대류가 일어나는 경우에 대한 경계 절점에서의 유한차분식을 유도하라.

5–9 열발생이 변화하고 열전도도가 일정한 평판에서의 정상 1차원 열전도를 생각해보자. 매질의 절점망은 절점 간격이 Δx로 일정한, 절점 0, 1, 2, 3, 4, 5로 구성되어 있다. 1계 도함수의 유한차분식(에너지 균형법이 아님)을 사용하여, 왼쪽 경계(절점 0)가 단열되었고 오른쪽 경계에서 방사율 ε, 주위 온도 T_{surr}로 복사가 일어나는 경우에 대한 경계 절점에서의 유한차분식을 유도하라.

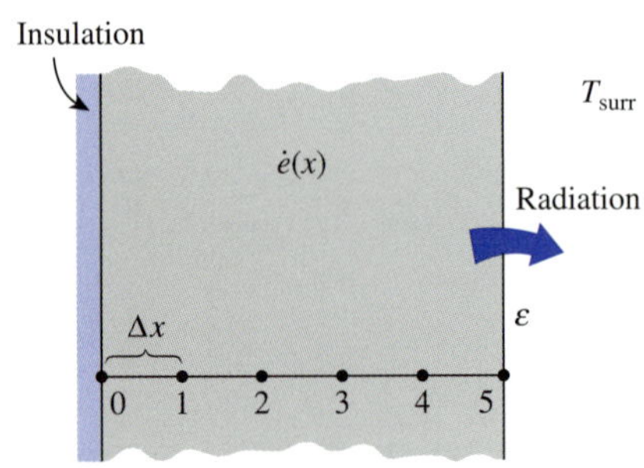

그림 P5–9

1차원 정상 열전도

5–10C 열전도 문제의 유한차분식이 에너지 균형법에 의해 어떻게 유도되는지 설명하라.

5–11C 가우스 자이델(Gauss-Seidel)법으로 연립 방정식을 풀 때 필요한 기본적인 순서는 어떻게 되는가?

5–12C 임의의 내부 절점에 대한 유한차분식이 다음과 같은 간단한 식으로 나타나는 어떤 매질을 생각해보자.

$$\frac{T_{m-1} - 2T_m + T_{m+1}}{\Delta x^2} + \frac{\dot{e}_m}{k} = 0$$

(*a*) 이 매질에서의 열전달은 정상 상태인가, 아니면 비정상 상태인가?

(*b*) 이 열전달은 몇 차원인가?

(*c*) 매질 내에서 열발생이 있는가?

---

* "C"로 표시된 문제는 개념에 관한 문제들이며, 학생들은 모든 문제를 풀어 보도록 권고한다. "(아이콘)" 아이콘, "(아이콘)" 아이콘이 있는 문제는 EES 프로그램을 사용하여 풀어야 한다.

(*d*) 절점 간격이 일정한가, 아니면 변화하는가?
(*e*) 매질의 열전도도는 일정한가, 아니면 변화하는가?

5–13C 어떤 문제의 유한차분식에서 단열된 경계는 어떻게 처리하는가? 유한차분식에서 대칭선은 단열된 경계와 어떻게 다른가?

5–14C 평판에 대한 유한차분식에서 단열된 경계상의 한 절점은 어떻게 내부 절점으로 취급할 수 있는가? 설명하라.

5–15C 유한차분법의 에너지 균형식에서 정상 열전도의 경우에 대해서도 체적 요소의 경계에서의 모든 열전달은 체적 요소로 들어오는 방향으로 일어난다고 가정할 것을 권장한다. 에너지 보존 법칙을 위배하는 것처럼 보이는 이러한 권장은 정당한 것인가?

5–16 지름이 10 mm, 길이가 50 mm이고 일정한 단면적을 지니는 원통형 휜이 표면온도 350℃인 벽면에 부착되어 있다. 휜의 열전도도는 240 W/m·K이고, 외부 공기의 온도는 25℃, 대류 열전달계수는 250 W/m²·K이다. 휜을 따라 정상 1차원 열전달이라 가정하고 절점 간격은 10 mm로 하여 (*a*) 에너지 균형법으로 접근하여 각 절점온도를 결정하기 위한 유한차분식을 구하라.

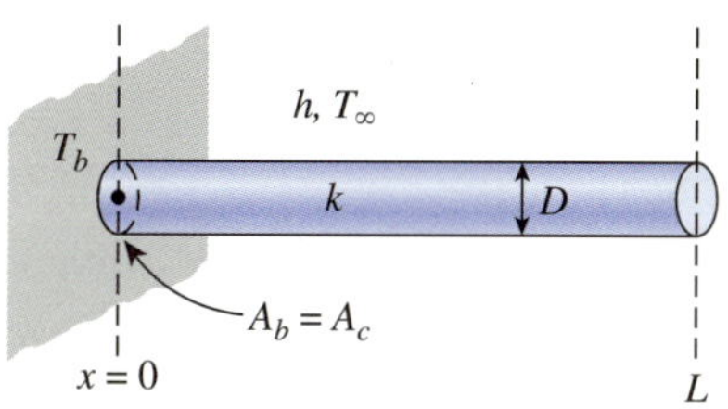

그림 P5–16

(*b*) 이 식을 풀어 휜의 각 절점에서의 온도를 구한 뒤 해석해와 비교하라. (*c*) 열전달률을 계산하여 해석해의 결과와 비교하라.

5–17 300℃의 벽면에 부착되어 있는 끝이 단열된 원통형 알루미늄 휜이 온도 15℃, 대류 열전달계수 150 W/m²·K인 외부 공기에 둘러싸여 있다. 이 휜은 지름은 1 cm, 길이가 5 cm, 열전도도는 237 W/m·K이며 일정한 단면적을 가지고 있다. 휜을 따라 정상 1차원 열전달이라 가정하고 절점 간격은 10 mm로 하여 (*a*) Gauss-Seidal 반복법을 사용하기 위한 유한차분식을 구하라. (*b*) Gauss-Seidal 반복법을 사용하여 각 절점에서의 온도를 구하고 이를 해석해와 비교하라.

답: 273.7°C, 253.9°C, 240.1°C, 232.0°C, 229.3°C

5–18 왼쪽 면(절점 0)이 40℃로 유지되고 오른쪽 면(절점 8)에서는 3000 W/m²의 열플럭스가 공급되는 평판에서의 정상 열전도를 생각해보자. 열발생이 없는 경우 경계 절점 0과 8에서의 유한차분식을 표현하라. 또한 왼쪽 경계에서의 열전달률에 대한 유한차분식을 유도하라.

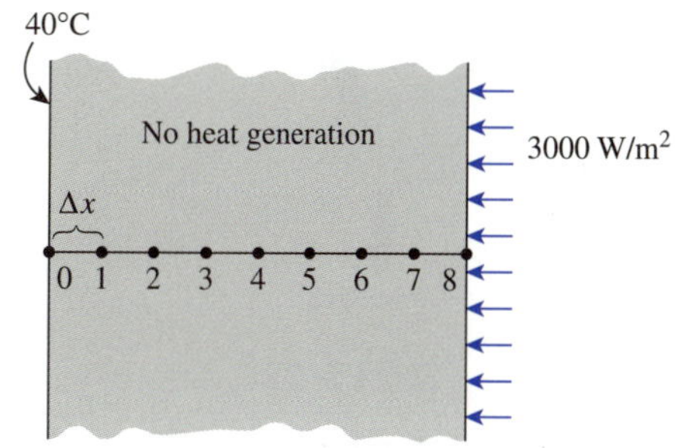

그림 P5–18

5–19 위치에 따라 열발생이 변화하고 열전도도가 일정한 평판에서의 정상 1차원 열전도를 생각해보자. 매질의 절점망은 절점 간격이 Δx로 일정한, 절점 0, 1, 2, 3, 4로 구성되어 있다. 에너지 균형법을 사용하여, 왼쪽 경계(절점 0)에서 일정한 열플럭스 $\dot{q}_0$가 공급되고 오른쪽 경계(절점 4)에서 대류 열전달계수 h, 외부 온도 T로 대류가 일어나는 경우에 대한 경계 절점에서의 유한차분식을 유도하라.

5–20 위치에 따라 열발생이 변화하고 열전도도가 일정한 평판에서의 정상 1차원 열전도를 생각해보자. 매질의 절점망은 절점 간격이 Δx로 일정한, 절점 0, 1, 2, 3, 4, 5로 구성되어 있다. 왼쪽 경계(절점 0)가 단열되어 있고 오른쪽 경계(절점 5)에서 방사율 ε, 주위 온도 T_{surr}로 복사가 일어나는 경우, 에너지 균형법을 이용하여 경계 절점에 대한 유한차분식을 유도하라.

5–21 경계면에서 완벽하게 접촉하고 있는 두 개의 층으로 구성된 복합 평판에서의 정상 1차원 열전도를 생각해보자. 평판에서는 열발생이 없다. 매질의 절점망은 절점 간격이 Δx로 일정한, 절점 0, 1(접촉면), 2로 구성되어 있다. 왼쪽 경계(절점 0)가 단열되어 있고 오른쪽 경계(절점 2)에서 방사율 ε, 주위 온도 T_{surr}로 복사가 일어나는 경우, 에너지 균형법을 이용하여 이 문제에 대한 유한차분식을 유도하라.

5–22 열발생이 없고 열전도도가 일정한 직경 D의 핀(pin) 모양의 휜(fin)에서의 정상 1차원 열전도를 생각해보자. 휜은 대류 열전달계수 h로 T_∞인 외부 공기에 대류에 의해서 열을 빼앗기고, 그리고 평균 온도 T_{surr}인 주위 면에 복사에 의해서도 열을 빼앗기고 있다. 매질의 절점망은 절점 간격이 Δx로 일정한, 절점 0(뿌리부분), 1(중앙), 2(휜 끝)로 구성되어 있다. 휜 뿌리의 온도가 주어지고 휜 끝에서의 열전달을 무시할 수 있는 경우 에너지 균형을 이용하여 T_1과 T_2를 구하기 위한 이 문제의 유한차분식을 유도하라. 모든 온도는 ℃이다.

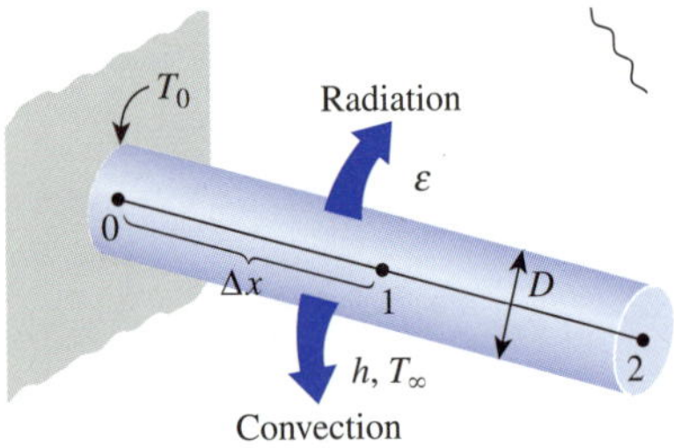

그림 P5-22

5-23 두께가 5 cm이고 열전도도가 k = 34 W/m·K이며 열이 일정하게 $\dot{e} = 6\times10^5$ W/m^{3}의 율로 발생하는 넓은 우라늄 판을 생각해보자. 판의 한쪽 면은 단열되어 있고, 다른 면은 열전달계수 h = 60 W/m^2·K로 30°C의 주위로 대류가 일어나고 있다. 절점 간격이 1 cm인 여섯 개의 같은 간격의 절점을 선정하여 (*a*) 이 문제의 유한차분식을 유도하라. (*b*) 방정식을 풀어 정상 상태하에서의 각 절점온도를 구하라.

5-24 EES 또는 다른 소프트웨어를 사용하여 문제 5-23을 다시 풀어라.

5-25 길이 L = 5 cm, 뿌리 두께 b = 1 cm, 지면의 수직방향으로 폭 w가 매우 큰 삼각 단면의 알루미늄 합금 휜(k = 180 W/m·K)을 생각해보자. 휜의 뿌리 부분은 온도 T_0 = 180°C로 유지되고 있다. 휜은 대류 열전달계수 h = 25 W/m^2·K로 T_∞ = 25°C인 외부 공기에 대류에 의해서 열을 빼앗기고, 그리고 평균 온도 T_{surr} = 290 K인 주위 면에 복사에 의해서도 열을 빼앗기고 있다. 휜의 x방향을 따르는 같은 간격의 여섯 개의 절점에 대한 유한차분식을 사용하여 (*a*) 각 절점에서의 온도 (*b*) w = 1 m당 휜으로부터의 열전달률을 구하라. 휜 표면에서의 방사율을 0.9로 하고, 휜에서의 열전달은 정상 1차원이라고 가정한다.

답: (*a*) 177.0°C, 174.1°C, 171.2°C, 168.4°C, 165.5°C; (*b*) 537 W

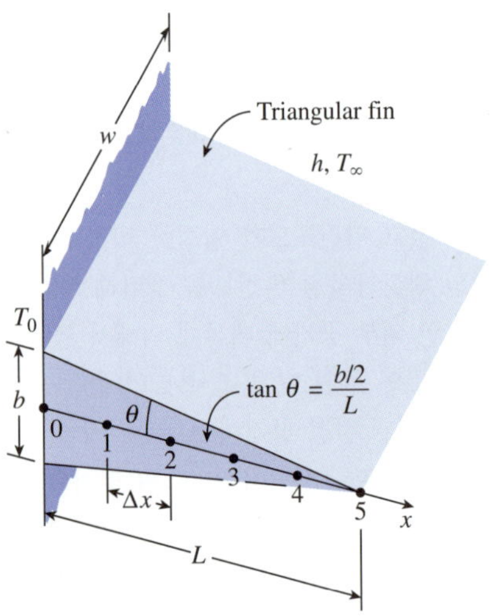

그림 P5-25

5-26 문제 5-25를 다시 고려하자. EES 또는 다른 소프트웨어를 사용하여 휜 바닥(fin base) 온도가 휜 끝의 온도 및 휜을 통한 열전달률에 미치는 영향을 조사하라. 휜 바닥 온도가 100°C에서 200°C까지 변화한다고 하자. 휜 끝의 온도와 열전달률을 휜 바닥 온도의 함수로 그래프로 나타내고 결과를 논하라.

5-27 두께 L = 0.4 m, 열전도도 k = 2.3 W/m·°C, 표면적이 A = 20 m^{2}인 넓은 평판을 생각해보자. 평판의 왼쪽 면은 95°C의 일정한 온도로 유지되고, 오른쪽 면은 열전달계수 h = 18 W/m^2·K로 T = 15°C인 주위 공기에 대류에 의해 열을 빼앗긴다. 정상 1차원 열전달로 가정하고 절점 간격을 10 cm로 하여 (*a*) 모든 절점에 대한 유한차분식을 구하라. (*b*) 방정식을 풀어 각 절점의 온도를 결정하라. (*c*) 평판을 통한 열전달률을 계산하라.

5-28 SS-T-CONDUCT 또는 다른 소프트웨어를 사용하여 문제 5-27을 다시 풀어라.

5-29 두께 L = 0.6 cm, 바닥 면적 A = 160 cm^2, 열전도도 k = 20 W/m·K인 800 W짜리 가정용 다리미의 바닥을 생각해보자. 바닥의 내부 면에서는 안쪽의 저항 가열기에 의해 일정한 열플럭스가 발생하고 있다. 정상 작동 상태에 이르렀을 때, 바닥의 외부 면 온도는 85°C로 측정되었다. 다리미의 윗부분을 통한 열손실은 무시하고, 절점 간격을 0.2 cm로 하여 (*a*) 절점에 대한 유한차분식을 구하라. (*b*) 방정식을 풀어 바닥의 내부 면의 온도를 결정하라. **답: (*b*) 100°C**

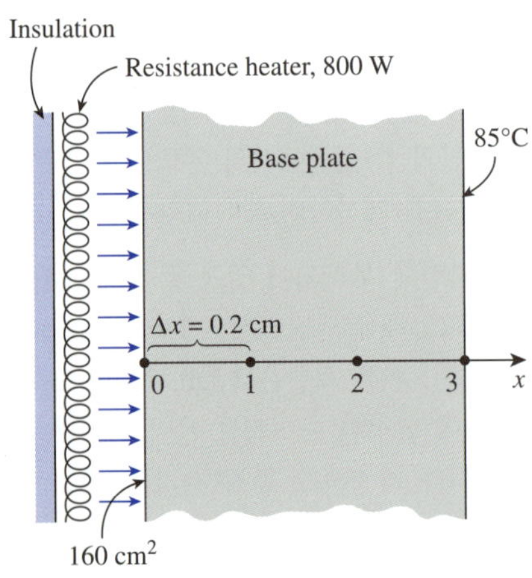

그림 P5-29

5–30 두께 $L = 0.3$ m, 열전도도 $k = 1.8$ W/m·K, 표면적 $A = 24$ m^{2}인 넓은 평판을 생각해보자. 평판의 왼쪽 면으로는 $\dot{q}_0 = 350$ W/m^{2}의 열플럭스가 공급되고 있고 온도는 $T_0 = 60$℃로 측정되었다. 정상 1차원 열전달이라고 가정하고 절점 간격을 6 cm로 하여 (*a*) 6개의 절점에 대한 유한차분식을 유도하라. (*b*) 방정식을 풀어 평판의 다른 쪽 표면에서의 온도를 구하라.

5–31 열발생이 변화하고 열전도도가 일정한 평판에서의 정상 1차원 열전도를 생각해보자. 매질의 절점망은 절점 간격이 Δx로 일정한, 절점 0, 1, 2로 구성되어 있다. 왼쪽 경계(절점 0)에서 평판으로 열플럭스 $\dot{q}_0$가 공급되면서 대류 열전달계수 h, 외부 온도 T_∞로 대류가 일어나고 오른쪽 경계(절점 2)에서 방사율 ε, 주위 온도 T_{surr}로 복사가 일어나는 경우, 에너지 균형법을 이용하여 유한차분식을 유도하라.

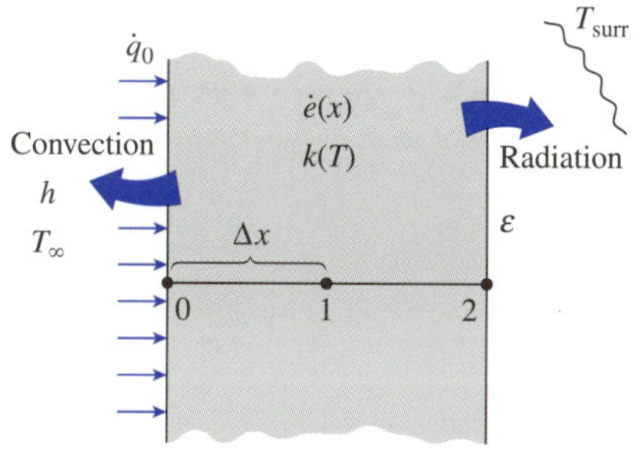

그림 P5–31

5–32 열전도도가 일정한 직경 D의 핀(pin) 모양의 휜(fin)에서의 정상 1차원 열전도를 생각해보자. 휜은 열전달계수 h로 T_∞인 외부 공기에 대류에 의해서 열을 빼앗기고 있다. 매질의 절점망은 절점 간격이 Δx로 일정한, 절점 0(뿌리 부분), 1(중앙), 2(휜 끝)로 구성되어 있다. 휜 뿌리의 온도가 주어지고 휜 끝에서의 열전달을 무시할 수 있는 경우 에너지 균형을 이용하여 T_1과 T_2를 구하기 위한 이 문제의 유한차분식을 유도하라. 모든 온도는 ℃이다.

5–33 32℃온도의 부엌에서 100℃의 끓는 물에 부분적으로 잠긴 스테인리스강 스푼($k = 15.1$ W/m·K, $\varepsilon = 0.6$)을 생각해보자. 스푼의 손잡이는 단면이 약 0.2 cm × 1 cm이고, 물의 자유 표면으로부터 18 cm 길이가 공기 중으로 나와 있다. 스푼은 외부 공기에 평균 열전달계수 $h = 13$ W/m^2·K로 대류에 의하여 열을 빼앗기고, 그리고 평균 온도 $T_{surr} = 295$ K인 주위 표면에 복사에 의하여도 열을 빼앗긴다. 스푼을 따라 정상 1차원 열전달로 가정하고 절점 간격을 3 cm로 하여 (*a*) 각 절점에 대한 유한차분식을 유도하라. (*b*) 방정식을 풀어 스푼 끝의 온도를 구하라. (*c*) 스푼의 노출된 표면으로부터의 열전달률을 구하라.

5–34 높이 2 m, 폭 3 m이고 온도가 80℃인 수직 판의 한쪽 면이 여기에 부착되어 있는 단면이 직사각형인 알루미늄 휜($k = 237$ W/m·K)에 의하여 주위 온도 35℃로 냉각된다. 휜은 길이가 2 cm, 두께가 0.3 cm, 간격이 0.4 cm이다. 휜과 주위 공기 사이의 대류와 복사, 복합열전달계수는 30 W/m^2·K이다. 휜을 따라 정상 1차원 열전달이라 가정하고 절점 간격을 0.5 cm로 하여 (*a*) 이 문제의 유한차분식을 유도하라. (*b*) 방정식을 풀어 휜을 따르는 절점 온도를 구하라. (*c*) 휜 한 개로부터의 열전달률을 구하라. (*d*) 수직 판 표면에 부착된 전체 휜으로부터의 열전달률을 구하라.

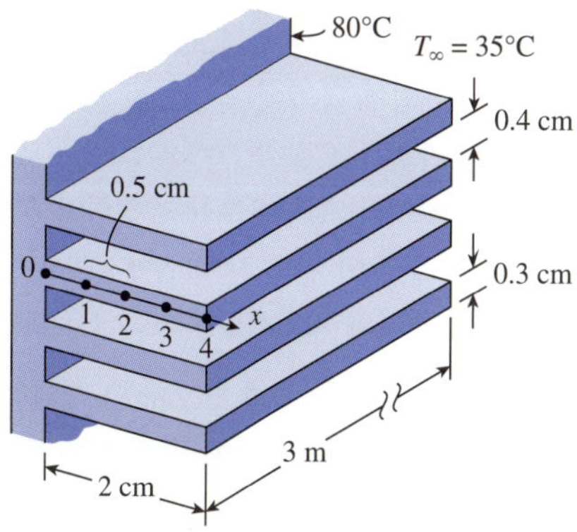

그림 P5–34

5–35 100℃의 뜨거운 표면이, 여기에 부착된 길이 3 cm, 직경 0.25 cm, 중심과 중심의 거리가 0.6 cm인 핀(pin) 모양의 알루미늄 휜($k = 237$ W/m·K)에 의해 냉각되고 있다. 주위 매질의 온도는 30℃이고, 표면에서의 복합열전달계수는 35 W/m^2·K이다. 휜

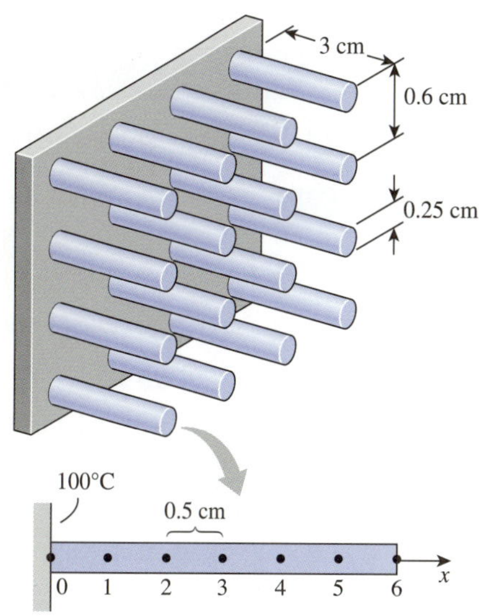

그림 P5–35

을 따라 정상 1차원 열전달이라 가정하고 절점 간격을 0.5 cm로 하여 (a) 이 문제의 유한차분식을 유도하라. (b) 방정식을 풀어 휜을 따르는 절점온도를 구하라. (c) 휜 한 개로부터의 열전달률을 구하라. (d) 판의 1 m × 1 m 부분으로부터의 열전달률을 구하라.

5-36 문제 5-35를 알루미늄 휜 대신 구리(k = 386W/m·K) 휜을 사용하여 다시 풀어라.

답: (b) 98.6°C, 97.5°C, 96.7°C, 96.0°C, 95.7°C, 95.5°C

5-37 일정한 단면적을 가지는 직경 10 mm, 길이 50 mm의 원통형 휜(k = 240 W/m·K)이 350°C의 온도를 가지는 벽에 부착되어 있다. 휜 끝 부분의 온도가 200°C이고, 대류 열전달계수가 250 W/m²·K, 온도 25°C인 외부 공기에 둘러싸여 있다. 휜을 따라 정상 1차원 열전달이라 가정하고 절점 간격은 10 mm로 하여 (a) 에너지 균형법으로 접근하여 각 절점온도를 결정하기 위한 유한차분식을 구하라. (b) 이 식을 풀어 휜의 각 절점에서의 온도를 구한 뒤 해석해를 이용해 얻은 결과와 비교하라.

5-38 DC 모터가 길이 25 cm, 직경 25 mm의 스테인리스강으로 이루어진 축(k = 15.1 W/m·K)에 기계적 힘을 다하고 있다. DC 모터는 온도 20°C, 대류 열전달계수 25 W/m²·K인 외부 공기에 둘러싸여 있고, 모터의 뿌리 부분의 온도는 90°C이다. 모터 축을 따라 절점 간격을 5 cm 간격으로 하여 유한차분식을 세우고, 이를 풀어 각 절점별 온도를 결정하라.

답: 52.03°C, 34.72°C, 26.92°C, 23.58°C, 22.55°C

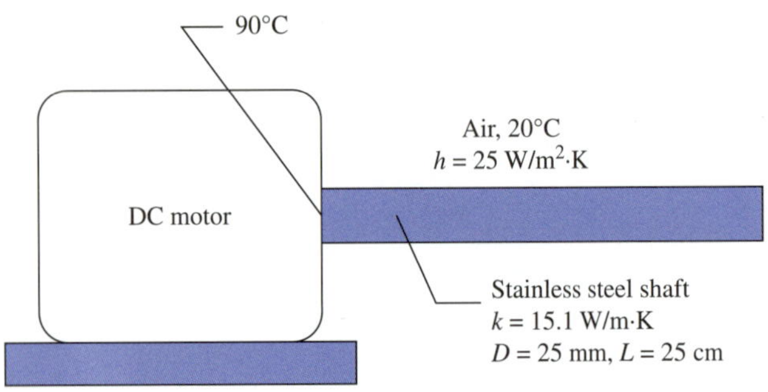

그림 P5-38

5-39 350°C의 온도를 가지는 평판에 직사각형 단면을 가지는 곧은 휜(k = 235 W/m·K)이 부착되어 있다. 이 휜은 온도 25°C, 대류 열전달계수 154 W/m²·K인 외부 공기에 둘러싸여 있다. 각각의 휜들은 길이가 50 mm, 두께가 5 mm, 너비가 100 mm이다. 하나의 휜에 대해 절점 간격을 10 mm로 하여 (a) 유한차분식을 구하라. (b) 이 식을 풀어 절점별 온도를 구하라. (c) 이를 통해 구한 열전달률을 해석해를 이용해 얻은 결과와 비교하라.

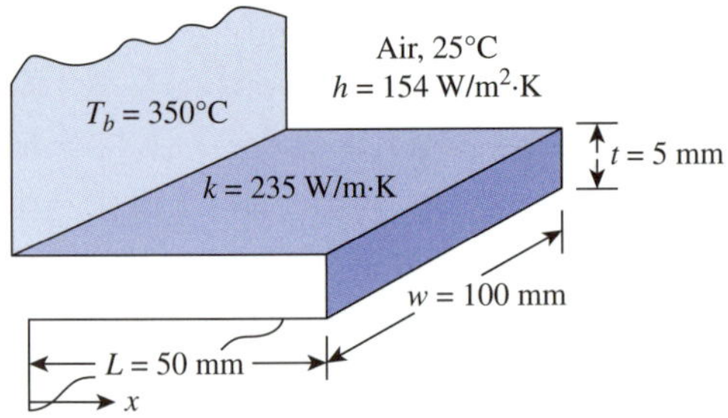

그림 P5-39

5-40 1 m의 두께의 스테인리스강 평판(k = 15.1 W/m·K)에서 1000 W/m³의 균일한 열발생이 일어나고 있다. 벽의 왼쪽 면은 70°C의 온도로 균일하게 유지되고 있고 오른쪽 면은 온도 0°C, 대류 열전달계수 250 W/m²·°C인 외부 공기에 둘러싸여 있다. 절점 간격을 0.2 m로 하여 (a) 유한차분식을 구하라. (b) 이 식을 풀어 절점별 온도를 구하라.

답: 62.5°C, 52.3°C, 39.5°C, 24.0°C, 5.87°C

5-41 그림에 보여진 바와 같이 길이 3 m, 두께 0.4 cm, 외부 직경 10 cm인 두 개의 주철(k = 52 W/m·K, ε = 0.8) 증기 파이프가 외부 직경 20 cm인 1 cm 두께의 플랜지 두 개에 의해 연결되어 있다. 파이프 안에서 증기는 평균 온도 250°C, 열전달계수 180 W/m²·K로 흐른다. 파이프의 외부 표면에서 열전달계수 25 W/m²·K로 대류에 의해 12°C의 외부 공기에 열이 전달되고, 평균 온도 T_{surr} = 290 K인 주위 표면에 복사에 의해서도 열이 전달된다. 플랜지를 따르는 정상 1차원 열전도를 가정하고 절점 간격을 1 cm로 하여 (a) 모든 절점에 대한 유한차분식을 유도하라. (b) 방정식을 풀어 플랜지 끝의 온도를 구하라. (c) 플랜지의 노출면으로부터의 열전달률을 구하라.

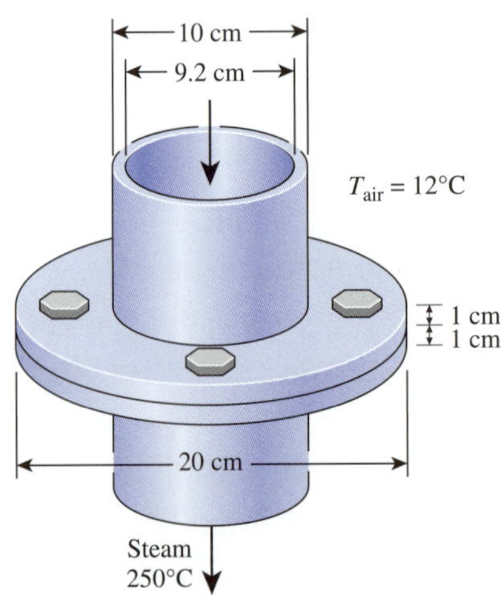

그림 P5-41

5–42 문제 5–41을 다시 고려하자. EES 또는 다른 소프트웨어를 사용하여 증기 온도와 외부 열전달계수가 플랜지 끝 온도와 노출된 표면을 통한 열전달률에 미치는 영향을 조사하라. 증기 온도는 150°C에서 300°C까지, 열전달계수는 15 W/m²·K에서 60 W/m²·K까지 변화한다. 플랜지 끝 온도와 열전달률을 증기온도와 열전달계수의 함수로 그래프로 나타내고 결과를 논하라.

5–43 EES 또는 다른 소프트웨어를 사용하여 연립 대수 방정식을 풀어라.

(*a*)
$$3x_1 - x_2 + 3x_3 = 0$$
$$-x_1 + 2x_2 + x_3 = 3$$
$$2x_1 - x_2 - x_3 = 2$$

(*b*)
$$4x_1 - 2x_2^2 + 0.5x_3 = -2$$
$$x_1^3 - x_2 + x_3 = 11.964$$
$$x_1 + x_2 + x_3 = 3$$

답: (*a*) $x_1 = 2, x_2 = 3, x_3 = -1$, (*b*) $x_1 = 2.33, x_2 = 2.29, x_3 = -1.62$

5–44 EES 또는 다른 소프트웨어를 사용하여 연립 대수 방정식을 풀어라.

(*a*)
$$3x_1 + 2x_2 - x_3 + x_4 = 6$$
$$x_1 + 2x_2 - x_4 = -3$$
$$-2x_1 + x_2 + 3x_3 + x_4 = 2$$
$$3x_2 + x_3 - 4x_4 = -6$$

(*b*)
$$3x_1 + x_2^2 + 2x_3 = 8$$
$$-x_1^2 + 3x_2 + 2x_3 = -6.293$$
$$2x_1 - x_2^4 + 4x_3 = -12$$

5–45 EES 또는 다른 소프트웨어를 사용하여 연립 대수 방정식을 풀어라.

(*a*)
$$4x_1 - x_2 + 2x_3 + x_4 = -6$$
$$x_1 + 3x_2 - x_3 + 4x_4 = -1$$
$$-x_1 + 2x_2 + 5x_4 = 5$$
$$2x_2 - 4x_3 - 3x_4 = -5$$

(*b*)
$$2x_1 + x_2^4 - 2x_3 + x_4 = 1$$
$$x_1^2 + 4x_2 + 2x_3^2 - 2x_4 = -3$$
$$-x_1 + x_2^4 + 5x_3 = 10$$
$$3x_1 - x_3^2 + 8x_4 = 15$$

5–46C 불규칙한 경계란 무엇인가? 유한차분식으로 불규칙한 경계면을 취급하는 실용적인 방법은 무엇인가?

5–47C 임의의 내부 절점에 대한 유한차분식이 다음과 같은 간단한 형식으로 표현되는 어떤 매질을 생각해보자.

$$T_{node} = (T_{left} + T_{top} + T_{right} + T_{bottom})/4$$

(*a*) 이 매질에서 열전달은 정상 상태인가 비정상 상태인가?
(*b*) 열전달은 몇 차원인가?
(*c*) 매질에서 열발생이 있는가?
(*d*) 절점 간격은 일정한가, 변화하는가?
(*e*) 매질의 열전도도는 일정한가, 변화하는가?

5–48C 임의의 내부 절점에 대한 유한차분식이 다음과 같은 간단한 형식으로 표현되는 어떤 매질을 생각해보자.

$$T_{left} + T_{top} + T_{right} + T_{bottom} - 4T_{node} + \frac{\dot{e}_{node} l^2}{k} = 0$$

(*a*) 이 매질에서 열전달은 정상 상태인가 비정상 상태인가?
(*b*) 열전달은 몇 차원인가?
(*c*) 매질에서 열발생이 있는가?
(*d*) 절점 간격은 일정한가, 변화하는가?
(*e*) 매질의 열전도도는 일정한가, 변화하는가?

5–49 열교환기의 벽면이 T_A = 90°C의 뜨거운 물과 T_B = 10°C의 차가운 물 사이를 갈라놓고 있다. 열교환이 일어나는 표면적을 늘리기 위해 그림 P5–49에 보여진 2차원 능선이 차가운 쪽 벽면에 장치되어 있다. 이 구조는 두 능선 사이에 심각한 손상을 야기할 수 있는 비균일 열응력(thermal stress)을 발생시킨다. 따라서 열응력의 발생을 예방하기 위해 벽 내부의 온도분포를 해석할 필요가 있다. 대류 열전달계수는 매우 크므로 벽면의 온도는 각각의 벽면에 접한 물의 온도와 같다.

(*a*) 벽면 전체의 온도장을 얻기 위해 온도분포를 규명하기 위한 최소한의 영역을 결정하라.

(*b*) (*a*)에서 결정한 영역을 $\Delta x = \Delta y$ = 5 mm인 2차원 격자로 분할하고 이를 이용해 AT = C 형태의 행렬방정식을 만들어라(행렬 A와 C의 원소는 숫자여야만 한다). 아직 T를 풀지 말아라.

(*c*) 위치 M에 설치된 열전대(thermocouple)의 온도가 46.9°C로 나타날 때 (*b*)에서 설정된 나머지 절점들의 알려지지 않은 온도를 구하라.

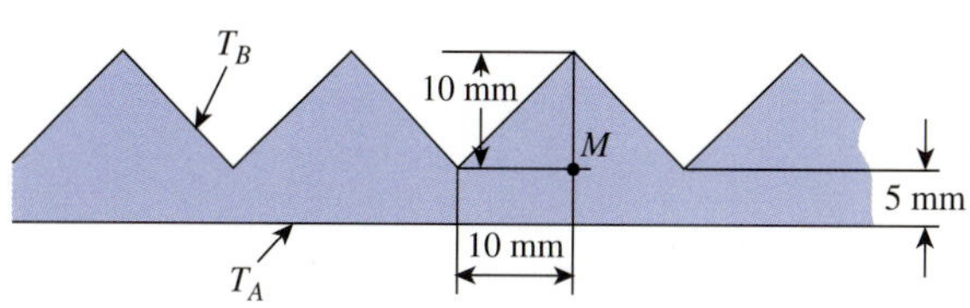

그림 P5–49

5–50 왼쪽, 오른쪽, 아래쪽의 온도가 0°C, 위쪽의 온도가 100 sin(πx/60)°C로 주어진 직사각형 단면(60 cm × 30 cm)에서의 정상 2차원 열전달을 생각해보자. $\Delta x = \Delta y$인 균일 격자를 사용하여 (*a*) 유한차분식을 구하라. (*b*) 절점별 온도를 구하라.

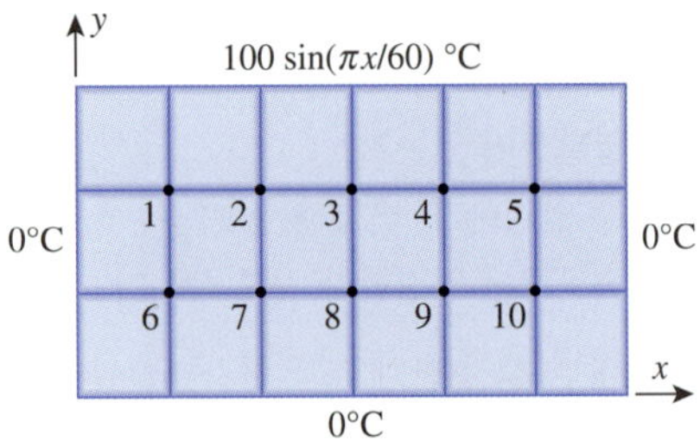

그림 P5–50

5–51 위쪽, 오른쪽, 아래쪽, 그리고 왼쪽의 온도가 각각 100°C, 200°C, 300°C, 500°C인 정사각형 단면(3 cm × 3 cm)의 정상 2차원 열전달을 생각해보자. $\Delta x = \Delta y$인 균일 격자를 사용하여 (*a*) 유한차분식을 구하라. (*b*) Gauss-Seidel 반복법을 이용하여 절점별 온도를 구하라.

답: $T_1 = 287.5°C$, $T_2 = 212.5°C$, $T_3 = 337.5°C$, $T_4 = 262.5°C$

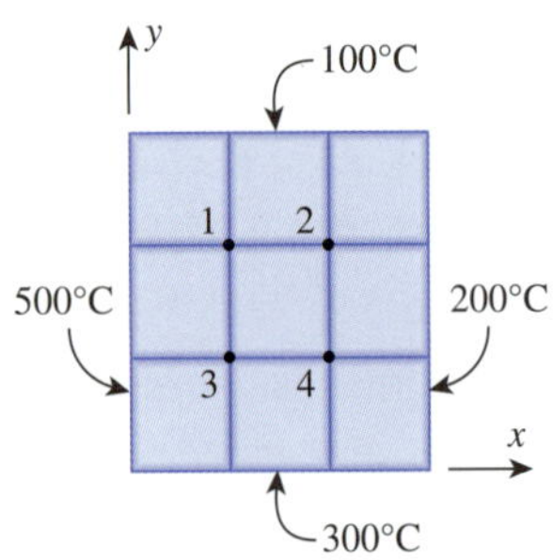

그림 P5–51

5–52 단면이 그림과 같이 주어진 기다란 고체 봉에서의 정상 2차원 열전달을 생각해보자. 외부 표면에서 선정된 점의 온도는 그림과 같다. 물체의 열전도도는 $k = 20$ W/m·K이고, 열발생은 없다. 망 크기를 $\Delta x = \Delta y = 1.0$ cm로 하고 유한차분식을 사용하여 매질의 지정된 점에서의 온도를 구하라(힌트: 대칭성을 이용하라).

답: (*b*) $T_1 = T_4 = 93°C$, $T_2 = T_3 = 86°C$

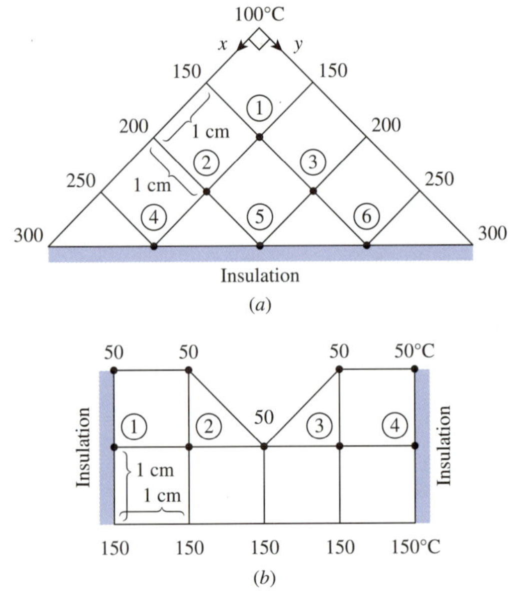

그림 P5–52

5–53 그림과 같이 주어진 기다란 고체에서의 정상 2차원 열전달을 생각해보자. 외부 표면에서 선정된 절점에서의 측정된 온도는 보여진 바와 같다. 물체의 열전도도는 $k = 45$ W/m·K이고, 열발생은 없다. 망 크기를 $\Delta x = \Delta y = 2.0$ cm로 하고 유한차분식을 사용하여 매질에서 지정된 점의 온도를 구하라(힌트: 대칭성을 이용하라).

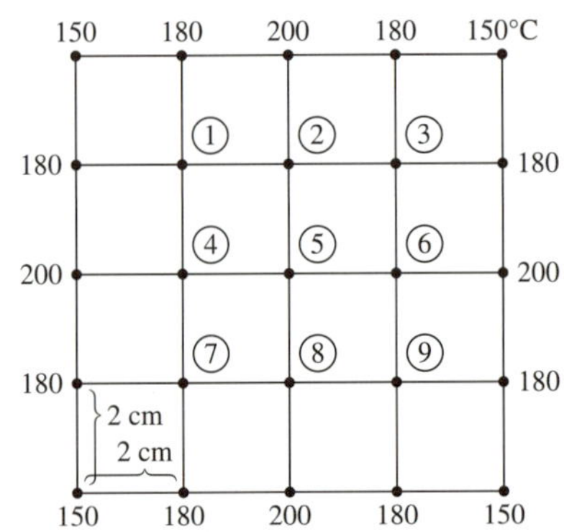

그림 P5–53

5–54 그림과 같이 주어진 단면이 (*a*) 정사각형인 (*b*) 직사각형인 긴 고체 봉에서의 정상 2차원 열전달을 생각해보자. 외부 표면에서 선정된 점의 온도는 그림과 같다. 물체의 열전도도는 $k = 20$ W/m·K이고, 열발생은 없다. 망 크기를 $\Delta x = \Delta y = 1.0$ cm로 하고 유한차분식을 사용하여 매질에서 지정된 점의 온도를 구하라.

답: $T_1 = 185°C$, $T_2 = T_3 = T_4 = 190°C$

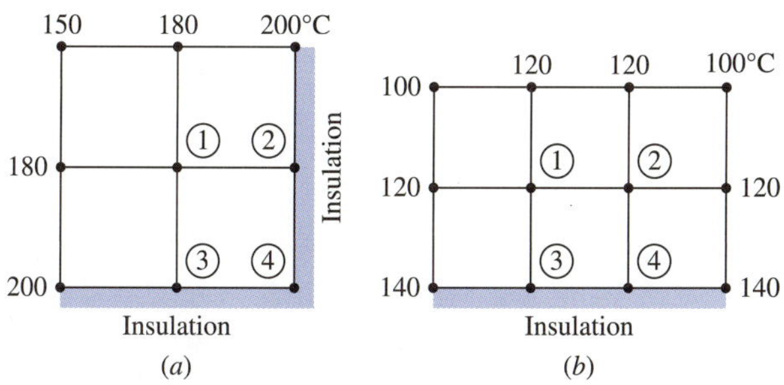

그림 P5-54

5-55 체적 요소에서의 에너지 균형으로부터 시작하여, 열전도도가 변화하고 열발생이 일정한 경우, 직교 좌표계에서 $T(x, y)$에 대한 임의의 절점에서의 정상 2차원 유한차분식을 유도하라.

5-56 단면이 그림 P5-56과 같이 주어진 기다란 고체에서의 정상 2차원 열전달을 생각해보자. 선정된 절점에서의 온도와 경계에서의 조건은 다음과 같다. 물체의 열전도도는 k = 150 W/m·K이고, 물체에서는 $\dot{e}$ = 3×10^7 W/m³의 일정한 율로 열이 발생한다. 망 크기를 Δx = Δy = 10 cm로 하고 유한차분식을 사용하여 (*a*) 절점 1, 2, 3, 4에서의 온도를 구하라. (*b*) 물체의 1 m 길이당 윗면으로부터의 열손실률을 구하라.

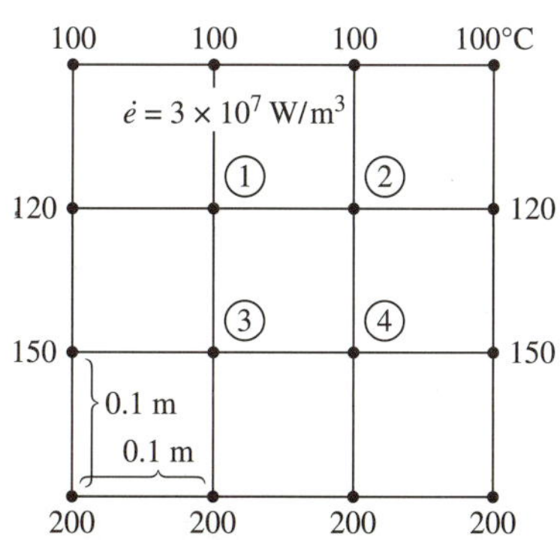

그림 P5-56

5-57 EES 소프트웨어를 사용하여 문제 5-56을 다시 생각해보라.

5-58 문제 5-56을 다시 고려하자. EES 또는 다른 소프트웨어를 사용하여 열전도도와 열발생률이 절점 1, 3의 온도 및 윗면에서의 열손실률에 미치는 영향을 조사하라. 열전도도는 10 W/m·K에서 400 W/m·K까지, 열방생률은 10^5 W/m³에서 10^8 W/m³까지 변화한다. 절점 1과 3의 온도와 열손실률을 열전도도 및 열발생률의 함수로 그래프로 나타내고 결과를 논하라.

5-59 단면이 그림과 같이 주어진 기다란 고체에서의 정상 2차원 열전달을 생각해보자. 선정된 절점에서의 온도와 경계에서의 조건은 보여진 바와 같다. 물체의 열전도도는 k = 45 W/m·K이고, 물체에서는 $\dot{e}$ = 4×10^6 W/m³의 일정한 율로 열이 발생한다. 망 크기를 Δx = Δy = 4 cm로 하고 유한차분식을 사용하여 (*a*) 절점 1, 2, 3에서의 온도를 구하라. (*b*) 물체의 1 m 길이당 아랫면으로부터의 열손실률을 구하라.

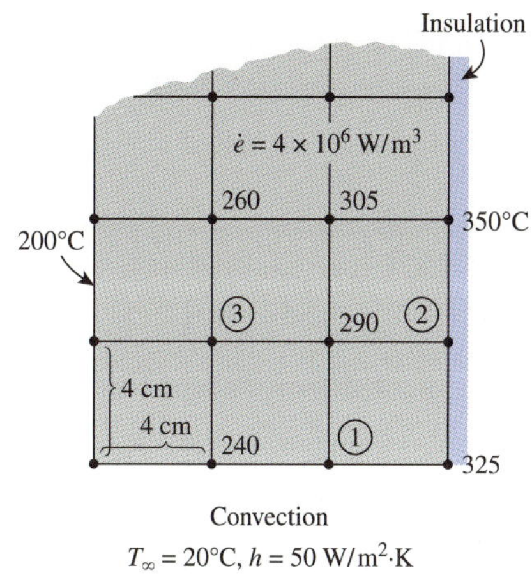

그림 P5-59

5-60 소프트웨어를 사용하여 문제 5-59를 다시 생각해보라.

5-61 높이가 30 cm이고 폭이 50 cm인 길이 5 m의 콘스탄탄 블럭(k = 23 W/m·K)을 생각해보자(그림 P5-61). 이 블럭은 0°C의 잘 섞인 얼음물에 완전히 잠겨 있고, 열전달계수가 매우 높아 블럭의 양쪽 면에서의 온도를 0°C로 간주할 수 있다. 봉의 아랫면은 낮은 전도도의 물질로 덮여 있어, 아랫면을 통한 열전달은 무시할 수 있다. 블럭의 윗면은 8 kW 저항 가열기에 의하여 일정하게 가열된다. Δx = Δy = 10 cm로 하여 유한차분법을 사용하고, 대칭성을 최대한 이용하여 (*a*) 정상 2차원 열전달에 대한 이 문제의 유한차분식을 유도하라. (*b*) 방정식을 풀어 미지의 절점온도를 구하라. (*c*) 블럭에서 얼음물로의 열전달률을 구하라.

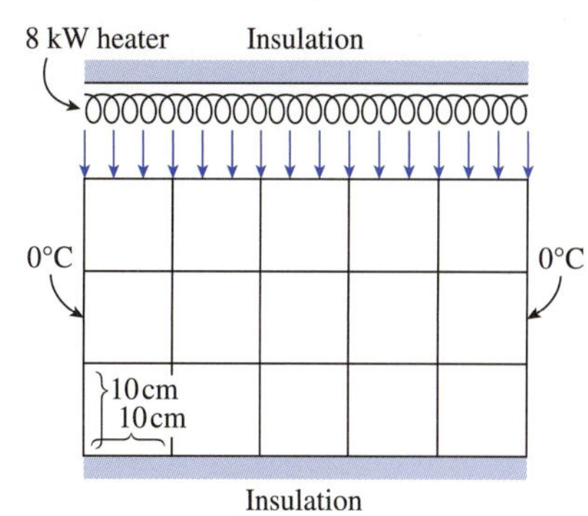

그림 P5-61

5–62 EES 또는 다른 소프트웨어를 사용하여 문제 5–61을 다시 풀어라.

5–63 위쪽, 오른쪽, 아래쪽, 그리고 왼쪽의 온도가 각각 100℃, 200℃, 300℃, 500℃인 정사각형 단면(3 cm × 3 cm)을 가지는 긴 고체 막대(k = 25 W/m·K)에서의 정상 2차원 열전달을 생각해보자. 막대의 내부에서는 $\dot{e}$ = 5×10⁶ W/m³의 열이 균일하게 생성된다. $\Delta x = \Delta y$ = 1 cm인 균일 격자를 사용하여 (*a*) 유한차분식을 구하라. (*b*) Gauss-Seidel 반복법을 이용하여 절점별 온도를 구하라.

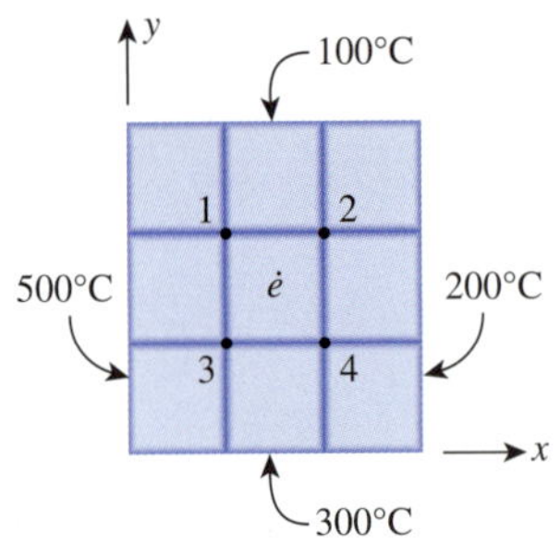

그림 P5–63

5–64 SS-T-CONDUCT 또는 다른 소프트웨어를 사용하여 문제 5–63을 다시 풀어라.

답: T_1 = 297.5°C, T_2 = 222.5°C, T_3 = 347.5°C, T_4 = 272.5°C

5–65 $\dot{e}$ = 1.97 × 10⁵ W/m³의 일정한 율로 열이 발생하는 정사각 단면의 기다란 고체 봉에서의 정상 2차원 열전달을 생각해보자. 봉의 단면은 16 cm × 16 cm이고, 열전도도는 k = 28 W/m·K이다. 봉의 4면 모두에서는 열전달계수 h = 45 W/m²·K로, 온도 T_∞ = 20℃인 외부 공기로 대류가 일어난다. 격자 크기를 $\Delta x = \Delta y$ = 8 cm로 하고 유한차분식을 사용하여 (*a*) 9개의 절점에서의 온도를 구하라. (*b*) 1 m 길이당 봉으로부터의 열손실률을 구하라. **답: (*b*) 5043W**

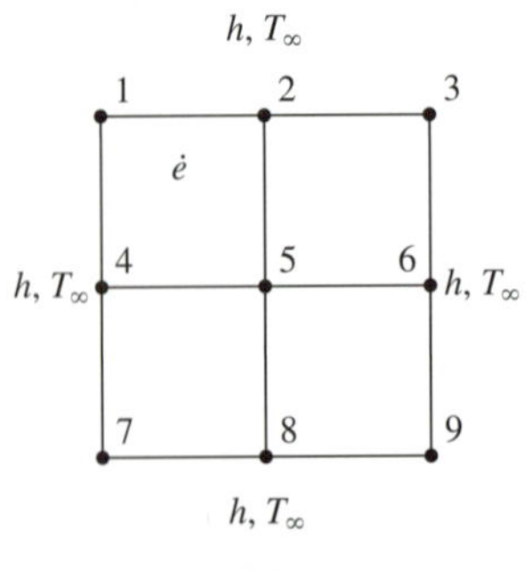

그림 P5–65

5–66 벽난로의 뜨거운 연소 가스가 직사각형 단면의 콘크리트 굴뚝(k = 1.4 W/m·K)을 통하여 흐른다. 굴뚝의 배출구는 20 cm × 40 cm이고 벽의 두께는 10 cm이다. 굴뚝 안의 뜨거운 가스의 평균 온도는 T_i = 280℃이고, 굴뚝 안에서의 평균 대류 열전달계수는 h_i = 75 W/m²·K이다. 굴뚝은 벽의 바깥 면으로부터 열전달계수 h_o = 18 W/m²·K로 대류에 의하여 T_o = 15℃인 주위 공기에 열을 빼앗기고, 복사에 의하여 대기로 열을 빼앗긴다. 벽의 바깥 면의 방사율은 ε = 0.9이고, 유효 대기온도는 250 K로 측정되었다. $\Delta x = \Delta y$ = 10 cm로 하여 유한차분법을 사용하고, 대칭성을 최대한 이용하여 (*a*) 정상 2차원 열전달에 대한 이 문제의 유한차분식을 유도하라. (*b*) 단면의 절점에서의 온도를 구하라. (*c*) 굴뚝의 1 m 길이당 열손실률을 구하라.

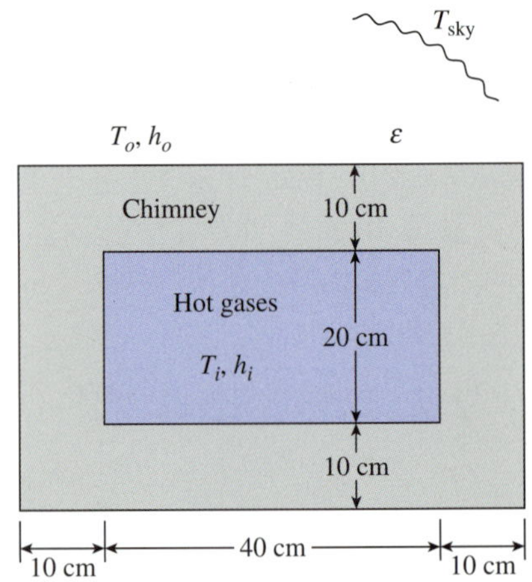

그림 P5–66

5–67 문제 5–66을 굴뚝의 외부 표면에 대한 복사 열전달을 무시하고 다시 풀어라.

5–68 문제 5–66을 다시 고려하자. EES (또는 다른) 소프트웨어를 사용하여 고온 가스 온도와 바깥 벽면의 방사율이 (1) 벽의 외부 모서리 온도, (2) 오른쪽 벽의 내면의 중간 위치, (3) 열손실률에 미치는 영향을 조사하라. 고온가스의 온도는 200℃에서 500℃까지, 방사율은 0.1부터 1.0까지 변화한다. 두 지점의 온도와 열손실률을 고온 가스의 온도 및 방사율의 함수로 그래프로 나타내고 결과를 논하라.

5–69 외부 표면에 $\dot{q}_s$ = 800 W/m²의 태양 열플럭스가 공급되고 복합열전달계수 30 W/m²·℃로 25℃의 주위에 대류와 복사가 일어나는 삼각 단면의 기다란 콘크리트 댐(k = 0.6 W/m·K, α_s = 0.7)을 생각해보자. 댐에서 2 m 높이의 수직부분

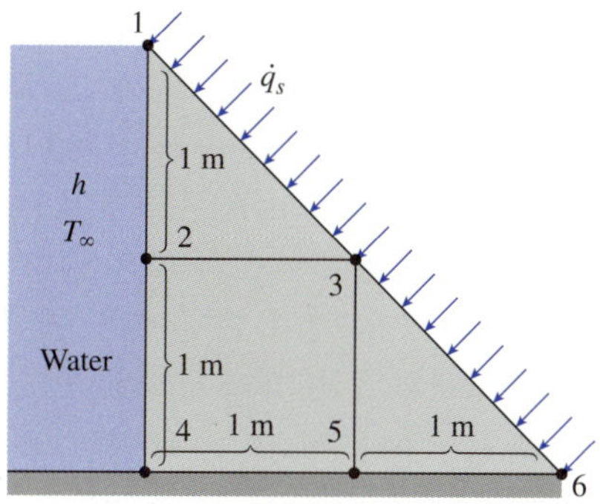

그림 P5–69

은 열전달계수 150 W/m²·K로 15°C 물에 대류가 일어나고, 2 m 길이의 바닥을 통한 열전달은 무시할 수 있다. $\Delta x = \Delta y = 1$ m로 하여 유한차분법을 사용하고 정상 2차원 열전달로 가정하여 댐의 노출된 표면의 위, 중앙, 아래 부분의 온도를 구하라.

답: 21.3°C, 43.2°C, 43.6°C

5–70 열전도도가 $k = 5$ W/m·K이고 단면이 그림에 주어진 긴 고체 봉을 생각해보자. 봉의 윗면은 50°C로 유지되고 아랫면은 120°C로 유지된다. 왼쪽 면은 단열되어 있고, 나머지 세 면은 열전달계수 $h = 40$ W/m²·K로 $T = 25$°C인 외부 공기로 대류가 일어난다. $\Delta x = \Delta y = 10$ cm로 하고 유한차분법을 사용하여 (*a*) 정상 2차원 열전달에 대한 이 문제의 유한차분식을 유도하라. (*b*) 방정식을 풀어 미지의 절점온도를 구하라.

답: (*b*) 78.8°C, 72.7°C, 64.6°C

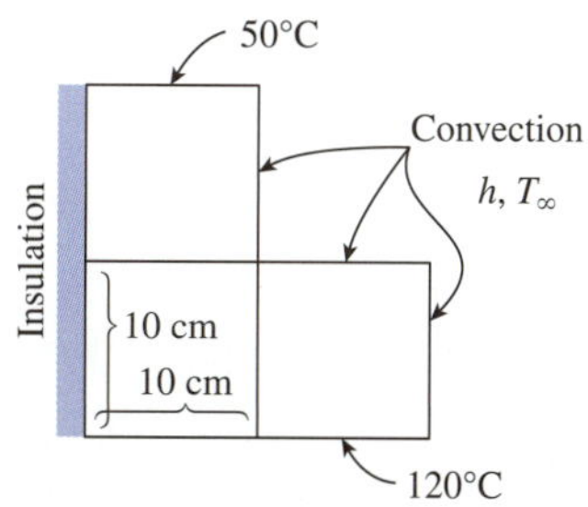

그림 P5–70

5–71 단면이 그림과 같이 주어진 *L*형 고체에서의 정상 2차원 열전달을 생각해보자. 물체의 열전도도는 $k = 45$ W/m·K이고, 물체에서는 $\dot{e} = 5 \times 10^6$ W/m³의 일정한 율로 열이 발생한다. 물체의 오른쪽 면은 단열되어 있고, 아랫면은 180°C의 일정한 온도로 유지된다. 윗면전체는 열전달계수 $h = 55$ W/m²·K로 $T_\infty = 30$°C인 외부 공기로 대류가 일어나며, 왼쪽 면은 $\dot{q}_L = 8000$ W/m²의 일정한 율로 열플럭스가 공급된다. 이 문제의 절점망은 $\Delta x = \Delta y = 1.5$ cm인 열세 개의 일정한 간격의 절점들로 구성된다. 절점 중 다섯 개는 아랫면에 위치하고 있다. 따라서 그들의 온도는 알 수 있다.

(*a*) 나머지 여덟 개의 절점에서의 유한차분식을 유도하라.
(*b*) 방정식을 풀어 절점의 온도를 구하라.

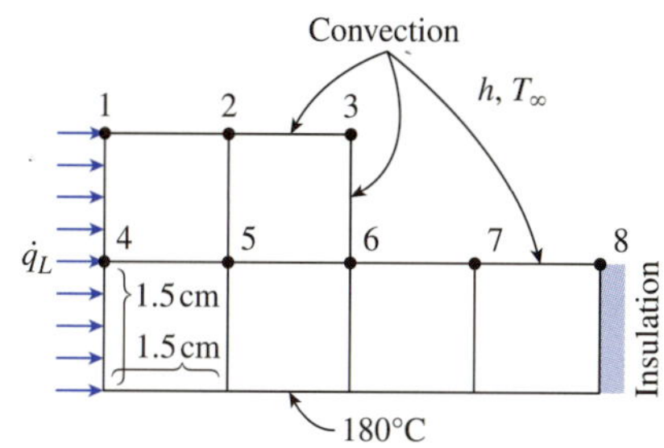

그림 P5–71

비정상 열전도

5–72C 비정상 열전도 문제의 유한차분식은 정상 상태 문제의 유한차분식과 어떻게 다른가? 비정상 유한차분식에서 $\rho A \Delta x c_p (T_m^{i+1} - T_m^i)/\Delta t$ 항은 무엇을 표시하는가?

5–73C 유한차분화에 바탕을 둔 비정상 문제 풀이의 두 가지 기본 방법은 무엇인가? 에너지 균형식에서의 열전달 항은 이 두 방법에서 어떻게 다른가?

5–74C 평판의 비정상 열전도 문제에 대한 임의의 내부 절점의 양함수형 유한차분식이 다음과 같이 주어졌다.

$$T_{m-1}^i - 2T_m^i + T_{m+1}^i + \frac{\dot{e}_m^i \Delta x^2}{k} = \frac{T_m^{i+1} - T_m^i}{\tau}$$

앞의 관계식을 간단히 하여 정상 상태에 대한 유한차분식을 유도하라.

5–75C 양함수법으로 풀이할 평판에서의 비정상 1차원 열전도를 생각해보자. 만약 평판의 양쪽에 온도가 주어졌다면, 이 문제에 대한 안정성 기준을 가장 간단한 형식으로 표현하라.

5–76C 양함수법으로 풀이할 평판에서의 비정상 1차원 열전도를 생각해보자. 만약 평판의 양쪽에 열플럭스가 주어졌다면, 이 문제에 대한 안정성 기준을 가장 간단한 형식으로 표현하라.

5–77C 비정상 2차원 열전도에 대한 임의의 내부 절점의 양함수형 유한차분식이 다음과 같이 주어졌다.

$$T_{\text{node}}^{i+1} = \tau(T_{\text{left}}^i + T_{\text{top}}^i + T_{\text{right}}^i + T_{\text{bottom}}^i) + (1 - 4\tau)T_{\text{node}}^i + \tau \frac{\dot{e}_{\text{node}}^i l^2}{k}$$

앞의 관계식을 간단히 하여 정상 상태에 대한 유한차분식을 유도하라.

5–78C 비정상 열전도 문제의 풀이에서 (*a*) 양함수법을 사용하는 경우 (*b*) 음함수법을 사용하는 경우 시간단계 Δt의 크기에 제한이 있는가?

5–79C 비정상 열전도 문제에 대한 양함수법에서 일반적인 안정성 기준을 설명하라.

5–80C 양함수법으로 풀이한 직사각형 영역에서의 비정상 2차원 열전도를 생각해보자. 만약 영역의 모든 경계가 단열되어 있거나 온도가 주어졌다면, 이 문제에 대한 안정성 기준을 가장 간단한 형식으로 표현하라.

5–81C 음함수법은 무조건 안정적이고, 시간단계로서 어떤 값의 Δt도 비정상 열전도 문제의 해법에 사용될 수 있다. 불안정성의 위험이 없으므로 계산 시간을 최소화하기 위하여 어떤 사람이 매우 큰 값의 Δt를 사용할 것을 제안하였다. 당신은 이 제안에 찬성하는가? 설명하라.

5–82 왼쪽 면(절점 0)이 50°C로 유지되고 오른쪽 면(절점 6)으로 600 W/m^{2}의 태양 열플럭스가 공급되는 어떤 평판에서의 비정상 열전도를 생각해보자. 평판은 처음에 50°C의 일정한 온도였다. 열발생이 없는 경우 경계 절점 0과 6의 양함수형 유한차분식을 표현하라. 또한, 처음 세 번의 시간단계 동안 왼쪽 경계에서의 전체 열전달량에 대한 유한차분식을 유도하라.

5–83 열발생이 변화하고 열전도도가 일정한 어떤 평판에서의 비정상 열전도를 생각해보자. 매질의 절점망은 절점 간격이 Δx로 일정한, 절점 0, 1, 2, 3, 4로 구성되어 있다. 평판의 초기온도는 주어져 있다. 에너지 균형법을 사용하여 왼쪽 경계(절점 0)에 일정한 열플럭스 $\dot{q}_0$가 공급되고 오른쪽 경계(절점 4)에서 대류 열전달계수 h로 외부 온도 T_∞와 대류가 일어나는 경우, 경계 절점에 대한 양함수형 유한차분식을 유도하라. 단순화하지 말 것.

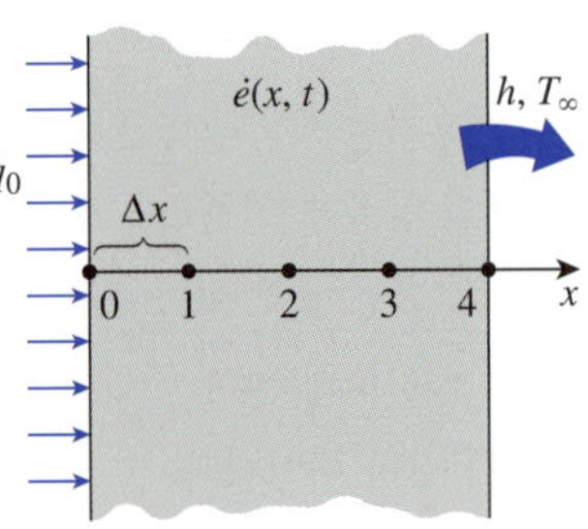

그림 P5–83

5–84 문제 5–83을 음함수방식으로 다시 풀어라.

5–85 뜨거운 황동판의 윗면이 온도가 15°C인 공기 충돌 분사에 의하여 냉각되고 있고 이때 대류 열전달계수는 220 W/m^2·K이다. 10 cm 두께의 황동판(ρ = 8530 kg/m^3, c_p = 380 kJ/kg·K, k = 110 W/m·K, α = 33.9 × 10^{-6} m^2/s)은 초기온도가 650°C이고 아랫면은 단열되어 있다. 절점 간격 Δx = 2.5 cm와 시간 간격 Δt = 10 s를 사용하여 (*a*) 음함수형 유한차분식을 구하라. (*b*) 10초 동안 냉각된 후에 황동판의 절점온도를 구하라.

답: T_0 = 631.2°C, T_1 = 644.7°C, T_2 = 648.5°C, T_3 = 649.6°C, T_4 = 649.8°C

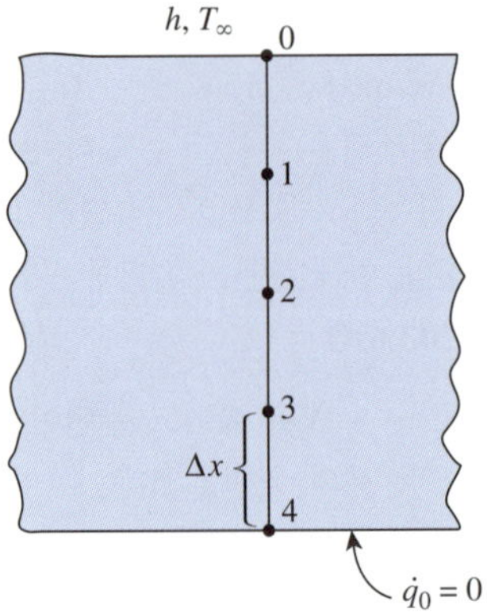

그림 P5–85

5–86 문제 5–85를 다시 생각해보자. SS-T-CONDUCT(또는 다른) 소프트웨어를 사용하여 음함수 기법으로서 공기 충돌 분사의 영향으로 냉각되는 표면에서의 온도를 0분에서 60분까지 시간의 함수로 그래프를 사용하여 나타내라. 표면이 100°C까지 냉각되는 데 걸리는 시간을 구하라. **답: 3055 s**

5–87 열발생이 변화하고 열전도도가 일정한 어떤 평판에서의 비정상 열전도를 생각해보자. 매질의 절점망은 절점 간격이 Δx로 일정한, 절점 0, 1, 2, 3, 4, 5로 구성되어 있다. 평판의 초기온도는 주어져 있다. 에너지 균형법을 사용하여 왼쪽 경계(절점 0)가 단열되어 있고 오른쪽 경계(절점 5)에서 방사율 ε과 주위 온도 T_{surr}로 복사가 일어나는 경우 경계 절점에 대한 양함수형 유한차분식을 유도하라.

5–88 열발생이 변화하고 열전도도가 일정한 어떤 평판에서의 비정상 열전도를 생각해보자. 매질의 절점망은 절점 간격이 Δx로 일정한, 절점 0, 1, 2, 3, 4로 구성되어 있다. 평판의 초기온도는 주어져 있다. 오른쪽 경계(절점 4)에서의 온도는 주어져 있다. 에너지 균형법을 사용하여 왼쪽 경계에서 방사율 ε, 대류 열전달계수 h로 외부 온도 T_∞, 주위 온도 T_{surr}로 대류 및 복사가 일어나며, 일정한 열플럭스 $\dot{q}_0$의 열플럭스를 받는 경계 절점 0에 대한 양함수형 유

한차분식을 유도하라. 또한, 처음 20시간단계 동안 오른쪽 경계에서의 총 열전달량에 대한 유한차분식을 유도하라.

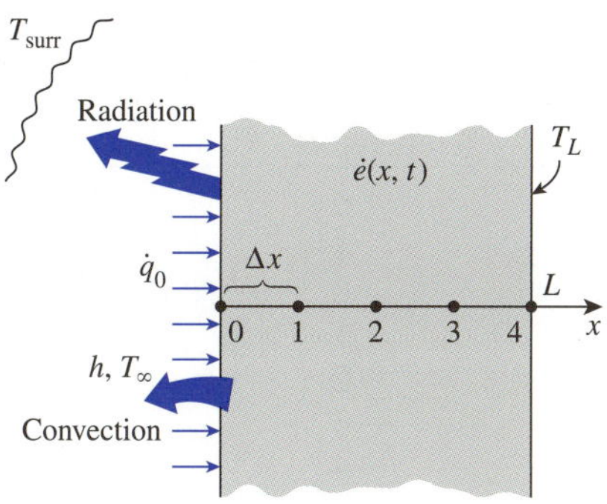

그림 P5-88

5-89 체적 요소에서의 에너지 균형으로부터 시작하여, 열전도도가 일정하고 열발생이 없는 경우 직교 좌표계에서 $T(x, y, t)$에 대한 임의의 절점에서의 2차원 비정상 양함수형 유한차분식을 유도하라.

5-90 체적 요소에서의 에너지 균형으로부터 시작하여, 열전도도가 일정하고 열발생이 없는 경우 직교 좌표계에서 $T(x, y, t)$에 대한 임의의 절점에서의 2차원 비정상 음함수형 유한차분식을 유도하라.

5-91 원형 체적 요소에서의 에너지 균형으로부터 시작하여, 열전도도가 일정하고 열발생이 일정한 경우 옆면이 단열된 원통에서 $T(z, t)$에 대한 임의의 절점에서의 1차원 비정상 양함수형 유한차분식을 유도하라.

5-92 경계면에서 두 층 A, B가 완전하게 접촉하고 있는 복합 평판에서의 1차원 비정상 열전도를 생각해보자. 평판에서는 열발생이 없고 초기온도가 주어져 있다. 매질의 절점망은 절점 간격이 Δx로 일정한, 절점 0, 1(접촉면), 2로 구성되어 있다. 에너지 균형법을 사용하여 왼쪽 경계(절점 0)가 단열되어 있고 오른쪽 경계(절점 2)에서 방사율 ε과 주위 온도 T_{surr}로 복사가 일어나는 경우 이 문제에 대한 양함수형 유한차분식을 유도하라.

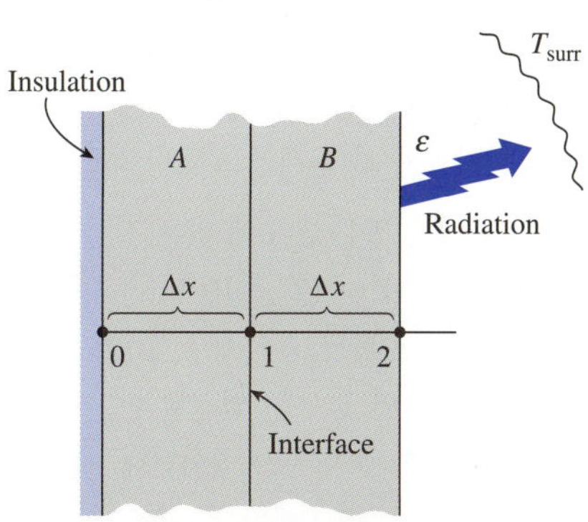

그림 P5-92

5-93 두께 L = 9 cm, 열전도도 k = 28 W/m·K, 열확산율 α = 12.5 × 10^{-6} m^2/s이고 초기온도가 100°C로 일정한 넓은 우라늄판을 생각해보자. 판에서 열은 $\dot{e}$ = 10^6 W/m^3의 일정한 율로 발생한다. 시간 t = 0에서, 판의 왼쪽 면은 단열되어 있고, 오른쪽 면에서는 열전달계수 h = 35 W/m^2·K로 주위 T_∞ = 20°C에 대류가 일어난다. 절점 간격을 Δx = 1.5 cm로 일정하게 하고 양함수형 유한차분법을 사용하여 (*a*) 5분 후 판에서의 온도분포를 구하라. (*b*) 판이 정상 상태에 도달하려면 얼마의 시간이 필요한가?

5-94 문제 5-93을 SS-T-CONDUCT(또는 다른) 소프트웨어를 사용하여 다시 풀어라.

5-95 문제 5-93을 다시 고려하자. EES 또는 다른 소프트웨어를 사용하여 냉각시간이 평판의 좌우면 온도에 미치는 영향을 조사하라. 시간은 5분에서 60분까지 변화한다. 좌우면의 온도를 시간의 함수로 그래프로 나타내고 결과를 논하라.

5-96 두께 1 m의 스테인리스 강철판(k = 15.1 W/m·K)에서 10,000 W/m^3의 균일한 열이 발생되고 있다. 벽의 왼쪽 면과 오른쪽 면의 온도는 각각 100°C, 20°C로 일정하게 유지되고 있다. 10 cm의 균일한 절점 간격으로 SS-T-CONDUCT(또는 다른) 소프트웨어를 사용하여 (*a*) 절점온도를 파악하라. (*b*) 이 결과를 해석해와 비교하라.

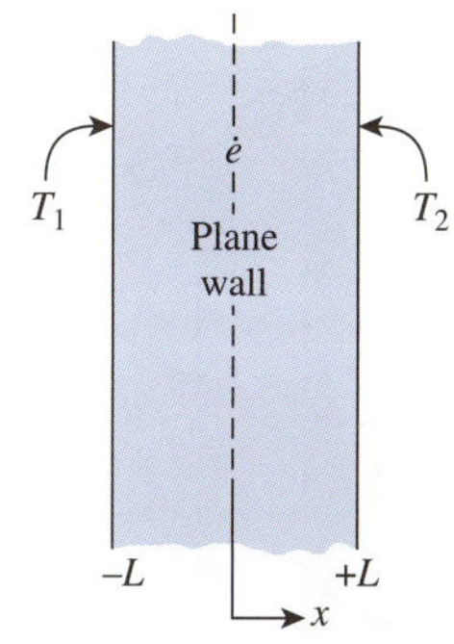

그림 P5-96

5-97 3 × 10^6 W/m^3의 균일한 열이 발생되고 초기온도가 550°C인 10 cm 두께의 뜨거운 황동판(k = 110 W/m·K, α = 33.9 × 10^{-6} m^2/s)의 양쪽 면이 15°C인 액체에 의해 냉각되고 있고 이때 대류 열전달계수는 2,000 W/m^2·K이다. 2.5 cm의 균일한 절점 간격으로 SS-T-CONDUCT (또는 다른) 소프트웨어를 사용하여 음함수법으로 표면의 온도와 중심에서의 온도를 0분에서 10분까지 시간의 함수로 그래프를 사용하여 나타내라. 정상 상태에 도달하였을 때의 절점의 온도는 어떠한가?

5–98 열전도도가 k = 0.70 W/m·K이고, 열확산율이 α = 0.44 × 10^{-6} m²/s인 30 cm 두께의 Trombe wall로 만들어진 주택을 생각해보자. 2월의 전형적인 어느 하루 동안의 외부 온도 T_{out}과 남쪽 방향의 수직면으로 입사하는 태양 열플럭스 $\dot{q}_{solar}$의 변화가 3시간 간격으로 표에 주어져 있다. Trombe wall에는 흡수율–투과율의 비가 κ = 0.76(즉, 입사하는 태양에너지의 76%가 Trombe wall의 노출면에서 흡수되는)인 한 겹의 유리가 있고, Trombe wall로부터 외부로 손실되는 열에 대한 평균 복합열전달계수는 h_{out} = 3.4 W/m²·K이다. 집의 내부는 T_{in} = 20°C로 항상 일정하게 유지되고 Trombe wall의 내부 표면에서의 열전달계수는 h_{in} = 9.1 W/m²·K이다. 또한, Trombe wall의 공기 구멍은 막혀 있어서, 집 안의 공기와 Trombe wall 사이의 열전달은 벽의 내부 면을 통해서만 일어난다. Trombe wall의 온도가 내부 표면의 온도 20°C와 오전 7시의 외부 표면온도 0°C 사이에서 선형적으로 변화한다고 가정하고 일정한 절점 간격 Δx = 5 cm에 대한 양함수형 유한차분식을 사용하여 6, 12, 18, 24, 30, 36, 42, 48시간 후의 Trombe wall 두께방향에 따른 온도분포를 구하고, 결과를 도시하라. 또한, 벽이 높이가 2.8 m, 길이가 7 m라면, 첫째 날 동안 Trombe wall로부터 집으로 전달된 순 열전달량(net amount of heat)을 구하라.

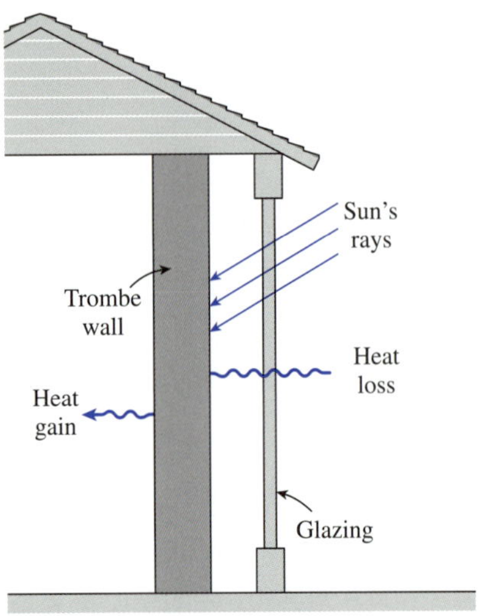

그림 P5–98

표 P5–98

월평균 외기온도와 수직면에 입사하는 태양 열플럭스의 시간별 변화량

Time of Day	Ambient Temperature, °C	Solar Insulation, W/m²
7 AM–10 AM	0	375
10 AM–1 PM	4	750
1 PM–4 PM	6	580
4 PM–7 PM	1	95
7 PM–10 PM	−2	0
10 PM–1 AM	−3	0
1 AM–4 AM	−4	0
4 AM–7 AM	4	0

5–99 그림과 같이 초기에 140°C의 일정한 온도에 있는 단면을 갖는 L형 고체 봉에서의 2차원 비정상 열전달을 생각해보자. 물체의 열전도도와 열확산율은 각각 k = 15 W/m·K, α = 3.2 × 10^{-6} m²/s이고, 열은 물체에서 $\dot{e}$ = 2 × 10^7 W/m³의 일정한 율로 발생한다. 물체의 오른쪽 면은 단열되어 있고, 아랫면은 항상 140°C의 일정한 온도로 유지된다. 시간 t = 0에서, 윗면 전체는 열전달계수 h = 80 W/m²·K로 T_∞ = 25°C인 외부 공기에 대류가 일어나고, 왼쪽 면으로는 $\dot{q}_L$ = 8000 W/m²의 일정한 율로 열플럭스가 공급된다. 이 문제의 절점망은 Δx = Δy = 1.5 cm인 13개의 일정한 간격의 절점으로 구성되어 있다. 양함수법을 사용하여 물체의 위 모서리 부분(절점 3)에서의 2, 5, 30분 후 온도를 구하라.

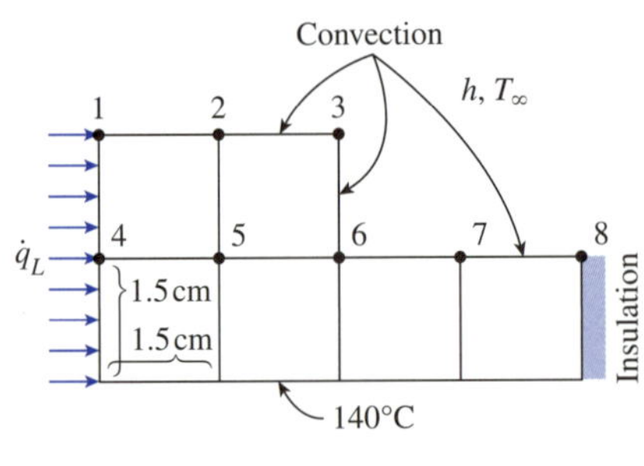

그림 P5–99

5–100 문제 5–99를 다시 고려하자. EES 또는 다른 소프트웨어를 사용하여 윗면의 모서리의 온도를 가열 시간(2분부터 30분까지)의 함수로 그래프로 나타내고 결과를 논하라.

5–101 초기에 32°C의 일정한 온도에 있는 정사각 단면의 기다란 고체 봉(k = 28 W/m·K, α = 12 × 10^{-6} m²/s)을 생각해보자. 봉의 단면은 20 cm × 20 cm이고, $\dot{e}$ = 8 × 10^5 W/m³의 일정한 율로 열이 발생한다. 봉의 4면 모두는 열전달계수 h = 45 W/m²·K로 T_∞ = 30°C인 외부 공기에 대류가 일어난다. 절점 크기를 Δx =

Δy = 10 cm로 하고, 양함수형 유한차분법을 사용하여 (*a*) 20분 후, (*b*) 정상 상태에 도달한 후의 중심선의 온도를 구하라.

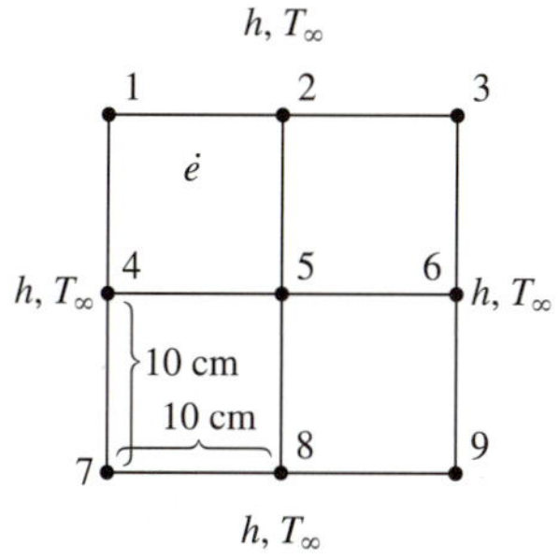

그림 P5-101

5-102 문제 5-101을 SS-T-CONDUCT(또는 다른) 소프트웨어를 사용하여 다시 풀어라.

5-103 겨울에 차를 운행할 때, 시야를 가리는 유리 표면에서 발생하는 서리는 매우 불편하다. 이 문제를 해결하는 가장 실용적인 방법은 뜨거운 바람을 내든지, 내부 표면에 전기 저항 가열기를 부착하는 것이다. 0.4 cm 두께의 유리(k = 0.84 W/m·K, α = 0.39 × 10^{-6} m^2/s)로 구성된 차의 뒷유리를 생각해보자. 유리의 내부 표면에는 4 cm 간격으로 두께를 무시할 수 있는 벗겨진 가열선이 부착되어 있다. 각 가열선은 10 W/m의 율로 열을 발생한다. 초기에 창문을 포함한 차 전체의 온도는 외부 온도인 T_o = −3°C이다. 유리의 내면과 외면의 열전달계수는 각각 h_i = 6 W/m^2·K, h_o = 20 W/m^2·K이다. 망 크기를 두께를 따라 Δx = 0.2 cm, 가열선에 직각인 방향으로 Δy = 1 cm로 하고 양함수형 유한차분법을 사용하여 가열선이 켜진 후 15분 후의 유리를 통한 온도분포를 구하라. 또한 정상 상태에 도달했을 때의 온도분포를 구하라.

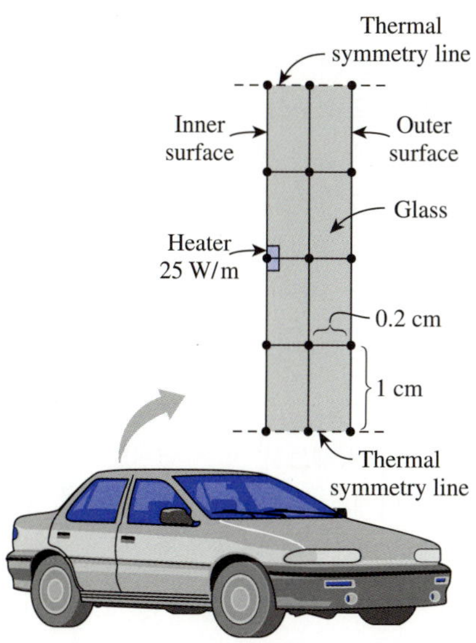

그림 P5-103

5-104 문제 5-103을 시간 간격을 1분으로 하고 음함수법을 사용하여 다시 풀어라.

5-105 어떤 주택의 지붕이 폭 18 m, 길이 32 m인 두께 15 cm의 콘크리트 판(k = 1.4 W/m·K, α = 0.69 × 10^{-6} m^2/s)으로 만들어졌다. 어느 날 저녁 오후 6시에, 판의 온도는 18°C로 측정되었다. 전체 밤 동안 평균 외부 온도와 밤 하늘온도는 각각 6°C와 260 K로 예상된다. 지붕의 내면과 외면의 열전달계수는 각각 h_i = 5 W/m^2·K, h_o = 12 W/m^2·K이다. 집의 온도와 벽과 바닥의 내부 표면온도는 밤 동안 20°C로 일정하게 유지되고, 콘크리트 지붕의 양쪽 면의 방사율은 0.9이다. 복사와 대류 열전달을 모두 고려하고, 시간 간격 Δt = 5분, 망 크기 Δx = 3 cm로 양함수형 유한차분법을 사용하여 오전 6시에 지붕의 내면과 외면의 온도를 구하라. 또한 그날 밤 동안에 지붕을 통한 평균 열전달률을 구하라.

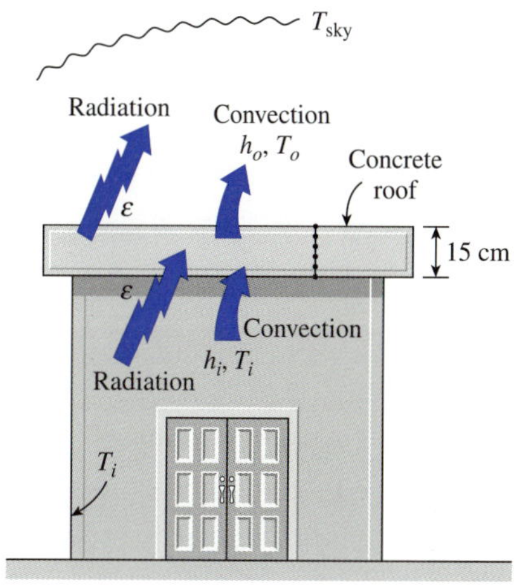

그림 P5-105

특별주제: 수치 오차의 제어

5-106C 수치해법을 사용하여 얻은 결과가 해석적으로 구한 결과와 다른 이유는 무엇인가? 이 차이를 유발시키는 원인은 무엇인가?

5-107C 이산화 오차의 원인은 무엇 때문인가? 전체 이산화 오차는 국부 이산화 오차와 어떻게 다른가?

5-108C 한 시간단계 동안 전체(축적된) 이산화 오차가 국부 이산화 오차보다 작을 수 있는가? 설명하라.

5-109C 1계 도함수의 유한차분식과 해함수의 Taylor 급수 전개는 어떠한 관계가 있는가?

5-110C 유한차분식의 국부 이산화 오차가 단계 크기의 제곱에 비례하는 이유를 설명하라. 또한 전체 이산화 오차가 단계의 크기에 비례하는 이유를 설명하라.

5–111C 반올림 오차의 원인은 무엇인가? 어떤 종류의 계산들이 반올림 오차를 발생시키기 가장 쉬운가?

5–112C 단계의 크기가 줄어든다면 이산화 오차와 반올림 오차는 어떻게 되는가?

5–113C 반올림 오차를 감소시키기 위한 실용적인 방법을 설명해 보아라.

5–114C 계산 과정에서 반올림 오차가 현저하게 나타나는지 확인할 수 있는 실용적인 방법은 무엇인가?

5–115C 계산 과정에서 이산화 오차가 현저하게 나타나는지 확인할 수 있는 실용적인 방법은 무엇인가?

복습문제

5–116 체적 요소에서의 에너지 균형으로부터 시작하여 열전도도가 일정하고 열발생이 균일한 경우, 직교 좌표계에서 $T(x, y, z)$에 대한 임의의 절점에서의 정상 3차원 유한차분식을 유도하라.

5–117 체적 요소에서의 에너지 균형으로부터 시작하여, 열전도도가 일정하고 열발생이 없는 경우 직교 좌표계에서 $T(x, y, z, t)$에 대한 임의의 절점에서의 3차원 비정상 양함수형 유한차분식을 유도하라.

5–118 열발생이 변화하고 열전도도가 일정한 평판에서의 정상 1차원 열전도를 생각해보자. 매질의 절점망은 절점 간격이 Δx로 일정한, 절점 0, 1, 2, 3으로 구성되어 있다. 왼쪽 경계(절점 0)에서의 온도는 주어져 있다. 에너지 균형법을 사용하여 오른쪽 경계에 방사율 ε, 대류 열전달계수 h, 외부 온도 T_∞, 주위 온도 T_{surr}로 대류, 복사가 혼합된 경우 오른쪽 경계에 위치한 경계 절점 3에 대한 유한차분식을 유도하라. 또한 왼쪽 경계에서 열전달률에 대한 유한차분식을 유도하라.

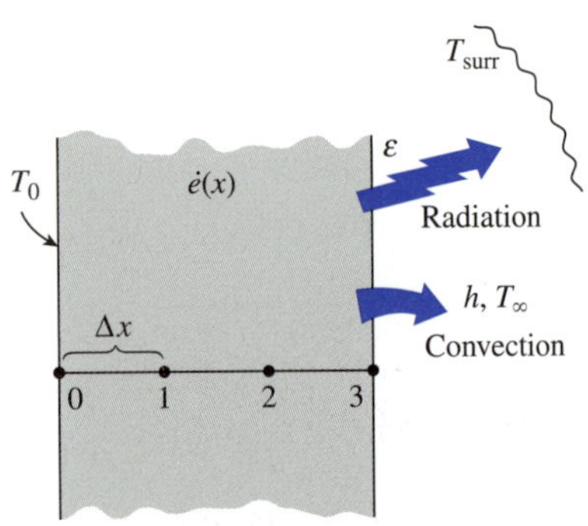

그림 P5–118

5–119 두께 4 cm인 평판으로 모델링할 수 있는 핵연료 원소 (k = 57 W/m·K)를 생각해보자. 연료 원소에서 3×10^7 W/m^{3}의 균일한 열이 발생되고 있다. 연료 원소의 양쪽 면은 온도 80°C인 액체에 의해 냉각되고 있고 이때 대류 열전달계수는 8000 W/m^2·K이다. 8 mm의 일정한 절점 간격을 사용하여 (*a*) 유한차분식을 유도하라. (*b*) 앞의 식을 사용하여 절점의 온도를 구하라. (*c*) 연료 원소의 양쪽 면의 온도를 해석해와 비교하라.

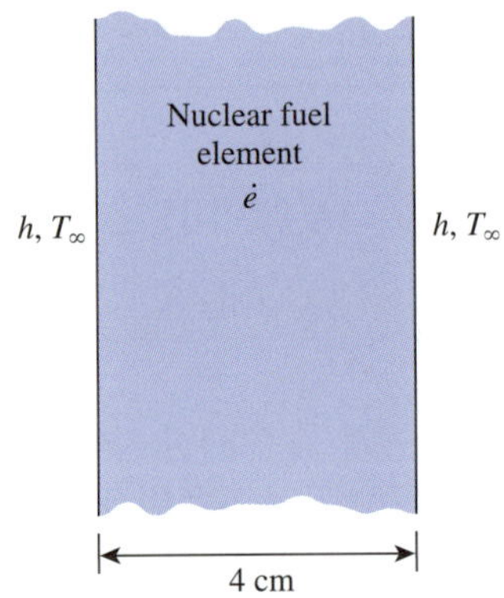

그림 P5–119

5–120 평판으로 모델링할 수 있는 연료 원소(k = 67 W/m·K)의 두께는 4 cm이다. 연료 원소에서는 5×10^7 W/m^{3}의 일정한 열이 발생되고 있다. 연료 원소의 양쪽 면은 온도 90°C 액체에 의해 냉각되고 있고 이때 대류 열전달계수는 5000 W/m^2·K이다. 4 mm의 일정한 절점 간격과 평판의 중심에 대칭선을 사용하여 (*a*) 유한차분식을 유도하라. (*b*) 유도한 식을 이용하여 절점의 온도를 구하라.

답: 439°C, 433°C, 415°C, 386°C, 344°C, 290°C

5–121 열발생이 변화하고 열전도도가 변화하는 평판에서의 1차원 비정상 열전도를 생각해보자. 매질의 절점망은 절점 간격이 Δx로 일정한, 절점 0, 1, 2로 구성되어 있다. 에너지 균형법을 사용하여 왼쪽 경계(절점 0)에 $\dot{q}_0$의 열플럭스가 공급되고 대류 열전달계수 h, 외부 온도 T_∞로 대류가 일어나며, 오른쪽 경계(절점 2)에 방사율 ε, 주위 온도 T_{surr}로 복사가 일어나는 경우 이 문제에 대한 양함수형 유한차분식을 유도하라.

5–122 문제 5–121을 음함수형 식에 대하여 다시 풀어라.

5–123 열전도도가 일정하고 직경이 D인 핀 모양의 휜에서의 정상 1차원 열전도를 생각해보자. 휜은 열전달계수 h로 T(°C)인 외부 공기에 대류에 의해서, 그리고 평균 온도가 T_{surr}(K)인 주위 면으로 복사에 의해서 냉각된다. 매질의 절점망은 절점 간격이 Δx로 일정한, 절점 0(휜 뿌리), 1(중앙), 2(휜 끝)로 구성되어 있다. 에너

지 균형법을 사용하여 휜 뿌리의 온도가 주어지고, 휜 끝에서 대류와 복사열전달이 일어나는 경우 이 문제에 대한 유한차분식을 유도하라.

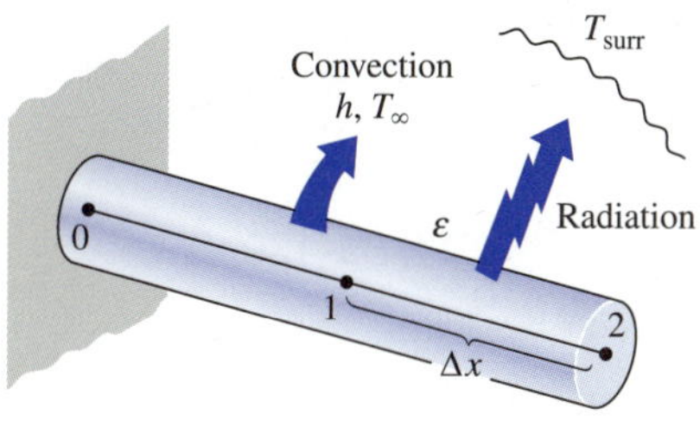

그림 P5–123

5–124 체적 요소에서의 에너지 균형으로부터 시작하여 열전도도가 일정하고 열발생이 일정한 경우, 직교 좌표계에서 $T(x, y, t)$에 대한 임의의 절점에서의 2차원 비정상 양함수형 유한차분식을 유도하라.

5–125 원형 체적 요소에서의 에너지 균형으로부터 시작하여 열전도도가 일정하고 열발생이 일정한 경우, 옆면에서 열전달계수 h, 외부 온도 T_∞로 대류가 일어나는 원통에서 $T(z, t)$에 대한 임의의 절점에서의 1차원 비정상 음함수형 유한차분식을 유도하라.

5–126 호수, 강 또는 연못 같은 깨끗한 물의 넓은 표면에 입사하는 태양복사는 대부분 물(k = 0.61 W/m·K, α = 0.15 × 10^{-6} m^2/s)에 흡수되고, 그 깊이에 따라 흡수량은 다르다. 예를 들어, 바닥 면이 검은(반사율 0) 1 m 깊이의 넓은 연못에 45° 각도로 입사하는 태양복사는 태양에너지의 2.8%가 대기로 반사되고, 37.9%는 바닥 면에 흡수되며, 나머지 59.3%는 물에 의해 흡수된다. 만약 연못의 깊이를 동일한 두께(이 경우에 0.25 m)의 4개의 층으로 나누어 생각한다면, 입사하는 태양에너지의 47.3%는 제일 위층에 흡수되고, 6.1%는 중앙 상단 층에, 3.6%는 중앙 하단 층에, 2.4%는 제일 아래층에 흡수된다[자세한 내용은 Çengel and Özisik, *Solar Energy*, 33, no. 6 (1984), pp. 591–591을 참고하라]. 연못의 열전달 해석에서 물에 흡수되는 복사는 편의상 열발생으로 취급할 수 있다.

처음에 전체적으로 일정한 온도 15°C에 있는 1 m 깊이의 넓은 연못을 생각해보자. 태양에너지는 4시간 동안 평균 500 W/m^2의 율로 연못 표면에 45° 각도로 입사한다. 물에서는 대류가 일어나지 않는다고 가정하고, 망 크기 Δx = 0.25 m, 시간 간격 Δt = 15분으로 양함수형 유한차분법을 사용하여 가장 유리한 조건하에서(즉, 연못의 윗면 또는 바닥면에서는 열손실이 없다) 연못에서의 온도분포를 구하라. 이 경우 연못의 바닥 면에 흡수되는 태양에너지는 그 면에서 물로 공급되는 열플럭스로 취급할 수 있다.

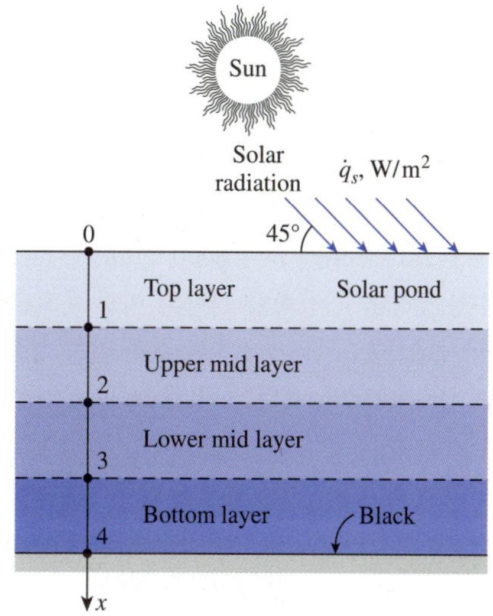

그림 P5–126

5–127 문제 5–126을 다시 생각해보자. 이 경우에 태양복사의 흡수는 좀 더 정확하게 4차 다항식으로 다음과 같이 표현될 수 있다.

$$\dot{e}(x) = \dot{q}_s(0.859 - 3.415x + 6.704x^2 - 6.339x^3 + 2.278x^4), \text{ W/m}^3$$

여기서 $\dot{q}_s$는 연못의 표면으로 입사하는 태양열 플럭스(solar flux)로서 단위가 W/m^2이고, x는 연못의 자유 표면으로부터 거리로서 단위가 m이다. 태양복사의 흡수에 대한 앞의 관계식을 이용하여 문제 5–126을 풀어라.

5–128 윗면과 아랫면의 국부온도는 각각 T_A, T_B이고 측면은 단열된 2차원 막대 형상이 그림 P5–128에 있다. 막대의 윗부분과 아랫부분의 열전도도는 각각 k_A, k_B이다. $\Delta x = \Delta y = l$로 정의된 격자계를 사용하여 막대의 단면에서 정상 상태 온도장을 구하기 위해 사용되는 $AT = C$ 형태의 행렬 방정식을 구하라. 아래 그림에서 에너지 균형을 적용한 격자점을 확인하라.

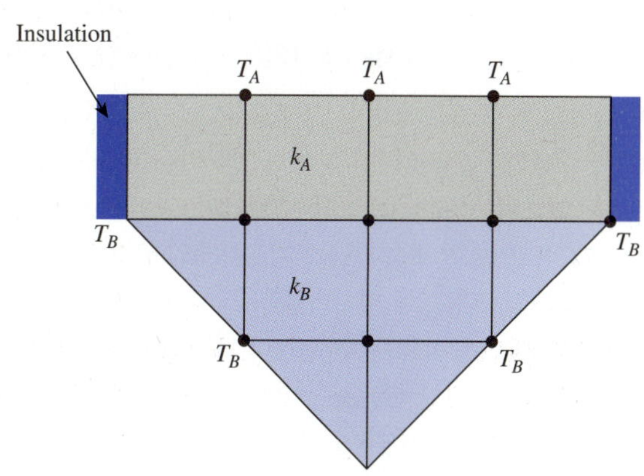

그림 P5–128

5-129 긴 강철 막대의 단면이 그림 P5-129에 나타나 있다. 막대를 T_i = 700°C의 열처리 오븐에서 꺼내어 10°C의 물이 채워진 탱크에 옮겼다. 열전달을 증가시키기 위해서 물은 강하게 순환되고 있고 이것은 실질적으로 단열된 아래 부분을 제외한 모든 측면을 T_s = 10°C의 균일한 온도로 만든다. 막대의 물성치는 c_p = 430 J/kg·K, k = 40 W/m·K, ρ = 8000 kg/m³이다.

(*a*) 양함수형 방법을 사용하여 격자의 미정 온도를 구하기 위한 유한차분식을 구하라. 일정한 값을 갖는 상수들을 한 개의 항으로 나타내라. B_i와 F_o와 같은 무차원매개변수를 확인하라.

(*b*) 양함수형 방법이 수치해석적으로 안정하기 위한 시간 간격의 범위를 결정하라.

(*c*) Δt를 10초로 하여 t = 10 s와 20 s에서의 온도장을 구하고 이를 주어진 표에 채워 넣어라.

Node	T(10 s)	T(20 s)
1	——	——
2	——	——
3	——	——
4	——	——
5	——	——
6	——	——
7	——	——

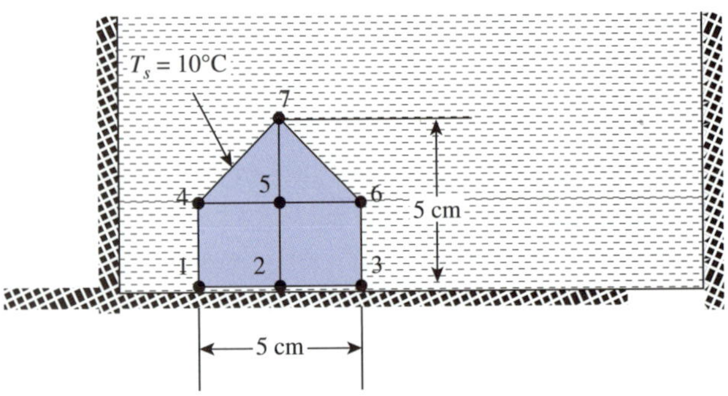

그림 P5-129

5-130 120°C의 뜨거운 표면이 길이 8 cm, 직경 0.8 cm, 중심과 중심 사이 거리가 1.6 cm인 핀 모양의 알루미늄 휜(k = 237 W/m·K, α = 97.1310⁻⁶ m²/s)에 의하여 냉각되고 있다. 주위 매질의 온도는 15°C이고, 표면의 열전달계수는 35 W/m²·K이다. 초기에 휜은 30°C의 균일한 온도에 있고, 시간 t = 0에 뜨거운 표면의 온도는 120°C이다. 휜을 따르는 1차원 열전도라고 가정하고 절점 간격을 Δx = 2 cm, 시간단계를 Δt = 0.5초로 양함수형 유한차분식을 사용하여 10분 후의 절점온도를 구하라. 또한 정상 상태에 도달하는 데에 걸리는 시간을 구하라.

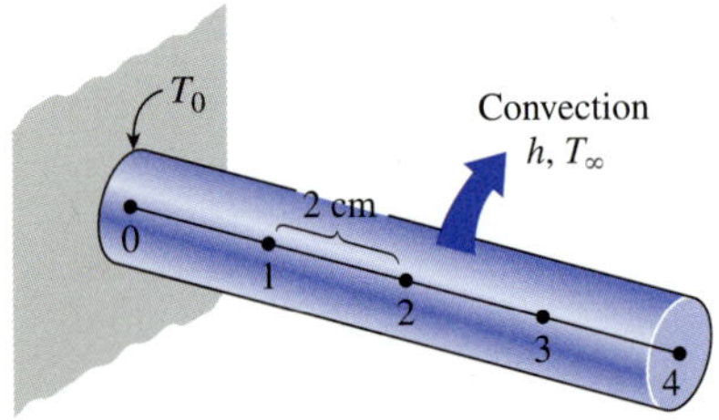

그림 P5-130

5-131 우주 공간에 놓여 있는 두께 L = 9 cm이고 열전도도 k = 2.1 W/m·K인 넓은 평판을 생각해보자. 그 평판은 방사율 ε = 0.8이고 태양 흡수율 α_s = 0.60인 물질로 덮여 있다. 평판의 내부 면은 항상 290 K로 유지되고, 외부 면은 $\dot{q}_s$ = 1100 W/m²의 율로 입사하는 태양복사에 노출되어 있다. 또한 외부 면은 온도가 0 K인 깊은 우주 공간에 복사에 의하여 열을 빼앗기고 있다. 일정한 절점 간격 Δx = 3 cm를 사용하여 (*a*) 정상 1차원 열전도에 대한 유한차분식을 유도하고, (*b*) 방정식을 풀어 절점온도를 구하라.

답: (*b*) 294 K, 298 K, 302 K

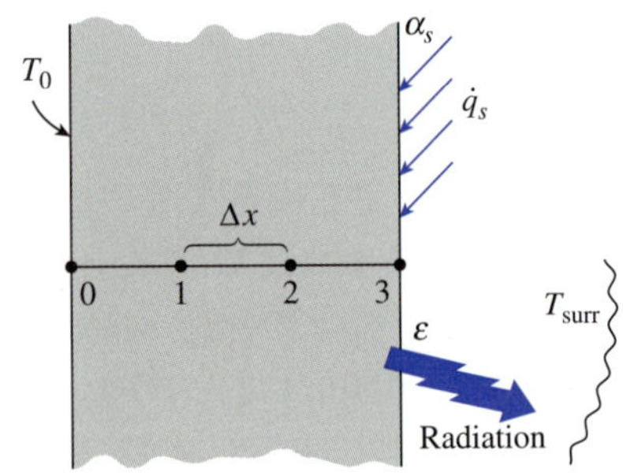

그림 P5-131

5-132 냉동식품을 녹이려면 단순히 그것을 조리대로 옮겨 놓기만 하면 되지만 시간이 너무 오래 걸린다. 스테이크와 같은 얇은 음식을 해동판이라고 부르는 열전도가 잘되는 넓은 금속 조각 위에 놓으면 휜 역할을 하여 이 과정을 현저하게 빠르게 할 수 있다. 증가된 표면적은 열전달을 높이고 그래서 해동 시간을 단축시킨다.

함께 놓아두면 1.5 cm 직경의 원형 물체 모양을 하는 두 개의 1.5 cm 두께의 냉동스테이크(−18°C)를 생각해보자. 스테이크는 외경이 30 cm인 검은색으로 산화 처리된 1 cm 두께의 원형 알루미늄 해동판(k = 237 W/m·K, α = 97.1 × 10⁻⁶ m²/s, ε = 0.90) 위에 올려져 있다. 냉동스테이크의 물성치는 ρ = 970 kg/m³, c_p = 1.55 kJ/kg·K, k = 1.40 W/m·K, α = 0.93 × 10⁻⁶ m²/s, ε = 0.95, 그리고 융해열 h_{if} = 187 kJ/kg이다. 스테이크는 그 평균 온도가 0°C가 될 때 해동되고 스테이크의 모든 얼음이 녹는다고 볼 수 있다. 초기에 해동판은 실내온도 20°C와 같은 온도이며 해동판

밑의 올려진 나무로 된 조리판은 단열물질로 취급할 수 있다. 또한 주위 면은 외부 공기와 같은 온도라고 볼 수 있고, 노출된 모든 표면에 대한 대류 열전달계수는 12 W/m²·K이다. 스테이크의 측면과 해동판으로부터의 열전달은 무시할 수 있다. 스테이크와 해동판에서 모두 1차원 열전도라고 가정하고, 양함수형 유한차분식을 사용하여 스테이크가 해동될 때까지 얼마의 시간이 소요되는지 구하라. 스테이크에 대하여 절점 간격이 $\Delta x = 0.5$ cm인 4개의 절점을 사용하고, 해동판의 노출된 면에 대하여 절점 간격이 $\Delta r = 3.75$ cm인 3개의 절점을 사용하라. 또한 시간단계는 $\Delta t = 5$초로 하라. (**힌트**: 먼저 스테이크를 해동하는 데 필요한 전체 열전달량을 계산하고, 그 다음 그만한 열전달이 일어나는 데 걸리는 시간을 계산한다.)

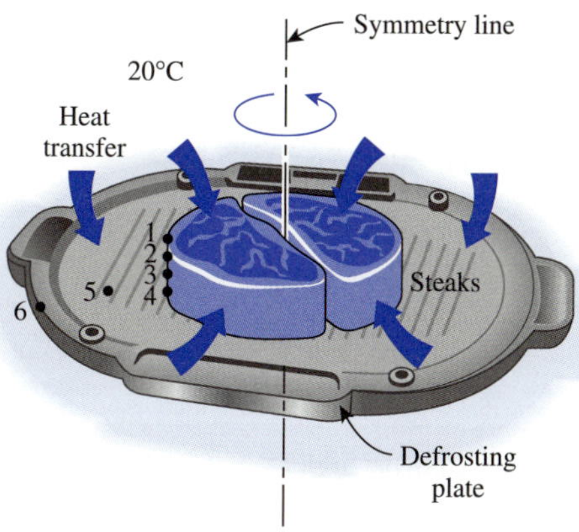

그림 P5–132

5–133 문제 5–132를 구리 해동판에 대하여 $\Delta t = 5$ s의 시간단계를 사용하여 다시 풀어라.

5–134 $\dot{e} = 3 \times 10^6$ W/m³의 일정한 비율로 열이 발생되고 있는 정사각형 단면(2 cm × 2 cm)을 가진 긴 고체 막대($k = 25$ W/m·K)에서 정상 2차원 열전도를 생각해보자. 왼쪽 면과 아랫면은 200°C의 온도로 일정하게 유지된다. 윗면과 오른쪽 면에서는 온도 100°C인 주변 공기로 대류가 일어나고 있고, 이때 대류 열전달계수는 250 W/m²·K이다. $\Delta x = \Delta y = 1$ cm의 균일 격자를 사용하여 (*a*) 유한차분식을 구하라. (*b*) Gauss-Seidel 반복법을 사용하여 절점의 온도를 구하라.

답: $T_1 = T_4 = 196.4$°C, $T_2 = 190.3$°C, $T_3 = 201.2$°C

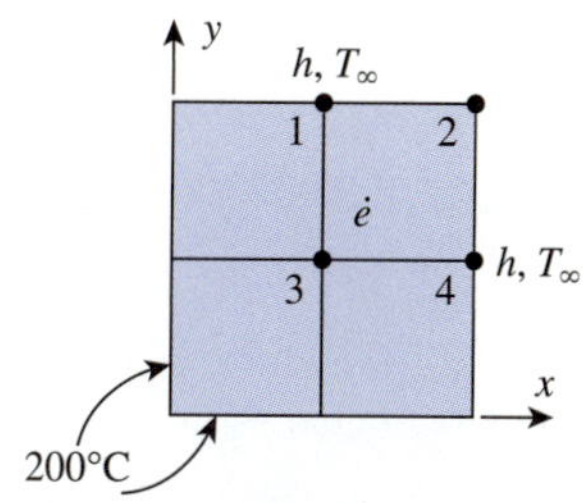

그림 P5–134

5–135 문제 5–134를 반복한다. SS-T-CONDUCT(또는 다른) 소프트웨어를 사용하여 절점의 온도를 구하라.

5–136 뜨거운 황동판의 윗면이 온도 15°C인 공기 충돌 분사로 냉각되고 있고 이때 열전달계수는 220 W/m²·K이다. 10 cm의 두꺼운 황동판($\rho = 8530$ kg/m³, $c_p = 380$ kJ/kg·K, $k = 110$ W/m·K, $\alpha = 33.9 \times 10^{-6}$ m²/s)은 초기온도가 650°C이며 아랫면은 단열되어 있다. 일정한 절점 간격 $\Delta x = 2.5$ cm를 사용하여 (*a*) 양함수형 유한차분식을 구하라. (*b*) 사용 가능한 최대 시간단계의 값을 구하라. (*c*) 냉각 시작 1분 후의 황동판 중심면의 온도를 구하라. (*d*) 앞의 온도를 네 장의 근사 해석해와 비교하라.

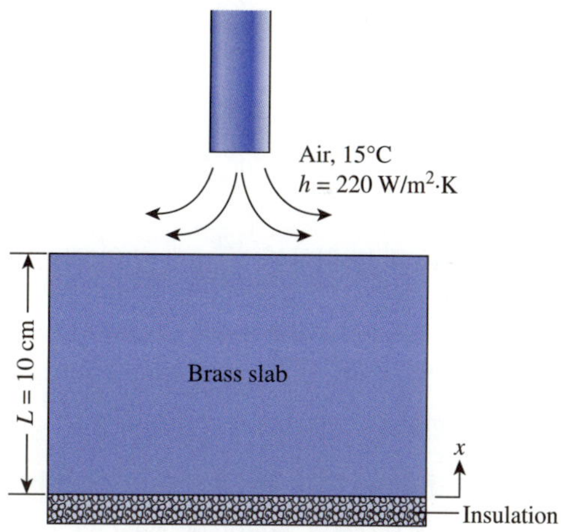

그림 P5–136

5–137 $k = 63.9$ W/m·K, $\alpha = 18.8 \times 10^{-6}$ m²/s인 10 cm × 20 cm의 긴 직사각형 강철 막대의 단면이 450°C로 가열되었으며 이를 초기온도라고 하자. 강철 막대는 온도 25°C인 실내 공간에서 냉각되고 있고 이때 대류 열전달계수는 25 W/m²·K이다.

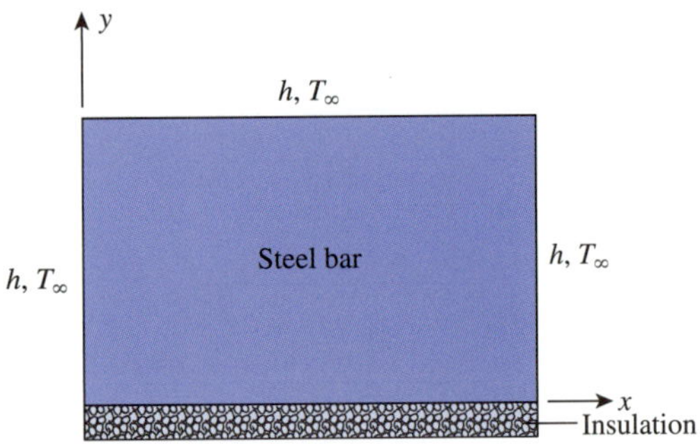

그림 P5–137

막대의 아래쪽 면은 단열되어 있고 다른 표면에서는 대류가 일어난다. 절점 간격은 5 cm로 일정하게 하고 SS-T-CONDUCT(또는 다른) 소프트웨어를 사용하여 양함수 방법으로 막대의 중심이 100°C로 냉각되는 데 걸리는 시간을 구하라.

답: 12,000 s

5–138 대류 열전달계수가 h인 상태로 온도 T_0인 공기에 둘러싸여 있는 일정한 단면적 A, 접수길이 p인 핀(pin) 형태의 휜(fin)에 대한 비정상 전진차분 열전도식은 다음과 같다.

$$T_m^{*+1} = \frac{k}{\rho c_p \Delta x^2}\left[T_{m-1}^* + T_{m+1}^* + \frac{hp\Delta x^2}{A}T_0\right] - \left[1 - \frac{2k}{\rho c_p \Delta x^2} - \frac{hp}{\rho c_p A}\right]T_m^*$$

이 식이 안정된 해를 갖기 위하여 $\frac{2k}{\rho c_p \Delta x^2} + \frac{hp}{\rho c_p A}$의 값은 어떠해야 하나?

(*a*) 음수 (*b*) 0 (*b*) 양수

(*c*) 1보다 커야 한다. (*e*) 1보다 작아야 한다.

5–139 대류 열전달계수 h인 상태로 온도 T_0인 공기에 의하여 그림 P5–139에 있는 직사각형의 윗면이 냉각되고 있다. 이 고체의 절점 3을 위한 올바른 정상 상태 유한차분 열전도식은 무엇인가?

(*a*) $T_3 = [(k/2\Delta)(T_2 + T_4 + T_7) + hT_0] / [(k/\Delta) + h]$
(*b*) $T_3 = [(k/2\Delta)(T_2 + T_4 + 2T_7) + hT_0] / [(2k/\Delta) + h]$
(*c*) $T_3 = [(k/\Delta)(T_2 + T_4) + hT_0] / [(2k/\Delta) + h]$
(*d*) $T_3 = [(k/\Delta)(T_2 + T_4 + T_7) + hT_0] / [(k/\Delta) + h]$
(*e*) $T_3 = [(k/\Delta)(2T_2 + 2T_4 + T_7) + hT_0] / [(k/\Delta) + h]$

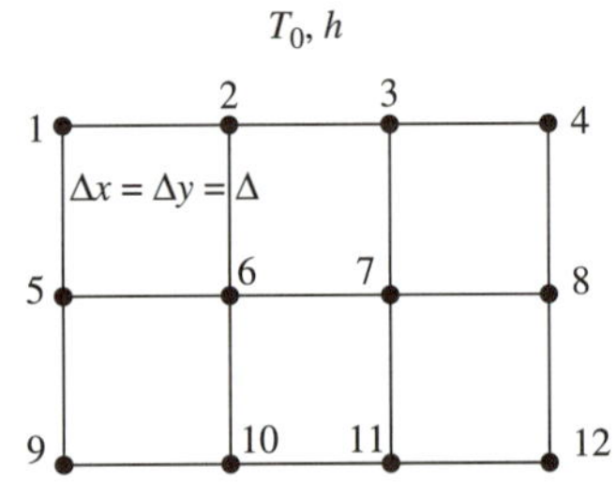

그림 P5–139

5–140 만약 그림 P5–140에 있는 직사각형 고체의 절점 6의 이전 시간(Δt)에서의 온도가 T_6*라면 절점 6에서 올바른 비정상 전진차분 열전도식은 무엇인가?

(*a*) $T_6^{i+1} = [k\Delta t / (\rho c_p \Delta^2)](T_5^* + T_2^* + T_7^* + T_{10}^*) + [1 - 4k\Delta t /(\rho c_p \Delta^2)]T_6^*$

(*b*) $T_6^{i+1} = [k\Delta t / (\rho c_p \Delta^2)](T_5^* + T_2^* + T_7^* + T_{10}^*) + [1 - k\Delta t /(\rho c_p \Delta^2)]T_6^*$

(*c*) $T_6^{i+1} = [k\Delta t / (\rho c_p \Delta^2)](T_5^* + T_2^* + T_7^* + T_{10}^*) + [2k\Delta t /(\rho c_p \Delta^2)]T_6^*$

(*d*) $T_6^{i+1} = [2k\Delta t / (\rho c_p \Delta^2)](T_5^* + T_2^* + T_7^* + T_{10}^*) + [1 - 2k\Delta t /(\rho c_p \Delta^2)]T_6^*$

(*e*) $T_6^{i+1} = [2k\Delta t / (\rho c_p \Delta^2)](T_5^* + T_2^* + T_7^* + T_{10}^*) + [1 - 4k\Delta t /(\rho c_p \Delta^2)]T_6^*$

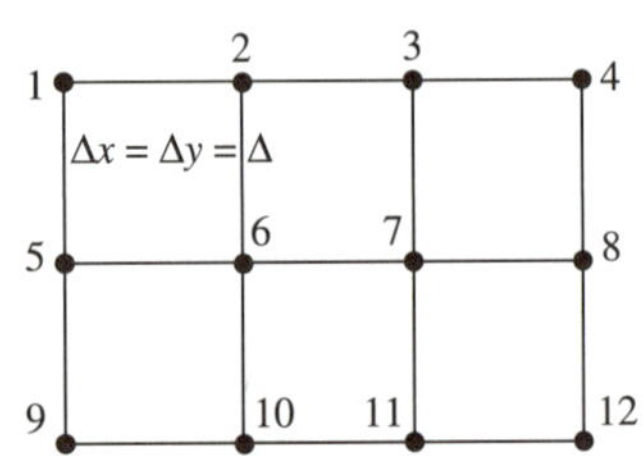

그림 P5–140

5–141 그림 P5–141에 있는 직사각형 고체에서 절점 6의 올바른 정상 상태 유한차분 열전도식은 무엇인가?

(*a*) $T_6 = (T_1 + T_3 + T_9 + T_{11})/2$
(*b*) $T_6 = (T_5 + T_7 + T_2 + T_{10})/2$
(*c*) $T_6 = (T_1 + T_3 + T_9 + T_{11})/4$
(*d*) $T_6 = (T_2 + T_5 + T_7 + T_{10})/4$
(*e*) $T_6 = (T_2 + T_5 + T_7 + T_{10})/2$

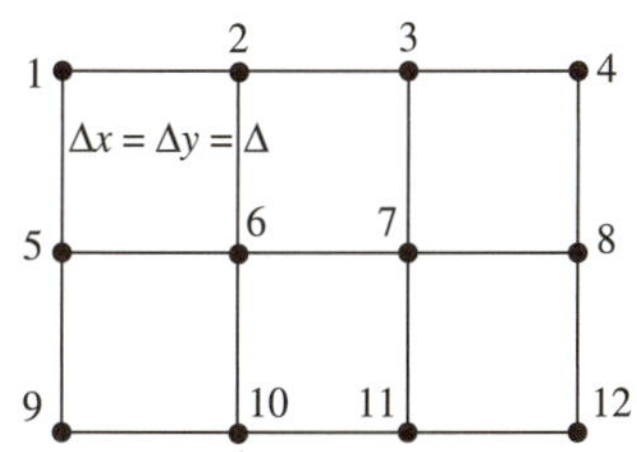

그림 P5-141

5-142 그림 P5-142에 있는 직사각형 고체에서 온도의 유한차분 해를 얻기 위한 셀의 높이는 해의 정확성을 향상시키기 위해 셀 폭의 1/2로 설정되었다. 셀 6을 위한 올바른 정상 상태 유한차분 열전도식은 무엇인가?

(*a*) $T_6 = 0.1(T_5 + T_7) + 0.4(T_2 + T_{10})$
(*b*) $T_6 = 0.25(T_5 + T_7) + 0.25(T_2 + T_{10})$
(*c*) $T_6 = 0.5(T_5 + T_7) + 0.5(T_2 + T_{10})$
(*d*) $T_6 = 0.4(T_5 + T_7) + 0.1(T_2 + T_{10})$
(*e*) $T_6 = 0.5(T_5 + T_7) + 0.5(T_2 + T_{10})$

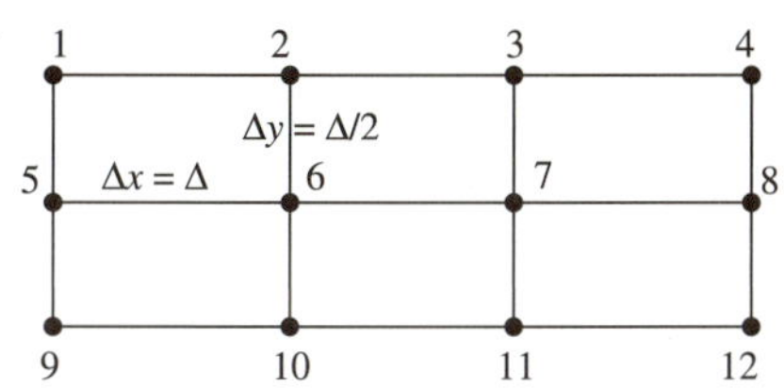

그림 P5-142

5-143 그림 P5-143에 있는 직사각형 고체에서 온도의 유한차분 해를 얻기 위한 셀의 높이는 해의 정확성을 향상시키기 위해 셀 폭의 1/2로 설정되었다. 만약 왼쪽 표면이 열전달계수 h로, 온도 T_0인 공기에 노출되어 있다면 절점 5를 위한 올바른 유한차분 열전도 에너지 균형식은 무엇인가?

(*a*) $2T_1 + 2T_9 + T_6 - T_5 + h\Delta/k\,(T_0 - T_5) = 0$
(*b*) $2T_1 + 2T_9 + T_6 - 2T_5 + h\Delta/k\,(T_0 - T_5) = 0$
(*c*) $2T_1 + 2T_9 + T_6 - 3T_5 + h\Delta/k\,(T_0 - T_5) = 0$
(*d*) $2T_1 + 2T_9 + T_6 - 4T_5 + h\Delta/k\,(T_0 - T_5) = 0$
(*e*) $2T_1 + 2T_9 + T_6 - 5T_5 + h\Delta/k\,(T_0 - T_5) = 0$

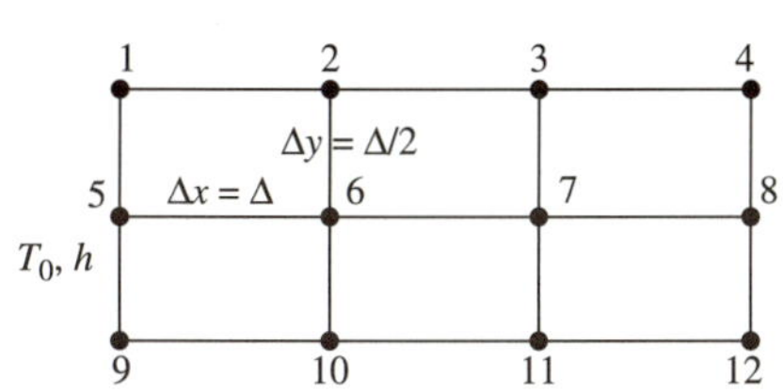

그림 P5-143

설계 및 에세이 문제

5-144 유한요소법에 대하여 두 장 분량으로 정리하고, 대부분의 상용 공학 소프트웨어 패키지에 이것이 사용되고 있는 이유에 대하여 설명하라. 또한 그것을 유한차분법과 비교하라.

5-145 열전달 해석을 위한 많은 전문 소프트웨어가 상업적으로 개발되어 유통되고 있으며 이들은 미국기계학회(ASME)에서 발간하는 기계공학(Mechanical Engineering)과 같은 잡지에서 홍보되고 있다. 당신이 근무하는 회사에서 이러한 소프트웨어 패키지(software package)를 구입하기로 결정하고 당신에게 다음의 사항에 대한 보고서를 작성하도록 요청하고 있다. 즉, 상용패키지의 종류, 그들의 가격, 성능, 사용상의 난이도, 사용 가능한 하드웨어(hardware)와 다른 소프트웨어와의 호환성, 소프트웨어 제작회사의 인지도, 회사의 역사, 재정의 건실도, 사용자 보고서, 교육, 미래의 전망 등등. 기초적인 자료조사를 거쳐 상위 3개의 패키지를 선택하고 이들에 대한 자세한 보고서를 작성하라.

5-146 냉동스테이크와 포장된 채소와 같은 납작한 음식을 빠르게 해동할 수 있는 해동판을 설계하고 그 성능을 유한차분법(문제 5-132 참조)을 사용하여 평가하라. 당신의 설계와 현재 시장에서 구할 수 있는 해동판을 비교하라. 해동판은 잘 작동해야 하고, 가정용으로서 구입하고 사용하기 적당하여야 하고, 튼튼하고 세척하기 쉽고 생산하기 쉬우며, 적당한 가격이어야 한다. 냉동식품은 해동 과정이 시작될 때 초기온도가 −18°C이고, 모든 얼음이 녹는 마지막 온도가 0°C이다. 재료, 모양, 크기, 판의 두께를 명시하라. 계산에 의하여 당신이 설계한 것에 대한 장점을 밝혀라. 해석할 때 외부와 주위 표면의 온도를 20°C로 하고 대류 열전달계수를 15 W/m²·K로 하라. 특별한 경우로서, 냉동판이 있을 때와 없을 때의 해동시간을 구하라.

5-147 화재로부터 가연성 내용물을 2시간까지 보호할 수 있는, 외부 치수가 0.5 m × 0.5m × 0.5 m인 내화성 안전 상자를 설계하라. 이 상자는 복합열전달계수 70 W/m²·K로 평균 온도 700°C인 외부에 노출되어 있다고 가정하고, 2시간 후에 상자 내부의 온도는 150°C 이하여야 한다. 이 상자의 내부는 설계 기준에 일치하면서 되도록 넓어야 하고, 선정된 단열 재료는 노출될 높은 온도에 견뎌낼 수 있어야 한다. 가격, 내구성, 강도 또한 단열재료를 선정하는 데 중요하게 고려할 사항이다.

강제대류

FORCED CONVECTION

CHAPTER

06

지금까지 우리는 유체의 흐름이 없는 상태에서 고체 또는 유체를 통하여 열전달이 일어나는 **전도**에 대하여 생각해보았다. 이제 유체의 이동에 의하여 열이 전달되는 **대류**에 대하여 생각해보기로 하자.

대류는 유체의 이동이 어떻게 시작되었느냐에 따라 **자연**(또는 자유)**대류**와 **강제대류**로 분류된다. 강제대류에서 유체는 펌프나 팬 등의 외부 장치에 의하여 표면 위나 관 내부를 강제적으로 흐르게 된다. 자연대류에서 유체의 이동은, 따뜻한 유체는 상승하고 차가운 유체는 하강하는 부력효과와 같이 자연적으로 일어나게 된다. 또한, 대류는 유체가 표면 위를 흐르느냐 또는 관 내부를 흐르느냐에 따라 **외부유동**과 **내부**유동으로 분류된다.

우리는 **대류** 메커니즘과 **열경계층**에 관한 일반적으로 알려진 물리적인 설명으로부터 이 장을 시작한다. 이어서, 무차원 *Prandtl* 수, *Nusselt* 수들에 대한 설명과 물리적인 의미를 알아본다. 다음에는 평판, 원통, 그리고 구와 같은 다양한 형상 위의 층류 및 난류유동과 연관된 **열전달계수** 실험식을 제시한다. 마지막으로 관내유동의 특성을 논의하고 관련된 열전달 실험식을 제시한다.

학습목표

이 장의 목적은 다음과 같다.

- 대류의 물리적 메커니즘과 그 분류를 이해한다.
- 표면상의 유동에서의 열경계층의 발달을 가시화한다.
- 무차원 Prandtl, Nusselt 수들에 관한 실용적 지식을 습득한다.
- 난류에서의 열전달 메커니즘을 이해한다.
- 평판상의 층류 및 난류, 그리고 원통과 구(sphere)상의 유동과 연관된 열전달률을 계산한다.
- 내부유동에서 입구 또는 완전히 발달된 영역과 같은 다른 유동영역의 차이를 가시적으로 이해하고 유체역학적 및 열적 입구 길이를 계산한다.
- 일정한 표면온도와 열유속 조건 하에 있는 관을 흐르는 유체의 가열과 냉각을 분석하고, 대수평균온도차(logarithmic mean temperature difference)를 적용한다.
- 완전히 발달된 난류유동에서 실험식을 이용하여 Nusselt 수를 구하고 열전달률을 계산한다.

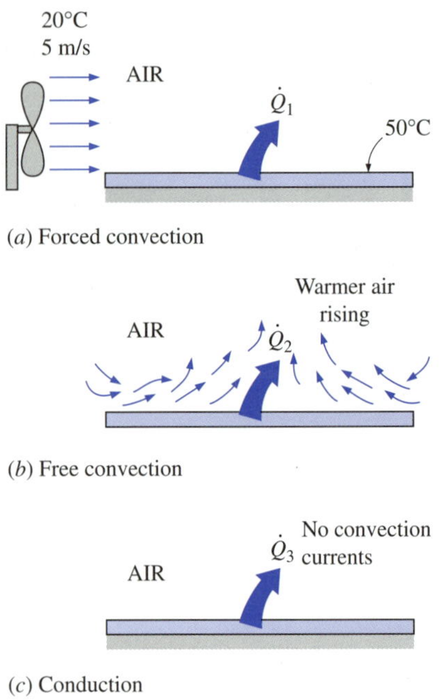

그림 6-1
뜨거운 표면에서 주변 유체로의 대류와 전도에 의한 열전달

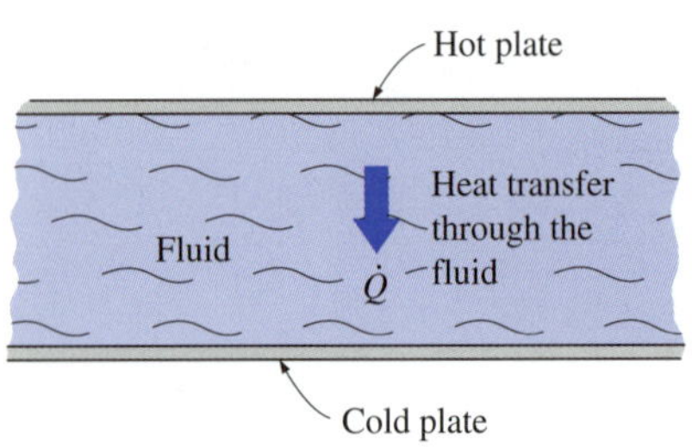

그림 6-2
두 평행판 사이의 유체를 통한 열전달

6-1 ■ 대류의 물리적 메커니즘

1장에서 언급한 것처럼 열전달에는 전도, 대류 및 복사의 3가지 기본적인 형태가 있다. 전도와 대류는 모두 매질이 필요하다는 점에서 서로 유사하다. 하지만 대류는 유체의 이동이 반드시 필요하다는 점에서 전도와 구분이 된다.

고체를 통한 열전달은 고체의 분자가 대체로 고정된 위치에 머물러 있으므로 항상 전도에 의해 이루어진다. 하지만 액체나 기체를 통한 열전달은 유체 이동의 유무에 따라서 전도 또는 대류에 의해 일어난다. 즉 유체를 통한 열전달은 유체의 이동이 있으면 대류에 의해 일어나고, 없으면 전도에 의해 일어난다. 따라서 유체를 통한 전도는 정지한 유체에서 일어나는 열전달로서 대류의 한정된 경우라고 볼 수 있다(그림 6-1).

대류 열전달은 열전도뿐만 아니라 유체의 이동도 포함하므로 복잡하게 된다. 유체의 유동이 열전달률을 향상시킨다. 이것은 유체가 이동하면서 뜨거운 유체와 차가운 유체가 서로 접촉하게 됨으로 해서 유체의 많은 부분에서 열전도도가 높아지기 때문이다. 그러므로 유체를 통한 열전달률은 전도에 의한 경우보다 대류에 의한 경우가 훨씬 더 높게 된다. 사실 유체의 속도가 빠를수록 열전달률도 높아진다.

이러한 사실을 좀 더 자세하게 알아보기 위하여 그림 6-2에서와 같이 서로 다른 온도로 유지되고 있는 두 평판 사이의 유체를 통한 열전달을 생각해보자. 온도의 연속성으로 인하여 유체와 판의 접촉점에서 온도는 같다. 유체의 이동이 없다고 가정하면 뜨거운 판 근처에 있는 뜨거운 유체 분자의 에너지는 인접한 보다 차가운 유체 분자로 전달된다. 그리고 그 에너지는 다음 층의 차가운 유체 분자로 전달되고 또 다시 이 에너지는 그 다음 층의 차가운 유체로 전달되어 결국에는 다른 쪽 판까지 전달된다. 이제 주사기를 사용하여 뜨거운 판 근처의 유체를 뽑아내어 차가운 판 옆에 반복해서 주입시켜 보자. 유체의 이동에 의해 에너지의 일부가 다른 쪽으로 옮겨갈 때 이것이 열전달 과정을 상당히 가속시키리라는 것을 상상할 수 있을 것이다.

팬에 의해 공기가 뜨거운 블록을 냉각시키는 것으로 생각해보자. 뜨거운 블록으로부터 열이 주위의 차가운 공기로 전달이 되고, 결국 블록이 냉각되는 것을 알 수 있다. 만약 팬이 더 빠른 속도로 회전한다면 블록은 더욱 빠른 속도로 냉각이 될 것이다. 게다가 공기를 물로 바꾸면 대류 열전달은 더욱 잘 될 것이다.

경험적으로 대류 열전달은 **유체속도** V뿐만 아니라, 유체의 물성값인 **점성계수** μ, **열전도도** k, **밀도** ρ, **비열** c_p에 의하여 크게 좌우된다. 또한 고체표면의 **형상**과 **거칠기**, 그리고 **유체유동의 형태**(층류 또는 난류와 같은)에도 영향을 받는다. 따라서 대류 열전달의 관계식은 대류에 영향을 끼치는 많은 변수 때문에 다소 복잡할 것이라는 것을 알 수 있다. 그러므로 대류가 가장 복잡한 열전달 형태인 점은 그다지 놀랄 만한 것은 아니다.

대류의 복잡성에도 불구하고 대류 열전달률은 온도 차이에 비례하며, **Newton의 냉각법칙**에 의해서 다음과 같이 간단하게 표현할 수 있다.

$$\dot{q}_{conv} = h(T_s - T_\infty) \qquad (W/m^2) \tag{6-1}$$

또는

$$\dot{Q}_{conv} = hA_s(T_s - T_\infty) \qquad (W) \tag{6-2}$$

여기서,

h = 대류 열전달계수, $W/m^2 \cdot K$

A_s = 열전달 표면적, m^2

T_s = 표면온도, ℃

T_∞ = 표면으로부터 충분히 떨어진 곳에서의 유체온도, ℃

주어진 단위로부터 판단할 때, **대류 열전달계수** h는 고체표면과 유체 사이의 단위 표면적당 단위온도차에 대한 열전달률이라고 정의할 수 있다.

앞에서 언급했던 바와 같이 대류 열전달계수 h는 여러 변수에 영향을 받기 때문에 구하기가 쉽지 않다. 따라서 주어진 식의 단순한 형태에 현혹되어서는 안 된다.

종종 유체유동이 고체면에 의해 제한을 받기 때문에 고체면이 유동에 미치는 영향을 이해하는 것이 중요하다. 정지된 관 내 혹은 유체가 침투할 수 없는 고체면 상에서의 유동을 고려해보자. 모든 실험 결과에 의하면 고체면과 접촉하는 유체는 고체면에 완전히 정지되어 유속이 0이라고 가정한다. 즉 고체와 직접적으로 접촉하는 유체는 점성에 의해서 고체면에 부착하여 미끄러짐이 없으며 이것을 **점착 조건**(no-slip condition)이라 한다.

그림 6-3의 사진은 뭉뚝한 코(blunt nose) 형상의 표면에 유체가 점착된 결과로서 나타나는 속도구배의 변화를 확연하게 보여주고 있다. 표면에 부착된 유체층은 유체층 간의 점성력에 의하여 인접한 유체층을 감속시키며, 그 유체층은 다시 인접 유체층을 연속적으로 감속시키게 된다. 따라서 점착 조건이 속도 프로파일을 형성하게 하는 데 결정적 역할을 한다. 점성의 영향(따라서, 속도구배)이 현저한, 표면에 인접한 유체 영역을 **경계층**이라고 부른다. 점착 조건과 경계층의 발달에 관여하는 유체의 물성을 점도라고 한다.

움직이는 표면에 인접한 유체층은 표면과 같은 속도를 갖는다. 점착 조건의 결과는 유체와 표면이 접촉하는 지점에서의 모든 속도 프로파일은 반드시 0값을 갖는다는 것이다(그림 6-4). 점착 조건의 또 다른 결과는 표면항력으로, 이는 유체가 유동 방향으로 표면에 작용하는 힘이다.

점착 조건이 내포하는 의미는 고체표면으로부터 그 표면과 접해 있는 유체층으로의 열전달은 유체층의 이동이 없으므로 순수한 전도에 의해서만 일어난다는 것인데, 다음과 같이 나타낼 수 있다.

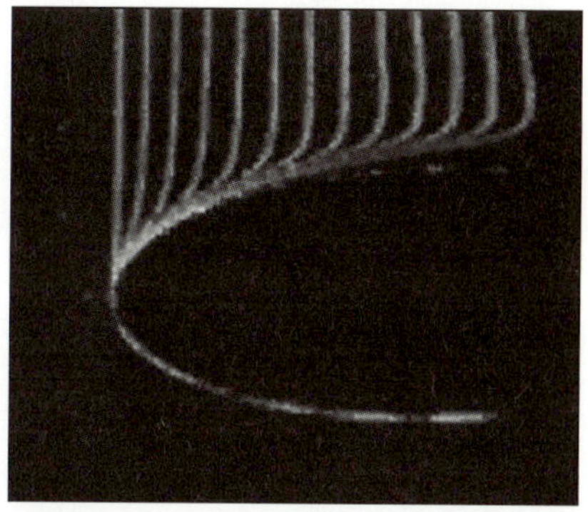

그림 6-3

점착 조건하에서 뭉뚝한 물체 위를 흐르는 유체유동의 속도장 발달 모습

"Hunter Rouse: Laminar and Turbulent Flow Film." Copyright IIHR-Hydroscience & Engineering, The University of Iowa. Used by permission.

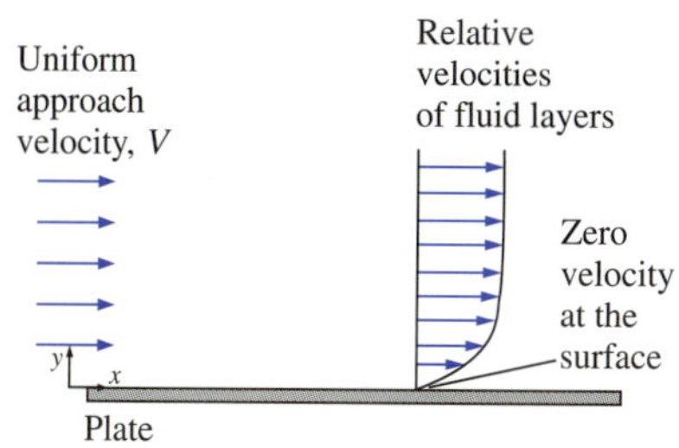

그림 6-4

고정된 표면을 흐르는 유체유동이 점착 조건에 의해 표면에서 완전 정지한 상태가 된다.

$$\dot{q}_{\text{conv}} = \dot{q}_{\text{cond}} = -k_{\text{fluid}} \left.\frac{\partial T}{\partial y}\right|_{y=0} \qquad (\text{W/m}^2) \tag{6-3}$$

여기서 T는 유체에서의 온도분포를 나타내고, $(\partial T/\partial y)_{y=0}$는 표면에서의 **온도구배**를 나타낸다. 이제, 이 열은 유체 이동의 결과로 표면으로부터 **대류에 의해서** 전달되어지는 것이다. 고체표면으로부터 유체로의 대류 열전달은 단지 고체표면과 접해 있는 유체층으로의 전도 열전달임을 알아야 한다. 그러므로 식 (6-1)과 식 (6-3)을 열유속에 관하여 같게 놓으면

$$h = \frac{-k_{\text{fluid}}(\partial T/\partial y)_{y=0}}{T_s - T_\infty} \qquad (\text{W/m}^2\cdot\text{K}) \tag{6-4}$$

이고, 유체 내의 온도분포를 알 때 **대류 열전달계수**를 구할 수 있다.

일반적으로 대류 열전달계수는 유동방향(또는 x방향)에 따라 변한다. 이런 경우의 **평균** 대류 열전달계수는 **국소** 대류 열전달계수를 전체 표면 A_s 혹은 길이 L에서 적절하게 평균화하여 다음과 같이 구한다.

$$h = \frac{1}{A_s}\int_{A_s} h_{\text{local}} dA_s \quad \text{and} \quad h = \frac{1}{L}\int_0^L h_x dx \tag{6-5}$$

Nusselt 수

대류를 공부함에 있어서, 전체 변수의 개수를 줄이기 위하여 지배방정식들을 무차원화하고 변수를 결합하여 **무차원 수**로 표현하는 것이 일반적이다. 또한 열전달계수 h를 Nusselt 수로 무차원화하면 다음과 같이 정의된다.

$$\text{Nu} = \frac{hL_c}{k} \tag{6-6}$$

여기서 k는 유체의 열전도도, L_c는 **특성 길이**를 나타낸다. Nusselt 수는 20세기 전반기에 대류 열전달 연구에 큰 공헌을 했던 Wilhelm Nusselt의 이름을 따서 지어졌고, **무차원 대류 열전달계수**로 알려져 있다.

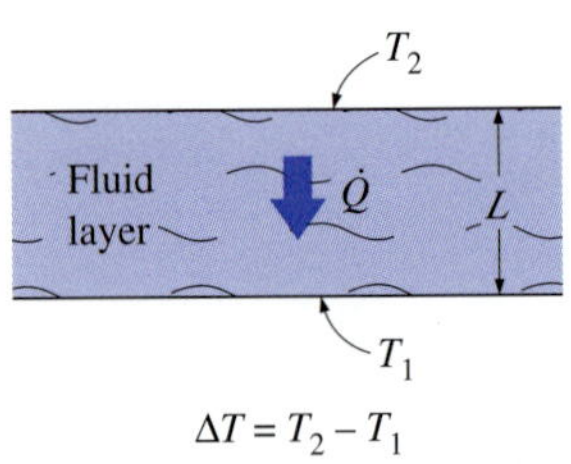

그림 6-5
두께 L, 온도차가 ΔT인 유체층에서의 열전달

Nusselt 수의 물리적인 중요성을 이해하기 위하여 그림 6-5에서와 같이 두께가 L이고 온도차가 $\Delta T = T_2 - T_1$인 유체층을 생각해보자. 유체층을 통한 열전달은 유체가 어떤 이동을 포함할 때는 대류에 의하여 일어나고, 유체층의 이동이 없을 때는 **전도**에 의하여 일어난다. 두 경우의 열유속 (단위표면적당 열전달률)은

$$\dot{q}_{\text{conv}} = h\Delta T \tag{6-7}$$

이고,

$$\dot{q}_{\text{cond}} = k\frac{\Delta T}{L} \tag{6-8}$$

이다. 이 두 식의 비를 취하면,

$$\frac{\dot{q}_{\text{conv}}}{\dot{q}_{\text{cond}}} = \frac{h\Delta T}{k\Delta T/L} = \frac{hL}{k} = \text{Nu} \tag{6-9}$$

이고, 이것이 Nusselt 수이다. 그러므로 Nusselt 수는 어떤 유체층을 통과하는 전도에 의해 일어나는 열전달의 크기에 대하여, 같은 유체층을 통과하는 대류에 의해 일어나는 열전달의 크기의 비를 나타낸다. Nusselt 수가 커질수록 대류의 효과는 더 커진다. 어떤 유체층에서 Nu = 1은 순수 전도에 의해서 열전달이 일어남을 표시한다.

우리가 생각보다 실제 생활에서 강제대류를 많이 사용하고 있다(그림 6-6). 뜨거운 물체로부터 열전달률을 높이기를 원할 때마다 강제대류의 도움을 빌린다. 예를 들면, 무더운 여름날 우리의 몸을 좀 더 효과적으로 식히기 위하여 선풍기를 켠다. 선풍기의 속도를 빠르게 할수록 더 시원함을 느낀다. 또한 더 빨리 식히기 위하여 스프를 **젓고**, 뜨거운 피자 조각에 바람을 **분다**. 바람이 부는 겨울날의 공기는 실제보다 더 차갑게 느껴진다. 전자장치에서 열 문제를 해결하는 가장 간단한 방법은 충분한 용량의 팬을 사용하는 것이다.

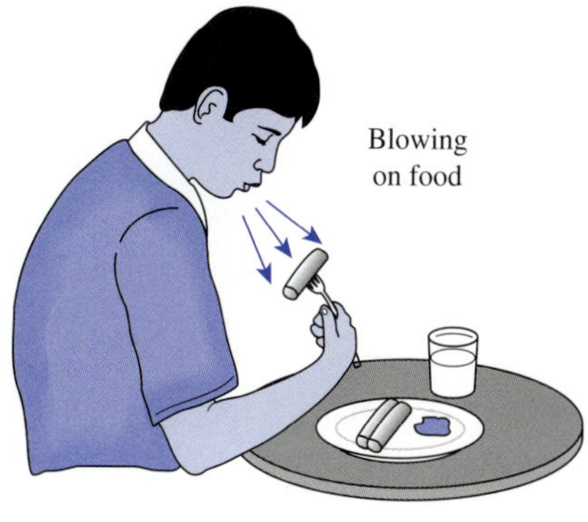

그림 6-6

강제대류를 통해 열전달률을 높일 수 있다.

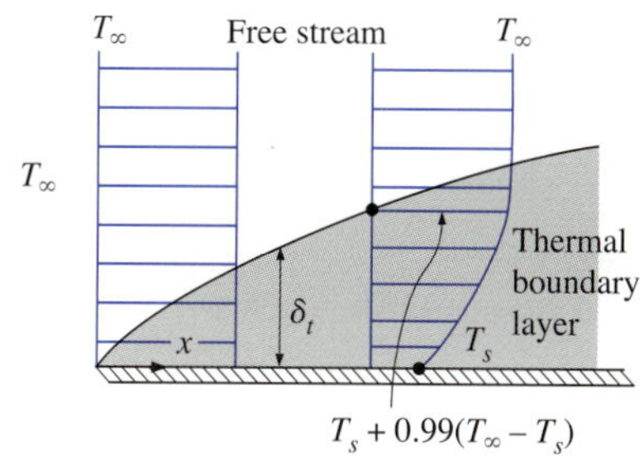

그림 6-7

평판에서의 열경계층(유체가 평판의 표면보다 뜨거운 경우)

6-2 ▪ 열경계층

우리는 유체가 표면 위를 흐를 때 표면속도(표면에 대한 상대속도가 0임)로 가정되는 표면에 인접한 유체층으로 인하여 속도경계층이 발달한다는 것을 알고 있다. 또한 유체속도가 0부터 $0.99V$까지 변하는 영역을 속도경계층으로 정의하였다. 마찬가지로 **열경계층**은 그림 6-7에서 보여주는 것처럼 어떤 온도의 유체가 다른 온도의 표면 위를 흐를 때 발달한다.

온도 T_s인 등온 평판에 작용하는 균일한 온도 T_∞인 유체유동을 고려해 보자. 표면에 인접한 층에서 유체입자들은 판과 열적 평형상태에 도달하고, 그때의 유체입자 온도는 T_s가 된다. 이때 이들 유체입자들은 인접한 유체층의 입자들과 에너지를 교환하고, 이러한 것은 반복적으로 일어난다. 그 결과, 유동장에서 온도분포는 표면온도 T_s로부터, 표면으로부터 충분히 떨어진 지점에서의 온도 T_∞의 범위에 걸쳐서 나타난다. 표면의 법선방향으로 온도 변화가 뚜렷하게 나타나는 유동영역이 바로 **열경계층**이다. 표면 위의 어떤 지점에서 열경계층의 **두께** δ_t는 **표면으로부터 온도차** $T - T_s$가 $0.99(T_\infty - T_s)$와 **같아지는** 지점까지의 거리로 정의된다. $T_s = 0$인 특별한 경우에는, 속도경계층의 경우에 $u = 0.99V$가 되는 것과 유사하게 열경계층의 바깥쪽 끝의 온도가 $T = 0.99T_\infty$가 된다고 정의한다.

열경계층의 두께는 열전달의 효과가 하류로 갈수록 표면에서 더 먼 지점에서도 감지되기 때문에 유동방향으로 갈수록 증가한다.

표면 위의 어떤 지점에서의 대류 열전달률은 그 지점에서의 온도구배와 직접적인 연관이 있다. 그러므로 열경계층에서 온도분포의 모양은 고체표면과 그 위를 지나가는 유체 사이의 대류 열전달을 나타낸다. 가열(또는 냉각)된 표면 위의 유동에서, 속도경계층과 열경계층은 동시에 발달한다. 유체속도는 온도분포에 큰 영향을 미치므로, 열경계층과 관계가 있는 속도경계층의 발달은 대류 열전달에 큰 영향을 미친다는 점에 주목해야 한다.

Prandtl 수

속도경계층과 열경계층의 상대적인 두께는 아래와 같이 정의되어진 **무차원 매개변수 Prandtl 수**에 의해 잘 정리되어질 수 있다.

$$\mathrm{Pr} = \frac{\text{운동량의 분자 확산율}}{\text{열의 분자 확산율}} = \frac{\nu}{\alpha} = \frac{\mu c_p}{k} \tag{6-10}$$

표 6-1

흔히 사용하는 유체의 전형적인 Prandtl 수의 범위표

Fluid	Pr
Liquid metals	0.004–0.030
Gases	0.19–1.0
Water	1.19–13.7
Light organic fluids	5–50
Oils	50–100,000
Glycerin	2000–100,000

이것은 1904년에 경계층의 개념을 소개하고, 경계층 이론에 중요한 공헌을 한 Ludwig Prandtl의 이름을 따온 것이다. 유체의 Prandtl 수의 범위는 액체금속의 경우 0.01보다 작은 값에서부터 무거운 오일의 경우 100,000보다 더 큰 값에까지 이른다(표 6−1). 물의 Prandtl 수는 약 10 정도가 되는 크기라는 점을 주목하라.

가스의 Prandtl 수는 약 1이고, 이것은 운동량과 열의 확산이 거의 동일한 비율로 유체를 통해 일어난다는 것을 나타낸다. 열은 운동량에 비하여 액체금속($\mathrm{Pr} \ll 1$)에서는 매우 빠르게 확산되고, 오일($\mathrm{Pr} \gg 1$)에서는 매우 느리게 확산된다. 결과적으로, 열경계층은 속도경계층에 비하여 액체금속에서는 더 두껍고, 오일에서는 더 얇다.

6-3 ▪ 평판상의 평행유동

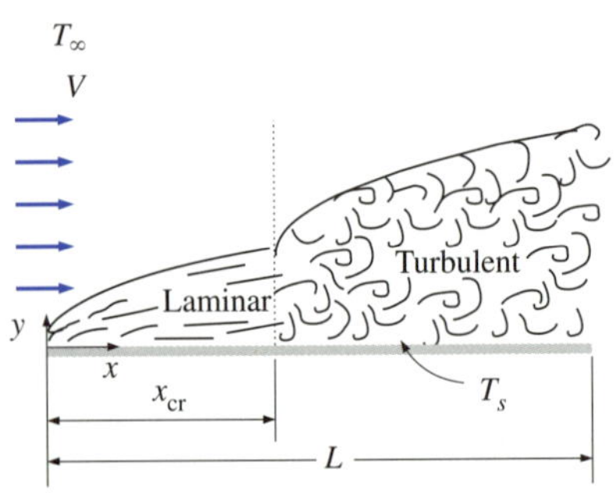

그림 6-8

평판을 지나는 층류와 난류영역에서의 경계층 발달 모습

그림 6−8에서와 같이 길이가 L인 평판 위로 평행하게 흐르는 유체의 유동을 생각해보자. X 좌표는 선단으로부터 평판의 표면을 따라 유동방향으로 측정한다. 균일한 속도 V와 균일한 온도 T_∞의 유체는 x방향으로 평판에 접근한다. 속도경계층 내의 유동은 층류로써 시작되지만, 평판이 충분히 길 경우에는 유동이 선단으로부터 거리 x_{cr}에서 난류로 변한다. 여기에서 거리 x_{cr}은 Reynolds 수가 천이되는 임계값에 도달하는 거리이다.

층류에서 난류로의 천이는 **표면의 형상, 표면의 거칠기, 상류의 속도, 표면의 온도, 유체의 종류** 등 여러 가지에 의해서 좌우된다. 그리고 무엇보다도, Reynolds 수에 의해서 특성을 가장 잘 나타낼 수 있다. 평판의 선단으로부터의 거리 x에서 Reynolds 수는 다음과 같이 표기된다.

$$\mathrm{Re}_x = \frac{\rho V x}{\mu} = \frac{Vx}{\nu} \tag{6-11}$$

평판에서 Reynolds 수의 값은 유체가 하류로 흐름에 따라서 달라져서, 평판의 끝에서는 $\mathrm{Re}_L = VL/\nu$가 된다.

평판 위의 유동에서 층류로부터 난류로의 천이는 대략 Re ≅ 1 × 10^5 정도에서 시작되지만, Reynolds 수가 아주 큰 값(약 3 × 10^6)이 되기 전에는 완전한 난류가 되지는 않는다. 공학적 해석에서 일반적으로 받아들여지는 임계 Reynolds 수는

$$\mathrm{Re}_{cr} = \frac{\rho V x_{cr}}{\mu} = 5 \times 10^5 \quad \textbf{(6–12)}$$

평판에서의 공학적 임계 Reynolds 수의 실제 값은 10^5에서 3 × 10^6으로 다소 변하는 바, 표면거칠기, 난류강도, 그리고 표면상의 압력변화에 영향을 받는다.

평판 위의 층류유동에서 위치 x에서의 국소 Nusselt 수는 앞의 에너지 미분방정식을 이용하여 다음을 구하였다.

층류:
$$\mathrm{Nu}_x = \frac{h_x x}{k} = 0.332\,\mathrm{Re}_x^{0.5}\,\mathrm{Pr}^{1/3} \qquad \mathrm{Pr} > 0.6 \quad \textbf{(6–13)}$$

난류유동에 대한 관계식은 다음과 같다.

난류:
$$\mathrm{Nu}_x = \frac{h_x x}{k} = 0.0296\,\mathrm{Re}_x^{0.8}\,\mathrm{Pr}^{1/3} \qquad \begin{array}{l} 0.6 \le \mathrm{Pr} \le 60 \\ 5 \times 10^5 \le \mathrm{Re}_x \le 10^7 \end{array} \quad \textbf{(6–14)}$$

층류유동의 경우 h_x는 $\mathrm{Re}_x^{0.5}$에 비례하며 또한 $x^{-0.5}$에 비례한다. 그러므로 h_x는 선단($x = 0$)에서 무한대가 될 것이고, 유동방향을 따라 $x^{-0.5}$의 비율로 감소한다. 그림 6–9은 등온 평판상의 경계층 두께 δ, 마찰계수 및 열전달계수의 변화를 보여준다. 난류에서의 국소 마찰계수와 열전달계수는 층류에서 보다 크다. 또한 h_x는 유동이 완전한 난류가 되었을 때 최댓값에 도달하며, 그리고 유동 방향으로 $x^{-0.2}$의 비율로 감소하게 되는 것을 그림에서 볼 수 있다.

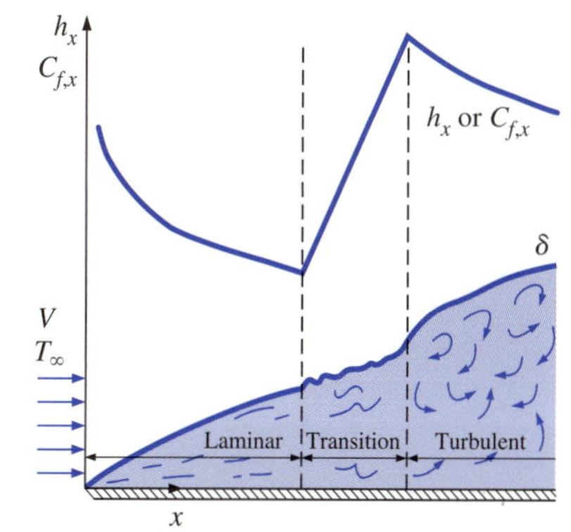

그림 6–9
평판 위를 흐르는 유동의 국소 마찰 및 열전달계수의 변화

전체 판 위의 **평균** Nusselt 수는 식 (6–5)에 위 관계식을 대입하고, 적분함으로써 구할 수 있다. 그 결과 다음 식을 얻을 수 있다.

층류:
$$\mathrm{Nu} = \frac{hL}{k} = 0.664\,\mathrm{Re}_L^{0.5}\,\mathrm{Pr}^{1/3} \qquad \mathrm{Re}_L < 5 \times 10^5 \quad \textbf{(6–15)}$$

난류:
$$\mathrm{Nu} = \frac{hL}{k} = 0.037\,\mathrm{Re}_L^{0.8}\,\mathrm{Pr}^{1/3} \qquad \begin{array}{l} 0.6 \le \mathrm{Pr} \le 60 \\ 5 \times 10^5 \le \mathrm{Re}_L \le 10^7 \end{array} \quad \textbf{(6–16)}$$

첫 번째 관계식은 유동이 **전체** 판 위에서 **층류**일 때 전체 평판의 평균 열전달계수를 나타낸다. 두 번째 관계식은 유동이 전체 판 위에 걸쳐서 난류이거나, 또는 판의 층류유동영역이 난류유동영역에 비해 아주 작은 경우, 전체 판의 평균 열전달계수를 나타낸다.

어떤 경우에, 평판이 길이는 유동이 난류가 되기에 충분히 길지만 층류유동 영역을 무시할 만큼은 되지 않을 때가 있다. 그런 경우, 전체 판 위의 **평균** 열전달계수는 두 영역을 합쳐서, 식 (6–5)를 적분함으로써 구할 수 있다.

$$h = \frac{1}{L}\left(\int_0^{x_{cr}} h_{x,\,\mathrm{laminar}}\,dx + \int_{x_{cr}}^{L} h_{x,\,\mathrm{turbulent}}\,dx\right) \quad \textbf{(6–17)}$$

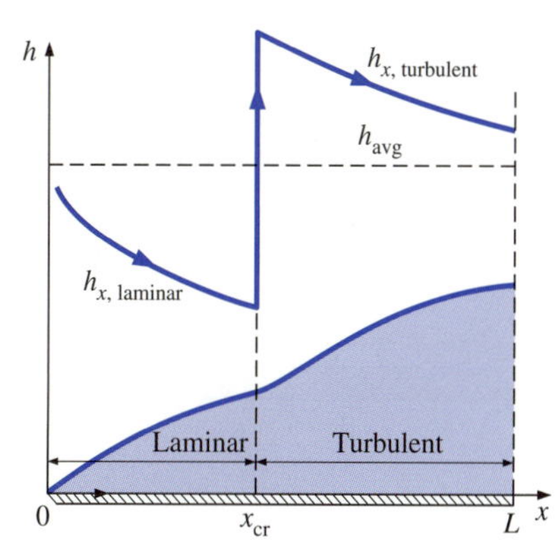

그림 6–10
층류와 난류유동이 공존하는 평판에서의 평균 열전달계수 그래프

임계 Reynolds 수가 $\mathrm{Re}_{cr} = 5 \times 10^5$인 경우에 각 항들의 값을 대입한 후에 식 (6-17)를 다시 적분하면, **전체** 판 위의 **평균** Nusselt 수를 얻을 수 있다(그림 6-10).

$$\mathrm{Nu} = \frac{hL}{k} = (0.037\,\mathrm{Re}_L^{0.8} - 871)\mathrm{Pr}^{1/3} \qquad \begin{array}{l} 0.6 \le \mathrm{Pr} \le 60 \\ 5 \times 10^5 \le \mathrm{Re}_L \le 10^7 \end{array} \tag{6-18}$$

이 관계식에서 상수는 다른 임계 Reynolds 수에서는 각각 다른 값을 가질 것이다.

수은과 같은 **액체금속**은 높은 열전도를 가지므로 높은 열전달률이 요구되는 분야에 보편적으로 사용된다. 하지만, 액체금속은 낮은 Prandtl 수를 가지므로 열경계층이 속도경계층보다 훨씬 빨리 발달한다. 따라서, 열경계층 내의 속도를 자유흐름의 값으로 일정하다고 가정하고 에너지방정식을 풀어서 다음을 구한다.

$$\mathrm{Nu}_x = 0.565(\mathrm{Re}_x\,\mathrm{Pr})^{1/2} \qquad \mathrm{Pr} < 0.05 \tag{6-19}$$

이제, 액체금속을 포함한 **모든 유체**에 적용할 수 있는 하나의 관계식을 개발하는 것이 바람직하다. Churchill과 Ozoe(1973)는 존재하는 모든 데이터를 곡선맞춤(curve-fitting)하여 모든 *Prandtl* 수에 적용 가능하며 ±1%의 정확도를 갖는 다음 식을 제안하였다.

$$\mathrm{Nu}_x = \frac{h_x x}{k} = \frac{0.3387\,\mathrm{Pr}^{1/3}\,\mathrm{Re}_x^{1/2}}{[1 + (0.0468/\mathrm{Pr})^{2/3}]^{1/4}} \tag{6-20}$$

위의 관계식들은 **등온표면**의 경우에 대하여 얻어진 결과이지만, 표면온도가 평균값으로 일정하다고 가정할 경우 비등온표면에서도 근사적으로 사용되어질 수 있다. 또한, 표면은 **매끄럽고**, 자유흐름은 **난류가 전혀 없는** 것으로 가정한다. 물성값 변화에 의한 영향은 막온도(film temperature)에서 모든 물성값을 사용함으로써 수용할 수 있다.

비가열 출발 길이를 갖는 평판

지금까지 전체 판이 선단에서부터 가열되는 경우에 대해서만 고려하였다. 하지만 실제의 많은 경우에서는 그림 6-11에 나와 있는 것과 같이 가열되지 않는 출발 길이 ξ의 구간을 포함한다. 그러므로 $0 < x < \xi$에서 열전달은 일어나지 않는다. 이 경우, 속도경계층은 선단($x = 0$)에서부터 발달되기 시작하지만, 열경계층은 가열되기 시작하는 지점($x = \xi$)에서부터 발달하기 시작한다.

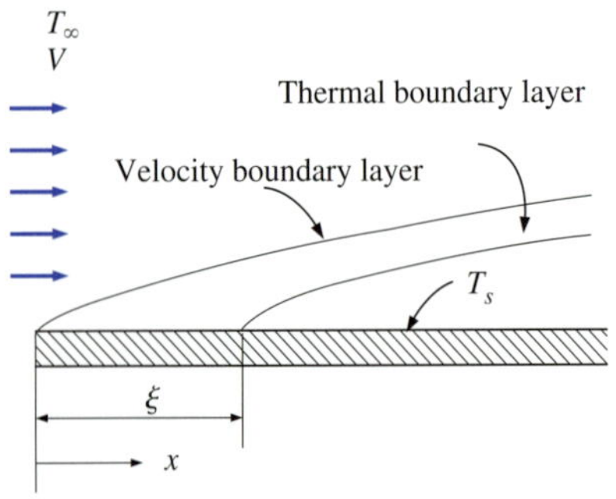

그림 6-11
가열되지 않는 구간을 갖는 평판에서의 유동

평판상의 가열되는 구간이 일정한 온도($x > \xi$일 때, $T = T_s$로 일정)로 유지된다고 생각해보자. 적분해석법(Kays와 Crawford, 1994)을 사용하여 층류유동과 난류유동에서의 국소 Nusselt 수를 $x > \xi$에서 다음과 같이 구할 수 있다.

층류:

$$\mathrm{Nu}_x = \frac{\mathrm{Nu}_{x\,(\text{for }\xi=0)}}{[1 - (\xi/x)^{3/4}]^{1/3}} = \frac{0.332\,\mathrm{Re}_x^{0.5}\,\mathrm{Pr}^{1/3}}{[1 - (\xi/x)^{3/4}]^{1/3}} \tag{6-21}$$

난류: $$\mathrm{Nu}_x = \frac{\mathrm{Nu}_{x\,(\text{for } \xi=0)}}{[1-(\xi/x)^{9/10}]^{1/9}} = \frac{0.0296\,\mathrm{Re}_x^{0.8}\,\mathrm{Pr}^{1/3}}{[1-(\xi/x)^{9/10}]^{1/9}} \quad \textbf{(6–22)}$$

$\xi = 0$인 경우의 Nu_x의 관계식은, 가열되지 않는 출발 길이가 없는 평판에서의 Nusselt 수에 해당하는 $\mathrm{Nu}_{x\,(\text{for } \xi = 0)}$로 표기한다. 분모의 중괄호 내의 항은 가열되지 않는 출발 길이가 있는 판의 보정계수로서 사용된다.

판의 가열된 구간에서의 평균 Nusselt 수는 앞의 국소 Nusselt 수 관계식을 적분하여 구할 수 있으나, 해석적인 방법으로는 구할 수 없다. 따라서 수치적으로 적분하여야 한다. 수치적 적분의 결과는 다음의 평균 대류 열전달계수 식으로 표기된다[Thomas(1997)].

층류: $$h = \frac{2[1-(\xi/x)^{3/4}]}{1-\xi/L}\,h_{x=L} \quad \textbf{(6–23)}$$

난류: $$h = \frac{5[1-(\xi/x)^{9/10}]}{4(1-\xi/L)}\,h_{x=L} \quad \textbf{(6–24)}$$

첫 번째 관계식은 유동이 전체 판 위에서 층류일 때 가열된 판의 전체 구간에서의 평균 열전달계수를 나타낸다. 여기서 $\xi = 0$인 경우, 예상한 바와 같이 $h_L = 2h_{x=L}$이 됨을 유의하여야 한다. 두 번째 관계식은 유동이 전체 판 위에서 난류이거나, 층류유동영역이 난류유동영역에 비해 아주 작은 경우의 평균 대류 열전달계수를 나타낸다.

균일한 열유속

평판이 등온 상태가 아니라 **균일한 열유속**(*uniform heat flux*) 상태인 경우, 국소 Nusselt 수는 다음과 같이 주어진다.

층류: $$\mathrm{Nu}_x = 0.453\,\mathrm{Re}_x^{0.5}\,\mathrm{Pr}^{1/3} \quad \textbf{(6–25)}$$

난류: $$\mathrm{Nu}_x = 0.0308\,\mathrm{Re}_x^{0.8}\,\mathrm{Pr}^{1/3} \quad \textbf{(6–26)}$$

이 관계식에서 등온 평판의 경우와 비교할 때, 층류인 경우 36%, 난류인 경우는 4% 더 높은 Nusselt 수 값을 갖는다. 판이 가열되지 않은 출발 길이를 가질 경우, 등온 평판과 관련된 관계식을 그대로 사용할 수 있다. 다만, 식 (6–21)과 식 (6–22)에서 $\mathrm{Nu}_{x\,(\text{for } \xi=0)}$ 대신하여 식 (6–25)과 식 (6–26)를 각각 대입하여 사용하여야 한다.

열유속 $\dot{q}_s$가 정해졌을 때, 판으로부터의 열전달률과 거리 x만큼 떨어진 지점에서의 표면온도는 다음 식으로 구할 수 있다.

$$\dot{Q} = \dot{q}_s A_s \quad \textbf{(6–27)}$$

그리고

$$\dot{q}_s = h_x[T_s(x) - T_\infty] \longrightarrow T_s(x) = T_\infty + \frac{\dot{q}_s}{h_x} \quad \textbf{(6–28)}$$

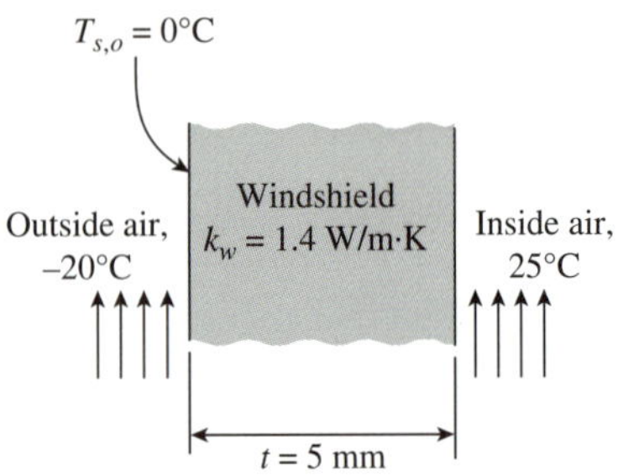

그림 6-12
예제 6-1의 개략도

여기서 A_s는 열전달 표면적이다.

예제 6-1 자동차 방풍유리(windshield)의 얼음 녹이기

자동차 방풍유리 바깥면에 쌓인 얼음을 녹이기 위하여, 방풍유리 안쪽면에 훈훈한 바람을 불게 한다. 전체 높이 0.5 m이고 두께가 5 mm인 자동차 방풍유리(k_w = 1.4 W/m·K)가 있다(그림 6-12). 바깥 대기온도(1 atm)가 −20°C이고, 방풍유리 바깥면에서의 평균 공기속도는 80 km/h이며, 자동차 안의 대기온도는 25°C이다. 방풍유리 안쪽면에 부는 훈훈한 바람이 얼음을 녹이기에 충분하기 위한 대류 열전달계수를 구하라. 이때 병풍유리를 평판으로 간주할 수 있다.

풀이 방풍유리 안쪽면에 부는 훈훈한 공기를 이용하여 얼음을 녹인다. 방풍유리 바깥면에 쌓인 얼음을 녹이기에 충분한 안쪽면의 대류 열전달계수를 구한다.

가정 **1.** 정상(steady) 작동 조건이 존재함, **2.** 방풍유리를 통한 1차원의 열전달, **3.** 물성값이 일정함, **4.** 복사 열전달을 무시함, **5.** 바깥 대기압은 1 atm, **6.** 임계 Reynolds 수 $Re_{cr} = 5 \times 10^5$

물성값 막온도(film temperature) T_f = (−20°C + 0°C)/2 = −10°C에서의 공기의 물성값은 다음과 같다(Table A-22). k = 0.02288 W/m·K, $\nu = 1.252 \times 10^{-5}$ m²/s, Pr = 0.7387

해석 방풍유리 바깥면의 L = 0.5 m에서의 Reynolds 수는

$$\mathrm{Re}_L = \frac{VL}{\nu} = \frac{(80/3.60\,\mathrm{m/s})(0.5\,\mathrm{m})}{1.252 \times 10^{-5}\,\mathrm{m^2/s}} = 8.875 \times 10^5$$

따라서 $5 \times 10^5 < \mathrm{Re}_L < 10^7$이기 때문에 유동은 층류와 난류의 혼합류이다. 적절한 Nusselt 수 관계식을 이용하여 방풍유리 바깥면의 평균 열전달계수를 다음과 같이 구한다.

$$\mathrm{Nu}_o = \frac{h_o L}{k} = (0.037\mathrm{Re}_L^{0.8} - 871)\mathrm{Pr}^{1/3} = [0.037(8.875 \times 10^5)^{0.8} - 871](0.7387)^{1/3} = 1131$$

$$h_o = 1131\frac{k}{L} = 1131\frac{0.02288\,\mathrm{W/m\cdot K}}{0.5\,\mathrm{m}} = 51.75\,\mathrm{W/m^2\cdot K}$$

에너지 평형을 이용하여 방풍유리 두께를 통한 열전달을 다음과 같이 표기할 수 있다.

$$\frac{T_{\infty,o} - T_{s,o}}{1/h_o} = \frac{T_{s,o} - T_{\infty,i}}{t/k_w + 1/h_i}$$

얼음이 녹기 시작하기 위해서는 방풍유리 바깥면의 온도가 적어도 0°C가 되어야 한다. 따라서 방풍유리 안쪽면에 부는 훈훈한 공기에 의한 대류 열전달계수는 다음과 같이 되어야 한다.

$$h_i = \left(\frac{1}{h_o}\frac{T_{s,o} - T_{\infty,i}}{T_{\infty,o} - T_{s,o}} - \frac{t}{k_w}\right)^{-1}$$

$$= \left[\frac{(0-25)\,°\mathrm{C}}{(-20-0)\,°\mathrm{C}}\left(\frac{1}{51.75\,\mathrm{W/m^2\cdot K}}\right) - \frac{0.005\,\mathrm{m}}{1.4\,\mathrm{W/m\cdot K}}\right]^{-1}$$

$$= \mathbf{48.6\,W/m^2\cdot K}$$

검토 실질적으로는 자동차 바깥의 대기온도와 대류 열전달계수는 기상 조건과 자동차의 속도에 따라서 변한다. 따라서 얼음을 녹이기에 충분한 훈훈한 공기의 대류 열전달계수 또한 변해야 한다. 이러한 열전달계수의 변화는 훈훈한 공기의 유량과 온도를 조절함으로써 가능하다.

예제 6-2 강제대류에 의한 플라스틱 판의 냉각

플라스틱 공장의 성형부에서 9 m/min 비율로 넓이가 1.2 m이고 두께가 0.1 cm인 플라스틱 판을 연속적으로 사출한다. 주위의 공기에 노출되었을 때 플라스틱 판의 온도는 95°C이다. 그리고 그림 6-13와 같이 플라스틱 판에서 길이가 0.6 m인 부분이 판의 운동방향에 직각방향으로 판의 양쪽 면 위를 3 m/s의 속도로 흐르는 25°C인 공기 유동 조건에 놓여 있다. (*a*) 대류와 복사에 의한 플라스틱 판에서 공기로의 열전달률, (*b*) 냉각부분의 끝에서 플라스틱 판의 온도를 구하라. 밀도, 비열, 그리고 플라스틱 판의 방사율은 각각 $\rho = 1200$ kg/m^3, $c_p = 1.7$ kJ/kg·°C, $\varepsilon = 0.9$이다.

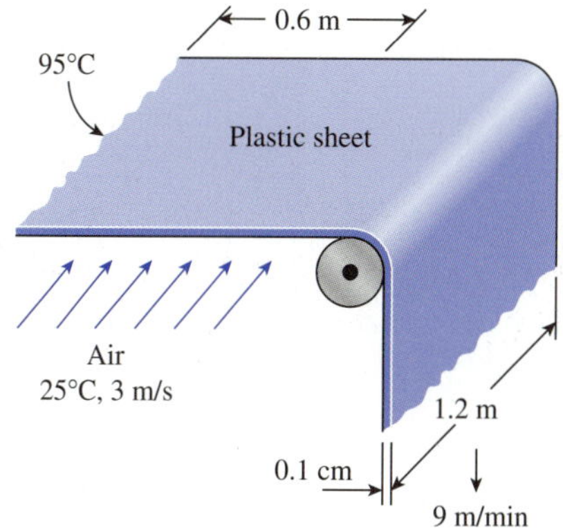

그림 6-13
예제 6-2의 개략도

풀이 플라스틱 판은 플라스틱 공장의 성형부에서 사출되어 나올 때 냉각된다. 대류와 복사에 의한 열손실률과 플라스틱 판의 출구온도를 결정한다.

가정 **1.** 정상(steady) 작동 조건, **2.** 임계 Reynolds 수는 $\mathrm{Re}_{cr} = 5 \times 10^5$, **3.** 공기는 이상기체, **4.** 국소 대기압은 1기압, **5.** 판 주위의 온도는 상온

물성값 플라스틱 판의 물성값은 문제에 주어져 있다. 1기압의 압력과 막온도 $T_f = (T_s + T_\infty)/2 = (95 + 25)/2 = 60$°C에서의 공기의 물성값은 다음과 같다(Table A-22).

$$k = 0.02808 \text{ W/m·°C} \qquad \mathrm{Pr} = 0.7202$$
$$\nu = 1.896 \times 10^{-5} \text{ m}^2/\text{s}$$

해석 (*a*) 길이가 0.6 m인 냉각 부분을 따라 플라스틱 판이 움직일 때 판의 온도는 약간 내려갈 것이지만, 그 정도는 알 수가 없다. 그러므로, 우선 플라스틱 판의 온도가 95°C로 일정하다고 가정한다. 필요하다면 플라스틱 판의 온도강하를 고려하여 다시 계산할 것이다.

$L = 1.2$ m일 때, 플라스틱 판을 지나는 공기유동 끝에서의 Reynolds 수는 다음과 같다.

$$\mathrm{Re}_L = \frac{VL}{\nu} = \frac{(3 \text{ m/s})(1.2 \text{ m})}{1.896 \times 10^{-5} \text{m}^2/\text{s}} = 1.899 \times 10^5$$

임계 Reynolds 수보다 작으므로 전체 판 위에서 *층류유동*이라 할 수 있으며, 평판에 대한 층류유동 관계식을 이용하여 Nusselt 수를 구한다.

$$\mathrm{Nu} = \frac{hL}{k} = 0.664\,\mathrm{Re}_L^{0.5}\,\mathrm{Pr}^{1/3} = 0.664 \times (1.899 \times 10^5)^{0.5} \times (0.7202)^{1/3} = 259.3$$

따라서,

$$h = \frac{k}{L}\mathrm{Nu} = \frac{0.02808 \text{ W/m·°C}}{1.2 \text{ m}}(259.3) = 6.07 \text{ W/m}^2\text{·°C}$$
$$A_s = (0.6 \text{ m})(1.2 \text{ m})(2 \text{ sides}) = 1.44 \text{ m}^2$$

이고

$$\begin{aligned}\dot{Q}_{\text{conv}} &= hA_s(T_s - T_\infty)\\ &= (6.07 \text{ W/m}^2\text{·°C})(1.44 \text{ m}^2)(95 - 25)\text{°C}\\ &= 612 \text{ W}\end{aligned}$$

$$\begin{aligned}\dot{Q}_{\text{rad}} &= \varepsilon\sigma A_s(T_s^4 - T_{\text{surr}}^4)\\ &= (0.9)(5.67 \times 10^{-8} \text{ W/m}^2\text{·K}^4)(1.44 \text{ m}^2)[(368 \text{ K})^4 - (298 \text{ K})^4]\\ &= 768 \text{ W}\end{aligned}$$

이므로, 대류와 복사가 혼합된 플라스틱 판의 냉각률은 다음과 같다.

$$\dot{Q}_{\text{total}} = \dot{Q}_{\text{conv}} + \dot{Q}_{\text{rad}} = 612 + 768 = \mathbf{1380\ W}$$

(*b*) 냉각부분의 끝에서 플라스틱 판의 온도를 구하기 위해서는 단위시간당 플라스틱 판의 질량(즉, 질량유량)을 알아야 한다. 그것은 아래와 같이 구한다.

$$\dot{m} = \rho A_c V_{\text{plastic}} = (1200\ \text{kg/m}^3)\,(1.2 \times 0.001\ \text{m}^2)\left(\frac{9}{60}\ \text{m/s}\right) = 0.216\ \text{kg/s}$$

이때, 플라스틱 판의 냉각된 부분에서의 에너지 평형으로부터

$$\dot{Q} = \dot{m}c_p(T_2 - T_1) \ \rightarrow\ T_2 = T_1 + \frac{\dot{Q}}{\dot{m}c_p}$$

플라스틱 판에 대한 $\dot{Q}$는 음수(열손실)이고, 대입하면 플라스틱 판이 냉각 구간에서 나갈 때의 온도는 다음과 같이 결정된다.

$$T_2 = 95°\text{C} + \frac{-1380\ \text{W}}{(0.216\ \text{kg/s})\,(1700\ \text{J/kg}\cdot°\text{C})} = \mathbf{91.2°C}$$

검토 플라스틱 판이 냉각부분을 지나갈 때 플라스틱 판의 평균 온도는 대략 3.8°C 정도 떨어진다. 정확도를 높이기 위해 플라스틱 판의 평균 온도를 95°C 대신 93.1°C로 하여 다시 계산할 수도 있다. 그러나 온도 변화가 적으므로 결과 값에 대한 변화는 별 의미가 없다.

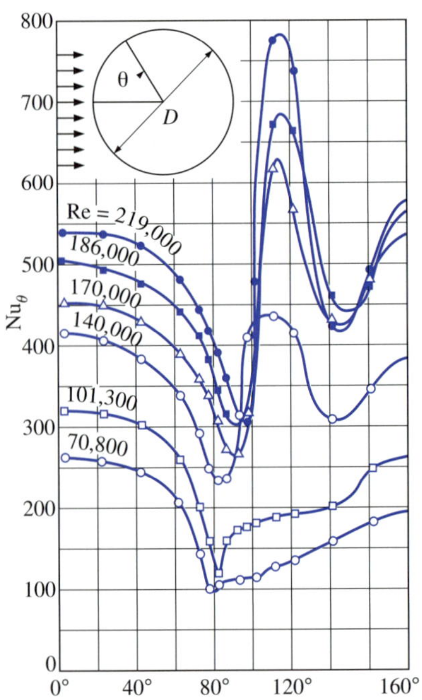

그림 6-14

원형 실린더 위의 공기의 교차유동에 의한 원주상의 국소 열전달계수의 변화(Giedt, 1949).

6-4 ▪ 원통과 구를 지나는 유동

일반적으로, 원통과 구를 가로지르는 유동은 해석적으로 이해하기가 어려운 유동 박리(*flow separation*)와 관련이 있다. 따라서 그러한 유동은 반드시 실험적 또는 수치적으로 연구되어져야만 한다. 실제로, 원통과 구를 지나는 유동은 많은 연구자들에 의해 실험적으로 연구되어졌고, 열전달계수를 위해 많은 경험적 관계식들이 개발되어 왔다.

원통을 지나는 복잡한 유동 형태가 열전달에 큰 영향을 미친다. 공기유동과 직교하는 원통의 원주 주위의 국소 Nusselt 수의 변화를 그림 6-14에서 보여주고 있다. 모든 경우에, Nu_θ의 값은 정체점($\theta = 0°$)에서 비교적 높게 시작되나, θ가 증가함에 따라 층류 경계층이 두꺼워짐으로서 감소한다. Re = 70,800과 101,300에 해당하는 아래의 두 곡선들에서, Nu_θ는 층류유동에서의 박리점인 $\theta \approx 80°$에서 최소값에 도달한다. 그 후, Nu_θ는 박리유동영역(후류)에서의 강한 혼합으로 인하여 θ가 증가함에 따라 같이 증가한다. Re = 140,000~219,000에 해당하는 위 곡선들은 Nu_θ가 두 개의 최소값을 가진다는 점에서 처음의 두 곡선과 다르다. $\theta \approx 90°$ 부근에서 Nu_θ의 급격한 증가는 층류에서 난류로의 천이현상 때문이다. 뒷부분에서 Nu_θ의 값이 감소하는 이유는 다시 경계층이 두꺼워지기 때문이다. Nu_θ는 난류유동에서 유동 박리점인 $\theta \approx 140°$ 부근에서 두 번째 최소값에 도달하고, 난류 후류

영역에서 강한 혼합으로 인하여 θ가 증가함에 따라 같이 증가한다.

국소 열전달계수에 관해서 앞의 논의는 매우 흥미로우나, 열전달의 계산은 전체 표면에서의 **평균** 열전달계수를 요구하기 때문에 국소 열전달계수는 열전달을 계산하는 데 있어서는 그다지 큰 역할을 하지 않는다. 원통을 지나는 직교유동의 경우, 평균 Nusselt 수에 관하여 문헌에서 제시된 여러 유용한 관계식들 중에서, Churchill과 Bernstein에 의해 제안된 식(1977) 하나를 소개하고자 한다.

$$\mathrm{Nu_{cyl}} = \frac{hD}{k} = 0.3 + \frac{0.62\,\mathrm{Re}^{1/2}\,\mathrm{Pr}^{1/3}}{[1 + (0.4/\mathrm{Pr})^{2/3}]^{1/4}}\left[1 + \left(\frac{\mathrm{Re}}{282{,}000}\right)^{5/8}\right]^{4/5} \quad \textbf{(6–29)}$$

이 식은 RePr > 0.2인 경우의 유용한 데이터를 서로 연관시켰다는 점에서 매우 포괄적인 관계식이다. 유체의 물성값은 자유흐름과 표면온도의 평균인 **막온도**, $T_f = \frac{1}{2}(T_\infty + T_s)$를 적용하여 계산되었다.

구를 지나는 유동의 경우, Whitaker(1972)는 다음의 포괄적인 상관식을 추천하였다.

$$\mathrm{Nu_{sph}} = \frac{hD}{k} = 2 + [0.4\,\mathrm{Re}^{1/2} + 0.06\,\mathrm{Re}^{2/3}]\,\mathrm{Pr}^{0.4}\left(\frac{\mu_\infty}{\mu_s}\right)^{1/4} \quad \textbf{(6–30)}$$

이 식은 $3.5 \le \mathrm{Re} \le 80{,}000$과 $0.7 \le \mathrm{Pr} \le 380$의 범위에서 적용된다. 이 경우에 유체의 물성값은 표면온도(T_s)에서 계산되어지는 μ_s를 제외하고는 자유흐름 온도(T_∞)를 가지고 계산된다. 비록, 위의 두 관계식이 매우 정확하게 고려되어졌다고 할지라도, 위 식으로부터 얻어지는 결과는 30% 이상의 오차를 가질 수 있다.

원통을 지나는 유동의 평균 Nusselt 수는 다음과 같이 간단하게 표현될 수 있다.

$$\mathrm{Nu_{cyl}} = \frac{hD}{k} = C\,\mathrm{Re}^m\,\mathrm{Pr}^n \quad \textbf{(6–31)}$$

여기서, $n = \frac{1}{3}$이고, 원형뿐만 아니라 다양한 비원형 원통의 경우, 실험적으로 결정되어진 상수 C와 m의 값이 표 6–2에 나타나 있다. 다른 형상의 경우에 Reynolds 수와 Nusselt 수의 계산에 사용하기 위한 특성길이 D는 그림에 나타나 있다. 모든 유체의 물성값은 막온도에서의 값을 사용한다.

위의 원통에 관한 관계식은 **하나의** 원통인 경우이거나, 또는 여러 개의 원통이 있는 경우라도 유동이 다른 원통에 의하여 영향을 받지 않는 경우에 해당한다. 또한, 위 식들은 **매끈한** 표면에서 적용된다. **표면거칠기**와 **자유흐름 난류**는 항력과 열전달계수에 중요한 영향을 미친다. 원통을 지나는 유동의 경우, 식 (6–31)는 식 (6–29)보다 더욱 간단하게 표현된 대체식이다. 그러나 식 (6–29)이 더 정확하기 때문에, 가능한 대부분의 계산에서 선호된다.

표 6-2

원형 실린더와 비원형 실린더 위를 흐르는 교차유동에 의한 평균 Nusselt 수의 실험식 (Zukauskas, 1972와 Jakob, 1949)

Cross section of the cylinder	Fluid	Range of Re	Nusselt number
Circle 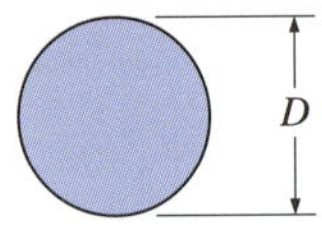	Gas or liquid	0.4–4 4–40 40–4000 4000–40,000 40,000–400,000	$Nu = 0.989Re^{0.330}\ Pr^{1/3}$ $Nu = 0.911Re^{0.385}\ Pr^{1/3}$ $Nu = 0.683Re^{0.466}\ Pr^{1/3}$ $Nu = 0.193Re^{0.618}\ Pr^{1/3}$ $Nu = 0.027Re^{0.805}\ Pr^{1/3}$
Square 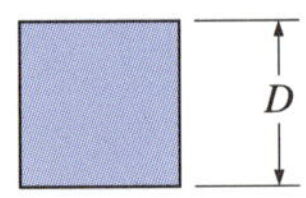	Gas	5000–100,000	$Nu = 0.102Re^{0.675}\ Pr^{1/3}$
Square (tilted 45°) 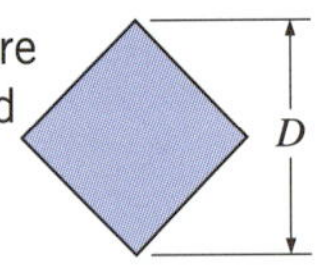	Gas	5000–100,000	$Nu = 0.246Re^{0.588}\ Pr^{1/3}$
Hexagon 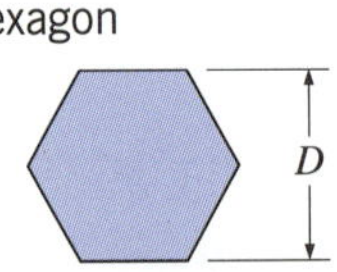	Gas	5000–100,000	$Nu = 0.153Re^{0.638}\ Pr^{1/3}$
Hexagon (tilted 45°) 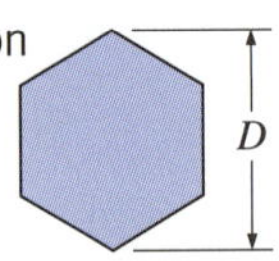	Gas	5000–19,500 19,500–100,000	$Nu = 0.160Re^{0.638}\ Pr^{1/3}$ $Nu = 0.0385Re^{0.782}\ Pr^{1/3}$
Vertical plate 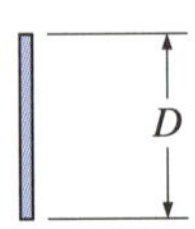	Gas	4000–15,000	$Nu = 0.228Re^{0.731}\ Pr^{1/3}$
Ellipse 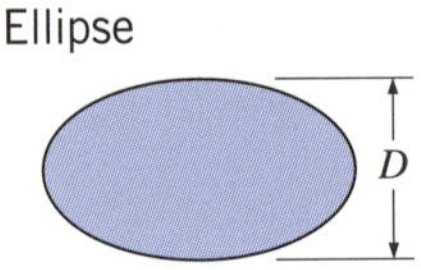	Gas	2500–15,000	$Nu = 0.248Re^{0.612}\ Pr^{1/3}$

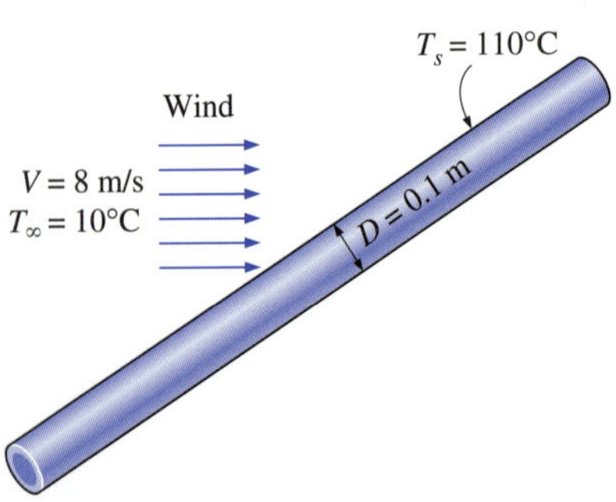

그림 6-15
예제 6-3의 개략도

예제 6-3 바람에 노출된 스팀관에서의 열손실

외부표면의 온도가 110°C이고, 직경이 10 cm인 긴 증기관이 바람막이가 없는 어떤 열린 공간에 노출되어 있다(그림 6-15). 압력이 1 atm이고, 온도가 10°C인 공기가 관을 가로질러 8 m/s의 속도로 불 때, 단위길이당 관으로부터의 열손실률을 구하라.

풀이 증기관이 바람에 노출되어 있으며, 증기로부터 열손실률을 구한다.

가정 **1.** 정상 운전 조건, **2.** 복사 열전달 무시, **3.** 공기는 이상기체

물성값 평균 막온도 $T_f = (T_s + T_\infty)/2 = (110 + 10)/2 = 60°C$와 1 atm 압력에서 공기의 물성값은 다음과 같다(Table A-22).

$$k = 0.02808 \text{ W/m}\cdot°\text{C} \qquad \text{Pr} = 0.7202$$
$$\nu = 1.896 \times 10^{-5} \text{ m}^2/\text{s}$$

해석 Reynolds 수는 다음과 같다.

$$\text{Re} = \frac{VD}{\nu} = \frac{(8 \text{ m/s})(0.1 \text{ m})}{1.896 \times 10^{-5} \text{ m}^2/\text{s}} = 4.219 \times 10^4$$

Nusselt 수는 다음과 같이 결정될 수 있다.

$$\text{Nu} = \frac{hD}{k} = 0.3 + \frac{0.62 \text{ Re}^{1/2} \text{ Pr}^{1/3}}{[1 + (0.4/\text{Pr})^{2/3}]^{1/4}}\left[1 + \left(\frac{\text{Re}}{282{,}000}\right)^{5/8}\right]^{4/5}$$
$$= 0.3 + \frac{0.62(4.219 \times 10^4)^{1/2}(0.7202)^{1/3}}{[1 + (0.4/0.7202)^{2/3}]^{1/4}}\left[1 + \left(\frac{4.219 \times 10^4}{282{,}000}\right)^{5/8}\right]^{4/5}$$
$$= 124$$

그리고

$$h = \frac{k}{D}\text{Nu} = \frac{0.02808 \text{ W/m}\cdot°\text{C}}{0.1 \text{ m}}(124) = 34.8 \text{ W/m}^2\cdot°\text{C}$$

단위길이당 관으로부터의 열전달률은 다음과 같다.

$$A_s = pL = \pi DL = \pi(0.1 \text{ m})(1 \text{ m}) = 0.314 \text{ m}^2$$
$$\dot{Q} = hA_s(T_s - T_\infty) = (34.8 \text{ W/m}^2\cdot\text{C})(0.314 \text{ m}^2)(110 - 10)°\text{C} = \mathbf{1093 \text{ W}}$$

전체 관으로부터의 열손실률은 위 값에 관의 길이를 곱하여 얻을 수 있다.

검토 이 경우 표 6-2에서의 더 간단한 Nusselt 수 관계식를 사용하면 식 (6-29)을 사용하여 얻은 값보다 3% 높은 Nu = 128을 얻는다.

예제 6-4 강제대류에 의한 금속 구의 냉각

직경이 25 cm인 스테인리스 금속 구(ρ = 8055 kg/m³, c_p = 480 J/kg·°C)를 300°C의 균일한 온도의 오븐에서 꺼내었다(그림 6-16). 그런 다음, 구는 속도가 3 m/s, 압력이 1 atm과 25°C의 공기 유동에 노출된다. 결국 구의 표면온도는 200°C로 떨어진다. 이 냉각 과정 동안의 평균 대류 열전달계수를 구하고, 그 냉각 과정이 얼마나 오래 지속될 것인지를 예측하라.

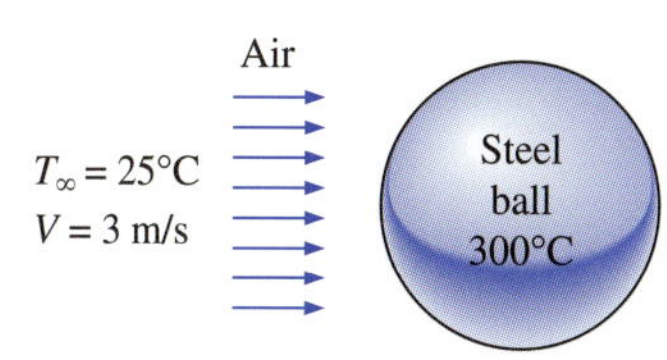

그림 6-16
예제 6-4의 개략도

풀이 뜨거운 스테인리스 구가 강제대류에 의해 냉각될 때, 평균 대류 열전달계수와 냉각시간을 구하고자 한다.

가정 **1.** 정상 운전 조건, **2.** 복사 열전달 무시, **3.** 공기는 이상기체, **4.** 구의 외부 표면온도는 항상 일정함, **5.** 냉각 도중 구의 표면온도는 변화함. 그러므로, 구와 공기 간의 대류 열전달계수 또한 바뀐다. 이러한 복잡성을 피하기 위하여 평균 온도 (300 + 200)/2 = 250°C를 구의 표면온도로 정하고 그 온도에서 열전달계수를 구하며, 전체 냉각 과정 동안 같은 값을 사용한다.

물성값 평균 표면온도에서 동점성계수는 $\mu_s = \mu_{@\,250°C} = 2.76 \times 10^{-5}$ kg/m·s이다. 자유흐름의 온도 25°C와 1기압에서 공기의 물성값은 다음과 같다(Table A-22)

$$k = 0.02551 \text{ W/m·°C} \qquad \nu = 1.562 \times 10^{-5} \text{ m}^2/\text{s}$$
$$\mu = 1.849 \times 10^{-5} \text{ kg/m·s} \qquad \text{Pr} = 0.7296$$

해석 Reynolds 수는 다음과 같다.

$$\text{Re} = \frac{VD}{\nu} = \frac{(3 \text{ m/s})(0.25 \text{ m})}{1.562 \times 10^{-5} \text{ m}^2/\text{s}} = 4.802 \times 10^4$$

Nusselt 수는

$$\begin{aligned}\text{Nu} = \frac{hD}{k} &= 2 + [0.4\,\text{Re}^{1/2} + 0.06\,\text{Re}^{2/3}]\,\text{Pr}^{0.4}\left(\frac{\mu_\infty}{\mu_s}\right)^{1/4} \\ &= 2 + [0.4(4.802 \times 10^4)^{1/2} + 0.06(4.802 \times 10^4)^{2/3}](0.7296)^{0.4} \\ &\quad \times \left(\frac{1.849 \times 10^{-5}}{2.76 \times 10^{-5}}\right)^{1/4} \\ &= 135\end{aligned}$$

평균 대류 열전달계수는 다음과 같다.

$$h = \frac{k}{D}\text{Nu} = \frac{0.02551 \text{ W/m·°C}}{0.25 \text{ m}}(135) = \mathbf{13.8\ W/m^2 \cdot °C}$$

구가 300°C에서 200°C로 냉각되는 시간을 구하기 위해, *평균* 표면온도에서 Newton의 냉각법칙으로부터 *평균* 열전달률을 구한다. 즉

$$A_s = \pi D^2 = \pi(0.25 \text{ m})^2 = 0.1963 \text{ m}^2$$
$$\dot{Q}_{\text{avg}} = hA_s(T_{s,\,\text{avg}} - T_\infty) = (13.8 \text{ W/m}^2\cdot°\text{C})(0.1963 \text{ m}^2)(250 - 25)°\text{C} = 610 \text{ W}$$

다음으로, 300°C에서 200°C로 냉각될 때 구의 에너지 변화량인 총 열전달을 구한다.

$$m = \rho V = \rho \tfrac{1}{6}\pi D^3 = (8055 \text{ kg/m}^3)\,\tfrac{1}{6}\pi(0.25 \text{ m})^3 = 65.9 \text{ kg}$$
$$Q_{\text{total}} = mc_p(T_2 - T_1) = (65.9 \text{ kg})(480 \text{ J/kg·°C})(300 - 200)°\text{C} = 3{,}163{,}000 \text{ J}$$

위의 계산에서, 반드시 옳다고 할 수는 없으나 전체 구의 온도를 200°C라 가정하였다. 아마도 구의 내부온도는 표면보다 더 높을 것이다. 이렇게 가정하고, 냉각시간을 다음과 같이 계산한다.

$$\Delta t \approx \frac{Q}{\dot{Q}_{\text{avg}}} = \frac{3{,}163{,}000 \text{ J}}{610 \text{ J/s}} = 5185 \text{ s} = \mathbf{1\ h\ 26\ min}$$

검토 냉각시간은 과도적(transient) 온도 도표 혹은 관계식을 이용하여 더 정확하게 구할 수도 있다. 그러나, 대략적으로 맞는 값이 필요하다면 앞의 간단한 가정이 정당화될 수 있다. 냉각시간이 정확히 1시간 26분이 될 것이라는 기대는 순진한 것이며, 공학적 판단으로는 냉각과정이 1시간에서 2시간 사이에서 일어날 것이라는 것이 현실적이다.

6–5 ▪ 일반적인 관 내부유동

파이프나 덕트를 통한 액체나 기체의 유동은 가열장치 및 냉각장치에 흔히 사용된다. 이러한 장치에서 유체는 팬이나 펌프에 의하여 강제적으로 관을 통하여 흐르게 되며, 이 관 길이가 충분히 긴 경우에 원하는 열전달이 발생하게 된다.

원형관 유동에서 Reynolds 수는 다음과 같이 정의된다.

$$\mathrm{Re} = \frac{\rho V_{avg} D}{\mu} = \frac{V_{avg} D}{\nu} \tag{6-32}$$

여기서 V_{avg}은 평균 유체속도이고, D는 관 직경이다. 그리고 $\nu = \mu/\rho$는 유체의 동점성계수이다. 층류에서 난류유동으로의 천이는 유동에서 **표면거칠기**와 **파이프 진동** 그리고 **유체의 교란**(*fluctuations*) 정도에 따른 것이기 때문이다. 대부분의 실제 조건에서 관외부 유동에서 층류는 Re < 2,300, 완전 난류는 Re > 10,000, 그리고 천이구간은 그 사이이다. 그러나 많은 경우 유동은 Re > 4,000에서 완전 난류가 됨을 명심해야 한다. 파이핑 회로망(piping networks)을 설계하고 펌프동력을 구할 때, 보수적으로 생각하여 Re > 4,000에서의 유동을 난류라고 가정한다.

그러므로 유체가 관을 통해 흐르면서 가열 또는 냉각이 될 때, 임의의 단면에서 유체의 온도는 그 단면 벽의 표면온도 T_s에서부터 관의 가운데에서 나타나는 어떤 최댓값(또는, 가열의 경우에는 최소)까지 변한다. 유체유동에서 단면에 대하여 일정한 값을 갖는 **평균 온도** T_m을 가지고 작업하는 것이 편리하다. 그러나 유체가 가열 또는 냉각되어질 때, 평균 온도 T_m은 유동방향을 따라 **변하게** 된다.

평균 온도 T_m의 값은 **에너지 보존**의 원리가 만족되어지는 필수 조건으로부터 결정된다. 즉 실제유동에서 단면을 통하여 유체에 의해 수송되는 에너지는 유체가 균일한 온도 T_m일 때 같은 단면을 통하여 수송되는 에너지와 같다는 것이다. 이것은 수학적으로 다음과 같이 표현된다(그림 6-17).

$$\dot{E}_{fluid} = \dot{m} c_p T_m = \int_{\dot{m}} c_p T(r) \delta \dot{m} = \int_{A_c} \rho c_p T(r) u(r) V dA_c \tag{6-33}$$

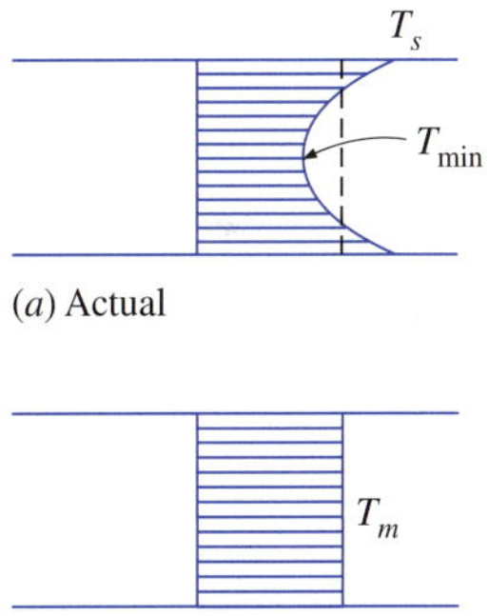

(*a*) Actual
(*b*) Idealized

그림 6-17
관 유동에서 실제 온도장과 이상 온도장(유체를 통해 에너지가 전달된 비율은 두 경우에서 같다)

여기서, c_p는 유체의 비열이다. 관을 따라 임의의 단면에서의 $\dot{m} c_p T_m$ 양은 주어진 단면에서 유체가 갖는 **에너지 흐름**을 나타낸다는 것에 주목해라. 그리고 비열과 밀도가 일정하고 반경이 R인 원형 파이프를 흐르는 유체의 평균 온도는 다음과 같이 나타낼 수 있다.

$$T_m = \frac{\int_{\dot{m}} c_p T(r) \delta \dot{m}}{\dot{m} c_p} = \frac{\int_0^R c_p T(r) \rho u(r) 2\pi r dr}{\rho V_{avg} (\pi R^2) c_p} = \frac{2}{V_{avg} R^2} \int_0^R T(r) u(r)\, r dr \tag{6-34}$$

유체의 평균 온도 T_m은 가열이나 냉각되는 동안 변한다는 것에 주목해야 한다. 또한 내부유동에서 유체특성은 입구와 출구의 평균 온도 산술평균인 **혼합평균 유체온도**(*bulk mean fluid temperature*)로 정해진다. 즉

$$T_b = (T_{m,i} + T_{m,e})/2 \tag{6-35}$$

열적 입구영역

그림 6-18은 속도 경계층의 발달에 관해서 보여주고 있다. 이제 서로 다른 온도로 유지되는 표면을 가진 원형관으로 들어가는 일정한 온도의 유체를 고려해 보자. 이 때 관의 표면에 인접한 경계층의 유체 입자를 표면온도로 가정한다. 관에서 대류 열전달이 시작되고 관을 따라서 **열경계층**의 발달이 시작된다. 이 경계층의 두께는 그림 6-19에서와 같이 경계층이 관의 가운데에 도달하고, 관 전체를 채울 때까지 유동방향으로 증가한다.

열경계층이 발달하고 관의 중심에 도달하는 데까지의 유동영역을 **열적 입구영역**이라고 하고, 이 영역의 길이를 **열적 입구 길이** L_t라고 한다. 온도장이 발달된 이후의 열적 입구영역의 유동을 **열역학적으로 발달하고 있는 유동**이라 부른다. $(T_s - T)/(T_s - T_m)$로서 표현되는 무차원 온도분포가 변화 없이 계속 유지되는 열적 입구영역 이후의 영역을 **열적으로 완전히 발달된 영역**이라 부른다. 유동이 유체역학적 및 열적으로 발달되고 속도와 무차원 온도분포가 변하지 않고 남아 있는 영역을 **완전히 발달된 유동**이라 부른다.

유체역학적으로 완전히 발달된: $$\frac{\partial u(r, x)}{\partial x} = 0 \longrightarrow u = u(r) \tag{6-36}$$

열적으로 완전히 발달된: $$\frac{\partial}{\partial x}\left[\frac{T_s(x) - T(r, x)}{T_s(x) - T_m(x)}\right] = 0 \tag{6-37}$$

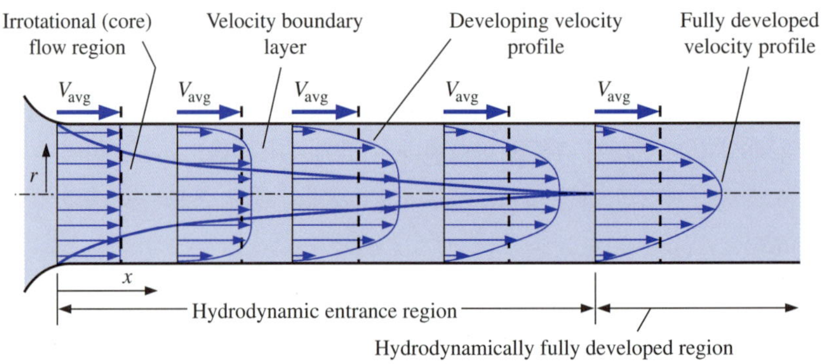

그림 6-18
튜브 내의 속도경계층의 발달[그림에서와 같이 완전히 발달된 층류 평균속도는 포물선형이나, 난류유동에서는 다소 평평하거나(flatter) 두드린 둥근 홈(fuller)과 같다].

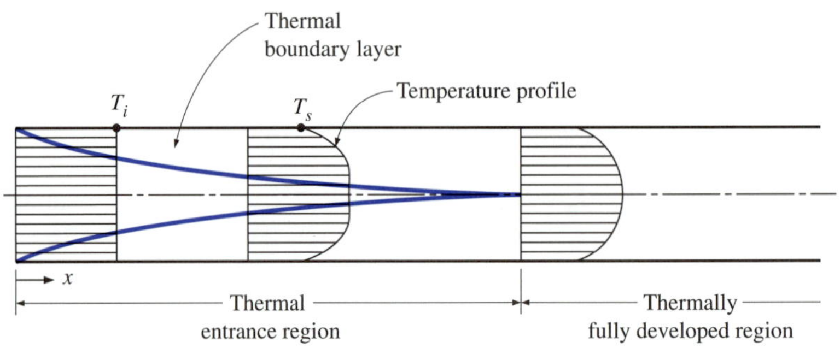

그림 6-19
튜브 내의 열적 경계층의 발달(튜브 내의 유체는 냉각된다)

관 벽에서의 전단응력 τ_w는 표면에서의 속도구배와 관계가 있다. 유체역학적으로 완전히 발달된 영역에서 속도분포가 변하지 않으며, 벽면 전단응력 역시 이 영역에서 변하지 않음을 주지하여야 한다. 열적으로 완전히 발달된 영역에서 열전달계수에 대하여서도 같은 주장을 할 수 있다.

열적으로 완전히 발달된 영역에서, x에 대하여$(T_s - T)/(T_s - T_m)$ 미분에 의한 도함수는 0이고, $(T_s - T)/(T_s - T_m)$는 x에 대해 독립적이다. 그러면 r에 관한 $(T_s - T)/(T_s - T_m)$의 도함수는 x에 대해 독립적이어야만 한다.

$$\frac{\partial}{\partial r}\left(\frac{T_s - T}{T_s - T_m}\right)\bigg|_{r=R} = \frac{-(\partial T/\partial r)|_{r=R}}{T_s - T_m} \neq f(x) \tag{6-38}$$

표면 열유속은 다음과 같이 표현될 수 있다.

$$\dot{q}_s = h_x(T_s - T_m) = k\frac{\partial T}{\partial r}\bigg|_{r=R} \quad\longrightarrow\quad h_x = \frac{k(\partial T/\partial r)|_{r=R}}{T_s - T_m} \tag{6-39}$$

식 (6-37)로부터 이것은 x의 독립 변수이다. 이와 같이 **관의 열역학적으로 완전히 발달된 영역에서 국부 대류계수는 상수이다**(x의 변수가 아니다). 그러므로 **마찰**(벽면 전단응력과 관계된)**과 대류계수 모두 튜브의 완전히 발달된 영역에서 여전히 상수이다.**

열역학적으로 완전히 발달된 영역에서의 **온도분포**가 유동방향으로 x에 따라 변한다는 점에 주목하라. 즉 속도분포와는 달리, 온도분포는 완전히 발달된 영역에서 관의 다른 단면의 온도분포와 다를 수 있다는 것이다. 그러나 무차원 온도분포는 관 표면에서의 온도나 열유속이 일정하게 유지될 때 열적으로 발달된 영역에서는 변하지 않고 계속 유지된다는 것을 보여줄 수 있다.

관 내부의 층류유동에서 무차원 Prandtl 수 Pr의 크기는 속도와 열경계층의 상대적 성장의 기준이 된다. 가스와 같이 Pr ≈ 1인 유체의 경우에, 두 경계층은 본질적으로 서로 일치한다. 오일과 같이 Pr ≫ 1인 유체의 경우에, 속도경계층은 열경계층보다 빨리 성장한다. 그 결과, 유체역학적 입구 길이는 열적 입구 길이보다 작다. 액체금속과 같이 Pr ≪ 1인 유체의 경우에, 그 반대의 결과가 나타난다.

관 내부에서 가열(또는 냉각)되고 있는 유체를 고려해 보자. 그림 6-20과 같이, 마찰인자와 열전달계수는 경계층의 두께가 0인 관의 입구에서 더 높고, 완전히 발달된 값을 가질 때 점차적으로 감소한다. 그러므로 압력강하와 열유속은 관의 입구에서 더 높고, 입구영역의 효과는 전체 관에서 평균 마찰계수와 열전달계수를 증가시킨다. 이러한 증가는 짧은 관에서는 중요할 수 있으나, 긴 관의 경우에는 무시할 만하다.

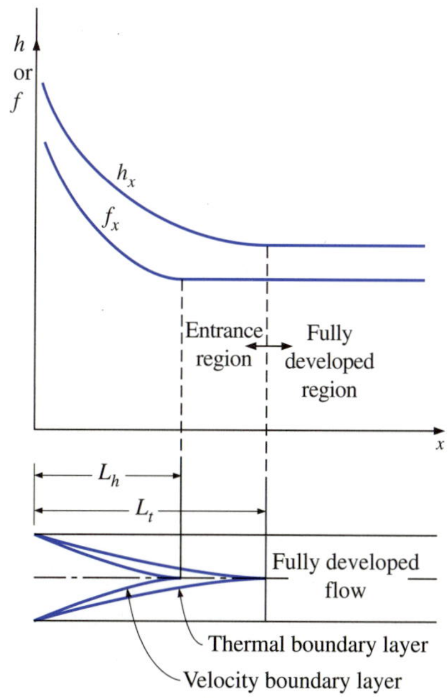

그림 6-20
튜브 내의 유동에서 유동방향으로의 마찰계수 및 대류 열전달계수의 변화(Pr > 1)

입구 길이

유체역학적 입구 길이는 일반적으로 벽면 전단응력이 완전히 발달된 값의 약 2% 이내에 도달하는 관입구로부터의 거리로 주어진다. **층류유동**에서 유체역학적 및 열적 입구 길이는 대략적으로 다음과 같이 주어진다. (Kays and Crawford, 1993과 Shah and Bhatti, 1987)

$$L_{h,\ \text{laminar}} \approx 0.05\ \text{Re}\ D \quad \textbf{(6–40)}$$

$$L_{t,\ \text{laminar}} \approx 0.05\ \text{Re}\ \text{Pr}\ D = \text{Pr}\ L_{h,\ \text{laminar}} \quad \textbf{(6–41)}$$

Re = 20일 때, 유체역학적 입구 길이는 대략 직경의 크기이지만, 속도와 함께 선형적으로 증가한다. Re = 2300으로 제한되어 있는 경우, 유체역학적 입구 길이는 115D이다.

난류유동에서 불규칙적인 변동에 의한 격렬한 혼합은 일반적으로 분자 확산의 영향과는 무관하다. 그러므로 유체역학적 및 열적 입구 길이는 대략 같은 크기이며 Prandtl 수에 영향을 받지 않는다. 입구 길이는 예상하는 바와 같이 난류유동에서 훨씬 짧으며, Reynolds 수의 영향은 더 약하다. 많은 실제적인 관내유동에서 입구로부터 10D 이후에는 입구의 영향은 미미하다. 그리고 유체역학적 및 열적 입구 길이는 대략적으로 다음과 같이 주어진다.

$$L_{h,\ \text{turbulent}} \approx L_{t,\ \text{turbulent}} \approx 10D \quad \textbf{(6–42)}$$

일정 표면온도와 일정 표면열유속 조건에서 관내 난류유동에서의 국소 Nusselt 수의 변화는 그림 6-21에서와 같이 열전달에서 Reynolds 수의 범위와 상응된다. 이 그림으로부터 몇 가지 중요한 점을 살펴보자.

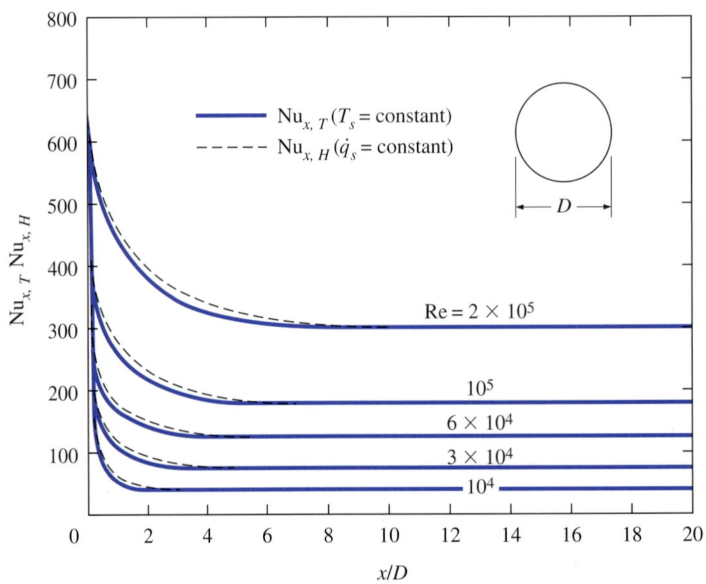

그림 6–21

일정 표면온도와 표면열유속 조건에 있는 관의 난류유동에서의 국소 Nusselt 수의 변화

Deissler, 1953.

- Nusselt 수와 대류 열전달계수는 입구영역에서 매우 높다.
- Nusselt 수는 $10D$보다 작은 거리에서 일정한 값에 도달하며, 유동은 $x > 10D$에서 완전 발달될 것으로 추정된다.
- 일정 표면온도와 일정 표면열유속 조건에서 Nusselt 수는 완전히 발달된 영역에서 동일하며, 입구영역에서도 거의 동일하다. 그러므로 Nusselt 수는 열적 경계층의 형태에 영향을 받지 않으며, 난류유동의 상호작용은 경계조건의 형태와 무관하게 사용될 수 있다.

입구영역의 마찰계수와 열전달계수의 정확한 관계식은 문헌을 통하여 이용할 수 있다. 그러나 강제대류에서 실제로 사용되는 관은 입구영역 길이의 여러 배가 되는 길이를 가진다. 따라서 관을 통과하는 유동은 관의 전체 길이에서 완전히 발달된다고 가정한다. 또한 사용상의 간편성 때문에 이 방법은 긴 관의 경우에는 열전달률에 대해 **믿을 만한** 결과를 주고, 짧은 관의 경우에는 **조심스러운** 결과를 준다.

6–6 ▪ 일반적인 열해석

어떤 일의 상호작용(전기저항 가열 같은)이 없을 때, 관에서 유체 정상유동의 경우 에너지 보존방정식은 다음과 같이 표기될 수 있다(그림 6–22).

$$\dot{Q} = \dot{m}c_p(T_e - T_i) \qquad \text{(W)} \tag{6-43}$$

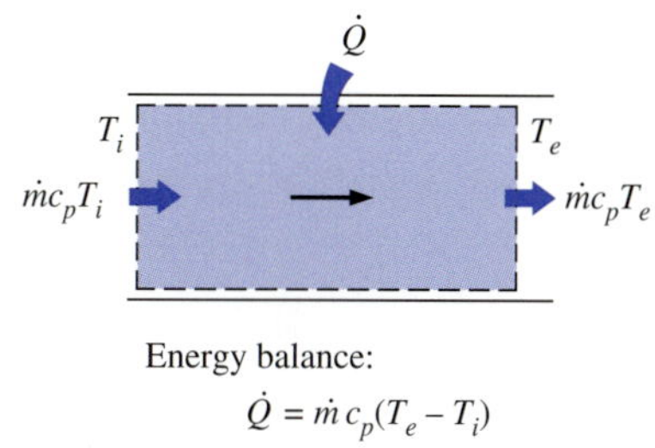

그림 6–22
관 내부를 흐르는 유체의 열전달은 유체의 에너지 증가와 같다.

여기서, T_i와 T_e는 관의 입구와 출구에서 평균 유체온도이고, $\dot{Q}$는 유체로 또는 유체로부터의 열전달률이다. 관의 벽을 통한 어떠한 에너지의 상호작용이 없으면, 관을 흐르는 유체의 온도는 균일하게 유지됨을 주목하라.

관의 표면에서의 열적조건이 **일정한 표면온도** 조건(T_s = 일정)이거나 **일정한 표면 열유속** 조건($\dot{q}_s$ = 일정)으로 가정되어지는 것은 적절하다. 예를 들어, 일정한 표면온도 조건은 비등이나 응축과 같은 상변화 과정이 관의 바깥면에서 발생할 때 나타난다. 일정한 표면 열유속 조건은 관이 모든 방향으로부터 균일하게 복사나 전기적 저항 가열에 노출될 때 나타난다.

관의 임의의 위치에서 대류 열유속은 다음과 같이 표현될 수 있다.

$$\dot{q}_s = h_x(T_s - T_m) \qquad \text{(W/m}^2\text{)} \tag{6-44}$$

여기서, h_s는 **국소** 열전달계수이고, T_s와 T_m은 그 지점에서 표면온도와 평균 유체온도이다. 관에서 흐르는 유체의 평균 유체온도 T_m은 가열이나 냉각 과정 동안 반드시 변한다는 사실을 주목해야 한다. 그러므로 $h_x = h$ = 일정할 때, 표면온도 T_s는 $\dot{q}_s$ = 일정일 때 반드시 변해야만 하고, 표면 열유속 $\dot{q}_s$는 T_s = 일정일 때 반드시 변해야만 한다. 따라서 관의 표면에서 T_s = 일정이거나 $\dot{q}_s$ = 일정일 것이다. 그러나 두 가지 조건을 동시에 가지지는 않는다. 아래에서 자주 나타나는 이들 두 가지 경우의 대류 열전달을 고려해 보자.

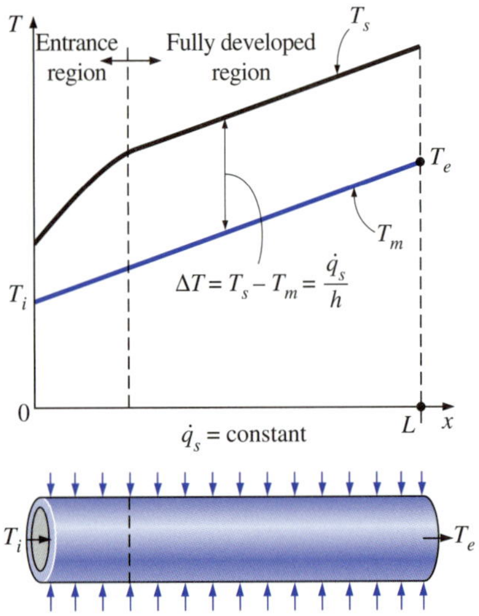

그림 6–23

등열유속 경계조건일 경우 관의 길이 방향으로의 **표면온도**와 **평균 유체온도**의 변화

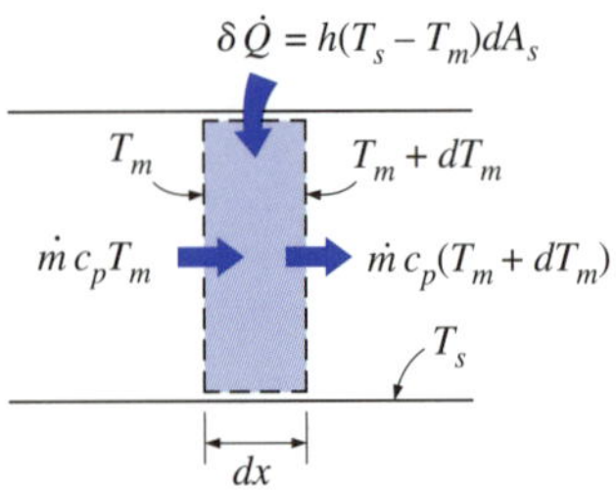

그림 6–24

관 내의 미소검사체적에서의 에너지 상호작용

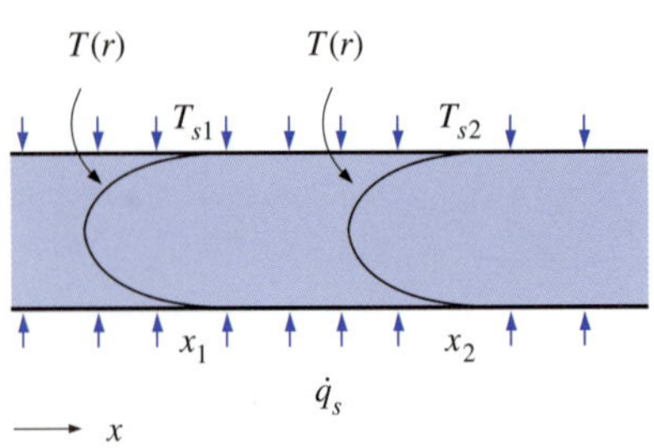

그림 6–25

등열유속 경계조건인 관의 완전 발달 구간에서 변하지 않는 온도분포의 모습

일정한 표면 열유속($\dot{q}_s$ = 일정)

$\dot{q}_s$ = 일정한 경우에, 열전달률은 다음과 같이 표현되어질 수 있다.

$$\dot{Q} = \dot{q}_s A_s = \dot{m}c_p(T_e - T_i) \qquad \text{(W)} \tag{6–45}$$

그때, 관 출구에서의 평균 유체온도는 다음과 같다.

$$T_e = T_i + \frac{\dot{q}_s A_s}{\dot{m}c_p} \tag{6–46}$$

일정한 표면 열유속인 경우에 표면적이 유동방향으로 선형적으로 증가하기 때문에 (A_s는 균일한 둘레와 관 길이의 곱과 같다), 평균 유체온도는 유동방향을 따라 선형적으로 증가한다.

일정한 열유속 $\dot{q}_s$인 경우에 표면의 온도는 다음과 같이 구할 수 있다.

$$\dot{q}_s = h(T_s - T_m) \longrightarrow T_s = T_m + \frac{\dot{q}_s}{h} \tag{6–47}$$

완전히 발달된 구간일 때 표면온도 T_s는 h가 일정하고, $T_s - T_m$ = 일정하기 때문에 유동 방향으로 선형적으로 증가한다(그림 6–23). 물론 유체의 물성값이 유동하는 동안 일정할 때의 경우에 해당한다.

T–x 선도에서 평균 온도 T_m의 기울기는 그림 6–24와 같이 관의 미소두께인 dx에서 정상유동의 에너지 평형을 적용하여 결정하면 다음과 같다.

$$\dot{m}c_p dT_m = \dot{q}_s(pdx) \longrightarrow \frac{dT_m}{dx} = \frac{\dot{q}_s p}{\dot{m}c_p} = \text{일정} \tag{6–48}$$

이때의 p는 관의 원주를 말한다.

$\dot{q}_s$와 h가 일정할 때 식 (6–47)를 x에 대하여 미분하면 다음과 같다.

$$\frac{dT_m}{dx} = \frac{dT_s}{dx} \tag{6–49}$$

또한 온도가 변하지 않는 완전히 발달된 영역에서의 무차원 온도분포가 필요하며 이는 다음과 같다.

$$\frac{\partial}{\partial x}\left(\frac{T_s - T}{T_s - T_m}\right) = 0 \longrightarrow \frac{1}{T_s - T_m}\left(\frac{\partial T_s}{\partial x} - \frac{\partial T}{\partial x}\right) = 0 \longrightarrow \frac{\partial T}{\partial x} = \frac{dT_s}{dx} \tag{6–50}$$

$T_s - T_m$ = 일정할 때 식 (6–48)과 (6–49), (6–50)를 조합하여 다음과 같이 나타낼 수 있다.

$$\frac{\partial T}{\partial x} = \frac{dT_s}{dx} = \frac{dT_m}{dx} = \frac{\dot{q}_s p}{\dot{m}c_p} = \text{일정} \tag{6–51}$$

관을 지나는 완전히 발달된 유동일 경우 표면의 일정한 열유속의 지배를 받고 있다고 결정했다. 이때의 온도의 변화는 x와 상관이 없다. 그래서 그림 6–25와 같이 관 전체에서 온도분포는 변하지 않는다.

원형관의 경우 $p = 2\pi R$, $\dot{m} = \rho V_{avg} A_c = \rho V_{avg}(\pi R^2)$와 같으며 식 (6-51)은 다음과 같이 쓸 수 있다.

원형관: $$\frac{\partial T}{\partial x} = \frac{dT_s}{dx} = \frac{dT_m}{dx} = \frac{2\dot{q}_s}{\rho V_{avg} c_p R} = \text{일정} \quad \textbf{(6-52)}$$

여기서 V_{avg}는 유체의 평균속도를 나타낸다.

일정한 표면온도(T_s = 일정)

Newton의 냉각법칙으로부터 관 내부를 흐르는 유체로 혹은 유체로부터의 열전달률은 다음과 같이 표현되어질 수 있다.

$$\dot{Q} = hA_s\Delta T_{avg} = hA_s(T_s - T_m)_{avg} \qquad \text{(W)} \quad \textbf{(6-53)}$$

여기서, h는 평균 대류 열전달계수, A_s는 열전달 면적(이것은 길이가 L인 원형관에서 πDL과 같다)이고, ΔT_{avg}는 유체와 표면 사이의 어떤 적절한 **평균** 온도차를 나타낸다. 아래에서, 우리는 ΔT_{am}를 표현하는 두 개의 적절한 방법을 토의한다.

일정 표면온도(T_s = 일정)의 경우, ΔT_{avg}는 다음과 같이 **산술평균온도차** ΔT_{avg}에 의해서 적절하게 표현될 수 있다.

$$\Delta T_{avg} \approx \Delta T_{am} = \frac{\Delta T_i + \Delta T_e}{2} = \frac{(T_s - T_i) + (T_s - T_e)}{2} = T_s - \frac{T_i + T_e}{2}$$
$$= T_s - T_b \quad \textbf{(6-54)}$$

여기서, $T_b = (T_i + T_e)/2$는 **혼합평균 유체온도**로서, 관의 입구와 출구에서의 평균 유체온도의 **산술적인 평균**을 나타낸다.

산술평균온도차 ΔT_{am}는 관의 입구와 출구에서의 표면과 유체 사이의 **온도차의 평균**이라는 것에 주목하라. 본질적으로 이러한 정의에는, T_s가 일정할 때는 거의 나타날 수 없는, 평균 유체온도가 관을 따라서 선형적으로 변화한다는 가정을 포함하고 있다. 이런 간단한 가정은 항상 그런 것은 아니지만 종종 수용할 만한 결과를 준다. 그러므로 우리는 ΔT_{avg}를 계산하기 위한 더 좋은 방법이 필요하다.

내부 표면이 균일한 온도 T_s로 유지되고, 단면이 일정한 관의 내부를 흐르는 유체의 가열을 고려하자. 우리는 유체의 평균 온도 T_m은 열전달의 결과로 인하여 유동방향으로 증가한다는 것을 안다. 그림 6-24에서와 같이 미소검사체적에서의 에너지 평형은 다음과 같이 주어진다.

$$\dot{m}c_p\,dT_m = h(T_s - T_m)dA_s \quad \textbf{(6-55)}$$

다시 말해서 유체의 에너지 증가(dT_m에 의해 나타내지는 유체의 평균 온도의 증가)는 대류에 의해 관 표면으로부터 유체에 전해지는 열과 같다는 것이다. T_s가 일

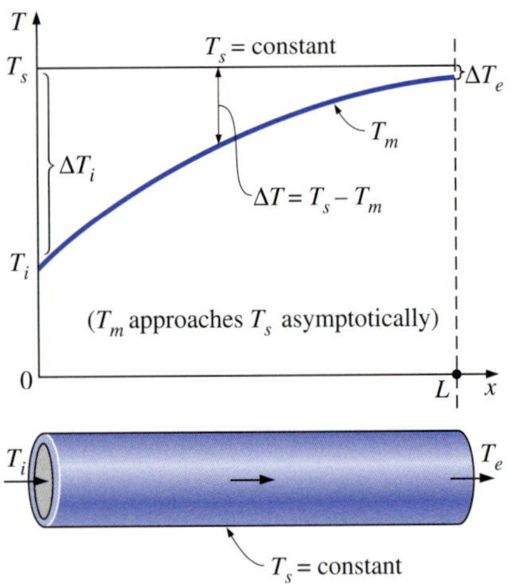

그림 6–26

등온 경계조건일 경우 관의 길이 방향으로의 평균 유체온도의 변화

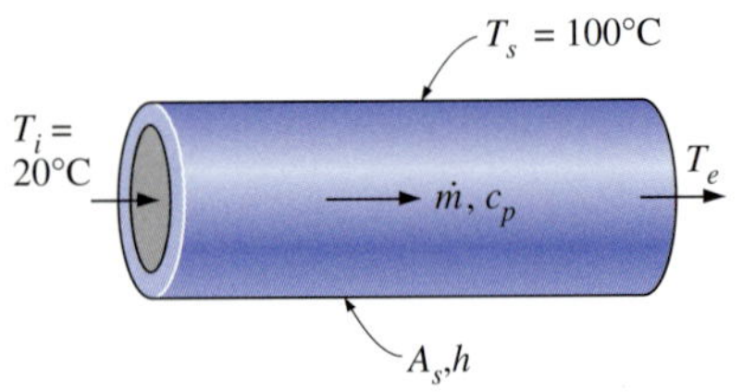

NTU = $hA_s/\dot{m}c_p$	T_e, °C
0.01	20.8
0.05	23.9
0.10	27.6
0.50	51.5
1.00	70.6
5.00	99.5
10.00	100.0

그림 6–27

NTU 값이 5보다 클 경우 관로에서의 유체온도가 입구의 온도에 관계없이 출구에서 표면온도에 도달한다.

정하기 때문에, p가 관의 둘레일 때 미소표면적 $dA_s = pdx$이고, $dT_m = -d(T_s - T_m)$이라는 것을 사용하면 위의 관계식은 다음과 같이 다시 정리될 수 있다.

$$\frac{d(T_s - T_m)}{T_s - T_m} = -\frac{hp}{\dot{m}c_p}\,dx \qquad \text{(6–56)}$$

$x = 0$ ($T_m = T_i$일 때의 관 입구)부터 $x = L$ ($T_m = T_e$일 때의 관 출구)까지 적분하면 다음 식을 구할 수 있다.

$$\ln\frac{T_s - T_e}{T_s - T_i} = -\frac{hA_s}{\dot{m}c_p} \qquad \text{(6–57)}$$

여기서, $A_s = pL$은 관의 표면적이고, h는 일정한 평균 대류 열전달계수이다. 양변에 지수를 취하고, T_e에 관해 풀면 **관의 출구에서의 평균 유체온도**를 결정하는 데 매우 편리한 아래의 관계식을 얻을 수 있다.

$$T_e = T_s - (T_s - T_i)\exp(-hA_s/\dot{m}c_p) \qquad \text{(6–58)}$$

이 관계식은 또한, $A_s = pL$을 $A_s = px$로 바꿈으로써 임의의 x에서 평균 유체온도 $T_m(x)$을 결정하기 위해 사용되어질 수 있다.

그림 6–26와 같이 유체와 표면 사이의 온도차는 유동방향으로 **지수적으로 감소**하고, 감소율은 지수 $hA_s/\dot{m}c_p$의 크기에 좌우된다. 이 무차원 매개변수는 **전달단위수**(*number of transfer units*)라 불리어지고, NTU라 표시되는데, 이것은 열전달 시스템의 성능 척도가 된다. NTU > 5인 경우에, 유체의 출구온도는 표면온도와 거의 동일($T_e \approx T_s$)하게 된다(그림 6–27). 유체온도가 표면온도에 가까워질 수는 있으나, 그것보다 더 높을 수는 없다. NTU의 값이 5일 때에는 열전달이 한계에 이르게 되고, 그것은 관의 길이를 얼마나 많이 늘이는가에 상관없이 열전달은 더 이상 증가하지는 않는다는 것을 나타낸다. 반면에, 작은 NTU의 값에 대하여는 열전달이 일어날 가능성이 있어서, 관의 길이를 늘임으로써 열전달도 같이 증가할 것이다. 큰 NTU와 큰 열전달 표면적(큰 관을 의미함)은 열전달의 관점에서는 바람직하나, 경제적인 면에는 받아들여질 수 없다. 일반적으로 열전달 장비의 선택은 열전달의 성능과 비용 사이의 적절한 절충을 통하여 이루어진다.

$\dot{m}c_p$에 관하여 식 (6–57)을 풀면 다음과 같다.

$$\dot{m}c_p = -\frac{hA_s}{ln[(T_s - T_e)/(T_s - T_i)]} \qquad \text{(6–59)}$$

이 식을 식 (6–43)에 대입하면, 다음과 같은 식을 얻을 수 있다.

$$\dot{Q} = hA_s\Delta T_{\ln} \qquad \text{(6–60)}$$

여기서,

$$\Delta T_{\ln} = \frac{T_i - T_e}{\ln[(T_s - T_e)/(T_s - T_i)]} = \frac{\Delta T_e - \Delta T_i}{\ln(\Delta T_e/\Delta T_i)} \quad \text{(6–61)}$$

는 **대수평균온도차**(logarithmic mean temperature difference)를 나타낸다. 각각 $\Delta T_i = T_s - T_i$와 $\Delta T_e = T_s - T_e$는 관의 입구와 출구에서 표면과 유체 사이의 온도차이다. 위 식 $\Delta T_{\ln}$은 잘못 사용되어진 것처럼 보이나, 이는 실제적으로 전혀 문제가 없다. 왜냐하면 분자와 분모에서 T_e의 자리에 T_i를 사용하였더라도, 부호를 바꿀 뿐이며 그 크기는 변화시키지 않기 때문이다. 또한 그것은 관 내부에서 유체의 가열($T_s > T_i$, T_e)과 냉각($T_s < T_i$, T_e)의 경우 모두에 사용되어질 수 있다.

대수평균온도차 $\Delta T_{\ln}$는 관을 따른 유체의 실제 온도분포를 따라감으로써 얻어지고, 이것은 유체와 표면 사이의 **평균 온도차**에 대한 정확한 표현이다. 이것은 국소 온도차의 지수적인 감소를 사실적으로 나타낸다. ΔT_e와 ΔT_i의 차이가 40% 미만인 경우, 대수온도차를 이용할 때 발생하는 오차는 1% 미만이다. 하지만 ΔT_e와 ΔT_i의 차이가 클 때, 오차는 커진다. 그러므로 표면에서 일정온도 T_s를 유지하는 관에서 대류 열전달을 결정할 때에는, 항상 대수평균온도차를 사용해야만 한다.

예제 6–5 스팀을 이용한 튜브 내 물 가열

온도가 15°C인 내경 2.5 cm의 얇은 구리 관으로 된 열교환기로 0.3 kg/s의 유량으로 물이 들어간다. 그리고 외부 스팀 응축에 의해 120°C로 가열된다. 만약 평균 열전달률이 800 W/m²라면 물이 115°C가 되기 위해 필요한 관의 길이를 구하라(그림 6–28).

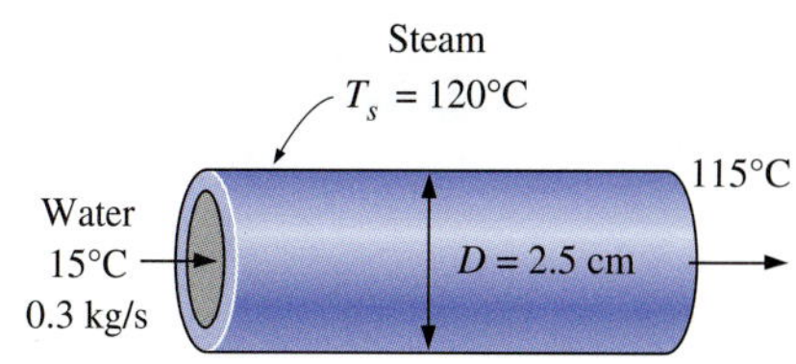

그림 6–28
예제 6–5의 개략도

풀이 물은 스팀에 의해 원형관에서 가열된다. 물이 제시된 온도로 가열되기 위해 필요한 관의 길이가 구해져야 한다.

가정 **1.** 작동 환경이 일정하다. **2.** 유체의 물성값은 일정하다. **3.** 대류 열전달률은 일정하다. **4.** 구리관의 열전도 저항은 무시할 수 있으므로 관의 내부 표면온도는 스팀의 응축온도와 동일하다.

물성값 혼합평균 유체온도 (15 + 115)/2 = 65°C일 때의 물의 비열은 4187 J/kg·°C이다. 120°C일 때 스팀의 응축열은 2203 kJ/kg이다.

해석 물의 입구와 출구온도를 알고 있고, 열전달률은 다음과 같다.

$$\dot{Q} = \dot{m}c_p(T_e - T_i) = (0.3\ \text{kg/s})(4.187\ \text{kJ/kg·°C})(115°\text{C} - 15°\text{C}) = 125.6\ \text{kW}$$

대수평균온도차는

$$\Delta T_e = T_s - T_e = 120°\text{C} - 115°\text{C} = 5°\text{C}$$

$$\Delta T_i = T_s - T_i = 120°\text{C} - 15°\text{C} = 105°\text{C}$$

$$\Delta T_{\ln} = \frac{\Delta T_e - \Delta T_i}{\ln(\Delta T_e/\Delta T_i)} = \frac{5 - 105}{\ln(5/105)} = 32.85°\text{C}$$

표면에서의 열전달은

$$\dot{Q} = hA_s\Delta T_{\ln} \longrightarrow A_s = \frac{\dot{Q}}{h\Delta T_{\ln}} = \frac{125.6\ \text{kW}}{(0.8\ \text{kW/m}^2\cdot°\text{C})(32.85°\text{C})} = 4.78\ \text{m}^2$$

그러므로 관의 필요 길이는 다음과 같다.

$$A_s = \pi DL \longrightarrow L = \frac{A_s}{\pi D} = \frac{4.78 \text{ m}^2}{\pi(0.025 \text{ m})} = \mathbf{61 \ m}$$

검토 이 문제의 가열 과정에서 물의 혼합평균 유체온도는 65°C이므로 산술평균온도차는 ΔT_{am} = 120 − 65 = 55°C이다. ΔT_{ln} 대신 ΔT_{am}을 이용하면 L = 36 m라는 큰 오차의 결과가 나온다. 이것은 계산에 있어서 대수평균 온도의 사용이 중요하다는 것을 말해 준다.

6-7 ▪ 관 내부의 층류유동

반경 R의 원형관 내의 정상 층류 유체유동을 다시 고려해 보자. 유체 물성값 ρ, k 및 c_p는 상수이다. 그리고 점성력에 의한 일은 무시한다. 유체는 x축 방향을 따라 속도 u로 흐른다. 유동은 완전 발달되어 속도 u는 x에 무관하다. 따라서 $u = u(r)$이 된다. 에너지가 질량에 의해 x방향으로 전달되고, r방향으로 전도되며(x방향의 열전도는 무시할 정도로 작다고 가정), 두께 dr, 길이 dx를 갖는 원통형 shell 요소에 정상-유동 에너지 평형을 그림 6-29에서와 같이 적용할 수 있다.

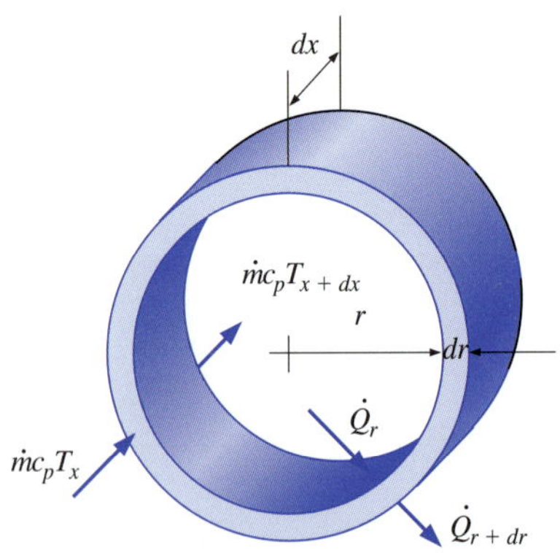

그림 6-29

에너지 평형관계를 구하는 데 사용되는 미소 부피요소

$$\dot{m}c_pT_x - \dot{m}c_pT_{x+dx} + \dot{Q}_r - \dot{Q}_{r+dr} = 0 \tag{6-62}$$

여기서, $\dot{m} = \rho u A_c = \rho u(2\pi r dr)$이다. 식 (6-62)에 대입하고, $2\pi r dr dx$로 나누고, 재배열하여서 다음을 구하였다.

$$\rho c_p u \frac{T_{x+dx} - T_x}{dx} = -\frac{1}{2\pi r dx}\frac{\dot{Q}_{r+dr} - \dot{Q}_r}{dr} \tag{6-63}$$

또는

$$u\frac{\partial T}{\partial x} = -\frac{1}{2\rho c_p \pi r dx}\frac{\partial \dot{Q}}{\partial r} \tag{6-64}$$

그러나

$$\frac{\partial \dot{Q}}{\partial r} = \frac{\partial}{\partial r}\left(-k2\pi r dx\frac{\partial T}{\partial r}\right) = -2\pi k dx\frac{\partial}{\partial r}\left(r\frac{\partial T}{\partial r}\right) \tag{6-65}$$

대입하고 $\alpha = k/\rho c_p$를 사용하여 다음을 구하였다.

$$u\frac{\partial T}{\partial x} = \frac{\alpha}{r}\frac{\partial}{dr}\left(r\frac{\partial T}{\partial r}\right) \tag{6-66}$$

식 (6-66)은 질량유량에 의한 검사체적으로의 순 에너지 전달률은 반경방향의 순 열전도도와 동일함을 보여준다.

일정한 표면 열유속

일정한 표면 열유속 경계조건하에서 원형관 내의 완전히 발달된 유동에 대하여 식 (6-52)로부터 다음의 관계식을 얻는다.

$$\frac{\partial T}{\partial x} = \frac{dT_s}{dx} = \frac{dT_m}{dx} = \frac{2\dot{q}_s}{\rho V_{avg} c_p R} = \text{일정} \tag{6-67}$$

x방향의 열전도가 식 (6-66)의 미분으로 고려된다면, 이것은 부가적인 항 $\alpha\partial^2 T/\partial x^2$이 주어지고, 여기서 $\partial T/\partial x$ = 상수이므로 0이 되고, 따라서 $T = T(r)$이 된다. 그러므로, 축방향 열전도가 없다는 가정을 정확하게 만족한다.

식 (6-67)과 속도분포 관계식 $u = 2V_{avg}\left(1 - \frac{r^2}{R^2}\right)$을 식 (6-66)에 대입하여 다음을 구한다.

$$\frac{4\dot{q}_s}{kR}\left(1 - \frac{r^2}{R^2}\right) = \frac{1}{r}\frac{d}{dr}\left(r\frac{dT}{dr}\right) \tag{6-68}$$

이것은 2계 상미분방정식이다. 그 해법은 변수들을 분리하고 두 번 미분함으로써 다음의 일반해를 얻을 수 있다.

$$T = \frac{\dot{q}_s}{kR}\left(r^2 - \frac{r^4}{4R^2}\right) + C_1 \ln r + C_2 \tag{6-69}$$

이제 $r = 0$에서 $\partial T/\partial x = 0$(대칭 관계)인 경계조건을 적용하여 원하는 해를 다음과 같이 얻는다.

$$T = T_s - \frac{\dot{q}_s R}{k}\left(\frac{3}{4} - \frac{r^2}{R^2} + \frac{r^4}{4R^4}\right) \tag{6-70}$$

혼합 평균 온도 T_m은 속도와 온도분포 관계식 (6-70)을 식 (6-34)에 대입하고 적분하여 아래와 같이 구한다.

$$T_m = T_s - \frac{11}{24}\frac{\dot{q}_s R}{k} \tag{6-71}$$

이 관계식을 $\dot{q}_s = h(T_s - T_m)$와 연관지어서 열전달계수를 구한다.

$$h = \frac{24}{11}\frac{k}{R} = \frac{48}{11}\frac{k}{D} = 4.36\frac{k}{D} \tag{6-72}$$

즉,

원형관, 층류($\dot{q}_s$ = 일정): $$\text{Nu} = \frac{hD}{k} = 4.36 \tag{6-73}$$

그러므로, 일정한 표면열유속하의 원형관 내의 완전히 발달된 층류유동의 경우, Nusselt 수는 상수가 된다. 즉 Reynolds 수와 Prandtl 수에 의존하지 않는다.

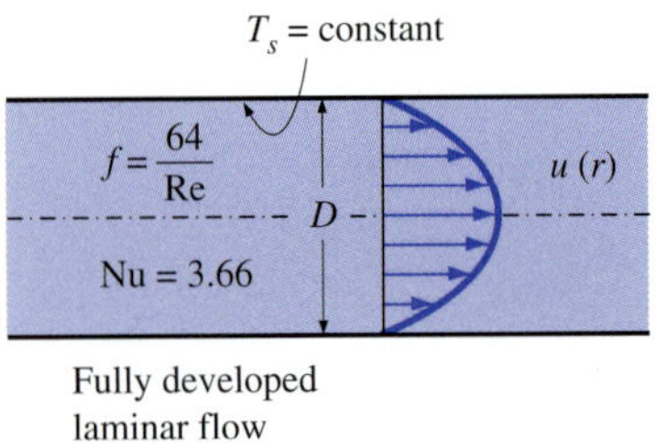

그림 6–30

일정한 표면온도의 관 내의 층류유동에서 마찰인자와 열전달계수 모두 완전히 발달된 영역에서 일정하다.

일정한 표면온도

일정한 표면온도 T_s 조건하에서 원형관 내의 완전히 발달된 층류유동에 대하여 유사한 해석을 수행할 수 있다. 이 경우 반복(iteration) 해법을 사용하여야 하므로 해법의 과정이 좀더 복잡하나, Nusselt 수의 관계식은 등열유속의 경우처럼 간단하다 (그림 6–30).

원형관, 층류(일정한 표면온도): $$\text{Nu} = \frac{hD}{k} = 3.66 \qquad \textbf{(6–74)}$$

위의 Nu 식에 사용된 열전도 k는 혼합평균 유체온도로 계산되어진 것이며, 이것은 관 입출구에 혼합유체온도의 산술평균이다. 층류유동에서, 마찰요소와 열전달계수의 **표면거칠기**에 대한 영향은 무시한다.

비원형관에서의 층류유동

다양한 단면의 관에서 **완전히 발달된 층류유동**에 대한 마찰인자 f와 Nusselt 수의 관계가 표 6–3에 주어져 있다. 이 관내유동에서 Reynolds 수와 Nusselt 수는 다음

표 6–3

다양한 단면 형상의 관에서 완전히 발달된 층류유동의 Nusselt 수와 마찰인자표

Tube Geometry	a/b or θ°	Nusselt Number T_s = Const.	Nusselt Number $\dot{q}_s$ = Const.
Circle 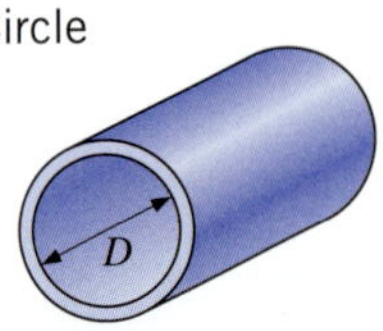	—	3.66	4.36
Rectangle 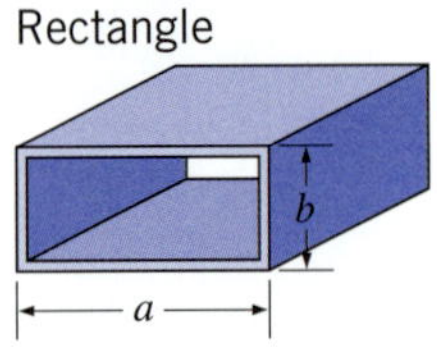	a/b		
	1	2.98	3.61
	2	3.39	4.12
	3	3.96	4.79
	4	4.44	5.33
	6	5.14	6.05
	8	5.60	6.49
	∞	7.54	8.24
Ellipse 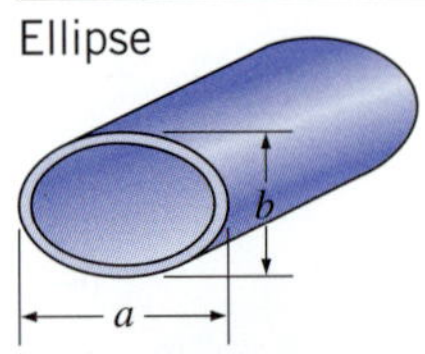	a/b		
	1	3.66	4.36
	2	3.74	4.56
	4	3.79	4.88
	8	3.72	5.09
	16	3.65	5.18
Isosceles Triangle 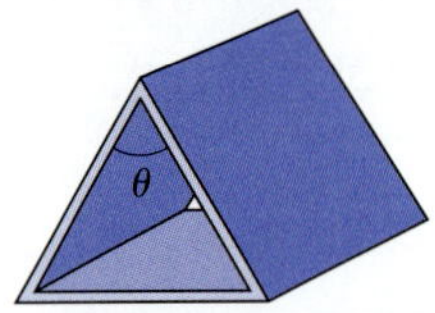	θ		
	10°	1.61	2.45
	30°	2.26	2.91
	60°	2.47	3.11
	90°	2.34	2.98
	120°	2.00	2.68

과 같이 $D_h = 4A_c/p$로 정의되는 수력직경(hydraulic diameter)에 기준을 두며, 여기에서 A_c는 관의 단면적이고, p는 그것의 둘레이다. Nusselt 수를 이용할 수 있다면, 대류 열전달계수 $h = k\text{Nu}/D_h$로부터 구하여진다.

입구영역에서 층류유동의 발달

표면온도가 일정하게 유지되는 길이 L의 원형관에서, 열적 입구영역의 평균 Nusselt 수는 다음의 식으로부터 정의될 수 있다(Edwards et al., 1979).

입구영역, 층류:
$$\text{Nu} = 3.66 + \frac{0.065\,(D/L)\,\text{Re}\,\text{Pr}}{1 + 0.04[(D/L)\text{Re}\,\text{Pr}]^{2/3}} \tag{6-75}$$

예상되는 것처럼, 입구영역에서 평균 Nusselt 수는 크고, $L \to \infty$일 때, Nusselt 수는 점차적으로 완전히 발달된 값인 3.66으로 접근한다. 이 관계는 유체가 가열되는 부분에 들어갈 때, 유동이 수력학적으로 완전 발달되지만, 또한 유동이 수력학적으로 발달하는 유동에도 근사적으로 사용될 수 있다.

표면과 유체의 온도 차이가 클 때, 온도에 따른 점성의 변화를 고려해야 한다.

이 경우에 원형관에서 발달 중인 층류의 평균 Nusselt 수는 다음 식으로부터 정의될 수 있다[Sieder and Tate(1936)].

$$\text{Nu} = 1.86\left(\frac{\text{Re}\,\text{Pr}\,D}{L}\right)^{1/3}\left(\frac{\mu_b}{\mu_s}\right)^{0.14} \tag{6-76}$$

μ_s를 제외한 표면의 온도에 대해 결정되는 모든 물성값은 혼합평균 유체온도에 대해 결정된다.

길이가 L이고 등온의 평행한 평판 사이로 유동의 열적 입구영역에서의 평균 Nusselt 수는 다음과 같이 표현된다(Edwards et al., 1979).

입구영역, 층류:
$$\text{Nu} = 7.54 + \frac{0.03\,(D_h/L)\,\text{Re}\,\text{Pr}}{1 + 0.016[(D_h/L)\,\text{Re}\,\text{Pr}]^{2/3}} \tag{6-77}$$

여기서, D_h는 평판 사이 거리의 두 배가 되는 수력직경이다. 이 관계식은 $\text{Re} \le$ 2,800에서 사용될 수 있다.

예제 6-6 호수를 관통하는 송유관내 오일유동

직경이 30 cm인 송유관 안에 평균속도가 2 m/s이고 20°C인 기름의 유동을 고려하자(그림 6-31). 길이가 200 m인 송유관이 0°C의 차가운 호수를 통과하고 있다. 측정 결과, 송유관의 표면온도는 거의 0°C이다. 관 재질의 열저항을 무시할 때 (*a*) 송유관을 호수에 두었을 때 기름의 온도, (*b*) 기름으로부터의 열전달률, (*c*) 압력손실을 극복하며 관에서 기름의 유동을 유지하기에 필요한 펌프동력을 구하라.

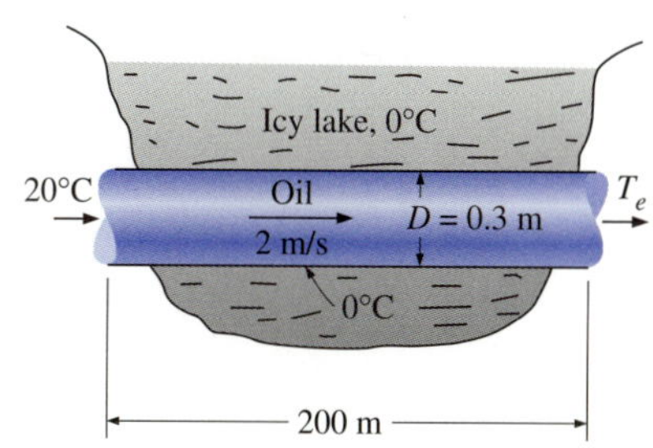

그림 6-31
예제 6-6의 개략도

풀이 기름이 송유관을 통해 0°C의 차가운 호수를 통과하여 지나간다. 기름의 출구온도, 열손실률, 압력강하를 극복하기 위해 필요한 펌프동력을 결정하기 위한 문제이다.

가정 **1.** 정상 가동 상태에 있다. **2.** 관의 표면온도는 거의 0°C이다. **3.** 관의 열저항은 무시할 수 있다. **4.** 관의 내부 표면은 매끄럽다. **5.** 관이 호수에 도달할 때, 유동은 완전히 발달된다.

물성값 기름의 출구온도를 알지 못하기 때문에 물성값을 결정할 기름의 부피 평균 온도를 구할 수가 없다. 입구에서의 기름의 평균 온도는 20°C이나, 호수의 차가운 물에 의한 열손실로 약간 떨어지게 된다. 입구온도로 기름의 물성값을 결정할 수 있으나 필요하다면 계산된 평균 부피온도에서의 물성값을 이용하여 계산을 반복할 수 있다. 20°C에서 기름의 물성값은 다음과 같다(Table A-19).

$$\rho = 888.1 \text{ kg/m}^3 \qquad \nu = 9.429 \times 10^{-4} \text{ m}^2\text{/s}$$

$$k = 0.145 \text{ W/m·°C} \qquad c_p = 1880 \text{ J/kg·°C} \qquad \text{Pr} = 10{,}863$$

해석 (*a*) Reynolds 수를 구하면,

$$\text{Re} = \frac{V_{\text{avg}} D}{n} = \frac{(2 \text{ m/s})(0.3 \text{ m})}{9.429 \times 10^{-4} \text{ m}^2\text{/s}} = 636$$

인데, 임계 Reynolds 수인 2,300보다 작다. 따라서, 유동은 층류이고 열적 입구 길이는 대략

$$L_t \approx 0.05 \text{ Re Pr } D = 0.05 \times 636 \times 10{,}863 \times (0.3 \text{ m}) \approx 103{,}600 \text{ m}$$

이며, 관의 전체길이보다 더 길다. 이것은 Prandtl 수가 큰 유체들의 전형적인 특징이다. 따라서 열적 발달과정의 유동으로 가정할 수 있으며 이때 Nusselt 수는 다음과 같다.

$$\text{Nu} = \frac{hD}{k} = 3.66 + \frac{0.065\,(D/L)\text{ Re Pr}}{1 + 0.04\,[(D/L)\text{ Re Pr}]^{2/3}}$$

$$= 3.66 + \frac{0.065(0.3/200) \times 636 \times 10{,}863}{1 + 0.04[(0.3/200) \times 636 \times 10{,}863]^{2/3}}$$

$$= 33.7$$

Nusselt 수는 완전히 발달된 유동의 Nusselt 수 3.66보다 훨씬 크다. 그렇다면

$$h = \frac{k}{D}\text{Nu} = \frac{0.145 \text{ W/m·°C}}{0.3 \text{ m}}(33.7) = 16.3 \text{ W/m}^2\text{·°C}$$

또한,

$$A_s = \pi DL = \pi(0.3 \text{ m})(200 \text{ m}) = 188.5 \text{ m}^2$$

$$\dot{m} = \rho A_c V_{\text{avg}} = (888.1 \text{ kg/m}^3)[\tfrac{1}{4}\pi(0.3 \text{ m})^2](2 \text{ m/s}) = 125.6 \text{ kg/s}$$

기름의 출구온도는 아래와 같이 계산된다.

$$T_e = T_s - (T_s - T_i)\exp(-hA_s/\dot{m}c_p)$$

$$= 0°\text{C} - [(0 - 20)°\text{C}]\exp\left[-\frac{(16.3 \text{ W/m}^2\text{·°C})(188.5 \text{ m}^2)}{(125.6 \text{ kg/s})(1881 \text{ J/kg·°C})}\right]$$

$$= \mathbf{19.74°C}$$

그러므로, 관이 호수에 들어가 있을 때 기름의 평균 온도는 0.26°C 정도 떨어져서, 부피의 평균 온도는 19.87°C가 되는데 이 값은 입구 평균 온도 20°C에 거의 가깝다. 따라서, 물성값을 다시 결정하여 계산을 반복할 필요가 없다.

(*b*) 기름의 대수평균온도차와 열손실은 아래와 같다.

$$\Delta T_{\ln} = \frac{T_i - T_e}{\ln \dfrac{T_s - T_e}{T_s - T_i}} = \frac{20 - 19.74}{\ln \dfrac{0 - 19.74}{0 - 20}} = -19.87°\text{C}$$

$$\dot{Q} = hA_s \Delta T_{\ln} = (16.3\ \text{W/m}^2\cdot°\text{C})(188.5\ \text{m}^2)(-19.87°\text{C}) = \mathbf{-6.11 \times 10^4\ W}$$

따라서 기름이 관을 통하여 호수의 차가운 물을 지날 때 61.1 kW의 열손실이 일어난다. $\Delta T_i \approx \Delta T_e$이므로 ΔT_{in}은 대수평균 온도와 일치한다.

(*c*) 기름의 층류유동은 유체역학적 발달이므로 마찰계수는 다음과 같다.

$$f = \frac{64}{\text{Re}} = \frac{64}{636} = 0.1006$$

이때, 관의 압력강하와 필요한 펌프동력은 아래와 같다.

$$\Delta P = f\frac{L}{D}\frac{\rho V_{\text{avg}}^2}{2} = 0.1006\frac{200\ \text{m}}{0.3\ \text{m}}\frac{(888.1\ \text{kg/m}^3)(2\ \text{m/s})^2}{2} = 1.19 \times 10^5\ \text{N/m}^2$$

$$\dot{W}_{\text{pump}} = \frac{\dot{m}\Delta P}{r} = \frac{(125.6\ \text{kg/s})(1.19 \times 10^5\ \text{N/m}^2)}{888.1\ \text{kg/m}^3} = \mathbf{16.8\ kW}$$

검토 기름이 호수를 통해 길이 200 m 관내에서 흐를 때, 마찰을 극복하기 위해서는 16.8 kW의 펌프가 필요하다. 관이 길 경우 펌프일을 줄일 수 있는 보다 나은 체적설계는 관의 지름 *D*를 크게 하는 것이다. 왜냐하면 펌프일은 D^5에 반비례하기 때문이다. 체적의 관사이징(sizing)은 경제적 전주기적인(life-cycle) 원가분석을 요한다.

6-8 ▪ 관에서의 난류유동

우리는 매끈한 관의 경우, Re > 10,000에서 유동은 통상적으로 완전한 난류가 된다는 것을 알고 있다. 난류유동은 그것과 관련된 높은 열전달계수 때문에 실제에서 흔히 사용된다. 대부분 이론적으로 난류유동을 다루는 데에 따르는 어려움 때문에 난류유동에서 마찰계수와 열전달계수의 관계식은 실험적 연구에 바탕을 두고 있다.

매끈한 관의 경우에 난류유동의 마찰인자는 제1 Petukhov 방정식(Petukhov, 1970)으로부터 명백히 주어진 다음 식으로부터 결정될 수 있다.

매끈한 관: $$f = (0.790 \ln \text{Re} - 1.64)^{-2} \qquad 3000 < \text{Re} < 5 \times 10^6 \qquad \textbf{(6-78)}$$

난류유동에서 Nusselt 수는 다음과 같이 표현된 *Chilton-Colburn* 상사를 통해 마찰인자와 관련되어진다.

$$\text{Nu} = 0.125 f \text{RePr}^{1/3} \qquad \textbf{(6-79)}$$

마찰인자가 사용가능하게 되면, 이 관계식은 매끄러운 관과 거친 관에서 모두 Nusselt 수를 결정하는 데 편리하게 사용될 수 있다.

매끄러운 관내의 완전히 발달된 난류유동에서, Nusselt 수에 대한 간편한 관계식은 마찰인자에 대한 간단한 거듭제곱 관계식 $f = 0.184\ \text{Re}^{-0.2}$를 식 (6-79)에 대입함으로써 다음과 같이 구할 수 있다.

$$\text{Nu} = 0.023\,\text{Re}^{0.8}\,\text{Pr}^{1/3} \qquad \begin{pmatrix} 0.7 \le Pr \le 160 \\ Re > 10{,}000 \end{pmatrix} \tag{6–80}$$

이 식은 *Colburn* **방정식**이라고 알려져 있다. 이 관계식의 정확도는 다음과 같이 수정함으로써 향상될 수 있다.

$$\text{Nu} = 0.023\,\text{Re}^{0.8}\,\text{Pr}^{n} \tag{6–81}$$

여기서, 관을 통해 흘러가는 유체가 **가열될 때**에 $n = 0.4$, **냉각될 때**에 $n = 0.3$을 사용한다. 이 관계식은 *Dittus-Boelter* **방정식**[Dittus and Boelter(1930)]으로 알려져 있고, 이것은 Colburn 방정식보다 선호된다.

지금까지 앞에서 다룬 관계식은 유체와 벽면의 온도차이가 크지 않을 때는 **혼합평균 유체온도** $T_b = (T_i + T_e)/2$에 대한 유체의 물성값을 결정하여 사용할 수 있다. 큰 온도차에 의해 물성값의 변화가 클 때는 Sieder와 Tate(1936)에 의한 다음의 식을 사용할 수 있다.

$$\text{Nu} = 0.027\,\text{Re}^{0.8}\text{Pr}^{1/3}\left(\frac{\mu}{\mu_s}\right)^{0.14} \qquad \begin{pmatrix} 0.7 \le \text{Pr} \le 17{,}600 \\ \text{Re} \ge 10{,}000 \end{pmatrix} \tag{6–82}$$

여기서 모든 물성값은 T_b에 대해 결정되고, μ_s는 T_s에 대해 결정된다.

위의 Nusselt 수에 대한 관계식은 상당히 간단하지만, 25% 정도의 오차를 발생시킬 수 있다. 더욱 복잡하지만 정확한 관계식으로, 다음에 나타나는 **제2** *Petukhov* **방정식**과 같은 관계식을 사용하면, 오차를 10% 이하로 상당히 크게 줄일 수 있다.

$$\text{Nu} = \frac{(f/8)\,\text{Re}\,\text{Pr}}{1.07 + 12.7(f/8)^{0.5}\,(\text{Pr}^{2/3} - 1)} \qquad \begin{pmatrix} 0.5 \le \text{Pr} \le 2000 \\ 10^4 < \text{Re} < 5 \times 10^6 \end{pmatrix} \tag{6–83}$$

낮은 Reynolds 수에서 이 관계식의 정확도는 Gnielinski(1976)가 수정하여 개선되었다.

$$\text{Nu} = \frac{(f/8)(\text{Re} - 1000)\,\text{Pr}}{1 + 12.7(f/8)^{0.5}\,(\text{Pr}^{2/3} - 1)} \qquad \begin{pmatrix} 0.5 \le \text{Pr} \le 2000 \\ 3 \times 10^3 < \text{Re} < 5 \times 10^6 \end{pmatrix} \tag{6–84}$$

여기서 마찰인자 f는 제1 Petukhov 방정식과 같은 관계식을 사용하여 결정될 수 있다. Gnielinski의 식은 계산 시 더 우선되어야 한다. 다시 한 번, 물성값은 혼합평균 유체온도에 대해 결정되어야 한다.

위의 관계식은 관 표면의 **열적 상태**에 크게 민감하지 않으므로 두 가지 열적 상태, T_s = 일정과 $\dot{q}_s$ = 일정에서 모두 사용 가능하다. 이와 같은 관계식들이 간단한 형태임에도 불구하고, 지금까지 나타낸 관계식들은 대부분의 공학적인 용도에서 상당히 정확한 결과를 가져다준다. 또한, 이런 관계식들은 천이영역에서 마찰인자와 열전달계수의 대략적인 근사값을 얻는 데 사용될 수 있다.

지금까지 주어진 관계식들은 아주 작은 Pr 수를 가지는 액체금속에서는 적용할 수 없다. 액체금속($0.004 < Pr < 0.01$)에 대해서는, Sleicher와 Rouse(1975)에 의한 다음과 같은 관계식들을 $10^4 < Re < 10^6$의 범위 내에서 사용할 수 있다.

액체금속, T_s = 일정: $$Nu = 4.8 + 0.0156\,Re^{0.85}\,Pr_s^{0.93} \tag{6-85}$$

액체금속, $\dot{q}_s$ = 일정: $$Nu = 6.3 + 0.0167\,Re^{0.85}\,Pr_s^{0.93} \tag{6-86}$$

여기서 첨자 s는 Prandtl 수가 표면온도에 대해 결정되었음을 나타낸다.

난류유동에서 벽면 거칠기는 열전달계수 h를 2배 이상 증가시키게 된다[Dipprey and Sabersky(1963)]. 거친 관에서의 대류 열전달계수는 Moody 선도나 Colebrook 방정식으로부터 얻어지는 마찰계수를 이용하는 식 (6-84)에 의하여 대략적으로 구할 수 있다. 그러나 이러한 해법은 $f > 4f_{smooth}$일 경우의 f에서 h가 더 증가하지 않기 때문에 그다지 정확하지 못하다[Norris(1970)]. 따라서 보다 정확한 값을 얻고자 할 때는 거친관에 대해서는 구체적으로 개발된 관계식을 사용하여야 한다.

표 6-4

상업용 파이프의 상당 거칠기 값

	Roughness, ε	
Material	ft	mm
Glass, plastic	0 (smooth)	
Concrete	0.003–0.03	0.9–9
Wood stave	0.0016	0.5
Rubber, smoothed	0.000033	0.01
Copper or brass tubing	0.000005	0.0015
Cast iron	0.00085	0.26
Galvanized iron	0.0005	0.15
Wrought iron	0.00015	0.046
Stainless steel	0.000007	0.002
Commercial steel	0.00015	0.045

*The uncertainty in these values can be as much as ±60 percent.

입구영역에서 발달하는 난류유동

난류유동의 입구거리는 일반적으로 짧아서 관 직경의 10배 정도 된다. 따라서 관 전체를 완전히 발달된 난류유동으로 간주하고 계산한 Nusselt 수를 그대로 사용해도 대체적으로 무방하다. 이러한 방법은 사용상의 간편성 때문에 길이가 긴 관에서 얻은 압력강하와 열전달 값을 믿을 만한 것으로 여기지만 길이가 짧은 관의 경우에는 그 결과를 신중하게 다룬다. 관의 전 구간에서 보다 정확한 마찰 및 열전달계수 관계식은 문헌에서 찾을 수가 있다.

비원형관에서의 난류유동

난류유동의 속도 및 온도분포는 중심부에서는 거의 직선이지만, 점성 경계층에서는 속도 및 온도구배가 대단히 크다(그림 6-32). 비록 점성 경계층의 두께가 파이프 직경의 1%보다도 훨씬 작으나, 이 경계층 내에서의 유동 특성은 파이프의 다른 영역에서의 유동에 지대한 영향을 주기 때문에 매우 중요하다. 따라서 난류유동의 압력강하와 열전달 특성은 벽면 가까운 매우 얇은 점성 경계층의 지배를 받게 되며, 중심부의 형상에는 영향을 거의 받지 않는다. 결과적으로, 위의 난류유동 관계식은 Reynolds 수의 계산에서 직경 D를 수력직경 $D_h = 4A_c/p$로 바꿈으로써 비원형관에서도 대체로 정확하게 사용될 수 있다.

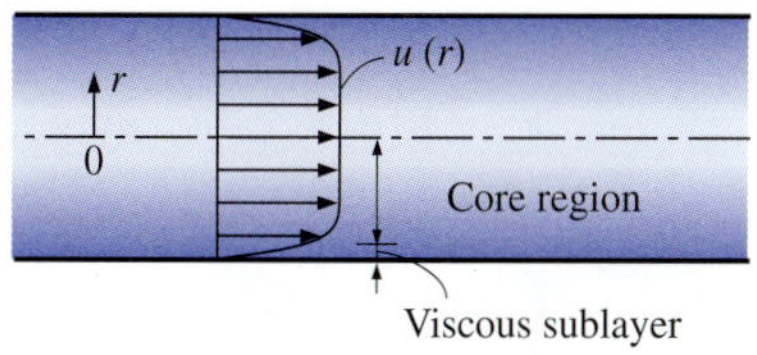

그림 6-32

난류유동의 경우 속도선은 중심부에서는 거의 일직선이며, 나머지 속도들의 기울기는 점성 중간경계층(viscous sublayer)에 의해 발생한다.

환형관 내의 유동

몇몇 간단한 열전달 장치들은 그림 6-33과 같이 두 개의 동심관으로 이루어져 있고, 이러한 장치를 **이중관 열교환기**라고 한다. 이러한 장치는 하나의 유체가 관 내

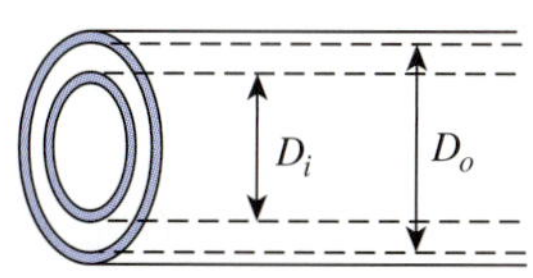

그림 6-33

중심이 같은 두 개의 관을 갖는 이중관 열교환기

부를 지나는 동안 다른 유체는 관 사이의 원형 형상의 공간을 지나가게 된다. 두 유동은 동일한 미분 지배방정식을 가진다. 따라서, 환형관에서의 정상 층류유동은 적절한 경계조건을 적용하여 해석할 수 있다.

내경이 D_i이고 외경이 D_o인 동심 환형관을 고려해 보자. 환형관의 수력직경은 다음과 같다.

$$D_h = \frac{4A_c}{p} = \frac{4\pi(D_o^2 - D_i^2)/4}{\pi(D_o + D_i)} = D_o - D_i$$

표 6-5

한 면이 등온이고 다른 면은 단열인 환형관에서의 완전히 발달된 층류유동의 Nusselt 수(Kays and Perkins, 1972)

D_i/D_o	Nu_i	Nu_o
0	—	3.66
0.05	17.46	4.06
0.10	11.56	4.11
0.25	7.37	4.23
0.50	5.74	4.43
1.00	4.86	4.86

환형관 유동에는 열전달은 관의 두 면에서 일어나므로 두 종류의 Nusselt 수가 있다. 안쪽 표면에서의 Nu_i와 바깥 표면에서의 Nu_o이다. 표 6-5는 한 면이 등온이고 다른 면이 단열인 환형관에서의 완전히 발달된 층류유동의 Nusselt 수를 보여주고 있다. 일단, 두 Nusselt 수를 알면 다음 식을 사용하여 내부 및 외부 면에서의 대류 열전달계수를 각각 구할 수 있다.

$$\text{Nu}_i = \frac{h_i D_h}{k} \quad \text{and} \quad \text{Nu}_o = \frac{h_o D_h}{k} \tag{6-87}$$

완전히 발달된 난류유동에서 내부 및 외부 대류 열전달계수는 대체로 같으며, 환형관은 수력직경 $D_h = D_o - D_i$를 가지는 비원형의 관으로 취급할 수 있다. 이 경우 Nusselt 수는 이와 관련된 난류유동 관계식 중의 하나인 Gnielinski 방정식을 사용하여 구할 수 있다. 이렇게 구한 Nusselt 수의 정확도를 높이기 위하여, Petukhov와 Roizen(1964)은 관의 한 벽면이 단열이고 다른 벽면에는 열전달이 일어나는 조건 하에서, 다음과 같이 수정인자를 구해서 Nusselt 수에 곱한 값을 사용할 것을 추천하였다.

$$F_i = 0.86\left(\frac{D_i}{D_o}\right)^{-0.16} \quad \text{(outer wall adiabatic)} \tag{6-88}$$

$$F_o = 0.86\left(\frac{D_i}{D_o}\right)^{-0.16} \quad \text{(inner wall adiabatic)} \tag{6-89}$$

열전달 촉진

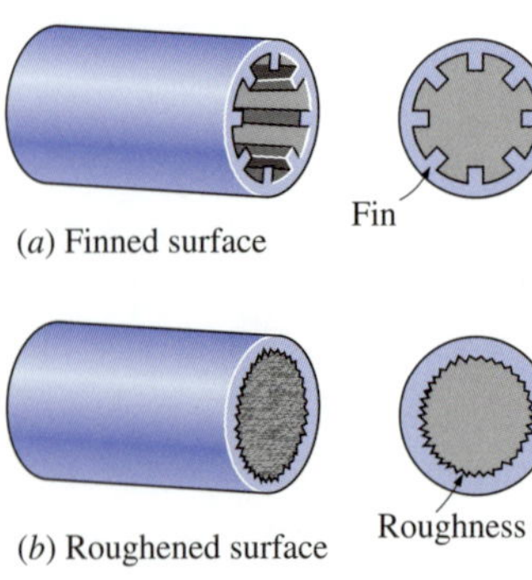

그림 6-34

대류 열전달을 증가시키기 위해 때때로 표면을 거칠게 하거나, 주름을 잡거나, 휜을 붙인다.

거친 표면을 갖는 관에서의 열전달계수는 매끈한 표면을 가지는 관보다 매우 높다는 점에 주목하라. 따라서 대류 열전달계수와 대류 열전달률을 높이기 위해서 관의 표면을 의도적으로 거칠게 하거나, 주름을 잡거나, 휜(*fin*)을 붙이기도 한다(그림 6-34). 관의 표면을 거칠게 함으로써 관내 난류유동에서의 열전달을 최대 400%까지 증가시킬 수 있다. 물론, 관의 표면을 거칠게 하는 것은 그만큼 마찰인자를 증가시켜 더 많은 펌프나 팬의 동력을 요구한다.

또한, 맥동 발생기를 이용하여 맥동류를 생성하거나, 비틀어진 테이프를 관 안에 삽입하여 소용돌이 유동을 발생시키거나, 혹은 관을 코일형태로 만들어 2차 유동을 일으킴으로써 대류 열전달계수를 증가시킬 수 있다.

예제 6-7 관에서 저항 히터에 의한 물의 가열

물은 3 cm의 내경, 5 m 길이의 관을 통과하면서 15°C에서 65°C로 데워진다. 이 관은 관의 표면을 통하여 균일한 가열을 하는 전기저항 히터에 장착되어 있다(그림 6-35). 히터의 겉표면은 잘 단열되어 있어서, 정상적으로 작동될 때 히터에서 나오는 모든 열은 관 속의 물로 전달된다. 만약, 이 시스템이 10 L/min의 비율로 뜨거운 물을 공급한다면, 저항 히터에 요구되는 전력소비량을 구하라. 또한 출구에서 관의 내부표면의 온도를 대략적으로 계산하라.

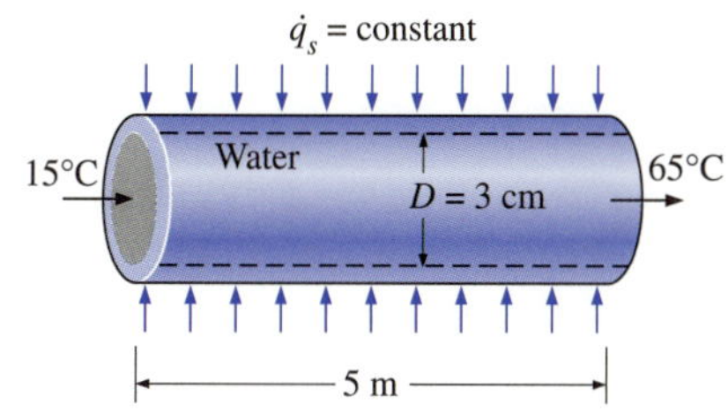

그림 6-35
예제 6-7의 개략도

풀이 물은 관의 표면에서 전기저항 히터에 의해 가열된다. 히터의 전력소비량과 출구에서 내부표면의 온도는 주어졌다.

가정 **1.** 유동은 정상 상태로 존재한다. **2.** 표면열유속은 균일하다. **3.** 관의 내부표면은 매끄럽다.

물성값 부피 평균 온도 $T_b = (T_i + T_e)/2 = (15 + 65)/2 = 40$°C에서 물의 물성값들은 다음과 같다(Table A-15).

$$\rho = 992.1 \text{ kg/m}^3 \qquad c_p = 4179 \text{ J/kg·°C}$$
$$k = 0.631 \text{ W/m·°C} \qquad \text{Pr} = 4.32$$
$$\nu = \mu/\rho = 0.658 \times 10^{-6} \text{ m}^2\text{/s}$$

해석 단면과 열전달 표면의 면적은 다음과 같다.

$$A_c = \tfrac{1}{4}\pi D^2 = \tfrac{1}{4}\pi(0.03 \text{ m})^2 = 7.069 \times 10^{-4} \text{ m}^2$$
$$A_s = \pi DL = \pi(0.03 \text{ m})(5 \text{ m}) = 0.471 \text{ m}^2$$

물의 부피유량은 $\dot{V} = 10$ L/min $= 0.01$ m³/min이고 물의 질량유량은 다음과 같다.

$$\dot{m} = \rho\dot{V} = (992.1 \text{ kg/m}^3)(0.01 \text{ m}^3\text{/min}) = 9.921 \text{ kg/min} = 0.1654 \text{ kg/s}$$

15°C에서 65°C로 물을 가열시키기 위해서는 다음과 같은 비율로 열이 공급되어야 한다.

$$\dot{Q} = \dot{m}c_p(T_e - T_i)$$
$$= (0.1654 \text{ kg/s})(4.179 \text{ kJ/kg·°C})(65 - 15)\text{°C}$$
$$= 34.6 \text{ kJ/s} = 34.6 \text{ kW}$$

모든 에너지는 저항 전열기로부터 나와야 된다. 따라서, 전열기의 전력은 **34.6 kW**이다.

임의의 위치에서 관의 표면온도는 다음과 같이 결정된다.

$$\dot{q}_s = h(T_s - T_m) \qquad T_s = T_m + \frac{\dot{q}_s}{h}$$

여기서 h는 열전달계수이고 T_m은 유체의 평균 온도이다. 이 경우에서 표면 열유속은 일정하고 다음과 같다.

$$\dot{q}_s = \frac{\dot{Q}}{A_s} = \frac{34.6 \text{ kW}}{0.471 \text{ m}^2} = 73.46 \text{ kW/m}^2$$

열전달계수를 구하기 위해 먼저 평균속도와 Reynolds 수를 구한다.

$$V_{avg} = \frac{\dot{V}}{A_c} = \frac{0.010 \text{ m}^3\text{/min}}{7.069 \times 10^{-4} \text{ m}^2} = 14.15 \text{ m/min} = 0.236 \text{ m/s}$$

$$\text{Re} = \frac{V_{\text{avg}}D}{\nu} = \frac{(0.236 \text{ m/s})(0.03 \text{ m})}{0.658 \times 10^{-6} \text{ m}^2\text{/s}} = 10{,}760$$

Reynolds 수가 10,000보다 크다. 따라서, 유동은 난류이며, 입구 길이는 대략 아래와 같다.

$$L_h \approx L_t \approx 10D = 10 \times 0.03 = 0.3 \text{ m}$$

입구 길이는 관의 전체 길이보다 훨씬 짧다. 따라서, 전체 관에서 완전히 발달된 난류유동이라 가정할 수 있다. 그리고, Nusselt 수는 다음과 같다.

$$\text{Nu} = \frac{hD}{k} = 0.023 \text{ Re}^{0.8} \text{ Pr}^{0.4} = 0.023(10{,}760)^{0.8} (4.32)^{0.4} = 69.4$$

따라서,

$$h = \frac{k}{D}\text{Nu} = \frac{0.631 \text{ W/m}\cdot°\text{C}}{0.03 \text{ m}}(69.4) = 1460 \text{ W/m}^2\cdot°\text{C}$$

그리고 출구에서 관의 표면온도는 다음과 같이 구한다.

$$T_s = T_m + \frac{\dot{q}_s}{h} = 65°\text{C} + \frac{73{,}460 \text{ W/m}^2}{1460 \text{ W/m}^2\cdot°\text{C}} = \mathbf{115°C}$$

검토 관의 내부 표면온도는 관의 출구에서의 평균 물 온도보다 50°C 더 높다는 것에 주목하라. 물과 표면 사이의 온도차 50°C는 완전히 발달된 유동영역 전체에서 일정하게 유지될 것이다.

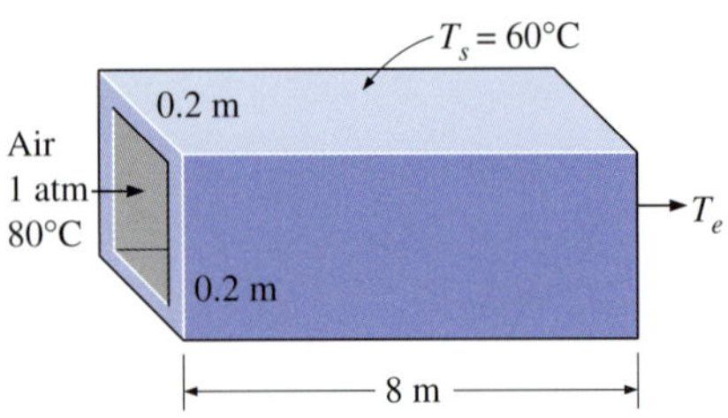

그림 6-36

예제 6-8의 개략도

예제 6-8 열시스템의 덕트로부터 열손실

대기압이고 80°C의 뜨거운 공기가 단면적이 0.2 m × 0.2 m, 길이가 8 m인 단열이 안 된 사각덕트 안으로 들어간다. 그 공기는 0.15 m³/s의 비율로 집의 다락방을 지난다(그림 6-36). 덕트는 거의 60°C의 등온으로 관찰된다. 덕트에서 다락방 공간으로의 공기의 출구 온도와 열손실률을 구하라.

풀이 다락방 안에 가열시스템에서 단열이 안된 사각덕트로부터의 열손실을 고려한다. 출구 온도와 열손실률을 구한다.

가정 **1.** 정상 상태 조건이다. **2.** 사각덕트의 내부표면은 매끄럽다. **3.** 공기는 이상기체이다.

물성값 덕트의 공기 출구온도를 모르기 때문에 물성값을 결정하는 공기의 평균 체적온도를 구할 수가 없다. 입구에서 공기의 평균 온도는 80°C이고, 이 온도는 덕트의 표면온도가 60°C로 공기의 입구온도보다 낮기 때문에 열손실로 인해 공기의 입구온도는 조금 낮아질 것이다. 80°C, 1 atm에서의 물성값은 다음과 같다(Table A-22).

$$\rho = 0.9994 \text{ kg/m}^3 \qquad c_p = 1008 \text{ J/kg}\cdot°\text{C}$$
$$k = 0.02953 \text{ W/m}\cdot°\text{C} \qquad \text{Pr} = 0.7154$$
$$\nu = 2.097 \times 10^{-5} \text{ m}^2\text{/s}$$

해석 이 경우 특성길이(즉, 수력직경), 평균속도 그리고 Reynolds 수는 각각 다음과 같다.

$$D_h = \frac{4A_c}{p} = \frac{4a^2}{4a} = a = 0.2 \text{ m}$$

$$V_{avg} = \frac{\dot{V}}{A_c} = \frac{0.15 \text{ m}^3/\text{s}}{(0.2 \text{ m})^2} = 3.75 \text{ m/s}$$

$$\text{Re} = \frac{V_{avg} D_h}{n} = \frac{(3.75 \text{ m/s})(0.2 \text{ m})}{2.097 \times 10^{-5} \text{ m}^2/\text{s}} = 35{,}765$$

Reynolds 수가 10,000보다 크므로, 난류유동이며 이 경우 입구 길이는 대략 아래와 같다.

$$L_h \approx L_t \approx 10D = 10 \times 0.2 \text{ m} = 2 \text{ m}$$

덕트의 전체길이에 비해 훨씬 짧다. 따라서, 전체 덕트에서 완전히 발달된 난류유동이라 가정할 수 있다. Nusselt 수는 다음과 같이 계산된다.

$$\text{Nu} = \frac{hD_h}{k} = 0.023 \text{ Re}^{0.8} \text{ Pr}^{0.3} = 0.023(35{,}765)^{0.8} (0.7154)^{0.3} = 91.4$$

따라서,

$$h = \frac{k}{D_h} \text{Nu} = \frac{0.02953 \text{ W/m} \cdot {}^\circ\text{C}}{0.2 \text{ m}} (91.4) = 13.5 \text{ W/m}^2 \cdot {}^\circ\text{C}$$

$$A_s = 4aL = 4 \times (0.2 \text{ m})(8 \text{ m}) = 6.4 \text{ m}^2$$

$$\dot{m} = \rho \dot{V} = (0.9994 \text{ kg/m}^3)(0.15 \text{ m}^3/\text{s}) = 0.150 \text{ kg/s}$$

다음으로, 공기의 출구온도를 구하면

$$T_e = T_s - (T_s - T_i) \exp(-hA_s/\dot{m}c_p)$$

$$= 60^\circ\text{C} - [(60 - 80)^\circ\text{C}] \exp\left[-\frac{(13.5 \text{ W/m}^2 \cdot {}^\circ\text{C})(6.4 \text{ m}^2)}{(0.150 \text{ kg/s})(1008 \text{ J/kg} \cdot {}^\circ\text{C})} \right]$$

$$= \mathbf{71.3^\circ C}$$

이때, 공기의 대수평균온도차와 열손실률은 다음과 같이 구한다.

$$\Delta T_{\ln} = \frac{T_i - T_e}{\ln \frac{T_s - T_e}{T_s - T_i}} = \frac{80 - 71.3}{\ln \frac{60 - 71.3}{60 - 80}} = -15.2^\circ\text{C}$$

$$\dot{Q} = hA_s \Delta T_{\ln} = (13.5 \text{ W/m}^2 \cdot {}^\circ\text{C})(6.4 \text{ m}^2)(-15.2^\circ\text{C}) = \mathbf{-1313 \text{ W}}$$

그러므로, 다락방의 덕트를 통하여 공기가 흐를 때 1313 W의 열손실이 발생한다.

검토 평균 유체온도는(80 + 71.3)/2 = 75.7°C이며, 이 값은 공기의 물성값을 결정하기 위해 가정한 80°C와 거의 가까운 것을 알 수 있다. 따라서, 이 온도에서 물성값을 재결정하여 계산을 다시 하는 것은 불필요하다.

요약 SUMMARY

대류 열전달은 전도와 혼합 유체유동(bulk fluid motion)을 포함하는 열전달의 형식으로서, 대류 열전달률은 *Newton*의 냉각법칙에 의해 다음과 같이 표현된다.

$$\dot{Q} = hA_s(T_s - T_\infty)$$

여기서, T_s는 표면온도, 그리고 T_∞는 자유흐름온도이다. 대체로 대류 열전달계수 h는 무차원 열전달계수 *Nusselt* 수, $\text{Nu} = hL_c/k$로 표기한다. 여기에서, k는 유체의 열전도도이고 L_c는 특성 길이이다. 한편, 비원형관의 특성 길이는 수력직경, $D_h = 4A_c/p$로 표기한다. 여기서 A_c는 관의 단면적이고 p는 관 주위의 길이를 나타낸다.

평판 위의 유동, 구 위의 유동 및 원형관 내의 유동에서 층류에서 난류로 천이가 일어나는 임계 Reynolds 수는 각각 5×10^5, 2×10^5, 그리고 2300이다.

평판 위의 유동에서 평균 Nusselt 수는 아래와 같다.

층류: $\mathrm{Nu} = \dfrac{hL}{k} = 0.664\,\mathrm{Re}_L^{0.5}\,\mathrm{Pr}^{1/3}, \qquad \mathrm{Re}_L < 5 \times 10^5$

난류: $\mathrm{Nu} = \dfrac{hL}{k} = 0.037\,\mathrm{Re}_L^{0.8}\,\mathrm{Pr}^{1/3}, \qquad 0.6 \le \mathrm{Pr} \le 60, \quad 5 \times 10^5 \le \mathrm{Re}_L \le 10^7$

혼합: $Nu = \dfrac{hL}{k} = (0.037\,\mathrm{Re}_L^{0.8} - 871)\,\mathrm{Pr}^{1/3}, \qquad 0.6 \le \mathrm{Pr} \le 60, \quad 5 \times 10^5 \le \mathrm{Re}_L \le 10^7$

비가열 출발길이가 ξ인 등온 평판에서의 국소 Nusselt 수와 평균 대류 열전달계수 관계식은 아래와 같다.

층류: $\mathrm{Nu}_x = \dfrac{\mathrm{Nu}_{x\,(\text{for } \xi=0)}}{[1-(\xi/x)^{3/4}]^{1/3}} = \dfrac{0.332\,\mathrm{Re}_x^{0.5}\,\mathrm{Pr}^{1/3}}{[1-(\xi/x)^{3/4}]^{1/3}}$

난류: $\mathrm{Nu}_x = \dfrac{\mathrm{Nu}_{x\,(\text{for } \xi=0)}}{[1-(\xi/x)^{9/10}]^{1/9}} = \dfrac{0.0296\,\mathrm{Re}_x^{0.8}\,\mathrm{Pr}^{1/3}}{[1-(\xi/x)^{9/10}]^{1/9}}$

층류: $h = \dfrac{2[1-(\xi/x)^{3/4}]}{1-\xi/L}\,h_{x=L}$

난류: $h = \dfrac{5[1-(\xi/x)^{9/10}]}{(1-\xi/L)}\,h_{x=L}$

균일한 열유속 평판의 경우 국소 Nusselt 수는 아래와 같다.

층류: $\mathrm{Nu}_x = 0.453\,\mathrm{Re}_x^{0.5}\mathrm{Pr}^{1/3}$

난류: $\mathrm{Nu}_x = 0.0308\,\mathrm{Re}_x^{0.8}\,\mathrm{Pr}^{1/3}$

원통 및 구 위의 교차 유동의 경우 평균 Nusselt 수는 아래와 같다.

$$\mathrm{Nu}_{cyl} = \frac{hD}{k} = 0.3 + \frac{0.62\,\mathrm{Re}^{1/2}\,\mathrm{Pr}^{1/3}}{[1+(0.4/\mathrm{Pr})^{2/3}]^{1/4}}\left[1+\left(\frac{\mathrm{Re}}{282{,}000}\right)^{5/8}\right]^{4/5}$$

위 식은 Re Pr > 0.2의 경우에 성립한다. 그리고

$$\mathrm{Nu}_{\mathrm{sph}} = \frac{hD}{k} = 2 + [0.4\,\mathrm{Re}^{1/2} + 0.06\,\mathrm{Re}^{2/3}]\mathrm{Pr}^{0.4}\left(\frac{\mu_\infty}{\mu_s}\right)^{1/4}$$

위 식은 $3.5 \le \mathrm{Re} \le 80{,}000$과 $0.7 \le \mathrm{Pr} \le 380$의 경우에 성립한다. 유체의 물성값은 원통의 경우에는 막온도 $T_f = (T_\infty + T_s)/2$에서, 구의 경우에는 자유 유동온도 T_∞(단, 표면온도 T_s를 사용하는 μ_s는 제외)에서의 값을 사용한다.

내부유동에서의 Reynolds 수와 수력직경은 다음과 같이 나타낸다.

$$\mathrm{Re} = \frac{\rho V_{\text{avg}} D}{\mu} = \frac{V_{\text{avg}} D}{\nu} \quad \text{and} \quad D_h = \frac{4A_c}{p}$$

관내유동에서 층류는 Re < 2300일 때, 그리고 난류는 Re > 10,000일 때이다. 천이 과정은 그 사이에서 일어난다.

관의 입구에서부터 경계층이 가운데 선에서 합쳐지는 지점까지의 거리를 **수력 입구거리** L_h라고 한다. 입구거리를 지나서 속도분포가 **완전히 발달된 영역**이 유체역학적으로 완전히 발달된 영역이다. 관내유동에서 열경계층이 발달되어서 관의 중심에 도달하게 되는데 걸리는 거리를 **열적 입구거리** L_t라고 한다. 이 구간에서 유체역학적 및 열적으로 발달되었을 때 **완전히 발달된 영역**이라고 한다. 입구거리는 다음과 같다.

$$L_{h,\,\text{laminar}} \approx 0.05\,\mathrm{Re}\,D$$
$$L_{t,\,\text{laminar}} \approx 0.05\,\mathrm{Re}\,\mathrm{Pr}\,D = \mathrm{Pr}\,L_{h,\,\text{laminar}}$$
$$L_{h,\,\text{turbulent}} \approx L_{t,\,\text{turbulent}} = 10D$$

$\dot{q}_s$가 일정할 때, 열전달률은 다음과 같이 나타낼 수 있다.

$$\dot{Q} = \dot{q}_s A_s = \dot{m} c_p (T_e - T_i)$$

T_s가 일정할 때, 아래와 같이 나타낼 수 있다.

$$\dot{Q} = hA_s\Delta T_{\ln} = \dot{m}c_p(T_e - T_i)$$
$$T_e = T_s - (T_s - T_i)\exp(-hA_s/\dot{m}c_p)$$
$$\Delta T_{\ln} = \frac{T_i - T_e}{\ln[(T_s - T_e)/(T_s - T_i)]} = \frac{\Delta T_e - \Delta T_i}{\ln(\Delta T_e/\Delta T_i)}$$

원형관 내의 완전히 발달된 층류유동에서 다음의 관계를 갖는다.

원형관, 층류($\dot{q}_s$ = 일정): $\mathrm{Nu} = \dfrac{hD}{k} = 4.36$

원형관, 층류(T_s = 일정): $\mathrm{Nu} = \dfrac{hD}{k} = 3.66$

발달 중인 층류유동의 입구영역에서 등온 상태인 경우는 다음과 같다.

원형관: $\mathrm{Nu} = 3.66 + \dfrac{0.065(D/L)\,\mathrm{Re}\,\mathrm{Pr}}{1 + 0.04[(D/L)\,\mathrm{Re}\,\mathrm{Pr}]^{2/3}}$

원형관: $\mathrm{Nu} = 1.86\left(\dfrac{\mathrm{Re}\,\mathrm{Pr}\,D}{L}\right)^{1/3}\left(\dfrac{\mu_b}{\mu_s}\right)^{0.14}$

평판: $\mathrm{Nu} = 7.54 + \dfrac{0.03(D_h/L)\,\mathrm{Re}\,\mathrm{Pr}}{1 + 0.016[(D_h/L)\,\mathrm{Re}\,\mathrm{Pr}]^{2/3}}$

매끈한 표면을 가진 완전히 발달된 난류의 경우는 다음과 같다.

$f = (0.790 \ln \mathrm{Re} - 1.64)^{-2} \qquad 10^4 < \mathrm{Re} < 10^6$

$\mathrm{Nu} = 0.125 f\,\mathrm{Re}\,\mathrm{Pr}^{1/3}$

$\mathrm{Nu} = 0.023\,\mathrm{Re}^{0.8}\,\mathrm{Pr}^{1/3} \qquad \left(\begin{array}{l} 0.7 \le \mathrm{Pr} \le 160 \\ \mathrm{Re} > 10{,}000 \end{array}\right)$

$\text{Nu} = 0.023\text{Re}^{0.8}\text{Pr}^{n}$ 유체가 가열되는 경우 $n = 0.4$, 유체가 냉각되는 경우 $n = 0.3$

$$\text{Nu} = \frac{(f/8)(\text{Re} - 1000)\,\text{Pr}}{1 + 12.7(f/8)^{0.5}(\text{Pr}^{2/3} - 1)} \quad \begin{pmatrix} 0.5 \le \text{Pr} \le 2000 \\ 3\times10^{3} < \text{Re} < 5\times10^{6} \end{pmatrix}$$

유체의 물성값은 $T_b = (T_i + T_e)/2$로 정의되는 **혼합평균 유체온도**(*bulk mean fluid temperature*)를 사용한다. $10^4 < \text{Re} < 10^6$인 액체금속의 경우는 다음과 같다.

$T_s =$ 일정: $\quad \text{Nu} = 4.8 + 0.0156\,\text{Re}^{0.85}\,\text{Pr}_s^{0.93}$

$\dot{q}_s =$ 일정: $\quad \text{Nu} = 6.3 + 0.0167\,\text{Re}^{0.85}\,\text{Pr}_s^{0.93}$

참고문헌 | REFERENCES AND SUGGESTED READINGS

1. Y.A. Çengel and J. M. Cimbala. *Fluid Mechanics: Fundamentals and Applications*. 2nd ed. NewYork: McGraw-Hill, 2010.
2. S. W. Churchill and M. Bernstein. "A Correlating Equation for Forced Convection from Gases and Liquids to a Circular Cylinder in Cross Flow." *Journal of Heat Transfer* 99 (1977), pp. 300–306.
3. S. W. Churchill and H. Ozoe. "Correlations for Laminar Forced Convection in Flow over an Isothermal Flat Plate and in Developing and Fully Developed Flow in an Isothermal Tube." *Journal of Heat Transfer* 95 (Feb. 1973), pp. 78–84.
4. A. P. Colburn. *Transactions of the AIChE* 26 (1933), p. 174.
5. C. F. Colebrook. "Turbulent Flow in Pipes, with Particular Reference to the Transition between the Smooth and Rough Pipe Laws." *Journal of the Institute of Civil Engineers London*. 11 (1939), pp. 133–156.
6. R. G. Deissler. "Analysis of Turbulent Heat Transfer and Flow in the Entrance Regions of Smooth Passages." 1953. Referred to in *Handbook of Single-Phase Convective Heat Transfer*, ed. S. Kakaç, R. K. Shah, and W. Aung. New York:Wiley Interscience, 1987.
7. D. F. Dipprey and D. H. Sabersky. "Heat and Momentum Transfer in Smooth and Rough Tubes at Various Prandtl Numbers." *International Journal of Heat Mass Transfer* 6 (1963), pp. 329–353.
8. F. W. Dittus and L. M. K. Boelter. *University of California Publications on Engineering* 2 (1930), p. 433.
9. D. K. Edwards, V. E. Denny, and A. F. Mills. *Transfer Processes*. 2nd ed. Washington, D.C.: Hemisphere, 1979.
10. W. H. Giedt. "Investigation of Variation of Point Unit-Heat Transfer Coefficient around a Cylinder Normal to an Air Stream." *Transactions of the ASME* 71 (1949), pp. 375–381.
11. V. Gnielinski. "New Equations for Heat and Mass Transfer in Turbulent Pipe and Channel Flow." *International Chemical Engineering* 16 (1976), pp. 359–368.
12. S. E. Haaland. "Simple and Explicit Formulas for the Friction Factor in Turbulent Pipe Flow." *Journal of Fluids Engineering* (March 1983), pp. 89–90.
13. M. Jakob. *Heat Transfer*. Vol. 1. New York: John Wiley & Sons, 1949.
14. S. Kakaç, R. K. Shah, and W. Aung, eds. *Handbook of Single-Phase Convective Heat Transfer*. New York: Wiley Interscience, 1987.
15. W. M. Kays and M. E. Crawford. *Convective Heat and Mass Transfer*. 3rd ed. New York: McGraw-Hill, 1993.
16. W. M. Kays and H. C. Perkins. Chapter 7. In *Handbook of Heat Transfer*, eds. W. M. Rohsenow and J. P. Hartnett. New York: McGraw-Hill, 1972.
17. M. Molki and E. M. Sparrow. "An Empirical Correlation for theAverage Heat Transfer Coefficient in Circular Tubes." *Journal of Heat Transfer* 108 (1986), pp. 482–484.
18. L. F. Moody. "Friction Factors for Pipe Flows." *Transactions of the ASME* 66 (1944), pp. 671–684.
19. R. H. Norris. "Some Simple Approximate Heat Transfer Correlations for Turbulent Flow in Ducts with Rough Surfaces." In *Augmentation of Convective Heat Transfer*, ed. A. E. Bergles and R. L.Webb. NewYork:ASME, 1970.
20. B. S. Petukhov. "Heat Transfer and Friction in Turbulent Pipe Flow with Variable Physical Properties." In *Advances in Heat Transfer*, ed. T. F. Irvine and J. P. Hartnett, Vol. 6. New York: Academic Press, 1970.
21. B. S. Petukhov and L. I. Roizen. "Generalized Relationships for Heat Transfer in a Turbulent Flow of a Gas in Tubes of Annular Section." *High Temperature* (USSR) 2 (1964), pp. 65–68.
22. H. Schlichting. *Boundary Layer Theory*. 7th ed. New York, McGraw-Hill, 1979.
23. R. K. Shah and M. S. Bhatti. "Laminar Convective Heat Transfer in Ducts." In *Handbook of Single-Phase Convective Heat Transfer*, ed. S. Kakaç, R. K. Shah, and W. Aung. New York:Wiley Interscience, 1987.
24. E. N. Sieder and G. E. Tate. "Heat Transfer and Pressure Drop of Liquids in Tubes." *Industrial Engineering Chemistry* 28 (1936), pp. 1429–1435.
25. C. A. Sleicher and M. W. Rouse. "A Convenient Correlation for Heat Transfer to Constant and Variable Property Fluids in Turbulent Pipe Flow." *International Journal of Heat Mass Transfer* 18 (1975), pp. 1429–1435.
26. W. C. Thomas. "Note on the Heat Transfer Equation for Forced Convection Flow over a Flat Plate with an Unheated Starting Length." *Mechanical Engineering News*, 9, no.1 (1977), p. 361.
27. S. Whitaker. "Forced Convection Heat Transfer Correlations for Flow in Pipes, Past Flat Plates, Single Cylinders, and for Flow in Packed Beds and Tube Bundles." *AIChE Journal* 18 (1972), pp. 361–371.

연습문제* PROBLEMS

대류의 물리적 메커니즘

6–1C 강제대류란 무엇인가? 자연대류와는 어떻게 다른가? 바람에 의한 대류는 강제대류인가? 자연대류인가?

6–2C 외부 강제대류란 무엇인가? 내부 강제대류와는 어떻게 다른가? 열전달시스템이 내부와 외부 대류를 동시에 포함할 수 있는가? 예를 들어라.

6–3C 자연대류와 강제대류 중 어느 것이 일반적으로 대류 열전달계수가 더 높은가? 그 이유는 무엇인가?

6–4C 뜨겁게 구워진 감자가 있다. 감자를 방 안의 차가운 공기에 의해 자연적으로 냉각시키는 대신에 입김으로 따뜻한 공기를 감자에 불어줄 때 더 빨리 냉각이 될까, 더 천천히 냉각이 될까? 설명하라.

6–5C Nusselt 수의 물리적 의미는 무엇인가? Nusselt 수는 어떻게 정의되는가?

6–6C 유체를 통하여 열전도가 일어날 때는 언제인가? 그리고 대류에 의한 열전달은 언제 일어나는가? 어떤 경우가 열전달률이 더 높은가? 대류 열전달계수는 유체의 열전도도와 어떻게 다른가?

6–7 감자를 공기로 냉각하는데, 대류, 복사 및 증발이 함께 작용하는 경우의 열전달계수를 아래 표와 같이 실험적으로 구하였다. 감자의 직경은 8 cm이고 초기 온도가 20°C이며, 열전도도가 0.49 W/m·K이다. 감자가 속도가 1 m/s인 5°C의 냉각된 공기에 의해 냉각된다. 감자의 초기 열전달률을 구하고, 감자 표면에서 온도구배의 초기 값을 구하라. **답: 5.8 W, −585°C/m**

Air Velocity, m/s	Heat Transfer Coefficient, W/m²·K
0.66	14.0
1.00	19.1
1.36	20.2
1.73	24.4

6–8 보통 사람 몸의 표면적은 1.8 m²이고, 피부온도가 33°C이다. 옷을 입고 정지된 공기에서 $0.5 < V < 2$ m/s의 속도로 걷는 사람의 대류 열전달계수는 $h = 8.6V^{0.53}$으로 나타낸다. 옷을 입고 있는 사람의 평균 표면온도를 30°C라 가정하고, 온도가 7°C인 정지된 공기 속을 사람이 (*a*) 0.5 m/s, (*b*) 10 m/s, (*c*) 1.5 m/s, (*d*) 2.0 m/s의 속도로 걸을 때 대류에 의한 열손실률을 구하라.

6–9 두께 50 cm인 강판(k = 237 W/m·K)의 윗면이 20°C의 물에 의하여 냉각된다. 판의 윗면과 아랫면의 온도가 각각 60°C와 120°C로 유지될 때, 물의 대류 열전달계수와 판의 윗면에서의 물의 온도구배를 구하라.

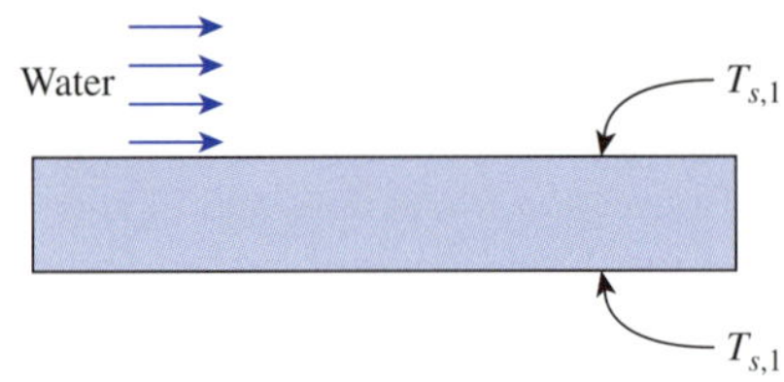

그림 P6–9

6–10 표면온도가 220°C인 평판 위를 공기가 흐른다. 공기유동의 온도 프로파일이 다음과 같이 주어진다.

$$T(y) = T_\infty - (T_\infty - T_s)\exp\left(-\frac{V}{\alpha_{\text{fluid}}}y\right)$$

1기압에서 공기의 자유흐름속도와 온도가 각각 0.08 m/s와 20°C일 때, 평판상의 열유속(heat flux)과 공기유동의 대류 열전달계수를 구하라.

답: 1.45×10⁴ W/m², 72.6 W/m²·K

6–11 $0.15 < V < 1.5$ m/s 속도의 공기 속에 옷을 입고 서 있는 사람의 대류 열전달계수는 $h = 14.8V^{0.69}$로 나타낸다. 사람 몸의 표면적이 1.7 m²이고 평균 표면온도가 29°C라고 가정하고, 공기의 온도가 10°C이고 속도가 (*a*) 0.5 m/s, (*b*) 1.0 m/s, (*c*) 1.5 m/s인 공기 속에 사람이 서 있을 때 대류에 의한 열손실률을 구하라.

6–12 오렌지, 자몽, 탄젤로를 $0.11 < V < 0.33$ m/s 속도의 공기로 냉각하는데, 대류, 복사 및 증발이 함께 작용하며, 이 경우의 열전달계수 실험식은 $h = 5.05\, k_{\text{air}}\text{Re}^{1/3}/D$로 나타낸다. 여기서 D는 특성 길이이다. 속도가 0.3 m/s이고 3°C, 1 atm의 공기에 의해 오렌지를 냉각하고자 한다. (*a*) 초기온도가 15°C이고, 열전도도가 0.70 W/m·K이며, 직경 7 cm인 오렌지로부터의 열전달률을 구하고, (*b*) 오렌지 표면 안쪽의 온도구배를 구하고, (*c*) Nusselt 수 값을 구하라.

* "C"로 표시된 문제는 개념에 관한 문제들이며, 학생들은 모든 문제를 풀어 보도록 권고한다. "◎" 아이콘, "▣" 아이콘이 있는 문제는 EES 프로그램을 사용하여 풀어야 한다.

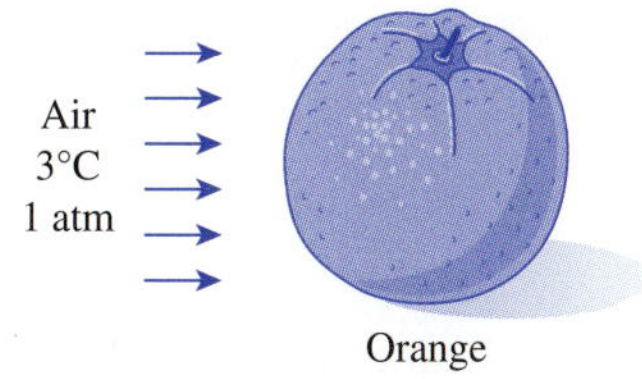

그림 P6–12

평판 위의 유동

6–13C 평판 위의 유동에서 마찰계수는 무엇을 나타내는가? 그 마찰계수는 평판에 작용하는 항력과 어떤 관계가 있는가?

6–14 어떤 실험에서 평판상의 국소 열전달계수가 다음과 같이 Nusselt 수의 관계식으로 표시된다.

$$Nu_x = 0.035Re_x^{0.8}Pr^{1/3}$$

전체 평판에서의 평균 열전달계수(h)와 $x = L$에서의 국소 열전달계수(h_x)의 비를 구하라. **답: 1.25**

6–15 길이 5 m의 박판 조각(strip)이 컨베이어에서 5 m/s의 속도로 이송되면서, 박판 윗면의 코팅이 적외선 램프에 의해서 건조처리된다(cured). 박판 코팅의 흡수율이 0.6, 방사율이 0.7이며 주변의 대기온도는 25°C이다. 복사열전달은 윗면에서만 발생하나, 대류 열전달은 박판의 양쪽면에서 발생한다. 적외선 램프가 5000 W/m²의 등열유속을 공급하는 것으로 가정할 때, 박판의 표면온도를 구하라. 80°C에서 공기의 물성값을 사용하여라. **답: 138°C**

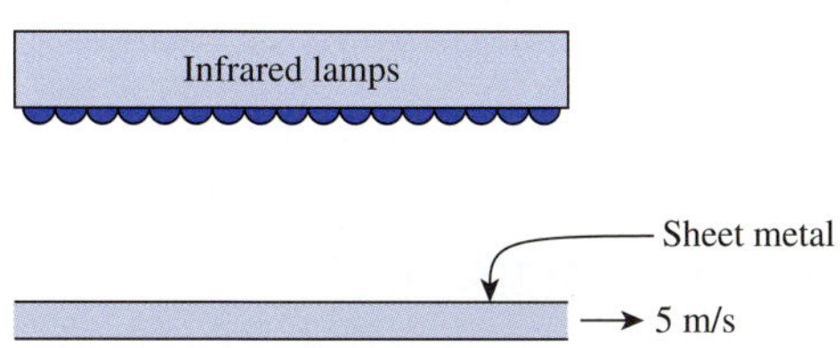

그림 P6–15

6–16 콜로라도, 덴버(해발 1610 m)에서의 국소 대기압은 83.4 kpa이다. 이 압력과 30°C인 공기가 6 m/s의 속도로 크기가 2.5 m × 8 m, 온도가 120°C인 평판 위를 흐른다. 공기가 (*a*) 8 m, (*b*) 2.5 m 길이에 평행하게 흐른다고 가정할 때 평판에서의 열전달률을 구하라.

6–17 추운 겨울에 42 km/h의 바람이 높이가 6 m, 길이가 10 m인 집의 벽에 평행하게 분다. 바깥 공기의 온도가 5°C이고 벽의 표면온도가 12°C일 때 벽에서 대류에 의한 열손실률을 구하라. 또한 바람의 속도가 2배가 될 때의 열손실률을 구하라.
답: 10.8 kW, 19.4 kW

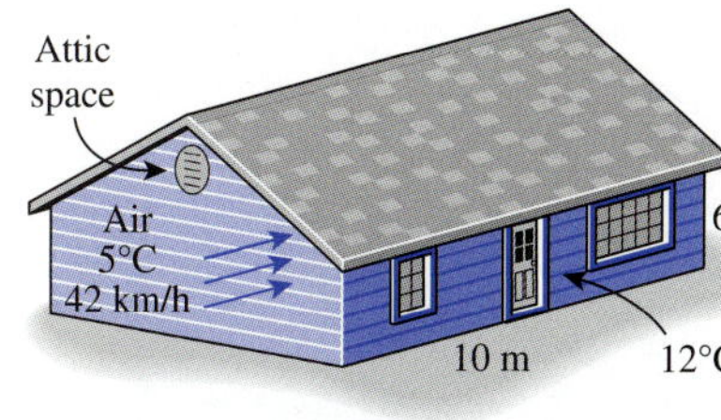

그림 P6–17

6–18 문제 6–17을 다시 생각해보자. EES(또는 다른 프로그램)를 사용하여 바람속도와 외부 공기온도가 벽에서의 열손실률에 미치는 영향을 알아보자. 바람의 속도가 10 km/h에서 80 km/h까지 변화하고, 바깥 공기온도는 0°C에서 10°C로 변화한다고 하자. 이때 열손실률을 바람의 속도와 외부 공기온도의 함수의 그래프로 나타내고 그 결과를 논하라.

6–19 43.3°C의 물이 30 cm/s의 속도로 평판 위를 흐른다. 평판의 길이가 1.0 m(유동방향)이고 표면은 10°C의 일정 온도로 유지된다. 평판의 넓이당 열전달률을 계산하라.

6–20 1기압의 뜨거운 이산화탄소 배기가스각 평판에 의해서 냉각된다. 220°C의 가스가 길이 1.5 m 평판의 아래와 위 표면을 3 m/s의 속도로 평행하게 흐른다. 평판의 표면온도가 80°C라고 가정하고 다음을 구하라: (*a*) 평판의 전단(leading edge)으로부터 1 m 지점에서 국소 대류 열전달계수, (*b*) 전체 평판에서 평균 대류 열전달계수, (*c*) 평판으로의 전체 열유속전달(total heat flux transfer).

6–21 150°C의 뜨거운 엔진오일이 평판 위를 2 m/s의 속도로 평행하게 흐른다. 평판의 길이가 0.5 m이고 50°C의 등온 상태일 때, (*a*) 평판의 전단으로부터 0.2 m 지점에서 국소 대류 열전달계수와 전체 평판에서 평균 대류 열전달계수를 구하라. (*b*) Churchill and Ozoe(1973) 식을 이용하여 (*a*)를 다시 구하라.

6–22 25°C의 수은이 75°C의 온도로 유지되고 있는 길이 3 m, 폭 2 m의 평판 위를 0.8 m/s의 속도로 흐른다. 전체 평판에서의 열전달률을 계산하라.

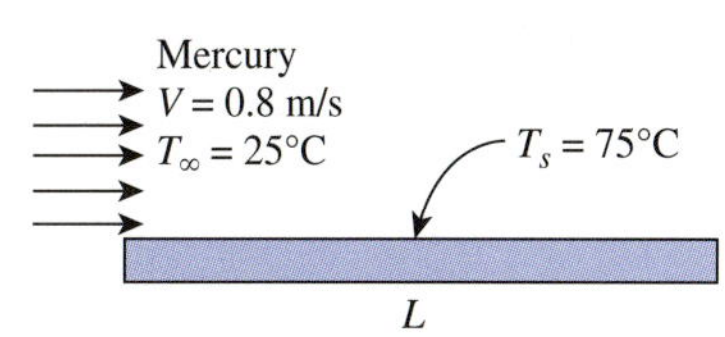

그림 P6–22

6–23 그림에서와 같이 평행한 평판의 태양열 집열기가 지붕을 덮고 있다. 10°C의 주변공기가 4 m/s 속도로 지붕을 흐르는 동안

평판은 15°C로 유지된다. (*a*) 첫 번째 평판과 (*b*) 세 번째 평판으로부터의 대류 열손실률을 구하라.

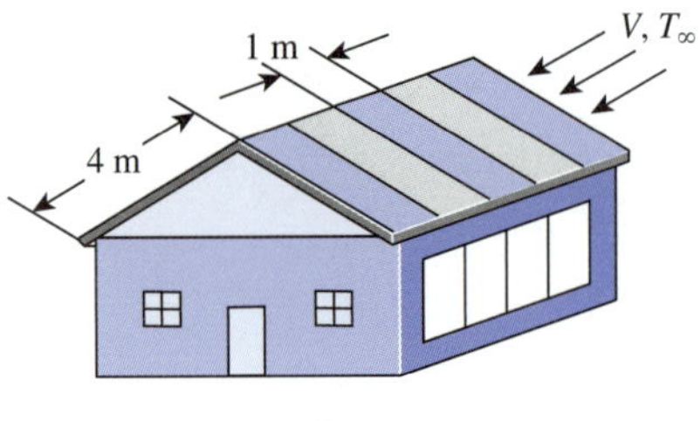

그림 P6–23

6–24 높이 0.5 m, 폭 0.4 m, 길이 0.8 m의 사각블록 형태의 뜨거운 자동차 엔진을 생각하자. 블록의 바닥표면은 100°C, 방사율은 0.95이다. 주위의 공기온도는 20°C이고 도로표면은 25°C이다. 자동차가 80 km/h의 속도로 달릴 때 대류와 복사에 의한 엔진블록의 바닥표면에서의 열전달률을 구하라. 엔진블록이 지속적으로 흔들리므로 전체 표면에서의 유동은 난류로 가정한다.

6–25 95 km/h의 속도로 움직이는 객차의 상판 표면의 크기가 폭 2.8 m, 길이 8 m이다. 이 때 상판의 표면이 380 W/m²의 태양복사열을 흡수하며 주위의 공기온도는 30°C이다. 객차의 상판이 완전하게 단열되어 있고 주변과의 복사열교환이 대류 열전달에 비하여 상대적으로 작다고 가정할 때 상판 표면의 평형온도를 구하라. **답: 37.5°C**

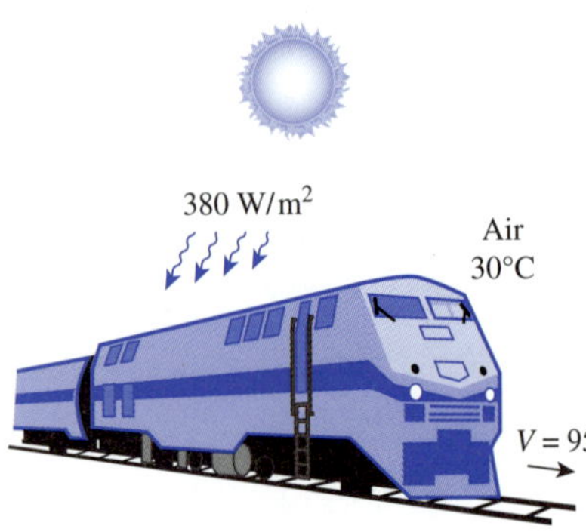

그림 P6–25

6–26 문제 6–25을 다시 생각해보자. EES(또는 다른 프로그램)를 사용하여 바람속도와 외부 공기온도가 벽에서의 열손실률에 미치는 영향을 알아보자. 객차 속도와 태양복사 흡수율이 객차 상판의 평형온도에 미치는 영향을 조사해 보자. 객차의 속도가 10 km/h에서 120 km/h까지 변하고, 태양열 흡수율은 100 W/m²에서 500 W/m²까지 변한다고 하자. 평형온도를 객차속도와 태양복사 흡수율의 함수의 그래프로 나타내고 그 결과를 논하라.

6–27 20 W의 전력을 균일하게 방출하는 15 cm × 15 cm의 회로판이 6 m/s로 접근하는 20°C의 공기에 의해 냉각된다. 기판의 뒷면에서의 열전달을 무시할 때, 기판의 (*a*) 선단과 (*b*) 끝단에서 전기부품들의 표면온도를 구하라. 이때 전기부품에서의 유동은 난류로 가정한다.

6–28 공기온도가 25°C인 곳에서 110 km/h의 속도로 달리는 냉동트럭을 생각해보자. 트럭의 냉동실은 폭 2.8 m, 높이 2.1 m, 길이 6 m인 사각박스로 간주할 수 있다. 트럭의 냉동시스템은 3톤의 냉동능력을 가지고 있다(즉, 633 kJ/min로 열을 제거할 수 있다). 트럭의 외부표면은 낮은 방사율의 재질로 코팅되어 있어 복사열전달이 매우 작다. 만약 냉동시스템이 냉동능력의 반 정도로 작동한다고 가정할 때 냉동실 외부표면의 평균 온도를 구하라. 전체 외부표면상의 공기유동은 난류이고 앞과 뒤 표면에서의 열전달계수가 측면과 같다고 가정한다.

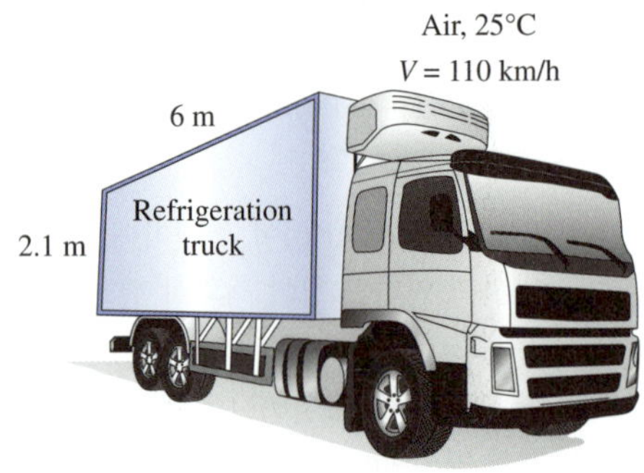

그림 P6–28

6–29 250°C의 액체 수은이 평판 위를 0.3 m/s의 속도로 평행하게 흐른다. 길이 0.1 m의 평판의 표면이 50°C를 유지할 때, 다음을 구하라: (*a*) 평판의 전단으로부터 5 cm 지점에서 국소 대류 열전달계수, (*b*) 전체 평판에서 평균 대류 열전달계수.

답: (*a*) 5343 W/m²·K, (*b*) 7555 W/m²·K

6–30 250°C의 액체 수은이 길이 0.1 m의 평판 위를 0.3 m/s의 속도로 평행하게 흐른다. 이때 평판의 처음 5 cm는 가열되지 않았고 나머지 5 cm는 50°C의 등온으로 가열되었다. 다음을 구하라: (*a*) 평판의 끝단(trailing edge)에서 국소 대류 열전달계수, (*b*) 가열된 평판에서 평균 대류 열전달계수, (*c*) 가열된 평판에서 단위 폭당 열전달률

6–31 각각 5 W의 동력을 방출하는 동력트랜지스터들의 배열이 25 cm × 25 cm 정사각형의 알루미늄 판 위에 설치되어 냉각되고 있다. 팬에 의해 4 m/s의 속도로 35°C의 공기가 불어넣어지고 있다. 판의 평균 온도는 65°C를 넘지 않는다. 판의 뒷면에서의 열전달과 복사를 무시할 수 있다고 가정할 때, 이 판에 설치할 수 있는 트랜지스터의 개수를 구하라.

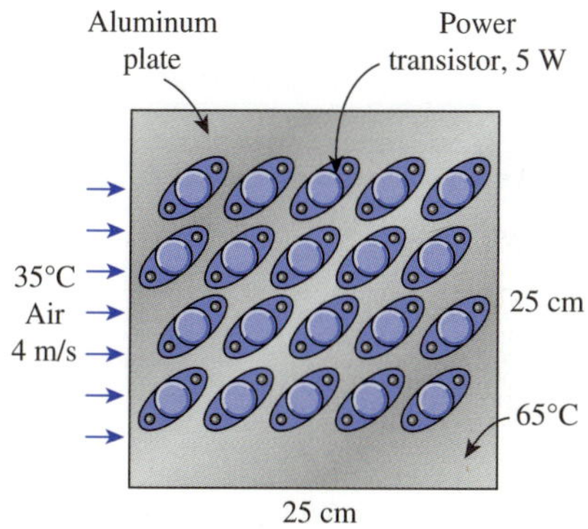

그림 P6–31

6–32 문제 6–31을 대기압이 83.4 kPa인 해발 1610 m의 위치에서 다시 구하라. **답: 5**

6–33 1기압, 25°C의 공기가 8 m/s의 속도로 길이가 긴 평판 위를 흐른다. 평판에서 유동이 난류가 되는 선단으로부터의 거리와 그 지점에서 경계층의 두께를 구하라.

6–34 유체가 물인 경우를 생각하여 문제 6–33을 다시 풀어라.

6–35 태양복사열이 700 W/m^{2}로 태양열 집열기의 유리덮개에 투사된다. 0.90의 방사율을 가진 이 유리는 투사되는 복사의 88%를 통과시킨다. 여름철 가족에게 필요한 뜨거운 물은 높이 1.2 m, 폭 1 m인 두 개의 집열기에 모아진다. 두 개의 집열기는 서로가 부착되어 마치 1.2 m × 2 m의 크기를 가지는 한 개의 집열기로 보인다. 주위 공기온도가 25°C이고 바람이 30 km/h로 불 때 유리덮개의 온도는 35°C이다. 유리덮개와 하늘 사이의 복사교환에 의한 유효 하늘온도는 −40°C이다. 집열기에 부착된 관으로 1 kg/min의 물이 들어간다. 집열기의 뒤 표면은 완전히 단열되어 있고 단지 유리덮개를 통한 열손실만이 일어난다고 가정한다. (*a*) 집열기로부터의 총 열손실, (*b*) 집열기로 투사되는 태양에너지에 대한 물로 전달되는 열의 비로 나타내는 집열기 효율, (*c*) 집열기를 통해 흐르는 물의 상승온도를 구하라.

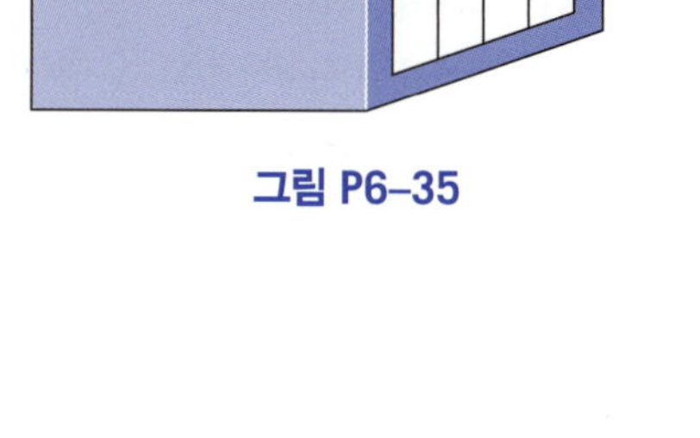

그림 P6–35

6–36 15 mm × 15 mm의 실리콘 칩이 기판(substrate) 위에 그 끝 부분들이 기판과 동일한 평면(flush)이 되도록 설치되었다. 1.4 W의 전력을 균일하게 방출하는 칩의 윗쪽 표면 위를 25 m/s로 흐르는 20°C의 공기(1기압)에 의해 냉각된다. 이때 기판의 처음 15 mm가 가열되지 않았다고 가정하고 칩의 끝단에서 표면온도를 구하라. 이때 50°C에서 공기의 물성값을 사용하여라.

6–37 1기압, 20°C의 공기가 50 m/s의 속도로 길이가 0.5 m인 얇은 평판 위를 흐른다. 평판은 180°C의 등온을 유지하고 있다. 다음을 구하라: (*a*) 전체 평판에서 평균 대류 열전달계수를 구하라. (*b*) 수정된 Reynolds analogy를 이용하여 (*a*)를 다시 구하라.
답: (*a*) 89.5 W/m^2·K, (*b*) 89.5 W/m^2·K

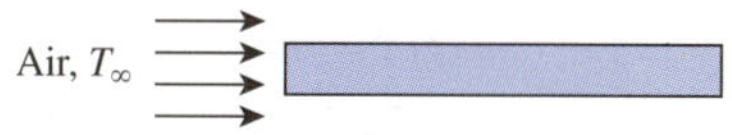

그림 P6–37

원통과 구를 지나는 유동

6–38C 뜨거운 원통을 지나는 공기의 층류유동을 생각하자. 원통에서 열전달이 가장 큰 지점은 어디인가? 만일 유동이 난류일 경우에는 어떻게 될까?

6–39 20°C의 공기가 10 m/s의 속도로 뜨거운 긴 원통 막대 위를 교차하며 흐른다. 막대의 직경이 5 mm이고 표면의 방사율이 0.95이다. 주변의 온도가 20°C이고 막대로부터 방출되는 열유속은 16,000 W/m^{2}일 때, 막대의 표면온도를 구하라. 이때 70°C에서 공기의 물성값을 사용하여라.

6–40 350°C의 오븐으로부터 직경 15 cm의 스테인리스 강철 구(ρ = 8055 kg/m^3, c_p = 480 J/kg·K)를 꺼내어 6 m/s의 속도로 흐르는 공기(1기압, 30°C)에 순간적으로 노출시킨다. 그 결과 구의 표면온도는 250°C로 떨어진다. 이러한 냉각 과정에서 평균 대류 열전달계수를 구하고, 냉각에 소요되는 시간을 구하라.

6–41 EES 문제 6–40을 다시 생각해보자. EES(또는 다른 프로그램)를 사용하여 공기의 속도가 평균 대류 열전달계수와 냉각시간에 미치는 영향을 알아보자. 공기의 속도가 1 m/s에서 10 m/s까지 변할 때, 열전달계수와 냉각시간을 공기의 속도 함수의 그래프로 나타내고 그 결과를 논하라.

6–42 어떤 사람이 10°C, 50 km/h의 공기 중에 그의 팔을 펼치고 있다. 초기 팔의 피부온도는 30°C이다. 그 팔을 길이가 0.6 m, 직경이 7.5 cm인 원통으로 간주할 때 팔에서의 열손실률을 구하라.

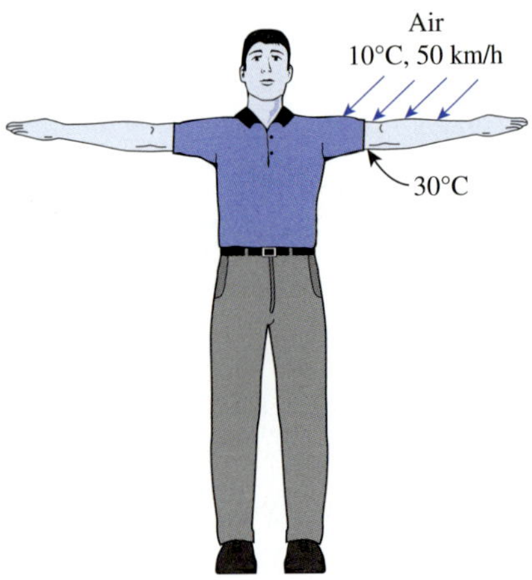

그림 P6–42

6–43 문제 6–42를 다시 생각해보자. EES(또는 다른 프로그램)를 사용하여 공기온도와 바람속도가 팔에서의 열손실에 미치는 영향을 알아보자. 공기온도가 −5°C에서 25°C로 변하고, 바람속도는 15 km/h에서 60 km/h로 변한다. 열손실률을 공기온도와 바람속도의 함수의 그래프로 나타내고 그 결과를 논하라.

6–44 쉬는 동안 보통의 사람은 84 W의 열을 생성한다. 이 중 1/4이 머리에서 손실되고 복사는 무시할 수 있다고 가정한다. 10°C, 25 km/h의 바람이 불 때 머리의 평균표면온도를 구하라. 머리는 직경이 30 cm인 구로 간주한다. **답: 13.2°C**

6–45 직경이 12 cm인 기다란 스팀관의 외부 표면온도는 90°C이고 바람에 노출되어 있다. 공기가 1기압, 7°C이고 바람이 65 km/h의 속도로 관을 지날 때 단위길이당 관에서의 열손실률을 구하라.

6–46 지열 발전소에서 80°C의 물이 직경 15 cm, 길이 400 m의 단열되지 않은 관으로 8.5 kg/s 들어가서 70°C로 냉각되어 지면에 재분사된다. 이러한 냉각은 15°C의 바람이 관 외부를 교차하여 흐를 때 발생한다. 이때 복사열전달을 무시하고 바람의 평균속도를 km/h로 구하라.

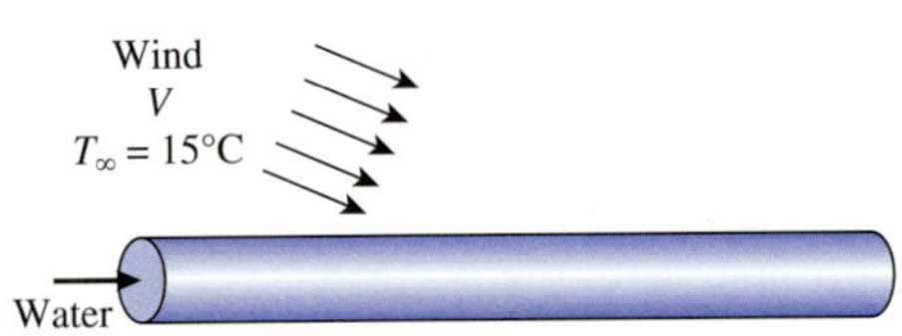

그림 P6–46

6–47 직경 5 mm의 송신선은 50 A의 전류가 흐르고 단위 미터당 0.002 ohm의 저항을 가진다. 공기의 온도가 10°C, 바람이 50 km/h의 속도로 송신선을 가로질러 불고 있을 때 송신선의 표면온도를 구하라.

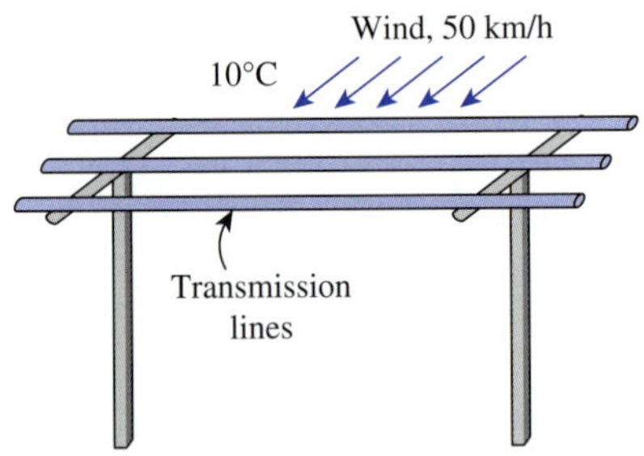

그림 P6–47

6–48 문제 6–47을 다시 생각해보자. EES(또는 다른 프로그램)를 사용하여 바람속도가 와이어 표면온도에 미치는 영향을 조사해 보자. 바람속도가 10 km/h에서 80 km/h까지 변할 때, 표면온도를 속도 함수의 그래프로 나타내고 그 결과를 논하라.

6–49 표준대기 조건이 −55.4°C, 18.8 kPa인 12,200 m의 고도에서 900 km/h의 속도로 비행하는 비행기의 날개가 빙점 이상의 온도가 되도록 가열시스템이 디자인되어졌다. 날개를 짧은 축이 50 cm인 타원형 단면을 갖는 원통으로 간주하고 복사는 무시할 때 날개표면의 평균 대류 열전달계수와 단위표면적당 평균 열전달률을 구하라.

6–50 직경이 3 mm인 기다란 알루미늄 선이 온도 280°C에서 성형된다. 20°C의 공기가 6 m/s 속도로 선을 가로지르고 있다. 선이 처음 공기에 노출될 때 단위 미터당 선으로부터 공기로의 열전달률을 구하라.

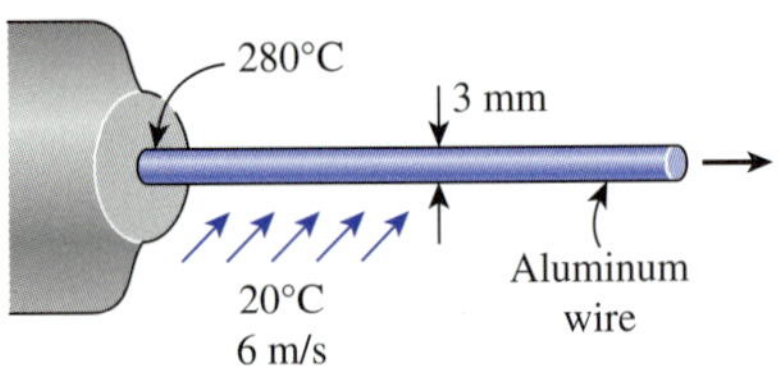

그림 P6–50

6–51 백열등은 싸지만 매우 비효율적으로 전기에너지를 빛으로 바꾸는 장치이다. 이것은 전기에너지의 10%만을 빛으로 전환하고 남겨진 90%는 열로 전환하여 소모한다(형광등은 단지 전기에너지의 1/4만을 소비하면서 같은 양의 빛을 낸다. 그리고 백열등보다 10배는 더 수명이 길다). 백열등의 유리전구는 모든 열을 흡수하고 대류와 복사에 의해 열을 주위에 방출함으로써 매우 빨리 가열된다.

팬에 의해 냉각되는 직경이 10 cm인 100 W 전구를 생각하자. 이 팬은 2 m/s의 속도로 30°C의 공기를 전구에 불어넣어 준다. 주위온도 또한 30°C이고 유리의 방사율은 0.9이다. 에너지의 10%

는 빛으로 유리전구를 통하여 지나가고 에너지의 나머지는 전구자체에 흡수, 그리고 발산된다고 가정한다. 유리전구의 평형온도를 구하라.

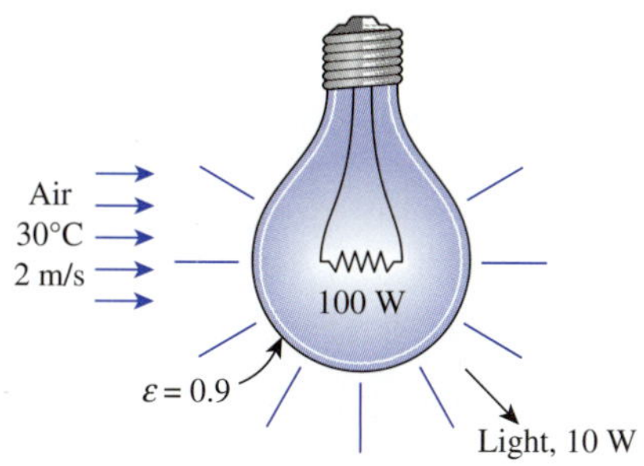

그림 P6–51

6–52 길이 3.5 m인 1.5 kW 전기 저항선이 직경 0.25 cm 스텐인리스강(k = 15 W/m·K)으로 만들어졌다. 저항선은 30°C의 주위온도에서 작동한다. 6 m/s의 속도로 공기를 불어주는 팬에 의해 저항선이 냉각되어질 때 저항선의 표면온도를 구하라.

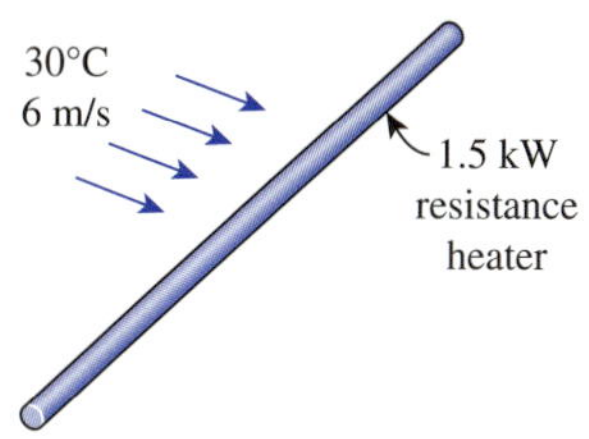

그림 P6–52

6–53 길이 1.5 m, 단면이 20 cm × 20 cm인 수평 덕트 안에 전자부품들이 장착되어 있다. 덕트 내의 부품들은 냉각공기에 직접 노출되지는 않으나, 200 m/min의 속도로 덕트 외부를 흐르는 30°C의 공기에 의해 냉각된다. 이제 덕트의 표면온도가 65°C를 넘지 않는다고 가정하고 덕트 안에 장착할 수 있는 전자부품들의 총 출력을 구하라. **답: 640 W**

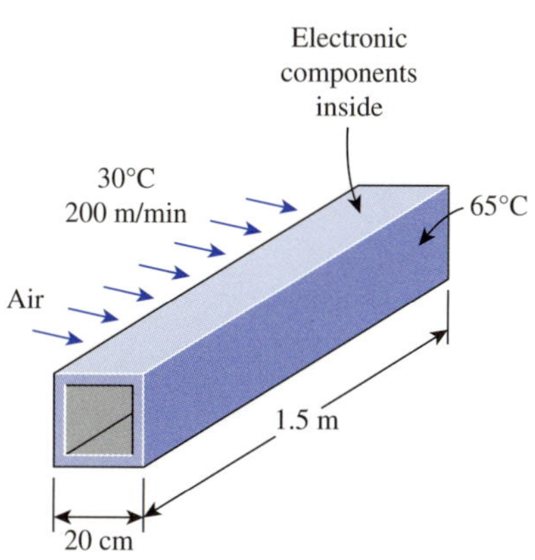

그림 P6–53

6–54 문제 6–53를 대기압이 70.12 kPa인 해발 3000 m 높이에서의 경우로 가정하고 풀어라.

6–55 회로판에 부착된 직경 0.3 cm, 길이 1.8 cm인 0.4 W의 원통형 전기부품이 240 m/min의 속도로 가로질러 흐르는 공기에 의해서 냉각되고 있다. 공기온도가 35°C일 때 부품의 표면온도를 구하라.

6–56 지붕 위에 직경이 50 cm, 길이가 95 cm인 뜨거운 물탱크가 있다. 탱크 속의 물은 낮 동안 평판 태양열 집열기에 의해 80°C로 가열된다. 그리고 이 탱크는 밤 동안 평균속도가 40 km/h인 18°C의 바람에 노출된다. 탱크의 표면온도는 탱크 내부의 물 온도와 같고, 탱크 위·아래 면의 열전달계수는 옆면의 열전달계수와 같다고 가정하고, 45분 후에 이 탱크의 온도를 구하라.

6–57 문제 6–56을 다시 생각해보자. EES(또는 다른 프로그램)를 사용하여 냉각시간이 30분에서 5시간까지 변화할 때 탱크의 온도를 냉각시간의 함수의 그래프로 나타내고 그 결과를 논하라.

6–58 직경 2.2 m와 무시할 정도의 두께를 가진 구형 탱크가 0°C의 얼음물을 담고 있다. 25°C의 공기가 6 m/s의 속도로 탱크를 지난다. 탱크의 열전달률과 얼음의 용해율을 구하라. 0°C에서 물의 용해열은 333.7 kJ/kg이다.

6–59 직경 12 cm, 길이 12 m인 스팀관이 주위 공기에 완전히 노출되어 있다. 주위온도가 5°C이고 25 km/h의 가벼운 바람이 불 때 온도측정기는 스팀관의 외부표면 평균 온도를 75°C로 나타낸다. 관의 외부표면 방사율은 0.8이고 관을 둘러싼 표면의 평균 온도는 0°C로 간주한다. 10시간 동안의 작업 중 스팀에서의 열손실량을 구하라. 스팀은 80%의 효율을 갖는 가스연료를 사용한 스팀 발생기에 의하여 공급된다. 이 설비는 천연가스에 대해 $1.05/therm을 지불한다(1 therm = 105,500 kJ). 만약 관이 단열되어 있고 열손실의 90%가 절약된다면 스팀관을 단열시키므로 인해 그 설비가 매년 절감할 수 있는 금액을 구하라. 설비는 1년간 매일 10시간씩 가동한다고 가정한다. 당신이 어떠한 가정을 했는지를 보여라.

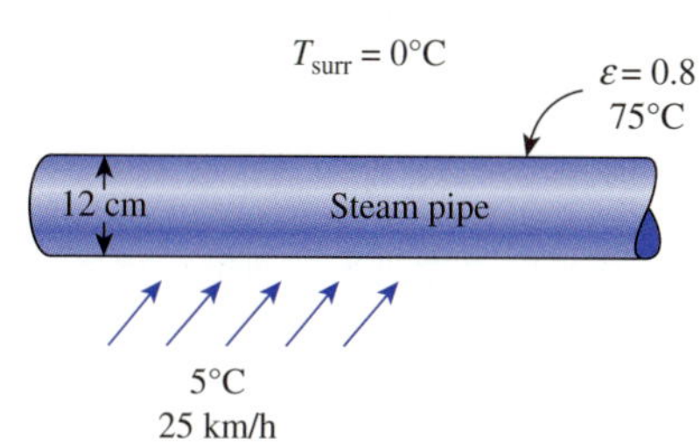

그림 P6–59

6–60 문제 6–59를 다시 생각해보자. 복사열전달 계산에서 사용되는 관 주위의 평균 표면온도에서 불확실성이 있을 수 있다. 그리고 이 불확실성이 총괄 열전달에 어떤 중요한 차이를 만들어내는지 알아야 한다. 주위 평균 표면온도가 –20°C와 25°C일 때 스팀에서의 열손실량을 계산하고 그 결과 값의 변화를 구하라.

6–61 직경이 10 cm, 높이가 30 cm인 원통형의 병이 3°C의 차가운 물을 담고 있다. 이 병을 27°C의 바람에 45분간 노출하였을 때, 물의 온도가 11°C가 되었다. 병의 아래와 위 표면으로부터의 대류 및 복사열전달을 무시할 때, 바람의 평균속도를 구하라.

6–62 표면의 흡수율이 0.6이고 방사율이 0.7인 0.2 m × 0.2 m 크기의 도로 표시판이 1 m/s의 속도로 교차하여 흐르는 20°C의 공기의 흐름에 노출되어 있다. 그리고 도로 표시판에 태양으로부터 1100 W/m²의 복사열이 가해지며 주변의 온도는 20°C이다. 도로 표시판의 표면온도를 구하라. 이때 30°C에서 공기의 물성값을 사용하여라.

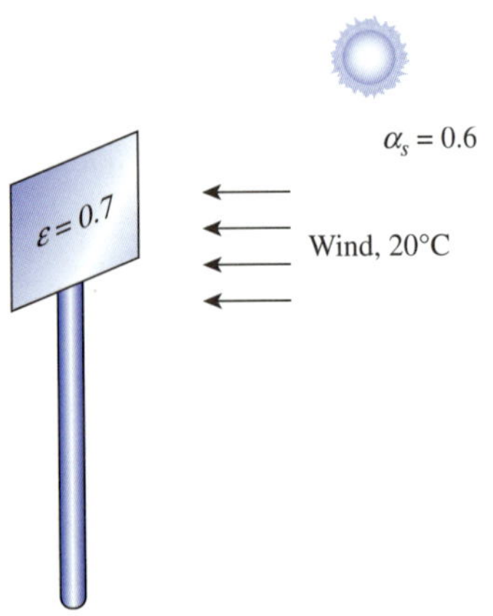

그림 P6–62

관 내부유동

6–63C 전달단위수인 NTU = $hA/\dot{m}c_p$의 물리적 의미는 무엇인가? 열전달시스템에서 NTU가 크다, 작다는 것은 무엇을 의미하는가?

6–64C 관 안에서의 수은(액체금속)의 유동을 생각하자. 유동이 층류일 때 유체역학적, 열적 입구 길이는 어떻게 비교할 수 있는가? 만약 유동이 난류라면 어떻게 비교할 수 있는가?

6–65C 고정된 직경의 원형관을 통과하는 유동에서 평균속도 V_{avg}와 평균 온도 T_m은 무엇을 나타내는가?

6–66C 표면온도가 일정한 관내유동에서 대수평균온도차는 무엇을 나타내는가? 왜 우리는 산술평균 온도대신 대수평균 온도를 사용하는가?

6–67C 관내유동에서 열적 입구 길이는 어떻게 정의되는가? 관내유동의 어떤 영역에서 유체가 완전 발달되는가?

6–68C 원형관에서의 층류 강제대류를 생각해보자. 열유속이 더 높은 곳은 관의 입구 근처인가 출구 근처인가? 왜 그런가?

6–69C 원형관에서의 난류 강제대류를 생각해보자. 열유속이 더 높은 곳은 관의 입구 근처인가 출구 근처인가? 왜 그런가?

6–70C 표면온도가 일정하게 유지되는 관 안에서의 유체유동을 생각하자. 뉴턴의 냉각법칙에서 평균 열전달계수와 함께 사용될 적절한 온도차는 얼마인가?

6–71 직경 18 cm, 직경 12 m인 수중관에 50°C, 1 atm의 공기가 7 m/s의 속도로 들어간다. 그리고 바깥의 물에 의해 냉각된다. 만약 평균 열전달계수가 65 W/m²·K이고 관의 온도가 물의 온도 10°C와 거의 같다고 가정할 때 공기의 출구온도와 열전달률을 구하라.

6–72 10°C의 물 0.15 kg/s이 길이가 5 m이고 내경이 1.2 cm인 얇은 구리관 다발 사이를 통과하면서 발전소의 응축기에서 증기를 30°C로 응축시키는 데 사용된다. 이때 10°C의 물이 4 m/s의 속도로 관으로 들어가서 24°C로 빠져 나가며, 관은 거의 30°C의 등온이다. 물과 구리관 사이의 평균 열전달계수를 구하고, 응축기에서 이러한 열전달률을 성취하기 위하여 필요한 튜브의 수를 구하라.

6–73 응축되는 증기량이 0.60 kg/s일 때 문제 6–72를 다시 풀어라.

6–74 내경이 5 cm인 원형관을 통해 지나는 연소가스는 대기압에서 폐수를 증발시키는 데 사용된다. 뜨거운 가스는 115 kPa와 250°C 상태로 5 m/s의 속도로 관에 들어가서 150°C로 빠져 나간다. 만약 평균 열전달계수가 120 W/m²·K이고 관의 안쪽 표면온도가 110°C라 한다면 (*a*) 튜브의 길이와 (*b*) 물의 증발률을 구하라.

6–75 열전달계수가 40 W/m²·K일 때 문제 6–74를 다시 풀어보아라.

층류와 난류

6–76 등열유속 표면경계조건을 갖는 관(내경 8 cm, 길이 10 m)을 5 m/s의 속도로 지나는 (*a*) 공기, (*b*) 물의 유동에 대하여 대류 열전달계수를 구하라. 단, 25°C에서 유체의 물성값을 사용하라.

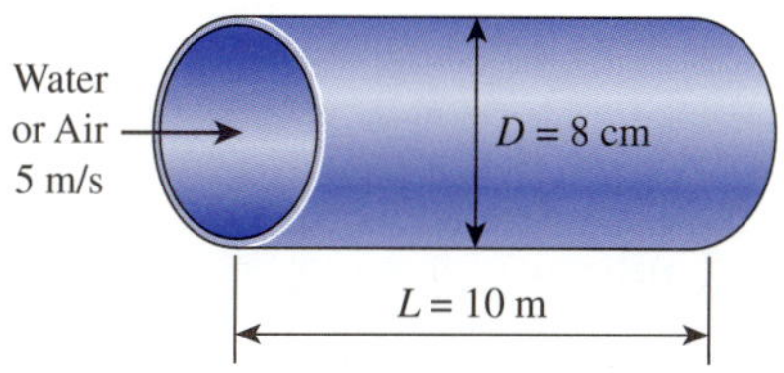

그림 P6–76

6–77 단면적이 0.2 m × 0.2 m이고 길이가 8 m이며 상대거칠기 10^{-3}인 단열되지 않은 정사각형 관이 집의 다락방을 지난다. 1기압, 80°C의 뜨거운 공기가 관에 들어가며 부피유량이 0.15 m^3/s이다. 관 표면은 거의 60°C로 등온이다. 관에서부터 다락방까지의 열손실률과 관 안쪽과 바깥쪽의 압력 차이를 구하라.

6–78 공업용 강으로 만들어진 파이프(내경 12 mm, 길이 12 m)는 산업공정에서 액체를 가열하는 데 사용된다. 이 액체는 T_i = 25°C, V = 0.8 m/s인 상태로 파이프로 들어간다. 파이프 바깥 표면은 전기히터로 둘러싸여 전기저항에 의해 등열유속 경계조건이 되며 유체 입구온도는 75°C이다. 완전히 발달된 유동이고, 유체의 평균물성값이 ρ = 1000 kg/m^3, c_p = 4000 J/kg·K, μ = 2 × 10^{-3} kg/m·s, k = 0.48 W/m·K, Pr = 10이라고 할 때, 다음을 구하라.

(*a*) 히터에 생성되는 표면열유속 $\dot{q}_s$
(*b*) 출구의 표면온도 T_s

6–79 온도 100°C의 물, 엔진 오일 및 액체 수은이 직경 2.5 cm의 매끄러운 관을 유량 0.01 kg/s로 흐를 때, 각각의 유체에 대하여 유체역학적 입구 길이와 열적 입구 길이를 구하라.

6–80 물이 내경 2 cm, 길이 13 m인 튜브를 통과하면서 10°C에서 80°C까지 가열된다. 튜브의 전기저항 난방장치를 갖추고 있으며, 이는 튜브의 외부표면 전체를 일정하게 가열하며, 히터의 바깥 표면은 전기히터로 둘러싸여 전기저항에 의해 등열유속 경계조건이 되며 히터에서 발생되는 모든 열은 튜브 내의 물로 전달된다. 만약 시스템이 5 L/min의 유량으로 따뜻한 물을 공급한다면 전기히터장치에 필요한 동력을 구하라. 또한 출구에서 튜브의 내면온도를 구하라.

6–81 집의 다락방을 통과하는 길이 10 m, 단면이 정사각형(0.15 m × 0.15 m)인 단열되지 않은 덕트 안으로 대기압에서 75°C인 뜨거운 공기가 0.2 m^3/s로 흐르고 있다. 이 덕트는 거의 70°C의 등온상태이다. 공기의 출구온도를 구하고 덕트로부터 다락방 공간으로의 열손실을 구하라. **답: 72.2°C, 582 W**

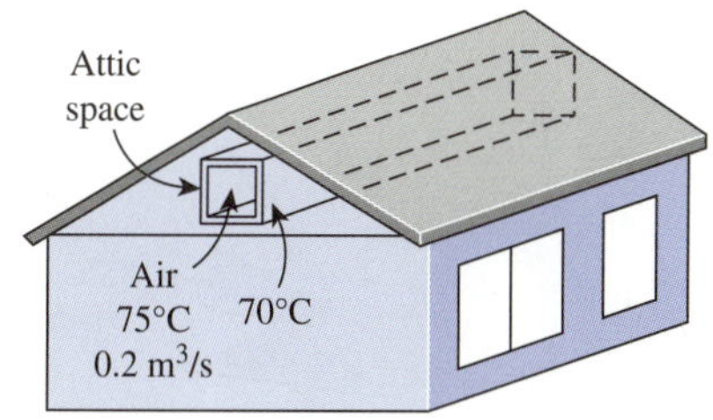

그림 P6–81

6–82 문제 6–81을 다시 풀어보자. EES(또는 다른 프로그램)를 이용하여 공기의 부피유량이 출구온도와 열손실률에 미치는 영향을 구한다. 유량이 0.05 m^3/s에서 0.15 m^3/s까지 변화할 때, 출구온도와 열손실률을 유량의 함수의 그래프로 나타내고 그 결과를 논하라.

6–83 Prandtl 수가 7인 유체가 매끄러운 원형관을 흐른다. Colburn, Petukhov, 그리고 Gnielinski 식을 이용하여 Reynolds 수 3500, 10^4, 그리고 5 × 10^5에서 Nusselt 수를 구하여 비교하고 그 결과를 논하라.

6–84 내경과 외경이 각각 25 mm, 10 mm인 환형관이 있다. 입구와 출구의 평균 온도가 각각 20°C, 80°C인 환형관을 물이 0.05 kg/s로 흐른다. 관의 안쪽면이 120°C의 등온이고 바깥쪽면은 단열되었다고 할 때, 환형관의 길이를 구하라. **답: 38.5 m**

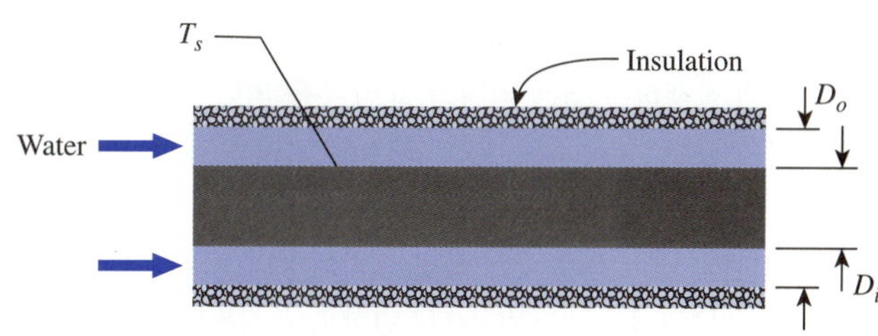

그림 P6–84

6–85 포물선형 태양열 집열기를 이용하여 물을 15°C에서 85°C로 가열하여 가정에서 필요한 2.2 kg/s의 온수를 공급한다. 이때 물은 태양열의 흡수 능력을 최대화하기 위하여 외부표면이 검정 피막으로 덮여진 직경 3 cm의 얇은 알루미늄 관내를 흐른다. 이 관의 중심선은 집광기의 초점선과 일치하고 유리는 열손실을 최소화하기 위하여 관의 바깥쪽에 위치해 있다. 만약 태양열 에너지가 단위 미터당 350 W로 물에 전달된다고 가정할 때, 필요한 온수가 되기 위하여 요구되는 포물선형 수집기의 길이와 관의 출구 표면 온도를 구하라.

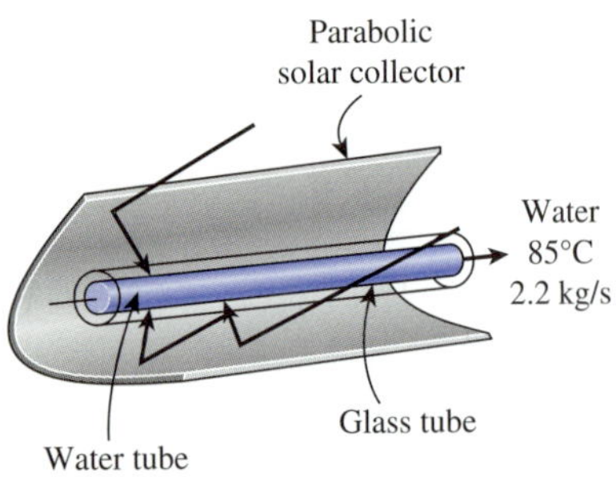

그림 P6–85

6–86 화장품을 생산하는 공장에서 글리세린을 직경 25 mm, 길이 10 m의 관을 통과하면서 가열시킨다. 25°C의 글리세린이 유량 0.5 kg/s로 관의 입구로 들어간다. 관의 표면이 140°C의 등온으로 유지될 때, 글리세린의 평균 출구온도와 관에서의 총 열전달률을 구하라. **답: 35.7°C, 13.1 kW**

6–87 액체 글리세린이 직경 25 mm, 길이 10 m의 관을 흐른다. 20°C의 액체 글리세린이 유량 0.5 kg/s로 관의 입구로 들어간다. 액체 글리세린의 평균 출구온도가 40°C이고 관의 표면이 등온으로 유지될 때, 관의 표면온도를 구하라.

6–88 15 cm × 20 cm의 회로판(여기에서 회로판에 부착된 전자부품은 신뢰성 때문에 공기와는 직접적으로 접촉하지 못하게 한다)은 기판 내부에 만들어진 길이 20 cm, 단면 0.2 cm × 14 cm의 직사각형 채널을 흐르는 차가운 공기에 의해 냉각된다. 전기부품들에 의해 발생하는 열은 기판의 얇은 층을 지나 채널로 전도되며 그 열은 채널로 유입되는 15°C 공기에 의해서 제거된다. 채널 윗면에서의 열유속은 일정하다고 간주하고 다른 표면을 통한 열전달은 무시한다. 만약 채널 입구에서 공기의 속도가 4 m/s를 초과하지 않고 채널의 표면온도가 50°C 이하로 유지된다고 할 때, 안전하게 회로판에 부착할 수 있는 전자부품들의 최대 총 출력을 구하라.

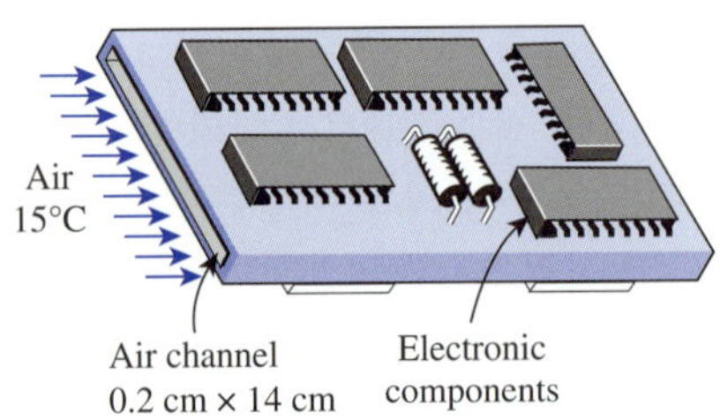

그림 P6–88

6–89 문제 6–88을 열전도도가 공기의 6배인 헬륨을 사용하는 경우로 하여 풀어보라.

6–90 문제 6–88을 다시 생각해보자. EES(또는 다른 프로그램)를 이용하여 채널 입구의 공기속도와 최대 표면온도가 전기부품의 동력손실에 미치는 영향을 파악하고자 한다. 공기속도를 1 m/s에서 20 m/s까지, 표면온도는 30°C에서 90°C까지 변화시킬 때, 동력손실을 공기속도와 표면온도의 함수의 그래프로 나타내고 그 결과를 논하라.

6–91 집 아궁이를 떠나는 60°C의 뜨거운 공기가 4 m/s의 평균 속도로 길이 12 m, 사각단면 20 cm × 20 cm 금속판으로 만든 덕트에 들어가고 있다. 덕트의 열저항은 무시할 수 있고 방사율이 0.3인 덕트의 외부표면은 10°C 지하실의 찬 공기에 노출되어 있다. 대류 열전달계수는 10 W/m^2·K이다. 지하실 벽의 온도 또한 10°C일 때 (*a*) 뜨거운 공기가 지하실을 떠날 때의 온도, (*b*) 덕트 내의 더운 공기로부터 지하실로의 열손실률을 구하라.

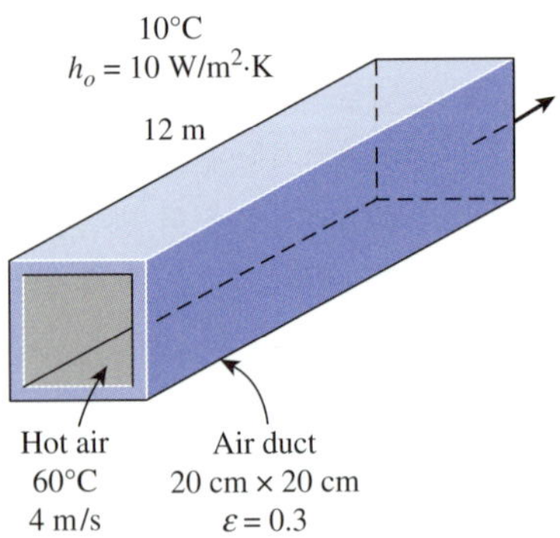

그림 P6–91

6–92 문제 6–91을 다시 생각해보자. EES(또는 다른 프로그램)를 이용하여 공기속도와 표면 방사율이 공기의 출구온도와 열손실률에 미치는 영향을 조사하고자 한다. 공기의 속도를 1 m/s부터 10 m/s까지, 방사율은 0.1에서 1.0까지 변화시킬 때, 출구온도와 열손실률을 공기속도와 방사율의 함수의 그래프로 나타내고 그 결과를 논하라.

6–93 내경과 외경이 각각 10 mm, 100 mm인 환형관이 있다. 입구와 출구의 평균 온도가 각각 20°C, 80°C인 환형관을 물이 0.7 kg/s로 흐른다. 관의 안쪽면이 120°C의 등온이고 바깥쪽면은 단열되었다고 할 때, 환형관의 길이를 구하라.

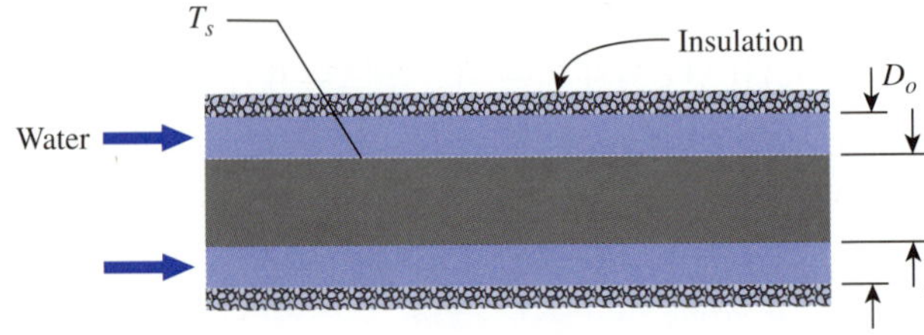

그림 P6–93

6–94 길이 10 cm, a = 50 mm, b = 25 mm의 매끄러운 직사각형 관의 표면이 등온상태에 있다. 관의 입구에서 20°C의 물이 0.01 kg/s의 유량으로 관내로 유입된다. 관의 출구에서의 물의 온도가 80°C가 되기 위해서 필요한 관의 표면온도를 구하라.

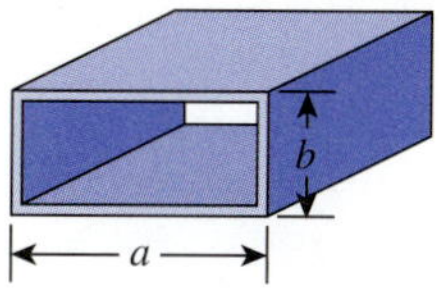

그림 P6–94

6–95 220 W를 방열하는 전자부품들이 단면 16 cm × 16 cm, 길이 1 m인 덕트 내에 위치해 있다. 덕트 안의 부품은 27°C, 0.65 m³/min으로 들어가는 강제대류 공기에 의해서 냉각된다. 내부에서 발생하는 열의 85%가 덕트 내에 흐르는 공기에 전달되고 나머지 15%는 덕트의 외부표면에서 방출된다고 할 때 (*a*) 공기의 출구온도, (*b*) 덕트 안에 있는 부품의 최대 표면온도를 구하라.

6–96 문제 6–95를 직경 15 cm의 원형 수평덕트에 대하여 다시 풀어라.

6–97 각각 12 W를 방출하는 8개의 PCB(회로판)가 포함된 컴퓨터가 팬에 의해 냉각되고 있다. PCB의 높이는 12 cm이고 길이는 15 cm이다. PCB 위 부품의 끝부분과 근접한 PCB 뒷쪽 면 사이의 간격은 0.3 cm이다. 공기는 입구에 설치된 10 W의 팬에 의해서 공급된다. 만약 컴퓨터 케이스를 통과하는 공기의 온도상승이 10°C를 넘지 않아야 할 때 (*a*) 팬에 의해 공급되는 공기의 유량, (*b*) 팬과 팬 모터에서 발생되는 열로 인한 공기의 온도 상승비율, (*c*) 부품의 온도가 70°C를 넘지 않도록 하기 위하여 허용되는 입구공기의 최대온도를 구하라. 이때 25°C인 공기의 물성값을 사용하라.

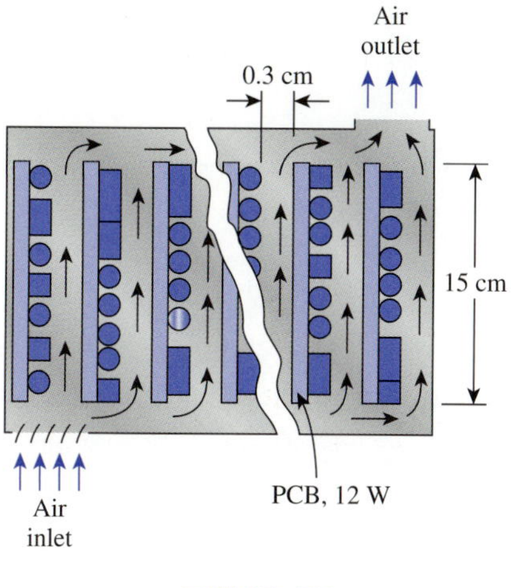

그림 P6–97

6–98 유체를 가열하기 위하여, 직경 25 mm, 길이 15 m인 매끄러운 관에 전류를 통과시켜 관의 표면에 등열유속 조건을 형성한다. 관의 입구에서 50°C의 유입된 유체가 출구에서 150°C로 가열된다. 유체의 유량이 0.01 kg/s일 때, 관의 출구에서 물, 엔진 오일, 그리고 액체 수은의 대류 열전달계수를 구하라.

6–99 직경 25 mm, 길이 15 m인 매끄러운 관의 표면이 등온 상태이다. 관의 입구에서 50°C의 유체(물, 엔진 오일, 액체 수은)가 유량 0.01 kg/s로 유입된다. 출구에서 유체의 온도를 150°C로 가열하기 위하여 필요한 관의 표면온도를 각각의 유체에 대하여 구하라. **답: 157°C, 203°C, 150°C**

6–100 20°C (1기압)의 공기가 직경 5 mm, 길이 10 cm의 원형관을 평균속도 5 m/s로 들어간다. 관의 표면이 160°C의 등온으로 유지될 때, 대류 열전달계수와 공기의 출구 평균 온도를 구하라. 이 때 50°C인 공기의 물성값을 사용하라.

6–101 20°C (1기압)의 공기가 직경 5 cm의 원형관을 평균속도 5 m/s로 들어간다. 관의 표면이 160°C의 등온으로 유지되고 공기의 출구 평균 온도가 80°C일 때, 관의 길이를 구하라.

복습문제

6–102 20 mm × 20 mm의 실리콘 칩이 기판(substrate) 위에 그 끝 부분들이 기판과 동일한 평면(flush)이 되도록 설치되었다. 이때 기판의 처음 20 mm가 가열되지 않았으며 turbulator의 역할을 한다. 칩의 윗쪽 표면 위를 25 m/s로 흐르는 20°C의 공기(1기압)에 의해 냉각된다. 만약 칩의 최대 표면온도가 75°C를 넘지 않는다고 가정한다면, 칩의 표면에서 방출할 수 있는 최대 허용 전력을 구하라.

6–103 온도가 120°C인 표면으로부터 열전달을 향상시키기 위하여 직경이 5 mm인 원통형의 핀(pin) 휜(k_f = 237 W/m·K)이 표면에 부착되어 있다. 20°C(1기압)의 공기가 10 m/s의 속도로 핀 휜을 교차해서 흐르고 있다. 핀 휜으로부터 최대로 가능한 열전달률을 구하라. 이때 70°C인 공기의 물성값을 사용하라. **답: 10.4 W**

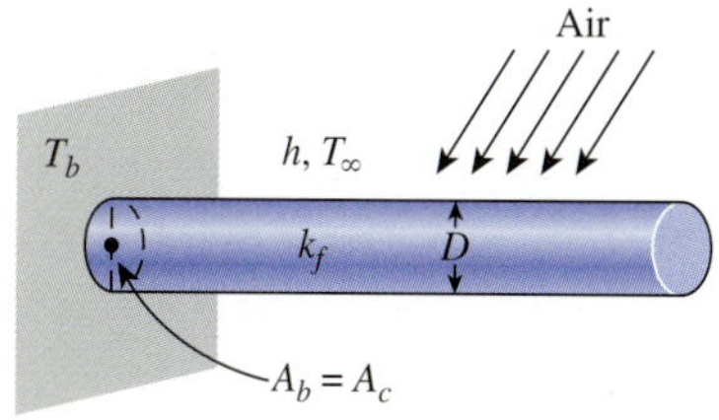

그림 P6–103

6–104 110 km/h로 달리는 승객용 미니밴은 높이 1.0 m, 폭 1.8 m, 길이 3.7 m의 직사각형 상자로 간주할 수 있으며, 그것의 벽은 단열계수 R–5이다(즉, 벽 두께에 대한 열전도도의 비가 0.5 m²·°C/W). 미니밴의 내부는 야간주행 동안에 20°C의 평균 온도를 유지하고 있고 외부 공기온도는 30°C이다.
미니밴의 내부면의 평균 열전달계수는 6.8 W/m²·K이다. 외부면의 공기유동은 심한 요동으로 인해 난류로 가정하고 앞면과 뒷면의 열전달계수는 윗면의 값과 같다고 한다. 복사열전달을 무시하고 대기공기로부터 미니밴으로의 열전달률을 구하라.

그림 P6–104

6–105 22°C로 일정하게 유지되는 집을 생각해보자. 이 집의 한쪽 벽에는 높이 1.5 m, 길이 1.8 m인 단층 유리창이 3개가 있다. 유리(k = 0.78 W/m·K)의 두께는 0.5 cm이고, 유리 내부면의 열전달계수는 8 W/m²·K이다. 지금 바람이 35 km/h로 벽의 표면에 평행하게 불기 시작한다. 만약 외부 공기온도가 −2°C라면 이 벽의 창들을 통한 열손실률을 계산하라. 복사열전달은 무시할 수 있다고 가정한다.

6–106 무더운 여름날에 한 사람이 몸을 노출한 채 회전팬을 이용하여 땀을 식히고 있다고 생각하자. 공기온도는 32°C이고 회전팬은 5 m/s 속도로 공기를 불어준다. 주변의 온도는 40°C이고 사람의 방사율은 0.9이다. 만약에 그 사람이 가볍게 일을 하며, 90 W로 감열을 일으키고 있다면 그 사람의 바깥표면(피부 또는 옷)의 평균 온도를 구하라. 사람의 보통 몸체는 직경 30 cm의 원통으로 생각할 수 있고 노출된 표면적은 1.7 m²이다. **답: 36.2°C**

6–107 두께 0.5 cm, 높이 12 cm, 길이 18 cm인 회로판에 각각 0.06 W를 방출하는 논리칩 80개가 한쪽 면에 가까이 부착되어 있다. 회로판은 구리 충전재로 주입되었고 유효 열전도도는 16 W/m·K이다. 칩에서 발생하는 모든 열은 회로판을 통하여 전도되어서 회로판 뒷면으로부터, 팬에 의해서 공기의 속도가 300 m/min, 온도가 30°C인 대기공기로 방출된다. 회로판 양쪽 면의 온도를 구하라.

6–108 두께 1 cm인 스테인리스강(k = 15 W/m·K)으로 된 내경 3 cm인 구 형태의 탱크는 0°C의 얼음물을 저장하는 데 사용된다. 탱크는 30°C의 바깥에 놓여있고 25 km/h의 바람에 노출되어 있다. 전체 탱크의 온도가 0°C이며 탱크의 열저항을 무시한다고 가정하고 다음을 구하라: (*a*) 탱크 내의 얼음물로부터 열전달률, (*b*) 24시간 동안 0°C에서 녹는 얼음의 양. 대기압에서 물의 융해열 h_{if} = 333.7 kJ/kg이다. 이때 복사에 의한 열전달은 무시한다.

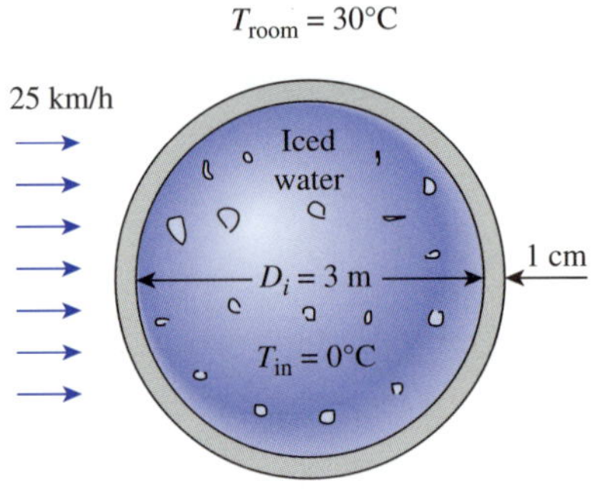

그림 P6–108

6–109 탱크의 열저항과 복사열전달을 고려하여 탱크 내면의 온도가 0°C라고 가정하고 문제 6–108을 다시 풀어라. 복사열전달을 구하기 위해 평균 주위표면의 온도가 25°C이고, 탱크 표면의 방사율은 0.75로 가정한다. **답: (*a*) 10,530 W, (*b*) 2727 kg**

6–110 높이 0.8 m, 직경 0.6 cm인 트랜지스터가 회로기판에 부착되어 있다. 트랜지스터 위를 공기가 180 m/min의 속도로 흐르면서 트랜지스터가 냉각된다. 공기의 온도가 50°C이고 트랜지스터 케이스의 온도가 80°C를 넘지 않을 때, 이 트랜지스터가 안전하게 방열할 수 있는 동력을 구하라.

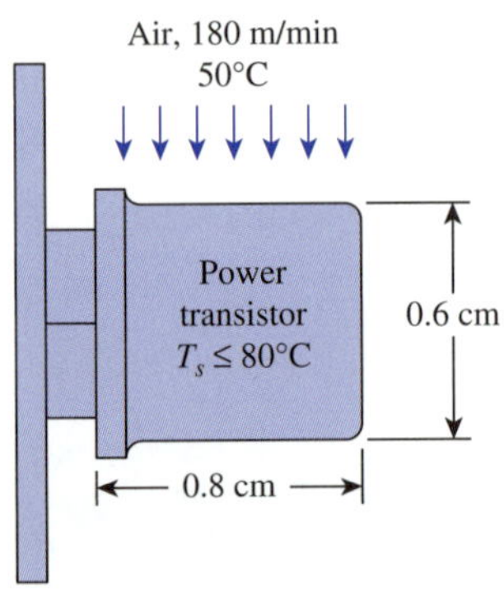

그림 P6–110

6–111 집의 지붕이 폭 15 m, 길이 20 m, 두께 15 cm인 콘크리트 슬라브(k = 2 W/m·K)로 되어 있다. 지붕 내부표면의 대류 열전달계수는 5 W/m²·K이다. 어느 맑은 겨울밤에 대기온도는 10°C이고 밤하늘의 온도는 100 K이다. 집과 벽의 내부표면은 20°C로 유지되며, 콘크리트 지붕의 양쪽 표면의 방사율은 0.9이다. 60

km/h의 바람이 지붕 위를 지날 때 지붕을 통한 열전달률을 구하되, 복사와 대류 열전달을 모두 고려하여 계산하여라. 만약 이 집이 천연가스를 이용한 난로(열효율 85%)로 난방이 되며, 천연가스의 가격이 \$1.20/therm (1 therm = 105,500 kJ)이라 하면, 14 시간 동안 야간에 지붕을 통하여 손실된 금액을 구하라.

답: 28 kW, \$18.9

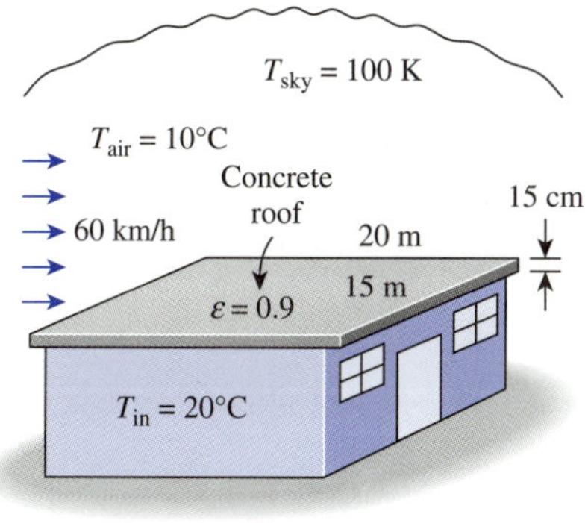

그림 P6–111

6–112 내경 4 cm, 외경 4.6 cm인 스테인리스 강관(k = 2 W/m·K) 내에 250°C의 증기가 흐른다. 그 관이 두께 3.5 cm의 유리섬유 단열재(k = 0.038 W/m·K)로 싸여있고 단열재 표면의 방사율은 0.3이다. 대류와 복사에 의해 3°C의 주변의 공기와 표면으로 열이 손실된다. 관 내부의 열전달계수가 80 W/m²·K이고 공기가 4 m/s로 관 외부를 교차하면서 흐를 때 관의 단위길이당 증기에서의 열손실률을 구하라.

6–113 온도가 항상 24°C로 유지되어 있는 집이 있다. 집의 벽들이 R–3.38(즉 L/k 값 또는 열저항 값 3.38 m²·°C/W)의 절연값을 갖는다. 추운 겨울밤에 6°C의 바깥 공기가 50 km/h의 속도로 높이 4 m, 길이 8 m의 벽면에 평행하게 흐른다. 벽의 안쪽면에서의 열전달계수가 12 W/m²·K일 때, 집의 벽면으로부터의 열손실률을 구하고 열저항 network을 그려라. 복사열전달은 무시한다.

답: 165 W

6–114 높이 0.4 m, 폭 0.6 m, 길이 0.7 m인 육면체로 간주할 수 있는 자동차 엔진이 있다. 엔진바닥면의 온도는 75°C이며 방사율은 0.92이다. 대기의 온도는 5°C이고 도로면의 온도는 10°C이다. 자동차가 60 km/h로 주행할 때 대류와 복사에 의한 엔진 바닥면에서의 열전달률을 구하라. 엔진은 계속해서 요동하므로 전체 표면에서의 유동을 난류로 가정한다. 시간이 흐름에 따라 표면에 쌓인 먼지와 기름으로 인해서 두께 2 mm의 찌꺼기(k = 3 W/m·K)가 바닥면에 생성될 때 열전달에 어떻게 영향을 미치는가? 찌꺼기 아래의 금속온도는 여전히 75°C로 가정한다.

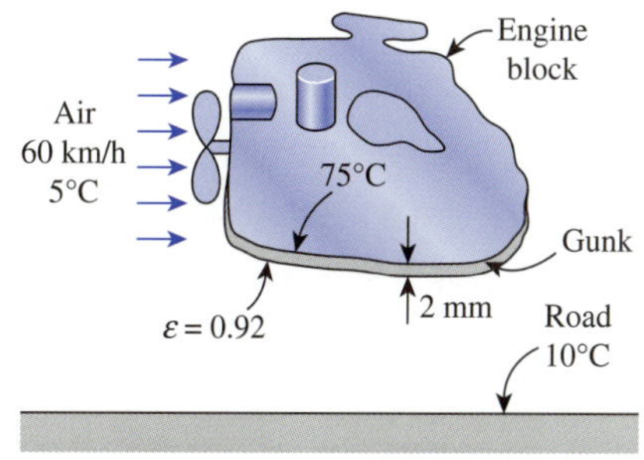

그림 P6–114

6–115 해수면의 대기압(1기압)에서 질소의 비등점은 −196°C이다. 질소는 보통 저온 과학연구에 사용된다. 왜냐하면 대기에 노출된 탱크 안의 액화질소의 온도는 고갈될 때까지 −196°C를 유지하기 때문이다. 탱크로의 어떠한 열전달이라도 액화질소의 증발을 일으킬 것이다. 1기압에서 액화질소의 증발열은 198 kJ/kg이고 밀도는 810 kg/m³이다. 직경 4 m의 구형의 탱크에 1기압하에서 −196°C인 액화질소가 채워져 있다고 생각하자. 그 탱크는 20°C의 공기와 55 km/h의 바람에 노출된다. 얇은 구형 탱크의 온도는 안에 있는 질소의 온도와 거의 같다고 본다. 어떠한 열교환도 무시하고 대기 공기로부터의 열전달에 의해 발생하는 탱크 내 액화질소의 증발률을 탱크가 (*a*) 단열되지 않은 경우, (*b*) 5 cm 두께의 유리섬유(k = 0.035 W/m·K)로 단열되었을 경우, (*c*) 0.00005 W/m·K의 유효 열전도도를 가진 2 cm 두께의 초단열재로 단열되었을 경우에 대해 각각 구하라.

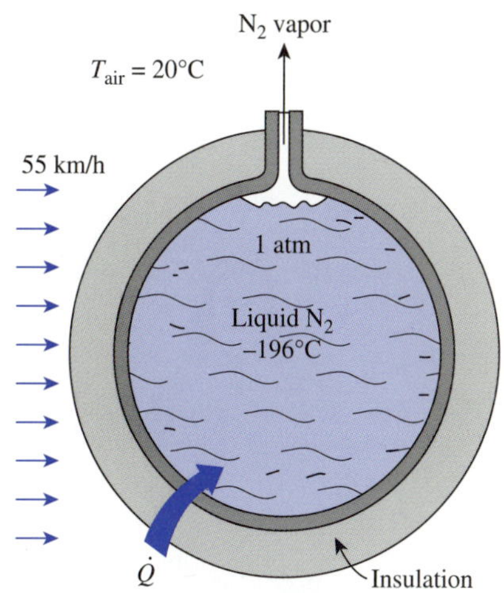

그림 P6–115

6–116 문제 6–115을 1기압에서 끓는점이 −183°C, 증발열이 213 kJ/kg, 밀도가 1140 kg/m³인 액화산소의 경우에 대하여 다시 풀어라.

6–117 각각 10 W를 방열하는 4개의 트랜지스터가 22 cm × 22 cm 크기의 수직 알루미늄 판에 부착되어 있다. 트랜지스터에 의해 발생된 열은 알루미늄 판(k = 237 W/m·K)의 양쪽 표면에 의해 20°C의 주변 공기로 전달되고, 공기는 팬에 의해 5 m/s의 속도로 판 위를 흐른다. 전체 판이 거의 등온이라고 가정하고, 트랜지스터의 노출된 표면적이 판의 바닥넓이와 같다고 할 때, 알루미늄 판의 온도를 구하라.

6–118 바람부는 날에는 "냉각효과(chilling effect)"에 의하여 찬 공기가 온도계의 온도보다 더 차갑게 느껴진다는 사실이 잘 알려져 있다. 이러한 냉각효과는 공기의 속도가 증가함에 따라 대류 열전달계수가 증가하기 때문이다. °C 단위의 등가 바람 냉각온도(*equivalent* wind chill *temperature*)는 다음과 같이 주어진다(1993 *ASHRAE Handbook of Fundamentals*, Atalanta, GA, p.8,15).

$$T_{\text{equiv}} = 33.0 - (33.0 - T_{\text{ambient}})(0.475 - 0.0126V + 0.240\sqrt{V})$$

여기에서, V는 바람의 속도(km/h)이고 T_{embient}는 조용한 대기공기의 온도(°C) 즉, 최대 6 km/h까지의 속도를 갖는 가벼운 바람의 온도이다. 이 식에서 상수 33.0°C는 편안한 환경에서 쉬고 있는 사람의 평균 피부온도이다. 온도 T_{embient}와 속도 V의 공기는 고요할 때의 공기온도 T_{equiv}처럼 느껴질 것이다. 이 식은 70 km/h의 바람속도까지 유효하다. 그 이상의 속도에서는 추가적인 체감효과가 거의 나지 않는다. 주위의 온도가 −10°C이고 바람의 속도가 15, 30, 45, 그리고 60 km/h일 때 등가 바람 냉각온도를 구하라. 노출된 피부는 고요한 날씨일 때 −32°C에서 1분 노출시키면 얼 수가 있다. 그렇다면 위의 경우들에서 이러한 가능성이 있는가?

그림 P6–118

6–119 문제 6–118을 EES(또는 다른 프로그램)를 이용하여 다시 생각해보자. 바람의 속도를 6 km/h부터 70 km/h까지 변화시키고, 대기온도를 −5°C, 5°C, 15°C로 변화시킬 때, 등가 바람 냉각온도(°C)를 바람의 속도와 대기온도의 함수의 그래프로 나타내고 그 결과를 논하라.

6–120 집주인이 여름에 저장고를 냉각시키는데 전통적인 냉방 시스템을 사용하지 않고, 근처의 호수의 물을 이용하여 냉각하는 방법을 설계하기 위하여 기술자를 고용하기로 하였다. 기술자는 직경 10 cm의 얇은 동관을 호수에 잠기게 하고 그 동관 내를 공기가 흐르도록 하였다. 호수의 물은 대체로 15°C를 유지하고 있으며, 대류 열전달계수는 1000 W/m²·K이다. 만약 평균 온도 30°C (1기압)의 공기가 평균속도 10 m/s로 동관으로 유입된다고 한다면, 관 출구에서의 평균 온도가 20°C가 되기 위하여 필요한 동관의 길이를 구하라. **답: 6.74m**

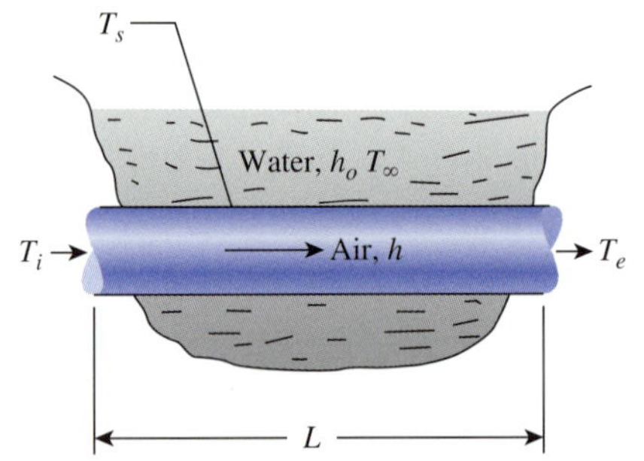

그림 P6–120

6–121 0.6 kg/s의 액체 수은이 직경 5 cm의 관을 흐른다. 이 때 관의 출구와 입구에서의 수은의 온도는 각각 100°C와 200°C이고 관 표면은 250°C를 유지하고 있다. 다음을 이용하여 관의 길이를 구하라: (*a*) 액체금속에 관한 적절한 Nusselt 수 관계식, (*b*) Dittus-Boelter 관계식. (*c*) (*a*)와 (*b*)의 결과를 비교하라

6–122 기술자가 매끄러운 얇은 동관을 최적으로 냉각시키기 위하여 관 내로 공기를 흐르게 하거나 관 외부를 교차하면서 흐르게 하였다. 관의 직경이 5 cm이고 관의 표면은 등온 상태이다. (*a*) 혼합 평균 온도(bulk mean temperature)가 50°C인 공기가 25 m/s의 속도로 관내를 흐를 때, 대류 열전달계수를 구하라. (*b*) 막온도(film temperature)가 50°C인 공기가 25 m/s의 속도로 관 외부를 교차하면서 흐를 때, 대류 열전달계수를 구하라.

6–123 실리콘 칩은 그림 6–123에서 보이는 바와 같이 칩 뒤에 에칭하여 부착되어 있는 마이크로 채널을 통과한 물이 지나감에 따라 냉각된다. 이 채널은 실리콘 뚜껑으로 덮여 있다. 각각 폭 W = 50 μm, 높이 H = 200 μm인 N = 60개의 직사각형 마이크

로 채널이 있는 12 mm × 12 mm의 정사각형 칩을 생각해보자. T_i = 290 K의 물이 총 유량 0.005 kg/s로 마이크로 채널로 유입된다. 칩과 뚜껑은 350 K의 일정온도로 유지된다. 채널 안의 유동이 완전발달되었고, 칩의 상단 표면의 회로(circuits)에 의해 생성된 모든 열이 물로 전달된다고 가정하고, 원형관에서의 열전달 관계식을 이용하여 다음을 구하라.

(*a*) 물의 바깥온도, T_e

(*b*) 칩 동력손실, $\dot{W}e$

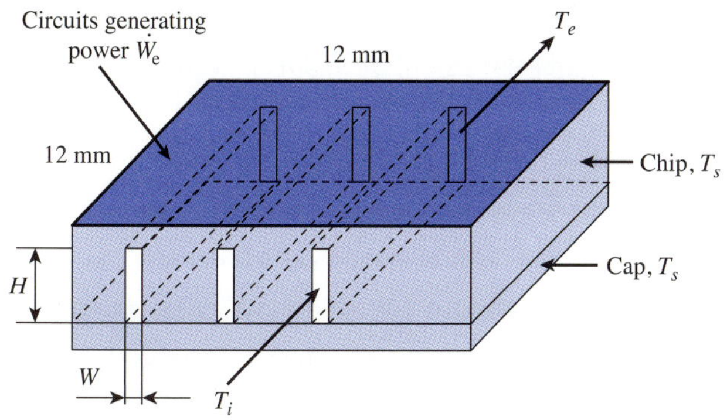

그림 P6–123

6–124 직경이 5.0 cm이고 표면온도가 60°C인 5개의 동일한 관 내로 물이 10 kg/s 유량으로 유입됨에 따라서 물이 15°C에서 35°C로 가열된다. (*a*) 정상 상태 열전달률과 (*b*) 이 과정을 수행하기 위해 필요한 관의 길이를 구하라.

6–125 문제 6–124를 유량이 20 kg/s으로 하고 다시 풀어라.

6–126 유량이 1,800 kg/h이고 온도가 10°C인 물이 벽면온도가 49°C로 유지되고 있는 매끄러운 관에 들어간다. (*a*) 물의 온도를 40°C로 가열하기 위하여 필요한 관의 길이, (*b*) 물의 평균 물성값이 (*a*)와 같다고 가정하고, 입구 길이를 2배로 했을 때의 출구온도를 구하라.

6–127 길이 10 m, a = 50 mm, b = 25 mm의 매끄러운 직사각형 관의 표면이 등온상태에 있다. 관의 입구에서 20°C의 물이 0.25 kg/s의 유량으로 관내로 유입된다. 관의 출구에서의 물의 온도가 80°C가 되기 위해서 필요한 관의 표면온도를 구하라.

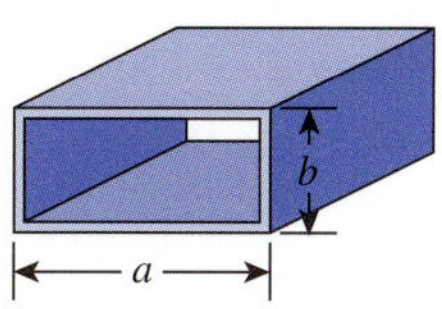

그림 P6–127

6–128 90°C의 뜨거운 물이 내경 4 cm, 외경 4.6 cm, 길이 15 m section의 주철관(k = 52 W/m·K) 속으로 1.2 m/s의 속도로 들어간다. 방사율이 0.7인 관의 외부표면이 10°C 지하실의 차가운 공기에 노출되어 있으며, 이때 대류 열전달계수는 12 W/m²·K이다. 지하실 벽의 온도 또한 10°C로 가정할 때 (*a*) 물로부터의 열손실률, (*b*) 지하실을 빠져나가는 물의 온도를 구하라.

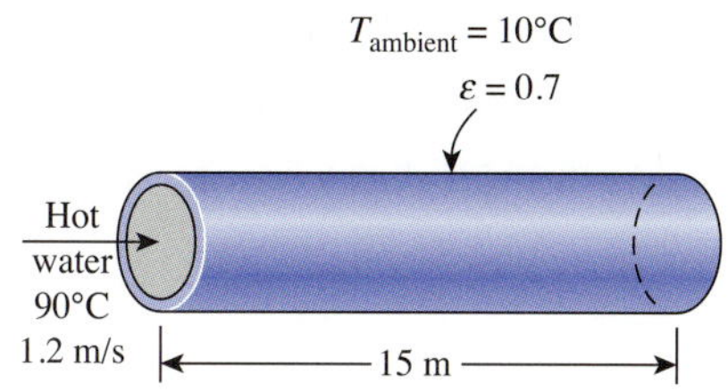

그림 P6–128

6–129 문제 6–128을 주철 대신 구리(k = 386 W/m·K)관에 대하여 다시 풀어라.

6–130 디젤엔진으로부터 배출된 450°C의 뜨거운 대기가스가 평균속도 7.2 m/s로 직경 15 cm의 파이프로 들어간다. 파이프의 표면온도는 180°C이다. 배기가스의 열이 열회수시스템 내의 물로 전달된 결과 파이프 출구에서 배기가스의 온도가 250°C가 되기 위해 필요한 파이프의 길이를 구하라. 이때 배기가스 대하여 공기의 물성값을 사용하라.

6–131 165°C의 지열 스팀이 관내에 물이 흐르는 각–관(shell-tube) 열교환기의 shell side에서 응축된다. 20°C의 물이 직경 4 cm, 길이 14 m인 관 내로 0.8 kg/s의 유량으로 유입된다. 관 출구에서 물의 온도를 구하고, 지열 스팀의 응축률을 계산하라.

6–132 5°C의 차가운 공기가 직경 12 cm, 길이 20 m인 등온상태의 파이프를 2.5 m/s의 속도로 유입되고 출구에서 19°C로 가열되어 나간다. 파이프의 표면온도를 구하라.

6–133 15°C의 오일이 이중관 열교환기에서 1기압의 포화증기에 의해서 25°C로 가열된다. 환형의 공간(annualar space)의 내경과 외경이 각각 3 cm와 5 cm이고, 오일이 1.2 m/s의 속도로 유입된다. 안쪽 관은 100°C의 등온을 유지하고 있고, 바깥쪽 관은 절연 상태이다. 오일이 완전발달된 유동이라고 가정할 때, 위에서 기술한 것 같이 오일이 가열되기에 필요한 관의 길이를 구하라. 실제적으로는 관의 길이가 더 짧은가 혹은 더 긴가? 왜 그런가 설명하라.

6–134 100kg/s의 원유가 다관식(multitube) 열교환기의 관내에서 20°C에서 40°C로 가열된다. 100 kg/s 원유가 100개의 관에 같

은 양으로 나누어서 흐른다. 각각의 관의 내경이 10 mm이고 안쪽 면은 100°C의 등온을 유지하고 있을 때, 열전달률과 관의 길이를 구하라. 원유의 물성값: ρ = 950 kg/m³, c_p = 1,900 J/kg·K, k = 0.25 W/m·K, μ = 12 mPa·s, μ_w = 4 mPa·s

6–135 어떤 유체(ρ = 1,000 kg/m³, μ = 1.4 × 10^{-3} kg/m·s, c_p = 4.2 kJ/kg·K, k = 0.58 W/m·K)가 길이 14 m, 내경 0.01 m인 관에 평균속도 2.5 m/s로 유입된다. 열유속 1,500 W/m²의 열이 전체 관에 일정하게 전달된다고 가정할 때, 다음을 구하라: (*a*) 관의 출구에서 대류 열전달계수, (*b*) $T_s - T_m$, (*c*) $T_e - T_i$

6–136 1기압의 공기가 직경 5 mm의 원형관에 5 m/s의 속도로 유입된다. 관의 표면은 등온상태로 유지된다. 다음을 구하라: (*a*) 길이 10 m 관의 대류 열전달계수, (*b*) 길이 50 m 관의 대류 열전달계수. 이때 50°C에서 공기의 물성값을 사용하여라.

답: (*a*) 36.5 W/m²·K, (*b*) 20.0 W/m²·K

설계 및 에세이 문제

6–137 집이나 아파트에서 열손실계수(W/°C)를 측정하기 위하여 실험을 수행한다. 먼저 집 내부조건을 정상 상태로 하고 자동온도조절장치로 집의 온도가 설정되도록 한다. 바깥 온도를 측정하기 위해 실외용 온도계를 설치한다. 저녁에 시계나 스톱워치를 사용하여 3시간 주기 동안 얼마나 히터를 가동할 것인가를 정하고 그 주기 동안 외기 온도의 평균을 결정한다. 그리고 히터의 정격출력을 이용하여 공급된 총 열량을 구한다. 또한 설정한 주기 동안 실내 거주 인원에 의한 발열량과 불이 켜진 등의 전체 와트 수 및 전열기구와 여타 장치에 의해 발생한 열을 모두 측정한다. 이렇게 얻은 정보를 이용하여 그 가정의 평균 열손실률과 열손실계수를 계산하라.

6–138 컴퓨터와 같은 전자제품은 일반적으로 팬으로 냉각된다. 전자제품의 강제 공기냉각과 팬의 선택에 대해 서술하라.

6–139 우유공장에서 스팀으로 우유를 저온살균하는 열교환기를 설계한다. 1 atm하에서 스팀이 관 외부에서 응축되는 동안 우유는 내경이 1.2 cm 관 다발을 통과한다. 이때 유량 15 L/s의 우유가 4°C로 관에 들어가서 72°C로 가열된다. 적당한 가정을 세워서, 관의 길이와 관의 수 그리고 열교환기 펌프에 대해 기술하라.

6–140 팬으로 데스크탑 컴퓨터를 냉각하고자 한다. 완전 부하시에 전자부품들은 80 W의 동력을 소비한다. 최대 고도 3,000 m (대기압이 70.12 kPa)와 최고 온도 50°C의 환경하에서 컴퓨터를 작동시킨다. 신뢰도를 만족시키기 위해서는 공기의 출구온도가 60°C를 넘지 않아야 한다. 또한 팬의 소음을 줄이기 위해서 컴퓨터 케이스 출구에서의 공기 평균속도는 120 m/min을 넘지 않아야 한다. 설치할 팬의 유량과 팬 케이싱의 직경을 구하라.

CHAPTER

07

자연대류

NATURAL CONVECTION

제 6장에서는 펌프나 휜과 같은 외부적인 기구에 의해 표면 위나 관 안으로 유체를 **강제적으로** 흐르게 하는, **강제대류**(*forced convection*)에 대해 살펴보았다. 이 장에서는 부력과 같이 자연적인 방법으로 유체의 유동이 일어나는 **자연대류**(*natural convection*)에 대해 고찰하고자 한다. 강제대류에서는 유체가 특정한 방향으로 움직일 수 있도록 휜이나 펌프가 유체에 충분한 운동량을 전달하기 때문에 유체의 운동이 **분명하게** 감지된다. 그러나 자연대류에서는 속도가 매우 낮기 때문에 유체의 운동이 잘 감지되지 않는다.

대류 열전달계수는 **속도**에 크게 의존한다. 즉, 속도가 빨라지면 대류 열전달계수가 높아진다. 자연대류에서 유체의 속도는 대체적으로 1 m/s 이하로 낮다. 따라서 자연대류에서 열전달계수는 강제대류의 경우보다 훨씬 낮다. 그렇지만 자연대류는 유동을 일으키는 장치가 필요 없기 때문에 여러 종류의 열전달 장치들이 강제대류 대신 자연대류 상태에서 운전되도록 설계되어 있다.

자연대류와 *Grashof* 수의 물리적인 메커니즘에 대한 설명으로 이 장을 시작하고자 한다. 그런 다음 밀폐공간과 휜이 달린 표면 등을 포함한 여러 가지 형상에 대한 자연대류 열전달을 구할 수 있는 관계식을 제시하고, 마지막으로 강제대류와 자연대류가 동시에 일어나는 경우를 논의하고자 한다.

학습목표

이 장의 목적은 다음과 같다.

- 자연대류의 물리적 메커니즘을 이해한다.
- 자연대류의 지배방정식과 무차원 해석에 의한 무차원 수 Grashof 수를 유도한다.
- 원통형과 구형뿐만 아니라 수직평면, 수평평면과 경사평면에서의 Nusselt 수를 구한다.
- 2중창과 같은 밀폐공간에서의 자연대류를 해석한다.

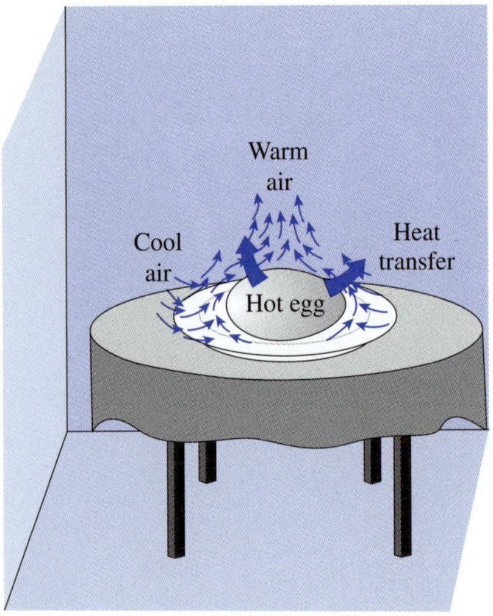

그림 7-1
차가운 주위에서 자연대류에 의한 삶은 달걀의 냉각

7-1 ▪ 자연대류의 물리적 메커니즘

많은 친숙한 열전달 장치들이 주요한 열전달 메커니즘으로 자연대류를 수반하고 있다. 동력 트랜지스터, 텔레비전, VCR과 같은 전자장치의 냉각, 전기장판이나 증기 방열기에서의 열전달, 냉각기 코일이나 전력 전송선으로부터의 열전달, 동물과 인간의 몸에서의 열전달 등이 그 예이다. 가스에서의 자연대류는 방사율이 낮은 표면을 제외하고는 일반적으로 복사와 비슷한 크기로 같이 일어난다.

우리는 뜨겁게 삶은 달걀(또는 뜨겁게 구운 감자)이 결국에는 주위 공기 온도와 같을 때까지 식는다는 것을 알고 있다(그림 7-1). 달걀은 대류에 의해 주위 공기로, 복사에 의해 주위 표면으로 열을 전달하면서 식는다. 복사에 의한 열전달을 무시하면 뜨거운 달걀(또는 뜨거운 물체)이 보다 찬 주위에서 식는 메커니즘은 다음과 같이 설명될 수 있다.

뜨거운 달걀이 보다 찬 공기에 노출된 즉시 달걀 껍데기의 바깥 표면온도는 약간 떨어지고, 껍질에 접해있는 공기온도는 껍질로부터 열전도의 결과로 상승할 것이다. 결과적으로 달걀은 곧 따뜻해진 얇은 공기층에 둘러싸이게 될 것이며, 따뜻한 공기층에서 바깥공기층으로 열이 전달될 것이다. 이 경우의 냉각 과정은 달걀이 항상 따뜻한 공기에 감싸여 있어서, 먼 곳의 찬 공기와 직접 접촉이 안 되므로 다소 느릴 것이다. 달걀 주위에서 공기의 유동을 감지할 수 없을지도 모르지만, 세밀하게 측정하면 다르게 나타난다.

달걀 주위의 공기 온도가 높아지면 그 밀도는 낮아진다. 이는 일정압력에서 가스의 밀도는 온도에 반비례하기 때문이다. 따라서 낮은 밀도의 "가벼운" 가스가 높은 밀도의 "무거운" 가스에 둘러싸여, 자연법칙에 따라 **가벼운 가스가 상승**한다. 이것은 식초(vinegar)와 기름(oil)으로 된 샐러드드레싱에서 기름이 위로 뜨는 것과 같은 현상이다($\rho_{oil} < \rho_{vinegar}$에 주목하라). 이 현상은 "열 상승"으로 잘못 기술되고 있는데 **가열된 공기의 상승**의 의미로 이해되어야 한다. 달걀 주위의 따뜻한 공기에 의해 비워진 공간은 근처의 찬 공기로 교체되고 달걀 주위에 있는 찬 공기가 냉각 과정을 빠르게 한다. 따뜻한 공기의 상승과 이곳으로 찬 공기의 유동은 달걀이 주위 공기 온도로 냉각될 때까지 계속된다. 달걀 주위의 가열된 공기가 근처의 찬 공기에 의해 계속적으로 교체되면서 생긴 운동을 **자연대류 흐름**(natural convection current)이라 하고, 이 자연대류 흐름의 결과로 촉진되는 열전달을 자연대류 열전달이라 부른다. 자연대류 흐름이 없으면 달걀로부터 주위 공기로의 열전달은 전도에 의해서만 일어나며, 이 경우 달걀에서의 열전달률은 훨씬 낮을 것이다.

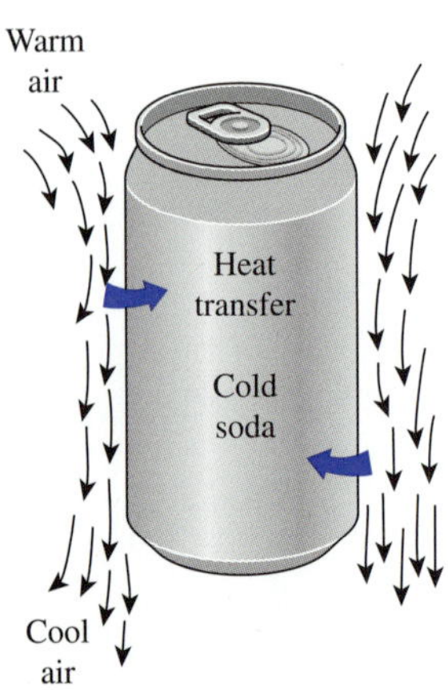

그림 7-2
따뜻한 주위에서 자연대류에 의한 찬 음료의 가온

자연대류는 차가운 주위에서 뜨거운 표면의 냉각과 마찬가지로 그림 7-2에 보인 뜨거운 주위에서 찬 표면의 가열에도 똑같은 효과가 있다. 이 경우에 유동방향은 반대가 된다는 사실에 주목하라.

중력장에서는 무거운 유체 속에 놓인 가벼운 유체를 위로 밀어 올리는 순수한 힘이 있는 것 같다. 유체에 완전히 혹은 부분적으로 잠겨 있는 물체에 의해 위로 작용하는 힘을 **부력**(buoyancy force)이라 한다. 부력의 크기는 물체에 의해 배제된 유체의 무게와 같다. 즉,

$$F_{\text{buoyancy}} = \rho_{\text{fluid}}\, g V_{\text{body}} \tag{7-1}$$

여기서 ρ_{fluid}는 유체(물체가 아님)의 평균밀도이고, g는 중력가속도, V_{body}는 유체에 잠겨 있는 물체의 부피이다(유체에 완전히 잠긴 물체의 경우는 물체의 총 부피이다). 다른 힘이 작용하지 않으면, 물체에 작용하는 순 수직력은 물체의 무게와 부력의 차이이다. 즉,

$$\begin{aligned} F_{\text{net}} &= W - F_{\text{buoyancy}} \\ &= \rho_{\text{body}}\, g V_{\text{body}} - \rho_{\text{fluid}}\, g V_{\text{body}} \\ &= (\rho_{\text{body}} - \rho_{\text{fluid}})\, g V_{\text{body}} \end{aligned} \tag{7-2}$$

이 힘은 유체와 그 속에 잠긴 물체의 밀도차에 비례한다. 따라서 유체에 잠긴 물체는 그 물체에 의해 배제된 유체의 무게만큼 "가벼워질 것"이다. 이것이 *Archimedes*의 원리로 알려져 있다.

부력의 효과를 보다 잘 이해하기 위해서 물속에 떨어뜨린 달걀을 생각해보자. 만약 달걀의 평균밀도가 물의 밀도보다 크다면(신선함의 표시), 달걀은 바닥에 가라앉을 것이다. 만약 그렇지 않으면 위로 뜰 것이다. 달걀의 밀도와 물의 밀도가 같을 때는, 우주 공간에서의 "무게 없는 물체"와 같이, 물속에 완전히 잠긴 채 어딘가에 떠다닐 것이다. 이러한 현상은 달걀에 작용하는 위 방향의 부력이 아래로 작용하는 달걀의 무게와 같을 때 일어난다.

부력의 효과는 일상생활과 광범위한 관련이 있다. 일례로, 부력이 없다면 뜨거운(또는 차가운) 표면과 주위 유체와의 열전달은 자연대류 대신, 전도에 의해서 일어날 것이다. 바다, 호수, 대기에서 일어나는 자연대류 흐름은 부력 때문에 생긴다. 또한, 강철로 만들어진 큰 군함이나 가벼운 보트가 물 위에 뜨는 것도 부력 때문이다(그림 7-3). 배 자체와 선적물의 전체 무게가 물속에 잠긴 배의 부피가 포함할 수 있는 물의 무게와 동일하다는 원리를 근거로 배는 설계되어진다(순수한 물에서는 소금물에서보다 배의 선체의 보다 많은 부분이 잠긴다는 사실에 주목하라). 굴뚝을 통하여 뜨거운 연소가스를 위로 흐르게 하는 "굴뚝효과"도 역시 부력 때문이며, 굴뚝에서 가스의 상승력은 굴뚝 안의 뜨거운 가스와 밖의 찬 공기의 밀도차에 비례한다. 우주공간에는 중력이 작용하지 않기 때문에, 우주선이 대기로 채워져 있을지라도 우주선에서는 자연대류 열전달이 없을 것이다.

열전달을 공부하는 데 있어서 주요 변수는 온도이므로, 순(net) 부력을 온도차로 표시하는 것[식 (7-2)]이 필요하다. 이를 위해서 일정압력에서 온도에 따른 유체의 밀도변화를 나타내는 물성치에 대한 지식이 필요하다. 그러나 이것은 밀도차를 온도차로 표시하는 것을 필요로 하며, 그러한 정보를 제공하는 물성치는 다음과 같이 정의된 **체적팽창계수** β이다(그림 7-4).

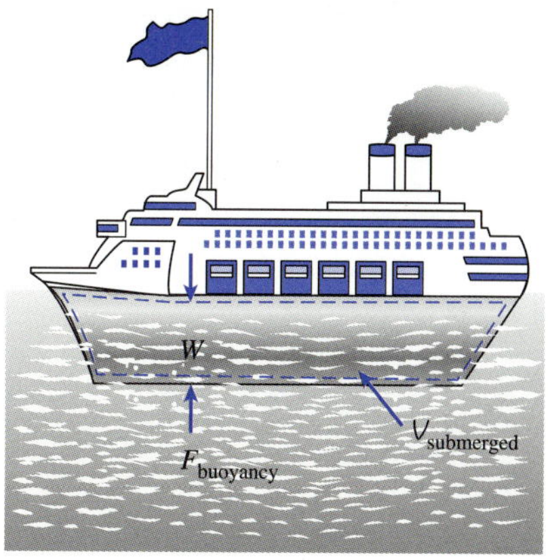

그림 7-3
이것이 물에서 배가 떠 있을 수 있게 하는 부력이다(떠 있는 물체에서 $W = F_{\text{buoyancy}}$).

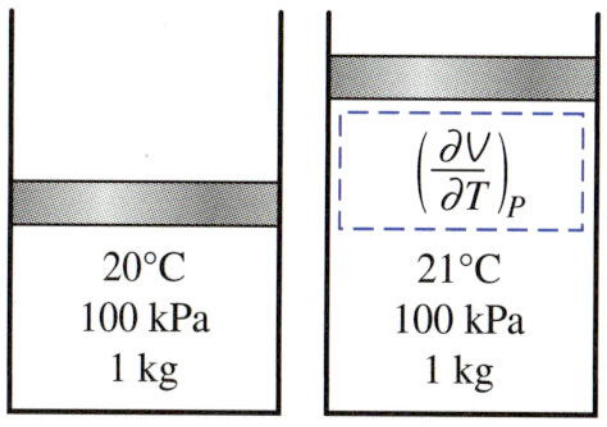

(*a*) A substance with a large β

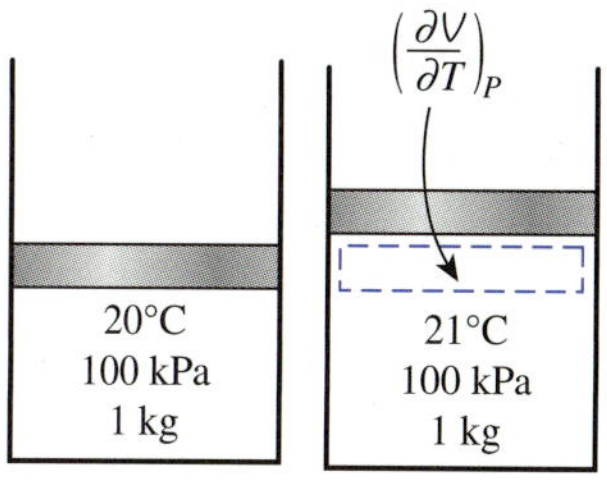

(*b*) A substance with a small β

그림 7-4
체적 팽창계수는 일정압력에서 온도에 따른 물질의 부피변화의 크기이다.

$$\beta = \frac{1}{V}\left(\frac{\partial V}{\partial T}\right)_P = -\frac{1}{\rho}\left(\frac{\partial \rho}{\partial T}\right)_P \qquad (1/\text{K}) \tag{7-3}$$

자연대류를 공부하는 데 있어서 뜨거운 혹은 차가운 표면에서 충분히 멀리 떨어진 유체의 조건을 하첨자 "무한대"로 표시한다. 이것은 표면의 영향을 받지 않는 거리에서의 값을 의미한다. 그러한 경우 체적 팽창계수는 다음과 같이 나타낼 수 있다.

$$\beta \approx -\frac{1}{\rho}\frac{\Delta\rho}{\Delta T} = -\frac{1}{\rho}\frac{\rho_\infty - \rho}{T_\infty - T} \qquad (\text{일정한 } \rho\text{에서}) \tag{7-4}$$

또는

$$\rho_\infty - \rho = \rho\beta(T - T_\infty) \qquad (\text{일정한 } P\text{에서}) \tag{7-5}$$

여기서 ρ_∞와 T_∞는 표면에서 떨어져 있는 정지된 유체의 밀도와 온도이다.

온도 T인 이상기체($P = \rho RT$)의 부피 팽창계수 β는 온도의 역수와 같다는 것을 쉽게 보일 수 있다.

$$\beta_{\text{ideal gas}} = \frac{1}{T} \qquad (1/\text{K}) \tag{7-6}$$

여기서 T는 절대온도이다. β가 큰 유체는 온도에 따른 밀도변화가 크다는 것을 의미하고, $\beta\Delta T$는 일정압력에서 온도 변화 ΔT에 상응하는 유체의 부피변화를 나타낸다는 것에 주목하라. 또한 부력은 일정압력에서 온도차에 비례하는 밀도차에 비례한다는 것에 주목하라. 뜨거운(또는 차가운) 표면에 접해 있는 유체와 멀리 떨어져 있는 유체의 온도차를 크게 하면, 부력이 **커지고** 자연대류 흐름이 **강해지며** 결과적으로 열전달률이 **높아진다**.

표면과 유체 사이의 자연대류 열전달의 크기는 유체의 **유량**과 직접적인 관계가 있다. 유량이 높아지면 열전달률이 높아진다. 사실, 강제대류에서 열전달계수를 몇 배 증가시키는 것은 매우 높은 유동률이다. 자연대류에서는 송풍기를 사용하지 않으므로 유동률을 외부적으로 조절할 수 없다. 이 경우에 유량은 **부력**과 **마찰력**의 동적인 평형에 의해 결정된다.

앞서 논의한 바와 같이, 부력은 표면에 접해 있는 가열된(또는 냉각된) 유체와 그 주위 유체 사이의 밀도차에 기인한 것이며, 부력은 이 밀도차와 따뜻한 유체가 차지하고 있는 부피에 비례한다. 서로 접촉하고 있는 두 물체(고체-고체, 고체-유체 또는 유체-유체)가 서로 상대적으로 움직일 때마다 그 움직임에 반대방향으로 접촉 표면에 **마찰력**이 생긴다는 것은 잘 알려진 사실이다. 이 반발력이 유체를 감속시키고, 유체의 유동률을 감소시킨다. 정상 상태에서는 이러한 두 효과가 서로 **평형**을 이루는 지점에서 부력에 의한 공기의 유동률이 결정된다. 고체 표면이 많아질수록 마찰력은 증가하여 유체유동과 열전달을 크게 방해한다. 이러한 이유로, 휜이 조밀하게 배치된 열싱크는 자연대류 냉각에 적합하지 않다.

자연대류에서 대부분의 열전달 관계식은 실험적인 측정에 의존하고 있다. 자연대류 실험에 가장 자주 사용되는 기구는 *Mach-Zehnder* **간섭계**이며, 이것은 표면 근처에 있는 유체의 등온선 그림을 제공한다. 간섭계의 작동 원리는 낮은 압력에서 가스의 등온선은 등밀도선과 일치하며, 가스의 굴절률은 밀도의 함수라는 사실에 근거를 두고 있다. 따라서 가스 안의 어떤 지점에서 빛의 굴절 각도는 그 지점에서 온도구배의 척도이다. 간섭계는 간섭무늬의 지도를 제공하며, 이 간섭무늬는 그림 7-5에 보인 바와 같이 등온선으로 해석될 수 있다. (*a*)의 매끈한 평행선은 유동이 **층류**임을 나타내고, 한편 (*b*)의 물결치는 것 같은 불규칙성은 유동이 **난류**임을 나타낸다. 표면 근처에서 **높은 온도구배**를 나타내면서 선들이 밀집되어 있는 것은 온도구배가 크다는 것에 주목하라.

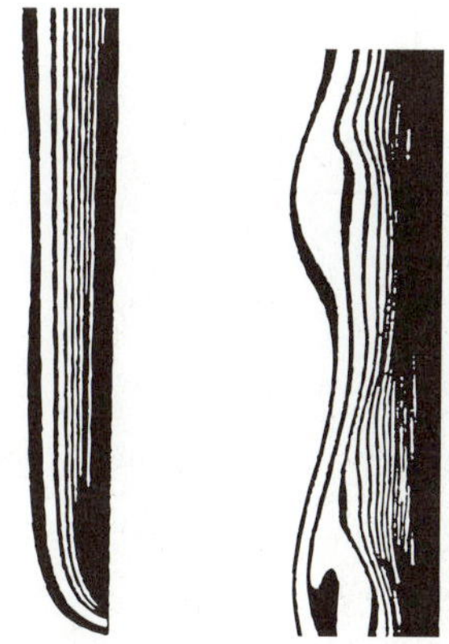

그림 7-5
공기 중에 있는 뜨거운 판 위의 자연대류에서의 등온선

7-2 ▪ 운동방정식과 Grashof 수

이 절에서는 층류경계층에서의 자연대류를 지배하는 운동방정식을 유도하려고 한다. 자연대류에는 강제대류에 적용되었던 질량보존법칙과 에너지보존법칙이 그대로 적용되지만 운동량방정식은 부력효과를 고려하여 수정되어 적용된다.

유체 속에 잠긴 뜨거운 수직 평판을 고려해보자. 자연대류유동은 정상, 층류 그리고 2차원 유동이라 가정하고 또한 부력과 뜨는 유동을 발생하게 하는 경계층의 내부와 외부 사이에 밀도차 때문에 밀도차 $\rho - \rho_\infty$를 고려하여야 하는 것(이것을 *Boussinesq* **근사치**라 한다.) 이외에는 물성치와 밀도가 일정한 뉴턴 유체라고 가정한다. 그림 7-6에서 보듯이 평판의 윗방향을 x, 표면에 수직인 방법을 y라 한다. 그러므로 중력은 $-x$방향으로 작용한다. 유동은 정상 2차원이므로 경계층 내에서 x방향과 y방향의 속도성분은 각각 $u = u(x, y)$, $v = v(x, y)$이다.

그림 7-6은 뜨거운 수직 평판 위에서 자연대류에 관한 속도분포와 온도분포를 나타낸 것이다. 강제대류와 같이 경계층의 두께는 유동방향에 따라 증가하지만 강제대류와 달리 평판 표면에서 뿐만 아니라 속도경계층 끝에서 유체속도는 0이다. 이것은 경계층 밖에서는 유체가 정지상태이기 때문에 예견되는 것이다. 그러므로 유체속도는 표면으로부터 멀어질수록 증가하지만 최대에 다다른 후 표면으로부터 충분히 먼거리에서는 점차로 감소하면서 0에 다다른다. 표면에서 유체온도는 그림에서 보는 바와 같이 평판온도와 같고 점차로 표면에서 멀어질수록 주위 유체온도의 온도로 점차 감소한다. **차가운 표면**인 경우에는 속도와 온도분포형상은 같지만 방향은 반대가 된다.

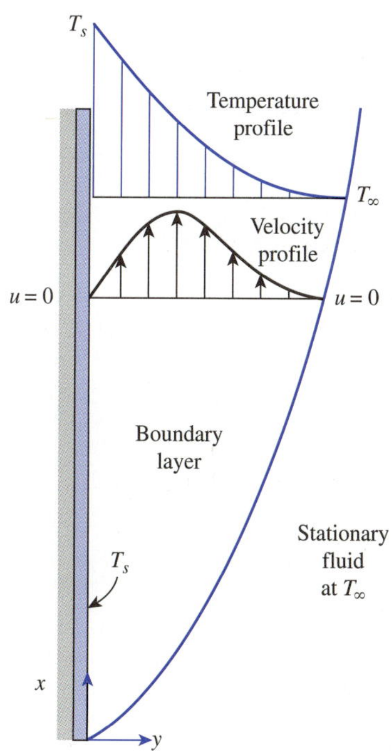

그림 7-6
온도 T_∞유체에 삽입된 온도 T_s인 수직방향의 뜨거운 평판에 대한 자연대류유동의 전형적인 속도 및 온도분포

해석을 위하여 높이 dx, 길이 dy, z방향은 단위길이인 미소 체적 요소를 고려해 보자. 그림 7-7에서는 체적 요소에 작용하는 힘을 나타낸 것이다. 이 체적 요소에 뉴턴의 제2법칙을 적용하면

$$\delta m \cdot a_x = F_x \tag{7-7}$$

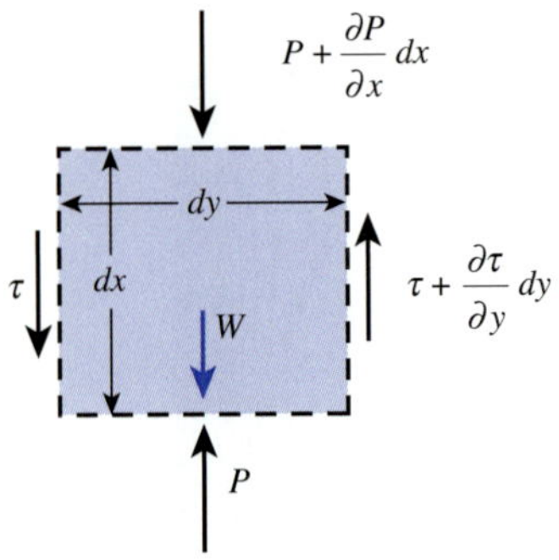

그림 7–7

수직방향 평판 위의 자연대류 경계층에서 미소 체적 요소에 작용하는 힘

여기서 $\delta m = \rho(dx, dy, 1)$은 최적요소 내의 유체의 질량이다.

x방향의 가속도는 $u(x, y)$의 전 미분을 취하면 $du = (\partial u/\partial x)dx + (\partial u/\partial y)dy$가 되고 dt로 나누면 다음과 같이 된다.

$$a_x = \frac{du}{dt} = \frac{\partial u}{\partial x}\frac{dx}{dt} + \frac{\partial u}{\partial y}\frac{dy}{dt} = u\frac{\partial u}{\partial x} + v\frac{\partial u}{\partial y} \tag{7-8}$$

미소 체적 요소에 작용하는 힘은 수직방향으로 위와 아래 표면에 작용하는 압력과 측면에 작용한 전단응력(위와 아래 표면에 작용하는 수직응력은 작아서 무시)이다. 그러므로 x방향으로 작용하는 정미력은 다음과 같다.

$$\begin{aligned} F_x &= \left(\frac{\partial \tau}{\partial y} dy\right)(dx\cdot 1) - \left(\frac{\partial P}{\partial x} dx\right)(dy\cdot 1) - \rho g(dx\cdot dy\cdot 1) \\ &= \left(\mu\frac{\partial^2 u}{\partial y^2} - \frac{\partial P}{\partial x} - \rho g\right)(dx\cdot dy\cdot 1) \end{aligned} \tag{7-9}$$

여기서 $\tau = \mu(\partial u/\partial y)$이다. 식 (7–8)과 식 (7–9)를 식 (7–7)에 대입하고 ρ, dx, dy로 나누면 x방향(x방향 운동량방정식)에서의 운동에 대한 뉴턴의 제2법칙은 다음과 같다.

$$\rho\left(u\frac{\partial u}{\partial x} + v\frac{\partial u}{\partial y}\right) = \mu\frac{\partial^2 u}{\partial y^2} - \frac{\partial P}{\partial x} - \rho g \tag{7-10}$$

경계층 밖의 정지유체에서의 x방향 운동방정식은 특별한 경우로서 $u = 0$로 놓으면

$$\frac{\partial P_\infty}{\partial x} = -\rho_\infty g \tag{7-11}$$

이것은 정지유체에서 높이에 따른 정압변화율의 관계식을 나타내는 것이다.

경계층 내에서는 $v \ll u$이고 따라서 $\partial v/\partial x \approx \partial v/\partial y \approx 0$이고 y방향에서는 체적력(중력포함)이 없기 때문에 $\partial P/\partial y = 0$이다. 즉, 표면에 대한 수직방향의 압력 항은 무시할 수 있으며, x방향에 대한 경계층에서의 압력은 정지유체의 압력과 동일하다. 그러므로 $P = P(x) = P_\infty(x)$와 $\partial P/\partial x = \partial P_\infty/\partial x = -\rho_\infty g$이다. 식 (7–10)에 대입하면,

$$\rho\left(u\frac{\partial u}{\partial x} + v\frac{\partial u}{\partial y}\right) = \mu\frac{\partial^2 u}{\partial y^2} + (\rho_\infty - \rho)g \tag{7-12}$$

마지막 항은 유체의 단위 체적당 상부의 미소 힘을 나타낸다(부력과 유체 무게 상이의 차이). 이 힘은 대류 힘을 유지한다.

식 (7–5)로부터, $\rho - \rho_\infty = \rho\beta(T - T_\infty)$이다. 마지막 식에 이 식을 대입하고, ρ로 양변을 미분하면 x방향의 운동량방정식을 얻을 수 있다.

$$u\frac{\partial u}{\partial x} + v\frac{\partial u}{\partial y} = \nu\frac{\partial^2 u}{\partial y^2} + g\beta(T - T_\infty) \tag{7-13}$$

이 식은 부력의 영향으로 인한 경계층 내에서의 유체 운동을 지배한다. 운동량방정식은 온도를 포함하고 있으며, 운동량 및 온도 방정식은 반드시 동시에 풀어야 한다. 수직등온판 위의 자연대류유동을 지배하는 연속 방정식, 운동량방정식 [식 (7–13)], 에너지방정식은

연속: $$\frac{\partial u}{\partial x} + \frac{\partial v}{\partial y} = 0$$

운동량: $$u\frac{\partial u}{\partial x} + v\frac{\partial u}{\partial y} = \nu\frac{\partial^2 u}{\partial y^2} + g\beta(T - T_\infty) \tag{7–13}$$

에너지: $$u\frac{\partial T}{\partial x} + v\frac{\partial T}{\partial y} = \alpha\frac{\partial^2 T}{\partial y^2}$$

이고, 경계조건은 다음과 같다[식 (7–6) 참조].

At $y = 0$: $u(x, 0) = 0, v(x, 0) = 0, \quad T(x, 0) = T_s$

At $y \to \infty$: $u(x, \infty) \to 0, v(x, \infty) \to 0, \quad T(x, \infty) \to T_\infty$

Grashof 수

자연대류의 지배 방정식과 경계조건은 알맞은 상수항으로 모든 종속 및 독립 변수로 나누어 무차원화할 수 있다: 특성길이 L_c에 대한 모든 길이, 임의의 기준 속도 V(레이놀즈 수 정의에 따라 $V = \text{Re}_L\,\nu/L_c$로 나타낸다)에 대한 모든 속도와 적당한 온도차($T_s - T_\infty$)로 다음과 같다.

$$x^* = \frac{x}{L_c} \qquad y^* = \frac{y}{L_c} \qquad u^* = \frac{u}{V} \qquad v^* = \frac{v}{V} \qquad \text{and} \qquad T^* = \frac{T - T_\infty}{T_s - T_\infty}$$

여기서, 별표는 무차원 변수를 의미한다. 이 식들은 운동량방정식에 대입하고 단순화하면,

$$u^*\frac{\partial u^*}{\partial x^*} + v^*\frac{\partial u^*}{\partial y^*} = \left[\frac{g\beta(T_s - T_x)L_c^3}{\nu^2}\right]\frac{T^*}{\text{Re}_L^2} + \frac{1}{\text{Re}_L}\frac{\partial^2 u^*}{\partial y^{*2}} \tag{7–14}$$

괄호 내의 무차원 변수는 자연대류효과를 나타내며, *Grashof* 수라 부른다.

$$\text{Gr}_L = \frac{g\beta(T_s - T_\infty)L_c^3}{\nu^2} \tag{7–15}$$

여기서,

g = 중력 가속도, m/s²

β = 체적 팽창계수, 1/K(β = 1/K 이상기체)

T_s = 표면온도, °C

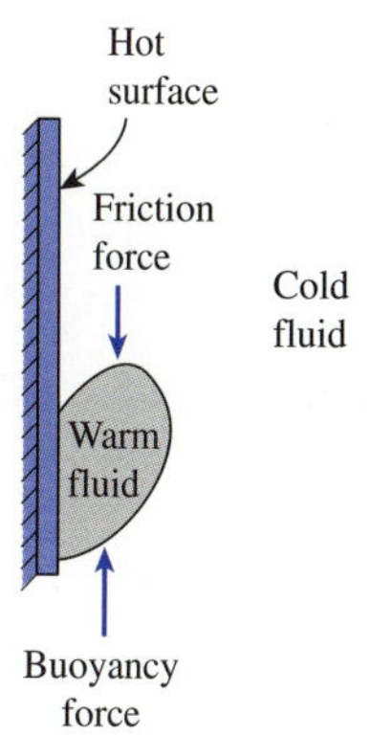

그림 7–8

Grashof 수 Gr은 부력과 유체에 작용하는 반대되는 점성력의 상대적 크기를 가늠하는 척도이다.

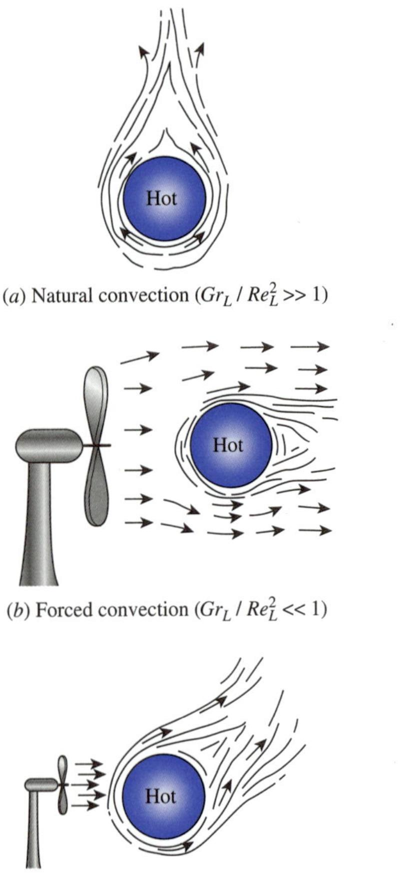

(*a*) Natural convection ($Gr_L / Re_L^2 >> 1$)

(*b*) Forced convection ($Gr_L / Re_L^2 << 1$)

(*c*) Mixed convection ($Gr_L / Re_L^2 \approx 1$)

그림 7-9

뜨거운 구 근처 유동에서 대류 열전달 형태의 상대적인 중요성

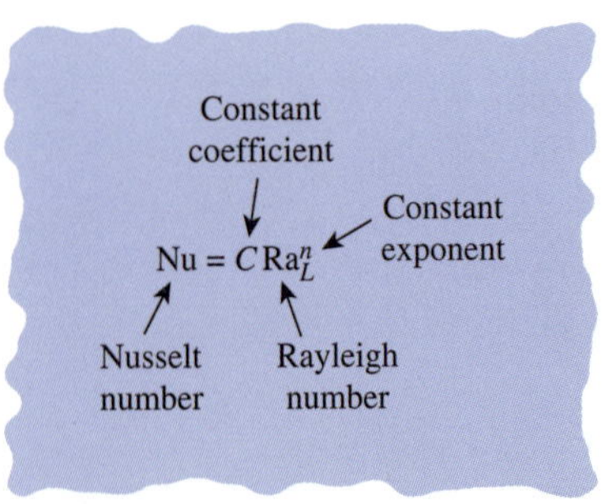

그림 7-10

자연대류 열전달 상관식은 일반적으로 상수 *n*을 지수로 갖는 Rayleigh 수와 다른 상수 *C*의 곱으로 표현되며, 두 상수는 실험적으로 결정된다.

T_∞ = 표면으로부터 멀리 떨어진 유체온도, °C

L_c = 형상의 특성길이, m

ν = 유체의 동점성 계수, m^2/s

앞 장에서 언급했듯이 강제대류의 유동 형태는 유체에 작용하는 점성력에 대한 관성력의 비인 무차원 **레이놀즈 수**에 의해 지배된다. 자연대류의 유동장(그림 7-8)은 유체에 작용하는 **점성력**에 **대한 부력**의 비로 표현되는 *Grashof* 수에 의해 지배된다.

강제대류는 레이놀즈 수에 의해 지배되고, 자연대류는 Grashof 수에 의해 지배된다. 가령, Grashof 수는 자연대류에서 층류인지 난류인지를 결정하는 주요 인자이다. 예를 들면, 수직 평판의 경우는 임계 Grashof 수가 약 10^9이다. 그러므로 수직 평판 위의 유동 형태는 10^9보다 큰 Grashof 수일 때 **난류**가 된다.

표면이 외부 유동에 의해 지배될 때 자연대류와 강제대류 모두를 수반한다. 각 모드에서의 열전달의 상대적 중요성은 $\mathrm{Gr}_L/\mathrm{Re}_L^2 \ll 1$ 계수값에 의해 결정된다(그림 7-9). 만일 자연대류 $\mathrm{Gr}_L/\mathrm{Re}_L^2 \ll 1$가 지배될 때 자연대류 영향은 무시되며, $\mathrm{Gr}_L/\mathrm{Re}_L^2 \gg 1$일 때 강제대류의 영향은 무시된다. 그리고 모든 영향이 중요하며, $\mathrm{Gr}_L/\mathrm{Re}_L^2 \approx 1$일 때 모두를 고려해야 한다. 이 경우에의 유동을 **혼합대류**라고 부른다.

7-3 ▪ 표면 위의 자연대류

표면에서 자연대류 열전달은 표면의 형상과 방향에 따라 좌우되며, 또한 표면에서의 온도 변화와 포함된 유체의 열 물리학적 물성치에 의존한다.

자연대류의 메커니즘에 대해 잘 이해하고 있지만, 복잡한 유동장은 운동 및 에너지의 지배 방정식에 의해 해결된 열전달에 대한 단순한 해석적 관계를 얻기가 매우 힘들다. 몇몇의 해석적 해결방법은 자연대류에 국한되지만, 그러한 방법은 단순화시킨 가정하에서 단순 형상에 대해 얻기 때문에 일반화가 힘들다. 그러므로 몇몇의 단순화된 경우를 제외하고 자연대류의 열전달 특성은 실험적 연구를 기초로 한다. 다양한 형상에 대한 많은 상호관계 및 문헌에서 주어진 형상을 활용하여 요구된 정확성에 대하여 잘 알려지고 광범위하게 사용되는 것들을 표현하였다.

자연대류에서의 평균 *Nusselt* 수에 대한 단순한 경험 상관식은 그림 7-10의 형태이다(그림 7-10).

$$\mathrm{Nu} = \frac{hL_c}{k} = \mathrm{C}(\mathrm{Gr}_L\,\mathrm{Pr})^n = C\,\mathrm{Ra}_L^n \tag{7-16}$$

여기서, Ra_L는 Grashof 수와 Prantl 수의 곱인 **Rayleigh 수**이다:

$$\mathrm{Ra}_L = \mathrm{Gr}_L\,\mathrm{Pr} = \frac{g\beta(T_s - T_\infty)L_c^3}{\nu^2}\mathrm{Pr} = \frac{g\beta(T_s - T_x)L_c^3}{\nu\alpha} \tag{7-17}$$

상수 *C*와 *n* 값은 Rayleigh 수의 영역의 특성을 갖는 표면 형상과 유동 형태에 의해 지배된다. *n* 값은 보통 층류일 때 1/4이고, 난류유동일 때 1/3이다. 상수 *C* 값은 보

표 7-1

표면 위의 자연대류에서 평균 Nusselt 수를 구하는 실험식

Geometry	Characteristic length L_c	Range of Ra	Nu	
Vertical plate 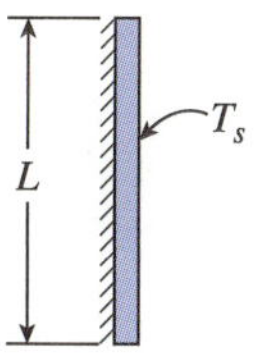	L	10^4–10^9 10^{10}–10^{13} Entire range	$\text{Nu} = 0.59\text{Ra}_L^{1/4}$ $\text{Nu} = 0.1\text{Ra}_L^{1/3}$ $\text{Nu} = \left\{0.825 + \dfrac{0.387\text{Ra}_L^{1/6}}{[1 + (0.492/\text{Pr})^{9/16}]^{8/27}}\right\}^2$ (complex but more accurate)	**(7-18)** **(7-19)** **(7-20)**
Inclined plate 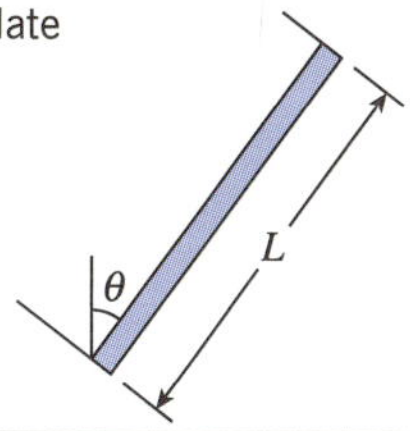	L		Use vertical plate equations for the upper surface of a cold plate and the lower surface of a hot plate Replace g by $g\cos\theta$ for $0 < \theta < 60°$	
Horizontal plate (Surface area A and perimeter p) (*a*) Upper surface of a hot plate (or lower surface of a cold plate) 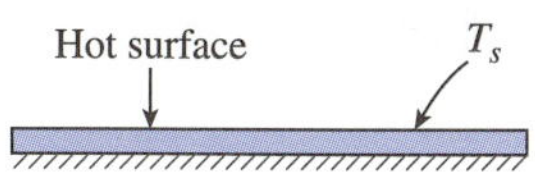 (*b*) Lower surface of a hot plate (or upper surface of a cold plate) 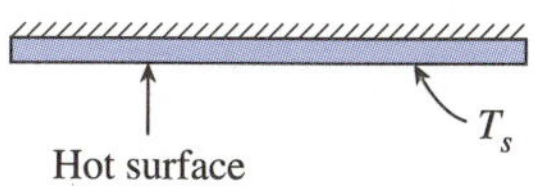	A_s/p	10^4–10^7 10^7–10^{11} 10^5–10^{11}	$\text{Nu} = 0.54\text{Ra}_L^{1/4}$ $\text{Nu} = 0.15\text{Ra}_L^{1/3}$ $\text{Nu} = 0.27\text{Ra}_L^{1/4}$	**(7-21)** **(7-22)** **(7-23)**
Vertical cylinder 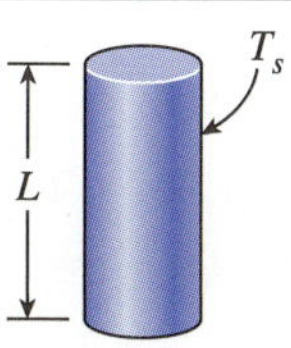	L		A vertical cylinder can be treated as a vertical plate when $D \geq \dfrac{35L}{Gr_L^{1/4}}$	
Horizontal cylinder 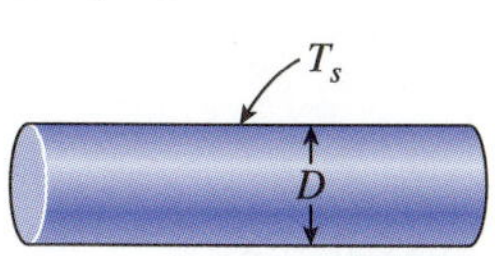	D	$\text{Ra}_D \leq 10^{12}$	$\text{Nu} = \left\{0.6 + \dfrac{0.387\text{Ra}_D^{1/6}}{[1 + (0.559/\text{Pr})^{9/16}]^{8/27}}\right\}^2$	**(7-24)**
Sphere 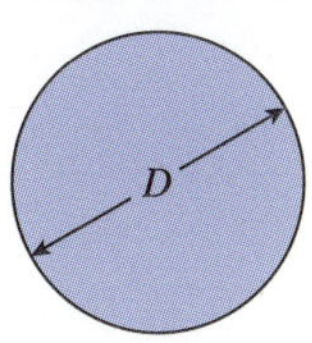	D	$\text{Ra}_D \leq 10^{11}$ $(\text{Pr} \geq 0.7)$	$\text{Nu} = 2 + \dfrac{0.589\text{Ra}_D^{1/4}}{[1 + (0.469/\text{Pr})^{9/16}]^{4/9}}$	**(7-25)**

통 1보다 작다.

다양한 형상에 대한 평균 Nusselt 수에 대한 단순 상관관계를 형상의 스케치와 더불어 표 7-1에 나타냈다. 표에 나타낸 형상은 상관관계를 적용할 수 있는 Rayleigh 수의 범위 및 형상들의 특성길이를 보여주고 있다. 모든 유체 성분을 막온도 $T_f = \frac{1}{2}(T_s + T_\infty)$로 계산할 수 있다.

평균 Nusselt 수 및 평균 대류 열전달계수를 알 때, 균일한 온도를 갖는 표면온도 T_s부터 주변 유체로의 자연대류에 의한 열전달률은 다음과 같은 뉴턴의 냉각법칙에 의해 표현된다.

$$\dot{Q}_{\text{conv}} = hA_s(T_s - T_\infty) \qquad \text{(W)} \tag{7-26}$$

여기서 A_s는 열전달 면적, h는 표면의 평균 열전달계수이다.

수직 평판(T_s = 일정)

수직 평판에 대한 특성길이는 평판 높이 L이다. 표 7-1에서 등온 수직 평판의 평균 Nusselt 수에 대한 3가지 관계식을 보여주고 있다. 첫째와 둘째의 관계식은 매우 단순화되었다. 형상이 매우 복잡함에도 불구하고 Rayleigh 수의 전체 영역에 걸쳐 적용할 수 있기 때문에 Churchil과 Chu(1975)에 의해 제시된 세 번째 식을 사용하도록 추천하였다. 이 관계식은 $10^{-1} < \text{Ra}_L < 10^9$의 영역에서 매우 정확하다.

수직 평판 ($\dot{q}_s$ = 일정)

일정표면 열유속의 경우, 열전달률은 알고 있지만(그것은 단순하게 $\dot{Q} = \dot{q}_s A_s$ 이다), 표면온도 T_s는 알지 못한다. T_s 는 평판에 따라 높이가 증가한다. 표면 일정온도 및 일정표면 열유속일 경우에 대한 Nusselt 수의 관계식은 거의 정확하다(Churchill 및 Chu, 1975). 그러므로 평판의 중심온도 $T_{L/2}$는 막온도, Rayleigh 수 및 Nusselt 수를 계산 시의 T_s로 사용할 수 있다면 등온 평판의 관계식은 일정 열유속을 갖는 평판에 대하여 적용할 수 있다. 이 경우 평균 Nusselt 수 $h = \dot{q}_s/(T_{L/2} - T_\infty)$를 아래와 같이 표현할 수 있다.

$$\text{Nu} = \frac{hL}{k} = \frac{\dot{q}_s L}{k(T_{L/2} - T_\infty)} \tag{7-27}$$

중심온도 $T_{L/2}$는 식 (7-20)과 (7-27)로부터 결정된 Nusselt 수와 일치시키기 위하여 반복적으로 결정된다.

수직 원통

곡률의 영향을 무시하기 위하여 원통의 직경이 충분히 클 때 수직 원통의 외부 표면은 수직 평판과 같이 다룰 수 있다. 이 조건을 충족시키면,

$$D \geq \frac{35L}{\mathrm{Gr}_L^{1/4}} \quad \textbf{(7-28)}$$

이 기준이 충족될 때 수직 평판에 대한 관계식은 수직 원통에 대하여 사용할 수 있다. 이러한 기준을 만족하지 않는 가느다란 원통에 대한 Nusselt 수 관계식은 문헌(e.g., Cebeci, 1974)을 통해 이용할 수 있다.

경사진 평판

그림 7-11과 같이 차가운 주변 환경에서 수직방향으로 각도 θ를 이루는 경사진 뜨거운 평판을 고려해 보자. 경계층 내의 유체의 단위 체적당 작용하는 정미력 $F = g(\rho_\infty - \rho)$ (부력과 중력 사이의 차이)는 수직방향으로 항상 작용한다. 경사진 평판의 경우, 이 힘은 두 성분으로 나눌 수 있다: $F_x = F \cos\theta$는 평판을 따라 유체를 유도하는 평판에 대해 평행하고, $F_y = F \sin\theta$는 평판에 수직방향이다. 운동을 유도하는 힘이 감소될 때 대류 크기는 약해지고, 열전달률은 수직 평판의 경우와 관련하여 작아짐을 예상할 수 있다.

뜨거운 평판의 하부 표면에 대해서는 실험을 통해 확인이 어렵지만, 반대측은 상부 표면에서 관찰할 수 있다. 상부 표면에 대한 특이한 현상의 이유는 힘의 성분 F_y이 평판을 따라 상승하는 운동뿐만 아니라 평행운동으로 접하게 된다. 그림에서 본 것과 같이 경계층이 깨지고 기둥이 생성된다. 결과로부터 경계층의 두께 및 열전달 저항이 감소되고, 열전달률은 수직방향과 관련하여 증가한다.

따뜻한 환경에서 차가운 평판의 경우, 반대방향은 예상한 것과 같이 발생한다: 상부 표면에서 경계층은 낮은 열전달률과 약한 경계층 유동으로 온전히 남아 있으며, 하부 표면의 경계층은 떨어져 부서지고 열전달은 향상된다.

경계층이 온전히 남아 있을 때(뜨거운 평판 또는 차가운 평판의 상부 표면의 하부 표면), Rayleigh 수와 관계있는 g는 $\theta < 60°$에 대하여 $g \cos\theta$로 대체할 수 있다면 Nusselt 수는 수직 평판 관련성으로부터 결정할 수 있다. 다른 두 표면(뜨거운 평판의 상부 표면 또는 차가운 표면의 하부 표면)에 대한 Nusselt 수 관련성은 문헌(e.g., Fuji and Imura, 1972)에서 이용할 수 있다.

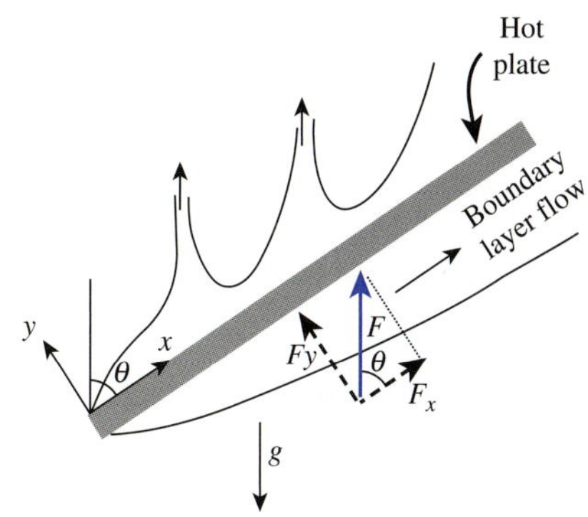

그림 7-11
경사진 뜨거운 평판의 상부와 하부표면의 자연대류유동

수평 평판

수평 평판에서 열전달률은 표면이 상부 또는 하부에 접하는지에 따라 결정된다. 차가운 주위에서 뜨거운 표면에 대한 정미 힘은 가열된 유체가 상승하는 방향인 상부로 작용한다. 뜨거운 표면이 상부로 향하고 있으면, 그림 7-12에서 보여지듯이 뜨거워진 유체는 자유롭게 상승하여 강한 자연대류와 효율이 큰 열전달을 발생시킨다. 그러나 뜨거운 표면이 하부로 향하면, 평판은 가열된 유체를 차단하여 상승하는 경향(모서리 부분을 제외)이 있으며 열전달을 방해한다. 이런 경우의 정미 힘(무게와 부력의 차)은 하부로 작용하고 평판 부근의 냉각된 유체는 내려가는 경향

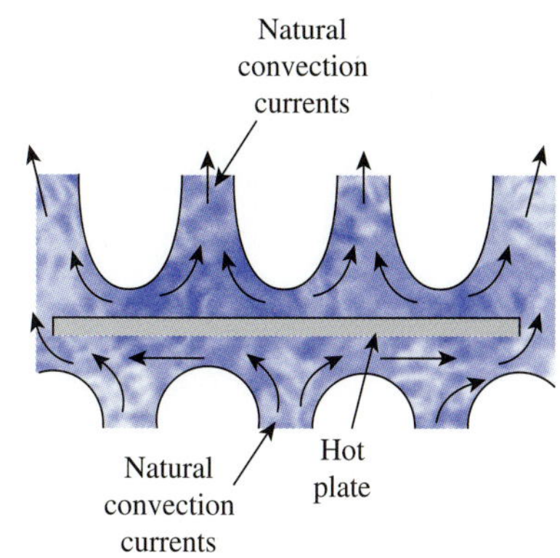

그림 7-12
수평방향의 뜨거운 평판에서 상부와 하부표면의 자연대류유동

을 보이기 때문에, 따뜻한 환경에 있는 차가운 평판에서는 반대현상이 나타난다.

수평 표면에 대한 평균 Nusselt 수는 표 7-1에 주어진 단순 거듭제곱의 법칙으로부터 결정된다. 수평 표면의 특성길이는 아래와 같이 계산된다.

$$L_c = \frac{A_s}{p} \tag{7-29}$$

여기서, A_s는 표면 면적, p는 주변길이다. 수평 사각 표면의 길이 a에 대하여 $L_c = a/4$이고, 직경 D인 수평 원형 표면에 대하여 $D/4$이다.

수평 원통과 구

뜨거운 수평 원통의 경계층은 하부에서 발달하기 시작하며, 원주 둘레를 따라 두께가 증가하고 그림 7-13와 같이 위쪽으로 상승하는 기둥을 형성한다. 그러므로 국소 Nusselt 수는 경계층이 층류일 때 바닥에서 최고이며, 원통의 상부에서 가장 작다. 따뜻한 매질 안의 차가운 수평 원통의 경우에는 반대현상이 나타나며 이러한 경우의 경계층은 원통의 상부에서 발달하기 시작하며 하부에서 끝난다.

전체 표면의 평균 Nusselt 수는 등온 수평 원통에 대한 식 (7-25) (Churchill and Chu, 1975)으로부터 결정되며, 등온 구에 대하여 식 (7-26) (Churchill, 1983)으로 부터 결정되는데 둘다 표 7-1에 나와 있다.

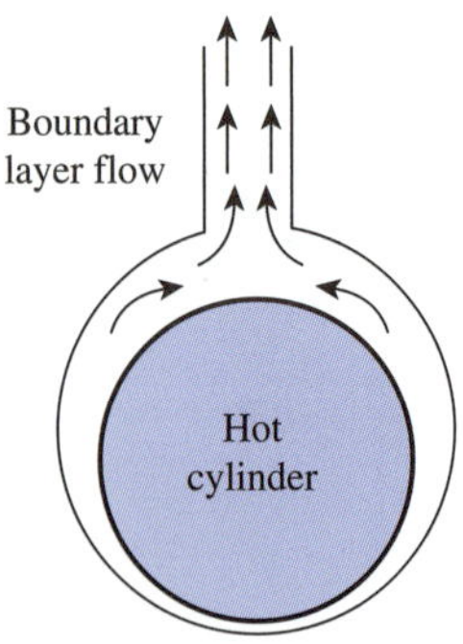

그림 7-13
수평방향의 뜨거운 원통에서 자연대류유동

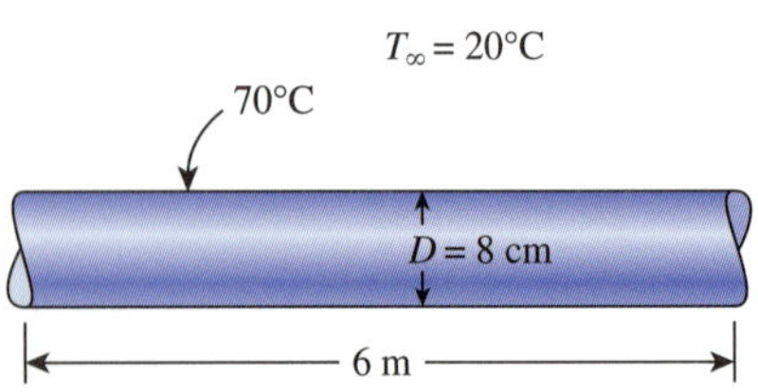

그림 7-14
예제 7-1의 개략도

예제 7-1　온수관으로부터의 열손실

그림 7-14에 보인 길이 6 m, 지름 8 cm인 수평 온수관이 20°C인 큰방을 지나간다. 관의 바깥 표면온도가 70°C일 때, 관으로부터 자연대류에 의한 열손실률을 구하여라.

풀이 수평 온수관이 큰방을 지나간다. 자연대류에 의한 관으로부터의 열손실을 구해야 한다.

가정 **1.** 정상 상태에서 작동한다. **2.** 공기는 이상기체이다. **3.** 대기압은 1기압이다.

물성치 막온도 $T_f = (T_s + T_\infty)/2 = (70 + 20)/2 = 45$°C와 1기압에서 공기의 물성치는 다음과 같다.

$$k = 0.02699 \text{ W/m·K} \qquad \Pr = 0.7241$$

$$\nu = 1.750 \times 10^{-5} \text{ m}^2\text{/s} \qquad \beta = \frac{1}{T_f} = \frac{1}{318 \text{ K}}$$

해석 이 경우의 특성길이는 관의 바깥지름으로 $L_c = D = 0.08$ m이다. 그리고 Rayleigh 수는 다음과 같이 된다.

$$\begin{aligned}\text{Ra}_D &= \frac{g\beta(T_s - T_\infty)D^3}{\nu^2}\Pr \\ &= \frac{(9.81 \text{ m/s}^2)[1/(318 \text{ K})](70 - 20 \text{ K})(0.08 \text{ m})^3}{(1.750 \times 10^{-5} \text{ m}^2\text{/s})^2}(0.7241) = 1.867 \times 10^6 \\ &= 1.867 \times 10^6\end{aligned}$$

이 경우 자연대류 Nusselt 수는 식 (7-25)를 사용하여 다음과 같이 구할 수 있다.

$$\text{Nu} = \left\{0.6 + \frac{0.387\text{Ra}_D^{1/6}}{[1+(0.559/\text{Pr})^{9/16}]^{8/27}}\right\}^2 = \left\{0.6 + \frac{0.387(1.867 \times 10^6)^{1/6}}{[1+(0.559/0.7241)^{9/16}]^{8/27}}\right\}^2$$
$$= 17.39$$

그리고

$$h = \frac{k}{D}\text{Nu} = \frac{0.02699 \text{ W/m·K}}{0.08 \text{ m}}(17.39) = 5.867 \text{ W/m·K}$$
$$A_s = \pi DL = \pi(0.08 \text{ m})(6 \text{ m}) = 1.508 \text{ m}^2$$

이고,

$$\dot{Q} = hA_s(T_s - T_\infty) = (5.867 \text{ W/m}^2\text{·K})(1.508 \text{ m}^2)(70-20)°\text{C} = \mathbf{442 \text{ W}}$$

따라서 관은 자연대류에 의해 442 W의 율로 방 안 공기의 열을 잃을 것이다.

검토 관은 자연대류뿐만 아니라 복사에 의해서도 주위로 열을 잃을 것이다. 관의 바깥 표면이 흑체(방사율 ε = 1)이고, 방의 안쪽 벽면이 방의 온도와 같다고 가정하면, 이 경우 복사 열전달은 다음과 같이 구한다(그림 7-15).

$$\dot{Q}_{\text{rad}} = \varepsilon A_s \sigma (T_s^4 - T_{\text{surr}}^4)$$
$$= (1)(1.508 \text{ m}^2)(5.67 \times 10^{-8} \text{ W/m}^2\text{·K}^4)[(70+273 \text{ K})^4 - (20+273 \text{ K})^4]$$
$$= 553 \text{ W}$$

이 값은 자연대류보다 큰 값이다. 실제 표면의 방사율은 1보다 작기 때문에, 실제 표면에서의 복사 열전달은 더 작을 것이다. 그러나 자연대류에 의해 냉각되는 대부분의 시스템에서는 복사가 여전히 중요하다. 따라서 표면의 방사율이 작지 않은 한 보통 복사 해석은 자연대류 해석과 함께 해야 한다.

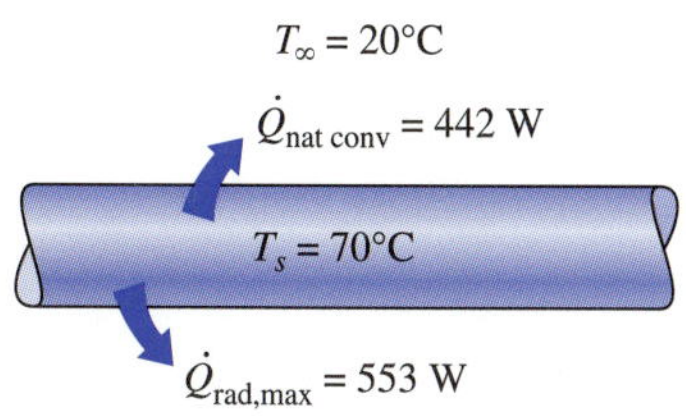

그림 7-15
복사 열전달은 일반적으로 크기가 자연대류와 비슷하고 열전달 해석 시 고려되어야 한다.

예제 7-2 여러 방향으로 놓인 판의 냉각

30°C인 방 안에 놓여 있는 0.6 m × 0.6 m의 얇은 정사각판을 생각해보자. 그림 7-16에 보인 바와 같이 평판의 한쪽 면은 90°C로 유지되고 다른 면은 단열되어 있다. 판이 (*a*) 수직, (*b*) 뜨거운 면이 위로 향하는 수평, (*c*) 뜨거운 면이 아래로 향하는 수평으로 놓여 있을 때, 판으로부터 자연대류에 의한 열전달률을 구하여라.

풀이 뒷면이 단열된 뜨거운 판을 생각한다. 여러 방향으로 놓인 판으로부터의 자연대류에 의한 열손실률을 구해야 한다.

가정 **1.** 정상 상태에서 작동한다. **2.** 공기는 이상기체이다. **3.** 대기압은 1기압이다.

물성치 막온도 $T_f = (T_s + T_\infty)/2 = (90 + 30)/2$ = 60°C와 1기압에서 공기의 물성치는 다음과 같다(Table A-22).

$$k = 0.02808 \text{ W/m·K} \qquad \text{Pr} = 0.7202$$
$$\nu = 1.896 \times 10^{-5} \text{ m}^2\text{/s} \qquad \beta = \frac{1}{T_f} = \frac{1}{333 \text{ K}}$$

해석 (*a*) 수직: 이 경우의 특성길이는 평판의 높이인 L = 0.6 m이다. Rayleigh 수는

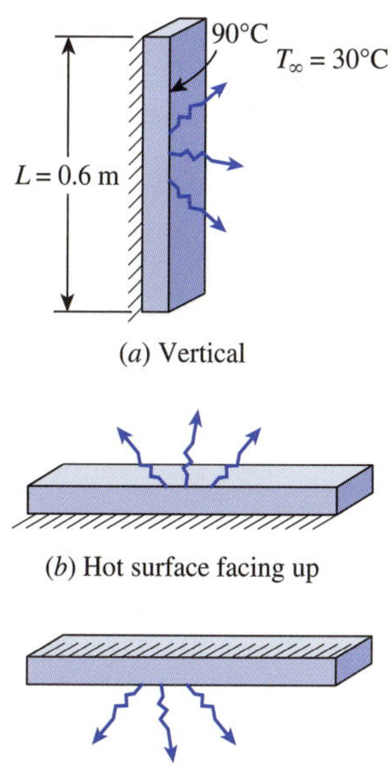

그림 7-16
예제 7-2의 개략도

$$\mathrm{Ra}_L = \frac{g\beta(T_s - T_\infty)L^3}{\nu^2}\mathrm{Pr}$$

$$= \frac{(9.81 \text{ m/s}^2)[1/(333 \text{ K})](90 - 30 \text{ K})(0.6 \text{ m})^3}{(1.896 \times 10^{-5} \text{ m}^2/\text{s})^2}(0.7202) = 7.649 \times 10^8$$

이다. 자연대류에 의한 Nusselt 수는 식 (7-20)을 사용하여 다음과 같이 구한다.

$$\mathrm{Nu} = \left\{0.825 + \frac{0.387\mathrm{Ra}_L^{1/6}}{[1 + (0.492/\mathrm{Pr})^{9/16}]^{8/27}}\right\}^2$$

$$= \left\{0.825 + \frac{0.387(7.649 \times 10^8)^{1/6}}{[1 + (0.492/0.7202)^{9/16}]^{8/27}}\right\}^2 = 113.3$$

방정식 (7-18)의 간소화 관계식은 13% 낮은 $\mathrm{Nu} = 0.59\ \mathrm{Ra}_L^{1/4} = 98.12$이다.

$$h = \frac{k}{L}\mathrm{Nu} = \frac{0.02808 \text{ W/m·K}}{0.6 \text{ m}}(113.3) = 5.302 \text{ W/m}^2\text{·K}$$

$$A_s = L^2 = (0.6 \text{ m})^2 = 0.36 \text{ m}^2$$

그리고

$$\dot{Q} = hA_s(T_s - T_\infty) = (5.302 \text{ W/m}^2\text{·K})(0.36 \text{ m}^2)(90 - 30)°\text{C} = \mathbf{115\ W}$$

(*b*) *뜨거운 면이 위로 향하는 수평*: 이 경우 특성길이와 Rayleigh 수는

$$L_c = \frac{A_s}{p} = \frac{L^2}{4L} = \frac{L}{4} = \frac{0.6 \text{ m}}{4} = 0.15 \text{ m}$$

$$\mathrm{Ra}_L = \frac{g\beta(T_s - T_\infty)L_c^3}{\nu^2}\mathrm{Pr}$$

$$= \frac{(9.81 \text{ m/s}^2)[1/(333 \text{ K})](90 - 30 \text{ K})(0.15 \text{ m})^3}{(1.896 \times 10^{-5} \text{ m}^2/\text{s})^2}(0.7202) = 1.195 \times 10^7$$

이다. 그리고 자연대류 Nusselt 수는 식 (7-21)을 사용하여 다음과 같이 구한다.

$$\mathrm{Nu} = 0.54\mathrm{Ra}_L^{1/4} = 0.54(1.195 \times 10^7)^{1/4} = 31.75$$

따라서

$$h = \frac{k}{L_c}\mathrm{Nu} = \frac{0.02808 \text{ W/m·K}}{0.15 \text{ m}}(31.75) = 5.944 \text{ W/m}^2\text{·K}$$

그리고

$$\dot{Q} = hA_s(T_s - T_\infty) = (5.944 \text{ W/m}^2\text{·K})(0.36 \text{ m}^2)(90 - 30)°\text{C} = \mathbf{128\ W}$$

(*c*) *뜨거운 면이 아래로 향하는 수평*: 이 경우 특성길이 δ, 열전달 면적 *A*, Rayleigh 수는 (*b*)와 동일하다. 그러나 자연대류 Nusselt 수는 식 (7-23)으로부터 구해진다.

$$\mathrm{Nu} = 0.27\mathrm{Ra}_L^{1/4} = 0.27(1.195 \times 10^7)^{1/4} = 15.87$$

그리고

$$h = \frac{k}{L_c}\mathrm{Nu} = \frac{0.02808 \text{ W/m·K}}{0.15 \text{ m}}(15.87) = 2.971 \text{ W/m}^2\text{·K}$$

이고

$$\dot{Q} = hA_s(T_s - T_\infty) = (2.971 \text{ W/m}^2\text{·K})(0.36 \text{ m}^2)(90 - 30)°\text{C} = \mathbf{64.2\ W}$$

이다. 뜨거운 면이 아래로 향하는 경우에 자연대류 열전달이 가장 낮다는 것에 주목하라. 이 경우 뜨거운 공기가 평판 아래 "갇혀서" 쉽게 평판을 빠져나갈 수 없기 때문에 이상할 것이 없다. 결과적으로, 판 주위의 찬 공기가 판에 다다르기 어려울 것이며 이 때문에 열전달률이 감소된다.

검토 판은 자연대류뿐만 아니라 주위로의 복사에 의해 열을 잃을 것이다. 판 표면이 흑체(방사율 ε = 1)이고 방의 안쪽 벽면이 방의 온도와 같다고 가정하면, 이 경우 복사 열전달은 다음과 같이 구한다.

$$\begin{aligned}\dot{Q}_{\text{rad}} &= \varepsilon A_s \sigma (T_s^4 - T_{\text{surr}}^4) \\ &= (1)(0.36\ \text{m}^2)(5.67 \times 10^{-8}\ \text{W/m}^2\cdot\text{K}^4)[(90 + 273\ \text{K})^4 - (30 + 273\ \text{K})^4] \\ &= 182\ \text{W}\end{aligned}$$

이 값은 각 경우의 자연대류 열전달보다 크다. 복사 열전달은 자연대류에 의해 냉각되는 표면에서는 여전히 중요하며 고려할 필요가 있다.

Gr와 Ra는 특성길이 L^3에 따라 변화하기 때문에 수평 및 수직 평판에 따라 다르다는 것을 주의해야 한다.

7-4 ■ 휜 표면과 PCBs의 자연대류

그림 7-17과 같이 평행한 두 평판으로 이루어진 채널을 통한 자연대류유동은 일반적으로 실험적으로 해결된다. 두 평판이 ($T_s > T_\infty$) 뜨거울 때 T_∞에서 주변 유체는 하부의 끝단으로부터 채널로 유입되며, 부력의 영향으로 가열되기 때문에 상승되고 가열된 유체는 상부 끝단으로 나가게 된다. 두 평판은 휜 열싱크 또는 전기장치의 PCB(인쇄배선회로기판) 등이 있다. 두 평판의 첫 번째는 등온(T_s = 일정)과 두 번째 경우 일정 열유속($\dot{q}_s$ = 일정)의 경우이다.

만일 두 평판이 충분히 수직방향으로 길 때 경계층은 반대 표면의 하부 끝단에서 발달하기 시작하며 결국 평판 중심에서 만나게 된다. 이 경우, 경계층이 서로 만난 후 충분히 발달된 채널유동을 이루고, 자연대류유동은 채널유동으로 해석될 것이다. 그러나 두 평판이 짧거나, 간격이 크다면, 반대방향 표면의 경계층은 결코 같은 곳으로 도달하지 못하고 표면상의 경계층은 반대방향의 표면에 영향을 미치지 못한다. 이러한 경우, 채널을 통과하는 자연대류유동이라기보다는 표면에 대한 주어진 조건을 이용하여 정지 상태에서 서로 영향을 미치지 않는 평판으로부터 자연대류로서 문제를 분석해야 한다.

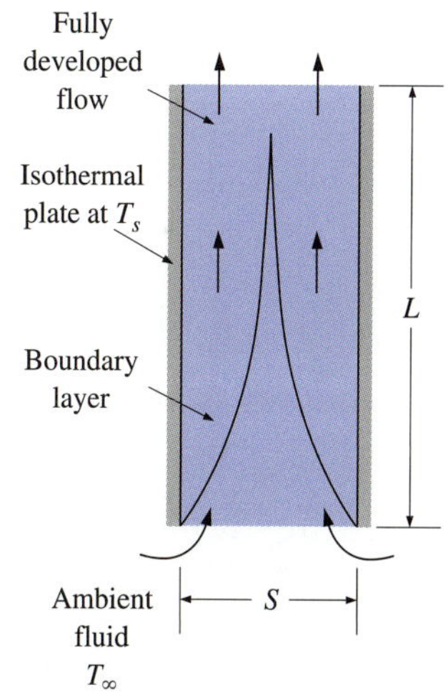

그림 7-17
등온상태의 두 수직 평판 사이의 채널 내에서의 자연대류유동

휜 표면의 자연대류 냉각

열싱크와 같은 다양한 형상의 휜 표면은 전기장치 냉각에 주로 사용된다. 이 전기장치에 의해 해리된 에너지는 전도에 의해, 전력 확산 요구 시스템을 이용하여 자연 또는 강제대류에 의해 열싱크로부터 주변 공기로 열전달된다. 자연대류는 전자부품과 같이 움직임이 없는 부품이기 때문에 열전달의 일반적인 방법이다. 그러나

자연대류 방법에서, 부품들은 높은 온도에서 좀 더 순조로이 작동해야 하고 신뢰성을 손상시키지 말아야 한다. 알맞게 선택된 열싱크는 부품들의 작동 온도를 적당하게 낮추어야 하고, 실패 위험을 줄여야 한다.

사각 모양의 수직형 휜 형상의 자연대류에 대하여 많은 연구가 진행되었으며 대부분이 실험적 연구이다. Bar-Cohen과 Rohsenow(1984)는 다양한 경계조건에서 활용 가능한 데이터를 구축하였으며, Nusselt 수와 최적 배열에 대한 관계식을 만들었다. 휜 높이 L이 또한 사용됨에도 불구하고 휜에서 사용된 수직 평행 평판에 대한 특성길이는 인접 휜 S 사이의 배열을 취하였다. Rayleigh 수는 다음과 같이 표현된다.

$$\mathrm{Ra}_S = \frac{g\beta(T_s - T_\infty)S^3}{\nu^2}\,\mathrm{Pr},\quad \mathrm{Ra}_L = \frac{g\beta(T_s - T_\infty)L^3}{\nu^2}\,\mathrm{Pr} = \mathrm{Ra}_S\frac{L^3}{S^3} \tag{7-30}$$

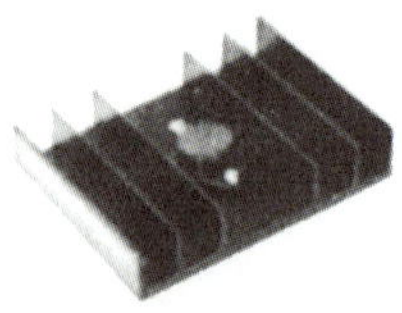

(*a*)

(*b*)

그림 7–18

(*a*) 넓은 공간과 (*b*) 빽빽한 휜에 대한 열싱크

Courtesy of Yunus Çengel

수직등온 평행평판인 경우의 평균 Nusselt 수에 대한 적당한 관계식은 아래와 같다.

T_s = 일정:
$$\mathrm{Nu} = \frac{hS}{k} = \left[\frac{576}{(\mathrm{Ra}_S S/L)^2} + \frac{2.873}{(\mathrm{Ra}_S S/L)^{0.5}}\right]^{-0.5} \tag{7-31}$$

열싱크의 부분에서 종종 발생하는 문제는 주어진 기본 면적(그림 7–18)에 조밀한 휜 또는 넓은 간격을 갖는 휜 중 어느 것을 선택하는가이다. 조밀한 휜을 갖는 열싱크는 보다 큰 열전달 면적을 갖지만 추가된 휜이 휜 사이의 통로를 통과하는 유체유동에 추가 저항을 만들기 때문에 낮은 열전달계수를 갖는다. 반면에, 넓은 간격의 휜을 가진 열싱크는 작은 표면적을 가지고 있지만, 높은 열전달계수를 갖는다. 그러므로 주어진 기본 면적 WL에 대한 열싱크로부터 자연대류 열전달을 최대화할 수 있는 최적 공간을 이루어야 하며, 여기서 W와 L은 그림 7–19과 같이 W와 L은 각각 열싱크의 기본 폭 및 높이이다. 휜은 등온 상태이고, 휜 두께 t가 휜 공간 S에 비해 작을 때, 최적 휜 공간은 Bar-Cohen and Rohsenow에 의해 결정된다.

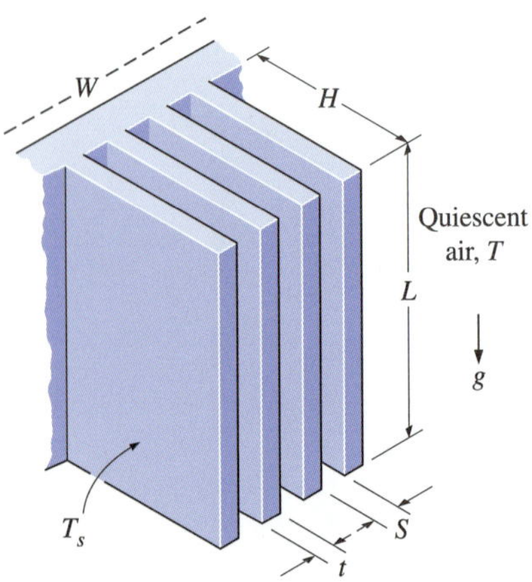

그림 7–19

수직방향을 가진 휜 표면의 다양한 관점

T_s = 일정:
$$S_{\mathrm{opt}} = 2.714\left(\frac{S^3L}{\mathrm{Ra}_S}\right)^{0.25} = 2.714\,\frac{L}{\mathrm{Ra}_L^{0.25}} \tag{7-32}$$

$S = S_{\mathrm{opt}}$일 때 Nusselt 수가 일정하고 그 값이 1.307인 것에 대한 세 방정식을 조합하여 나타낼 수 있다.

$S = S_{\mathrm{opt}}$:
$$\mathrm{Nu} = \frac{hS_{\mathrm{opt}}}{k} = 1.307 \tag{7-33}$$

휜에 대한 자연대류에 의한 열전달률은 아래로부터 결정할 수 있다.

$$\dot{Q} = h(2nLH)(T_s - T_\infty) \tag{7-34}$$

여기서, $n = W/(S + t) \approx W/S$가 열싱크상의 휜 수이며, T_s는 휜의 표면온도이다. 모든 유체 성분은 평균 온도 $T_{\mathrm{avg}} = (T_s + T_\infty)/2$에서 계산될 수 있다.

수직 PCB의 자연대류 냉각($\dot{q}_s$ = Constant)

전자 시스템에 사용되는 PCB의 배열은 두 평행 평판이 일정하게 열유속 $\dot{q}_s$(그림 7-20)과 같은 모형을 만들 수 있다. 이런 경우의 평판 온도는 높이에 따라 증가하고, 보드의 상부 가장자리에서 최고점에 다다른다. 양쪽 평판에 대하여 균일 열유속에 대한 수정 Rayleigh 수는 다음과 같이 표현한다.

$$\text{Ra}_S^* = \frac{g\beta\dot{q}_s S^4}{k\upsilon^2}\text{Pr} \tag{7-35}$$

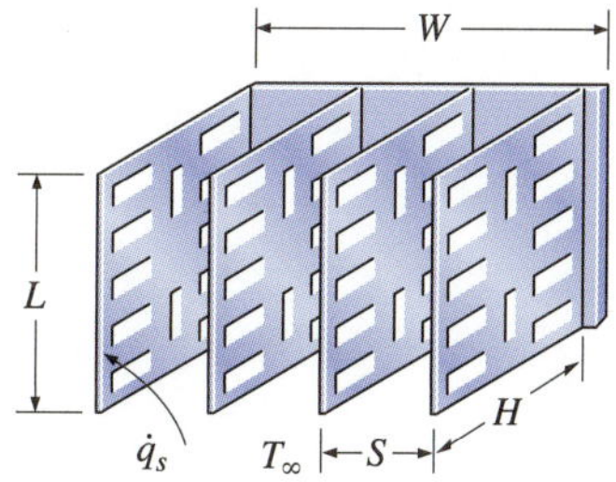

그림 7-20
자연대류에 의해 냉각된 수직방향의 인쇄회로 기판의 배열

최고 온도가 발생하는 판의 상부 가장자리의 Nusselt 수는 아래로부터 결정된다(Bar-Cohen과 Rohsenow, 1984).

$$\text{Nu}_L = \frac{h_L S}{k} = \left[\frac{48}{\text{Ra}_S^* S/L} + \frac{2.51}{(\text{Ra}_L^* S/L)^{0.4}}\right]^{-0.5} \tag{7-36}$$

두 평판 위에 일정한 열유속을 갖는 경우에 대한 최적 휜 공간은 아래와 같이 주어진다.

$$\dot{q}_s = \text{일정:} \qquad S_{\text{opt}} = 2.12\left(\frac{S^4 L}{\text{Ra}_S^*}\right)^{0.2} \tag{7-37}$$

평판으로부터 전체 열전달률은

$$\dot{Q} = \dot{q}_s A_s = \dot{q}_s(2nLH) \tag{7-38}$$

여기서, $n = W/(S + t) \simeq W/S$는 평판의 수이다. 임계 표면온도 T_L은 평판의 상부 모서리에서 발생하고, 아래로부터 계산된다.

$$\dot{q}_s = h_L(T_L - T_\infty) \tag{7-39}$$

모든 유체의 물성치는 평균 온도 $T_{\text{avg}} = (T_L + T_\infty)/2$에서 계산된다.

평판사이 공간을 통한 질량 유량

앞서 언급한 바와 같이 자연대류 열전달의 크기는 **부력**과 **마찰력**이라는 서로 반대되는 두 힘의 동적인 평행에 의해 결정되는 유체의 질량유량과 직접적인 관계가 있다.

열싱크의 휜은 두 효과를 일으킨다. 휜 표면의 상승하는 온도의 결과로서 **가외의 부력이 발생**, 유체 통로에 추가된 장애물로서 작용되는 유체에 감속되는 것. 그 결과, 열싱크 위에 휜의 수가 증가하는 것은 그 영향이 지배적인 것에 따라 자연대류가 증가하거나 감소할 수 있다. 부력이 작용하는 유체유량은 이러한 두 영향이 서로에게 균형을 이루는 지점에서 설정된다. 마찰 저항은 더욱 더 고체 표면에 발생하고 유동과 열전달에 방해가 생길 때 증가한다. 이러한 조건에서, 마찰의 증가는 부력의 증가와 상쇄된다. 결국 이것은 유량을 감소하고, 그리하여 열전달을 감소하는 경향을 보인다. 그 이유에 대하여, 빽빽한 공간을 갖는 열싱크는 자연대류 냉각이 매우 불충분하다.

열싱크가 빽빽한 공간을 갖는 휜이 수반될 때 형성된 좁은 채널은 특히, 열싱크가 길어질 때 유체 흐름을 막거나 방해한다. 고정된 전력 셋팅에서, 열싱크는 방해물이 없는 경우와 관련하여 높은 온도에서 작동된다. 열싱크가 넓은 공간을 갖는 휜이 포함될 때 장애물은 유동 저하의 많은 증가가 발생하지 않으며 부력의 주된 영향을 받는다. 그 결과로서, 자연대류에 의해 열전달이 향상되고, 고정된 출력 수준에서 열싱크는 낮은 온도에서 작동된다.

가령 휜과 같이 확장된 표면은 고체와 유체 사이의 자연대류 열전달을 향상시키기 위하여 사용되며, 고체 주변의 유체유량은 부력과 마찰의 변화를 포함하여 조절된다. 이런 향상된 기술은 부력의 증가가 마찰이 증가하는 것보다 클 때 장점으로 작용하는 것은 명백하다. 펌프 또는 송풍기가 이 경우에 사용되지 않기 때문에 자연대류를 연구할 때 한 가지는 압력 강하 또는 펌프 출력과 관련지을 필요가 없다. 그러므로 자연대류의 향상 기술은 단지 열전달 성능을 평가하는 것이다. 온도 조절로 인한 전자부품의 불합격률이 대부분 기하급수적으로 증가한다. 전자 부품이 작동할 때 좀 더 냉각할수록 그 신뢰성은 더욱 더 증가할 것이다. 경험상으로 반도체 불합격률은 접합부에서 작동 온도를 10°C도 줄이면 절반으로 줄일 수 있다. 강제대류의 의존 없이 작동온도를 낮추기 위한 노력은 자연대류에 대한 기술향상을 연구하는 연구자에게 동기를 부여한다. Sparrow와 Prakash(1987)은 어떤 조건하에서 연속적으로 동일한 표면적을 갖는 평판 대신에 불균일한 평판을 이용하여 상당히 열전달을 향상시키는 것을 증명하였다. 다른 실험적 연구에서, 열원으로 트랜지스터를 이용하여 Çengel과 Zing(1987)은 해당하는 어떤 보호판 케이스가 없는 반대측에 보호판을 사용할 때 트랜지스터 케이스에 기록된 온도를 30°C도까지 감소시킬 수 있다는 것을 증명하였다.

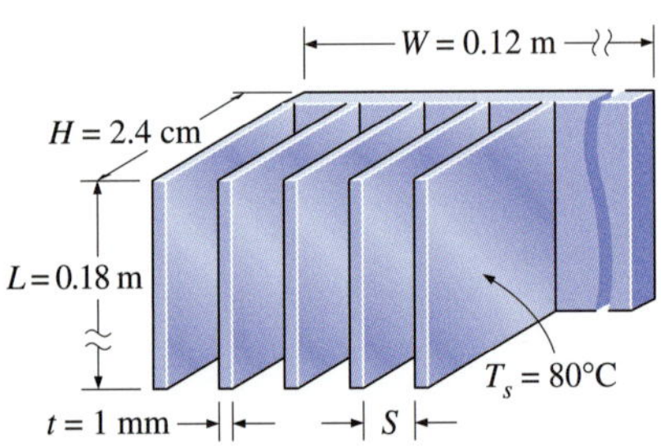

그림 7-21
예제 7-3에 대한 개략도

예제 7-3 **열싱크의 최적 휜 공간**

폭 12 cm, 높이 18 cm인 뜨거운 수직 표면이 30°C 공기 중에서 사각형상의 균일하게 배열된 휜을 가진 열싱크에 의해 냉각된다(그림 7-21). 휜의 두께는 0.1 cm이고 수직방향의 길이는 18 cm이며 바탕으로부터의 높이는 2.4 cm이다. 바탕온도가 80°C일 때 최적 휜 간격과 자연대류에 의한 열전달률을 구하여라.

풀이 일정 간격의 사각 휜을 가진 열싱크가 뜨거운 표면을 냉각하기 위해서 사용된다. 최적 휜 간격과 열싱크로부터의 열전달을 구해야 한다.

가정 **1.** 정상 상태에서 작동한다. **2.** 공기는 이상기체이다. **3.** 그 지점에서의 대기압은 1 atm이다. **4.** 휜의 두께 t는 휜 간격 S에 비하여 매우 작기 때문에 최적 휜 간격을 구하기

위해 식 (7-32)을 사용할 수 있다. **5.** 모든 휜 표면은 주변온도에서 등온상태이다.

물성치 막온도 $T_f = (T_s + T_\infty)/2 = (80 + 30)/2 = 55°C$와 압력 1기압에서 공기의 물성치는 Table A-22에 있다.

$$k = 0.02772 \text{ W/m} \cdot °\text{C} \qquad \text{Pr} = 0.7215$$
$$\nu = 1.847 \times 10^{-5} \text{ m}^2/\text{s} \qquad \beta = 1/T_f = 1/328 \text{ K}$$

해석 수직방향의 휜의 길이에 대한 특성길이를 취해야 한다(휜 공간의 정보를 알지 못하기 때문에). 그리고 Rayleigh 수는

$$\begin{aligned}\text{Ra}_L &= \frac{g\beta(T_s - T_\infty)L^3}{\nu^2}\text{Pr} \\ &= \frac{(9.81 \text{ m/s}^2)[1/(328 \text{ K})](80 - 30 \text{ K})(0.18 \text{ m})^3}{(1.847 \times 10^{-5} \text{ m}^2/\text{s})^2}(0.7215) = 1.845 \times 10^7\end{aligned}$$

이다. 체적 휜 간격은 식 (7-32)로부터 다음과 같이 구한다.

$$S_{\text{opt}} = 2.714\frac{L}{\text{Ra}_L^{0.25}} = 2.714\frac{0.18 \text{ m}}{(1.845 \times 10^7)^{0.25}} = 7.45 \times 10^{-3} \text{ m} = \mathbf{7.45 \text{ mm}}$$

이것은 휜의 두께의 약 7배이다. 따라서 이 경우에 휜의 두께를 무시한 가정은 실제로 타당하다. 이 최적 휜 간격의 경우에서 휜의 수와 열전달계수는

$$n = \frac{W}{S + t} = \frac{0.12 \text{ m}}{(0.00745 + 0.001) \text{ m}} \approx 14 \text{ fins}$$

이다. 그리고 최적 휜 간격에 대한 대류 전달율은 식 (7-33)으로부터

$$h = \text{Nu}_{\text{opt}}\frac{k}{S_{\text{opt}}} = 1.307\frac{0.02772 \text{ W/m} \cdot °\text{C}}{0.00745 \text{ m}} = 4.863 \text{ W/m}^2 \cdot °\text{C}$$

그러므로 자연대류 열전달율은

$$\begin{aligned}\dot{Q} &= hA_s(T_s - T_\infty) = h(2nLH)(T_s - T_\infty) \\ &= (4.863 \text{ W/m}^2 \cdot °\text{C})[2 \times 14(0.18 \text{ m})(0.024 \text{ m})](80 - 30)°\text{C} = \mathbf{29.4 \text{ W}}\end{aligned}$$

이다. 따라서 열싱크는 자연대류에 의해 29.4 W의 율로 열을 발산할 수 있다.

7-5 ▪ 밀폐공간 안에서의 자연대류

일반 주택에서는 상당량의 열손실이 창문을 통해 일어난다. 에너지를 절약하기 위해서는 가능한 한 창문을 단열하여야 할 것이다. 문제는 투명한 단열재를 찾는 것이다. 단열재의 열전도도 조사에서 **공기**는 대부분의 보통 단열재보다 **우수한 단열재**임을 보이고 있다. 게다가 공기는 투명하다. 따라서 공기층으로 창문을 단열하는 것이 합리적이다. 물론 공기를 가두기 위해서 또 다른 유리관이 필요하다. 이것이 **2중 유리창**으로 알려진 **밀폐공간**이다. 밀폐공간의 다른 예로는 벽공간, 태양열 집열기, 동심 원통이나 구로 된 저온저장통 등이 있다.

밀폐공간은 실제로 자주 나타나기 때문에, 이것을 통한 열전달은 실용적인 관점에서 관심이 많다. 일반적으로 밀폐된 공간에서의 열전달은 유체가 밀폐공간 안

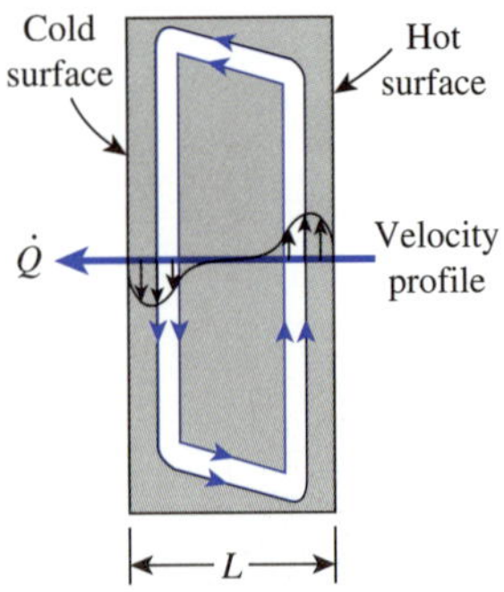

그림 7–22

수직방향의 사각으로 밀폐공간에서 대류 흐름

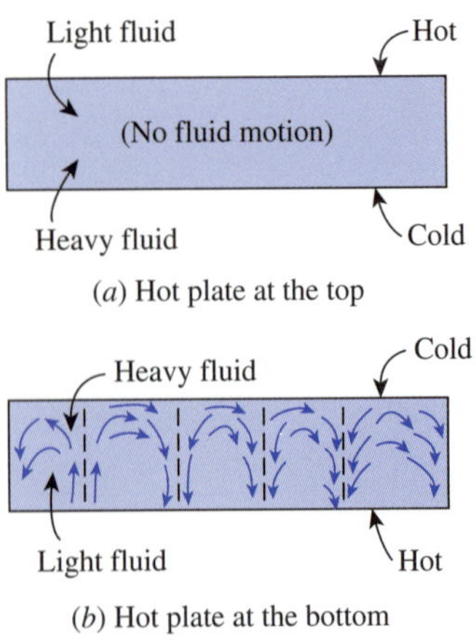

그림 7–23

(*a*) 상부의 뜨거운 평판과 (*b*) 하부에 뜨거운 평판을 갖는 수직방향의 밀폐공간에서의 대류 흐름

에서 정지해 있지 않으므로 복잡하다. 수직 밀폐공간에서는 뜨거운 면에 접한 유체는 상승하고 찬 면에 접한 유체는 하강하여 밀폐공간 안에서 회전운동이 생기고 이것이 밀폐공간을 통한 열전달을 촉진시킨다. 수직과 수평으로 놓인 사각 밀폐공간에서의 특징적인 유동 형태가 그림 7–22와 7–23에서 보이고 있다.

수평 밀폐공간을 통한 열전달의 특성은 그림 7–23에 보인 바와 같이 뜨거운 판이 위에 있느냐 밑에 있느냐에 따라 달라진다. 뜨거운 판이 위에 있을 때는 가벼운 유체가 항상 무거운 유체의 위에 존재하기 때문에 밀폐공간에 대류 흐름이 생기지 않는다. 이 경우의 열전달은 **순수한 전도**이고 Nu = 1일 것이다. 뜨거운 판이 밑에 있을 경우, 무거운 유체가 가벼운 유체의 위에 있어서 가벼운 유체가 무거운 유체를 제치고 위로 떠올라 차가운 판과 접촉하여 냉각된다. 그러나 그러한 현상이 일어날 때까지의 열전달은 여전히 **순수한 전도**이며 Nu = 1이다. $Ra_L > 1{,}708$일 때, 부력이 유체 저항력을 극복하여 자연대류 흐름을 일으키고 *Bénard* **세포**라 불리는 직육면체 형태의 세포가 관찰된다. $Ra_L < 3 \times 10^5$이 되면, 세포가 파괴되고 유체 운동은 난류가 된다.

밀폐공간에서 Rayleigh 수는 다음과 같이 구한다.

$$Ra_L = \frac{g\beta(T_1 - T_2)L_c^3}{\nu^2} Pr \qquad (7\text{–}40)$$

여기서 특성길이 L_c는 뜨거운 면과 차가운 면 사이의 거리이고, T_1과 T_2는 각각 뜨거운 면과 차가운 면의 온도이다. 모든 유체의 물성치는 평균 유체온도 $T_{avg} = (T_1 + T_2)/2$에서 구한다.

유효열전도도

Nusselt 수를 알고 있을 때, 밀폐공간을 통한 열전달률은 다음으로부터 계산된다.

$$\dot{Q} = hA_s(T_1 - T_2) = k\text{Nu}A_s \frac{T_1 - T_2}{L_c} \qquad (7\text{–}41)$$

$h = k\text{Nu}/L$이므로, 경계층 두께 L_c, 면적 A_s 및 열전도도 k에 대한 정상 상태의 열전도도는 다음과 같이 표현한다.

$$\dot{Q}_{cond} = kA_s \frac{T_1 - T_2}{L_c} \qquad (7\text{–}42)$$

여기서 T_1과 T_2는 층 양면의 온도이다. 이 관계식과 식 (7–41)을 비교해 보면 밀폐공간에서 대류 열전달은 열전도도 k를 kNu로 바꾸면 밀폐공간에서 유체 층을 통한 열전도와 유사하다는 것을 알 수 있다. 즉, **밀폐공간에서의 유체는 대류 흐름의 결과로 열전도도가** kNu**인 유체와 같이 거동한다.** 따라서 kNu을 밀폐공간에서의 **유효 열전도도**(effective thermal conductivity)라 부른다. 즉,

$$k_{eff} = k\text{Nu} \qquad (7\text{–}43)$$

Nu = 1인 특별한 경우에는 밀폐공간에서의 유효열전도도가 유체의 열전도도와 같아진다는 것에 주목하라. 이 경우는 순수한 전도도와 상응한다(그림 7-24).

밀폐된 공간에서의 자연대류 열전도도에 대한 많은 실험과 수치해석 연구가 수행됐고, Nusselt 수에 대한 많은 관계식이 존재한다. 단순 거듭제곱의 법칙은 Nu = $C\mathrm{Ra}_L^n$의 형식의 관계식을 얻고, C와 n은 상수이고, 매우 정확하다. 그러나 Prandtl 과 Rayleigh의 좁은 영역 및 형상비를 항상 적용해야 한다. 좀 더 이해하기 쉬운 관계식은 물론 매우 복잡하다. 추후에 다양한 형상의 밀폐공간에 대한 관계식을 보여줄 것이다.

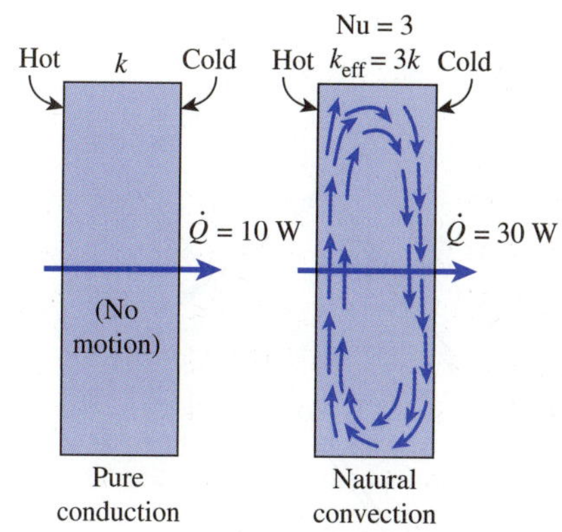

그림 7-24

밀폐공간에서 Nu 수 3은 대류 열전달이 순수 전도열전달의 3배임을 의미한다.

수평으로 난 직사각형 밀폐공간

이런 경우 더 이상 대류 전류가 없기 때문에 상부에 존재하는 뜨거운 평판의 경우에 대한 Nusselt 수 관계식이 필요하지 않으며, 열전달은 전도에 의해 (Nu = 1) 떨어진다. 뜨거운 평판이 하부에 있을 때 유효 대류 전류가 $\mathrm{Ra}_L > 1708$에 대하여 설정되고 열전달률이 증가한다(그림 7-25).

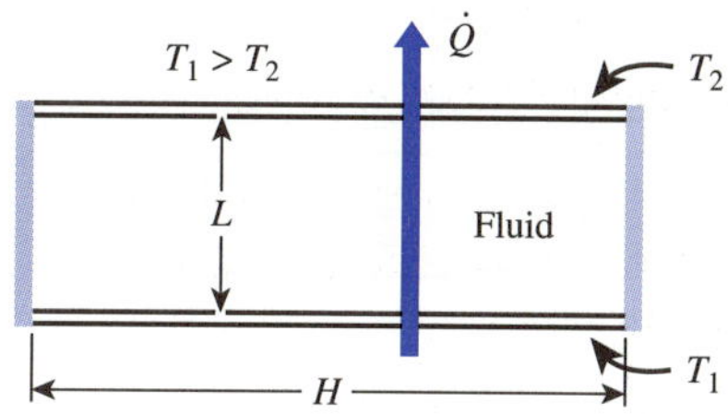

그림 7-25

등온층 표면을 갖는 수평방향의 사각 밀폐공간

공기가 포함된 수평의 밀폐공간에 대하여, Jakob(1949)는 아래와 같은 단순한 관계식을 제안하였다.

$$\mathrm{Nu} = 0.195\mathrm{Ra}_L^{1/4} \qquad 10^4 < \mathrm{Ra}_L < 4 \times 10^5 \tag{7-44}$$

$$\mathrm{Nu} = 0.068\mathrm{Ra}_L^{1/3} \qquad 4 \times 10^5 < \mathrm{Ra}_L < 10^7 \tag{7-45}$$

이 식들은 0.5 < Pr < 2를 갖는 다른 가스에 사용할 수 있다. 물, 실리콘 오일 및 수은을 이용할 때 Globe와 Dropkin(1957)은 아래로부터 가열된 수평방향의 밀폐공간에 대한 관계식을 얻었다.

$$\mathrm{Nu} = 0.069\mathrm{Ra}_L^{1/3}\,\mathrm{Pr}^{0.074} \qquad 3 \times 10^5 < \mathrm{Ra}_L < 7 \times 10^9 \tag{7-46}$$

공기에 대한 실험적 바탕으로 Hollands et al.(1976)은 수평방향의 밀폐공간에 대한 관계식을 제안했다.

$$\mathrm{Nu} = 1 + 1.44\left[1 - \frac{1708}{\mathrm{Ra}_L}\right]^+ + \left[\frac{\mathrm{Ra}_L^{1/3}}{18} - 1\right]^+ \qquad \mathrm{Ra}_L < 10^8 \tag{7-47}$$

기호 [ ]$^+$는 괄호 안의 값이 음수면 0과 같음을 의미한다. 이 관계식은 또한 $\mathrm{Ra}_L < 10^5$에 대한 일반적인 Prandtl 수를 갖는 액체에 대하여 상관식이 잘 일치하며, 이것은 또한 물에 대하여 사용된다.

경사진 직사각형의 밀폐공간

평행하게 경사진 두 평판 사이의 공기 공간은 일반적으로 평형-평판의 태양 집열판(유리 커버와 흡수 평판 사이의)과 경사진 지붕의 이중-휜 채광창에 주로 사용된다. 경사진 밀폐공간을 통한 열전달은 **형상계수** H/L뿐만 아니라 수평방향으로의

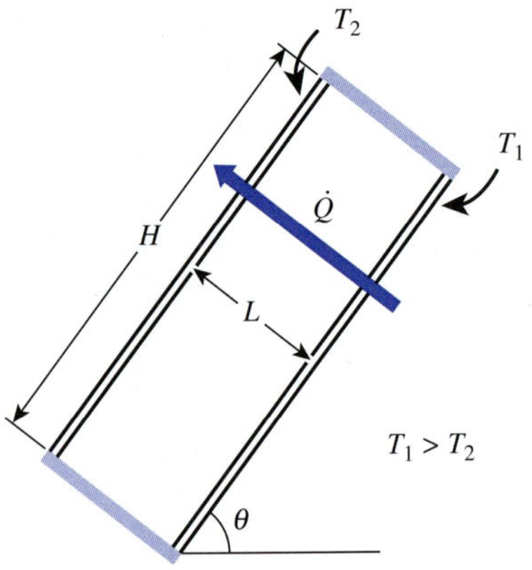

그림 7-26
등온층 표면을 갖는 경사진 사각밀폐공간

경사각도 θ에 의존한다(그림 7-26).

형상계수가 큰 경우($H/L \geq 12$), 이 식(Hollands et al., 1976)은 경사각도가 70°까지 실험 결과가 매우 잘 맞는다. $Ra_L < 10^5$, $0 < \theta < 70°$ 및 $H/L \geq 12$인 경우

$$Nu = 1 + 1.44\left[1 - \frac{1708}{Ra_L \cos\theta}\right]^+ \left(1 - \frac{1708(\sin 1.8\theta)^{1.6}}{Ra_L \cos\theta}\right) + \left[\frac{(Ra_L \cos\theta)^{1/3}}{18} - 1\right]^+ \quad \textbf{(7-48)}$$

만일[ ]+이 음수가 되면 [ ]+ 값을 0으로 설정해야 한다. 이것은 $Ra_L \cos\theta < 1708$에 대하여 Nu = 1을 증명하는 것이다. 이 관계식은 예상한 바대로, $\theta = 0°$인 경우 수평방향으로 밀폐공간의 경우에 대한 식 (7-47)에 비해 감소한다.

형상계수($H/L < 12$)가 작은 밀폐공간에 대하여, 다음 관계식은 경사각도가 표 7-2 (Catton, 1978)에 나타낸 임계값 θ_{cr}보다 작다면 사용할 수 있다.

표 7-2
경사진 직사각형에 대한 임계각

Aspect ratio, H/L	Critical angle, θ_{cr}
1	25°
3	53°
6	60°
12	67°
>12	70°

$$Nu = Nu_{\theta=0°}\left(\frac{Nu_{\theta=90°}}{Nu_{\theta=0°}}\right)^{\theta/\theta_{cr}} (\sin\theta_{cr})^{\theta/(4\theta_{cr})} \qquad 0° < \theta < \theta_{cr} \quad \textbf{(7-49)}$$

임계값($\theta_{cr} < \theta < 90°$)보다 큰 경사각에 대하여, Nusselt 수는 $(\sin\theta)^{1/4}$ (Ayyaswarny과 Catton, 1073)에 의해 수직방향으로 밀폐된 것에 대한 Nusselt 수를 곱하여 사용할 수 있다.

$$Nu = Nu_{\theta=90°}(\sin\theta)^{1/4} \qquad \theta_{cr} < \theta < 90°,\ \text{any } H/L \quad \textbf{(7-50)}$$

90° 이상 경사진 밀폐공간에 대하여, 제시된 관련식은(Arnold et al.,1975)

$$Nu = 1 + (Nu_{\theta=90°} - 1)\sin\theta \qquad 90° < \theta < 180°,\ \text{any } H/L \quad \textbf{(7-51)}$$

최근에 더 복잡한 관계식은 다음 문헌에서 활용할 수 있다(e.g. EISherbiny et al., 1982).

수평방향의 직사각형의 밀폐공간

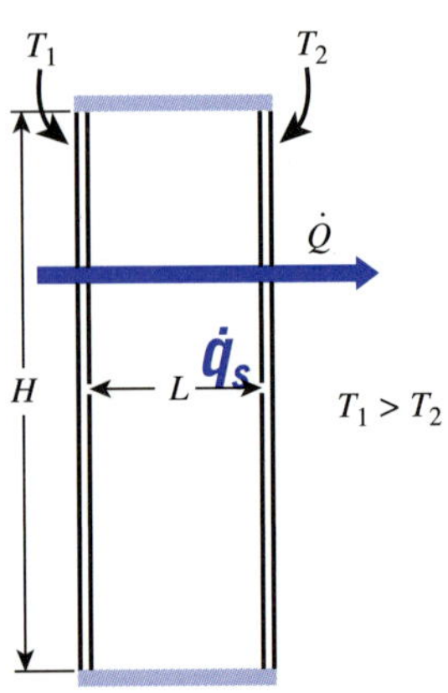

그림 7-27
등온층 표면을 갖는 수직방향의 사각 밀폐공간

수직방향의 밀폐공간(그림 7-27)에서, Catton(1978)은 Berkovsky와 Polevikov (1977)에 기인하는 이러한 두 관계식을 제시하였다.

$$Nu = 0.18\left(\frac{Pr}{0.2 + Pr}Ra_L\right)^{0.29} \qquad \begin{array}{l} 1 < H/L < 2 \\ \text{any Prandtl number} \\ Ra_L\,Pr/(0.2 + Pr) > 10^3 \end{array} \quad \textbf{(7-52)}$$

$$Nu = 0.22\left(\frac{Pr}{0.2 + Pr}Ra_L\right)^{0.28}\left(\frac{H}{L}\right)^{-1/4} \qquad \begin{array}{l} 2 < H/L < 10 \\ \text{any Prandtl number} \\ Ra_L < 10^{10} \end{array} \quad \textbf{(7-53)}$$

종횡비가 큰 수평방향의 밀폐공간에서, 다음의 관계식을 사용할 수 있다(MacGregor와 Emery, 1969).

$$\mathrm{Nu} = 0.42\mathrm{Ra}_L^{1/4}\,\mathrm{Pr}^{0.012}\left(\frac{H}{L}\right)^{-0.3} \qquad \begin{array}{c} 10 < H/L < 40 \\ 1 < \mathrm{Pr} < 2 \times 10^4 \\ 10^4 < \mathrm{Ra}_L < 10^7 \end{array} \tag{7-54}$$

$$\mathrm{Nu} = 0.046\mathrm{Ra}_L^{1/3} \qquad \begin{array}{c} 1 < H/L < 40 \\ 1 < \mathrm{Pr} < 20 \\ 10^6 < \mathrm{Ra}_L < 10^9 \end{array} \tag{7-55}$$

모든 유체의 물성치는 평균 온도 $(T_1 + T_2)/2$로 계산할 수 있다.

동심원의 원통

그림 7-28과 같이 T_i와 T_o의 서로 다른 온도를 제외한 두 긴 동심원의 수평방향의 원통은 균일하게 유지한다고 고려하자. 원통의 내경과 외경은 각각 D_i와 D_o이고, 특성길이는 원통 사이의 간격 $L_c = (D_o - D_i)/2$이다. 단위길이당 자연대류에 의한 원통 사이의 1년주기를 통한 열전달률은 다음과 같이 표현할 수 있다.

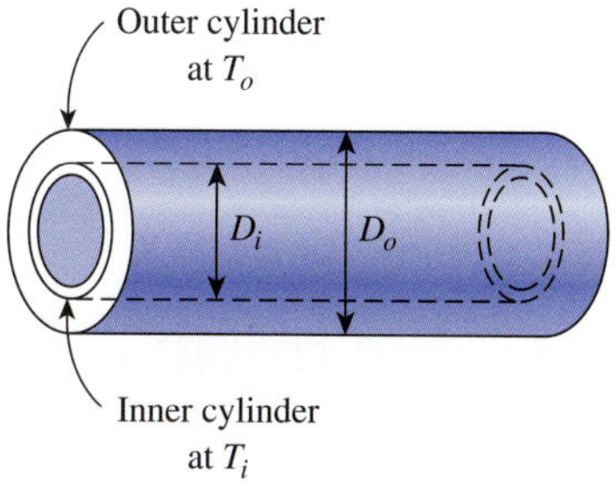

그림 7-28
두 동심원 등온층의 수평원통

$$\dot{Q} = \frac{2\pi k_{\text{eff}}}{\ln(D_o/D_i)}(T_i - T_o) \qquad (\text{W/m}) \tag{7-56}$$

유효열전도도에 대한 제시된 관계식은(Raithby and hollands, 1975)

$$\frac{k_{\text{eff}}}{k} = 0.386\left(\frac{\mathrm{Pr}}{0.861 + \mathrm{Pr}}\right)^{1/4}(F_{\text{cyl}}\mathrm{Ra}_L)^{1/4} \tag{7-57}$$

이다. 여기서 동심원 원통에 대한 기하학적 인자 F_{cyl}는

$$F_{\text{cyl}} = \frac{[\ln(D_o/D_i)]^4}{L_c^3(D_i^{-3/5} + D_o^{-3/5})^5} \tag{7-58}$$

식 (7-57)의 k_{eff} 관계식은 $0.70 \le \mathrm{Pr} \le 6{,}000$과 $10^2 \le F_{\text{cyl}}\mathrm{Ra}_L \le 10^7$에 대해 적용할 수 있으며, 자연대류 전류는 무시하여 $k_{\text{eff}} = k$이다. k_{eff}는 k보다 작을 수 없다. 따라서 $k_{\text{eff}}/k < 1$일 때 $k_{\text{eff}} = k$을 설정할 수 있다. 유체 물성치는 평균 온도 $(T_i + T_o)/2$로 계산할 수 있다.

동심원의 구

일정온도를 갖는 동심원의 구에 대하여, 자연대류에 의한 구 사이의 간격을 통한 열전달률은 다음과 같이 나타낼 수 있다(그림 7-29).

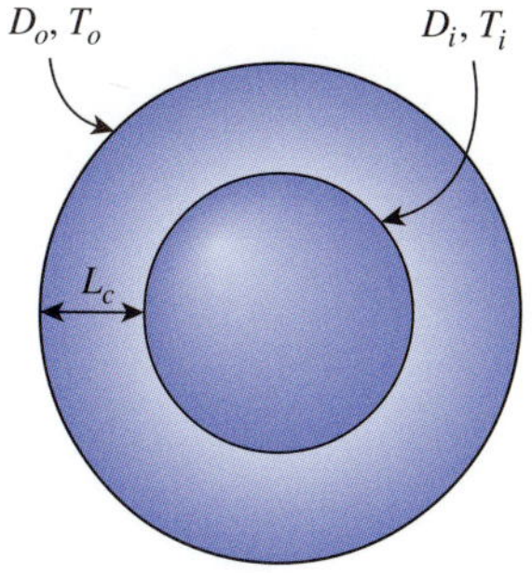

그림 7-29
두 동심원 등온층의 구

$$\dot{Q} = k_{\text{eff}}\frac{\pi D_i D_o}{L_c}(T_i - T_o) \qquad (\text{W}) \tag{7-59}$$

여기서, $L_c = (D_o - D_i)/2$가 특성길이다. 유효열전도도에 대한 제시된 관계식은 (Raithby and Hollonds, 1975)

$$\frac{k_{\text{eff}}}{k} = 0.74\left(\frac{\mathrm{Pr}}{0.861 + \mathrm{Pr}}\right)^{1/4}(F_{\text{sph}}\mathrm{Ra}_L)^{1/4} \tag{7-60}$$

여기서, 동심원의 구에 대한 기하학적 계수 F_{sph}는

$$F_{\text{sph}} = \frac{L_c}{(D_i D_o)^4 (D_i^{-7/5} + D_o^{-7/5})^5} \tag{7-61}$$

식 (7−60)에서의 k_{eff}의 관계식은 $0.70 \leq \text{Pr} \leq 4200$과 $F_{\text{sph}}\ \text{Ra}_L \leq 10^4$을 적용할 수 있다. $k_{\text{eff}}/k < 1$이면, $k_{\text{eff}} = k$를 사용할 수 있다.

혼합된 자연대류와 복사

가스는 거의 복사에 의해 전달되며, 가스층을 통한 열전달은 연속적인 대류(또는 가스가 정지되어 있을 경우는 전도)와 복사에 의해 발생한다. 자연대류 열전달계수는 전형적으로 강제대류에 대한 것과 비교하여 매우 느리다. 그러므로 대류는 강제대류 문제에 있어 무시할 수 있지만, 가스가 포함된 자연대류의 문제에서는 반드시 고려해야 한다. 이것은 특히 고방사를 갖는 표면에 대해서 그렇다. 예를 들면, 이중 창문의 공기 간격을 통한 열전달의 반은 복사에 의한 것이다. 전체 열전달량은 대류와 복사 항을 부가하여 계산해야 한다.

$$\dot{Q}_{\text{total}} = \dot{Q}_{\text{conv}} + \dot{Q}_{\text{rad}} \tag{7-62}$$

표면온도 T_{surr}에 둘러싸여 있는 표면온도 T_s을 갖는 복사 열전달은 다음으로부터 계산된다.

$$\dot{Q}_{\text{rad}} = \varepsilon\sigma A_s(T_s^4 - T_{\text{surr}}^4) \qquad \text{(W)} \tag{7-63}$$

여기서, ε은 표면의 방사율, A_s는 표면적, $\sigma = 5.67 \times 10^{-8}$ W/m^{2}이다. K^{4}는 Stefan-Boltzmann 상수이다.

끝단의 영향을 무시할 때 온도 T_1과 T_2를 갖는 두 커다란 평행 평판 사이의 복사 열전달은 다음과 같이 표현한다.

$$\dot{Q}_{\text{rad}} = \frac{\sigma A_s(T_1^4 - T_2^4)}{1/\varepsilon_1 + 1/\varepsilon_2 - 1} = \varepsilon_{\text{effective}}\,\sigma A_s(T_1^4 - T_2^4) \qquad \text{(W)} \tag{7-84}$$

여기서, ε_1과 ε_2는 평판의 방사율이고, $\varepsilon_{\text{effective}}$는 **유효 방사율**을 다음과 같이 정의하였다.

$$\varepsilon_{\text{effective}} = \frac{1}{1/\varepsilon_1 + 1/\varepsilon_2 - 1} \tag{7-85}$$

통상적인 유리 표면의 방사율은 0.84이다. 그러므로, 평행한 두 유리 표면의 유효 방사율은 0.72이다. 동심의 원통과 구 사이의 복사 열전달은 다음 장에서 다룬다.

몇몇의 경우, 주변 매체의 온도가 표면온도보다 낮을 수 있음($T_\infty < T_s$)을 명심하는 반면, 주변 표면의 온도가 표면온도보다 높을 수 있다($T_{\text{surr}} > T_s$). 이러한 경우, 대류와 복사 열전달은 반대방향에서 이루어지기 때문에 더하는 것 대신에 각각

으로부터 차감한다. 또한, 금속 표면에 대하여, 복사 열전달의 효과는 표면 광택에 의한 수준은 무시할 수 있으며 그 값에 대한 표면 방사율은 거의 0에 가까우므로 복사 열전달의 효과는 무시될 수 있다.

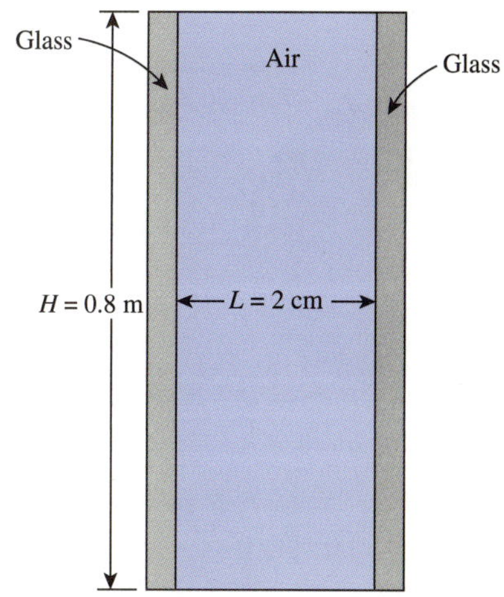

그림 7-30

예제 7-4의 개략도

예제 7-4 2중 유리창을 통한 열손실

그림 7-30에 보인 높이 0.8 m, 폭 2 m인 수직으로 놓인 2중 유리창이 대기압의 공기층에 의해 2 cm만큼 떨어진 두 장의 유리로 구성되어 있다. 공기층을 향한 유리면의 온도가 12°C와 2°C일 때 유리창을 통한 열전달을 구하라.

풀이 2중 유리창의 두 유리면이 특정온도로 유지되고 있다. 유리창을 통한 열전달률을 구해야 한다.

가정 **1.** 정상 상태에서 작동한다. **2.** 공기는 이상기체이다. **3.** 복사 열전달은 고려하지 않는다.

물성치 평균 온도 $T_{avg} = (T_1 + T_2)/2 = (12 + 2)/2 = 7$°C에서의 공기 물성치 및 1 atm 기압은 Table A-22를 참조한다.

$$k = 0.02416 \text{ W/m·K} \qquad \text{Pr} = 0.7344$$

$$\nu = 1.400 \times 10^{-5} \text{ m}^2\text{/s} \qquad \beta = \frac{1}{T_{avg}} = \frac{1}{280 \text{ K}}$$

해석 공기로 채워진 사각 밀폐공간이 있다. 이 경우의 특성길이는 두 유리면 사이의 거리인 $L_c = L = 0.02$ m이다. 따라서 Rayleigh 수는 다음과 같다.

$$\text{Ra}_L = \frac{g\beta(T_1 - T_2)L_c^3}{\nu^2}\text{Pr}$$

$$= \frac{(9.81 \text{ m/s}^2)[1/(280 \text{ K})](12 - 2 \text{ K})(0.02 \text{ m})^3}{(1.400 \times 10^{-5} \text{ m}^2\text{/s})^2}(0.7344) = 1.050 \times 10^4$$

형상계수는 $H/L = 0.8/0.02 = 40$이다. 그리고 이 경우의 Nusselt 수는 식 (7-54)으로부터 다음과 같이 구한다.

$$\text{Nu} = 0.42\text{Ra}_L^{1/4}\text{Pr}^{0.012}\left(\frac{H}{L}\right)^{-0.3}$$

$$= 0.42(1.050 \times 10^4)^{1/4}(0.7344)^{0.012}\left(\frac{0.8}{0.02}\right)^{-0.3} = 1.40$$

그리고

$$A_s = H \times W = (0.8 \text{ m})(2 \text{ m}) = 1.6 \text{ m}^2$$

이며,

$$\dot{Q} = hA_s(T_1 - T_2) = k\text{Nu}A_s\frac{T_1 - T_2}{L}$$

$$= (0.02416 \text{ W/m·K})(1.40)(1.6 \text{ m}^2)\frac{(12 - 2)\text{°C}}{0.02 \text{ m}} = \mathbf{27.1 \text{ W}}$$

그러므로 창을 통한 열손실률은 27.1 W이다.

검토 밀폐공간에서 Nu = 1의 Nusselt 수는 밀폐공간을 통한 순수 전도열전달에 해당된다는 것을 상기해 보자. 이 경우에 밀폐공간 안의 공기는 정지해 있으며, 밀폐공간에서 자연대류 흐름이 생기지 않는다. 이 예제에서 Nusselt 수는 1.40이며, 이것은 밀폐공간을 통한 순수 전도의 1.40배가 된다는 것을 나타낸다. 열전달이 증가한 것은 밀폐공간에 자연대류 흐름이 생겼기 때문이다.

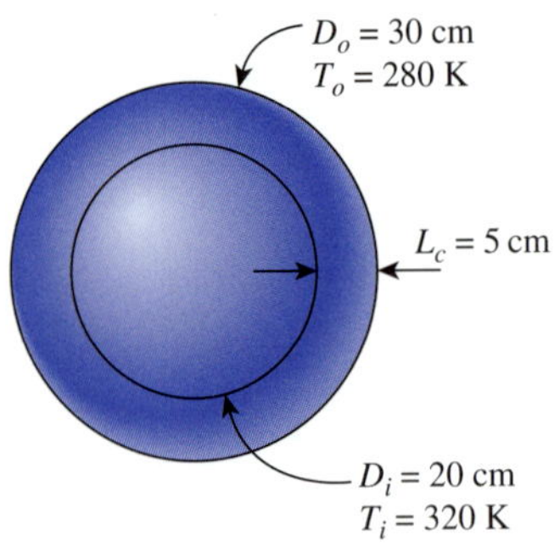

그림 7-31

예제 7-5에 대한 개략도

예제 7-5 구형 밀폐공간을 통한 열전달

그림 7-31과 같이 지름 D_i = 20 cm와 D_o = 30 cm인 두 개의 동심구가 1기압의 공기로 분리되어 있다. 공기를 둘러싼 두 구의 표면온도는 각각 T_i = 320 K, T_o = 280 K이다. 안쪽 구에서 바깥쪽 구로의 자연대류에 의한 열전달을 구하여라.

풀이 구형 밀폐공간에서 두 면은 특정온도로 유지되고 있다. 밀폐공간을 통한 열전달을 구해야 한다.

가정 **1.** 정상 상태에서 작동한다. **2.** 공기는 이상기체이다. **3.** 복사 열전달의 영향은 무시한다.

물성치 평균 온도 $T_{avg} = (T_i + T_o)/2 = (320 + 280)/2 = 300 \text{ K} = 27°\text{C}$일 때의 공기 물성치와 1 atm 압력은 (Table A-22)

$$k = 0.02566 \text{ W/m·K} \qquad \text{Pr} = 0.7290$$

$$\nu = 1.580 \times 10^{-5} \text{ m}^2/\text{s} \qquad \beta = \frac{1}{T_{avg}} = \frac{1}{300 \text{ K}}$$

해석 공기로 채워진 구형 밀폐공간이 있다. 이 경우 특성길이는 두 구 사이의 거리로 다음과 같이 구한다.

$$L_c = (D_o - D_i)/2 = (0.3 - 0.2)/2 = 0.05 \text{ m}$$

그리고 Rayleigh 수는

$$\begin{aligned} \text{Ra}_L &= \frac{g\beta(T_i - T_o)L_c^3}{\nu^2}\text{Pr} \\ &= \frac{(9.81 \text{ m/s}^2)[1/(300 \text{ K})](320 - 280 \text{ K})(0.05 \text{ m})^3}{(1.58 \times 10^{-5} \text{ m}^2/\text{s})^2}(0.729) \\ &= 4.775 \times 10^5 \end{aligned}$$

유효열전도도는

$$\begin{aligned} F_{sph} &= \frac{L_c}{(D_iD_o)^4(D_i^{-7/5} + D_o^{-7/5})^5} \\ &= \frac{0.05 \text{ m}}{[(0.2 \text{ m})(0.3 \text{ m})]^4[(0.2 \text{ m}2^{-7/5} + (0.3 \text{ m})^{-7/5}]^5} = 0.005229 \end{aligned}$$

$$\begin{aligned} k_{eff} &= 0.74k\left(\frac{\text{Pr}}{0.861 + \text{Pr}}\right)^{1/4}(F_{sph}\text{Ra}_L)^{1/4} \\ &= 0.74(0.02566 \text{ W/m·K})\left(\frac{0.729}{0.861 + 0.729}\right)^{1/4}(0.005229 \times 4.775 \times 10^5)^{1/4} \\ &= 0.1105 \text{ W/m·K} \end{aligned}$$

그러므로 구형 사이의 열전달률은

$$\dot{Q} = k_{\text{eff}}\frac{\pi D_i D_o}{L_c}(T_i - T_o)$$

$$= (0.1105\ \text{W/m·K})\frac{\pi(0.2\ \text{m})(0.3\ \text{m})}{0.05\ \text{m}}(320 - 280)\ \text{K} = \mathbf{16.7\ W}$$

이다. 따라서 안쪽 구에서 바깥쪽 구로 16.7 W의 율로 열이 손실될 것이다.

검토 자연대류 전류의 결과와 같이 열전도도가 $k_{\text{eff}}/k = 0.1105/0.02566 = 4.3$배로 정지되어 있는 유체가 구형의 밀폐공간에서의 공기를 유동시킨다고 생각해보자. 또한 구형 사이의 복사 열전달은 일반적으로 중요하며, 완벽한 분석을 위해 고려해야 한다.

예제 7-6 태양 에너지에 의한 튜브 내의 물의 가열

태양열 집열기가 바깥지름 5 cm인 수평 알루미늄관으로 되어 있으며 지름 10 cm인 동심의 얇은 유리관으로 둘러싸여 있다(그림 7-32). 물이 관 안을 지나갈 때 가열되며, 알루미늄관과 유리관 사이의 고리 모양의 공간은 압력 1기압의 공기로 채워져 있다. 맑은 날 물을 순환하는 펌프가 고장나서, 관 안으로 물의 온도가 올라가기 시작한다. 알루미늄관은 태양복사열을 관 1 m당 30 W 율로 흡수하고, 바깥 대기온도는 20°C이다. 복사에 의한 열손실을 무시하고, 정상 상태에 도달했을 때 알루미늄관의 온도를 구하라(즉, 관으로부터의 열손실률이 관이 얻은 태양에너지의 양과 같을 때).

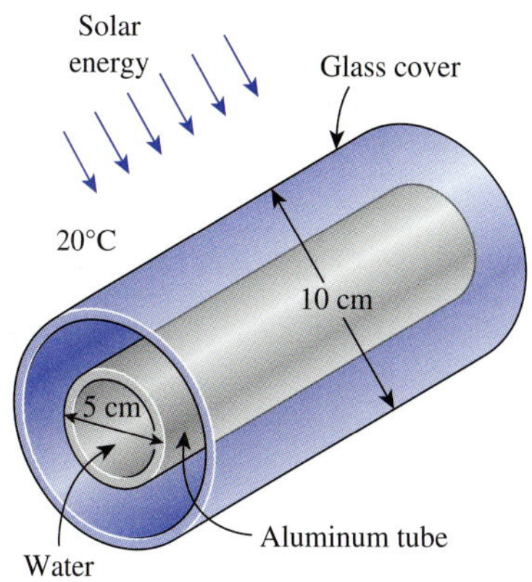

그림 7-32
예제 7-6에 대한 개략도

풀이 수평관과 유리덮개로 된 태양열 집열기의 순환 펌프가 어느 날 고장났다. 정상 상태에 도달했을 때 관의 온도를 구해야 한다.

가정 **1.** 정상 상태에서 작동한다. **2.** 관과 덮개는 등온이다. **3.** 공기는 이상기체이다. **4.** 복사에 의한 열손실은 무시한다.

물성치 공기의 물성치는 평균 온도에서 구해야 한다. 덕트에서 공기의 출구 온도를 모르기 때문에, 이 시점에서 유체와 유리덮개의 온도를 구할 수 없다. 따라서 유리 온도를 40°C라고 가정하고, 예견되는 평균 온도 (20 + 40) / 2 = 30°C의 물성치를 사용한다(Table A-22).

$$k = 0.02588\ \text{W/m·°C} \qquad \text{Pr} = 0.7282$$

$$\nu = 1.608 \times 10^{-5}\ \text{m}^2/\text{s} \qquad \beta = \frac{1}{T_{\text{avg}}} = \frac{1}{303\ \text{K}}$$

해석 압력 1기압의 공기가 채워진 수평으로 놓인 원통형 밀폐공간이 있다. 이 문제는 알루미늄관에서 유리덮개로의 열전달과 유리덮개의 바깥 표면에서 주위 대기로의 열전달을 포함하고 있다. 정상 상태에 도달할 때, 이 두 열전달률은 열획득률과 같아야 한다. 즉,

$$\dot{Q}_{\text{tube-glass}} = \dot{Q}_{\text{glass-ambient}} = \dot{Q}_{\text{solar gain}} = 30\ \text{W} \qquad (\text{관 1 m당})$$

유리덮개의 열전달 면적은

$$A_o = A_{\text{glass}} = (\pi D_o L) = \pi(0.1\ \text{m})(1\ \text{m}) = 0.3142\ \text{m}^2 \qquad (\text{관 1 m당})$$

이다. Rayleigh 수를 결정하기 위해서 유리의 표면온도를 알아야 하지만 주어져 있지 않다. 따라서 해는 시행착오법을 요구하고 있다. 유리덮개의 온도를 40°C로 가정하여 Rayleigh 수, Nusselt 수, 대류 열전달계수, 유리덮개에서 대기로 자연대류 열전달률을 다음과 같이 구한다.

$$\mathrm{Ra}_{D_o} = \frac{g\beta(T_s - T_\infty)D_o^3}{\nu^2}\mathrm{Pr}$$

$$= \frac{(9.81\ \mathrm{m/s^2})[1/(303\ \mathrm{K})](40 - 20\ \mathrm{K})(0.1\ \mathrm{m})^3}{(1.608 \times 10^{-5}\ \mathrm{m^2/s})^2}(0.7282) = 1.824 \times 10^6$$

$$\mathrm{Nu} = \left\{0.6 + \frac{0.387\ \mathrm{Ra}_D^{1/6}}{[1 + (0.559/\mathrm{Pr})^{9/16}]^{8/27}}\right\}^2 = \left\{0.6 + \frac{0.387(1.824 \times 10^6)^{1/6}}{[1 + (0.559/0.7282)^{9/16}]^{8/27}}\right\}^2$$

$$= 17.29$$

$$h_o = \frac{k}{D_o}\mathrm{Nu} = \frac{0.02588\ \mathrm{W/m\cdot ^\circ C}}{0.1\ \mathrm{m}}(17.29) = 4.475\ \mathrm{W/m^2\cdot ^\circ C}$$

$$\dot{Q}_o = h_o A_o(T_o - T_\infty) = (4.475\ \mathrm{W/m^2\cdot ^\circ C})(0.3142\ \mathrm{m^2})(40 - 20)^\circ\mathrm{C}$$

$$= 28.1\ \mathrm{W}$$

열전달률이 30 W보다 작다. 따라서 가정한 유리덮개의 온도 40°C는 낮다. 더 낮은 온도로 계산을 반복하면 30 W에 해당하는 유리덮개의 온도는 41°C가 된다.

알루미늄관의 온도도 두 수평 동심 원통에서의 자연대류 관계식을 이용하여 비슷한 방법으로 구한다. 이 경우의 특성길이는 두 원통 사이의 거리로 다음과 같이 구한다.

$$L_c = (D_o - D_i)/2 = (10 - 5)/2 = 2.5\ \mathrm{cm}$$

또한, 관 온도를 90°C로 가정하여 계산을 시작하면, 평균 온도는 (41 + 90)/2 = 65.5°C = 338.5 K이다. 이 온도에서의 공기 물성치를 사용하면

$$\mathrm{Ra}_L = \frac{g\beta(T_i - T_o)L_c^3}{\nu^2}\mathrm{Pr}$$

$$= \frac{(9.81\ \mathrm{m/s^2})[1/338.5\ \mathrm{K})](90 - 41\ \mathrm{K})(0.025\ \mathrm{m})^3}{(1.950 \times 10^{-5}\ \mathrm{m^2/s})^2}(0.7188) = 4.194 \times 10^4$$

이며, 유효열전도도는

$$F_{\mathrm{cyl}} = \frac{[\ln(D_o/D_i)]^4}{L_c^3(D_i^{-3/5} + D_o^{-3/5})^5}$$

$$= \frac{[\ln(10/5)]^4}{(0.025\ \mathrm{m})^3[(0.05\ \mathrm{m})^{-3/5} + (0.1\ \mathrm{m})^{-3/5}]} = 0.1466$$

$$k_{\mathrm{eff}} = 0.386k\left(\frac{\mathrm{Pr}}{0.861 + \mathrm{Pr}}\right)^{1/4}(F_{\mathrm{cyl}}\mathrm{Ra}_L)^{1/4}$$

$$= 0.386\ (0.02848\ \mathrm{W/m\cdot ^\circ C})\left(\frac{0.7188}{0.861 + 0.7188}\right)^{1/4}$$

$$\times (0.1466 \times 4.194 \times 10^4)^{1/4}$$

$$= 0.07995\ \mathrm{W/m\cdot ^\circ C}$$

그러므로 원통 사이의 열전달률은

$$\dot{Q} = \frac{2\pi k_{\mathrm{eff}}}{\ln(D_o/D_i)}(T_i - T_o)$$

$$= \frac{2\pi(0.07995\ \mathrm{W/m\cdot ^\circ C})}{\ln(10/5)}(90 - 41)^\circ\mathrm{C} = 35.5\ \mathrm{W}$$

이며, 열전달률이 30 W보다 크다. 따라서 가정한 관의 온도 90°C는 높다. 다른 값으로 반복 수행함으로써 30 W에 상응하는 관의 온도는 82°C이다. 따라서, 펌프가 고장나면 관은 82°C의 평형온도에 도달할 것이다

검토 이 계산에서 복사에 의한 열손실을 고려하지 않았기 때문에, 구해진 관 온도는 아마도 너무 높을 것이다.

요약 | SUMMARY

이 장에서는 어떤 유체의 운동이 가령 부력과 같이 자연적으로 발생하는 대류 열전달에 대하여 살펴보았다. 재료의 체적 팽창계수는 일정 압력에서 온도에 대한 재료의 다양한 밀도를 나타내며, 이상기체에 대하여 $\beta = 1/T$로 표현한다. 여기서 T는 절대온도(K~R)로 표현한다.

자연대류의 유동 패턴은 무차원 수 *Grashof* 수에 의해 지배되며 유체에 작용하는 점성력에 대한 부력의 비로 표현한다. 그 식은

$$\text{Gr}_L = \frac{g\beta(T_s - T_\infty)L_c^3}{\nu^2}$$

이다. 여기서, L_c는 특성길이이며, 수직 평판의 높이 L과 수평 평판의 D로 구분된다. 자연대류의 Nusselt 수 $\text{Nu} = hL_c/k$의 관계식은 아래와 같이 정의된 *Rayleigh* 수의 항으로 표현된다.

$$\text{Ra}_L = \text{Gr}_L\,\text{Pr} = \frac{g\beta(T_s - T_\infty)L_c^3}{\nu^2}\text{Pr}$$

다양한 표면의 Nusselt 수는 표 7-1에 나타냈다. 모든 유체 물성치는 막온도 $T_f = \frac{1}{2}(T_s + T_\infty)$를 계산할 수 있다. 형상의 효과를 무시하면 수식 원통의 바깥 표면은 수직 평판으로 간주한다. 수평방향의 표면의 특성길이는 $L_c = A_s/P$이며, A_s는 표면적, p는 둘레이다.

간격 S와 높이 L의 등온 상태의 평행한 평판에 대한 평균 Nusselt 수는

$$\text{Nu} = \frac{hS}{k} = \left[\frac{576}{(\text{Ra}_S S/L)^2} + \frac{2.873}{(\text{Ra}_S S/L)^{0.5}}\right]^{-0.5}$$

이다. 수직의 열싱크에 대한 최적 휜 간격 및 최적의 간격을 갖는 휜에 대한 Nusselt는

$$S_{\text{opt}} = 2.714\left(\frac{S^3L}{\text{Ra}_S}\right)^{0.25} = 2.714\frac{L}{\text{Ra}_L^{0.25}} \text{ 및 } \text{Nu} = \frac{hS_{\text{opt}}}{k} = 1.307$$

상부에 뜨거운 평판을 갖는 수평방향의 직사각형 밀폐공간에서 열전달은 순수 전도에 의한 것이며, Nu = 1이다. 뜨거운 평판이 하부에 있을 때 Nusselt 수는

$$\text{Nu} = 1 + 1.44\left[1 - \frac{1708}{\text{Ra}_L}\right]^+ + \left[\frac{\text{Ra}_L^{1/3}}{18} - 1\right]^+ \qquad \text{Ra}_L < 10^8$$

괄호의 양이 음수이면 그 값은 0과 같음을 표기법 [ ]⁺으로 표시한다. 수직 방향의 수평 밀폐공간에 대하여, Nusselt는 아래로부터 결정할 수 있다.

$$\text{Nu} = 0.18\left(\frac{\text{Pr}}{0.2 + \text{Pr}}\text{Ra}_L\right)^{0.29} \qquad \begin{array}{c} 1 < H/L < 2 \\ \text{any Prandtl number} \\ \text{Ra}_L\,\text{Pr}/(0.2 + \text{Pr}) > 10^3 \end{array}$$

$$\text{Nu} = 0.22\left(\frac{\text{Pr}}{0.2 + \text{Pr}}\text{Ra}_L\right)^{0.28}\left(\frac{H}{L}\right)^{-1/4} \qquad \begin{array}{c} 2 < H/L < 10 \\ \text{any Prandtl number} \\ \text{Ra}_L < 10^{10} \end{array}$$

10보다 큰 형상 비에 대하여, 식 (7-54)와 (7-55)를 사용해야 한다. 경사진 밀폐공간에 대해서는 식 (7-51)을 통해 (7-48)를 이용해야 한다.

동심원의 수평 원통에 대한, 단위 길이당 자연대류에 의한 원통 사이의 환형의 간격을 통한 열전달률은

$$\dot{Q} = \frac{2\pi k_{\text{eff}}}{\ln(D_o/D_i)}(T_i - T_o)$$

$$\frac{k_{\text{eff}}}{k} = 0.386\left(\frac{\text{Pr}}{0.861 + \text{Pr}}\right)^{1/4}(F_{\text{cyl}}\text{Ra}_L)^{1/4}$$

$$F_{\text{cyl}} = \frac{[\ln(D_o/D_i)]^4}{L_c^3(D_i^{-3/5} + D_o^{-3/5})^5}$$

구형의 밀폐공간에 대하여, 자연대류에 의한 구 사이 간격을 통한 열전달은 다음과 같이 표현된다.

$$\dot{Q} = k_{\text{eff}}\frac{\pi D_i D_o}{L_c}(T_i - T_o)$$

$$\frac{k_{\text{eff}}}{k} = 0.74\left(\frac{\text{Pr}}{0.861 + \text{Pr}}\right)^{1/4}(F_{\text{sph}}\text{Ra}_L)^{1/4}$$

$$L_c = (D_o - D_i)/2$$

$$F_{\text{sph}} = \frac{L_c}{(D_iD_o)^4(D_i^{-7/5} + D_o^{-7/5})^5}$$

대류 전류의 결과로서 열전도도는 kNu의 밀폐공간에서의 유체는 정지 유체와 같기 때문에 kNu 값은 밀폐공간에서의 **유효열전도도**이다. 유체 물성치는 평균 온도 $(T_i + T_o)/2$로 계산한다.

참고문헌 | REFERENCES AND SUGGESTED READINGS

1. J. N Arnold, I. Catton, and D. K. Edwards, "Experimental Investigation of Natural Convection in Inclined Rectangular Region of Differing Aspects Ratio." ASME paper No. 75-HT-65, 1975.
2. L. S. Asgeirsson and A. J. Ghajar. "Prediction of Thermal Conductivity and Viscosity for Some Fluids in the Near-Critical Region." *Chemical Engineering Communications*, Vol. 43, Nos. 1-3 (1986), pp. 165-184.
3. P. S. Ayyaswamy and I. Catton. "The Boundary -Layer Regime for Natural Convection in a Differently Heated Tilted Rectangular Cavity." *Journal of Heat Transfer* 95 (1973), p. 543.
4. B. M. Berkovsky and V. K. Polevikov. "Numerical Study of Problems on High-Intensive Free Convection." In *HeatTransfer and Turbulent Buoyant Convection*, eds. D. B.Spalding and N. Afgan, pp. 443-445. Washington, D.C.: Hemisphere, 1977.
5. I. Catton. "Natural Convection in Enclosures." *Proceedings of Sixth International Heat Transfer Conference*. Toronto: Canada, 1978, Vol. 6, pp. 13-31.
6. T. Cebeci. "Laminar Free Convection Heat Transfer from the Outer Surface of a Vertical Slender Circular Cylinder."*Proceedings of Fifth International Heat Transfer Conference* paper NCI.4 (1974) pp. 15-19.
7. S. W. Churchill. "A Comprehensive Correlating Equation for Laminar Assisting Forced and Free Convection." *AIChE Journal* 23 (1977), pp. 10-16.
8. S. W. Curchill. "Free Convection around Immersed Bodies," In *Heat Exchanger Design Handbook*, e. E. U. Schlunder, Section 2.5.9. New York: Hemisphere, 1983.
9. S. W. Churchill, "Combined Free and Forced Convection around Immersed Bodies,"In *Heat Exchanger Design Handbook*, Section 2.5.9. New York: Hemisphere Publishing, 1986.
10. S. W. Churchill. "Correlating Equations for Laminar and Turbulent Free Convection from a Horizontal Cylinder." *International journal of Heat Mass transfer* 18 (1975), pp 1049.
11. S. W. Churchill and H. H. S. Chu. "Correlating Equations for Laminar and Turbulent Free Convection from a Vertical Plate." *International Journal of Heat Mass Transfer* 18 (1975), P. 1323.
12. E. R. G. Eckerd and E. Soehngen, "Studies on Heat Transfer in Laminar Free Convection with Zehnder-Mach Interferometer," USA Technical Report 5747, December 1948.
13. E. R. G. Eckerd and E. Soehngen, "Interferometer Studies on the Stability and Transition to Turbulence of a Free Convection Boundary Layer," *Proceedings of General Discussion, Heat Transfer ASME-IME*, London, 1951.
14. S. M. ElSherbiny, G. D. Rathby, and K. G. T. Hollands. "Heat transfer by Natural Convection Across Vertical and Inclined Air Layer. *Journal of Heat Transfer* 104 (1982), pp. 96-102.
15. T. Fuji and H. Imura. "Natural Convection Heat transfer from a Plate with Arbitrary Inclination." *International Journal of Heat Mass Transfer* 15 (1972), p.755.
16. A. J. Ghajar and A. Asadi, "Improved Forced Convective Heat Transfer Correlations for Liquids in the Near-Critical Region." *AIAA Journal*, Vol. 24, No. 12 (1986),pp. 2030-2037.
17. S. Ghorbani-Tari and A. J. Ghajar. "Improved Free Convective Heat Transfer Correlations in the Near-Critical Region." *AIAA Journal*, Vol. 23, No. 10 (1985),pp. 1647-1649.
18. K. G. T. Hollands, T. E. Unny, G. D. Raithby, and L. Konicek. "Free Convective Heat Transfer Across Inclined Air Layers." *Journal of Heat Transfer* 98 (1976), pp. 182-193.
19. M. Jakob. *Heat Transfer*. New York:Wiley, 1949.
20. W. M. Kays, M. E. Crawford, and B. Weigand. *Convective Heat and Mass Transfer*. 4th ed. New York: McGraw-Hill, 2005.
21. R. K. MacGregor and A. P. Emery. "Free Convection Through Vertical Plane Layers: Moderate and High Prandtl Number Fluids." *Journal of Heat Transfer* 91 (1969), p. 391.
22. T. S. Najjar and A. J. Ghajar. "Prediction of Density and Constant Pressure Specific Heat for Several Fluids in the Near-Critical Region." AIAA paper No. 83-1476, *AIAA 18th Thermophysics Conference*, Montreal, Canada, June 1-3 (1983).
23. G. D. Raithby and K. G. T. Hollands. "A General Method of Obtaining Approximate Solutions to Laminar and Turbulent Free Convection Problems." In *Advances in Heat Transfer*, eds. F. Irvine and J. P. Hartnett, Vol. II, pp. 265-315. New

York: Academic Press, 1975.

24. E. M. Sparrow and J. L. Gregg. "Laminar Free Convection from a Vertical Flat Plate." *Transactions of the ASME* 78 (1956), p. 438.

25. E. M. Sparrow and J. L. Gregg. "Laminar Free Convection Heat Transfer from the Outer Surface of a Vertical Circular Cylinder." *ASME* 78 (1956), p. 1823.

26. L. M. Tam and A. J. Ghajar. "Transitional Heat Transfer in Plain Horizontal Tubes." *Heat Transfer Engineering*, Vol. 27, No. 5 (2006), pp. 23-38.

연습문제* | PROBLEMS

자연대류의 물리적인 메커니즘

7–1C 자연대류와 강제대류 중 어떤 열전달 형태에서 대류 열전달계수가 일반적으로 더 높은가? 그 이유는?

7–2C 부력이란 무엇인가? 다음의 매질에 잠겨 있는 물체에 작용하는 부력의 상대적인 크기를 비교하여라. (*a*) 공기, (*b*) 물, (*c*) 수은, (*d*) 진공 통

7–3C 항상 대기 압력과 대기온도 상태의 공기로 채워진 우주선에서 뜨거운 삶은 달걀을 생각해보자. 우주선이 지상 대신에 우주 공간에 있을 때 이 달걀이 빨리 식을까 아니면 천천히 식을까? 설명하라.

7–4C 배가 순수한 물과 바닷물에서 항해할 때 어느 경우에 배의 선체가 더 깊게 가라앉겠는가? 그 이유는 무엇인가?

7–5C 체적 팽창계수가 큰 유체와 작은 유체를 생각해보자. 어떤 유체에서 뜨거운 표면이 더 강한 자연대류 흐름을 유발하겠는가? 그 이유는 무엇인가? 유체의 점성계수는 같다고 가정하라.

7–6C Grashof 수는 물리적으로 무엇을 의미하는가? Grashof 수는 Reynolds 수와 어떻게 다른가?

7–7 이상기체에서 체적 팽창계수는 $\beta = 1/T$임을 보여라. 여기서 T는 절대온도이다.

7–8 정의와 Table A–15에 있는 값을 이용하여 70°C인 포화액체물의 부피 팽창계수를 구하라. 그리고 Table A–15의 도표화된 값과 비교하라. ***답:*** **5.83×10^{-4} K^{-1}**

7–9 액체 물의 밀도는 $\rho(T) = 1000 - 0.0736T - 0.00355T^2$과 같은 상관식으로 나타내며, 여기서 ρ와 T의 단위는 각각 kg/m, °C이다. 70°C에서의 부피 팽창계수를 구하라. 그리고 Table A–15의 도표화된 값과 비교하라.

7–10 10 cm × 10 cm 판이 150°C의 일정한 표면온도를 가진다. 칩이 다음과 같은 유체에 놓여 있을 때 Grashof 수를 구하라: 공기(1 atm, 30°C), 액체상태 물(30°C), 엔진오일(10°C). 그리고 Grashof 수가 어떻게 자연대류유동에 영향을 미치는지 고찰하라.

표면 위의 자연대류

7–11C 뜨거운 수직판에서 층류 자연대류를 생각해보자. 판의 윗면과 아랫면 중 어디에서 열유속이 더 높을까? 그 이유는?

7–12C 자연대류를 계산할 때 어떤 조건에서 수직 원통의 바깥 표면을 수직판으로 취급할 수 있는가?

7–13C 뒷면이 단열된 뜨거운 수평관에서 뜨거운 면이 위로 향하는 대신에 아래로 향할 때 빨리 식는가 아니면 늦게 식는가?

7–14 길이 150 mm, 직경 60 mm인 알루미늄으로 된 탄산음료 캔이 4°C로 유지되는 냉장고 수납칸에 수평으로 놓여있다. 캔의 표면온도가 36°C일 때, 캔으로부터의 열전달률을 구하라. 단, 캔의 양끝으로부터의 열전달은 무시하라. ***답:*** **5.08 W**

7–15 길이 150 mm, 직경 100 mm인 엔진오일 용기가 자동차 트렁크 안에 수직으로 놓여있다. 뜨거운 여름날에 트렁크의 온도는 43°C이다. 표면온도가 17°C일 때, 캔 표면으로부터의 열전달률을 구하라. 단, 용기의 양끝으로부터의 열전달은 무시하라.

7–16 공기 20°C 안에 매달려 있는 길이 24 cm이고 너비 20 cm인 얇은 판이 수평으로 매달려 있는 경우를 생각해보자. 판에는 20 W 율의 전기저항가열기가 붙어 있다. 가열기가 작동되어 판의 온도가 올라간다. 정상 상태에 도달했을 때 판의 온도를 구하라. 판의 방사율은 0.90이고, 주위표면은 17°C이다.

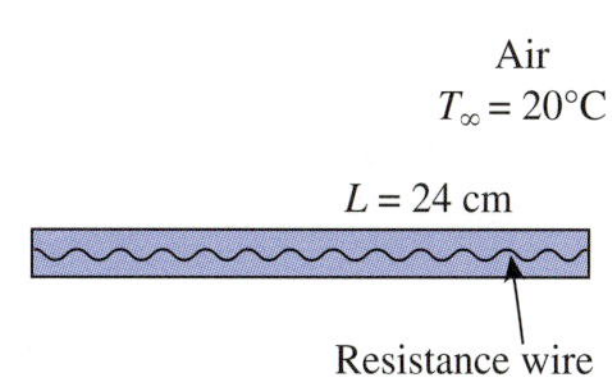

그림 P7–16

* "C"로 표시된 문제는 개념에 관한 문제들이며, 학생들은 모든 문제를 풀어 보도록 권고한다. " " 아이콘, " " 아이콘이 있는 문제는 EES 프로그램을 사용하여 풀어야 한다.

7–17 소각로의 연도가스는 직경 0.6 m와 높이 10 m인 굴뚝을 이용하여 대기 중으로 날아간다. 기둥의 바깥쪽 표면은 40°C이며, 주변 온도는 10°C이다. (*a*) 바람이 없고 (*b*) 기둥이 20 km/h 바람에 노출되었다고 가정하여 기둥으로부터 열전달률을 계산하라.

7–18 직경 5 mm 길이 4 m 케이블의 전기저항에 발생하는 열에너지는 주변 공기 20°C로 소산된다. 정상 상태에서 전선을 통한 전압차와 전류가 각각 60 V와 1.5 A로 측정되었다. 복사를 무시할 때, 전선의 표면온도를 추정하라.

7–19 길이 12 m 지름 5 cm인 수평 온수관이 온도 27°C인 큰 방을 지나간다. 관 바깥 표면의 온도와 방사율이 각각 73°C와 0.8일 때, (*a*) 자연대류, (*b*) 복사에 의한 열손실률을 구하라.

7–20 보통 사람이 20°C의 방 안에서 쉬고 있을 때 70 W의 율로 열이 발생한다. 이 열의 1/4이 머리에서 손실된다고 가정하고 피부의 방사율이 0.9이며, 머리에 커버가 없을 때 머리의 평균 표면온도를 구하라. 머리는 지름 30 cm인 구로 근사화시킬 수 있으며, 방의 안쪽 표면은 방 온도로 유지된다고 가정할 수 있다.

7–21 백열등은 값은 싸지만 전기에너지를 빛으로 바꿀 때 매우 비효율적인 기구이다. 이것은 소비하는 전기에너지의 5%만을 빛으로 바꾸고 나머지 95%는 열로 바꾼다. 램프의 유리전구는 이 모든 열을 흡수하여 대류와 복사에 의해 주위로 열을 방출하기 때문에 매우 빨리 가열된다. 25°C의 방 안에 있는 지름 8 cm, 60 W의 전구를 생각해보자. 유리의 방사율은 0.9이다. 5%의 전기에너지는 거의 흡수됨이 없이 빛으로 유리전구를 통과하고, 나머지 에너지는 전구에서 흡수되어 자연대류와 복사에 의해 발산된다고 가정하여, 유리전구의 평형온도를 구하라. 방의 안쪽 표면은 방의 온도로 유지된다고 가정하라. ***답:* 175°C**

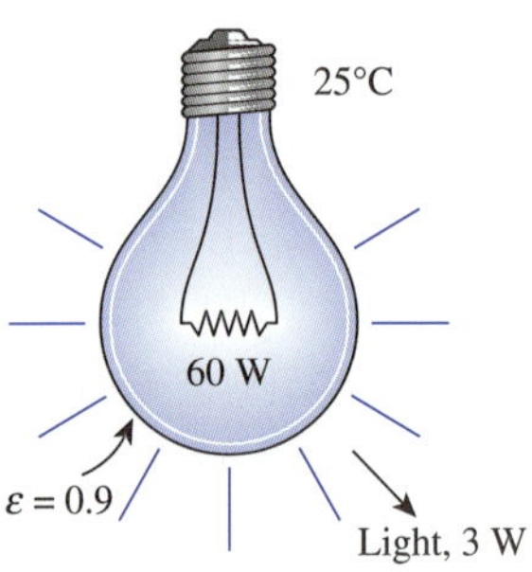

그림 P7–21

7–22 450 W의 원통형 저항 가열기가 길이 0.75 m, 직경 0.5 cm이다. 저항선은 20°C 유체에 수평방향으로 놓여져 있다. 유체가 (*a*) 공기, (*b*) 물일 때 정상 상태에서 저항선의 바깥 표면온도를 계산하라. 복사에 의한 열전달을 무시하라. 500°C 공기와 40°C 물의 물성치를 사용하라.

7–23 깡통에 담긴 분무 페인트를 생산하는 공장에서 수송과 저장 중에 깡통이 55°C까지 견딜 수 있다는 것을 보증하기 위해서 선적하기 전에 55°C의 수조에서 온도검사를 한다. 컨베이어에서 실린 깡통들은 깊이 0.5 m, 폭 1 m, 길이 3.5 m인 개방된 뜨거운 수조에 들어와, 뜨거운 물 속에서 다른 쪽 끝으로 서서히 이동한다. 깡통 중 일부는 시험에 실패하여 수조에서 폭발한다. 수조는 금속 박판으로 만들어 졌으며, 수조 전체가 뜨거운 물과 거의 동일한 온도에 있다. 수조 바깥 표면의 방사율은 0.7이다. 주위 공기와 표면의 온도가 20°C일 때 수조의 네 옆면으로부터의 열손실률을 구하여라(개방된 상부면은 무시). 물은 저항 가열기에 의해 전기적으로 가열되며, 전기요금은 $0.085/kWh이다. 공장이 1년 365일 하루 24시간, 즉 1년에 8760시간 가동될 때, 이 시설에서 수조로부터의 열손실에 대한 연간 비용을 구하라.

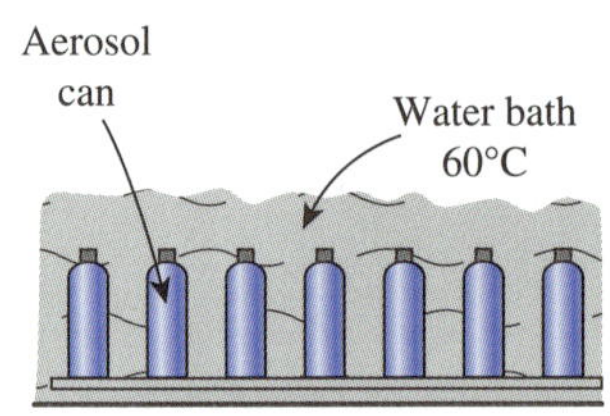

그림 P7–23

7–24 문제 7–23을 다시 생각해보자. 뜨거운 물의 가열비용을 줄이기 위해서 수조의 옆면과 밑면을 5 cm 두께의 유리섬유 단열재(k = 0.035 W/m·K)로 단열하고, 복사에 의한 열손실을 최소화하기 위해 알루미늄 박막(ε = 0.1)으로 단열재를 감싸는 방안이 제시되었다. 지역의 단열재 시공업자로부터 재료와 인건비를 포함해서 $350에 단열작업을 할 수 있다는 견적을 받았다. 당신은 이 제안을 받아들이겠는가? 에너지 절약비용으로 단열에 소요되는 비용을 지불하기 위해서는 얼마의 기간이 소요되겠는가?

7–25 전자부품이 한쪽 면에 배열된 15 cm × 20 cm 인쇄회로기판(PCB)를 생각해보자. 이 기판이 20°C의 방 안에 놓여 있다. 기판 뒷면으로부터의 열손실은 무시한다. 회로기판이 정상 상태에서 8 W의 전력을 발산할 때, 기판이 (*a*) 수직, (*b*) 뜨거운 면이 위로 향하는 수평, (*c*) 뜨거운 면이 아래로 향하는 수평으로 놓여 있다고 가정하여, 뜨거운 면의 평균 온도를 구하라. 기판 표면의 방사율을 0.8로 잡고, 주위표면은 방 안 공기와 같은 온도에 있다고 가정하라. ***답:* (*a*) 46.6°C, (*b*) 42.6°C, (*c*) 50.3°C**

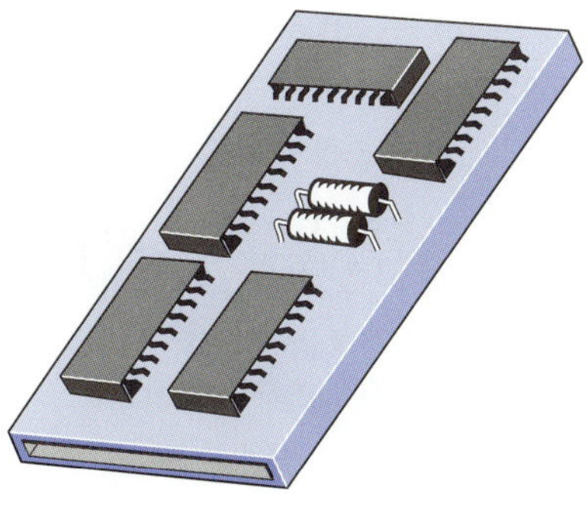

그림 P7-25

7-26 문제 7-25를 다시 생각해보자. EES(또는 다른) 소프트웨어를 사용하여 여러 방향의 기판에 대해 방온도와 기판의 방사율이 기판의 뜨거운 표면온도에 미치는 영향을 조사하라. 방온도는 5°C에서 35°C까지, 방사율은 0.1에서 1.0까지 변한다고 하자. 여러 방향의 기판에 대해 뜨거운 표면온도를 방온도와 방사율의 함수로 그리고, 그 결과를 검토하라.

7-27 잠잠한 공기에 놓여 있는 길이 L인 수직판을 생각해보자. 막온도가 20°C이고, 자연대류에서의 Nusselt 수가 $\text{Nu} = C\text{Ra}_L^n$의 형태일 때 평균열전달계수가 다음과 같이 표현될 수 있음을 보여라.

$$h = 1.51(\Delta T/L)^{1/4} \qquad 10^4 < \text{Ra}_L < 10^9$$
$$h = 1.19\Delta T^{1/3} \qquad 10^{10} < \text{Ra}_L < 10^{13}$$

7-28 직경 0.25 m의 원통형 그릴의 방사율이 0.8이다. 방 공기와 주위 온도가 30°C이고 표면온도가 150°C로 유지될 때 요구되는 전력을 구하라.

7-29 한 제조업자가 태양열 집열기에 사용될 1.2 m × 0.8 m 크기의 흡열판을 만든다. 판의 뒷면은 단단하게 단열되어 있고, 앞면은 태양복사 에너지에 대한 흡수율이 0.87이고 방사율이 0.09인 검은색 크롬으로 코팅되어 있다. 25°C의 고요한 야외에 수평으로 놓여 있는 그러한 판을 생각해보자. 판에 입사되는 태양 복사율은 600 W/m²이다. 유효하늘온도를 10°C라 할 때 흡열판의 평형온도를 구하여라. 만약 흡열판을 태양흡수율이 0.28이고 방사율이 0.07인 보통 알루미늄판으로 만들면 답은 어떻게 되겠는가?

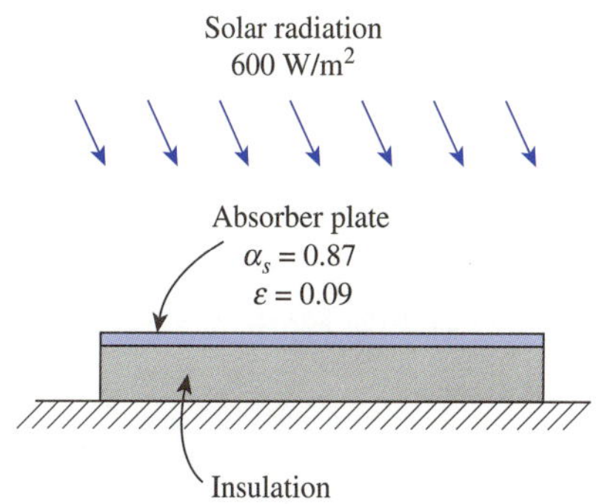

그림 P7-29

7-30 7-29를 검정색 페인트를 칠한 알루미늄판(태양흡수 0.98, 방사율 0.98)과 하얀 페인트를 칠한 판(태양흡수율 0.26, 방사율 0.90)에 대해서 문제를 다시 풀어라.

7-31 외경 50 cm, 높이 120 cm인 원통으로 된 석탄난로에 의해 방이 가열된다. 방의 공기온도가 24°C로 일정하게 유지될 때 방에서의 열손실률은 1.5 kW로 추정된다. 난로 표면의 방사율은 0.85이고 주위벽면의 평균 온도는 14°C이다. 난로의 표면온도를 구하라. 바닥면으로부터의 열전달은 무시하고, 윗면에서의 열전달계수는 옆면에서와 같은 것으로 취급하라.

7-32 아스팔트나 왁스와 같이 진한 유체와 이들이 흐르는 관은 유체의 점성을 줄여서 펌프 동력비를 절감하기 위하여 종종 가열된다. 0°C의 고요한 대기 중에 놓인 길이 100 m, 바깥지름 30 cm인 관을 통한 그러한 유체의 흐름을 생각해보자. 관은 전기적으로 가열되며, 온도조절기에 의해 관 바깥면의 온도는 25°C로 일정하게 유지된다. 관 바깥 표면의 방사율은 0.8이고, 유효하늘온도는 −30°C이다. 전기저항가열기에 소요되는 전기 비용을 구하라. 또한 전기료가 $0.09/kWh일 때 위 조건으로 15시간 동안 파이를 가열하는 데 필요한 전기료를 계산하라. **답: 29.1 kW, $39.3**

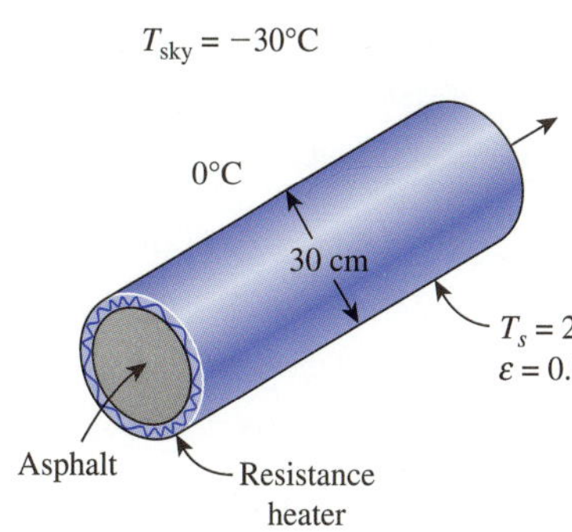

그림 P7-32

7–33 문제 7–32을 다시 생각해보자. 관의 가열비용을 줄이기 위해, 관을 충분한 두께의 유리섬유 단열재(k = 0.035 W/m·K)로 단열하고 알루미늄 박막(ε = 0.1)으로 감싸서 열손실을 85% 만큼 줄이는 방안이 제시되었다. 관의 온도는 25°C로 그대로 유지된다고 가정하여 필요한 단열재의 두께를 구하여라. 단열재는 15시간 동안 얼마만큼의 돈을 절약할 수 있는가?
답: 1.3 cm, $33.4

7–34 두께 6 mm, 열전도도 k = 0.78 W/m·K, 방사율 ε = 0.9이고 높이 1.2 m, 폭 2 m인 유리창을 생각해보자. 방과 창을 향하는 벽은 25°C로 유지되고, 창 안쪽면의 평균 온도는 5°C로 측정되었다. 바깥 온도가 −5°C일 때, (*a*) 창 안쪽 면의 대류 열전달계수, (*b*) 창을 통한 총 열전달률, (*c*) 창 바깥면에서 자연대류와 복사의 복합 열전달계수를 구하여라. 이 경우 유리의 열저항을 무시하는 것이 타당한가?

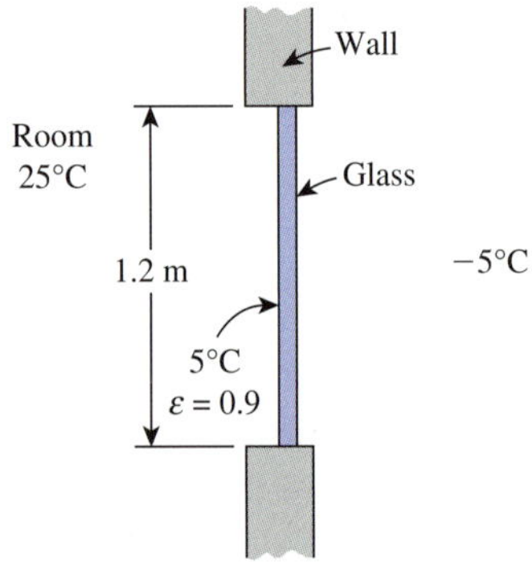

그림 P7–34

7–35 지름 3 mm, 길이 12 m인 전선이 열전도도와 방사율이 각각 k = 0.15 W/m·K, ε = 0.9인 1.5 mm 두께의 플라스틱 덮개로 단단하게 감싸여 있다. 이 선을 통해 10 A의 전류가 흐르고 선을 따라서 7 V의 전압강하가 생기는 것이 측정되었다. 단열된 선이 T_∞ = 30°C의 고요한 대기에 노출되어 있을 때, 정상 상태에서 선과 플라스틱 덮개의 경계에서 온도를 구하여라. 주위 평면은 공기와 같은 온도에 있다고 가정하라.

7–36 플라스틱판 공장을 방문하는 동안 길이 45 m 호칭규격 2 in(바깥지름 6.03 cm)인 수증기 관이 공장의 한쪽에서 다른 쪽까지 단열되지 않고 지나가는 것이 관찰되었다. 여러 곳에서 온도를 측정해 보니, 수증기 관 노출 표면의 평균 온도가 170°C였으며 주위 공기온도는 20°C였다. 관의 바깥 표면은 녹이 슨 것으로 보였으며, 방사율은 0.7로 취할 수 있다. 표면온도가 20°C일 때 수증기 관에서 열손실을 구하라.

수증기는 효율 84%인 가스로에서 만들어지며, 이 공장은 천연가스 1 therm (1 therm = 105,500 kJ)당 $1.10를 지불한다. 이 공장에서 1년 365일 하루 24시간, 즉 1년에 8,760시간 운전된다. 이 시설에서 수증기 관의 열손실에 의한 연간 비용을 구하라.

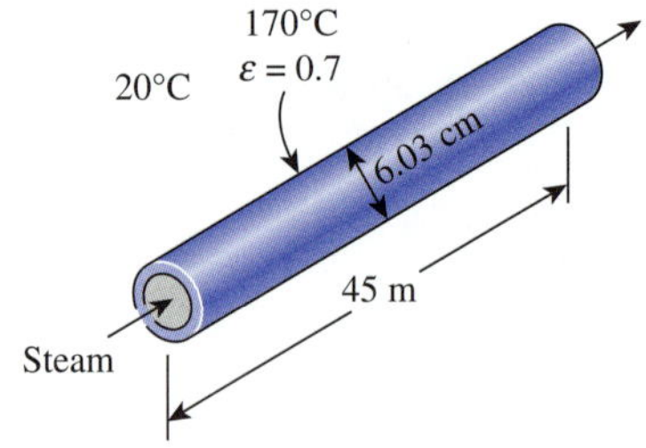

그림 P7–36

7–37 문제 7–36를 다시 풀어라. EES 프로그램을 이용하여 이러한 열손실의 연간 비용 및 파이프로부터 열손실률에 관하여 증기 파이프의 표면온도의 영향을 파악하라. 표면온도는 100°C~200°C로 변한다고 가정하자. 표면온도의 함수로서 열손실률과 연간 비용을 그리고 그 결과를 분석하라.

7–38 문제 7–36을 생각해보자. 열손실을 줄이기 위해서 5 cm의 두께의 섬유 유리(k = 0.038 W/m·K)로 수증기 관을 단열하고, 복사 손실을 최소화하기 위해 알루미늄 박판(ε = 0.1)으로 단열재를 감싸는 방안이 제시되었다. 그리고 지역의 단열재 시공업자로부터 재료와 인건비를 포함해서 $750에 단열작업을 할 수 있다는 견적을 받았다. 당신은 이 제안에 찬성하겠는가? 에너지 절약 비용으로 단열에 소모되는 비용을 지불하기 위해서는 얼마의 기간이 소요되겠는가? 수증기 관의 온도는 여전히 170°C로 유지된다고 가정하라.

7–39 121개의 정사각형 칩이 한 면에 붙어 있는 50 cm × 50 cm의 회로 기판이 25°C인 방안의 수직면에 설치되어 자연대류와 복사에 의해 냉각되고 있다. 각 칩이 0.18 W의 전력을 발산하여, 칩의 표면의 방사율은 0.7이다. 회로기판의 뒷면으로부터의 열손실을 무시할 수 있고, 주위 표면의 온도가 방 안 공기온도와 같다고 가정하여 칩의 표면온도를 구하라. **답: 36.2°C**

7–40 (*a*) 칩면이 위로 향하여, (*b*) 칩면이 아래로 향하여 수평으로 놓인 회로기판을 가정하여 문제 7–39를 반복하라.

7–41 천연가스를 연소하는 3 m 높이의 정방형 공업로의 옆면이 단열되어 있지 않고, 이 부분의 바깥 표면의 온도가 110°C 로 측정되었다. 노가 놓여 있는 방과 표면의 온도는 30°C이고, 노 바깥 표면의 방사율은 0.7이다. 열손실을 90% 만큼 줄이기 위하여 노 벽의 이 부분을 유리솜 단열재(k = 0.038 W/m·K)로 단열하고 반사박판(ε = 0.2)으로 감싸는 방안이 제시되

었다. 금속 바깥 표면의 온도가 여전히 약 110°C로 남아 있다고 가정하여 사용에 필요한 단열재의 두께를 구하라.

노는 1년 내내 연속적으로 작동하며 78%의 효율을 갖고 있다. 천연가스의 가격이 \$1.10/therm (1 therm = 105,500 kJ의 에너지량)이다. 단열재를 설치하는 데 재료와 인건비로 \$550의 비용이 들 때, 에너지 절약 비용으로 단열에 소요되는 비용을 지불하기 위해서는 얼마의 기간이 소요되겠는가?

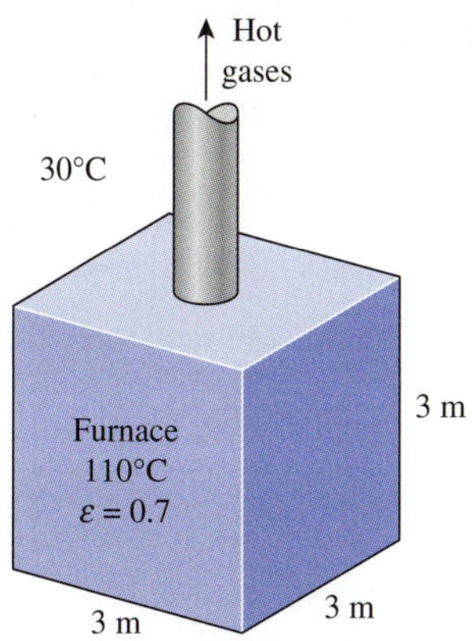

그림 P7–41

7–42 지름 1.5 m, 길이 4 m인 원통형 프로판 탱크가 처음에는 밀도 581 kg/m³인 액체 프로판으로 채워져 있다. 탱크가 잔잔한 날씨의 25°C 대기에 노출되어 있다. 탱크의 바깥 표면은 윤이 나서 복사 열전달을 무시할 수 있다. 탱크의 상부에 금이 가서 탱크 안의 압력이 1기압으로 떨어지고, 온도는 1기압에서 프로판의 비등온도인 −42°C로 떨어졌다. 1기압에서 프로판의 기화열은 425 kJ/kg이다. 대기에서 탱크로의 열전달에 의해 프로판이 서서히 기화하고, 프로판 증기는 −42°C로 갈라진 틈을 통해 탱크를 빠져나간다. 프로판 탱크가 탱크안의 프로판과 항상 같은 온도로 유지된다고 가정하여, 단열이 되어 있지 않다면 탱크가 비워질 때까지 시간이 얼마나 걸리겠는가? 계산하라.

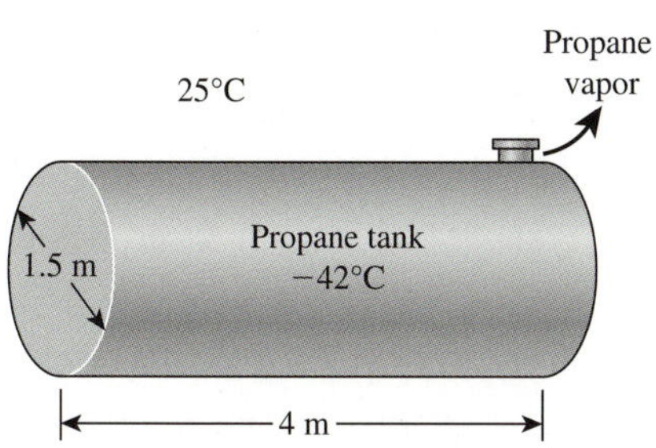

그림 P7–42

7–43 방 안 온도 24°C이며 높이 28 cm, 길이 18 cm 및 폭 18 cm의 사각형 저장 용기가 냉각수 2°C의 차가운 물로 가득 차 있다. 저장 용기의 표면온도는 내부의 물 온도와 같은 온도로 관찰되었다. 저장 용기의 표면의 방사율은 0.6이고 둘레 표면온도는 공기 온도와 같다. 3시간 이후 저장 용기 내 물의 온도 및 물에 대한 평균 열전달을 구하라. 상부 및 하부 표면의 열전달계수는 측면상에서와 같다.

7–44 문제 7−43를 다시 풀어라. EES 프로그램을 이용하여 가열 시간 30분에서 10시간까지 변할 때 용기 안의 물온도를 가열시간의 함수로서 그리고, 그 결과를 검토하라.

7–45 길이 80 cm, 지름 2 cm인 수평 원통에서 자연대류 열전달계수를 구하기 위해서 다음과 같은 실험을 수행하였다. 80 cm 길이의 저항 가열기를 원통의 중앙선을 따라 놓고, 원통의 표면은 복사효과를 최소화하기 위해서 윤을 내었다. 원통의 도원형 옆면은 잘 단열되었다. 저항 가열기가 켜지고, 전력 발산율이 60 W로 일정하게 유지된다. 정상 상태에 도달하여 20°C의 방 안에서 원통의 평균 표면온도가 120°C로 측정되었을 때 자연대류 열전달계수를 구하라. 원통 바깥 표면의 방사율은 0.1이고 5%의 오차를 감수할 때, 복사효과에 대한 수정을 할 필요가 있다고 생각하는가? 주위 표면은 20°C로 가정하라.

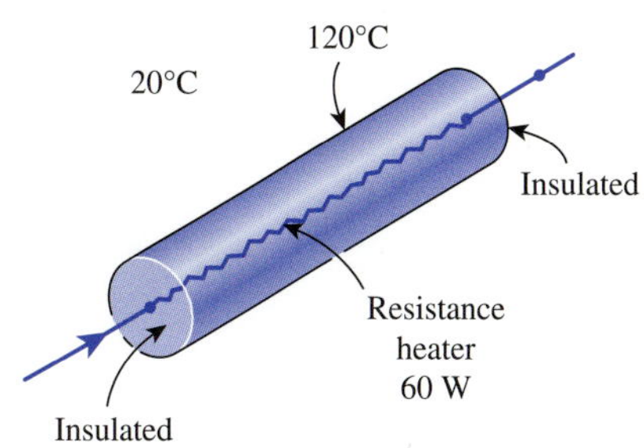

그림 P7–45

7–46 탱크 40-L 안의 물은 표면온도를 85°C로 유지하는 직경 6 cm인 구형 히터를 이용하여 15°C~45°C로 가열된다. 히터가 얼마 동안 켜져 있어야 하는가?

7–47 길이 15 cm, 지름 10 m인 원통을 생각해보자. 원통의 표면온도는 43°C이고, 방 안의 공기온도는 17°C이다. 원통을 수평으로 놓는 것과 수직으로 놓는 것 중 어떤 것이 더 높은 열전달률을 가지는가?

밀폐공간에서의 자연대류

7–48 잘 단열된 컨테이너의 상부와 하부의 칸이 두 장의 평행한 유리판으로 분리되어 있고 그 사이에 공기가 채워진 공간이 있다. 한 칸은 뜨거운 유체로 채워져 있고 다른 쪽은 타 유체로 채워져

있다. 두 칸 사이의 열전달을 최소화하는 것이 바람직하다면 뜨거운 유체를 위 칸에 넣는 것이 좋은가 아래 칸에 넣는 것이 좋은가? 그 이유는 무엇인가?

7–49C 어떤 사람이 2중 유리창에서 공기층은 그 안에서 생기는 자연대류 흐름 때문에 집으로부터 열손실을 증가시킨다고 주장하면서, 에너지를 절약하기 위해서 2중 유리창의 두 유리 두께의 합과 같은 두께를 갖는 단일 유리판으로 2중 유리창을 대체하는 것을 추천했다. 당신은 이 주장에 동의하는가?

7–50C 1 cm 폭의 공기층으로 분리된 두 장의 유리판으로 이루어진 2중 유리창을 생각해보자. 어떤 사람이 창을 통한 자연대류 열전달을 줄이기 위해 얇은 비닐을 두 유리 사이의 중앙에 끼워 창을 두 개의 0.5 cm 폭의 칸으로 나누는 것을 제안하였다. 열전달의 관점에서 창으로부터 열손실을 줄이기 위한 이 아이디어에 찬성하는가?

7–51C 밀폐공간에 유효전도도는 무엇을 나타내는가? 열전도도에 대한 유효전도도의 비가 Nusselt 수와 어떤 관계가 있는가?

7–52 1기압에서 0.1 m의 공기층으로 분리된 두 표면으로 구성된 높이 3 m의 직사각 밀폐공간을 생각해보자. 공기층을 마주하는 면의 표면온도가 30°C와 −10°C일 때, 수직방향에 대한 수평방향(뜨거운 표면이 바닥인)의 열전달률의 비를 구하라. ***답: 1.66***

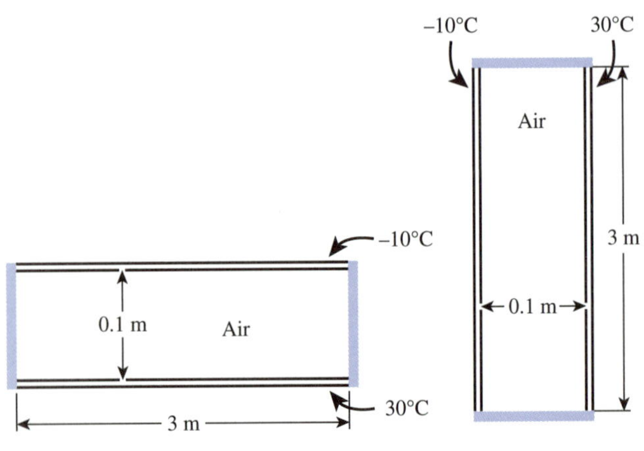

그림 P7–52

7–53 반경 5 cm와 10 cm인 두 동심구의 표면온도가 각각 100°C와 200°C로 유지된다. 두 동심구 표면 사이의 밀폐공간은 1기압의 질소가 채워져 있다. 밀폐공간을 통한 열전달률을 구하라.

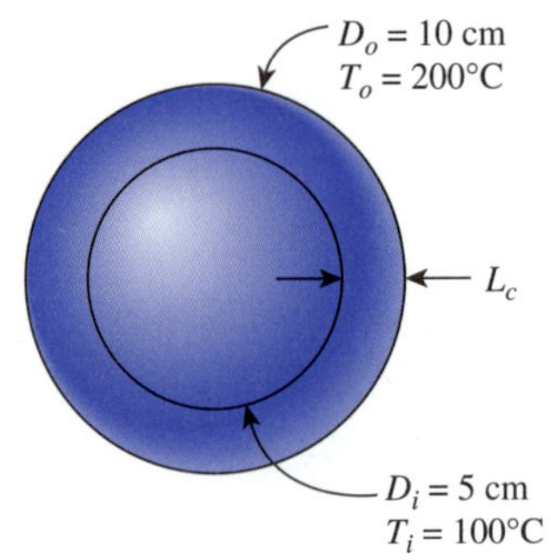

그림 P7–53

7–54 사각 밀폐공간의 열저항이 $R = L_c/(Ak\text{Nu})$로 표현되는 것을 증명하라. 여기서 k는 밀폐공간에 있는 유체의 열전도도이다.

7–55 높이 1.5 m, 너비 3.0 m인 수직으로 밀폐공간은 대기압하에서 0.4 m 공기층으로 분리된 두 표면으로 구성되어 있다. 공기층을 통과한 표면온도는 280 K와 336 K로 계측되었고, 표면의 방사율은 0.15, 0.90일 때 복사에 의한 밀폐공간을 통해 전달된 열저항을 계산하여라. ***답: 0.30***

7–56 높이 1.5 m, 너비 2.8 m의 수직의 이중창이 대기압력하에서 2.0 cm 공기층에 분리된 두 개의 층으로 구성되어 있다. 내부유리온도가 18°C일 때 방온도는 26°C이다. 복사 열전달을 무시하고, 바깥 유리층의 온도와 창을 통한 자연대류 열손실률을 구하라.

7–57 지름 15 cm와 25 cm인 두 동심구가 압력 1기압의 공기에 의해 분리되어 있다. 공기를 싸고 있는 두 구의 표면온도는 각각 T_1 = 350 K와 T_2 = 275 K이다. 안쪽 구에서 바깥쪽 구로의 자연대류에 의한 열전달률을 구하라.

7–58 문제 7−57을 다시 생각해보자. EES(또는 다른) 소프트웨어를 사용하여 온도가 250 K에서 450 K까지 변할 때 자연대류 열전달률을 구의 뜨거운 표면온도의 함수로 그리고, 그 결과를 검토하라.

7–59 평판형 태양열 집열기는 보다 많은 양의 직접 전달되는 태양복사를 차단하기 위해서 흔히 태양을 향해 위로 기울어져 있다. 수평부터의 경사각은 집열기로부터의 열손실률에도 영향을 미친다. 수평으로부터 각도만큼 기울어진 1.5 cm 폭 3 cm인 뒷면은 단단하게 단열되어 있다. 서로 간에 2.5 cm 떨어진 흡열판과 유리판덮개는 각각 80°C와 40°C의 온도를 유지하고 있다. θ = 0°C, 30°C, 및 90°인 경우에 흡열판으로부터 자연대류에 의한 열손실률을 구하라.

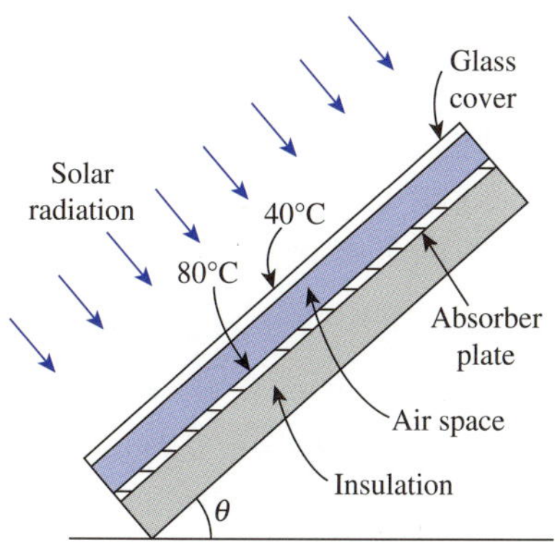

그림 P7–59

7–60 바깥지름 1.6 cm인 정원용 호스에 지름 5 cm의 투명한 플라스틱 관을 끼워서 간단한 태양열 집열기를 만들었다. 태양흡수를 최대로 하기 위해서 호스는 검게 페인트칠하고, 플라스틱 링을 사용하여 호스와 투명한 플라스틱 덮개 사이의 간격을 일정하게 하였다. 어느 맑은 날 대기온도가 26°C로 측정된 반면 호스의 온도는 65°C로 계측되었다. 길이 1 m당 호스 안의 물로부터 자연대류에 의한 열손실률을 구하라. 또한 이 태양열 집열기의 성능을 어떻게 향상시킬 수 있는지 논의하라. **답: 8.2 W**

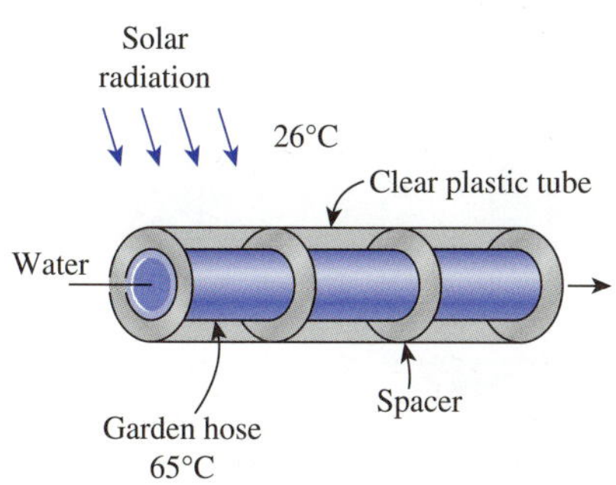

그림 P7–60

7–61 문제 7–60을 다시 고려해보자. EES 프로그램을 이용하여 온도가 4°C~40°C로 변화할 때 대기온도에 대한 함수로서 자연대류에 의한 물에 대한 열손실률을 계산하고 그 결과를 검토하라.

7–62 높이 1.5 m, 폭 1.8 m인 수직 2중 유리창이 대기압 상태의 2 cm 공기층으로 분리된 두 장의 유리판으로 되어 있다. 공기층을 향한 유리면의 온도가 각각 18°C와 4°C로 측정되었을 때 창을 통한 (*a*) 자연대류, (*b*) 복사에 의한 열손실을 계산하라. 또한 *R* 값의 역수에 표면적과 온도차를 곱한 것이 창을 통한 총 열전달률이 되도록 이 창 단열의 *R* 값을 구하라. 큰 두 평행 유리판 사이의 복사 계산에 사용되는 유효 방사율은 0.82로 취할 수 있다

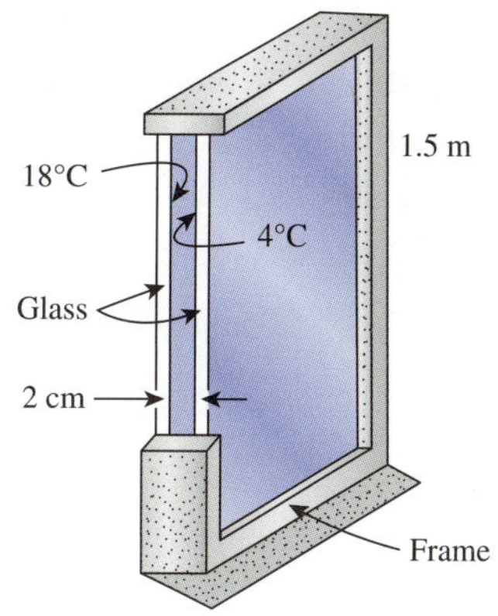

그림 P7–62

7–63 문제 7–62를 다시 고려해보자. EES 프로그램을 이용하여 자연대류와 복사에 의한 열전달률과 절연의 *R* 값에 대하여 공기층 두께의 영향을 조사해 보자. 공기 두께가 0.5 cm에서 5 cm로 변한다고 하자. 공기층 두께의 함수로서 자연대류와 복사에 의한 열전달률과 단열 *R* 값을 계산해 보고 그 결과에 대해 검토하라.

7–64 두 개의 중심이 같은 원통의 지름이 55 cm와 65 cm이고, 길이 125 cm이다. 외경과 내경의 원관의 표면은 각각 54°C와 106°C로 유지되고 있다. 고리모양의 간격이 (*a*) 물과 (*b*) 공기로 채워져 있을 때 자연대류에 의한 원통 사이의 열전달률을 계산하라.

복습문제

7–65 뜨거운 표면이 위로 향하여 잠잠한 공기에 놓여 있는 $L \times L$인 수평판을 생각해보자. 막온도가 20°C이고 자연대류에서 평균 Nusselt 수가 $\text{Nu} = C\text{Ra}_L^n$의 형태를 가질 때 평균 열전달계수는 다음과 같이 표현된다는 것을 보여라.

$$h = 1.95(\Delta T/L)^{1/4} \qquad 10^4 < \text{Ra}_L < 10^7$$
$$h = 1.79\Delta T^{1/3} \qquad 10^7 < \text{Ra}_L < 10^{11}$$

7–66 판(0.5 m × 0.5 m)이 30°로 경사져 있다. 판의 상부 표면은 잘 단열되었다. 하부표면이 60°C로 유지되고, 주위의 잠잠한 대기는 0°C일 때 판으로부터의 열손실률을 추정하라. **답: 81.5W**

7–67 10°C의 표면온도를 가진 직경 12 cm, 길이 15 m인 원통이 40°C인 공기 중에 수평으로 놓여 있다. (*a*) 법선방향 바람으로 부는 자연흐름 공기속도가 10 m/s인 경우와 (*b*) 바람이 불지 않으므로 자유흐름의 속도가 0인 경우의 열전달률을 계산하여라.

7–68 외경 30 cm인 구형용기가 느린 흡열 반응의 반응기로 사용되고 있다. 용기는 30°C의 일정한 온도로 유지되는 큰 물탱크에 완전히 잠겨 있다. 용기의 외부표면온도는 20°C이다. 다음과 같은 경우의 정상 작동에서의 열전달률을 구하라. (*a*) 탱크 안의 물이 정지상태, (*b*) 탱크 안의 물이 정지상태[(*a*)의 경우와 같이]이지만, 물의 밀도차로 인해 야기된 부력의 영향을 무시할 수 있다고 가정함, 그리고 (*c*) 탱크 안의 물이 20 cm/s의 평균속도로 순환됨

7–69 온수가 평균속도 1.2 m/s로 주철관(k = 52 W/m·°C) 안에 흐르고 있으며, 관의 내경과 외경은 각각 2.5 cm와 3 cm이다. 관이 온도 15°C인 지하실의 길이 15 m 부분을 지나간다. 관 바깥 표면의 방사율은 0.5이다. 지하실 벽도 역시 15°C이다. 물의 입구온도가 65°C이고, 관 내면에서의 열전달계수가 170 W/m·°C일 때, 지하실을 지나가는 동안 물의 온도강하를 구하라.

7–70 집의 평평한 지붕에 수평으로 놓여 있는 평판형 태양열집열기를 생각해보자. 집열기는 폭 1.5 m, 길이 4.5 m이고, 집열기의 노출된 표면의 평균 온도는 42°C이다. 대기온도가 8°C인 어느 잔잔한 날 자연대류에 의한 집열기로부터의 열손실을 구하라. 또한 집열기 표면의 방사율을 0.85라 하고 유효하늘온도를 −15°C라 하여 복사에 의한 열손실을 구하라. ***답:* 1314 W, 1762 W**

7–71 200 W의 전력을 소비하는 전자상자가 상자 밀폐공간 안으로 공기를 불어 주는 휀에 의해 냉각된다. 전자상자의 치수는 15 cm × 50 cm × 50 cm이고, 바닥면을 제외한 상자의 모든 면이 대기에 노출되어 있다. 대기온도와 주위 벽의 온도가 25°C일 때 상자의 평균 온도는 32°C로 측정되었다. 상자 바깥면의 방사율이 0.75일 때 전자상자 바깥면으로부터의 손실된 열의 비율을 구하라.

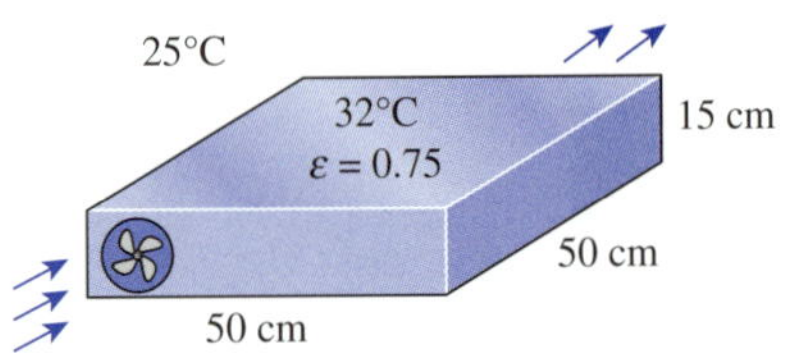

그림 P7–71

7–72 1.5 cm 두께의 스테인리스강(k = 15 W/m·K)으로 만들어진 내경 6 m의 구형탱크가 0°C의 얼음물을 저장하는 데 사용된다. 실내와 방 벽의 온도는 20°C이다. 탱크 바깥 표면은 검은색(ε = 1) 이고, 탱크 바깥면과 주위 사이의 열전달은 자연대류와 복사에 의해 일어난다. 강철탱크 전체가 0°C라고 가정하고, 따라서 탱크의 열저항이 무시될 때, (*a*) 탱크 안의 얼음물로의 열전달률, (*b*) 24시간 동안 녹는 0°C 얼음의 양을 구하라. 물의 융해열은 333.7 kJ/kg이다. ***답:* (*a*) 15.4 kW, (*b*) 3988 kg**

7–73 폭 2.5 cm의 공기층으로 분리된 3 mm 두께의 두 장의 유리(k = 0.78 W/m·K)로 된 높이 1.2 m, 폭 2 m의 이중 유리창을 생각해보자. 방이 20°C로 유지되고 외기온도가 0°C인 어느 날 유리창을 통한 정상 상태 열전달률과 창 안쪽면의 온도를 구하라. 유리창의 안쪽과 바깥쪽 면의 열전달계수는 h_1 = 10 W/m²·K와 h_2 = 25 W/m²·K이고, 복사에 의한 열전달은 고려하지 않는다.

7–74 전기저항을 이용한 공간 가열기가 45 kg의 기름이 채워진 높이 50 cm, 길이 80 cm, 폭 15 cm인 사각상자와 닮은 형상으로 설계되었다. 가열기는 벽에 기대어 놓여 있으며, 따라서 뒷면으로부터의 열전달은 무시한다. 안전을 고려하여 25°C의 방에서 가열기의 표면온도는 75°C를 넘어서는 안 된다. 윗면을 선반으로 쓰는 것을 예상하여 밑면과 윗면으로부터의 열전달을 고려하지 않을 때 가열기의 전력등급을 *W*로 구하라. 가열기 바깥 표면의 방사율은 0.8이고 천장과 벽면의 평균 온도는 방 안 공기온도와 같다고 생각하라. 또한 가열기를 처음 켰을 때 정상 상태에 도달하는 데(즉, 기름의 온도가 25°C에서 75°C로 오르는 데) 시간이 얼마나 걸리겠는가? 계산에 사용된 가정을 말하라.

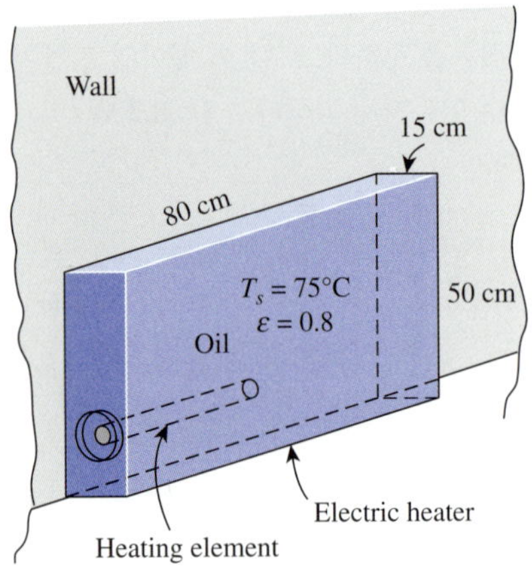

그림 P7–74

7–75 공장을 방문하는 동안 천연가스 노의 수직전면의 높이 2 m, 폭 1 m 부분이 만질 수 없을 만큼 매우 뜨거운 것이 관찰되었다. 온도를 측정해보니 노출된 뜨거운 면의 평균 온도가 110°C이고, 주위 공기온도는 25°C이었다. 표면은 녹이 슨 것으로 보여서 방사율을 0.6으로 잡을 수 있다. 주위 표면의 온도도 25°C라 생각하여 노에서의 열손실률을 구하라. 노의 효율은 79%이고 공장은 천연가스 1 therm당 $1.20를 지불한다. 공장이 하루에 10시간, 1년에 310일, 따라서 1년에 3100시간 가동될 때, 노벽의 전면에 있는 수직 뜨거운 면으로부터 열손실의 연간비용을 구하라.

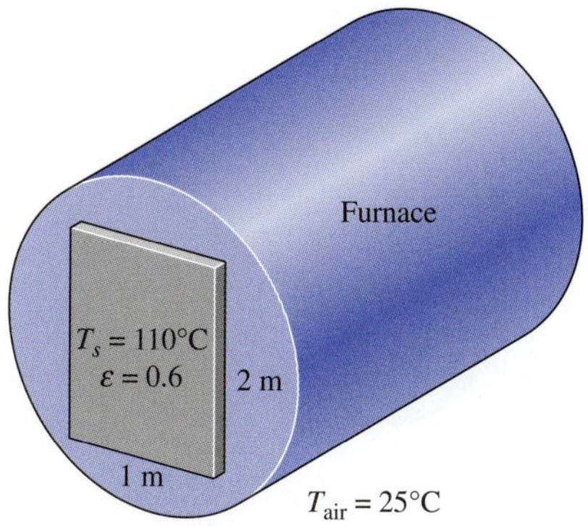

그림 P7–75

7–76 태양열 집열기가 지름 9 cm의 동심의 얇은 유리관으로 둘러싸인 외경 5 cm의 수평 구리관으로 되어 있다. 물이 관을 통하여 흐르는 동안 가열되며, 구리관과 유리관 사이의 환상공간은 압력 1기압의 공기로 채워져 있다. 어느 맑은 날, 관 표면과 유리덮개의 온도가 각각 60°C와 32°C로 측정되었다. 관의 길이 1 m당 자연대류에 의한 집열기로부터의 열손실을 구하라. ***답: 17.4 W***

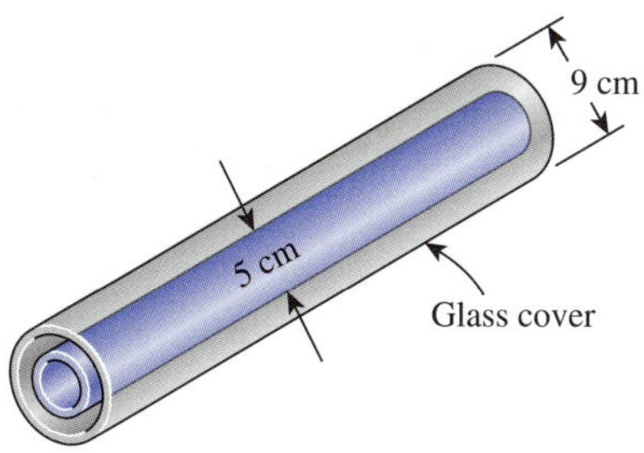

그림 P7–76

7–77 태양열 집열기가 지름 7 cm인 동심의 얇은 유리관으로 둘러싸인 외경 5 cm의 수평 알루미늄관으로 되어 있다. 물은 알루미늄관을 통하여 흐르는 동안 가열되며, 알루미늄관과 유리관 사이의 환상 공간은 압력 1기압의 공기로 채워져 있다. 어느 맑은 날, 물을 순환하는 펌프가 고장나서 관 안에 물 온도가 올라가기 시작했다. 알루미늄관이 길이 1 m당 20 W의 태양복사를 흡수하고, 외기온도는 30°C이다. 복사 계산에서 관 표면과 유리덮개는 흑체(방사율 $\varepsilon = 1$)로 가정하고, 유효하늘온도를 20°C라 생각하여 평행에 도달했을 때(즉, 대류와 복사에 의한 관으로부터의 순 열손실이 관에서 흡수된 태양에너지의 양과 같아졌을 때) 알루미늄관의 온도를 구하라.

7–78 180 W를 발산하는 전자장치의 부품들이 단면이 15 cm × 15 cm이고 길이가 1.2 m인 수평 덕트에 설치되어 있다. 덕트 안의 부품들은 0.62 m³/min의 유량으로 30°C로 들어가서 38°C로 나오는 강제대류 공기에 의해 냉각된다. 금속박판으로 된 덕트의 표면은 페인트칠이 되어 있지 않아서, 바깥 표면에서 복사열전달은 무시할 수 있다. 대기온도가 27°C일 때 (*a*) 덕트 바깥 표면에서 대기로 자연대류에 의한 열전달, (*b*) 덕트의 평균 온도를 구하라.

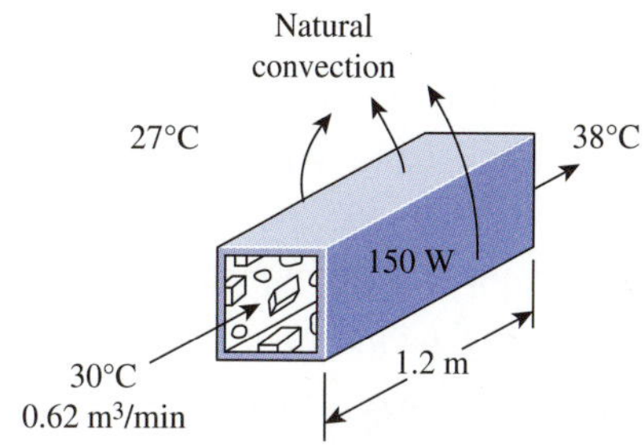

그림 P7–78

7–79 지름 10 cm인 원형의 수평 덕트에 대해서 문제 7–78를 반복하라.

7–80 휜이 고장나서 덕트 안에서 발생하는 모든 열이 덕트 바깥 표면을 통한 자연대류에 의해 대기로 방출되어야 한다고 가정하여 문제 7–78를 반복하라.

7–81 처음에 균일한 온도 5°C인 차가운 알루미늄 캔 음료를 생각해보자. 캔은 높이가 12.5 cm이고 직경이 6 cm이다. 캔 바깥 표면의 방사율은 0.6이다. 캔의 바닥면으로부터의 열전달을 무시하고 주위 공기와 표면이 25°C일 때, 음료의 평균 온도가 7°C까지 올라가는 데 시간이 얼마나 걸리겠는가?

7–82 각각 1.5 W를 발산하는 25개의 전력 트랜지스터가 30°C의 방 벽에 설치된 검게 산화처리된 정사각 알루미늄판에 부착되어 냉각된다. 트랜지스터와 판 표면의 방사율은 0.9이다. 판의 뒷면으로부터의 열전달은 무시하고 주위 표면의 온도가 방 안 공기 온도와 동일하다고 가정하여, 판의 평균 표면온도가 50°C를 넘지 않을 때 판의 크기를 구하라. ***답: 43 cm × 43 cm***

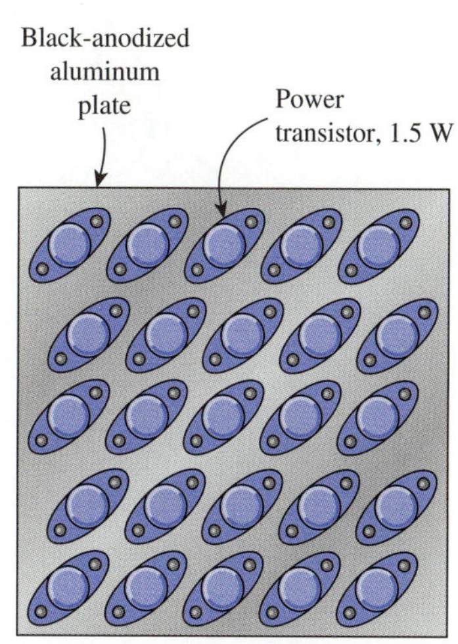

그림 P7–82

7-83 판이 (*a*) 트랜지스터가 위로 향하여, (*b*) 트랜지스터가 아래로 향하여 수평으로 놓여 있다고 가정하여 문제 7-82를 반복하라.

7-84 외곽 치수가 30 cm × 40 cm × 40 cm인 얼음상자가 2 cm 두께의 스티로폼(k = 0.033 W/m·K)으로 만들어져 있다. 처음에 상자에 0°C의 얼음이 35 kg 채워져 있으며, 얼음상자의 안쪽 면은 항상 0°C로 생각할 수 있다. 0°C에서 물의 융해열은 337.7 kJ/kg이고, 주위 대기온도는 20°C이다. 얼음상자의 40 cm × 40 cm의 바닥면으로부터 열손실을 무시하고, 만약 얼음상자가 (*a*) 잔잔한 공기, (*b*) 50 km/h의 바람 중에 놓여 있을 때, 상자의 얼음이 완전히 녹는 데 시간이 얼마나 걸리겠는가? 앞면, 뒷면, 윗면에서의 열전달계수는 옆면에서와 같다고 가정하라.

7-85 태양복사가 태양열 집열기의 유리덮개에 650 W/m^2 율로 입사된다. 유리는 입사된 복사의 88%를 투과시키고 방사율은 0.9이다. 여름에 한 가정에 필요한 온수를 높이 1.5 m, 폭은 2 m이며 수평으로부터 40°C 기울어진 한 장의 집열기로부터 완전히 얻을 수 있다. 주위 공기 온도가 20°C인 어느 잔잔한 날 유리덮개의 온도가 40°C로 측정되었다. 유리덮개와 열린 하늘 사이의 복사열전달을 계산하기 위한 유효하늘온도는 −40°C이다. 물은 흡열판에 부착된 관으로 1 kg/min의 율로 들어간다. 흡열판의 뒷면은 단단하게 단열되어 있어서 열손실은 유리덮개를 통해서만 일어난다고 가정하여 (*a*) 집열기로부터 총 열손실률, (*b*) 집열판에 입사된 태양에너지에 대한 물에 전달된 열량의 비율인 집열기 효율, (*c*) 집열기를 지나가는 동안 물의 온도상승을 구하라.

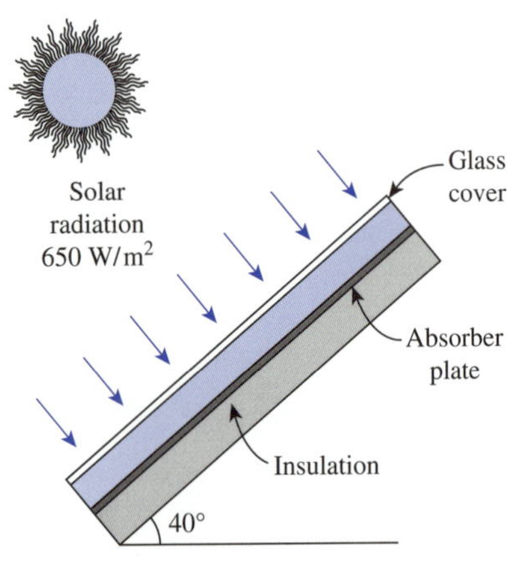

그림 P7-85

7-86 반경이 5 cm와 10 cm인 두 동심구의 표면온도가 각각 200°C, 100°C로 유지된다. 두 동심구 표면 사이의 밀폐공간은 1 기압의 질소가스로 채워져 있다. 두 동심구 표면 모두 흑체(ε = 1)일 때, 안쪽 표면에서의 열전달률을 구하라.

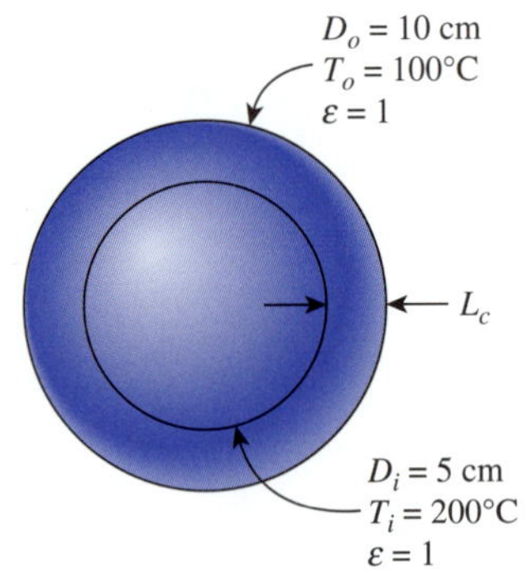

그림 P7-86

7-87 외경 1 m인 10 m 높이의 배기굴뚝을 통해 생산공장으로부터 배기가스가 흘러나오고 있다. 배기가스는 0.125 kg/s 율로 흘러나오고, 배기굴뚝의 입출구 온도차는 30°C이며, 배기가스의 정압비열은 1,600 J/kg·K이다. 특정한 고요한 날에서 주위의 잠잠한 공기의 온도는 33°C이다. 배기굴뚝의 외부 표면에 500 W/m^2 율로 태양열이 복사되고, 외부 표면의 방사율과 태양 흡수율은 모두 0.9이다. 배기굴뚝의 외부 표면온도를 구하라. 막온도는 60°C 로 가정하라.

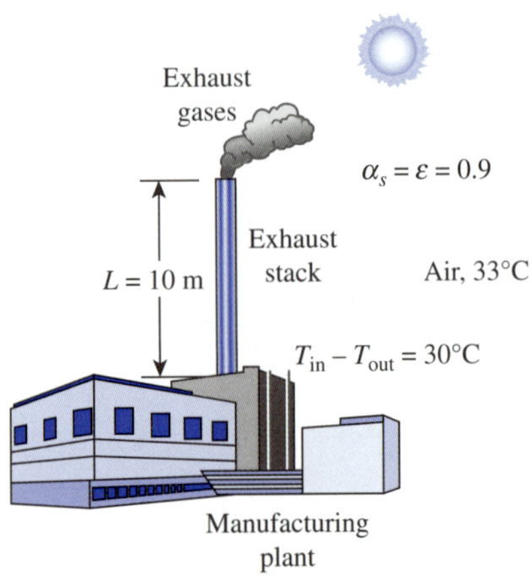

그림 P7-87

설계 및 에세이 문제

7-88 알루미늄 열싱크 제작자를 만나서 자연대류와 복사에 의해 전자부품을 냉각하는 데 사용되는 상품 카탈로그를 입수하라. 최대 전력발산과 허용 표면온도가 주어져 있을 때 전자부품에 적합한 열싱크를 선정하는 방법에 대해 논하라.

7-89 실제적으로 모든 평판형 태양열 집열기의 윗면은 그 밑에 있는 흡열판으로부터의 열손실을 줄이기 위해 유리로 덮여 있다. 유리덮개는 입사된 태양복사의 약 15%를 반사하거나 흡수하지만,

흡열판으로부터의 잠재적인 열손실로부터 훨씬 많이 줄일 수 있기 때문에 이것은 잘 설계된 태양열 집열기의 필수 요소로 여겨지고 있다. 어떤 사람이 2중 유리를 사용하는 것을 제안하였다. 이것이 좋은 아이디어인지 당신이 살고 있는 지역에 한해서 검토하라. 그 지역의 기상 데이터를 사용하고 열전달 해석과 경제적인 관점에서 결론을 내려라.

복사 열전달

RADIATION HEAT TRANSFER

CHAPTER 08

이미 학습한 전도 및 대류 열전달은 열전달 매개체가 존재하거나 유체유동이 존재할 때 작동하는 열전달 방식이다. 이 장에서 우리는 이들 두 열전달 방식과는 성격이 전혀 다른 제3의 열전달 방식인 **복사**(*radiation*)에 대하여 다루고자 한다.

먼저 **복사 열전달**(*thermal radiation*)에 있어 매우 중요한 역할을 하는 **전자기파**(*electromagnetic waves*)와 **전자기스펙트럼**(*electromagnetic spectrum*)에 대하여 논할 것이다. 그리고 이상적인 **흑체**(*blackbody*)와 **흑체복사**(*blackbody radiation*), **흑체복사함수**(*blackbody radiation function*) 및 **스테판-볼츠만 법칙**(*Stefan-Boltzmann law*), 플랑크의 **분산법칙**(*Planck's law*), 바인의 **변위법칙**(*Wien's displacement law*)에 대하여 다룬다. 방사도(emissive power), 조사(irradiation), **출사**(*radiosity*) 등 다양한 복사유속에 대하여 정의하고, 파장과 온도에 따라 변하는 물질의 열복사 물성값인 **방사율**(*emissivity*), **흡수율**(*absorptivity*), **반사율**(*reflectivity*) 및 **투과율**(*transmissivity*)에 대하여도 학습한다. **온실효과**(*greenhouse effect*)는 파장에 의존하는 복사 물성값의 작용에 의한 자연현상의 예로써 다룬다.

우리는 형상계수와 이들을 지배하는 법칙에 대하여도 논할 것이다. 대표적인 형상에 대하여는 형상계수의 식을 표로써 제시하였으며, 교차선법에 대하여도 다루었다. 최종적으로 복사회로망법을 이용하여 흑체표면들 사이의 복사 열전달에 대하여 분석하고, 비흑체표면들의 문제로 확장하였다.

학습목표

이 장의 목적은 다음과 같다.

- 전자기복사의 분류 및 열복사를 정의한다.
- 이상적인 흑체에 대한 이해와 총 흑체방사도, 분광흑체방사도를 계산한다.
- 흑체복사함수를 이용하여 특정한 파장대에서 방사되는 복사의 비율을 계산한다.
- 특정파장과 전파장에 대한 방사율, 흡수율, 반사율 및 투과율을 명확히 이해한다.
- 키르히호프의 법칙을 적용하여 방사율이 알려져 있는 표면의 흡수율을 결정한다.
- 형상계수를 정의하고, 복사 열전달의 계산에서 그 중요성을 인식한다.
- 흑체표면 사이의 복사 열전달을 계산한다.
- 두 개의 큰 평행면, 긴 동심관의 두 면, 동심구의 두 면 등, 두 영역으로 에워싸인 공간 내부면들 사이의 정미 복사 열전달률을 계산한다.
- 세 면으로 구성되는 공간 내부면들 사이의 복사 열전달을 이해한다.

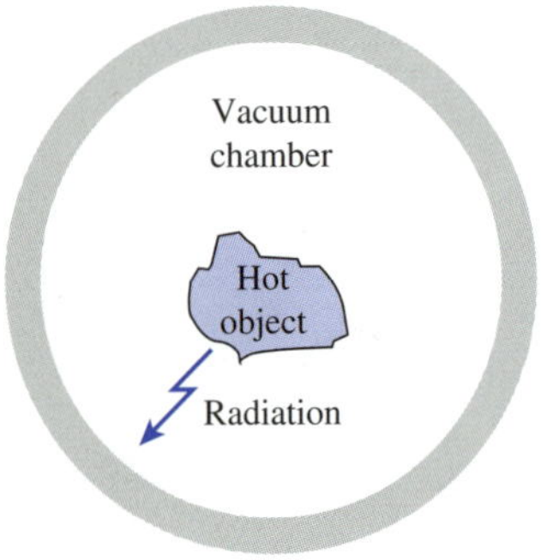

그림 8–1
진공 공간 안의 뜨거운 물체는 단지 복사에 의하여만 열을 잃는다.

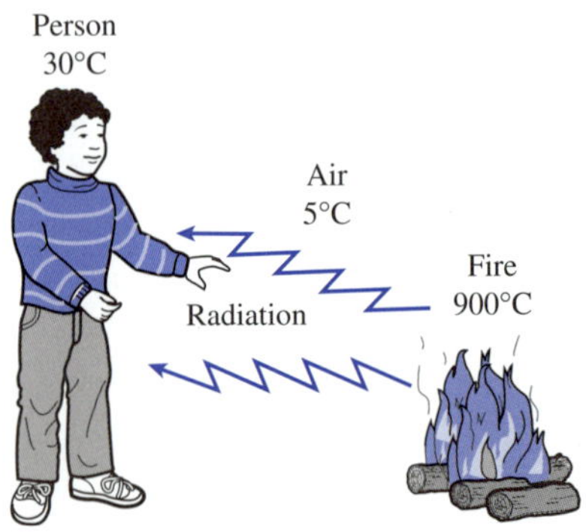

그림 8–2
전도 및 대류와는 달리 복사에 의한 열전달은 두 물체가 이들보다 더 차가운 매질에 의하여 분리되어 있을지라도 발생할 수 있다.

8–1 ▪ 서론

벽면의 온도가 상온으로 유지되는 진공 상태의 방 안에 고온의 물체가 놓여 있다고 가정하자(그림 8–1). 고온의 물체는 서서히 냉각되어 결국 주위 온도와 열평형 상태가 될 것이다. 즉 물체의 온도가 방 안 벽면의 온도와 같아질 때까지 물체로부터 열손실이 진행될 것이다. 방 안이 진공 상태이므로 방과 물체 사이의 열전달은 전도와 대류에 의한 것은 아니다. 그러므로 냉각에 관여한 열전달은 전혀 새로운 방식으로써 물체의 감지 내부에너지의 방사와 관련된다. 이러한 열전달 방식을 복사(*radiation*)라 한다.

복사는 기존의 두 열전달 방식과는 다르며, 열전달의 매개체가 관련되지 않는다. 사실 복사에 의한 에너지의 전달은 매우 빠르고(빛의 속도), **진공**(*vacuum*)에서는 에너지의 감쇠도 없다. 또한 복사 열전달(thermal radiation)은 기체와 액체에서 뿐 아니라 고체에서도 가능하다. 대부분의 실제문제에서는 세 가지 방식의 열전달이 각각 다른 정도로서 동시에 존재한다. 그러나 진공인 공간에서는 복사 열전달만이 가능하고 태양 에너지가 지구에 도달하는 것은 바로 복사 열전달에 의한 것이다.

전도와 대류에 의하여 열은 고온에서 저온인 매질로, 즉 온도가 낮은 쪽으로 전달된다는 것을 이미 알고 있다. 상호 열전달을 하고 있는 두 물체보다 온도가 더 낮은 매질을 통하여 복사열이 전달된다는 것은 매우 흥미로운 사실이다(그림 8–2). 예를 들면 태양복사는 높은 고도의 저온인 지구 대기를 통과하여 지표에 도달한다. 또한 온실 내부 표면에 도달하여 흡수된 복사열은 이 표면을 덮고 있는 플라스틱이나 유리보다 온실 내부 표면의 온도를 높게 유지하여 준다.

복사에 대한 이론적 기초는 1864년에 물리학자인 제임스 클럭 맥스웰(James Clerk Maxwell)에 의하여 성립되었다. 그는 가속된 전하나 전자흐름의 변화에 의하여 전기와 자기장이 발생한다고 가정하였다. 이러한 장(field)의 빠른 움직임을 **전자기파**(electromagnetic wave) 또는 **전자기복사**(electromagnetic radiation)라 부르며, 이들은 매질 내 원자나 분자의 전기적인 배열이 변화하며 방사하는 에너지이다. 1887년 하인리히 헤르츠(Heinrich Hertz)에 의하여 이와 같은 파동이 실험적으로 증명되었다. 전자기파동은 다른 파동들과 마찬가지로 에너지를 수송하며 모든 전자기파는 진공에서 **빛의 속도**인 $c_0 = 2.9979 \times 10^8$ m/s로 이동한다. 전자기파는 그들의 **주파수**(*frequency*) ν와 **파장**(*wavelength*) λ에 의하여 구분된다. 이들 두 값은 매질에서 파의 전파속도 c와 함께 다음과 같은 식으로 표현된다.

$$\lambda = \frac{c}{\nu} \tag{8–1}$$

매질에서 파의 전파속도는 진공에서 빛의 속도 c_0와 매질의 **굴절률**(*index of refraction*) n과 함께 $c = c_0/n$으로 표현된다. 공기를 비롯한 대부분의 기체에서 굴절률은 1이며, 유리는 약 1.5, 물은 약 1.33 정도 된다. 일반적으로 사용되는 파장의 단위는 **마이크로메터**(*micrometer*, μm)로써 1 μm = 10^{-6} m이다. 파장 및 파동속도와는 달리 주파수는 파의 발생원에 의해서만 결정되며 파동이 진행하는 매질과는 무관하다. 전자기파의 **주파수**(단위 초당 진동수)는 진동원에 따라 작게는 백만Hz로부터 10^{24} Hz, 또는 그 이상까지 가능하다. 식 (8–1)에서 볼 수 있듯이 전자기파의 파장과 주파수는 반비례한다.

막스 플랑크가 1900년에 제안한 **양자이론**(*quantum theory*)은 복사 열전달을 학습함에 있어 매우 유용하다. 전자기복사는 **광량자**(photon) 또는 **양자**(quanta)라고 명명된 불연속 에너지다발의 전달이며, 주파수가 ν인 각각의 광량자는 **플랑크상수**(*Planck's constant*) $h = 6.626069 \times 10^{-34}$ J·s를 도입하면 다음 식과 같은 크기의 에너지를 갖는다.

$$e = h\nu = \frac{hc}{\lambda} \quad \text{(8–2)}$$

식 (8–2)의 두 번째 항에서 h와 c가 상수이므로 광량자의 에너지는 파장에 반비례함을 알 수 있다. 그러므로 파장이 작은 복사는 큰 광량자 에너지를 가지며, 파장이 매우 작아서 파괴력이 강한 복사인 γ선과 X선이 위험한 것은 지극히 당연하다.

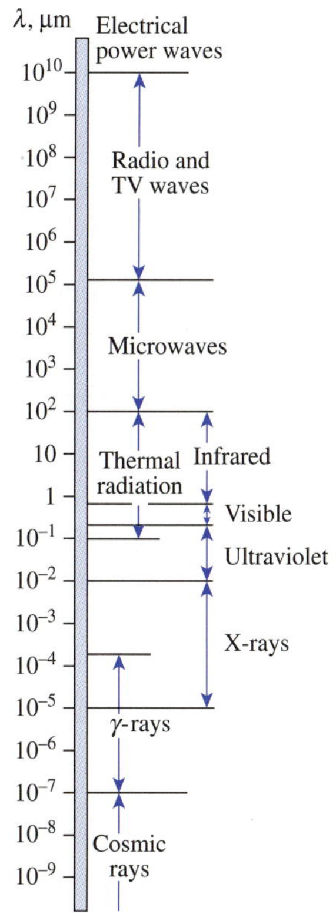

그림 8–3
전자기파의 스펙트럼

8–2 ▪ 열복사

전자기파는 일반적으로 동일한 성질을 갖지만 파장에 따라 각각의 특성이 나타난다. 실생활에서 전자기복사는 파장이 10^{-10} μm인 우주선으로부터 전력파의 파장인 10^{10} μm에 이르기까지 매우 넓은 범위에 걸쳐 존재한다. 또한, **전자기스펙트럼**(electromagnetic spectrum)은 그림 8–3에 도시한 바와 같이, γ선, X선, 자외선복사, 가시광선, 적외선복사, 열복사, 마이크로파, 라디오파 등을 모두 포함한다.

서로 다른 전자기복사는 각각의 생성기구가 다르다. 예로써 γ선은 원자반응로에서 생성되며, X선은 고에너지의 전자가 금속판에 부딪칠 때 발생하고, **마이크로파**는 클라이스트론(klystron)과 마그네트론(magnetron)이라 불리는 특별한 전자관에 의하여, **라디오파**(*radio waves*)는 특정한 광석의 여기(excitation)나 전기도체 내 교류전류에 의하여 발생한다.

파장이 짧은 γ선이나 X선은 원자력 엔지니어의 연구대상인 반면, 장파인 마이크로파와 라디오파는 전기전자 엔지니어들의 연구대상이다. 열전달과 관련된 전자기복사로는 매질 내 분자, 원자, 전자의 진동 및 회전운동에 의하여 방사되는 **열복사**(thermal radiation)가 해당된다. 온도는 미세한 측면에서 본다면 이와 같은 운동들의 강도에 대한 척도이며, 온도가 증가하면 열복사의 방사량도 증가한다. 열복사는 온도가 절대온도 0 K보다 높은 모든 물체에서 지속적으로 방사된다. 즉 우리 주위의 벽과 가구뿐 아니라 친구들로부터도 지속적으로 방사된다(그림 8–4). 물체에서 방사되는 복사의 파장이 0.1에서 100 μm 사이에 걸쳐 분포되기 때문에 열복사를 이러한 파장을 갖는 전자기스펙트럼의 일부로 정의하기도 한다. 열복사는 모든 가시광선 영역과 적외선(IR) 및 자외선(UV)을 포함한다.

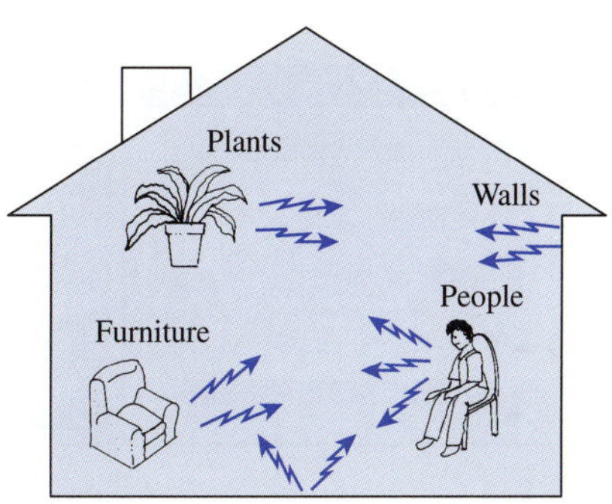

그림 8–4
우리를 둘러싼 모든 물체는 일정한 열복사를 방사한다.

표 8–1

색깔별 파장분포

Color	Wavelength band
Violet	0.40–0.44 μm
Blue	0.44–0.49 μm
Green	0.49–0.54 μm
Yellow	0.54–0.60 μm
Orange	0.60–0.67 μm
Red	0.63–0.76 μm

우리가 **빛**(light)이라고 부르는 것은 단순히 파장이 0.40에서 0.76 μm에 분포하는 전자기파의 일부로써 가시적으로 나타나는 것이다. 빛은 인간의 눈에 자극되어 인지된다는 것을 제외한다면 그 특성이 전자기복사와 다르지 않다. 빛이나 가시광 파장은 표 8-1에 제시한 바와 같이 색으로는 보라(0.40～0.44 μm)에서 빨간색(0.63～0.76 μm)에 걸친 좁은 띠(band)로 구성된다.

가시광선 영역의 복사 일부를 방사하는 물체를 광원이라 부른다. 태양은 말할 나위 없이 우리의 가장 기본적인 광원이다. 태양에서 방사되는 전자기복사를 **태양복사**(solar radiation)라 하며 이들의 대부분은 파장이 0.3～3 μm인 띠에 속한다. 태양복사의 거의 반이 빛이고(즉 가시광선 영역) 나머지는 자외선과 적외선이다.

상온인 물체에서 방사되는 복사는 적외선에 속하며 그 영역이 0.76에서 100 μm에 걸쳐 분포된다. 물체의 온도가 800 K 이상 되어야 인지할 수 있는 가시광선 영역의 복사가 방사되기 시작한다. 전구의 텅스텐 필라멘트는 온도가 2,000 K 이상 가열되며 그 이하에서는 가시광선 영역의 복사를 방사하지 않는다.

자외선 복사는 열복사 스펙트럼의 단파장 끝 부분을 차지하며 파장은 0.01에서 0.40 μm 정도 된다. 자외선은 유기물의 미세 세포를 죽여서 인간과 생물에 대하여 치명적인 위험성이 내재하므로 이를 피해야 한다. 태양복사의 약 21%가 자외선에 속하며, 만약 이러한 태양복사가 지표에 입사된다면 지상의 생물체가 대부분 파멸될 것이다. 그러나 다행히도 대기권 상층부에 존재하는 오존(O_3)층이 방어막의 역할을 함으로써 대부분의 자외선을 흡수한다. 지표에 도달한 태양광에 잔존하는 자외선은 아직 강하므로 태양숭배족이 피부를 태우기에 충분하지만 지속적인 직사광선에의 노출은 치명적인 피부암을 유발할 수도 있다. 최근에 발견된 오존층의 구멍은 전 세계적으로 널리 사용되는 냉매인 프레온-21과 같은 화학물질에 의하여 오존이 파괴됨으로써 발생하는 것으로 판명되었으나 이러한 위험으로부터 지구를 구하기 위하여 국제기구에서는 프레온-21과 같은 화학물질의 사용을 금하는 협약을 맺었다. 자외선은 인공적인 형광등에 의하여 발생되기도 하므로 병원에서 박테리아 소독 등에 사용되거나 인공적인 선텐기구로 사용되기도 한다.

마이크로파 오븐은, 전자기복사 스펙트럼 중, 마그네트론(*magnetron*)이라 불리는 마이크로파 관에 의하여 발생되는 **마이크로파**(microwave) 영역을 이용한다. 마이크로파의 파장 범위는 10^2～10^5 μm로써, 금속표면에서는 반사되고, 유리나 플라스틱류는 투과하며, 음식물(특히, 수분)의 분자에 의하여 흡수되므로, 요리를 하기에 적합하다. 전기에너지는 마이크로 오븐에 의하여 복사로 전환되고 최종적으로 음식물의 내부에너지로 변한다. 마이크로 오븐을 이용한 빠르고 효율적인 요리법 때문에 주방에서 이는 필수적인 기기가 되었다(그림 8-5).

그림 8–5

마이크로 오븐은 오븐 내의 마그네트론에서 발생되는 전자기 복사에너지를 흡수함으로써 음식을 가열하거나 요리를 한다.

레이더와 무선전화기도 역시 마이크로파 영역의 전자기복사를 이용한다. 라디오와 TV 방송에 사용되는 전자기파의 파장은 대개 1～1,000 m인 **라디오파**(radio wave) 영역의 스펙트럼을 사용한다.

열전달에서는 물체가 자신의 온도에서 에너지를 방사하는 현상에 대하여 관심이 있으므로 우리의 논의를 흔히 **복사**(radiation)라고 부르는 **열복사**(thermal radiation)에 한정한다. 이후 유도되는 관계식들은 열복사에 국한되며 다른 형식의 전자기복사에는 적용될 수 없다.

모든 기체, 액체 및 고체를 구성하는 전자, 원자와 분자들은 절대온도 0 K 이상에서 지속적인 운동을 하므로 복사가 연속적으로 방사되고 매질 전체 체적을 통하여 흡수되거나 투과된다. 즉 복사는 **부피현상**(volumetric phenomenon)이다. 그러나 금속, 나무, 돌과 같은 불투명(비투과적)한 고체에서는 내부에서 방사된 복사가 표면까지 전달되지 못하며 표면에 입사된 복사는 표면에서 불과 수 마이크론 정도에서 모두 흡수되므로 이러한 물체에서의 복사는 **표면현상**(surface phenomenon)으로 간주된다(그림 8-6). 표면의 복사특성은 물체표면에 얇게 코팅된 층에 의하여 완전히 변할 수 있다.

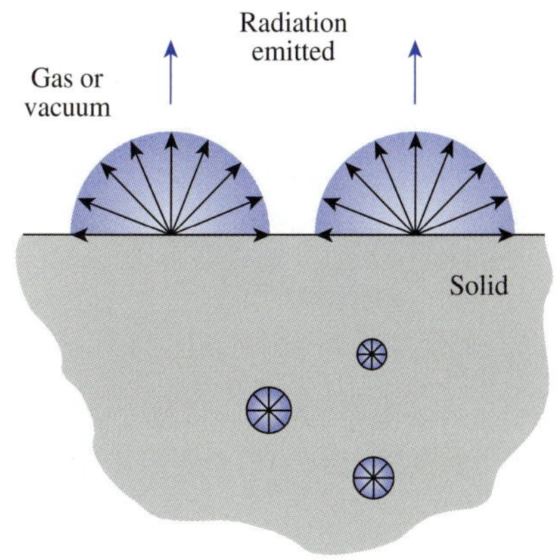

그림 8-6
불투명한 고체에서의 복사는 표면의 분자에서 방사된 복사만이 고체를 벗어날 수 있으므로 표면 현상으로 간주된다.

8-3 ▪ 흑체복사

절대온도 0 K 이상인 물체는 모든 방향에 대하여 넓은 범위에 걸친 파장의 복사를 방사한다. 표면에서 방사되는 일정한 파장에 대한 복사에너지의 양은 물체와 물체 표면의 온도뿐 아니라 물체표면의 특성에 의하여 결정된다. 그러므로 서로 다른 물체는 온도가 서로 같을지라도 단위면적당 각각 다른 양의 복사에너지를 방사한다. 그렇다면 일정한 표면온도에서 방사되는 복사에너지의 **최고** 양이 얼마일까 하는 의문은 자연스럽게 도출된다. 이와 같은 호기심을 충족시키기 위하여 **흑체**(*blackbody*)라 부르는 이상적인 물체를 가정한다. 흑체는 실제 표면의 복사 물성값과 비교를 위한 표준물체이다.

흑체는 복사에 대하여 **완전한 방사체**이자 동시에 **완전한 흡수체**이다. 주어진 온도와 파장에서 흑체보다 많은 에너지를 방사하는 물체는 없다. 흑체는 파장과 방향에 상관없이 표면에 입사되는 모든 복사를 흡수한다. 또한 흑체는 **모든** 방향으로 균일한 복사에너지를 방사한다(그림 8-7). 이에 따라 흑체는 **확산**(*diffuse*) 방사체라 하며, 이때 **확산**은 "방향에 의존하지 않음"을 의미한다.

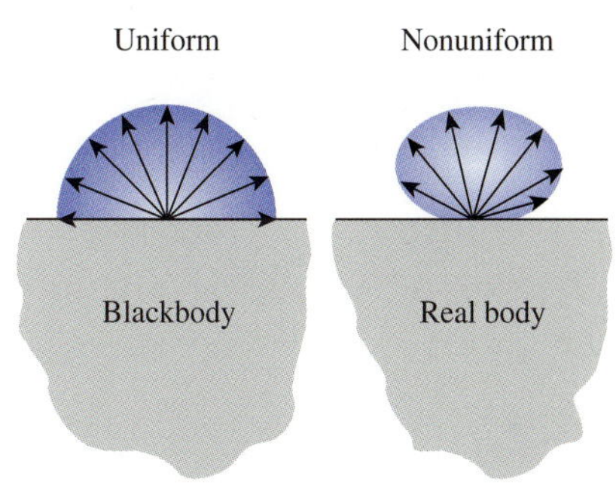

그림 8-7
흑체는 복사에너지를 모든 방향으로 균일하게 방사하므로 확산 방사체라 한다.

단위 시간당, 단위표면적당 흑체로부터 방사되는 복사에너지는 요셉 스테판(Joseph Stefan)이 1879년에 실험을 통하여 다음과 같은 식으로 표현할 수 있다고 제안하였다.

$$E_b(T) = \sigma T^4 \quad (\text{W/m}^2) \tag{8-3}$$

이 식에서 $\sigma = 5.670 \times 10^{-8}$ W/m$^2 \cdot$K^{4}는 **스테판-볼츠만 상수**이고, T는 표면의 절대온도로서 단위는 K이다. 이 관계식은 1884년, 루드비히 볼츠만(Ludwig Boltzmann)에 의하여 이론적으로 검증되었다. 식 (8-3)은 **스테판-볼츠만 법칙**(Stefan-Boltzmann law)으로 알려져 있으며, E_b는 **흑체방사도**(blackbody emis-

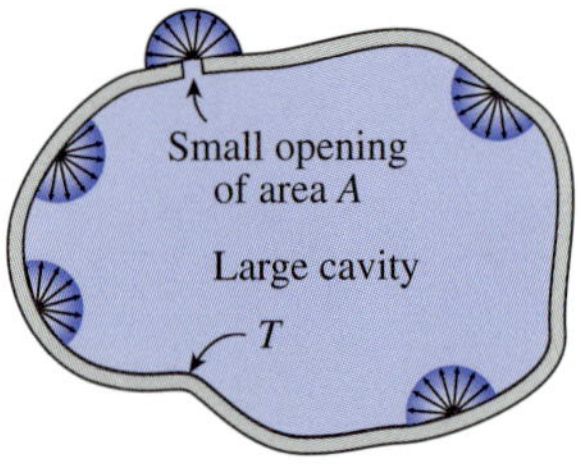

그림 8–8

면적 A인 작은 구멍이 있는 온도 T인 큰 등온 공간과 면적 A인 같은 온도의 흑체는 서로 닮았다.

sive power)이다. 열복사 에너지의 방사는 절대온도의 4승에 비례함을 인지하자.

흑체가 우리 눈에 검은색으로 보일지라도 이상적인 흑체와 평상적인 검은 표면은 구분되어야 한다. 빛(복사의 가시영역)을 흡수하는 모든 표면은 우리 눈에 검게 보이며 빛을 완전히 반사하는 면은 하얗게 보인다. 가시영역 복사의 파장이 0.4에서 0.76 μm의 얇은 띠임을 고려한다면 가시적인 관찰에 의하여 표면의 검기 정도를 구분한다는 것은 불가능하다. 예를 들어 눈과 흰색 페인트는 빛을 반사하므로 흰색으로 나타난다. 그러나 이들은 긴 파장의 복사에 대한 흡수성이 강하므로 적외선에 대하여는 흑체이다. 유연(油煙) 페인트로 코팅된 표면은 이상적인 흑체와 거의 같다.

흑체와 거의 흡사한 다른 형태의 물체로서 그림 8–8에 도시한 바와 같이 **작은 구멍을 갖는 큰 공동**을 고려해 보자. 면적이 A인 작은 구멍으로 들어온 복사는 일부가 다시 구멍을 통하여 빠져나가기 전에 공동 내부의 표면에서 다수의 반사를 통하여 표면에 흡수된다. 만약, 공동 내부의 온도가 T로 등온이라면, 내부 표면에서 방사된 복사는 마찬가지로 다수의 반사를 통하여 구멍으로 방사되므로 확산의 특성을 보일 것이다. 그러므로 이러한 공동은 완전한 흡수체이자 완전한 방사체이며 구멍은 내부 표면의 복사 물성값과 무관하게 면적이 A이고 온도가 T인 흑체와 닮았다.

식 (8–3)으로 나타낸 스테판–볼츠만 법칙은 모든 파장에 대한 복사에너지의 합을 의미하는 **총** 흑체방사도(*total* black body emissive power) E_b에 관한 식이다. 필요에 따라서 **절대온도 T인 표면에서 단위시간당, 단위면적당, 파장 λ 주위의 단위파장당 방사되는 복사에너지의 양인 분광흑체방사도**(spectral blackbody emissive power)에 대하여 알아야 한다. 백열전구에 대하여 예를 든다면, 전구에서 방사되는 총복사량보다는 가시광선 영역의 복사량이 중요하다.

1901년에 물리학자 막스 플랑크는 그의 유명한 양자이론과 함께 분광흑체방사도 $E_{b\lambda}$에 관한 관계식을 개발하였다. 이 식은 **플랑크의 법칙**(Planck's law)으로 알려져 있으며, 다음과 같이 표기된다.

$$E_{b\lambda}(\lambda, T) = \frac{C_1}{\lambda^5[\exp(C_2/\lambda T) - 1]} \qquad (\mathrm{W/m^2 \cdot \mu m}) \tag{8–4}$$

여기서 상수들은 다음과 같다.

$$C_1 = 2\pi h c_0^2 = 3.74177 \times 10^8 \ \mathrm{W \cdot \mu m^4/m^2}$$
$$C_2 = hc_0/k = 1.43878 \times 10^4 \ \mathrm{\mu m \cdot K}$$

또한 T는 표면의 절대온도이고, λ는 방사되는 복사의 파장이며, $k = 1.38065 \times 10^{-23}$ J/K는 **볼츠만 상수**이다. 이러한 관계식은 **진공**이나 기체 내에 존재하는 표면에 대하여 적용된다. 다른 매질에 대하여는 상수 C_1을 C_1/n^2으로 대체하여야 하며 n은 매질의 굴절률이다. **분광**(*spectral*)은 파장에 의존함을 의미한다.

몇 가지 온도에서 파장에 따른 흑체방사도의 변화를 그림 8-9에 도시하였으며, 이 그래프에 대한 분석 결과는 다음과 같다.

1. 복사방사는 **파장**에 대하여 연속함수이다. 어떤 특정한 온도에서 분광흑체방사도는 파장에 따라 증가하여 최고값이 되고 이후 다시 감소한다.
2. 일정한 파장에서의 복사방사는 온도가 증가하면 함께 **증가**한다.
3. 온도가 증가하면 곡선은 더욱 가파르게 변하며 좌측의 짧은 파장 영역으로 이동한다. 결국 고온에서는 많은 양의 에너지가 **짧은 파장** 영역에서 방사된다.
4. 온도가 5,780 K(대략 5,800 K)인 흑체로 간주할 수 있는 **태양**의 복사방사는 가시광선 영역의 파장에서 최고값을 나타내므로, 태양복사가 우리의 눈에 맞게 조절되어 있다고 볼 수 있다. 반면 표면온도가 $T \leq 800$ K이면 대부분의 복사에너지가 적외선 영역에서 방사되므로 다른 광원에서 입사된 가시광선을 반사하지 않는다면 우리 눈에 보이지 않는다.

온도가 증가하면 그림 8-9에 도시한 바와 같이 곡선의 최고값 위치가 짧은 파

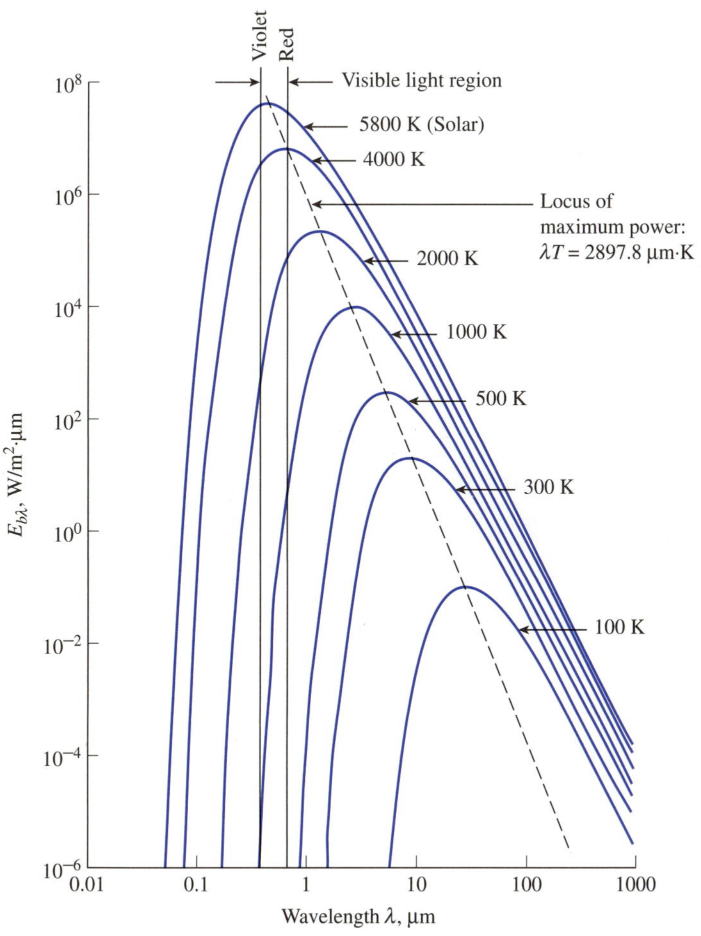

그림 8-9
여러 온도에서 파장에 따른 흑체방사도의 변화

장 쪽으로 이동한다. 특정한 온도에 대하여 최고값에서의 파장은 **바인의 변위법칙**(Wien's displacement law)에 의하여 다음과 같이 표현된다.

$$(\lambda T)_{\text{max power}} = 2897.8\ \mu\text{m}\cdot\text{K} \tag{8-5}$$

이 관계식은 원래 윌리 바인(Willy Wien)이 1894년에 고전 열역학적으로 유도하였으나, 식 (8-4)를 온도 T가 일정할 때 λ에 대하여 미분하고 그 식이 0이 되도록 정리하면 동일한 식을 구할 수 있다. 바인의 변위법칙은 방사된 복사의 최고값을 추적하는 것으로 그림 8-9에 도시한 바와 같다.

태양복사의 경우 최고값은 $\lambda = 2897.8/5780 = 0.50\ \mu\text{m}$에서 나타나며 이 파장은 가시영역의 중간에 해당한다. 상온($T = 298$ K)인 면에서 방사되는 복사의 최고값은 적외선 영역에 속하는 9.72 μm에서 나타난다.

전기저항 전열기에 전원을 공급하면 곧 복사에 의한 방열이 시작되고 전열기방향으로 손바닥을 펼치면 복사열이 방사됨을 느낄 수 있다. 이와 같은 복사에너지는 모두 적외선 영역에 속하므로 우리 눈이 감지하지 못한다. 전열기의 온도가 1,000 K에 도달하면 비로소 흐릿하게 붉은색이 나타나며, 이때 우리 눈이 감지할 수 있을 정도의(약 1 $\text{W/m}^2\cdot\mu\text{m}$) 붉은색 복사가 방사되기 때문이다. 온도가 더 증가하면 전열기는 밝은 적색으로 보이며, 이를 **적열**(*red hot*)이라고 한다. 온도가 1,500 K에 도달하면 전열기는 전체 가시영역에 해당하는 스펙트럼에서 충분한 복사를 방사하므로 우리 눈에 거의 **흰색**으로 보이고, 이를 **백열**(*white hot*)이라 부른다.

적외선은 사람의 눈에는 감지되지 않지만 대상물이 방사하는 적외선에 의한 시각적 형상을 마이크로프로세서를 이용하여 시각정보로 송출하는 적외선 카메라를 통하여 볼 수 있다. **방울뱀**은 온혈동물로부터 방출되는 적외선 복사 또는 "체열"을 감지할 수 있어서 특별한 장비 없이 밤에도 볼 수 있다. 이와 비슷하게 꿀벌은 자외선 복사에 민감하다. 모든 파장의 빛을 반사하는 면은 **하얗게** 보이고, 입사되는 모든 빛을 흡수하는 면은 검은색으로 보인다(그렇다면 우리는 어떻게 검은색 면을 볼 수 있을까?).

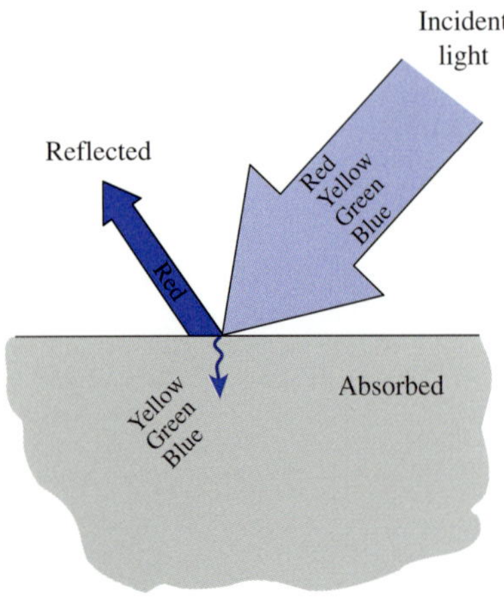

그림 8-10
입사광 중에서 빨간색은 반사하고 나머지 색은 흡수하는 표면이 우리 눈에는 빨간색으로 보인다.

물체표면의 온도가 1,000 K 이하에서는 적외선 영역의 방사만이 가능하므로 이 온도에서 물체가 색을 띄는 것은 물체의 방사에 의한 것이 아님을 확실히 구분하여야 한다. 표면의 색은 흡수와 반사 특성에 의존하고, 특히 태양이나 백열전구와 같은 광원에서 방출되어 입사된 가시광선 복사가 선택적으로 흡수되거나 반사되어 색으로 나타난다. 옷감에 염료를 처리하여 입사광의 빨간색을 반사하고 나머지는 흡수하도록 하면 우리 눈에 빨간색으로 보인다(그림 8-10). 잎사귀는 그들의 세포가 초록색을 강하게 반사하고 나머지는 흡수하는 엽록소 염료를 함유하므로 초록색으로 보인다.

분광흑체방사도 $E_{b\lambda}$를 전체 분광파장에 대하여 적분하면 다음 식과 같은 총 흑체방사도 관계식을 구할 수 있으며 연습문제에서 증명하도록 제시하였다.

$$E_b(T) = \int_0^\infty E_{b\lambda}(\lambda, T)\, d\lambda = \sigma T^4 \qquad (\text{W/m}^2) \tag{8-6}$$

그러므로 스테판-볼츠만 법칙[식 (8-3)]은 플랑크의 분산법칙[식 (8-4)]을 총 파장에 대하여 적분함으로써 구할 수 있다. $E_{b\lambda}-\lambda$ 선도에서 E_b는 주어진 온도에서의 $E_{b\lambda}$곡선과 파장축에 의하여 형성되는 면적과 같다(그림 8-11). 정의된 항에서 총 의미는 "파장에 대한 적분"을 의미한다.

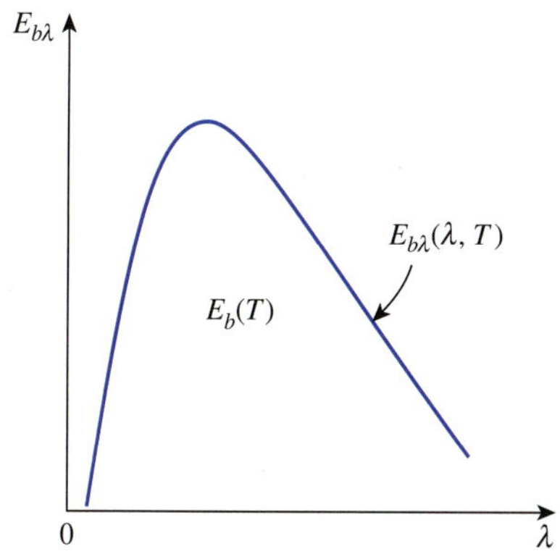

그림 8-11
선도상에서 주어진 온도의 곡선 하부면적은 그 온도에서 흑체가 방사하는 총 복사에너지를 나타낸다.

예제 8-1 흑체구로부터의 복사방사

직경 20 cm인 공이 그림 8-12에 도시한 것과 같이 800 K의 온도로 공기 중에 매달려 있다. 공이 흑체와 거의 같다고 가정할 때 다음을 구하라. (*a*) 총 흑체방사도, (*b*) 5분 동안 공에서 방사된 복사열량, (*c*) 파장 3 μm에서 분광흑체방사도

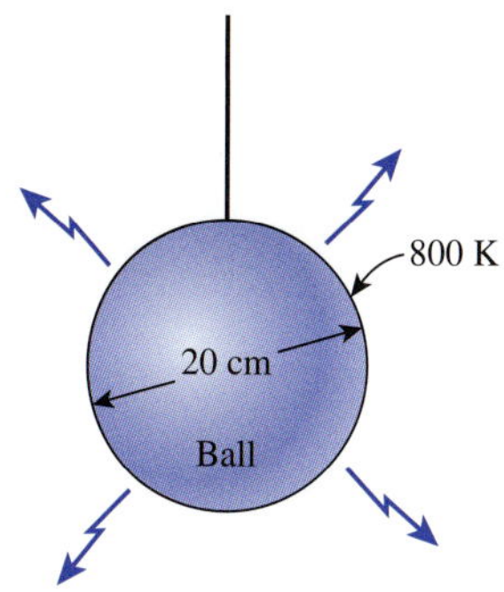

그림 8-12
예제 8-1에서 고려하는 구형 공

풀이 등온의 공이 공기 중에 매달려 있다. 총 흑체방사도와 5분 동안 공에서 방사된 복사열량 및 파장 3 μm에서 분광흑체방사도를 결정하여야 한다.

가정 공은 흑체로 가정한다.

해석 (*a*) 총 흑체방사도는 스테판-볼츠만 법칙으로부터 다음과 같이 구한다.

$$E_b = \sigma T^4 = (5.67 \times 10^{-8}\ \text{W/m}^2\cdot\text{K}^4)(800\ \text{K})^4 = \mathbf{23.2\ kW/m^2}$$

즉 공은 단위시간당, 단위표면적당 23.2 kJ의 에너지를 전자기파 복사의 형태로 방사한다.
(*b*) 5분 동안 공으로부터 방사된 총 복사에너지는 위에서 구한 흑체방사도에 공의 총 표면적과 주어진 시간간격을 곱하여 구한다.

$$A_s = \pi D^2 = \pi(0.2\ \text{m})^2 = 0.1257\ \text{m}^2$$

$$\Delta t = (5\ \text{min})\left(\frac{60\ \text{s}}{1\ \text{min}}\right) = 300\ \text{s}$$

$$Q_{\text{rad}} = E_b A_s\, \Delta t = (23.2\ \text{kW/m}^2)(0.1257\ \text{m}^2)(300\ \text{s})\left(\frac{1\ \text{kJ}}{1\ \text{kW}\cdot\text{s}}\right)$$
$$= \mathbf{875\ kJ}$$

즉 5분 동안 공으로부터 전자기파 복사의 형태로 875.8 kJ의 내부에너지의 손실이 있으며 이는 물 20 kg의 온도를 0°C에서 100°C까지 상승시키기에 충분한 양이다. 공 외부로부터, 혹은 공 내부에서 화학반응이나 핵반응 등과 같은 특별한 열전달 방식을 통하여 구가 주위로 잃어버린 양만큼의 에너지 공급이 없다면 공의 온도는 800 K를 유지할 수 없다.
(*c*) 파장 3 μm에서 분광흑체방사도는 플랑크의 분산법칙에 의하여 다음과 같이 구한다.

$$E_{b\lambda} = \frac{C_1}{\lambda^5\left[\exp\left(\dfrac{C_2}{\lambda T}\right) - 1\right]} = \frac{3.74177 \times 10^8\ \text{W}\cdot\mu\text{m}^4/\text{m}^2}{13\ \mu\text{m}2^5\left[\exp\left(\dfrac{1.43878 \times 10_4\ \mu\text{m}\cdot\text{K}}{13\ \mu\text{m}2\ 1800\ \text{K}2}\right) - 1\right]}$$
$$= \mathbf{3846\ W/m^2\cdot\mu m}$$

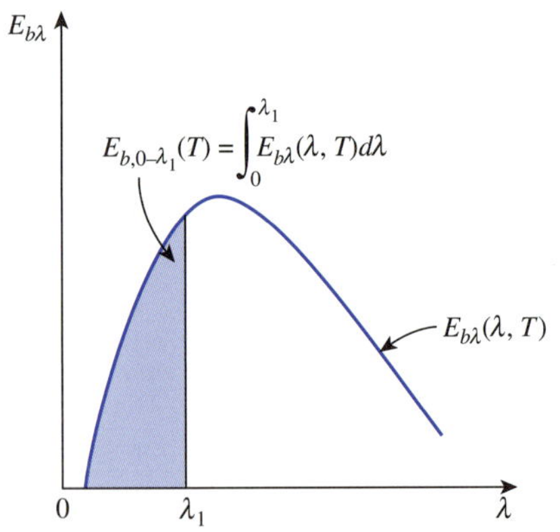

그림 8-13

$E_{b\lambda} - \lambda$ 선도에서 $\lambda = \lambda_1$인 수직선의 왼쪽에 형성되는 곡선 하부면적은 주어진 온도에서 파장 $0 - \lambda_1$에 걸쳐 흑체가 방사하는 복사에너지를 나타낸다.

스테판-볼츠만 법칙, $E_b(T) = \sigma T^4$은 $\lambda = 0$에서 $\lambda = \infty$까지 모든 파장에서 방사되는 흑체 복사에너지를 의미한다. 그러나 때로는 특정한 파장대에서 방사되는 복사에너지에 대하여 고려하는 경우가 있다. 예를 들어 백열전구는 모든 파장의 에너지보다는 가시광선 영역의 에너지에 관심이 있다.

파장 $\lambda = 0$에서 λ에 걸쳐 방사되는 단위면적당 흑체 복사에너지는 다음과 같이 구한다(그림 8-13).

$$E_{b,\,0-\lambda}(T) = \int_0^{\lambda} E_{b\lambda}(\lambda, T)\, d\lambda \qquad (\text{W/m}^2) \tag{8-7}$$

식 (8-4)의 $E_{b\lambda}$ 관계식을 대입하고 적분을 수행함으로써 $E_{b,\,0-\lambda}$를 구할 수 있을 것처럼 보인다. 그러나 이 적분식은 단순히 닫힌 형태의 해를 갖지 않으며, $E_{b,\,0-\lambda}$를 새로 구할 때마다 매번 수치적분을 수행하여야 하므로 실용적이지 못하다. 그러므로 **흑체복사함수**(blackbody radiation function)라 불리는 무차원량 f_λ를 다음과 같이 정의한다.

$$f_\lambda(T) = \frac{\int_0^{\lambda} E_{b\lambda}(\lambda, T)\, d\lambda}{\sigma T^4} \tag{8-8}$$

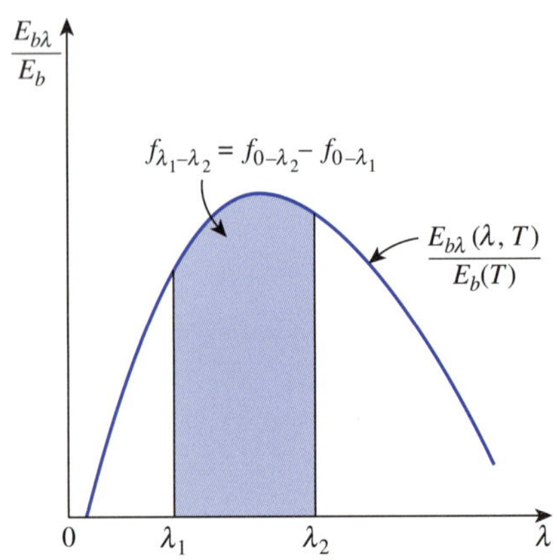

그림 8-14

파장띠 λ_1으로부터 λ_2에 걸쳐 방사하는 복사비의 도표상 표현

함수 f_λ는 온도 T인 흑체에서 방사되는 총 복사에너지에 대한 파장 $\lambda = 0$에서 λ 걸쳐 방사되는 에너지의 비이다. 그림 8-13을 참조하면 f_λ는 함수곡선으로 이루어지는 면적(파장 $0 - \infty$ 범위에 걸쳐 흑체에서 방사되는 총 복사에너지)에 대한 색칠한 부분(파장 $0 - \lambda_1$ 범위에 걸쳐 흑체에서 방사되는 복사에너지)의 면적비이다. 함수 f_λ의 값을 λT의 함수로서 표 8-2에 제시하였다. 이때, λ는 μm, T는 K의 단위를 사용한다.

$\lambda = \lambda_1$에서 $\lambda = \lambda_2$에 걸친 유한한 파장에 대하여 온도 T인 흑체로부터 방사되는 복사에너지의 비는 다음과 같이 결정한다(그림 8-14).

$$f_{\lambda_1-\lambda_2}(T) = \frac{\int_0^{\lambda_2} E_{b\lambda}(\lambda, T)d\lambda - \int_0^{\lambda_1} E_{b\lambda}(\lambda, T)d\lambda}{\sigma T^4} = f_{\lambda_2}(T) - f_{\lambda_1}(T) \tag{8-9}$$

이때, $f_{\lambda_1}(T)$와 $f_{\lambda_2}(T)$는 각각 $\lambda_1 T$와 $\lambda_2 T$에 대한 흑체복사함수이다.

예제 8-2 태양과 전구로부터의 빛 방사

디지털 카메라에 사용되는 CCD는 분광영역이 다른 광원에 대하여 다르게 반응한다. 대낮의 햇빛과 백열등의 빛은 유효표면온도가 각각 5,800 K와 2,800 K인 흑체로부터 방사된 것으로 가정할 수 있다. 각각의 광원에 대하여 파장이 0.4 μm(보라색)~0.76 μm(빨간색)인 가시광영역대에서 방사된 복사의 비를 구하라.

표 8-2

흑체복사함수

λT, μm·K	f_λ	λT, μm·K	f_λ
200	0.000000	6200	0.754140
400	0.000000	6400	0.769234
600	0.000000	6600	0.783199
800	0.000016	6800	0.796129
1000	0.000321	7000	0.808109
1200	0.002134	7200	0.819217
1400	0.007790	7400	0.829527
1600	0.019718	7600	0.839102
1800	0.039341	7800	0.848005
2000	0.066728	8000	0.856288
2200	0.100888	8500	0.874608
2400	0.140256	9000	0.890029
2600	0.183120	9500	0.903085
2800	0.227897	10,000	0.914199
3000	0.273232	10,500	0.923710
3200	0.318102	11,000	0.931890
3400	0.361735	11,500	0.939959
3600	0.403607	12,000	0.945098
3800	0.443382	13,000	0.955139
4000	0.480877	14,000	0.962898
4200	0.516014	15,000	0.969981
4400	0.548796	16,000	0.973814
4600	0.579280	18,000	0.980860
4800	0.607559	20,000	0.985602
5000	0.633747	25,000	0.992215
5200	0.658970	30,000	0.995340
5400	0.680360	40,000	0.997967
5600	0.701046	50,000	0.998953
5800	0.720158	75,000	0.999713
6000	0.737818	100,000	0.999905

풀이 정의된 흑체온도로부터 태양과 백열전등 필라멘트에서 방사되는 가시광영역 파장대 복사의 비율을 구한다.

가정 태양과 백열전등 필라멘트는 흑체로 가정한다.

해석 가시광선 영역의 전자기파 파장은 $\lambda_1 = 0.4$ μm에서 $\lambda_2 = 0.76$ μm에 걸쳐 있다. $T = 5,800$ K인 태양의 경우, $\lambda_1 T$와 $\lambda_2 T$에 대한 흑체복사함수는 표 8-2로부터 다음과 같이 구한다(그림 8-15).

$$\lambda_1 T = (0.40\ \mu\text{m})(5{,}800\text{K}) = 2{,}320\ \mu\text{m}\cdot\text{K} \rightarrow f_{\lambda_1,\text{daylight}} = 0.124509$$
$$\lambda_2 T = (0.76\ \mu\text{m})(5{,}800\text{K}) = 4{,}408\ \mu\text{m}\cdot\text{K} \rightarrow f_{\lambda_2,\text{daylight}} = 0.550015$$

그러므로 태양 가시광복사의 비율은 다음과 같다.

$$f_{\lambda_1-\lambda_2,\text{daylight}} = 0.550015 - 0.124509 = \mathbf{0.426}\ \text{or}\ \mathbf{42.6\ percent}$$

$T = 2,800$ K인 백열전등의 경우, $\lambda_1 T$와 $\lambda_2 T$에 대한 흑체복사함수는 표 8-2로부터 다음과 같이 구한다.

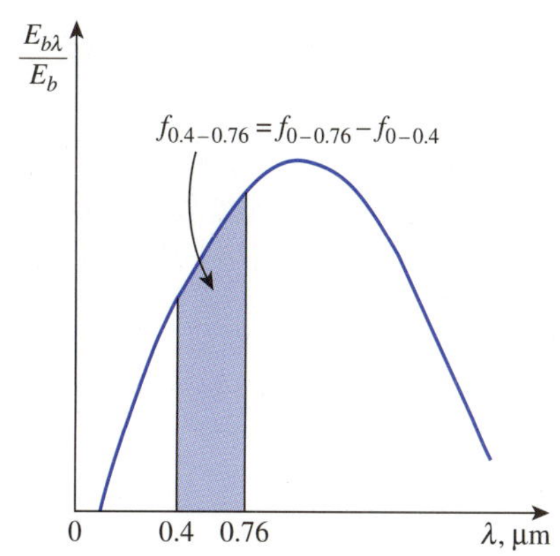

그림 8-15

예제 8-2의 가시광선 영역에 걸쳐 방사하는 복사함수의 도표상 표현

$$\lambda_1 T = (0.40\ \mu\text{m})(2{,}800\text{K}) = 1{,}120\ \mu\text{m}\cdot\text{K} \rightarrow f_{\lambda_1,\text{incandescent}} = 0.001409$$
$$\lambda_2 T = (0.76\ \mu\text{m})(5{,}800\text{K}) = 2{,}128\ \mu\text{m}\cdot\text{K} \rightarrow f_{\lambda_2,\text{incandescent}} = 0.088590$$

그러므로 백열전등 가시광복사의 비율은 다음과 같다.

$$f_{\lambda_1-\lambda_2,\text{incandescent}} = 0.088590 - 0.001409 = \mathbf{0.087} \text{ or } \mathbf{8.7\ percent}$$

검토 태양복사의 거의 절반이 가시광복사임을 확인할 수 있으며, 이로부터 태양은 매우 효율적인 광원임을 알 수 있다. 그러나 백열전등의 가시광복사는 10% 이하로써 광원으로는 부족하다. 이에 따라 백열전등은 형광등이나 LED조명으로 대체되고 있다.

8–4 ▪ 복사 물성값

금속, 나무, 벽돌과 같이 실제 사용되는 대부분의 물체는 복사열이 **투과하지 못하며** 이러한 물체에 대하여 복사는 **표면현상**으로 간주된다. 즉 복사 열전달은 표면의 불과 수 마이크론 정도 두께에서 방사와 흡수를 하며, 이와 같이 불투명한 물체의 표면 복사 물성값에 대하여 논하고자 한다.

유리나 물과 같은 물질은 가시광선 영역의 복사에 대하여 잘 흡수하지 않고 대부분 투과하므로 **반투명한** 물질을 통한 복사는 표면현상으로 간주할 수 없다. 반면 유리와 물은 모두 적외선에 대하여 불투명하다. 이와 같이 복사는 각각 다른 파장에 대하여 다른 성질을 나타내므로 방사율(emissivity), 흡수율(absorptivity), 반사율(reflectivity) 및 투과율(transmissivity) 등 복사 물성값의 파장에 대한 의존도는 매우 중요하다.

앞 절에서 복사에 대하여 완전 방사체이자 흡수체인 **흑체**를 정의하였다. 즉 같은 온도를 갖는 물체 중 흑체보다 더 많은 복사방사를 하는 물질은 없다. 그러므로 흑체를 실제 표면의 방사와 흡수 특성에 대한 기준으로서 **정의하면** 편리하다.

방사율

표면의 **방사율**(emissivity)은 **표면에서 방사되는 복사에 대한 같은 온도의 흑체표면에서 방사되는 복사의 비로 정의된다.** 표면의 방사율은 기호 ε으로 표기하며 이 값은 0에서 1까지 변한다($0 \le \varepsilon \le 1$). 방사율은 실제표면이 $\varepsilon = 1$인 흑체에 얼마나 근접하는가를 가늠하는 척도이다.

실제표면의 방사율은 일정한 값이 아니며 방사되는 복사의 **파장**과 **방향**뿐 아니라 **표면온도**에 따라 변한다. 그러므로 하나의 표면에 대하여 대상 인자에 따라 여러 가지 방사율을 정의할 수 있다. 예를 들어 특정 파장에 대한 표면의 방사율을 **분광방사율**(*spectral emissivity*)이라 하며 기호는 ε_λ를 사용한다. 마찬가지로 특정한 방향에 대한 방사율은 **방향방사율**(*directional emissivity*)이라 하며, 방사되는 복사의 방향과 표면의 수직한 방향에 의한 사이각 θ를 이용하여 ε_θ로 표기한다. 특정한 온도에서 표면의 가장 기본적인 방사율은 **분광방향방사율**(*spectral directional emissivity*), $\varepsilon_{\lambda,\theta}$로서 특정한 파장과 방향에 대한 방사율이다. 흑체복사는 모든 방향으로 균일함에 유의하자.

실제 복사 물성값을 적용함에 있어서 면을 출발하는 모든 방향에 대하여 평균을 취한 **반구물성값**을 사용하는 것이 편리하다. **분광방사도**(*spectral emissive power*)는 전체 반구에 걸쳐 단위면적당 특정한 파장에서 방사되는 복사에너지율의 적분이고, **분광반구방사율**(spectral hemispherical emissivity)은 다음과 같은 식으로 표기할 수 있다.

$$\varepsilon_\lambda(\lambda, T) = \frac{E_\lambda(\lambda, T)}{E_{b\lambda}(\lambda, T)} \qquad \textbf{(8–10)}$$

방사되는 복사의 분광분포가(즉 특정한 파장에서 방사되는 복사량이) 온도에 의존하므로 특정한 파장에서 표면의 방사율은 온도에 따라 변한다.

총 반구방사율(total hemispherical emissivity)은 전 파장과 모든 방향에 대하여 방사되는 복사에너지로써 다음 식과 같이 정의된다.

$$\varepsilon(T) = \frac{E(T)}{E_b(T)} \qquad \textbf{(8–11)}$$

그러므로 특정한 온도에서 표면의 총 반구방사율(간략히 "평균방사율"이라고도 함)은 동일한 온도에서 같은 면적의 흑체가 방사하는 복사량에 대한 실제면이 방사하는 총 복사에너지의 비를 의미한다.

식 $E = \int_0^\infty E_\lambda d\lambda$과 $E_\lambda(\lambda, T) = \varepsilon_\lambda(\lambda, T)E_{b\lambda}(\lambda, T)$를 적용하면 총 반구방사율은 다음과 같이 나타낼 수 있다.

$$\varepsilon(T) = \frac{E(T)}{E_b(T)} = \frac{\int_0^\infty \varepsilon_\lambda(\lambda, T)E_{b\lambda}(\lambda, T)d\lambda}{\sigma T^4} \qquad \textbf{(8–12)}$$

이때 $E_b(T) = \sigma T^4$를 사용하였다. 이 적분을 수행하려면 특정한 온도에서 파장에 따른 분광방사율의 변화를 알아야 한다. 대개 적분이 복잡하므로 수치적인 방법으로 수행한다. 그러나 파장을 충분히 많은 수의 띠로 구분하고 방사율 $\varepsilon_\lambda(\lambda, T)$가 계단함수로서 각각의 **파장역**(*wavelength band*)에 대하여 일정하다고 가정하면 적분을 쉽게 수행할 수 있다. 이러한 단순화는 적분을 흑체방사함수의 합으로 변화시켜 주며 정확도 면에서 약간의 희생을 감수한다면 매우 편리한 방법이다.

그림 8-16에 도시한 방사함수를 예로 들어보자. 이러한 함수에 대하여 다음과 같은 계단함수로 근사하는 것은 적절하다.

$$\varepsilon_\lambda = \begin{cases} \varepsilon_1 = \text{constant}, & 0 \le \lambda < \lambda_1 \\ \varepsilon_2 = \text{constant}, & \lambda_1 \le \lambda < \lambda_2 \\ \varepsilon_3 = \text{constant}, & \lambda_2 \le \lambda < \infty \end{cases} \qquad \textbf{(8–13)}$$

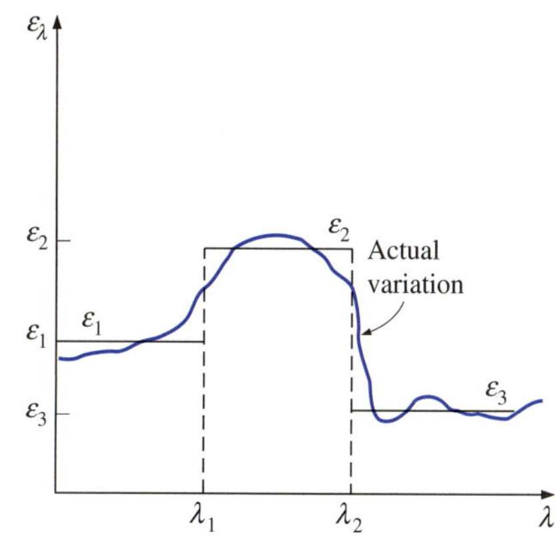

그림 8–16
파장에 따른 방사율의 실제변화와 계단함수로의 근사

Real surface:
$\varepsilon_\theta \neq$ constant
$\varepsilon_\lambda \neq$ constant

Diffuse surface:
ε_θ = constant

Gray surface:
ε_λ = constant

Diffuse, gray surface:
$\varepsilon = \varepsilon_\lambda = \varepsilon_\theta$ = constant

그림 8–17
표면의 방사율에 대한 확산 및 회체(gray) 근사의 효과

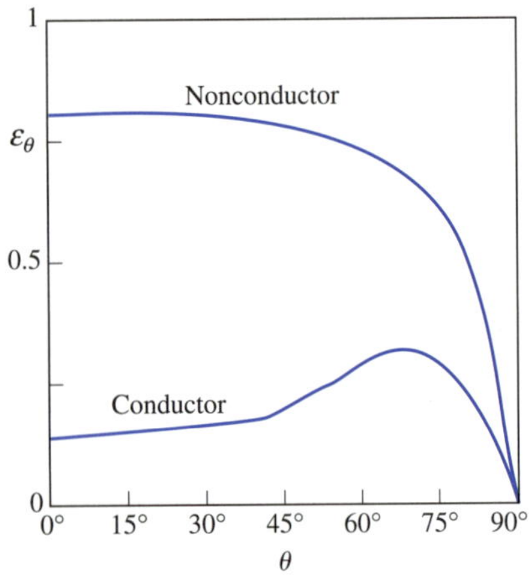

그림 8–18
전기도체와 비도체의 방향에 따른 방사율의 대표적인 변화

그러므로 평균방사율은 식 (8–12)로부터 적분을 세 구간으로 구분하고 흑체복사 함수를 사용하여 다음과 같은 식으로 결정할 수 있다.

$$\varepsilon(T) = \frac{\varepsilon_1 \int_0^{\lambda_1} E_{b\lambda}\, d\lambda}{E_b} + \frac{\varepsilon_2 \int_{\lambda_1}^{\lambda_2} E_{b\lambda}\, d\lambda}{E_b} + \frac{\varepsilon_3 \int_{\lambda_2}^{\infty} E_{b\lambda}\, d\lambda}{E_b} \tag{8–14}$$
$$= \varepsilon_1 f_{0-\lambda_1}(T) + \varepsilon_2 f_{\lambda_1-\lambda_2}(T) + \varepsilon_3 f_{\lambda_2-\infty}(T)$$

복사는 그 자체로써 매우 복잡한 현상이다. 충분한 자료가 존재하여도 물성값이 파장과 방향에 의존한다는 점에서 훨씬 복잡해지므로 **회색**(*gray*)과 **확산**(*diffuse*) 근사는 복사의 계산에 있어 가장 일반적으로 적용되는 가정이다. 표면의 물성값이 **방향과 무관**할 때 이 표면을 **확산적**이라고 하고 **파장에 무관**한 표면을 **회색**이라 한다. 그러므로 회색 및 확산적인 표면의 방사율은 방향과 파장에 무관하기 때문에 그 표면의 전반구방사율과 같다(그림 8–17).

다음에 확산 근사의 타당성에 대하여 언급하고자 한다. 실제표면은 흑체와 같이 완전히 확산적으로 복사를 방사하지는 않지만 대개는 거의 근접한다. 도체와 비도체의 방향에 따른 방사율의 변화를 그림 8–18에 도시하였다. 각도 θ는 표면에 수직한 방향과의 각이므로 $\theta = 0$인 복사는 표면에서 수직한 방향으로 방사되는 것이다. 금속과 같은 도체의 경우 $\theta < 40°$에서, 플라스틱과 같은 비도체는 $\theta < 70°$에서 ε_θ가 거의 일정하다. 그러므로 표면에 수직한 방향방사율이 표면의 반구방사율을 대표한다고 볼 수 있다. 복사문제의 해석에서는 실제 표면에 대한 수직(θ = 0) 방향방사율이 확산 방사율과 같은 확산복사체로 가정하는 것이 일반적이다.

실제 표면에서 방사도와 방사율에 대한 회체근사의 영향을 그림 8–19에 도시하였다. 일반적으로 실제 표면에서의 방사는 플랑크의 분산과 다르고 방사곡선은 여러 개의 극대 및 극소값을 갖는다. 가정한 회색 표면은 같은 온도의 실제 표면과

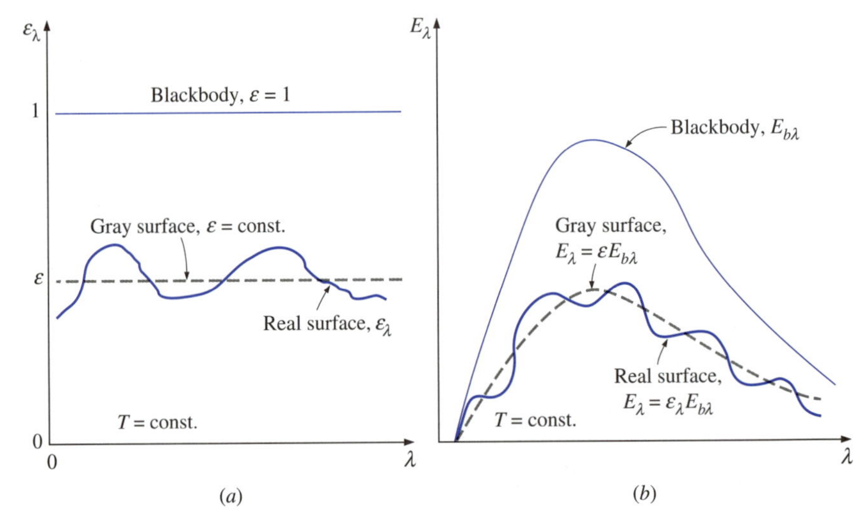

그림 8–19
동일한 온도에서 회체인 실제표면과 흑체의 방사율(*a*) 및 방사도(*b*) 비교

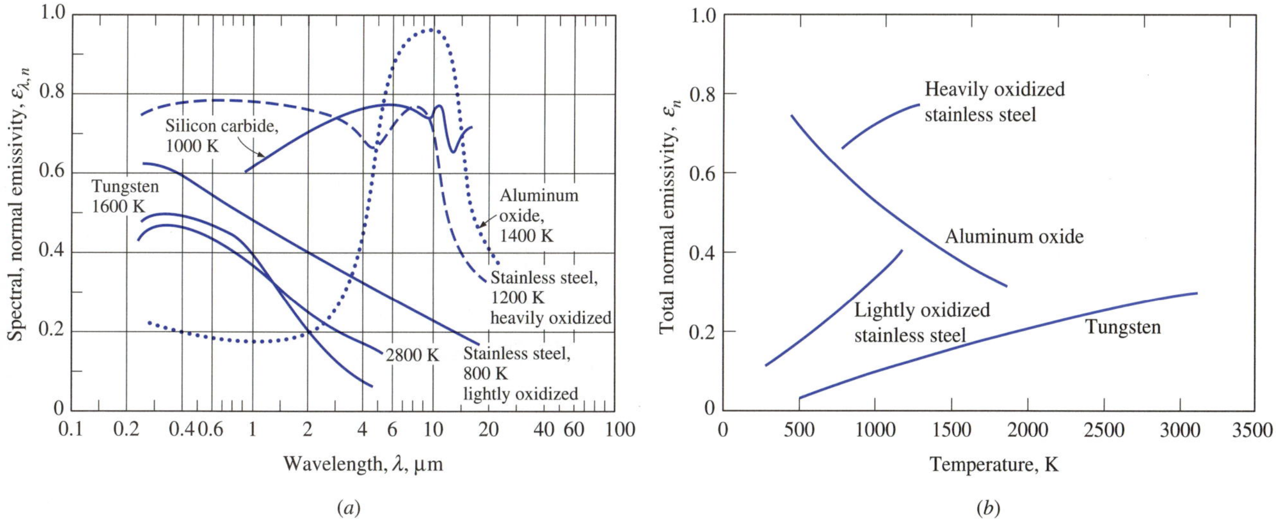

그림 8-20
다양한 물질의 (*a*) 파장과 (*b*) 온도에 따른 수직방사율의 변화

동일한 양의 복사를 방사하여야 하므로 실제 표면과 회색 표면의 방사곡선과 파장축으로 이루어진 면적은 서로 같아야 한다.

전형적인 물질의 방사율을 부록의 Table A-26에 수록하였고, 파장과 온도에 따른 변화를 그림 8-20에 도시하였다. 여러 가지 물질에 대한 방사율의 대략적인 범위를 그림 8-21에 도시하였다. 일반적으로 금속은 방사율이 작아서 표면 가공을 하면 0.02 정도의 작은 값이 되고, 비금속류인 세라믹과 유기물질 등은 큰 값을 나타낸다. 금속의 방사율은 온도에 따라 증가하고 표면이 산화되면 방사율도 현저히 증가한다. 심하게 산화된 금속의 방사율은 비금속의 방사율에 필적한다.

복사 물성값은 산화도, 거칠기, 후처리 및 청결도 등 표면의 상태에 따라 크게 좌우되므로 문헌에 제시된 복사 물성 자료의 표현과 사용에 있어 주의해야 한다. 결과적으로 제시된 자료들에는 불일치와 불확실성이 상당히 내포되어 있다. 이러한 불확실성은 대부분 표면상태의 세심한 정의와 특성화의 어려움에 기인한다.

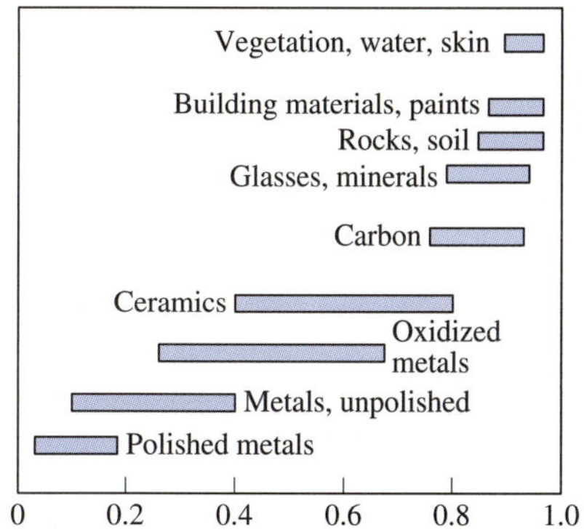

그림 8-21
다양한 물질에 대한 대표적인 방사율 범위

예제 8-3 표면의 방사율과 방사도

온도 800 K에서 불투명한 표면의 분광방사율이 다음과 같은 함수로 근사된다(그림 8-22).

$$\varepsilon_\lambda = \begin{cases} \varepsilon_1 = 0.3, & 0 \le \lambda < 3\ \mu\text{m} \\ \varepsilon_2 = 0.8, & 3\ \mu\text{m} \le \lambda < 7\ \mu\text{m} \\ \varepsilon_3 = 0.1, & 7\ \mu\text{m} \le \lambda < \infty \end{cases}$$

이러한 표면의 평균방사율과 방사도를 구하라.

풀이 특정한 온도와 파장에서 표면의 방사율이 주어진 경우, 평균방사율과 방사도를 구하여

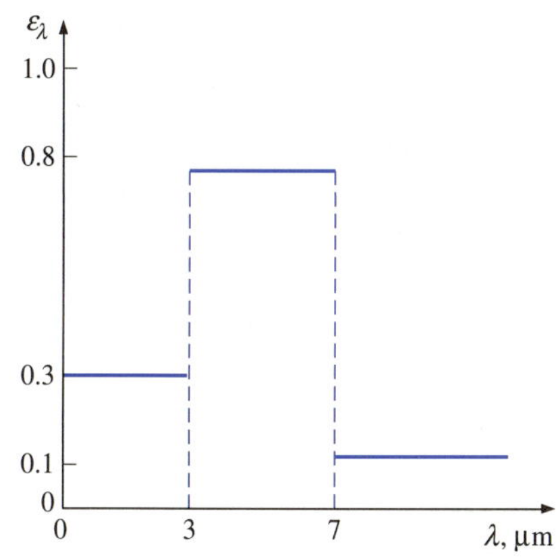

그림 8-22
예제 8-3에서 고려하는 표면의 분광방사율

야 한다.

해석 파장에 따른 표면 방사율의 변화가 계단함수로 주어졌으므로 세 구간으로 구분하여 적분함으로써 평균방사율은 식 (8-12)로부터 결정할 수 있다.

$$\varepsilon(T) = \frac{\varepsilon_1 \int_0^{\lambda_1} E_{b\lambda}\, d\lambda}{\sigma T^4} + \frac{\varepsilon_2 \int_{\lambda_1}^{\lambda_2} E_{b\lambda}\, d\lambda}{\sigma T^4} + \frac{\varepsilon_3 \int_{\lambda_2}^{\infty} E_{b\lambda}\, d\lambda}{\sigma T^4}$$
$$= \varepsilon_1 f_{0-\lambda_1}(T) + \varepsilon_2 f_{\lambda_1-\lambda_2}(T) + \varepsilon_3 f_{\lambda_2-\infty}(T)$$
$$= \varepsilon_1 f_{\lambda_1} + \varepsilon_2(f_{\lambda_2} - f_{\lambda_1}) + \varepsilon_3(1 - f_{\lambda_2})$$

이 식에서 f_{λ_1}과 f_{λ_2}는 각각 $\lambda_1 T$ 와 $\lambda_2 T$에 대한 흑체복사함수로써 표 8-2로부터 다음과 같이 결정한다.

$$\lambda_1 T = (3\ \mu\text{m})(800\ \text{K}) = 2400\ \mu\text{m·K} \quad \rightarrow \quad f_{\lambda_1} = 0.140256$$
$$\lambda_2 T = (7\ \mu\text{m})(800\ \text{K}) = 5600\ \mu\text{m·K} \quad \rightarrow \quad f_{\lambda_2} = 0.701046$$

이 식에서 $f_0 = 0$이므로 $f_{0-\lambda_1} = f_{\lambda_1} - f_0 = f_{\lambda_1}$이고, $f_\infty = 1$이므로 $f_{\lambda_2-\infty} = f_\infty - f_{\lambda_2} = 1 - f_{\lambda_2}$가 된다. 이들을 대입하면 방사율은 다음과 같다.

$$\varepsilon = 0.3 \times 0.140256 + 0.8(0.701046 - 0.140256) + 0.1(1 - 0.701046)$$
$$= \mathbf{0.521}$$

즉 표면은 온도 800 K에서 방사율이 $\varepsilon = 0.521$로 파장에 따라 일정한 회체표면의 복사에너지와 동일한 양의 에너지를 방사한다. 이 표면의 방사도는 다음과 같다.

$$E = \varepsilon\sigma T^4 = 0.521(5.67 \times 10^{-8}\ \text{W/m}^2\text{·K}^4)(800\ \text{K})^4 = \mathbf{12{,}100\ W/m^2}$$

검토 이러한 표면은 단위면적당, 단위시간당 12.1 kJ의 복사에너지를 방사한다.

흡수율, 반사율 및 투과율

우리 주위의 모든 물체는 지속적으로 복사를 방출하며 방사율은 이와 같은 물체의 방사 특성을 반영한다. 이것은 우리를 포함한 모두가 전 파장에 걸쳐 모든 방향으로부터의 복사에 지속적으로 노출되고 있음을 의미한다. 특정한 면에 입사되는 복사유동(radiation flux)을 **조사**(irradiation)라 함을 상기하고 기호로는 G로 나타내자.

복사가 표면에 도달하면 그림 8-23에 나타낸 바와 같이 일부는 흡수되고, 일부는 반사되며, 그 나머지는 투과된다. 입사량 중 표면에 흡수된 양의 비를 **흡수율**(absorptivity) α라 하고, 표면에서 반사된 양의 비를 **반사율**(reflectivity) ρ, 그리고 투과된 양의 비를 **투과율**(transmissivity) τ로 정의하면 다음과 같다.

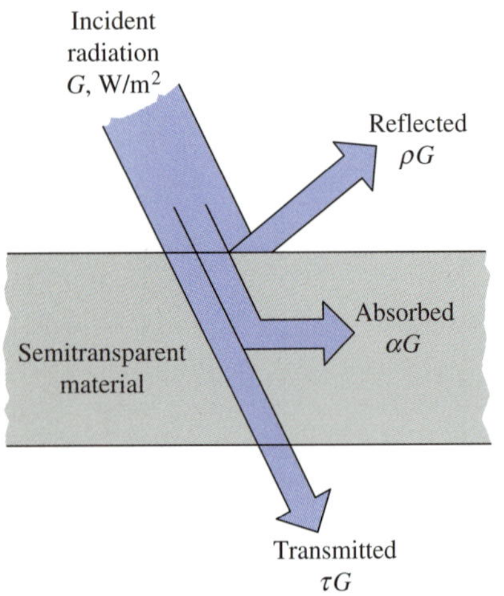

그림 8-23
반투과 물질에 의하여 흡수, 반사, 투과되는 입사복사

흡수율: $$\alpha = \frac{\text{Absorbed radiation}}{\text{Incident radiation}} = \frac{G_{abs}}{G}, \quad 0 \le \alpha \le 1 \qquad \textbf{(8–15)}$$

반사율: $$\rho = \frac{\text{Reflected radiation}}{\text{Incident radiation}} = \frac{G_{ref}}{G}, \quad 0 \le \rho \le 1 \qquad \textbf{(8–16)}$$

투과율: $$\tau = \frac{\text{Transmitted radiation}}{\text{Incident radiation}} = \frac{G_{tr}}{G}, \quad 0 \le \tau \le 1 \qquad \textbf{(8–17)}$$

이 식들에서 G는 표면에 입사된 복사에너지이고, G_{abs}, G_{ref} 및 G_{tr}은 입사된 에너지 중 각각 흡수, 반사 및 투과된 에너지를 의미한다. 열역학 제1법칙에 의하여 흡수, 반사, 투과된 에너지의 합은 입사된 에너지와 같아야 하므로 다음과 같은 식이 성립한다.

$$G_{abs} + G_{ref} + G_{tr} = G \tag{8-18}$$

이 식의 양변을 G로 나누면 다음과 같은 관계식을 얻는다.

$$\alpha + \rho + \tau = 1 \tag{8-19}$$

불투명한 표면의 경우 $\tau = 0$이므로 다음과 같이 간단히 표기된다.

$$\alpha + \rho = 1 \tag{8-20}$$

이 식을 이용하면 불투명한 표면의 경우 흡수율과 방사율 중 하나만 측정하더라도 이들 물성값을 모두 알 수 있으므로, 매우 중요한 관계식이다.

위의 식에서 G는 표면 위 반구의 모든 방향으로부터 전 파장에 걸쳐 입사되는 복사에너지를 의미하므로 이 값들은 **전반구**(*total hemispherical*) 물성값에 대하여 정의된 것이다. 그러므로 α, ρ, τ는 모든 방향과 전 파장에 대한 매질의 평균 물성값이다. 그러나 방사율처럼 이들 물성값도 특정한 파장이나 방향에 대하여 정의할 수 있다. 예를 들면 표면의 분광반구흡수율(spectral hemispherical absorptivity)과 분광반구반사율(spectral hemispherical reflectivity)은 다음과 같이 정의된다.

$$\alpha_\lambda(\lambda) = \frac{G_{\lambda,\text{abs}}(\lambda)}{G_\lambda(\lambda)} \quad \text{and} \quad \rho_\lambda(\lambda) = \frac{G_{\lambda,\text{ref}}(\lambda)}{G_\lambda(\lambda)} \tag{8-21}$$

이 식의 G_λ는 표면에 입사되는 분광조사이고(W/m^2·μm), $G_{\lambda,\text{abs}}$와 $G_{\lambda,\text{ref}}$는 각각 흡수 및 반사되는 양이다.

반투명 물질의 투과율에 대하여도 유사하게 정의할 수 있다. 예를 들면 매질의 **분광반구투과율**(spectral hemispherical transmissivity)은 다음과 같은 식으로 나타낼 수 있다.

$$\tau_\lambda(\lambda) = \frac{G_{\lambda,\text{tr}}(\lambda)}{G_\lambda(\lambda)} \tag{8-22}$$

표면의 평균흡수, 반사 및 투과율도 분광적분을 도입함으로써 다음과 같이 정의할 수 있다.

$$\alpha = \frac{\int_0^\infty \alpha_\lambda G_\lambda \, d\lambda}{\int_0^\infty G_\lambda \, d\lambda}, \qquad \rho = \frac{\int_0^\infty \rho_\lambda G_\lambda \, d\lambda}{\int_0^\infty G_\lambda \, d\lambda}, \qquad \tau = \frac{\int_0^\infty \tau_\lambda G_\lambda \, d\lambda}{\int_0^\infty G_\lambda \, d\lambda} \tag{8-23}$$

반사율은 방향에 따른 두 가지 본질적인 특성으로 인하여 다른 물성값들과는 약간 다르게 정의된다. 즉 표면 반사율은 입사되는 복사의 방향뿐 아니라 반사되는

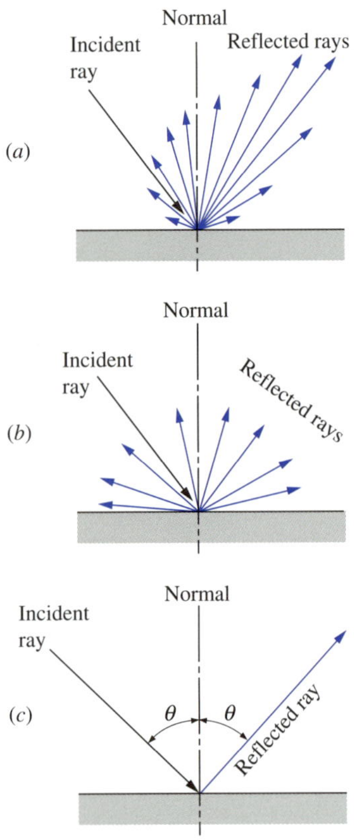

그림 8-24

여러 표면에 대한 반사 특성의 차이: (*a*) 실제 또는 비균질한 표면, (*b*) 확산표면, (*c*) 거울반사 표면

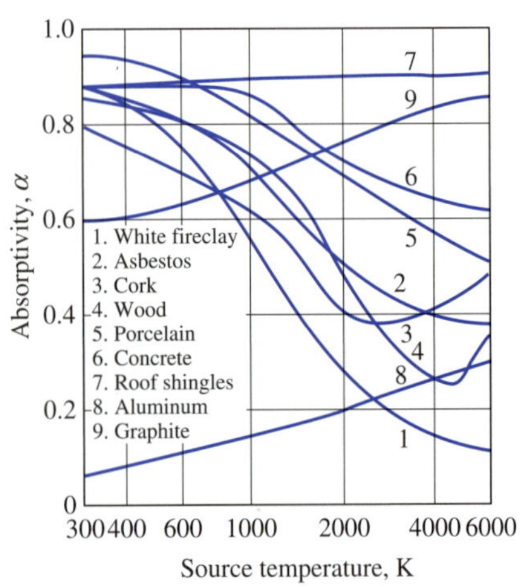

그림 8-25

상온의 여러 물질에서 입사되는 복사 발생원의 온도에 따른 흡수율의 변화

방향에 의하여도 영향을 받는다. 그러므로 특정한 방향에서 실제표면에 입사된 복사의 반사된 선은 그림 8-24에서처럼 불규칙한 형태를 나타낼 것이다. 대부분의 표면에 대하여 이와 같이 자세한 자료는 존재하지 않으며 만약 존재하더라도 대개는 이러한 자료가 결과로부터 도출되는 평가에 비하여 훨씬 복잡한 해석을 필요로 하므로 별로 가치가 없다.

실제문제에서는 간단히 하기 위하여 완전한 거울반사나 확산 반사 표면으로 가정한다. **거울반사**[specular (or mirrorlike) reflection]에서는 **반사각이 복사선의 입사각과 같다**. **확산 반사**(diffuse reflection)에서는 그림 8-24에 나타낸 바와 같이 **모든 방향으로 균일하게 반사된다**. 매끄럽게 후처리된 표면에 대하여는 거울반사로 근사하는 반면 거친 표면에 대하여는 확산 반사로 근사한다. 복사해석에 있어 표면의 매끄러운 정도는 파장에 대하여 상대적으로 규정한다. 표면 거칠기의 높이가 입사된 복사의 파장에 비하여 매우 작으면 이러한 표면은 매끄럽다고 한다.

방사율과는 달리 물질의 흡수율은 실제문제에서는 표면온도에 무관하지만 입사되는 복사에너지 발생원의 온도에 강하게 의존한다. 상온인 여러 가지 물질의 흡수율을 복사 발생원 온도의 함수로 나타낸 그림 8-25를 통하여 이러한 특성을 확인할 수 있다. 예를 들어 그림 8-26에 도시한 바와 같이 태양복사(근원의 온도가 5780 K)에 대한 콘크리트 지붕의 흡수율은 약 0.6이지만 주위 건물들이나 나무 등에서 입사되는 복사(발생원의 온도가 300 K)에 대하여는 약 0.9이다.

일반적으로 알루미늄과 같은 전기적 도체는 온도에 따라 흡수율이 증가하는 경향을 나타내며 비도체의 흡수율은 온도에 따라 감소함에 유의하라. 이러한 감소의 경향은 대부분 우리 눈에 하얗게 보이는 표면에서 뚜렷하다. 예를 들어 흰색 페인트를 칠한 표면의 흡수율은 적외선 복사에 대하여는 크지만 태양복사에 대하여는 작다.

키르히호프의 법칙

그림 8-27에 제시한 바와 같이 온도가 T이고, 방사율이 ε, 흡수율이 α, 표면적이 A인 작은 물체가 같은 온도의 큰 등온 공간 안에 놓여 있다고 가정하자. 큰 등온 공간은 내부 표면의 물성값과 무관하게 흑체 공동이 됨을 상기하자. 또한 물체의 크기는 충분히 작아서 공간의 본질적인 흑체 특성에 영향을 미치지 않는다. 그러므로 작은 물체표면의 어느 부위에 입사된 복사도 온도 T인 흑체에서 방사된 복사와 동일하다. 즉 $G = E_b(T) = \sigma T^4$이고, 작은 물체의 단위면적당 흡수된 복사는 다음과 같다.

$$G_{abs} = \alpha G = \alpha \sigma T^4$$

작은 물체로부터 방사되는 복사는 다음과 같다.

$$E_{emit} = \varepsilon \sigma T^4$$

공간과 열적평형을 이루고 있는 작은 물체에 대하여 유입되는 정미 열전달률(net rate of heat transfer)은 0이 되어야 한다. 그러므로 물체에서 방사된 복사는 물체에 의하여 흡수된 복사와 같아야 하고 다음과 같이 표현할 수 있다.

$$A_s \varepsilon \sigma T^4 = A_s \alpha \sigma T^4 \tag{8-24}$$

이로부터 다음과 같은 결론을 얻는다.

$$\varepsilon(T) = \alpha(T) \tag{8-25}$$

즉 **표면온도가 T인 물체의 전반구방사율은 같은 온도의 흑체로부터 입사된 복사의 전반구흡수율과 같다.** 1860년, 구스타프 키르히호프에 의하여 개발된 이 관계식은 복사해석을 매우 간단하게 시도할 수 있게 하며 **키르히호프의 법칙**(Kirchhoff's law)으로 알려져 있다. 이 관계식은 표면온도가 조사의 근원온도와 같다는 가정하에서 유도되었음에 유의한다면 독자는 표면온도와 근원온도 사이에 온도차가 상당히 큰 경우(수백 도 이상)에도 이 식을 적용하는 것에 대하여는 의문을 갖게 될 것이다.

위와 같은 유도방법을 특정 파장의 복사에 대하여 반복 적용하면 다음과 같은 **분광** 형태의 키르히호프의 법칙을 얻을 수 있다.

$$\varepsilon_\lambda(T) = \alpha_\lambda(T) \tag{8-26}$$

이 관계식은 조사나 방사된 복사가 방향에 무관한 경우에도 적용된다. 어떤 제한 조건도 없는 경우에 대한 **분광 방향성** 형태의 키르히호프의 법칙은 $\varepsilon_{\lambda,\theta}(T) = \alpha_{\lambda,\theta}(T)$로 표현된다. 즉 특정 파장, 방향 및 온도에서 표면 방사율은 같은 파장, 방향 및 온도에서의 흡수율과 항상 같다.

관계식 $\rho = 1 - \alpha$와 함께 $\varepsilon = \alpha$를 이용함으로써 불투명한 표면에 대하여는 하나의 물성값만 알아도 모든 값을 계산할 수 있으므로 복사해석에서 키르히호프의 법칙은 매우 매력적이다. 많은 경우에 식 (8–25)를 이용함으로써 수용할 만한 결과를 도출할 수 있지만 표면온도와 입사되는 복사의 근원 온도 간에 상당한 차이가 있을 때에는 적용에 주의를 기울여야 한다.

온실효과

화창한 날 직사광선 아래 주차하면 차 내부의 온도가 바깥 공기의 온도보다 훨씬 높음을 알 수 있는데, 차 내부의 공기가 왜 **열을 포획**하고 있는가 궁금할 것이다. 해답은 그림 8–28에 나타난 바와 같이 **유리**에 대한 거꾸로 된 U자형 분광투과율 곡선에서 찾을 수 있다. 이 그림으로부터 실제 사용되는 유리가 가시광선 영역의 복사는 90% 정도 투과시키지만, 파장이 긴 적외선 영역(대략 $\lambda > 3\ \mu m$)에 대하여는 불투명(비투과적)함을 알 수 있다. 그러므로 유리는 태양복사의 90%를 차지하는 파장 $0.3\ \mu m < \lambda < 3\ \mu m$ 영역에 대하여는 투과적인 창을 갖고 있다. 상온 표면에서 방사되는 대부분의 복사는 적외선 영역에 속한다. 결과적으로 유리는 태

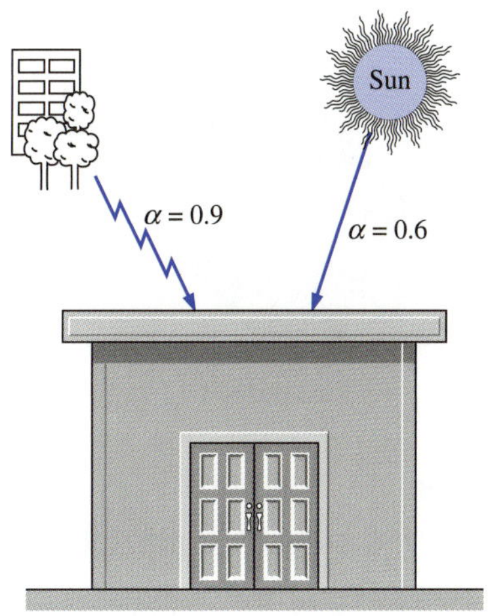

그림 8–26
물질의 흡수율은 다른 온도의 발생원에 기인하는 복사에 대하여 전혀 다른 값을 갖는다.

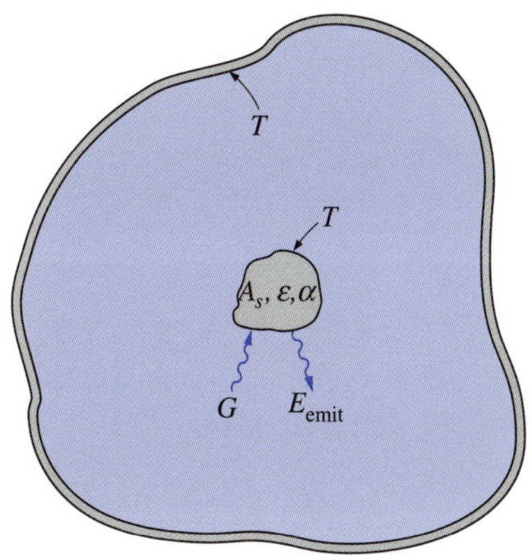

그림 8–27
키르히호프의 법칙을 개발하기 위하여 사용된 등온의 큰 공간 안에 놓인 작은 물체

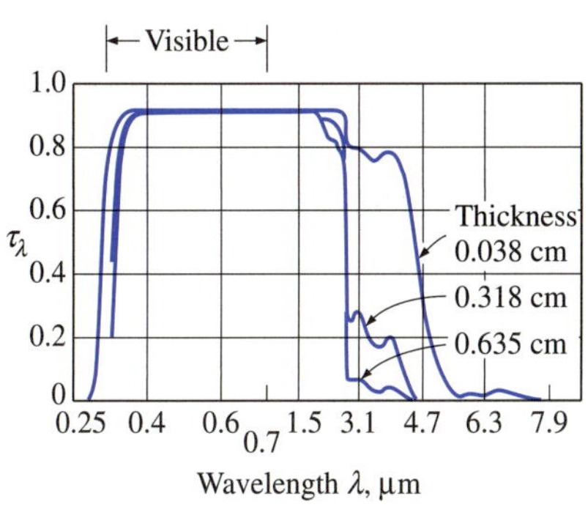

그림 8–28
상온에서 저철유리의 두께에 따른 분광흡수율

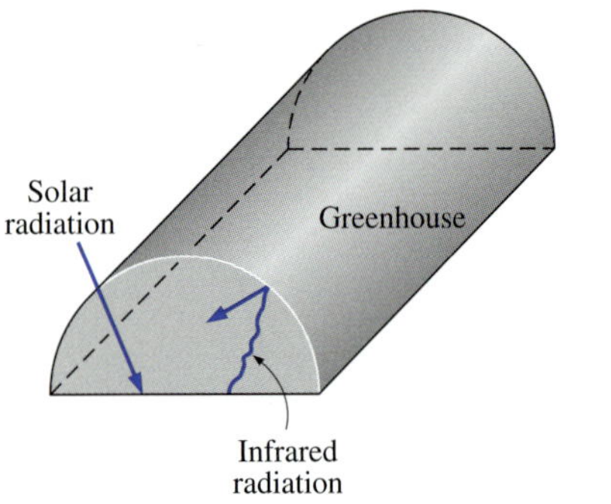

그림 8-29

온실은 태양에너지의 유입은 허용하고, 적외선의 유출을 불허함으로써 에너지를 가둔다.

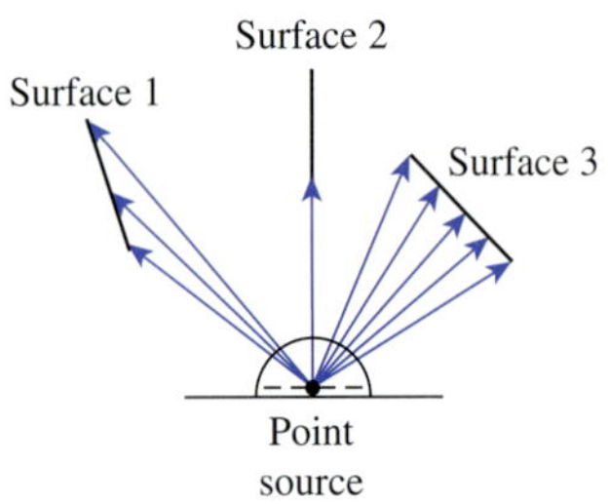

그림 8-30

표면의 복사열교환은 표면들 상호 간의 상대적인 **방향**에 의존하고, 이러한 방향에 대한 의존성을 **형상계수**라 한다.

양복사는 투과시키지만 내부 표면으로부터의 적외선 복사는 투과를 허용하지 않는다. 이로 인하여 내부의 온도가 상승하여 에너지는 차 안에 축적된다. 유리(또는, 투명한 플라스틱)의 비회체 특성에 기인하는 가열효과를 온실에서 광범위하게 사용하므로 **온실효과**(greenhouse effect)라 하고(그림 8-29), 평판형 태양 집광기에도 적용된다.

온실효과는 지구와 같은 거대 스케일에서도 나타난다. 지구는 낮 동안 태양복사를 흡수하므로 지표면이 가열되고, 밤에는 적외선 복사로써 주위의 우주로 에너지를 방출하므로 식는다. 이산화탄소와 수증기 등과 같은 대기 중의 연소가스는 태양복사는 대부분 투과시키지만, 지표에서 방사되는 적외선 에너지를 흡수한다. 이와 같이 지구 대기권에 포획되는 에너지는 지구의 온난화를 유발시킴으로써 격렬한 날씨 패턴의 변화를 초래한다.

습도가 높은 해안가 지역은 습기가 지구로부터의 적외선 복사를 차폐하는 방어막 역할을 하여 밤에 냉각되는 것을 늦춤으로써 낮과 밤의 기온차가 크지 않다. 사막과 같이 하늘이 맑은 지역은 이와 같은 적외선 복사 차폐막이 없으므로 낮과 밤의 기온차가 크다.

8-5 ▪ 형상계수

표면과 표면 사이의 복사 열전달은 면들의 복사 물성값과 온도뿐 아니라 그림 8-30에 도시한 바와 같이 각 면들 상호 간의 상대적인 위치와 **방향**에 의존한다. 예를 들어 캠핑하는 사람이 추운 밤에 모닥불을 최대한 이용하려면 가능한 한 불 가까이 서서 불 앞으로 자신의 몸을 돌려 놓음으로써 모닥불에서 오는 복사를 놓치지 않고 자신에게 도달하도록 하여야 한다. 마찬가지로 태양복사를 최대한 이용하려면 서 있기보다는 등쪽으로 엎드려 있어야 한다.

두 표면 사이의 복사 열전달에 있어 상대적 방향에 의한 영향을 평가하기 위하여 **형상계수**(*view factor, shape factor, configuration factor, angle factor*)라는 새로운 인자를 정의하며 형상계수는 형상에 의하여 결정될 뿐 표면의 물성값 및 온도와는 전혀 무관하다. 형상계수를 정의함에 있어 표면을 확산 방사체와 확산 반사체로 가정할 경우에는 **확산형상계수**(*diffuse view factor*)라 하고, 확산 방사체와 정반사 반사체인 경우 **정반사형상계수**(*specular view factor*)라 한다. 본서에서는 확산면들 간의 복사교환에 대하여만 고려할 것이므로 단순히 **형상계수**(*view factor*)라 함은 **확산형상계수**(*diffuse view factor*)를 의미한다.

표면 i에서 표면 j로의 형상계수는 기호 $F_{i \to j}$, 또는, 간단히 F_{ij}로 나타내며 다음과 같이 정의한다.

$$F_{ij} = \text{표면 } i\text{를 출발한 복사 중 표면 } j\text{에 직접 도달한 복사의 비}$$

표기 $F_{i \to j}$는 복사가 표면 i로부터 j로 향함을 강조하기 때문에 초보자에게 유익하지만 문제에 따라서 기호를 여러 번 사용할 때는 번거롭다. 이러한 경우에는 간단한 기호 F_{ij}를 사용하는 것이 편리하다.

형상계수 F_{12}는 표면 1을 출발한 복사 중 표면 2에 직접 도달한 복사의 비이고, F_{21}은 표면 2를 출발한 복사 중 표면 1에 직접 도달한 복사의 비를 나타낸다. 특정한 표면에 도달한 복사가 그 면에서 완전히 흡수될 필요는 없으며, 다른 면에서 반사되어 도달한 복사에 대하여는 고려할 필요가 없다. 특별히 $j = i$인 경우는 다음과 같이 정의된다.

$$F_{i \to j} = \text{표면 } i\text{를 출발한 복사 중 표면 } i \text{ 자신에 직접 도달한 복사의 비}$$

강한 전자기장이 존재하지 않는 한 복사는 직선적으로 전달되므로 스스로에 대한 형상계수는 자신이 자체를 "볼 수 있는" 경우를 제외하면 0이다. 즉 그림 8-31에 나타낸 바와 같이 평면이나 볼록한 면의 경우 $F_{i \to j} = 0$이고, 오목한 면의 경우 $F_{i \to j} \neq 0$이다.

형상계수는 0에서 1 사이의 값이 된다. 극한 경우인 $F_{i \to j} = 0$은 두 면이 서로를 직접 볼 수 없음을 의미하므로 i면을 출발한 복사는 j면에 직접 도달할 수 없다. 또 다른 극한 경우인 $F_{i \to j} = 1$은 j면이 i면에 의하여 완전히 둘러싸인 경우로, i면을 출발한 모든 복사는 j면에 의하여 차단됨을 의미한다. 동심의 이중구를 예로 들면, 그림 8-32에 도시한 바와 같이 작은 구(표면 1)를 출발한 모든 복사는 큰 구(표면 2)에 도달하므로 $F_{1 \to 2} = 1$이다.

형상계수는 한 면을 출발하여 다른 면에 도달한 복사의 비를 면들 상호 간의 위치에 따라 표현한 값이므로 복사해석에 있어 매우 유용한 것으로 증명된 바 있다. 이러한 과정에 대한 잠재적인 가정은 열원으로부터 표면이 받은 복사는 열원과 표면이 이루는 각에 비례함을 의미한다. 이와 같은 가정은 열원에서 방출되는 복사가 그 표면의 모든 방향에 대하여 균일하고 면 사이의 매질이 복사를 흡수, 방사, 산란하지 않을 때 가능하다. 즉 표면들이 등온이고 확산적 방사/반사체이며, 표면들 사이가 진공이나 공기 등 복사에 관여하지 않는 매질로 찬 경우 적용된다.

두 면 A_1과 A_2 사이의 형상계수 $F_{1 \to 2}$는 먼저 공간의 변수에 의하여 표현되는 미소면적 dA_1과 dA_2 사이의 형상계수 관계식을 수립하고 필요한 적분을 수행하여 체계적인 방법으로 결정한다. 그러나 일반적으로 단순한 형상에 대한 적분도 매우 복잡하고 적분이 어려워서 이와 같은 방법은 현실적이지 못하다.

보통 사용되는 수백 가지 형상에 대한 형상계수가 해석적 형태로 도표나 표를 통하여 여러 문헌에 제시되어 있다. 표 8-3, 8-4에는 몇몇 형상들에 대한 형상계수를 해석적인 형태로 나타내었고, 그림 8-33~8-36에는 그래프를 이용하여 제시하였다. 표 8-3에 수록된 형상계수의 형상은 3차원이다. 반면 표 8-4에 수록된 형상계수에 해당하는 형상은 지면에 수직한 방향으로 무한히 길어서 2차원이다.

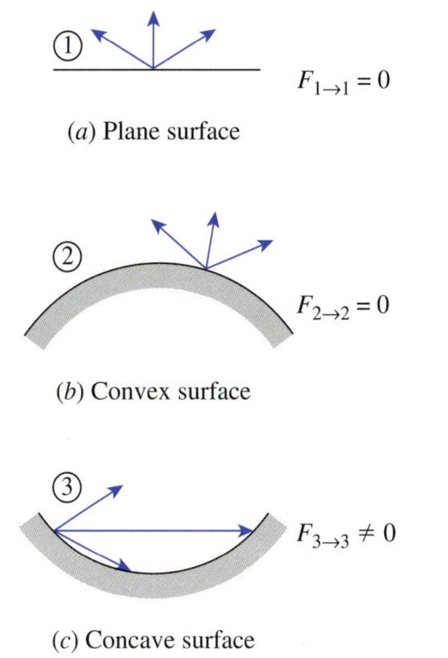

그림 8-31
한 표면에서 자신으로의 형상계수는 면이 평평하거나 볼록할 경우 0이고, 오목하면 0이 아니다.

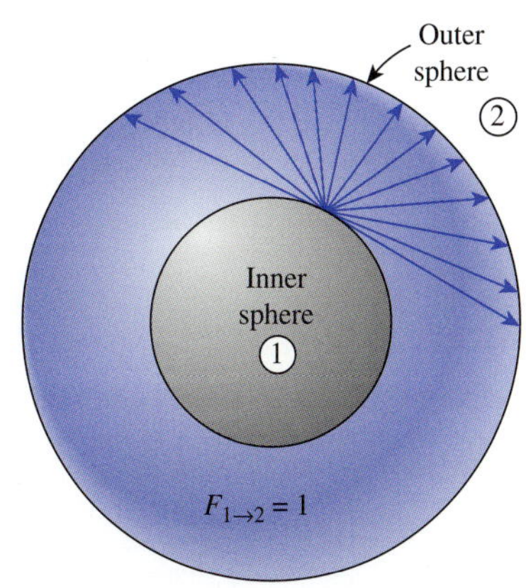

그림 8-32
두 개의 이중구로 구성된 형상에 대한 형상계수는 작은 구를 출발하는 복사가 모두 큰 구에 의하여 차단되므로 (식 $F_{1 \to 2} = 1$) 이다.

표 8-3

몇몇 일반적인 유한한 형상(3D)에 대한 형상계수의 표현

Geometry	Relation
Aligned parallel rectangles 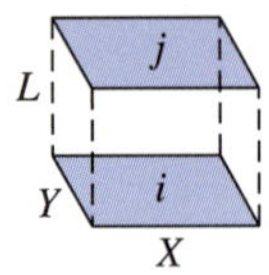	$\bar{X} = X/L$ and $\bar{Y} = Y/L$ $F_{i \to j} = \frac{2}{\pi \bar{X}\bar{Y}} \left\{ \ln\left[\frac{(1+\bar{X}^2)(1+\bar{Y}^2)}{1+\bar{X}^2+\bar{Y}^2}\right]^{1/2} + \bar{X}(1+\bar{Y}^2)^{1/2}\tan^{-1}\frac{\bar{X}}{(1+\bar{Y}^2)^{1/2}} + \bar{Y}(1+\bar{X}^2)^{1/2}\tan^{-1}\frac{\bar{Y}}{(1+\bar{X}^2)^{1/2}} - \bar{X}\tan^{-1}\bar{X} - \bar{Y}\tan^{-1}\bar{Y} \right\}$
Coaxial parallel disks 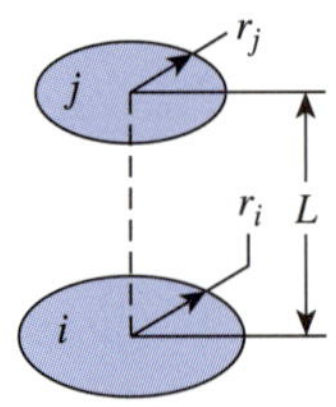	$R_i = r_i/L$ and $R_j = r_j/L$ $S = 1 + \frac{1+R_j^2}{R_i^2}$ $F_{i \to j} = \frac{1}{2}\left\{ S - \left[S^2 - 4\left(\frac{r_j}{r_i}\right)^2\right]^{1/2} \right\}$ For $r_i = r_j = r$ and $R = r/L$: $F_{i \to j} = F_{j \to i} = 1 + \frac{1-\sqrt{4R^2+1}}{2R^2}$
Perpendicular rectangles with a common edge 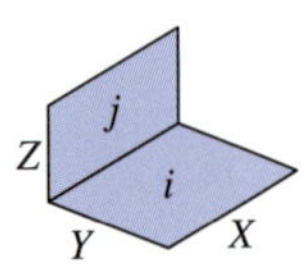	$H = Z/X$ and $W = Y/X$ $F_{i \to j} = \frac{1}{\pi W}\left(W\tan^{-1}\frac{1}{W} + H\tan^{-1}\frac{1}{H} - (H^2+W^2)^{1/2}\tan^{-1}\frac{1}{(H^2+W^2)^{1/2}} + \frac{1}{4}\ln\left\{ \frac{(1+W^2)(1+H^2)}{1+W^2+H^2}\left[\frac{W^2(1+W^2+H^2)}{(1+W^2)(W^2+H^2)}\right]^{W^2} \times \left[\frac{H^2(1+H^2+W^2)}{(1+H^2)(H^2+W^2)}\right]^{H^2} \right\} \right)$

형상계수 관계식

N개의 면으로 구성된 형상에 대한 복사해석을 하려면 N_2개의 형상계수를 구해야 하며 이는 복사해석에서 가장 시간이 많이 걸리는 부분이 된다. 그러나 모든 형상계수를 구한다는 것은 실용적이지도 않을 뿐더러 필요하지도 않다. 일단 충분한 수의 형상계수를 구하고 나면 나머지는 다음에 논의할 형상계수에 관한 기본적인 관계식을 이용하여 구한다.

1 상호법칙

형상계수 $F_{i\to j}$와 $F_{j\to i}$는 두 면의 면적 크기가 같지 않는 한 서로 다르다. 즉 다음과

표 8-4

몇몇 무한히 긴(2D) 형상에 대한 형상계수

Geometry	Relation
Parallel plates with midlines connected by perpendicular line 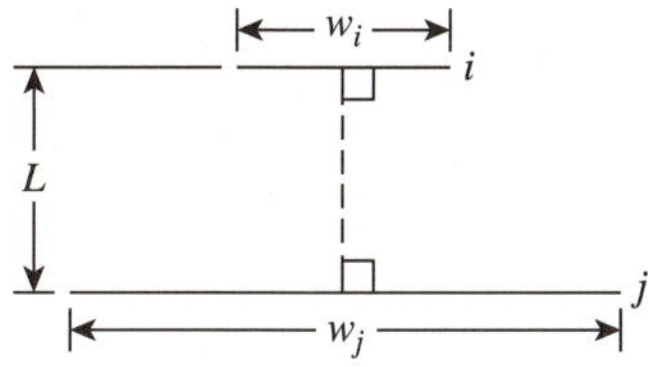	$W_i = w_i/L$ and $W_j = w_j/L$ $F_{i\rightarrow j} = \dfrac{[(W_i + W_j)^2 + 4]^{1/2} - (W_j - W_i)^2 + 4]^{1/2}}{2W_i}$
Inclined plates of equal width and with a common edge 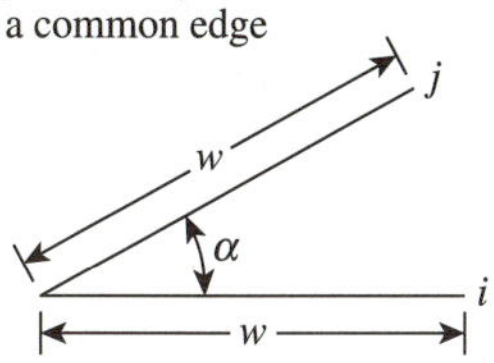	$F_{i\rightarrow j} = 1 - \sin\frac{1}{2}\alpha$
Perpendicular plates with a common edge 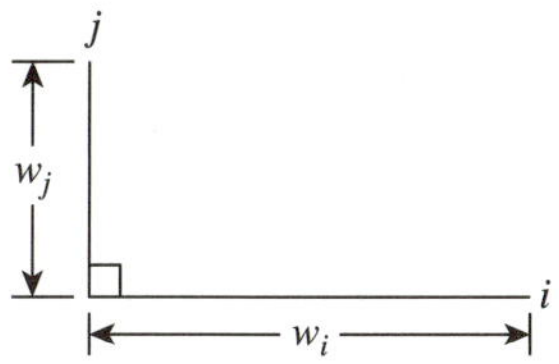	$F_{i\rightarrow j} = \frac{1}{2}\left\{1 + \frac{w_j}{w_i} - \left[1 + \left(\frac{w_j}{w_i}\right)^2\right]^{1/2}\right\}$
Three-sided enclosure 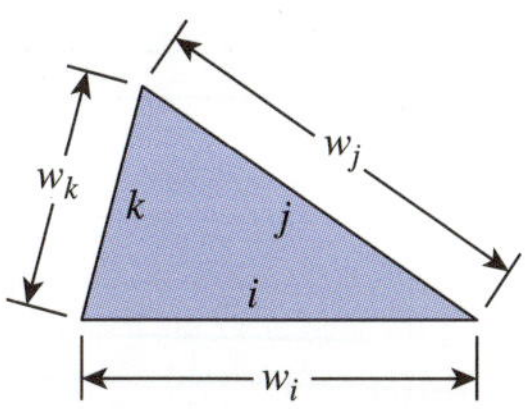	$F_{i\rightarrow j} = \dfrac{w_i + w_j - w_k}{2w_i}$
Infinite plane and row of cylinders 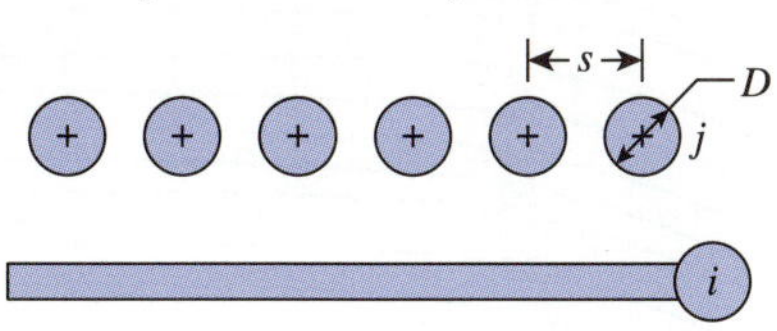	$F_{i\rightarrow j} = 1 - \left[1 - \left(\frac{D}{s}\right)^2\right]^{1/2} + \frac{D}{s}\tan^{-1}\left(\frac{s^2 - D^2}{D^2}\right)^{1/2}$

같다.

$$A_i = A_j \text{ 이면 } F_{j\rightarrow i} = F_{i\rightarrow j}$$

$$A_i \neq A_j \text{ 이면 } F_{j\rightarrow i} \neq F_{i\rightarrow j}$$

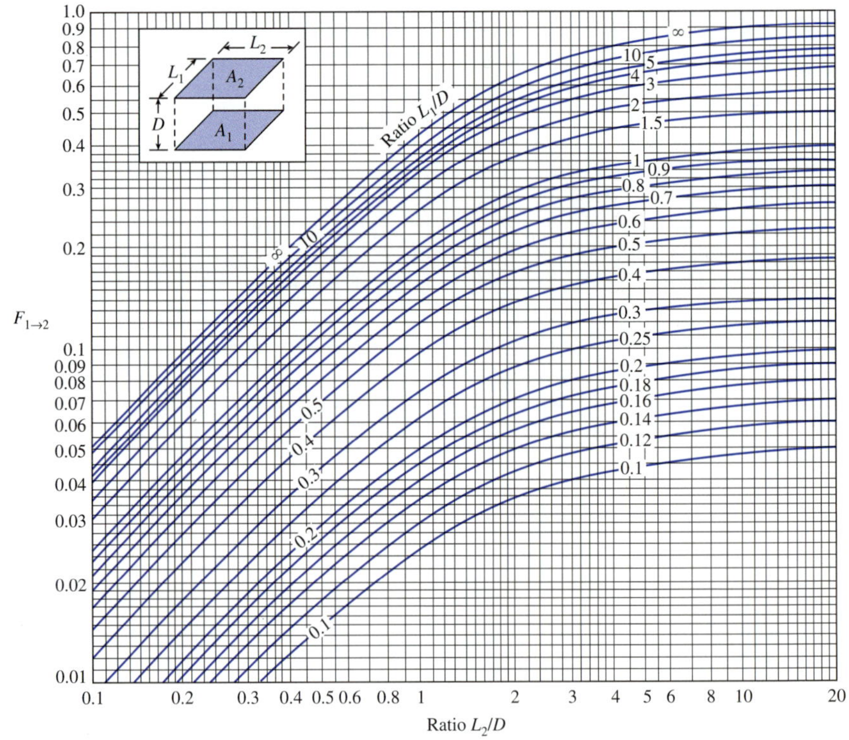

그림 8–33

정렬되어 놓인, 동일한 크기의 평행한 직사각형 사이의 형상계수

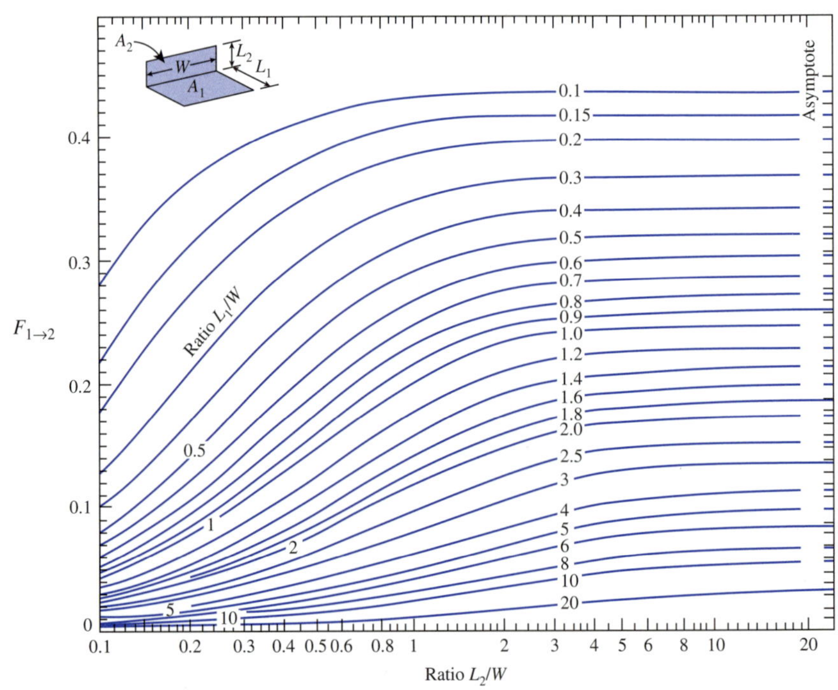

그림 8–34

모서리가 일치하는 수직한 두 직사각형 사이의 형상계수

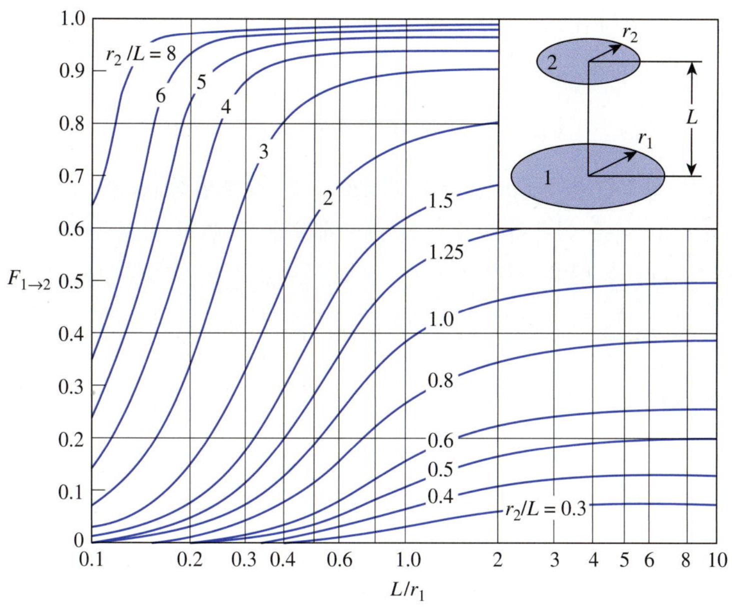

그림 8–35
동일 축상의 평행한 두 원판 사이의 형상계수

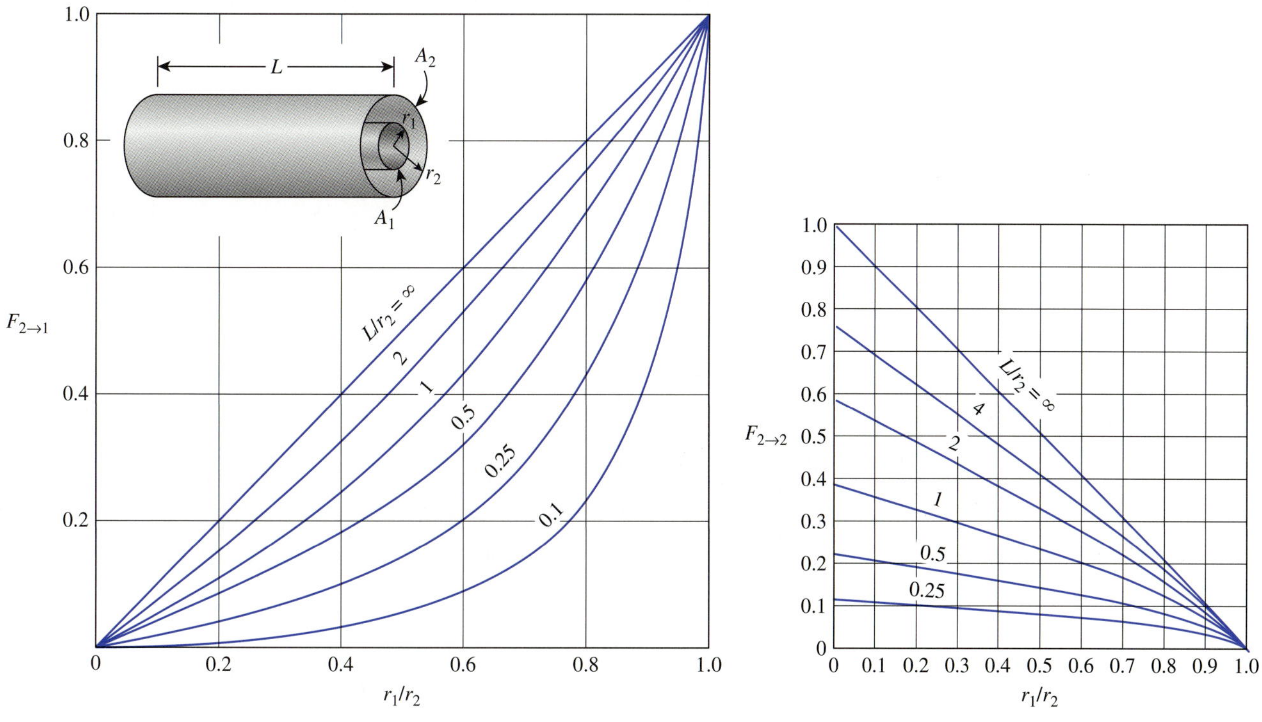

그림 8–36
길이가 유한한 두 개의 이중원통 사이의 형상계수: (a) 외부원통으로부터 내부원통으로의 형상계수, (b) 외부원통으로부터 자체에 대한 형상계수

우리는 이미 형상계수 $F_{i\to j}$와 $F_{j\to i}$쌍 간에 다음과 같은 관계식이 성립함을 보여주었다.

$$A_iF_{i\to j} = A_jF_{j\to i} \tag{8-27}$$

이 관계식은 **상호관계**(reciprocity relation) 또는 **상호법칙**(reciprocity rule)으로 알려져 있으며, 이를 이용하여 하나의 형상계수와 두 면의 면적으로부터 상대 형상계수를 결정할 수 있다. 형상계수 $F_{i\to j}$와 $F_{j\to i}$쌍의 값을 결정하고자 할 때 구하기 쉬운 것을 먼저 계산하고 어려운 것은 상호법칙으로 유도할 수 있을 것이다.

2 합법칙

표면들 사이의 복사를 해석하려면 모든 방향으로 출발하거나 혹은 도달하는 복사를 고려하여야 하므로 실제 적용에 있어 대부분의 복사문제는 닫힌 공간을 대상으로 한다. 복사문제를 수식화할 때, 일반적으로 복사에 관여하는 면들로 된 **공간을** 구성한다. 개구부도 이와 동등한 물성값을 갖는 가상의 면으로 다룬다.

에너지 보존법칙에 의하면 닫힌 공간 내부 표면 i를 출발한 복사는 모두 그 공간 내부의 다른 면들에 도달하여야 한다. 그러므로 **닫힌 공간 내부 표면 i로부터 그 공간 내 자신을 포함한 다른 모든 면들과 정의되는 형상계수들의 총합은 i이어야 한다.** 이것이 잘 알려진 **합법칙**(summation rule)으로 다음과 같은 수식으로 표현된다(그림 8-37).

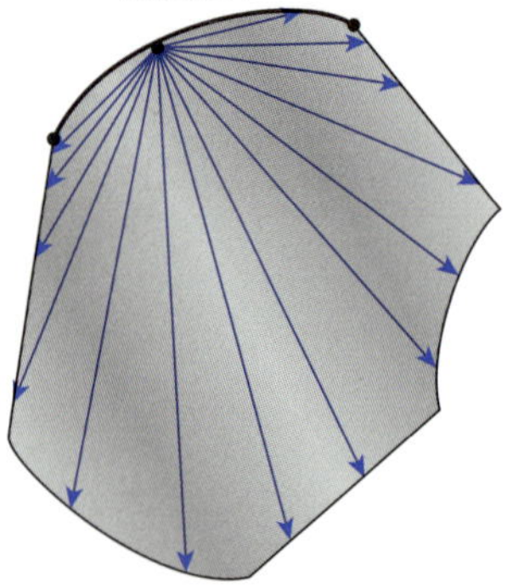

그림 8-37
공간 내 어떤 표면 i를 출발한 복사는 공간의 내부 표면들에 의하여 완전히 차단된다. 그러므로, 표면 i로부터 공간 내 각 표면에 대한 형상계수의 합은 1이다.

$$\sum_{j=1}^{N} F_{i\to j} = 1 \tag{8-28}$$

이 식의 N은 닫힌 공간 내부면의 총 수이다. 예를 들어 3개의 면으로 구성된 공간 내 면 1에 대한 합의 법칙은 다음과 같이 표현된다.

$$\sum_{j=1}^{3} F_{1\to j} = F_{1\to 1} + F_{1\to 2} + F_{1\to 3} = 1$$

합의 법칙은 1에서 N까지 변하는 닫힌 공간 내부면의 모든 i에 대하여 적용할 수 있다. 그러므로 닫힌 공간 내 N개의 면들에 대하여 합의 법칙을 적용함으로써 형상계수를 결정할 수 있는 N개의 관계식을 구할 수 있다. 상호법칙도 $\frac{1}{2}N(N-1)$개의 관계식을 제공하므로 N개의 표면으로 구성된 닫힌 공간에서 직접 구해야 하는 형상계수의 총 수는 다음과 같다.

$$N^2 - [N + \tfrac{1}{2}N(N-1)] = \tfrac{1}{2}N(N-1)$$

예를 들어 6개의 면으로 구성된 공간의 경우, 총 $6^2 = 36$개의 형상계수 중 단지 $\frac{1}{2} \times 6(6-1) = 15$개의 형상개수만 직접 구하면 된다. 나머지 21개의 형상계수는 상호법칙과 합법칙으로부터 유도되는 21개의 식들을 이용하여 결정할 수 있다.

예제 8-4 **두 개의 동심구와 관련된 형상계수**

그림 8-38에 도시한 바와 같이 두 개의 동심구로 이루어진 공간의 형상계수를 결정하라.

풀이 두 개의 동심구로 구성된 공간의 형상계수를 결정하여야 한다.

가정 면들은 확산 방사 및 반사체이다.

해석 작은 구의 외부면(표면 1)과 큰 구의 내부면(표면 2)은 2면이 닫힌 공간을 구성한다. 그러므로 $N = 2$이고, 이 공간은 $N^2 = 2^2 = 4$개의 형상계수와 관계되며 각각 F_{11}, F_{12}, F_{21}, F_{22}로 정의한다. 이러한 2면 공간에 대하여 우리는 다음과 같이 단지 1개의 형상계수만 직접 구하면 된다.

$$\tfrac{1}{2}N(N-1) = \tfrac{1}{2} \times 2(2-1) = 1$$

나머지 3개의 형상계수는 상호법칙과 합법칙을 적용하여 결정할 수 있다. 그러나 이 경우에 대하여는 단순히 직관으로 2개의 형상계수를 직접 결정할 수 있다.

$F_{11} = 0$, 표면 1을 출발한 복사는 자신에게 도달할 수 없으므로

$F_{12} = 1$, 표면 1을 출발한 모든 복사는 표면 2에 도달하여야 하므로

직관에 의하여 구한 2개의 형상계수 중 단지 1개만 있어도 표면 1에 대한 합의 법칙 $F_{11} + F_{12} = 1$을 적용하여 나머지를 구할 수 있으므로 충분하다.

형상계수 F_{21}은 표면 1과 2에 대한 상호법칙을 적용하여 다음과 같이 구한다.

$$A_1F_{12} = A_2F_{21}$$

$$F_{21} = \frac{A_1}{A_2}F_{12} = \frac{4\pi r_1^2}{4\pi r_2^2} \times 1 = \left(\frac{r_1}{r_2}\right)^2$$

최종적으로 형상계수 F_{22}는 표면 2에 대하여 합의 법칙을 적용함으로써 다음과 같이 구한다.

$$F_{21} + F_{22} = 1$$

$$F_{22} = 1 - F_{21} = 1 - \left(\frac{r_1}{r_2}\right)^2$$

검토 외부의 구가 내부의 구보다 훨씬 크다면($r_2 \gg r_1$) F_{22}는 0이 된다. 이는 외부 구를 출발한 복사 중 내부 구의 표면에 도달하는 복사의 비가 매우 작기 때문이다. 또한 두 구의 중심이 동심점에 있을 필요는 없지만, 동심 구의 경우 표면에서 복사가 가장 균일해질 것이므로 이에 대한 복사해석이 가장 적합하다.

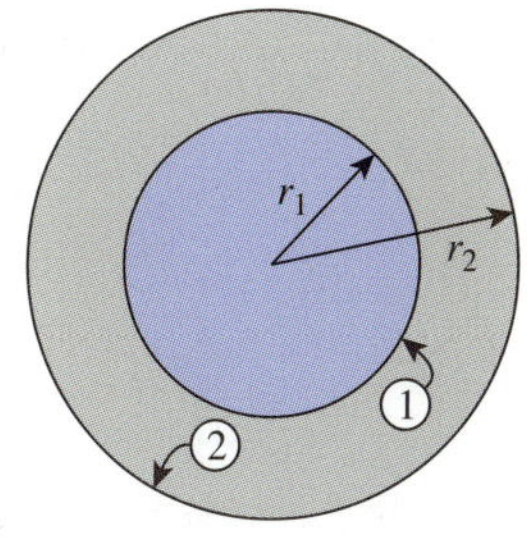

그림 8-38
예제 8-4에서 고려하는 형상

3 중첩법칙

때로는 주어진 형상과 관련된 향상계수를 표준 표나 도표에서 구할 수 없는 경우가 있다. 이러한 경우에는 형상계수가 이미 알려진 특정한 형상들로 합하거나 나누어서 주어진 형상을 표현할 필요가 있으며, 이에 대하여 **중첩법칙**을 적용한다. 중첩법칙은 다음과 같이 표현된다. **표면 i에서 j로의 형상계수는 표면 i에서 표면 j의 일부분에 대한 형상계수들의 합과 같다.** 그 역은 성립하지 않는다. 즉 표면 j에서 i로의 형상계수는 표면 j의 일부에서 표면 i로의 형상계수들의 합과 같지 않다.

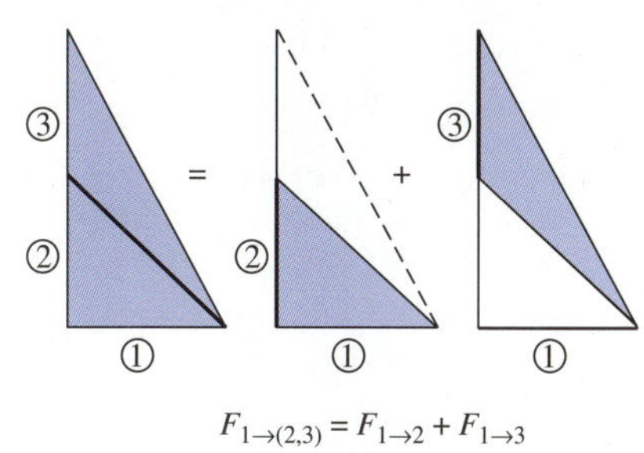

그림 8-39
어떤 표면으로부터 복합표면으로의 형상계수는 그 표면에서 복합표면의 각 조각에 대한 형상계수들의 합과 같다.

지면에 수직한 방향으로 무한히 긴 그림 8-39와 같은 형상을 고려하자. 표면

1을 출발한 복사 중, 표면 2와 3이 결합된 면에 도달한 복사의 비는 각각 표면 2와 3에 도달한 복사합의 비와 같다. 그러므로 표면 1로부터 표면 2와 3이 결합된 면으로의 형상계수는 다음과 같이 표기된다.

$$F_{1 \to (2, 3)} = F_{1 \to 2} + F_{1 \to 3} \tag{8-29}$$

우리가 구하려는 형상계수가 $F_{1\to3}$인 경우를 고려하자. 이 절에 포함된 표나 도표를 훑어보아도 이러한 형상에 대한 형상계수는 제시되어 있지 않다. 그러나 표 (8-4)로부터 형상계수 $F_{1\to2}$와 $F_{1\to(2, 3)}$을 구하면 식 (8-29)를 이용하여 $F_{1\to3}$을 결정할 수 있다. 이와 같이 구하기 어려운 형상계수는 한 면, 또는 양면 모두를 여러 면의 합이나 차로 나타내고 중첩법칙을 적용함으로써 상대적으로 쉽게 결정할 수 있다.

형상계수 $F_{(2, 3)\to1}$에 관한 관계를 구하기 위하여 식 (8-29)에 A_1을 곱한다.

$$A_1F_{1 \to (2, 3)} = A_1F_{1 \to 2} + A_1F_{1 \to 3}$$

그리고 각각의 항에 상호법칙을 적용하면 다음과 같이 구할 수 있다.

$$(A_2 + A_3)F_{(2, 3) \to 1} = A_2F_{2 \to 1} + A_3F_{3 \to 1}$$

또는,

$$F_{(2, 3) \to 1} = \frac{A_2\,F_{2 \to 1} + A_3\,F_{3 \to 1}}{A_2 + A_3} \tag{8-30}$$

두 개 이상의 면적에 대한 합으로 나타낼 경우도 같은 방법으로 취급한다.

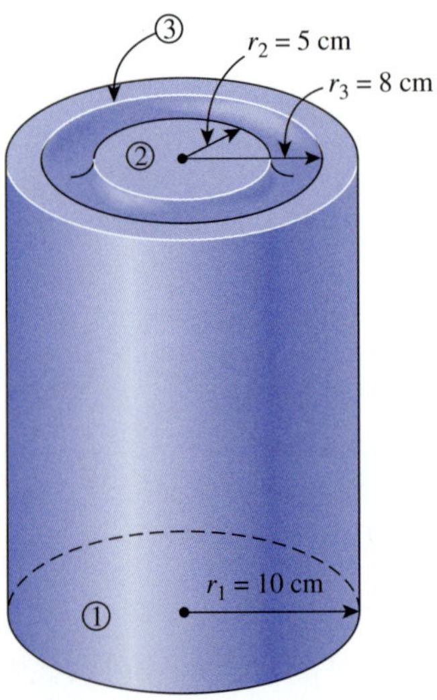

그림 8-40
예제 8-5에서 고려하는 원통형 공간

예제 8-5 개구부로부터 방출되는 복사의 비

그림 8-40에 나타낸 바와 같이 원통형 공간의 하부면을 출발한 복사 중 상부면의 원띠형 개구부를 통과하는 복사의 비를 구하라. 원통의 반경과 길이는 r_1 = 10 cm, L = 10 cm이고, 원띠의 내부 및 외부 반경은 각각 r_2 = 5 cm, r_3 = 8 cm이다.

풀이 원통형 공간의 하부면을 출발한 복사 중 상부면의 원띠형 개구부를 통과하는 복사의 비를 결정하여야 한다.
가정 하부면은 확산 방사 및 반사체이다.
해석 원통형 공간의 하부면을 출발한 복사 중 상부면의 원띠형 개구부를 통과하는 복사의 비를 구해야 한다. 원통의 하부면을 확산 방사 및 확산 반사체로 가정하면 우리가 결정하여야 할 것은 단순히 공간 하부에서 상부면 원띠로의 형상계수 $F_{1\to\text{ring}}$이 된다.

원형면적과 동심원띠 사이의 형상계수에 대한 해석식이나 도표가 없지만 원띠는 원판의 부분으로 나타낼 수 있다.

반경 r_1 = 10 cm인 하부면을 표면 1로 하고, 상부의 r_2 = 5 cm 인 원판을 표면 2, r_3 = 8 cm 인 원판을 표면 3으로 한다. 표면 3은 표면 2와 원띠의 합이므로 중첩법칙에 의하여 표면 1에서 3으로의 형상계수는 다음과 같이 표현된다.

$$F_{1 \to 3} = F_{1 \to 2} + F_{1 \to \text{ring}}$$

형상계수 $F_{1\to2}$와 $F_{1\to3}$은 그림 8-35의 그래프로부터 다음과 같이 구한다.

$$\frac{L}{r_1} = \frac{10\text{ cm}}{10\text{ cm}} = 1 \text{ and } \frac{r_2}{L} = \frac{5\text{ cm}}{10\text{ cm}} = 0.5 \xrightarrow{\text{(Fig. 21-35)}} = 0.11$$

$$\frac{L}{r_1} = \frac{10\text{ cm}}{10\text{ cm}} = 1 \text{ and } \frac{r_3}{L} = \frac{8\text{ cm}}{10\text{ cm}} = 0.8 \xrightarrow{\text{(Fig. 21-35)}} = 0.28$$

그러므로

$$F_{1\to\text{ring}} = F_{1\to3} - F_{1\to2} = 0.28 - 0.11 = \mathbf{0.17}$$

이 되어 원하는 결과를 얻는다. $F_{1\to2}$와 $F_{1\to3}$은 하부 원판을 출발한 복사 중 각각 원판 표면 2와 3에 도달한 복사의 비로서 이들의 차는 원띠 면에 도달한 복사의 비가 된다.

4 대칭법칙

만약 해결하고자 하는 문제와 관련된 형상이 특정한 대칭성을 나타내면 형상계수는 훨씬 간단히 구할 수 있다. 그러므로 형상계수를 직접 구하기 전에 그 형상에 대하여 어떤 대칭성이 있는가를 확인하는 것이 좋다. 형상계수의 정의를 되새기며 대칭성의 존재를 직관으로 확인할 수 있다. 같은 면들이 다른 면에 대하여 동일한 방향에 위치한다면 그 면을 출발한 복사는 같은 양만큼 각각의 면에 도달한다. 그러므로 **대칭법칙**(symmetry rule)을 다음과 같이 표현할 수 있다. **두(혹은 그 이상) 표면이 다른 제3의 표면에 대하여 대칭성을 나타내면 그 면에 대하여 같은 형상계수를 갖는다**(그림 8-41).

대칭법칙은 다음과 같이 나타낼 수도 있다. 표면 j와 k가 표면 i에 대하여 대칭이면 $F_{i\to j} = F_{j\to k}$이다. 이 경우 상호법칙을 이용하면 $F_{j\to i} = F_{k\to i}$이 성립한다.

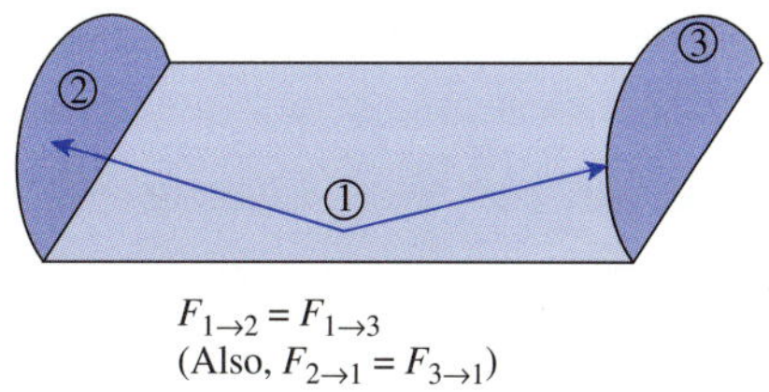

그림 8-41
세 번째 면에 대하여 대칭인 두 면은 세 번째 면에 대하여 동일한 형상계수를 갖는다.

예제 8-6 사각뿔과 관련된 형상계수

그림 8-42에 도시한 바와 같은 피라미드의 하부면에서 4개의 옆면에 대한 형상계수를 구하라. 피라미드의 하부면은 정사각형이고, 측면은 이등변 삼각형이다.

풀이 피라미드의 정사각 하부면에서 4개의 옆면에 대한 형상계수를 결정하여야 한다.
가정 면들은 확산 방사 및 반사체이다.
해석 피라미드의 하부면(표면 1)과 4개의 측면(표면 2, 3, 4, 5)들은 5면 닫힌 공간을 구성한다. 우선 이 공간이 대칭임을 인지하여야 한다. 4개의 측면은 하부면에 대하여 대칭이므로 *대칭법칙*으로부터 다음과 같이 된다.

$$F_{12} = F_{13} = F_{14} = F_{15}$$

한편 표면 1에 대하여 *합법칙*을 적용하면 다음과 같은 식을 얻을 수 있다.

$$\sum_{j=1}^{5} F_{1j} = F_{11} + F_{12} + F_{13} + F_{14} + F_{15} = 1$$

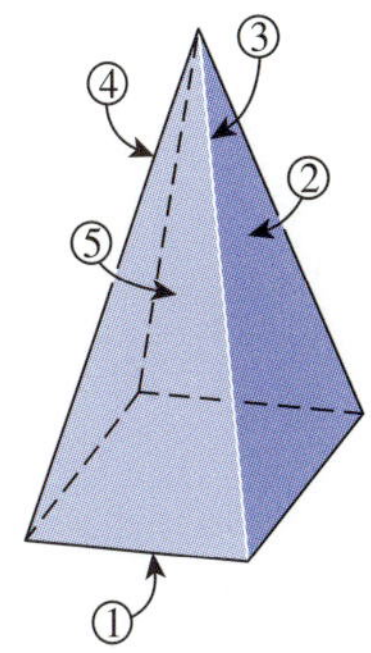

그림 8-42
예제 8-6에서 고려하는 피라미드

그러나 하부면이 *평면*이므로 $F_{11} = 0$이 된다. 위의 두 관계로부터 다음과 같은 값을 얻을 수 있다.

$$F_{12} = F_{13} = F_{14} = F_{15} = \mathbf{0.25}$$

검토 예측할 수 있는 바와 같이 피라미드의 하부면에서 출발한 총 복사의 1/4이 4개의 측면에 각각 도달한다. 대칭성의 존재로 인하여 형상계수를 구하는 것이 매우 간단해진다.

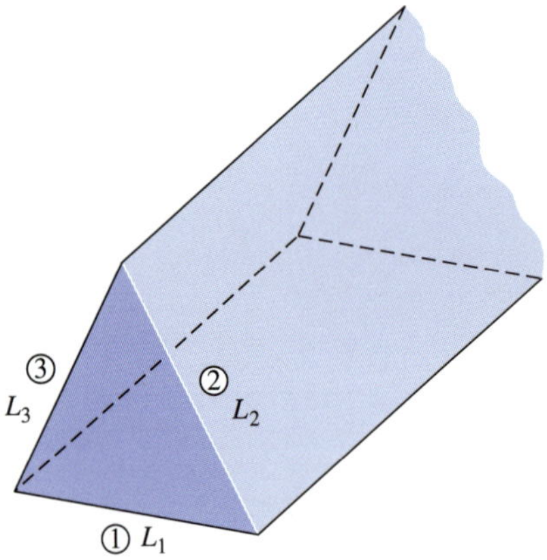

그림 8-43
예제 8-7에서 고려하는 무한히 긴 삼각형 덕트

예제 8-7 단면이 삼각형인 덕트의 형상계수

그림 8-43에 도시한 바와 같이 단면이 삼각형인 무한히 긴 덕트의 한 면에서 다른 면으로의 형상계수를 구하라.

풀이 단면이 삼각형인 무한히 긴 덕트와 관련된 형상계수를 결정하여야 한다.
가정 면들은 확산 방사 및 반사체이다.
해석 삼각형 단면 한 변의 길이는 각각 L_1, L_2, L_3이고, 이에 상응하는 면의 면적은 각각 A_1, A_2, A_3이다. 덕트가 무한히 길기 때문에 한 면에서 출발한 복사가 덕트의 양단을 통하여 손실되는 양은 무시한다. 그러므로 무한히 긴 덕트는 3면 닫힌 공간이 되어 $N = 3$이다.

이와 같은 닫힌 공간에 관련된 형상계수는 $N^2 = 3^2 = 9$개이고, 다음과 같은 수의 형상계수를 직접 구하여야 한다.

$$\tfrac{1}{2}N(N-1) = \tfrac{1}{2} \times 3(3-1) = 3$$

다행히 3면이 평면이므로 직관에 의하여 다음과 같이 3개의 형상계수를 결정할 수 있다.

$$F_{11} = F_{22} = F_{33} = 0$$

나머지 6개의 형상계수는 합법칙과 상호법칙으로부터 결정할 수 있다.

3면에 대하여 각각 합법칙을 적용하면 다음과 같다.

$$F_{11} + F_{12} + F_{13} = 1$$
$$F_{21} + F_{22} + F_{23} = 1$$
$$F_{31} + F_{32} + F_{33} = 1$$

$F_{11} = F_{22} = F_{33} = 0$이므로 첫 번째 식에 A_1을 곱하고 두 번째 식과 세 번째 식에 각각 A_2, A_3을 곱하면 다음과 같은 식이 된다.

$$A_1F_{12} + A_1F_{13} = A_1$$
$$A_2F_{21} + A_2F_{23} = A_2$$
$$A_3F_{31} + A_3F_{32} = A_3$$

최종적으로 상호법칙에 의한 3가지 관계식 $A_1F_{12} = A_2F_{21}$, $A_1F_{13} = A_3F_{31}$, $A_2F_{23} = A_3F_{32}$를 적용하면 다음과 같다.

$$A_1F_{12} + A_1F_{13} = A_1$$
$$A_1F_{12} + A_2F_{23} = A_2$$
$$A_1F_{13} + A_2F_{23} = A_3$$

이들은 세 개의 미지수와 세 개의 방정식으로 구성된 연립 방정식이므로 이를 풀면 다음과 같이 형상계수를 구할 수 있다.

$$F_{12} = \frac{A_1 + A_2 - A_3}{2A_1} = \frac{L_1 + L_2 - L_3}{2L_1}$$
$$F_{13} = \frac{A_1 + A_3 - A_2}{2A_1} = \frac{L_1 + L_3 - L_2}{2L_1} \quad \text{(8–31)}$$
$$F_{23} = \frac{A_2 + A_3 - A_1}{2A_2} = \frac{L_2 + L_3 - L_1}{2L_2}$$

검토 이 식에서 덕트 측면의 면적은 $A = Ls$가 되며, 인자 s는 분자와 분모에서 나눠지기 때문에 삼각형 단면 각 변의 길이로써 면적을 대신하였다. 이로부터 다음과 같은 결론을 얻을 수 있다. *무한히 긴 삼각형 덕트의 한 면에서 다른 면으로의 형상계수는 이들 두 면의 폭을 합하고 제3면의 폭을 뺀 값을 처음 면으로 나눈 것과 같다.*

무한히 긴 면들 간의 형상계수: 교차선법

여러 가지 실제 문제들 중 채널이나 덕트 등과 같이 단면이 일정하고 한쪽 방향의 길이가 다른 길이들에 비하여 매우 긴 형상을 많이 접하게 된다. 이러한 형상의 경우 양 끝단의 영향을 무시할 수 있으므로 2차원으로 간주하면 편리하다. 무한히 긴 형상으로 가정하면 내부면들 간의 형상계수는 1950년대에 호텔(Hottel)이 개발한 교차선법(*crossed-strings method*)에 의하여 놀라울 만큼 간단히 구할 수 있다. 면들이 편평할 필요는 없으며 오목, 볼록, 또는 그 밖의 어떤 불규칙한 형상도 가능하다.

이 방법의 증명을 위하여 그림 8–44에 제시한 형상을 고려하고, 표면 1과 2 사이의 형상계수 $F_{1\to2}$를 구하자. 먼저 각 면 양 끝점들을 구분하고(점 A, B, C, D), 점선으로 도시한 바와 같이 팽팽하게 긴장된 줄로 이점들을 연결한다. 호텔은 형상계수 $F_{1\to2}$를 이와 같은 긴장된 줄들의 길이로써 다음 식으로 표현할 수 있음을 증명하였다.

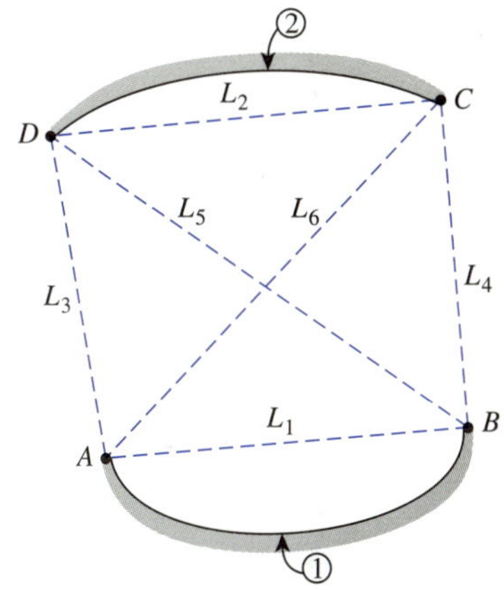

그림 8–44
교차선법을 적용한 형상계수의 결정

$$F_{1\to2} = \frac{(L_5 + L_6) - (L_3 + L_4)}{2L_1} \quad \text{(8–32)}$$

이 식의 $L_5 + L_6$은 교차선들의 길이 합이고, $L_3 + L_4$는 끝을 연결하는 교차되지 않은 선들의 합이다. 그러므로 호텔의 교차선법은 다음과 같이 구어적으로 표현할 수 있다.

$$F_{i\to j} = \frac{\Sigma(\text{Crossed strings}) - \Sigma(\text{Uncrossed strings})}{2 \times (\text{String on surface } i)} \quad \text{(8–33)}$$

교차선법은 삼각형과 같이 두 면이 하나의 모서리를 공유할 경우에도 적용할 수 있다. 이때 공유한 모서리에 대하여는 길이가 0인 가상의 선으로 취급한다. 이 방법은 면의 일부가 다른 면에 의하여 가려질 경우에도 가리는 면을 둘러서 교차선을 도시함으로써 적용할 수 있다.

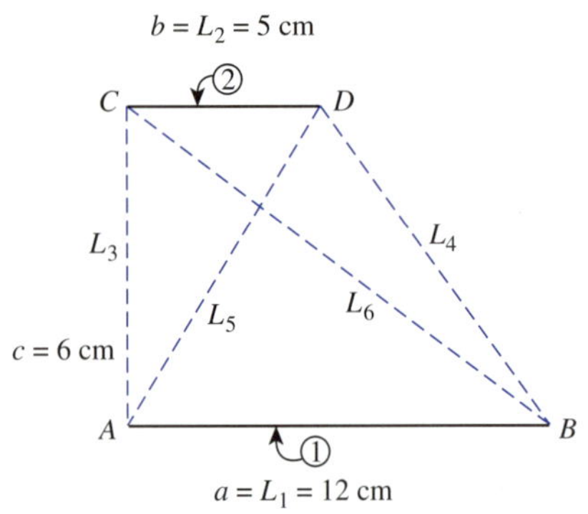

그림 8-45

예제 8-8에서 고려한 두 개의 무한히 긴 평행 평판

예제 8-8 형상계수에 대한 교차선법

폭이 a = 12 cm, b = 5 cm인 두 개의 무한히 긴 평행판이 c = 6 cm의 거리를 두고 그림 8-45와 같이 놓여 있다. (a) 교차선법을 이용하여 표면 1에서 2로의 형상계수 $F_{1\to2}$를 구하고, (b) 주어진 형상과 같은 삼각형을 구성하고 측면들 간의 형상계수에 관한 식 (8-31)을 이용하여 교차선법의 식을 유도하라.

풀이 무한히 긴 두 평행판 사이의 형상계수를 교차선법을 이용하여 결정하고, 형상계수를 유도하여야 한다.

가정 면들은 확산 방사 및 반사체이다.

해석 (a) 먼저 두 면의 양 끝점들을 구분하여 부호를 부여하고, 그림 8-45와 같이 그 점들을 연결하는 점선을 그린다. 교차된 선과 교차되지 않은 선을 구분하고, 형상계수 $F_{1\to2}$를 구하기 위하여 교차선법[식 (8-33)]을 적용한다.

$$F_{1\to2} = \frac{\Sigma(\text{Crossed strings}) - \Sigma(\text{Uncrossed strings})}{2 \times (\text{String on surface 1})} = \frac{(L_5 + L_6) - (L_3 + L_4)}{2L_1}$$

이때 길이는 각각

$$L_1 = a = 12\text{ cm} \qquad L_4 = \sqrt{7^2 + 6^2} = 9.22\text{ cm}$$
$$L_2 = b = 5\text{ cm} \qquad L_5 = \sqrt{5^2 + 6^2} = 7.81\text{ cm}$$
$$L_3 = c = 6\text{ cm} \qquad L_6 = \sqrt{12^2 + 6^2} = 13.42\text{ cm}$$

이들을 대입하면

$$F_{1\to2} = \frac{[(7.81 + 13.42) - (6 + 9.22)]\text{ cm}}{2 \times 12\text{ cm}} = \mathbf{0.250}$$

(b) 지면에 수직한 방향으로 무한히 긴 형상이므로, 두 면(표면 1, 2)과 두 개구부(가상 표면 3, 4)로 구성된 닫힌 도형을 구성할 수 있다. 표면 1에 대하여 합법칙을 적용하면 다음과 같다.

$$F_{11} + F_{12} + F_{13} + F_{14} = 1$$

그러나 평판에 대하여 F_{11} = 0이므로 다음과 같이 표기된다.

$$F_{12} = 1 - F_{13} - F_{14}$$

이때 형상계수 F_{13}과 F_{14}는 각각 삼각형 ABC와 ABD에 대한 측면 사이의 형상계수 관계식인 식 (8-31)을 적용하여 다음과 같이 구할 수 있다.

$$F_{13} = \frac{L_1 + L_3 - L_6}{2L_1}, \qquad F_{14} = \frac{L_1 + L_4 - L_5}{2L_1}$$

이 식들을 대입하면 다음과 같은 원하는 결과를 얻을 수 있다.

$$F_{12} = 1 - \frac{L_1 + L_3 - L_6}{2L_1} - \frac{L_1 + L_4 - L_5}{2L_1}$$
$$= \frac{(L_5 + L_6) - (L_3 + L_4)}{2L_1}$$

이것은 두 개의 무한히 긴 평판에 대한 교차선법의 간접증명이 된다.

8-6 ▪ 복사 열전달: 흑체표면

이제까지 우리는 물질의 복사 물성값, 형상계수 등 복사의 본질에 대하여 고찰하였으나 지금부터는 표면들 사이의 복사에 의한 열전달에 대하여 논의하고자 한다. 일반적으로 표면들 사이의 복사교환에 대한 해석은 반사로 인하여 매우 복잡해진다. 표면을 출발한 복사선은 각 면들에서 부분적인 반사를 수차례 겪은 후 완전히 흡수-소멸된다. 표면을 흑체로 가정하면 반사 현상이 사라져서 해석이 매우 간단해진다. 이 절에서는 우선 **흑체표면**에서의 복사교환에 대하여서만 논하고 다음 절에서 반사면에 대한 해석으로 확장할 것이다.

그림 8-46에 도시한 바와 같이 형상이 불규칙한 두 표면의 온도가 각각 T_1, T_2이고 이들이 흑체인 경우를 고려하여 보자. 흑체표면을 출발하는 단위면적당 복사 방사도는 $E_b = \sigma T^4$이고, 형상계수 $F_{1\to 2}$는 표면 1을 출발하여 표면 2에 도달하는 복사의 비를 의미한다. 표면 1을 출발하여 표면 2에 도달하는 **정미** 복사 열전달률은 다음과 같이 표현된다.

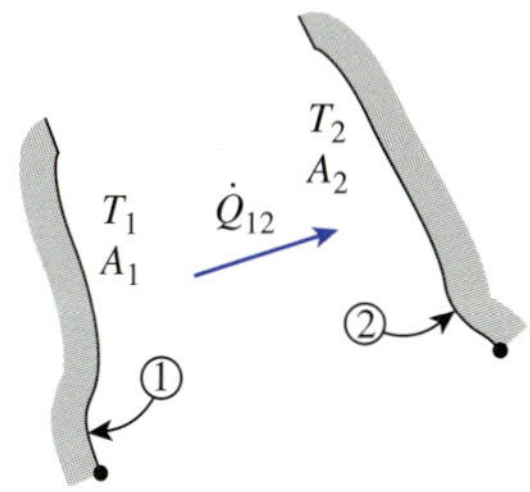

그림 8-46

온도가 T_1, T_2로 균일하게 유지되는 일반적인 두 개의 흑체표면

$$\dot{Q}_{1\to 2} = \begin{pmatrix}\text{Radiation leaving} \\ \text{the entire surface 1} \\ \text{that strikes surface 2}\end{pmatrix} - \begin{pmatrix}\text{Radiation leaving} \\ \text{the entire surface 2} \\ \text{that strikes surface 1}\end{pmatrix}$$

$$= A_1 E_{b1} F_{1\to 2} - A_2 E_{b2} F_{2\to 1} \qquad \text{(W)} \tag{8-34}$$

상호법칙 $A_1F_{1\to 2} = A_2F_{2\to 1}$을 적용하면 다음과 같은 식을 얻는다.

$$\dot{Q}_{1\to 2} = A_1 F_{1\to 2}\,\sigma(T_1^4 - T_2^4) \qquad \text{(W)} \tag{8-35}$$

열량 $\dot{Q}_{1\to 2}$가 음의 값이 되는 것은 정미 복사 열전달이 표면 2에서 1로 전달됨을 의미한다.

이제 특정한 온도로 유지되는 N개의 **흑체표면**으로 구성된 **닫힌 공간**을 고려하자. 이 공간의 어떤 표면 i로부터의 **정미** 복사 열전달은 표면 i**로부터** 공간 내 모든 표면들에 대한 정미 복사 열전달의 합과 같다.

$$\dot{Q}_i = \sum_{j=1}^{N} \dot{Q}_{i\to j} = \sum_{j=1}^{N} A_i F_{i\to j}\,\sigma(T_i^4 - T_j^4) \qquad \text{(W)} \tag{8-36}$$

열량 $\dot{Q}$가 음이 되는 것 역시 정미 복사 열전달이 표면 i로 전달됨을 의미한다(즉, 표면 i는 복사에너지를 잃는 대신 **얻는다**). 또한 자기 자신으로의 열전달은 표면의 형상에 무관하게 0이다.

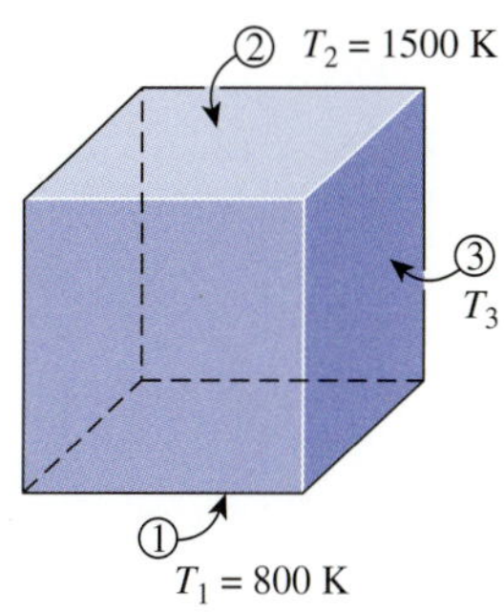

그림 8-47

예제 8-9에서 고려하는 흑체표면으로 구성된 정육면체형 가열로

예제 8-9 흑체 가열로의 복사 열전달

그림 8-47에 제시한 바와 같이 모든 면을 흑체로 가정할 수 있는 5 m × 5 m × 5 m인 정육면체 가열로를 고려하자. 가열로의 바닥, 천장 그리고 측면들은 각각 800 K, 1500 K,

500 K로 균일하게 유지된다. (*a*) 바닥면과 측면들 사이의 정미 복사 열전달률을 구하고, (*b*) 바닥면과 천장 사이의 정미 복사 열전달률을 구하라. (*c*) 바닥면으로부터의 정미 복사 열전달률을 구하라.

풀이 정육면체인 가열로의 면이 흑체이고 온도가 균일하게 유지된다. 바닥면과 측면들 사이, 바닥면과 상부면 사이, 그리고 바닥면으로부터의 정미 복사 열전달률을 결정하여야 한다.

가정 모든 면은 흑체이고 등온이다.

해석 (*a*) 6개의 표면으로 구성된 형상을 고려하여 우선 가열로를 6면을 갖는 닫힌 공간으로 가정한다. 그중 4개의 표면이 같은 물성값을 가지므로 복사해석에 있어 이들을 한 개의 면으로 간주한다. 편의상 바닥면을 1, 상부면을 2, 측면을 3으로 구분하며, 결국 $\dot{Q}_{1\rightarrow 3}$, $\dot{Q}_{1\rightarrow 2}$ 및 $\dot{Q}_1$ 을 구하는 문제로 간결화된다.

관련된 모든 면이 흑체이므로 표면 1에서 3으로의 정미 복사 열전달률 $\dot{Q}_{1\rightarrow 3}$은 식 (8-35)의 하첨자 2 대신 3을 대입함으로써 다음과 같이 구한다.

$$\dot{Q}_{1\rightarrow 3} = A_1 F_{1\rightarrow 3}\sigma(T_1^4 - T_3^4)$$

이 값을 결정하려면 먼저 형상계수 $F_{1\rightarrow 3}$를 구해야 한다. 수록된 형상계수 도표를 조사해 보면 이러한 형상계수는 직접 구할 수 없다는 것을 알 수 있다. 반면 형상계수 $F_{1\rightarrow 2}$는 그림 8-33으로부터 $F_{1\rightarrow 2} = 0.2$임을 직접 구할 수 있다. 한편 표면 1은 평평하므로 $F_{1\rightarrow 1} = 0$이다. 표면 1에 대하여 합법칙을 적용하면 다음과 같이 된다.

$$F_{1\rightarrow 1} + F_{1\rightarrow 2} + F_{1\rightarrow 3} = 1$$

또는

$$F_{1\rightarrow 3} = 1 - F_{1\rightarrow 1} - F_{1\rightarrow 2} = 1 - 0 - 0.2 = 0.8$$

이 값을 열전달률 식에 대입하면 다음과 같다.

$$\begin{aligned}\dot{Q}_{1\rightarrow 3} &= (25\ \text{m}^2)(0.8)(5.67\times 10^{-8}\ \text{W/m}^2\cdot\text{K}^4)[(800\ \text{K})^4 - (500\ \text{K})^4]\\ &= \mathbf{394\ kW}\end{aligned}$$

(*b*) 표면 1에서 2로의 정미 복사 열전달률 $\dot{Q}_{1\rightarrow 2}$는 비슷한 방법을 통하여 식 (8-35)로부터 다음과 같이 구한다.

$$\begin{aligned}\dot{Q}_{1\rightarrow 2} &= A_1 F_{1\rightarrow 2}\sigma(T_1^4 - T_2^4)\\ &= (25\ \text{m}^2)(0.2)(5.67\times 10^{-8}\ \text{W/m}^2\cdot\text{K}^4)[(800\ \text{K})^4 - (1500\ \text{K})^4]\\ &= \mathbf{-1319\ kW}\end{aligned}$$

음의 부호는 정미 복사 열전달이 표면 2로부터 1로 전달됨을 의미한다.

(*c*) 바닥면 1로부터의 정미 복사 열전달률 $\dot{Q}_1$은 식 (8-36)에서 하첨자 *i*를 1로, *N*을 3으로 대체하여 다음과 같이 구한다.

$$\begin{aligned}\dot{Q}_1 &= \sum_{j=1}^{3}\dot{Q}_{1\rightarrow j} = \dot{Q}_{1\rightarrow 1} + \dot{Q}_{1\rightarrow 2} + \dot{Q}_{1\rightarrow 3}\\ &= 0 + (-1319\ \text{kW}) + (394\ \text{kW})\\ &= \mathbf{-925\ kW}\end{aligned}$$

역시 음의 부호는 정미 복사 열전달이 표면 1로 전달됨을 의미한다. 즉 가열로의 바닥면은 대략 925 kW의 정미 복사를 받는다.

8–7 ▪ 복사 열전달: 확산, 회체표면

이미 논의한 바와 같이 흑체표면으로 구성된 공간에 대한 복사전달의 해석은 상대적으로 쉽지만 실제에서는 대부분 다수의 반사가 진행되는 비흑체표면으로 구성된 공간을 접하게 된다. 이러한 공간에 대한 복사해석은 몇 가지 단순화 가정을 적용시키지 않으면 매우 복잡해진다.

간단한 복사해석이 가능하도록 하기 위하여 공간의 표면을 **불투명한 확산/회체** 표면으로 가정한다. 즉 표면은 복사에 대한 투과성이 없고 확산 방사체이자 확산 반사면이며, 물성값은 파장에 무관하다. 또한 공간의 각 면들은 **등온**이고 입사와 출사(radiosity)되는 복사는 모든 면에서 **균일**하다. 먼저 출사(radiosity)의 개념에 대하여 고찰해 보자.

출사

표면은 복사를 방사할 뿐 아니라 반사하기도 하므로 표면을 출발하는 복사는 방사와 반사 등 두 가지 양으로 구성된다. 표면 사이의 복사 열전달 해석은 복사의 발생원과는 상관 없이 표면으로부터 방출되는 **총** 복사에너지 흐름과 관련된다. 그러므로 **단위시간당, 단위면적당 한 면을 출발하는 총 복사에너지**를 나타내는 새로운 양을 정의할 필요가 있다. 이 양을 **출사**(radiosity)라 하고 기호는 J로 나타낸다(그림 8–48).

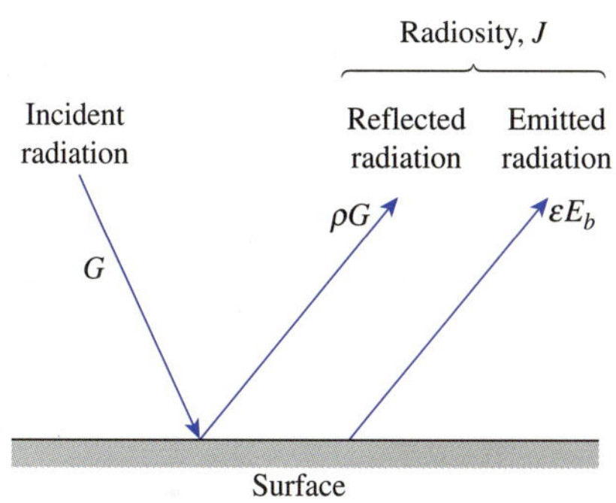

그림 8–48
출사는 표면에서 방사와 반사되는 복사에너지의 합을 나타낸다.

회체이고 불투명한 표면($\varepsilon_i = \alpha_i$, $\alpha_i + \pi_i = 1$) i에 대하여 출사는 다음과 같이 표현할 수 있다.

$$
\begin{aligned}
J_i &= \begin{pmatrix}\text{Radiation emitted} \\ \text{by surface } i\end{pmatrix} + \begin{pmatrix}\text{Radiation reflected} \\ \text{by surface } i\end{pmatrix} \\
&= \varepsilon_i E_{bi} + \rho_i G_i \\
&= \varepsilon_i E_{bi} + (1 - \varepsilon_i) G_i \qquad (\text{W/m}^2)
\end{aligned} \tag{8–37}
$$

이 식에서 표면 i의 흑체방사도는 $E_{bi} = \sigma T_i^4$이고, G_i는 조사(irradiation)이다(즉, 단위시간당, 단위면적당 표면 i에 입사되는 복사에너지).

표면이 **흑체**($\varepsilon_i = 1$)에 가까우면 출사 관계식은 다음과 같이 간단히 표기된다.

$$J_i = E_{bi} = \sigma T_i^4 \qquad (\text{흑체}) \tag{8–38}$$

즉, **흑체의 출사는 흑체의 방사도와 같다.** 흑체는 복사를 반사하지 않으므로 이는 예측되는 결과이며 결국, 흑체로부터의 복사는 단지 방사로만 구성된다.

표면으로 또는 표면으로부터의 정미 복사 열전달

복사 상호작용 동안 표면은 방사를 통하여 에너지를 잃고, 다른 면에서 방사된 복사를 흡수함으로써 에너지를 얻는다. 표면이 순수하게 잃거나 혹은 얻는 에너지는 어떤 양이 더 큰가에 의하여 결정된다. 면적이 A_i인 표면 i로부터의 정미 복사 열전달률 $\dot{Q}_i$는 다음과 같은 식으로 표현된다.

$$\dot{Q}_i = \begin{pmatrix}\text{Radiation leaving} \\ \text{entire surface } i\end{pmatrix} - \begin{pmatrix}\text{Radiation incident} \\ \text{on entire surface } i\end{pmatrix}$$
$$= A_i(J_i - G_i) \qquad \text{(W)} \tag{8–39}$$

식 (8–37)을 G_i에 대하여 풀고, 식 (8–39)에 대입하면 다음과 같이 된다.

$$\dot{Q}_i = A_i\left(J_i - \frac{J_i - \varepsilon_i E_{bi}}{1 - \varepsilon_i}\right) = \frac{A_i\varepsilon_i}{1 - \varepsilon_i}(E_{bi} - J_i) \qquad \text{(W)} \tag{8–40}$$

옴의 법칙(Ohm's law)에 대한 전기적인 유사성으로부터, 이 식은 다음과 같이 다시 정리하여 나타낼 수 있다.

$$\dot{Q}_i = \frac{E_{bi} - J_i}{R_i} \qquad \text{(W)} \tag{8–41}$$

이 식에서 복사에 대한 **표면저항**(surface resistance)은 다음과 같다.

$$R_i = \frac{1 - \varepsilon_i}{A_i\varepsilon_i} \tag{8–42}$$

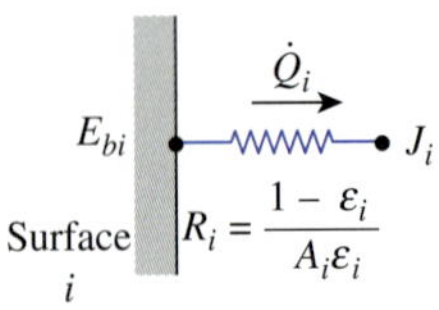

그림 8–49
복사에 대한 표면저항의 전기적 유사성

그림 8–49에 도시한 바와 같이 에너지의 차 $E_{bi} - J_i$는 전위차에 비견되고 정미 열전달률은 전류에 대비되어 전기적 유사성을 갖는다.

정미 복사 열전달의 방향은 J_i(출사)의 크기와 E_{bi}(표면의 특정 온도에서 방사도)와의 상대적인 크기에 의존한다. 만약, $E_{bi} > J_i$이면 정미 복사 열전달은 표면으로부터 방출되고, $J_i > E_{bi}$이면 표면으로 입사된다. 음의 $\dot{Q}_i$는 표면으로의 열전달을 의미한다. 표면이 등온을 유지하려면 획득한 모든 복사에너지는 이 표면의 반대쪽에서 다른 열전달 방식을 통하여 제거되어야 한다.

흑체는 $\varepsilon_i = 1$이고, $J_i = E_{bj}$이므로 복사에 대한 표면저항은 0이다. 이 경우 정미 복사 열전달은 식 (8–39)로부터 직접 구한다.

수많은 실제 열전달의 응용에 있어 표면의 뒷부분이 열에 대하여 잘 절연되어 있으면 이를 통한 정미 열전달을 0으로 간주하여 그 면이 단열되어 있다고 가정한다. 앞쪽 면(열전달 면)에서 대류의 영향을 무시할 수 있는 경우, 정상 상태에 도달하면 그 면은 얻은 만큼의 열을 방출하여서 $\dot{Q}_i = 0$이 된다. 이 경우 표면은 받은 복사에너지를 모두 재복사(*reradiate*)로 방출하므로 이러한 면을 **재복사표면**(reradiating surface)이라 한다. $\dot{Q}_i = 0$으로 설정하면 식 (8–41)은 다음과 같이 된다.

$$J_i = E_{bi} = \sigma T_i^4 \tag{8–43}$$

그러므로 정상 상태에 도달한 재복사표면의 온도는 그 표면의 출사가 알려져 있다면 위의 식으로부터 쉽게 결정된다. 재복사표면의 온도는 그 표면의 방사도와 무관함에 유의하라. 복사해석에서 재복사표면의 정미 열전달이 0이므로 표면저항은 무시한다(전기회로에서 전류가 흐르지 않으면 저항을 고려할 필요가 없는 것과 같다).

두 표면 사이의 정미 복사 열전달

그림 8-50에 도시한 바와 같이 확산적이고 회체이며 불투명한 임의의 형상을 갖는 균일한 온도의 두 표면을 고려하자. 출사 J는 단위면적당 표면에서 방출되는 복사율이고, 형상계수 $F_{i\to j}$는 표면 i를 출발하여 j에 도달하는 복사의 비이다. 표면 i로부터 j로의 정미 복사 열전달률은 다음과 같이 표현된다.

$$\dot{Q}_{i\to j} = \begin{pmatrix} \text{Radiation leaving} \\ \text{the entire surface } i \\ \text{that strikes surface } j \end{pmatrix} - \begin{pmatrix} \text{Radiation leaving} \\ \text{the entire surface } j \\ \text{that strikes surface } i \end{pmatrix} \tag{8-44}$$

$$= A_i J_i F_{i\to j} - A_j J_j F_{j\to i} \qquad \text{(W)}$$

상호법칙 $A_iF_{i\to j} = A_jF_{j\to i}$를 적용하면 다음과 같다.

$$\dot{Q}_{i\to j} = A_iF_{i\to j}(J_i - J_j) \qquad \text{(W)} \tag{8-45}$$

옴의 법칙과 유사성을 다시 한 번 적용하면, 이 식은 다음과 같이 재정리된다.

$$\dot{Q}_{i\to j} = \frac{J_i - J_j}{R_{i\to j}} \qquad \text{(W)} \tag{8-46}$$

여기서 복사에 대한 **공간저항**(space resistance)은 다음과 같다.

$$R_{i\to j} = \frac{1}{A_i F_{i\to j}} \tag{8-47}$$

그림 8-50에서와 같이 전기적 유사성을 다시 적용하면 출사의 차 $J_i - J_j$는 전위차(*potential difference*)에 해당하고, 두 면 사이의 정미 복사 열전달은 전류에 해당된다.

두 면 사이의 정미 복사 열전달의 방향은 J_i와 J_j의 상대적 크기에 의존한다. 양의 값 $\dot{Q}_{i\to j}$는 표면 i로부터 j로 정미 열전달이 이루어짐을 의미하고, 음의 값은 반대가 됨을 나타낸다.

N개의 표면으로 구성된 공간에 있어 에너지 보존법칙에 의하면 표면 i로부터 정미 복사 열전달은 표면 i에서 공간 내 N개의 각각 표면들로의 정미 열전달의 합과 같아야 한다. 즉 다음 식과 같이 표현된다.

$$\dot{Q}_i = \sum_{j=1}^{N} \dot{Q}_{i\to j} = \sum_{j=1}^{N} A_iF_{i\to j}(J_i - J_j) = \sum_{j=1}^{N} \frac{J_i - J_j}{R_{i\to j}} \qquad \text{(W)} \tag{8-48}$$

N개의 표면으로 구성된 공간 내 표면 i로부터 나머지 표면들로의 정미 복사 열전달에 대한 열회로(thermal network)를 그림 8-51에 도시하였다. 표면 형상과 무

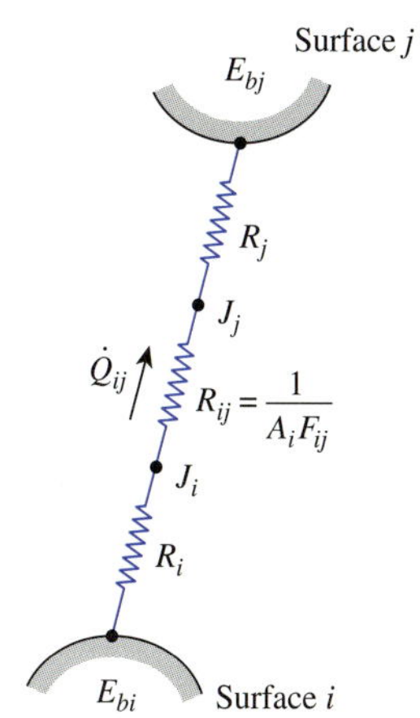

그림 8-50
복사에 대한 공간저항의 전기적 유사성

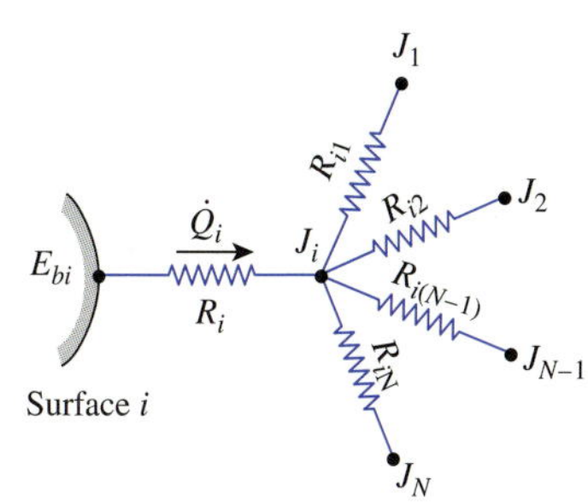

그림 8-51
N개 면으로 구성된 공간 내 표면 i로부터 나머지 표면들로의 정미 복사 열전달을 나타내는 회로망

관하게 $\dot{Q}_{i\to i}$(자기 자신에 대한 정미 복사 열전달)는 0임을 상기하자. 식 (8−41)과 식 (8−48)을 결합하면 다음과 같이 된다.

$$\frac{E_{bi} - J_i}{R_i} = \sum_{j=1}^{N} \frac{J_i - J_j}{R_{i\to j}} \qquad \text{(W)} \tag{8–49}$$

전기적 유사성으로 해석하면 **표면저항을 통한 표면으로부터의 정미 복사유동은 그 표면으로부터 다른 모든 표면으로의 공간저항을 통한 복사유동의 합과 같음을 의미한다.**

복사문제의 해석방법

닫힌 공간의 복사해석에서 미지의 온도나 열전달률에 대한 단일해를 구하려면, 모든 면에 대하여 온도나 정미 열전달률이 반드시 정의되어야 한다. 복사문제의 해석을 위하여 사용하는 방법은 일반적으로 두 가지이다. 첫 번째 방법에서는 식 (8−48) (표면의 열전달률이 정의된 경우)과 식 (8−49) (표면의 온도가 정의된 경우)를 다음과 같이 간단한 식으로 정리한다.

정미 열전달률 $\dot{Q}$가 정의된 표면들

$$\dot{Q}_i = A_i \sum_{j=1}^{N} F_{i\to j}(J_i - J_j) \tag{8–50}$$

온도 T_i가 정의된 표면들

$$\sigma T_i^4 = J_i + \frac{1 - \varepsilon_i}{\varepsilon_i} \sum_{j=1}^{N} F_{i\to j}(J_i - J_j) \tag{8–51}$$

$\dot{Q}_i = 0$인 표면은 단열(또는 재복사) 면이고, 흑체표면에 대하여는 $\varepsilon_i = 1$이므로 $\sigma T_i^4 = J_i$이다. $i = j$인 경우에도 $J_i - J_j = J_i - J_i = 0$이므로 동일한 결과가 도출된다.

상기의 식들은, N개의 면으로 구성된 닫힌 공간의 미지의 조사 N개를 결정할 수 있는 N개의 대수방정식을 제공한다. 일단 조사들 $J_1, J_2, \cdots, J_N$을 구하면 미지수인 열전달률은 식 (8−50)으로 결정하고, 미지수인 표면온도들은 식 (8−51)을 사용하여 구한다. 단열 또는 재복사면의 온도는 식 $\sigma T_i^4 = J_i$로부터 결정한다. 양의 값인 $\dot{Q}_i$는 표면 i**로부터의** 정미 복사 열전달을, 음의 값은 표면 i**로의** 정미 복사 열전달을 의미한다.

표면의 수가 많을 때 위에 설명한 복사 열전달 해석을 위하여 사용하는 체계적인 접근법은 최근 널리 보급된 EES, Mathcad, Matlab 등과 같은 방정식해석 프로그램에 매우 적합하다. 이와 같은 방법을 **직접법**[direct method; 형식적으로는 **행렬법**(matrix method)이라 함]이라 한다. 두 번째 방법은 다음에 설명하는 바와 같이 전기회로의 해석에 기초한 **회로망법**(network method)이다.

회로망법은 1950년대에 오펜하임(A. K. Oppenheim)에 의하여 처음 도입되었으며 그 방법이 간단하고 물리적 중요성이 부각됨에 따라 널리 사용하게 되었다. 이 방법의 적용은 다음과 같이 직접적이다. 먼저 공간 내의 각 면에서, 그 면에 해당되는 저항을 작성하고 이들을 공간저항과 연결한다. 그리고 복사 열전달은 전류, 출사는 전압으로 대체된 전기회로망으로 취급하여 복사문제를 해석한다.

회로망법은 면의 수가 3~4개 이상이면 회로가 매우 복잡해지므로 실용적이지 못하다. 본서에서는 면의 수가 2~3개인 닫힌 공간에 대하여 이 방법을 적용할 것이다.

두 면으로 구성된 닫힌 공간의 복사 열전달

그림 8-52에 도시한 바와 같이 온도가 각각 T_1, T_2인 두 개의 불투명한 면으로 구성된 닫힌 공간에 대하여 회로망법을 적용함으로써 두 면 사이의 정미 복사 열전달을 구하고자 한다. 표면 1과 2의 방사율은 ε_1, ε_2이고 면적은 A_1, A_2이며, 온도는 T_1, T_2로 균일하게 유지되고 있다. 공간은 두 개의 면만이 존재하므로 다음과 같은 식이 성립한다.

$$\dot{Q}_{12} = \dot{Q}_1 = -\dot{Q}_2$$

즉 표면 1에서 2로의 정미 복사 열전달은 표면 1로부터의 정미 복사 열전달, 또는 표면 2로의 정미 복사 열전달과 같아야 한다.

그림 8-52에 도시한 바와 같이 2면 닫힌 공간의 복사회로는 두 개의 표면저항과 한 개의 공간저항으로 구성된다. 전기회로에서 이와 같이 직렬로 연결된 저항을 흐르는 전류는 점 A, B 사이의 전위차를 같은 두 점 사이의 총 저항으로 나눔으로써 구한다. 정미 복사 열전달률도 같은 방법으로 구하면 다음과 같이 표현된다.

$$\dot{Q}_{12} = \frac{E_{b1} - E_{b2}}{R_1 + R_{12} + R_2} = \dot{Q}_1 = -\dot{Q}_2$$

$$\dot{Q}_{12} = \frac{\sigma(T_1^4 - T_2^4)}{\dfrac{1-\varepsilon_1}{A_1\varepsilon_1} + \dfrac{1}{A_1F_{12}} + \dfrac{1-\varepsilon_2}{A_2\varepsilon_2}} \quad \text{(W)} \qquad \text{(8-52)}$$

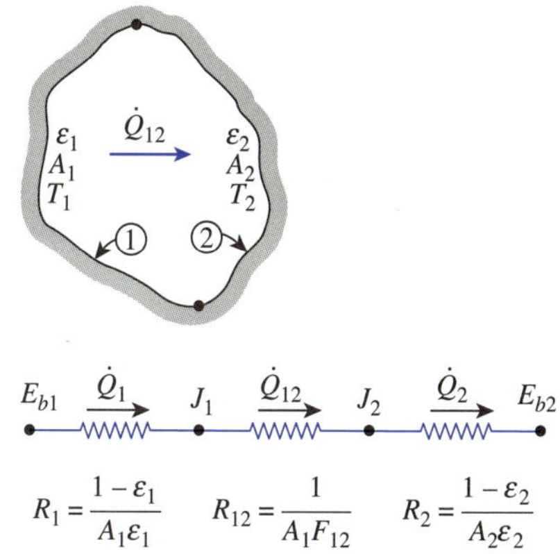

그림 8-52
2면 공간의 개략도와 이에 의한 복사 회로망

이와 같이 유도된 중요한 결과는 회체이고 확산적이며 불투명한 두 개의 표면으로 구성되는 어떠한 닫힌 공간에 대하여도 적용할 수 있다. 표 8-5에는 우리에게 익숙한 몇 가지 형상에 대하여 간단히 정리된 식 (8-52)를 제시하였다. 이들 몇 가지 형상에 대하여 $F_{12} = 1$임을 상기하자.

예제 8-10 평행 평판 사이의 복사열전달

그림 8-53에서와 같이 두 개의 매우 긴 평행 평판이 온도 $T_1 = 800$ K, $T_2 = 500$ K로 유지되고 있으며, 방사율은 각각 $\varepsilon_1 = 0.2$, $\varepsilon_2 = 0.7$이다. 각 평판들의 단위면적당 정미 복사 열전달을 구하라.

풀이 두 개의 큰 평행 평판이 균일한 온도를 유지하고 있을 때, 두 평판 사이의 정미 복사 열전달률을 구하여야 한다.

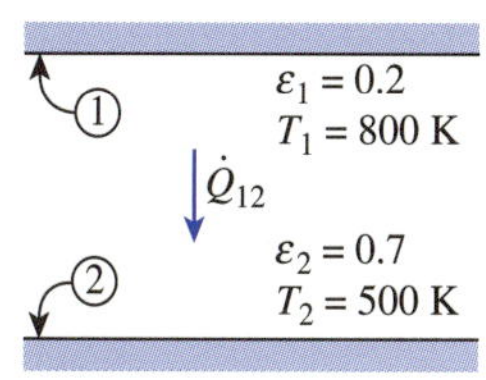

그림 8-53
예제 8-10에서 고려하는 두 개의 평행 평판

표 8–5

두 표면 배열에 대한 복사 열전달 관계식

Small object in a large cavity

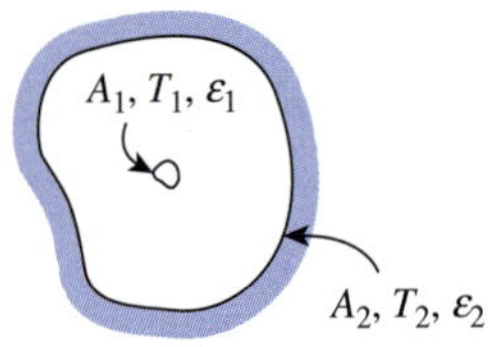

$$\frac{A_1}{A_2} \approx 0$$

$$F_{12} = 1$$

$$\dot{Q}_{12} = A_1 \sigma \varepsilon_1 (T_1^4 - T_2^4) \quad \textbf{(21–53)}$$

Infinitely large parallel plates

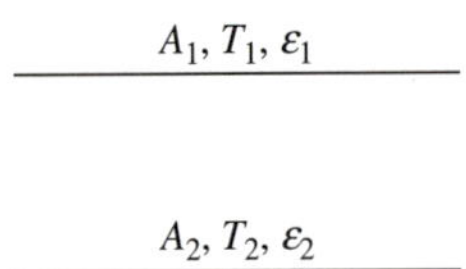

$$A_1 = A_2 = A$$

$$F_{12} = 1$$

$$\dot{Q}_{12} = \frac{A\sigma(T_1^4 - T_2^4)}{\dfrac{1}{\varepsilon_1} + \dfrac{1}{\varepsilon_2} - 1} \quad \textbf{(21–54)}$$

Infinitely long concentric cylinders

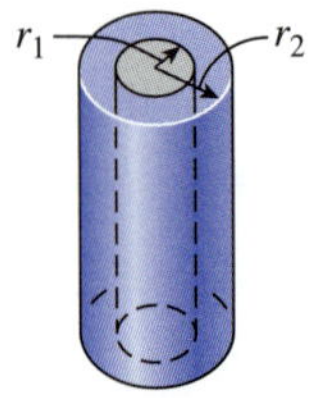

$$\frac{A_1}{A_2} = \frac{r_1}{r_2}$$

$$F_{12} = 1$$

$$\dot{Q}_{12} = \frac{A_1\sigma(T_1^4 - T_2^4)}{\dfrac{1}{\varepsilon_1} + \dfrac{1-\varepsilon_2}{\varepsilon_2}\left(\dfrac{r_1}{r_2}\right)} \quad \textbf{(21–55)}$$

Concentric spheres

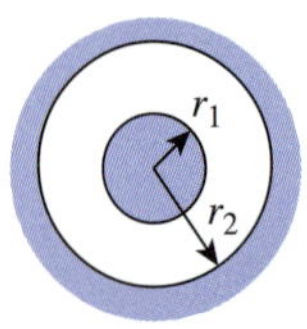

$$\frac{A_1}{A_2} = \left(\frac{r_1}{r_2}\right)^2$$

$$F_{12} = 1$$

$$\dot{Q}_{12} = \frac{A_1\sigma(T_1^4 - T_2^4)}{\dfrac{1}{\varepsilon_2} + \dfrac{1-\varepsilon_2}{\varepsilon_2}\left(\dfrac{r_1}{r_2}\right)^2} \quad \textbf{(21–56)}$$

가정 두 면은 모두 불투명하고 확산적이며 회체이다.

해석 두 면 사이의 정미 복사 열전달률은 식 (8–54)로부터 다음과 같이 결정할 수 있다.

$$_{12} = \frac{\dot{Q}_{12}}{A} = \frac{\sigma(T_1^4 - T_2^4)}{\dfrac{1}{\varepsilon_1} + \dfrac{1}{\varepsilon_2} - 1} = \frac{(5.67 \times 10^{-8}\ \text{W/m}^2\cdot\text{K}^4)[(800\ \text{K})^4 - (500\ \text{K})^4]}{\dfrac{1}{0.2} + \dfrac{1}{0.7} - 1}$$

$$= \mathbf{3625\ W/m^2}$$

검토 표면 1에서 2로 단위면적당 3625 W의 정미 열유속이 복사로 전달된다.

세 면으로 구성된 닫힌 공간의 복사 열전달

이제는 그림 8-54에 도시한 바와 같이, 3개의 불투명하고 확산적인 회체표면으로 구성된 닫힌 공간에 대하여 고려하자. 표면 1, 2, 3은 각각 면적이 A_1, A_2, A_3이고, 방사율이 ε_1, ε_2, ε_3이며, 온도는 T_1, T_2, T_3로 균일하다. 이 형상에 대한 복사회로망은 다음과 같은 표준방법으로 구성한다. 각각 3면에 해당되는 표면저항을 작성하고, 그림에서처럼 이들 표면저항을 공간저항과 연결한다. 표면저항과 공간저항의 관계는 식 (8-42) 및 (8-47)과 같다. 세 종단점의 출사 E_{b1}, E_{b2}, E_{b3}는 표면온도를 알고 있으므로 구할 수 있다. 그러므로 구해야 할 값은 출사 J_1, J_2, J_3가 된다. 이들 3개의 미지수를 결정하기 위한 3개의 방정식은 각 절점에서 전류의 합(정미 복사 열전달)은 *0*이 되어야 한다는 법칙으로부터 다음과 같이 구한다.

$$\frac{E_{b1}-J_1}{R_1}+\frac{J_2-J_1}{R_{12}}+\frac{J_3-J_1}{R_{13}}=0$$

$$\frac{J_1-J_2}{R_{12}}+\frac{E_{b2}-J_2}{R_2}+\frac{J_3-J_2}{R_{23}}=0 \qquad \textbf{(8–57)}$$

$$\frac{J_1-J_3}{R_{13}}+\frac{J_2-J_3}{R_{23}}+\frac{E_{b3}-J_3}{R_3}=0$$

일단, 출사 J_1, J_2, J_3를 구하면, 각 표면에서의 정미 복사 열전달은 식 (8-48)을 이용하여 결정할 수 있다.

위 방정식들은 표면들 중 한 개 이상이 다음과 같이 특별한 경우 더욱 간단해진다. 예를 들어 흑체나 완전반사체 표면일 경우, $J_i = E_{bi} = \sigma T_i^4$이 된다. 또한 재복사면에 대하여 $\dot{Q}_i = 0$이다. 마지막으로 표면 i에서 온도 대신 정미 복사 열전달 $\dot{Q}_i$가 정의된 경우, 항 $(E_{bi} - J_i)/R_i$는 정의된 $\dot{Q}_i$로 대체되어야 한다.

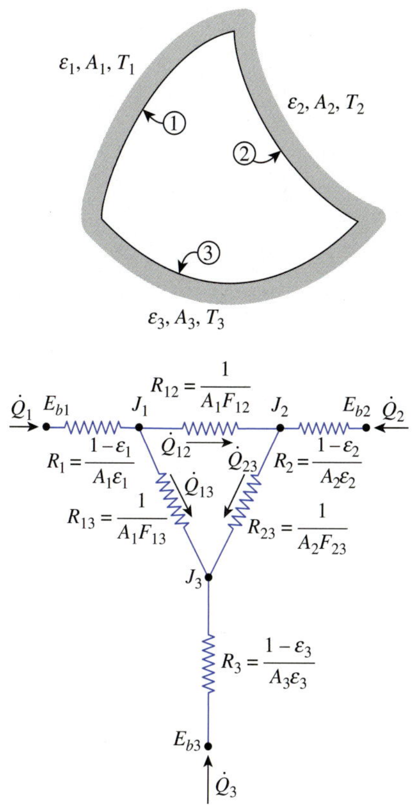

그림 8-54
3면 공간의 개략도와 이에 의한 복사 회로망

예제 8-11 원통형 가열로의 복사 열전달

그림 8-55에 도시한 바와 같이 $r_o = H = 1$ m인 원통형 가열로를 고려하자. 가열로 상부면(표면 1)과 하부면(표면 2)의 방사율은 각각 $\varepsilon_1 = 0.8$, $\varepsilon_2 = 0.4$이고, 온도는 $T_1 = 700$ K, $T_2 = 500$ K로 균일하게 유지된다. 측면은 거의 흑체로서 온도는 $T_3 = 400$ K로 유지된다. 정상 상태 작동 중 각 벽면들의 정미 복사 열전달률을 구하고, 벽면들의 온도를 유지하기 위한 방법에 대하여 설명하라.

풀이 정상 상태에서 작동 중인 원통형 가열로의 벽면 온도가 균일하게 유지될 때, 각 벽면들 사이의 정미 복사 열전달률을 구하여야 한다.

가정 **1.** 정상 운전 조건이 존재한다. **2.** 벽면은 불투명하고 확산적이며 회체이다. **3.** 대류 열전달은 무시한다.

해석 이 문제는 직접법을 사용하여 체계적으로 해석함으로써 이 방법의 사용을 증명한다. 원통형 가열로는 3면으로 구성된 닫힌 공간으로 볼 수 있으며 각 면의 면적은 다음과 같다.

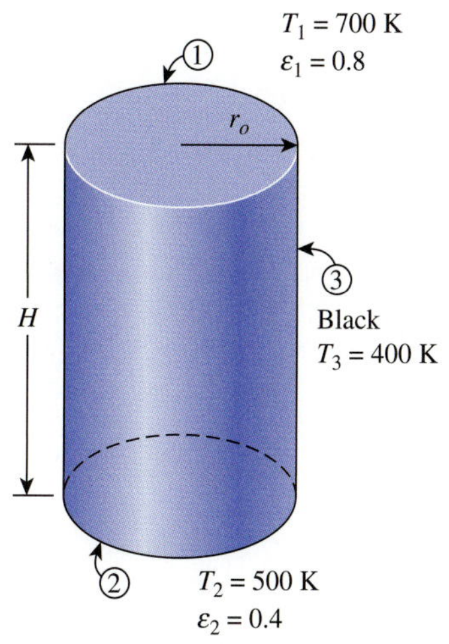

그림 8-55
예제 8-11에서 고려하는 원통형 가열로

$$A_1 = A_2 = \pi r_o^2 = \pi(1\text{ m})^2 = 3.14\text{ m}^2$$
$$A_3 = 2\pi r_o H = 2\pi(1\text{ m})(1\text{ m}) = 6.28\text{ m}^2$$

하부면에서 상부면으로의 형상계수를 그림 8-35로부터 결정하면 $F_{12} = 0.38$이다. 하부면으로부터 측면으로의 형상계수는 $F_{11} = 0$이므로 합법칙을 적용하여 다음과 같이 구한다.

$$F_{11} + F_{12} + F_{13} = 1 \rightarrow F_{13} = 1 - F_{11} - F_{12} = 1 - 0 - 0.38 = 0.62$$

상부와 하부면은 측면에 대하여 대칭이므로 $F_{21} = F_{12} = 0.38$이고 $F_{23} = F_{13} = 0.62$이다. 형상계수 F_{31}은 상호법칙에 의하여 다음과 같이 구한다.

$$A_1F_{13} = A_3F_{31} \rightarrow F_{31} = F_{13}(A_1/A_3) = (0.62)(0.314/0.628) = 0.31$$

역시 대칭 조건에 의하여 $F_{32} = F_{31} = 0.31$이다. 이제 모든 형상계수를 구하였으므로 각 벽면에 대하여 식 (8-51)을 적용함으로써 다음과 같이 조사를 구한다.

$$\text{상부면: } (i = 1): \quad \sigma T_1^4 = J_1 + \frac{1 - \varepsilon_1}{\varepsilon_1}[F_{12}(J_1 - J_2) + F_{13}(J_1 - J_3)]$$

$$\text{하부면: } (i = 2): \sigma T_2^4 = J_2 + \frac{1 - \varepsilon_2}{\varepsilon_2}[F_{21}(J_2 - J_1) + F_{23}(J_2 - J_3)]$$

$$\text{측면: } (i = 3): \quad \sigma T_3^4 = J_3 + 0 \text{ (표면 3이 흑체이므로 } \varepsilon_3 = 1)$$

주어진 값들을 대입하면 다음과 같다.

$$(5.67 \times 10^{-8}\text{ W/m}^2\cdot\text{K}^4)(700\text{ K})^4 = J_1 + \frac{1 - 0.8}{0.8}[0.38(J_1 - J_2) + 0.62(J_1 - J_3)]$$

$$(5.67 \times 10^{-8}\text{ W/m}^2\cdot\text{K}^4)(500\text{ K})^4 = J_2 + \frac{1 - 0.4}{0.4}[0.38(J_2 - J_1) + 0.62(J_2 - J_3)]$$

$$(5.67 \times 10^{-8}\text{ W/m}^2\cdot\text{K}^4)(400\text{ K})^4 = J_3$$

이 식들을 J_1, J_2, J_3에 대하여 풀면 다음과 같다.

$$J_1 = 11{,}418\text{ W/m}^2,\ J_2 = 4562\text{ W/m}^2, \qquad \text{그리고} \qquad J_3 = 1452\text{ W/m}^2$$

세 벽면의 정미 복사 열전달률은 식 (8-50)을 이용하여 다음과 같이 결정한다.

$$\begin{aligned}\dot{Q}_1 &= A_1[F_{1\rightarrow2}(J_1 - J_2) + F_{1\rightarrow3}(J_1 - J_3)]\\ &= (3.14\text{ m}^2)[0.38(11{,}418 - 4562) + 0.62(11{,}418 - 1452)]\text{ W/m}^2\\ &= \mathbf{27.6\text{ kW}}\end{aligned}$$

$$\begin{aligned}\dot{Q}_2 &= A_2[F_{2\rightarrow1}(J_2 - J_1) + F_{2\rightarrow3}(J_2 - J_3)]\\ &= (3.14\text{ m}^2)[0.38(4562 - 11{,}418) + 0.62(4562 - 1452)]\text{ W/m}^2\\ &= \mathbf{-2.13\text{ kW}}\end{aligned}$$

$$\begin{aligned}\dot{Q}_3 &= A_3[F_{3\rightarrow1}(J_3 - J_1) + F_{3\rightarrow2}(J_3 - J_2)]\\ &= (6.28\text{ m}^2)[0.31(1452 - 11{,}418) + 0.31(1452 - 4562)]\text{ W/m}^2\\ &= \mathbf{-25.5\text{ kW}}\end{aligned}$$

정미 복사열은 상부면으로부터 하부면과 측면으로 전달되며 세 벽면의 정미 복사 열전달률의 합은 다음과 같이 0이 된다.

$$\dot{Q}_1 + \dot{Q}_2 + \dot{Q}_3 = 27.6 + (-2.13) + (-25.5) \cong 0$$

검토 벽면의 온도를 지정한 온도로 유지하려면 상부면에 27.6 kW의 열이 지속적으로 공급되어야 한다. 이와 같이 공급되는 열은 하부면과 측면을 통하여 각각 2.13 kW와 25.5 kW씩 제거된다.

이 문제에서 적용한 방법은 매우 직접적이며 복사열저항의 계산을 필요로 하지 않는다. 닫힌 공간에 대하여는 면수가 아무리 늘어나도 이 방법을 동일하게 적용할 수 있다.

예제 8-12 삼각형 가열로의 복사 열전달

가열로가 그림 8-56에 도시한 바와 같이 긴 정삼각형 덕트 모양이다. 각 변의 폭은 1 m이다. 하부면의 방사율이 0.7이고 온도는 600 K로 균일하게 유지된다. 온도 1,000 K로 가열되는 좌측면은 거의 흑체이다. 우측면은 단열되어 있다. 이와 같은 운전조건을 유지하기 위하여 외부에서 가열면에 공급하여야 할 단위길이당 에너지율을 구하라.

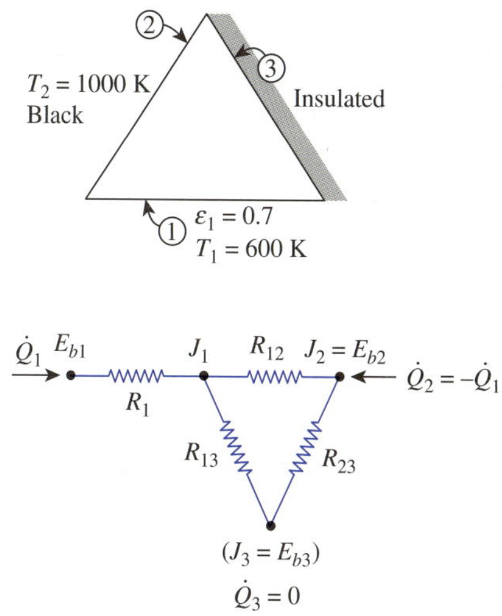

그림 8-56

예제 8-12에서 고려하는 삼각형 가열로

풀이 정삼각형 가열로의 두 면이 등온을 유지하고 다른 한 면은 단열되어 있다. 정상 운전 동안 외부에서 가열면에 공급하여야 할 단위길이당 열전달률을 결정하여야 한다.

가정 **1.** 정상 운전 조건이 존재한다. **2.** 표면은 불투명하고 확산적이며 회체이다. **3.** 대류 열전달은 무시한다.

해석 덕트가 매우 길어서 양 끝면의 영향을 무시할 수 있으므로 가열로는 세 면으로 구성된 닫힌 공간으로 간주할 수 있고 복사회로망은 그림에 제시한 바와 같다. 공간 내 한 면에서 다른 면으로의 형상계수는 대칭성에 의하여 모두 0.5가 된다. 면 3은 정미 복사 열전달률이 0이므로 재복사 면이다. 또한 면 1에서 손실된 모든 열량이 면 2에서 획득되기 때문에 $\dot{Q}_1 = -\dot{Q}_2$가 된다. 이 경우의 복사회로는 단순한 직렬-병렬 연결로써 $\dot{Q}_1$은 다음과 같은 식으로부터 직접 구한다.

$$\dot{Q}_1 = \frac{E_{b1} - E_{b2}}{R_1 + \left(\dfrac{1}{R_{12}} + \dfrac{1}{R_{13} + R_{23}}\right)^{-1}} = \frac{E_{b1} - E_{b2}}{\dfrac{1 - \varepsilon_1}{A_1\varepsilon_1} + \left(A_1A_{12} + \dfrac{1}{1/F_1A_{13} + 1/A_2F_{23}}\right)^{-1}}$$

이 식에서 변수들은 다음과 같다.

$$A_1 = A_2 = A_3 = wL = 1\text{ m} \times 1\text{ m} = 1\text{ m}^2 \qquad \text{(덕트단위길이당)}$$

$$F_{12} = F_{13} = F_{23} = \qquad \text{(대칭)}$$

$$E_{b1} = \sigma T_1^4 = (5.67 \times 10^{-8}\text{ W/m}^2\cdot\text{K}^4)(600\text{ K})^4 = 7348\text{ W/m}^2$$

$$E_{b2} = \sigma T_2^4 = (5.67 \times 10^{-8}\text{ W/m}^2\cdot\text{K}^4)(1000\text{ K})^4 = 56{,}700\text{ W/m}^2$$

이 값을 대입하면 $\dot{Q}_1$은 다음과 같이 된다.

$$\dot{Q}_1 = \frac{(56{,}700 - 7348)\text{ W/m}^2}{\dfrac{1 - 0.7}{0.7 \times 1\text{ m}^2} + \left[(0.5 \times 1\text{ m}^2) + \dfrac{1}{1/(0.5 \times 1\text{ m}^2) + 1/(0.5 \times 1\text{ m}^2)}\right]^{-1}}$$

$$= \mathbf{28.0\ kW}$$

그러므로 가열로의 정상 작동을 유지하려면 가열 면에 단위길이당 28 kW의 에너지율을 공급하여야 한다.

요약 | SUMMARY

복사는 전자기파의 형태로 전파된다. 매질에서 전자기파의 **주파수** ν와 **파장** λ 사이에는 $\lambda = c/\nu$의 관계가 성립하고, 이때 c는 매질에서 전파속도이다. 모든 물질은 각 물질을 구성하는 분자, 원자 및 전자의 진동과 회전운동의 결과로서 연속적인 **열복사**를 방출한다.

흑체는 복사에 대한 완전 방사 및 흡수체로 정의한다. 주어진 온도와 파장에서 흑체보다 더 많은 복사에너지를 방사하는 표면은 없다. 흑체는 입사되는 복사를 파장과 방향에 무관하게 **모두 흡수**한다. 단위시간당 단위표면적당 흑체가 방사하는 복사에너지를 **흑체방사도**(*blackbody emissive power*) E_b라 하고 **스테판–볼츠만 법칙**에 의하여 다음과 같이 나타낸다.

$$E_b(T) = \sigma T^4$$

여기서 σ는 **스테판–볼츠만 상수**로서 $\sigma = 5.67 \times 10^{-8}$ W/(m$^2 \cdot$ K^4)이고, T는 표면의 절대온도로서 단위는 K이다. 특정한 온도에서 분광흑체방사도 $E_{b\lambda}$는 파장의 변화에 따라 증가하여 최고값이 되고 다시 감소한다. 최고값이 나타나는 파장은 특정한 온도에서 **바인의 변위 법칙**(*Wien's displacement law*)에 의하여 다음과 같이 구할 수 있다.

$$(\lambda T)_{\text{max power}} = 2897.8\ \mu\text{m}\cdot\text{K}$$

흑체복사함수(*blackbody radiation function*) f_λ는 온도 T인 흑체로부터 방사되는 전 파장에 대한 복사와 파장 $\lambda = 0$에서 λ까지 복사의 비를 의미한다. 온도 T인 흑체에서 유한한 파장영역 $\lambda = \lambda_1$에서 λ_2에 걸쳐 방사되는 복사에너지의 비는 다음과 같은 식으로부터 결정된다.

$$f_{\lambda_1-\lambda_2}(T) = f_{\lambda_2}(T) - f_{\lambda_1}(T)$$

여기서 $f_{\lambda 1}(T)$와 $f_{\lambda 2}(T)$는 각각 $\lambda_1 T$와 $\lambda_2 T$에 대한 흑체복사함수이다.

표면의 **방사율**(*emissivity*)은 동일한 온도의 흑체와 실제표면에서 방사되는 복사에너지의 비를 의미한다. 다양한 방사율들이 다음과 같이 정의된다.

분광반구방사율:

$$\varepsilon_\lambda(\lambda, T) = \frac{E_\lambda(\lambda, T)}{E_{b\lambda}(\lambda, T)}$$

전반구방사율:

$$\varepsilon(T) = \frac{E(T)}{E_b(T)} = \frac{\int_0^\infty \varepsilon_\lambda(\lambda, T) E_{b\lambda}(\lambda, T)\, d\lambda}{\sigma T^4}$$

방사율은 충분한 개수의 **파장역**에 대하여 방사율을 일정하게 가정하는 계단함수로서 다음과 같은 식으로 나타낼 수 있다.

$$\varepsilon(T) = \varepsilon_1 f_{0-\lambda_1}(T) + \varepsilon_2 f_{\lambda_1-\lambda_2}(T) + \varepsilon_3 f_{\lambda_2-\infty}(T)$$

표면의 **총 반구방사율**, ε은 전방향과 파장에 걸친 평균방사율이다.

복사가 표면에 입사될 때 일부는 흡수되고 일부는 반사되며 나머지는 투과되기도 한다. 입사된 복사 중(조사, G), 표면에서 흡수된 에너지의 비가 **흡수율**이고, 표면에서 반사된 에너지의 비는 **반사율**이며, 투과된 에너지의 비는 **투과율**이다. 매질에 대한 다양한 흡수율, 반사율 및 투과율은 다음과 같은 식으로 표현된다.

$$\alpha_\lambda(\lambda) = \frac{G_{\lambda,\text{abs}}(\lambda)}{G_\lambda(\lambda)}, \quad \rho_\lambda(\lambda) = \frac{G_{\lambda,\text{ref}}(\lambda)}{G_\lambda(\lambda)}, \quad \text{and} \quad \tau_\lambda(\lambda) = \frac{G_{\lambda,\text{tr}}(\lambda)}{G_\lambda(\lambda)}$$

$$\alpha = \frac{G_{\text{abs}}}{G}, \quad \rho = \frac{G_{\text{ref}}}{G}, \quad \text{and} \quad \tau = \frac{G_{\text{tr}}}{G}$$

복사 물성값의 파장과 방향 의존성을 고려하면 복사계산은 매우 복잡해진다. 그러므로 일반적으로 **회체** 및 **확산** 근사법이 복사의 계산에 적용된다. 표면의 물성값이 방향에 의존하지 않을 경우 이러한 표면을 **확산적**(*diffuse*)이라 하고, 파장에 의존하지 않을 경우 **회체**(*gray*)라고 한다.

표면에 조사된 복사의 흡수, 반사 및 투과된 에너지 비의 합은 다음과 같이 1이 되어야 한다.

$$\alpha + \rho + \tau = 1$$

불투명한 표면에 대하여는 $\tau = 0$이므로 상기의 식은 다음과 같이 간단히 표기된다.

$$\alpha + \rho = 1$$

일반적으로 계산을 단순화하기 위하여 표면반사를 완전한 정반사 또는 확산 반사로 가정한다. **정반사**(또는 **거울반사**)의 경우 반사각은 복사선의 입사각과 같다. **확산 반사**에 있어서는 입사된 복사가 모든 방향으로 균일하게 반사된다. 매끈하고 윤이 나는 표면은 정반사 표면으로 가정하고, 거친 표면으로부터의 반사는 확산 반사로 가정한다. **키르히호프의 법칙**은 다음과 같이 표현된다.

$$\varepsilon_{\lambda,\theta}(T) = \alpha_{\lambda,\theta}(T), \quad \varepsilon_\lambda(T) = \alpha_\lambda(T), \quad \text{and} \quad \varepsilon(T) = \alpha(T)$$

표면들 사이의 복사 열전달은 이들 사이의 상대적인 방위에 의존한다. 복사해석에서 이러한 효과는 기하학적 변수인 **형상계수**로 결정된다. 표면 i로부터 표면 j로의 **형상계수**는 $F_{i\to j}$ 또는 F_{ij}로 표기하며, 표면 i를 출발한 복사에너지 중 표면 j에 직접 도달하는 복사의 비로 정의된다. 형상계수(view factor) $F_{i\to i}$는 표면 i를 출발하여 자신에게 직접 도달하는 복사의 비를 의미한다. **평면**이나 **볼록한 면**에 대하여는 $F_{i\to i}=0$이지만 **오목한 면**에 대하여는 $F_{i\to i}\neq 0$이다.

형상계수에 대하여는 다음과 같은 **상호법칙**(*reciprocity rule*)이 적용된다.

$$A_i F_{i\to j}=A_j F_{j\to i}$$

닫힌 공간의 한 표면 i로부터 자신을 포함한 공간 내부 모든 표면에 대한 형상계수의 합은 1이 되어야 한다. 이를 닫힌 공간에 대한 **합법칙**(*summation rule*)이라 한다. **중첩법칙**은 다음과 같이 표현된다. 표면 i로부터 표면 j로의 형상계수는 표면 i로부터 표면 j의 일부분으로의 형상계수들의 총합과 같다. 대칭법칙(superposition rule)은 다음과 같다. 표면 j와 k가 표면 i에 대하여 대칭이라면 $F_{i\to j}=F_{i\to k}$이다.

두 **흑체** 사이의 정미 복사 열전달률은 다음과 같은 식으로부터 결정된다.

$$\dot{Q}_{1\to 2}=A_1F_{1\to 2}\sigma(T_1^4-T_2^4)$$

흑체인 닫힌 공간의 특정표면 i로부터 **정미** 복사 열전달은 표면 i로부터 공간 내부 모든 표면으로의 정미 복사 열전달을 합하여 다음과 같은 식으로 구한다.

$$\dot{Q}_i=\sum_{j=1}^{N}\dot{Q}_{i\to j}=\sum_{j=1}^{N}A_iF_{i\to j}\,\sigma(T_i^4-T_j^4)$$

단위시간당, 단위면적당 표면을 출발하는 총 복사에너지를 **출사**(*radiosity*)라 하고, 기호로는 J로 표기한다. 면적이 A_i인 표면 i로부터의 정미 복사 열전달률은 다음과 같은 식으로 표현된다.

$$\dot{Q}_i=\frac{E_{bi}-J_i}{R_i}\quad\text{where}\quad R_i=\frac{1-\varepsilon_i}{A_i\,\varepsilon_i}$$

이 식에서 복사에 대한 **표면저항**(*surface resistance*) R_i는 다음과 같다.

$$\dot{Q}_{i\to j}=\frac{J_i-J_j}{R_{i\to j}}\quad\text{where}\quad R_{i\to j}=\frac{1}{A_i\,F_{i\to j}}$$

닫힌 공간의 복사문제의 해석을 위하여 **회로망법**(*network method*)을 적용한다. 닫힌 공간의 각 면에 대한 표면저항을 작성하고 이들을 공간저항과 연결한다. 복사 열전달은 전류, 출사는 전압에 해당한다고 가정하면 복사문제를 전기회로 문제로 취급하여 계산할 수 있다. **직접법**(*direct method*)은 다음과 같은 두 식에 기초한 것이다.

정미 열전달률 Q_i를 알고 있는 면에 대하여 $$Q_i=A_i\sum_{j=1}^{N}F_{i\to j}(J_i-J_j)$$

온도 T_i를 알고 있는 면에 대하여 $$\sigma T_i^4=J_i+\frac{1-\varepsilon_i}{\varepsilon_i}\sum_{j=1}^{N}F_{i\to j}(J_i-J_j)$$

수식의 첫 번째 그룹과 두 번째 그룹은 N개의 면으로 구성된 닫힌 공간에서 N개의 미지 출사를 결정하기 위한 N개의 선형대수방정식을 제공한다. 일단 출사 $J_1, J_2, \cdots, J_N$이 결정되면 미지의 표면온도와 복사 열전달률은 상기의 방정식들로부터 구한다.

닫힌 공간 내, 회체이고 확산적이며 불투명한 두 면 사이의 정미 복사 열전달률은 다음과 같은 식으로 구한다.

$$\dot{Q}_{12}=\frac{\sigma(T_1^4-T_2^4)}{\dfrac{1-\varepsilon_1}{A_1\,\varepsilon_1}+\dfrac{1}{A_1\,F_{12}}+\dfrac{1-\varepsilon_2}{A_2\,\varepsilon_2}}$$

참고문헌 | REFERENCES AND SUGGESTED READINGS

1. American Society of Heating, Refrigeration, and Air Conditioning Engineers. *Handbook of Fundamentals*. Atlanta: ASHRAE, 1993.
2. A. G. H. Dietz. "Diathermanous Materials and Properties of Surfaces." In *Space Heating with Solar Energy*, ed. R.W. Hamilton. Cambridge, MA: MIT Press, 1954.
3. D. C. Hamilton and W. R. Morgan. "Radiation Interchange Configuration Factors." National Advisory Committee for Aeronautics, Technical Note 2836, 1952.
4. H. C. Hottel. "Radiant Heat Transmission." In *Heat Transmission*. 3rd ed., ed. W. H. McAdams. New York: McGraw-Hill, 1954.
5. J. R. Howell. A *Catalog of Radiation Configuration Factors*. New York: McGraw-Hill, 1982.
6. M. F. Modest. *Radiative Heat Transfer*. New York: McGraw-Hill, 1993.
7. A. K. Oppenheim. "Radiation Analysis by the Network Method." *Transactions of the ASME* 78 (1956), pp. 725–735.
8. M. Planck. *The Theory of Heat Radiation*. New York: Dover, 1959.
9. W. Sieber. *Zeitschrift für Technische Physics* 22 (1941), pp. 130–135.

10. R. Siegel and J. R. Howell. *Thermal Radiation Heat Transfer*. 3rd ed. Washington, D.C.: Hemisphere, 1992.

11. Y. S. Touloukian and D. P. DeWitt. "Metallic Elements and Alloys." In *Thermal Radiative Properties*, Vol. 7. New York: IFI/Plenum, 1970.

12. Y. S. Touloukian and D. P. DeWitt. "Nonmetallic Solids." In *Thermal Radiative Properties*. Vol. 8. New York: IFI/Plenum, 1970.

연습문제* PROBLEMS

전자기 및 열복사

8–1C 가시광선이란 무엇인가? 이것은 다른 형태의 전자기복사와는 어떻게 다른가?

8–2C 마이크로웨이브를 이용한 요리와 일반적인 요리와의 차이는 무엇인가?

8–3C 열복사란 무엇인가? 이것은 다른 형태의 전자기파와 어떻게 다른가?

8–4C 색깔이 존재하는 원인은 무엇인가? 어떤 물체는 파란색으로, 어떤 물체는 빨간색으로 보이는 이유는 무엇인가? 상온에서 나타나는 물체 표면의 색은 그 물체가 방사하는 복사와 관련이 있는가?

8–5C 복사를 표면 현상으로 간주하는 이유는 무엇인가?

8–6C 자외선복사와 적외선복사는 어떻게 서로 다른가? 우리 몸에서 자외선복사의 방사가 존재하겠는가?

8–7 무선전화의 작동주파수가 8.5×10^8 Hz이다. 이러한 통신 전파의 파장을 구하라.

8–8 주파수 50 Hz(1 Hz = 초당 1주기)로 발전된 전기가 전력선을 통하여 전송된다. 전력선을 통과하는 전기에 의하여 발생되는 전자기파의 파장을 구하라.

8–9 마이크로 오븐은 주파수 2.2×10^9 Hz에서 작동하도록 설계되어 있다. 이와 같은 마이크로파의 주파수와 각 마이크로파의 에너지를 구하라.

8–10 라디오 방송국에서 파장 150 m의 라디오파를 송출한다. 이 라디오파의 주파수를 구하라. **답: 1.5×10^6 Hz**

8–11 진공에서 빛의 속력은 3.0×10^8 m/s이다. 공기(n = 1), 물(n = 1.33) 및 유리(n = 1.5)에서 빛의 속도를 구하라.

흑체복사

8–12C 흑체란 무엇인가? 흑체는 실제로 존재하는가?

8–13C 흑체복사함수를 정의하는 이유는 무엇인가? 이것이 나타내는 의미는 무엇인가? 이것은 무엇을 위하여 사용되는가?

8–14C 전흑체방사도와 분광흑체방사도를 정의하라. 이들은 어떤 형태로 연관되는가? 이들의 차이는 무엇인가?

8–15 백열전구 필라멘트의 온도가 2,500 K이다. 필라멘트를 흑체로 가정하고 필라멘트에서 방사되는 에너지 중 가시광선 영역에 속하는 에너지의 비를 구하고 필라멘트에서 방사되는 복사에너지가 최대가 되는 파장을 구하라.

8–16 온도가 1,000 K로 균일한 면에 있다. 이 면이 방사하는 단위면적당 최고 복사 열전달률(W/m^2)은 얼마인가?

8–17 백열전구에서 방사되는 에너지 중 적어도 15% 이상이 파장 0.8 μm보다 짧은 영역에 속하도록 하고자 한다. 백열전구의 필라멘트가 가열되어야 할 최소 온도를 결정하라.

8–18 태양은 유효 표면온도가 5,778 K인 흑체로 가정할 수 있다. 태양에서 방출되는 적외선의 열전달률을 구하라(λ = 0.76~100 μm).

8–19 [EES] 태양은 유효 표면온도가 5,780 K인 흑체로 가정할 수 있다. EES(또는 다른 프로그램)를 사용하여 파장 0.01 μm에서 1,000 μm까지 영역에서 태양의 분광흑체방사도 $E_{b\lambda}$를 계산하고 그래프로 그린 후, 그 결과를 논하라.

8–20 백열전구 필라멘트의 온도가 2,800 K이다. 필라멘트를 흑체로 가정하고 필라멘트에서 방사되는 에너지 중 가시광선 영역에 속하는 에너지의 비를 구하고 또한 필라멘트에서 방사되는 복사에너지가 최대가 되는 파장을 구하라.

8–21 [EES] 문제 8–20을 다시 고려하자. EES(또는 다른 프로그램)를 사용하여 가시광선 영역에서 방사되는 복사에너지의 비율에 대한 온도의 영향을 분석하고, 표면의 온도가 1,000 K에서 4,000 K까지 변할 때 가시광선 영역에서 방사되는 복사에너지의 비를 온도에 따라 그래프로 나타내어라.

* "C"로 표시된 문제는 개념에 관한 문제들이며, 학생들은 모든 문제를 풀어 보도록 권고한다. "[CD]" 아이콘, "[EES]" 아이콘이 있는 문제는 EES 프로그램을 사용하여 풀어야 한다.

8–22 광원에서 방사되는 복사에너지의 최대값이 청색(λ = 0.47 μm) 영역에 속하도록 하고자 한다. 광원의 온도를 결정하고 가시광선 영역(λ = 0.4~0.76 μm)에서 방사되는 복사에너지의 비를 구하라.

8–23 두께가 3 mm인 유리창이 파장 λ = 0.3에서 3.0 μm 사이의 복사 중 약 90%를 투과시키지만 다른 파장의 복사에 대하여는 비투과적이다. 온도 (*a*) 5,800 K, (*b*) 1,000 K인 흑체복사 발생원으로부터 방사되어 3 m × 3 m인 유리창을 투과하는 복사에너지율을 구하라. **답: (*a*) 491,300 kW, (*b*) 125.5 kW**

8–24 낮 동안의 햇빛과 촛불은 각각 유효표면온도가 5,800 K과 1,800 K인 흑체로 가정할 수 있다. 두 개의 광원으로부터의 복사 열전달률(W/m^2)을 가시광선 영역 (0.4~0.76 μm)에서 구하라.
답: 2.73×10^7 W/m^2, 4090 W/m^2

8–25 성냥을 통한 화염은 유효표면온도 1,700 K인 흑체로 가정할 수 있다. 반면에 달빛은 유효표면온도 4,000 K인 흑체로 가정할 수 있다. 두 개의 광선의 최대 분광 복사 일률을 구하라.

복사 물성값

8–26C 회체란 무엇인가? 이것은 흑체와 어떻게 다른가? 확산적 회체표면이란 무엇인가?

8–27C 물성값인 방사율과 흡수율을 정의하라. 이들 두 물성값이 서로 같은 값이 되는 경우는?

8–28C 온실효과란 무엇인가? 대기과학자들 사이에 이것이 중요한 문제로 대두되는 이유는 무엇인가?

8–29 불투명한 평판의 모서리와 바닥면이 잘 단열되어 있다. 평판은 500 K로 유지되고 있다. 전체 반구 흡수율은 0.51이다. 표면의 분광방사율 함수는 다음 수식과 같다.

$$\varepsilon_\lambda = \begin{cases} \varepsilon_1 = 0.4, & 0 \le \lambda < 4\ \mu m \\ \varepsilon_2 = 0.8, & 4\ \mu m \le \lambda < \infty \end{cases}$$

만약 평판이 5,600 W/m^2의 적외선을 받고 있다면 (*a*) 전체 반구 방사율과 (*b*) 평판 표면의 복사율을 구하라.

8–30 온도 1,000 K인 불투명한 표면의 분광방사율 함수가 근사적으로 다음과 같이 표현된다.

$$\varepsilon_\lambda = \begin{cases} \varepsilon_1 = 0.4, & 0 \le \lambda < 3\ \mu m \\ \varepsilon_2 = 0.7, & 3\ \mu m \le \lambda < 6\ \mu m \\ \varepsilon_3 = 0.3, & 6\ \mu m \le \lambda < \infty \end{cases}$$

표면의 평균방사율과 표면으로부터 방사되는 복사에너지율을 W/m^2의 단위로 구하라. **답: 0.513, 29.1 kW/m^2**

8–31 직경 13 cm인 구형 공이 표면온도 530 K에서 140 W의 복사를 방사한다. 이 온도에서 공의 평균 방사율을 구하라.

8–32 크기 40 cm × 40 cm인 유리창이 부착된 가열로를 온도 1,200 K의 흑체로 간주한다. 유리창의 투과율이 파장 3 μm보다 작은 복사에 대하여 0.7이고, 3 μm보다 큰 복사에 대하여는 0일 때, 가열로에서 방사되는 복사 중 유리창을 투과하는 복사에너지의 비를 구하라.

8–33 텅스텐 필라멘트의 방사율은 파장이 1 μm 이하인 복사에 대하여는 0.5이고, 1 μm 이상인 복사에 대하여는 0.15이다. 온도 (*a*) 1,500 K, (*b*) 2,500 K에서 필라멘트의 평균 방사율을 구하라. 또한 이 온도에서 필라멘트의 흡수율과 반사율을 구하라.

8–34 두 면의 분광반사율이 그림 P8–34에 도시한 바와 같은 파장의 함수이다. 온도 T = 3,000 K일 때, 두 면의 평균 방사율을 구하라. 또한, 온도 3,000 K인 열원으로부터의 복사에 대한 평균 흡수율과 반사율을 구하라. 어떤 면이 태양복사 흡수체로 더 적합한가?

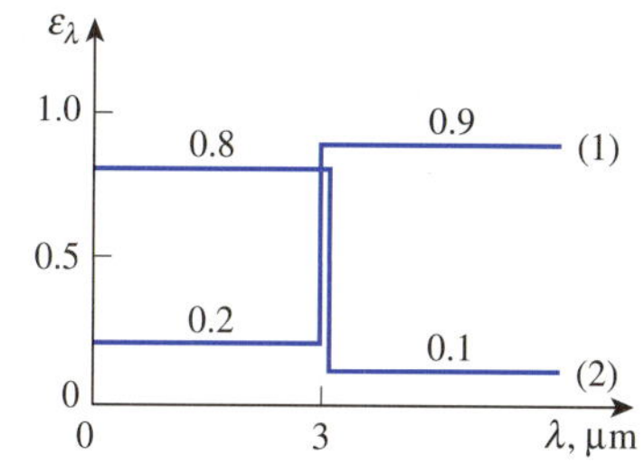

그림 P8–34

8–35 산화알루미늄으로 처리된 표면의 방사율은 대략 파장이 5 μm 이하이면 0.15이고, 5 μm 이상이면 0.9이다. 표면의 온도가 (*a*) 5,800 K, (*b*) 300 K일 때, 평균 방사율을 구하라. 온도가 5,800 K, 300 K인 열원으로부터의 복사에 대한 이 표면의 흡수율에 대하여 논하라. **답: (*a*) 0.154, (*b*) 0.89**

8–36 표면 분광흡수율의 변화를 그림 P8–36에 도시하였다. 온도 T = 2,500 K인 열원으로부터의 복사에 대한 이 표면의 평균 흡수율과 반사율을 구하고, 또한 이 표면의 온도가 3,000 K일 때 평균방사율을 구하라.

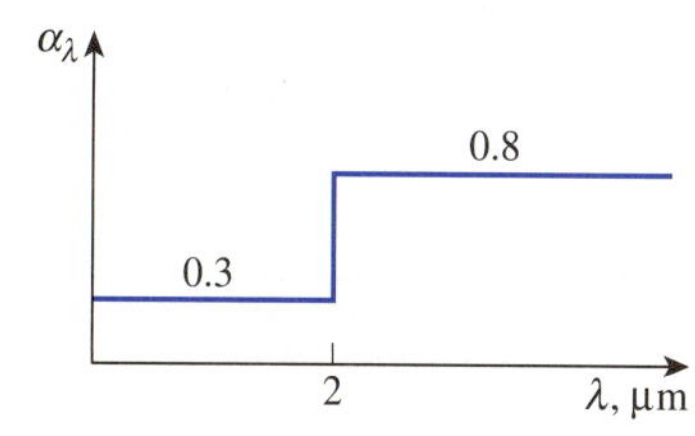

그림 P8–36

8–37 황산납으로 표면처리된 알루미늄의 반사율은 파장이 3 μm 이하일 때 0.35이고, 3 μm 이상이면 0.95이다. 태양복사($T \approx$ 5,800 K)와 상온의 복사원($T \approx 300$ K)에 대한 이 표면의 평균 반사율을 구하라. 이들 온도에서 표면의 방사율과 흡수율을 구하라. 이러한 물질을 태양열 집열기로 사용하는 것이 적절하겠는가?

8–38 두께 0.6 cm인 유리판의 분광투과율 변화를 그림 P8–38에 도시하였다. 태양복사($T \approx$ 5,800 K)와 상온($T \approx 300$ K)인 표면으로부터 입사되는 복사에 대한 유리판의 평균 투과율을 구하고, 또한 650 W/m²으로 입사되는 태양복사 중 유리판을 투과하는 복사량을 구하라. **답: 0.870, 0.00016, 566 W/m²**

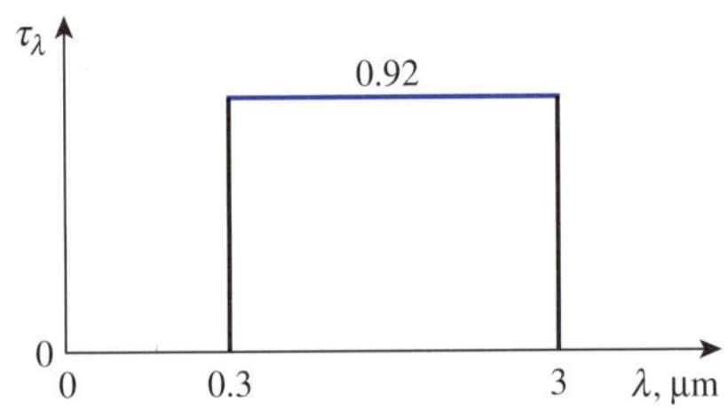

그림 P8–38

8–39 불투명한 평판은 바닥면과 모서리가 잘 단열되어 있다. 평판 조사되고 있는 적외선은 3,000 W/m²이다. 그중 500 W/m²은 반사되고 있다. 평판은 700 K의 동일한 온도로 유지되고 방사 에너지 비율은 5,000 W/m²이다. 평판의 전체 방사율과 흡수율을 구하라.

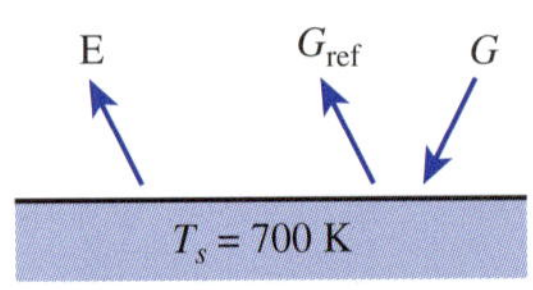

그림 P8–39

8–40 평행한 평판의 윗면과 아랫면은 동일한 적외선을 받고 있다. 평판 주위의 공기 온도는 290 K이고, 대류열전달계수는 30 W/m²·K이다. 평판 윗면과 바닥의 출사율은 4000 W/m²·K이고, 평판 온도는 390 K 일정하게 유지된다. 평판이 불투명하지 않고 흡수율은 0.527일 때, 평판의 조사율(irradiation)과 방사율을 구하라. **답: 7000 W/m², 0.525**

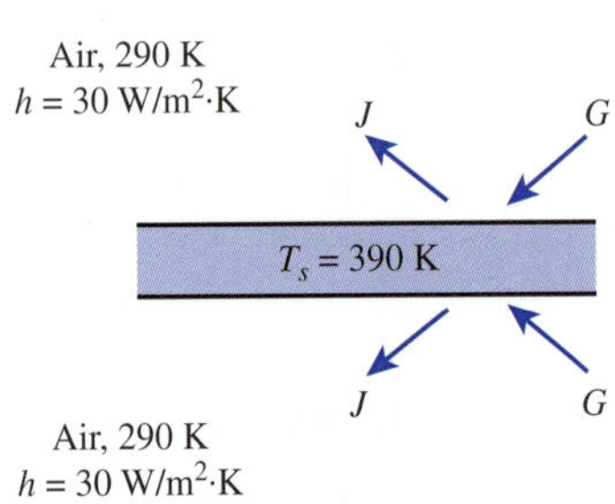

그림 P8–40

형상계수

8–41C 형상계수는 무엇을 나타내는가? 표면 자신에 대한 형상계수가 0이 아닌 경우는 언제인가?

8–42C 교차선법은 무엇인가? 교차선법의 적용이 가능한 것은 어떤 종류의 형상인가?

8–43C 형상계수에 대한 합법칙과 중첩법칙은 무엇인가?

8–44C 형상계수 F_{21}을 알고 있다면 어떻게 F_{12}를 구하는가?

8–45 5개의 면으로 구성된 닫힌 공간을 고려하자. 이러한 형상에 대하여 몇 개의 형상계수가 관련되는가? 이들 형상계수 중 상호법칙과 합법칙을 적용하여 구할 수 있는 것은 몇 개인가?

8–46 바닥, 천장, 둘레의 내부 표면적이 각각 A_1, A_2, A_3인 원통형 용기에 대하여 길이–직경비, $K = L/D$를 이용하여 다음 물음에 답하라. (*a*) 바닥과 둘레면 사이의 형상계수 F_{13}를 K를 사용하여 나타내라. (*b*) $L = D$일 때 형상계수 F_{13}의 값을 구하라.
답: (*a*) $F_{13} = 2K\sqrt{(K^2 + 1)} - 2K^2$ (*b*) 0.828

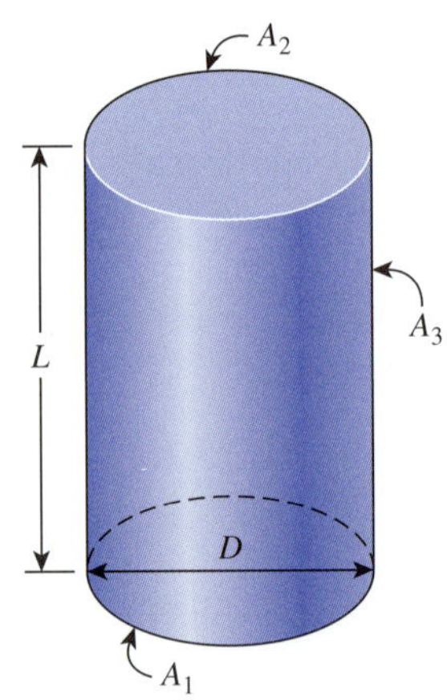

그림 P8–46

8–47 폭이 w인 두 개의 무한히 긴 평판이 거리 w를 유지하며 그림과 같이 평행하게 놓여있다. Hottel의 교차선법을 적용하여 형상계수 F_{12}를 구하라.

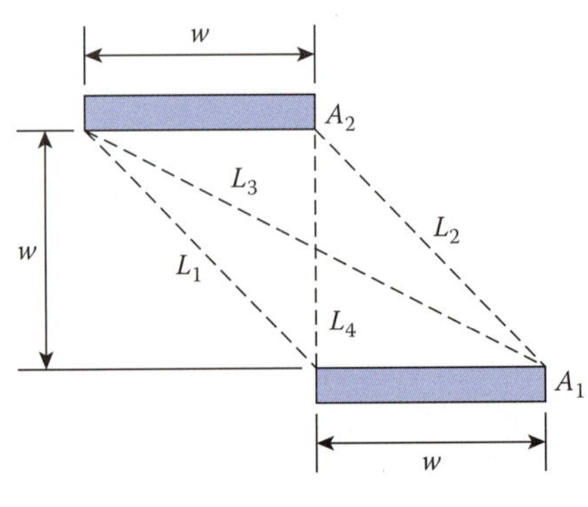

그림 P8–47

8–48 그림 P8–48에 도시한 바와 같은 사각면들 사이의 형상계수 F_{13}과 F_{23}을 구하라.

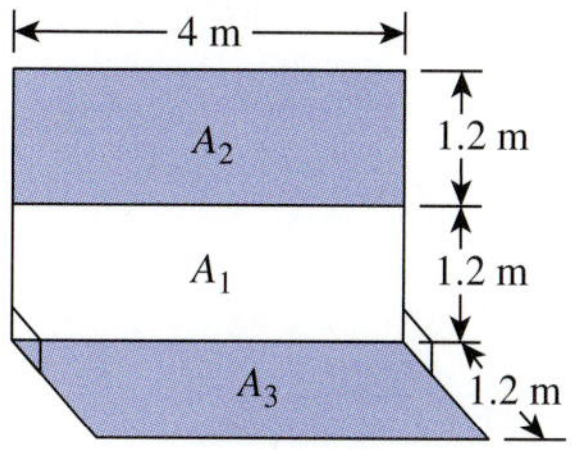

그림 P8–48

8–49 높이가 하부면 직경의 2배인 원통을 고려하자. 이 원통 내부의 측면으로부터 하부면으로의 형상계수를 구하라.

8–50 직경이 D인 편평한 원판을 하부면으로 하는 반구형 가열로를 고려하자. 가열로의 돔형 상부면으로부터 하부면으로의 형상계수를 구하라. **답: 0.5**

8–51 직경이 D인 세 개의 무한히 긴 원통이 각각 거리 s만큼 떨어진 채 평행하게 놓여 있다. 중간에 위치한 원통과 주위와의 형상계수를 구하라.

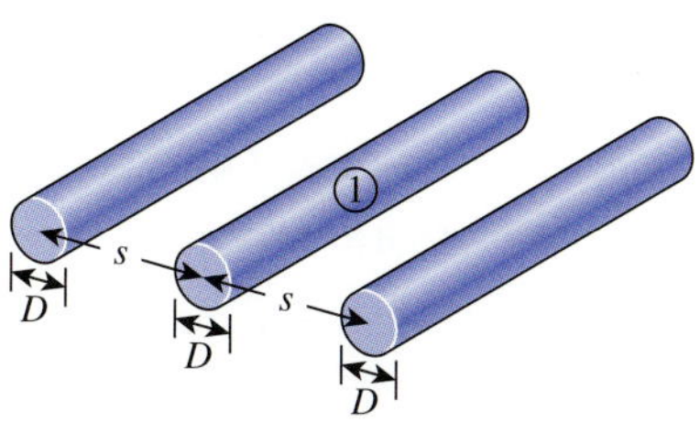

그림 P8–51

8–52 정육면체의 하부면으로부터 각각 다른 5면으로의 형상계수를 구하라.

8–53 하부면이 직경 D인 원이고 높이가 h인 원뿔형 닫힌 공간을 고려하자. 원뿔의 측면으로부터 하부면의 중심부에 존재하는 직경 d인 구멍으로의 형상계수를 구하라.

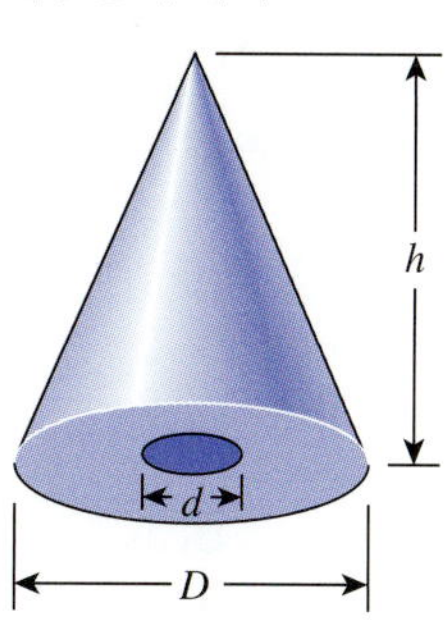

그림 P8–53

8–54 직경이 r_1, r_2인 매우 긴 동심 이중원통으로 구성된 공간에 대하여 관련된 4개의 형상계수를 구하라. 이때 양 끝단의 효과는 무시한다.

8–55 직경이 D인 두 개의 무한히 긴 원통이 거리 s만큼 떨어진 채 평행하게 놓여 있다. 두 원통 사이의 형상계수 F_{12}를 구하라.

8–56 표나 그래프를 사용하지 않고, 그림 P8–56에 도시한 바와 같이 매우 긴 홈으로부터 주위로의 형상계수를 구하라. 이때 양 끝단의 효과는 무시한다.

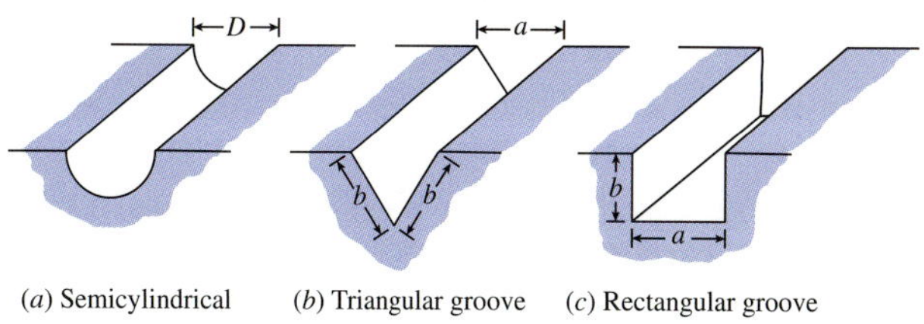

그림 P8–56

8–57 그림에 도시한 바와 같이 하부면의 직경이 D인 원뿔과 직경이 같은 원판이 동일한 중심축에 거리 L만큼 떨어진 채 놓여 있다. 원뿔의 하부면은 개방되어 있고 이 가상면의 면적이 A_3일 때 형상계수 F_{11}과 F_{12}를 구하라. 길이와 직경은 $L = D = 100$ mm이다.

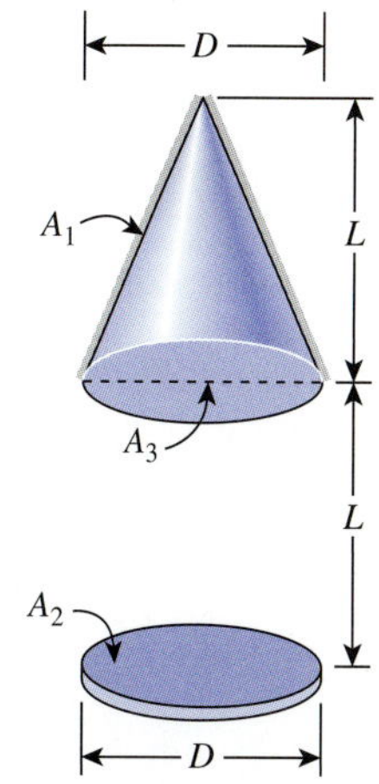

그림 P8–57

8–58 그림과 같이 동심축에 위치한 양측면이 개방된 원통과 원판을 고려하자. 원통의 직경과 길이는 각각 D와 L이고, 원판의 직경은 D이며, 두 물체 사이의 거리는 L이다. $L = 2D$일 때, 원통의 둘레면 1과 마주보는 원판 2 사이의 형상계수 F_{12}를 구하라.

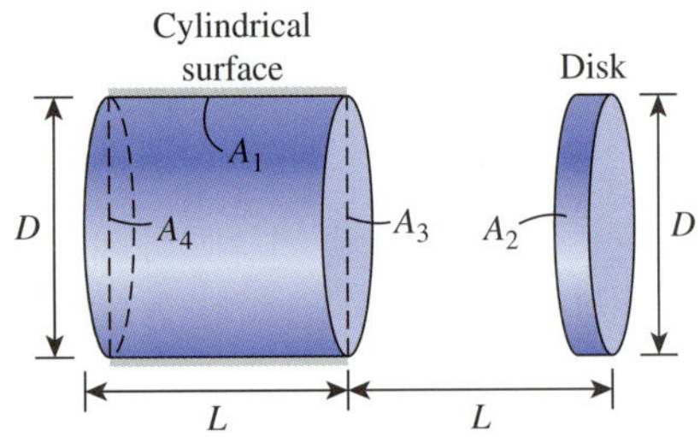

그림 P8–58

8–59 $L = D$일 때, 문제 8-58을 재계산하라.

면들 사이의 복사 열전달

8–60C 복사해석에 사용되는 두 가지 방법은 무엇인가? 이들 두 방법은 어떻게 다른가?

8–61C 표면에 대하여 방사된 에너지와 출사는 어떻게 다른가? 어떤 유형의 표면에 대하여 이들 값이 서로 같은가?

8–62C 복사에 대한 표면 및 공간저항은 무엇인가? 이들은 어떻게 표현되는가? 어떤 유형의 표면에 대하여 표면저항이 0이 되는가?

8–63C 흑체인 면으로 구성된 닫힌 공간의 복사해석이 상대적으로 쉬운 이유는 무엇인가? 이 경우 두 면 사이의 복사 열전달률은 어떻게 표현되는가?

8–64C 재복사표면은 무엇인가? 복사해석에 있어 재복사표면이 제공하는 단순화는 무엇인가?

8–65 크기가 6 m × 8 m인 두 사각평판이 거리 2 m를 유지하며 그림과 같이 평행하게 정렬되어 있다. 두 사각평판이 복사에 대하여 흑체라 가정하고 평판 사이의 거리가 8 m로 멀어질 때 복사 열전달률의 변화량을 비율(%)로 구하라. **답: 71.6%**

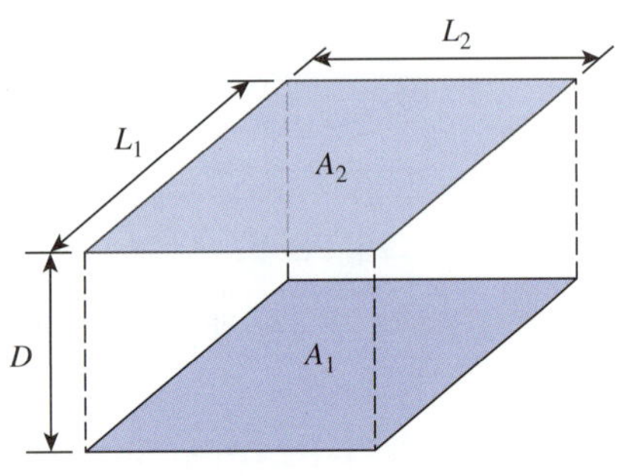

그림 P8–65

8–66 직경 1 m인 온도 600 K의 구가 진공으로 유지되는 긴 삼각형 용기에 들어 있다. 용기 단면은 한 변의 길이가 2 m인 정삼각형이다. 구의 방사율은 0.45이고 용기 내면의 온도는 420 K이다. 구 내로부터 3,100 W의 열이 균일하게 발열할 때 (*a*) 용기로부터 구로의 형상계수와 (*b*) 용기 내부면의 방사율을 구하라.

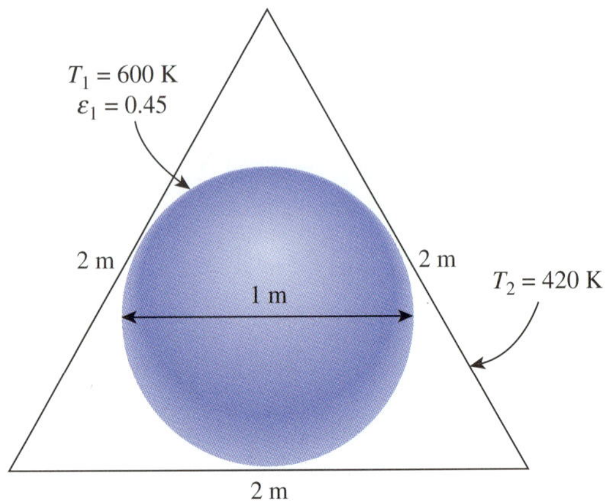

그림 P8–66

8–67 평행하게 놓인 긴 두 평판의 온도가 각각 T_1 = 600 K, T_2 = 400 K로 균일하게 유지되고 있으며, 방사율이 각각 ε_1 = 0.5, ε_2 = 0.9이다. 평판들 사이의 단위면적당 정미 복사 열전달률을 구하라.

8–68 문제 8-67를 다시 고려하자. EES(또는 다른 프로그램)를 사용하여, 고온 평판의 온도와 방사율이 두 판 사이의 정미 열전달률에 미치는 영향을 평가하라. 온도는 500 K에서 1,000 K까지 변하고, 방사율은 0.1로부터 0.9까지 변한다. 정미 복사 열전달률을 온도와 방사율의 함수로써 그래프에 도시하고 그 결과에 대하여 논하라.

8–69 폭이 *w*인 두 개의 무한히 긴 평판이 거리 *w*를 유지하며 그림과 같이 평행하게 놓여 있다. 평판은 모두 흑체이고, 면적 A_1인 평판의 온도가 700 K, 면적 A_2인 평판의 온도는 300 K일 때, 두 평판 사이의 복사열유속을 구하라.

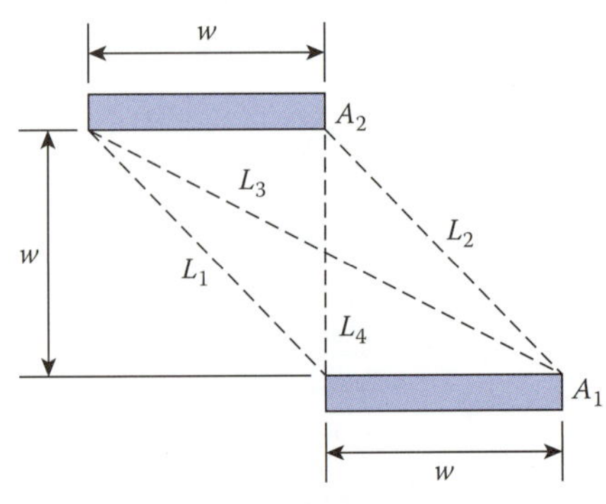

그림 P8–69

8–70 건조기가 직경 $D = 1.5$ m인 반원 덕트 형상이다. 물에 젖은 물체가 하부면에 거치되어 건조된다. 건조기 하부면의 온도는 370 K를 유지하고, 돔 표면온도는 1,000 K이다. 두 면을 모두 흑체라 가정하고, 젖은 물체의 단위길이당 건조율을 구하라.

답: 0.0370 kg/s·m

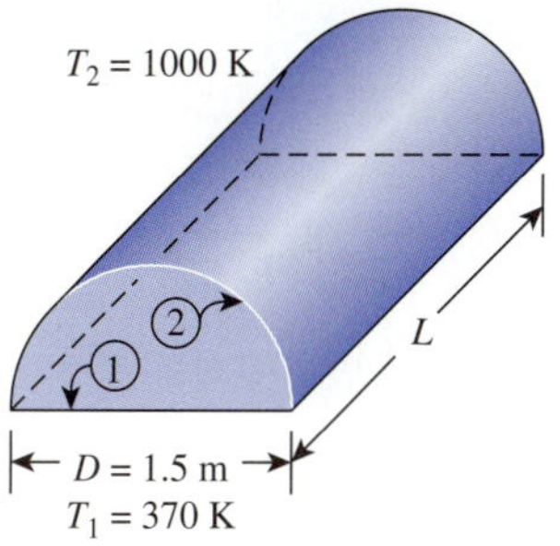

그림 P8–70

8–71 반경과 높이가 $R = H = 3$ m인 원통형 가열로를 고려하라. 가열로의 하부, 상부 및 측면이 모두 흑체이고, 온도는 각각 500, 700, 1,400 K로 균일하게 유지되고 있다. 정상 운전 상태에서 상부면으로부터 또는 상부면으로의 정미 복사 열전달률을 구하라.

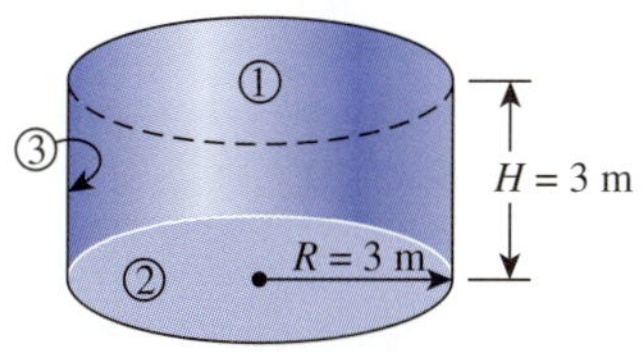

그림 P8–71

8–72 바닥 면적이 3.7 m × 3.7 mt, 높이가 2.75 m인 실내를, 온도 32°C로 일정하게 유지되는 천장에 설치된 전기저항 히터로 난방하고 있다. 바닥의 온도는 17°C이고 방사율이 0.8이다. 측면은 잘 단열되어 있다. 천장을 흑체로 가정하고 바닥을 통한 열손실률을 구하라.

8–73 두 개의 매우 긴 이중원통의 직경이 $D_1 = 0.35$ m, $D_2 = 0.5$ m이고, 온도는 $T_1 = 950$ K와 $T_2 = 500$ K로 균일하게 유지되며, 방사율은 각각 $\varepsilon_1 = 1$, $\varepsilon_2 = 0.55$이다. 단위길이당 두 원통 사이의 정미 복사 열전달률을 구하라.

8–74 이 문항은 구($r_1 = 30$ cm)와 중심이 $h = 60$ cm 떨어진 원판($r_2 = 120$ cm) 사이의 정상 상태 복사 열전달에 대한 것이다. 원판 중심에서의 수직선이 구의 중심을 관통할 때 형상계수는 다음과 같다.

$$F_{12} = 0.5\left\{1 - \left[1 + \left(\frac{r_2}{h}\right)^2\right]^{-0.5}\right\}$$

구와 원판의 표면온도는 각각 600°C와 200°C이고 방사율은 0.9, 0.5이다.

(*a*) 형상계수 F_{12}와 F_{21}을 구하라.
(*b*) 구와 원판 사이의 정미 복사열교환율을 구하라.
(*c*) 구와 원판에 대하여 반경과 온도가 각각 주어졌을 때 정미 복사열교환율을 증가시키려면 다음과 같은 4가지 방법이 있다. 면의 방사율을 개선하기 위하여 도료를 칠한다. 구와 원판 사이의 거리를 조정한다. 주위를 반사면으로 감싼다. 만약 상기의 개선 방법 중 최고값을 구하였다면 두 물체 사이의 복사열교환율을 구하라.

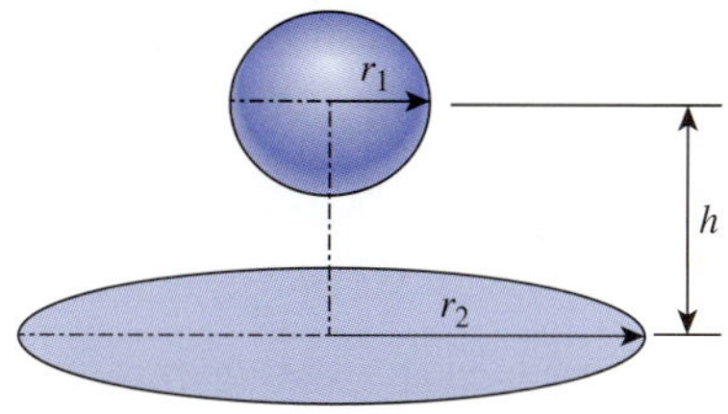

그림 P8–74

8–75 직경이 $D = 0.6$ m이고, 거리가 $L = 0.4$ m 떨어진 평행한 두 원판의 중심이 일치하게 놓여 있다. 두 원판은 모두 흑체이고 온도는 450 K로 유지된다. 원판들의 배면은 단열되어 있고, 원판이 놓여있는 주위는 300 K인 흑체로 간주할 수 있다. 원판으로부터 주위로의 정미 복사 열전달률을 구하라. **답: 781 W**

8–76 크기가 0.9 m × 1.5 m인 두 사각평판이 거리 0.3 m를 유지하며 그림과 같이 평행하게 정렬되어 있다. 두 사각평판은 복사에 대하여 흑체이고, 상부면이 하부면으로부터 총 53,000 W의 복사 열전달률을 받는다. 상부면의 온도가 15°C일 때 하부면의 온도를 구하라.

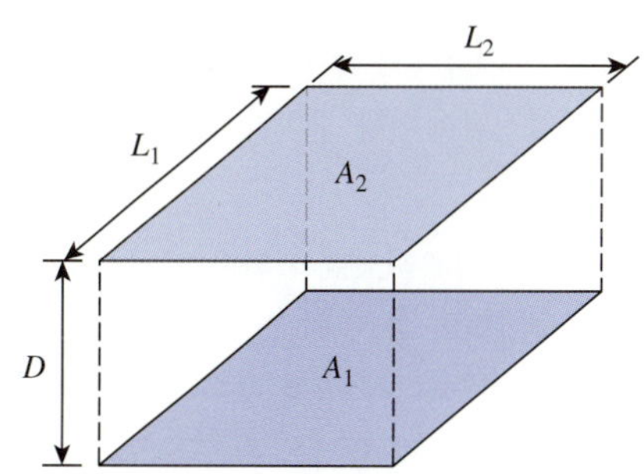

그림 P8–76

8–77 직경 1 m로 동일한 두 개의 흑체 원판이 동심축상에 거리 1 m 떨어진 채 놓여 있다. 두 원판 사이의 복사 열전달률이 75% 감소하는 거리는 얼마인가?

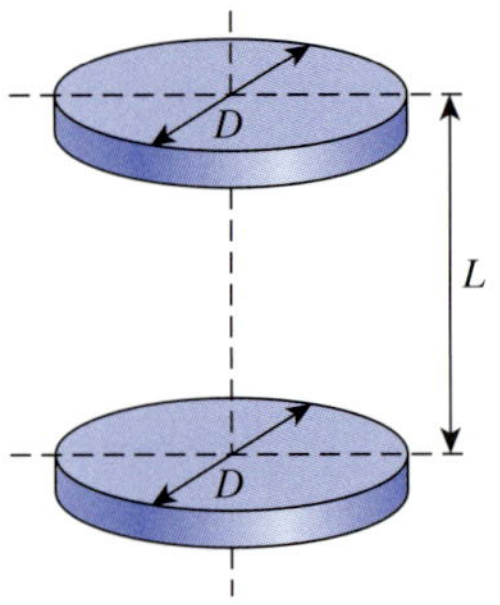

그림 P8-77

8-78 가열로 단면이 한 변의 길이가 2 m인 정삼각형이고 긴 덕트 형상이다. 열은 방사율이 $\varepsilon_1 = 0.8$인 하부면으로부터 800 W/m^2의 율로 공급되고 방사율이 0.4인 측면의 온도는 600 K로 유지된다. 양 끝단의 효과를 무시할 때 하부면의 온도를 구하라. 이와 같은 형상을 두 면으로 구성된 닫힌 공간으로 취급할 수 있는가?

8-79 문제 8-78을 다시 고려하자. EES(또는 다른 프로그램)를 사용하여 하부면의 열전달률과 측면의 온도가 하부면의 온도에 미치는 영향을 평가하라. 열전달률은 500 W/m^2에서 1,000 W/m^2까지 변하고 온도는 300 K에서 700 K까지 변한다. 하부면의 온도를 열전달률과 측면 온도의 함수로서 그래프에 도시하고 그 결과에 대하여 논하라.

8-80 크기가 4 m × 4 m × 4 m인 정육면체형 가열로의 바닥과 천장이 흑체이고, 측면은 재복사표면이다. 가열로 바닥과 천장의 온도가 각각 550 K, 1,100 K로 유지된다. 가열로 바닥과 천장 사이의 정미 복사 열전달률을 구하라.

8-81 직경이 $D_1 = 0.3$ m, $D_2 = 0.4$ m인 동심 이중구의 온도가 $T_1 = 800$ K, $T_2 = 500$ K로 균일하게 유지되고, 방사율이 각각 $\varepsilon_1 = 0.5$, $\varepsilon_2 = 0.7$이다. 두 구 사이의 정미 복사 열전달률을 구하라. 또한 외부구 주위유체와 주위표면의 온도가 30°C일 때, 외부구 표면의 대류열전달계수를 구하라. 외부구의 외피 방사율은 0.35로 가정한다.

8-82 온도 100 K의 액체질소로 채워진 직경 $D = 2$ m의 구형 탱크가 진공으로 유지되며 한 변의 길이가 3 m인 정육면체 용기에 들어 있다. 구형 탱크와 정육면체 용기의 방사율이 각각 $\varepsilon_1 = 0.1$, $\varepsilon_1 = 0.8$이다. 정육면체 용기의 측정 온도가 240 K일 때 액체질소로의 정미 복사 열전달률을 구하라. **답: 228 W**

그림 P8-82

8-83 문제 8-82에서 정육면체 용기를 직경이 3 m인 구형 용기로 대체하여 다시 계산하라.

8-84 문제 8-82을 다시 고려하자. EES(또는 다른 프로그램)를 사용하여 정육면체 용기의 측면 길이와 방사율 및 구형 탱크의 방사율이 정미 복사 열전달률에 미치는 영향을 평가하라. 정육면체 측면의 길이는 2 m에서 12 m까지 변하고 두 용기의 방사율은 0.1에서 0.9까지 변한다. 정미 복사 열전달률을 측면 길이와 방사율의 함수로서 그래프에 도시하고 그 결과에 대하여 논하라.

8-85 직경이 0.3 m인 원통형 석쇠를 고려하자. 석쇠의 바닥은 온도가 950 K인 뜨거운 석탄 조각으로 덮여 있고 석쇠 상부의 금속 망에는 초기온도 5°C인 고기 덩어리가 놓여 있다. 석탄 조각과 고기 덩어리 사이의 거리는 0.2 m이다. 고기와 석탄을 모두 흑체로 가정하여 석탄으로부터 고기로의 초기 복사 열전달률을 구하라. 또한 석쇠의 측면을 재복사표면인 알루미늄 포일로 둘러 쌌을 때 고기로의 초기 복사 열전달률을 구하라. **답: 928 W, 2085 W**

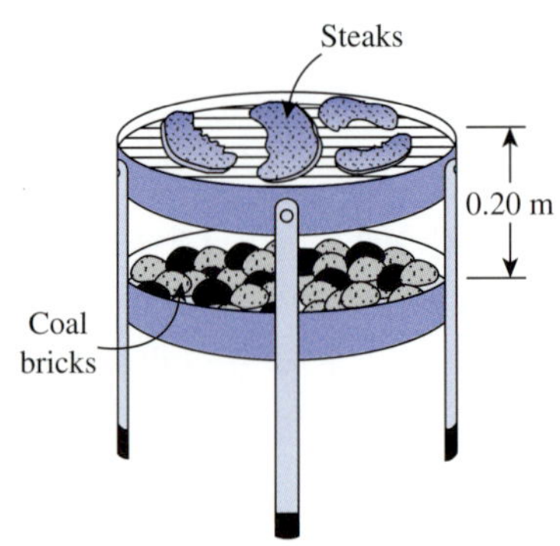

그림 P8-85

8-86 직경이 $D = 5$ m인 편평한 원판을 하부면으로 하는 반구형 가열로를 고려하자. 가열로의 돔형 상부면이 흑체이고 바닥면의 방사율이 0.7이다. 가열로의 하부면과 돔의 온도는 각각 400,

1000 K로 균일하게 유지된다. 정상 운전 상태에서 돔형 상부면으로부터 하부면으로의 정미 복사 열전달률을 구하라. **답: 759 kW**

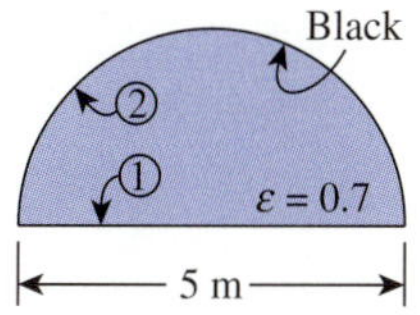

그림 P8-86

8-87 수직으로 교차하는 두 직사각면의 교차 모서리 길이가 1.6 m이다. 수평면의 폭은 0.8 m이고 수직면의 높이는 1.2 m이다. 수평면의 방사율은 0.75이고 온도는 450 K를 유지한다. 수직면은 흑체로써 온도는 700 K를 유지하고 있다. 두 판의 배면은 단열되어 있다. 주위의 면 온도는 290 K이고 방사율은 0.85라 가정할 수 있다. 두 면 사이의 정미 복사 열전달률과 수평면과 주위면 사이의 정미 복사 열전달률을 구하라.

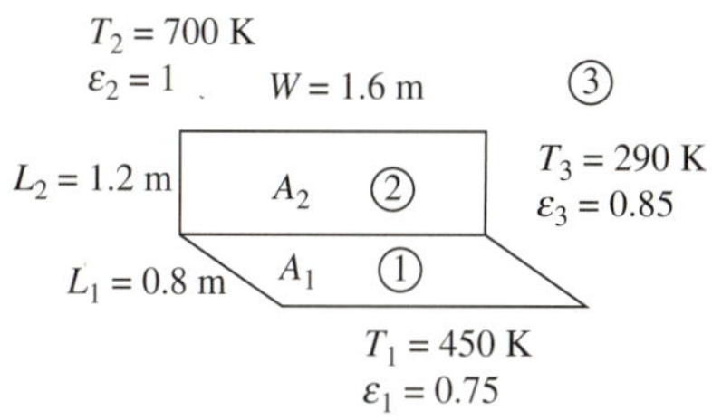

그림 P8-87

8-88 직경이 20 cm인 두 개의 긴 원통이 각각 30 cm만큼 떨어진 채 평행하게 놓여 있다. 두 원통의 표면은 흑체이고 온도는 각각 425 K, 275 K로 유지된다. 길이 1 m인 원통에 대하여 두 원통 사이의 복사 열전달률 및 고온인 원통과 주위 사이의 복사 열전달률을 구하라.

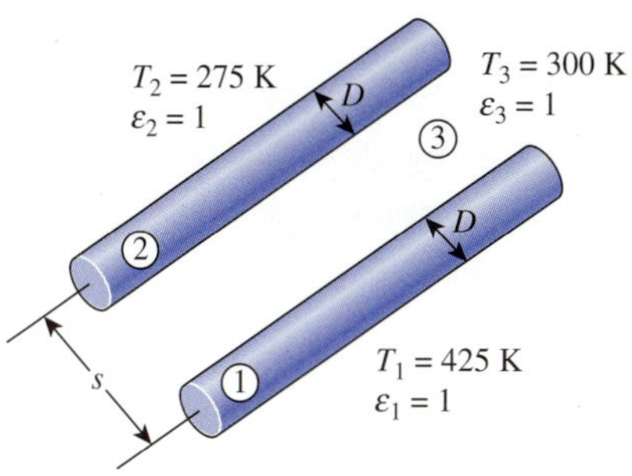

그림 P8-88

8-89 직경이 1 m인 반원형 덕트를 고려하자. 흑체인 하부면으로부터 1,200 W/m^{2}의 열이 공급되고 측면은 방사율이 0.4이고 온도 650 K로 유지된다. 양 끝단의 효과를 무시하고, 하부면의 온도를 구하라.

8-90 직경이 30 cm인 반구형 용기를 고려하자. 온도 600 K로 유지되고 있는 돔으로부터 65 W의 열이 공급된다. 하부면은 방사율이 0.55이고 온도는 400 K를 유지한다. 돔 표면의 방사율을 구하라.

8-91 그림과 같이 동심축에 위치한 양측면이 개방된 원통과 원판이 모두 흑체이다. 원통의 직경과 길이는 $D = L = 0.2$ m이고, 원판의 직경 $D = 0.2$ m이며, 두 물체 사이의 거리 $L = 0.2$ m이다. 원통 둘레면과 원판의 온도가 각각 1,000 K 및 300 K일 때, 원통의 둘레면으로부터 원판으로 전달되는 복사 열전달률을 구하라.

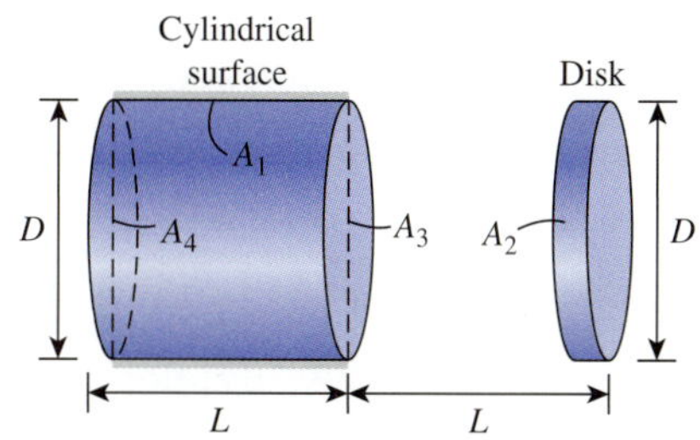

그림 P8-91

8-92 두 개의 평행한 흑체 원판이 거리 0.25 m 떨어진 채, 동심축상에 놓여 있고, 주위 온도는 300 K이다. 하부 원판의 직경은 0.2 m이고 상부 원판의 직경은 0.4 m이다. 하부 원판은 100 W의 전기히터로 가열되어 온도 500 K를 유지한다. 상부 원판의 온도를 구하라.

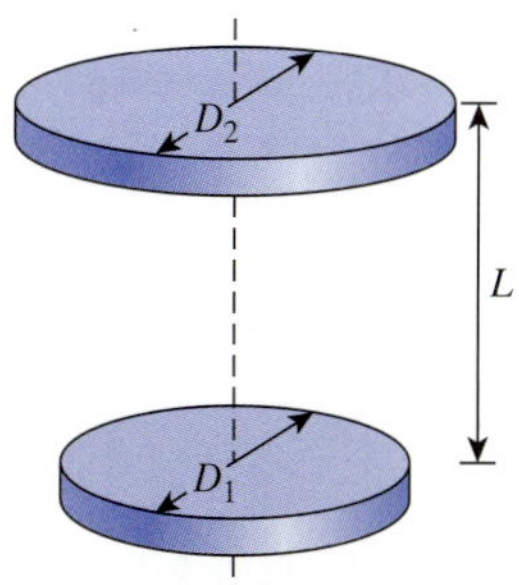

그림 P8-92

8-93 기체-액체 이상유체 상태인 산소가 직경 1 m인 구형 탱크에 표준 비등점을 유지하며 저장되어있다. 구형 저장 탱크는 직경 1.6 m이고 온도가 273 K로 유지되는 동심의 구형 용기로 보온된다. 두 구 표면의 방사율이 0.01이고 내부와 외부 구 표면 사이의 공간은 진공상태이다. 내부 구형 탱크 표면온도가 산소와 동일하다고 가정할 때 구형 탱크 표면의 복사 열전달률을 구하라.

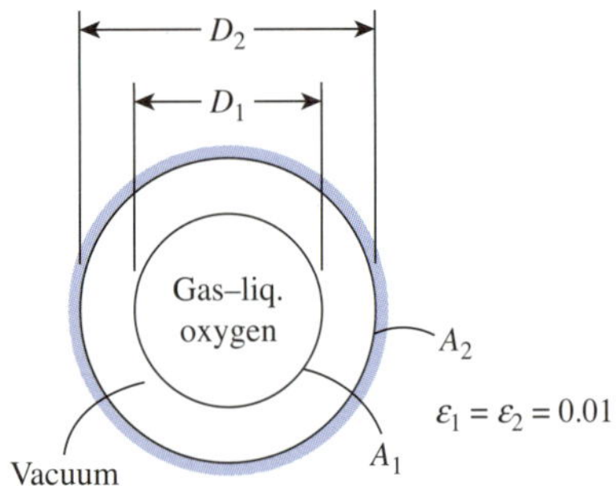

그림 P8–93

복습문제

8–94 낮 동안의 햇빛과 촛불은 각각 유효표면온도가 5,800 K과 2,800 K인 흑체로 가정할 수 있다. 두 개의 광원에 대하여 복사방사가 최대인 파장을 구하라.

8–95 불투명한 평판의 바닥면과 모서리가 잘 단열되어 있다. 상부면의 면적이 5 m^2이고 5,000 W의 복사열이 조사된다. 평판이 4,000 W의 열을 흡수하고 표면은 대류 열전달에 의하여 500 W를 발산한다. 평판의 온도가 350 K로 유지될 때 평판의 흡수율, 반사율 및 방사율을 구하라.

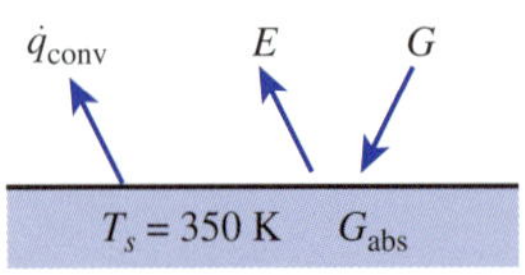

그림 P8–95

8–96 온도 1,200 K인 불투명한 표면의 분광방사율 함수가 근사적으로 다음과 같이 표현된다.

$$\varepsilon_1 = 0 \quad \text{for} \quad \lambda < 2\ \mu\text{m}$$
$$\varepsilon_2 = 0.85 \quad \text{for} \quad 2 \le \lambda \le 6\ \mu\text{m}$$
$$\varepsilon_3 = 0 \quad \text{for} \quad \lambda > 6\ \mu\text{m}$$

표면의 총 방사율과 표면으로부터의 복사방사율을 구하라.

8–97 태양열 집열기 유리커버의 분광투과율이 다음과 같다.

$$\tau_1 = 0 \quad \text{for} \quad \lambda < 0.3\ \mu\text{m}$$
$$\tau_2 = 0.9 \quad \text{for} \quad 0.3 < \lambda < 3\ \mu\text{m}$$
$$\tau_3 = 0 \quad \text{for} \quad \lambda > 3\ \mu\text{m}$$

태양복사의 입사율이 950 W/m^2이고, 흑체인 흡열판의 온도가 냉각수에 의하여 340 K로 유지될 때 다음을 구하라. (*a*) 흡열판에 입사되는 태양열유속, (*b*) 흡열판에 의하여 방사되는 복사에 대한 유리커버의 투과율, (*c*) 유리커버의 온도가 340 K일 때 냉각수로의 열전달률

8–98 불투명한 표면의 분광흡수율이 다음 그래프와 같다. 복사열원의 온도가 (*a*) 1,000 K, (*b*) 3,000 K일 때 표면의 흡수율을 구하라.

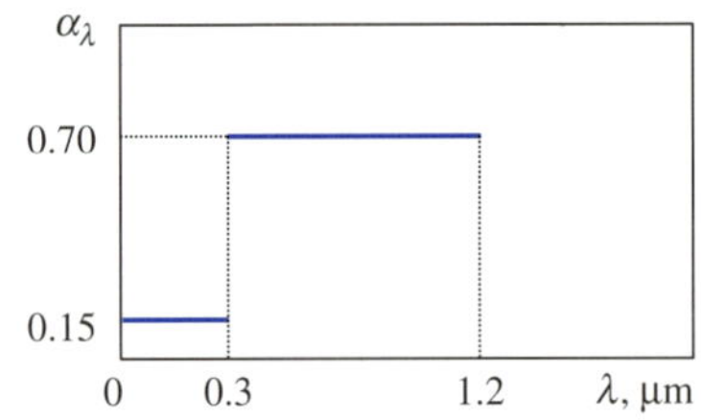

그림 P8–98

8–99 문제 8–98의 표면에서 470 W/m^2의 태양복사를 흡수할 때 태양복사에 대한 표면 흡수율과 태양복사에너지 흡수율을 구하라.

8–100 두께 3 mm인 일반유리의 투과율이 다음과 같다.

$$\tau_1 = 0 \quad \text{for} \quad \lambda < 0.35\ \mu\text{m}$$
$$\tau_2 = 0.85 \quad \text{for} \quad 0.35 < \lambda < 2.5\ \mu\text{m}$$
$$\tau_3 = 0 \quad \text{for} \quad \lambda > 2.5\ \mu\text{m}$$

태양복사에 대한 유리의 투과율을 구하라. 이 유리의 빛에 대한 투과율은 얼마인가?

8–101 직경 1 m인 구형 용기 내부의 온도가 600 K로 균일하다. 표면에 직경 5 mm인 구멍을 뚫었을 때 구멍을 통한 복사에너지 방출량 최댓값을 구하라. 만약 용기의 직경이 3 m이면 이 값은 어떻게 변하겠는가?

8–102 사람의 피부는 직사되는 태양광에 대하여 "선택적" 흡수를 한다. 피부는 파장이 $\lambda_1 = 0.517\ \mu m$와 $\lambda_2 = 1.552\ \mu m$ 사이에서 조사되는 태양복사에 대하여 50%만을 흡수한다. 반면 λ_1보다 짧거나 λ_2보다 긴 파장에 대하여는 모두 흡수한다. 태양을 유효표면온도가 5800 K인 흑체로 가정하고 태양복사열 조사량 중 사람의 피부에 흡수되는 양의 비율을 구하라.

8–103 바닥, 천장, 둘레의 내부 표면적이 각각 A_1, A_2, A_3인 원통형 용기에 대하여 길이-직경비, $K = L/D$를 이용하여 다음 물음에 답하라. (*a*) 원통 둘레면 자체의 형상계수 F_{33}을 K를 사용하여 나타내라. (*b*) $L = D$일 때 형상계수 F_{33}의 값을 구하라.

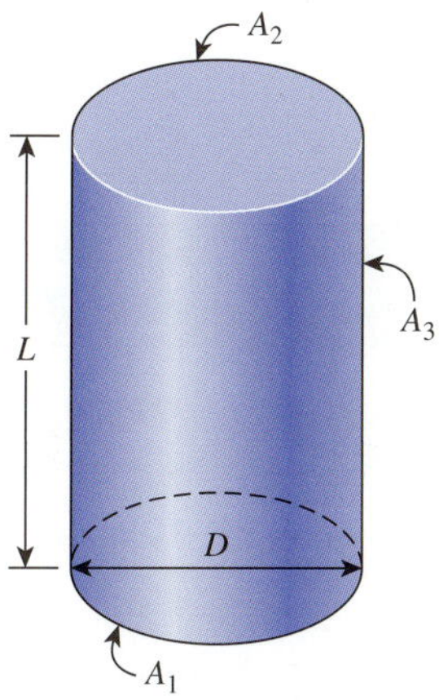

그림 P8–103

8–104 길이가 긴 원통형 연료봉의 직경이 25 mm이고 표면은 흑체이며, 동심인 원통에 의하여 차폐되어 있다. 차폐원통의 직경이 50 mm이고 표면온도는 320 K이다. 차폐원통의 내/외부 표면 방사율은 0.05이고, 연료봉과 차폐원통 사이는 진공이다. 연료봉이 단위길이당 0.5 MW/m³의 열을 생산할 때 연료봉의 표면온도를 구하라.

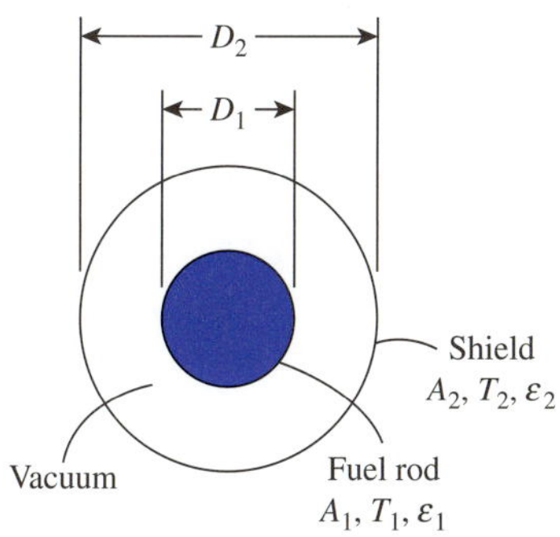

그림 P8–104

8–105 건조기가 직경 D = 1.5 m인 반원 덕트 형상이다. 물에 젖은 물체가 하부면에 거치되어 건조되며, 온도는 370 K를 유지하고 표면방사율은 0.5이다. 돔 표면온도는 1,000 K이고 표면방사율이 0.8이다. 젖은 물체의 단위길이당 건조율을 구하라.

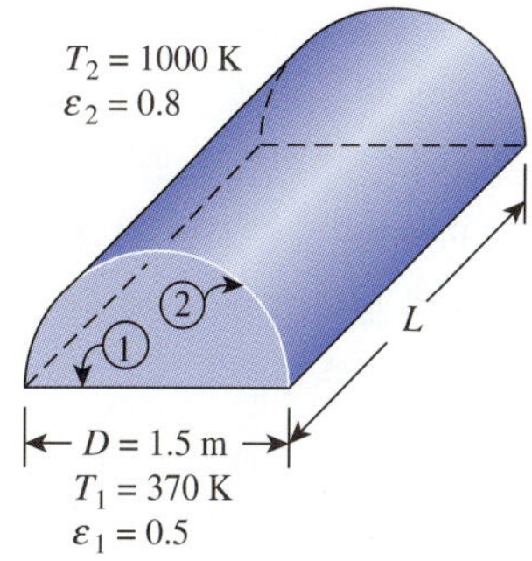

그림 P8–105

8–106 직경이 각각 D_1 = 15 cm, D_2 = 25 cm인 이중 동심구가 압력 1기압의 공기에 의하여 분리되어 있다. 공기를 가두고 있는 두 구 표면의 온도는 각각 T_1 = 350 K, T_2 = 275 K이고 방사율은 0.75로 동일하다. 내부 구로부터 외부 구로의 (*a*) 자연대류 열전달률 및 (*b*) 복사 열전달률을 구하라.

8–107 그림 P8–107에 도시한 바와 같이 직경이 각각 *a*, *b*인 원판이 동심축상에 위치한다. 이러한 형상에 대하여 작은 원판으로부터 큰 원판으로의 형상계수는 다음 식으로 계산한다.

$$F_{ij} = 0.5\left(\frac{B}{A}\right)^2\left\{C - \left[C^2 - 4\left(\frac{A}{B}\right)^2\right]^{0.5}\right\}$$

이 식에서 변수는 $A = a/2L$, $B = b/2L$, $C = 1 + 1 + A_2/B_2$이다. 직경, 방사율, 온도가 원판 *a*에 대하여 20 cm, 0.60, 600°C이고, 원판 *b*에 대하여 40 cm, 0.80, 200°C이다. 두 원판 사이의 거리는 L = 10 cm이다.

(*a*) 형상계수 F_{ab} 및 F_{ba}를 구하라.

(*b*) 정상 상태에서 작동할 때 두 면 사이의 정미 복사 열전달률을 구하라.

(*c*) 두께가 무시할 정도로 얇고 방사율이 ε = 0.7인 또 하나의 (무한히) 큰 원판 *c*가 원판 *a*와 *b* 사이에서 거리가 같은 위치에 평행하게 놓여 있다. 정상 상태에서 작동할 때 원판 *a*와 *c*, 원판 *c*와 *b* 사이의 정미 복사 열전달률을 구하라.

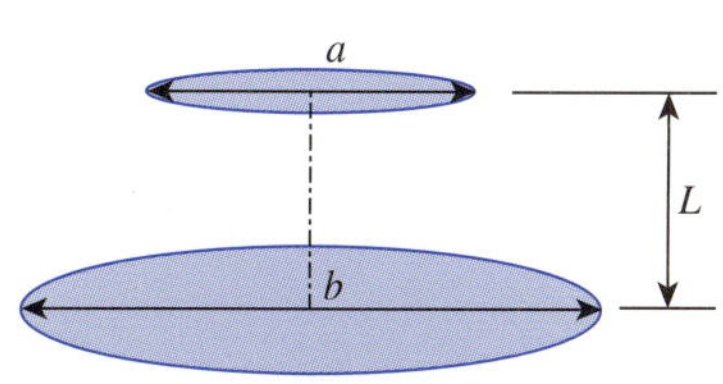

그림 P8–107

8–108 직경 D인 다수의 긴 원관이 중심 간 간격 s로 평행하게 정렬되어 있다. 모든 관의 형상이 비슷하고 온도가 동일하기 때문에 복사 열전달의 계산에 있어 이들을 모두 합하여 하나의 면(A_j)으로 간주한다. 그림 P8−108에 도시한 바와 같이 관군(A_j)은 큰 평판(A_i)과 평행하게 놓여 있다. 이러한 배열에 대한 복사 형상계수 F_{ij}가 다음과 같은 식으로 주어진다.

$$F_{ij} = 1 - \left[1 - \left(\frac{D}{s}\right)^2\right]^{0.5} + \frac{D}{s}\left\{\tan^{-1}\left[\left(\frac{s}{D}\right)^2 - 1\right]^{0.5}\right\}$$

(*a*) 간격 s = 3.0 cm, 직경 D = 1.5 cm일 때 형상계수 F_{ij}및 F_{ji}를 구하라.

(*b*) 온도가 T_i = 900°C, T_j = 60°C이고, 방사율이 ε_i = 0.8, ε_j = 0.9일 때 평판과 관군 사이의 정미 복사 열전달률을 벽의 단위면적당의 값으로 구하라.

(*c*) 관을 통하여 흐르는 유체의 평균 온도가 40°C이고, 이때 열전달계수는 2.0 kW/m²·K이다. 문제 (*a*)에서와 같이 T_i = 900°C, ε_i = 0.8, ε_j = 0.9일 때, 관 벽의 두께와 관 외부에서의 대류 열전달을 무시하고 정상 상태에서 관 표면의 온도를 구하라.

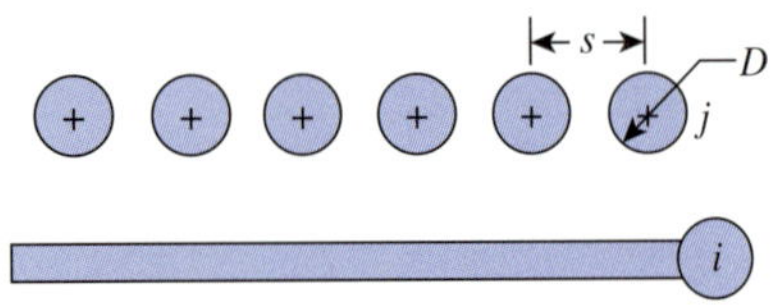

그림 P8−108

8–109 직경 2 cm인 정원용 호스를 직경 6 cm인 투명한 플라스틱 관 내에 이중관 형태로 구성하여 간단한 태양열 집열기를 제작하였다. 호스의 태양열 집열을 극대화하기 위하여 표면을 검은색으로 도색하였고, 호스와 투명 플라스틱커버 사이 간극을 일정하게 유지시키기 위하여 플라스틱 링을 삽입하였다. 호스표면과 투명 플라스틱커버의 방사율이 0.9이고 유효 상공온도는 15°C로 추정된다. 플라스틱 관의 온도가 40°C로 측정되었고 대기의 온도는 25°C이다. 정상 상태에서 단위길이당 호스 안을 흐르는 물로부터의 자연대류와 복사에 의한 열손실률을 구하라. **답: 12.7 W, 26.1 W**

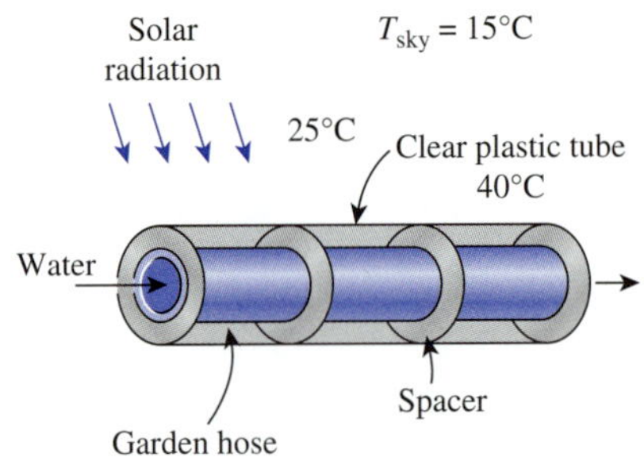

그림 P8−109

8–110 높이 1.5 m, 폭 3 m인 태양열 집열기가 수평으로부터 20° 기울어져 설치되어 있다. 유리커버와 흡열판 사이의 간극이 3 cm이고 흡열기의 배면은 두껍게 단열되어 있다. 흡열판과 유리커버의 온도는 각각 80°C와 32°C로 유지된다. 유리표면의 방사율이 0.9이고 흡열판의 방사율은 0.8이다. 자연대류와 복사에 의한 흡열판으로부터의 열손실률을 구하라. **답: 750 W, 1289 W**

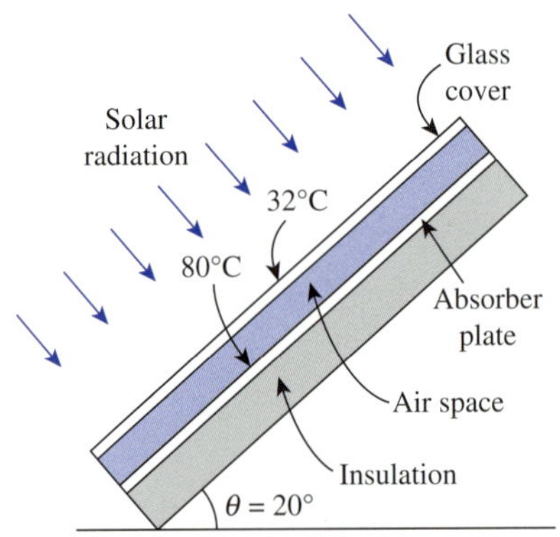

그림 P8−110

8–111 태양열 집열기가 외경 6 cm인 알루미늄 관과 직경 12 cm인 얇은 유리관이 동심인 이중관 형태로 구성되어 있다. 물은 알루미늄 관 내부를 흐르며 가열되고, 알루미늄 관과 유리관으로 구성된 환상부는 0.5기압의 공기로 채워져 있다. 맑은 날 물을 순환시키는 펌프가 고장나서 관 내 물의 온도가 상승하였다. 알루미늄 관은 단위길이당 30 W의 태양복사를 흡수하고 외기의 온도는 25°C이다. 관과 유리커버의 방사율은 0.9로 동일하다. 유효 상공온도를 15°C로 가정하고 열평형 상태에 도달하였을 때 알루미늄 관의 온도를 구하라(즉 관으로부터의 열손실률과 관이 얻는 태양에너지의 양이 같아질 때).

8–112 높이 2 m, 폭 5 m인 수직 이중 유리창이 3 cm 두께의 공기 간극에 의하여 분리된 두 개의 유리판으로 구성되어 있다. 창문을 통한 열전달을 줄이기 위하여 두 유리판 사이 간극 내 공기를 0.3기압의 진공으로 흡인하였다. 유리 표면의 방사율은 0.9이다. 공기 간극을 가로지르는 유리 표면의 온도를 15°C와 5°C로 취하였을 때, 자연대류와 복사에 의하여 창문을 통한 열전달률을 구하라.

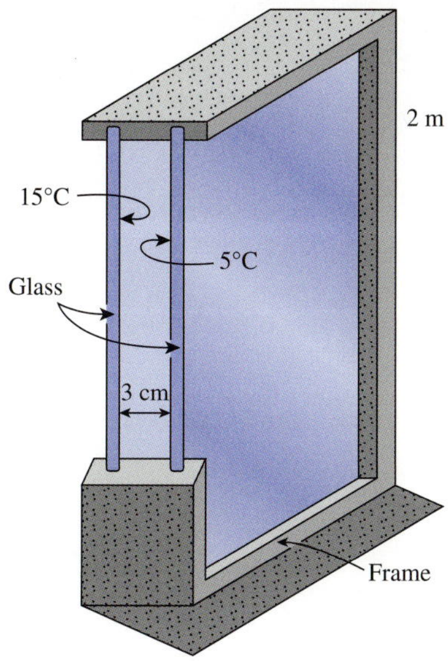

그림 P8–112

8–113 내경 2 m인 이중벽 구조의 구형 탱크가 0°C 얼음물을 저장하기 위하여 사용된다. 각 벽의 두께는 0.5 cm이고, 두 벽 사이의 공기 간극은 1.5 cm이며 열전달을 최소화하기 위하여 진공으로 유지된다. 진공으로 흡인된 부분의 표면은 광택이 나도록 가공되어서 방사율이 0.15이다. 탱크 바깥벽의 측정온도는 20°C이다. 강철탱크 내부벽의 온도를 0°C로 가정할 때, (*a*) 탱크 내 얼음물로의 열전달률과 (*b*) 24시간 동안 녹는 0°C 얼음의 양을 구하라.

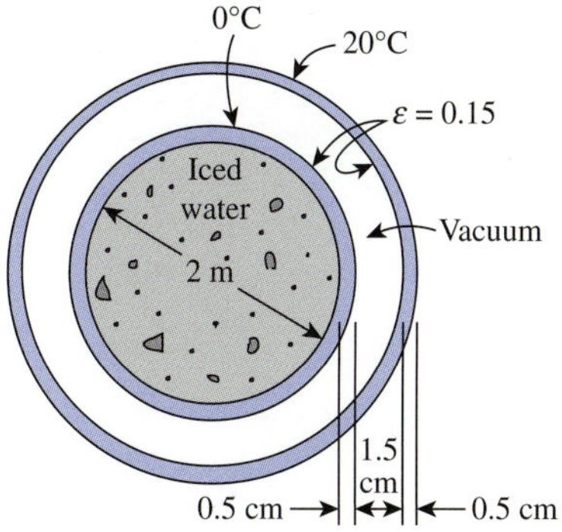

그림 P8–113

8–114 태양열 집열기가 외경 5 cm의 수평 구리관과 직경 12 cm인 얇은 유리관이 동심인 이중관 형태로 구성되어 있다. 물은 관 내부를 흐르며 가열되고, 구리관과 유리관으로 구성된 환상부는 1기압의 공기로 채워져 있다. 구리관 표면과 유리커버의 방사율은 각각 0.85와 0.9이다. 맑은 날 낮 동안 관 표면과 유리커버의 온도가 각각 60°C와 40°C로 계측되었다. 관의 단위길이당, 집열기로부터의 자연대류와 복사에 의한 열손실률을 구하라.

8–115 동심축상에 수평하게 놓인 두 원판의 직경이 각각 20 cm, 40 cm이고, 거리는 10 cm만큼 분리되어 있다. 작은 원판(ε = 0.8)의 온도는 300°C이고, 큰 원판(ε = 0.6)의 온도는 800°C이다.

(*a*) 복사형상계수를 구하라.

(*b*) 두 원판 사이의 복사 열전달률을 구하라.

(*c*) 두 원판 사이에 완전 반사면이 놓여 있다고 가정할 때 두 원판 사이의 복사 열전달률을 구하라.

8–116 두 개의 흑체인 원판이 동심축 상에서 거리 0.25 m 떨어진 채 평행하게 놓여 있다. 하부와 상부 원판의 직경은 각각 0.2 m 및 0.4 m이다. 20 W의 전기히터로 하부 원판이 가열되고 온도 500 K를 유지할 때, 상부 원판의 온도를 구하라. **답: 423 K**

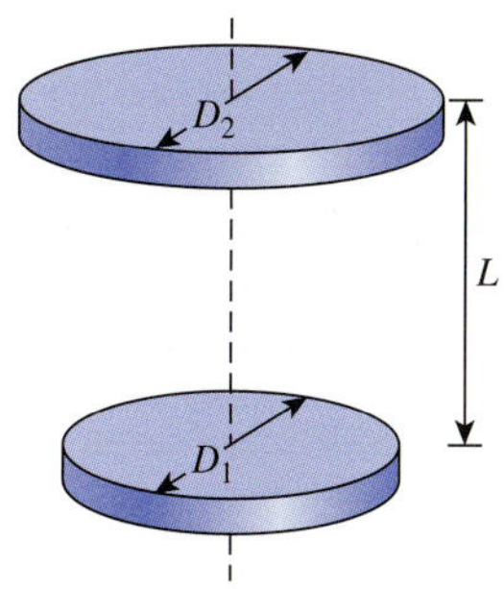

그림 P8–116

설계 및 에세이 문제

8–117 태양열 집열기의 흡열판에 사용되는 선택적 표면의 복사 물성값에 대하여 논하라. 다양한 선택적 표면에 대하여 각각의 성능과 가격을 조사하고 가격대비 성능이 최적화된 표면을 추천하라.

8–118 원자력에너지위원회의 보고서에 따르면 수소폭탄은 온도 7200 K인 거대한 화염구(fireball)의 규모와 맞먹는다. 이러한 폭탄이 도시 상공 5 km에서 폭발할 때의 충격을 평가하여야 한다. 화염구의 직경이 1 km이고, 적어도 15초 동안 폭발이 지속된다. 사람과 작물, 집에 피폭되는 복사에너지의 준위를 평가하고 폭발의 영향으로부터 대피하기 위한 방법에 대하여 논하라.

8–119 우주나 극저온 응용에서 초단열 설계를 위하여 일반적으로 복사차폐를 사용한다. 초단열 설계에 대하여 조사하고 서로 다른 응용에 대하여 이들이 어떻게 사용되는가 논하라.

8–120 집안의 열적인 쾌적함은 주위 벽과 사람 사이의 복사 열전달에 있어 소위 복사효과라 불리는 것에 의하여 크게 영향을 받는다. 예를 들어 집안의 온도조절기를 일정하게 조정해도 아침에는 벽면의 온도가 낮아서 더 춥게 느껴진다. 복사효과가 사람의 쾌적함에 미치는 영향과 공기조화에 의한 냉난방에서 복사효과를 어떻게 산정하는가에 대하여 논하라.

CHAPTER

09

열교환기

HEAT EXCHANGERS

열교환기(heat exchanger)는 온도가 다른 두 유체가 서로 섞이지 않으면서 **열교환**(*exchange of heat*)을 촉진하는 장치이다. 열교환기는 가정용 냉·난방 관련 공조 시스템에서부터 큰 공장의 공정이나, 발전 설비에 이르기까지 광범위한 응용분야에서 실질적으로 많이 쓰이고 있다. 열교환기는 두 유체가 섞이도록 구성되어 있는 혼합실과는 다르다.

열교환기에서의 열전달은 보통 두 가지 열전달 메커니즘(heat transfer mechanism), 즉 각 유체에서의 **대류**(*convection*) 열전달과 두 유체를 분리하는 벽에서의 **전도**(*conduction*) 열전달을 포함한다. 열교환기의 해석은 열전달에 영향을 주는 모든 요소들을 고려하여 계산하는 총 열전달계수(overall heat transfer coefficient) U로 작업하는 것이 편리하다. 열교환기의 한 위치에서 두 유체 사이의 열전달률은 그 위치에서의 온도차의 크기에 의존하는데, 그 온도차이가 열교환기의 길이 방향에 따라 변한다.

열교환기는 다양한 형태로 제조되므로, 이 장은 열교환기를 분류하는 것으로부터 시작하기로 한다. 이어서 열교환기의 총 열전달계수 결정에 대하여 논의하고, 몇 가지 형상에 대해 대수평균온도차(*log mean temperature difference*, LMTD)를 구하는 것을 논의한다. 그리고 복잡한 형상인 경우 대수평균온도차로부터 평균온도차의 편차를 보정하기 위한 **수정계수**(*correction factor*; *F*)를 소개한다. 마지막으로 유용도-NTU(effectiveness-NTU)법에 대해 논의하는데, 이 방법은 유체의 출구온도를 모르고 있을 때 열교환기의 해석이 가능하게 해준다.

학습목표

이 장의 목적은 다음과 같다.

- 여러 형태의 열교환기를 이해하고 열교환기를 분류한다.
- 열전달 표면의 오염인지계수개발과 열교환기의 총 열전달계수를 결정한다.
- 열교환기에 대한 일반적인 에너지해석을 수행한다.
- LMTD 방법에 사용할 대수평균온도차의 상관관계식을 구하고 수정계수를 사용하여 다양한 형태의 열교환기에 대한 대수평균온도차식을 변형하고 적용한다.
- 유용도(effectiveness) 상관관계식을 개발하고 유용도-NTU법을 사용하여 출구온도를 모르는 열교환기를 해석한다.

9-1 ■ 열교환기의 유형

열전달의 응용분야가 다르면 열전달 장치에서 다른 형식의 하드웨어와 다른 모형의 열전달 장치가 필요하게 된다. 열전달 하드웨어를 열전달에 대한 요구에 일치시키려는 시도가 수많은 혁신적인 열교환기 설계를 나오게 하였다.

가장 간단한 형식의 열교환기는 **이중관**(동심관) 열교환기(*double-pipe* heat exchanger)라 할 수 있는데, 이는 그림 9-1에서 보는 것처럼 직경이 서로 다른 두 동심관으로 구성된다. 이중관 열교환기의 한 유체는 작은 관 속을 흐르고, 다른 유체는 두 관 사이의 환형 공간 속을 흐른다. 이중관 열교환기에서 유체흐름의 배치에는 두 가지가 있을 수 있는데, 하나는 **평행유동**(parallel flow)으로서 고온유체와 저온유체가 열교환기의 **같은** 쪽에서 들어가서 같은 방향으로 흐르는 것이고, 다른 하나는 **대향유동**(counter flow)으로서 고온유체와 저온유체가 열교환기의 **반대쪽**으로 들어가서 서로 반대 방향으로 흐르는 것이다.

또 다른 열교환기의 형태로서 단위 부피당 열교환 면적이 특별히 크도록 설계된 것으로 **밀집형** 열교환기(*compact* heat exchanger)가 있다. 열교환기의 부피에 대한 열교환 면적의 비를 **면적밀도**(*area density*; β)라 한다. $\beta > 700(\text{m}^2/\text{m}^3)$ (또는 200 ft^2/ft^3)이 되는 열교환기를 밀집형으로 분류한다. 밀집형 열교환기의 예로서 자동차 라디에이터($\beta \approx 1{,}000\ \text{m}^2/\text{m}^3$), 유리 세라믹 가스 터빈($\beta \approx 6{,}000\ \text{m}^2/\text{m}^3$),

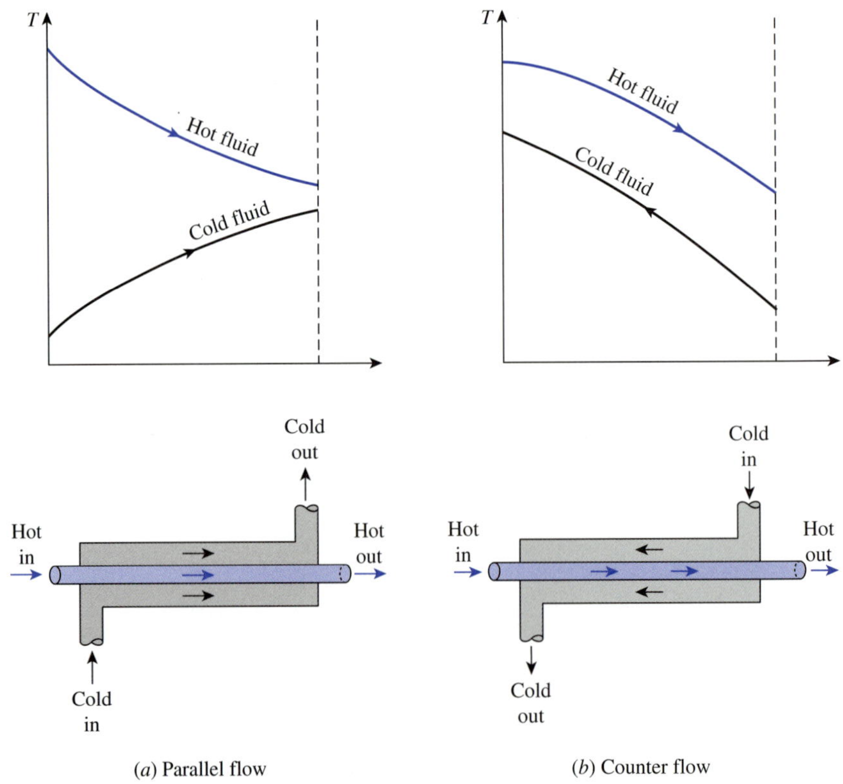

그림 9-1
이중관 열교환기의 유동 체제 및 이에 관련된 온도구배

스털링 엔진($\beta \approx 15{,}000\ m^2/m^3$), 그리고 인간의 허파($\beta \approx 20{,}000\ m^2/m^3$) 등이 있다. 밀집형 열교환기는 작은 부피에서 두 유체 사이에 높은 열전달이 가능하게 해주기 때문에, 중량과 체적이 엄격히 제한되는 열교환기 응용분야에 많이 쓰인다(그림 9-2).

밀집형 열교환기에서 큰 표면적은 두 유체를 분리하는 벽들에 **얇은 판이나 주름진 휜**(*fin*)들을 촘촘히 붙임으로써 얻어진다. 밀집형 열교환기는 기체 흐름으로 인한 작은 열전달계수를 확대된 표면적으로 만회하도록 하는 기체-기체, 기체-액체(또는 액체-기체) 열교환기에 많이 쓰인다. 예를 들어 물-공기 밀집형 열교환기인 자동차 라디에이터에서 휜이 관 표면의 공기 쪽에 부착되어 있는 것은 놀랄 만한 일이 아니다.

그림 9-2

주거용 공기조화 시스템을 위한 기체-액체 밀집형 열교환기

(ⓒ *Yunus Cengel*)

밀집형 열교환기에 있어서 두 유체는 보통 서로 수직으로 흐르며, 이러한 흐름의 형태를 **직교유동**(cross flow)라 한다. 직교유동은 그림 9-3에서 보는 바와 같이 유체의 흐름 형태에 따라 **비혼합형**(*unmixed*)과 **혼합형**(*mixed*)으로 분류된다. 그림에서 (*a*)의 직교유동은 평판 휜이 유체를 횡방향(즉 관에 평행한 방향)으로는 흐르지 못하게 하고, 휜과 휜 사이의 공간을 통해 흐르도록 하기 때문에 **비혼합형**이다. 그림에서 (*b*)의 직교유동은 유체가 자유롭게 횡방향으로 움직이기 때문에 **혼합형**이다. 자동차 라디에이터에서 두 유체는 서로 혼합되지 않는다. 유체의 혼합은 열교환기의 열전달계수에 큰 영향을 미친다.

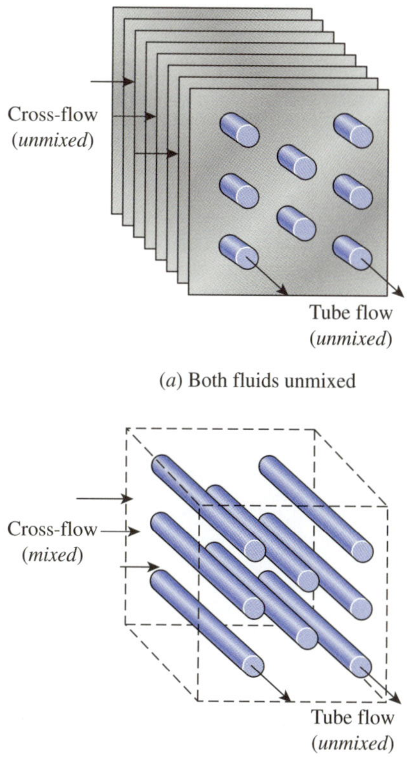

(*a*) Both fluids unmixed

(*b*) One fluid mixed, one fluid unmixed

그림 9-3

직교유동 열교환기에서 서로 다른 유동형태

산업용 열교환기에서 가장 많이 쓰이는 형태는 아마도 그림 9-4에서 보는 것과 같은 **각-관 열교환기**(shell-and-tube heat exchanger)일 것이다. 각-관 열교환기에는 축이 외각통(shell) 안에 평행하게 장착된 많은 수(때때로 수백 개)의 관이 있다. 한 유체가 관내를 흐르는 동안 다른 유체는 관외 외각통 측을 흐르는 과정에서 열전달이 일어난다. 외각통 안에는 일반적으로 **격벽**(*baffle*)을 설치하는데, 이는 유체가 외각통을 가로지르며 흐르게 하여 열전달을 촉진시키게 하고, 또 관 사이의 간격을 일정하게 유지시키기 위해서이다. 이들 각-관 열교환기는 광범위하게 사용되고 있지만, 상대적으로 큰 크기와 무게 때문에, 자동차, 항공기, 선박용으로는

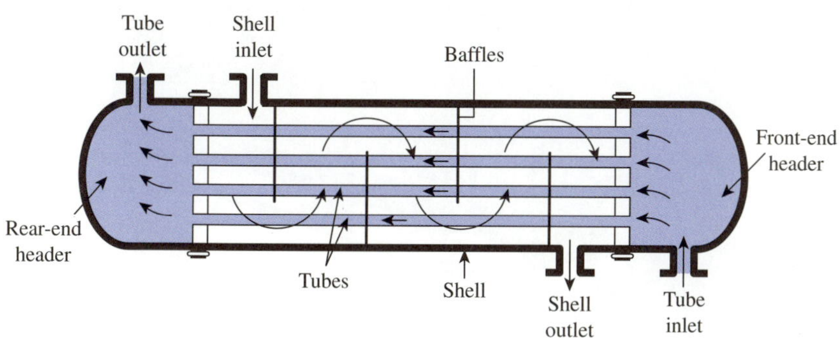

그림 9-4

각-관 열교환기(1각-1관 통로)의 개략도

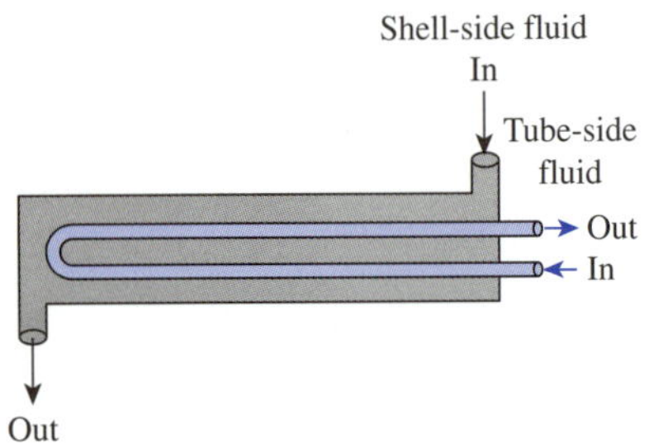

(*a*) One-shell pass and two-tube passes

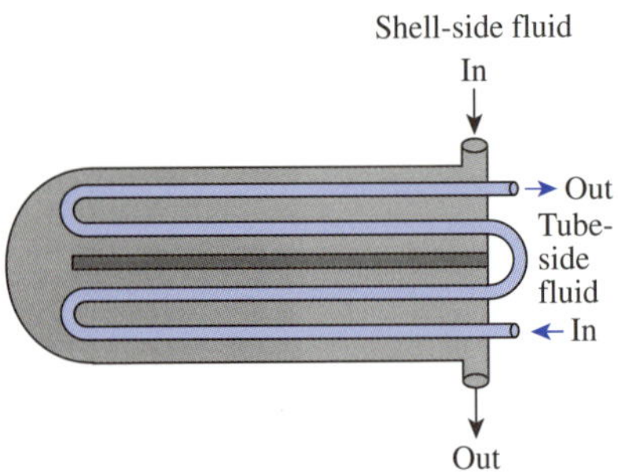

(*b*) Two-shell passes and four-tube passes

그림 9-5

각-관 열교환기에서 다통로 배열

적당하지 않다. 각-관 열교환기의 관들은 외각통의 양단에 설치된 상당히 큰 유동 면적을 가진 헤더(*header*)에 연결되어 있는데, 그곳에서 관(tube) 쪽의 유체는 관에 들어가기 전이나 관을 나온 후에 축적된다.

각-관 열교환기는 내부에 설치된 관이나 외각통의 통로의 수에 따라 더 세부적으로 분류된다. 예를 들어 한 통 안에서 모든 관들이 한번의 U턴을 하는 열교환기를 *1*각-*2*관 **통로**(*one-shell pass and two-tube pass*) 열교환기라 하고, 마찬가지로 통 안에 두 개의 경로와 관에 있어서 4개의 경로를 가진 열교환기를 *2*각-*4*관 **통로** 열교환기라 한다(그림 9-5).

일반적으로 널리 사용되고 있는 혁신적인 열교환기 형태는 **평판형** 열교환기 [plate and frame (or just plate) heat exchanger]이다. 이는 그림 9-6과 같이 물결 모양의 유동통로를 연속적으로 구성한 열교환기이다. 고온과 저온유체가 외각통 저온유체통로들에 번갈아 들어가서는 두 고온유체로 둘러싸이게 되어 매우 효과적인 열전달을 하게 된다. 또한 평판형 열교환기는 단순히 평판을 더 많이 설치함으로써 열전달을 증가시키려는 요구를 해결할 수 있다. 이러한 열교환기 형식에서 고온 측과 저온 측 유체 흐름의 압력이 거의 같다면 액체 대 액체 열교환기 응용분야에도 적당하다.

또 다른 열교환기 형식은 고온유체와 저온유체가 같은 유동 통로로 번갈아 흐르는 **재생** 열교환기(regenerative heat exchanger)가 있다.

정적형 재생 열교환기(*static*-type regenerative heat exchanger)는 기본적으로 세라믹 철망(ceramic wire mesh)처럼 큰 열저장 용량을 가진 다공성 물질이다. 이 다공성물질에 고온유체, 저온유체가 교대로 흐르게 된다. 고온유체가 흐르는 동안

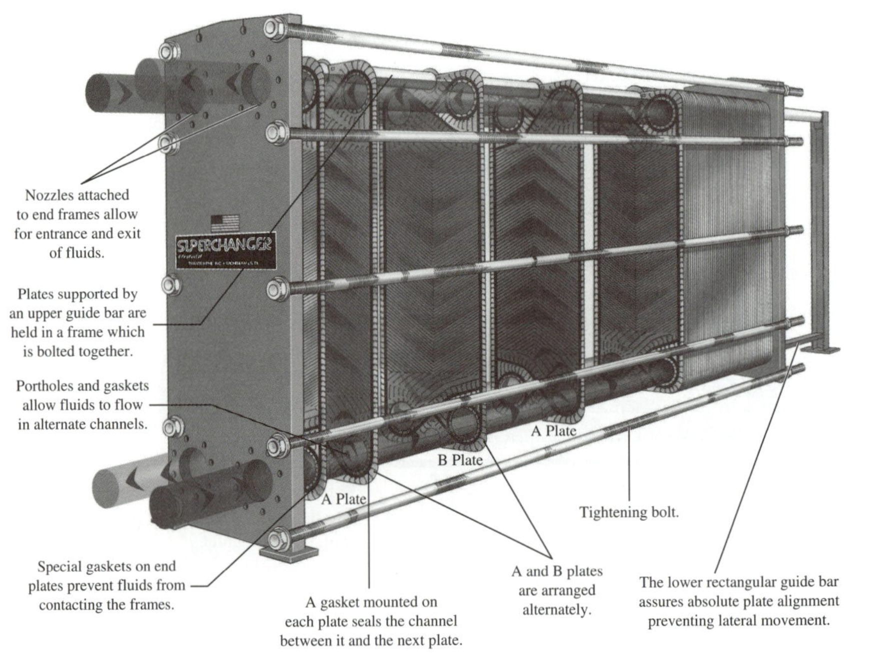

그림 9-6

평판형 액체 대 액체 열교환기

(*Courtesy of Tranter PHE. Inc.*)

고온유체의 열이 재생 열교환기의 다공성집합체로 열이 전달되어 저장되고, 이 다공성집합체에 저온유체가 흐르면 다공성집합체에 저장된 열이 저온유체로 열이 전달된다. 이와 같이 다공성집합체가 임시 열저장 매체 역할을 한다.

동적형 재생 열교환기(*dynamic*-type regenerator)는 회전 드럼을 가지고 있으며 드럼의 서로 다른 부분을 통해 고온유체와 저온유체가 연속적으로 흐른다. 드럼의 각 부분은 주기적으로 고온 흐름 영역을 지나면서 열을 저장하고, 저온 영역을 지나면서 저장했던 열을 방출한다. 여기에서 드럼은 고온유체에서 저온유체로 열을 수송하는 매체로 작용한다.

열교환기는 종종 그들이 사용되는 특정한 응용분야를 반영하는 특정한 이름이 주어진다. 예를 들어 **응축기**(*condenser*)는 유체가 열교환기를 통해 흐르는 동안 열을 방출하고 응축되는 열교환기이다. **보일러**(*boiler*)는 유체가 열을 흡수하고 증발하는 열교환기이다. **공간 라디에이터**(*space radiator*)는 고온유체로부터 주위 공간에 복사에 의해 열을 전달하는 열교환기이다.

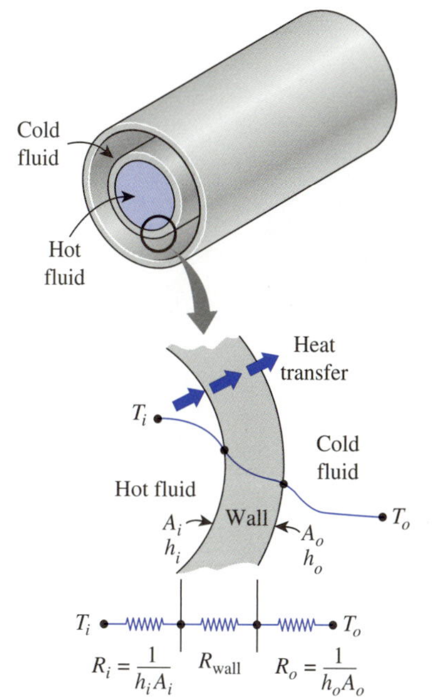

그림 9-7
이중관 열교환기에 있어서 열전달에 대한 열저항 회로

9-2 ▪ 총 열전달계수

열교환기에는 보통 고체 벽으로 분리된 두 유동 유체를 가지고 있다. 이러한 구조에서 먼저 열은 고온유체로부터 **대류**(*convection*)에 의해 벽으로 전달되며, 벽에서는 **전도**(*conduction*)에 의해 전달되고, 그리고 벽으로부터 저온유체로는 다시 대류에 의해 전달된다. 복사효과는 보통 대류 열전달계수에 포함된다.

이러한 열전달 과정에 대하여 열저항 회로 개념을 적용하면 그림 9-7에서 보는 바와 같이 두개의 대류와 하나의 전도 저항을 포함한다. 이러한 해석은 제3장에 제시되었던 재료에 대한 것과 아주 유사하다. 여기에서 하첨자 *i*와 *o*는 안쪽 관의 내면과 외면을 나타낸다. 이중관 열교환기에 있어서, 관벽의 **열저항**(*thermal resistance*)은[식 (3-39)와 같이]

$$R_{\text{wall}} = \frac{\ln (D_o/D_i)}{2\pi kL} \tag{9-1}$$

이다. 여기에서 k는 관 재료의 열전도도이고, L은 관의 길이이다. 그러면 총 열저항은 다음과 같이 된다[식 (3-43)과 같이].

$$R = R_{\text{total}} = R_i + R_{\text{wall}} + R_o = \frac{1}{h_i A_i} + \frac{\ln (D_o/D_i)}{2\pi kL} + \frac{1}{h_o A_o} \tag{9-2}$$

여기서 A_i는 두 유체를 분리하는 벽의 내면적이고, A_o는 그 벽의 외면적이다. 달리 말하자면 A_i와 A_o는 각각 내부 유체와 외부 유체에 의해 접촉되는 분리 벽의 면적이다. 어떤 유체가 원형관의 안쪽에서 흐르고, 다른 유체가 그 밖에서 흐를 때 $A_i = \pi D_i L$과 $A_o = \pi D_o L$이다(그림 9-8).

열교환기의 해석에 있어서는 고온유체로부터 저온유체로 열이 흐르는 경로에

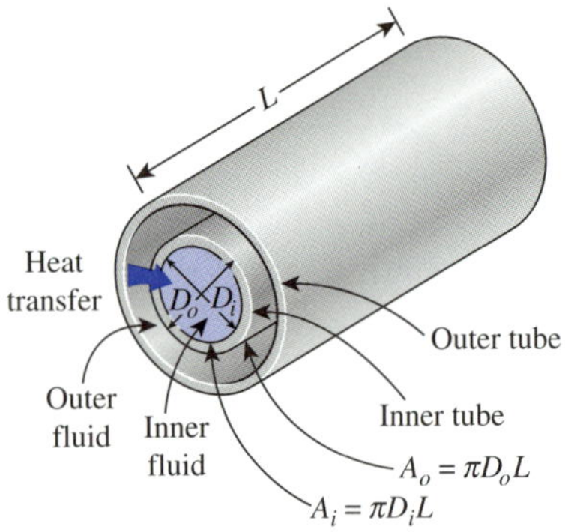

그림 9–8

이중관 열교환기와 관련된 두 열전달 면적 (얇은 관에서는 $D_i \approx D_o$이므로 $A_i \approx A_o$이다.)

있는 모든 열저항들을 하나의 저항 R로 조합하는 것이 편리하며, 두 유체 사이의 열전달률은 다음과 같이 표기할 수 있다.

$$\dot{Q} = \frac{\Delta T}{R} = UA_s \Delta T = U_i A_i \Delta T = U_o A_o \Delta T \quad \text{(9–3)}$$

여기서 U를 **총 열전달계수**(overall heat transfer coefficient)라 하며, 단위는 W/m²·K인데 이는 보통의 열전달계수 h의 단위와 같다. 식 (9−3)에서 ΔT를 소거하면, 다음과 같이 된다.

$$\frac{1}{UA_s} = \frac{1}{U_i A_i} = \frac{1}{U_o A_o} = R = \frac{1}{h_i A_i} + R_{\text{wall}} + \frac{1}{h_o A_o} \quad \text{(9–4)}$$

아마도 여러분은 왜 열교환기에서 두 개의 총 열전달계수 U_i와 U_o를 정의하는가에 대하여 의문을 가질 것이다. 그 이유는 모든 열교환기는 일반적으로 서로 같지 않은 두 개의 열교환 면적 A_i와 A_o를 갖기 때문이다.

만일 $U_i A_i = U_o A_o$라 하더라도 $A_i = A_o$가 아니면 $U_i \neq U_o$가 된다. 그러므로 열교환기의 총 열전달계수 U는 총 열전달계수를 기초로 하는 면적이 지정되지 않으면 의미가 없다. 이는 특히 한쪽 면은 휜이 없고 다른 쪽 면은 휜이 부착되어 있을 경우에 현저한데, 이는 휜 부착면의 면적이 그렇지 않은 면에 비해 몇 배나 크기 때문이다.

만일 보통의 경우처럼 관 벽의 두께가 얇고, 관 재료의 열전도도가 매우 높을 때에는 관의 열저항은 무시할 만하고($R_{\text{wall}} \approx 0$) 관의 내면적과 외면적은 거의 같다($A_i \approx A_o \approx A_s$). 그러면 총 열전달계수에 대한 식 (9−4)는 다음과 같이 간단해진다.

$$\frac{1}{U} \approx \frac{1}{h_i} + \frac{1}{h_o} \quad \text{(9–5)}$$

여기서 $U \approx U_i \approx U_o$이다. 관 내부와 외부에서 각각의 열전달계수 h_i와 h_o는 제6장의 내 · 외부 강제대류에서 논의했던 대류 관계식을 사용하여 결정한다.

식 (9−5)에서 총 열전달계수 U는, 큰 수의 역수는 작기 때문에 작은 열전달계수에 의해 지배된다. 만일 하나의 열전달계수가 다른 하나에 비해 **대단히 작다면** (이를테면 $h_i \gg h_o$), $1/h_i \gg 1/h_o$가 되고 따라서 $U \approx h_i$가 된다. 그러므로 작은 열전달계수는 열전달의 경로에 있어서 **병목**현상을 일으키게 되며, 열전달을 현저히 방해하게 된다. 이러한 상황은 하나의 유체가 기체이고, 다른 유체는 액체인 경우 흔히 나타난다. 그런 경우에 있어서 UA를 증가시키고 이에 따른 열전달을 촉진시키기 위해서 기체 측에 보통 휜을 부착한다.

대표적인 총 열전달계수의 값들이 표 9−1에 보여진다. 총 열전달계수 값의 범위는 대체로 기체−기체 열교환기의 경우 10 W/m²·K로부터 상변화를 포함하는 열교환기의 경우 10,000 W/m²·K이라는 사실이 주목할 만한 결과이지만, 기체의

표 9-1

열교환기에서 총 열전달계수의 대표적인 값들

Type of heat exchanger	U, W/m^2·K
Water-to-water	850–1700
Water-to-oil	100–350
Water-to-gasoline or kerosene	300–1000
Feedwater heaters	1000–8500
Steam-to-light fuel oil	200–400
Steam-to-heavy fuel oil	50–200
Steam condenser	1000–6000
Freon condenser (water cooled)	300–1000
Ammonia condenser (water cooled)	800–1400
Alcohol condensers (water cooled)	250–700
Gas-to-gas	10–40
Water-to-air in finned tubes (water in tubes)	30–60†
	400–850†
Steam-to-air in finned tubes (steam in tubes)	30–300†
	400–4000‡

†Based on air-side surface area.
‡Based on water- or steam-side surface area.

열전도도가 매우 낮고, 상변화 과정에서는 열전달계수가 매우 높기 때문에 이런 사실은 놀랄 일도 아니다.

관의 한 면에 열전달 촉진을 위해 **휜**을 부착하였다면, 휜 부착면에서의 총 열전달 면적은 다음과 같이 된다.

$$A_s = A_{\text{total}} = A_{\text{fin}} + A_{\text{unfinned}} \tag{9-6}$$

여기서 A_{fin}은 휜의 표면적이며, A_{unfinned}는 관 표면 중에서 휜이 부착되지 않은 면적이다. 높은 열전도도를 가진 짧은 휜의 경우에는 휜이 거의 등온이기 때문에 이 총면적을 대류 열저항 관계식 $R_{\text{conv}} = 1/hA_s$에 사용할 수 있다. 그렇지 않은 경우에는 다음과 같이 유효면적 A_s를 구해야 한다.

$$A_s = A_{\text{unfinned}} + \eta_{\text{fin}} A_{\text{fin}} \tag{9-7}$$

여기에서 η_{fin}은 휜효율(fin efficiency)로 제3장에서 논의되었던 상관관계식으로부터 구할 수 있다. 이 방법으로 휜의 길이에 따라 온도가 떨어지는 현상이 고려된다. 등온 휜에서는 $\eta_{\text{fin}} = 1$이 되고, 이 경우 식 (9-7)은 식 (9-6)이 됨을 주목하라. 또한 휜이 설치된 표면의 경우, 식 (9-4)에서 상관면적(A_i 혹은 A_o)은 식 (9-7)로부터 계산되어야 한다.

오염계수

열교환기의 성능은 보통 시간이 지남에 따라 저하된다. 성능저하의 주된 원인은 열전달 표면에 **침전물**(*deposit*)이 축적되기 때문이다. 침전물의 축적층은 열전달의 추가적인 저항을 의미하며, 열교환기에서 열전달률을 감소시킨다. 열전달에서 이러한 축적의 효과는 **오염계수**(fouling factor) R_f로 나타내는데, 이는 오염에 의해서 야기된 열저항의 척도이다.

오염의 가장 보편적인 형태는 유체 안에 있는 고체 석출물이 열전달 표면에 침전(*precipitation*)되는 것이다. 이런 형태의 오염은 가정에서도 관찰할 수 있다. 만일 오랫동안 쓰던 차 주전자의 내면을 조사해 보면 당신은 아마도 비등이 일어나는 표면에 칼슘 계통의 침전물을 볼 수 있을 것이다. 이러한 현상은 물이 경수인 지역에서 특히 심하다. 그런 침전물의 스케일은 긁어서 떨어뜨릴 수 있으며, 화학처리를 통해 세척할 수도 있다. 열교환기 안에 있는 가느다란 관의 내부 표면에 형성되는 광물성 침전물(그림 9-9)이 생겼다면, 그것이 유체의 통과면적과 열전달에 해로운 영향을 미칠 것이다. 이런 잠재적인 문제를 피하기 위해 발전소와 산업공정에서의 물은 시스템을 통해 순환시키기 전에 철저히 처리해서 물속에 함유된 고체 성분을 제거해야 한다. 공기 예열기의 표면에 축적되는 연소가스의 고체 재(ash) 입자도 유사한 문제를 일으킨다.

그림 9-9
과열기 관들 표면에서 재 입자의 침전 오염
(from Steam, Its Generation, and Use, Babcock and Wilcox Co., 1978)

화학 공정 산업에서 흔히 일어나는 오염의 또 다른 형태는 부식(*corrosion*)과 화학적 오염(*chemical fouling*)이다. 이 경우에 표면은 화학반응의 산물이 표면에 축적됨으로 인해 오염된다. 이 오염 형태는 유리로 금속관을 코팅하거나 금속관 대신에 플라스틱 관을 사용함으로써 피할 수 있다. 열교환기는 따뜻한 유체에서 자라는 조류에 의해서도 오염될 수 있다. 이 오염형태는 생물학적 오염(*biological fouling*)이라 하고 화학처리에 의해 방지할 수 있다.

오염이 생기기 쉬운 응용분야에 있어서는 오염 문제가 설계와 열교환기 선택 시에 반드시 고려되어야 한다. 그런 응용분야에서는 오염된 이후라 하더라도 열전달에 관한 요구 조건을 확실히 만족시키기 위해서는 보다 크고, 보다 비싼 열교환기를 선택하여야 한다. 열교환기의 주기적인 청소와 그에 따른 작업 중단은 오염과 관련된 또 하나의 부담이다.

오염계수는 새 열교환기에 있어서는 분명히 0이지만, 시간이 지남에 따라 고체 침전물이 표면에 형성되면서 증가한다. 오염계수는 운전기간뿐만 아니라 운전온도와 유체의 속도에 따라 다르다. 오염계수는 운전온도가 상승할수록, 그리고 유체의 속도가 낮아질수록 증가한다.

앞서 제시된 총 열전달계수 관계식은 깨끗한 표면에 대해 성립하며, 관의 내면과 외면의 오염에 대한 영향을 고려하기 위해서는 수정되어야 한다. 휜 없는 각-관 열교환기에서 총 열전달계수는 다음과 같이 표기할 수 있다.

$$\frac{1}{UA_s} = \frac{1}{U_iA_i} = \frac{1}{U_oA_o} = R = \frac{1}{h_iA_i} + \frac{R_{f,i}}{A_i} + \frac{\ln(D_o/D_i)}{2\pi kL} + \frac{R_{f,o}}{A_o} + \frac{1}{h_oA_o} \quad \textbf{(9-8)}$$

여기서 $R_{\mathrm{f,\,i}}$와 $R_{\mathrm{f,\,o}}$는 내면과 외면에서의 오염계수들이다.

오염계수의 대표적인 값들이 표 9-2에 주어진다. 보다 포괄적인 오염계수에 대한 표들은 오염계수 편람에서 얻을 수 있다. 여러분이 예상한 것처럼 그 값들에서는 불확실성이 커서 그 값들은 단지 오염이 열전달에 미치는 영향을 고려하여 열교환기를 선택하거나 평가하는 가이드로서만 사용되어야 한다. 그 표에서 가장 큰 오염계수는 10^{-4}(m^2·K/W)이고, 이는 단위표면적당 석회암을 0.2 mm 두께로 코팅한 열저항(k = 2.9 W/m·K)에 해당된다. 그러므로 열전달표면에 대한 특별한 오염자료가 없는 경우에는 오염효과를 계산하는 시작점으로 0.2 mm 두께의 석회암이 코팅된 표면으로 가정하여 계산할 수 있을 것이다.

표 9-2

대표적인 오염계수(오염에 의한 단위면적당 열저항)

Fluid	R_f, m^2·K/W
Distilled water, seawater, river water, boiler feedwater:	
Below 50°C	0.0001
Above 50°C	0.0002
Fuel oil	0.0009
Steam (oil-free)	0.0001
Refrigerants (liquid)	0.0002
Refrigerants (vapor)	0.0004
Alcohol vapors	0.0001
Air	0.0004

(*Source:* Tubular Exchange Manufacturers Association.)

예제 9-1 열교환기에서 총 열전달계수

뜨거운 기름이 이중관 대향유동 열교환기에서 냉각된다. 내관은 구리관으로 직경이 2 cm이며, 두께는 무시할 만하다. 외관(외각통)의 내경은 3 cm이다. 물은 내관에서 0.5 kg/s 율로 흐르며, 기름은 외관을 통해 0.8 kg/s의 율로 흐른다. 물과 기름의 평균온도를 각각 45°C와 80°C로 할 때, 이 열교환기의 총 열전달계수를 구하라.

풀이 뜨거운 기름이 이중관 대향유동 열교환기에 의해 냉각된다. 총 열전달계수를 결정하라.

가정 **1.** 관의 재질이 얇고 고전도체이므로 내관의 열저항을 무시한다. **2.** 기름과 물의 흐름은 완전 발달 영역으로 가정한다. **3.** 기름과 물의 물성값은 일정하다.

물성값 45°C에서 물성값(Table A-15)

$$\rho = 990.1 \text{ kg/m}^3 \qquad \text{Pr} = 3.91$$

$$k = 0.637 \text{ W/m·K} \qquad \nu = \mu/\rho = 0.602 \times 10^{-6} \text{ m}^2\text{/s}$$

80°C에서 기름의 물성값(Table A-19)

$$\rho = 852 \text{ kg/m}^3 \qquad \text{Pr} = 499.3$$

$$k = 0.138 \text{ W/m·K} \qquad \nu = 3.794 \times 10^{-5} \text{ m}^2\text{/s}$$

해석 해석 열교환기의 개략도를 그림 9-10에 제시하였다. 관의 재질이 높은 열전도도를 가지고 그 두께를 무시할 수 있기 때문에, 안쪽 관의 열저항을 무시할 수 있다. 따라서 총 열전달계수 U는 식 (9-5)로부터 다음과 같이 주어진다.

$$\frac{1}{U} \approx \frac{1}{h_i} + \frac{1}{h_o}$$

여기에서 h_i와 h_o는 각각 관 내면과 외면에서의 대류 열전달계수이며, 강제대류 관계식들을 이용하여 결정하게 된다.

지금부터 물에 대한 해석을 한다. 원관에 대한 수력직경은 원관의 직경 자체, 즉 $D_h = D$ = 0.02 m이다. 관 안에서의 물의 평균속도는

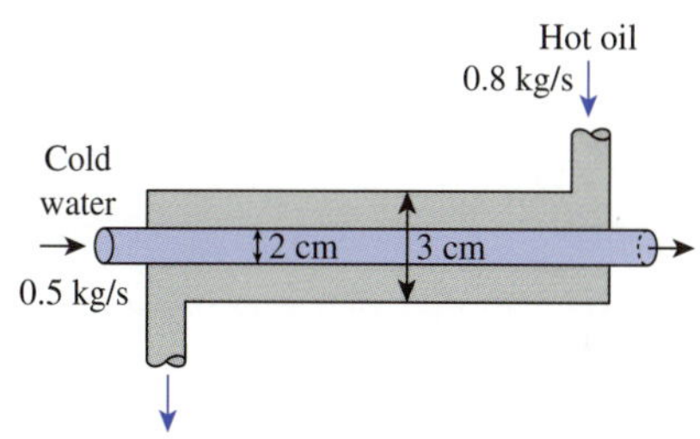

그림 9-10

예제 9-1의 개략도

$$V = \frac{\dot{m}}{\rho A_c} = \frac{\dot{m}}{\rho\left(\frac{1}{4}\pi D^2\right)} = \frac{0.5 \text{ kg/s}}{(990.1 \text{ kg/m}^3)\left[\frac{1}{4}\pi\,(0.02 \text{ m})^2\right]} = 1.61 \text{ m/s}$$

이고, Reynolds 수는

$$\text{Re} = \frac{VD}{\nu} = \frac{(1.61 \text{ m/s})(0.02 \text{ m})}{0.602 \times 10^{-6} \text{ m}^2\text{/s}} = 53{,}490$$

이 되는데, 이는 10,000보다 크다. 그러므로 물의 유동은 난류이다. 흐름이 완전 발달되었다고 하면, Nusselt 수는 다음과 같이 구할 수 있다.

$$\text{Nu} = \frac{hD}{k} = 0.023\,\text{Re}^{0.8}\text{Pr}^{0.4} = 0.023(53{,}490)^{0.8}(3.91)^{0.4} = 240.6$$

그러면

$$h = \frac{k}{D}\text{Nu} = \frac{0.637 \text{ W/m·K}}{0.02 \text{ m}}(240.6) = 7663 \text{ W/m}^2\text{·K}$$

다음은 위의 해석을 기름에 대해 다시 한다. 80°C에서 기름의 물성값은

$$\rho = 852 \text{ kg/m}^3 \qquad \nu = 37.5 \times 10^{-6} \text{ m}^2\text{/s}$$

$$k = 0.138 \text{ W/m·K} \qquad \text{Pr} = 490$$

이며, 환형 공간에 대한 수력직경은 다음과 같다.

$$D_h = D_o - D_i = 0.03 - 0.02 = 0.01 \text{ m}$$

이 경우에 있어서 평균속도는

$$V = \frac{\dot{m}}{\rho A_c} = \frac{\dot{m}}{\rho\left[\frac{1}{4}\pi(D_o^2 - D_i^2)\right]} = \frac{0.8 \text{ kg/s}}{(852 \text{ kg/m}^3)\left[\frac{1}{4}\pi(0.03^2 - 0.02^2)\right] \text{m}^2} = 2.39 \text{ m/s}$$

이며, Reynolds 수는

$$\text{Re} = \frac{VD}{\nu} = \frac{(2.39 \text{ m/s})(0.01 \text{ m})}{3.794 \times 10^{-5} \text{ m}^2\text{/s}} = 630$$

이 되는데, 이는 2300보다 작으므로 기름의 유동은 층류이다. 완전히 발달된 유동을 가정하면, 환형 공간에서 $D_i/D_o = 0.02/0.03 = 0.667$에 해당하는 관 표면의 Nusselt 수 Nui는 표 9-3으로부터 내삽법에 의해 다음과 같이 구할 수 있다.

$$\text{Nu} = 5.45$$

그리고

$$h_o = \frac{k}{D_h}\text{Nu} = \frac{0.138 \text{ W/m·K}}{0.01 \text{ m}}(5.45) = 75.2 \text{ W/m}^2\text{·K}$$

그러면 이 열교환기에 대한 총 열전달계수는 다음과 같이 된다.

$$U = \frac{1}{\dfrac{1}{h_i} + \dfrac{1}{h_o}} = \frac{1}{\dfrac{1}{7663 \text{ W/m}^2\text{·K}} + \dfrac{1}{75.2 \text{ W/m}^2\text{·K}}} = \mathbf{74.5 \text{ W/m}^2\text{·K}}$$

검토 이 경우에 있어서 $h_i \ll h_o$이기 때문에 $U \approx h_o$가 됨에 주목하라. 이는 앞서 열교환기에 있어서 총 열전달계수는 두 열전달계수의 차이가 크면 작은 열전달계수에 의해 지배를 받는다고 언급한 사실을 확인해 준다. 총 열전달계수를 개선시키고 이에 따라 열교환기 내의 열전달을 개선시키기 위해서는 기름 쪽에 휜을 다는 등 열전달 촉진책을 써야 한다.

표 9-3

한 면은 단열 다른 면은 등온인 환형이중관에서 유동이 완전 발달된 층류유동일 때 Nusselt 수(Kays and Perkins, 1972)

D_i/D_o	Nu_i	Nu_o
0.00	—	3.66
0.05	17.46	4.06
0.10	11.56	4.11
0.25	7.37	4.23
0.50	5.74	4.43
1.00	4.86	4.86

예제 9-2 총 열전달계수에서 오염 효과

이중관(각-관) 열교환기가 안의 스테인리스 관(k = 15.1 W/(m·K)의 내경이 D_i = 1.5 cm이고 외경이 D_o = 1.9 cm이며 바깥 관의 내경은 3.2 cm이다. 대류 열전달계수가 내면에서 h_i = 800 W/m²·K, 외면에서 h_o = 1,200 W/(m²·K)로 주어진다. 관측의 오염계수가 $R_{f,i}$ = 0.0004 m²·K/W, 외각통 측의 오염계수가 $R_{f,o}$ = 0.0001 m²·K/W일 때 (*a*) 단위길이당 열교환기의 열저항, (*b*) 관의 내면과 외면을 기준으로 한 총 열전달계수 U_i와 U_o를 구하라.

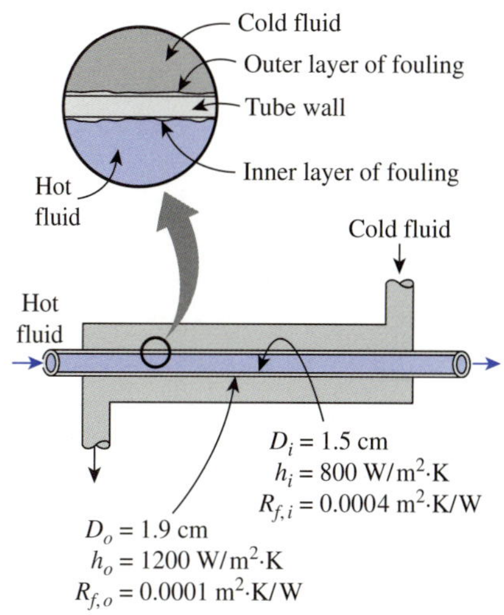

그림 9-11

예제 9-2의 개략도

풀이 열교환기 튜브와 셀 양 사이드의 오염계수와 열전달계수가 주어지면 내부, 외부 면적으로 기반으로 하는 열 저항과 총 열전달계수가 결정된다.

가정 오염계수와 열전달계수는 일정하여 균일하다.

해석 (*a*) 과제의 열교환기 개략도를 그림 9-11에 제시하였다. 양 표면이 오염된 휜 없는 각-관 열교환기의 열저항은 식 (9-8)로부터 다음과 같이 주어진다.

$$R = \frac{1}{UA_s} = \frac{1}{U_iA_i} = \frac{1}{U_oA_o} = \frac{1}{h_iA_i} + \frac{R_{f,i}}{A_i} + \frac{\ln(D_o/D_i)}{2\pi kL} + \frac{R_{f,o}}{A_o} + \frac{1}{h_oA_o}$$

여기서

$$A_i = \pi D_iL = \pi(0.015 \text{ m})(1 \text{ m}) = 0.0471 \text{ m}^2$$

$$A_o = \pi D_oL = \pi(0.019 \text{ m})(1 \text{ m}) = 0.0597 \text{ m}^2$$

이를 대입하면 총 열저항은 다음과 같이 결정된다.

$$\begin{aligned} R &= \frac{1}{(800 \text{ W/m}^2\cdot\text{K})(0.0471 \text{ m}^2)} + \frac{0.0004 \text{ m}^2\cdot\text{K/W}}{0.0471 \text{ m}^2} \\ &\quad + \frac{\ln(0.019/0.015)}{2\pi(15.1 \text{ W/m}\cdot\text{K})(1 \text{ m})} \\ &\quad + \frac{0.0001 \text{ m}^2\cdot\text{K/W}}{0.0597 \text{ m}^2} + \frac{1}{(1200 \text{ W/m}^2\cdot\text{K})(0.0597 \text{ m}^2)} \\ &= (0.02654 + 0.00849 + 0.0025 + 0.00168 + 0.01396)\text{K/W} \\ &= \mathbf{0.0532 \text{ K/W}} \end{aligned}$$

이 경우에 있어서 총 저항의 19%는 오염에 의한 것이며, 5%는 두 유체를 분리하는 강철관에 의한 것이다. 나머지 76%는 안쪽의 내면과 외면에서의 대류 저항에 의한 것이라는 것을 주목해야 한다.

(*b*) 총 열저항과 열전달 면적을 알면, 안의 관의 내면과 외면을 기준으로 하는 총 열전달계수는 식 (9-8)에 의해 구할 수 있다.

$$U_i = \frac{1}{RA_i} = \frac{1}{(0.0532 \text{ K/W})(0.0471 \text{ m}^2)} = \mathbf{399 \text{ W/m}^2\cdot\text{K}}$$

그리고

$$U_o = \frac{1}{RA_o} = \frac{1}{(0.0532 \text{ K/W})(0.0597 \text{ m}^2)} = \mathbf{315 \text{ W/m}^2\cdot\text{K}}$$

검토 이때는 관의 내면적과 외면적이 상당히 다르기 때문에 두 총 열전달계수도 상당히 (27%) 다르다. 관이 두께가 무시할 만하면, 두 총 열전달계수의 차이도 무시할 만해질 것이다.

9-3 ▪ 열교환기의 해석

열교환기는 현장에 보편적으로 사용되고 있는 기기이기 때문에, 엔지니어들은 종종 질량유동이 알려져 있는 경우에는 **특정 온도변화**를 달성할 수 있는 **열교환기를 선택**해야만 하거나, 어떤 **열교환기**에서는 고온유체와 저온유체의 출구온도를 예측해야 하는 위치에 있는 자신을 발견할 것이다.

다음 절에서 우리는 열교환기의 해석에 사용되는 두 가지 방법들에 대해 논의할 것이다. 이들 중에 **대수평균온도차법**은 앞서 얘기한 전자의 경우에 적당하며, **유용도**(*effetiveness*)-NTU법은 후자의 경우에 적합하다. 그러나 우리는 먼저 열교환기에서 일반적으로 고려하는 몇 가지 사항을 제시하고자 한다.

열교환기는 보통 오랜 기간 동안 작동 조건이 변하지 않고 운전된다. 그러므로 그들은 **정상상태의 장치**라 할 수 있다. 그런 경우에 질량유량은 일정하게 유지하며, 입구나 출구에서의 온도나 속도 등 유체의 성질들이 일정하게 유지된다. 일반적으로 유체의 비열은 온도에 따라 변하지만, 지정된 온도 범위 내에서 정밀도의 손실이 거의 없이 어떤 평균값에서의 상수로 취급할 수 있다. 관을 따라 흐르는 축방향 열전도는 보통 중요하지 않고, 무시할 수 있다고 생각할 수 있다. 마지막으로 열교환기의 외부표면은 **완전하게 단열**되어 있으며 두 유체 사이의 열전달이 유일한 열전달이라 가정하는 것이다.

위에서 언급한 이상화한 상태는 실제에 있어서도 잘 맞으며, 정밀도의 큰 희생 없이 열교환기의 해석을 크게 단순화시키기 때문에 열교환기 해석에서 보편적으로 사용하고 있다. 이러한 가정들하에서 **열역학 제1법칙**에 의하면 고온유체로부터의 열전달은 저온유체로의 열전달과 같다. 즉,

$$\dot{Q} = \dot{m}c_{pc}(T_{c,\,\text{out}} - T_{c,\,\text{in}}) \tag{9–9}$$

$$\dot{Q} = \dot{m}_h c_{ph}(T_{h,\,\text{in}} - T_{h,\,\text{out}}) \tag{9–10}$$

여기서 하첨자 c와 h는 각각 저온유체와 고온유체를 의미하며, 표기의 의미는 다음과 같다.

$$\dot{m}_c,\, \dot{m}_h = \text{질량유량}$$
$$c_{pc},\, c_{ph} = \text{비열}$$
$$T_{c,\,\text{out}},\, T_{h,\,\text{out}} = \text{입구온도}$$
$$T_{c,\,\text{in}},\, T_{h,\,\text{in}} = \text{출구온도}$$

열전달률 $\dot{Q}$는 양의 값으로 취급하는 것을 주의해야 한다. $\dot{Q}$의 방향성은 열역학 제2법칙에 따라 고온에서 저온 방향인 것으로 이해한다.

열교환기 해석에 있어서 질량유동과 유체의 비열을 곱하여 하나의 양으로 조합하는 것이 때로는 편리하다. 이 양은 **열용량률**(heat capacity rate)이라 부르며, 다

음과 같이 정의한다.

$$C_h = \dot{m}_h c_{ph} \quad \text{and} \quad C_c = \dot{m}_c c_{pc} \tag{9-11}$$

유체유동의 열용량률은 유체가 열교환기를 흐르는 동안 유체의 온도를 1℃ 변화시키기 위해 필요한 열전달률을 나타낸다. 열교환기에 있어서 열용량률이 큰 유체는 작은 온도변화를 겪고, 열용량률이 작은 유체는 큰 온도변화를 겪는다. 그러므로 다른 것은 그대로 두고 질량유동만 두 배로 하면, 그 유체의 온도변화는 절반이 될 것이다.

위와 같은 열용량률의 정의를 이용하면 식 (9-9)와 식 (9-10)은 다음과 같이 쓸 수 있다.

$$\dot{Q} = C_c(T_{c,\text{ out}} - T_{c,\text{ in}}) \tag{9-12}$$

$$\dot{Q} = C_h(T_{h,\text{ in}} - T_{h,\text{ out}}) \tag{9-13}$$

즉 열교환기에 있어서 열전달률은 유체의 열용량률과 그 유체의 온도변화와의 곱과 같다. 저온유체가 상승한 온도와 고온유체가 하강한 온도가 같을 수 있는 유일한 경우는 두 유체의 열용량률이 서로 같을 때이다(그림 9-12).

실제로 많이 사용되고 있는 열교환기의 특별한 두 가지 형태는 응축기와 보일러이다. 응축기나 보일러에서는 한 유체가 열전달 과정에서 상변화를 겪게 되고, 상변화에 대한 열전달률은 다음과 같이 표현된다.

$$\dot{Q} = \dot{m}h_{fg} \tag{9-14}$$

여기서 $\dot{m}$는 유체의 응축률이나 증발률이고, h_{fg}는 주어진 온도나 압력에서 유체의 증발 엔탈피이다.

보통의 유체는 그림 9-13에서 보는 것처럼 상변화 과정 동안 기본적으로 일정한 온도에서 많은 양의 열을 흡수하거나 방출할 수 있다. 상변화 과정 동안 유체의 열용량률은 온도변화가 실제적으로 0이기 때문에 무한대에 가까워진다. 즉 $\dot{Q} = \dot{m}c_p\,\Delta T$가 유한하기 위해서는, $\Delta T \to 0$일 때 $C = \dot{m}c_p \to \infty$가 되어야 한다. 그러므로 열교환기 해석에 있어서 응축하거나 비등하는 유체는 열용량률이 무한대인 유체로 편리하게 모델링할 수 있다.

열교환기에 있어서 열전달률은 Newton의 냉각법칙과 비슷한 방법으로 다음과 같이 쓸 수 있다.

$$\dot{Q} = UA_s\,\Delta T_m \tag{9-15}$$

여기에서 U는 총 열전달계수이고, A_s는 열전달 면적, 그리고 ΔT_m은 두 유체 사이의 적당한 평균온도차이다. 여기서 표면적 A_s는 열교환기의 규격을 사용하면 정확하게 구할 수 있다. 그렇지만 총 열전달계수 U와 그리고 고온유체와 저온유체 사

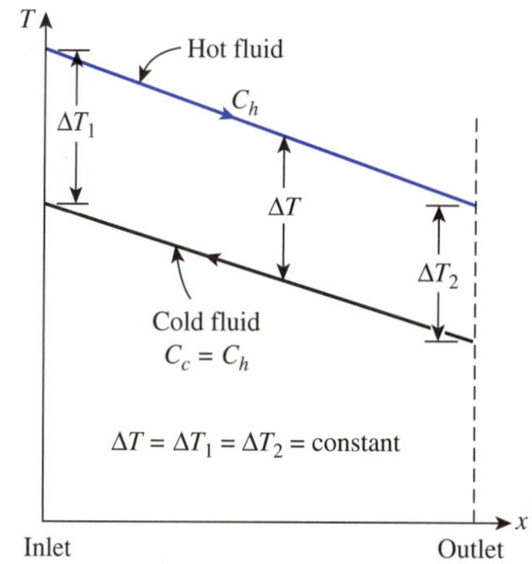

그림 9-12

단열이 잘된 열교환기에서 두 유체의 질량유량과 비열이 같으면, 온도 변화도 같다.

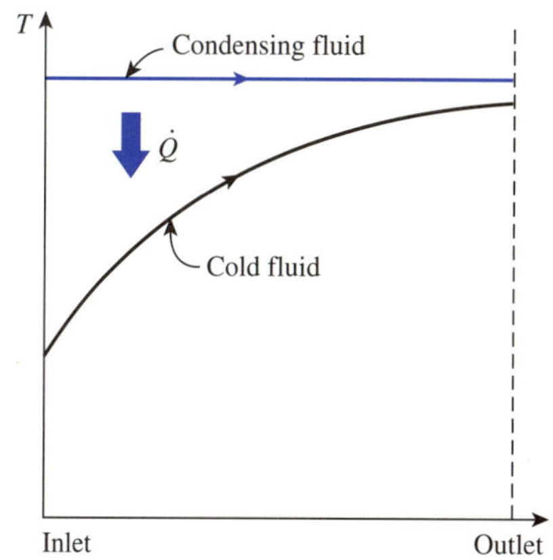

(*a*) Condenser ($C_h \to \infty$)

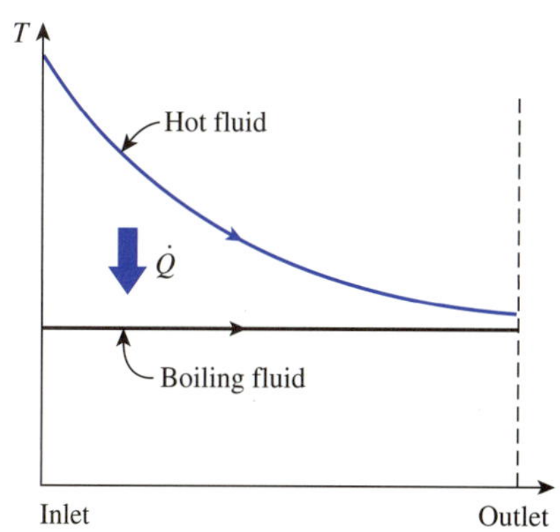

(*b*) Boiler ($C_c \to \infty$)

그림 9-13

한 유체가 응축 또는 비등하는 열교환기에서 유체온도의 변화

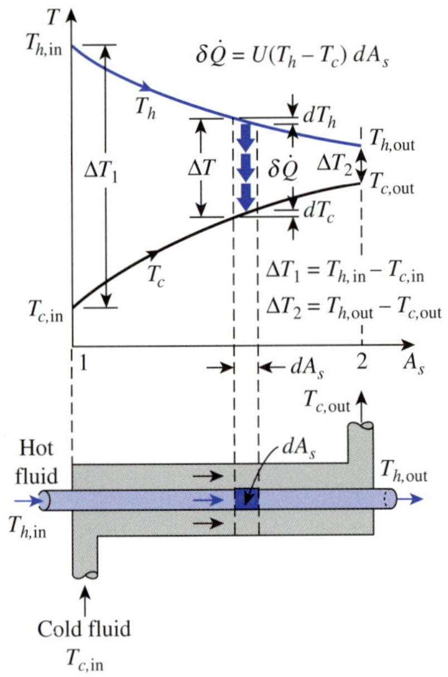

그림 9-14

평행유동 이중관 열교환기에 있어서 유체온도의 변화

이의 평균온도차인 ΔT는 일반적으로 상수는 아니며 열교환기 내에서의 위치에 따라 변한다.

총 열전달계수의 평균값은 앞 절에서 기술한 바와 같이 각 유체의 평균 대류 열전달계수를 이용하여 결정할 수 있다. 두 유체 사이의 평균온도차의 적절한 형태는 **대수적**(*logarithmic*)이라는 것이 밝혀졌고, 그 확정 방법은 9-4절에 제시한다. 평균온도차(ΔT_m)는 열교환기의 유동배열과 그 구조의 형태에 달려있다는 것을 주목해야 한다.

9-4 ▪ 대수평균온도차법

앞서 우리는 고온유체와 저온유체 사이의 온도차는 열교환기에서의 위치에 따라 변하며, 다음과 같은 열전달식에서 **평균온도차**(*mean temperature difference*) ΔT_m을 사용하면 편리하다고 언급한 바 있다.

$$\dot{Q} = UA_s\, \Delta T_m$$

두 유체 사이의 등가 평균온도차에 대한 관계를 유도하기 위해서, 그림 9-14에서 보는 바와 같이 **평행유동 이중관** 열교환기(*parallel-flow double-pipe* heat exchanger)를 생각한다. 고온유체와 저온유체와의 온도차 ΔT는 열교환기의 입구에서 크고, 출구로 갈수록 지수적으로 감소한다. 예상한대로 열교환기를 길이 방향에 따라서 고온유체의 온도는 감소하고, 저온유체의 온도는 증가하지만, 아무리 열교환기가 길어진다 하더라도 저온유체의 온도는 고온유체의 온도를 결코 넘을 수 없다.

열교환기의 외부 표면의 단열이 잘 되어서 열전달은 유체 사이에서만 일어난다고 가정하고 운동에너지나 위치에너지의 변화를 무시하면, 열교환기의 미소 부분에 있는 각 유체 사이의 에너지 균형은 다음과 같이 표현할 수 있다.

$$\delta\dot{Q} = -\dot{m}_h c_{ph}\, dT_h \tag{9-16}$$

그리고

$$\delta\dot{Q} = \dot{m}_c c_{pc}\, dT_c \tag{9-17}$$

즉 열교환기의 어떤 부분에 있는 고온유체의 열손실률은 그 부분에 있는 저온유체가 얻는 열전달률과 같다. 고온유체의 온도변화는 음의 값이므로, 식 (9-16)에서 열전달률을 양의 값으로 만들어주기 위해서 음의 부호가 추가되었다. 위의 식들을 dT_h와 dT_c에 대해 풀면 다음과 같다.

$$dT_h = -\frac{\delta\dot{Q}}{\dot{m}_h c_{ph}} \tag{9-18}$$

그리고

$$dT_c = \frac{\delta \dot{Q}}{\dot{m}_c c_{pc}} \tag{9-19}$$

이들의 차를 구하면 다음과 같아진다.

$$dT_h - dT_c = d(T_h - T_c) = -\delta \dot{Q} \left(\frac{1}{\dot{m}_h c_{ph}} + \frac{1}{\dot{m}_c c_{pc}} \right) \tag{9-20}$$

열교환기의 미소 부분에서의 열전달률은 또한 다음과 같이 쓸 수 있다.

$$\delta \dot{Q} = U(T_h - T_c)\, dA_s \tag{9-21}$$

이 식을 식 (9-20)에 대입하고 재정리하면 다음과 같다.

$$\frac{d(T_h - T_c)}{T_h - T_c} = -U\, dA_s \left(\frac{1}{\dot{m}_h c_{ph}} + \frac{1}{\dot{m}_c c_{pc}} \right) \tag{9-22}$$

열교환기의 입구부터 출구까지 적분하면 다음을 얻는다.

$$\ln \frac{T_{h,\text{ out}} - T_{c,\text{ out}}}{T_{h,\text{ in}} - T_{c,\text{ in}}} = -UA_s \left(\frac{1}{\dot{m}_h c_{ph}} + \frac{1}{\dot{m}_c c_{pc}} \right) \tag{9-23}$$

마지막으로 식 (9-9)와 식 (9-10)를 $\dot{m}_c c_{pc}$와 $\dot{m}_h c_{ph}$에 대해 풀고 식 (9-23)에 대입한 다음 약간의 정리를 하면 다음과 같다.

$$\dot{Q} = UA_s\, \Delta T_{\text{lm}} \tag{9-24}$$

여기서

$$\Delta T_{\text{lm}} = \frac{\Delta T_1 - \Delta T_2}{\ln (\Delta T_1/\Delta T_2)} \tag{9-25}$$

ΔT_{lm}을 **대수평균온도차**이라 하며, 열교환기의 해석에 사용되는 평균온도차로서 적당한 형태이다. 여기에서 ΔT_1과 ΔT_2는 열교환기의 양 끝(입구와 출구)에서 고온과 저온유체 사이의 온도차이다. 열교환기의 어느 쪽 끝이 입구 또는 출구냐 하는 것은 차이가 없다(그림 9-15). 식 (9-24)와 (9-25)는 끝점의 온도차들이 적절하게 정의된 열교환기들이라면 그 어떤 열교환기들이라도 적합한 식이라는 것에 주목할 필요가 있다. 이후 볼 수 있듯이 다통로와 직교유동 열교환기들은 대수평균온도차가 수정계수에 의해 수정되어진다.

두 유체 사이의 온도차는 입구에서의 ΔT_1으로부터 출구에서의 ΔT_2까지 감소한다. 그러므로 평균온도차로서 산술평균온도 $\Delta T_{\text{am}} = \frac{1}{2}(\Delta T_1 + \Delta T_2)$를 쓸 수 있다. 대수평균온도차 ΔT_{lm}은 열교환기를 따라 유체의 실제 온도차를 추적해서 얻어진 것이므로, 고온과 저온유체 사이의 평균온도차(*average temperature difference*)에 대한 엄밀한 표현이다. 그것은 실제로 국소 온도차의 지수적인 감소를 반영한다.

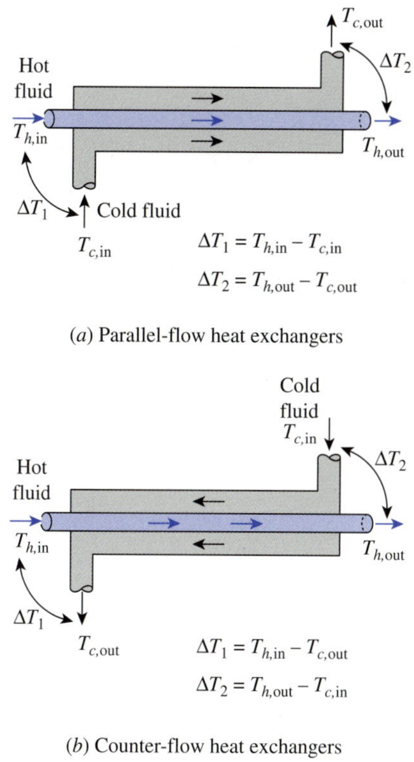

그림 9-15
평행유동과 대향유동 열교환기에 있어서 ΔT_1과 ΔT_1의 표현

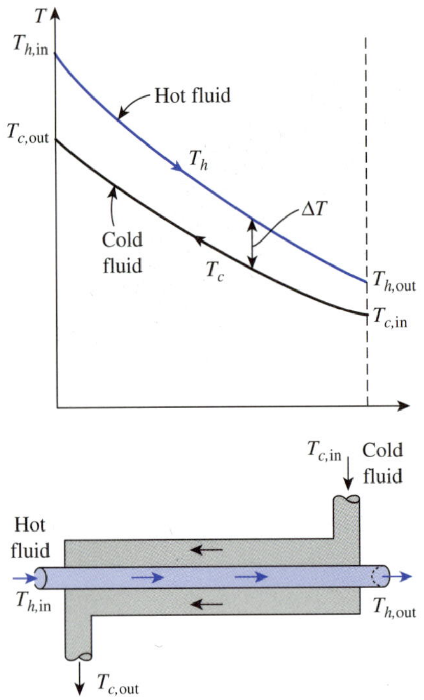

그림 9–16
대향유동 이중관 열교환기에 있어서 유체 온도의 변화

ΔT_{lm}은 언제나 ΔT_{am}보다 작다는 사실에 주의해야 한다. 그러므로 ΔT_{am}을 ΔT_{lm} 대신에 사용하는 것은 열교환기 안에서 두 유체 사이의 열전달률을 과대평가하는 것이다. ΔT_1이 ΔT_2에 비해 40% 이상 차이가 나지 않으면, 산술평균온도차(arithmetic mean temperture difference)를 사용하는 것에 대한 오차는 1% 미만이다. 그러나 그 오차는 ΔT_1와 ΔT_2의 차이가 커질수록 바람직하지 못한 수준으로 증가한다. 그러므로 우리는 열교환기에서 열전달률을 결정할 때에는 언제나 **대수평균온도차**를 사용해야만 한다.

대향유동 열교환기

대향유동 열교환기에 있어서 고온유체와 저온유체의 온도변화는 그림 9–16과 같다. 고온유체와 저온유체가 서로 반대쪽 끝에서 들어가고, 이 경우에 있어서 **저온유체**의 출구온도는 **고온유체**의 출구온도를 초과할 수 있다는 사실에 주목해야 한다. 극한의 경우로 저온유체는 고온유체의 입구온도까지 가열될 수 있다. 그러나 저온유체의 출구온도는 결코 고온유체의 입구온도를 초과할 수 **없는**데, 만약 초과한다면 열역학 제2법칙을 위배하기 때문이다.

위의 대수평균온도차의 관계는 평행유동 열교환기를 사용하여 유도되었지만, 우리는 대향유동 열교환기에 사용할 수 있도록 위의 해석을 대향유동 열교환기에 대해 반복할 수 있다. 그러나 이때에 ΔT_1과 ΔT_2는 그림 9–15와 같이 표현된다.

주어진 입구온도와 출구온도에 대해 대향유동 열교환기에 대한 대수평균온도차는 평행유동 열교환기의 경우에 비해 언제나 크다. 즉 $\Delta T_{lm,\ CF} > \Delta T_{lm,\ PF}$이며, 그래서 대향유동 열교환기에 있어서 주어진 열전달을 달성하기 위해서 평행유동 열교환기보다 작은 표면적(그래서 보다 작은 열교환기)이 필요하다. 그러므로 열교환기에 있어서 대향유동 배열을 하는 것이 실용적이다.

대향유동 열교환기에 있어서 만일 두 유체의 **열용량률**(*heat capacity rate*)이 같다면, 고온유체와 저온유체의 온도차는 **일정**하게 유지된다(즉 $C_h = C_c$ 또는 $\dot{m}_h c_{ph} = \dot{m}_c c_{pc}$일 때 $\Delta T =$ 일정). 그러면 $\Delta T_1 = \Delta\ T_2$가 되고, 위의 대수평균온도차 관계는 $\Delta T_{lm} = 0/0$이 되어 부정형이 된다. 이 경우에 있어서 l'Hôpital's의 법칙을 적용하면 기대한 대로 $\Delta T_{lm} = \Delta T_1 = \Delta T_2$의 결과를 얻는다.

어떤 **응축기**(*condensor*)나 **보일러**(*boiler*)에서는 두 가지 방향의 분석 결과가 같기 때문에 평행유동 열교환기나 대향유동 열교환기의 어느 쪽으로도 생각할 수 있다.

다통로 및 직교유동 열교환기들: 수정계수의 사용

이미 유도한 대수평균온도차 ΔT_{lm}의 관계식은 평행유동과 대향유동 열교환기에 국한된다. 비슷한 관계식들이 **직교유동**이나 **다통로** 각–관 열교환기들에 대해 유도될 수 있으나, 복잡한 유동 조건 때문에 결과 식은 너무 복잡하다.

이런 경우에는 다음과 같이 대향유동에 대한 대수평균온도차에 상당하는 온도차를 정의하는 것이 편리하다.

$$\Delta T_{\text{lm}} = F\,\Delta T_{\text{lm, CF}} \tag{9-26}$$

여기서 F는 **수정계수**(correction factor)이며, 그 값은 열교환기의 기하학적 형상과 고온 및 저온유체의 입출구온도에 의존한다. $\Delta T_{\text{lm, CF}}$는 $\Delta T_1 = T_{\text{h, in}} - T_{\text{c, out}}$과 $\Delta T_2 = T_{\text{h, out}} - T_{\text{c, in}}$으로 취한 식 (9-25)로 결정되는 대향유동 열교환기 경우에 대한 대수평균온도차이다(그림 9-17).

이용한 열전달률의 결정 직교유동이나 다통로 각-관 열교환기에 있어서 수정계수는 1보다 작다. 즉 $F \le 1$이다. $F = 1$인 극한의 경우는 대향유동 열교환기에 해당한다. 즉 열교환기의 수정계수 F는 대향유동의 경우에 상당하는 값 ΔT_m과의 편차에 대한 척도이다.

보통의 직교유동이나 각-관 열교환기에 대한 수정계수는 다음과 같이 정의되는 두 온도비 P와 R 관계를 사용한 그래프들에서 선정할 수 있으며, 그 그래프들을 그림 9-18에 제시하였다.

$$P = \frac{t_2 - t_1}{T_1 - t_1} \tag{9-27}$$

그리고

$$R = \frac{T_1 - T_2}{t_2 - t_1} = \frac{(\dot{m}c_p)_{\text{tube side}}}{(\dot{m}c_p)_{\text{shell side}}} \tag{9-28}$$

여기에서 하첨자 1과 2는 각각 입구와 출구를 나타낸다. 각-관 열교환기에 대해서 T와 t는 수정계수 차트에서 보인 것처럼 각각 외각통 측과 관 측의 온도를 나타낸다. 고온유체나 저온유체가 외각통 측을 흐르는가? 관측을 흐르는가? 하는 것은 차이가 없다. 수정계수 F를 결정하기 위해서는 고온유체와 저온유체의 입구 및 출구의 온도를 알아야 한다.

P 값의 범위는 0부터 1까지라는 사실에 주목하라. 이에 비해 R 값은 0부터 무한대까지인데, $R = 0$은 외각통 측의 상변화(응축이나 비등)에 해당하고, $R \to \infty$는 관측에서의 상변화에 해당한다. 이 두 극한의 경우에는 수정계수가 $F = 1$이다. 그러므로, 열교환기의 형상과 관계없이 응축기 혹은 보일러에 대한 수정계수는 $F = 1$이다.

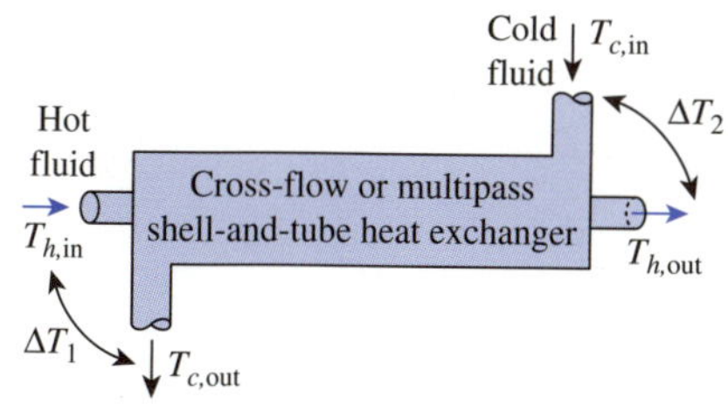

Heat transfer rate:

$$\dot{Q} = UA_s F \Delta T_{\text{lm,CF}}$$

where $\Delta T_{\text{lm,CF}} = \dfrac{\Delta T_1 - \Delta T_2}{\ln(\Delta T_1/\Delta T_2)}$

$\Delta T_1 = T_{h,\text{in}} - T_{c,\text{out}}$

$\Delta T_2 = T_{h,\text{out}} - T_{c,\text{in}}$

and $F = \ldots$ (Fig. 22–18)

그림 9-17

직교유동 및 다통로 각-관 열교환기에서 수정계수를 이용한 열전달률의 결정

예제 9-3 응축기에서 증기의 응축

증기발전소의 응축기 안의 수증기는 근처 호수로부터의 냉각수로 30°C에서 응축되는데, 냉각수는 응축기의 관에 14°C로 들어와서 22°C로 나간다. 관의 표면적은 45 m^2이고 총 열전달계수는 2,100 W/m^2·K이다. 필요한 냉각수의 질량유량을 구하고, 응축기 안에서 수증기의 응축률을 구하라.

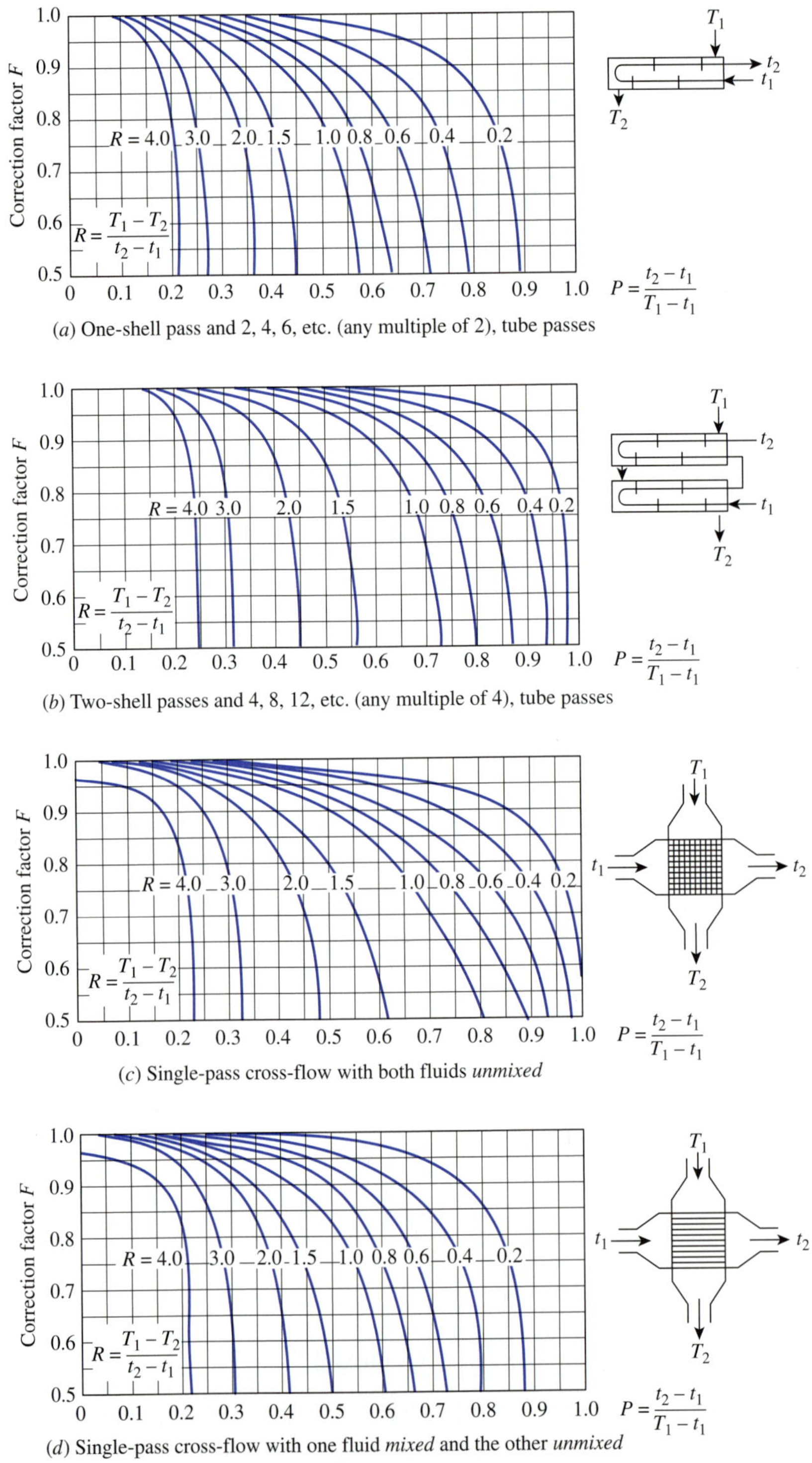

(*a*) One-shell pass and 2, 4, 6, etc. (any multiple of 2), tube passes

(*b*) Two-shell passes and 4, 8, 12, etc. (any multiple of 4), tube passes

(*c*) Single-pass cross-flow with both fluids *unmixed*

(*d*) Single-pass cross-flow with one fluid *mixed* and the other *unmixed*

그림 9–18

보통의 각-관 열교환기와 직교유동 열교환기에 대한 수정계수 F의 차트

풀이 증기는 발전기의 응축기에서 냉각수에 의해 응축된다면 냉각수의 질량유량과 응축률이 결정된다.

가정 **1.** 출구는 정상 작동 조건이다. **2.** 열교환기에서 주위의 열손실은 없다. **3.** 유동증기의 운동에너지, 위치에너지 변화는 무시한다. **4.** 오염은 없다. **5.** 유체 물성값은 일정하다.

물성값 30°C에서 물의 증발열 h_{fg} = 2,431 kJ/kg이고, 평균온도 18°C에서 냉각수의 비열 c_p = 4,184 J/kg·K(Table A-15)이다.

해석 그림 9-19은 응축기의 개략도이다. 응축기가 잘 단열되어 있다면 증기로부터 열전달은 냉각수로의 열전달과 같다. 응축기는 한 유체(수증기)의 온도가 일정하게 유지되기 때문에 대향유동 열교환기로 취급할 수 있다.

응축기의 양 끝에 있어서 수증기와 냉각수의 온도차는 다음과 같다.

$$\Delta T_1 = T_{h,\text{ in}} - T_{c,\text{ out}} = (30 - 22)°\text{C} = 8°\text{C}$$

$$\Delta T_2 = T_{h,\text{ out}} - T_{c,\text{ in}} = (30 - 14)°\text{C} = 16°\text{C}$$

즉 두 유체 사이의 온도차는 한 끝의 8°C에서 다른 끝의 16°C까지 변한다. 두 유체 사이의 대수평균온도차(산술평균이 아님)는 다음과 같이 정해진다.

$$\Delta T_{\text{lm}} = \frac{\Delta T_1 - \Delta T_2}{\ln(\Delta T_1/\Delta T_2)} = \frac{8 - 16}{\ln(8/16)} = 11.5°\text{C}$$

산술평균온도차 $\frac{1}{2}$(8 + 16)/2 = 12°C보다 약간 작다. 그러면 응축기에서의 열전달은 다음과 같다.

$$\dot{Q} = UA_s\,\Delta T_{\text{lm}} = (2{,}100\text{ W/m}^2\cdot\text{K})(45\text{ m}^2)(11.5°\text{C}) = 1.087 \times 10^6\text{ W} = 1{,}087\text{ kW}$$

그러므로 수증기는 응축기를 통해 흐르면서 1087 kW의 율로 열을 잃을 것이며, 냉각수는 응축기가 단열이 잘 되어 있으므로 그 열 전부를 얻을 것이다.

냉각수의 질량유량과 수증기의 응축률은 $\dot{Q} = [\dot{m}C_pT_{\text{out}} - T_{\text{in}})]_{\text{cooling water}} = (\dot{m}h_{fg})_{\text{steam}}$ 이고, 이러한 관계로부터 다음과 같이 얻을 수 있다.

$$\dot{m}_{\text{cooling water}} = \frac{\dot{Q}}{c_p(T_{\text{out}} - T_{\text{in}})} = \frac{1{,}087\text{ kJ/s}}{(4.184\text{ kJ/kg}\cdot\text{K})(22 - 14)°\text{C}} = \mathbf{32.5\ kg/s}$$

그리고

$$\dot{m}_{\text{steam}} = \frac{\dot{Q}}{h_{fg}} = \frac{1{,}087\text{ kJ/s}}{2{,}431\text{ kJ/kg}} = \mathbf{0.45\ kg/s}$$

그러므로 응축 과정 동안 열을 방출시키기 위해서 응축하는 수증기 1 kg당 72 kg의 냉각수를 순환시킬 필요가 있다.

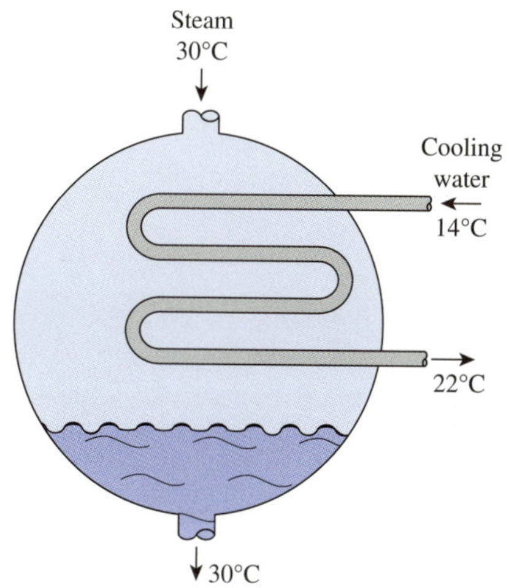

그림 9-19
예제 9-3의 개략도

예제 9-4 **대향류 열교환기에서 물의 가열**

물의 질량유동이 1.2 kg/s이고 온도가 20°C에서 80°C까지 가열되는 이중관 대향유동 열교환기가 있다. 가열수단은 질량유동이 2kg/s이고 온도가 160°C인 지열수(geothermal water)에 의해 이루어진다. 내부관은 얇고, 내경은 1.5 cm이다. 열교환기의 총 열전달계수는 640 W/m²·K라면, 요구되는 가열 조건을 만족할 수 있는 열교환기의 길이를 결정하라.

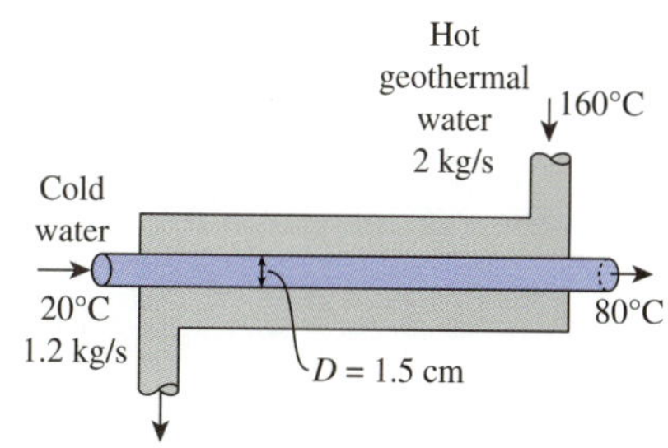

그림 9-20
예제 9-4의 개략도

풀이 대향유동 이중관 열교환기에 있는 물은 지열에 의해 가열된다. 요구하는 열교환기의 길이를 결정한다.

가정 **1.** 출구는 정상 작동 조건이다. **2.** 열교환기에서 주위로의 열손실은 없다. **3.** 유동증기의 운동에너지, 위치에너지 변화는 무시한다. **4.** 오염은 없다. **5.** 유체 물성값은 일정하다.

물성값 지열 유체의 비열: 4.31 kJ/kg·K, 물의 비열: 4.18 kJ/kg·K

해석 해석 열교환기의 개략도를 그림 9-20과 같이 제시할 수 있다. 열교환기가 잘 단열되어 있다고 가정하면 주위로의 열손실은 무시할 수 있고 지열수의 열전달량은 물로의 열전달량과 같다. 따라서 열교환기의 열전달률은 다음으로부터 구해진다.

$$\dot{Q} = [\dot{m}c_p(T_{\text{out}} - T_{\text{in}})]_{\text{water}} = (1.2\text{ kg/s})(4.18\text{ kJ/kg·K})(80 - 20)°\text{C} = 301\text{ kW}$$

이 열의 전부가 지열로부터 공급되었으므로, 지열수의 출구온도는 다음과 같이 정해진다.

$$\dot{Q} = [\dot{m}c_p(T_{\text{in}} - T_{\text{out}})]_{\text{geothermal}} \longrightarrow T_{\text{out}} = T_{\text{in}} - \frac{\dot{Q}}{\dot{m}c_p}$$

$$= 160°\text{C} - \frac{301\text{ kW}}{(2\text{ kg/s})(4.31\text{ kJ/kg·K})}$$

$$= 125°\text{C}$$

두 유체의 입구와 출구온도를 알고 있기 때문에 이 대향유동 열교환기의 대수평균온도차는 다음과 같이 된다.

$$\Delta T_1 = T_{h,\text{ in}} - T_{c,\text{ out}} = (160 - 80)°\text{C} = 80°\text{C}$$

$$\Delta T_2 = T_{h,\text{ out}} - T_{c,\text{ in}} = (125 - 20)°\text{C} = 105°\text{C}$$

$$\Delta T_{\text{lm}} = \frac{\Delta T_1 - \Delta T_2}{\ln(\Delta T_1/\Delta T_2)} = \frac{80 - 105}{\ln(80/105)} = 91.9°\text{C}$$

그러면 열교환기 표면적은 다음과 같이 정해진다.

$$\dot{Q} = UA_s\,\Delta T_{\text{lm}} \longrightarrow A_s = \frac{\dot{Q}}{U\,\Delta T_{\text{lm}}} = \frac{301{,}000\text{ W}}{(640\text{ W/m}^2\text{·K})(91.9°\text{C})} = 5.12\text{ m}^2$$

이만큼의 열전달 면적을 얻기 위해서 관의 길이는 다음과 같아야만 한다.

$$A_s = \pi DL \longrightarrow L = \frac{A_s}{\pi D} = \frac{5.12\text{ m}^2}{\pi(0.015\text{ m})} = \mathbf{109\text{ m}}$$

검토 이 대향유동 열교환기의 내관은 (그리고 열교환기 자체는) 원하는 열전달을 이루기 위해서 100 m가 넘게 필요한데, 이는 비실용적이다. 이와 같은 경우에는 평판형 열교환기나 다통로 각-관 열교환기의 사용이 필요하다.

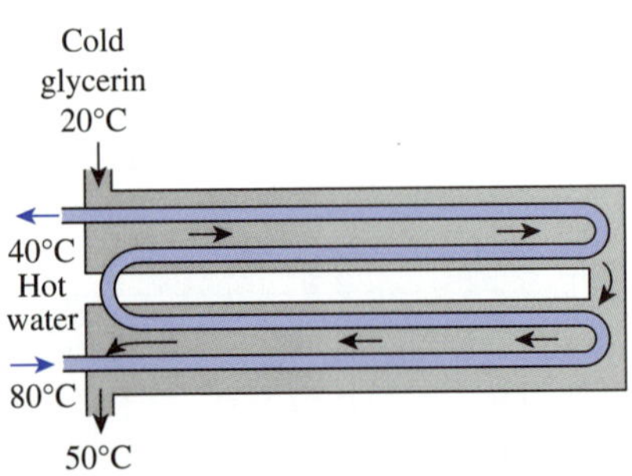

그림 9-21
예제 9-5의 개략도

예제 9-5 다중열교환기에서 글리세린 가열

2각-4관 통로 열교환기가 뜨거운 물을 이용하여 글리세린을 20°C에서 50°C로 가열시키는 데 이용되는데, 물은 직경 2 cm의 얇은 관에 80°C로 들어가서 40°C로 나온다(그림 9-21). 열교환기에 있어서 관의 총 길이는 60 m이다. 대류 열전달계수는 글리세린(외각통) 측에서 25 $\text{W/m}^2\text{·K}$이고, 물(관) 측에서 160 $\text{W/m}^2\text{·K}$이다. 열교환기에서 (*a*) 오염이 일어나기 전과, (*b*)관의 바깥 표면이 오염계수 0.0006 $\text{m}^2\text{·K/W}$로 오염이 된 후에 열전달률을 구하라.

풀이 글리세린(glycerim)이 2각-4관 열교환기에서 뜨거운 물에 가열된다. 오염이 있는 경우와 없는 경우에 대하여 열전달률의 결정된다.

가정 **1.** 정상작동 조건이다. **2.** 열교환기에서 주위로의 열손실은 무시한다. **3.** 유동증기의 운동 및 위치에너지 변화는 무시한다. **4.** 열전달계수와 오염계수는 일정하게 균일하다. **5.** 내부관의 열저항은 무시한다(관은 얇고, 고전도체이다).

해석 관의 두께가 얇기 때문에 관의 내부 표면의 면적과 외부 표면의 면적이 같다고 하는 것이 타당하다. 그러면 이 열교환기의 열전달 면적은 다음과 같이 된다.

$$A_s = \pi DL = \pi(0.02\ \text{m})(60\ \text{m}) = 3.77\ \text{m}^2$$

이 열교환기의 열전달률은 다음과 같이 구해진다.

$$\dot{Q} = UA_sF\,\Delta T_{\text{lm, CF}}$$

여기에서 F는 수정계수이고, $\Delta T_{\text{lm,CF}}$는 대향유동 배열에서 대수평균온도차이다. 이 두 양은 다음과 같이 결정된다.

$$\Delta T_1 = T_{h,\,\text{in}} - T_{c,\,\text{out}} = (80 - 50)°\text{C} = 30°\text{C}$$

$$\Delta T_2 = T_{h,\,\text{out}} - T_{c,\,\text{in}} = (40 - 20)°\text{C} = 20°\text{C}$$

$$\Delta T_{\text{lm, CF}} = \frac{\Delta T_1 - \Delta T_2}{\ln(\Delta T_1/\Delta T_2)} = \frac{30 - 20}{\ln(30/20)} = 24.7°\text{C}$$

$$\left.\begin{aligned} P &= \frac{t_2 - t_1}{T_1 - t_1} = \frac{40 - 80}{20 - 80} = 0.67 \\ R &= \frac{T_1 - T_2}{t_2 - t_1} = \frac{20 - 50}{40 - 80} = 0.75 \end{aligned}\right\} F = 0.91 \qquad (\text{그림 9-18}b)$$

(*a*) 오염이 안 된 경우, 총 열전달계수 U는 다음과 같이 결정된다.

$$U = \frac{1}{\dfrac{1}{h_i} + \dfrac{1}{h_o}} = \frac{1}{\dfrac{1}{160\ \text{W/m}^2\cdot\text{K}} + \dfrac{1}{25\ \text{W/m}^2\cdot\text{K}}} = 21.6\ \text{W/m}^2\cdot\text{K}$$

그러면 열전달률은 다음과 같아진다.

$$\dot{Q} = UA_sF\,\Delta T_{\text{lm, CF}} = (21.6\ \text{W/m}^2\cdot\text{K})(3.77\ \text{m}^2)(0.91)(24.7°\text{C}) = \mathbf{1830\ W}$$

(*b*) 한 표면에서 오염이 있을 때, 총 열전달계수 U는 다음과 같이 구해진다.

$$U = \frac{1}{\dfrac{1}{h_i} + \dfrac{1}{h_o} + R_f} = \frac{1}{\dfrac{1}{160\ \text{W/m}^2\cdot\text{K}} + \dfrac{1}{25\ \text{W/m}^2\cdot\text{K}} + 0.0006\ \text{m}^2\cdot\text{K/W}}$$

$$= 21.3\ \text{W/m}^2\cdot\text{K}$$

이 경우에 있어서 열전달률은 다음과 같다.

$$\dot{Q} = UA_sF\,\Delta T_{\text{lm, CF}} = (21.3\ \text{W/m}^2\cdot\text{K})(3.77\ \text{m}^2)(0.91)(24.7°\text{C}) = \mathbf{1805\ W}$$

검토 예측했던 대로 열전달률은 오염의 결과로 감소했다. 그러나 그 감소는 크지 않다. 왜냐하면 상대적으로 낮은 대류열전달계수 때문이다.

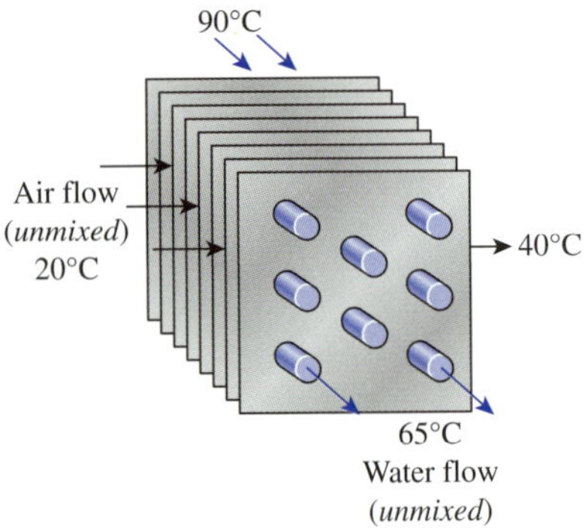

그림 9-22
예제 9-6의 개략도

예제 9-6 자동차 라디에이터에서 물의 냉각

비 혼합형 밀집형 직교유동 물-공기 열교환기인 자동차 라디에이터의 총 열전달계수를 결정하기 위한 실험을 수행한다(그림 9-22). 라디에이터는 촘촘히 배열된 판-휜 매트릭스 안에 직경 0.5 cm, 길이 65 cm인 관을 40개 가지고 있다. 관에는 뜨거운 물이 90 < 0.6 kg/s로 들어와 65°C로 나간다. 공기는 휜 사이의 공간을 통해 라디에이터를 가로질러 흐르며, 20°C에서 40°C로 가열된다. 관의 내부 표면적을 기준으로 한 이 라디에이터의 총 열전달계수 U_i를 구하라.

풀이 자동차 라디에이터의 실험 중에 물과 공기의 출입구온도와 물의 질량유동률이 측정된다. 내부면적을 기반으로 하는 총 열전달계수의 결정한다.

가정 **1.** 정상 작동 조건이다. **2.** 유동 증기의 운동 및 위치에너지 변화는 무시한다. **3.** 유체 물성값은 일정하다.

물성값 평균온도값 T_f = (90 + 65/2)°C에서 물의 비열은 4.195 kJ/kg이다(Table A-15).

해석 이 라디에이터 안에서 뜨거운 물로부터 공기로의 열전달률은 물의 흐름에서 에너지 평형을 통해 얻을 수 있다. 물의 비열을 4.195 kJ/ kg·K로 잡으면

$$\dot{Q} = [\dot{m}c_p(T_{in} - T_{out})]_{water} = (0.6\ kg/s)(4.195\ kJ/kg \cdot K)(90 - 65)°C$$
$$= 62.93\ kW$$

관측 열전달 면적은 관의 총면적이며 다음과 같이 구해진다.

$$A_i = n\pi D_i L = (40)\pi(0.005\ m)(0.65\ m) = 0.408\ m^2$$

열전달률과 표면적을 알고 있으므로 열교환기에서의 총 열전달계수를 다음 식으로부터 결정할 수 있다.

$$\dot{Q} = U_i A_i F\, \Delta T_{lm,\,CF} \longrightarrow U_i = \frac{\dot{Q}}{A_i F\, \Delta T_{lm,\,CF}}$$

여기서 F는 수정계수이고, $\Delta T_{lm,\,CF}$는 대향유동 정렬에 대한 대수평균온도차이다. 이 두 양은 다음에서 얻을 수 있다.

$$\Delta T_1 = T_{h,\,in} - T_{c,\,out} = (90 - 40)°C = 50°C$$
$$\Delta T_2 = T_{h,\,out} - T_{c,\,in} = (65 - 20)°C = 45°C$$
$$\Delta T_{lm,\,CF} = \frac{\Delta T_1 - \Delta T_2}{\ln(\Delta T_1/\Delta T_2)} = \frac{50 - 45}{\ln(50/45)} = 47.5°C$$

그리고

$$\left.\begin{aligned} P &= \frac{t_2 - t_1}{T_1 - t_1} = \frac{65 - 90}{20 - 90} = 0.36 \\ R &= \frac{T_1 - T_2}{t_2 - t_1} = \frac{20 - 40}{65 - 90} = 0.80 \end{aligned}\right\} F = 0.97 \qquad \text{(그림 9-18c)}$$

상기 결과를 대입하면, 총 열전달계수 U_i는 다음과 같다.

$$U_i = \frac{\dot{Q}}{A_i F\, \Delta T_{lm,\,CF}} = \frac{62{,}930\ W}{(0.408\ m^2)(0.97)(47.5°C)} = \mathbf{3347\ W/m^2 \cdot K}$$

검토 공기 쪽의 총 열전달계수는 이보다 훨씬 적게 나올 것이다. 그것은 공기 쪽의 총 열전달계수식의 표면적이 크기 때문이다.

9-5 ■ 유용도-NTU법

앞 절에서 논의된 대수평균온도차(LMTD)법은 냉온 유체의 입출구온도를 알고 있거나 에너지평형 방정식으로부터 결정할 수 있을 때 열교환기 해석을 위하여 이용하는 데 유용하다. ΔT_{lm}과 질량유동 그리고 총 열전달계수를 알면 열교환기의 표면 열전달은 다음 식으로부터 결정할 수 있다.

$$\dot{Q} = UA_s \Delta T_{\text{lm}}$$

그러므로 LMTD법은 질량유량 및 고온유체와 저온유체의 입출구온도가 주어졌을 때, 주어진 출구온도들을 구현하기 위한 열교환기의 **크기**를 결정하기에 아주 적당하다.

LMTD법에 의한 과제는 규정된 열전달 요구를 만족시킬 열교환기를 **선택**하는 것이다. 선택 과정에 따르는 절차는 다음과 같다.

1. 응용분야에 알맞은 열교환기의 형식을 선택한다.
2. 에너지 균형을 이용하여 모르는 입출구온도나 열전달률을 구한다.
3. 대수평균온도차 ΔT_{lm}를 구하고, 필요시 수정계수 F를 구한다.
4. 총 열전달계수값을 구한다(선택하거나 계산한다).
5. 열전달 표면적 A_s를 계산한다.

이 과제는 A_s와 같거나 큰 열전달 면적을 가진 열교환기를 선택함으로써 완성된다.

열교환기의 해석에 있어서 마주치는 두 번째 유형의 문제는 열교환기의 **형태**와 **크기**가 주어졌을 때, 주어진 질량유량과 입구온도에 대해서 **열전달률**과 **출구온도**를 결정하는 것이다. 이 경우에 있어서 열교환기의 열전달 면적 A는 알고 있지만, **출구온도**는 모른다. 여기서 과제는 규정된 열교환기의 열전달 성능을 결정하거나, 이미 보유하고 있는 열교환기가 그 일을 해낼 수 있는가를 결정하는 것이다.

LMTD법은 이런 문제에 대해서도 역시 사용할 수 있으나. 과정이 지루한 반복 계산을 필요로 하는 등 실용적이지 못하다. 그런 문제의 해를 구하는 데 있어서 반복 계산을 피하는 시도 중에, Kays와 London은 1955년에 열교환기 해석을 크게 단순화시킬 수 있는 **유용도-NTU법**이라는 새로운 방법을 개발하였다.

새로운 이 방법은 다음과 같이 정의되는 **열전달 유용도**(heat transfer effectiveness)라 부르는 무차원 계수에 기초하고 있다.

$$\varepsilon = \frac{\dot{Q}}{\dot{Q}_{\max}} = \frac{\text{실제 열전달률}}{\text{최대 가능 열전달률}} \tag{9-29}$$

열교환기에 있어서 **실제** 열전달률은 고온유체나 저온유체의 에너지 평형으로부터 결정될 수 있으며, 다음과 같이 나타낼 수 있다.

$$\dot{Q} = C_c(T_{c,\text{ out}} - T_{c,\text{ in}}) = C_h(T_{h,\text{ in}} - T_{h,\text{ out}}) \tag{9-30}$$

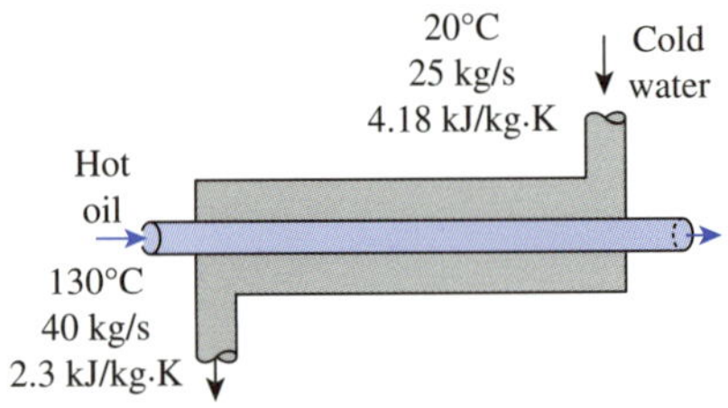

$C_c = \dot{m}_c c_{pc} = 104.5$ kW/K

$C_h = \dot{m}_c c_{ph} = 92$ kW/K

$C_{min} = 92$ kW/K

$\Delta T_{max} = T_{h,in} - T_{c,in} = 110°C$

$\dot{Q}_{max} = C_{min} \Delta T_{max} = 10{,}120$ kW

그림 9-23

열교환기에서 최대 열전달을 결정

여기서 $C_c = \dot{m}_c c_{pc}$와 $C_h = \dot{m}_c c_{ph}$는 각각 저온유체와 고온유체의 열용량률이다. 열교환기에 있어서 최대 가능 열전달률을 구하기 위해서는, 우선 열교환기에 있어서 **최대 온도차**(*maximum temperature difference*)는 고온유체와 저온유체의 입구 온도의 차이라는 사실을 인식해야 한다. 즉,

$$\Delta T_{max} = T_{h,\,in} - T_{c,\,in} \tag{9-31}$$

열교환기에 있어서 열전달은 (1) 저온유체가 고온유체의 입구온도까지 가열되거나, (2) 고온유체가 저온유체의 입구온도까지 냉각될 때 그 최댓값에 도달할 것이다. 이 두 극한 조건들은 고온유체와 저온유체의 열용량률이 같지(즉$C_c = C_h$) 않는 한, 동시에 도달할 수는 없다. 보통의 경우인 $C_c \neq C_h$일 때는, 작은 열용량의 유체가 큰 온도변화를 겪게 되고, 열전달이 멈추는 그 지점에서 최대 온도에 맨 처음 도달하게 된다. 그러므로 열교환기에 있어서 최대 가능 열전달률은 다음과 같다(그림 9-23).

$$\dot{Q}_{max} = C_{min}(T_{h,\,in} - T_{c,\,in}) \tag{9-32}$$

여기에서 C_{min}은 C_h와 C_c 중에서 작은 것이다. 이는 다음 예제에서보다 확실해질 것이다.

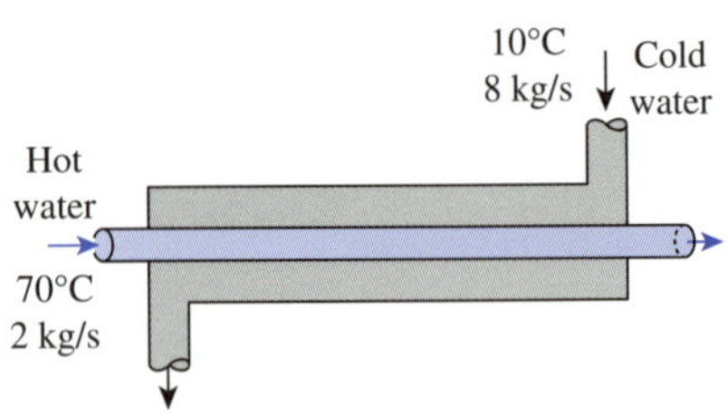

그림 9-24

예제 9-7의 개략도

예제 9-7 **어떤 열교환기에서 열전달의 상한값**

10°C의 찬물이 대향유동 열교환기에 8 kg/s 질량유량으로 들어가서 뜨거운 물에 의해 가열된다. 뜨거운 물은 70°C이고, 2 kg/s의 질량유량으로 열교환기에 들어간다. 뜨거운 물의 비열 c_p = 4.18 kJ/kg·K로 일정하게 유지될 때, 이러한 한계사항에 대하여 최대 열전달률, 그리고 찬물과 뜨거운 물의 출구온도를 구하라.

풀이 지정된 온도와 유동률에서 찬물과 뜨거운 물이 열교환기에 들어간다. 열교환기에서 최대열전달률과 출구온도를 결정한다.

가정 **1.** 정상 작동 조건이다. **2.** 열교환기에서 주위로의 열손실은 없다. **3.** 유동증기의 운동 및 위치에너지 변화는 무시한다. **4.** 유체 물성값은 일정하다.

물성값 물의 비열 c_p = 4.18 kJ/kg·K

해석 열교환기의 개략도를 그림 9-24에 제시하였다. 고온유체와 저온유체의 열용량률은 다음과 같이 정해진다.

$$C_h = \dot{m}_h c_{ph} = (2 \text{ kg/s})(4.18 \text{ kJ/kg·K}) = 8.36 \text{ kW/K}$$

이고,

$$C_c = \dot{m}_c c_{pc} = (8 \text{ kg/s})(4.18 \text{ kJ/kg·K}) = 33.4 \text{ kW/K}$$

그러므로,

$$C_{min} = C_h = 8.36 \text{ kW/K}$$

이는 두 열용량률 중에 작은 것이다. 그러면 최대 열전달률은 식 (9-32)로부터 다음과 같이

구할 수 있다.

$$\dot{Q}_{\max} = C_{\min}(T_{h,\,\mathrm{in}} - T_{c,\,\mathrm{in}})$$
$$= (8.36\ \mathrm{kW/K})(70 - 10)^\circ\mathrm{C}$$
$$= \mathbf{502\ kW}$$

즉, 열교환기에 최대로 가능한 열전달률은 502 kW이다. 이 값은 아주 큰 열전달 표면적을 가진 대향유동 열교환기에서 도달할 수 있는 것이다.

이 열교환기에서 최대 온도차는 $\Delta T_{\max} = T_{h,\mathrm{in}} - T_{c,\mathrm{in}} = (70 - 10)^\circ\mathrm{C} = 60^\circ\mathrm{C}$, 그러므로 이 열교환기에서 뜨거운 물이 60°C 이상 냉각될 수 없으며(10까지 냉각), 차가운 물은 60°C 이상 가열될 수 없다는 것이다(70°C까지 가열). 이러한 한계사항에서 뜨거운 물과 차가운 물의 출구온도는 다음과 같이 결정된다.

$$\dot{Q} = C_c(T_{c,\,\mathrm{out}} - T_{c,\,\mathrm{in}}) \longrightarrow T_{c,\,\mathrm{out}} = T_{c,\,\mathrm{in}} + \frac{\dot{Q}}{C_c} = 10^\circ\mathrm{C} + \frac{502\ \mathrm{kW}}{33.4\ \mathrm{kW/K}} = \mathbf{25^\circ C}$$

$$\dot{Q} = C_h(T_{h,\,\mathrm{in}} - T_{h,\,\mathrm{out}}) \longrightarrow T_{h,\,\mathrm{out}} = T_{h,\,\mathrm{in}} - \frac{\dot{Q}}{C_h} = 70^\circ\mathrm{C} - \frac{502\ \mathrm{kW}}{8.38\ \mathrm{kW/K}} = \mathbf{10^\circ C}$$

검토 열교환기에서 최대 열전달이 일어날 때 뜨거운 물은 10°C의 한계(찬물의 입구온도)까지 냉각되지만, 찬물의 경우 25°C까지 가열된다. 이는 뜨거운 물의 질량유량이 찬물에 비해서 겨우 1/4밖에 되지 않아서 뜨거운 물의 온도가 1°C씩 떨어질 때마다 찬물의 온도는 0.25°C씩 증가하기 때문으로, 별로 놀라운 일은 아니다.

최대 열전달이 되는 극한의 경우에 있어서 찬물이 70°C까지 가열되어야 한다고 생각할지 모른다. 그러나 이는 뜨거운 물의 온도가 −170°C까지 떨어지는 것을 요구하는 것이기 때문에 불가능하다. 그러므로 열교환기에 있어서 열전달은 작은 열용량률(또는 두 유체가 같은 비열을 갖고 있을 때는 작은 질량유량)을 가진 유체가 최대 온도차의 변화를 겪을 때 최대값에 도달한다. 이 예제는 우리가 $\dot{Q}_{\max}$의 값을 구하는 데에 있어서 왜 $C_{\max}$ 대신에 $C_{\min}$을 사용하는지를 설명해 주고 있다.

우리는 최대 열전달의 극한 사항에 뜨거운 물과 찬물의 질량유량이 같을 때 뜨거운 물이 찬물의 입구온도로 그리고 찬물이 뜨거운 물의 입구온도로 나갈 것이라는 것을 볼 수 있다(그림 9-25). 우리는 또한 뜨거운 물의 질량유량이 찬물에 비해 클 때에는 찬물의 출구온도가 70°C에 도달할 것이라는 것을 알 수 있다.

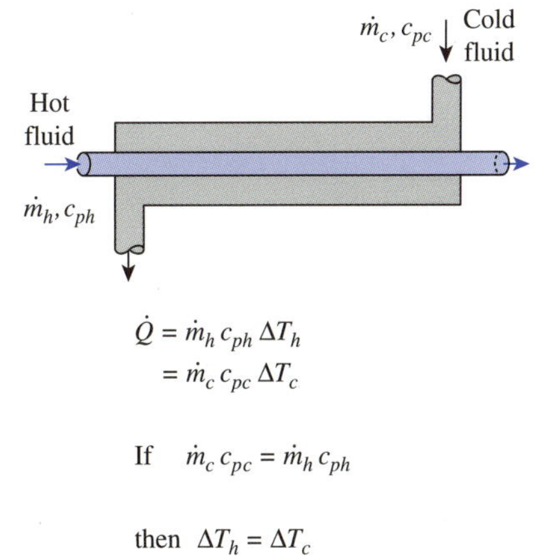

그림 9-25
열교환기에서 있어서 고온유체와 고온유체의 질량유량 및 비열이 같으면, 저온유체의 온도상승은 고온유체의 온도하강과 같다.

$\dot{Q}_{\max}$를 결정하기 위해서는 고온과 저온유체의 **입구온도** 및 그 **질량유량**을 아는 것이 필요하며, 이것들은 보통 지정되어서 나온다. 그리하여 일단 유용도를 알게 되면 실제 열전달률 $\dot{Q}$는 다음과 같이 구할 수 있다.

$$\dot{Q} = \varepsilon \dot{Q}_{\max} = \varepsilon C_{\min}(T_{h,\,\mathrm{in}} - T_{c,\,\mathrm{in}}) \tag{9-33}$$

$$\text{if } C_c = C_{\min}: \qquad \varepsilon = \frac{\dot{Q}}{\dot{Q}_{\max}} = \frac{C_c(T_{c,\,\mathrm{out}} - T_{c,\,\mathrm{in}})}{C_c(T_{h,\,\mathrm{in}} - T_{c,\,\mathrm{in}})} = \frac{T_{c,\,\mathrm{out}} - T_{c,\,\mathrm{in}}}{T_{h,\,\mathrm{in}} - T_{c,\,\mathrm{in}}}$$

$$\text{if } C_h = C_{\min}: \qquad \varepsilon = \frac{\dot{Q}}{\dot{Q}_{\max}} = \frac{C_h(T_{h,\,\text{in}} - T_{h,\,\text{out}})}{C_h(T_{h,\,\text{in}} - T_{c,\,\text{in}})} = \frac{T_{h,\,\text{out}} - T_{h,\,\text{out}}}{T_{h,\,\text{in}} - T_{c,\,\text{in}}}$$

상기 식에서와 같이 열교환기의 유용도는 우리가 유체의 **출구온도**들을 모른다 하더라도 열전달률을 구할 수 있게 해준다.

열교환기의 유용도는 **흐름의 배열**뿐만 아니라 열교환기의 **기하학적** 형상에 의존한다. 다른 형식의 열교환기는 다른 유용도 관계식을 갖는다. 다음은 이중관 **평행유동** 열교환기에 대한 유용도(ε)의 관계를 유도하는 것을 보여준다.

평행유동 열교환기에 대해 앞 절에서 유도한 식 (9−23)은 다음과 같이 재배치할 수 있다.

$$\ln \frac{T_{h,\,\text{out}} - T_{c,\,\text{out}}}{T_{h,\,\text{in}} - T_{c,\,\text{in}}} = -\frac{UA_s}{C_c}\left(1 + \frac{C_c}{C_h}\right) \tag{9–34}$$

또한 식 (9−30)을 $T_{h,\text{out}}$에 대해 풀면,

$$T_{h,\,\text{out}} = T_{h,\,\text{in}} - \frac{C_c}{C_h}(T_{c,\,\text{out}} - T_{c,\,\text{in}}) \tag{9–35}$$

$T_{c,\text{in}}$을 더해 주고 빼준 다음 그 관계식을 식 (9−34)에 대입하면,

$$\ln \frac{T_{h,\,\text{in}} - T_{c,\,\text{in}} + T_{c,\,\text{in}} - T_{c,\,\text{out}} - \dfrac{C_c}{C_h}(T_{c,\,\text{out}} - T_{c,\,\text{in}})}{T_{h,\,\text{in}} - T_{c,\,\text{in}}} = -\frac{UA_s}{C_c}\left(1 + \frac{C_c}{C_h}\right)$$

가 되고, 이는 다음과 같이 간단해진다.

$$\ln\left[1 - \left(1 + \frac{C_c}{C_h}\right)\frac{T_{c,\,\text{out}} - T_{c,\,\text{in}}}{T_{h,\,\text{in}} - T_{c,\,\text{in}}}\right] = -\frac{UA_s}{C_c}\left(1 + \frac{C_c}{C_h}\right) \tag{9–36}$$

유용도의 정의를 조작하면 다음과 같은 결과를 얻는다.

$$\varepsilon = \frac{\dot{Q}}{\dot{Q}_{\max}} = \frac{C_c(T_{c,\,\text{out}} - T_{c,\,\text{in}})}{C_{\min}(T_{h,\,\text{in}} - T_{c,\,\text{in}})} \longrightarrow \frac{T_{c,\,\text{out}} - T_{c,\,\text{in}}}{T_{h,\,\text{in}} - T_{c,\,\text{in}}} = \varepsilon\,\frac{C_{\min}}{C_c}$$

이 결과를 식 (9−36)에 대입하고 ε에 대해 풀면 다음과 같은 **평행유동** 열교환기의 유용도에 대한 관계식을 얻을 수 있다.

$$\varepsilon_{\text{parallel flow}} = \frac{1 - \exp\left[-\dfrac{UA_s}{C_c}\left(1 + \dfrac{C_c}{C_h}\right)\right]}{\left(1 + \dfrac{C_c}{C_h}\right)\dfrac{C_{\min}}{C_c}} \tag{9–37}$$

C_c 또는 C_h를 $C_{\min}$으로 취하면(두 접근 방법은 모두 같은 결과를 가져온다) 위의 관계는 다음과 같이 더욱 편리하게 표현할 수 있다.

$$\varepsilon_{\text{parallel flow}} = \frac{1 - \exp\left[-\dfrac{UA_s}{C_{\min}}\left(1 + \dfrac{C_{\min}}{C_{\max}}\right)\right]}{1 + \dfrac{C_{\min}}{C_{\max}}} \tag{9-38}$$

다시 말하자면 $C_{\min}$은 작은 열용량률이고 $C_{\max}$는 큰 열용량률이며, $C_{\min}$이 고온유체의 경우나 저온유체의 경우나 차이가 없다.

열교환기의 유용도 관계식들은 전형적으로 무차원 그룹, $UA_s/C_{\min}$을 갖고 있다. 이 양은 **전달단위수**(numer of transfer unit, NTU)라 하며 다음과 같이 표현된다.

$$\text{NTU} = \frac{UA_s}{C_{\min}} = \frac{UA_s}{(\dot{m}c_p)_{\min}} \tag{9-39}$$

여기서 U는 총 열전달계수이고, A_s는 열교환기의 열전달 표면적이다. NTU 가 A_s에 비례한다는 사실에 주목해야 한다. 그러므로 U 값과 $C_{\min}$ 값이 주어지면서 NTU의 값은 열전달 면적 A_s의 척도이다. 이와 같이 NTU가 커질수록 열교환기도 커진다.

열교환기의 해석에 있어서 **용량률**(capacity ratio) C라 부르는 또 다른 무차원 그룹을 다음과 같이 정의하면 역시 편리하다.

$$c = \frac{C_{\min}}{C_{\max}} \tag{9-40}$$

열교환기의 유용도는 열전달단위수 NTU와 용량률 C의 함수라는 것을 보일 수 있다. 즉,

$$\varepsilon = \text{function}\,(UA_s/C_{\min},\, C_{\min}/C_{\max}) = \text{function}\,(\text{NTU},\, c)$$

이다.

유용도 관계식들은 수많은 열교환기들에 대해 유도되어 왔으며, 그 결과들이 표 9-4에 주어진다. 많이 쓰이는 열교환기의 유용도들은 그림 9-26에 제시되어 있다.

보다 확장된 차트나 관계식들은 문헌에서 찾을 수 있다. 그림 9-26(*f*)에서 점선은 $C_{\min}$은 비혼합이고, $C_{\max}$는 혼합인 경우를 나타내며, 실선은 반대의 경우를 나타낸다. 유용도에 대한 해석적인 관계들은 차트에 비해 더 정확한 결과를 주는데, 이는 차트에서는 읽는 오차를 피할 수 없기 때문이며, 따라서 그 관계식들은 컴퓨터를 이용한 열교환기의 해석에 매우 적합하다.

우리는 위에서 주어진 유용도에 대한 관계식이나 차트로부터 다음과 같은 것을 관찰할 수 있다.

1. 유용도의 값은 0과 1 사이의 범위에 있다. 그것은 NTU의 값이 작을 때에는 (NTU가 약 1.5까지) NTU에 따라 급격히 증가하며, NTU의 값이 클 때에는 NTU에 따라 서서히 증가한다. 그러므로 큰 NTU 값(보통 3보다 큰)을 가진

표 9-4

열교환기에 대한 유용도 관계식: ($\text{NTU} = UA_s/C_{min}$ and $c = C_{min}/C_{max} = (\dot{m}c_p)_{min}/(\dot{m}c_p)_{max}$)

Heat exchanger type	Effectiveness relation
1 *Double pipe:*	
Parallel-flow	$\varepsilon = \dfrac{1 - \exp[-\text{NTU}(1 + c)]}{1 + c}$
Counter-flow	$\varepsilon = \dfrac{1 - \exp[-\text{NTU}(1 - c)]}{1 - c\exp[-\text{NTU}(1 - c)]}$
2 *Shell-and-tube:* One-shell pass 2, 4,…tube passes	$\varepsilon = 2\left\{1 + c + \sqrt{1 + c^2}\dfrac{1 + \exp[-\text{NTU}\sqrt{1 + c^2}]}{1 - \exp[-\text{NTU}\sqrt{1 + c^2}]}\right\}^{-1}$
3 *Cross-flow (single-pass)* Both fluids unmixed	$\varepsilon = 1 - \exp\left\{\dfrac{\text{NTU}^{0.22}}{c}[\exp(-c\,\text{NTU}^{0.78}) - 1]\right\}$
C_{max} mixed, C_{min} unmixed	$\varepsilon = \dfrac{1}{c}(1 - \exp\{-c[1 - \exp(-\text{NTU})]\})$
C_{min} mixed, C_{max} unmixed	$\varepsilon = 1 - \exp\left\{-\dfrac{1}{c}[1 - \exp(-c\,\text{NTU})]\right\}$
4 *All heat exchangers with* $c = 0$	$\varepsilon = 1 - \exp(-\text{NTU})$

From W. M. Kays and A. L. London. *Compact Heat Exchangers, 3/e.* McGraw-Hill, 1984. Reprinted by permission of William M. Kays.

열교환기, 즉 크기가 큰 열교환기를 사용하는 것은 경제적으로 적합하지 못한데, 이런 경우에 큰 NTU 값의 변화는 작은 유용도의 변화를 가져올 뿐이기 때문이다. 그러므로 매우 높은 유용도를 가진 열교환기는 열전달 관점에서 보면 매우 바람직하지만, 경제성 관점에서 보면 바람직하지 못하다.

2. 주어진 NTU와 용량률 $c = C_{min}/C_{max}$에 대해서 **대향유동** 열교환기가 **가장 높은** 유용도를 가지며, 두 유체가 모두 비 혼합인 직교유동 열교환기가 대향유동 열교환기와 비슷한 크기의 유용도를 가진다. 예상한 대로 가장 나쁜 유용도는 평행유동 열교환기이다(그림 9-27).
3. NTU 값이 약 0.3보다 작을 때에는 열교환기의 유용도는 용량률 c와 무관하다.
4. 용량률 c의 값은 0부터 1까지의 범위를 갖는다. 주어진 NTU에 대해서 유용도는 $c = 0$일 때 최대가 되고 $c = 1$일 때 최소가 된다.

   $c = C_{min}/C_{max} \to 0$인 경우는 $C_{max} \to \infty$의 경우에 해당하고, 이는 **응축기나 보일러**에서 상변화 과정 동안 실현된다. 이 경우에 있어서 모든 유용도 관계식들은 열교환기의 종류와 관계없이 다음과 같은 관계식으로 간단히 된다(그림 9-28).

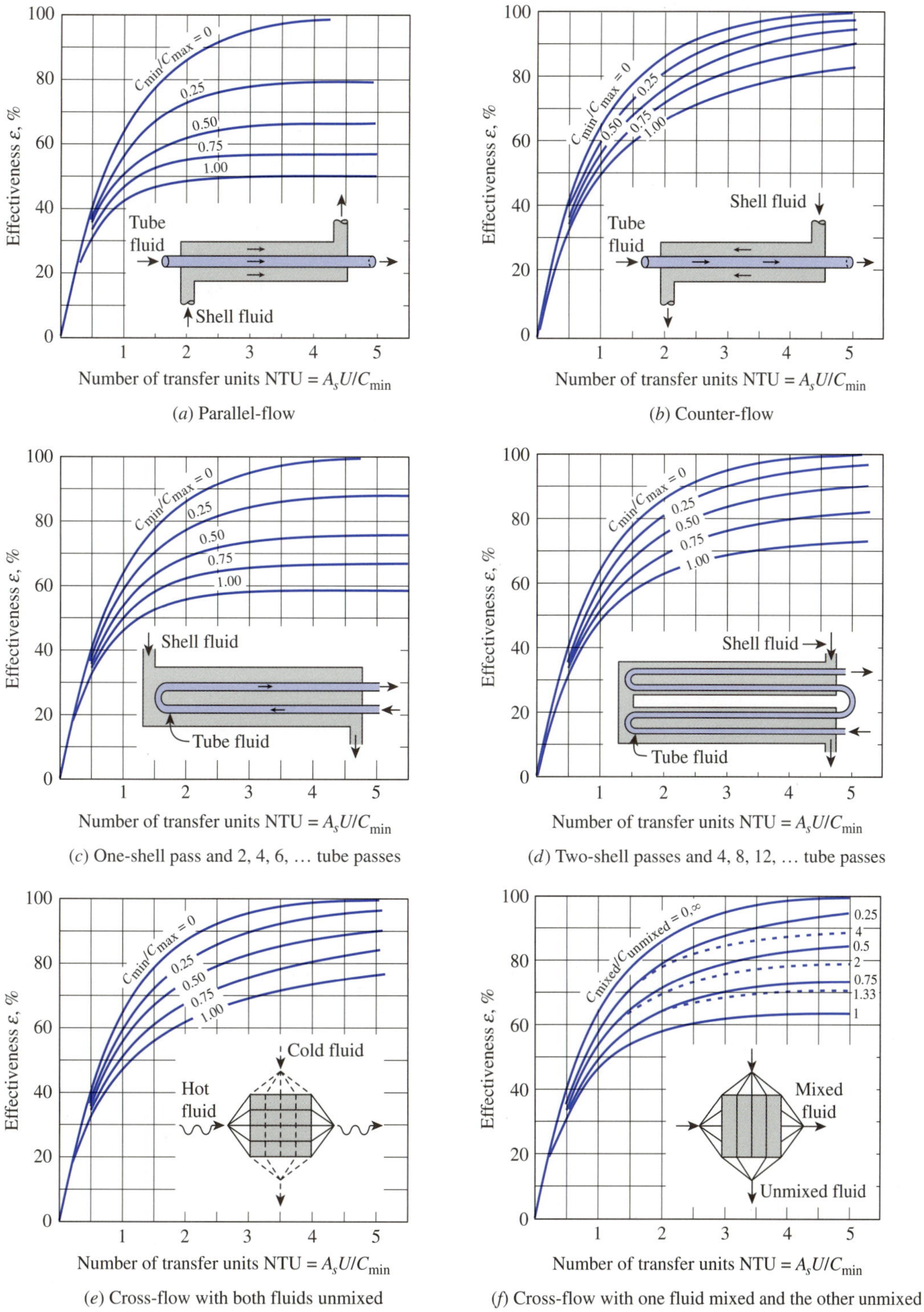

그림 9–26

열교환기에 대한 유용도

(*From Kays and London*, 1984.)

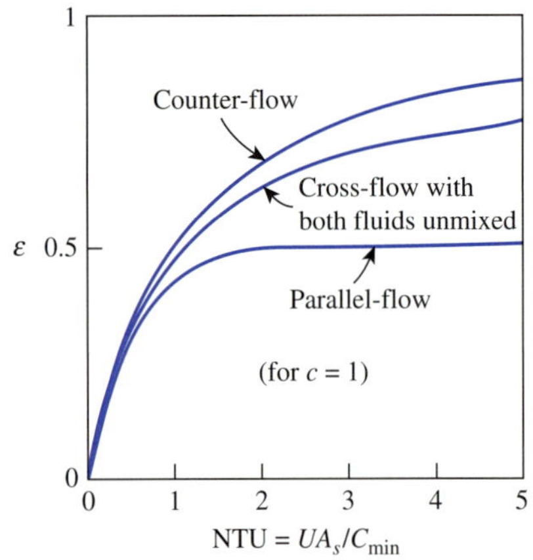

그림 9–27

주어진 NTU와 용량률 c에 대하여 유용도는 대향유동에서 가장 높고, 평행유동에서 가장 낮다.

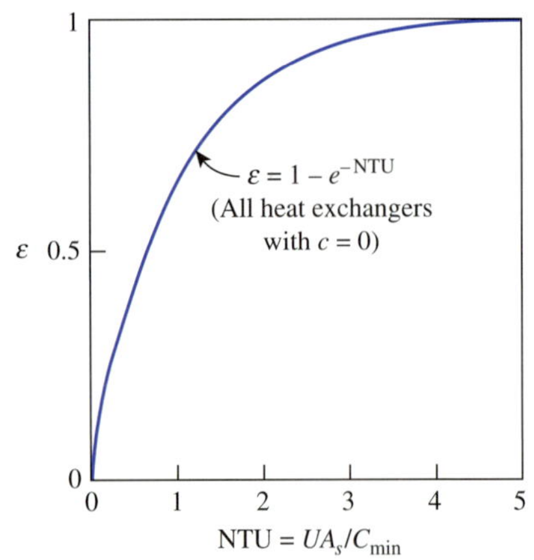

그림 9–28

모든 열교환기에서 용량률, $c = 0$일 때, 유용도 상관관계

$\varepsilon = \varepsilon_{max} = 1 - \exp(-\text{NTU})$

$$\varepsilon = \varepsilon_{max} = 1 - \exp(-\text{NTU}) \tag{9-41}$$

이 경우에 응축하거나 비등하는 유체의 온도는 일정하게 유지되는 사실에 주의하라. 유용도는 또 다른 극한의 경우인 $c = C_{min}/C_{max} = 1$의 경우에 가장 낮은데, 이 경우는 두 유체의 열용량률이 서로 같을 때 실현된다.

일단 $c = C_{min}/C_{max}$와 $\text{NTU} = UA_s/C_{min}$량들이 구해지면, 유용도 ε은 지정된 열교환기에 대해서 차트나 유용도 관계식(더 바람직하다)을 통해 결정할 수 있다. 그러면 열전달률 $\dot{Q}$와 출구온도 $T_{h,\text{ out}}$과 $T_{c,\text{ out}}$은 식 (9–33)과 식 (9–30)으로부터 각각 결정할 수 있다. 출구온도를 모르고 열교환기의 해석을 하는 것은 유용도-NTU법에서는 기계적인 일이 되나. LMTD법에서는 지루하게 반복 계산을 하여야 한다.

모든 입구 및 출구온도가 규정되어 있을 경우에, 열교환기의 크기는 LMTD법을 사용하여 쉽게 결정할 수 있음을 이미 언급한 바 있다. 또한 역으로 열교환기의 크기를 유용도-NTU법으로도 구할 수 있는데, 이 방법에서는 식 (9–29)의 정의로부터 먼저 유용도 ε을 구하고 표 9–5의 적절한 NTU 관계식으로부터 NTU를 구한다.

표 9–5의 관계들은 표 9–4의 관계식들과 동등한 것이다. 양 관계식들은 편의를 제공해 준다. 표 9–4의 관계식은 NTU를 알 때 유용도를 바로 주고, 표 9–5의 관계들은 유용도를 알 때 NTU 값을 바로 준다.

표 9–5

열교환기들에 대한 NTU 관계식: $\text{NTU} = UA_s/C_{min}$ and $c = C_{min}/C_{max} = (\dot{m}c_p)_{min}/(\dot{m}c_p)_{max}$

Heat exchanger type	NTU relation
1 *Double-pipe:*	
Parallel-flow	$\text{NTU} = -\dfrac{\ln[1 - \varepsilon(1 + c)]}{1 + c}$
Counter-flow	$\text{NTU} = \dfrac{1}{c - 1}\ln\left(\dfrac{\varepsilon - 1}{\varepsilon c - 1}\right)$
2 *Shell and tube:* One-shell pass 2, 4,…tube passes	$\text{NTU} = -\dfrac{1}{\sqrt{1 + c^2}}\ln\left(\dfrac{2/\varepsilon - 1 - c - \sqrt{1 + c^2}}{2/\varepsilon - 1 - c + \sqrt{1 + c^2}}\right)$
3 *Cross-flow (single-pass):* C_{max} mixed, C_{min} unmixed	$\text{NTU} = -\ln\left[1 + \dfrac{\ln(1 - \varepsilon c)}{c}\right]$
C_{min} mixed, C_{max} unmixed	$\text{NTU} = -\dfrac{\ln[c\ln(1 - \varepsilon) + 1]}{c}$
4 *All heat exchangers with $c = 0$*	$\text{NTU} = -\ln(1 - \varepsilon)$

From W. M. Kays and A. L. London. *Compact Heat Exchangers, 3/e.* McGraw-Hill, 1984. Reprinted by permission of William M. Kays.

예제 9-8 유용도-NTU법

질량유량이 1.2 kg/s(그림 9-29)인 대향류이중관 열교환기가 20°C에서 80°C로 가열된다. 열교환기 가열은 질량유량 2 kg/s인 160°C 지열에 의해 이루어진다. 내부튜브는 얇은 벽이고 직경은 1.5 cm이다. 열교환기의 총괄열전달계수는 640 W/m²·K이다. 유용도-NTU법을 사용하여 요구되는 가열을 달성할 수 있는 열교환기의 길이를 결정하라.

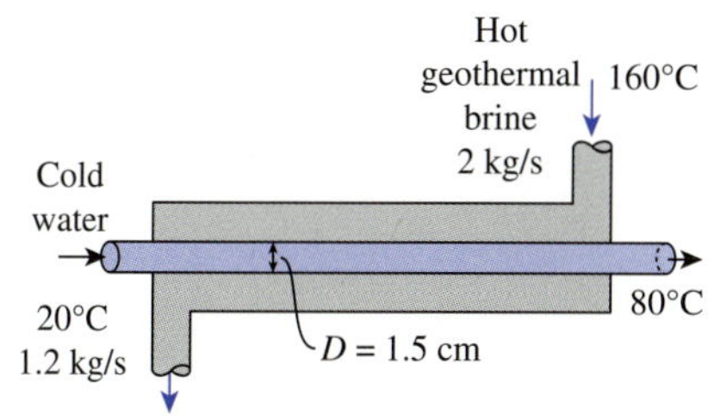

그림 9-29

예제 9-8의 개략도

풀이 물은 지열에 의해 대향류이중관 열교환기에서 가열된다. 유용도-NTU법을 사용하여 요구되는 열교환기의 길이를 결정한다.

해석 유용도-NTU법에서는 먼저 고온과 저온유체의 열용량률을 구하고, 작은 것을 구별한다.

유용도-NTU법에서는 먼저 고온과 저온유체의 열용량률을 구하고, 작은 것을 구별한다.

$$C_h = \dot{m}_h c_{ph} = (2 \text{ kg/s})\ (4.31 \text{ kJ/kg·K}) = 8.62 \text{ kW/K}$$

$$C_c = \dot{m}_c c_{pc} = (1.2 \text{ kg/s})\ (4.18 \text{ kJ/kg·K}) = 5.02 \text{ kW/K}$$

그러므로

$$C_{\min} = C_c = 5.02 \text{ kW/K}$$

그리고,

$$c = C_{\min}/C_{\max} = 5.02/8.62 = 0.582$$

그러면 최대 열전달률을 식 (9-32)로부터 다음과 같이 구할 수 있다.

$$\begin{aligned}\dot{Q}_{\max} &= C_{\min}(T_{h,\text{ in}} - T_{c,\text{ in}}) \\ &= (5.02 \text{ kW/K})\ (160 - 20)°\text{C} \\ &= 702.8 \text{ kW}\end{aligned}$$

즉, 이 열교환기에 있어서 최대 가능 열전달률은 702.8 kW이다. 이 열교환기에 있어서 실제 열전달률은 다음과 같다.

$$\dot{Q} = [\dot{m}c_p(T_{\text{out}} - T_{\text{in}})]_{\text{water}} = (1.2 \text{ kg/s})(4.18 \text{ kJ/kg·K})(80 - 20)°\text{C}$$

$$= 301.0 \text{ kW}$$

그리하여 이 열교환기의 유용도는 다음과 같이 된다.

$$\varepsilon = \frac{\dot{Q}}{\dot{Q}_{\max}} = \frac{301.0 \text{ kW}}{702.8 \text{ kW}} = 0.428$$

유용도를 알게 되었으므로, 이 대향유동 열교환기의 NTU는 그림 9-26*b*나 표 9-5의 적당한 관계식으로부터 결정할 수 있다. 우리는 정밀도가 높은 후자를 택한다.

$$\text{NTU} = \frac{1}{c-1}\ln\left(\frac{\varepsilon - 1}{\varepsilon c - 1}\right) = \frac{1}{0.582 - 1}\ln\left(\frac{0.428 - 1}{0.428 \times 0.582 - 1}\right) = 0.651$$

그러면 열전달 면적은 다음과 같이 된다.

$$\text{NTU} = \frac{UA_s}{C_{\min}} \longrightarrow A_s = \frac{\text{NTU}\ C_{\min}}{U} = \frac{(0.651)\ (5020 \text{ W/K})}{640 \text{ W/m}^2\text{·K}} = 5.11 \text{ m}^2$$

이 값이 열전달 면적이 되기 위해서는 관의 길이가 다음과 같이 되어야 한다.

$$A_s = \pi DL \longrightarrow L = \frac{A_s}{\pi D} = \frac{5.11 \text{ m}^2}{\pi(0.015 \text{ m})} = \mathbf{1.08 \text{ m}}$$

검토 이 문제는 예제 9-4에서 LMTD법을 사용하여 해를 구하였다. 유용도-NTU법을 사용하여 규칙적이고 간단한 방법으로 실직적으로 동일한 결과를 구할 수 있었다는 것에 주목해야 한다.

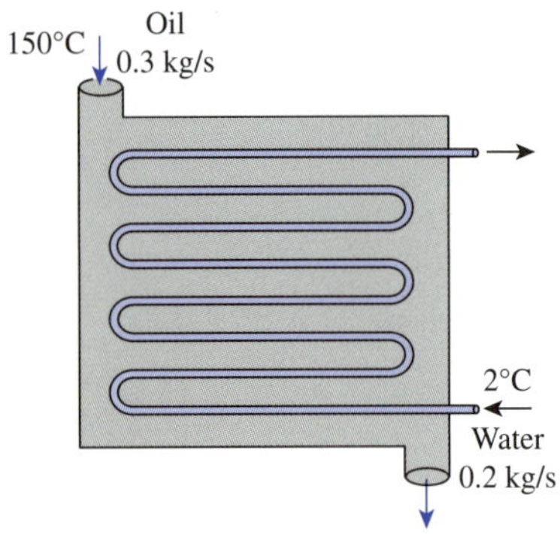

그림 9-30
예제 9-9의 개략도

예제 9-9 다중통로 열교환기에서 물에 의한 뜨거운 오일 냉각

뜨거운 오일을 1각-8관 통로 열교환기에서 물로 냉각한다. 관들의 두께는 얇고, 구리로 만들어졌으며, 내경은 1.4 cm이다. 열교환기에서 각 관의 길이는 5 m이고, 총 열전달계수는 310 W/m²·K이다. 물은 관에 0.2 kg/s의 율로 들어가며, 기름은 외곽통에 0.3 kg/s의 율로 들어간다. 물과 기름의 입구온도는 각각 20°C와 150°C이다. 열교환기에 있어서 열전달률과 물 및 기름의 출구온도를 구하라.

풀이 뜨거운 오일이 열교환기에서 물에 의해 냉각된다. 질량유량과 입구온도가 주어지면, 열전달률과 출구온도를 결정한다.

가정 **1.** 정상 작동조건, **2.** 열교환기에서 주위로의 열전달, **3.** 관의 무게 무시, **4.** 유동증기의 유동 및 위치에너지 변화 무시, **5.** 총 열전달계수는 일정하고 균일하다.

물성값 물과 오일의 비열은 각각 4.18과 2.13 kJ/kg·K이다.

분석 과제의 열교환기 개략도를 그림 9-30에 제시하였다. 열교환기는 단열이 잘되어서 주위로의 열손실은 무시해도 좋으며, 뜨거운 오일로부터의 열전달은 저온 물로의 열전달과 같다. 출구온도들은 규정되지 않았으며, 에너지 평형을 통해 출구온도들을 구할 수도 없다. 이 경우에 LMTD법을 사용하면 지루한 반복계산을 해야 하므로, ε-NTU법을 사용한다. ε-NTU법의 첫 단계는 고온과 저온유체의 열용량률을 구하고, 작은 것을 구별하는 일이다.

$$C_h = \dot{m}_h c_{ph} = (0.3 \text{ kg/s})(2.13 \text{ kJ/kg·K}) = 0.639 \text{ kW/K}$$

$$C_c = \dot{m}_c c_{pc} = (0.2 \text{ kg/s})(4.18 \text{ kJ/kg·K}) = 0.836 \text{ kW/K}$$

그러므로,

$$C_{\min} = C_h = 0.639 \text{ kW/K and } c = \frac{C_{\min}}{C_{\max}} = \frac{0.639}{0.836} = 0.764$$

그러면 최대 열전달률은 식 (9-32)로부터 다음과 같이 구할 수 있다.

$$\dot{Q}_{\max} = C_{\min}(T_{h,\text{ in}} - T_{c,\text{ in}}) = (0.639 \text{ kW/K})(150 - 20)°\text{C} = 83.1 \text{ kW}$$

즉, 이 열교환기에 있어서 최대 기능 열전달률은 83.1 kW이다. 열전달 면적은 다음과 같다.

$$A_s = n(\pi DL) = 8\pi(0.014 \text{ m})(5 \text{ m}) = 1.76 \text{ m}^2$$

그러면 이 열교환기의 NTU는 다음과 같다.

$$\text{NTU} = \frac{UA_s}{C_{\min}} = \frac{(310 \text{ W/m}^2\text{·K})(1.76 \text{ m}^2)}{639 \text{ W/K}} = 0.854$$

c = 0.764와 NTU = 0.854에 해당하는 이 열교환기의 유용도는 그림 9-26c로부터 다음과 같이 구할 수 있다.

$$\varepsilon = 0.47$$

우리는 표 9-4의 세 번째 관계식으로부터 유용도를 더 정확하게 구할 수는 있으나, 더 수고

스럽다. 그러면 실제 열전달률은 다음과 같이 된다.

$$\dot{Q} = \varepsilon\dot{Q}_{\max} = (0.47)(83.1\text{ kW}) = \mathbf{39.1\text{ kW}}$$

마지막으로 저온과 고온유체의 출구온도는 다음과 같이 정해진다.

$$\dot{Q} = C_c(T_{c,\text{ out}} - T_{c,\text{ in}}) \longrightarrow T_{c,\text{ out}} = T_{c,\text{ in}} + \frac{\dot{Q}}{C_c}$$

$$= 20°\text{C} + \frac{39.1\text{ kW}}{0.836\text{ kW/K}} = \mathbf{66.8°C}$$

$$\dot{Q} = C_h(T_{h,\text{ in}} - T_{h,\text{ out}}) \longrightarrow T_{h,\text{ out}} = T_{h,\text{ in}} - \frac{\dot{Q}}{C_h}$$

$$= 150°\text{C} - \frac{39.1\text{ kW}}{0.639\text{ kW/K}} = \mathbf{88.8°C}$$

그러므로 이 열교환기에 있어서 냉각수가 기름을 150°C에서 88.8°C까지 냉각하는 동안에, 냉각수의 온도는 20°C부터 66.8°C까지 상승할 것이다.

요약 | SUMMARY

열교환기는 두 유체가 서로 섞이지 않게 하면서 열을 교환하도록 하는 장치이다. 열교환기는 여러 가지 유형이 있는데, 가장 간단한 형태는 **이중관 열교환기**(*double pipe* heat exchanger)이다. **평행유동형**(*parallel-flow* type)에 있어서는 고온과 저온유체가 열교환기의 같은 쪽으로 들어가서 같은 방향으로 흐르며, **대향유동형**(*counter-flow* type)에 있어서는 고온과 저온유체가 열교환기의 반대쪽으로 들어가 반대 방향으로 흐른다. **밀집형** 열교환기는 두 유체가 서로 직교하며 흐르고, 그런 유동의 형태를 **직교유동**(*cross flow*)이라 부른다. 산업용으로 많이 쓰이는 형태로는 평판형 열교환기와 각–관 열교환기(*shell and tube* heat exchanger)가 있다.

열교환기에 있어서 열전달은 보통 각 유체의 대류와 두 유체를 분리하고 있는 벽을 통한 전도를 포함한다. 열교환기의 해석에서는 다음과 같이 표현되는 **총 열전달계수**(*overall heat transfer coefficient*) U나 **총 열저항**(*total thermal resistance*) R을 가지고 작업하면 편리하다.

$$\frac{1}{UA_s} = \frac{1}{U_iA_i} = \frac{1}{U_oA_o} = R = \frac{1}{h_iA_i} + R_{\text{wall}} + \frac{1}{h_oA_o}$$

여기서 하첨자 i와 o는 각각 두 유체를 분리하고 있는 벽의 내부와 외부 표면적을 나타낸다. 관 벽의 두께가 작고, 관 재료의 열전도도가 클 때는 위 관계는

$$\frac{1}{U} \approx \frac{1}{h_i} + \frac{1}{h_o}$$

와 같이 간단히 되며, 여기에서 $U \approx U_i \approx U_o$이다. 열교환기 관의 내면과 외면의 오염에 대한 영향은 다음과 같이 고려할 수 있다.

$$\frac{1}{UA_s} = \frac{1}{U_iA_i} = \frac{1}{U_oA_o} = R$$

$$= \frac{1}{h_iA_i} + \frac{R_{f,i}}{A_i} + \frac{\ln(D_o/D_i)}{2\pi kL} + \frac{R_{f,o}}{A_o} + \frac{1}{h_oA_o}$$

여기서 $A_i = \pi D_iL$과 $A_o = \pi D_oL$은 각각 내면과 외면의 면적이며, $R_{f,i}$와 $R_{f,o}$는 내 · 외면에서의 오염계수들이다.

단열이 잘된 열교환기에서 고온유체로부터의 열전달률은 저온유체로의 열전달률과 같다. 즉,

$$\dot{Q} = \dot{m}_cc_{pc}(T_{c,\text{ out}} - T_{c,\text{ in}}) = C_c(T_{c,\text{ out}} - T_{c,\text{ in}})$$

$$\dot{Q} = \dot{m}_hc_{ph}(T_{h,\text{ in}} - T_{h,\text{ out}}) = C_h(T_{h,\text{ in}} - T_{h,\text{ out}})$$

여기서 c와 h는 각각 저온유체와 고온유체를 의미하며, 유체의 질량유량과 비열의 곱 $C = \dot{m}c_p$는 **열용량률**이라고 부른다.

열교환기를 해석하는 두 방법 중에서 **대수평균온도차법**(또는 LMTD법)은 입출구온도가 주어졌을 때 열교환기의 크기를 결정하는 데에 적당하다. **유용도-NTU법**은 규정된 열교환기에서 고온과 저온유체의 출구온도를 예측하는 데에 적당하다. LMTD법에서 열전달률은 다음과 같다.

$$\dot{Q} = UA_s\,\Delta T_{\text{lm}}$$

여기서

$$\Delta T_{\rm lm} = \frac{\Delta T_1 - \Delta T_2}{\ln(\Delta T_1/\Delta T_2)}$$

는 **대수평균온도차**이며, 열교환기의 해석에 있어서 사용되는 평균 온도차에 적당한 형태이다. 또한 ΔT_1과 ΔT_2는 열교환기의 양 끝(입구와 출구)에서 두 유체의 온도차를 나타낸다. 직교유동이나 다통로 각-관 열교환기에서 대수평균온도차는 대향유동의 $T_{\rm lm,\ CF}$와 다음과 같은 관계가 있다.

$$\Delta T_{\rm lm} = F\,\Delta T_{\rm lm,\ CF}$$

여기서 F는 **수정계수**이며, 열교환기의 형상과 고온 및 저온유체의 입출구온도에 의존한다.

열교환기의 **유용도**(*effectiveness*)는 다음과 같이 정의된다.

$$\varepsilon = \frac{\dot{Q}}{\dot{Q}_{\max}} = \frac{\text{실제 열전달률}}{\text{최대 가능 열전달률}}$$

여기서

$$\dot{Q}_{\max} = C_{\min}(T_{h,\,\rm in} - T_{c,\,\rm in})$$

$\dot{Q}_{\max} = C_{\min}(T_{\rm h,\ in} - T_{\rm c,\ in})$인데, $C_{\min}$은 $C_h = \dot{m}_h c_{ph}$와 $Cc = \dot{m}_c c_{pc}$ 중에서 작은 것이다. 열교환기의 유용도는 유용도의 관계식이나 차트로부터 결정될 수 있다.

참고문헌 | REFERENCES AND SUGGESTED READINGS

1. N.Afgan and E.U.Schlunder. *Heat Exchanger: Design and Theory Sourcebook*. Washington, D.C.: McGraw-Hill/ Scripta, 1974
2. R.A. Bowman, A.C. Mueller, and W.M.Nagle. "Mean Temperature Difference in Design." *Trans. ASME62*, 1940, p.283. Reprinted with permission of ASME International.
3. A.P.Fraas. *Heat Exchanger Design*. 2d ed. New York: John Wiley & Sons, 1989.
4. K.A. Gardner. "Variable Heat Transfer Rate Correction in Multipass Exchangers, Shell Side Film Controlling." *Transactions of the ASME* 67 (1945), pp.31-38.
5. W.M.Kays and A.L.London. *Compact Heat Exchangers*. 3rd ed. New York: McGraw-hill, 1984.
6. W.M.Kags and H.C.Perkins. In *Handbook of Heat Transfer*, eds. W.M. Rohsenow and J.P.HArtnett. New YorkL McGraw-Hill, 1972, Chap. 7.
7. A. C. Mueller. "Heat Exchangers." *In Handbook of Heat Transfer*, eds. W.M. Rohsenow and J.P.HArtnett. New YorkL McGraw-Hill, 1972, Chap. 18.
8. M.N. Özişik. *Heat Transfer—A Basic Approach*. New York: McGraw-Hill, 1985
9. E.U.Schlunder. *Heat Exchanger Design Handbook*. Washington, D.C.: Hemisphere, 1982.
10. *Standards of Tubular Exchanger Manufacturers Association*. New York: Tubular Exchanger Manufacturers Association, 9th ed, 2007.
11. R. A. Stevens, J. Fernandes, and J. R. Woolf. "Mean Temperature Difference in One, Two, and Three Pass Crossflow Heat Exchangers." *Transactions of the ASME* 79 (1957), pp. 287–297.
12. J. Taborek, G. F. Hewitt, and N. Afgan. *Heat Exchangers: Theory and Practice*. New York: Hemisphere, 1983.
13. G. Walker. *Industrial Heat Exchangers*.Washington, D.C.: Hemisphere, 1982.

연습문제* | PROBLEMS

에너지의 형태

9–1C 열교환기는 어떻게 밀집형으로 분류되는가? 이중관 열교환기도 밀집형 열교환기로 분류될 수 있다고 생각하는가?

9–2C 재생 열교환기는 무엇인가? 정적 재생 열교환기는 동적인 것과 어떻게 다른가?

9–3C 각-관 열교환기에 있어서 격벽의 역할은 무엇인가? 격벽의 존재는 열전달과 펌프 소요 동력에 어떤 영향을 미치는지 설명하라.

9–4C 직교유동 열교환기는 대향유동 열교환기와 어떻게 다른가? 직교유동에 있어서 유체의 혼합형과 비혼합형의 차이는 무엇인가?

총 열전달계수

9–5C 액체 대 액체 열교환기에서 고온유체에서 저온유체로 열전달이 형성될 때 열전달 메커니즘을 기술하라.

9–6C 열교환기에서 관의 열저항을 무시할 수 있는 조건은 무엇인가?

9–7C 길이 L의 이중관 평행유동 열교환기를 생각한다. 내관의 내경 및 외경이 각각 D_1과 D_2이고, 외관의 직경은 D_3이다. 두 열

전달 면적 A_i과 A_o를 어떻게 결정할 것인지 설명하여라. $A_i \approx A_o \approx A_s$로 가정하는 것은 어느 때 타당한가?

9–8C 열교환기에서 오염에 의한 열저항은 어떻게 고려하는가? 유체의 속도와 온도는 오염에 어떤 영향을 미치는가?

9–9C 얇은 벽의 이중관 열교환기에 있어서 근사식 $U = h_i$는 어떠한 경우에 타당한가? 여기에서 U는 총 열전달계수이며 h는 관 내 대류 열전달계수이다.

9–10C 열교환기에서 보통 무엇이 오염을 유발하는가? 오염은 열전달과 압력강하에 어떻게 영향을 미치는가?

9–11C 어떤 조건에서 열교환기의 총 열전달계수를 $U = (1/h_i + 1/h_o)^{-1}$로 구할 수 있는가?

9–12 보일러에 장착된 5 m 스테인리스 관(k = 14.2 W/m·K)에 평균온도 110°C, 평균 유속 3.5 m/s인 물이 흐른다. 관의 내경과 외경은 각각 D_i =1.0 cm, D_o = 1.4 cm이다. 관의 외경 표면에서 비등이 일어나고 이때 비등 열전달계수는 h_o = 7200 W/m²·K이다. 관의 내경 표면적을 기준으로 한 이 보일러의 총 열전달계수 U_i를 구하라.

9–13 문제 9–12에서 관의 내경표면의 오염계수가 $R_{f,\,i}$ = 0.0005 m²·K/W일 경우 총 열전달계수 U_i를 구하라.

9–14 문제 9–13을 고려하라. EES(또는 다른 프로그램)를 사용하여 오염계수가 0.0001 m²·K/W에서 0.0008 m²·K/W 사이에서 변화할 때 오염계수를 고려한 내부표면에 대한 총 열전달계수를 도시하고, 그 결과에 대하여 논하라.

9–15 어떤 대향유동 열교환기가 설계조건과 깨끗한 조건에서 운행될 때 관 외곽 면적을 기반으로 하는 총 열전달계수는 285 W/m²·K이다. 일정 기간 운행 후 오염계수값이 0.00035 m²·°C/W로 되었다. (*a*) 열교환기의 총 열전달계수를 결정하고 (*b*) 오염물이 형성된 후 총 열전달계수는 몇 %로 변화하였는가?

9–16 관과 외각통의 직경이 각각 1.0 cm와 2.5 cm인, 길고 얇은 벽을 가진 이중관 열교환기가 냉매 134a를 20°C인 물에 의해 응축시킨다. 냉매는 관을 통해 흐르며, 대류 열전달계수는 h_i = 4100 W/m²·K이다. 물은 외각통을 통해 0.3 kg/s로 흐른다. 이 열교환기의 총 열전달계수를 구하라. **답: 1856 W/m²·K**

* "C"로 표시된 문제는 개념에 관한 문제들이며, 학생들은 모든 문제를 풀어 보도록 권고한다. " " 아이콘, " " 아이콘이 있는 문제는 EES 프로그램을 사용하여 풀어야 한다.

9–17 문제 9–16을 내관의 외면에 2 mm 두께의 석회암층(k = 1.3 W/m·K)이 형성되어 있다고 가정하고 다시 풀어라.

9–18 문제 9–17을 EES(또는 다른 프로그램)를 사용하여 석회암의 두께가 1 mm에서 3 mm 사이에서 변화할 때 석회암 두께와 총 열전달계수와의 상관관계를 도시하고, 그 결과에 대하여 논하라.

9–19 터빈 교반기로 된 재킷 교반용기가 10°C 물줄기를 54°C로 가열하는 데 사용된다. 용기의 내벽에서 물의 평균 열전달계수는 Nu = 0.76 Re$^{2/3}$Pr$^{1/3}$의 식으로부터 산출할 수 있다. 재킷에 있는 가열용 100°C 포화증기는 평균 열전달계수, $h_o = 13.1(T_g - T_w)^{-0.25}$(kW/m²·K) 조건으로 응축된다. 용기의 크기는 D_t = 0.6 m, H = 0.6 m 및 D_a = 0.2 m이고 교반속도는 60 rpm이다. 교반용기가 정상상태로 가열될 수 있도록 물의 질량유량을 계산하라.

열교환기의 해석

9–20C 열교환기의 해석에서 보통 사용하는 근사화는 무엇인가?

9–21C 열교환기에서 저온유체의 온도상승이 고온유체의 온도강하와 같아지는 조건은 무엇인가?

9–22C 열용량률이란 무엇인가? 만일 열교환기에서 두 유체의 용량률이 같다면, 두 유체의 온도 변화에 대해서 당신은 어떻게 말할 수 있겠는가? 열교환기에서 한 유체의 열용량이 무한대가 된다는 것은 무엇을 의미하는가?

9–23C 수증기가 주어진 온도에서 냉각수에 방열을 하면서 응축되는 응축기를 생각하자. 만일 응축기 안에서의 열전달률과 냉각수의 온도상승을 안다면, 수증기의 응축률과 냉각수의 질량유량을 어떻게 구할 수 있을지 설명하라. 또한 이 경우에 있어서 응축기의 총 열저항 R을 어떻게 산출할 것인지 설명하라.

9–24C 어떤 조건에서 다음 식이 열교환기의 열전달관계식으로서 성립하는가?

$$\dot{Q} = \dot{m}_c c_{pc}(T_{c,\,\text{out}} - T_{c,\,\text{in}}) = \dot{m}_h c_{ph}(T_{h,\,\text{in}} - T_{h,\,\text{out}})$$

대수평균온도차법

9–25C 열교환기의 열전달 관계식 $\dot{Q} = UA_s\Delta T_{\text{lm}}$에서 ΔT_{lm}은 무엇이라 부르는가? 이것은 평행유동과 대향유동 열교환기에서 어떻게 정해지는가?

9–26C 열교환기에서 대수평균온도차는 산술평균온도차(arithmetic mean temperature difference, AMTD)와 어떻게 다른가?

주어진 입출구온도에 대하여 둘 중 어떤 것이 더 큰가?

9–27C 열교환기에서 고온과 저온유체의 온도차는 한 끝에서 ΔT_1, 다른 끝에서 ΔT_2로 주어진다. 이 열교환기의 대수평균온도차 T_{lm}은 ΔT_1와 ΔT_2 둘 중 어느 것이 더 클 수 있는가? 설명하라.

9–28C 평행유동 열교환기에 있어서 저온유체의 출구온도는 고온유체의 출구온도보다 높일 수 있는가? 대향유동 열교환기에서는 어떠한가를 설명하라.

9–29C 다통로 각–관 열교환기에서 출구온도를 포함한 모든 정보가 주어졌을 때, 열전달 면적을 결정하는 데에 있어서 LMTD법을 어떻게 사용하는지 설명하라.

9–30C 열교환기에 대한 열전달 관계식 $\dot{Q} = UA_sF\Delta T_{lm}$에서 F는 무엇이라 하는가? 그것은 무엇을 나타내는가? F는 1보다 클 수 있는가?

9–31C 열교환기에 있어서 유체의 출구온도를 알 수 없을 때, LMTD법을 사용하는 것이 아직도 실용적이라면 왜 그런가?

9–32C 입출구온도가 규정되어 있을 때, 이중관 평행유동, 이중관 대향유동, 직교유동, 다통로 각–관 열교환기 중에서 어떤 열교환기의 ΔT_{lm}이 가장 큰가?

9–33 어떤 대향류 열교환기가 설계 조건과 깨끗한 조건에서 운행할 때 총 열전달계수는 284 W/m²·K이다. 관 측에서 고온유체가 93°C로 들어가서 71°C로 나오고, 동시에 각 측에서 저온유체가 27°C로 들어가서 38°C로 나온다. 일정기간 운행 후 오염물이 형성되어 오염계수값이 0.0004 m²·K/W로 되었다. 열전달 표면적이 93 m²일 때 (*a*) 열교환기의 열전달률을 결정하고 (*b*) 고온 측과 저온 측의 유체의 질량유동률을 구하라. 고온 측과 저온 측의 비열은 모두 (c_P = 4.2 kJ/kg·K)로 가정하라.

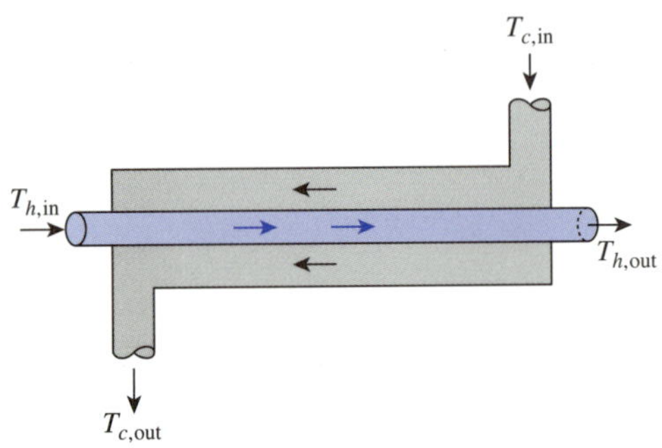

그림 P9–33

9–34 그림 P9–34와 같은 단 하나의 통로로 구성된 어떤 직교유동 열교환기가 디젤엔진의 물(c_P = 4.18 kJ/kg·K) 냉각기로 사용된다. 공기와 물이 혼합되지 않은 상태 에서 입구온도가 30°C인 공기(c_P = 1.02 kJ/kg·K)로 90°C의 디젤엔진을 60°C로 냉각시킨다. 물의 질량유량이 42,000 kg/h, 공기의 질량유량이 180,000 kg/h일 때, 열교환기의 대수평균온도차를 결정하라.

답: 28.2°C

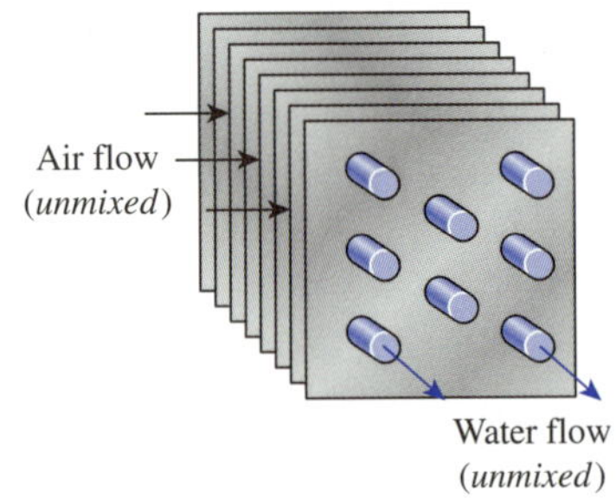

그림 P9–34

9–35 관의 내경과 외경이 각각 D_i = 2.0 cm, D_o = 2.5 cm인 수평 구리관(k = 386 W/m·K)에서 1.5 kg/s로 흐르는 에틸렌글리콜이 외경면의 포화증기에 의해 25°C에서 40°C로 가열된다. 이때 외부표면에서 포화증기(T_g = 110°C)는 응축이 발생하고 응축 열전달계수는 $9.2/(T_g - T_w)^{0.25}$ (kW/m²·K)이며 T_w는 관 외경 표면에서의 평균온도이다. 이와 같은 조건을 만족하기 위해서는 관의 길이를 얼마로 하여야 하는가? 여기서 에틸렌글리콜의 물성치는 ρ = 1109 kg/m³, c_p = 2428 kJ/ kg·K, Pr = 148.5, k = 0.253 W/m·K, μ = 0.01545 kg/m·s이다.

9–36 내경이 1.2 cm, 길이 2 m인 관이 24개가 설치되어 있는 기름–물 각–관 열교환기로 총 열전달계수를 결정하기 위한 시험을 한다. 질량유량이 3 kg/s인 찬물 (c_p = 4180 J/kg·K)이 관에 20°C로 들어가 55°C로 관을 나온다. 기름(c_p = 2150 J/kg·K)은 외각통 측을 흐르며 120°C에서 45°C로 냉각된다. 관 내면을 기준으로 한 이 열교환기의 총 열전달계수를 구하라.

답: 8.31kW/m²·K

9–37 탄화수소 기류(c_P = 2.2 kJ/kg·K)가 이중관 대향류 열교환기의 관측에서 720 kg/h로 흐르면서 150°C에서 40°C로 냉각된다. 이때 냉각수(c_P = 4.18 kJ/ kg·K)는 역 교환기에 10°C, 540 kg/h로 들어간다. 내부관의 의부직경은 2.5 cm이고 길이는 6 m이다. 총 열전달계수를 구하라.

9–38 각–관 열교환기 14 kg/s의 오일(c_P = 2.0 kJ/kg·K)을 20°C에서 46°C로 가열하는 데 사용한다. 이 열교환기 1개의 각과 6개 관으로 구성되어 있다. 물을 각 쪽에서 80°C로 들어가서 60°C로 나온다. 총 열전달계수는 1,000 W/m²·K이다. 열전달률과 열전달 면적을 구하라.

9–39 이중관 평행유동 열교환기로 질량유량이 0.2 kg/s인 물(c_p = 4,180J/kg·K)을 25°C에서 60°C까지 가열한다. 가열은 온도가 140°C이고 질량유량이 0.3 kg/s인 지열수(c_p = 4,310 J/kg·K)에 의해 이루어진다. 내관은 관 벽 두께가 얇고 직경이 0.8 cm이다. 만일 총 열전달계수가 550 W/m²·K라면 원하는 열전달을 수행하기 위해서 요구되는 열교환기의 길이는 얼마인가?

9–40 문제 9-39를 EES(또는 다른 프로그램)를 사용하여, 관의 길이에서 지열수의 질량유동과 온도효과를 조사하라. 온도는 100°C와 200°C 사이에서 변화하고, 질량유동이 0.1 kg/s와 0.5 kg/s 사이에서 변화할 때 관의 길이와 온도 및 질량유동의 상관관계를 도시하고, 그 결과에 대하여 논하라.

9–41 1각-8관 통로 열교환기가 온수 c_p = 4.18 kJ/kg·K를 이용하여 글리세린(c_p = 2.50 kJ/kg·K)을 27°C에서 60°C까지 가열하는 데 사용된다. 온수는 지름이 1.3 cm인 얇은 관에 80°C로 들어가서 50°C로 나온다. 열교환기에서 관의 총 길이는 120 m이다. 대류 열전달계수는 글리세린 측(외각통측)에서 23 W/m²·K이며, 물 측(관측)에서 280 W/m²·K이다. 열교환기에서 (*a*) 오염이 일어나기 전과, (*b*) 관의 외면에 오염계수 0.00035 m²·K/W로 오염이 되었을 때 열전달률을 구하라.

9–42 이중파이프 평행유동 열교환기가 뜨거운 물로 질량유량 물을 가열한다. 뜨거운 물 (c_P = 4.25 kJ/kg·K)는 85°C로 질량유동 1.4 kg/s로 들어가고 50°C로 나간다. 열교환기는 단열되지 않은 상태여서 주어진 뜨거운 열의 3%를 잃고 있다. 만약 열교환기의 총 열전달계수와 단면적이 각각 1,150 W/m²·K, 4 m²이면 질량유량 물로 전달되는 열전달률을 계산하고 이 열교환기의 대수 평균 온도차를 구하라.

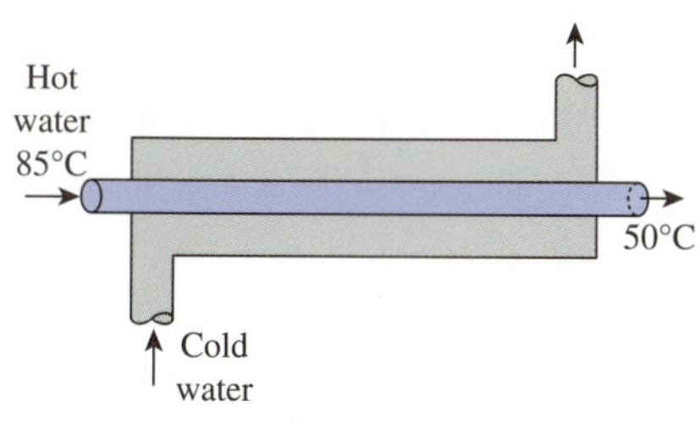

그림 P9–42

9–43 얇은 관을 가진 이중관 대향유동 열교환기에서 질량유량이 2.5 kg/s인 기름 (c_p = 2,200 J/kg·K)을 150°C에서 40°C까지 물 (c_p = 4,180 J/kg·K)에 의해 냉각시킨다. 물은 관에 22°C인 질량유량 1.5 kg/s로 들어간다. 관의 직경은 2.5 cm이고, 관의 길이는 6 m이다. 이 열교환기의 총 열전달계수를 구하라.

9–44 문제 9-43을 EES(또는 다른 프로그램)을 사용하여 이 열교환기에서 오일의 출구온도와 물의 입구온도가 총 열전달계수와 미치는 영향을 조사하라. 출구온도가 30°C에서 70°C로 변화하고 물의 입구온도가 5°C에서 25°C로 변화할 때 두 온도를 함수로 총 열전달계수를 도시하고, 그 결과에 대하여 논하라.

9–45 2각-12관 통로 각-관 열교환기가 에틸렌 글리콜(c_P = 2,680 J/kg·K)을 이용하여 물(c_P = 4,180 J/kg·K)을 가열하는 데에 사용된다. 물은 관에서 온도 22°C, 질량 유량 0.8 kg/s로 들어가서 70°C로 나온다. 에틸렌 글리콜은 외각통에 110°C로 들어 가서 60°C로 나온다. 만일 관측 면적을 기준으로 하여 총 열전달계수가 280 W/m²·K라면, 열전달률과 관측 면적을 기준으로 한 열전달 면적을 구하라.

9–46 문제 9-45를 EES(또는 다른 프로그램)를 사용하여 열전달률에 물의 질량유동 효과와 관 표면면적을 조사하고, 질량유동이 0.4 kg/s에서 2.2 kg/s 사이에서 변화할 때 질량유동과 표면면적 및 열전달률과의 상관관계를 도시하고 그 결과에 대하여 논하라.

9–47 질량유량이 0.5 kg/s인 20°C의 글리세린(c_p = 2,400 J/kg·K)이 얇은 이중관 평행유동 열교환기에서 70°C의 에틸렌 글리콜(c_p = 2,500 J/kg·K)에 의해 가열된다. 열교환기 출구에서 두 유체 사이의 온도차는 15°C이다. 만일 총 열전달계수가 240 W/m²·K이고 열전달 면적이 3.2 m²라면, (*a*) 열전달률 (*b*) 글리세린의 출구온도 (*c*) 에틸렌 글리콜의 질량유량을 구하라.

9–48 공기(c_p = 1,005 J/kg·K)가 노에 들어가기 전에 직교유동 열교환기 안에서 뜨거운 배기가스에 의해 가열된다. 공기는 열교환기에 95 kPa, 20°C, 0.8 m³/s로 들어간다. 연소가스(c_p = 1,100 J/kg·K)는 180°C, 1.1 kg/s로 들어가서 95°C로 나온다. 총 열전달계수와 열전달 면적의 곱 UA_s = 1,200 W/K이다. 두 유체가 모두 비혼합이라고 가정할 때, 열전달률과 공기의 출구온도를 구하라.

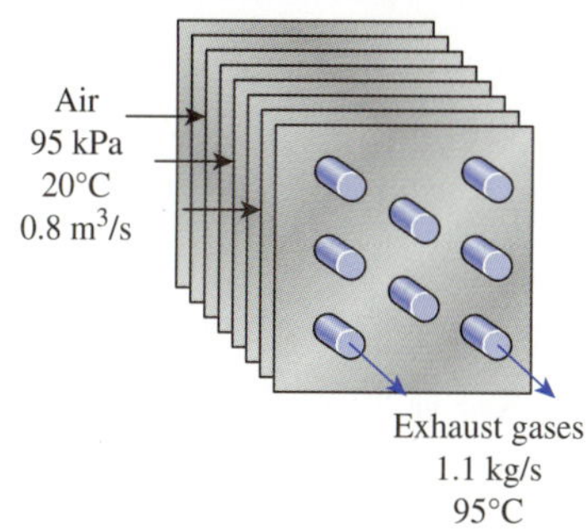

그림 P9–48

9–49 2각-12관 통으로 구성된 각-관 열교환기의 관측에서 질량유량이 4.5 kg/s인 물(c_p = 4,180 J/kg·K)을 20°C에서 70°C까지 가열한다. 가열하는 열은 외각통측에 10 kg/s로 들어가는 170°C인 뜨거운 기름(c_p = 2,300 J/kg·K)에 의해 공급된다. 관측의 총 열전달계수가 350 W/m²·K일 때, 관측의 열전달 면적을 구하라. **답: 25.7 m²**

9–50 문제 9–49를 질량유량 3 kg/s에 대하여 해를 구하라.

9–51 2각-8관 통로 각-관 열교환기의 관측에서 질량유량이 2.1 kg/s인 에틸알코올(c_p = 2,670 J/kg·K)를 25°C에서 70°C까지 가열한다. 열은 외곽통 측에 95°C 들어가서 45°C로 나오는 물(c_p = 4190 J/kg·K)에 의해 공급된다. 만일 총 열전달계수가 950 W/m²·K라면, 이 열교환기의 열전달 면적을 구하라.

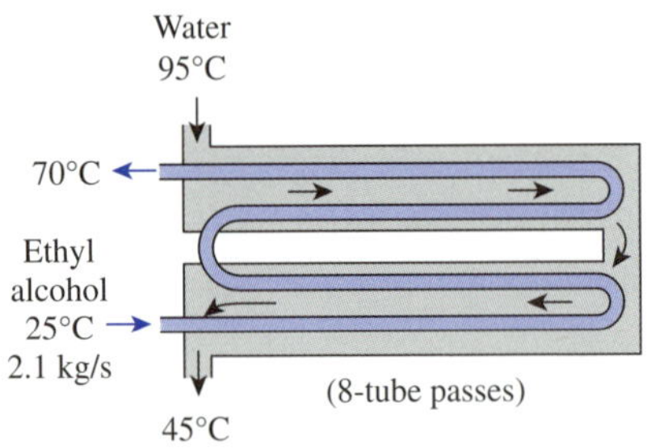

그림 P9–51

9–52 흐름의 배열이 알려지지 않은 물–물 이중관 열교환기를 생각하자. 온도 측정으로 찬물은 20°C로 들어가서 50°C로 나오고, 온수는 80°C로 들어가서 45°C로 나오는 사실을 알았다. 당신은 이 열교환기를 평행유동으로 생각하는가? 아니면 대향유동으로 생각하는가? 설명하라.

9–53 샤워기로 가는 차가운 물(c_p = 4,180 J/kg·K)이 얇은 관의 이중관 대향유동 열교환기에 15°C, 1.25 kg/s로 들어가서, 100°C, 4 kg/s로 들어오는 뜨거운 물(C_p = 4,190 J/kg·K)에 의해 60°C로 가열된다. 만일 총 열전달계수가 880 W/m²·K라면, 이 열교환기의 열전달률과 열전달 면적을 구하라.

9–54 디젤엔진의 뜨거운 배기가스로 증발기의 증기를 생산하기 위해 사용한다. 물이 포화액체로 들어가 200°C에서 증발(h_{fg} = 1,941 kJ/kg)하는 동안 배기가스(c_P = 1,051 J/kg·K)가 550°C로 질량유동 0.25 kg/s로 열교환기로 들어간다. 물 측면에서 열교환기의 열전달 표면적은 0.5 m²이고 총 열전달계수는 1,780 W/m²·K이다. 열 전달률과 배기가스의 출구온도 그리고 물의 증발률을 구하라.

9–55 [EES] 문제 9–54를 EES(또는 다른 프로그램)를 사용하여 열전달률에서 배기가스 입구온도의 효과, 배기가스의 출구온도효과, 그리고 물의 증발률을 구하고, 배기가스 온도가 300°C에서 600°C 사이에서 변화할 때 배기가스의 온도와 열전달률, 배기가스의 출구온도 및 물의 증발률과의 상관관계를 도시하고, 그 결과에 대하여 논하라.

9–56 방직공장의 80°C의 염색폐기물(c_p = 4,295 J/kg·K)이 이중관 대향류 열교환기에서 같은 유동률로 흐르는 신선한 물(c_p = 4,180 J/kg·K)을 예열하는 데 사용된다. 열교환기의 열전달 표면적은 1.65 m²이고, 총 열전달계수는 625 W/m²·K이다. 열교환기에서 열전달률이 35 kW이라면, 출구온도와 각 유동기류의 질량유동을 구하라.

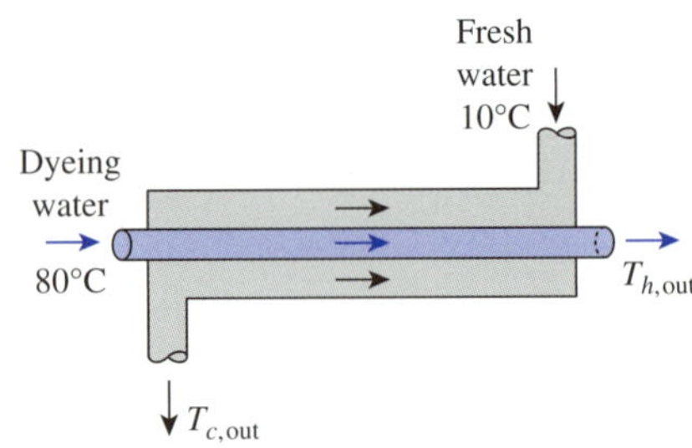

그림 P9–56

9–57 어떤 열교환기가 내경 23 mm, 외경 25 mm 및 길이 3.7 m인 400개의 관들로 만들어져 있다. 이 열교환기의 수정 대수평균 온도차는 23°C이다. 내측 표면 대류 열전달계수는 3410 W/m²·K이고 외측 표면 대류 열전달계수는 6,820 W/m²·K이다. 관들의 열저항을 무시한다고 할 때, 열교환기의 열전달률을 구하라.
답: 5,750 kW

9–58 단 하나의 통로로 구성된 열교환기가 외각 측에 있는 110°C 증기의 응축에 의해 질량유량 45,000 kg/h의 물이 15°C에서 40°C로 가열될 수 있게 설계되었다. 각각의 관들은 내경 3 cm 및 벽 두께 0.3 cm이고, 내부표면 대류 열전달계수는 2700 W/m²·K이고 외부표면 대류 열전달계수는 11,000 W/m²·K이다. 관측 입구 물(c_{pc} = 4.18 kJ/kg·K, ρ = 998 kg/m³)의 유속이 1.2 m/s일 때 관들의 수와 길이를 결정하라(관들의 저항은 무시한다).

유용도-NTU법

9–59C 열교환기에서 유용도는 무엇을 나타내는가? 유용도는 1보다 클 수 있는가? 유용도는 열교환기의 어떤 인자들에게 좌우되는가?

9–60C 유체의 종류, 입구온도, 질량유량이 규정되어 있을 때, 이중관 평행유동, 이중관 대향유동, 직교유동, 다통로 각–관 열교환기 중 어떤 종류의 열교환기의 유용도가 가장 높은가?

9–61C 열교환기에서 유용도가 결정되면, 고온과 저온유체의 출구온도를 어떻게 결정할 것인지 설명하라.

9–62C 열교환기에서 저온유체의 온도가 어떤 위치에서라도 고온유체의 입구온도보다 높아질 수 있는지 설명하라.

9–63C 유체의 비열은 같지만 질량유량이 다른 열교환기를 생각해보자. 질량유량이 낮은 유체와 높은 유체 중 어떤 것이 큰 온도 변화를 겪게 되는가?

9–64C 열교환기에서 두 유체의 질량유량, 비열, 그리고 입구온도가 규정되어 있을 때, 최대 가능 열전달률 $\dot{Q}_{max}$를 어떻게 구할 것인지 설명하라. $\dot{Q}_{max}$의 값은 열교환기의 형식에 좌우되는가?

9–65C 어떤 조건에서 대향유동 열교환기의 유용도가 1이 되는가? 평행유동 열교환기에 대해서는 어떻게 되겠는가?

9–66C 이중관 대향유동 열교환기를 생각해보자. 열전달을 촉진하기 위해서 열교환기의 길이를 두 배로 하였다. 당신이 생각하기에 유용도도 역시 두 배로 될 것 같은가?

9–67C 두 개의 이중관 대향유동 열교환기에서 하나가 다른 것보다 두 배 더 긴 것을 제외하고는 모든 것이 똑같다면, 어떤 열교환기의 유용도가 높을 것 같은가?

9–68C 열교환기에서 NTU는 어떻게 정의되는가? 그것은 무엇을 나타내는가? NTU가 큰 (이를테면 10) 열교환기를 구입하면 좋겠는가?

9–69C NTU가 4인 열교환기를 생각해보자. 어떤 사람이 열교환기의 유용도를 증가시키고 또 에너지를 절약하기 위해서, 열교환기의 크기를 두 배로 해서 NTU를 두 배인 8로 만드는 것을 제안했다. 당신은 이 제안에 동의하는가?

9–70C NTU가 0.1인 열교환기를 생각해보자. 어떤 사람이 열교환기의 유용도를 증가시키고 또 에너지를 절약하기 위해서, 열교환기의 크기를 세 배로 해서 NTU를 세 배인 0.3으로 만드는 것을 제안했다. 당신은 이 제안을 받아들이겠는가?

9–71 두 유체가 섞이지 않는 직교유동 열교환기의 총 열전달계수가 200 W/m²·K이고, 열전달 표면적은 400 m²이다. 고온유체의 열용량은 40,000 W/K이고, 저온유체의 열용량은 80,000 W/K이다. 고온 측과 저온 측 유체의 입구온도가 각각 80°C, 20°C일 때 저온 측 유체의 출구온도를 결정하라. **답: 42.2°C**

9–72 1각-2관 열교환기에서 입구온도가 20°C인 저온 물이 80°C에서 공급되는 고온 물에 의해 가열된다. 저온 물과 고온 물의 유동률은 각각 5,000 kg/h, 10,000 kg/h이다. 이 열교환기의 UA_s 값이 11,600 W/K일 때 저온 물과 고온 물의 출구온도를 구하라(c_{pc} = 4,178 J/kg·K, c_{ph} = 4,188 J/kg·K이다).

9–73 자동차 라디에이터는 엔진 냉각 유체(c_P = 4.00 kJ/kg·K)를 냉각하기 위해 공기(c_P = 1.00 kJ/ kg·K)를 사용하는 직교유동 열교환기(UA_s = 10 kW/K)이다. 냉각펌프가 엔진 냉각수를 5 kg/s로 순환시킬 동안에 엔진팬은 이 라디에이터에 22°C, 8 kg/s의 공기를 통과시킨다. 이러한 조건에서 냉각수는 라디에이터에 80°C로 들어간다. 라디에이터의유용도는 0.4이다. (*a*) 공기의 출구온도와 (*b*) 유체 사이의 열전달률을 구하라.

9–74 이중관 대향유동 열교환기에서 20°C 물(c_P = 4,180 J/kg·K)이 내경 2.5 cm인 관에 질량유량 2.2 kg/s로 들어간다. 물은 외각통 측에서 120°C (h_{fg} = 2,203 kJ/kg)에서 응축하는 수증기에 의해 가열된다. 만일 열교환기의 총 열전달계수가 700 W/m²·K이라고 하면, 물을 80°C까지 가열하기 위해서 필요한 관의 길이를 (*a*) LMTD법을 이용, (*b*) ε-NTU법을 이용하여 각각 구하라.

9–75 이중관 대향유동 열교환기에서 115°C로 들어오는 뜨거운 기름(c_p = 2,200 J/kg·K)에 의해 에탄올이 78°C (h_{fg} = 846 kJ/kg)에서 0.04 kg/s의 비율로 증발된다. 만일 열전달 면적과 총 열전달계수가 각각 6.2 m²과 320 W/m²·K라면, 기름의 출구온도와 질량유량을 (*a*) LMTD법, (*b*) ε-NTU법을 이용하여 구하라.

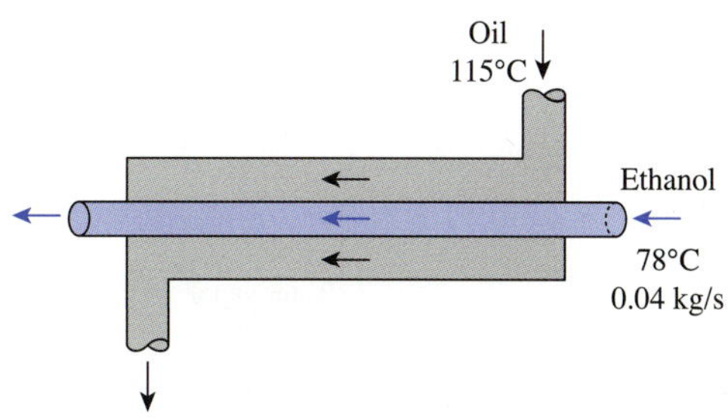

그림 P9–75

9–76 공기(c_P = 1005 J/kg·K)가 온도 20°C, 질량유량 3 kg/s로 직교유동 열교환기에 들어가며, 여기에서 70°C, 1 kg/s로 들어가는 온수(c_P = 4190 J/kg·K)에 의해 가열된다. 이 경우에 있어서 최대 열전달률과 저온 및 고온유체의 출구온도를 구하라.

9–77 2각-12관 통로 각–관 열교환기에서 뜨거운 기름(c_P = 2,200 J/kg·K)이 물(c_P = 4,180 J/kg·K)에 의해 냉각된다. 관은 얇고, 구리로 만들었으며, 내경이 1.8 cm이다. 열교환기의 관통로당 길이는 3 m이고, 총 열전달계수는 340 W/m²·K이다. 물은 관

측에 0.1 kg/s로 흐르고, 기름은 외각통 측에 0.2 kg/s로 흐른다. 물과 기름의 입구온도는 각각 18°C와 160°C이다. 이 열교환기의 열전달률과 물 및 기름의 출구온도를 구하라.

답: 36.2 kW, 104.6°C, 77.7°C

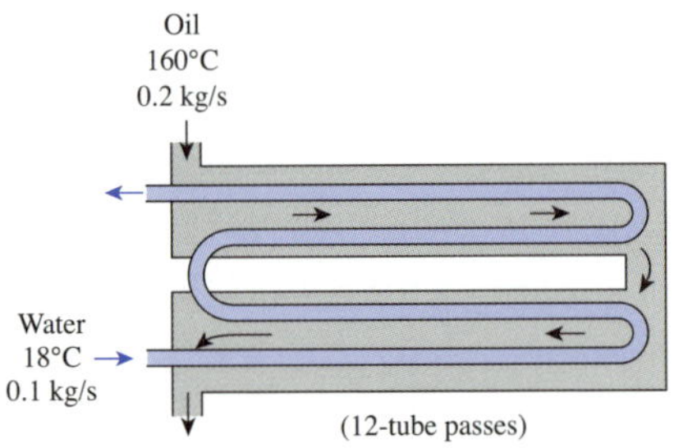

그림 P9–77

9–78 흐름 배열이 알려지지 않은 기름–기름 이중관 열교환기를 생각하자. 온도측정 결과, 찬 기름은 15°C로 들어가서 55°C로 나오며, 뜨거운 기름은 80°C로 들어가서 40°C로 나온다. 당신은 이것이 평행유동 열교환기라 생각하는가, 아니면 대향유동 열교환기라 생각하는가? 왜 그런가? 두 유체의 질량유량이 같다고 가정하고, 이 열교환기의 유용도를 구하라.

9–79 이중관 대향유동 물–기름 열교환기에서 온수는 90°C로 들어가서 40°C로 나온다. 기름은 20°C로 들어가서 55°C로 나온다. 어느 유체가 열용량이 작은지 정하고, 이 열교환기의 유용도를 계산하라.

9–80 100°C 포화증기가 표면적 0.5 m², 총 열전달계수가 2,000 W/m²·K인 1각-2관 열교환기에서 응축된다. 이 열교환기에 0.5 kg/s 질량유량을 갖는 15°C 저온 물(c_{pc} = 4,179 J/kg·K)이 관 측으로 들어간다. (*a*) 열전달 유용도를 구하라. (*b*) 저온 물의 출구온도를 구하라. (*c*) 열교환기의 열전달률을 구하라.

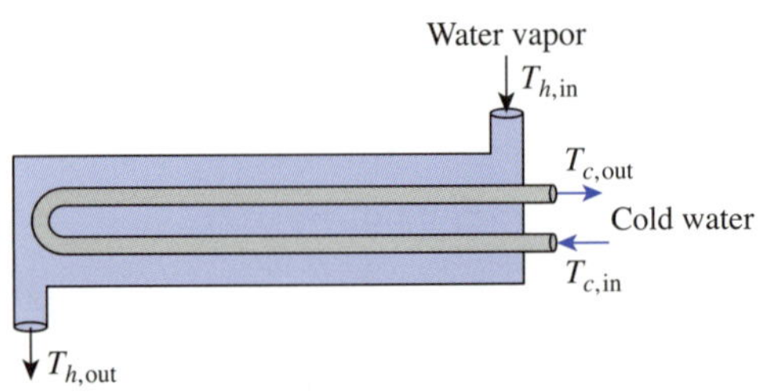

그림 P9–80

9–81 100°C, 2.5 kg/s의 질량유동율을 갖는 고온 물(c_{ph} = 4,188 J/kg·K)이 얇은 동심원 열교환기로 들어간다. 열교환기의 표면적은 23 m²이고 총 열전달계수는 1,000 W/m²·K이다. 질량유동율 5 kg/s인 20°C 저온 물(c_{pc} = 4,187 J/kg·K)이 열교환기로 들어간다. (*a*) 열교환기의 열전달률을 구하라 (*b*) 저온 물과 고온 물 출구온도를 구하여라. (*c*) 일정기간 운행 후 총 열전달계수가 500 W/m²·K로 감소하였다. 총 열전달계수의 감소 원인인 오염계수를 결정하라.

9–82 유용도가 0.65인 직교유동 공기–물 열교환기가 뜨거운 공기(c_p = 1,010 J/kg·K)로 물(c_p = 4,180 J/kg·K)을 가열하는 데에 쓰인다. 물이 20°C로 열교환기에서 4 kg/s로 들어가고, 공기는 100°C로 9 kg/s 질량유량으로 흘러 들어간다. 만일 물 측 면적을 기준으로 한 총 열전달계수가 260 W/m²·K라면, 물 측의 열교환기의 열전달 면적을 구하라. 두 유체는 비혼합이라 가정한다.

답: 52.4 m²

9–83 직교 열교환기에서 질량유량 0.35 kg/s의 저온 물(c_p = 4.18 kJ/kg·K)이 14°C로 들어가면서 가열된다. 가열유체는 질량유량 0.8 kg/s인 65°C로 들어가서 25°C로 나온다. 저온 물의 최대 출구온도를 구하고, 이 열교환기의 유용도를 구하라.

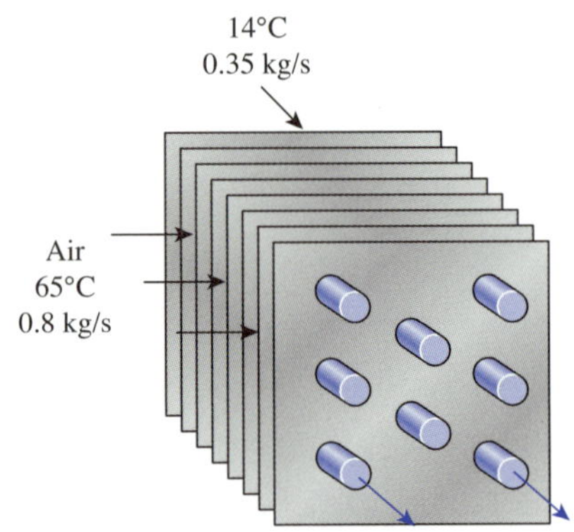

그림 P9–83

9–84 호수의 물이 동력발전소에서 냉각수로 사용된다. 터빈 출구 증기를 3.2 kg/s로 응축하기 위하여 각–관 열교환기가 사용된다. 이 열교환기는 하나의 외각통과 얇은 벽으로 된 직경 25 mm인 관 220개로 구성되어 있고, 각 관은 두 통로로 만들어져 있다. 냉각수가 관들을 통하여 흐르는 동안 증기는 외각통을 통하여 흐른다. 증기는 60°C의 포화증기로 들어가서 포화액체로 나온다. 20°C의 냉각수는 200 kg/s로 흐른다. 관들의 외관표면에서 대류 열전달계수는 8,500 W/m²·K이다. (*a*) 응축기를 나오는 냉각수의 온도를 결정하고, (b) 각 통로당 요구되는 관의 길이를 결정하라(물에 대한 평균 물성치는 다음 것을 사용하라: c_p = 4,180 J/ kg·K, $\mu = 8 \times 10^{-4}$ N·s/m²), k = 0.6 W/m·K, 그리고 Pr = 6).

9–85 이중관 대향유동 열교환기 안에서 물(c_p = 4,180 J/kg·K)

이 태양열로 가열된 뜨거운 공기(c_p = 1,010 J/kg·K)에 의해 가열된다. 공기는 열교환기에 90°C, 0.3 kg/s로 들어가고, 물은 22°C, 0.1 kg/s로 들어간다. 관의 내경 측을 기준으로 총 열전달계수는 800 W/m²·K이다. 관의 내면을 기준으로 내경은 1.2 cm이고 길이는 12 m이다. 물과 공기의 출구온도를 구하라.

9–86 문제 9−85를 다시 고려하라. EES(또는 다른 프로그램)를 사용하여 물의 질량 유동과 공기와 물의 출구 온도에서 관의 길이 효과를 조사하고, 질량유량이 0.05 kg/s에서 1.0 kg/s 사이에서 변화하고 관의 길이가 5 m에서 25 m 사이에서 변화할 때 질량유량과 관의 길이에 대하여 공기와 물의 출구온도에 대한 상관관계를 도시하고, 그 결과에 대하여 논하라.

9–87 얇은 이중관 열교환기가 20°C, 1.4 kg/s의 율로 들어오는 물(c_p = 4.18 kJ/kg·K)을 이용하여 2.3 kg/s로 흐르는 기름(c_p = 2.2 kJ/kg·K)을 150°C로부터 40°C까지 냉각하는 데에 쓰인다. 관의 직경은 13 cm이고, 길이는 60 m이다. 이 열교환기의 총 열전달계수를 (*a*) LMTD법, (*b*) ε-NTU법을 이용하여 구하라.

9–88 2각-8관 통으로 구성된 각-관 열교환기에서 에틸 알코올(c_p = 2,670 J/kg·K)이 관 안에서 25°C에서 70°C까지 2.1 kg/s로 가열된다. 가열은 95°C로 들어가서 60°C로 나오는 물(c_p = 4,190J/kg·K)에 의해 행해진다. 만일 총 열전달계수가 800 W/m²·K라면, 이 열교환기의 열전달 면적을 (*a*) LMTD법과, (*b*) ε-NTU법을 이용하여 구하라. **답: 11.4 m²**

9–89 관통로당 50개의 관이 있는 1각-8관 통로 열교환기에서 수증기가 외각통 측에서 30°C (h_{fg} = 2,431 kJ/kg)에서 응축된다. 냉각수(c_p = 4,180 J/kg·K)는 관에 18°C, 2,200 kg/h로 들어간다. 관들은 얇고, 직경이 1.5 cm이며, 길이는 통로당 2 m이다. 만일 총 열전달계수가 3,000 W/m²·K라면, (*a*) 열전달률과, (*b*) 수증기의 응축률을 구하라.

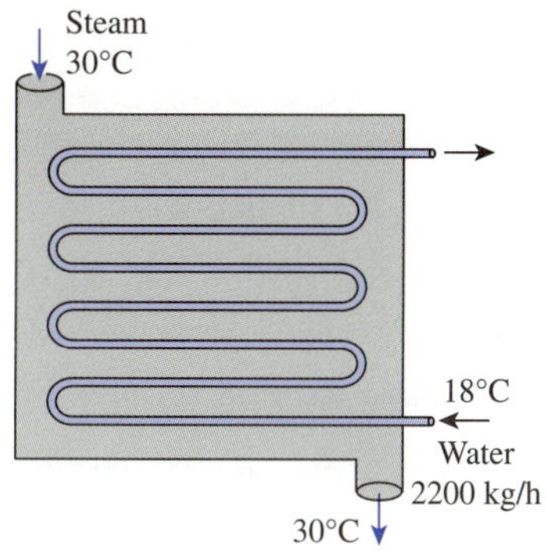

그림 P9–89

9–90 문제 9−89를 EES(또는 다른 프로그램)를 사용하여 응축증기 온도와 열전달률과 증기의 응축률에서 관의 직경효과에 대하여 조사하고, 증기온도가 20°C에서 70°C 사이에서 변화하고 관의 직경이 1.0 cm에서 2.0 cm 사이에서 변화할 때 증기온도와 관의 직경을 함수로 하는 열전달률 및 응축률과의 상관관계를 도시하고, 그 결과에 대하여 논하라.

9–91 샤워기로 가는 냉수(c_p = 4,180 J/kg·K)가 얇은 이중관 대향유동 열교환기에 15°C, 0.25 kg/s로 들어가서, 100°C, 3 kg/s로 들어오는 온수(c_p = 4,190 J/kg·K)에 의해 45°C으로 가열된다. 만일 총 열전달계수가 950 W/(m²·K)라면, 이 열교환기의 열전달률과 열전달 면적을 ε-NTU법을 이용하여 구하라.

답: 31.35 kW, 0.482 m²

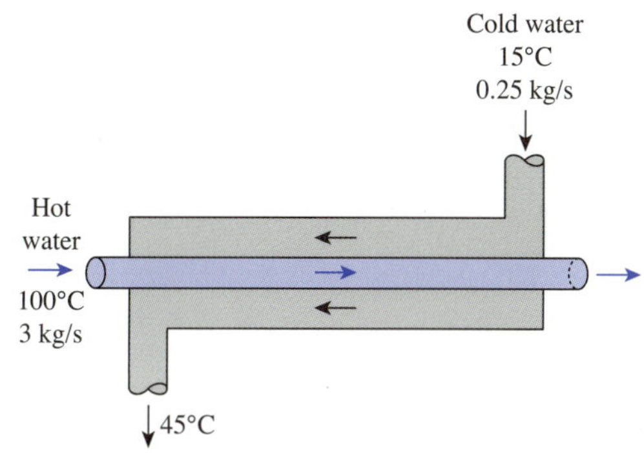

그림 P9–91

9–92 문제 9−91를 EES(또는 다른 프로그램)를 사용하여 뜨거운 물의 입구온도와 열전달률과 표면적에서 열전달계수의 효과를 조사하라. 입구온도가 60°C에서 120°C 사이에서 변화하고 총 열전달계수가 750 W/m²·K에서 1,250 W/m²·K 사이에서 변화할 때 입구온도와 열전달계수를 요소로 하는 열전달률 및 전열표면적과의 상관관계를 도시하고 그 결과에 대하여 논하라.

9–93 엔진오일이 직교유동 열교환기에 의해 냉각된다. 열교환기에서 두 유체는 섞이지 않으며, 유량 0.026 kg/s인 오일(c_{ph} = 2,047 J/kg·K) 75°C에서 열교환기로 들어가고, 반면 공기(c_{pc} = 1,007 J/kg·K)는 유량 0.21 kg/s로 30°C에서 들어간다. 총괄 열전달계수가 53 W/m²·K이고 총 표면적이 1 m²이라면 (*a*) 열전달유용도와 (*b*) 오일 출구온도를 결정하라.

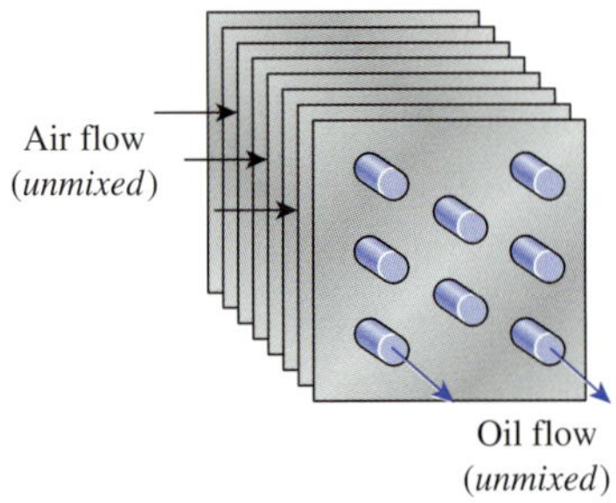

그림 P9–93

복습문제

9–94 두 유체가 섞이지 않는 직교유동 열교환기가 있다. 총 열전달계수는 200 W/m²·K이고, 열전달 표면적은 400 m²이다. 고온유체의 열용량은 40,000 W/K이고, 저온유체의 열용량은 80,000 W/K이다. 고온과 저온유체의 입구온도가 각각 80°C와 20°C일 때 (*a*) 고온유체의 출구온도와 (*b*) 열교환기의 열전달률을 구하라.

9–95 단 하나의 통로로 구성된 직교유동 열교환기로 고온 공기(혼합)로 물(비혼합)을 가열하는 데 사용된다. 물은 30°C에서 80°C로 가열되며 질량유량은 3 kg/s이다. 고온 공기는 220°C에서 입구로 들어가서 100°C에서 출구로 나온다. 총 열전달계수가 200 W/m²·K이라면 열교환기의 전열면적을 구하라.

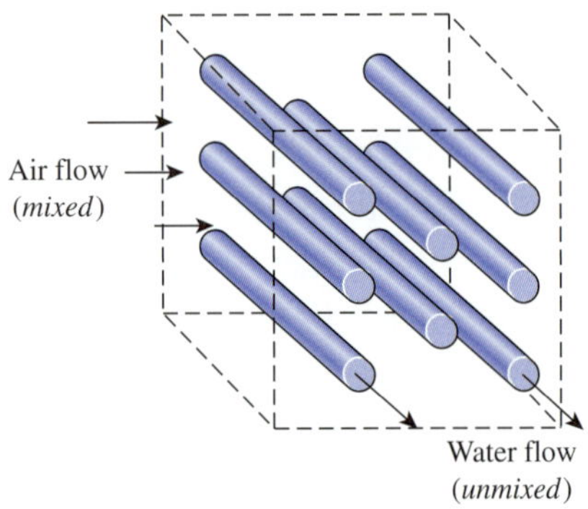

그림 P9–95

9–96 질량유량, 비열, 그리고 이중관 평행류 열교환기에서 관측의 기류 출구온도, 비열, 질량유량이 각각 120°C, 2.0 kJ/kg·K, 3,200 kg/h일 때, 다른 기류의 입구온도, 비열, 질량유량이 각각 20°C, 4.2 kJ/kg, 2,000 kg/h이다. 이 열교환기의 열전달 면적과 총 열전달계수 0.50 m², 2.0 kW/m²·K이다. 열교환기가 정상상태로 운전될 때 양 기류의 출구온도를 (*a*) LMTD법 (*b*) 유용도-NTU법을 사용하여 구하라.

9–97 1각 통로(1-Shell passes)와 14관 통로(14-tube passes)로 된 각–관 열교환기가 관들에 의해 지열 기류로 물을 가열하는 데 사용된다. 이때 지열기류는 외각통 측에서 120°C (h_{fg} = 2,203 kJ/kg) 상태로 응축된다. 각 통로들은 얇은 벽면으로 되어 있고 직경은 2.4 cm, 길이는 3.2 m이다. 물의(c_p = 4,180 J/kg·K)이 18°C에서 6.2 kg/s로 관으로 들어가고, 출구에서 두 유체의 온도차가 46°C라면 (*a*) 열전달률 (*b*) 증기의 응축률 (*c*) 총 열전달계수를 각각 구하라.

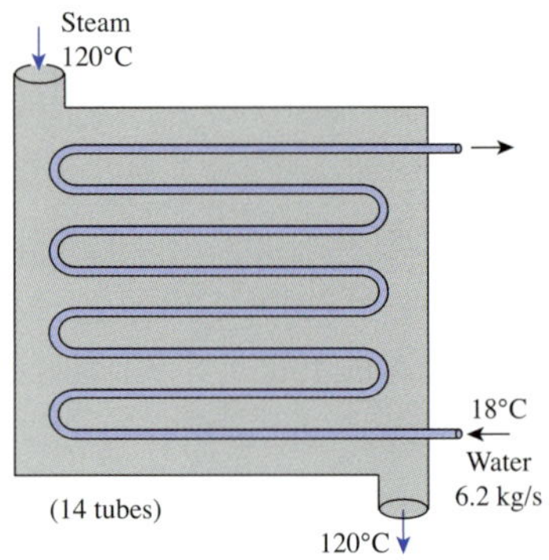

그림 P9–97

9–98 이중관 대향류 열교환기에서 75°C의 지열물(c_p = 4,250 J/ kg·K)이 17°C의 신선한 물(c_p = 4,180 J/kg·K) 1.2 kg/s을 가열하는 데 사용된다. 열전달표면적은 25 m²이고 총 열전달계수는 480 W/m²·K이며 지열물의 질량유량은 신선한 물의 질량유량보다 크다. 만약 열교환기의 유용도가 0.823이라면 유체의 출구온도와 지열물의 질량유량을 구하라.

9–99 1각 통로(1-Shell passes)와 2관 통로(2-tube passes)로 된 열교환기에서 관측을 흐르는 뜨거운 물이 60°C에서 36°C로 냉각된다. 냉각수는 물이며 입구온도와 출구온도는 7°C, 31°C이다. 총 열전달계수와 열전달 면적은 각각 950 W/m²·K, 15 m²이다. 이 열교환기가 정상상태에서 운전할 때 뜨거운 물과 차가운 물의 질량유량을 구하다.

9–100 2각 통로-20관 통로로 된 열교환기에 질량유량 4 kg/s이고 15°C인 저온 물(c_p = 4,180 J/kg·K)이 관들로 들어가고, 고온 오일(c_p = 2,200 J/kg·K)은 물과 동일한 질량유량으로 각 측에 130°C로 들어가서 60°C로 나온다. 관의 외곽 표면을 근거로 한 총 열전달계수가 220 W/m²·K이라면 (a) 열전달률과 (b) 관의 외측에서 열전달 표면적을 구하라. **답: 616 W, 48.0 m²**

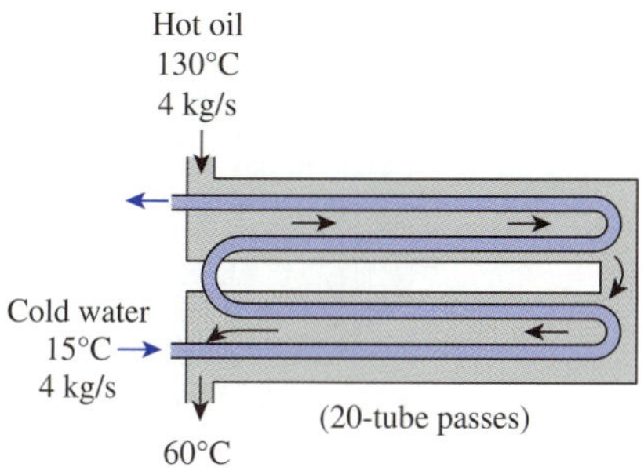

그림 P9–100

9–101 이중관 대향유동 열교환기에서 물(c_p = 4.18 kJ/kg·K)이 태양열로 가열된 뜨거운 공기(c_p = 1.0 kJ/kg·K)에 의해 가열된다. 공기는 열교환기에 90°C , 0.3 kg/s로 들어가서 60°C로 나온다. 물은 20°C , 0.16 kg/s로 들어간다. 관의 내면을 기준으로 한 총 열전달계수가 115 W/m²·K이다. 내경이 1.3 cm인 관에 소요되는 길이를 구하라.

9–102 $\Delta T_2 \rightarrow \Delta T_1$의 극한을 취하여, 열교환기에서 $\Delta T_1 = \Delta T_2$일 때 ΔT_{lm}의 관계식은 $\Delta T_{lm} = \Delta T_1 = \Delta T_2$가 됨을 보여라.

9–103 냉매 R-134a가 40°C에서 응축되며 22,500 kJ/h로 방열하도록 설계된 룸 에어콘의 응축기가 있다. 공기(c_p = 1005 J/kg·K)가 휜 부착 응축 코일을 가로질러 흐르며, 25°C로 들어가서 32°C로 나온다. 만일 냉매 측을 기준으로 한 총괄열전달계수가 150 W/m²·K라면, 냉매 측의 열전달 면적을 구하라. **답: 3.74 m²**

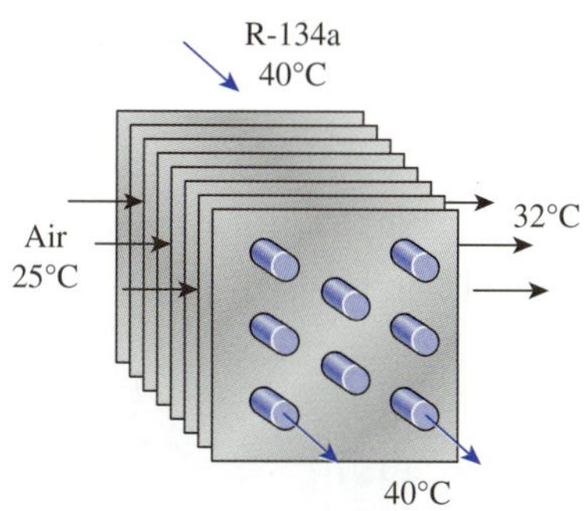

그림 P9–103

9–104 공기(c_p = 1005 J/kg·K)가 노에 들어가기 전에 직교유동 열교환기 안에서 뜨거운 배기가스에 의해 가열된다. 공기는 열교환기에 95 kPa, 20°C, 0.4 m³/s로 들어간다. 연소가스(c_p = 1100 J/kg·K)는 180°C, 0.65 kg/s로 들어가서 95°C로 나온다. 총괄열전달계수와 열전달 면적의 곱 UA_s = 1,620 W/K이다. 두 유체가 모두 비혼합이라고 가정할 때, 열전달률을 구하라.

9–105 화학 공장에서 한 화학물질이 천연가스로에서 공급되는 온수에 의해 가열된다. 온수(c_p = 4,180 J/kg·K)는 60°C, 8 kg/min로 충전된다. 그 공장은 하루에 8시간, 일주일에 5일, 1년에 52주 운전된다. 노의 효율은 78%이고, 천연 가스의 가격은 1 therm당 $1.00이다. (1 therm = 100,000 Btu = 105,500 kJ) 연중 노에 들어가는 냉수의 평균온도는 14°C이다. 에너지를 절약하기 위해서, 온수를 뽑아내어 들어오는 냉수를 예열하는 물–물 열교환기를 설치하자고 제안되었다. 열교환기는 온수로부터 72%의 열을 회수한다고 가정할 때, 구입할 열교환기의 열전달률을 구하고, 적당한 열교환기 형식을 제시하라. 또한 이 열교환기가 천연가스를 절약함으로써 회사에 매년 절약시킬 수 있는 금액을 구하라.

9–106 각–관 열교환기에서 관을 통과하는 기류에 의해 160°C에서 100°C 냉각하는 과정에서 47 kg/s의 냉각수가 사용된다. 열교환기는 100개의 서로 다른 관으로 구성되어 있고, 각각의 관은 내경이 2.5 cm이며 두께는 무시할 수 있다. 반응 기류의 평균물성치는, ρ = 950 kg/m³, k = 0.50 W/m·K, c_p = 3.5 kJ/kg·K, 그리고 μ = 2.0 mPa·s 냉각 기류는 c_p = 4.18 kJ/kg·K이고 질량유량은 66 kg/s, 입구온도는 10°C이다. 또한 외각통 측의 열전달계수는 4.0 kW/m²·K이다. 열교환기가 (*a*) 1외각과 1관일 경우 (*b*) 1외각과 4관일 경우에 대하여 관의 길이를 계산하라.

9–107 2외각 통로(2-Shell passes)와 4관통로(4-tube passes)로 된 열교환기가 탄화수소 기류(c_p = 2.0 kJ/kg·K)를 20°C에서 50°C로 가열하는 데 사용된다. 물기류가 외각통 측으로 80°C로 들어가 40°C로 나간다. 열교환기는 얇은 벽면으로 된 160개의 관으로 되어 있고, 각 관의 직경은 2.0 cm, 길이는 1.5 m이다. 관측과 외각통 측 열전달계수는 각각 1.6 kW/m²·K, 2.5 kW/m²·K 이다. (*a*) 물과 탄화수소기류의 질량유량과 열전달률을 구하라. (*b*) 관 표면의 오염으로 인하여 탄화수소 출구온도가 5°C 감소하는 것으로 발견되었다. 오염계수 크기를 산출하라.

9–108 공기혼합, 오일 비혼합인 직교류 열교환기에서 18°C의 공기(c_p = 1,006 J/kg·K)가 80°C의 오일(c_p = 2,150 J/kg·K)에 의해 58°C로 가열된다. 열전달면적과 총 열전달계수를 곱한 값은 750 W/K이고 공기의 질량유량은 오일질량유량의 2배이다. (*a*) 열교환기의 유용도 (*b*) 공기의 질량유량 (*c*) 열전달률을 구하라.

9–109 평판열교환기가 고온 물 기류의 열이 저온 물 기류로 전달되는 실험에 사용되었다. 실험 동안 아래와 같이 값들이 측정되었다.

	Hot-Water Stream	Cold-Water Stream
Inlet temperature, °C	38.9	14.3
Outlet temperature, °C	27.0	19.8
Volume flow rate, L/min	2.5	4.5

열전달 면적이 0.056 (m^2)이라면

(*a*) 저온 물의 열전달률을 계산하라.
(*b*) 총 열전달계수를 계산하라.
(*c*) 열교환기가 잘 단열되었거나 혹은 그렇지 않은 경우, 열손실 부분을 결정하고 열전달 효율을 결정하라.
(*d*) 열교환기의 유용도와 NTU 값을 결정하라. 또한 측정된 값들이 타당한지 토론하라.

9–110 2각과 4관통로로 구성된 열교환기가 125°C의 오일(c_p = 2.0 kJ/kg·K)을 55°C로 냉각하는 데 사용된다. 냉각수는 물이고, 물은 외각통 축에 25°C로 들어가서 46°C로 나온다. 총 열전달계수가 900 W/m^2이라면 오일의 질량유량이 10 kg/s이라면 냉각물의 유동율과 열전달 면적을 구하라.

9–111 물–물 대향류 열교환기가 있다. 20°C의 차가운 물이 들어가는 동안 90°C의 뜨거운 물이 들어간다. 뜨거운 물의 출구온도는 차가운 물의 출구온도보다 15°C 높다. 그리고 뜨거운 물의 질량유량은 차가운 물의 질량유량보다 50%보다 크다. 열전달 면적과 총열전달계수의 곱은 2,200 W/K이다. 뜨거운 물과 차가운 물의 비열을 c_p = 4,180 J/kg·K로 한다면, (*a*) 차가운 물의 출구온도 (*b*) 열교환기의 유용도 (*c*) 차가운 물의 질량유량 (*d*) 열전달률을 구하라.

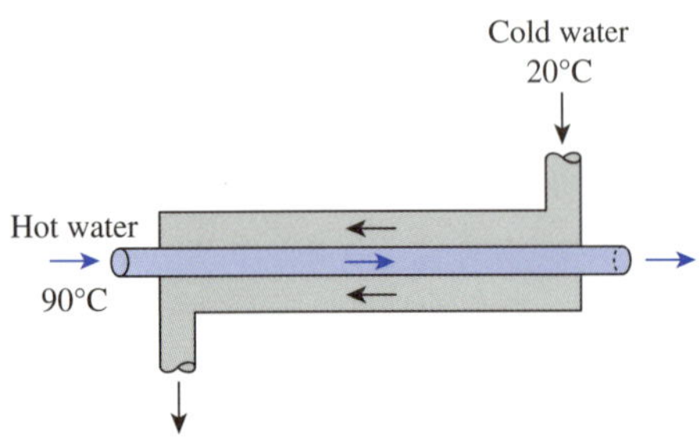

그림 P9–111

9–112 단 하나의 통로를 가지는 직교유동 열교환기에서 두 유체가 비혼합인 상태에서 물은 16°C에서 들어가서 33°C로 나오고, 오일(c_p = 1.93 kJ/kg·K, ρ = 870 kg/m^3)은 0.19 m^3/min 유량으로 38°C로 들어가서 29°C로 나온다. 열교환기의 표면면적이 20 m^2이라면 (*a*) NTU 값 (*b*) 총괄열전달계수값을 구하라.

답: (*a*) 2.39, (*b*) 336 W/m^2·K

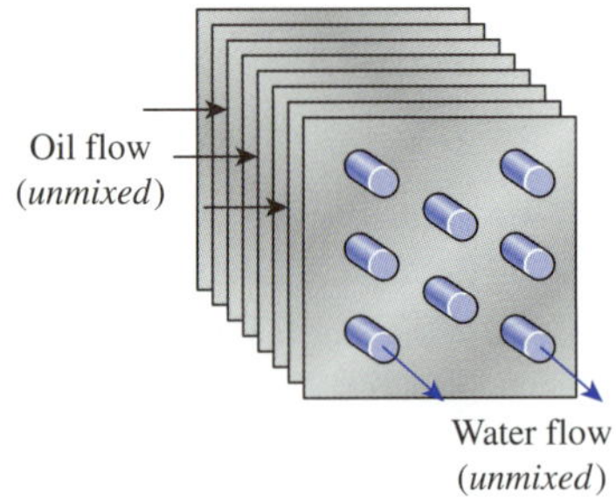

그림 P9–112

9–113 100°C 포화물증기가 1각-2관 열교환기에서 각 측에서 응축된다. 열교환기의 표면면적은 0.5 m^2이고 총괄열전달계수는 2,000 W/m^2·K이다. 냉각수(c_{pc} = 4,179 J/kg·K) 유동은 유량 0.5 kg/s로 15°C에서 관 측으로 들어간다. 열교환기에 대한 냉각수 출구온도와 열전달률을 구하라.

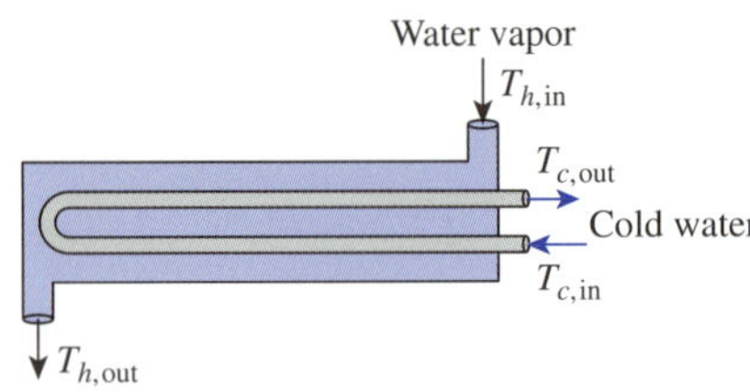

그림 P9–113

9–114 엔진 내의 오일이 직교류 열교환기에서 공기에 의해 냉각된다. 여기서 두 유체는 비혼합 상태이다. 오일(c_{ph} = 2,047 J/kg·K)은 유량 0.026 kg/s로 75°C에서 관 측으로 들어가고, 반면 공기(c_{pc} = 1,007 J/kg·K)는 각 측에서 유량 0.21 kg/s로 30°C에서 들어간다. 열교환기의 총괄열전달계수는 53 W/m^2·K이고, 총 표면면적은 1 m^2이다. 만약 수정계수 F = 0.96이라면 오일과 물의 출구온도를 각각 결정하라.

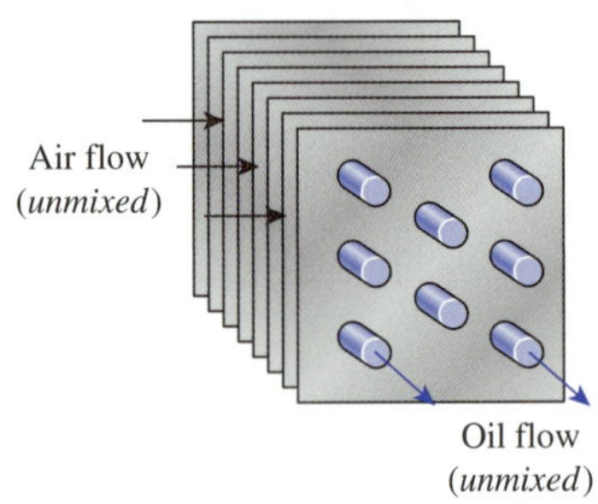

그림 P9–114

설계 및 에세이 문제

9–115 물이 샤워기 헤드를 통하여 정상상태로 8 kg/min로 흐른다. 물은 전기가열에 의해 15°C에서 45°C로 가열된다. 에너지 절약을 위한 시도로 샤워기로 들어오는 차가운 물을 열교환기에 의해 버려지는 38°C 물로 예열하는 방법이 제안되었다. 이러한 제안에 적합한 열교환기를 설계하고, 그리고 당신의 분야에서 에너지와 경비를 절약할 잠재성에 대해 논의하라.

9–116 다음의 조건에서 야채와 과일을 30°C에서 5°C로 20,000 kg/h를 냉각할 수 있는 수소 냉각장치를 설계하라.

설계조건:

- 야채, 과일이 물이 담겨있는 채널로 이동하면서 냉각될 수 있는 유동형태의 장치이다.
- 야채, 과일은 물의 채워진 한쪽 끝에서 채널에 낙하하고 채널의 다른 쪽 끝에서 픽업할 수 있는 구조이다.
- 채널의 폭은 3 m, 높이는 90 cm이다.
- 물이 순환되는 구조이고 냉동시스템의 증발기 부분에 의해 냉각된다.
- 냉각기 코일내의 냉매온도는 −2°C이고, 물의 온도는 1°C이하로 내려가지 않으며 6°C 이상을 초과하지 않는다.
- 야채, 과일의 평균 밀도, 평균 비열, 평균 공극률(박스에서 공기체적 분율)에 대한 타당성 있는 값들을 추정함으로써 아래와 같은 사항에 대하여 수소 냉각장치의 열적 관점들에 관련된 양들에 대한 타당성 있는 값들을 제시하라.

(*a*) 과일, 채소 채널에서 얼마만큼 머물러야 하는가?
(*b*) 채널의 길이는 얼마인가?
(*c*) 채널을 통과하는 물의 속도는?
(*d*) 콘베이어의 속도와 동시에 채널을 통과하는 과일, 채소는?
(*e*) 냉동시스템의 냉동능력은?
(*f*) 증발기와 물 측의 표면적을 고려한 열교환기 형태는?

9–117 어떤 회사가 냉동능력이 200톤인 냉동시스템을 구입하였다(1 냉동톤 = 211 KJ/min). 다음 조건에서 직경이 7 cm를 초과하지 않은 과일들을 냉각하는 강제 공냉시스템을 설계하고자 한다. 과일들은 28°C로부터 평균 8°C로 냉각하고자 한다. 공기의 온도는 −2°C 이상 10°C 이하로 항상 유지되도록 한다. 그리고 과일에 도달하는 공기속도는 2 m/s로 유지한다. 냉각공간은 폭 3.5 m 높이 2 m로 한다.

과일의 평균밀도, 평균비열, 평균 공극률(박스에서의 공기체적 분량)에 대한 합리적인 값들을 가정함으로써 강체 공냉장치에서 열적 관점에 관련된 다음 양들에 대한 양들의 타당성 있는 값들을 제시하라. (*a*) 과일들이 냉각공간에 얼마나 머물러야 하는가? (*b*) 냉각공간의 길이는? (*c*) 냉각공간에 도달하는 공기속도는? (*d*) 시스템의 냉각능력(kg·fruit/h)은? (*e*) 공기부피 유량은? (*f*) 공기 측의 표면적과 증발기에 대하여 어떤 열교환기가 적합한가?

9–118 A_s = 9.0 m² 대향류 이중관 열교환기가 입구온도 90°C와 질량유량 10.0 kg/s인 유체(c_p = 3.15 kJ/ kg·K)를 냉각하는 데 사용된다. 냉각수(c_p = 4.2 kJ/ kg·K)가 입구온도 10°C와 질량유량 8.0 kg/s로 열교환기로 들어간다. 이 열교환기의 총 열전달계수가 $U = 600/(1/\dot{m}_c^{0.8}+2/\dot{m}_h^{0.8}$; W/m²·K)이고, 여기서 $\dot{m}_c$, $\dot{m}_h$는 저온과 고온의 질량유량으로 kg/s이다. (*a*) 이 장치의 출구기류온도와 열전달률을 구하라. (*b*) 현재 장치를 교체하고자 한다. 어떤 매각인이 열교환기의 보관소에 재고로 있는 A_s = 5 m²인 두 개의 동일한 열교환기에 대하여 대단히 매력적인 할인 매매를 제안하였다. 현재 있는 열교환기와 재고품의 열교환기의 관들 직경이 동일하기 때문에 현재의 열교환기에 적용된 열전달계수 방정식은 재고품의 열교환기들에게도 유효할 것으로 기대된다. 매각인은 두 개의 재고품이 저온기류과 고온기류를 각각 1/2 유동률로 대향류로 흐르게 하면 두 개의 열교환기는 기존의 열교환기와 같은 성능을 발휘할 것이라고 제시하였다. 따라서 이들 두 장치를 설치하면 기존의 냉동시스템의 총 효율과 동일하거나 그보다 초과할 수 있다는 것이다. 이 교체제안이 구매자에게 매력적인 제안이 될 수 있도록 뒷받침할 수 있는 계산결과를 제시하라.

APPENDIX

PROPERTY TABLES AND CHARTS

TABLE A–1

Molar mass, gas constant, and critical-point properties

Substance	Formula	Molar mass, *M* kg/kmol	Gas constant, *R* kJ/kg·K*	Critical-point properties: Temperature, K	Pressure, MPa	Volume, m^3/kmol
Air	—	28.97	0.2870	132.5	3.77	0.0883
Ammonia	NH_3	17.03	0.4882	405.5	11.28	0.0724
Argon	Ar	39.948	0.2081	151	4.86	0.0749
Benzene	C_6H_6	78.115	0.1064	562	4.92	0.2603
Bromine	Br_2	159.808	0.0520	584	10.34	0.1355
n-Butane	C_4H_{10}	58.124	0.1430	425.2	3.80	0.2547
Carbon dioxide	CO_2	44.01	0.1889	304.2	7.39	0.0943
Carbon monoxide	CO	28.011	0.2968	133	3.50	0.0930
Carbon tetrachloride	CCl_4	153.82	0.05405	556.4	4.56	0.2759
Chlorine	Cl_2	70.906	0.1173	417	7.71	0.1242
Chloroform	$CHCl_3$	119.38	0.06964	536.6	5.47	0.2403
Dichlorodifluoromethane (R-12)	CCl_2F_2	120.91	0.06876	384.7	4.01	0.2179
Dichlorofluoromethane (R-21)	$CHCl_2F$	102.92	0.08078	451.7	5.17	0.1973
Ethane	C_2H_6	30.070	0.2765	305.5	4.48	0.1480
Ethyl alcohol	C_2H_5OH	46.07	0.1805	516	6.38	0.1673
Ethylene	C_2H_4	28.054	0.2964	282.4	5.12	0.1242
Helium	He	4.003	2.0769	5.3	0.23	0.0578
n-Hexane	C_6H_{14}	86.179	0.09647	507.9	3.03	0.3677
Hydrogen (normal)	H_2	2.016	4.1240	33.3	1.30	0.0649
Krypton	Kr	83.80	0.09921	209.4	5.50	0.0924
Methane	CH_4	16.043	0.5182	191.1	4.64	0.0993
Methyl alcohol	CH_3OH	32.042	0.2595	513.2	7.95	0.1180
Methyl chloride	CH_3Cl	50.488	0.1647	416.3	6.68	0.1430
Neon	Ne	20.183	0.4119	44.5	2.73	0.0417
Nitrogen	N_2	28.013	0.2968	126.2	3.39	0.0899
Nitrous oxide	N_2O	44.013	0.1889	309.7	7.27	0.0961
Oxygen	O_2	31.999	0.2598	154.8	5.08	0.0780
Propane	C_3H_8	44.097	0.1885	370	4.26	0.1998
Propylene	C_3H_6	42.081	0.1976	365	4.62	0.1810
Sulfur dioxide	SO_2	64.063	0.1298	430.7	7.88	0.1217
Tetrafluoroethane (R-134a)	CF_3CH_2F	102.03	0.08149	374.2	4.059	0.1993
Trichlorofluoromethane (R-11)	CCl_3F	137.37	0.06052	471.2	4.38	0.2478
Water	H_2O	18.015	0.4615	647.1	22.06	0.0560
Xenon	Xe	131.30	0.06332	289.8	5.88	0.1186

*The unit kJ/kg·K is equivalent to kPa·m^3/kg·K. The gas constant is calculated from $R = R_u/M$, where R_u = 8.31447 kJ/kmol·K and M is the molar mass.

Source: K. A. Kobe and R. E. Lynn, Jr., *Chemical Review* 52 (1953), pp. 117–236; and *ASHRAE, Handbook of Fundamentals* (Atlanta, GA: American Society of Heating, Refrigerating, and Air-Conditioning Engineers, Inc., 1993), pp. 16.4 and 36.1.

TABLE A–2

Ideal-gas specific heats of various common gases

(*a*) At 300 K

Gas	Formula	Gas constant, R kJ/kg·K	c_p kJ/kg·K	c_v kJ/kg·K	k
Air	—	0.2870	1.005	0.718	1.400
Argon	Ar	0.2081	0.5203	0.3122	1.667
Butane	C_4H_{10}	0.1433	1.7164	1.5734	1.091
Carbon dioxide	CO_2	0.1889	0.846	0.657	1.289
Carbon monoxide	CO	0.2968	1.040	0.744	1.400
Ethane	C_2H_6	0.2765	1.7662	1.4897	1.186
Ethylene	C_2H_4	0.2964	1.5482	1.2518	1.237
Helium	He	2.0769	5.1926	3.1156	1.667
Hydrogen	H_2	4.1240	14.307	10.183	1.405
Methane	CH_4	0.5182	2.2537	1.7354	1.299
Neon	Ne	0.4119	1.0299	0.6179	1.667
Nitrogen	N_2	0.2968	1.039	0.743	1.400
Octane	C_8H_{18}	0.0729	1.7113	1.6385	1.044
Oxygen	O_2	0.2598	0.918	0.658	1.395
Propane	C_3H_8	0.1885	1.6794	1.4909	1.126
Steam	H_2O	0.4615	1.8723	1.4108	1.327

Note: The unit kJ/kg·K is equivalent to kJ/kg·°C.

Source: B. G. Kyle, *Chemical and Process Thermodynamics,* 3rd ed., © 2000. Adapted by permission of Pearson Education, Inc., Upper Saddle River, NJ.

TABLE A–2

Ideal-gas specific heats of various common gases (*Continued*)

(*b*) At various temperatures

Temperature, K	c_p kJ/kg·K	c_v kJ/kg·K	k	c_p kJ/kg·K	c_v kJ/kg·K	k	c_p kJ/kg·K	c_v kJ/kg·K	k
	Air			*Carbon dioxide, CO_2*			*Carbon monoxide, CO*		
250	1.003	0.716	1.401	0.791	0.602	1.314	1.039	0.743	1.400
300	1.005	0.718	1.400	0.846	0.657	1.288	1.040	0.744	1.399
350	1.008	0.721	1.398	0.895	0.706	1.268	1.043	0.746	1.398
400	1.013	0.726	1.395	0.939	0.750	1.252	1.047	0.751	1.395
450	1.020	0.733	1.391	0.978	0.790	1.239	1.054	0.757	1.392
500	1.029	0.742	1.387	1.014	0.825	1.229	1.063	0.767	1.387
550	1.040	0.753	1.381	1.046	0.857	1.220	1.075	0.778	1.382
600	1.051	0.764	1.376	1.075	0.886	1.213	1.087	0.790	1.376
650	1.063	0.776	1.370	1.102	0.913	1.207	1.100	0.803	1.370
700	1.075	0.788	1.364	1.126	0.937	1.202	1.113	0.816	1.364
750	1.087	0.800	1.359	1.148	0.959	1.197	1.126	0.829	1.358
800	1.099	0.812	1.354	1.169	0.980	1.193	1.139	0.842	1.353
900	1.121	0.834	1.344	1.204	1.015	1.186	1.163	0.866	1.343
1000	1.142	0.855	1.336	1.234	1.045	1.181	1.185	0.888	1.335
	Hydrogen, H_2			*Nitrogen, N_2*			*Oxygen, O_2*		
250	14.051	9.927	1.416	1.039	0.742	1.400	0.913	0.653	1.398
300	14.307	10.183	1.405	1.039	0.743	1.400	0.918	0.658	1.395
350	14.427	10.302	1.400	1.041	0.744	1.399	0.928	0.668	1.389
400	14.476	10.352	1.398	1.044	0.747	1.397	0.941	0.681	1.382
450	14.501	10.377	1.398	1.049	0.752	1.395	0.956	0.696	1.373
500	14.513	10.389	1.397	1.056	0.759	1.391	0.972	0.712	1.365
550	14.530	10.405	1.396	1.065	0.768	1.387	0.988	0.728	1.358
600	14.546	10.422	1.396	1.075	0.778	1.382	1.003	0.743	1.350
650	14.571	10.447	1.395	1.086	0.789	1.376	1.017	0.758	1.343
700	14.604	10.480	1.394	1.098	0.801	1.371	1.031	0.771	1.337
750	14.645	10.521	1.392	1.110	0.813	1.365	1.043	0.783	1.332
800	14.695	10.570	1.390	1.121	0.825	1.360	1.054	0.794	1.327
900	14.822	10.698	1.385	1.145	0.849	1.349	1.074	0.814	1.319
1000	14.983	10.859	1.380	1.167	0.870	1.341	1.090	0.830	1.313

Source: Kenneth Wark, *Thermodynamics,* 4th ed. (New York: McGraw-Hill, 1983), p. 783, Table A–4M. Originally published in *Tables of Thermal Properties of Gases,* NBS Circular 564, 1955.

TABLE A–2

Ideal-gas specific heats of various common gases (*Concluded*)

(*c*) As a function of temperature

$$\bar{c}_p = a + bT + cT^2 + dT^3$$
$$(T \text{ in K, } c_p \text{ in kJ/kmol·K})$$

Substance	Formula	*a*	*b*	*c*	*d*	Temperature range, K	% error Max.	% error Avg.
Nitrogen	N_2	28.90	-0.1571×10^{-2}	0.8081×10^{-5}	-2.873×10^{-9}	273–1800	0.59	0.34
Oxygen	O_2	25.48	1.520×10^{-2}	-0.7155×10^{-5}	1.312×10^{-9}	273–1800	1.19	0.28
Air	—	28.11	0.1967×10^{-2}	0.4802×10^{-5}	-1.966×10^{-9}	273–1800	0.72	0.33
Hydrogen	H_2	29.11	-0.1916×10^{-2}	0.4003×10^{-5}	-0.8704×10^{-9}	273–1800	1.01	0.26
Carbon monoxide	CO	28.16	0.1675×10^{-2}	0.5372×10^{-5}	-2.222×10^{-9}	273–1800	0.89	0.37
Carbon dioxide	CO_2	22.26	5.981×10^{-2}	-3.501×10^{-5}	7.469×10^{-9}	273–1800	0.67	0.22
Water vapor	H_2O	32.24	0.1923×10^{-2}	1.055×10^{-5}	-3.595×10^{-9}	273–1800	0.53	0.24
Nitric oxide	NO	29.34	-0.09395×10^{-2}	0.9747×10^{-5}	-4.187×10^{-9}	273–1500	0.97	0.36
Nitrous oxide	N_2O	24.11	5.8632×10^{-2}	-3.562×10^{-5}	10.58×10^{-9}	273–1500	0.59	0.26
Nitrogen dioxide	NO_2	22.9	5.715×10^{-2}	-3.52×10^{-5}	7.87×10^{-9}	273–1500	0.46	0.18
Ammonia	NH_3	27.568	2.5630×10^{-2}	0.99072×10^{-5}	-6.6909×10^{-9}	273–1500	0.91	0.36
Sulfur	S_2	27.21	2.218×10^{-2}	-1.628×10^{-5}	3.986×10^{-9}	273–1800	0.99	0.38
Sulfur dioxide	SO_2	25.78	5.795×10^{-2}	-3.812×10^{-5}	8.612×10^{-9}	273–1800	0.45	0.24
Sulfur trioxide	SO_3	16.40	14.58×10^{-2}	-11.20×10^{-5}	32.42×10^{-9}	273–1300	0.29	0.13
Acetylene	C_2H_2	21.8	9.2143×10^{-2}	-6.527×10^{-5}	18.21×10^{-9}	273–1500	1.46	0.59
Benzene	C_6H_6	−36.22	48.475×10^{-2}	-31.57×10^{-5}	77.62×10^{-9}	273–1500	0.34	0.20
Methanol	CH_4O	19.0	9.152×10^{-2}	-1.22×10^{-5}	-8.039×10^{-9}	273–1000	0.18	0.08
Ethanol	C_2H_6O	19.9	20.96×10^{-2}	-10.38×10^{-5}	20.05×10^{-9}	273–1500	0.40	0.22
Hydrogen chloride	HCl	30.33	-0.7620×10^{-2}	1.327×10^{-5}	-4.338×10^{-9}	273–1500	0.22	0.08
Methane	CH_4	19.89	5.024×10^{-2}	1.269×10^{-5}	-11.01×10^{-9}	273–1500	1.33	0.57
Ethane	C_2H_6	6.900	17.27×10^{-2}	-6.406×10^{-5}	7.285×10^{-9}	273–1500	0.83	0.28
Propane	C_3H_8	−4.04	30.48×10^{-2}	-15.72×10^{-5}	31.74×10^{-9}	273–1500	0.40	0.12
n-Butane	C_4H_{10}	3.96	37.15×10^{-2}	-18.34×10^{-5}	35.00×10^{-9}	273–1500	0.54	0.24
i-Butane	C_4H_{10}	−7.913	41.60×10^{-2}	-23.01×10^{-5}	49.91×10^{-9}	273–1500	0.25	0.13
n-Pentane	C_5H_{12}	6.774	45.43×10^{-2}	-22.46×10^{-5}	42.29×10^{-9}	273–1500	0.56	0.21
n-Hexane	C_6H_{14}	6.938	55.22×10^{-2}	-28.65×10^{-5}	57.69×10^{-9}	273–1500	0.72	0.20
Ethylene	C_2H_4	3.95	15.64×10^{-2}	-8.344×10^{-5}	17.67×10^{-9}	273–1500	0.54	0.13
Propylene	C_3H_6	3.15	23.83×10^{-2}	-12.18×10^{-5}	24.62×10^{-9}	273–1500	0.73	0.17

Source: B. G. Kyle, *Chemical and Process Thermodynamics* (Englewood Cliffs, NJ: Prentice-Hall, 1984). Used with permission.

TABLE A–3

Properties of common liquids, solids, and foods

(*a*) Liquids

Substance	*Boiling data at 1 atm*		*Freezing data*		*Liquid properties*		
	Normal boiling point, °C	Latent heat of vaporization h_{fg}, kJ/kg	Freezing point, °C	Latent heat of fusion h_{if}, kJ/kg	Temperature, °C	Density ρ, kg/m³	Specific heat c_p, kJ/kg·K
Ammonia	−33.3	1357	−77.7	322.4	−33.3	682	4.43
					−20	665	4.52
					0	639	4.60
					25	602	4.80
Argon	−185.9	161.6	−189.3	28	−185.6	1394	1.14
Benzene	80.2	394	5.5	126	20	879	1.72
Brine (20% sodium chloride by mass)	103.9	—	−17.4	—	20	1150	3.11
n-Butane	−0.5	385.2	−138.5	80.3	−0.5	601	2.31
Carbon dioxide	−78.4*	230.5 (at 0°C)	−56.6		0	298	0.59
Ethanol	78.2	838.3	−114.2	109	25	783	2.46
Ethyl alcohol	78.6	855	−156	108	20	789	2.84
Ethylene glycol	198.1	800.1	−10.8	181.1	20	1109	2.84
Glycerine	179.9	974	18.9	200.6	20	1261	2.32
Helium	−268.9	22.8	—	—	−268.9	146.2	22.8
Hydrogen	−252.8	445.7	−259.2	59.5	−252.8	70.7	10.0
Isobutane	−11.7	367.1	−160	105.7	−11.7	593.8	2.28
Kerosene	204–293	251	−24.9	—	20	820	2.00
Mercury	356.7	294.7	−38.9	11.4	25	13,560	0.139
Methane	−161.5	510.4	−182.2	58.4	−161.5	423	3.49
					−100	301	5.79
Methanol	64.5	1100	−97.7	99.2	25	787	2.55
Nitrogen	−195.8	198.6	−210	25.3	−195.8	809	2.06
					−160	596	2.97
Octane	124.8	306.3	−57.5	180.7	20	703	2.10
Oil (light)					25	910	1.80
Oxygen	−183	212.7	−218.8	13.7	−183	1141	1.71
Petroleum	—	230–384			20	640	2.0
Propane	−42.1	427.8	−187.7	80.0	−42.1	581	2.25
					0	529	2.53
					50	449	3.13
Refrigerant-134a	−26.1	217.0	−96.6	—	−50	1443	1.23
					−26.1	1374	1.27
					0	1295	1.34
					25	1207	1.43
Water	100	2257	0.0	333.7	0	1000	4.22
					25	997	4.18
					50	988	4.18
					75	975	4.19
					100	958	4.22

* Sublimation temperature. (At pressures below the triple-point pressure of 518 kPa, carbon dioxide exists as a solid or gas. Also, the freezing-point temperature of carbon dioxide is the triple-point temperature of −56.5°C.)

TABLE A–3

Properties of common liquids, solids, and foods (*Concluded*)

(*b*) Solids (values are for room temperature unless indicated otherwise)

Substance	Density, ρ kg/m^3	Specific heat, c_p kJ/kg·K
Metals		
Aluminum		
200 K		0.797
250 K		0.859
300 K	2,700	0.902
350 K		0.929
400 K		0.949
450 K		0.973
500 K		0.997
Bronze (76% Cu, 2% Zn, 2% Al)	8,280	0.400
Brass, yellow (65% Cu, 35% Zn)	8,310	0.400
Copper		
−173°C		0.254
−100°C		0.342
−50°C		0.367
0°C		0.381
27°C	8,900	0.386
100°C		0.393
200°C		0.403
Iron	7,840	0.45
Lead	11,310	0.128
Magnesium	1,730	1.000
Nickel	8,890	0.440
Silver	10,470	0.235
Steel, mild	7,830	0.500
Tungsten	19,400	0.130

Substance	Density, ρ kg/m^3	Specific heat, c_p kJ/kg·K
Nonmetals		
Asphalt	2110	0.920
Brick, common	1922	0.79
Brick, fireclay (500°C)	2300	0.960
Concrete	2300	0.653
Clay	1000	0.920
Diamond	2420	0.616
Glass, window	2700	0.800
Glass, pyrex	2230	0.840
Graphite	2500	0.711
Granite	2700	1.017
Gypsum or plaster board	800	1.09
Ice		
200 K		1.56
220 K		1.71
240 K		1.86
260 K		2.01
273 K	921	2.11
Limestone	1650	0.909
Marble	2600	0.880
Plywood (Douglas Fir)	545	1.21
Rubber (soft)	1100	1.840
Rubber (hard)	1150	2.009
Sand	1520	0.800
Stone	1500	0.800
Woods, hard (maple, oak, etc.)	721	1.26
Woods, soft (fir, pine, etc.)	513	1.38

(*c*) Foods

Food	Water content, % (mass)	Freezing point, °C	Specific heat, kJ/kg·K: Above freezing	Specific heat, kJ/kg·K: Below freezing	Latent heat of fusion, kJ/kg
Apples	84	−1.1	3.65	1.90	281
Bananas	75	−0.8	3.35	1.78	251
Beef round	67	—	3.08	1.68	224
Broccoli	90	−0.6	3.86	1.97	301
Butter	16	—	—	1.04	53
Cheese, swiss	39	−10.0	2.15	1.33	130
Cherries	80	−1.8	3.52	1.85	267
Chicken	74	−2.8	3.32	1.77	247
Corn, sweet	74	−0.6	3.32	1.77	247
Eggs, whole	74	−0.6	3.32	1.77	247
Ice cream	63	−5.6	2.95	1.63	210
Lettuce	95	−0.2	4.02	2.04	317
Milk, whole	88	−0.6	3.79	1.95	294
Oranges	87	−0.8	3.75	1.94	291
Potatoes	78	−0.6	3.45	1.82	261
Salmon fish	64	−2.2	2.98	1.65	214
Shrimp	83	−2.2	3.62	1.89	277
Spinach	93	−0.3	3.96	2.01	311
Strawberries	90	−0.8	3.86	1.97	301
Tomatoes, ripe	94	−0.5	3.99	2.02	314
Turkey	64	—	2.98	1.65	214
Watermelon	93	−0.4	3.96	2.01	311

Source: Values are obtained from various handbooks and other sources or are calculated. Water content and freezing-point data of foods are from *ASHRAE, Handbook of Fundamentals,* SI version (Atlanta, GA: American Society of Heating, Refrigerating and Air-Conditioning Engineers, Inc., 1993), Chapter 30, Table 1. Freezing point is the temperature at which freezing starts for fruits and vegetables, and the average freezing temperature for other foods.

TABLE A–4

Saturated water—Temperature table

		Specific volume, m^3/kg		Internal energy, kJ/kg			Enthalpy, kJ/kg			Entropy, kJ/kg·K		
Temp., T °C	Sat. press., P_{sat} kPa	Sat. liquid, v_f	Sat. vapor, v_g	Sat. liquid, u_f	Evap., u_{fg}	Sat. vapor, u_g	Sat. liquid, h_f	Evap., h_{fg}	Sat. vapor, h_g	Sat. liquid, s_f	Evap., s_{fg}	Sat. vapor, s_g
0.01	0.6117	0.001000	206.00	0.000	2374.9	2374.9	0.001	2500.9	2500.9	0.0000	9.1556	9.1556
5	0.8725	0.001000	147.03	21.019	2360.8	2381.8	21.020	2489.1	2510.1	0.0763	8.9487	9.0249
10	1.2281	0.001000	106.32	42.020	2346.6	2388.7	42.022	2477.2	2519.2	0.1511	8.7488	8.8999
15	1.7057	0.001001	77.885	62.980	2332.5	2395.5	62.982	2465.4	2528.3	0.2245	8.5559	8.7803
20	2.3392	0.001002	57.762	83.913	2318.4	2402.3	83.915	2453.5	2537.4	0.2965	8.3696	8.6661
25	3.1698	0.001003	43.340	104.83	2304.3	2409.1	104.83	2441.7	2546.5	0.3672	8.1895	8.5567
30	4.2469	0.001004	32.879	125.73	2290.2	2415.9	125.74	2429.8	2555.6	0.4368	8.0152	8.4520
35	5.6291	0.001006	25.205	146.63	2276.0	2422.7	146.64	2417.9	2564.6	0.5051	7.8466	8.3517
40	7.3851	0.001008	19.515	167.53	2261.9	2429.4	167.53	2406.0	2573.5	0.5724	7.6832	8.2556
45	9.5953	0.001010	15.251	188.43	2247.7	2436.1	188.44	2394.0	2582.4	0.6386	7.5247	8.1633
50	12.352	0.001012	12.026	209.33	2233.4	2442.7	209.34	2382.0	2591.3	0.7038	7.3710	8.0748
55	15.763	0.001015	9.5639	230.24	2219.1	2449.3	230.26	2369.8	2600.1	0.7680	7.2218	7.9898
60	19.947	0.001017	7.6670	251.16	2204.7	2455.9	251.18	2357.7	2608.8	0.8313	7.0769	7.9082
65	25.043	0.001020	6.1935	272.09	2190.3	2462.4	272.12	2345.4	2617.5	0.8937	6.9360	7.8296
70	31.202	0.001023	5.0396	293.04	2175.8	2468.9	293.07	2333.0	2626.1	0.9551	6.7989	7.7540
75	38.597	0.001026	4.1291	313.99	2161.3	2475.3	314.03	2320.6	2634.6	1.0158	6.6655	7.6812
80	47.416	0.001029	3.4053	334.97	2146.6	2481.6	335.02	2308.0	2643.0	1.0756	6.5355	7.6111
85	57.868	0.001032	2.8261	355.96	2131.9	2487.8	356.02	2295.3	2651.4	1.1346	6.4089	7.5435
90	70.183	0.001036	2.3593	376.97	2117.0	2494.0	377.04	2282.5	2659.6	1.1929	6.2853	7.4782
95	84.609	0.001040	1.9808	398.00	2102.0	2500.1	398.09	2269.6	2667.6	1.2504	6.1647	7.4151
100	101.42	0.001043	1.6720	419.06	2087.0	2506.0	419.17	2256.4	2675.6	1.3072	6.0470	7.3542
105	120.90	0.001047	1.4186	440.15	2071.8	2511.9	440.28	2243.1	2683.4	1.3634	5.9319	7.2952
110	143.38	0.001052	1.2094	461.27	2056.4	2517.7	461.42	2229.7	2691.1	1.4188	5.8193	7.2382
115	169.18	0.001056	1.0360	482.42	2040.9	2523.3	482.59	2216.0	2698.6	1.4737	5.7092	7.1829
120	198.67	0.001060	0.89133	503.60	2025.3	2528.9	503.81	2202.1	2706.0	1.5279	5.6013	7.1292
125	232.23	0.001065	0.77012	524.83	2009.5	2534.3	525.07	2188.1	2713.1	1.5816	5.4956	7.0771
130	270.28	0.001070	0.66808	546.10	1993.4	2539.5	546.38	2173.7	2720.1	1.6346	5.3919	7.0265
135	313.22	0.001075	0.58179	567.41	1977.3	2544.7	567.75	2159.1	2726.9	1.6872	5.2901	6.9773
140	361.53	0.001080	0.50850	588.77	1960.9	2549.6	589.16	2144.3	2733.5	1.7392	5.1901	6.9294
145	415.68	0.001085	0.44600	610.19	1944.2	2554.4	610.64	2129.2	2739.8	1.7908	5.0919	6.8827
150	476.16	0.001091	0.39248	631.66	1927.4	2559.1	632.18	2113.8	2745.9	1.8418	4.9953	6.8371
155	543.49	0.001096	0.34648	653.19	1910.3	2563.5	653.79	2098.0	2751.8	1.8924	4.9002	6.7927
160	618.23	0.001102	0.30680	674.79	1893.0	2567.8	675.47	2082.0	2757.5	1.9426	4.8066	6.7492
165	700.93	0.001108	0.27244	696.46	1875.4	2571.9	697.24	2065.6	2762.8	1.9923	4.7143	6.7067
170	792.18	0.001114	0.24260	718.20	1857.5	2575.7	719.08	2048.8	2767.9	2.0417	4.6233	6.6650
175	892.60	0.001121	0.21659	740.02	1839.4	2579.4	741.02	2031.7	2772.7	2.0906	4.5335	6.6242
180	1002.8	0.001127	0.19384	761.92	1820.9	2582.8	763.05	2014.2	2777.2	2.1392	4.4448	6.5841
185	1123.5	0.001134	0.17390	783.91	1802.1	2586.0	785.19	1996.2	2781.4	2.1875	4.3572	6.5447
190	1255.2	0.001141	0.15636	806.00	1783.0	2589.0	807.43	1977.9	2785.3	2.2355	4.2705	6.5059
195	1398.8	0.001149	0.14089	828.18	1763.6	2591.7	829.78	1959.0	2788.8	2.2831	4.1847	6.4678
200	1554.9	0.001157	0.12721	850.46	1743.7	2594.2	852.26	1939.8	2792.0	2.3305	4.0997	6.4302

TABLE A–4

Saturated water—Temperature table (*Concluded*)

		Specific volume, m^3/kg		Internal energy, kJ/kg			Enthalpy, kJ/kg			Entropy, kJ/kg·K		
Temp., T °C	Sat. press., P_{sat} kPa	Sat. liquid, v_f	Sat. vapor, v_g	Sat. liquid, u_f	Evap., u_{fg}	Sat. vapor, u_g	Sat. liquid, h_f	Evap., h_{fg}	Sat. vapor, h_g	Sat. liquid, s_f	Evap., s_{fg}	Sat. vapor, s_g
205	1724.3	0.001164	0.11508	872.86	1723.5	2596.4	874.87	1920.0	2794.8	2.3776	4.0154	6.3930
210	1907.7	0.001173	0.10429	895.38	1702.9	2598.3	897.61	1899.7	2797.3	2.4245	3.9318	6.3563
215	2105.9	0.001181	0.094680	918.02	1681.9	2599.9	920.50	1878.8	2799.3	2.4712	3.8489	6.3200
220	2319.6	0.001190	0.086094	940.79	1660.5	2601.3	943.55	1857.4	2801.0	2.5176	3.7664	6.2840
225	2549.7	0.001199	0.078405	963.70	1638.6	2602.3	966.76	1835.4	2802.2	2.5639	3.6844	6.2483
230	2797.1	0.001209	0.071505	986.76	1616.1	2602.9	990.14	1812.8	2802.9	2.6100	3.6028	6.2128
235	3062.6	0.001219	0.065300	1010.0	1593.2	2603.2	1013.7	1789.5	2803.2	2.6560	3.5216	6.1775
240	3347.0	0.001229	0.059707	1033.4	1569.8	2603.1	1037.5	1765.5	2803.0	2.7018	3.4405	6.1424
245	3651.2	0.001240	0.054656	1056.9	1545.7	2602.7	1061.5	1740.8	2802.2	2.7476	3.3596	6.1072
250	3976.2	0.001252	0.050085	1080.7	1521.1	2601.8	1085.7	1715.3	2801.0	2.7933	3.2788	6.0721
255	4322.9	0.001263	0.045941	1104.7	1495.8	2600.5	1110.1	1689.0	2799.1	2.8390	3.1979	6.0369
260	4692.3	0.001276	0.042175	1128.8	1469.9	2598.7	1134.8	1661.8	2796.6	2.8847	3.1169	6.0017
265	5085.3	0.001289	0.038748	1153.3	1443.2	2596.5	1159.8	1633.7	2793.5	2.9304	3.0358	5.9662
270	5503.0	0.001303	0.035622	1177.9	1415.7	2593.7	1185.1	1604.6	2789.7	2.9762	2.9542	5.9305
275	5946.4	0.001317	0.032767	1202.9	1387.4	2590.3	1210.7	1574.5	2785.2	3.0221	2.8723	5.8944
280	6416.6	0.001333	0.030153	1228.2	1358.2	2586.4	1236.7	1543.2	2779.9	3.0681	2.7898	5.8579
285	6914.6	0.001349	0.027756	1253.7	1328.1	2581.8	1263.1	1510.7	2773.7	3.1144	2.7066	5.8210
290	7441.8	0.001366	0.025554	1279.7	1296.9	2576.5	1289.8	1476.9	2766.7	3.1608	2.6225	5.7834
295	7999.0	0.001384	0.023528	1306.0	1264.5	2570.5	1317.1	1441.6	2758.7	3.2076	2.5374	5.7450
300	8587.9	0.001404	0.021659	1332.7	1230.9	2563.6	1344.8	1404.8	2749.6	3.2548	2.4511	5.7059
305	9209.4	0.001425	0.019932	1360.0	1195.9	2555.8	1373.1	1366.3	2739.4	3.3024	2.3633	5.6657
310	9865.0	0.001447	0.018333	1387.7	1159.3	2547.1	1402.0	1325.9	2727.9	3.3506	2.2737	5.6243
315	10,556	0.001472	0.016849	1416.1	1121.1	2537.2	1431.6	1283.4	2715.0	3.3994	2.1821	5.5816
320	11,284	0.001499	0.015470	1445.1	1080.9	2526.0	1462.0	1238.5	2700.6	3.4491	2.0881	5.5372
325	12,051	0.001528	0.014183	1475.0	1038.5	2513.4	1493.4	1191.0	2684.3	3.4998	1.9911	5.4908
330	12,858	0.001560	0.012979	1505.7	993.5	2499.2	1525.8	1140.3	2666.0	3.5516	1.8906	5.4422
335	13,707	0.001597	0.011848	1537.5	945.5	2483.0	1559.4	1086.0	2645.4	3.6050	1.7857	5.3907
340	14,601	0.001638	0.010783	1570.7	893.8	2464.5	1594.6	1027.4	2622.0	3.6602	1.6756	5.3358
345	15,541	0.001685	0.009772	1605.5	837.7	2443.2	1631.7	963.4	2595.1	3.7179	1.5585	5.2765
350	16,529	0.001741	0.008806	1642.4	775.9	2418.3	1671.2	892.7	2563.9	3.7788	1.4326	5.2114
355	17,570	0.001808	0.007872	1682.2	706.4	2388.6	1714.0	812.9	2526.9	3.8442	1.2942	5.1384
360	18,666	0.001895	0.006950	1726.2	625.7	2351.9	1761.5	720.1	2481.6	3.9165	1.1373	5.0537
365	19,822	0.002015	0.006009	1777.2	526.4	2303.6	1817.2	605.5	2422.7	4.0004	0.9489	4.9493
370	21,044	0.002217	0.004953	1844.5	385.6	2230.1	1891.2	443.1	2334.3	4.1119	0.6890	4.8009
373.95	22,064	0.003106	0.003106	2015.7	0	2015.7	2084.3	0	2084.3	4.4070	0	4.4070

Source: Tables A–4 through A–8 are generated using the Engineering Equation Solver (EES) software developed by S. A. Klein and F. L. Alvarado. The routine used in calculations is the highly accurate Steam_IAPWS, which incorporates the 1995 Formulation for the Thermodynamic Properties of Ordinary Water Substance for General and Scientific Use, issued by The International Association for the Properties of Water and Steam (IAPWS). This formulation replaces the 1984 formulation of Haar, Gallagher, and Kell (NBS/NRC Steam Tables, Hemisphere Publishing Co., 1984), which is also available in EES as the routine STEAM. The new formulation is based on the correlations of Saul and Wagner (J. Phys. Chem. Ref. Data, 16, 893, 1987) with modifications to adjust to the International Temperature Scale of 1990. The modifications are described by Wagner and Pruss (J. Phys. Chem. Ref. Data, 22, 783, 1993). The properties of ice are based on Hyland and Wexler, "Formulations for the Thermodynamic Properties of the Saturated Phases of H_2O from 173.15 K to 473.15 K," *ASHRAE Trans.*, Part 2A, Paper 2793, 1983.

TABLE A–5

Saturated water—Pressure table

		Specific volume, m^3/kg		*Internal energy,* kJ/kg			*Enthalpy,* kJ/kg			*Entropy,* kJ/kg·K		
Press., P kPa	Sat. temp., T_{sat} °C	Sat. liquid, v_f	Sat. vapor, v_g	Sat. liquid, u_f	Evap., u_{fg}	Sat. vapor, u_g	Sat. liquid, h_f	Evap., h_{fg}	Sat. vapor, h_g	Sat. liquid, s_f	Evap., s_{fg}	Sat. vapor, s_g
1.0	6.97	0.001000	129.19	29.302	2355.2	2384.5	29.303	2484.4	2513.7	0.1059	8.8690	8.9749
1.5	13.02	0.001001	87.964	54.686	2338.1	2392.8	54.688	2470.1	2524.7	0.1956	8.6314	8.8270
2.0	17.50	0.001001	66.990	73.431	2325.5	2398.9	73.433	2459.5	2532.9	0.2606	8.4621	8.7227
2.5	21.08	0.001002	54.242	88.422	2315.4	2403.8	88.424	2451.0	2539.4	0.3118	8.3302	8.6421
3.0	24.08	0.001003	45.654	100.98	2306.9	2407.9	100.98	2443.9	2544.8	0.3543	8.2222	8.5765
4.0	28.96	0.001004	34.791	121.39	2293.1	2414.5	121.39	2432.3	2553.7	0.4224	8.0510	8.4734
5.0	32.87	0.001005	28.185	137.75	2282.1	2419.8	137.75	2423.0	2560.7	0.4762	7.9176	8.3938
7.5	40.29	0.001008	19.233	168.74	2261.1	2429.8	168.75	2405.3	2574.0	0.5763	7.6738	8.2501
10	45.81	0.001010	14.670	191.79	2245.4	2437.2	191.81	2392.1	2583.9	0.6492	7.4996	8.1488
15	53.97	0.001014	10.020	225.93	2222.1	2448.0	225.94	2372.3	2598.3	0.7549	7.2522	8.0071
20	60.06	0.001017	7.6481	251.40	2204.6	2456.0	251.42	2357.5	2608.9	0.8320	7.0752	7.9073
25	64.96	0.001020	6.2034	271.93	2190.4	2462.4	271.96	2345.5	2617.5	0.8932	6.9370	7.8302
30	69.09	0.001022	5.2287	289.24	2178.5	2467.7	289.27	2335.3	2624.6	0.9441	6.8234	7.7675
40	75.86	0.001026	3.9933	317.58	2158.8	2476.3	317.62	2318.4	2636.1	1.0261	6.6430	7.6691
50	81.32	0.001030	3.2403	340.49	2142.7	2483.2	340.54	2304.7	2645.2	1.0912	6.5019	7.5931
75	91.76	0.001037	2.2172	384.36	2111.8	2496.1	384.44	2278.0	2662.4	1.2132	6.2426	7.4558
100	99.61	0.001043	1.6941	417.40	2088.2	2505.6	417.51	2257.5	2675.0	1.3028	6.0562	7.3589
101.325	99.97	0.001043	1.6734	418.95	2087.0	2506.0	419.06	2256.5	2675.6	1.3069	6.0476	7.3545
125	105.97	0.001048	1.3750	444.23	2068.8	2513.0	444.36	2240.6	2684.9	1.3741	5.9100	7.2841
150	111.35	0.001053	1.1594	466.97	2052.3	2519.2	467.13	2226.0	2693.1	1.4337	5.7894	7.2231
175	116.04	0.001057	1.0037	486.82	2037.7	2524.5	487.01	2213.1	2700.2	1.4850	5.6865	7.1716
200	120.21	0.001061	0.88578	504.50	2024.6	2529.1	504.71	2201.6	2706.3	1.5302	5.5968	7.1270
225	123.97	0.001064	0.79329	520.47	2012.7	2533.2	520.71	2191.0	2711.7	1.5706	5.5171	7.0877
250	127.41	0.001067	0.71873	535.08	2001.8	2536.8	535.35	2181.2	2716.5	1.6072	5.4453	7.0525
275	130.58	0.001070	0.65732	548.57	1991.6	2540.1	548.86	2172.0	2720.9	1.6408	5.3800	7.0207
300	133.52	0.001073	0.60582	561.11	1982.1	2543.2	561.43	2163.5	2724.9	1.6717	5.3200	6.9917
325	136.27	0.001076	0.56199	572.84	1973.1	2545.9	573.19	2155.4	2728.6	1.7005	5.2645	6.9650
350	138.86	0.001079	0.52422	583.89	1964.6	2548.5	584.26	2147.7	2732.0	1.7274	5.2128	6.9402
375	141.30	0.001081	0.49133	594.32	1956.6	2550.9	594.73	2140.4	2735.1	1.7526	5.1645	6.9171
400	143.61	0.001084	0.46242	604.22	1948.9	2553.1	604.66	2133.4	2738.1	1.7765	5.1191	6.8955
450	147.90	0.001088	0.41392	622.65	1934.5	2557.1	623.14	2120.3	2743.4	1.8205	5.0356	6.8561
500	151.83	0.001093	0.37483	639.54	1921.2	2560.7	640.09	2108.0	2748.1	1.8604	4.9603	6.8207
550	155.46	0.001097	0.34261	655.16	1908.8	2563.9	655.77	2096.6	2752.4	1.8970	4.8916	6.7886
600	158.83	0.001101	0.31560	669.72	1897.1	2566.8	670.38	2085.8	2756.2	1.9308	4.8285	6.7593
650	161.98	0.001104	0.29260	683.37	1886.1	2569.4	684.08	2075.5	2759.6	1.9623	4.7699	6.7322
700	164.95	0.001108	0.27278	696.23	1875.6	2571.8	697.00	2065.8	2762.8	1.9918	4.7153	6.7071
750	167.75	0.001111	0.25552	708.40	1865.6	2574.0	709.24	2056.4	2765.7	2.0195	4.6642	6.6837

TABLE A–5

Saturated water—Pressure table (*Concluded*)

		Specific volume, m³/kg		Internal energy, kJ/kg			Enthalpy, kJ/kg			Entropy, kJ/kg·K		
Press., P kPa	Sat. temp., T_{sat} °C	Sat. liquid, v_f	Sat. vapor, v_g	Sat. liquid, u_f	Evap., u_{fg}	Sat. vapor, u_g	Sat. liquid, h_f	Evap., h_{fg}	Sat. vapor, h_g	Sat. liquid, s_f	Evap., s_{fg}	Sat. vapor, s_g
800	170.41	0.001115	0.24035	719.97	1856.1	2576.0	720.87	2047.5	2768.3	2.0457	4.6160	6.6616
850	172.94	0.001118	0.22690	731.00	1846.9	2577.9	731.95	2038.8	2770.8	2.0705	4.5705	6.6409
900	175.35	0.001121	0.21489	741.55	1838.1	2579.6	742.56	2030.5	2773.0	2.0941	4.5273	6.6213
950	177.66	0.001124	0.20411	751.67	1829.6	2581.3	752.74	2022.4	2775.2	2.1166	4.4862	6.6027
1000	179.88	0.001127	0.19436	761.39	1821.4	2582.8	762.51	2014.6	2777.1	2.1381	4.4470	6.5850
1100	184.06	0.001133	0.17745	779.78	1805.7	2585.5	781.03	1999.6	2780.7	2.1785	4.3735	6.5520
1200	187.96	0.001138	0.16326	796.96	1790.9	2587.8	798.33	1985.4	2783.8	2.2159	4.3058	6.5217
1300	191.60	0.001144	0.15119	813.10	1776.8	2589.9	814.59	1971.9	2786.5	2.2508	4.2428	6.4936
1400	195.04	0.001149	0.14078	828.35	1763.4	2591.8	829.96	1958.9	2788.9	2.2835	4.1840	6.4675
1500	198.29	0.001154	0.13171	842.82	1750.6	2593.4	844.55	1946.4	2791.0	2.3143	4.1287	6.4430
1750	205.72	0.001166	0.11344	876.12	1720.6	2596.7	878.16	1917.1	2795.2	2.3844	4.0033	6.3877
2000	212.38	0.001177	0.099587	906.12	1693.0	2599.1	908.47	1889.8	2798.3	2.4467	3.8923	6.3390
2250	218.41	0.001187	0.088717	933.54	1667.3	2600.9	936.21	1864.3	2800.5	2.5029	3.7926	6.2954
2500	223.95	0.001197	0.079952	958.87	1643.2	2602.1	961.87	1840.1	2801.9	2.5542	3.7016	6.2558
3000	233.85	0.001217	0.066667	1004.6	1598.5	2603.2	1008.3	1794.9	2803.2	2.6454	3.5402	6.1856
3500	242.56	0.001235	0.057061	1045.4	1557.6	2603.0	1049.7	1753.0	2802.7	2.7253	3.3991	6.1244
4000	250.35	0.001252	0.049779	1082.4	1519.3	2601.7	1087.4	1713.5	2800.8	2.7966	3.2731	6.0696
5000	263.94	0.001286	0.039448	1148.1	1448.9	2597.0	1154.5	1639.7	2794.2	2.9207	3.0530	5.9737
6000	275.59	0.001319	0.032449	1205.8	1384.1	2589.9	1213.8	1570.9	2784.6	3.0275	2.8627	5.8902
7000	285.83	0.001352	0.027378	1258.0	1323.0	2581.0	1267.5	1505.2	2772.6	3.1220	2.6927	5.8148
8000	295.01	0.001384	0.023525	1306.0	1264.5	2570.5	1317.1	1441.6	2758.7	3.2077	2.5373	5.7450
9000	303.35	0.001418	0.020489	1350.9	1207.6	2558.5	1363.7	1379.3	2742.9	3.2866	2.3925	5.6791
10,000	311.00	0.001452	0.018028	1393.3	1151.8	2545.2	1407.8	1317.6	2725.5	3.3603	2.2556	5.6159
11,000	318.08	0.001488	0.015988	1433.9	1096.6	2530.4	1450.2	1256.1	2706.3	3.4299	2.1245	5.5544
12,000	324.68	0.001526	0.014264	1473.0	1041.3	2514.3	1491.3	1194.1	2685.4	3.4964	1.9975	5.4939
13,000	330.85	0.001566	0.012781	1511.0	985.5	2496.6	1531.4	1131.3	2662.7	3.5606	1.8730	5.4336
14,000	336.67	0.001610	0.011487	1548.4	928.7	2477.1	1571.0	1067.0	2637.9	3.6232	1.7497	5.3728
15,000	342.16	0.001657	0.010341	1585.5	870.3	2455.7	1610.3	1000.5	2610.8	3.6848	1.6261	5.3108
16,000	347.36	0.001710	0.009312	1622.6	809.4	2432.0	1649.9	931.1	2581.0	3.7461	1.5005	5.2466
17,000	352.29	0.001770	0.008374	1660.2	745.1	2405.4	1690.3	857.4	2547.7	3.8082	1.3709	5.1791
18,000	356.99	0.001840	0.007504	1699.1	675.9	2375.0	1732.2	777.8	2510.0	3.8720	1.2343	5.1064
19,000	361.47	0.001926	0.006677	1740.3	598.9	2339.2	1776.8	689.2	2466.0	3.9396	1.0860	5.0256
20,000	365.75	0.002038	0.005862	1785.8	509.0	2294.8	1826.6	585.5	2412.1	4.0146	0.9164	4.9310
21,000	369.83	0.002207	0.004994	1841.6	391.9	2233.5	1888.0	450.4	2338.4	4.1071	0.7005	4.8076
22,000	373.71	0.002703	0.003644	1951.7	140.8	2092.4	2011.1	161.5	2172.6	4.2942	0.2496	4.5439
22,064	373.95	0.003106	0.003106	2015.7	0	2015.7	2084.3	0	2084.3	4.4070	0	4.4070

TABLE A–6

Superheated water

T °C	v m³/kg	u kJ/kg	h kJ/kg	s kJ/kg·K	v m³/kg	u kJ/kg	h kJ/kg	s kJ/kg·K	v m³/kg	u kJ/kg	h kJ/kg	s kJ/kg·K
	P = 0.01 MPa (45.81°C)*				*P* = 0.05 MPa (81.32°C)				*P* = 0.10 MPa (99.61°C)			
Sat.[†]	14.670	2437.2	2583.9	8.1488	3.2403	2483.2	2645.2	7.5931	1.6941	2505.6	2675.0	7.3589
50	14.867	2443.3	2592.0	8.1741								
100	17.196	2515.5	2687.5	8.4489	3.4187	2511.5	2682.4	7.6953	1.6959	2506.2	2675.8	7.3611
150	19.513	2587.9	2783.0	8.6893	3.8897	2585.7	2780.2	7.9413	1.9367	2582.9	2776.6	7.6148
200	21.826	2661.4	2879.6	8.9049	4.3562	2660.0	2877.8	8.1592	2.1724	2658.2	2875.5	7.8356
250	24.136	2736.1	2977.5	9.1015	4.8206	2735.1	2976.2	8.3568	2.4062	2733.9	2974.5	8.0346
300	26.446	2812.3	3076.7	9.2827	5.2841	2811.6	3075.8	8.5387	2.6389	2810.7	3074.5	8.2172
400	31.063	2969.3	3280.0	9.6094	6.2094	2968.9	3279.3	8.8659	3.1027	2968.3	3278.6	8.5452
500	35.680	3132.9	3489.7	9.8998	7.1338	3132.6	3489.3	9.1566	3.5655	3132.2	3488.7	8.8362
600	40.296	3303.3	3706.3	10.1631	8.0577	3303.1	3706.0	9.4201	4.0279	3302.8	3705.6	9.0999
700	44.911	3480.8	3929.9	10.4056	8.9813	3480.6	3929.7	9.6626	4.4900	3480.4	3929.4	9.3424
800	49.527	3665.4	4160.6	10.6312	9.9047	3665.2	4160.4	9.8883	4.9519	3665.0	4160.2	9.5682
900	54.143	3856.9	4398.3	10.8429	10.8280	3856.8	4398.2	10.1000	5.4137	3856.7	4398.0	9.7800
1000	58.758	4055.3	4642.8	11.0429	11.7513	4055.2	4642.7	10.3000	5.8755	4055.0	4642.6	9.9800
1100	63.373	4260.0	4893.8	11.2326	12.6745	4259.9	4893.7	10.4897	6.3372	4259.8	4893.6	10.1698
1200	67.989	4470.9	5150.8	11.4132	13.5977	4470.8	5150.7	10.6704	6.7988	4470.7	5150.6	10.3504
1300	72.604	4687.4	5413.4	11.5857	14.5209	4687.3	5413.3	10.8429	7.2605	4687.2	5413.3	10.5229
	P = 0.20 MPa (120.21°C)				*P* = 0.30 MPa (133.52°C)				*P* = 0.40 MPa (143.61°C)			
Sat.	0.88578	2529.1	2706.3	7.1270	0.60582	2543.2	2724.9	6.9917	0.46242	2553.1	2738.1	6.8955
150	0.95986	2577.1	2769.1	7.2810	0.63402	2571.0	2761.2	7.0792	0.47088	2564.4	2752.8	6.9306
200	1.08049	2654.6	2870.7	7.5081	0.71643	2651.0	2865.9	7.3132	0.53434	2647.2	2860.9	7.1723
250	1.19890	2731.4	2971.2	7.7100	0.79645	2728.9	2967.9	7.5180	0.59520	2726.4	2964.5	7.3804
300	1.31623	2808.8	3072.1	7.8941	0.87535	2807.0	3069.6	7.7037	0.65489	2805.1	3067.1	7.5677
400	1.54934	2967.2	3277.0	8.2236	1.03155	2966.0	3275.5	8.0347	0.77265	2964.9	3273.9	7.9003
500	1.78142	3131.4	3487.7	8.5153	1.18672	3130.6	3486.6	8.3271	0.88936	3129.8	3485.5	8.1933
600	2.01302	3302.2	3704.8	8.7793	1.34139	3301.6	3704.0	8.5915	1.00558	3301.0	3703.3	8.4580
700	2.24434	3479.9	3928.8	9.0221	1.49580	3479.5	3928.2	8.8345	1.12152	3479.0	3927.6	8.7012
800	2.47550	3664.7	4159.8	9.2479	1.65004	3664.3	4159.3	9.0605	1.23730	3663.9	4158.9	8.9274
900	2.70656	3856.3	4397.7	9.4598	1.80417	3856.0	4397.3	9.2725	1.35298	3855.7	4396.9	9.1394
1000	2.93755	4054.8	4642.3	9.6599	1.95824	4054.5	4642.0	9.4726	1.46859	4054.3	4641.7	9.3396
1100	3.16848	4259.6	4893.3	9.8497	2.11226	4259.4	4893.1	9.6624	1.58414	4259.2	4892.9	9.5295
1200	3.39938	4470.5	5150.4	10.0304	2.26624	4470.3	5150.2	9.8431	1.69966	4470.2	5150.0	9.7102
1300	3.63026	4687.1	5413.1	10.2029	2.42019	4686.9	5413.0	10.0157	1.81516	4686.7	5412.8	9.8828
	P = 0.50 MPa (151.83°C)				*P* = 0.60 MPa (158.83°C)				*P* = 0.80 MPa (170.41°C)			
Sat.	0.37483	2560.7	2748.1	6.8207	0.31560	2566.8	2756.2	6.7593	0.24035	2576.0	2768.3	6.6616
200	0.42503	2643.3	2855.8	7.0610	0.35212	2639.4	2850.6	6.9683	0.26088	2631.1	2839.8	6.8177
250	0.47443	2723.8	2961.0	7.2725	0.39390	2721.2	2957.6	7.1833	0.29321	2715.9	2950.4	7.0402
300	0.52261	2803.3	3064.6	7.4614	0.43442	2801.4	3062.0	7.3740	0.32416	2797.5	3056.9	7.2345
350	0.57015	2883.0	3168.1	7.6346	0.47428	2881.6	3166.1	7.5481	0.35442	2878.6	3162.2	7.4107
400	0.61731	2963.7	3272.4	7.7956	0.51374	2962.5	3270.8	7.7097	0.38429	2960.2	3267.7	7.5735
500	0.71095	3129.0	3484.5	8.0893	0.59200	3128.2	3483.4	8.0041	0.44332	3126.6	3481.3	7.8692
600	0.80409	3300.4	3702.5	8.3544	0.66976	3299.8	3701.7	8.2695	0.50186	3298.7	3700.1	8.1354
700	0.89696	3478.6	3927.0	8.5978	0.74725	3478.1	3926.4	8.5132	0.56011	3477.2	3925.3	8.3794
800	0.98966	3663.6	4158.4	8.8240	0.82457	3663.2	4157.9	8.7395	0.61820	3662.5	4157.0	8.6061
900	1.08227	3855.4	4396.6	9.0362	0.90179	3855.1	4396.2	8.9518	0.67619	3854.5	4395.5	8.8185
1000	1.17480	4054.0	4641.4	9.2364	0.97893	4053.8	4641.1	9.1521	0.73411	4053.3	4640.5	9.0189
1100	1.26728	4259.0	4892.6	9.4263	1.05603	4258.8	4892.4	9.3420	0.79197	4258.3	4891.9	9.2090
1200	1.35972	4470.0	5149.8	9.6071	1.13309	4469.8	5149.6	9.5229	0.84980	4469.4	5149.3	9.3898
1300	1.45214	4686.6	5412.6	9.7797	1.21012	4686.4	5412.5	9.6955	0.90761	4686.1	5412.2	9.5625

*The temperature in parentheses is the saturation temperature at the specified pressure.

[†] Properties of saturated vapor at the specified pressure.

TABLE A–6

Superheated water (*Continued*)

T °C	v m³/kg	u kJ/kg	h kJ/kg	s kJ/kg·K	v m³/kg	u kJ/kg	h kJ/kg	s kJ/kg·K	v m³/kg	u kJ/kg	h kJ/kg	s kJ/kg·K
	P = 1.00 MPa (179.88°C)				P = 1.20 MPa (187.96°C)				P = 1.40 MPa (195.04°C)			
Sat.	0.19437	2582.8	2777.1	6.5850	0.16326	2587.8	2783.8	6.5217	0.14078	2591.8	2788.9	6.4675
200	0.20602	2622.3	2828.3	6.6956	0.16934	2612.9	2816.1	6.5909	0.14303	2602.7	2803.0	6.4975
250	0.23275	2710.4	2943.1	6.9265	0.19241	2704.7	2935.6	6.8313	0.16356	2698.9	2927.9	6.7488
300	0.25799	2793.7	3051.6	7.1246	0.21386	2789.7	3046.3	7.0335	0.18233	2785.7	3040.9	6.9553
350	0.28250	2875.7	3158.2	7.3029	0.23455	2872.7	3154.2	7.2139	0.20029	2869.7	3150.1	7.1379
400	0.30661	2957.9	3264.5	7.4670	0.25482	2955.5	3261.3	7.3793	0.21782	2953.1	3258.1	7.3046
500	0.35411	3125.0	3479.1	7.7642	0.29464	3123.4	3477.0	7.6779	0.25216	3121.8	3474.8	7.6047
600	0.40111	3297.5	3698.6	8.0311	0.33395	3296.3	3697.0	7.9456	0.28597	3295.1	3695.5	7.8730
700	0.44783	3476.3	3924.1	8.2755	0.37297	3475.3	3922.9	8.1904	0.31951	3474.4	3921.7	8.1183
800	0.49438	3661.7	4156.1	8.5024	0.41184	3661.0	4155.2	8.4176	0.35288	3660.3	4154.3	8.3458
900	0.54083	3853.9	4394.8	8.7150	0.45059	3853.3	4394.0	8.6303	0.38614	3852.7	4393.3	8.5587
1000	0.58721	4052.7	4640.0	8.9155	0.48928	4052.2	4639.4	8.8310	0.41933	4051.7	4638.8	8.7595
1100	0.63354	4257.9	4891.4	9.1057	0.52792	4257.5	4891.0	9.0212	0.45247	4257.0	4890.5	8.9497
1200	0.67983	4469.0	5148.9	9.2866	0.56652	4468.7	5148.5	9.2022	0.48558	4468.3	5148.1	9.1308
1300	0.72610	4685.8	5411.9	9.4593	0.60509	4685.5	5411.6	9.3750	0.51866	4685.1	5411.3	9.3036
	P = 1.60 MPa (201.37°C)				P = 1.80 MPa (207.11°C)				P = 2.00 MPa (212.38°C)			
Sat.	0.12374	2594.8	2792.8	6.4200	0.11037	2597.3	2795.9	6.3775	0.09959	2599.1	2798.3	6.3390
225	0.13293	2645.1	2857.8	6.5537	0.11678	2637.0	2847.2	6.4825	0.10381	2628.5	2836.1	6.4160
250	0.14190	2692.9	2919.9	6.6753	0.12502	2686.7	2911.7	6.6088	0.11150	2680.3	2903.3	6.5475
300	0.15866	2781.6	3035.4	6.8864	0.14025	2777.4	3029.9	6.8246	0.12551	2773.2	3024.2	6.7684
350	0.17459	2866.6	3146.0	7.0713	0.15460	2863.6	3141.9	7.0120	0.13860	2860.5	3137.7	6.9583
400	0.19007	2950.8	3254.9	7.2394	0.16849	2948.3	3251.6	7.1814	0.15122	2945.9	3248.4	7.1292
500	0.22029	3120.1	3472.6	7.5410	0.19551	3118.5	3470.4	7.4845	0.17568	3116.9	3468.3	7.4337
600	0.24999	3293.9	3693.9	7.8101	0.22200	3292.7	3692.3	7.7543	0.19962	3291.5	3690.7	7.7043
700	0.27941	3473.5	3920.5	8.0558	0.24822	3472.6	3919.4	8.0005	0.22326	3471.7	3918.2	7.9509
800	0.30865	3659.5	4153.4	8.2834	0.27426	3658.8	4152.4	8.2284	0.24674	3658.0	4151.5	8.1791
900	0.33780	3852.1	4392.6	8.4965	0.30020	3851.5	4391.9	8.4417	0.27012	3850.9	4391.1	8.3925
1000	0.36687	4051.2	4638.2	8.6974	0.32606	4050.7	4637.6	8.6427	0.29342	4050.2	4637.1	8.5936
1100	0.39589	4256.6	4890.0	8.8878	0.35188	4256.2	4889.6	8.8331	0.31667	4255.7	4889.1	8.7842
1200	0.42488	4467.9	5147.7	9.0689	0.37766	4467.6	5147.3	9.0143	0.33989	4467.2	5147.0	8.9654
1300	0.45383	4684.8	5410.9	9.2418	0.40341	4684.5	5410.6	9.1872	0.36308	4684.2	5410.3	9.1384
	P = 2.50 MPa (223.95°C)				P = 3.00 MPa (233.85°C)				P = 3.50 MPa (242.56°C)			
Sat.	0.07995	2602.1	2801.9	6.2558	0.06667	2603.2	2803.2	6.1856	0.05706	2603.0	2802.7	6.1244
225	0.08026	2604.8	2805.5	6.2629								
250	0.08705	2663.3	2880.9	6.4107	0.07063	2644.7	2856.5	6.2893	0.05876	2624.0	2829.7	6.1764
300	0.09894	2762.2	3009.6	6.6459	0.08118	2750.8	2994.3	6.5412	0.06845	2738.8	2978.4	6.4484
350	0.10979	2852.5	3127.0	6.8424	0.09056	2844.4	3116.1	6.7450	0.07680	2836.0	3104.9	6.6601
400	0.12012	2939.8	3240.1	7.0170	0.09938	2933.6	3231.7	6.9235	0.08456	2927.2	3223.2	6.8428
450	0.13015	3026.2	3351.6	7.1768	0.10789	3021.2	3344.9	7.0856	0.09198	3016.1	3338.1	7.0074
500	0.13999	3112.8	3462.8	7.3254	0.11620	3108.6	3457.2	7.2359	0.09919	3104.5	3451.7	7.1593
600	0.15931	3288.5	3686.8	7.5979	0.13245	3285.5	3682.8	7.5103	0.11325	3282.5	3678.9	7.4357
700	0.17835	3469.3	3915.2	7.8455	0.14841	3467.0	3912.2	7.7590	0.12702	3464.7	3909.3	7.6855
800	0.19722	3656.2	4149.2	8.0744	0.16420	3654.3	4146.9	7.9885	0.14061	3652.5	4144.6	7.9156
900	0.21597	3849.4	4389.3	8.2882	0.17988	3847.9	4387.5	8.2028	0.15410	3846.4	4385.7	8.1304
1000	0.23466	4049.0	4635.6	8.4897	0.19549	4047.7	4634.2	8.4045	0.16751	4046.4	4632.7	8.3324
1100	0.25330	4254.7	4887.9	8.6804	0.21105	4253.6	4886.7	8.5955	0.18087	4252.5	4885.6	8.5236
1200	0.27190	4466.3	5146.0	8.8618	0.22658	4465.3	5145.1	8.7771	0.19420	4464.4	5144.1	8.7053
1300	0.29048	4683.4	5409.5	9.0349	0.24207	4682.6	5408.8	8.9502	0.20750	4681.8	5408.0	8.8786

TABLE A–6

Superheated water (*Continued*)

T °C	*v* m³/kg	*u* kJ/kg	*h* kJ/kg	*s* kJ/kg·K	*v* m³/kg	*u* kJ/kg	*h* kJ/kg	*s* kJ/kg·K	*v* m³/kg	*u* kJ/kg	*h* kJ/kg	*s* kJ/kg·K
	P = 4.0 MPa (250.35°C)				*P* = 4.5 MPa (257.44°C)				*P* = 5.0 MPa (263.94°C)			
Sat.	0.04978	2601.7	2800.8	6.0696	0.04406	2599.7	2798.0	6.0198	0.03945	2597.0	2794.2	5.9737
275	0.05461	2668.9	2887.3	6.2312	0.04733	2651.4	2864.4	6.1429	0.04144	2632.3	2839.5	6.0571
300	0.05887	2726.2	2961.7	6.3639	0.05138	2713.0	2944.2	6.2854	0.04535	2699.0	2925.7	6.2111
350	0.06647	2827.4	3093.3	6.5843	0.05842	2818.6	3081.5	6.5153	0.05197	2809.5	3069.3	6.4516
400	0.07343	2920.8	3214.5	6.7714	0.06477	2914.2	3205.7	6.7071	0.05784	2907.5	3196.7	6.6483
450	0.08004	3011.0	3331.2	6.9386	0.07076	3005.8	3324.2	6.8770	0.06332	3000.6	3317.2	6.8210
500	0.08644	3100.3	3446.0	7.0922	0.07652	3096.0	3440.4	7.0323	0.06858	3091.8	3434.7	6.9781
600	0.09886	3279.4	3674.9	7.3706	0.08766	3276.4	3670.9	7.3127	0.07870	3273.3	3666.9	7.2605
700	0.11098	3462.4	3906.3	7.6214	0.09850	3460.0	3903.3	7.5647	0.08852	3457.7	3900.3	7.5136
800	0.12292	3650.6	4142.3	7.8523	0.10916	3648.8	4140.0	7.7962	0.09816	3646.9	4137.7	7.7458
900	0.13476	3844.8	4383.9	8.0675	0.11972	3843.3	4382.1	8.0118	0.10769	3841.8	4380.2	7.9619
1000	0.14653	4045.1	4631.2	8.2698	0.13020	4043.9	4629.8	8.2144	0.11715	4042.6	4628.3	8.1648
1100	0.15824	4251.4	4884.4	8.4612	0.14064	4250.4	4883.2	8.4060	0.12655	4249.3	4882.1	8.3566
1200	0.16992	4463.5	5143.2	8.6430	0.15103	4462.6	5142.2	8.5880	0.13592	4461.6	5141.3	8.5388
1300	0.18157	4680.9	5407.2	8.8164	0.16140	4680.1	5406.5	8.7616	0.14527	4679.3	5405.7	8.7124
	P = 6.0 MPa (275.59°C)				*P* = 7.0 MPa (285.83°C)				*P* = 8.0 MPa (295.01°C)			
Sat.	0.03245	2589.9	2784.6	5.8902	0.027378	2581.0	2772.6	5.8148	0.023525	2570.5	2758.7	5.7450
300	0.03619	2668.4	2885.6	6.0703	0.029492	2633.5	2839.9	5.9337	0.024279	2592.3	2786.5	5.7937
350	0.04225	2790.4	3043.9	6.3357	0.035262	2770.1	3016.9	6.2305	0.029975	2748.3	2988.1	6.1321
400	0.04742	2893.7	3178.3	6.5432	0.039958	2879.5	3159.2	6.4502	0.034344	2864.6	3139.4	6.3658
450	0.05217	2989.9	3302.9	6.7219	0.044187	2979.0	3288.3	6.6353	0.038194	2967.8	3273.3	6.5579
500	0.05667	3083.1	3423.1	6.8826	0.048157	3074.3	3411.4	6.8000	0.041767	3065.4	3399.5	6.7266
550	0.06102	3175.2	3541.3	7.0308	0.051966	3167.9	3531.6	6.9507	0.045172	3160.5	3521.8	6.8800
600	0.06527	3267.2	3658.8	7.1693	0.055665	3261.0	3650.6	7.0910	0.048463	3254.7	3642.4	7.0221
700	0.07355	3453.0	3894.3	7.4247	0.062850	3448.3	3888.3	7.3487	0.054829	3443.6	3882.2	7.2822
800	0.08165	3643.2	4133.1	7.6582	0.069856	3639.5	4128.5	7.5836	0.061011	3635.7	4123.8	7.5185
900	0.08964	3838.8	4376.6	7.8751	0.076750	3835.7	4373.0	7.8014	0.067082	3832.7	4369.3	7.7372
1000	0.09756	4040.1	4625.4	8.0786	0.083571	4037.5	4622.5	8.0055	0.073079	4035.0	4619.6	7.9419
1100	0.10543	4247.1	4879.7	8.2709	0.090341	4245.0	4877.4	8.1982	0.079025	4242.8	4875.0	8.1350
1200	0.11326	4459.8	5139.4	8.4534	0.097075	4457.9	5137.4	8.3810	0.084934	4456.1	5135.5	8.3181
1300	0.12107	4677.7	5404.1	8.6273	0.103781	4676.1	5402.6	8.5551	0.090817	4674.5	5401.0	8.4925
	P = 9.0 MPa (303.35°C)				*P* = 10.0 MPa (311.00°C)				*P* = 12.5 MPa (327.81°C)			
Sat.	0.020489	2558.5	2742.9	5.6791	0.018028	2545.2	2725.5	5.6159	0.013496	2505.6	2674.3	5.4638
325	0.023284	2647.6	2857.1	5.8738	0.019877	2611.6	2810.3	5.7596				
350	0.025816	2725.0	2957.3	6.0380	0.022440	2699.6	2924.0	5.9460	0.016138	2624.9	2826.6	5.7130
400	0.029960	2849.2	3118.8	6.2876	0.026436	2833.1	3097.5	6.2141	0.020030	2789.6	3040.0	6.0433
450	0.033524	2956.3	3258.0	6.4872	0.029782	2944.5	3242.4	6.4219	0.023019	2913.7	3201.5	6.2749
500	0.036793	3056.3	3387.4	6.6603	0.032811	3047.0	3375.1	6.5995	0.025630	3023.2	3343.6	6.4651
550	0.039885	3153.0	3512.0	6.8164	0.035655	3145.4	3502.0	6.7585	0.028033	3126.1	3476.5	6.6317
600	0.042861	3248.4	3634.1	6.9605	0.038378	3242.0	3625.8	6.9045	0.030306	3225.8	3604.6	6.7828
650	0.045755	3343.4	3755.2	7.0954	0.041018	3338.0	3748.1	7.0408	0.032491	3324.1	3730.2	6.9227
700	0.048589	3438.8	3876.1	7.2229	0.043597	3434.0	3870.0	7.1693	0.034612	3422.0	3854.6	7.0540
800	0.054132	3632.0	4119.2	7.4606	0.048629	3628.2	4114.5	7.4085	0.038724	3618.8	4102.8	7.2967
900	0.059562	3829.6	4365.7	7.6802	0.053547	3826.5	4362.0	7.6290	0.042720	3818.9	4352.9	7.5195
1000	0.064919	4032.4	4616.7	7.8855	0.058391	4029.9	4613.8	7.8349	0.046641	4023.5	4606.5	7.7269
1100	0.070224	4240.7	4872.7	8.0791	0.063183	4238.5	4870.3	8.0289	0.050510	4233.1	4864.5	7.9220
1200	0.075492	4454.2	5133.6	8.2625	0.067938	4452.4	5131.7	8.2126	0.054342	4447.7	5127.0	8.1065
1300	0.080733	4672.9	5399.5	8.4371	0.072667	4671.3	5398.0	8.3874	0.058147	4667.3	5394.1	8.2819

TABLE A–6

Superheated water (*Concluded*)

T °C	*v* m³/kg	*u* kJ/kg	*h* kJ/kg	*s* kJ/kg·K	*v* m³/kg	*u* kJ/kg	*h* kJ/kg	*s* kJ/kg·K	*v* m³/kg	*u* kJ/kg	*h* kJ/kg	*s* kJ/kg·K
	P = 15.0 MPa (342.16°C)				*P* = 17.5 MPa (354.67°C)				*P* = 20.0 MPa (365.75°C)			
Sat.	0.010341	2455.7	2610.8	5.3108	0.007932	2390.7	2529.5	5.1435	0.005862	2294.8	2412.1	4.9310
350	0.011481	2520.9	2693.1	5.4438								
400	0.015671	2740.6	2975.7	5.8819	0.012463	2684.3	2902.4	5.7211	0.009950	2617.9	2816.9	5.5526
450	0.018477	2880.8	3157.9	6.1434	0.015204	2845.4	3111.4	6.0212	0.012721	2807.3	3061.7	5.9043
500	0.020828	2998.4	3310.8	6.3480	0.017385	2972.4	3276.7	6.2424	0.014793	2945.3	3241.2	6.1446
550	0.022945	3106.2	3450.4	6.5230	0.019305	3085.8	3423.6	6.4266	0.016571	3064.7	3396.2	6.3390
600	0.024921	3209.3	3583.1	6.6796	0.021073	3192.5	3561.3	6.5890	0.018185	3175.3	3539.0	6.5075
650	0.026804	3310.1	3712.1	6.8233	0.022742	3295.8	3693.8	6.7366	0.019695	3281.4	3675.3	6.6593
700	0.028621	3409.8	3839.1	6.9573	0.024342	3397.5	3823.5	6.8735	0.021134	3385.1	3807.8	6.7991
800	0.032121	3609.3	4091.1	7.2037	0.027405	3599.7	4079.3	7.1237	0.023870	3590.1	4067.5	7.0531
900	0.035503	3811.2	4343.7	7.4288	0.030348	3803.5	4334.6	7.3511	0.026484	3795.7	4325.4	7.2829
1000	0.038808	4017.1	4599.2	7.6378	0.033215	4010.7	4592.0	7.5616	0.029020	4004.3	4584.7	7.4950
1100	0.042062	4227.7	4858.6	7.8339	0.036029	4222.3	4852.8	7.7588	0.031504	4216.9	4847.0	7.6933
1200	0.045279	4443.1	5122.3	8.0192	0.038806	4438.5	5117.6	7.9449	0.033952	4433.8	5112.9	7.8802
1300	0.048469	4663.3	5390.3	8.1952	0.041556	4659.2	5386.5	8.1215	0.036371	4655.2	5382.7	8.0574
	P = 25.0 MPa				*P* = 30.0 MPa				*P* = 35.0 MPa			
375	0.001978	1799.9	1849.4	4.0345	0.001792	1738.1	1791.9	3.9313	0.001701	1702.8	1762.4	3.8724
400	0.006005	2428.5	2578.7	5.1400	0.002798	2068.9	2152.8	4.4758	0.002105	1914.9	1988.6	4.2144
425	0.007886	2607.8	2805.0	5.4708	0.005299	2452.9	2611.8	5.1473	0.003434	2253.3	2373.5	4.7751
450	0.009176	2721.2	2950.6	5.6759	0.006737	2618.9	2821.0	5.4422	0.004957	2497.5	2671.0	5.1946
500	0.011143	2887.3	3165.9	5.9643	0.008691	2824.0	3084.8	5.7956	0.006933	2755.3	2997.9	5.6331
550	0.012736	3020.8	3339.2	6.1816	0.010175	2974.5	3279.7	6.0403	0.008348	2925.8	3218.0	5.9093
600	0.014140	3140.0	3493.5	6.3637	0.011445	3103.4	3446.8	6.2373	0.009523	3065.6	3399.0	6.1229
650	0.015430	3251.9	3637.7	6.5243	0.012590	3221.7	3599.4	6.4074	0.010565	3190.9	3560.7	6.3030
700	0.016643	3359.9	3776.0	6.6702	0.013654	3334.3	3743.9	6.5599	0.011523	3308.3	3711.6	6.4623
800	0.018922	3570.7	4043.8	6.9322	0.015628	3551.2	4020.0	6.8301	0.013278	3531.6	3996.3	6.7409
900	0.021075	3780.2	4307.1	7.1668	0.017473	3764.6	4288.8	7.0695	0.014904	3749.0	4270.6	6.9853
1000	0.023150	3991.5	4570.2	7.3821	0.019240	3978.6	4555.8	7.2880	0.016450	3965.8	4541.5	7.2069
1100	0.025172	4206.1	4835.4	7.5825	0.020954	4195.2	4823.9	7.4906	0.017942	4184.4	4812.4	7.4118
1200	0.027157	4424.6	5103.5	7.7710	0.022630	4415.3	5094.2	7.6807	0.019398	4406.1	5085.0	7.6034
1300	0.029115	4647.2	5375.1	7.9494	0.024279	4639.2	5367.6	7.8602	0.020827	4631.2	5360.2	7.7841
	P = 40.0 MPa				*P* = 50.0 MPa				*P* = 60.0 MPa			
375	0.001641	1677.0	1742.6	3.8290	0.001560	1638.6	1716.6	3.7642	0.001503	1609.7	1699.9	3.7149
400	0.001911	1855.0	1931.4	4.1145	0.001731	1787.8	1874.4	4.0029	0.001633	1745.2	1843.2	3.9317
425	0.002538	2097.5	2199.0	4.5044	0.002009	1960.3	2060.7	4.2746	0.001816	1892.9	2001.8	4.1630
450	0.003692	2364.2	2511.8	4.9449	0.002487	2160.3	2284.7	4.5896	0.002086	2055.1	2180.2	4.4140
500	0.005623	2681.6	2906.5	5.4744	0.003890	2528.1	2722.6	5.1762	0.002952	2393.2	2570.3	4.9356
550	0.006985	2875.1	3154.4	5.7857	0.005118	2769.5	3025.4	5.5563	0.003955	2664.6	2901.9	5.3517
600	0.008089	3026.8	3350.4	6.0170	0.006108	2947.1	3252.6	5.8245	0.004833	2866.8	3156.8	5.6527
650	0.009053	3159.5	3521.6	6.2078	0.006957	3095.6	3443.5	6.0373	0.005591	3031.3	3366.8	5.8867
700	0.009930	3282.0	3679.2	6.3740	0.007717	3228.7	3614.6	6.2179	0.006265	3175.4	3551.3	6.0814
800	0.011521	3511.8	3972.6	6.6613	0.009073	3472.2	3925.8	6.5225	0.007456	3432.6	3880.0	6.4033
900	0.012980	3733.3	4252.5	6.9107	0.010296	3702.0	4216.8	6.7819	0.008519	3670.9	4182.1	6.6725
1000	0.014360	3952.9	4527.3	7.1355	0.011441	3927.4	4499.4	7.0131	0.009504	3902.0	4472.2	6.9099
1100	0.015686	4173.7	4801.1	7.3425	0.012534	4152.2	4778.9	7.2244	0.010439	4130.9	4757.3	7.1255
1200	0.016976	4396.9	5075.9	7.5357	0.013590	4378.6	5058.1	7.4207	0.011339	4360.5	5040.8	7.3248
1300	0.018239	4623.3	5352.8	7.7175	0.014620	4607.5	5338.5	7.6048	0.012213	4591.8	5324.5	7.5111

TABLE A–7

Compressed liquid water

T °C	v m³/kg	u kJ/kg	h kJ/kg	s kJ/kg·K	v m³/kg	u kJ/kg	h kJ/kg	s kJ/kg·K	v m³/kg	u kJ/kg	h kJ/kg	s kJ/kg·K
	P = 5 MPa (263.94°C)				P = 10 MPa (311.00°C)				P = 15 MPa (342.16°C)			
Sat.	0.0012862	1148.1	1154.5	2.9207	0.0014522	1393.3	1407.9	3.3603	0.0016572	1585.5	1610.3	3.6848
0	0.0009977	0.04	5.03	0.0001	0.0009952	0.12	10.07	0.0003	0.0009928	0.18	15.07	0.0004
20	0.0009996	83.61	88.61	0.2954	0.0009973	83.31	93.28	0.2943	0.0009951	83.01	97.93	0.2932
40	0.0010057	166.92	171.95	0.5705	0.0010035	166.33	176.37	0.5685	0.0010013	165.75	180.77	0.5666
60	0.0010149	250.29	255.36	0.8287	0.0010127	249.43	259.55	0.8260	0.0010105	248.58	263.74	0.8234
80	0.0010267	333.82	338.96	1.0723	0.0010244	332.69	342.94	1.0691	0.0010221	331.59	346.92	1.0659
100	0.0010410	417.65	422.85	1.3034	0.0010385	416.23	426.62	1.2996	0.0010361	414.85	430.39	1.2958
120	0.0010576	501.91	507.19	1.5236	0.0010549	500.18	510.73	1.5191	0.0010522	498.50	514.28	1.5148
140	0.0010769	586.80	592.18	1.7344	0.0010738	584.72	595.45	1.7293	0.0010708	582.69	598.75	1.7243
160	0.0010988	672.55	678.04	1.9374	0.0010954	670.06	681.01	1.9316	0.0010920	667.63	684.01	1.9259
180	0.0011240	759.47	765.09	2.1338	0.0011200	756.48	767.68	2.1271	0.0011160	753.58	770.32	2.1206
200	0.0011531	847.92	853.68	2.3251	0.0011482	844.32	855.80	2.3174	0.0011435	840.84	858.00	2.3100
220	0.0011868	938.39	944.32	2.5127	0.0011809	934.01	945.82	2.5037	0.0011752	929.81	947.43	2.4951
240	0.0012268	1031.6	1037.7	2.6983	0.0012192	1026.2	1038.3	2.6876	0.0012121	1021.0	1039.2	2.6774
260	0.0012755	1128.5	1134.9	2.8841	0.0012653	1121.6	1134.3	2.8710	0.0012560	1115.1	1134.0	2.8586
280					0.0013226	1221.8	1235.0	3.0565	0.0013096	1213.4	1233.0	3.0410
300					0.0013980	1329.4	1343.3	3.2488	0.0013783	1317.6	1338.3	3.2279
320									0.0014733	1431.9	1454.0	3.4263
340									0.0016311	1567.9	1592.4	3.6555
	P = 20 MPa (365.75°C)				P = 30 MPa				P = 50 MPa			
Sat.	0.0020378	1785.8	1826.6	4.0146								
0	0.0009904	0.23	20.03	0.0005	0.0009857	0.29	29.86	0.0003	0.0009767	0.29	49.13	−0.0010
20	0.0009929	82.71	102.57	0.2921	0.0009886	82.11	111.77	0.2897	0.0009805	80.93	129.95	0.2845
40	0.0009992	165.17	185.16	0.5646	0.0009951	164.05	193.90	0.5607	0.0009872	161.90	211.25	0.5528
60	0.0010084	247.75	267.92	0.8208	0.0010042	246.14	276.26	0.8156	0.0009962	243.08	292.88	0.8055
80	0.0010199	330.50	350.90	1.0627	0.0010155	328.40	358.86	1.0564	0.0010072	324.42	374.78	1.0442
100	0.0010337	413.50	434.17	1.2920	0.0010290	410.87	441.74	1.2847	0.0010201	405.94	456.94	1.2705
120	0.0010496	496.85	517.84	1.5105	0.0010445	493.66	525.00	1.5020	0.0010349	487.69	539.43	1.4859
140	0.0010679	580.71	602.07	1.7194	0.0010623	576.90	608.76	1.7098	0.0010517	569.77	622.36	1.6916
160	0.0010886	665.28	687.05	1.9203	0.0010823	660.74	693.21	1.9094	0.0010704	652.33	705.85	1.8889
180	0.0011122	750.78	773.02	2.1143	0.0011049	745.40	778.55	2.1020	0.0010914	735.49	790.06	2.0790
200	0.0011390	837.49	860.27	2.3027	0.0011304	831.11	865.02	2.2888	0.0011149	819.45	875.19	2.2628
220	0.0011697	925.77	949.16	2.4867	0.0011595	918.15	952.93	2.4707	0.0011412	904.39	961.45	2.4414
240	0.0012053	1016.1	1040.2	2.6676	0.0011927	1006.9	1042.7	2.6491	0.0011708	990.55	1049.1	2.6156
260	0.0012472	1109.0	1134.0	2.8469	0.0012314	1097.8	1134.7	2.8250	0.0012044	1078.2	1138.4	2.7864
280	0.0012978	1205.6	1231.5	3.0265	0.0012770	1191.5	1229.8	3.0001	0.0012430	1167.7	1229.9	2.9547
300	0.0013611	1307.2	1334.4	3.2091	0.0013322	1288.9	1328.9	3.1761	0.0012879	1259.6	1324.0	3.1218
320	0.0014450	1416.6	1445.5	3.3996	0.0014014	1391.7	1433.7	3.3558	0.0013409	1354.3	1421.4	3.2888
340	0.0015693	1540.2	1571.6	3.6086	0.0014932	1502.4	1547.1	3.5438	0.0014049	1452.9	1523.1	3.4575
360	0.0018248	1703.6	1740.1	3.8787	0.0016276	1626.8	1675.6	3.7499	0.0014848	1556.5	1630.7	3.6301
380					0.0018729	1782.0	1838.2	4.0026	0.0015884	1667.1	1746.5	3.8102

TABLE A–8

Saturated ice–water vapor

		Specific volume, m^3/kg		*Internal energy,* kJ/kg			*Enthalpy,* kJ/kg			*Entropy,* kJ/kg·K		
Temp., T °C	Sat. press., P_{sat} kPa	Sat. ice, v_i	Sat. vapor, v_g	Sat. ice, u_i	Subl., u_{ig}	Sat. vapor, u_g	Sat. ice, h_i	Subl., h_{ig}	Sat. vapor, h_g	Sat. ice, s_i	Subl., s_{ig}	Sat. vapor, s_g
0.01	0.61169	0.001091	205.99	−333.40	2707.9	2374.5	−333.40	2833.9	2500.5	−1.2202	10.374	9.154
0	0.61115	0.001091	206.17	−333.43	2707.9	2374.5	−333.43	2833.9	2500.5	−1.2204	10.375	9.154
−2	0.51772	0.001091	241.62	−337.63	2709.4	2371.8	−337.63	2834.5	2496.8	−1.2358	10.453	9.218
−4	0.43748	0.001090	283.84	−341.80	2710.8	2369.0	−341.80	2835.0	2493.2	−1.2513	10.533	9.282
−6	0.36873	0.001090	334.27	−345.94	2712.2	2366.2	−345.93	2835.4	2489.5	−1.2667	10.613	9.347
−8	0.30998	0.001090	394.66	−350.04	2713.5	2363.5	−350.04	2835.8	2485.8	−1.2821	10.695	9.413
−10	0.25990	0.001089	467.17	−354.12	2714.8	2360.7	−354.12	2836.2	2482.1	−1.2976	10.778	9.480
−12	0.21732	0.001089	554.47	−358.17	2716.1	2357.9	−358.17	2836.6	2478.4	−1.3130	10.862	9.549
−14	0.18121	0.001088	659.88	−362.18	2717.3	2355.2	−362.18	2836.9	2474.7	−1.3284	10.947	9.618
−16	0.15068	0.001088	787.51	−366.17	2718.6	2352.4	−366.17	2837.2	2471.0	−1.3439	11.033	9.689
−18	0.12492	0.001088	942.51	−370.13	2719.7	2349.6	−370.13	2837.5	2467.3	−1.3593	11.121	9.761
−20	0.10326	0.001087	1131.3	−374.06	2720.9	2346.8	−374.06	2837.7	2463.6	−1.3748	11.209	9.835
−22	0.08510	0.001087	1362.0	−377.95	2722.0	2344.1	−377.95	2837.9	2459.9	−1.3903	11.300	9.909
−24	0.06991	0.001087	1644.7	−381.82	2723.1	2341.3	−381.82	2838.1	2456.2	−1.4057	11.391	9.985
−26	0.05725	0.001087	1992.2	−385.66	2724.2	2338.5	−385.66	2838.2	2452.5	−1.4212	11.484	10.063
−28	0.04673	0.001086	2421.0	−389.47	2725.2	2335.7	−389.47	2838.3	2448.8	−1.4367	11.578	10.141
−30	0.03802	0.001086	2951.7	−393.25	2726.2	2332.9	−393.25	2838.4	2445.1	−1.4521	11.673	10.221
−32	0.03082	0.001086	3610.9	−397.00	2727.2	2330.2	−397.00	2838.4	2441.4	−1.4676	11.770	10.303
−34	0.02490	0.001085	4432.4	−400.72	2728.1	2327.4	−400.72	2838.5	2437.7	−1.4831	11.869	10.386
−36	0.02004	0.001085	5460.1	−404.40	2729.0	2324.6	−404.40	2838.4	2434.0	−1.4986	11.969	10.470
−38	0.01608	0.001085	6750.5	−408.07	2729.9	2321.8	−408.07	2838.4	2430.3	−1.5141	12.071	10.557
−40	0.01285	0.001084	8376.7	−411.70	2730.7	2319.0	−411.70	2838.3	2426.6	−1.5296	12.174	10.644

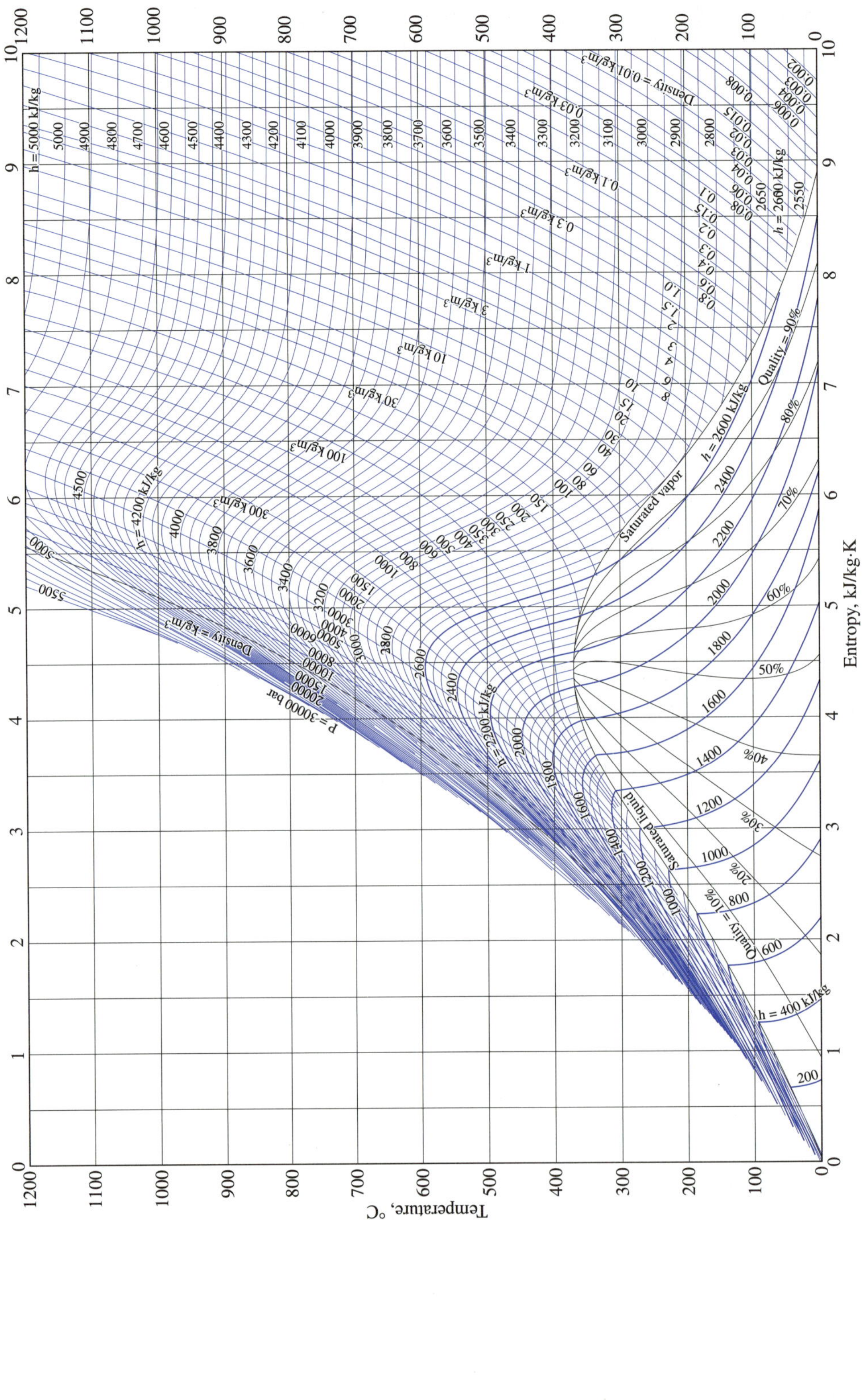

FIGURE A–9

T-s diagram for water.

Copyright © 1984. From NBS/NRC Steam Tables/1 *by Lester Haar, John S. Gallagher, and George S. Kell. Reproduced by permission of Routledge/Taylor & Francis Books, Inc.*

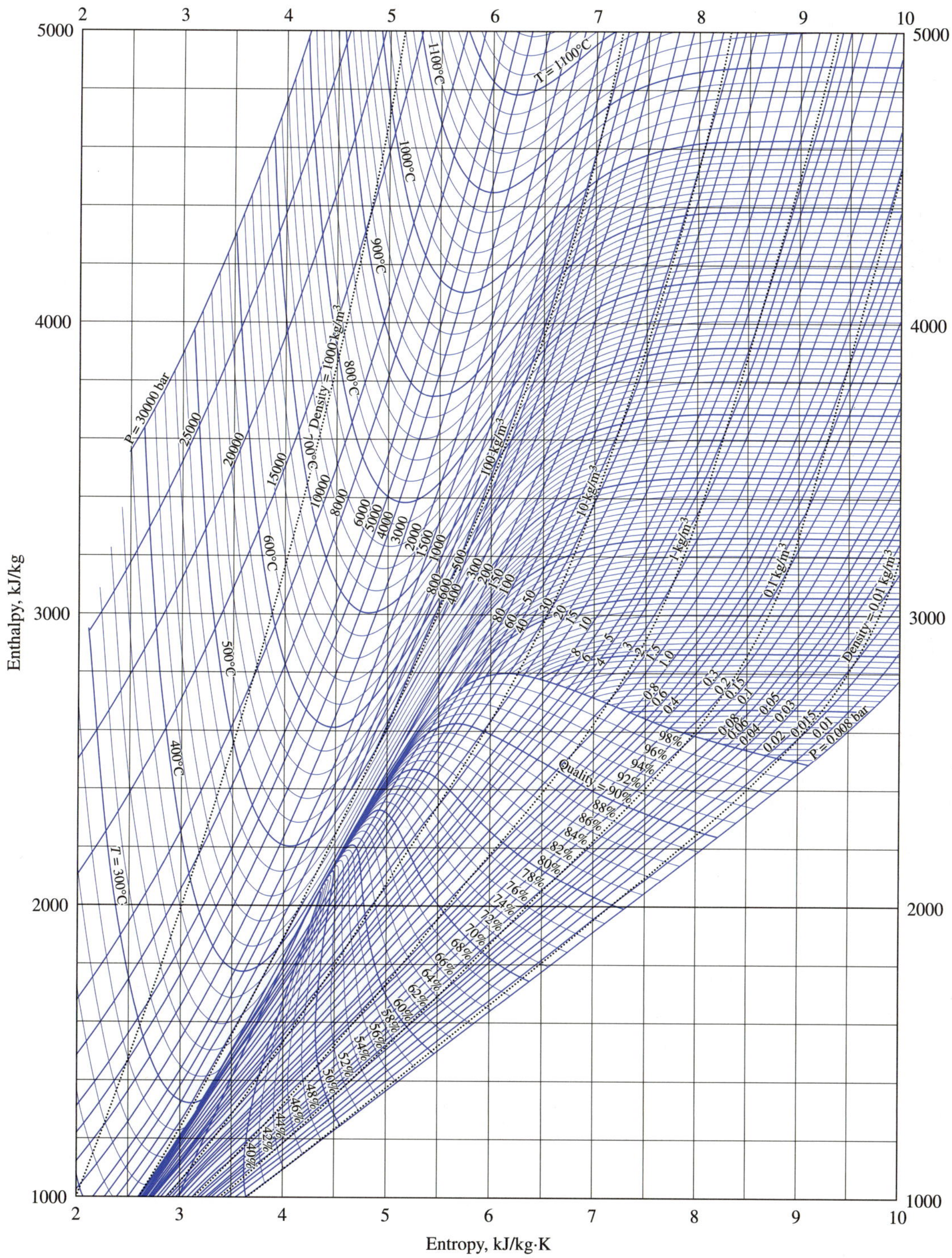

FIGURE A–10

Mollier diagram for water.

TABLE A–11

Saturated refrigerant-134a—Temperature table

		Specific volume, m^3/kg		Internal energy, kJ/kg			Enthalpy, kJ/kg			Entropy, kJ/kg·K		
Temp., T °C	Sat. press., P_{sat} kPa	Sat. liquid, v_f	Sat. vapor, v_g	Sat. liquid, u_f	Evap., u_{fg}	Sat. vapor, u_g	Sat. liquid, h_f	Evap., h_{fg}	Sat. vapor, h_g	Sat. liquid, s_f	Evap., s_{fg}	Sat. vapor, s_g
−40	51.25	0.0007054	0.36081	−0.036	207.40	207.37	0.000	225.86	225.86	0.00000	0.96866	0.96866
−38	56.86	0.0007083	0.32732	2.475	206.04	208.51	2.515	224.61	227.12	0.01072	0.95511	0.96584
−36	62.95	0.0007112	0.29751	4.992	204.67	209.66	5.037	223.35	228.39	0.02138	0.94176	0.96315
−34	69.56	0.0007142	0.27090	7.517	203.29	210.81	7.566	222.09	229.65	0.03199	0.92859	0.96058
−32	76.71	0.0007172	0.24711	10.05	201.91	211.96	10.10	220.81	230.91	0.04253	0.91560	0.95813
−30	84.43	0.0007203	0.22580	12.59	200.52	213.11	12.65	219.52	232.17	0.05301	0.90278	0.95579
−28	92.76	0.0007234	0.20666	15.13	199.12	214.25	15.20	218.22	233.43	0.06344	0.89012	0.95356
−26	101.73	0.0007265	0.18946	17.69	197.72	215.40	17.76	216.92	234.68	0.07382	0.87762	0.95144
−24	111.37	0.0007297	0.17395	20.25	196.30	216.55	20.33	215.59	235.92	0.08414	0.86527	0.94941
−22	121.72	0.0007329	0.15995	22.82	194.88	217.70	22.91	214.26	s237.17	0.09441	0.85307	0.94748
−20	132.82	0.0007362	0.14729	25.39	193.45	218.84	25.49	212.91	238.41	0.10463	0.84101	0.94564
−18	144.69	0.0007396	0.13583	27.98	192.01	219.98	28.09	211.55	239.64	0.11481	0.82908	0.94389
−16	157.38	0.0007430	0.12542	30.57	190.56	221.13	30.69	210.18	240.87	0.12493	0.81729	0.94222
−14	170.93	0.0007464	0.11597	33.17	189.09	222.27	33.30	208.79	242.09	0.13501	0.80561	0.94063
−12	185.37	0.0007499	0.10736	35.78	187.62	223.40	35.92	207.38	243.30	0.14504	0.79406	0.93911
−10	200.74	0.0007535	0.099516	38.40	186.14	224.54	38.55	205.96	244.51	0.15504	0.78263	0.93766
−8	217.08	0.0007571	0.092352	41.03	184.64	225.67	41.19	204.52	245.72	0.16498	0.77130	0.93629
−6	234.44	0.0007608	0.085802	43.66	183.13	226.80	43.84	203.07	246.91	0.17489	0.76008	0.93497
−4	252.85	0.0007646	0.079804	46.31	181.61	227.92	46.50	201.60	248.10	0.18476	0.74896	0.93372
−2	272.36	0.0007684	0.074304	48.96	180.08	229.04	49.17	200.11	249.28	0.19459	0.73794	0.93253
0	293.01	0.0007723	0.069255	51.63	178.53	230.16	51.86	198.60	250.45	0.20439	0.72701	0.93139
2	314.84	0.0007763	0.064612	54.30	176.97	231.27	54.55	197.07	251.61	0.21415	0.71616	0.93031
4	337.90	0.0007804	0.060338	56.99	175.39	232.38	57.25	195.51	252.77	0.22387	0.70540	0.92927
6	362.23	0.0007845	0.056398	59.68	173.80	233.48	59.97	193.94	253.91	0.23356	0.69471	0.92828
8	387.88	0.0007887	0.052762	62.39	172.19	234.58	62.69	192.35	255.04	0.24323	0.68410	0.92733
10	414.89	0.0007930	0.049403	65.10	170.56	235.67	65.43	190.73	256.16	0.25286	0.67356	0.92641
12	443.31	0.0007975	0.046295	67.83	168.92	236.75	68.18	189.09	257.27	0.26246	0.66308	0.92554
14	473.19	0.0008020	0.043417	70.57	167.26	237.83	70.95	187.42	258.37	0.27204	0.65266	0.92470
16	504.58	0.0008066	0.040748	73.32	165.58	238.90	73.73	185.73	259.46	0.28159	0.64230	0.92389
18	537.52	0.0008113	0.038271	76.08	163.88	239.96	76.52	184.01	260.53	0.29112	0.63198	0.92310

TABLE A–11

Saturated refrigerant-134a—Temperature table (*Concluded*)

		Specific volume, m^3/kg		Internal energy, kJ/kg			Enthalpy, kJ/kg			Entropy, kJ/kg·K		
Temp., T °C	Sat. press., P_{sat} kPa	Sat. liquid, v_f	Sat. vapor, v_g	Sat. liquid, u_f	Evap., u_{fg}	Sat. vapor, u_g	Sat. liquid, h_f	Evap., h_{fg}	Sat. vapor, h_g	Sat. liquid, s_f	Evap., s_{fg}	Sat. vapor, s_g
20	572.07	0.0008161	0.035969	78.86	162.16	241.02	79.32	182.27	261.59	0.30063	0.62172	0.92234
22	608.27	0.0008210	0.033828	81.64	160.42	242.06	82.14	180.49	262.64	0.31011	0.61149	0.92160
24	646.18	0.0008261	0.031834	84.44	158.65	243.10	84.98	178.69	263.67	0.31958	0.60130	0.92088
26	685.84	0.0008313	0.029976	87.26	156.87	244.12	87.83	176.85	264.68	0.32903	0.59115	0.92018
28	727.31	0.0008366	0.028242	90.09	155.05	245.14	90.69	174.99	265.68	0.33846	0.58102	0.91948
30	770.64	0.0008421	0.026622	92.93	153.22	246.14	93.58	173.08	266.66	0.34789	0.57091	0.91879
32	815.89	0.0008478	0.025108	95.79	151.35	247.14	96.48	171.14	267.62	0.35730	0.56082	0.91811
34	863.11	0.0008536	0.023691	98.66	149.46	248.12	99.40	169.17	268.57	0.36670	0.55074	0.91743
36	912.35	0.0008595	0.022364	101.55	147.54	249.08	102.33	167.16	269.49	0.37609	0.54066	0.91675
38	963.68	0.0008657	0.021119	104.45	145.58	250.04	105.29	165.10	270.39	0.38548	0.53058	0.91606
40	1017.1	0.0008720	0.019952	107.38	143.60	250.97	108.26	163.00	271.27	0.39486	0.52049	0.91536
42	1072.8	0.0008786	0.018855	110.32	141.58	251.89	111.26	160.86	272.12	0.40425	0.51039	0.91464
44	1130.7	0.0008854	0.017824	113.28	139.52	252.80	114.28	158.67	272.95	0.41363	0.50027	0.91391
46	1191.0	0.0008924	0.016853	116.26	137.42	253.68	117.32	156.43	273.75	0.42302	0.49012	0.91315
48	1253.6	0.0008996	0.015939	119.26	135.29	254.55	120.39	154.14	274.53	0.43242	0.47993	0.91236
52	1386.2	0.0009150	0.014265	125.33	130.88	256.21	126.59	149.39	275.98	0.45126	0.45941	0.91067
56	1529.1	0.0009317	0.012771	131.49	126.28	257.77	132.91	144.38	277.30	0.47018	0.43863	0.90880
60	1682.8	0.0009498	0.011434	137.76	121.46	259.22	139.36	139.10	278.46	0.48920	0.41749	0.90669
65	1891.0	0.0009750	0.009950	145.77	115.05	260.82	147.62	132.02	279.64	0.51320	0.39039	0.90359
70	2118.2	0.0010037	0.008642	154.01	108.14	262.15	156.13	124.32	280.46	0.53755	0.36227	0.89982
75	2365.8	0.0010372	0.007480	162.53	100.60	263.13	164.98	115.85	280.82	0.56241	0.33272	0.89512
80	2635.3	0.0010772	0.006436	171.40	92.23	263.63	174.24	106.35	280.59	0.58800	0.30111	0.88912
85	2928.2	0.0011270	0.005486	180.77	82.67	263.44	184.07	95.44	279.51	0.61473	0.26644	0.88117
90	3246.9	0.0011932	0.004599	190.89	71.29	262.18	194.76	82.35	277.11	0.64336	0.22674	0.87010
95	3594.1	0.0012933	0.003726	202.40	56.47	258.87	207.05	65.21	272.26	0.67578	0.17711	0.85289
100	3975.1	0.0015269	0.002630	218.72	29.19	247.91	224.79	33.58	258.37	0.72217	0.08999	0.81215

Source: Tables A–11 through A–13 are generated using the Engineering Equation Solver (EES) software developed by S. A. Klein and F. L. Alvarado. The routine used in calculations is the R134a, which is based on the fundamental equation of state developed by R. Tillner-Roth and H.D. Baehr, "An International Standard Formulation for the Thermodynamic Properties of 1,1,1,2-Tetrafluoroethane (HFC-134a) for temperatures from 170 K to 455 K and Pressures up to 70 MPa," *J. Phys. Chem, Ref. Data*, Vol. 23, No. 5, 1994. The enthalpy and entropy values of saturated liquid are set to zero at −40°C (and −40°F).

TABLE A–12

Saturated refrigerant-134a—Pressure table

		Specific volume, m^3/kg		Internal energy, kJ/kg			Enthalpy, kJ/kg			Entropy, kJ/kg·K		
Press., P kPa	Sat. temp., T_{sat} °C	Sat. liquid, v_f	Sat. vapor, v_g	Sat. liquid, u_f	Evap., u_{fg}	Sat. vapor, u_g	Sat. liquid, h_f	Evap., h_{fg}	Sat. vapor, h_g	Sat. liquid, s_f	Evap., s_{fg}	Sat. vapor, s_g
60	−36.95	0.0007098	0.31121	3.798	205.32	209.12	3.841	223.95	227.79	0.01634	0.94807	0.96441
70	−33.87	0.0007144	0.26929	7.680	203.20	210.88	7.730	222.00	229.73	0.03267	0.92775	0.96042
80	−31.13	0.0007185	0.23753	11.15	201.30	212.46	11.21	220.25	231.46	0.04711	0.90999	0.95710
90	−28.65	0.0007223	0.21263	14.31	199.57	213.88	14.37	218.65	233.02	0.06008	0.89419	0.95427
100	−26.37	0.0007259	0.19254	17.21	197.98	215.19	17.28	217.16	234.44	0.07188	0.87995	0.95183
120	−22.32	0.0007324	0.16212	22.40	195.11	217.51	22.49	214.48	236.97	0.09275	0.85503	0.94779
140	−18.77	0.0007383	0.14014	26.98	192.57	219.54	27.08	212.08	239.16	0.11087	0.83368	0.94456
160	−15.60	0.0007437	0.12348	31.09	190.27	221.35	31.21	209.90	241.11	0.12693	0.81496	0.94190
180	−12.73	0.0007487	0.11041	34.83	188.16	222.99	34.97	207.90	242.86	0.14139	0.79826	0.93965
200	−10.09	0.0007533	0.099867	38.28	186.21	224.48	38.43	206.03	244.46	0.15457	0.78316	0.93773
240	−5.38	0.0007620	0.083897	44.48	182.67	227.14	44.66	202.62	247.28	0.17794	0.75664	0.93458
280	−1.25	0.0007699	0.072352	49.97	179.50	229.46	50.18	199.54	249.72	0.19829	0.73381	0.93210
320	2.46	0.0007772	0.063604	54.92	176.61	231.52	55.16	196.71	251.88	0.21637	0.71369	0.93006
360	5.82	0.0007841	0.056738	59.44	173.94	233.38	59.72	194.08	253.81	0.23270	0.69566	0.92836
400	8.91	0.0007907	0.051201	63.62	171.45	235.07	63.94	191.62	255.55	0.24761	0.67929	0.92691
450	12.46	0.0007985	0.045619	68.45	168.54	237.00	68.81	188.71	257.53	0.26465	0.66069	0.92535
500	15.71	0.0008059	0.041118	72.93	165.82	238.75	73.33	185.98	259.30	0.28023	0.64377	0.92400
550	18.73	0.0008130	0.037408	77.10	163.25	240.35	77.54	183.38	260.92	0.29461	0.62821	0.92282
600	21.55	0.0008199	0.034295	81.02	160.81	241.83	81.51	180.90	262.40	0.30799	0.61378	0.92177
650	24.20	0.0008266	0.031646	84.72	158.48	243.20	85.26	178.51	263.77	0.32051	0.60030	0.92081
700	26.69	0.0008331	0.029361	88.24	156.24	244.48	88.82	176.21	265.03	0.33230	0.58763	0.91994
750	29.06	0.0008395	0.027371	91.59	154.08	245.67	92.22	173.98	266.20	0.34345	0.57567	0.91912
800	31.31	0.0008458	0.025621	94.79	152.00	246.79	95.47	171.82	267.29	0.35404	0.56431	0.91835
850	33.45	0.0008520	0.024069	97.87	149.98	247.85	98.60	169.71	268.31	0.36413	0.55349	0.91762
900	35.51	0.0008580	0.022683	100.83	148.01	248.85	101.61	167.66	269.26	0.37377	0.54315	0.91692
950	37.48	0.0008641	0.021438	103.69	146.10	249.79	104.51	165.64	270.15	0.38301	0.53323	0.91624
1000	39.37	0.0008700	0.020313	106.45	144.23	250.68	107.32	163.67	270.99	0.39189	0.52368	0.91558
1200	46.29	0.0008934	0.016715	116.70	137.11	253.81	117.77	156.10	273.87	0.42441	0.48863	0.91303
1400	52.40	0.0009166	0.014107	125.94	130.43	256.37	127.22	148.90	276.12	0.45315	0.45734	0.91050
1600	57.88	0.0009400	0.012123	134.43	124.04	258.47	135.93	141.93	277.86	0.47911	0.42873	0.90784
1800	62.87	0.0009639	0.010559	142.33	117.83	260.17	144.07	135.11	279.17	0.50294	0.40204	0.90498
2000	67.45	0.0009886	0.009288	149.78	111.73	261.51	151.76	128.33	280.09	0.52509	0.37675	0.90184
2500	77.54	0.0010566	0.006936	166.99	96.47	263.45	169.63	111.16	280.79	0.57531	0.31695	0.89226
3000	86.16	0.0011406	0.005275	183.04	80.22	263.26	186.46	92.63	279.09	0.62118	0.25776	0.87894

TABLE A–13

Superheated refrigerant-134a

T °C	v m^3/kg	u kJ/kg	h kJ/kg	s kJ/kg·K	v m^3/kg	u kJ/kg	h kJ/kg	s kJ/kg·K	v m^3/kg	u kJ/kg	h kJ/kg	s kJ/kg·K
	P = 0.06 MPa (T_{sat} = −36.95°C)				P = 0.10 MPa (T_{sat} = −26.37°C)				P = 0.14 MPa (T_{sat} = −18.77°C)			
Sat.	0.31121	209.12	227.79	0.9644	0.19254	215.19	234.44	0.9518	0.14014	219.54	239.16	0.9446
−20	0.33608	220.60	240.76	1.0174	0.19841	219.66	239.50	0.9721				
−10	0.35048	227.55	248.58	1.0477	0.20743	226.75	247.49	1.0030	0.14605	225.91	246.36	0.9724
0	0.36476	234.66	256.54	1.0774	0.21630	233.95	255.58	1.0332	0.15263	233.23	254.60	1.0031
10	0.37893	241.92	264.66	1.1066	0.22506	241.30	263.81	1.0628	0.15908	240.66	262.93	1.0331
20	0.39302	249.35	272.94	1.1353	0.23373	248.79	272.17	1.0918	0.16544	248.22	271.38	1.0624
30	0.40705	256.95	281.37	1.1636	0.24233	256.44	280.68	1.1203	0.17172	255.93	279.97	1.0912
40	0.42102	264.71	289.97	1.1915	0.25088	264.25	289.34	1.1484	0.17794	263.79	288.70	1.1195
50	0.43495	272.64	298.74	1.2191	0.25937	272.22	298.16	1.1762	0.18412	271.79	297.57	1.1474
60	0.44883	280.73	307.66	1.2463	0.26783	280.35	307.13	1.2035	0.19025	279.96	306.59	1.1749
70	0.46269	288.99	316.75	1.2732	0.27626	288.64	316.26	1.2305	0.19635	288.28	315.77	1.2020
80	0.47651	297.41	326.00	1.2997	0.28465	297.08	325.55	1.2572	0.20242	296.75	325.09	1.2288
90	0.49032	306.00	335.42	1.3260	0.29303	305.69	334.99	1.2836	0.20847	305.38	334.57	1.2553
100	0.50410	314.74	344.99	1.3520	0.30138	314.46	344.60	1.3096	0.21449	314.17	344.20	1.2814
	P = 0.18 MPa (T_{sat} = −12.73°C)				P = 0.20 MPa (T_{sat} = −10.09°C)				P = 0.24 MPa (T_{sat} = −5.38°C)			
Sat.	0.11041	222.99	242.86	0.9397	0.09987	224.48	244.46	0.9377	0.08390	227.14	247.28	0.9346
−10	0.11189	225.02	245.16	0.9484	0.09991	224.55	244.54	0.9380				
0	0.11722	232.48	253.58	0.9798	0.10481	232.09	253.05	0.9698	0.08617	231.29	251.97	0.9519
10	0.12240	240.00	262.04	1.0102	0.10955	239.67	261.58	1.0004	0.09026	238.98	260.65	0.9831
20	0.12748	247.64	270.59	1.0399	0.11418	247.35	270.18	1.0303	0.09423	246.74	269.36	1.0134
30	0.13248	255.41	279.25	1.0690	0.11874	255.14	278.89	1.0595	0.09812	254.61	278.16	1.0429
40	0.13741	263.31	288.05	1.0975	0.12322	263.08	287.72	1.0882	0.10193	262.59	287.06	1.0718
50	0.14230	271.36	296.98	1.1256	0.12766	271.15	296.68	1.1163	0.10570	270.71	296.08	1.1001
60	0.14715	279.56	306.05	1.1532	0.13206	279.37	305.78	1.1441	0.10942	278.97	305.23	1.1280
70	0.15196	287.91	315.27	1.1805	0.13641	287.73	315.01	1.1714	0.11310	287.36	314.51	1.1554
80	0.15673	296.42	324.63	1.2074	0.14074	296.25	324.40	1.1983	0.11675	295.91	323.93	1.1825
90	0.16149	305.07	334.14	1.2339	0.14504	304.92	333.93	1.2249	0.12038	304.60	333.49	1.2092
100	0.16622	313.88	343.80	1.2602	0.14933	313.74	343.60	1.2512	0.12398	313.44	343.20	1.2356
	P = 0.28 MPa (T_{sat} = −1.25°C)				P = 0.32 MPa (T_{sat} = 2.46°C)				P = 0.40 MPa (T_{sat} = 8.91°C)			
Sat.	0.07235	229.46	249.72	0.9321	0.06360	231.52	251.88	0.9301	0.051201	235.07	255.55	0.9269
0	0.07282	230.44	250.83	0.9362								
10	0.07646	238.27	259.68	0.9680	0.06609	237.54	258.69	0.9544	0.051506	235.97	256.58	0.9305
20	0.07997	246.13	268.52	0.9987	0.06925	245.50	267.66	0.9856	0.054213	244.18	265.86	0.9628
30	0.08338	254.06	277.41	1.0285	0.07231	253.50	276.65	1.0157	0.056796	252.36	275.07	0.9937
40	0.08672	262.10	286.38	1.0576	0.07530	261.60	285.70	1.0451	0.059292	260.58	284.30	1.0236
50	0.09000	270.27	295.47	1.0862	0.07823	269.82	294.85	1.0739	0.061724	268.90	293.59	1.0528
60	0.09324	278.56	304.67	1.1142	0.08111	278.15	304.11	1.1021	0.064104	277.32	302.96	1.0814
70	0.09644	286.99	314.00	1.1418	0.08395	286.62	313.48	1.1298	0.066443	285.86	312.44	1.1094
80	0.09961	295.57	323.46	1.1690	0.08675	295.22	322.98	1.1571	0.068747	294.53	322.02	1.1369
90	0.10275	304.29	333.06	1.1958	0.08953	303.97	332.62	1.1840	0.071023	303.32	331.73	1.1640
100	0.10587	313.15	342.80	1.2222	0.09229	312.86	342.39	1.2105	0.073274	312.26	341.57	1.1907
110	0.10897	322.16	352.68	1.2483	0.09503	321.89	352.30	1.2367	0.075504	321.33	351.53	1.2171
120	0.11205	331.32	362.70	1.2742	0.09775	331.07	362.35	1.2626	0.077717	330.55	361.63	1.2431
130	0.11512	340.63	372.87	1.2997	0.10045	340.39	372.54	1.2882	0.079913	339.90	371.87	1.2688
140	0.11818	350.09	383.18	1.3250	0.10314	349.86	382.87	1.3135	0.082096	349.41	382.24	1.2942

TABLE A–13

Superheated refrigerant-134a (*Concluded*)

T °C	v m³/kg	u kJ/kg	h kJ/kg	s kJ/kg·K	v m³/kg	u kJ/kg	h kJ/kg	s kJ/kg·K	v m³/kg	u kJ/kg	h kJ/kg	s kJ/kg·K
	P = 0.50 MPa (T_{sat} = 15.71°C)				P = 0.60 MPa (T_{sat} = 21.55°C)				P = 0.70 MPa (T_{sat} = 26.69°C)			
Sat.	0.041118	238.75	259.30	0.9240	0.034295	241.83	262.40	0.9218	0.029361	244.48	265.03	0.9199
20	0.042115	242.40	263.46	0.9383								
30	0.044338	250.84	273.01	0.9703	0.035984	249.22	270.81	0.9499	0.029966	247.48	268.45	0.9313
40	0.046456	259.26	282.48	1.0011	0.037865	257.86	280.58	0.9816	0.031696	256.39	278.57	0.9641
50	0.048499	267.72	291.96	1.0309	0.039659	266.48	290.28	1.0121	0.033322	265.20	288.53	0.9954
60	0.050485	276.25	301.50	1.0599	0.041389	275.15	299.98	1.0417	0.034875	274.01	298.42	1.0256
70	0.052427	284.89	311.10	1.0883	0.043069	283.89	309.73	1.0705	0.036373	282.87	308.33	1.0549
80	0.054331	293.64	320.80	1.1162	0.044710	292.73	319.55	1.0987	0.037829	291.80	318.28	1.0835
90	0.056205	302.51	330.61	1.1436	0.046318	301.67	329.46	1.1264	0.039250	300.82	328.29	1.1114
100	0.058053	311.50	340.53	1.1705	0.047900	310.73	339.47	1.1536	0.040642	309.95	338.40	1.1389
110	0.059880	320.63	350.57	1.1971	0.049458	319.91	349.59	1.1803	0.042010	319.19	348.60	1.1658
120	0.061687	329.89	360.73	1.2233	0.050997	329.23	359.82	1.2067	0.043358	328.55	358.90	1.1924
130	0.063479	339.29	371.03	1.2491	0.052519	338.67	370.18	1.2327	0.044688	338.04	369.32	1.2186
140	0.065256	348.83	381.46	1.2747	0.054027	348.25	380.66	1.2584	0.046004	347.66	379.86	1.2444
150	0.067021	358.51	392.02	1.2999	0.055522	357.96	391.27	1.2838	0.047306	357.41	390.52	1.2699
160	0.068775	368.33	402.72	1.3249	0.057006	367.81	402.01	1.3088	0.048597	367.29	401.31	1.2951
	P = 0.80 MPa (T_{sat} = 31.31°C)				P = 0.90 MPa (T_{sat} = 35.51°C)				P = 1.00 MPa (T_{sat} = 39.37°C)			
Sat.	0.025621	246.79	267.29	0.9183	0.022683	248.85	269.26	0.9169	0.020313	250.68	270.99	0.9156
40	0.027035	254.82	276.45	0.9480	0.023375	253.13	274.17	0.9327	0.020406	251.30	271.71	0.9179
50	0.028547	263.86	286.69	0.9802	0.024809	262.44	284.77	0.9660	0.021796	260.94	282.74	0.9525
60	0.029973	272.83	296.81	1.0110	0.026146	271.60	295.13	0.9976	0.023068	270.32	293.38	0.9850
70	0.031340	281.81	306.88	1.0408	0.027413	280.72	305.39	1.0280	0.024261	279.59	303.85	1.0160
80	0.032659	290.84	316.97	1.0698	0.028630	289.86	315.63	1.0574	0.025398	288.86	314.25	1.0458
90	0.033941	299.95	327.10	1.0981	0.029806	299.06	325.89	1.0860	0.026492	298.15	324.64	1.0748
100	0.035193	309.15	337.30	1.1258	0.030951	308.34	336.19	1.1140	0.027552	307.51	335.06	1.1031
110	0.036420	318.45	347.59	1.1530	0.032068	317.70	346.56	1.1414	0.028584	316.94	345.53	1.1308
120	0.037625	327.87	357.97	1.1798	0.033164	327.18	357.02	1.1684	0.029592	326.47	356.06	1.1580
130	0.038813	337.40	368.45	1.2061	0.034241	336.76	367.58	1.1949	0.030581	336.11	366.69	1.1846
140	0.039985	347.06	379.05	1.2321	0.035302	346.46	378.23	1.2210	0.031554	345.85	377.40	1.2109
150	0.041143	356.85	389.76	1.2577	0.036349	356.28	389.00	1.2467	0.032512	355.71	388.22	1.2368
160	0.042290	366.76	400.59	1.2830	0.037384	366.23	399.88	1.2721	0.033457	365.70	399.15	1.2623
170	0.043427	376.81	411.55	1.3080	0.038408	376.31	410.88	1.2972	0.034392	375.81	410.20	1.2875
180	0.044554	386.99	422.64	1.3327	0.039423	386.52	422.00	1.3221	0.035317	386.04	421.36	1.3124
	P = 1.20 MPa (T_{sat} = 46.29°C)				P = 1.40 MPa (T_{sat} = 52.40°C)				P = 1.60 MPa (T_{sat} = 57.88°C)			
Sat.	0.016715	253.81	273.87	0.9130	0.014107	256.37	276.12	0.9105	0.012123	258.47	277.86	0.9078
50	0.017201	257.63	278.27	0.9267								
60	0.018404	267.56	289.64	0.9614	0.015005	264.46	285.47	0.9389	0.012372	260.89	280.69	0.9163
70	0.019502	277.21	300.61	0.9938	0.016060	274.62	297.10	0.9733	0.013430	271.76	293.25	0.9535
80	0.020529	286.75	311.39	1.0248	0.017023	284.51	308.34	1.0056	0.014362	282.09	305.07	0.9875
90	0.021506	296.26	322.07	1.0546	0.017923	294.28	319.37	1.0364	0.015215	292.17	316.52	1.0194
100	0.022442	305.80	332.73	1.0836	0.018778	304.01	330.30	1.0661	0.016014	302.14	327.76	1.0500
110	0.023348	315.38	343.40	1.1118	0.019597	313.76	341.19	1.0949	0.016773	312.07	338.91	1.0795
120	0.024228	325.03	354.11	1.1394	0.020388	323.55	352.09	1.1230	0.017500	322.02	350.02	1.1081
130	0.025086	334.77	364.88	1.1664	0.021155	333.41	363.02	1.1504	0.018201	332.00	361.12	1.1360
140	0.025927	344.61	375.72	1.1930	0.021904	343.34	374.01	1.1773	0.018882	342.05	372.26	1.1632
150	0.026753	354.56	386.66	1.2192	0.022636	353.37	385.07	1.2038	0.019545	352.17	383.44	1.1900
160	0.027566	364.61	397.69	1.2449	0.023355	363.51	396.20	1.2298	0.020194	362.38	394.69	1.2163
170	0.028367	374.78	408.82	1.2703	0.024061	373.75	407.43	1.2554	0.020830	372.69	406.02	1.2421
180	0.029158	385.08	420.07	1.2954	0.024757	384.10	418.76	1.2807	0.021456	383.11	417.44	1.2676

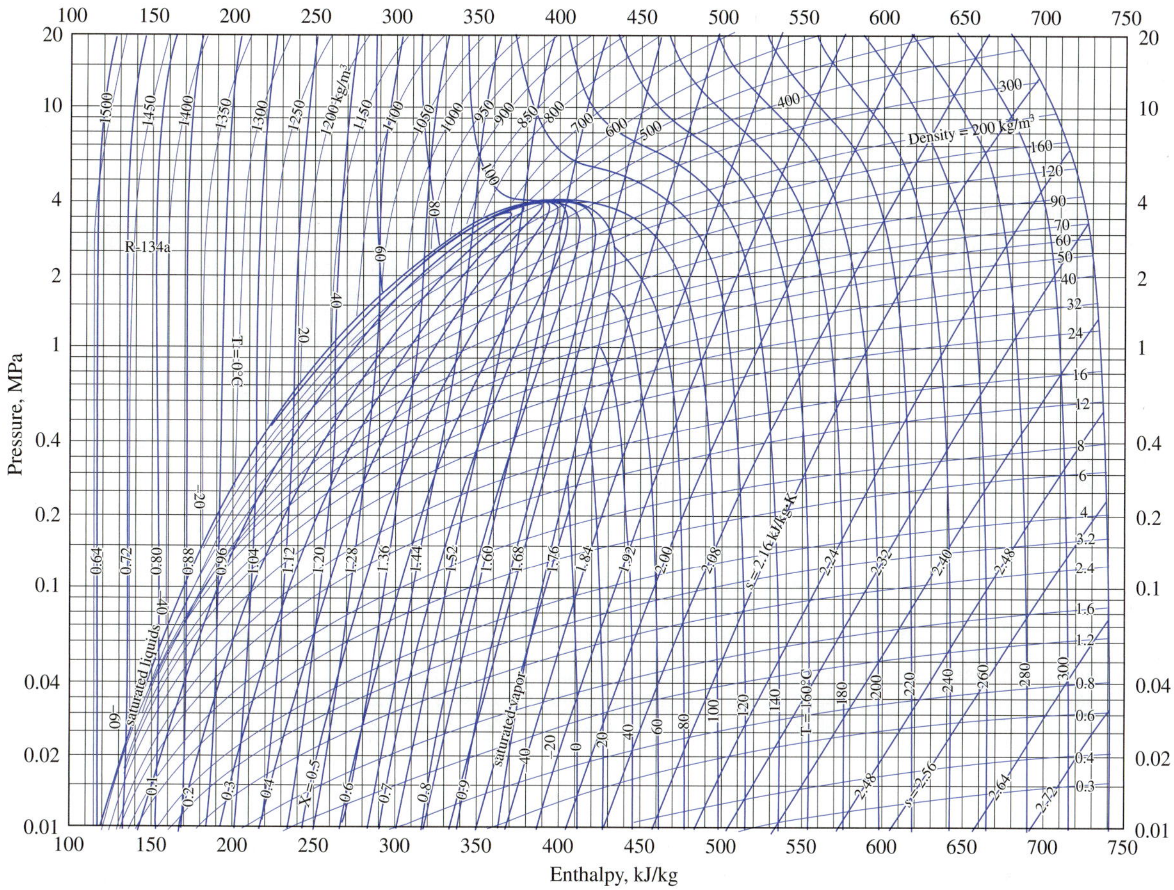

FIGURE A–14

P-h diagram for refrigerant-134a.

Note: The reference point used for the chart is different than that used in the R-134a tables. Therefore, problems should be solved using all property data either from the tables or from the chart, but not from both.

Reprinted by permission of American Society of Heating, Refrigerating, and Air-Conditioning Engineers, Inc., Atlanta, GA.

TABLE A–15

Properties of saturated water

Temp. T, °C	Saturation Pressure P_{sat}, kPa	Density ρ, kg/m³ Liquid	Density Vapor	Enthalpy of Vaporization h_{fg}, kJ/kg	Specific Heat c_p, J/kg·K Liquid	Specific Heat Vapor	Thermal Conductivity k, W/m·K Liquid	Thermal Conductivity Vapor	Dynamic Viscosity μ, kg/m·s Liquid	Dynamic Viscosity Vapor	Prandtl Number Pr Liquid	Prandtl Number Vapor	Volume Expansion Coefficient β, 1/K Liquid
0.01	0.6113	999.8	0.0048	2501	4217	1854	0.561	0.0171	1.792×10^{-3}	0.922×10^{-5}	13.5	1.00	-0.068×10^{-3}
5	0.8721	999.9	0.0068	2490	4205	1857	0.571	0.0173	1.519×10^{-3}	0.934×10^{-5}	11.2	1.00	0.015×10^{-3}
10	1.2276	999.7	0.0094	2478	4194	1862	0.580	0.0176	1.307×10^{-3}	0.946×10^{-5}	9.45	1.00	0.733×10^{-3}
15	1.7051	999.1	0.0128	2466	4185	1863	0.589	0.0179	1.138×10^{-3}	0.959×10^{-5}	8.09	1.00	0.138×10^{-3}
20	2.339	998.0	0.0173	2454	4182	1867	0.598	0.0182	1.002×10^{-3}	0.973×10^{-5}	7.01	1.00	0.195×10^{-3}
25	3.169	997.0	0.0231	2442	4180	1870	0.607	0.0186	0.891×10^{-3}	0.987×10^{-5}	6.14	1.00	0.247×10^{-3}
30	4.246	996.0	0.0304	2431	4178	1875	0.615	0.0189	0.798×10^{-3}	1.001×10^{-5}	5.42	1.00	0.294×10^{-3}
35	5.628	994.0	0.0397	2419	4178	1880	0.623	0.0192	0.720×10^{-3}	1.016×10^{-5}	4.83	1.00	0.337×10^{-3}
40	7.384	992.1	0.0512	2407	4179	1885	0.631	0.0196	0.653×10^{-3}	1.031×10^{-5}	4.32	1.00	0.377×10^{-3}
45	9.593	990.1	0.0655	2395	4180	1892	0.637	0.0200	0.596×10^{-3}	1.046×10^{-5}	3.91	1.00	0.415×10^{-3}
50	12.35	988.1	0.0831	2383	4181	1900	0.644	0.0204	0.547×10^{-3}	1.062×10^{-5}	3.55	1.00	0.451×10^{-3}
55	15.76	985.2	0.1045	2371	4183	1908	0.649	0.0208	0.504×10^{-3}	1.077×10^{-5}	3.25	1.00	0.484×10^{-3}
60	19.94	983.3	0.1304	2359	4185	1916	0.654	0.0212	0.467×10^{-3}	1.093×10^{-5}	2.99	1.00	0.517×10^{-3}
65	25.03	980.4	0.1614	2346	4187	1926	0.659	0.0216	0.433×10^{-3}	1.110×10^{-5}	2.75	1.00	0.548×10^{-3}
70	31.19	977.5	0.1983	2334	4190	1936	0.663	0.0221	0.404×10^{-3}	1.126×10^{-5}	2.55	1.00	0.578×10^{-3}
75	38.58	974.7	0.2421	2321	4193	1948	0.667	0.0225	0.378×10^{-3}	1.142×10^{-5}	2.38	1.00	0.607×10^{-3}
80	47.39	971.8	0.2935	2309	4197	1962	0.670	0.0230	0.355×10^{-3}	1.159×10^{-5}	2.22	1.00	0.653×10^{-3}
85	57.83	968.1	0.3536	2296	4201	1977	0.673	0.0235	0.333×10^{-3}	1.176×10^{-5}	2.08	1.00	0.670×10^{-3}
90	70.14	965.3	0.4235	2283	4206	1993	0.675	0.0240	0.315×10^{-3}	1.193×10^{-5}	1.96	1.00	0.702×10^{-3}
95	84.55	961.5	0.5045	2270	4212	2010	0.677	0.0246	0.297×10^{-3}	1.210×10^{-5}	1.85	1.00	0.716×10^{-3}
100	101.33	957.9	0.5978	2257	4217	2029	0.679	0.0251	0.282×10^{-3}	1.227×10^{-5}	1.75	1.00	0.750×10^{-3}
110	143.27	950.6	0.8263	2230	4229	2071	0.682	0.0262	0.255×10^{-3}	1.261×10^{-5}	1.58	1.00	0.798×10^{-3}
120	198.53	943.4	1.121	2203	4244	2120	0.683	0.0275	0.232×10^{-3}	1.296×10^{-5}	1.44	1.00	0.858×10^{-3}
130	270.1	934.6	1.496	2174	4263	2177	0.684	0.0288	0.213×10^{-3}	1.330×10^{-5}	1.33	1.01	0.913×10^{-3}
140	361.3	921.7	1.965	2145	4286	2244	0.683	0.0301	0.197×10^{-3}	1.365×10^{-5}	1.24	1.02	0.970×10^{-3}
150	475.8	916.6	2.546	2114	4311	2314	0.682	0.0316	0.183×10^{-3}	1.399×10^{-5}	1.16	1.02	1.025×10^{-3}
160	617.8	907.4	3.256	2083	4340	2420	0.680	0.0331	0.170×10^{-3}	1.434×10^{-5}	1.09	1.05	1.145×10^{-3}
170	791.7	897.7	4.119	2050	4370	2490	0.677	0.0347	0.160×10^{-3}	1.468×10^{-5}	1.03	1.05	1.178×10^{-3}
180	1,002.1	887.3	5.153	2015	4410	2590	0.673	0.0364	0.150×10^{-3}	1.502×10^{-5}	0.983	1.07	1.210×10^{-3}
190	1,254.4	876.4	6.388	1979	4460	2710	0.669	0.0382	0.142×10^{-3}	1.537×10^{-5}	0.947	1.09	1.280×10^{-3}
200	1,553.8	864.3	7.852	1941	4500	2840	0.663	0.0401	0.134×10^{-3}	1.571×10^{-5}	0.910	1.11	1.350×10^{-3}
220	2,318	840.3	11.60	1859	4610	3110	0.650	0.0442	0.122×10^{-3}	1.641×10^{-5}	0.865	1.15	1.520×10^{-3}
240	3,344	813.7	16.73	1767	4760	3520	0.632	0.0487	0.111×10^{-3}	1.712×10^{-5}	0.836	1.24	1.720×10^{-3}
260	4,688	783.7	23.69	1663	4970	4070	0.609	0.0540	0.102×10^{-3}	1.788×10^{-5}	0.832	1.35	2.000×10^{-3}
280	6,412	750.8	33.15	1544	5280	4835	0.581	0.0605	0.094×10^{-3}	1.870×10^{-5}	0.854	1.49	2.380×10^{-3}
300	8,581	713.8	46.15	1405	5750	5980	0.548	0.0695	0.086×10^{-3}	1.965×10^{-5}	0.902	1.69	2.950×10^{-3}
320	11,274	667.1	64.57	1239	6540	7900	0.509	0.0836	0.078×10^{-3}	2.084×10^{-5}	1.00	1.97	
340	14,586	610.5	92.62	1028	8240	11,870	0.469	0.110	0.070×10^{-3}	2.255×10^{-5}	1.23	2.43	
360	18,651	528.3	144.0	720	14,690	25,800	0.427	0.178	0.060×10^{-3}	2.571×10^{-5}	2.06	3.73	
374.14	22,090	317.0	317.0	0	—	—	—	—	0.043×10^{-3}	4.313×10^{-5}			

Note 1: Kinematic viscosity ν and thermal diffusivity α can be calculated from their definitions, $\nu = \mu/\rho$ and $\alpha = k/\rho c_p = \nu/\text{Pr}$. The temperatures 0.01°C, 100°C, and 374.14°C are the triple-, boiling-, and critical-point temperatures of water, respectively. The properties listed above (except the vapor density) can be used at any pressure with negligible error except at temperatures near the critical-point value.

Note 2: The unit kJ/kg·°C for specific heat is equivalent to kJ/kg·K, and the unit W/m·°C for thermal conductivity is equivalent to W/m·K.

Source: Viscosity and thermal conductivity data are from J. V. Sengers and J. T. R. Watson, *Journal of Physical and Chemical Reference Data* 15 (1986), pp. 1291–1322. Other data are obtained from various sources or calculated.

TABLE A–16

Properties of saturated refrigerant-134a

Temp. T, °C	Saturation Pressure P, kPa	Density ρ, kg/m³ Liquid	Density ρ, kg/m³ Vapor	Enthalpy of Vaporization h_{fg}, kJ/kg	Specific Heat c_p, J/kg·K Liquid	Specific Heat c_p, J/kg·K Vapor	Thermal Conductivity k, W/m·K Liquid	Thermal Conductivity k, W/m·K Vapor	Dynamic Viscosity μ, kg/m·s Liquid	Dynamic Viscosity μ, kg/m·s Vapor	Prandtl Number Pr Liquid	Prandtl Number Pr Vapor	Volume Expansion Coefficient β, 1/K Liquid	Surface Tension, N/m
−40	51.2	1418	2.773	225.9	1254	748.6	0.1101	0.00811	4.878×10^{-4}	2.550×10^{-6}	5.558	0.235	0.00205	0.01760
−35	66.2	1403	3.524	222.7	1264	764.1	0.1084	0.00862	4.509×10^{-4}	3.003×10^{-6}	5.257	0.266	0.00209	0.01682
−30	84.4	1389	4.429	219.5	1273	780.2	0.1066	0.00913	4.178×10^{-4}	3.504×10^{-6}	4.992	0.299	0.00215	0.01604
−25	106.5	1374	5.509	216.3	1283	797.2	0.1047	0.00963	3.882×10^{-4}	4.054×10^{-6}	4.757	0.335	0.00220	0.01527
−20	132.8	1359	6.787	213.0	1294	814.9	0.1028	0.01013	3.614×10^{-4}	4.651×10^{-6}	4.548	0.374	0.00227	0.01451
−15	164.0	1343	8.288	209.5	1306	833.5	0.1009	0.01063	3.371×10^{-4}	5.295×10^{-6}	4.363	0.415	0.00233	0.01376
−10	200.7	1327	10.04	206.0	1318	853.1	0.0989	0.01112	3.150×10^{-4}	5.982×10^{-6}	4.198	0.459	0.00241	0.01302
−5	243.5	1311	12.07	202.4	1330	873.8	0.0968	0.01161	2.947×10^{-4}	6.709×10^{-6}	4.051	0.505	0.00249	0.01229
0	293.0	1295	14.42	198.7	1344	895.6	0.0947	0.01210	2.761×10^{-4}	7.471×10^{-6}	3.919	0.553	0.00258	0.01156
5	349.9	1278	17.12	194.8	1358	918.7	0.0925	0.01259	2.589×10^{-4}	8.264×10^{-6}	3.802	0.603	0.00269	0.01084
10	414.9	1261	20.22	190.8	1374	943.2	0.0903	0.01308	2.430×10^{-4}	9.081×10^{-6}	3.697	0.655	0.00280	0.01014
15	488.7	1244	23.75	186.6	1390	969.4	0.0880	0.01357	2.281×10^{-4}	9.915×10^{-6}	3.604	0.708	0.00293	0.00944
20	572.1	1226	27.77	182.3	1408	997.6	0.0856	0.01406	2.142×10^{-4}	1.075×10^{-5}	3.521	0.763	0.00307	0.00876
25	665.8	1207	32.34	177.8	1427	1028	0.0833	0.01456	2.012×10^{-4}	1.160×10^{-5}	3.448	0.819	0.00324	0.00808
30	770.6	1188	37.53	173.1	1448	1061	0.0808	0.01507	1.888×10^{-4}	1.244×10^{-5}	3.383	0.877	0.00342	0.00742
35	887.5	1168	43.41	168.2	1471	1098	0.0783	0.01558	1.772×10^{-4}	1.327×10^{-5}	3.328	0.935	0.00364	0.00677
40	1017.1	1147	50.08	163.0	1498	1138	0.0757	0.01610	1.660×10^{-4}	1.408×10^{-5}	3.285	0.995	0.00390	0.00613
45	1160.5	1125	57.66	157.6	1529	1184	0.0731	0.01664	1.554×10^{-4}	1.486×10^{-5}	3.253	1.058	0.00420	0.00550
50	1318.6	1102	66.27	151.8	1566	1237	0.0704	0.01720	1.453×10^{-4}	1.562×10^{-5}	3.231	1.123	0.00455	0.00489
55	1492.3	1078	76.11	145.7	1608	1298	0.0676	0.01777	1.355×10^{-4}	1.634×10^{-5}	3.223	1.193	0.00500	0.00429
60	1682.8	1053	87.38	139.1	1659	1372	0.0647	0.01838	1.260×10^{-4}	1.704×10^{-5}	3.229	1.272	0.00554	0.00372
65	1891.0	1026	100.4	132.1	1722	1462	0.0618	0.01902	1.167×10^{-4}	1.771×10^{-5}	3.255	1.362	0.00624	0.00315
70	2118.2	996.2	115.6	124.4	1801	1577	0.0587	0.01972	1.077×10^{-4}	1.839×10^{-5}	3.307	1.471	0.00716	0.00261
75	2365.8	964	133.6	115.9	1907	1731	0.0555	0.02048	9.891×10^{-5}	1.908×10^{-5}	3.400	1.612	0.00843	0.00209
80	2635.2	928.2	155.3	106.4	2056	1948	0.0521	0.02133	9.011×10^{-5}	1.982×10^{-5}	3.558	1.810	0.01031	0.00160
85	2928.2	887.1	182.3	95.4	2287	2281	0.0484	0.02233	8.124×10^{-5}	2.071×10^{-5}	3.837	2.116	0.01336	0.00114
90	3246.9	837.7	217.8	82.2	2701	2865	0.0444	0.02357	7.203×10^{-5}	2.187×10^{-5}	4.385	2.658	0.01911	0.00071
95	3594.1	772.5	269.3	64.9	3675	4144	0.0396	0.02544	6.190×10^{-5}	2.370×10^{-5}	5.746	3.862	0.03343	0.00033
100	3975.1	651.7	376.3	33.9	7959	8785	0.0322	0.02989	4.765×10^{-5}	2.833×10^{-5}	11.77	8.326	0.10047	0.00004

Note 1: Kinematic viscosity ν and thermal diffusivity α can be calculated from their definitions, $\nu = \mu/\rho$ and $\alpha = k/\rho c_p = \nu/\mathrm{Pr}$. The properties listed here (except the vapor density) can be used at any pressures with negligible error except at temperatures near the critical-point value.

Note 2: The unit kJ/kg·°C for specific heat is equivalent to kJ/kg·K, and the unit W/m·°C for thermal conductivity is equivalent to W/m·K.

Source: Data generated from the EES software developed by S. A. Klein and F. L. Alvarado. Original sources: R. Tillner-Roth and H. D. Baehr, "An International Standard Formulation for the Thermodynamic Properties of 1,1,1,2-Tetrafluoroethane (HFC-134a) for Temperatures from 170 K to 455 K and Pressures up to 70 MPa," *J. Phys. Chem, Ref. Data*, Vol. 23, No. 5, 1994; M.J. Assael, N. K. Dalaouti, A. A. Griva, and J. H. Dymond, "Viscosity and Thermal Conductivity of Halogenated Methane and Ethane Refrigerants," *IJR*, Vol. 22, pp. 525–535, 1999; NIST REFPROP 6 program (M. O. McLinden, S. A. Klein, E. W. Lemmon, and A. P. Peskin, Physical and Chemical Properties Division, National Institute of Standards and Technology, Boulder, CO 80303, 1995).

TABLE A–17

Properties of saturated ammonia

Temp.	Saturation Pressure	Density ρ, kg/m^3		Enthalpy of Vaporization	Specific Heat c_p, J/kg·K		Thermal Conductivity k, W/m·K		Dynamic Viscosity μ, kg/m·s		Prandtl Number Pr		Volume Expansion Coefficient β, 1/K	Surface Tension, N/m
T, °C	P, kPa	Liquid	Vapor	h_{fg}, kJ/kg	Liquid	Vapor	Liquid	Vapor	Liquid	Vapor	Liquid	Vapor	Liquid	
−40	71.66	690.2	0.6435	1389	4414	2242	—	0.01792	2.926×10^{-4}	7.957×10^{-6}	—	0.9955	0.00176	0.03565
−30	119.4	677.8	1.037	1360	4465	2322	—	0.01898	2.630×10^{-4}	8.311×10^{-6}	—	1.017	0.00185	0.03341
−25	151.5	671.5	1.296	1345	4489	2369	0.5968	0.01957	2.492×10^{-4}	8.490×10^{-6}	1.875	1.028	0.00190	0.03229
−20	190.1	665.1	1.603	1329	4514	2420	0.5853	0.02015	2.361×10^{-4}	8.669×10^{-6}	1.821	1.041	0.00194	0.03118
−15	236.2	658.6	1.966	1313	4538	2476	0.5737	0.02075	2.236×10^{-4}	8.851×10^{-6}	1.769	1.056	0.00199	0.03007
−10	290.8	652.1	2.391	1297	4564	2536	0.5621	0.02138	2.117×10^{-4}	9.034×10^{-6}	1.718	1.072	0.00205	0.02896
−5	354.9	645.4	2.886	1280	4589	2601	0.5505	0.02203	2.003×10^{-4}	9.218×10^{-6}	1.670	1.089	0.00210	0.02786
0	429.6	638.6	3.458	1262	4617	2672	0.5390	0.02270	1.896×10^{-4}	9.405×10^{-6}	1.624	1.107	0.00216	0.02676
5	516	631.7	4.116	1244	4645	2749	0.5274	0.02341	1.794×10^{-4}	9.593×10^{-6}	1.580	1.126	0.00223	0.02566
10	615.3	624.6	4.870	1226	4676	2831	0.5158	0.02415	1.697×10^{-4}	9.784×10^{-6}	1.539	1.147	0.00230	0.02457
15	728.8	617.5	5.729	1206	4709	2920	0.5042	0.02492	1.606×10^{-4}	9.978×10^{-6}	1.500	1.169	0.00237	0.02348
20	857.8	610.2	6.705	1186	4745	3016	0.4927	0.02573	1.519×10^{-4}	1.017×10^{-5}	1.463	1.193	0.00245	0.02240
25	1003	602.8	7.809	1166	4784	3120	0.4811	0.02658	1.438×10^{-4}	1.037×10^{-5}	1.430	1.218	0.00254	0.02132
30	1167	595.2	9.055	1144	4828	3232	0.4695	0.02748	1.361×10^{-4}	1.057×10^{-5}	1.399	1.244	0.00264	0.02024
35	1351	587.4	10.46	1122	4877	3354	0.4579	0.02843	1.288×10^{-4}	1.078×10^{-5}	1.372	1.272	0.00275	0.01917
40	1555	579.4	12.03	1099	4932	3486	0.4464	0.02943	1.219×10^{-4}	1.099×10^{-5}	1.347	1.303	0.00287	0.01810
45	1782	571.3	13.8	1075	4993	3631	0.4348	0.03049	1.155×10^{-4}	1.121×10^{-5}	1.327	1.335	0.00301	0.01704
50	2033	562.9	15.78	1051	5063	3790	0.4232	0.03162	1.094×10^{-4}	1.143×10^{-5}	1.310	1.371	0.00316	0.01598
55	2310	554.2	18.00	1025	5143	3967	0.4116	0.03283	1.037×10^{-4}	1.166×10^{-5}	1.297	1.409	0.00334	0.01493
60	2614	545.2	20.48	997.4	5234	4163	0.4001	0.03412	9.846×10^{-5}	1.189×10^{-5}	1.288	1.452	0.00354	0.01389
65	2948	536.0	23.26	968.9	5340	4384	0.3885	0.03550	9.347×10^{-5}	1.213×10^{-5}	1.285	1.499	0.00377	0.01285
70	3312	526.3	26.39	939.0	5463	4634	0.3769	0.03700	8.879×10^{-5}	1.238×10^{-5}	1.287	1.551	0.00404	0.01181
75	3709	516.2	29.90	907.5	5608	4923	0.3653	0.03862	8.440×10^{-5}	1.264×10^{-5}	1.296	1.612	0.00436	0.01079
80	4141	505.7	33.87	874.1	5780	5260	0.3538	0.04038	8.030×10^{-5}	1.292×10^{-5}	1.312	1.683	0.00474	0.00977
85	4609	494.5	38.36	838.6	5988	5659	0.3422	0.04232	7.646×10^{-5}	1.322×10^{-5}	1.338	1.768	0.00521	0.00876
90	5116	482.8	43.48	800.6	6242	6142	0.3306	0.04447	7.284×10^{-5}	1.354×10^{-5}	1.375	1.871	0.00579	0.00776
95	5665	470.2	49.35	759.8	6561	6740	0.3190	0.04687	6.946×10^{-5}	1.389×10^{-5}	1.429	1.999	0.00652	0.00677
100	6257	456.6	56.15	715.5	6972	7503	0.3075	0.04958	6.628×10^{-5}	1.429×10^{-5}	1.503	2.163	0.00749	0.00579

Note 1: Kinematic viscosity ν and thermal diffusivity α can be calculated from their definitions, $\nu = \mu/\rho$ and $\alpha = k/\rho c_p = \nu/\text{Pr}$. The properties listed here (except the vapor density) can be used at any pressures with negligible error except at temperatures near the critical-point value.

Note 2: The unit kJ/kg·°C for specific heat is equivalent to kJ/kg·K, and the unit W/m·°C for thermal conductivity is equivalent to W/m·K.

Source: Data generated from the EES software developed by S. A. Klein and F. L. Alvarado. Original sources: Tillner-Roth, Harms-Watzenberg, and Baehr, "Eine neue Fundamentalgleichung fur Ammoniak," DKV-Tagungsbericht 20:167–181, 1993; Liley and Desai, "Thermophysical Properties of Refrigerants," *ASHRAE*, 1993, ISBN 1-1883413-10-9.

TABLE A–18

Properties of saturated propane

Temp. T, °C	Saturation Pressure P, kPa	Density ρ, kg/m³ Liquid	Density ρ, kg/m³ Vapor	Enthalpy of Vaporization h_{fg}, kJ/kg	Specific Heat c_p, J/kg·K Liquid	Specific Heat c_p, J/kg·K Vapor	Thermal Conductivity k, W/m·K Liquid	Thermal Conductivity k, W/m·K Vapor	Dynamic Viscosity μ, kg/m·s Liquid	Dynamic Viscosity μ, kg/m·s Vapor	Prandtl Number Pr Liquid	Prandtl Number Pr Vapor	Volume Expansion Coefficient β, 1/K Liquid	Surface Tension, N/m
−120	0.4053	664.7	0.01408	498.3	2003	1115	0.1802	0.00589	6.136×10^{-4}	4.372×10^{-6}	6.820	0.827	0.00153	0.02630
−110	1.157	654.5	0.03776	489.3	2021	1148	0.1738	0.00645	5.054×10^{-4}	4.625×10^{-6}	5.878	0.822	0.00157	0.02486
−100	2.881	644.2	0.08872	480.4	2044	1183	0.1672	0.00705	4.252×10^{-4}	4.881×10^{-6}	5.195	0.819	0.00161	0.02344
−90	6.406	633.8	0.1870	471.5	2070	1221	0.1606	0.00769	3.635×10^{-4}	5.143×10^{-6}	4.686	0.817	0.00166	0.02202
−80	12.97	623.2	0.3602	462.4	2100	1263	0.1539	0.00836	3.149×10^{-4}	5.409×10^{-6}	4.297	0.817	0.00171	0.02062
−70	24.26	612.5	0.6439	453.1	2134	1308	0.1472	0.00908	2.755×10^{-4}	5.680×10^{-6}	3.994	0.818	0.00177	0.01923
−60	42.46	601.5	1.081	443.5	2173	1358	0.1407	0.00985	2.430×10^{-4}	5.956×10^{-6}	3.755	0.821	0.00184	0.01785
−50	70.24	590.3	1.724	433.6	2217	1412	0.1343	0.01067	2.158×10^{-4}	6.239×10^{-6}	3.563	0.825	0.00192	0.01649
−40	110.7	578.8	2.629	423.1	2258	1471	0.1281	0.01155	1.926×10^{-4}	6.529×10^{-6}	3.395	0.831	0.00201	0.01515
−30	167.3	567.0	3.864	412.1	2310	1535	0.1221	0.01250	1.726×10^{-4}	6.827×10^{-6}	3.266	0.839	0.00213	0.01382
−20	243.8	554.7	5.503	400.3	2368	1605	0.1163	0.01351	1.551×10^{-4}	7.136×10^{-6}	3.158	0.848	0.00226	0.01251
−10	344.4	542.0	7.635	387.8	2433	1682	0.1107	0.01459	1.397×10^{-4}	7.457×10^{-6}	3.069	0.860	0.00242	0.01122
0	473.3	528.7	10.36	374.2	2507	1768	0.1054	0.01576	1.259×10^{-4}	7.794×10^{-6}	2.996	0.875	0.00262	0.00996
5	549.8	521.8	11.99	367.0	2547	1814	0.1028	0.01637	1.195×10^{-4}	7.970×10^{-6}	2.964	0.883	0.00273	0.00934
10	635.1	514.7	13.81	359.5	2590	1864	0.1002	0.01701	1.135×10^{-4}	8.151×10^{-6}	2.935	0.893	0.00286	0.00872
15	729.8	507.5	15.85	351.7	2637	1917	0.0977	0.01767	1.077×10^{-4}	8.339×10^{-6}	2.909	0.905	0.00301	0.00811
20	834.4	500.0	18.13	343.4	2688	1974	0.0952	0.01836	1.022×10^{-4}	8.534×10^{-6}	2.886	0.918	0.00318	0.00751
25	949.7	492.2	20.68	334.8	2742	2036	0.0928	0.01908	9.702×10^{-5}	8.738×10^{-6}	2.866	0.933	0.00337	0.00691
30	1076	484.2	23.53	325.8	2802	2104	0.0904	0.01982	9.197×10^{-5}	8.952×10^{-6}	2.850	0.950	0.00358	0.00633
35	1215	475.8	26.72	316.2	2869	2179	0.0881	0.02061	8.710×10^{-5}	9.178×10^{-6}	2.837	0.971	0.00384	0.00575
40	1366	467.1	30.29	306.1	2943	2264	0.0857	0.02142	8.240×10^{-5}	9.417×10^{-6}	2.828	0.995	0.00413	0.00518
45	1530	458.0	34.29	295.3	3026	2361	0.0834	0.02228	7.785×10^{-5}	9.674×10^{-6}	2.824	1.025	0.00448	0.00463
50	1708	448.5	38.79	283.9	3122	2473	0.0811	0.02319	7.343×10^{-5}	9.950×10^{-5}	2.826	1.061	0.00491	0.00408
60	2110	427.5	49.66	258.4	3283	2769	0.0765	0.02517	6.487×10^{-5}	1.058×10^{-5}	2.784	1.164	0.00609	0.00303
70	2580	403.2	64.02	228.0	3595	3241	0.0717	0.02746	5.649×10^{-5}	1.138×10^{-5}	2.834	1.343	0.00811	0.00204
80	3127	373.0	84.28	189.7	4501	4173	0.0663	0.03029	4.790×10^{-5}	1.249×10^{-5}	3.251	1.722	0.01248	0.00114
90	3769	329.1	118.6	133.2	6977	7239	0.0595	0.03441	3.807×10^{-5}	1.448×10^{-5}	4.465	3.047	0.02847	0.00037

Note 1: Kinematic viscosity ν and thermal diffusivity α can be calculated from their definitions, $\nu = \mu/\rho$ and $\alpha = k/\mu c_p = \nu/\text{Pr}$. The properties listed here (except the vapor density) can be used at any pressures with negligible error except at temperatures near the critical-point value.

Note 2: The unit kJ/kg·°C for specific heat is equivalent to kJ/kg·K, and the unit W/m·°C for thermal conductivity is equivalent to W/m·K.

Source: Data generated from the EES software developed by S. A. Klein and F. L. Alvarado. Original sources: Reiner Tillner-Roth, "Fundamental Equations of State," Shaker, Verlag, Aachan, 1998; B. A. Younglove and J. F. Ely, "Thermophysical Properties of Fluids. II Methane, Ethane, Propane, Isobutane, and Normal Butane," *J. Phys. Chem. Ref. Data*, Vol. 16, No. 4, 1987; G.R. Somayajulu, "A Generalized Equation for Surface Tension from the Triple-Point to the Critical-Point," *International Journal of Thermophysics*, Vol. 9, No. 4, 1988.

TABLE A–19

Properties of liquids

Temp. T, °C	Density ρ, kg/m³	Specific Heat c_p, J/kg·K	Thermal Conductivity k, W/m·K	Thermal Diffusivity α, m²/s	Dynamic Viscosity μ, kg/m·s	Kinematic Viscosity ν, m²/s	Prandtl Number Pr	Volume Expansion Coeff. β, 1/K
				Methane [CH_4]				
−160	420.2	3492	0.1863	1.270×10^{-7}	1.133×10^{-4}	2.699×10^{-7}	2.126	0.00352
−150	405.0	3580	0.1703	1.174×10^{-7}	9.169×10^{-5}	2.264×10^{-7}	1.927	0.00391
−140	388.8	3700	0.1550	1.077×10^{-7}	7.551×10^{-5}	1.942×10^{-7}	1.803	0.00444
−130	371.1	3875	0.1402	9.749×10^{-8}	6.288×10^{-5}	1.694×10^{-7}	1.738	0.00520
−120	351.4	4146	0.1258	8.634×10^{-8}	5.257×10^{-5}	1.496×10^{-7}	1.732	0.00637
−110	328.8	4611	0.1115	7.356×10^{-8}	4.377×10^{-5}	1.331×10^{-7}	1.810	0.00841
−100	301.0	5578	0.0967	5.761×10^{-8}	3.577×10^{-5}	1.188×10^{-7}	2.063	0.01282
−90	261.7	8902	0.0797	3.423×10^{-8}	2.761×10^{-5}	1.055×10^{-7}	3.082	0.02922
				Methanol [$CH_3(OH)$]				
20	788.4	2515	0.1987	1.002×10^{-7}	5.857×10^{-4}	7.429×10^{-7}	7.414	0.00118
30	779.1	2577	0.1980	9.862×10^{-8}	5.088×10^{-4}	6.531×10^{-7}	6.622	0.00120
40	769.6	2644	0.1972	9.690×10^{-8}	4.460×10^{-4}	5.795×10^{-7}	5.980	0.00123
50	760.1	2718	0.1965	9.509×10^{-8}	3.942×10^{-4}	5.185×10^{-7}	5.453	0.00127
60	750.4	2798	0.1957	9.320×10^{-8}	3.510×10^{-4}	4.677×10^{-7}	5.018	0.00132
70	740.4	2885	0.1950	9.128×10^{-8}	3.146×10^{-4}	4.250×10^{-7}	4.655	0.00137
				Isobutane (R600a)				
−100	683.8	1881	0.1383	1.075×10^{-7}	9.305×10^{-4}	1.360×10^{-6}	12.65	0.00142
−75	659.3	1970	0.1357	1.044×10^{-7}	5.624×10^{-4}	8.531×10^{-7}	8.167	0.00150
−50	634.3	2069	0.1283	9.773×10^{-8}	3.769×10^{-4}	5.942×10^{-7}	6.079	0.00161
−25	608.2	2180	0.1181	8.906×10^{-8}	2.688×10^{-4}	4.420×10^{-7}	4.963	0.00177
0	580.6	2306	0.1068	7.974×10^{-8}	1.993×10^{-4}	3.432×10^{-7}	4.304	0.00199
25	550.7	2455	0.0956	7.069×10^{-8}	1.510×10^{-4}	2.743×10^{-7}	3.880	0.00232
50	517.3	2640	0.0851	6.233×10^{-8}	1.155×10^{-4}	2.233×10^{-7}	3.582	0.00286
75	478.5	2896	0.0757	5.460×10^{-8}	8.785×10^{-5}	1.836×10^{-7}	3.363	0.00385
100	429.6	3361	0.0669	4.634×10^{-8}	6.483×10^{-5}	1.509×10^{-7}	3.256	0.00628
				Glycerin				
0	1276	2262	0.2820	9.773×10^{-8}	10.49	8.219×10^{-3}	84,101	
5	1273	2288	0.2835	9.732×10^{-8}	6.730	5.287×10^{-3}	54,327	
10	1270	2320	0.2846	9.662×10^{-8}	4.241	3.339×10^{-3}	34,561	
15	1267	2354	0.2856	9.576×10^{-8}	2.496	1.970×10^{-3}	20,570	
20	1264	2386	0.2860	9.484×10^{-8}	1.519	1.201×10^{-3}	12,671	
25	1261	2416	0.2860	9.388×10^{-8}	0.9934	7.878×10^{-4}	8,392	
30	1258	2447	0.2860	9.291×10^{-8}	0.6582	5.232×10^{-4}	5,631	
35	1255	2478	0.2860	9.195×10^{-8}	0.4347	3.464×10^{-4}	3,767	
40	1252	2513	0.2863	9.101×10^{-8}	0.3073	2.455×10^{-4}	2,697	
				Engine Oil (unused)				
0	899.0	1797	0.1469	9.097×10^{-8}	3.814	4.242×10^{-3}	46,636	0.00070
20	888.1	1881	0.1450	8.680×10^{-8}	0.8374	9.429×10^{-4}	10,863	0.00070
40	876.0	1964	0.1444	8.391×10^{-8}	0.2177	2.485×10^{-4}	2,962	0.00070
60	863.9	2048	0.1404	7.934×10^{-8}	0.07399	8.565×10^{-5}	1,080	0.00070
80	852.0	2132	0.1380	7.599×10^{-8}	0.03232	3.794×10^{-5}	499.3	0.00070
100	840.0	2220	0.1367	7.330×10^{-8}	0.01718	2.046×10^{-5}	279.1	0.00070
120	828.9	2308	0.1347	7.042×10^{-8}	0.01029	1.241×10^{-5}	176.3	0.00070
140	816.8	2395	0.1330	6.798×10^{-8}	0.006558	8.029×10^{-6}	118.1	0.00070
150	810.3	2441	0.1327	6.708×10^{-8}	0.005344	6.595×10^{-6}	98.31	0.00070

Source: Data generated from the EES software developed by S. A. Klein and F. L. Alvarado. Originally based on various sources.

TABLE A–20

Properties of liquid metals

Temp. T, °C	Density ρ, kg/m^3	Specific Heat c_p, J/kg·K	Thermal Conductivity k, W/m·K	Thermal Diffusivity α, m^2/s	Dynamic Viscosity μ, kg/m·s	Kinematic Viscosity ν, m^2/s	Prandtl Number Pr	Volume Expansion Coeff. β, 1/K
				Mercury (Hg) Melting Point: −39°C				
0	13595	140.4	8.18200	4.287×10^{-6}	1.687×10^{-3}	1.241×10^{-7}	0.0289	1.810×10^{-4}
25	13534	139.4	8.51533	4.514×10^{-6}	1.534×10^{-3}	1.133×10^{-7}	0.0251	1.810×10^{-4}
50	13473	138.6	8.83632	4.734×10^{-6}	1.423×10^{-3}	1.056×10^{-7}	0.0223	1.810×10^{-4}
75	13412	137.8	9.15632	4.956×10^{-6}	1.316×10^{-3}	9.819×10^{-8}	0.0198	1.810×10^{-4}
100	13351	137.1	9.46706	5.170×10^{-6}	1.245×10^{-3}	9.326×10^{-8}	0.0180	1.810×10^{-4}
150	13231	136.1	10.07780	5.595×10^{-6}	1.126×10^{-3}	8.514×10^{-8}	0.0152	1.810×10^{-4}
200	13112	135.5	10.65465	5.996×10^{-6}	1.043×10^{-3}	7.959×10^{-8}	0.0133	1.815×10^{-4}
250	12993	135.3	11.18150	6.363×10^{-6}	9.820×10^{-4}	7.558×10^{-8}	0.0119	1.829×10^{-4}
300	12873	135.3	11.68150	6.705×10^{-6}	9.336×10^{-4}	7.252×10^{-8}	0.0108	1.854×10^{-4}
				Bismuth (Bi) Melting Point: 271°C				
350	9969	146.0	16.28	1.118×10^{-5}	1.540×10^{-3}	1.545×10^{-7}	0.01381	
400	9908	148.2	16.10	1.096×10^{-5}	1.422×10^{-3}	1.436×10^{-7}	0.01310	
500	9785	152.8	15.74	1.052×10^{-5}	1.188×10^{-3}	1.215×10^{-7}	0.01154	
600	9663	157.3	15.60	1.026×10^{-5}	1.013×10^{-3}	1.048×10^{-7}	0.01022	
700	9540	161.8	15.60	1.010×10^{-5}	8.736×10^{-4}	9.157×10^{-8}	0.00906	
				Lead (Pb) Melting Point: 327°C				
400	10506	158	15.97	9.623×10^{-6}	2.277×10^{-3}	2.167×10^{-7}	0.02252	
450	10449	156	15.74	9.649×10^{-6}	2.065×10^{-3}	1.976×10^{-7}	0.02048	
500	10390	155	15.54	9.651×10^{-6}	1.884×10^{-3}	1.814×10^{-7}	0.01879	
550	10329	155	15.39	9.610×10^{-6}	1.758×10^{-3}	1.702×10^{-7}	0.01771	
600	10267	155	15.23	9.568×10^{-6}	1.632×10^{-3}	1.589×10^{-7}	0.01661	
650	10206	155	15.07	9.526×10^{-6}	1.505×10^{-3}	1.475×10^{-7}	0.01549	
700	10145	155	14.91	9.483×10^{-6}	1.379×10^{-3}	1.360×10^{-7}	0.01434	
				Sodium (Na) Melting Point: 98°C				
100	927.3	1378	85.84	6.718×10^{-5}	6.892×10^{-4}	7.432×10^{-7}	0.01106	
200	902.5	1349	80.84	6.639×10^{-5}	5.385×10^{-4}	5.967×10^{-7}	0.008987	
300	877.8	1320	75.84	6.544×10^{-5}	3.878×10^{-4}	4.418×10^{-7}	0.006751	
400	853.0	1296	71.20	6.437×10^{-5}	2.720×10^{-4}	3.188×10^{-7}	0.004953	
500	828.5	1284	67.41	6.335×10^{-5}	2.411×10^{-4}	2.909×10^{-7}	0.004593	
600	804.0	1272	63.63	6.220×10^{-5}	2.101×10^{-4}	2.614×10^{-7}	0.004202	
				Potassium (K) Melting Point: 64°C				
200	795.2	790.8	43.99	6.995×10^{-5}	3.350×10^{-4}	4.213×10^{-7}	0.006023	
300	771.6	772.8	42.01	7.045×10^{-5}	2.667×10^{-4}	3.456×10^{-7}	0.004906	
400	748.0	754.8	40.03	7.090×10^{-5}	1.984×10^{-4}	2.652×10^{-7}	0.00374	
500	723.9	750.0	37.81	6.964×10^{-5}	1.668×10^{-4}	2.304×10^{-7}	0.003309	
600	699.6	750.0	35.50	6.765×10^{-5}	1.487×10^{-4}	2.126×10^{-7}	0.003143	
				Sodium-Potassium (%22Na-%78K) Melting Point: −11°C				
100	847.3	944.4	25.64	3.205×10^{-5}	5.707×10^{-4}	6.736×10^{-7}	0.02102	
200	823.2	922.5	26.27	3.459×10^{-5}	4.587×10^{-4}	5.572×10^{-7}	0.01611	
300	799.1	900.6	26.89	3.736×10^{-5}	3.467×10^{-4}	4.339×10^{-7}	0.01161	
400	775.0	879.0	27.50	4.037×10^{-5}	2.357×10^{-4}	3.041×10^{-7}	0.00753	
500	751.5	880.1	27.89	4.217×10^{-5}	2.108×10^{-4}	2.805×10^{-7}	0.00665	
600	728.0	881.2	28.28	4.408×10^{-5}	1.859×10^{-4}	2.553×10^{-7}	0.00579	

Source: Data generated from the EES software developed by S. A. Klein and F. L. Alvarado. Originally based on various sources.

TABLE A–21

Ideal-gas properties of air

T K	h kJ/kg	P_r	u kJ/kg	v_r	$s°$ kJ/kg·K	T K	h kJ/kg	P_r	u kJ/kg	v_r	$s°$ kJ/kg·K
200	199.97	0.3363	142.56	1707.0	1.29559	580	586.04	14.38	419.55	115.7	2.37348
210	209.97	0.3987	149.69	1512.0	1.34444	590	596.52	15.31	427.15	110.6	2.39140
220	219.97	0.4690	156.82	1346.0	1.39105	600	607.02	16.28	434.78	105.8	2.40902
230	230.02	0.5477	164.00	1205.0	1.43557	610	617.53	17.30	442.42	101.2	2.42644
240	240.02	0.6355	171.13	1084.0	1.47824	620	628.07	18.36	450.09	96.92	2.44356
250	250.05	0.7329	178.28	979.0	1.51917	630	638.63	19.84	457.78	92.84	2.46048
260	260.09	0.8405	185.45	887.8	1.55848	640	649.22	20.64	465.50	88.99	2.47716
270	270.11	0.9590	192.60	808.0	1.59634	650	659.84	21.86	473.25	85.34	2.49364
280	280.13	1.0889	199.75	738.0	1.63279	660	670.47	23.13	481.01	81.89	2.50985
285	285.14	1.1584	203.33	706.1	1.65055	670	681.14	24.46	488.81	78.61	2.52589
290	290.16	1.2311	206.91	676.1	1.66802	680	691.82	25.85	496.62	75.50	2.54175
295	295.17	1.3068	210.49	647.9	1.68515	690	702.52	27.29	504.45	72.56	2.55731
298	298.18	1.3543	212.64	631.9	1.69528	700	713.27	28.80	512.33	69.76	2.57277
300	300.19	1.3860	214.07	621.2	1.70203	710	724.04	30.38	520.23	67.07	2.58810
305	305.22	1.4686	217.67	596.0	1.71865	720	734.82	32.02	528.14	64.53	2.60319
310	310.24	1.5546	221.25	572.3	1.73498	730	745.62	33.72	536.07	62.13	2.61803
315	315.27	1.6442	224.85	549.8	1.75106	740	756.44	35.50	544.02	59.82	2.63280
320	320.29	1.7375	228.42	528.6	1.76690	750	767.29	37.35	551.99	57.63	2.64737
325	325.31	1.8345	232.02	508.4	1.78249	760	778.18	39.27	560.01	55.54	2.66176
330	330.34	1.9352	235.61	489.4	1.79783	780	800.03	43.35	576.12	51.64	2.69013
340	340.42	2.149	242.82	454.1	1.82790	800	821.95	47.75	592.30	48.08	2.71787
350	350.49	2.379	250.02	422.2	1.85708	820	843.98	52.59	608.59	44.84	2.74504
360	360.58	2.626	257.24	393.4	1.88543	840	866.08	57.60	624.95	41.85	2.77170
370	370.67	2.892	264.46	367.2	1.91313	860	888.27	63.09	641.40	39.12	2.79783
380	380.77	3.176	271.69	343.4	1.94001	880	910.56	68.98	657.95	36.61	2.82344
390	390.88	3.481	278.93	321.5	1.96633	900	932.93	75.29	674.58	34.31	2.84856
400	400.98	3.806	286.16	301.6	1.99194	920	955.38	82.05	691.28	32.18	2.87324
410	411.12	4.153	293.43	283.3	2.01699	940	977.92	89.28	708.08	30.22	2.89748
420	421.26	4.522	300.69	266.6	2.04142	960	1000.55	97.00	725.02	28.40	2.92128
430	431.43	4.915	307.99	251.1	2.06533	980	1023.25	105.2	741.98	26.73	2.94468
440	441.61	5.332	315.30	236.8	2.08870	1000	1046.04	114.0	758.94	25.17	2.96770
450	451.80	5.775	322.62	223.6	2.11161	1020	1068.89	123.4	776.10	23.72	2.99034
460	462.02	6.245	329.97	211.4	2.13407	1040	1091.85	133.3	793.36	23.29	3.01260
470	472.24	6.742	337.32	200.1	2.15604	1060	1114.86	143.9	810.62	21.14	3.03449
480	482.49	7.268	344.70	189.5	2.17760	1080	1137.89	155.2	827.88	19.98	3.05608
490	492.74	7.824	352.08	179.7	2.19876	1100	1161.07	167.1	845.33	18.896	3.07732
500	503.02	8.411	359.49	170.6	2.21952	1120	1184.28	179.7	862.79	17.886	3.09825
510	513.32	9.031	366.92	162.1	2.23993	1140	1207.57	193.1	880.35	16.946	3.11883
520	523.63	9.684	374.36	154.1	2.25997	1160	1230.92	207.2	897.91	16.064	3.13916
530	533.98	10.37	381.84	146.7	2.27967	1180	1254.34	222.2	915.57	15.241	3.15916
540	544.35	11.10	389.34	139.7	2.29906	1200	1277.79	238.0	933.33	14.470	3.17888
550	555.74	11.86	396.86	133.1	2.31809	1220	1301.31	254.7	951.09	13.747	3.19834
560	565.17	12.66	404.42	127.0	2.33685	1240	1324.93	272.3	968.95	13.069	3.21751
570	575.59	13.50	411.97	121.2	2.35531						

TABLE A–21

Ideal-gas properties of air (*Concluded*)

T K	*h* kJ/kg	P_r	*u* kJ/kg	v_r	$s°$ kJ/kg·K	*T* K	*h* kJ/kg	P_r	*u* kJ/kg	v_r	$s°$ kJ/kg·K
1260	1348.55	290.8	986.90	12.435	3.23638	1600	1757.57	791.2	1298.30	5.804	3.52364
1280	1372.24	310.4	1004.76	11.835	3.25510	1620	1782.00	834.1	1316.96	5.574	3.53879
1300	1395.97	330.9	1022.82	11.275	3.27345	1640	1806.46	878.9	1335.72	5.355	3.55381
1320	1419.76	352.5	1040.88	10.747	3.29160	1660	1830.96	925.6	1354.48	5.147	3.56867
1340	1443.60	375.3	1058.94	10.247	3.30959	1680	1855.50	974.2	1373.24	4.949	3.58335
1360	1467.49	399.1	1077.10	9.780	3.32724	1700	1880.1	1025	1392.7	4.761	3.5979
1380	1491.44	424.2	1095.26	9.337	3.34474	1750	1941.6	1161	1439.8	4.328	3.6336
1400	1515.42	450.5	1113.52	8.919	3.36200	1800	2003.3	1310	1487.2	3.994	3.6684
1420	1539.44	478.0	1131.77	8.526	3.37901	1850	2065.3	1475	1534.9	3.601	3.7023
1440	1563.51	506.9	1150.13	8.153	3.39586	1900	2127.4	1655	1582.6	3.295	3.7354
1460	1587.63	537.1	1168.49	7.801	3.41247	1950	2189.7	1852	1630.6	3.022	3.7677
1480	1611.79	568.8	1186.95	7.468	3.42892	2000	2252.1	2068	1678.7	2.776	3.7994
1500	1635.97	601.9	1205.41	7.152	3.44516	2050	2314.6	2303	1726.8	2.555	3.8303
1520	1660.23	636.5	1223.87	6.854	3.46120	2100	2377.7	2559	1775.3	2.356	3.8605
1540	1684.51	672.8	1242.43	6.569	3.47712	2150	2440.3	2837	1823.8	2.175	3.8901
1560	1708.82	710.5	1260.99	6.301	3.49276	2200	2503.2	3138	1872.4	2.012	3.9191
1580	1733.17	750.0	1279.65	6.046	3.50829	2250	2566.4	3464	1921.3	1.864	3.9474

Note: The properties P_r (relative pressure) and v_r (relative specific volume) are dimensionless quantities used in the analysis of isentropic processes, and should not be confused with the properties pressure and specific volume.

Source: Kenneth Wark, *Thermodynamics*, 4th ed. (New York: McGraw-Hill, 1983), pp. 785–86, Table A-5. Originally published in J. H. Keenan and J. Kaye, *Gas Tables* (New York: John Wiley & Sons, 1948).

TABLE A–22

Properties of air at 1 atm pressure

Temp. T, °C	Density ρ, kg/m^3	Specific Heat c_p, J/kg·K	Thermal Conductivity k, W/m·K	Thermal Diffusivity α, m^2/s	Dynamic Viscosity μ, kg/m·s	Kinematic Viscosity ν, m^2/s	Prandtl Number Pr
−150	2.866	983	0.01171	4.158×10^{-6}	8.636×10^{-6}	3.013×10^{-6}	0.7246
−100	2.038	966	0.01582	8.036×10^{-6}	1.189×10^{-5}	5.837×10^{-6}	0.7263
−50	1.582	999	0.01979	1.252×10^{-5}	1.474×10^{-5}	9.319×10^{-6}	0.7440
−40	1.514	1002	0.02057	1.356×10^{-5}	1.527×10^{-5}	1.008×10^{-5}	0.7436
−30	1.451	1004	0.02134	1.465×10^{-5}	1.579×10^{-5}	1.087×10^{-5}	0.7425
−20	1.394	1005	0.02211	1.578×10^{-5}	1.630×10^{-5}	1.169×10^{-5}	0.7408
−10	1.341	1006	0.02288	1.696×10^{-5}	1.680×10^{-5}	1.252×10^{-5}	0.7387
0	1.292	1006	0.02364	1.818×10^{-5}	1.729×10^{-5}	1.338×10^{-5}	0.7362
5	1.269	1006	0.02401	1.880×10^{-5}	1.754×10^{-5}	1.382×10^{-5}	0.7350
10	1.246	1006	0.02439	1.944×10^{-5}	1.778×10^{-5}	1.426×10^{-5}	0.7336
15	1.225	1007	0.02476	2.009×10^{-5}	1.802×10^{-5}	1.470×10^{-5}	0.7323
20	1.204	1007	0.02514	2.074×10^{-5}	1.825×10^{-5}	1.516×10^{-5}	0.7309
25	1.184	1007	0.02551	2.141×10^{-5}	1.849×10^{-5}	1.562×10^{-5}	0.7296
30	1.164	1007	0.02588	2.208×10^{-5}	1.872×10^{-5}	1.608×10^{-5}	0.7282
35	1.145	1007	0.02625	2.277×10^{-5}	1.895×10^{-5}	1.655×10^{-5}	0.7268
40	1.127	1007	0.02662	2.346×10^{-5}	1.918×10^{-5}	1.702×10^{-5}	0.7255
45	1.109	1007	0.02699	2.416×10^{-5}	1.941×10^{-5}	1.750×10^{-5}	0.7241
50	1.092	1007	0.02735	2.487×10^{-5}	1.963×10^{-5}	1.798×10^{-5}	0.7228
60	1.059	1007	0.02808	2.632×10^{-5}	2.008×10^{-5}	1.896×10^{-5}	0.7202
70	1.028	1007	0.02881	2.780×10^{-5}	2.052×10^{-5}	1.995×10^{-5}	0.7177
80	0.9994	1008	0.02953	2.931×10^{-5}	2.096×10^{-5}	2.097×10^{-5}	0.7154
90	0.9718	1008	0.03024	3.086×10^{-5}	2.139×10^{-5}	2.201×10^{-5}	0.7132
100	0.9458	1009	0.03095	3.243×10^{-5}	2.181×10^{-5}	2.306×10^{-5}	0.7111
120	0.8977	1011	0.03235	3.565×10^{-5}	2.264×10^{-5}	2.522×10^{-5}	0.7073
140	0.8542	1013	0.03374	3.898×10^{-5}	2.345×10^{-5}	2.745×10^{-5}	0.7041
160	0.8148	1016	0.03511	4.241×10^{-5}	2.420×10^{-5}	2.975×10^{-5}	0.7014
180	0.7788	1019	0.03646	4.593×10^{-5}	2.504×10^{-5}	3.212×10^{-5}	0.6992
200	0.7459	1023	0.03779	4.954×10^{-5}	2.577×10^{-5}	3.455×10^{-5}	0.6974
250	0.6746	1033	0.04104	5.890×10^{-5}	2.760×10^{-5}	4.091×10^{-5}	0.6946
300	0.6158	1044	0.04418	6.871×10^{-5}	2.934×10^{-5}	4.765×10^{-5}	0.6935
350	0.5664	1056	0.04721	7.892×10^{-5}	3.101×10^{-5}	5.475×10^{-5}	0.6937
400	0.5243	1069	0.05015	8.951×10^{-5}	3.261×10^{-5}	6.219×10^{-5}	0.6948
450	0.4880	1081	0.05298	1.004×10^{-4}	3.415×10^{-5}	6.997×10^{-5}	0.6965
500	0.4565	1093	0.05572	1.117×10^{-4}	3.563×10^{-5}	7.806×10^{-5}	0.6986
600	0.4042	1115	0.06093	1.352×10^{-4}	3.846×10^{-5}	9.515×10^{-5}	0.7037
700	0.3627	1135	0.06581	1.598×10^{-4}	4.111×10^{-5}	1.133×10^{-4}	0.7092
800	0.3289	1153	0.07037	1.855×10^{-4}	4.362×10^{-5}	1.326×10^{-4}	0.7149
900	0.3008	1169	0.07465	2.122×10^{-4}	4.600×10^{-5}	1.529×10^{-4}	0.7206
1000	0.2772	1184	0.07868	2.398×10^{-4}	4.826×10^{-5}	1.741×10^{-4}	0.7260
1500	0.1990	1234	0.09599	3.908×10^{-4}	5.817×10^{-5}	2.922×10^{-4}	0.7478
2000	0.1553	1264	0.11113	5.664×10^{-4}	6.630×10^{-5}	4.270×10^{-4}	0.7539

Note: For ideal gases, the properties c_p, k, μ, and Pr are independent of pressure. The properties ρ, ν, and α at a pressure P (in atm) other than 1 atm are determined by multiplying the values of ρ at the given temperature by P and by dividing ν and α by P.

Source: Data generated from the EES software developed by S. A. Klein and F. L. Alvarado. Original sources: Keenan, Chao, Keyes, Gas Tables, Wiley, 1984; and Thermophysical Properties of Matter. Vol. 3: Thermal Conductivity, Y. S. Touloukian, P. E. Liley, S. C. Saxena, Vol. 11: Viscosity, Y. S. Touloukian, S. C. Saxena, and P. Hestermans, IFI/Plenun, NY, 1970, ISBN 0-306067020-8.

TABLE A–23

Properties of gases at 1 atm pressure

Temp. T, °C	Density ρ, kg/m^3	Specific Heat c_p, J/kg·K	Thermal Conductivity k, W/m·K	Thermal Diffusivity α, m^2/s	Dynamic Viscosity μ, kg/m·s	Kinematic Viscosity ν, m^2/s	Prandtl Number Pr
			Carbon Dioxide, CO_2				
−50	2.4035	746	0.01051	5.860×10^{-6}	1.129×10^{-5}	4.699×10^{-6}	0.8019
0	1.9635	811	0.01456	9.141×10^{-6}	1.375×10^{-5}	7.003×10^{-6}	0.7661
50	1.6597	866.6	0.01858	1.291×10^{-5}	1.612×10^{-5}	9.714×10^{-6}	0.7520
100	1.4373	914.8	0.02257	1.716×10^{-5}	1.841×10^{-5}	1.281×10^{-5}	0.7464
150	1.2675	957.4	0.02652	2.186×10^{-5}	2.063×10^{-5}	1.627×10^{-5}	0.7445
200	1.1336	995.2	0.03044	2.698×10^{-5}	2.276×10^{-5}	2.008×10^{-5}	0.7442
300	0.9358	1060	0.03814	3.847×10^{-5}	2.682×10^{-5}	2.866×10^{-5}	0.7450
400	0.7968	1112	0.04565	5.151×10^{-5}	3.061×10^{-5}	3.842×10^{-5}	0.7458
500	0.6937	1156	0.05293	6.600×10^{-5}	3.416×10^{-5}	4.924×10^{-5}	0.7460
1000	0.4213	1292	0.08491	1.560×10^{-4}	4.898×10^{-5}	1.162×10^{-4}	0.7455
1500	0.3025	1356	0.10688	2.606×10^{-4}	6.106×10^{-5}	2.019×10^{-4}	0.7745
2000	0.2359	1387	0.11522	3.521×10^{-4}	7.322×10^{-5}	3.103×10^{-4}	0.8815
			Carbon Monoxide, CO				
−50	1.5297	1081	0.01901	1.149×10^{-5}	1.378×10^{-5}	9.012×10^{-6}	0.7840
0	1.2497	1048	0.02278	1.739×10^{-5}	1.629×10^{-5}	1.303×10^{-5}	0.7499
50	1.0563	1039	0.02641	2.407×10^{-5}	1.863×10^{-5}	1.764×10^{-5}	0.7328
100	0.9148	1041	0.02992	3.142×10^{-5}	2.080×10^{-5}	2.274×10^{-5}	0.7239
150	0.8067	1049	0.03330	3.936×10^{-5}	2.283×10^{-5}	2.830×10^{-5}	0.7191
200	0.7214	1060	0.03656	4.782×10^{-5}	2.472×10^{-5}	3.426×10^{-5}	0.7164
300	0.5956	1085	0.04277	6.619×10^{-5}	2.812×10^{-5}	4.722×10^{-5}	0.7134
400	0.5071	1111	0.04860	8.628×10^{-5}	3.111×10^{-5}	6.136×10^{-5}	0.7111
500	0.4415	1135	0.05412	1.079×10^{-4}	3.379×10^{-5}	7.653×10^{-5}	0.7087
1000	0.2681	1226	0.07894	2.401×10^{-4}	4.557×10^{-5}	1.700×10^{-4}	0.7080
1500	0.1925	1279	0.10458	4.246×10^{-4}	6.321×10^{-5}	3.284×10^{-4}	0.7733
2000	0.1502	1309	0.13833	7.034×10^{-4}	9.826×10^{-5}	6.543×10^{-4}	0.9302
			Methane, CH_4				
−50	0.8761	2243	0.02367	1.204×10^{-5}	8.564×10^{-6}	9.774×10^{-6}	0.8116
0	0.7158	2217	0.03042	1.917×10^{-5}	1.028×10^{-5}	1.436×10^{-5}	0.7494
50	0.6050	2302	0.03766	2.704×10^{-5}	1.191×10^{-5}	1.969×10^{-5}	0.7282
100	0.5240	2443	0.04534	3.543×10^{-5}	1.345×10^{-5}	2.567×10^{-5}	0.7247
150	0.4620	2611	0.05344	4.431×10^{-5}	1.491×10^{-5}	3.227×10^{-5}	0.7284
200	0.4132	2791	0.06194	5.370×10^{-5}	1.630×10^{-5}	3.944×10^{-5}	0.7344
300	0.3411	3158	0.07996	7.422×10^{-5}	1.886×10^{-5}	5.529×10^{-5}	0.7450
400	0.2904	3510	0.09918	9.727×10^{-5}	2.119×10^{-5}	7.297×10^{-5}	0.7501
500	0.2529	3836	0.11933	1.230×10^{-4}	2.334×10^{-5}	9.228×10^{-5}	0.7502
1000	0.1536	5042	0.22562	2.914×10^{-4}	3.281×10^{-5}	2.136×10^{-4}	0.7331
1500	0.1103	5701	0.31857	5.068×10^{-4}	4.434×10^{-5}	4.022×10^{-4}	0.7936
2000	0.0860	6001	0.36750	7.120×10^{-4}	6.360×10^{-5}	7.395×10^{-4}	1.0386
			Hydrogen, H_2				
−50	0.11010	12635	0.1404	1.009×10^{-4}	7.293×10^{-6}	6.624×10^{-5}	0.6562
0	0.08995	13920	0.1652	1.319×10^{-4}	8.391×10^{-6}	9.329×10^{-5}	0.7071
50	0.07603	14349	0.1881	1.724×10^{-4}	9.427×10^{-6}	1.240×10^{-4}	0.7191
100	0.06584	14473	0.2095	2.199×10^{-4}	1.041×10^{-5}	1.582×10^{-4}	0.7196
150	0.05806	14492	0.2296	2.729×10^{-4}	1.136×10^{-5}	1.957×10^{-4}	0.7174
200	0.05193	14482	0.2486	3.306×10^{-4}	1.228×10^{-5}	2.365×10^{-4}	0.7155

TABLE A–23

Properties of gases at 1 atm pressure (*Concluded*)

Temp. T, °C	Density ρ, kg/m^3	Specific Heat c_p, J/kg·K	Thermal Conductivity k, W/m·K	Thermal Diffusivity α, m^2/s	Dynamic Viscosity μ, kg/m·s	Kinematic Viscosity ν, m^2/s	Prandtl Number Pr
300	0.04287	14481	0.2843	4.580×10^{-4}	1.403×10^{-5}	3.274×10^{-4}	0.7149
400	0.03650	14540	0.3180	5.992×10^{-4}	1.570×10^{-5}	4.302×10^{-4}	0.7179
500	0.03178	14653	0.3509	7.535×10^{-4}	1.730×10^{-5}	5.443×10^{-4}	0.7224
1000	0.01930	15577	0.5206	1.732×10^{-3}	2.455×10^{-5}	1.272×10^{-3}	0.7345
1500	0.01386	16553	0.6581	2.869×10^{-3}	3.099×10^{-5}	2.237×10^{-3}	0.7795
2000	0.01081	17400	0.5480	2.914×10^{-3}	3.690×10^{-5}	3.414×10^{-3}	1.1717
				Nitrogen, N_2			
−50	1.5299	957.3	0.02001	1.366×10^{-5}	1.390×10^{-5}	9.091×10^{-6}	0.6655
0	1.2498	1035	0.02384	1.843×10^{-5}	1.640×10^{-5}	1.312×10^{-5}	0.7121
50	1.0564	1042	0.02746	2.494×10^{-5}	1.874×10^{-5}	1.774×10^{-5}	0.7114
100	0.9149	1041	0.03090	3.244×10^{-5}	2.094×10^{-5}	2.289×10^{-5}	0.7056
150	0.8068	1043	0.03416	4.058×10^{-5}	2.300×10^{-5}	2.851×10^{-5}	0.7025
200	0.7215	1050	0.03727	4.921×10^{-5}	2.494×10^{-5}	3.457×10^{-5}	0.7025
300	0.5956	1070	0.04309	6.758×10^{-5}	2.849×10^{-5}	4.783×10^{-5}	0.7078
400	0.5072	1095	0.04848	8.727×10^{-5}	3.166×10^{-5}	6.242×10^{-5}	0.7153
500	0.4416	1120	0.05358	1.083×10^{-4}	3.451×10^{-5}	7.816×10^{-5}	0.7215
1000	0.2681	1213	0.07938	2.440×10^{-4}	4.594×10^{-5}	1.713×10^{-4}	0.7022
1500	0.1925	1266	0.11793	4.839×10^{-4}	5.562×10^{-5}	2.889×10^{-4}	0.5969
2000	0.1502	1297	0.18590	9.543×10^{-4}	6.426×10^{-5}	4.278×10^{-4}	0.4483
				Oxygen, O_2			
−50	1.7475	984.4	0.02067	1.201×10^{-5}	1.616×10^{-5}	9.246×10^{-6}	0.7694
0	1.4277	928.7	0.02472	1.865×10^{-5}	1.916×10^{-5}	1.342×10^{-5}	0.7198
50	1.2068	921.7	0.02867	2.577×10^{-5}	2.194×10^{-5}	1.818×10^{-5}	0.7053
100	1.0451	931.8	0.03254	3.342×10^{-5}	2.451×10^{-5}	2.346×10^{-5}	0.7019
150	0.9216	947.6	0.03637	4.164×10^{-5}	2.694×10^{-5}	2.923×10^{-5}	0.7019
200	0.8242	964.7	0.04014	5.048×10^{-5}	2.923×10^{-5}	3.546×10^{-5}	0.7025
300	0.6804	997.1	0.04751	7.003×10^{-5}	3.350×10^{-5}	4.923×10^{-5}	0.7030
400	0.5793	1025	0.05463	9.204×10^{-5}	3.744×10^{-5}	6.463×10^{-5}	0.7023
500	0.5044	1048	0.06148	1.163×10^{-4}	4.114×10^{-5}	8.156×10^{-5}	0.7010
1000	0.3063	1121	0.09198	2.678×10^{-4}	5.732×10^{-5}	1.871×10^{-4}	0.6986
1500	0.2199	1165	0.11901	4.643×10^{-4}	7.133×10^{-5}	3.243×10^{-4}	0.6985
2000	0.1716	1201	0.14705	7.139×10^{-4}	8.417×10^{-5}	4.907×10^{-4}	0.6873
				Water Vapor, H_2O			
−50	0.9839	1892	0.01353	7.271×10^{-6}	7.187×10^{-6}	7.305×10^{-6}	1.0047
0	0.8038	1874	0.01673	1.110×10^{-5}	8.956×10^{-6}	1.114×10^{-5}	1.0033
50	0.6794	1874	0.02032	1.596×10^{-5}	1.078×10^{-5}	1.587×10^{-5}	0.9944
100	0.5884	1887	0.02429	2.187×10^{-5}	1.265×10^{-5}	2.150×10^{-5}	0.9830
150	0.5189	1908	0.02861	2.890×10^{-5}	1.456×10^{-5}	2.806×10^{-5}	0.9712
200	0.4640	1935	0.03326	3.705×10^{-5}	1.650×10^{-5}	3.556×10^{-5}	0.9599
300	0.3831	1997	0.04345	5.680×10^{-5}	2.045×10^{-5}	5.340×10^{-5}	0.9401
400	0.3262	2066	0.05467	8.114×10^{-5}	2.446×10^{-5}	7.498×10^{-5}	0.9240
500	0.2840	2137	0.06677	1.100×10^{-4}	2.847×10^{-5}	1.002×10^{-4}	0.9108
1000	0.1725	2471	0.13623	3.196×10^{-4}	4.762×10^{-5}	2.761×10^{-4}	0.8639
1500	0.1238	2736	0.21301	6.288×10^{-4}	6.411×10^{-5}	5.177×10^{-4}	0.8233
2000	0.0966	2928	0.29183	1.032×10^{-3}	7.808×10^{-5}	8.084×10^{-4}	0.7833

Note: For ideal gases, the properties c_p, k, μ, and Pr are independent of pressure. The properties ρ, ν, and α at a pressure P (in atm) other than 1 atm are determined by multiplying the values of ρ at the given temperature by ρ and by dividing ν and α by P.

Source: Data generated from the EES software developed by S. A. Klein and F. L. Alvarado. Originally based on various sources.

TABLE A–24

Properties of solid metals

Composition	Melting Point, K	Properties at 300 K ρ kg/m^3	c_p J/kg·K	k W/m·K	$\alpha \times 10^6$ m^2/s	Properties at Various Temperatures (K), k(W/m·K)/c_p(J/kg·K) 100	200	400	600	800	1000
Aluminum:											
Pure	933	2702	903	237	97.1	302	237	240	231	218	
						482	798	949	1033	1146	
Alloy 2024-T6 (4.5% Cu, 1.5% Mg, 0.6% Mn)	775	2770	875	177	73.0	65	163	186	186		
						473	787	925	1042		
Alloy 195, Cast (4.5% Cu)		2790	883	168	68.2			174	185		
Beryllium	1550	1850	1825	200	59.2	990	301	161	126	106	90.8
						203	1114	2191	2604	2823	3018
Bismuth	545	9780	122	7.86	6.59	16.5	9.69	7.04			
						112	120	127			
Boron	2573	2500	1107	27.0	9.76	190	55.5	16.8	10.6	9.60	9.85
						128	600	1463	1892	2160	2338
Cadmium	594	8650	231	96.8	48.4	203	99.3	94.7			
						198	222	242			
Chromium	2118	7160	449	93.7	29.1	159	111	90.9	80.7	71.3	65.4
						192	384	484	542	581	616
Cobalt	1769	8862	421	99.2	26.6	167	122	85.4	67.4	58.2	52.1
						236	379	450	503	550	628
Copper:											
Pure	1358	8933	385	401	117	482	413	393	379	366	352
						252	356	397	417	433	451
Commercial bronze (90% Cu, 10% Al)	1293	8800	420	52	14		42	52	59		
							785	160	545		
Phosphor gear bronze (89% Cu, 11% Sn)	1104	8780	355	54	17		41	65	74		
							—	—	—		
Cartridge brass (70% Cu, 30% Zn)	1188	8530	380	110	33.9	75	95	137	149		
							360	395	425		
Constantan (55% Cu, 45% Ni)	1493	8920	384	23	6.71	17	19				
						237	362				
Germanium	1211	5360	322	59.9	34.7	232	96.8	43.2	27.3	19.8	17.4
						190	290	337	348	357	375
Gold	1336	19,300	129	317	127	327	323	311	298	284	270
						109	124	131	135	140	145
Iridium	2720	22,500	130	147	50.3	172	153	144	138	132	126
						90	122	133	138	144	153
Iron:											
Pure	1810	7870	447	80.2	23.1	134	94.0	69.5	54.7	43.3	32.8
						216	384	490	574	680	975
Armco (99.75% pure)		7870	447	72.7	20.7	95.6	80.6	65.7	53.1	42.2	32.3
						215	384	490	574	680	975
Carbon steels:											
Plain carbon (Mn ≤ 1% Si ≤ 0.1%)		7854	434	60.5	17.7			56.7	48.0	39.2	30.0
								487	559	685	1169
AISI 1010		7832	434	63.9	18.8			58.7	48.8	39.2	31.3
							487	559	685	1168	
Carbon–silicon (Mn ≤ 1% 0.1% < Si ≤ 0.6%)		7817	446	51.9	14.9			49.8	44.0	37.4	29.3
								501	582	699	971

TABLE A–24

Properties of solid metals (*Continued*)

Composition	Melting Point, K	Properties at 300 K ρ kg/m^3	c_p J/kg·K	k W/m·K	$\alpha \times 10^6$ m^2/s	Properties at Various Temperatures (K), k(W/m·K)/c_p(J/kg·K) 100	200	400	600	800	1000
Carbon–manganese–silicon		8131	434	41.0	11.6			42.2	39.7	35.0	27.6
(1% < Mn < 1.65% 0.1% < Si < 0.6%)								487	559	685	1090
Chromium (low) steels:											
$\frac{1}{2}$ Cr–$\frac{1}{4}$ Mo–Si (0.18% C, 0.65% Cr, 0.23% Mo,		7822	444	37.7	10.9			38.2	36.7	33.3	26.9
0.6% Si)								492	575	688	969
1 Cr–$\frac{1}{2}$ Mo (0.16% C, 1% Cr, 0.54% Mo,		7858	442	42.3	12.2			42.0	39.1	34.5	27.4
0.39% Si)								492	575	688	969
1 Cr–V (0.2% C, 1.02% Cr,		7836	443	48.9	14.1			46.8	42.1	36.3	28.2
0.15% V)								492	575	688	969
Stainless steels:											
AISI 302		8055	480	15.1	3.91			17.3	20.0	22.8	25.4
								512	559	585	606
AISI 304	1670	7900	477	14.9	3.95	9.2	12.6	16.6	19.8	22.6	25.4
						272	402	515	557	582	611
AISI 316		8238	468	13.4	3.48			15.2	18.3	21.3	24.2
								504	550	576	602
AISI 347		7978	480	14.2	3.71			15.8	18.9	21.9	24.7
								513	559	585	606
Lead	601	11,340	129	35.3	24.1	39.7	36.7	34.0	31.4		
						118	125	132	142		
Magnesium	923	1740	1024	156	87.6	169	159	153	149	146	
						649	934	1074	1170	1267	
Molybdenum	2894	10,240	251	138	53.7	179	143	134	126	118	112
						141	224	261	275	285	295
Nickel:											
Pure	1728	8900	444	90.7	23.0	164	107	80.2	65.6	67.6	71.8
					232	383	485	592	530	562	
Nichrome	1672	8400	420	12	3.4			14	16	21	
(80% Ni, 20% Cr)								480	525	545	
Inconel X-750 (73% Ni, 15% Cr,	1665	8510	439	11.7	3.1	8.7	10.3	13.5	17.0	20.5	24.0
6.7% Fe)						—	372	473	510	546	626
Niobium	2741	8570	265	53.7	23.6	55.2	52.6	55.2	58.2	61.3	64.4
						188	249	274	283	292	301
Palladium	1827	12,020	244	71.8	24.5	76.5	71.6	73.6	79.7	86.9	94.2
						168	227	251	261	271	281
Platinum:											
Pure	2045	21,450	133	71.6	25.1	77.5	72.6	71.8	73.2	75.6	78.7
						100	125	136	141	146	152
Alloy 60Pt–40Rh	1800	16,630	162	47	17.4			52	59	65	69
(60% Pt, 40% Rh)								—	—	—	—
Rhenium	3453	21,100	136	47.9	16.7	58.9	51.0	46.1	44.2	44.1	44.6
						97	127	139	145	151	156
Rhodium	2236	12,450	243	150	49.6	186	154	146	136	127	121
						147	220	253	274	293	311

TABLE A–24

Properties of solid metals (*Concluded*)

Composition	Melting Point, K	Properties at 300 K: ρ kg/m^3	c_p J/kg·K	k W/m·K	$\alpha \times 10^6$ m^2/s	Properties at Various Temperatures (K), k(W/m·K)/c_p(J/kg·K): 100	200	400	600	800	1000
Silicon	1685	2330	712	148	89.2	884	264	98.9	61.9	42.4	31.2
						259	556	790	867	913	946
Silver	1235	10,500	235	429	174	444	430	425	412	396	379
						187	225	239	250	262	277
Tantalum	3269	16,600	140	57.5	24.7	59.2	57.5	57.8	58.6	59.4	60.2
						110	133	144	146	149	152
Thorium	2023	11,700	118	54.0	39.1	59.8	54.6	54.5	55.8	56.9	56.9
						99	112	124	134	145	156
Tin	505	7310	227	66.6	40.1	85.2	73.3	62.2			
						188	215	243			
Titanium	1953	4500	522	21.9	9.32	30.5	24.5	20.4	19.4	19.7	20.7
						300	465	551	591	633	675
Tungsten	3660	19,300	132	174	68.3	208	186	159	137	125	118
						87	122	137	142	146	148
Uranium	1406	19,070	116	27.6	12.5	21.7	25.1	29.6	34.0	38.8	43.9
						94	108	125	146	176	180
Vanadium	2192	6100	489	30.7	10.3	35.8	31.3	31.3	33.3	35.7	38.2
						258	430	515	540	563	597
Zinc	693	7140	389	116	41.8	117	118	111	103		
						297	367	402	436		
Zirconium	2125	6570	278	22.7	12.4	33.2	25.2	21.6	20.7	21.6	23.7
						205	264	300	332	342	362

Source: Frank P. Incropera and David P. DeWitt, *Fundamentals of Heat and Mass Transfer,* 3rd ed., 1990. This material is used by permission of John Wiley & Sons, Inc.

TABLE A–25

Properties of solid nonmetals

	Melting Point, K	Properties at 300 K				Properties at Various Temperatures (K), k (W/m·K)/c_p(J/kg·K)					
Composition		ρ kg/m^3	c_p J/kg·K	k W/m·K	$\alpha \times 10^6$ m^2/s	100	200	400	600	800	1000
Aluminum oxide, sapphire	2323	3970	765	46	15.1	450	82	32.4	18.9	13.0	10.5
						—	—	940	1110	1180	1225
Aluminum oxide, polycrystalline	2323	3970	765	36.0	11.9	133	55	26.4	15.8	10.4	7.85
						—	—	940	1110	1180	1225
Beryllium oxide	2725	3000	1030	272	88.0			196	111	70	47
								1350	1690	1865	1975
Boron	2573	2500	1105	27.6	9.99	190	52.5	18.7	11.3	8.1	6.3
						—	—	1490	1880	2135	2350
Boron fiber epoxy (30% vol.) composite	590	2080									
k, ∥ to fibers				2.29		2.10	2.23	2.28			
k, ⊥ to fibers				0.59		0.37	0.49	0.60			
c_p			1122			364	757	1431			
Carbon											
Amorphous	1500	1950	—	1.60	—	0.67	1.18	1.89	21.9	2.37	2.53
						—	—	—	—	—	—
Diamond, type IIa insulator	—	3500	509	2300		10,000	4000	1540			
						21	194	853			
Graphite, pyrolytic	2273	2210									
k, ∥ to layers				1950		4970	3230	1390	892	667	534
k, ⊥ to layers				5.70		16.8	9.23	4.09	2.68	2.01	1.60
c_p			709			136	411	992	1406	1650	1793
Graphite fiber epoxy (25% vol.) composite	450	1400									
k, heat flow ∥ to fibers				11.1		5.7	8.7	13.0			
k, heat flow ⊥ to fibers			0.87		0.46	0.68	1.1				
c_p			935			337	642	1216			
Pyroceram, Corning 9606	1623	2600	808	3.98	1.89	5.25	4.78	3.64	3.28	3.08	2.96
						—	—	908	1038	1122	1197
Silicon carbide	3100	3160	675	490	230			—	—	—	87
								880	1050	1135	1195
Silicon dioxide, crystalline (quartz)	1883	2650									
k, ∥ to c-axis				10.4		39	16.4	7.6	5.0	4.2	
k, ⊥ to c-axis				6.21		20.8	9.5	4.70	3.4	3.1	
c_p			745			—	—	885	1075	1250	
Silicon dioxide, polycrystalline (fused silica)	1883	2220	745	1.38	0.834	0.69	1.14	1.51	1.75	2.17	2.87
						—	—	905	1040	1105	1155
Silicon nitride	2173	2400	691	16.0	9.65	—	—	13.9	11.3	9.88	8.76
						—	578	778	937	1063	1155
Sulfur	392	2070	708	0.206	0.141	0.165	0.185				
						403	606				
Thorium dioxide	3573	9110	235	13	6.1			10.2	6.6	4.7	3.68
								255	274	285	295
Titanium dioxide, polycrystalline	2133	4157	710	8.4	2.8			7.01	5.02	8.94	3.46
								805	880	910	930

TABLE A–26

Emissivities of surfaces
(*a*) Metals

Material	Temperature, K	Emissivity, ε	Material	Temperature, K	Emissivity, ε
Aluminum			Magnesium, polished	300–500	0.07–0.13
Polished	300–900	0.04–0.06	Mercury	300–400	0.09–0.12
Commercial sheet	400	0.09	Molybdenum		
Heavily oxidized	400–800	0.20–0.33	Polished	300–2000	0.05–0.21
Anodized	300	0.8	Oxidized	600–800	0.80–0.82
Bismuth, bright	350	0.34	Nickel		
Brass			Polished	500–1200	0.07–0.17
Highly polished	500–650	0.03–0.04	Oxidized	450–1000	0.37–0.57
Polished	350	0.09	Platinum, polished	500–1500	0.06–0.18
Dull plate	300–600	0.22	Silver, polished	300–1000	0.02–0.07
Oxidized	450–800	0.6	Stainless steel		
Chromium, polished	300–1400	0.08–0.40	Polished	300–1000	0.17–0.30
Copper			Lightly oxidized	600–1000	0.30–0.40
Highly polished	300	0.02	Highly oxidized	600–1000	0.70–0.80
Polished	300–500	0.04–0.05	Steel		
Commercial sheet	300	0.15	Polished sheet	300–500	0.08–0.14
Oxidized	600–1000	0.5–0.8	Commercial sheet	500–1200	0.20–0.32
Black oxidized	300	0.78	Heavily oxidized	300	0.81
Gold			Tin, polished	300	0.05
Highly polished	300–1000	0.03–0.06	Tungsten		
Bright foil	300	0.07	Polished	300–2500	0.03–0.29
Iron			Filament	3500	0.39
Highly polished	300–500	0.05–0.07	Zinc		
Case iron	300	0.44	Polished	300–800	0.02–0.05
Wrought iron	300–500	0.28	Oxidized	300	0.25
Rusted	300	0.61			
Oxidized	500–900	0.64–0.78			
Lead					
Polished	300–500	0.06–0.08			
Unoxidized, rough	300	0.43			
Oxidized	300	0.63			

TABLE A–26

Emissivities of surfaces (*Concluded*)
(*b*) Nonmetals

Material	Temperature, K	Emissivity, ε	Material	Temperature, K	Emissivity, ε
Alumina	800–1400	0.65–0.45	Paper, white	300	0.90
Aluminum oxide	600–1500	0.69–0.41	Plaster, white	300	0.93
Asbestos	300	0.96	Porcelain, glazed	300	0.92
Asphalt pavement	300	0.85–0.93	Quartz, rough, fused	300	0.93
Brick			Rubber		
Common	300	0.93–0.96	Hard	300	0.93
Fireclay	1200	0.75	Soft	300	0.86
Carbon filament	2000	0.53	Sand	300	0.90
Cloth	300	0.75–0.90	Silicon carbide	600–1500	0.87–0.85
Concrete	300	0.88–0.94	Skin, human	300	0.95
Glass			Snow	273	0.80–0.90
Window	300	0.90–0.95	Soil, earth	300	0.93–0.96
Pyrex	300–1200	0.82–0.62	Soot	300–500	0.95
Pyroceram	300–1500	0.85–0.57	Teflon	300–500	0.85–0.92
Ice	273	0.95–0.99	Water, deep	273–373	0.95–0.96
Magnesium oxide	400–800	0.69–0.55	Wood		
Masonry	300	0.80	Beech	300	0.94
Paints			Oak	300	0.90
Aluminum	300	0.40–0.50			
Black, lacquer, shiny	300	0.88			
Oils, all colors	300	0.92–0.96			
Red primer	300	0.93			
White acrylic	300	0.90			
White enamel	300	0.90			

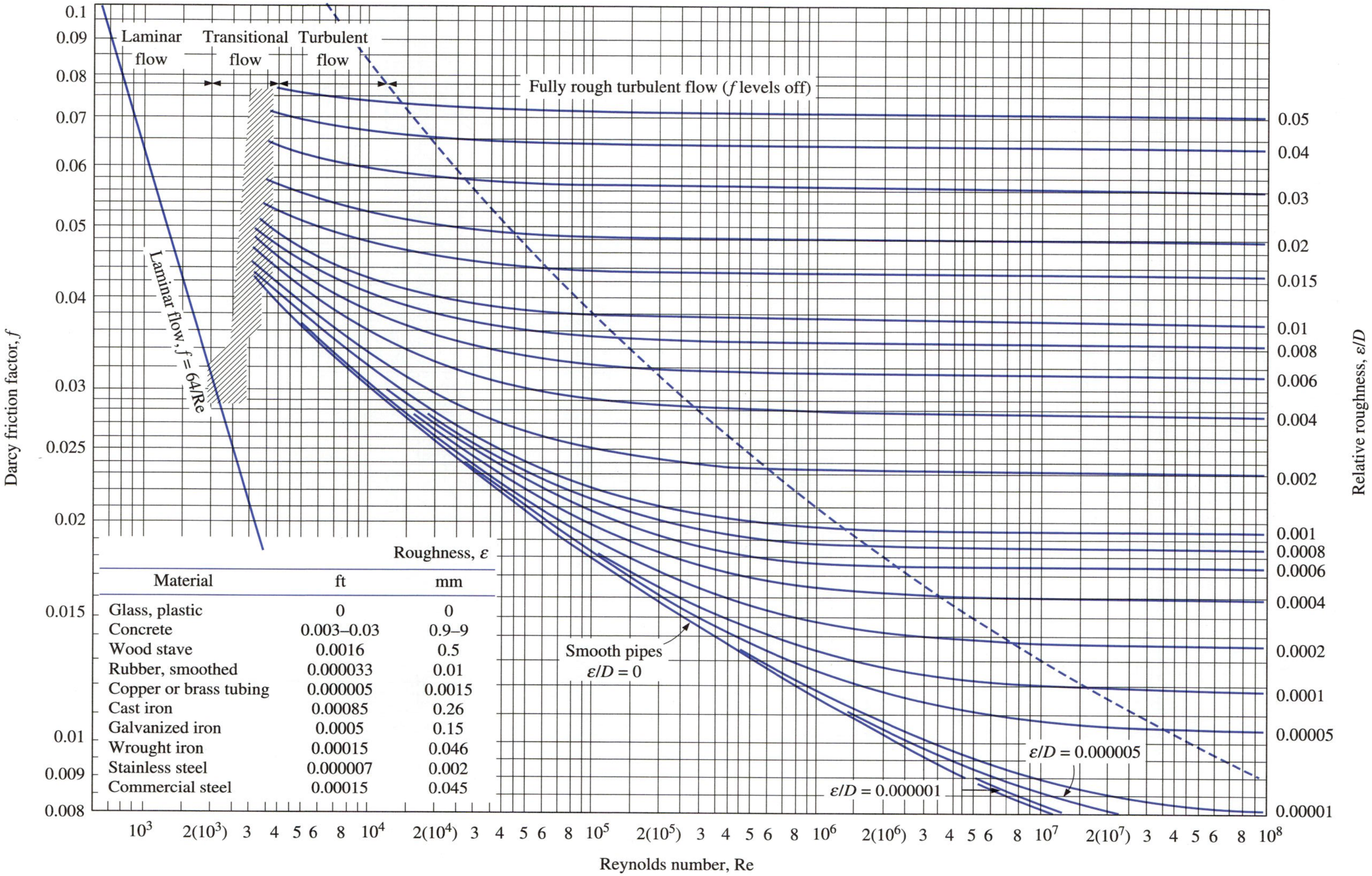

Material	Roughness, ε (ft)	Roughness, ε (mm)
Glass, plastic	0	0
Concrete	0.003–0.03	0.9–9
Wood stave	0.0016	0.5
Rubber, smoothed	0.000033	0.01
Copper or brass tubing	0.000005	0.0015
Cast iron	0.00085	0.26
Galvanized iron	0.0005	0.15
Wrought iron	0.00015	0.046
Stainless steel	0.000007	0.002
Commercial steel	0.00015	0.045

FIGURE A–27

The Moody chart for the friction factor for fully developed flow in circular pipes for use in the head loss relation $\Delta P_L = f\frac{L}{D}\frac{\rho V^2}{2}$. Friction factors in the turbulent flow are evaluated from the Colebrook equation $\frac{1}{\sqrt{f}} = -2\log_{10}\left(\frac{\Sigma/D}{3.7} + \frac{2.51}{\mathrm{Re}\sqrt{f}}\right)$.

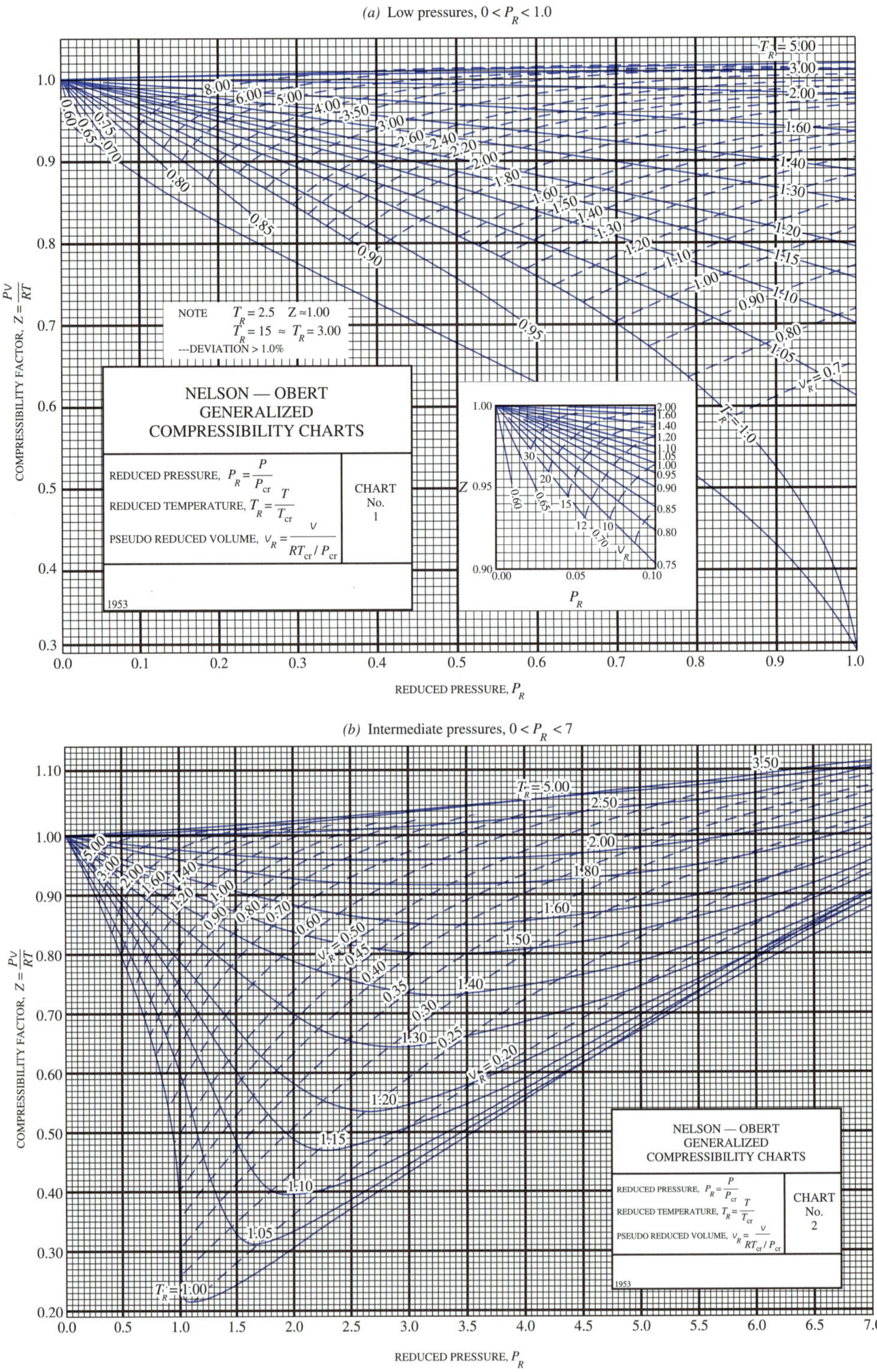

FIGURE A–28

Nelson–Obert generalized compressibility chart.

Used with permission of Dr. Edward E. Obert, University of Wisconsin.

한글 찾아보기

영문 찾아보기

[A]

[B]

[C]

[D]

[E]

[F]

[기타]

NOMENCLATURE

a	Acceleration, m/s^2	G	Incident radiation, W/m^2
A_s	Surface area, m^2	Gr	Grashof number
A_c	Cross-sectional area, m^2	h	Convection heat transfer coefficient, W/m$^2\cdot$°C
Bi	Biot number	h	Specific enthalpy, $u + PV$, kJ/kg
C	Speed of sound, m/s	h_c	Thermal contact conductance, W/m$^2\cdot$°C
c	Specific heat, kJ/kg·K	h_{fg}	Enthalpy of vaporization, kJ/kg
C_c, C_h	Heat capacity rate, W/°C	h_{if}	Latent heat of fusion, kJ/kg
C_D	Drag coefficient	h_L	Head loss, m
C_f	Fanning friction factor or friction coefficient	H	Total enthalpy, $U + PV$, kJ
C_L	Lift coefficient	I	Electric current, A; Bessel function
c_p	Constant-pressure specific heat, kJ/kg·K	J	Radiosity, W/m^2; Bessel function
c_V	Constant-volume specific heat, kJ/kg·K	k	Specific heat ratio, c_p/c_V
COP	Coefficient of performance	k	Thermal conductivity
COP_{HP}	Coefficient of performance of a heat pump	k_{eff}	Effective thermal conductivity, W/m·°C
COP_R	Coefficient of performance of a refrigerator	k_s	Spring constant
d, D	Diameter, m	ke	Specific kinetic energy, $V^2/2$, kJ/kg
D_h	Hydraulic diameter, m	K_L	Minor loss coefficient
e	Specific total energy, kJ/kg	KE	Total kinetic energy, $mV^2/2$, kJ
erfc	Complementary error function	L	Length; half thickness of a plane wall
E	Total energy, kJ	L_c	Characteristic or corrected length
E_b	Blackbody emissive flux, W/m^2	L_h	Hydrodynamic entry length
EER	Energy efficiency rating	L_t	Thermal entry length
f	Darcy friction factor	m	Mass, kg
f_λ	Blackbody radiation function	$\dot{m}$	Mass flow rate, kg/s
F	Force, N	M	Molar mass, kg/kmol
F_D	Drag force, N	M	Moment of force, N·m
F_{ij}, $F_{i\to j}$	View factor	Ma	Mach number
F_L	Lift force, N	n	Polytropic exponent
Fo	Fourier number	N	Number of moles, kmol
g	Gravitational acceleration, m/s^2		

NTU	Number of transfer units
Nu	Nusselt number
p	Perimeter or wetted perimeter, m
pe	Specific potential energy, gz, kJ/kg
P	Pressure, kPa
P_{cr}	Critical pressure, kPa
P_r	Relative pressure
P_R	Reduced pressure
P_v	Vapor pressure, kPa
PE	Total potential energy, mgz, kJ
Pr	Prandtl number
q	Heat transfer per unit mass, kJ/kg
$\dot{q}$	Heat flux, W/m^2
Q	Total heat transfer, kJ
$\dot{Q}$	Heat transfer rate, kW
Q_H	Heat transfer with high-temperature body, kJ
Q_L	Heat transfer with low-temperature body, kJ
r_{cr}	Critical radius of insulation, m
R	Gas constant, kJ/kg·K
R	Radius, m; Thermal resistance, °C/W
R_c	Thermal contact resistance, m^2·°C/W
R_f	Fouling factor, m^2·°C/W
R_u	Universal gas constant, kJ/kmol·K
R-value	R-value of insulation
Ra	Rayleigh number
Re	Reynolds number
s	Specific entropy, kJ/kg·K
s_{gen}	Specific entropy generation, kJ/kg·K
S	Total entropy, kJ/K; Conduction shape factor
S_{gen}	Total entropy generation, kJ/K
t	Time, s; Thickness, m
T	Temperature, °C or K
T	Torque, N·m
T_b	Bulk fluid temperature, °C
T_{cr}	Critical temperature, K
T_f	Film temperature, °C
T_H	Temperature of high-temperature body, K
T_i	Initial temperature, °C
T_∞	Free stream or surrounding medium temperature, °C
T_L	Temperature of low-temperature body, K
T_R	Reduced temperature
T_s	Surface temperature, °C or K
T_{sat}	Saturation temperature, °C
u	Specific internal energy, kJ/kg
u,v	x- and y-components of velocity, m/s
U	Total internal energy, kJ
U	Overall heat transfer coefficient, W/m^2·°C
v	Specific volume, m^3/kg
v_{cr}	Critical specific volume, m^3/kg
v_r	Relative specific volume
V	Total volume, m^3
$\dot{V}$	Volume flow rate, m^3/s
V	Velocity, m/s
V_m	Mean velocity, m/s
V_∞	Free-stream velocity, m/s
w	Work per unit mass, kJ/kg
W	Total work, kJ
$\dot{W}$	Power, kW
W_{in}	Work input, kJ
W_{out}	Work output, kJ
x	Quality
z	Elevation, m
Z	Compressibility factor

Greek Letters

α	Absorptivity
α	Thermal diffusivity, m^2/s
α_s	Solar absorptivity
β	Volume expansivity, 1/K
δ	Velocity boundary layer thickness, m
δ_t	Thermal boundary layer thickness, m
ΔP	Pressure drop, Pa
ΔT_{lm}	Log mean temperature difference, °C
ε	Emissivity; heat exchanger or fin effectiveness
ε	Mean surface roughness, m
ζ	Vorticity, 1/s
η_{fin}	Fin efficiency
η_{th}	Thermal efficiency
θ	Dimensionless temperature
μ	Dynamic viscosity, kg/m·s or $N \cdot s/m^2$
ν	Kinematic viscosity = μ/ρ, m^2/s; frequency, 1/s
ρ	Density, kg/m^3
σ	Stefan–Boltzmann constant
σ_n	Normal stress, N/m^2
σ_s	Surface tension, N/m
τ	Shear stress, N/m^2
τ	Transmissivity; Fourier number
τ_w	Wall shear stress, N/m^2

Subscripts

a	Air
abs	Absolute
act	Actual
atm	Atmospheric
b	Boundary; bulk fluid
cond	Conduction
conv	Convection
cr	Critical point
cv	Control volume
e	Exit conditions
f	Saturated liquid; film
fg	Difference in property between saturated liquid and saturated vapor
g	Saturated vapor
H	High temperature as in T_H and Q_H
i	Inlet, initial, or indoor conditions
L	Low temperature as in T_L and Q_L
o	Outlet or outdoor conditions
r	Relative
rad	Radiation
s	Surface
surr	Surrounding surfaces
sat	Saturated
sys	System
υ	Water vapor
1	Initial or inlet state
2	Final or exit state
∞	Property of a far field; free-flow conditions

Superscripts

$\dot{}$ (over dot)	Quantity per unit time
$\bar{}$ (over bar)	Quantity per unit mole
° (circle)	Standard reference state